2 €

Elektrische Energieversorgung 1

Valentin Crastan

Elektrische Energieversorgung 1

Netzelemente, Modellierung, stationäres Verhalten, Bemessung, Schalt- und Schutztechnik

3., bearbeitete Auflage

Prof. Dr. Ing. Valentin Crastan
ch. des Blanchards 18
2533 Evilard
Schweiz
valentin.crastan@bluewin.ch

ISBN 978-3-642-22345-7   e-ISBN 978-3-642-22346-4
DOI 10.1007/978-3-642-22346-4
Springer Heidelberg Dordrecht London New York

Die Deutsche Nationalbibliothek verzeichnet diese Publikation in der Deutschen Nationalbibliografie;
detaillierte bibliografische Daten sind im Internet über http://dnb.d-nb.de abrufbar.

© Springer-Verlag Berlin Heidelberg 1999, 2006, 2012
Dieses Werk ist urheberrechtlich geschützt. Die dadurch begründeten Rechte, insbesondere die der Übersetzung, des Nachdrucks, des Vortrags, der Entnahme von Abbildungen und Tabellen, der Funksendung, der Mikroverfilmung oder der Vervielfältigung auf anderen Wegen und der Speicherung in Datenverarbeitungsanlagen, bleiben, auch bei nur auszugsweiser Verwertung, vorbehalten. Eine Vervielfältigung dieses Werkes oder von Teilen dieses Werkes ist auch im Einzelfall nur in den Grenzen der gesetzlichen Bestimmungen des Urheberrechtsgesetzes der Bundesrepublik Deutschland vom 9. September 1965 in der jeweils geltenden Fassung zulässig. Sie ist grundsätzlich vergütungspflichtig. Zuwiderhandlungen unterliegen den Strafbestimmungen des Urheberrechtsgesetzes.
Die Wiedergabe von Gebrauchsnamen, Handelsnamen, Warenbezeichnungen usw. in diesem Werk berechtigt auch ohne besondere Kennzeichnung nicht zu der Annahme, dass solche Namen im Sinne der Warenzeichen- und Markenschutz-Gesetzgebung als frei zu betrachten wären und daher von jedermann benutzt werden dürften.

Gedruckt auf säurefreiem Papier

Springer ist Teil der Fachverlagsgruppe Springer Science+Business Media (www.springer.com)

Vorwort

Einige Änderungen sind vor allem im Kap. 1 und im Anhang sowie an verschiedenen Stellen zur besseren Koordination mit Bd. 2 vorgenommen worden, das neuerdings im Rahmen der 3. Auflage in zwei Bd. 2 und 3 aufgespalten wurde. Wieder bedanke ich mich bei Herrn Rudolf Haldi für die neuerliche Anpassung des Abschn. 14.7 an die Normen.

Evilard V. Crastan
im März 2011

Vorwort zur 2. Auflage

Die gute Aufnahme des in den Jahren 2000 (Bd. 1) und 2004 (Bd. 2) erschienenen zweibändigen Werkes hat mich darin bestärkt, für die zweite Auflage des ersten Bandes dessen Grundstruktur, die sich als zweckmässig erwiesen hat, zu belassen.

Aktualisiert wurden jene Abschnitte, die von der energiewirtschaftlichen Evolution betroffen oder dem technologischen Fortschritt stärker unterworfen sind. Ebenso wurden dort Anpassungen vorgenommen, wo die Normen, insbesondere die Schweizer Normen, sich dem europäischen Umfeld angeglichen haben.

Ferner bietet eine zweite Auflage die Möglichkeit, die Darstellung im Detail zu verbessern sowie Fehler und Ungenauigkeiten auszumerzen.

Den Firmen ABB, Areva und Alstom sei für die zur Verfügung gestellten Unterlagen gedankt, ebenso dem Springer-Verlag für die angenehme und effiziente Zusammenarbeit. Meinem ehemaligen Assistenten Rudolf Haldi verdanke ich die Anpassung des Abschn. 14.7 an die neuen Normen.

Biel
im Oktober 2006

V. Crastan

Vorwort zur 1. Auflage

Dieses Buch ist aus Vorlesungen über Hochspannungstechnik, Energieübertragung und Verteilung, sowie Energietechnik und Energiewirtschaft entstanden, die ich an der Elektrotechnischen Abteilung der Hochschule für Technik und Architektur Biel (Berner Fachhochschule) gehalten habe. Es befasst sich mit dem Aufbau des elektrischen Energieübertragungs- und -verteilungsnetzes sowie mit der Modellierung, dem Verhalten und der Berechnung der Anlageteile und des Gesamznetzes. In einem nachfolgenden Band werden die Energieumwandlung, insbesondere die Kraftwerktechnik, und die energiewirtschaftlichen Aspekte behandelt, ferner werden Dynamik und Stabilität sowie betriebliche und Planungsprobleme vertieft.

Die Liberalisierung im Bereich der elektrischen Energieversorgung und die damit verbundene Verschärfung der Konkurrenz werden die Unternehmen zwingen, die Anlagen bis an ihre Grenzen zu nutzen. Es erschien mir gerade deshalb umso wichtiger, das technische und energiewirtschaftliche Grundwissen dieses Gebiets zu aktualisieren und in vertiefter Form darzustellen. Stark gewichtet wurden die Grundlagen, da technologisches Wissen erfahrungsgemäss relativ schnell veraltet.

Elektrische Energieversorgungsnetze stellen komplexe technische Systeme dar, deren Verhalten durch Simulationen zuverlässig vorausgesagt werden kann. Diese sind heute (und in Zukunft noch mehr) dank der Fortschritte in der Computertechnik in nützlicher Frist möglich. Besonderen Wert habe ich deshalb auf eine strenge Modellierung auch der Dynamik der Anlageteile gelegt, wobei die Modellparameter im Hinblick auf die für die Praxis wichtige Identifikation jeweils physikalisch-messtechnisch gut begründet wurden. Ich bin überzeugt, damit nicht nur dem Studierenden und Autodidakten ein Lerninstrument, sondern auch dem in der Praxis stehenden Ingenieur ein nützliches Werkzeug in die Hand zu geben.

Die Darstellung der Theorie wird von zahlreichen der Veranschaulichung dienenden, aber auch aus der Praxis entnommenen Beispielen, begleitet. Entsprechend den didaktischen Erfahrungen ist es sicher nützlich, von den üblichen Idealisierungen, welche das physikalischanschauliche Verständnis fördern, auszugehen, für die praktische Brauchbarkeit dann aber auch notwendig, progressiv die Strenge der Darstellung und die mathematischen Anforderungen zu erhöhen. Angesichts der Vielfalt der Materie weisen nicht alle Kapitel denselben Schwierigkeitsgrad auf. Schwierigere Abschnitte können durchaus übersprungen werden, ohne dass das

Verständnis nachfolgender Teile beeinträchtigt wird. Ein linearer Aufbau ist angesichts der Komplexität der Materie ohnehin kaum möglich. Ein Gesamtverständnis kann nur mosaikartig entstehen, und die vielen Querverweise helfen hier weiter. Elementare elektrotechnische und mathematische Grundkenntnisse (einschliesslich Laplace-Transformation) werden vorausgesetzt oder z. T. in einführenden Kapiteln zusammengefasst.

Den zahlreichen Gesprächspartnern möchte ich für ihre Anregungen, Bemerkungen oder Daten danken. Ebenso den Firmen, die mir Unterlagen zur Verfügung gestellt haben. Für die Durchsicht von Manuskriptteilen oder besonders nützliche Hinweise bin ich den Herren Dr. D. Reichelt der NOK, Baden, Dr. J. Bertsch, A. Kara, H. Haldenmann und Dr I. M. Canay der ABB Schweiz sowie Prof. em. W. Zaengl, ETH Zürich, zu Dank verpflichtet. Meinem langjährigen Assistenten R. Haldi möchte ich für die Verfassung des Abschn. 14.7 danken. Ebenso bin ich meiner Frau für die sorgfältige Durchsicht des Manuskriptes dankbar. Dem Springer-Verlag sei für die stets angenehme Zusammenarbeit gedankt.

Biel V. Crastan
im Mai 1999

Inhalt

Teil I Einführung, UCTE, ENTSO-E, elektrotechnische Grundlagen, Hochspannungstechnik

1 Einführung, UCTE, ENTSO-E	3
1.1 Grundaufbau der elektrischen Energieversorgung	4
1.2 Organisation der Elektrizitätswirtschaft in einigen Ländern Europas (Rückblick)...	5
1.3 Elektrizitätsproduktion und -austausch in Europa	7
1.3.1 UCPTE (1951–1999)	8
1.3.2 UCTE (ab 1999)	9
1.3.3 Energieproduktion und Energieaustausch	10
1.4 Verband europäischer Übertragungsnetzbetreiber ENTSO-E	11
2 Elektrotechnische Grundlagen...................................	17
2.1 Drehstrom, Drehstromleistung	17
2.1.1 Wechselstrom versus Gleichstrom	17
2.1.2 Drehstrom	18
2.1.3 Drehstrom versus Einphasenwechselstrom	19
2.1.4 Scheinleistung, Wirkleistung, Blindleistung im Drehstromkreis	19
2.1.5 Momentane Phasenleistung	20
2.1.6 Momentane Drehstromleistung	22
2.2 Nenngrössen, p.u. Systeme	23
2.3 Symmetrische Dreiphasensysteme.............................	26
2.3.1 Ersatzschaltbild.......................................	26
2.3.2 Zweitore...	28
2.3.3 Berechnung von Spannungsabfall und Verlusten..........	29
2.4 Zeiger und Komponenten für Drehstrom	31
2.4.1 Zeiger im Einphasenkreis	31
2.4.2 Darstellung dynamischer Vorgänge.....................	32
2.4.3 Raumzeigerdarstellung des Dreiphasensystems	33
2.4.4 Raumzeiger versus symmetrische Komponenten	35

2.4.5　Raumzeiger und $\alpha\beta 0$-Komponenten 36
　　　2.4.6　Parkzeiger und Parkkomponenten 37
　2.5　Das elektromagnetische Feld 40
　　　2.5.1　Feldgleichungen 40
　　　2.5.2　Energie des Feldes 41
　　　2.5.3　Feldpotentiale 43
　　　2.5.4　Elektrisches Feld im Dielektrikum 43
　　　2.5.5　Das Strömungsfeld 44
　　　2.5.6　Magnetisches Feld 44
　　　2.5.7　Magnetisches Feld von Leitern 46
　　　2.5.8　Technischer elektromagnetischer Kreis 50
　　　2.5.9　Elektromagnetische Kräfte 52
　Literatur 54

3　Grundlagen der Hochspannungstechnik 55
　3.1　Hohe Spannungen in Energieversorgungsnetzen 55
　　　3.1.1　Normspannungen, Prüf- und Bemessungsspannungen 56
　　　3.1.2　Blitzentladungen 58
　　　3.1.3　Innere Überspannungen 62
　　　3.1.4　Gegenstand der Hochspannungstechnik 62
　3.2　Elektrische Festigkeit der Isoliermittel 63
　　　3.2.1　Durchschlag, Teildurchschlag 63
　　　3.2.2　Verhalten im homogenen Feld 64
　　　3.2.3　Verhalten im inhomogenen Feld 64
　3.3　Feldberechnung 66
　　　3.3.1　Grundlagen 66
　　　3.3.2　Verfahren mit Finiten Elementen 68
　　　3.3.3　Superpositionsverfahren 71
　　　3.3.4　Einfache Anordnungen mit 2 Elektroden 74
　　　3.3.5　Wirkung der Raumladung 80
　3.4　Ersatzschaltbild des Dielektrikums 82
　　　3.4.1　Elementares Modell 82
　　　3.4.2　Polarisationserscheinungen und exaktere Modelle 84
　3.5　Heterogene Isolierungen 86
　　　3.5.1　Querschichtung von Isolierstoffen 86
　　　3.5.2　Längs- und Schrägschichtung 88
　　　3.5.3　Zylinder- und Kugelschichtungen 89
　　　3.5.4　Poröse imprägnierte Stoffe 89
　3.6　Gasentladung und Gaszündung 90
　　　3.6.1　Verhalten der Gase bei kleinen Feldstärken (V/cm) 91
　　　3.6.2　Verhalten bei grossen elektrischen Feldstärken (kV/cm) 92
　　　3.6.3　Physikalische Erklärung der Stossionisierungsfunktion 94
　　　3.6.4　Zündmechanismus 95
　　　3.6.5　Berechnung des Durchschlags im homogenen Feld 98
　　　3.6.6　Berechnung der Zündung im inhomogenen Feld 101
　　　3.6.7　Verhalten nach der Zündung 106

3.7	Gasdurchschlag im stark inhomogenen Feld		107
	3.7.1	Teilentladungen	107
	3.7.2	Durchschlagmechanismus	108
	3.7.3	Einfluss der Schlagweite auf die Durchschlagsspannung	112
	3.7.4	Einfluss des Druckes	114
	3.7.5	Einfluss der Entladezeit	115
3.8	Flüssige und feste Isolierstoffe		116
	3.8.1	Flüssige Isolierstoffe	116
	3.8.2	Feste Isolierstoffe	117
3.9	Überschlag und Gleitentladungen		122
	Literatur		126

Teil II Elemente des Drehstromnetzes und ihre Modellierung

4 Transformatoren ... 129

4.1	Bauarten		129
4.2	Schaltungsarten von Drehstromtransformatoren		131
4.3	Transformatormodelle		133
	4.3.1	Transformatorphysik	133
	4.3.2	Ersatzschaltbilder	134
4.4	Bestimmung der Transformatorparameter		137
	4.4.1	Leerlaufversuch	138
	4.4.2	Kurzschlussversuch	138
	4.4.3	Kennwerte des Transformators	139
4.5	Stationäre Matrizen und Dynamikmodelle		141
	4.5.1	Stationäre Matrizen	141
	4.5.2	Dynamikmodelle	142
4.6	Betriebsverhalten		144
	4.6.1	Einschaltverhalten	144
	4.6.2	Spannungsabfall	146
	4.6.3	Wirkungsgrad	148
	4.6.4	Parallelbetrieb	150
4.7	Spartransformator		150
	4.7.1	Prinzip	150
	4.7.2	Ersatzschaltbild	152
4.8	Einstellbare Transformatoren		153
	4.8.1	Umsteller	153
	4.8.2	Regeltransformatoren	153
4.9	Transformatoren in der Energieversorgung		155
	4.9.1	Kraftwerks- und Unterwerks (Netz)-Transformatoren	155
	4.9.2	Netzkupplungstransformatoren	155
	4.9.3	Verteilungstransformatoren	156
	4.9.4	Spezialtransformatoren	156
	Literatur		161

5 Elektrische Leitungen ... 163
- 5.1 Leitungsarten und -aufbau ... 163
  - 5.1.1 Freileitungen ... 164
  - 5.1.2 Kabelleitungen ... 166
- 5.2 Leitungstheorie ... 169
  - 5.2.1 Physikalische Grundlagen ... 169
  - 5.2.2 Leitungsgleichungen ... 170
  - 5.2.3 Interpretation der Lösung, Wanderwellen ... 173
- 5.3 Ersatzschaltbilder ... 176
  - 5.3.1 Elektrisch lange Leitung ... 176
  - 5.3.2 Elektrisch kurze Leitung ... 177
- 5.4 Bestimmung der Leitungsparameter ... 179
  - 5.4.1 Widerstandsbelag ... 179
  - 5.4.2 Induktivität von Mehrleitersystemen ... 180
  - 5.4.3 Induktivitätsbelag der Drehstrom-Einfachfreileitung ... 184
  - 5.4.4 Induktivitätsbelag der Drehstrom-Doppelfreileitung ... 184
  - 5.4.5 Induktivitätsbelag der Drehstromkabelleitung ... 186
  - 5.4.6 Kapazitäten von Mehrleitersystemen ... 186
  - 5.4.7 Potentialkoeffizienten von Freileitungen ... 188
  - 5.4.8 Kapazitätsbelag von Einfachfreileitungen ... 190
  - 5.4.9 Kapazitätsbelag von Drehstrom-Doppelfreileitungen ... 192
  - 5.4.10 Einfluss der Erdseile ... 193
  - 5.4.11 Kapazitätsbelag von Kabelleitungen ... 194
  - 5.4.12 Ableitungsbelag ... 194
  - 5.4.13 Übertragungsmass und Wellenimpedanz ... 195
- 5.5 p.u. Zweitormatrizen ... 203
- 5.6 Dynamikmodelle ... 204
  - 5.6.1 Momentanwertmodell mit konstanten Parametern ... 204
  - 5.6.2 Übertragungsfunktion und Eigenfrequenzen der Leitung ... 208
  - 5.6.3 Rationale Approximation der verzerrungsfreien Leitung ... 210
  - 5.6.4 Dynamikmodelle der elektrisch kurzen Leitung ... 211
  - 5.6.5 Zeigermodelle der verzerrungsfreien Leitung ... 212
- Literatur ... 214

6 Synchrongeneratoren ... 217
- 6.1 Aufbau und Prinzip der SM ... 217
- 6.2 Leerlaufbetrieb ... 220
  - 6.2.1 Erregerwicklung und magnetischer Kreis ... 220
  - 6.2.2 Luftspaltfeld ... 221
  - 6.2.3 Polfluss und magnetischer Hauptwiderstand ... 223
  - 6.2.4 Induzierte Leerlaufspannung (Polradspannung) ... 223
  - 6.2.5 Kennlinien und stationäres Leerlaufersatzschaltbild ... 224
  - 6.2.6 Dynamik der Erregerwicklung ... 225

6.3		Stationärer Lastbetrieb	226
	6.3.1	Statordrehfeld	226
	6.3.2	Resultierendes Drehfeld	227
	6.3.3	Hauptfluss der idealen Vollpolmaschine	228
	6.3.4	Induzierte Hauptspannung der idealen Vollpolmaschine	229
	6.3.5	Stationäres Zeigerdiagramm der idealen Vollpolmaschine	230
	6.3.6	Zweiachsentheorie der realen SM	231
	6.3.7	Zeigerdiagramm der realen SM	233
	6.3.8	Drehmoment und Wirkleistung	235
	6.3.9	Kennlinie bei Belastung, $\cos\varphi = 0$	236
6.4		Dynamik der SM	237
	6.4.1	Theoretische Maschine ohne Dämpferwirkungen	238
	6.4.2	SM mit lamelliertem Rotor und Dämpferwicklung	245
	6.4.3	SM mit massiven Polen	251
	6.4.4	Kurzschlussverhalten	252
6.5		Inselbetrieb und Kraftwerksregelung	256
	6.5.1	Inselbetrieb der SM	257
	6.5.2	Parallellauf von Kraftwerken und Gruppen	266
6.6		Parallellauf mit dem Netz	269
	6.6.1	Synchronisierung	269
	6.6.2	Leistungsabgabe der idealen Vollpolmaschine	270
	6.6.3	Leistungsdiagramm der idealen Vollpol-SM	275
	6.6.4	Wirk- und Blindleistungsabgabe der realen SM	276
	6.6.5	Leistungsdiagramm der realen SM	277
	6.6.6	Einfluss der nichtstarren Spannung	279
	6.6.7	Dynamik der SM am starren Netz	281
6.7		p.u. Modelle im Zustandsraum	287
	6.7.1	Gleichungssysteme	287
	6.7.2	Vollständiges lineares Zustandsraummodell	294
	6.7.3	Bestimmung der Parameter	297
	6.7.4	Lineare Zustandsraummodelle mit externen t. S	298
6.8		Kurzschlussverhalten mit t. S.	302
6.9		Modell der Netzkopplung der SM	306
		Literatur	308

7 Verbraucher, Leistungselektronik 309
   7.1 Die Asynchronmaschine 309
      7.1.1 Stationäres Verhalten 310
      7.1.2 Kurzschluss- und Anlaufstrom 312
      7.1.3 Dynamik der AM 314
      7.1.4 Leistungen und Drehmoment 317
      7.1.5 Vollständiges Modell der AM 319
      7.1.6 Modelle ohne t.S. des Stators 322

	7.2	Summarische Darstellung der Last	325
	7.3	Leistungselektronik	328
		7.3.1 Netzgeführte Dreiphasenbrücke	329
		7.3.2 Selbstgeführte Dreiphasenbrücke	331
	7.4	Netzqualität	333
		Literatur	337
8	**Schaltanlagen**		**339**
	8.1	Geräte	339
		8.1.1 Schaltgeräte	339
		8.1.2 Wandler	342
		8.1.3 Strombegrenzer	344
		8.1.4 Weitere Geräte und Anlagen	347
	8.2	Schaltungen und Bauformen	347
		8.2.1 Niederspannungsverteilanlagen	347
		8.2.2 Netzstationen	347
		8.2.3 Sammelschienenschaltungen in MS- und HS-Anlagen	348
		8.2.4 Mittelspannungsschaltanlagen	351
		8.2.5 Hochspannungsschaltanlagen	354
	8.3	Leit- und Schutztechnik	360
		Literatur	362

Teil III   Stationäres Verhalten symmetrischer Netze sowie von Netzen mit Unsymmetrien und deren Berechnung

9	**Symmetrische Netze**		**365**
	9.1	Netzformen	365
		9.1.1 Radial- oder Strahlennetz	366
		9.1.2 Ringnetz, Strangnetz	366
		9.1.3 Maschennetz	367
		9.1.4 Kriterien für die Wahl der Netzform	368
	9.2	Dreipoliger Kurzschluss	368
		9.2.1 Effektivwert des Kurzschlussstromes	369
		9.2.2 Die Kurzschlussleistung	371
		9.2.3 Berechnung des subtransienten Anfangskurzschlussstromes	373
		9.2.4 Begrenzung der Kurzschlussleistung	381
	9.3	Allgemeines Netzberechnungsverfahren	382
		9.3.1 Theoretische Grundlagen	382
		9.3.2 Anwendung auf das Kurzschlussproblem	385
		9.3.3 Reduktion der Knotenpunktadmittanzmatrix	389
	9.4	Berechnung nichtvermaschter Netze	390
		9.4.1 Einseitig gespeiste unverzweigte Leitung	390
		9.4.2 Einseitig gespeiste Leitung mit Verzweigungen	392
		9.4.3 Zweiseitig gespeiste Leitung	393

9.5 Betriebsverhalten der elektrischen Leitung 394
    9.5.1 Spannungsverhalten 394
    9.5.2 Leistungsverhalten 402
    9.5.3 Kompensation 404
    9.5.4 Übertragungsfähigkeit von Leitungen 411
9.6 Der Lastfluss vermaschter Netze 417
    9.6.1 Die Netzgleichungen 417
    9.6.2 Lösung des Lastflussproblems 419
    9.6.3 Begrenzungen der Lastflussvariablen 423
    9.6.4 Entkoppelte Lastflussberechnung 424
    9.6.5 Lastflusssteuerung und -optimierung 425
Literatur 427

10 Netze mit Unsymmetrien 429
10.1 Methode der symmetrischen Komponenten 429
    10.1.1 Symmetrie 429
    10.1.2 Bisymmetrie 430
    10.1.3 Nullspannung und Nullstrom 430
    10.1.4 Symmetrische Komponenten 432
10.2 Ersatzschaltbild eines symmetrischen Netzelements 436
    10.2.1 Längsimpedanz 436
    10.2.2 Queradmittanz 439
    10.2.3 Resultierendes Komponenten-Ersatzschema 440
10.3 Messung der Längs- und Querimpedanzen 441
10.4 Leitungsmodelle 443
    10.4.1 Symmetrische Leitung 443
    10.4.2 Neutralleiterwiderstand, Erdungswiderstand 444
    10.4.3 Unsymmetrische Leitung 446
    10.4.4 Nullinduktivität 448
    10.4.5 Ersatzschaltbild im Originalbereich 448
    10.4.6 Einfluss der Erdseile 449
    10.4.7 Modelle mit frequenzabhängigen Parametern 451
10.5 Transformatormodelle 452
    10.5.1 Hauptinduktivität L_{h0} 453
    10.5.2 Streuinduktivität $L_{\sigma 0}$ 453
    10.5.3 Nullersatzschaltbilder der wichtigsten
           Schaltgruppen 454
    10.5.4 Phasenverschiebung im Gegen- und Nullsystem 455
10.6 Modell der Synchronmaschine 455
10.7 Berechnung von Netzen mit Unsymmetrien 457
    10.7.1 Unsymmetrische Belastung 457
    10.7.2 Unsymmetrische Kurzschlüsse 464
    10.7.3 Allgemeine Querunsymmetrie 466
    10.7.4 Mehrfachunsymmetrien 467
    10.7.5 Längsunsymmetrie 469

10.8 Symmetrische Komponenten und Oberwellen 475
Literatur 477

Teil IV   Bemessungsfragen Kurzschlussbeanspruchungen Schalt- und Schutzprobleme

11 Bemessung von Netzelementen 481
   11.1 Transformatoren und Drosselspulen 481
   11.2 Synchronmaschinen 485
   11.3 Leitungen 487
      11.3.1 Das wirtschaftliche Optimum 488
      11.3.2 Erwärmung 492
      11.3.3 Mechanische Bemessung von Freileitungen 499
   11.4 Kondensatoren 503
      11.4.1 Dimensionierungsgrundlagen 503
      11.4.2 Kennwerte und Aufbau 504
      11.4.3 Anwendungen 505
   Literatur 506

12 Kurzschlussbeanspruchungen 507
   12.1 Kenngrössen des momentanen Kurzschlussstromes 507
      12.1.1 Momentaner Kurzschlussstromverlauf 507
      12.1.2 Berechnung des Stosskurzschlussstromes 510
      12.1.3 Berechnung des Ausschaltwechselstromes 512
      12.1.4 Berechnung des thermisch wirksamen Kurzzeitstromes ... 513
   12.2 Thermische Kurzschlussfestigkeit 517
   12.3 Mechanische Kurzschlussfestigkeit 520
      12.3.1 Berechnung elektromagnetischer Kräfte 520
      12.3.2 Kurzschlusskräfte 526
      12.3.3 Mechanische Überprüfung 529
   Literatur 532

13 Schalter und Schaltvorgänge 533
   13.1 Lichtbogentheorie 533
      13.1.1 Lichtbogenentstehung 533
      13.1.2 Eigenschaften des Lichtbogens 534
      13.1.3 Stationäre Lichtbogenkennlinie 536
      13.1.4 Dynamik des Lichtbogens 537
   13.2 Ausschalten von Gleichstrom 540
   13.3 Ausschalten von Wechselstrom 543
      13.3.1 Dynamische Lichtbogenkennlinie 543
      13.3.2 Löschvorgang und Löschbedingungen 546
   13.4 Schaltgeräte 548
      13.4.1 Gasströmungsschalter 550
      13.4.2 Vakuumschalter 551

13.5 Schaltüberspannungen 556
    13.5.1 Wiederkehrende Spannung im Einphasenkreis 556
    13.5.2 Wiederkehrende Spannung im Drehstromkreis 556
    13.5.3 Abstandskurzschluss................................. 559
    13.5.4 Einschalten kapazitiver Ströme 560
    13.5.5 Ausschalten kleiner Blindströme...................... 562
Literatur... 565

14 Schutztechnik 567
14.1 Sternpunktbehandlung 569
    14.1.1 Netze mit isoliertem Sternpunkt 570
    14.1.2 Netze mit Erdschlusskompensation 571
    14.1.3 Netze mit niederohmiger Sternpunkterdung 573
    14.1.4 Netze mit strombegrenzender Sternpunkterdung 573
    14.1.5 Erdfehlerfaktor 574
14.2 Leitungsschutz.. 575
    14.2.1 Sicherungen....................................... 575
    14.2.2 Schutzschalter..................................... 577
    14.2.3 Zeitstaffelschutz.................................... 578
    14.2.4 Vergleichsschutz 581
    14.2.5 Kurzunterbrechung 582
14.3 Generatorschutz... 583
    14.3.1 Stator- und Blockschutz............................. 583
    14.3.2 Rotorschutz Erdschlussschutz 584
    14.3.3 Weitere Schutzeinrichtungen 585
14.4 Transformatorschutz 586
    14.4.1 Klassische Schutzeinrichtungen 586
    14.4.2 Differentialschutz 586
    14.4.3 Folgen der Liberalisierung des Strommarktes 587
    14.4.4 Umweltschutz 587
14.5 Sammelschienenschutz 588
14.6 Überspannungsschutz 589
    14.6.1 Überspannungen im Netz............................ 590
    14.6.2 Isolationskoordination 592
    14.6.3 Überspannungsableiter 593
    14.6.4 Schutzbereich 597
    14.6.5 Fern- und Naheinschläge 599
14.7 Schutzmassnahmen für Lebewesen (Rudolf Haldi) 601
    14.7.1 Wirkungen des elektrischen Stromes auf Menschen 601
    14.7.2 Wirkungen des elektrischen Stromes auf Nutztiere 604
    14.7.3 Die Normen 604
    14.7.4 Schutzmassnahmen................................. 605
Literatur... 615

Anhang A 617

Anhang B 623

Anhang C 647

Sachverzeichnis 651

Symbole

Allgemeine Regeln

Momentanwerte, p.u. Grössen:	Kleinbuchstaben
Effektivwerte:	Grossbuchstaben
Komplexe Grössen:	unterstrichen; wenn nicht, im Text erwähnt
Vektoren:	überstrichen oder fettgedruckt
Matrizen:	Grossbuchstaben und fettgedruckt
Dreiphasengrössen:	Indizes a, b, c (zyklisch vertauschbar) oder L_1, L_2, L_3 (leitergebunden)

Neben den folgenden im ganzen Buch verwendeten, meist mit den IEC/CEI-Normen übereinstimmenden Formelzeichen und Indizes (Ausnahmen z. B Drehmoment M statt T, Schlupf σ statt s) werden für die einzelnen Kapitel die anschliessend aufgeführten häufigen oder zusätzlichen Formelzeichen und Indizes gebraucht.

Durchweg verwendete Symbole

Formelzeichen

A	Fläche, Querschnitt
a	Abstand
B	magnetische Induktion
C	Kapazität
D	elektrische Verschiebung
E, e	Quellenspannung, Polradspannung, induzierte Spannung
E	elektrische Feldstärke
F	Kraft
f	Frequenz (Hz)
G, g	Leitwert
H	magnetische Feldstärke
I, i	Strom

J	Stromdichte
L	Induktivität
l	Länge
M, m	Drehmoment
M	Koppelinduktivität
N	Windungszahl
n	Drehzahl (U/min)
P, p	Wirkleistung, Verlustleistung
p	Polpaarzahl
Q, q	Blindleistung
Q	Ladung
R, r	Widerstand
R_w	Wellenwiderstand
R, r	Radius
S, s	Scheinleistung
s	Laplacesche Variable
T	Zeitkonstante
T	absolute Temperatur (K)
t	Zeit
U, u	Spannung
V	Volumen
v	Geschwindigkeit
W	Energie, Koenergie
X, x	Reaktanz
x, y, z	Koordinaten
Y, y	Admittanz
Z, z	Impedanz
Z_w, z_w	Wellenimpedanz
α	Dämpfungsmass
α	Temperaturkoeffizient
ß	Phasenmass
γ	Übertragungsmass
γ	spezifisches Gewicht
δ	Luftspalt
δ	Verlustwinkel (Dielektrikum)
ε	Dielektrizitätszahl
η	Wirkungsgrad
Θ, θ	Durchflutung
ϑ	Verlustwinkel (Leiter)
ϑ	Temperatur (°C)
μ	Permeabilität
ρ	spezifischer Widerstand
σ	Streufaktor
σ	Schlupf
τ	Laufzeit

τ	Kurzschlussdauer
Φ, φ	magnetischer Fluss
φ	elektrisches Potential
φ	Phase von I relativ zu U
Ψ, ψ	magnetische Flussverkettung
ψ	elektrischer Fluss
ω	Kreisfrequenz (elektr., mech.)

Indizes, tiefgestellt

al	Aluminium
cu	Kupfer
d	Achsenkomponente (d, q, 0)
f	Feldwicklung (Erregerwicklung)
e	elektrisch
eff	Effektivwert
fe	Eisen
k	Kurzschluss
m	mechanisch
max	Maximum
min	Minimum
n	Netz-Nenngrössen
q	Achsenkomponente (d, q, 0)
r	Nenngrössen (rated)
α, β	Achsenkomponenten (α, β, 0)
Δ	verkettet, Dreiecksgrössen
0	Anfangswert, charakter. Wert
0	Leerlaufwert
0	Nullkomponente
1, 2	primär/sekundär (Trafo) Eingang/Ausgang
1, 2, 3...	mehrere Objekte
α, β, 0	Diagonalkomponenten
1, 2, 0	symmetrische Komponenten
d, q, 0	Park-Komponenten

Indizes, hochgestellt

*	komplex konjugiert
$'$	transient
$''$	subtransient

Kapitel 2

Formelzeichen

A	Vektorpotential
a	Koeffizienten der Kettenmatrix
a	Drehzeiger $e^{j120°}$
a	Deformation
d	Abstand
E	Einheitsmatrix
F	Fläche
G(s)	Übertragungsfunktion
J	Trägheitsmoment
K	Rotationsmatrix
M_{Br}	Bezugsdrehmoment
n	p.u. Drehzahl
p	Differenzieroperator
p(t)	momentane Leistung
r	Abstand
S	Pointingscher Vektor
W, w	Wechselstromgrösse
α, β	Winkel
γ	Leitfähigkeit
Δ	Determinante
δ	Leistungswinkel (Zweitor)
ε	p.u. Spannungsabfall
ϑ	Phase der Spannung
ϑ	Spannungswinkel (Zweitor)
ρ	Raumladungsdichte
ω_{ref}	Referenzkreisfrequenz

Indizes, tiefgestellt

b	Belastung
e	Erregerwicklung
h	Haupt (-fluss, -indukt.)
Im	Imaginärteil
k	Koppel (-kapazität)
m	magnetisch
ph	Phase (einphasig)
r	relativ (bei ε und μ)
Re	Realteil
v	Verluste
δ	Luftspalt
σ	Streuung

Kapitel 3

Formelzeichen

D	Durchmesser
d	Abstand
E_a	Zündfeldstärke
E_d	Durchschlagfeldstärke
e	Ladung Elektron
F	Fläche
h	Höhe, Abstand
j	Rekombinationsrate
n	Trägerzahl
P	Polarisation
p	Porosität
p	Druck
ü	Überschlagweg
u_B	Blitzstossspannung
U_a	Zündspannung
U_d	Durchschlagspannung
$U_{\Delta m}$	höchste Betriebsspannung
u_{rB}	Bemessungs-Blitzstossspannung
u_{rS}	Bemessungs-Schaltstossspannung
U_{rW}	Bemessungs-Wechselspannung
α, β	Winkel
α	Stossionisierungszahl
α	Potentialkoeffizient
α	Elementfunktionen (F.E.)
γ	Leitfähigkeit
γ	Rückwirkungskoeffizient
δ	relative Gasdichte
η	Homogenitätsgrad
λ	freie Weglänge
ρ	Raumladungsdichte
τ	Zeitkonstante

Indizes, tiefgestellt

a	Zündgrösse
d	Durchschlaggrösse
d	dielektrisch
m	Mittelwert
r	Relativwert (für ε und ρ)
r	Feldgrösse im Abstand r
S	Schaltstoss

Indizes, hochgestellt

′ längenbezogen (Belag)

Kapitel 4

Formelzeichen

K	Ausnutzungsfaktor
i_m	p.u. Nennleerlaufstrom
p_{fer}	p.u. Eisennennverlusste
p_{cur}	p.u. Kupfernennverluste
S_e	Eigenleistung
S_d	Durchgangsleistung
ü	Übersetzung OS/US
u_k	p.u. Kurzschlussspannung
$ü_s$	Übersetzung Spartransformator
α_{fe}	spezifische Eisenverluste
α, β	Impedanzverhältnis
ε	p.u. Spannungsabfall
ϑ	Spannungswinkel (Zweitor)
τ	Übersetzung sekundär/primär
τ_L	Übersetzung in L-Schaltung
τ_w	Wandlerübersetzung (ideale)
φ	Phasenverschiebung

Indizes, tiefgestellt

B	Bürde
h	Haupt (-fluss, -induktivität)
L	längs
m	magnetisch, Magnetisierung
OS, o	Oberspannung
pu	p.u. Grösse
Q	quer
s	Spartransformator
US, u	Unterspannung
μ	Magnetisierung
σ	Streuung

Indizes, hochgestellt

′ auf Primärseite umgerechnete Grössen (Trafo)

Kapitel 5

Formelzeichen

a	Teilleiterabstand
D	Abstand
d	Abstand
G	Gewicht
g	mittl. geometrischer Abstand
h	Höhe
K	Rotationsmatrix
K(s)	charakteristisches Polynom
k_{sR}, k_{sL}	Stromverdrängungsfaktoren
m	Phasenzahl
r	Reflexionsfaktor
R_b	Radius Bündelleiter
R_g	Gleichstromwiderstand
S	Pointingscher Vektor
α	Potentialkoeffizient
Δ	Determinante
δ	Eindringtiefe
ε	p.u. Spannungsabfall
ζ	Dämpfungsfaktor
η	Stromverdrängungsparameter
ϑ	Spannungswinkel
σ	Verzerrungsfaktor
ψ	Phasenverschiebung
ω_0	Resonanzkreisfrequenz
ω_e	Eigenkreisfrequenz

Indizes, tiefgestellt

e, A	einfallend
k	Koppel (-admittanz)
r, B	reflektiert

Indizes, hochgestellt

′	längenbezogen (Belag)

Kapitel 6

Formelzeichen

C	Ausnutzungsfaktor
D	Durchmesser

E	Hauptspannung
E_p	Polradspannung
$G(s)$	Übertragungsfunktion
I_k''	Anfangskurzschlussstrom
J	Trägheitsmoment
k_w, k_{wf}	Wicklungsfaktoren
L_{fhd}	Kopplungsinduktivität
L_{hd}, L_{hq}	Hauptinduktivitäten
n	p.u. Drehzahl
n_s	p.u. synchrone Drehzahl
p	Differenzieroperator
R_{mh}	magnetischer Hauptwiderstand
X_{fhd}	Kopplungsreaktanz
X_{hd}, X_{hq}	Hauptreaktanzen
x_d, x_q	p.u. Synchronreaktanzen
α	Eisendurchflutungszahl
β	Formfaktor
δ	Polradwinkel
ε	p.u. Spannungsabfall
ζ	Dämpfungsfaktor
ϑ	Phase der Spannung
ν	Schwingungskreisfrequez
γ	Sättigungsfaktor
τ_u, τ_i	Spannung-, Stromübersetzung
τ_p	Polteilung
ω_s	synchrone Kreisfrequenz

Indizes, tiefgestellt

a	Antriebsgrössen
D	Längsdämpferwicklung
h	Haupt (-fluss, -induktivität)
L	Last
m	magnetisch
p	Polrad
Q	Netzgrössen
Q	Querdämpferwicklung
s	synchron, synchronisierend
s	statorbezogen
δ	Luftspalt
σ	Streuung

Symbole   XXIX

Kapitel 7 und 8

Formelzeichen

$G(s)$	Übertragungsfunktion
I_a	Ausschaltstrom
J	Trägheitsmoment
K	Rotationsmatrix
m	Modulationsfunktion
M	Modulationsgrad
M_b, m_b	Belastungsmoment
n	p.u. Drehzahl
f	p.u. Frequenz
p	Differenzieroperator
s	Schaltfunktion
S_a	Ausschaltleistung
T_m	mech. Zeitkonstante (Anlaufzeit)
α	Zündwinkel
ϑ	Phase
λ	Gesamtstreufaktor
ζ	Dämpfungsfaktor
ν_0	Resonanzkreisfrequez
ν_e	Eigenkreisfrequenz
τ	Zeitkonstante
ω_s	synchrone Kreisfrequenz

Indizes, tiefgestellt

A	Anlaufgrössen
C	kapazitiv
d	Gleichstrom (direct current)
e	Ersatzgrössen
h	Haupt (-fluss, -induktivität)
K	Kippgrössen
L	induktiv
m	Magnetisierung
m	Mittelwert
p	Spitzenwert (peak)
R	Resistive
σ	Streuung

Indizes, hochgestellt

′	relative Abweichungen

Kapitel 9

Formelzeichen

a	Koeffizienten der Kettenmatrix
B	Blindleitwert (Suszeptanz)
E_p''	subtransiente Polradspannung
k	Kompensationsgrad
I_k''	Anfangskurzschlussstrom
p	Differenzieroperator
P_{nat}	natürliche Leistung
S_k''	Kurzschlussleistung
Z_Q	Netzimpedanz
α	Admittanzwinkel
ε	p.u. Spannungsabfall
ϑ	Phase der Spannung
ϑ	Spannungswinkel (Leitung)
σ	Sicherheitsmarge

Indizes, tiefgestellt

C	kapazitiv
cr	physikalisch kritisch
cp, q	Parallel-, Querkompensation
cs, l	Serie-, Längskompensation
E	Einspeisung
G, g	Generator
K	Kabel
k	kompensiert
krit	kritisch bezüglich Ladeleistung
L	induktiv
L	Leitung, Freileitung
p	Polrad
Q	Netzgrössen
T	Transformator
th	thermische Grenze
v	Verluste
w	wirksam
zul	zulässig

Indizes, hochgestellt

′	längenbezogen (Belag)

Symbole   XXXI

Kapitel 10

Formelzeichen

a	Drehzeiger $e^{j120°}$
d	Abstand
h	Höhe, Abstand
ü	Übersetzung
W, w	Wechselstromgrösse
Z'	rechtsläufige Koppelimpedanz
Z''	linksläufige Koppelimpedanz
δ	Eindringtiefe
φ	Phasenverschiebung (Trafo)

Indizes, tiefgestellt

E, e	Erde, Erdung
h	Haupt (-fluss, -induktivität)
k	Koppel (-Kapazität usw.)
m	Moden
p	Polrad
q	Erdseil
σ	Streuung

Indizes, hochgestellt

′	längenbezogen (Belag)

Kapitel 11

Formelzeichen

A	Strombelag
B	Umfang
C	Ausnutzungsfaktor
c	spezifische Wärme
d	Abstand
E	Elastizitätsmodul
f	Durchhang
H	Heiztemperatur
h	Höhe, Abstand
h	Dauer (Dauerlinie)
h	Wärmeübergangszahl
K, k	Kosten
k	Wicklungsfaktor

l_{cr}	kritische Spannweite
s	Seillänge
s	Weglänge
α_{fe}	spezifische Eisenverluste
γ_s	Zusatzlast
ϑ_∞	stationäre Temperatur
σ	Seilzugspannung
σ	Biegespannung
τ_p	Polteilung

Indizes, tiefgestellt

h	Haupt (-fluss, -induktivität)
m	Mittelwert
m	Magnetisierung
opt	optimal
th	thermische Grenze
zul	zulässig
δ	Luftspalt
μ	Magnetisierung
σ	Streuung

Indizes, hochgestellt

′	längenbezogen (Belag)

Kapitel 12

Formelzeichen

B	Umfang
D	Deformation
E	Elastizitätsmodul
H	Höhe
h	Wärmeübergangszahl
M	Biegemoment
m	Masse
m, n	Faktoren von Roeper
r	Abstand
s	Weg
W	Widerstandsmoment
α	Anfangsphase Spannung
α	Winkel
α	Stützpunktfaktor
β	Leiterfaktor

Symbole

γ   Eigenfrequenzfaktor
κ   Stossfaktor
ν   Frequenzfaktor
μ   Abklingfaktor
σ   mech. Spannung

Indizes, tiefgestellt

a   Ausschaltgrössen
a   Anfangswert
dyn   dynamisch wirksam
m   magnetisch
m   Mittelwert
p   Spitzenwert (peak)
th   thermisch, thermisch wirksam
v   Schaltverzug
zul   zulässig

Indizes, hochgestellt

′   längenbezogen (Belag)

Kapitel 13

Formelzeichen

f_i, f_u Steilheitsfaktor
k_i, k_u Steilheit
P   Wärmeleistung
Q   Wärmeinhalt
u_c Kontaktspannung
u_c Kondensatorspannung
u_w wiederkehrende Spannung
t_s Schaltzeit
t' relative Zeit
γ   Wiederzündungsparameter
γ   Überschwingfaktor
ζ   Dämpfungsfaktor
τ   Lichtbogenzeitkonstante
ω_e Eigenkreisfrequenz
ω_0 Resonanzkreisfrequenz

Indizes, tiefgestellt

B   Lichtbogengrössen
L   Leitungsgrössen

Q   Netzgrössen
i   Strom
u   Spannung

Kapitel 14

Formelzeichen

a   Schutzbereich
k_u Spannungsteilheit
i_D Durchlassstrom
i_P Stosskurzschlussstrom
i_s Ableitstossstrom
R_A nichtlinearer Widerstand
R_B Betriebserdung
R_L Lichtbogenwiderstand
R_{est} Stosserdungswiderstand
R_S Schutzerdung
t_s Schmelzzeit
t_s Stirnzeit
U_c Dauerspannung des Ableiters
u_B Blitzstossspannung
U_L Löschspannung
$U_{\Delta m}$ höchste Betriebsspannung
u_{rB} Bemessungs-Blitzstossspannung
u_{re} Restspannung
u_{rS} Bemessungs-Schaltstossspannung
U_{rw} Bemessungs-Wechselspannung
v   Wellengeschwindigkeit
φ_k Kurzschlussphasenwinkel
δ Erdfehlerfaktor
δ_L Lastabwurffaktor

Indizes, tiefgestellt

E   Erde, Erdschluss
G   Generator
K   Kurzschlusspunkt
L   Leitung
T   Transformator

Teil I
Einführung, UCTE, ENTSO-E, elektrotechnische Grundlagen, Hochspannungstechnik

Kapitel 1
Einführung, UCTE, ENTSO-E

Der Beginn der öffentlichen Elektrizitätsversorgung kann weltweit um 1880 datiert werden. Seither ist die Elektrizität einer der Hauptmotoren der industriellen Entwicklung und spielt heute bei der Automatisierung der Arbeitsprozesse und Informatisierung der Gesellschaft eine entscheidende Rolle. Man kann sie als eigentlichen Lebensnerv der hochentwickelten technisch-wissenschaftlichen Zivilisationsform betrachten; dementsprechend sind die Ansprüche an die Qualität, Sicherheit und Zuverlässigkeit der elektrischen Energieversorgung sehr hoch.

Weltweit deckte die elektrische Energie 2008 ca. 19 % des Endergiebedarfs mit steigender Tendenz. In der Schweiz z. B. betrug 2008 der Anteil der elektrischen Energie an der Endenergie gut 25 %.

Der Erfolg der elektrischen Energie hängt damit zusammen, dass sie

- sich praktisch aus jeder Primärenergieform erzeugen lässt,
- sich bequem und wirtschaftlich auch über große Distanzen transportieren lässt,
- jederzeit und überall verlässlich verfügbar ist (dank dem Verbundnetz),
- sich bequem und mit bestem Wirkungsgrad in alle Nutzenergieformen umwandeln lässt und damit sehr vielseitig verwendbar ist,
- weitgehend sauber und umweltfreundlich ist, sofern sie sauber erzeugt und fachgemäß angewendet wird,
- für die moderne Kommunikationstechnik und Informatik unentbehrlich ist,
- sich leicht messen und steuern lässt.

Diese Eigenschaften stellen sicher, dass elektrische Energie auch in Zukunft eine der wichtigsten, vermutlich die wichtigste Energieform bleiben wird. Die energiewirtschaftliche Rolle und Bedeutung der elektrischen Energie im Rahmen der allgemeinen Energieversorgung und deren soziale und ökologische Implikationen werden in Bd. 2 behandelt. Ebenso werden dort die energiewirtschaftlichen und technischen Grundlagen der Umwandlung hydraulischer, thermischer und anderer Energieformen in elektrische Energie dargelegt, die eng mit den hier vermittelten Grundlagen der elektrischen Energieversorgungsnetze zusammenhängen und diese ergänzen.

Im Laufe ihrer Entwicklung wandelte sich die Struktur der Energieversorgung in den industriell entwickelten Ländern von zunächst lokal begrenzten Versorgungsinseln zu einem großräumigen, länderübergreifenden Netz, das man als *Verbundnetz* bezeichnet. Diese Entwicklung wurde durch die markanten technischen und wirtschaftlichen Vorteile des Verbundes begünstigt, so bei den Investitionen (Kostendegression durch größere Anlagen), aber vor allem im Betrieb (Einsatz jeweils kostengünstigster Anlagen und Primärenergien, Ausgleich der wetterabhängigen Wasserkraftproduktion, Belastungsausgleich und damit bessere Ausnutzung der Anlagen, höhere Betriebssicherheit durch Unterstützung im Störungsfall, wesentlich bessere Frequenzhaltung).

1.1 Grundaufbau der elektrischen Energieversorgung

Die Abb. 1.1a und 1.1b zeigen den heutigen Aufbau eines elektrischen Energieversorgungsnetzes.

Man erkennt die wichtigsten Betriebsmittel: Generatoren, Transformatoren, Leitungen, Schaltanlagen, Umformer, Verbraucher. Es ist die Hauptaufgabe dieses Bandes, den Leser mit diesen Elementen vertraut, und darauf aufbauend, ihm die Funktion und das Verhalten des Energienetzes als Ganzes verständlich zu machen. Die einzelnen Netzteile, mit den üblichen Spannungsstufen, sind in Abb. 1.1a und 1.1b schematisch dargestellt. Abbildung 1.2 hebt in einer anderen Darstellung den hierarchischen Aufbau des Energieversorgungsnetzes und die zugeordneten, typischen Spannungsebenen hervor. Zu unterscheiden sind:

- öffentliche Stromversorgungsnetze,
- Industrienetze,
- Bahnnetze.

Öffentliche Netze sind nach Abb. 1.2 aufgebaut. Sie verwenden Drehstrom mit 50 Hz (Europa) oder 60 Hz (Nordamerika). Die nähere innere Struktur wird in Abschn. 9.1 besprochen. Als Kraftwerke stehen Öl- und Kohlekraftwerke sowie Kern- und Wasserkraftwerke zur Verfügung. In der Schweiz wurden in den Jahren 2002 bis 2004 durchschnittlich etwa 56 % der Energie aus Wasserkraft, 40 % aus Kernkraft und nur 4 % aus konventionellen thermischen Kraftwerken produziert.

Industrienetze werden, wie in Abb. 1.1b angedeutet, an Hoch- oder Mittelspannung angeschlossen. Besonders Großindustrien der Chemie, Petrochemie und Eisenbranche verfügen oft über eigene bedeutende, meistens thermische Kraftwerke, die Energie, z. B. aus Restwärme, Abfallstoffen oder mit Hilfe der Wärmekraftkopplung, erzeugen. Die Netze zeichnen sich durch besonders hohe Lastdichte und einen hohen Anteil an motorischen Verbrauchern aus und erfordern u. U. wegen stark variabler Last oder Erzeugung von Oberschwingungen besondere planerische Maßnahmen (Näheres zur Netzplanung in Bd. 3, Kap. 6)

Bahnnetze sind in Europa von Land zu Land sehr verschieden. Nur Länder, in denen deren Elektrifizierung relativ spät eingeführt wurde, verwenden Wechsel-

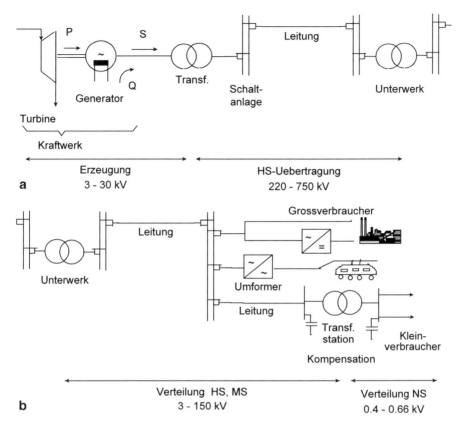

Abb. 1.1 Grundschema der elektrischen Energieversorgung: **a** Erzeugung, Hoch- und Höchstspannungsübertragung der elektrischen Energie, **b** Verteilung Hoch- und Mittelspannung sowie Niederspannung

strom mit 50 Hz (Großbritannien, Portugal, Dänemark, Ungarn, Finnland und z. T. Frankreich). Deutschland, Österreich, die Schweiz sowie Schweden und Norwegen entschieden sich Anfang des Jahrhunderts wegen der günstigeren Fahrmotoren für Wechselstrom 16/3 Hz. Die anderen Ländern verwenden Gleichstrom. Deutschland, Österreich und die Schweiz sind synchron miteinander gekoppelt, die Schweiz über Transformatoren, wegen verschiedener Erdung. Das Fahrleitungsnetz ist ein Wechselstromnetz mit Rückleitung über die Gleise und die Erde.

1.2 Organisation der Elektrizitätswirtschaft in einigen Ländern Europas (Rückblick)

Die Organisation ist gegenwärtig in den verschiedenen Ländern sehr unterschiedlich und befindet sich seit ca. 1995 in einer Umbruchphase. Der Zustand *Anfang bis Mitte der 90-er Jahre* sei am Beispiel *einiger EU-Länder* und der *Schweiz* festgehalten.

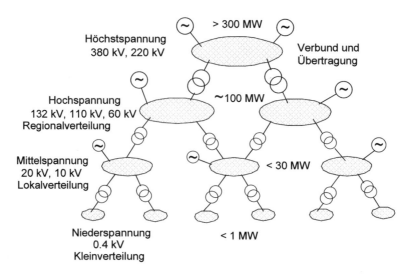

Abb. 1.2 Hierarchischer Aufbau des Energieversorgungssystems

Für die neuen Entwicklungen, in erster Linie durch die Liberalisierung ausgelöst, sei auf nachfolgendem Abschnitt und vor allem auf Bd. 2, Kap. 3 verwiesen.

Frankreich und Italien Die Energieversorgung beider Länder ist verstaatlicht und zentral verwaltet. Das Staatsunternehmen (EdF bzw. ENEL) nimmt, von der Elektrizitätsproduktion über den Fern- und Regionaltransport bis zur Endverteilung, alle Aufgaben monopolistisch wahr. Einzelne kleinere unabhängige Produzenten und Verteiler werden toleriert, bilden aber die Ausnahme.

Deutschland Die Elektrizitätsversorgung wird von acht Verbundunternehmen dominiert, welche 80 % des Stroms für die öffentliche Stromversorgung bereitstellen und ca. 40 % des Stroms direkt verteilen. Diese Unternehmen verfügen über ein gemeinsames Monopol für die Fernübertragung und koordinieren den Stromaustausch mit dem Ausland. Weitere 40 Regionalunternehmen, die zum Teil auch über eigene Erzeugungsanlagen verfügen (10 % der Gesamterzeugung), übertragen Strom zu kommunalen Sonder- und sonstigen Endabnehmern. Sie verteilen rund 30 % des Stroms. Die restliche Verteilung wird von ca. 500 meist kommunalen EVUs übernommen, die oft auch für die Gas-, Wasser- und Fernwärmeversorgung zuständig sind. Die Eigentümerstruktur ist sehr unterschiedlich, wobei aber die öffentliche Hand überwiegt. Die acht Verbundunternehmen zählen fast alle zu den gemischtwirtschaftlichen Unternehmen (unter 95 % öffentliches und unter 75 % privates Kapital).

Großbritannien Großbritannien ist in Zusammenhang mit den in der EU, aber auch weltweit laufenden Bestrebungen zur Einführung des Wettbewerbs in der Elektrizitätswirtschaft ein besonders interessantes Land. Noch vor einem Jahrzehnt war die Energieversorgung verstaatlicht und zentral gesteuert. Die Regierung Thatcher stellte sie 1990 auf eine völlig neue Basis. In Schottland sind zwei vertikal integrierte Unternehmen belassen, jedoch 1991 privatisiert worden. In England und Wales wurden Produktion, Übertragung und Netzbetrieb sowie Verteilung entflochten (d. h. buchhalterisch und managementmäßig getrennt). Alle Produktionsanlagen mit Ausnahme der Kernkraftwerke wurden privatisiert. Das gilt auch für die zwölf neugeschaffenen regionalen Verteilerunternehmen (RECs), die sowohl das Verteilungs- als auch das Endversorgungsgeschäft besorgen, jedoch mit der Auflage, die beiden Geschäfte strikt zu trennen. Die nationale Netzgesellschaft, welche als reine Dienstleistungsgesellschaft für den Betrieb des Transportnetzes verantwortlich ist, wurde als gemeinsame Tochterfirma der RECs gegründet.

Schweiz Die Organisation der schweizerischen Elektrizitätswirtschaft ist am ehesten mit derjenigen Deutschlands zu vergleichen, allerdings spielt sich alles in viel kleinerem Rahmen ab. Etwa 1200 EWs sind in der Schweiz tätig, wobei auf 163 Werke 95 % der Produktion und 70 % der Verteilung entfallen, der größte Teil davon wieder auf die 10 größten Werke. Die Versorgung wird von sieben großen Gesellschaften dominiert, wovon fünf (ATEL, BKW, EGL, EOS, NOK) ein z. T. gemeinsames Monopol für den Elektrizitätstransport haben. Die beiden anderen (CKW, EWZ) sind im Produktions- und Verteilungsgeschäft tätig. Die Elektrizitätsproduktion wird fast vollständig von diesen sieben Gesellschaften kontrolliert, die sich auch am Austausch mit dem Ausland beteiligen. Einige dieser Gesellschaften, wie z. B. EGL oder NOK, sind an der direkten Endversorgung nur schwach beteiligt. Insgesamt beträgt in der Schweiz der Anteil des privaten Kapitals rund 25 %. Die restlichen 75 % entfallen auf Kantone und Gemeinden. Von den sieben großen Gesellschaften sind drei (ATEL, CKW und EGL) vorwiegend privatwirtschaftlich organisiert.

Neuere Zusammenschlüsse der Gesellschaften sowie Art, Größe und räumliche Verteilung der wichtigsten Kraftwerke der Schweiz und den gegenwärtigen Stand des schweizerischen Höchstspannungsnetzes sind im Anhang III festgehalten. Die neuen Entwicklungen im Rahmen der Liberalisierungsanstrengungen sind in Bd. 2, Abschn. 3.7 dargelegt.

1.3 Elektrizitätsproduktion und -austausch in Europa

Seit 1951 besteht in Europa die UCPTE (Union für die Koordination der Erzeugung und des Transportes elektrischer Energie). Seit Juli 1999 ist sie durch die UCTE (Union für die Koordination des Transportes elektrischer Energie) ersetzt worden. Wegen der Liberalisierung fällt die Koordination der Produktion nicht mehr unter die Aufgaben der UCTE.

Seit 2003 umfasst das UCTE-Netz 24 europäische Länder (Belgien, Bosnien-Herzegowina, Bulgarien, Dänemark, Deutschland, Frankreich, Griechenland, Italien, Kroatien, Luxemburg, Mazedonien, Montenegro, Niederlande, Österreich, Polen, Portugal, Rumänien, Schweiz, Serbien, Slowakei, Slowenien, Spanien, Tschechien, Ungarn) mit ca. 450 Mio. Einwohner und einem Elektrizitätsverbrauch in 2008 von 2600 TWh (Abb. 1.3). Der Energieaustausch hat innerhalb der UCTE

Abb. 1.3 UCTE-Raum 2008

absolut und prozentual zugenommen und betrug im Jahre 2008 knapp 300 TWh, d. h. ca. 11 % des Verbrauchs.

1.3.1 UCPTE (1951–1999)

Die Initiative zu deren Gründung ging u. a. auch von der Schweiz aus. Die Elektrizitätsgesellschaft Laufenburg (EGL) spielt auch heute noch eine zentrale Rolle bei der Steuerung des Netzes. Der UCPTE/UCTE gehörten zunächst alle EU15-Länder an (mit Ausnahme von Großbritannien, Irland und Skandinavien) sowie die Schweiz und Ex-Jugoslawien. Alle diese Länder sind über das Drehstromnetz synchron verbunden.

Großbritannien und Irland sind aus geographischen Gründen keine Mitglieder der UCPTE/UCTE. Die Netze Großbritanniens und Irlands arbeiten als unabhängige Inselnetze. England bezieht allerdings über Gleichstrom-Seekabel erhebliche Elektrizitätsmengen aus Frankreich. Dänemark ist elektrizitätswirtschaftlich gespalten. Während Jütland mit dem UCPTE/UCTE-Netz synchron verbunden ist, hängt das Seeland mit Kopenhagen am NORDEL-Netz. Der NORDEL-Union gehören mit Dänemark alle skandinavischen Länder an. Ein kleiner Energieaustausch findet zwischen NORDEL-Netz und UCPTE/UCTE-Netz über Gleichstrom-Seekabel statt.

Das osteuropäische Netz (VES, Vereinigtes Energiesystem) wurde bis Anfang der 90er Jahre frequenzmäßig einheitlich von Russland aus dirigiert. Eine synchrone Kupplung mit dem UCPTE-Netz war wegen unzureichender technischer Eigenschaften des VES-Netzes nicht vollziehbar. Der Austausch mit dem UCPTE-Netz war gering und fand an verschiedenen Stellen mittels Gleichstromkurzkupplung statt. Nach dem Zerfall der Sowjetunion 1989 fiel nach und nach auch das VES-Netz auseinander. Das ostdeutsche Netz wurde 1995 in die UCPTE integriert, und seit 1996 ist, zunächst als Probebetrieb, die synchrone Kupplung des CENTREL-Netzes

1.3 Elektrizitätsproduktion und -austausch in Europa

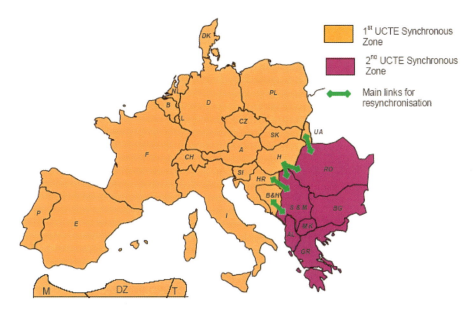

Abb. 1.4 Zoneneinteilung des UCTE-Netzes im Sommer 2004

(bestehend aus Polen, Ungarn, den Tschechischen und Slowakischen Republiken) mit der UCPTE vollzogen worden. Dieser Probebetrieb wurde im September 1997 erfolgreich abgeschlossen.

1.3.2 UCTE (ab 1999)

Abbildung 1.3 zeigt den aktuellen (2008) Stand des UCTE-Netzes. Als Folge der Kriegswirren, die seit 1991 Ex-Jugoslawien (Slowenien, Kroatien, Bosnien-Herzegowina, Serbien, Montenegro, ehem. jugosl. Republik Mazedonien) heimsuchten, musste das Netz in zwei Synchron-Zonen unterteilt und ein Teil dieser Staaten sowie Griechenland von der Synchron-Zone 1 abgetrennt werden (Abb. 1.4). Im Sommer 2003 sind zur Synchron-Zone 2 noch Rumänien und Bulgarien dazu gestoßen, womit die UCTE-Zone von 22 auf 24 Länder erweitert wurde. Eine Wiedersynchronisierung der beiden Zonen fand Herbst 2004 statt.

Das UCTE-Netz ist ein synchron arbeitendes Verbundnetz, das eine enge technische Kooperation aller Partner erfordert. Dazu ist die Einhaltung einiger Grundregeln notwendig, die durch die UCPTE/UCTE entwickelt und den Anforderungen der Zeit angepasst wurden. Eine aktualisierte Aufstellung der Regeln ist unter www.ucte.org zu finden bzw. seit 2009 auf www.entsoe.eu.

Mit dem im Oktober 2002 in Betrieb genommenen DACF (Day Ahead Congestion Forecast) versucht die UCTE, auch im liberalisierten Umfeld durch ein transparentes und nicht diskriminierendes Frühwarnsystem mögliche Engpässe im Verbundnetz

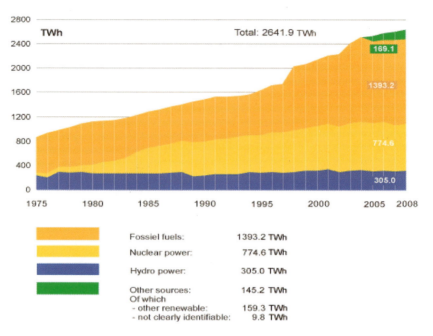

Abb. 1.5 Entwicklung und Aufteilung der Elektrizitätsproduktion seit 1975 (UCTE)

zu erkennen und dadurch die Sicherheit zu erhöhen und eine bessere Ausnutzung der Kapazitäten zu ermöglichen. Dazu ist ein gewisser Datenaustausch zwischen benachbarten Netzen unumgänglich.

1.3.3 Energieproduktion und Energieaustausch

Das UCPTE/UCTE-Netz ist zweifellos das wichtigste Verbundnetz Europas. In Zeiten höchster Belastung waren Mitte der 90er Jahre über 220.000 MW zusammengeschaltet. Die Gesamtkapazität der Kuppelleitungen zwischen den Ländern betrug über 55.000 MW, was rund 25 % der Höchstleistung oder ca. 15 % der installierten Kraftwerksleistung bedeutet. Davon entfiel rund ein Drittel auf die Schweiz. Dies unterstreicht die bedeutende Rolle der Schweiz als Transitland im Rahmen der UCPTE/UCTE.

In Abb. 1.5 ist die Entwicklung der Elektrizitätsproduktion im UCPTE/UCTE-Raum seit 1975 dargestellt. Im Jahr 2008 erreichte die produzierte Energiemenge 2642 TWh. Das Diagramm zeigt außerdem wie sich die Produktion auf fossile

1.4 Verband europäischer Übertragungsnetzbetreiber ENTSO-E

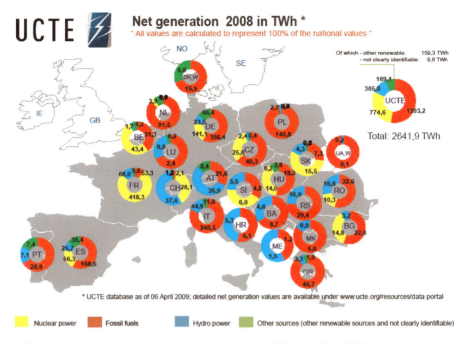

Abb. 1.6 Elektrizitätsproduktion der einzelnen Ländern 2008. (Quelle: UCTE)

Brennstoffe, Kernkraft, Wasserkraft und andere, vorwiegend erneuerbaren Energien aufteilt.

Wieviel die einzelnen Ländern beisteuern und wie dieser Beitrag sich auf die verschiedenen Energieträger verteilt zeigt Abb. 1.6. Die stärkste Klimaneutralität weisen die Schweiz, Frankreich und die Slowakei auf.

Der Energieaustausch betrug 2008 innerhalb des UCTE-Netzes 285 TWh und mit externen Netzen zusätzlich 50 TWh. Dieser Austausch hat sich seit 1975 (damals knapp 6 % des Verbrauchs) ständig erhöht. Der internationale Elektrizitätsaustausch hat somit stärker zugenommen als die Inlandnachfrage (Abb. 1.7). Die detaillierten Energieflüsse sind für 2008 in Abb. 1.8 wiedergegeben.

1.4 Verband europäischer Übertragungsnetzbetreiber ENTSO-E

Seit 1999 besteht der ETSO (European Transmission System Operators)als Verband der Betreiber der europäischen Netze UCTE, NORDEL (Skandinavien), UKTSO (Vereinigtes Königreich) und TSOI (Irland). Weitere osteuropäische Länder (BALTSOE) sind seitdem dazu gekommen. Ab 2009 nennt sich die aus 5 Verbundsystemen bestehenden Organisation ENTSO-E (Abb. 1.9). Sie dient als Plattform für die grenzüberschreitende technische Zusammenarbeit, die im Rahmen der fort-

Abb. 1.7 Elektrizitätsaustausch innerhalb der UCTE und mit externen Netzen von 1975 bis 2008. (Quelle: UCTE)

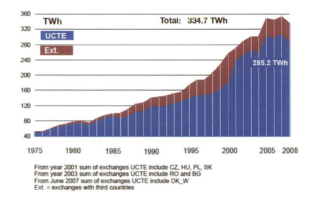

schreitenden Liberalisierung immer wichtiger wird. Zu beachten ist, dass NORDEL, UKTSO und TSOI frequenzmäßig unabhängig sind und BALTSOE an das russische Netz gekoppelt ist. Der Austausch mit diesen Netzen erfolgt über Gleichstromverbindungen. Abbildung 1.10 gibt einen Überblick über die im Jahr 2009 ausgetauschten Energiemengen.

Seit kurzem wird auch der synchrone Anschluss der Türkei an die UCTE angestrebt. Entsprechende Testversuche sind bereits durchgeführt worden. Näheres darüber in Bd. 3, Abschn. 3.8.

Kurze Umschreibung der Aufgaben des übernationalen Übertragungsnetzes:

Momentane Aufgaben

a) Bessere Frequenzhaltung und damit Erhöhung der Qualität der Elektrizitätsversorgung.
b) Erhöhung der Zuverlässigkeit der Energieversorgung durch rasche Unterstützung im Notfall.
c) Erhöhung der Wirtschaftlichkeit durch Reduktion der Reservehaltung (rotierende Reserve) eines jeden Landes.

Kurz- bis mittelfristige Aufgaben

d) Ausgleich der zeitlichen und örtlichen, meteorologisch und jahreszeitlich bedingten Schwankungen der Produktion hydraulischer Kraftwerke.
e) Optimaler Einsatz der Kraftwerke bezüglich Produktionskosten und Netzverlusten unter Beachtung der Netzsicherheit.

Mittel- bis langfristige Aufgaben

f) Nutzung von Primärenergien, die im Transport teurer sind als elektrische Energie (Braunkohle) oder ortsgebunden sind (Wasserkraft, Solarstrahlung, Windenergie).

1.4 Verband europäischer Übertragungsnetzbetreiber ENTSO-E

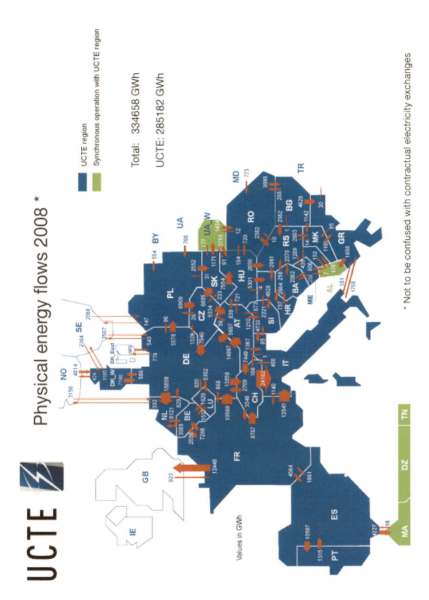

Abb. 1.8 Austausch elektrischer Energie in Europa 2008 (UCTE)

Abb. 1.9 ENTSO-E, Verband der europäischen Übertragungsnetzbetreiber

g) Ausgleich von meist politisch bedingten Scheren zwischen der Elektrizitätsnachfrage und dem Elektrizitätsangebot (Über- und Unterinvestitionen).
h) Langfristige volkswirtschaftliche Optimierung der Investitionen unter Berücksichtigung sozialer und ökologischer Aspekte.

Neue Aufgaben, die sich durch die Liberalisierung und den Einsatz erneuerbarer Energien aufdrängen

i) Beseitigung der Engpässe, die den freien durch den Elektrizitätsmarkt gewünschten internationalen Elektrizitätsaustausch behindern.
j) Anpassung durch rasche Regelungsmöglichkeiten an die zeitliche und örtliche Variabilität der neuen erneuerbaren Energien (Windenergie, Solarstrahlung).

Auf die hier angeschnittenen Probleme sowie auf die Fragen der Netzsteuerung, Netzoptimierung und Netzplanung wird in Bd. 2 und 3 eingegangen.

1.4 Verband europäischer Übertragungsnetzbetreiber ENTSO-E

Physical energy flows 2009 - graphical overview

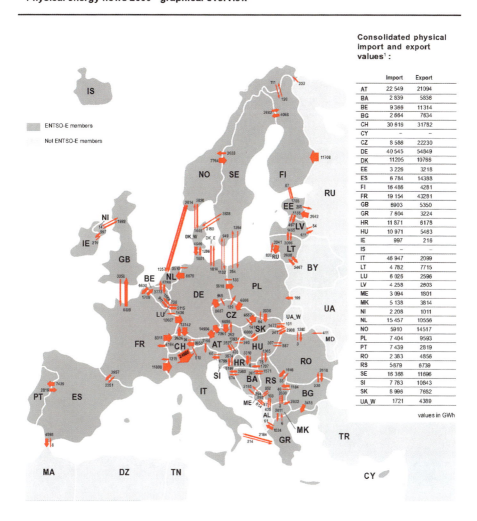

Sum of physical energy flows between ENTSO-E countries = 341585 GWh [2]

Total physical energy flows = 375474 GWh [2]

Abb. 1.10 Im ENTSO-E-Verbund 2009 ausgetauschten Energiemengen. (Quelle: www.entsoe.eu)

Kapitel 2
Elektrotechnische Grundlagen

2.1 Drehstrom, Drehstromleistung

Die für die Erzeugung, Übertragung und Verteilung elektrischer Energie verwendete Stromform ist im Normalfall der Drehstrom, da er, wie nachstehend ausgeführt, gegenüber Einphasenwechselstrom und Gleichstrom wesentliche Vorteile bietet. Einphasenwechselstrom wird nur in Bahnnetzen eingesetzt (Abschn. 1.1). Gleichstrom wird für die Kurzkupplung von Drehstromnetzen verschiedener Frequenz oder Frequenzqualität verwendet, ferner für Seekabelverbindungen und Hochleistungs-Fernübertragungen mit Freileitungen (> 500 km) dort, wo der Wechselstrom an seine Übertragungsgrenzen stösst (Abschn. 9.5.4).

2.1.1 Wechselstrom versus Gleichstrom

Vorteile des Wechselstroms:

- Spannung leicht veränderbar und somit optimale Anpassung an Leistung und Übertragungsentfernung.
- Lässt sich wesentlich leichter abschalten.
- Vorteile in den Anwendungen (z. B. bei Motoren).

Nachteile des Wechselstroms:

- Die Blindleistung muss übertragen oder kompensiert werden.
- Die Wirkleistungsübertragung kann zu Stabilitätsproblemen führen.

Die Vorteile überwiegen. Eine Ausnahme bilden die Fernübertragungen; billige Leistungselektronik verschiebt hier die Grenzen mehr und mehr zugunsten des Gleichstroms. Dazu Näheres in Bd. 3, Kap. 7 und 8.

Untersuchungen am Ende des 19. Jahrhunderts führten zur Wahl einer optimalen Frequenz von 50 Hz in Europa und 60 Hz in Nordamerika.

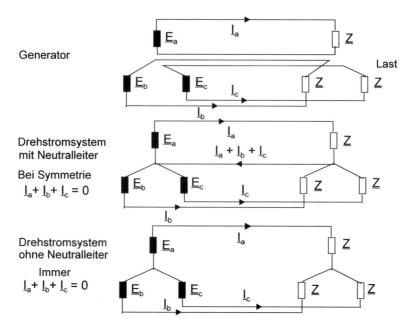

Abb. 2.1 Entstehung eines Drehstromsystems mit und ohne Neutralleiter aus drei um je 120° phasenverschobenen Einphasensystemen

2.1.2 Drehstrom

Ein Dreiphasen- oder Drehstromsystem entsteht in natürlicher Weise aus drei um je 120° phasenverschobenen Einphasensystemen (Abb. 2.1). Es kann mit oder ohne Neutralleiter (auch Nulleiter genannt) betrieben werden. Als *Phase* versteht man den aus *Phasenleiter* und (reellem oder fiktivem) *Neutralleiter* gebildeten Stromkreis. Beim Neutralleiter kann es sich um einen Kupferleiter handeln, der geerdet wird (Niederspannungsnetz), oder um die Erde selbst (Hoch- und Höchstspannungsnetz). In letzterem Falle werden die Transformatormittelpunkte in der Regel niederohmig geerdet. Mittelspannungsnetze (genaue Def. s. Kap. 3) werden ohne Neutralleiter oder mit Erdschlusslöschspulen betrieben (Abschn. 14.1). Abbildung 2.2 veranschaulicht die wichtigsten Begriffe und Grössen des Drehstromsystems.

Definitionen zu Abb. 2.2:

$\underline{U}_a, \underline{U}_b, \underline{U}_c$ = *Stern- oder Phasen- oder Leiter-Erd-Spannungen, bei Symmetrie*: $|\underline{U}_a| = |\underline{U}_b| = |\underline{U}_c| = U$

$\underline{U}_{ab}, \underline{U}_{bc}, \underline{U}_{ca}$ = *Aussenleiterspannungen oder verkettete Spannungen, bei Symmetrie*: $|\underline{U}_{ab}| = |\underline{U}_{bc}| = |\underline{U}_{ca}| = U_\Delta$

$\underline{I}_a, \underline{I}_b, \underline{I}_c$ = *Leiter- oder Phasenströme, bei Symmetrie*: $|\underline{I}_a| = |\underline{I}_b| = |\underline{I}_c| = I$

$\underline{I}_{ab}, \underline{I}_{bc}, \underline{I}_{ca}$ = *Dreieck- oder Strangströme, bei Symmetrie*: $|\underline{I}_{ab}| = |\underline{I}_{bc}| = |\underline{I}_{ca}| = I_\Delta$.

2.1 Drehstrom, Drehstromleistung

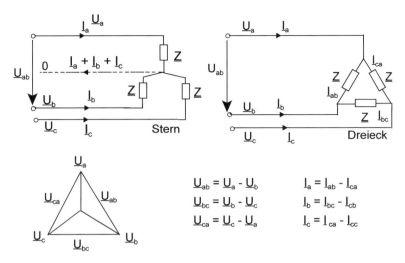

Abb. 2.2 Ströme und Spannungen des Dreiphasensystems

Wenn man von „Spannung des Dreiphasensystems" spricht, meint man in der Praxis immer die *Aussenleiterspannung* (*verkettete Spannung*). Sie ist die einzige in jedem Fall direkt messbare Spannung.

Symmetrie bedeutet, dass das Drehstromsystem symmetrisch gebaut ist und symmetrisch belastet wird. Die weiteren Überlegungen in diesem und in Abschn. 2.3 sowie in Kap. 4 bis 9 setzen Symmetrie voraus. Unsymmetrisch belastete Drehstromnetze und andere Unsymmetrien werden in Kap. 10 behandelt.

2.1.3 Drehstrom versus Einphasenwechselstrom

Gemäss Abb. 2.1 genügen bei Drehstrom 4 oder gar 3 Leiter, um die gleiche Leistung zu übertragen, die mit drei Einphasensystemen 6 Leiter erfordert. Auch Transformatoren und Motoren können bei Drehstrom billiger gebaut werden (s. z. B. Abschn. 4.1); Drehstrommotoren haben ausserdem gegenüber Einphasenwechselstrommotoren den Vorteil, dass sie ein zeitlich konstantes statt ein mit doppelter Frequenz pulsierendes Drehmoment erzeugen (s. Abschn. 2.1.6).

2.1.4 Scheinleistung, Wirkleistung, Blindleistung im Drehstromkreis

Zwischen den Effektivwerten von Spannungen, Strömen und der *Scheinleistung* bestehen bei Symmetrie und in Abwesenheit von Oberschwingungen folgende Beziehungen

$$U_\Delta = \sqrt{3}U$$
$$I_\Delta = \frac{1}{\sqrt{3}}I \qquad (2.1)$$
$$S = 3UI = 3U_\Delta I_\Delta = \sqrt{3}U_\Delta I.$$

Allgemeiner definiert man für Systeme ohne Oberschwingungen folgende *komplexe Scheinleistung* des Dreiphasensystems

$$\underline{S} = \underline{U}_a\underline{I}_a^* + \underline{U}_b\underline{I}_b^* + \underline{U}_c\underline{I}_c^*.$$

Drückt man Spannung und Strom polar aus, folgt bei Symmetrie

$$\underline{S} = Ue^{j\vartheta}Ie^{-j(\vartheta-\varphi)} + Ue^{j(\vartheta-120°)}Ie^{-j(\vartheta-120°-\varphi)}$$
$$+ Ue^{j(\vartheta-240°)}Ie^{-j(\vartheta-240°-\varphi)}$$
$$= 3UIe^{j\varphi} = 3UI(\cos\varphi + j\sin\varphi) = P + jQ$$
$$P = \sqrt{3}U_\Delta I \cos\varphi = \textit{Wirkleistung}$$
$$\underline{S}\ ($$
$$Q = \sqrt{3}U_\Delta I \sin\varphi = \textit{Blindleistung}. \qquad (2.2)$$

2.1.5 Momentane Phasenleistung

Wird ein *linearer Stromkreis* mit der Wechselspannung

$$u(t) = \hat{U}\cos\omega t$$

gespeist, fliesst ein Strom

$$i(t) = \hat{I}\cos(\omega t - \varphi).$$

Der Energietransfer pro Zeiteinheit wird durch die *momentane Leistung* bestimmt

$$p(t) = u(t)\,i(t) = \hat{U}\,\hat{I}\,\cos\omega t \quad \cos(\omega t - \varphi).$$

Es folgt

$$p(t) = \hat{U}\,\hat{I}\,\cos\omega t\,(\cos\omega t\,\cos\varphi + \sin\omega t\,\sin\varphi)$$
$$= \hat{U}\,\hat{I}\,\cos\varphi\,\cos^2\omega t + \hat{U}\,\hat{I}\,\sin\varphi\,\sin\omega t\,\cos\omega t.$$

2.1 Drehstrom, Drehstromleistung

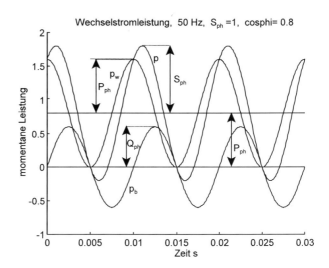

Abb. 2.3 Momentane Wechselstromleistung und ihre Komponenten

Durch Anwendung der trigonometrischen Sätze $2\cos^2\omega t = 1+\cos 2\omega t$, $2\sin\omega t \cos\omega t = \sin 2\omega t$ und Ersatz der Scheitelwerte durch die Effektivwerte $\hat{U}\hat{I} = 2\,UI$ erhält man

$$p(t) = UI\cos\varphi\,(1+\cos 2\omega t) + UI\sin\varphi\sin 2\omega t$$
$$= UI\cos\varphi + UI\cos\varphi\cos 2\omega t + UI\sin\varphi\sin 2\omega t$$

oder mit Hilfe von Wirk-, Blind- und Scheinleistung

$$p(t) = P_{ph} + P_{ph}\cos 2\omega t + Q_{ph}\sin 2\omega t = p_w(t) + p_b(t)$$

oder

$$p(t) = P_{ph} + S_{ph}\cos(2\omega t - \varphi). \tag{2.3}$$

Die *Wirkleistung* P_{ph} ist die mittlere Leistung der Phase und bestimmt somit den Energietransfer.

Die weiteren Terme der Gl. (2.3) sind:

$$\begin{array}{ll} \text{die Wechselleistung} & S_{ph}\cos(2\omega t - \varphi) \\ \text{die Wirkwechselleistung} & P_{ph}\cos 2\omega t \\ \text{die Blindwechselleistung} & Q_{ph}\sin 2\omega t. \end{array} \tag{2.4}$$

Abbildung 2.3 zeigt den Verlauf von p(t) und ihrer Komponenten.

Die *Scheinleistung* lässt sich auch als *Amplitude der Wechselleistung* interpretieren. Die Wechselleistung schwingt mit der doppelten Netzfrequenz. In Anwesenheit von Blindleistung wird die momentane Leistung zeitweise negativ.

Die *Wechselleistung* mit Amplitude S_{ph} kann in zwei um 90° phasenverschobene Komponenten zerlegt werden, die als Wirk- und Blindwechselleistung bezeichnet werden können.

Abb. 2.4 Wechselstromleistungen in der komplexen Zahlenebene

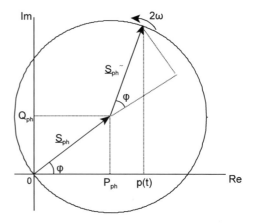

Die *Wirkwechselleistung* tritt auch in rein ohmschen Kreisen auf. Deren Amplitude ist die Wirkleistung P_{ph}.

Die *Blindwechselleistung* tritt nur in Anwesenheit von Induktivitäten oder Kapazitäten auf. Deren Amplitude ist die Blindleistung Q_{ph}.

Gleichung (2.3) kann auch folgendermassen geschrieben werden

$$p(t) = Re(\underline{S}_{ph} + S_{ph}\, e^{j(2\omega t - \varphi)}) = Re(\underline{S}_{ph} + \underline{S}_{ph}^{\sim}). \tag{2.5}$$

$\underline{S}_{ph}$ nennt man *komplexe Leistung* und $\underline{S}_{ph}^{\sim}$ *komplexe Wechselleistung*. Daraus folgt die von Abb. 2.4 veranschaulichte Interpretation in der komplexen Zahlenebene.

2.1.6 Momentane Drehstromleistung

Im symmetrischen Dreiphasenbetrieb sind die Wechselleistungen der drei Phasen um je 240° phasenverschoben und heben sich in ihrer Wirkung auf. Die *momentane Drehstromleistung ist konstant* und gleich der Summe der Wirkleistungen der drei Phasen

$$p(t) = 3\, Re(\underline{S}_{ph}) = 3\, P_{ph} = P. \tag{2.6}$$

Dies hat z. B. zur Folge, dass in Drehstrommotoren die erzeugte mechanische Leistung zeitlich konstant ist (konstantes Drehmoment).

Obwohl die Drehstromleistung insgesamt konstant ist, werden die drei Phasen weiterhin durch die Wechselleistung beansprucht. Es ist deshalb sinnvoll, auch im Dreiphasensystem eine Dreiphasenblindleistung zu definieren (in Einklang mit Definition (2.2)) als Summe der Phasenblindleistungen.

2.2 Nenngrössen, p.u. Systeme

Jedem Betriebsmittel werden *Nenngrössen* (auch *Bemessungsgrössen* genannt) zugeordnet. Diese Nenngrössen bilden ein einheitliches, klar definiertes System. Gegeben werden normalerweise: Nennspannung, Nennfrequenz, Nennleistung (evtl. Nenn-cos φ, Nenndrehzahl). Alle anderen Nenngrössen lassen sich daraus ableiten. International wird heute der Index r verwendet (engl. rated, früher n). Der Index n wird weiterhin für Netze verwendet, die viele Betriebsmittel einschliessen.

Die Bemessungsgrössen entsprechen meist, aber nicht immer der Dauerbelastbarkeit des Betriebsmittels.

Die Nenngrössen werden als *Bezugsgrössen* für die Definition von adimensionalen Parametern und Gleichungen verwendet (Normierung). Die Normierung liefert *normierte* oder *relative* oder *prozentuale* oder, nach amerikanischer Terminologie, die sich in der Praxis eingebürgert hat, *per unit (p.u.) Grössen*. Die p.u. Grössen sind also definiert als Verhältnis von effektiver Grösse zu Bezugsgrösse. Die normierten Grössen werden in der Praxis ausgiebig verwendet, da sie wesentlich aussagekräftiger sind als die dimensionsbehafteten Grössen. Auch bei Computerberechnungen und entsprechenden graphischen Darstellungen sind sie sehr bequem.

Nenngrössendefinition für Drehstrom-Betriebsmittel

$$\begin{aligned} &\textit{Nennspannung} \quad U_{\Delta r}(\textit{verkettet!}), \quad U_r = \frac{U_{\Delta r}}{\sqrt{3}} \\ &\textit{Nennstrom} \quad I_r \\ &\textit{Nennleistung} \quad S_r = 3U_r I_r = \sqrt{3} U_{\Delta r} I_r \\ &\qquad\qquad\qquad P_r = S_r \cos\varphi_r \\ &\textit{Nennimpedanz} \quad Z_r = \frac{U_r}{I_r} = \frac{U_{\Delta r}}{\sqrt{3} I_r} = \frac{U_{\Delta r}^2}{S_r}. \end{aligned} \qquad (2.7)$$

Ferner für elektrische Maschinen:

$$\textit{Nennflussverkettung} \quad \Psi_r = \frac{U_r}{\omega_r} \quad (\textit{bei Sternschaltung}),$$

$$\textit{worin} \quad \omega_r = 2\pi f = \textit{Nennkreisfrequenz}, \qquad (2.8)$$

insbesondere für rotierende Maschinen (Synchron- und Asynchronmaschine):

$$\textit{Nenndrehmoment} \quad M_r = \frac{P_r}{\omega_m}, \quad \textit{Bezugsdrehmoment} \quad M_{Br} = \frac{S_r}{\omega_m},$$

$$\textit{worin} \quad \omega_m = \frac{\omega_r}{p} = \textit{mechanische Kreisfrequenz}$$

$$\textit{mit} \quad p = \frac{60 f}{n} = \textit{Polpaarzahl}, \quad n = \textit{Nenndrehzahl} (U/\text{min}). \qquad (2.9)$$

Abb. 2.5 Gleichstrommotor

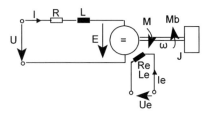

Das Bezugsdrehmoment rotierender Maschinen wird mit der Nennscheinleistung und nicht mit der Nennwirkleistung definiert. Der Grund ist ein rein formaler: es ergeben sich einfachere p.u. Gleichungen.

Beispiel 2.1 Gegeben ist ein Drehstromgenerator von 100 MVA, 15 kV, 50 Hz, 1500 U/Min, $\cos \varphi_r = 0.85$. Man bestimme Nennstrom, Nennimpedanz, Nennflussverkettung, Nennwirkleistung, Nenndrehmoment.

$$I_r = \frac{100 \cdot 10^6}{\sqrt{3} \cdot 15 \cdot 10^3} = 3.85 \text{ kA}, \qquad Z_r = \frac{15^2 \cdot 10^6}{100 \cdot 10^6} = 2.25 \text{ }\Omega$$

$$\Psi_r = \frac{15 \cdot 10^3}{\sqrt{3} \cdot 2\pi \cdot 50} = 27.6 \text{ Vs}, \qquad P_r = 100 \cdot 10^6 \cdot 0.85 = 85 \text{ MW}$$

$$M_r = \frac{P_r}{\omega_m} = \frac{85 \cdot 10^6}{\frac{2\pi \cdot 50}{2}} = 541 \text{ kNm}.$$

Beispiel 2.2 Gegeben ist ein Drehstromtransformator von 650 kVA, 10 kV/400 V, 50 Hz. Man bestimme Nennströme, Nennimpedanzen, Nennflussverkettungen.

$$I_{r1} = \frac{650 \cdot 10^3}{\sqrt{3} \cdot 10 \cdot 10^3} = 37.5 \text{ A}, \qquad I_{r2} = \frac{650 \cdot 10^3}{\sqrt{3} \cdot 400} = 938 \text{ A}$$

$$Z_{r1} = \frac{10^2 \cdot 10^6}{650 \cdot 10^3} = 154 \text{ }\Omega, \qquad Z_{r2} = \frac{400^2}{650 \cdot 10^3} = 246 \text{ m}\Omega$$

$$\Psi_{r1} = \frac{10 \cdot 10^3}{\sqrt{3} \cdot 2\pi \cdot 50} = 18.4 \text{ Vs}, \qquad \Psi_{r2} = \frac{400}{\sqrt{3} \cdot 2\pi \cdot 50} = 0.735 \text{ Vs}.$$

Beispiel 2.3 Man definiere die Nenngrössen und bestimme die p.u. Gleichungen eines Gleichstrommotors (Abb. 2.5).

Der Motor sei fremderregt, mit exakt kompensierter Ankerrückwirkung, und man vernachlässige die mechanischen Verluste. Das Gleichungssystem (2.10) des Gleichstrommotors lässt sich aus Schaltbild Abb. 2.5 ableiten. Die Konstante K ist ein Kennwert des Motors (Ω s). Gegeben sei die Nennspannung U_r, die Nennleistung P_r sowie die mechanische Nennkreisfrequenz ω_r.

2.2 Nenngrössen, p.u. Systeme

$$U = E + RI + L\frac{dI}{dt} \quad \text{Hauptwicklung}$$

$$E = K\,\omega\,I_e \quad \text{Induktionsgesetz}$$

$$U_e = R_e\,I_e + L_e\frac{dI_e}{dt} \quad \text{Erregerwicklung} \quad (2.10)$$

$$M = K\,I\,I_e \quad \text{Lorentzkraft}$$

$$M - M_b = J\frac{d\omega}{dt} \quad \text{Mechanik}.$$

Besonders einfache Verhältnisse erhält man durch die Einführung folgender Nenngrössen (die sich z. T. aus der stationären Betrachtung der Gl. (2.10) ergeben):

$$I_r = \frac{P_r}{U_r}, \quad R_r = \frac{U_r}{I_r}, \quad M_r = \frac{P_r}{\omega_r},$$

$$I_{er} = \frac{U_r}{K\,\omega_r}, \quad U_{er} = R_{er}\,I_{er} \quad mit \quad z.\,B. \quad R_{er} = R_{e20°C}.$$

Teilt man Gl. (2.10) durch die entsprechenden Nenngrössen, erhält man

$$\frac{U}{U_r} = \frac{E}{U_r} + \frac{R\,I}{R_r\,I_r} + \frac{L}{R_r\,I_r}\frac{dI}{dt}$$

$$\frac{E}{U_r} = \frac{K\,\omega\,I_e}{K\,\omega_r\,I_{er}}$$

$$\frac{U_e}{U_{er}} = \frac{R_e\,I_e}{R_{er}\,I_{er}} + \frac{L_e}{R_{er}\,I_{er}}\frac{dI_e}{dt}$$

$$\frac{M}{M_r} = \frac{K\,I\,I_e}{K\,I_r\,I_{er}}$$

$$\frac{M}{M_r} - \frac{M_b}{M_r} = \frac{J}{M_r}\frac{d\omega}{dt}.$$

Führt man die charakteristischen Zeitkonstanten der Wicklungen $T = L/R$ und $T_e = L_e/R_e$ sowie die Anlaufzeit des Motors $T_m = J\,\omega_r\,M_r^{-1}$ ein, folgen unmittelbar die p.u. Gl. (2.11).

$$u = e + r\,i + r\,T\frac{di}{dt}$$

$$e = n\,i_e$$

$$u_e = r_e\,i_e + r_e\,T_e\frac{di_e}{dt}$$

$$m = i\,i_e$$

$$m - m_b = T_m\frac{dn}{dt}. \quad (2.11)$$

Es ist üblich, die p.u. Grössen mit dem der physikalischen Grösse entsprechenden Kleinbuchstaben zu schreiben (z. B. i = I/I$_r$, r = R/R$_r$ usw., Ausnahme n = ω/ω$_r$).
Folgende Eigenschaften der p.u. Gleichungssysteme sind beachtenswert:

- In p.u. Differentialgleichungen wird aus Dimensionsgründen eine Ableitung immer von einer Zeitkonstanten begleitet. Die für das dynamische Verhalten massgebenden Zeitkonstanten sind im p.u. Gleichungssystem unmittelbar ersichtlich.
- Die Anzahl der notwendigen Parameter ist in p.u. Gleichungen minimal. Im betrachteten Beispiel wird der Gleichstrommotor durch die 4 Parameter T, T$_e$, T$_m$, r bestimmt (r$_e$ ist = 1, wenn man vom Temperatureinfluss absieht), während für das Gleichungssystem (2.10) 6 Parameter, nämlich R, L, K, R$_e$, L$_e$, J notwendig sind. Ausserdem sind die 4 p.u. Parameter wertmässig viel charakteristischer für den Gleichstrommotor als die 6 dimensionsbehafteten Grössen, d. h. sie ändern wenig mit der Leistung des Motors.

2.3 Symmetrische Dreiphasensysteme

Im einfachsten Fall kann ein Stromversorgungssystem als symmetrisch aufgebaut und als symmetrisch belastet angenommen werden. Wie nachfolgend gezeigt wird, lässt sich dann das dreiphasige System mit einem einphasigen Ersatzschaltbild beschreiben, was dessen Berechnung erheblich vereinfacht.

2.3.1 Ersatzschaltbild

Ungekoppelte Sternschaltung Das Drehstromsystem bestehe zunächst aus einer symmetrischen dreiphasigen Spannungsquelle mit Innenimpedanz Z$_i$ und einer symmetrischen Last Z (Abb. 2.6a). Da die Phasen ungekoppelt sind, genügt es, die *Phase a* darzustellen. Es folgt das Ersatzschaltbild Abb. 2.6b. Der Index *a* wird der Einfachheit halber weggelassen. Die anderen Phasen erhält man durch Phasenverschiebung um 120° bzw. 240°.

Dreieckschaltung Ist die Last in Dreieck geschaltet (Abb. 2.7a), folgt durch Dreieck-Stern-Umwandlung das Ersatzschaltbild Abb. 2.7b. Zu beachten ist, dass Ersatzschaltbilder immer nur Phasengrössen (Sterngrössen, Leiter-Erd-Grössen) enthalten.

2.3 Symmetrische Dreiphasensysteme

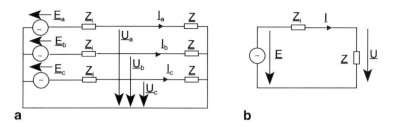

Abb. 2.6 a Ungekoppelte Sternschaltung. b Ersatzschaltbild

Abb. 2.7 a Ungekoppelte Dreieckschaltung. b Ersatzschaltbild

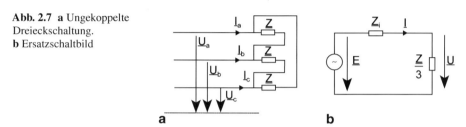

Induktive Kopplung Sind die Phasen induktiv gekoppelt (Abb. 2.8a), mit L Eigeninduktivität der Phase und M Koppelinduktivität, kann man folgende Phasengleichung für die Spannungsdifferenz schreiben:

$$\underline{U}_{a1} - \underline{U}_{a2} = R\,\underline{I}_a + j\omega L\,\underline{I}_a + j\omega M\,\underline{I}_b + j\omega M\,\underline{I}_c$$
$$= (R + j\omega(L - M))\underline{I}_a. \quad (2.12)$$

Dabei ist ausgenutzt worden, dass $(I_b + I_c) = -I_a$. Es folgt das Ersatzschaltbild Abb. 2.8b. Die im Ersatzschaltbild auftretende *Betriebsinduktivität* L_1 lässt sich als Differenz von Eigen- und Koppelinduktivität berechnen.

Kapazitive Kopplung Sind die Phasen kapazitiv gekoppelt (Abb. 2.9a), mit C_k Koppelkapazität und C_0 Erdkapazität, kann die Phasengleichung (2.13) der Phase a für die Stromdifferenz geschrieben werden:

$$\underline{I}_{a1} - \underline{I}_{a2} = j\omega C_0\,\underline{U}_a + j\omega C_k\,(\underline{U}_a - \underline{U}_b) + j\omega C_k(\underline{U}_a - \underline{U}_c)$$
$$= j\omega(C_0 + 3\,C_k)\,\underline{U}_a. \quad (2.13)$$

Zu beachten ist, dass nun $U_b + U_c = -U_a$. Es folgt das Ersatzschaltbild 2.9b. Die *Betriebskapazität* C_1 lässt sich als Summe der Erdkapazität und der dreifachen Koppelkapazität berechnen.

Diese Beispiele verdeutlichen, dass sich in allen Fällen, gleich wie die Phasenelemente geschaltet oder gekoppelt sind, ein symmetrisch aufgebautes und symmetrisch betriebenes Drehstromnetz durch *Zweipole* (Generatoren, Lasten) und *Zweitore* (Übertragungsglieder: Leitungen, Transformatoren) beschreiben lässt.

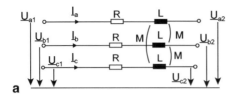 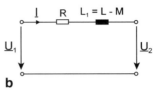

Abb. 2.8 a Induktive Kopplung. b Ersatzschaltbild

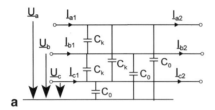 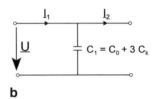

Abb. 2.9 a Kapazitive Kopplung. b Ersatzschaltbild

Abb. 2.10 Zweitor

2.3.2 Zweitore

Da Zweitore also ein wesentliches Element des Netzes darstellen, sei deren Beschreibung und deren Verhalten näher betrachtet. Der Zusammenhang zwischen den Spannungen und Strömen (Abb. 2.10) lässt sich durch eine Matrix angeben, für die mehrere Möglichkeiten bestehen:

- Kettenmatrix,
- Admittanzmatrix,
- Impedanzmatrix,
- Hybridmatrix,

die im folgenden besprochen werden.

Da alle Grössen komplex sind, wird auf deren Unterstreichung verzichtet.

Kettenmatrix (K-Matrix) Mit der Kettenmatrix (2.14) kann eine Kette von Zweitoren durch Multiplikation der Kettenmatrizen der einzelnen Zweitore zu einem einzigen Zweitor zusammen- gefasst werden, was vor allem für stationäre Berechnungen von Interesse ist. Sie eignet sich ausserdem für die Bestimmung von Spannungsabfall und Verlusten (Abschn. 2.3.3).

$$\begin{pmatrix} u_1 \\ i_1 \end{pmatrix} = \begin{vmatrix} a_{11} & a_{12} \\ a_{21} & a_{22} \end{vmatrix} \cdot \begin{pmatrix} u_2 \\ i_2 \end{pmatrix} \qquad (2.14)$$

Abb. 2.11 Mögliche Blockschaltbilder des Zweitors

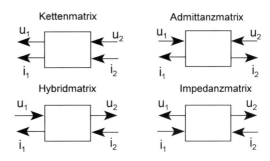

Admittanzmatrix (Y-Matrix) Hier werden die Ströme in Funktion der Spannungen ausgedrückt (Gl. 2.15). Diese Darstellung eignet sich besonders für die stationäre Berechnung vermaschter Netze. In Dynamikmodellen kann sie zur Verknüpfung parallel geschalteter Zweige verwendet werden. Man erhält

$$\begin{pmatrix} i_1 \\ i_2 \end{pmatrix} = \frac{1}{a_{12}} \begin{vmatrix} a_{22} & -\Delta \\ 1 & -a_{11} \end{vmatrix} \cdot \begin{pmatrix} u_1 \\ u_2 \end{pmatrix}, \qquad (2.15)$$

worin $\Delta = a_{11} a_{22} - a_{12} a_{21}$ die Determinante der Kettenmatrix darstellt.

Impedanzmatrix (Z-Matrix) Diese Darstellung wird für die Netzberechnung und z. B. bei Dynamikmodellen von Leitungen verwendet, wenn diese von der π-Ersatzschaltung ausgehen. Man erhält durch Inversion von Gl. (2.15)

$$\begin{pmatrix} u_1 \\ u_2 \end{pmatrix} = \frac{1}{a_{21}} \begin{vmatrix} a_{11} & -\Delta \\ 1 & -a_{22} \end{vmatrix} \cdot \begin{pmatrix} i_1 \\ i_2 \end{pmatrix}. \qquad (2.16)$$

Hybridmatrix (H-Matrix) Ausgangsspannung und Eingangsstrom werden hier in Funktion von Eingangsspannung und Ausgangsstrom ausgedrückt (Gl. 2.17). Diese Darstellung eignet sich gut für dynamische Berechnungen. Die Blockdiagramme von in Kette geschalteten Zweipolen lassen sich aneinanderschalten und auswerten.

$$\begin{pmatrix} u_2 \\ i_1 \end{pmatrix} = \frac{1}{a_{11}} \begin{vmatrix} 1 & -a_{12} \\ a_{21} & \Delta \end{vmatrix} \cdot \begin{pmatrix} u_1 \\ i_2 \end{pmatrix} \qquad (2.17)$$

Abbildung 2.11 zeigt die Blockschaltbilder der vier Darstellungen.

2.3.3 Berechnung von Spannungsabfall und Verlusten

Das Zweitor (Abb. 2.10), z. B. ein Transformator oder eine Leitung, werde bei symmetrischem, stationärem Wechselstrombetrieb durch die p.u. Gl. (2.18) beschrieben. Die Koeffizienten der Kettenmatrix sind im allgemeinen komplexe Grössen. Deren Berechnung für Transformatoren und Leitungen erfolgt in Kap. 4 und 5.

$$\begin{pmatrix} \underline{u}_1 \\ \underline{i}_1 \end{pmatrix} = \begin{vmatrix} \underline{a}_{11} & \underline{a}_{12} \\ \underline{a}_{21} & \underline{a}_{22} \end{vmatrix} \cdot \begin{pmatrix} \underline{u}_2 \\ \underline{i}_2 \end{pmatrix} \qquad (2.18)$$

Abb. 2.12 Spannungsabfall, Spannungsdrehung

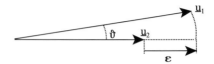

Abb. 2.13 Wirkverluste, Blindleistungsaufnahme

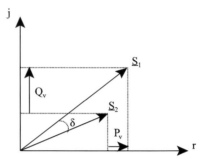

Wird das Zweitor durch die p.u. Impedanz $\underline{z}$ belastet ($\underline{u}_2 = \underline{z}\,\underline{i}_2$), kann man das komplexe Verhältnis zwischen Eingangs- und Ausgangsspannung folgendermassen ausdrücken

$$\underline{K} = \frac{\underline{u}_1}{\underline{u}_2} = \underline{a}_{11} + \frac{\underline{a}_{12}}{\underline{z}} = K e^{j\vartheta}. \qquad (2.19)$$

Die Eingangsspannung eilt der Ausgangsspannung um den Winkel ϑ vor (Abb. 2.12).

Definiert man die Differenz der p.u. Spannungsbeträge als *prozentualen oder p.u. Spannungsabfall* ε, folgt

$$\varepsilon = u_1 - u_2 = (K - 1)\,u_2 = \frac{K-1}{K} u_1. \qquad (2.20)$$

In derselben Weise lässt sich das Stromverhältnis bestimmen

$$\underline{K}_i = \frac{\underline{i}_1}{\underline{i}_2} = \underline{a}_{21}\underline{z} + \underline{a}_{22}.$$

Daraus folgt das Leistungsverhältnis

$$\underline{K}_s = \frac{\underline{S}_1}{\underline{S}_2} = \underline{K}\,\underline{K}_i^* = \left(\underline{a}_{11} + \frac{\underline{a}_{12}}{\underline{z}}\right)(\underline{a}_{21}\underline{z} + \underline{a}_{22})^* = K_s e^{j\delta}. \qquad (2.21)$$

Die Eingangsleistung ist normalerweise wegen der Wirkverluste und Blindleistungsaufnahme des Zweitors etwas grösser als die Ausgangsleistung und eilt ausserdem um den Winkel δ vor. Dieser ist in den meisten Fällen positiv, da die Blindleistungsaufnahme (kurz auch als Blindverluste bezeichnet), zumindest in Hoch- und Mittelspannungsnetzen, deutlich grösser ist als die Wirkverluste (Abb. 2.13).

2.4 Zeiger und Komponenten für Drehstrom

Aus $\underline{S}_1 = P_1 + j\, Q_1$, $\underline{S}_2 = P_2 + j\, Q_2$ lassen sich die Wirk- und Blindverluste in Abhängigkeit des Leistungsverhältnisses K_s und Phasenwinkels δ für eine gegebene Zweitorbelastung exakt berechnen.

Wirkverluste:

$$P_v = P_1 - P_2 = P_2(K_s \cos\delta - 1) - Q_2 K_s \sin\delta \qquad (2.22)$$

Aufgenommene Blindleistung (Blindverluste):

$$Q_v = Q_1 - Q_2 = Q_2(K_s \cos\delta - 1) - P_2 K_s \sin\delta. \qquad (2.23)$$

Aufgabe 2.1 Gegeben sind die komplexen Parameter der Kettenmatrix eines Zweitors oder einer Zweitorkette. Bekannt sind ferner der p.u. Wert u_1 der Eingangsspannung und die Leistungsabgabe P_2, Q_2 am Ende des Zweitors. Man formuliere ein Programm zur Berechnung von Spannungsabfall, Spannungsdrehung, Wirkverlusten, Blindleistungsaufnahme und Primärleistung (Aufgabenlösung im Anhang II).

2.4 Zeiger und Komponenten für Drehstrom

In der Elektrotechnik werden zur Darstellung von Wechselstromgrössen *Drehzeiger* oder *Festzeiger* verwendet. Die entsprechenden Grössen bei Dreiphasensystemen sind wie nachstehend erläutert *Raumzeiger* (αβ-*Komponenten*) und *Parkzeiger* (*dq- oder Park-Komponenten*). Die Bezeichnung Parkzeiger ist zwar nicht üblich, jedoch treffend. In der internationalen Literatur wird die Bezeichnung *Parkvektor* verwendet, da der Parkzeiger meist nicht als komplexe Grösse, sondern als Spaltenvektor dargestellt wird. Zur vollständigen Beschreibung unsymmetrischer Dreiphasensysteme muss zu diesen Zeigern noch die *Nullgrösse* (bzw. Nullzeiger) hinzugenommen werden.

Die Zeiger- bzw. Komponentenverfahren eignen sich vorzüglich für die Modellierung und Simulation von energietechnischen Anlagen. Der Zusammenhang mit der Beschreibung mittels *symmetrischer Komponenten*, die in erster Linie für die stationäre, manchmal auch für die hochfrequentige Berechnung von Netzen mit Unsymmetrien eingesetzt werden, ist ebenfalls von praktischem Interesse.

In diesem Abschnitt werden die Grundlagen gegeben, die für das Verständnis dieser Methoden und ihrer Beziehungen untereinander notwendig sind. Erst in Bd. 2 wird die Darstellung mittels Raum- und Parkzeiger auf die Leistungen erweitert, unter Einschluss unsymmetrischer und oberwellenbehafteter Drehstromsysteme.

2.4.1 Zeiger im Einphasenkreis

Eine Wechselstromgrösse w(t) lässt sich als Realteil eines in der komplexen Zahlenebene mit Kreisfrequenz ω rotierenden Scheitelwertzeigers $\underline{W}$ (*Drehzeiger*) interpretieren (Abb. 2.14)

Abb. 2.14 Zeiger im Einphasenkreis

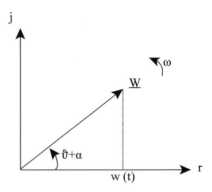

$$w(t) = Re(\underline{W}) = Re(\hat{W}\, e^{j(\vartheta+\alpha)}) = \hat{W}\cos(\vartheta + \alpha) \qquad (2.24)$$

oder mit Hilfe des komplex-konjugierten Zeigers $\underline{W}^*$

$$w(t) = Re(\underline{W}) = \frac{1}{2}(\underline{W} + \underline{W}^*). \qquad (2.25)$$

Die Gln. (2.24) und (2.25) gelten grundsätzlich auch für transiente und oberwellenbehaftete Wechselstromgrössen, wobei dann $\hat{W}$ und ω Zeitfunktionen sind. Ist ω konstant, gilt $\vartheta = \omega\,t$, sonst $\vartheta = \int \omega\,dt$. Der Winkel α gibt die Phasenlage des Zeigers im Zeitpunkt $t = 0$ an.

Lässt man die komplexe Zahlenebene mit der *Referenz-Kreisfrequenz* ω_{ref} rotieren, erhält man in dieser Ebene den Zeiger:

$$\underline{W}_p = \underline{W}e^{-j\vartheta_{ref}} = \hat{W}\,e^{j\alpha}e^{j(\vartheta-\vartheta_{ref})}. \qquad (2.26)$$

Wählt man insbesondere ω_{ref} gleich zu ω, wird der Zeiger $\underline{W}_p$ zum *Festzeiger*

$$\underline{W}_p = \hat{W}\,e^{j\alpha}. \qquad (2.27)$$

2.4.2 Darstellung dynamischer Vorgänge

Die Beschreibung sinusförmiger Wechselstromgrössen mit Zeigern lässt sich auf den dynamischen Fall übertragen. Aus Gl. (2.24) folgt durch Ableitung

$$\frac{dw}{dt} = Re\left(\left(\frac{d\hat{W}}{dt} + j\omega\hat{W}\right) e^{j(\vartheta+\alpha)}\right).$$

Die Transformation Momentanwerte → Zeiger kann mit Gl. (2.28) durchgeführt werden, worin p = Operator d/dt.

2.4 Zeiger und Komponenten für Drehstrom

$$w \to \hat{W}\, e^{j(\vartheta+\alpha)} = \underline{W},$$

$$\frac{dw}{dt} \to \left(\frac{d\hat{W}}{dt} + j\omega\hat{W}\right) e^{j(\vartheta+\alpha)} = (p+j\omega)\,\hat{W}\, e^{j(\vartheta+\alpha)}$$

$$= (p+j\omega)\,\underline{W} \qquad (2.28)$$

Der Operator $p = d/dt$ im Zeitbereich wird im komplexen Bereich von $(p+j\omega)$ ersetzt. Für die weiteren Ableitungen gilt, allerdings *nur bei konstantem* ω

$$\frac{d^k w}{dt^k} \to (p+j\omega)^k\, \hat{W}\, e^{j(\vartheta+\alpha)} = (p+j\omega)^k\, \underline{W}.$$

Der Drehzeiger $\underline{W}$ in Gl. (2.28) kann auch durch den Festzeiger $\underline{W}_p$ ersetzt werden. Im Bildbereich der Laplace-Transformation lässt sich der Operator p, bei Berücksichtigung der Anfangsbedingungen, durch die Laplace-Variable $s = \sigma + j\upsilon$ ersetzen.

Beispiel 2.4 Ein ohmisch-induktiver Wechselstromkreis werde durch die Beziehung

$$u = R\,i + L\frac{di}{dt}$$

beschrieben. Ersetzt man gemäss (2.28) die Momentanwerte durch Zeiger (Drehzeiger oder Festzeiger), lautet die Beziehung im komplexen Bereich

$$\underline{U} = R\,\underline{I} + pL\,\underline{I} + j\omega L\,\underline{I}$$

oder im Bildbereich der Laplace-Transformation

$$\underline{U} = R\underline{I} + sL\underline{I} - L\,\underline{I}_0 + j\omega L\,\underline{I}.$$

In der praktischen Anwendung der Laplace-Transformation werden die Anfangsbedingungen fast immer null gesetzt (man betrachtet in der Regel Abweichungen von einem stationären Zustand), so dass p und s, obwohl vom Konzept her verschieden, übereinstimmen. Mit dieser Präzisierung kann man im komplexen Bildbereich s durch $(s+j\omega)$ ersetzen.

2.4.3 Raumzeigerdarstellung des Dreiphasensystems

Sind $w_a(t)$, $w_b(t)$, $w_c(t)$ die drei Phasengrössen, führt man folgenden *Drehzeiger* $\underline{W}$ ein [4]

$$\underline{W} = \frac{2}{3}(w_a + w_b\,a + w_c\,a^2) \qquad mit \quad a = e^{j\,120°}. \qquad (2.29)$$

Diesen, das Dreiphasensystem beschreibenden Zeiger, nennt man *Raumzeiger*. Ist das System *symmetrisch* (d. h. $w_a(t)$, $w_b(t)$, $w_c(t)$ haben die gleiche Form, sind aber um je 120° phasenverschoben), folgt leicht durch Einsetzen von Gl. (2.25)

$$\underline{W} = \underline{W}_a.$$

Der Raumzeiger ist dann identisch mit dem Drehzeiger der Phase a. Die Phase a ist in diesem Fall repräsentativ für das Dreiphasensystem (vgl. Abschn. 2.3.1). Aus (2.29) folgt der komplex-konjugierte Raumzeiger $\underline{W}^*$

$$\underline{W}^* = \frac{2}{3}(w_a + w_b\, a^2 + w_c\, a). \tag{2.30}$$

Führt man die *momentane Nullgrösse* w_0 ein

$$w_0 = \frac{1}{3}(w_a + w_b + w_c) \tag{2.31}$$

lässt sich aus den Gln. (2.29), (2.30) und (2.31) nachstehender Zusammenhang (2.32) zwischen der Darstellung mit Raumzeiger + Nullgrösse und den Momentanwerten ableiten. Dieser Zusammenhang wird durch die Transformationsmatrix **R** beschrieben

$$\begin{pmatrix} \underline{W} \\ \underline{W}^* \\ w_0 \end{pmatrix} = \frac{2}{3} \begin{vmatrix} 1 & a & a^2 \\ 1 & a^2 & a \\ \frac{1}{2} & \frac{1}{2} & \frac{1}{2} \end{vmatrix} \cdot \begin{pmatrix} w_a \\ w_b \\ w_c \end{pmatrix} = \mathbf{R} \begin{pmatrix} w_a \\ w_b \\ w_c \end{pmatrix}. \tag{2.32}$$

Die inverse Beziehung lautet

$$\begin{pmatrix} w_a \\ w_b \\ w_c \end{pmatrix} = \frac{1}{2} \begin{vmatrix} 1 & 1 & 2 \\ a^2 & a & 2 \\ a & a^2 & 2 \end{vmatrix} \cdot \begin{pmatrix} \underline{W} \\ \underline{W}^* \\ w_0 \end{pmatrix} = \mathbf{R}^{-1} \begin{pmatrix} \underline{W} \\ \underline{W}^* \\ w_0 \end{pmatrix}. \tag{2.33}$$

Durch Ausmultiplizieren und wegen Gl. (2.25) folgt

$$\begin{aligned}
w_a &= \frac{1}{2}(\underline{W} + \underline{W}^*) + w_0 = Re(\underline{W}) + w_0 \\
w_b &= \frac{1}{2}(a^2\underline{W} + a\underline{W}^*) + w_0 = Re(a^2\,\underline{W}) + w_0 \\
w_c &= \frac{1}{2}(a\,\underline{W} + a^2\underline{W}^*) + w_0 = Re(a\underline{W}) + w_0.
\end{aligned} \tag{2.34}$$

Abbildung 2.15 interpretiert graphisch Gl. (2.34), wobei w_0 als Realteil des mit Netzfrequenz rotierenden Nullgrössenzeigers $\underline{W}_0$ aufgefasst wird:

$$w_0(t) = Re(\underline{W}_0). \tag{2.35}$$

2.4 Zeiger und Komponenten für Drehstrom

Abb. 2.15 Raumzeiger und Momentangrössen

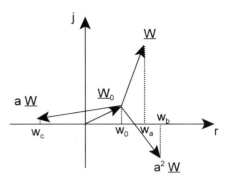

Um Fehlinterpretationen vorzubeugen, sei darauf hingewiesen, dass wegen der Gln. (2.24), (2.34) und (2.35) für die Phase a zwar

$$Re(\underline{W}_a) = Re(\underline{W}) + Re(\underline{W}_0)$$

gilt, jedoch

$$\underline{W}_a \neq \underline{W} + \underline{W}_0. \tag{2.36}$$

Die exakte Beziehung zwischen diesen drei Drehzeigern wird in Abschn. 2.4.4 gegeben.

2.4.4 Raumzeiger versus symmetrische Komponenten

Die Theorie der symmetrischen Komponenten [3], die in Kap. 10 anschaulich begründet und angewandt wird, definiert folgende Grössen:

$$\underline{W}_1 = \frac{1}{3}(\underline{W}_a + a\underline{W}_b + a^2\underline{W}_c) = \textit{Mitkomponente},$$

$$\underline{W}_2 = \frac{1}{3}(\underline{W}_a + a^2\underline{W}_b + a\underline{W}_c) = \textit{Gegenkomponente}, \tag{2.37}$$

$$\underline{W}_0 = \frac{1}{3}(\underline{W}_a + \underline{W}_b + \underline{W}_c) = \textit{Nullkomponente}.$$

Die inversen Beziehungen in Matrixform sind

$$\begin{pmatrix} \underline{W}_a \\ \underline{W}_b \\ \underline{W}_c \end{pmatrix} = \begin{vmatrix} 1 & 1 & 1 \\ a^2 & a & 1 \\ a & a^2 & 1 \end{vmatrix} \cdot \begin{pmatrix} \underline{W}_1 \\ \underline{W}_2 \\ \underline{W}_0 \end{pmatrix}. \tag{2.38}$$

Drückt man den Raumzeiger (2.29) mit Hilfe der (2.25) aus, erhält man

$$\underline{W} = \frac{1}{3}(\underline{W}_a + a\underline{W}_b + a^2\underline{W}_c) + \frac{1}{3}(\underline{W}_a^* + a\underline{W}_b^* + a^2\underline{W}_c^*).$$

Somit ist (man beachte, dass $a^2 = a^*$ und $a = a^{*2}$)

$$\underline{W} = \underline{W}_1 + \underline{W}_2^*. \qquad (2.39)$$

Der Raumzeiger setzt sich zusammen aus der Mitkomponente (= Raumzeiger des Mitsystems) und dem komplex-konjugierten Wert der Gegenkomponente (= Raumzeiger des Gegensystems, s. Abschn. 10.1).

Dank Gl. (2.39) kann die Ungleichung (2.36) durch eine Gleichung ersetzt werden, welche die exakte Beziehung zwischen dem Phasengrössenzeiger der Phase a und dem Raumzeiger ausdrückt:

$$\underline{W}_a = \underline{W}_1 + \underline{W}_2 + \underline{W}_0 = \underline{W} + (\underline{W}_2 - \underline{W}_2^*) + \underline{W}_0$$
$$= \underline{W} + 2j\,Im(\underline{W}_2) + \underline{W}_0.$$

Analoge Beziehungen können für die Phasen b und c geschrieben werden. Insgesamt folgt für die drei Phasen

$$\underline{W}_a = \underline{W} + 2j\,Im(\underline{W}_2) + \underline{W}_0$$
$$\underline{W}_b = a^2 \underline{W} + 2j\,Im(a\underline{W}_2) + \underline{W}_0 \qquad (2.40)$$
$$\underline{W}_c = a \underline{W} + 2j\,Im(a^2\underline{W}_2) + \underline{W}_0.$$

In den Gln. (2.37) und (2.38) können die Drehzeiger jederzeit durch Festzeiger ersetzt werden (dies ist in der Wechselstromtechnik üblich). Die Gln. (2.39) und (2.40) gelten aber nur für Drehzeiger.

2.4.5 Raumzeiger und αβ0-Komponenten

Die αβ0-Komponenten wurden als Diagonalkomponenten 1950 von Clarke eingeführt [2] durch die beiden Beziehungen

$$\underline{W}_\alpha = \underline{W}_a - \underline{W}_0,$$
$$\underline{W}_\beta = \frac{1}{\sqrt{3}}(\underline{W}_b - \underline{W}_c). \qquad (2.41)$$

(s. z. B. [8]), welche sowohl für die Drehzeiger als auch für die entsprechenden Momentanwerte gelten. Die äquivalente Matrixform, diesmal für Momentanwerte geschrieben (bei Berücksichtigung von Gl. 2.31), ist

$$\begin{pmatrix} w_\alpha \\ w_\beta \\ w_0 \end{pmatrix} = \begin{vmatrix} \frac{2}{3} & -\frac{1}{3} & -\frac{1}{3} \\ 0 & \frac{1}{\sqrt{3}} & -\frac{1}{\sqrt{3}} \\ \frac{1}{3} & \frac{1}{3} & \frac{1}{3} \end{vmatrix} \cdot \begin{pmatrix} w_a \\ w_b \\ w_c \end{pmatrix}. \qquad (2.42)$$

Durch Einsetzen von Gl. (2.33) folgt

$$\begin{pmatrix} w_\alpha \\ w_\beta \\ w_0 \end{pmatrix} = \begin{vmatrix} \frac{2}{3} & -\frac{1}{3} & -\frac{1}{3} \\ 0 & \frac{1}{\sqrt{3}} & -\frac{1}{\sqrt{3}} \\ \frac{1}{3} & \frac{1}{3} & \frac{1}{3} \end{vmatrix} \cdot \frac{1}{2} \begin{vmatrix} 1 & 1 & 2 \\ a^2 & a & 2 \\ a & a^2 & 2 \end{vmatrix} \cdot \begin{pmatrix} \underline{W} \\ \underline{W}^* \\ w_0 \end{pmatrix}$$

$$= \frac{1}{2} \begin{vmatrix} 1 & 1 & 0 \\ -j & j & 0 \\ 0 & 0 & 2 \end{vmatrix} \cdot \begin{pmatrix} \underline{W} \\ \underline{W}^* \\ w_0 \end{pmatrix}. \qquad (2.43)$$

woraus

$$w_\alpha = Re(\underline{W})$$
$$w_\beta = Im(\underline{W}) \qquad (2.44)$$
$$w_\alpha + j\, w_\beta = \underline{W}.$$

Die momentanen *αβ-Komponenten* sind also nichts anderes als *Real- und Imaginärteil des Raumzeigers*. Will man auch die entsprechenden αβ-Drehzeiger in Abhängigkeit des Raumzeigers ausdrücken, kann man Gl. (2.40) in Gl. (2.41) einsetzen und erhält

$$\underline{W}_\alpha = \underline{W} + 2j Im(\underline{W}_2)$$
$$\underline{W}_\beta = -j[\underline{W} + 2Im(\underline{W}_2)]. \qquad (2.45)$$

2.4.6 *Parkzeiger und Parkkomponenten*

Der Raumzeiger sei relativ zu einer mit Geschwindigkeit ω_{ref} mitrotierenden komplexen Zahlenebene betrachtet. Die rotierende reelle Achse wird als d-Achse und die rotierende imaginäre Achse als q-Achse bezeichnet (Abb. 2.16). Analog zu Gl. (2.26) wird der Drehzeiger zum Festzeiger bzw. der Raumzeiger zum Parkzeiger

$$\underline{W}_p = \underline{W} e^{-j\vartheta_{ref}} = \hat{W} e^{j\alpha}\, e^{j(\vartheta - \vartheta_{ref})} = w_d + j w_q. \qquad (2.46)$$

Der Parkzeiger ist die natürliche Verallgemeinerung für Drehstrom des Einphasen-Festzeigers in den Gln. (2.26) und (2.27). Seine Komponenten w_d und w_q sind erstmals von Park für die Synchronmaschine in Zusammenhang mit der nach ihm benannten Park-Transformation [6] eingeführt worden. Ist ω_{ref} gleich zur Wechselstromkreisfrequenz ω, sind die Komponenten w_d und w_q für stationäre oberwellenfreie Wechselgrössen konstant. Darin liegt ein wesentlicher Vorteil der Parkschen Darstellung.

Abb. 2.16 Raumzeiger und Parkzeiger

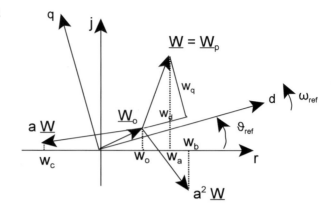

Aus Gl. (2.46) folgt

$$Re(\underline{W}) = Re(\underline{W}_r e^{j\vartheta_r}) = w_d \cos(\vartheta_r) - w_q \sin(\vartheta_r)$$
$$Re(a^2\underline{W}) = Re(\underline{W}_r e^{j\vartheta_r - 120°}) = w_d \cos(\vartheta_r - 120°) - w_q \sin(\vartheta_r - 120°)$$
$$Re(a\underline{W}) = Re(\underline{W}_r e^{j\vartheta_r - 240°}) = w_d \cos(\vartheta_r - 240°) - w_q \sin(\vartheta_r - 240°)$$

und in Gl. (2.34) eingesetzt

$$w_a = w_d \cos(\vartheta_r) - w_q \sin(\vartheta_r) + w_0$$
$$w_b = w_d \cos(\vartheta_r - 120°) - w_q \sin(\vartheta_r - 120°) + w_0$$
$$w_a = w_d \cos(\vartheta_r - 240°) - w_q \sin(\vartheta_r - 240°) + w_0$$

oder in Matrixform

$$\begin{pmatrix} w_a \\ w_b \\ w_c \end{pmatrix} = \begin{vmatrix} \cos(\vartheta_r) & -\sin(\vartheta_r) & 1 \\ \cos(\vartheta_r - 120°) & -\sin(\vartheta_r - 120°) & 1 \\ \cos(\vartheta_r - 240) & -\sin(\vartheta_r - 240°) & 1 \end{vmatrix} \cdot \begin{pmatrix} w_d \\ w_q \\ w_0 \end{pmatrix}. \quad (2.47)$$

Die inverse Transformation (Park-Transformation) lautet

$$\begin{pmatrix} w_d \\ w_q \\ w_0 \end{pmatrix} = \frac{2}{3} \begin{vmatrix} \cos(\vartheta_r) & \cos(\vartheta_r - 120°) & \cos(\vartheta_r - 240°) \\ -\sin(\vartheta_r) & -\sin(\vartheta_r - 120°) & -\sin(\vartheta_r - 240°) \\ \frac{1}{2} & \frac{1}{2} & \frac{1}{2} \end{vmatrix} \cdot \begin{pmatrix} w_a \\ w_b \\ w_c \end{pmatrix}. \quad (2.48)$$

Dynamische Darstellung mittels Parkvektor Ist $\underline{w}_p = w_d + j\,w_q$ ein Parkzeiger, lässt sich dessen Ableitung $(s + j\,\omega)\,\underline{w}_p$ schreiben (s. Abschn. 2.4.2). Die Ableitung ist somit

$$(s + j\omega)(w_d + jw_q) = (sw_d - \omega w_q) + j(\omega w_d + sw_q).$$

2.4 Zeiger und Komponenten für Drehstrom

Ordnet man Real- und Imaginärkomponente des Parkzeigers einem Spaltenvektor (*Parkvektor*) zu, lassen sich die Komponenten des Ableitungsvektors mit Hilfe einer Differenziermatrix **D** ausdrücken

$$\begin{vmatrix} s & -\omega \\ \omega & s \end{vmatrix} \begin{pmatrix} w_d \\ w_q \end{pmatrix} = D \begin{pmatrix} w_d \\ w_q \end{pmatrix}. \qquad (2.49)$$

Die Differenziermatrix **D** kann auch mit Einheitsmatrix **E** und Rotationsmatrix **K** beschrieben werden

$$D = (sE + \omega K) \quad mit \quad E = \begin{vmatrix} 1 & 0 \\ 0 & 1 \end{vmatrix}, \quad K = \begin{vmatrix} 0 & -1 \\ 1 & 0 \end{vmatrix}, \qquad (2.50)$$

welche die transformatorische und rotatorische Komponente des Ableitungsvektors ausdrücken.

Komplexe Übertragungsfunktion Von Bedeutung für dynamische Untersuchungen ist auch der folgende Zusammenhang: Wird die Beziehung zwischen zwei Momentanwerten im Bildbereich durch die Übertragungsfunktion G(s) dargestellt, also

$$w_2 = G(s)\, w_1 = \frac{H(s)}{K(s)} w_1$$

ist bekanntlich K(s) = 0 die charakteristische Gleichung, welche die Eigenfrequenzen des Systems bestimmt.

Im komplexen Bereich gilt

$$\underline{w}_2 = \underline{G}(s + j\omega)\, \underline{w}_1 = \frac{\underline{H}(s + j\omega)}{\underline{K}(s + j\omega)} \underline{w}_1 = \frac{H_{Re}(s) + j H_{Im}(s)}{K_{Re}(s) + j H_{Im}(s)} \underline{w}_1.$$

Das charakteristische Polynom ist nun $(K_{Re}^2 + K_{Im}^2)$, und die charakteristische Gleichung kann man schreiben

$$\left| \underline{K}(s + j\omega) \right|^2 = 0. \qquad (2.51)$$

Spaltet man die Zeiger in Real- und Imaginärteil, z. B. in Parksche Komponenten $\underline{w} = w_d + j\, w_q$ auf, und stellt sie als Parkvektor dar, erhält man die Matrixbeziehung

$$\begin{vmatrix} H_{Re} & -H_{Im} \\ H_{Im} & H_{Re} \end{vmatrix} \begin{pmatrix} w_{1d} \\ w_{1q} \end{pmatrix} = \begin{vmatrix} K_{Re} & -K_{Im} \\ K_{Im} & K_{Re} \end{vmatrix} \begin{pmatrix} w_{2d} \\ w_{2q} \end{pmatrix}$$

und schliesslich, nach w_2 aufgelöst, folgenden für die praktische Auswertung bequemen Zusammenhang, der auch die Übertragungsmatrix im Bildbereich zwischen Parkvektoren definiert.

$$\begin{pmatrix} w_{2d} \\ w_{2q} \end{pmatrix} = \frac{1}{\left(K_{Re}^2 + K_{Im}^2\right)} \begin{vmatrix} K_{Re} & K_{Im} \\ -K_{Im} & K_{Re} \end{vmatrix} \begin{vmatrix} H_{Re} & -H_{Im} \\ H_{Im} & H_{Re} \end{vmatrix} \begin{pmatrix} w_{1d} \\ w_{1q} \end{pmatrix} \qquad (2.52)$$

2.5 Das elektromagnetische Feld

2.5.1 Feldgleichungen

Das elektromagnetische Feld kann makroskopisch durch eine skalare Grösse und 5 Vektoren dargestellt werden:

ρ = *elektrische Raumladungsdichte*   (As/m^3)
$\vec{D}$ = *elektrische Verschibung*   (As/m^2)
$\vec{E}$ = *elektrische Feldstärke*   (V/m)
$\vec{J}$ = *elektrische Stromdichte*   (A/m^2)
$\vec{H}$ = *magnetische Feldstärke*   (A/m)
$\vec{B}$ = *magnetische Induktion*   (Vs/m^2).

Diese 6 Grössen sind durch die *ersten drei* der folgenden *Maxwellschen Gleichungen* verknüpft. Die vierte Gleichung drückt die Eigenschaft der Quellenfreiheit des Induktionsflusses aus. Die Integralform der Gleichungen erhält man durch Integration über eine Fläche F mit Rand l (Satz von Stokes) bzw. über ein Volumen V mit Hüllfläche F (Satz von Gauss).

Differentialform	Integralform	
$rot\ \vec{E} = -\dfrac{\partial \vec{B}}{\partial t},$	$\oint_l \vec{E}\,d\vec{l} = -\dfrac{\partial}{\partial t}\int_F \vec{B}\,d\vec{F} = -\dfrac{d\varphi}{dt}$	(2.53)
$rot\ \vec{H} = \vec{J} + \dfrac{\partial \vec{D}}{\partial t},$	$\oint_l \vec{H}\,dl = \int_F \vec{J}\,d\vec{F} + \dfrac{\partial}{\partial t}\int_F \vec{D}\,d\vec{F} = I + I_v$	(2.54)
$div\ \vec{D} = \rho,$	$\oint_F \vec{D}\,d\vec{F} = \int_V \rho\,dV = Q$	(2.55)
$div\ \vec{B} = 0,$	$\oint_F \vec{B}\,d\vec{F} = 0.$	(2.56)

In der Integralform bedeuten φ = Induktionsfluss, I = Leitungsstrom, I_v = Verschiebungsstrom, Q = Ladung.

Die Maxwellschen Gesetze sind allgemeingültig, unabhängig vom Stoff, der den Raum ausfüllt. Zur Bestimmung der 6 Feldgrössen benötigt man 3 weitere Gleichungen, welche die Stoffgesetze ausdrücken. Für ein isotropes Medium lauten sie

$$\vec{D} = \varepsilon\ \vec{E} \qquad (2.57)$$

$$\vec{J} = \gamma\ \vec{E} \qquad (2.58)$$

$$\vec{B} = \mu\ \vec{H}. \qquad (2.59)$$

2.5 Das elektromagnetische Feld

Die drei Parameter ε, γ und μ charakterisieren das elektromagnetische Verhalten des Stoffes:

$\varepsilon = \varepsilon_0\,\varepsilon_r = Dielektrizitätszahl$ (As/Vm = s/Ω = F/m)
$\gamma = Leitfähigkeit$ (A/Vm = 1/Ωs)
$\mu = \mu_0\,\mu_r = Permeabilität$ (Vs/Am = Ωs/m = H/m).

Dazu folgende Bemerkungen:

- Im anisotropen Medium sind die drei Parameter richtungsabhängig (Kristallorientierung) und werden von Tensoren beschrieben.
- ε und γ können von $|\vec{E}|$, μ von $|\vec{H}|$ abhängig sein. Dann sind die Beziehungen (2.57) bis (2.59) bzw. das Medium nichtlinear. ε und μ können ferner Hystereseerscheinungen aufweisen.
- Als Folge von mikroskopischen Trägheitserscheinungen sind die Stoffparameter, vor allem ε, frequenzabhängig.
- Das Medium nennt man homogen, wenn ε, γ, μ räumlich konstant sind.

Wendet man die Integralform der Gl. (2.54) auf eine geschlossene Fläche an, erhält man, da der Rand l zu einem Punkt zusammenschrumpft

$$0 = \oint_F \vec{J}\,d\vec{F} + \frac{\partial}{\partial t}\oint_F \vec{D}\,d\vec{F}$$

oder, was gleichwertig ist, durch Bildung der Divergenz der Differentialform von (2.54)

$$0 = div\,\vec{J} + \frac{\partial}{\partial t}\,div\,\vec{D}.$$

Wegen Gl. (2.55) gilt also

$$div\,\vec{J} = -\frac{\partial \rho}{\partial t}, \qquad \oint_F \vec{J}\,d\vec{F} = -\frac{dQ}{dt}. \qquad (2.60)$$

Damit lässt sich der Leitungsstrom als bewegte Ladung interpretieren, und man bezeichnet diesen Satz als Erhaltungssatz der Ladung oder als Kontinuitätsgesetz. Aus der Integralform von Gl. (2.60) folgt z. B. unmittelbar das Kirchhoffsche Knotengesetz der Elektrotechnik.

2.5.2 Energie des Feldes

Multipliziert man skalar Gl. (2.54) mit E und Gl. (2.53) mit H und subtrahiert, folgt

$$\vec{E}\,rot\,\vec{H} - \vec{H}\,rot\,\vec{E} = \vec{E}\,\vec{J} + \vec{E}\frac{\partial \vec{D}}{\partial t} + \vec{H}\frac{\partial \vec{B}}{\partial t}.$$

Nach einem Satz der Vektoranalysis ist die linke Seite dieser Gleichung die negative Divergenz des Vektorproduktes

$$\vec{E} \times \vec{H} = \vec{S}, \qquad (2.61)$$

das man als Poyntingschen Vektor bezeichnet. Also gilt

$$-div\,\vec{S} = \vec{E}\,\vec{J} + \vec{E}\frac{\partial \vec{D}}{\partial t} + \vec{H}\frac{\partial \vec{B}}{\partial t} \quad (W/m^3).$$

Die Integration über ein Volumen V mit Hüllfläche F liefert

$$-\oint_F \vec{S}\,\vec{dF} = \int_V \vec{E}\,\vec{J}\,dV + \int_V \vec{E}\frac{\partial \vec{D}}{\partial t}\,dV + \int_V \vec{H}\frac{\partial \vec{B}}{\partial t}\,dV \quad (W). \qquad (2.62)$$

Die Terme dieser Gleichungen stellen Leistungen dar. Die rechte Seite ist folgendermassen zu interpretieren:

$$\int_V \vec{E}\,\vec{J}\,dV = \textit{Joulsche Verluste}$$

$$\int_V \vec{E}\frac{\partial \vec{D}}{\partial t}\,dV = \textit{dem elektrischen Feld zugeführte Leistung} \qquad (2.63)$$

$$\int_V \vec{H}\frac{\partial \vec{B}}{\partial t}\,dV = \textit{dem magnetischen Feld zugeführte Leistung}.$$

Die linke Seite der Gl. (2.62) stellt demzufolge die totale in das Volumen V eindringende Leistung dar. Der Poynting'sche Vektor lässt sich als elektromagnetische Leistungsflussdichte (W/m^2) deuten.

Die Feldenergie schliesslich erhält man durch Integration von 0 bis t der entsprechenden Leistungen.

Energie des elektrischen Feldes:

$$W_e = \int_V dV \int_0^t \vec{E}\frac{\partial \vec{D}}{\partial t}dt = \int_V dV \int_0^D \vec{E}\,\vec{dD} = \int_V \frac{1}{2}\varepsilon E^2 dV. \qquad (2.64)$$

Energie des magnetischen Feldes:

$$W_m = \int_V dV \int_0^t \vec{H}\frac{\partial \vec{B}}{\partial t}dt = \int_V dV \int_0^B \vec{H}\,\vec{dB} = \int_V \frac{1}{2}\mu H^2 dV. \qquad (2.65)$$

Der letzte Ausdruck beider Gleichungen gilt nur bei Isotropie und Linearität.

2.5.3 Feldpotentiale

Wegen Gl. (2.56) ist das Induktionsfeld quellenfrei und kann als Rotation eines *magnetischen Vektorpotentials* **A** dargestellt werden

$$\vec{B} = rot\ \vec{A}. \tag{2.66}$$

In Gl. (2.53) eingesetzt, folgt

$$rot\ \vec{E} = -rot\frac{\partial \vec{A}}{\partial t} \Rightarrow rot\left(\vec{E} + \frac{\partial \vec{A}}{\partial t}\right) = 0.$$

Der Klammerausdruck ist ein wirbelfreies Feld und lässt sich somit als Gradient eines *skalaren elektrischen Potentials* φ beschreiben. Man erhält

$$\vec{E} = -\frac{\partial \vec{A}}{\partial t} - grad\ \varphi. \tag{2.67}$$

Gelingt es, die beiden Feldpotentiale **A** und φ zu bestimmen, können daraus alle Feldgrössen abgeleitet werden. Das Vektorpotential **A** ist allerdings nicht eindeutig, sondern nur bis auf ein beliebiges skalares Feld definiert, und dessen Divergenz kann beliebig festgelegt werden. Man führt eine der beiden folgenden Nebenbedingungen ein (für Begründung s. z. B. [1, 10])

$$\begin{aligned} div\ \vec{A} &= -\varepsilon\mu\frac{\partial \varphi}{\partial t} \\ oder\quad div\ \vec{A} &= -\varepsilon\mu\frac{\partial \varphi}{\partial t} - \gamma\mu\ \varphi. \end{aligned} \tag{2.68}$$

2.5.4 Elektrisches Feld im Dielektrikum

Aus (2.67) folgt stationär die Beziehung

$$\vec{E} = -grad\ \varphi, \tag{2.69}$$

die zusammen mit (2.55) zu

$$div\ (\varepsilon\quad grad\ \varphi) = -\rho \tag{2.70}$$

führt. Diese Gleichung ist Ausgangspunkt für die Berechnung des stationären elektrischen Feldes im Dielektrikum und für die Hochspannungstechnik grundlegend (Kap. 3).

2.5.5 Das Strömungsfeld

Das stationäre Strömungsfeld kann völlig analog zum raumladungsfreien elektrostatischen Feld berechnet werden, da sich aus (2.67), (2.60) und (2.58) die zu (2.70) analoge Beziehung ableiten lässt

$$div\,(\gamma\;grad\,\varphi) = 0. \qquad (2.71)$$

Damit lässt sich die Feldverteilung in der Erde, z. B. bei Erdungsproblemen bestimmen. Dabei können die in Abschn. 3.3 für das elektrische Feld im Dielektrikum beschriebenen Verfahren angewendet werden.

Allgemeiner liefert die Vektoranalysis aus (2.66) und (2.67) mit Hilfe der (2.54), (2.55) sowie der (2.57), (2.58), (2.59) und der zweiten der Beziehungen (2.68) für homogene Raumbereiche die Potentialgleichungen (Δ = Laplace-Operator)

$$\Delta \vec{A} - \gamma\mu\frac{\partial \vec{A}}{\partial t} - \varepsilon\mu\frac{\partial^2 \vec{A}}{\partial t^2} = 0$$

$$\Delta \varphi - \gamma\mu\frac{\partial \varphi}{\partial t} - \varepsilon\mu\frac{\partial^2 \varphi}{\partial t^2} = 0.$$

Für die in der Energietechnik wichtigen quasistationären Vorgänge, für welche der Verschiebungsstrom $\partial D/\partial t \ll J$, folgt

$$\Delta \vec{A} - \gamma\mu\frac{\partial \vec{A}}{\partial t} = 0$$

$$\Delta \varphi - \gamma\mu\frac{\partial \varphi}{\partial t} = 0. \qquad (2.72)$$

Ausgehend von der ersten dieser Gleichungen und bei Beachtung der Nebenbedingung (2.68), können die *Stromverdrängungseffekte* in Leitern und die *Wirbelströme* in ferromagnetischen Körpern berechnet werden [1, 9, 10].

2.5.6 Magnetisches Feld

Analog zu Abschn. 2.5.5 liefert die Vektoranalysis aus (2.66) und (2.67) mit Hilfe der (2.54), (2.55) sowie der (2.57), (2.58), (2.59) und der ersten der Gl. (2.68) für *homogene Raumbereiche* die Wellengleichungen

$$\Delta \vec{A} - \varepsilon\mu\frac{\partial^2 \vec{A}}{\partial t^2} = -\mu\,\vec{J}$$

$$\Delta \varphi - \varepsilon\mu\frac{\partial^2 \varphi}{\partial t^2} = -\frac{\rho}{\varepsilon},$$

2.5 Das elektromagnetische Feld

Abb. 2.17 Vektorpotential im homogenen Raumbereich

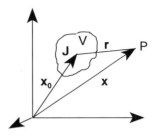

die sich für quasistationäre Vorgänge auf die folgenden reduzieren

$$\Delta \vec{A} = \mu \vec{J}$$
$$\Delta \varphi = -\frac{\rho}{\varepsilon}.$$
(2.73)

Die letzte Gleichung ist der Spezialfall der (2.70) für homogene Raumbereiche.

Für nichthomogene Bereiche muss die erste der Gl. (2.73) etwas allgemeiner geschrieben werden. Aus (2.54), (2.59) und (2.66) folgt

$$rot\left(\frac{1}{\mu} rot \vec{A}\right) = \vec{J}.$$

Diese Gleichung kann numerisch, z. B. mit dem Verfahren der Finiten Elemente, ausgewertet werden [1].

Besonders wichtig für die Energieversorgungstechnik, neben der (2.70) und (2.71), ist die erste der Gl. (2.73), deren analytische Lösung mit Bezug auf Abb. 2.17 lautet

$$\vec{A}(\vec{x}) = \frac{\mu}{4\pi} \int_V \frac{\vec{J}(\vec{x}_0)}{r} dV.$$
(2.74)

Sie liefert das Vektorpotential in einem beliebigen Punkt des homogenen Raumes, das von der Stromdichte J des Volumens V erzeugt wird.

Gesetz von Biot-Savart Wegen (2.66) und (2.59) leitet sich aus (2.74) unmittelbar das Biot-Savartsche Gesetz ab

$$d\vec{H}(\vec{x}) = \frac{1}{4\pi} rot\left(\frac{\vec{J}(\vec{x}_0)}{r} dV\right), \quad \vec{H}(\vec{x}) = \frac{1}{4\pi} \int_V rot\left(\frac{\vec{J}(\vec{x}_0)}{r} dV\right),$$
(2.75)

das zur Bestimmung des Feldes von Leitungen (approximiert durch Linienleiter) verwendet wird.

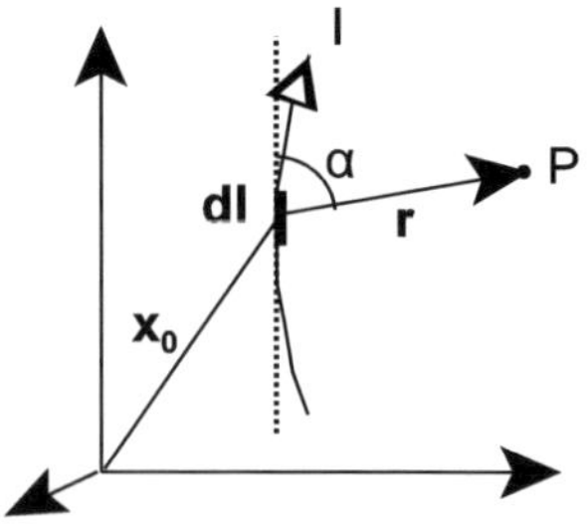

Abb. 2.18 Feld eines Linienleiters im homogenen Raum

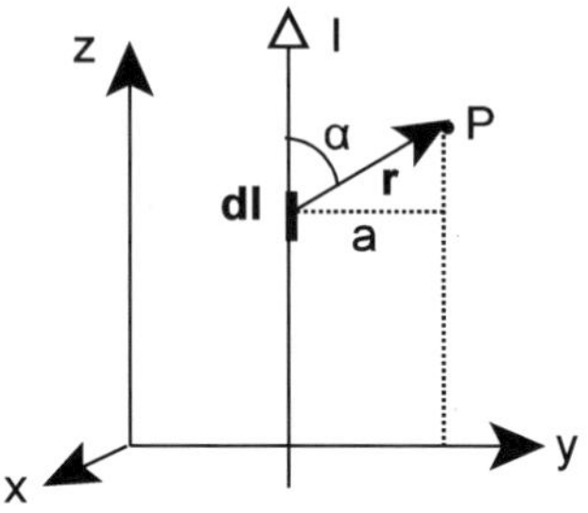

Abb. 2.19 Feld eines geradlinigen Leiters im homogenen Raum

2.5.7 Magnetisches Feld von Leitern

Für Linienleiter beliebiger Form, die vom Strom I durchflossen werden, kann (2.75) mit Bezug auf Abb. 2.18 in die einfachere Form gebracht werden

$$d\vec{H} = \frac{I}{4\pi} \frac{d\vec{l} \times \vec{r}}{r^3}. \tag{2.76}$$

Das Feld in P ist senkrecht zur Ebene, die vom Stromelement $d\vec{l}$ (Stromrichtung) und Abstandsvektor $\vec{r}$ gebildet wird. Durch Einführung des Winkels α zwischen diesen Vektoren folgt für den Betrag des Feldvektors

$$dH = \frac{I}{4\pi} \frac{\sin \alpha}{r^2} dl. \tag{2.77}$$

Beispiel 2.5 Man bestimme das Feld eines geradlinigen Leiters (Abb. 2.19).

Fliesst der Strom in z-Richtung und liegt P in der yz-Ebene, hat der Feldvektor in P die negative x-Richtung. Ersetzt man r durch den Abstand a, folgt für den Betrag des Feldes

$$dH = \frac{I}{4\pi} \frac{\sin^3 \alpha}{a^2} dl.$$

Führt man die Koordinate z des Leiterelements dl ein, gilt $z + a \cot \alpha =$ konst. und somit

$$dl = dz = \frac{a}{\sin^2 \alpha} d\alpha \quad \longrightarrow \quad dH = \frac{I}{4\pi a} \sin \alpha \, d\alpha.$$

2.5 Das elektromagnetische Feld

Abb. 2.20 Feld einer kreisförmigen Windung im homogenen Raum

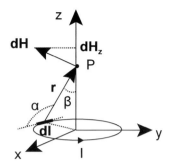

Ist insbesondere der Leiter unendlich lang und integriert man von 0 bis 180°, folgt die bekannte Beziehung

$$H = \frac{I}{2\pi a},$$

die sich unter Ausnutzung der Symmetrie der Anordnung auch direkt aus (2.54) (für den Fall des quasistationären Feldes) gewinnen lässt.

Beispiel 2.6 Man bestimme das Feld auf der Achse einer kreisförmigen Windung mit Radius R, die vom Strom I durchflossen wird (Abb. 2.20).

Gemäss (2.76) steht das Feld **dH** senkrecht auf der Mantelfläche des von Kreislinie und Punkt P gebildeten Kegels.

Ist z die Koordinate des Punktes P, gilt mit Bezug auf Gl. (2.77)

$$\alpha = 90°, \quad r = \sqrt{R^2 + z^2}, \quad dl = R\, d\alpha$$

$$\Rightarrow \quad dH = \frac{I}{4\pi} \frac{R}{R^2 + z^2}\, d\alpha.$$

Integriert man über den Umfang der Windung, heben sich die horizontalen Komponenten von **dH** gegenseitig auf, und es verbleiben nur die Komponenten in z-Richtung. Somit erhält man

$$dH_z = dH \cdot \sin\beta = dH \frac{R}{\sqrt{R^2 + z^2}} \quad \dashrightarrow \quad H = \oint_l dH_z = \frac{I}{2} \frac{R^2}{(R^2 + z^2)^{\frac{3}{2}}}.$$

Induktivität und Flussverkettung von Stromkreisen Mit Bezug auf Abb. 2.21 betrachte man die zwei geschlossenen Linienleiter l_1 und l_2 mit Strömen I_1 und I_2, welche die Flächen A_1 und A_2 einschliessen. Der Leiter l_1 erzeugt an der Stelle dA_2 der Fläche A_2 wegen (2.76) und (2.59) das Induktionsfeld

$$\vec{B} = \frac{\mu I_1}{4\pi} \oint_{l_1} \frac{\vec{dl}_1 \times \vec{r}}{r^3}.$$

Abb. 2.21 Koppel- und Selbstinduktivität von Leiterschleifen

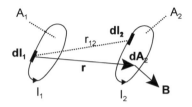

Der von I_1 erzeugte und mit der Fläche A_2 *verkettete Fluss* ist (der Vektor $d\vec{A}_2$ hat die Richtung der Flächennormalen)

$$\Psi_2 = \int_{A_2} \vec{B} \cdot d\vec{A}_2 = \frac{\mu I_1}{4\pi} \int_{A_2} \left(\oint_{l_1} \frac{d\vec{l}_1 \times \vec{r}}{r^3} \right) \cdot d\vec{A}_2.$$

Damit bleibt die Koppelinduktivität M_{21} definiert

$$M_{21} = \frac{\Psi_2}{I_1} = \frac{\mu}{4\pi} \int_{A_2} \left(\oint_{l_1} \frac{d\vec{l}_1 \times \vec{r}}{r^3} \right) \cdot d\vec{A}_2 = \frac{\mu}{4\pi} \oint_{l_1} \oint_{l_2} \frac{d\vec{l}_1 \cdot d\vec{l}_2}{r_{12}}. \qquad (2.78)$$

Der zweite Ausdruck, worin r_{12} den Abstand der Leiterelemente dl_1 und dl_2 darstellt, ergibt sich aus dem Satz von Stokes [10]. Seine Symmetrie bedeutet, dass die Koppelinduktivitäten M_{21} und M_{12} identisch sind. (Der Begriff Koppelinduktivität wird dem Begriff Gegeninduktivität vorgezogen, da dieser in der Stromversorgungstechnik in einem anderen Sinne verwendet wird, s. Kap. 10).

Fällt die Leiterschleife l_2 mit l_1 zusammen, folgt die Selbstinduktivität L_1, wenn umgekehrt, die Selbstinduktivität L_2.

Der mit den Stromkreisen verkettete Fluss lässt sich mit Hilfe der Induktivitäten folgendermassen ausdrücken

$$\begin{aligned} \Psi_1 &= L_1 I_1 + M I_2 \\ \Psi_2 &= M I_1 + L_2 I_2. \end{aligned} \qquad (2.79)$$

Selbst- und Koppelinduktivitäten von einfachen Anordnungen können z. B. aus [7] entnommen werden.

Sehr nützlich kann auch folgende Betrachtung sein: Für eine Flussröhre $d\Phi$ mit Querschnitt dA des magnetischen Feldes (Abb. 2.22), die mit mehreren Stromfaden oder Leitern (z. B. eine Wicklung) gekoppelt ist, die insgesamt die Durchflutung Θ ergeben, lässt sich die magnetische Energie (2.65) folgendermassen schreiben

$$dW_m = \frac{1}{2} \int_l \mu H^2 dl\, dA = \frac{1}{2} \int_l H\, dl\, B\, dA = \frac{1}{2} \Theta\, d\Phi = \frac{1}{2} i\, d\Psi. \qquad (2.80)$$

Der letzte Ausdruck definiert den mit dem Stromkreis i verketteten Teilfluss $d\Psi$ und die Teilinduktivität $dL = d\Psi/i$. Diese Betrachtung kann nicht nur auf das Feld ausserhalb, sondern auch auf jenes innerhalb des Leiters angewandt werden.

2.5 Das elektromagnetische Feld

Abb. 2.22 Magnetische Energie und Flussverkettung, Gl. (2.80)

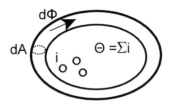

Abb. 2.23 Feld eines Zweileitersystems

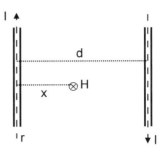

Feld und Induktivität von Leitungen In der Energieversorgungstechnik ist für die technischen Anwendungen der von geradlinigen langen Leitern mit Radius r gebildete Stromkreis von Bedeutung (Abb. 2.23). Der Abstand d sei gross im Verhältnis zum Radius r. Der Leiter erzeugt im Abstand x ein magnetisches Feld **H**. Durch Integration der Induktion über die vom Stromkreis eingeschlossenen Fläche folgt der Fluss pro Längeneinheit *ausser- und innerhalb des Leiters*.

Ausserhalb des Leiters gilt

$$H = \frac{I}{2\pi x} \quad --> \quad \Psi'_a = \Phi'_a \approx \int_r^d \mu_0 H \, dx = I \frac{\mu_0}{2\pi} \ln \frac{d}{r}.$$

Innerhalb des Leiters, d. h. für x < r, ist die Durchflutung proportional zur Fläche (wenn der Strom gleichmässig verteilt ist, was nur bei Gleichstrom zutrifft) und man erhält aus (2.54) für das Feld und aus (2.80) für den verketteten Fluss

$$H = \frac{I \frac{x^2}{r^2}}{2\pi x} = \frac{I\,x}{2\pi r^2} \quad --> \quad d\Psi'_i = \frac{x^2}{r^2} d\Phi'_i = \frac{x^2}{r^2} \mu H \, dx = \frac{I\mu}{2\pi r^4} x^3 \, dx,$$

$$\Psi'_i = \int_0^r d\Psi_i = I \frac{\mu_0 \mu_r}{8\pi}.$$

Die Beiträge der beiden Leiter addieren sich und für die Gesamtinduktivität des Zweileitersystems folgt

$$L' = 2 \frac{\Psi'_a + \Psi'_i}{I} = \frac{\mu_0}{\pi} \left(\ln \frac{d}{r} + \frac{\mu_r}{4} \right). \tag{2.81}$$

Abb. 2.24 Ferromagnetischer Kreis

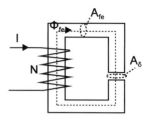

2.5.8 Technischer elektromagnetischer Kreis

Für ferromagnetische Kreise ist das Feld innerhalb der Leiter vernachlässigbar. Für das quasistationäre magnetische Feld *ausserhalb der Strömung* (= ausserhalb des Leiters) folgt aus (2.54)

$$rot\ \vec{H} = 0,$$

und das Feld H lässt sich als Gradient eines skalaren magnetischen Potentials φ_m auffassen. Die entsprechende magnetische Spannung sei U_m. Dann gelten die Integralgleichungen

$$\int_l \vec{H}\,d\vec{l} = U_m, \qquad \oint_l \vec{H}\,d\vec{l} = I. \qquad (2.82)$$

Wichtigste technische Anwendung ist das von einer Wicklung mit N Windungen in einem ferromagnetischen Kreis mit oder ohne Luftspalt erzeugte Feld (Abb. 2.24). Mit der Annahme: konstanter Eisenquerschnitt A_{fe}, magnetische Eisenlänge l_{fe}, Luftspalt δ und Windungseisenfluss φ_{fe}, kann man schreiben

$$B_{fe} = \frac{\varphi_{fe}}{A_{fe}}, \quad B_\delta = \frac{\varphi_{fe}}{A_\delta}$$
$$U_{mfe} = H_{fe}\,l_{fe}, \quad U_{m\delta} = H_\delta\,\delta \qquad (2.83)$$
$$\oint_l H\,dl = N\,I = U_{mfe} + U_{m\delta} = \varphi_{fe}\left(\frac{l_{fe}}{\mu_{fe} A_{fe}} + \frac{\delta}{\mu_0 A_\delta}\right).$$

Den Ausdruck in Klammern bezeichnet man als magnetischen Widerstand R_m. Allgemeiner gilt für einen ferromagnetischen Kreis mit verschiedenen Querschnitten das Hopkinsonsche Gesetz (Ohmsches Gesetz des ferromagnetischen Kreises)

$$N\,I = \varphi_{fe} \sum_{i=1}^{n} R_{mi} = \varphi_{fe}\,R_m \quad \text{mit} \quad R_{mi} = \frac{l_i}{\mu_i\,A_i}. \qquad (2.84)$$

Für die *Induktivität* folgt aus (2.84)

$$L_{fe} = \frac{N\varphi_{fe}}{I} = \frac{N^2}{R_m}. \qquad (2.85)$$

2.5 Das elektromagnetische Feld

Ein kleiner Teil der von der Wicklung erzeugten Feldlinien schliesst sich nicht über dem Eisen, sondern über der Luft und bildet den Teilfluss Φ_l. Der gesamte mit der Wicklung gekoppelte Fluss, welcher die *Eigeninduktivität* der Wicklung bestimmt, ist somit

$$\Phi = \Phi_{fe} + \Phi_l.$$

Für die bei Wechselstrom in der Wicklung induzierte Spannung gilt nach (2.53)

$$U = -\oint_l E\, dl = N\frac{d\varphi}{dt}$$

oder durch Einführung der Flussverkettung Ψ (Gl. (2.80))

$$\Psi = N\,\varphi, \quad U = \frac{d\Psi}{dt}. \tag{2.86}$$

Bei Wechselstrom entstehen im Eisen wegen irreversibler Wandverschiebungen Hysterese- [5] und wegen der Leitfähigkeit Wirbelstromverluste, die in erster Näherung als proportional zum Quadrat des Eisenflusses betrachtet werden können.

Ferromagnetische Kopplung von Wicklungen Bei ferromagnetischer Kopplung von zwei Wicklungen bezeichnet man den gemeinsamen Fluss (Koppelfluss) beider Wicklungen als *Hauptfluss* Φ_h. Dieser Fluss stimmt weitgehend mit dem Eisenfluss überein. Feldlinien, die nicht mit beiden Wicklungen gekoppelt sind, ergeben den *Streufluss* Φ_σ, der also weitgehend mit dem Luftfluss übereinstimmt. Es ist dann zweckmässiger und anschaulicher, die Gl. (2.79) in der folgenden Form zu schreiben (R_{mh} = magnetischer Hauptwiderstand)

$$\Psi_1 = N_1\,\Phi_h + L_{\sigma 1}\,I_1$$
$$\Psi_2 = N_2\,\Phi_h - L_{\sigma 2}\,I_2 \tag{2.87a}$$
$$\text{mit}\quad \Phi_h = \frac{N_1\,I_1 - N_2\,I_2}{R_{mh}}$$

und mit $L_{\sigma 1}$, $L_{\sigma 2}$ = Streuinduktivitäten der Wicklungen. Dabei ist berücksichtigt worden, dass die Ströme entgegengesetzt magnetisieren. Der Vergleich mit (2.79) ergibt, wenn man I_2 durch $-I_2$ ersetzt, den Zusammenhang

$$L_1 = \frac{N_1^2}{R_{mh}} + L_{\sigma 1} = L_{h1} + L_{\sigma 1}$$
$$L_2 = \frac{N_2^2}{R_{mh}} + L_{\sigma 2} = L_{h2} + L_{\sigma 1} \tag{2.87b}$$
$$M = \frac{N_1\,N_2}{R_{mh}} = \sqrt{L_{h1}L_{h2}}, \quad L_{h1}, L_{h2} = \textit{Hauptinduktivitäten}.$$

Abb. 2.25 Richtung der Kraftwirkung

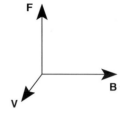

Abb. 2.26 Energie und Koenergie eines elektromagnetischen Systems a = Verformungsparameter (a = *konst.*, heisst starres System)

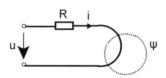 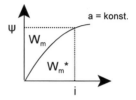

2.5.9 Elektromagnetische Kräfte

Lorentz-Kraft Bewegt sich eine Ladung Q mit Geschwindigkeit v in einem magnetischen Feld B, so wirkt auf sie die Querkraft

$$\vec{F} = Q\,(\vec{v} \times \vec{B}). \tag{2.88}$$

Die Richtungen der drei Vektoren bilden ein Rechtssystem nach Abb. 2.25.

Der Strom in einem Leiter kann als bewegte Ladung interpretiert werden. Legt die Ladung auf einem Linienleiter die Strecke dl mit Geschwindigkeit v zurück, gilt

$$dQ = I\,dt, \quad d\vec{l} = \vec{v}\,dt.$$

In (2.88) eingesetzt, folgt

$$d\vec{F} = I\,(d\vec{l} \times \vec{B}). \tag{2.89}$$

Auf ein vom Strom I durchflossenes Stromleiterelement dl, das sich in einem magnetischen Feld B befindet, wirkt eine elektromagnetische Kraft senkrecht zur Ebene, die vom Stromleiterelement und der Richtung des magnetischen Feldes gebildet wird.

Kraft und magnetische Koenergie In einem als *mechanisch starr* angenommenen elektromagnetischen System nach Abb. 2.26 ist die Flussverkettung eine bekannte, im allgemeinen nichtlineare Funktion des Stromes (z. B. bei Sättigung des Eisens). Die magnetische Energie ist nach (2.65)

$$W_m = \int_V dV \int_0^B \vec{H}\,d\vec{B}. \tag{2.90}$$

2.5 Das elektromagnetische Feld

Integriert man über alle geschlossenen Feldlinien und dazu senkrecht stehenden Elementarflächen dA, d. h. über das gesamte Feldvolumen mit dV = dl dA, erhält man wegen (2.53) und (2.54)

$$W_m = \int_0^\Psi i \, d\Psi. \qquad (2.91)$$

Mit Bezug auf Abb. 2.26 definiert man als magnetische Koenergie die Grösse

$$W_m^* = \int_0^i \Psi \, di = \Psi \, i - W_m. \qquad (2.92)$$

Energie und Koenergie lassen sich im (Ψ, i)-Diagramm als Flächen interpretieren. Bei Linearität, aber nur dann, sind Energie und Koenergie identisch, und zwar

$$W_m^* = W_m = \frac{1}{2}\Psi \, i = \frac{1}{2}L \, i^2. \qquad (2.93)$$

Wendet man das Induktionsgesetz auf den Stromkreis Abb. 2.26 an, folgt

$$u = R \, i + \frac{d\Psi}{dt} \quad \Rightarrow \quad u \, i \, dt = R \, i^2 \, dt + i \, d\Psi. \qquad (2.94)$$

Die dem elektrischen Kreis während der Zeit dt zugeführte Energie wird zum Teil in joulsche Wärme umgewandelt und der Rest (i dΨ) als magnetische Feldenergie dW$_m$ gespeichert.

Ist das System *deformierbar*, wird durch die elektromagnetischen Kräfte eine Arbeit geleistet. Nach dem Energieerhaltungsprinzip wird jetzt die zugeführte elektrische Energie in joulsche Wärme, magnetische Energie und mechanische Arbeit umgewandelt. Bezeichnet man mit „*da*" eine mögliche (virtuelle) Deformation und mit F die Kraft, muss also gelten

$$i \, d\Psi = dW_m + \vec{F} \, d\vec{a}.$$

Ersetzt man mit (2.92) die magnetische Energie durch die Koenergie, folgt

$$i \, d\Psi = d(\Psi i) - dW_m^* + \vec{F} \, d\vec{a}$$

oder nach der Koenergie aufgelöst

$$dW_m^* = \Psi \, di + \vec{F} \, d\vec{a}. \qquad (2.95)$$

In einem verformbaren System ist die magnetische Kennlinie von der Verformung abhängig. Besitzt z. B. der magnetische Kreis einen variablen Luftspalt, so nimmt bei zunehmendem Luftspalt die Flussverkettung und damit die Koenergie bei gleichbleibendem Strom ab (Abb. 2.27). Die Koenergie ist eine Funktion von Strom und Verformung

Abb. 2.27 Energie und Koenergie in verformbarem System. Die Deformation *da* hat eine Änderung *dW$_m$** der magnetischen Koenergie zur Folge

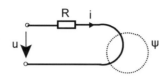
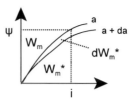

$$W_m^* = f(i,\vec{a}) \quad \Rightarrow \quad dW_m^* = \left(\frac{\partial W_m^*}{\partial i}\right)_{\vec{a}} di + \left(\frac{\partial W_m^*}{\partial \vec{a}}\right)_i d\vec{a}.$$

Der Vergleich mit (2.95) führt zu

$$\vec{F} = \left(\frac{\partial W_m^*}{\partial \vec{a}}\right)_i. \tag{2.96}$$

Die elektromagnetische Kraft ist die Ableitung der magnetischen Koenergie bei konstantem Strom nach der virtuellen (möglichen) Bewegung (Anwendungen in Kap. 12).

Literatur

1. Chari MVK, Silvester PP (1980) Finite elements in electrical and magnetic field problems. Wiley, Chichester
2. Clarke E (1950) Circuit analysis of A-C power systems, Bd II. Wiley, New York
3. Fortescue CL (1918) Method of symmetrical coordinates applied to the solution of polyphase networks. AIEE Trans 37:1027–1140
4. Kovacs KP, Racz I (1959) Transiente Vorgänge in Wechselstrommaschinen. Verlag der ungarischen Akademie der Wissenschaften, Budapest
5. v Münch W (1972) Werkstoffe der Elektrotechnik. Teubner, Stuttgart
6. Park RH (1929) Two-reaction theory of synchronous machines. AIEE Trans 48:716–730
7. Philippow E (1976) Systeme der Elektroenergietechnik. Taschenbuch der Elektrotechnik, Bd 1. Carl Hanser, München
8. Rüdenberg R H. Dorsc-h, P. Jacottet: (Hrsg) (1974), Elektrische Schaltvorgänge. Springer, Berlin
9. Schunk H (1975) Stromverdrängung. Hüthig, Heidelberg
10. Wunsch G Feldtheorie. Hüthig, Heidelberg

Kapitel 3
Grundlagen der Hochspannungstechnik

3.1 Hohe Spannungen in Energieversorgungsnetzen

Für die Übertragung elektrischer Energie werden *hohe Wechselspannungen* bis über 1 MV verwendet. Der Anstieg des Energiebedarfs und damit auch der übertragenen Leistungen hat zu einer progressiven Erhöhung der Übertragungsspannungen geführt, da die *wirtschaflich optimale* Übertragungsleistung einer Leitung proportional zu U^2 ist (Abschn. 11.3); eine Verdoppelung der Spannung erlaubt demzufolge, die vierfache Leistung wirtschaftlich zu übertragen (theoretisch, für Grenzen s. Abschn. 3.7.3 und 9.5.4).

Neben der Wirtschaftlichkeit spielt auch der *Spannungsabfall* eine Rolle. Um den Spannungsabfall bei der Übertragung einer gegebenen ohmisch-induktiven Leistung klein zu halten, muss U^2 proportional zur Distanz erhöht werden (Abschn. 9.5.1). Mit hohen Spannungen lassen sich ohne Zusatzaufwand für die Kompensation grössere Entfernungen überbrücken.

Für die Energieübertragung werden auch *hohe Gleichspannungen* (*Hochspannungs-Gleichstrom-Energieübertragung*, HGÜ) verwendet. Die HGÜ hat wirtschaftliche und technische Vorteile (billigere Leitungen bei gleichen Übertragungsbedingungen, keine Kompensation nötig, Kupplung asynchroner Netze möglich, gute Regelungseigenschaften, praktisch keine Grenzen bezüglich der Übertragungsdistanz). Ein wesentlicher Nachteil sind die teuren Umformungsstationen. Die HGÜ wird deshalb in erster Linie für Seekabelverbindungen, die Kurzkupplung von Netzen und die Übertragung der Energie über sehr grosse Entfernungen eingesetzt Das westeuropäische UCTE-Verbundnetz, welches Kontinentaleuropa umfasst, ist beispielsweise über HGÜ mit Skandinavien, England und Korsika-Sardinien verbunden.

Hohe Gleichspannungen werden ferner für viele Spezialgeräte sowie in Prüf- und Forschungslabors zur Material- und Geräteprüfung verwendet.

Hohe Gleichspannungen treten auch in der Natur bei Gewittern auf. Durch heftige Aufwinde findet in der Gewitterwolke eine Trennung positiver und negativer Ladungen statt. Der Potialunterschied zwischen den Gewitterwolken sowie zwischen Gewitterwolke und Erde kann die Grössenordnung 100 MV erreichen. Lokal kann

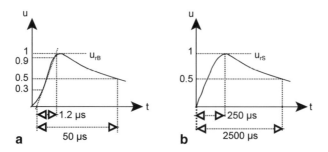

Abb. 3.1 Verlauf der normierten Prüfspannungen (oder repräsentativen Überspannungen): **a** Blitzstossspannung: Stirnzeit 1.2 µs, Rückenhalbwertzeit 50 µs, **b** Schaltstossspannung: Scheitelzeit 250 µs, Rückenhalbwertzeit 2500 µs

die Feldstärke Werte annehmen, welche die Festigkeit der Luft überschreiten und zu *Blitzentladungen* führen. Diese können gefährliche Spannungen in den elektrischen Energieversorgungsanlagen direkt erzeugen oder induzieren.

3.1.1 Normspannungen, Prüf- und Bemessungsspannungen

In Abb. 3.1a, 3.1b (Kap. 1) sind die für die verschiedenen Aufgaben im Energieversorgungsnetz üblichen Spannungsbereiche eingetragen. Nach der eidgenössischen Starkstromverordnung unterscheidet man:

- Niederspannung $\leq 1\,\text{kV}$
- Hochspannung $> 1\,\text{kV}$

Folgende Unterteilung ist für die „Hochspannung" üblich:

- Mittelspannung $< 45\,\text{kV}$
- Hochspannung 45–150 kV
- Höchstspannung $\geq 220\,\text{kV}$

Tabelle 3.1 gibt die normierten Spannungen und Isolationspegel *bis zur Nennspannung von 220 kV* an. Die Werte sind im Rahmen der sog. *Isolationskoordination* festgelegt worden. Diese umfasst alle Massnahmen zur Verhütung von Schäden an Betriebsmitteln durch Überspannungen unter Berücksichtigung wirtschaftlicher und sicherheitstechnischer Aspekte (Näheres s. Abschn. 14.6).

Spalte 1 der Tab. 3.1 definiert die normierten *Netz-Nennspannungen* $U_{\Delta n}$, die als Effektivwerte der Aussenleiterspannung zu interpretieren sind. Diese Werte werden als Bezugsgrössen für Netzberechnungen verwendet. Die wirklichen mittleren Betriebsspannungen sind in der Regel etwas höher. Aus z. T. historischen Gründen werden in vielen Ländern auch andere Nennspannungsniveaus verwendet. So sind z. B. in der Schweiz noch 16-kV- und 50-kV-Netze verbreitet.

3.1 Hohe Spannungen in Energieversorgungsnetzen 57

Tab. 3.1 Normspannungen, normierte Isolationspegel (kV), für Nennspannungen bis 220 kV nach IEC 71.1, VDE 0111, IEC 60694, [1]

Nennspannung $U_{\Delta n}$	Höchste Betriebsspannung $U_{\Delta m}$	Isolationspegel für Wechselspannung U_{rW}, Effektivwert 1 min Leiter-Erde, Leiter-Leiter		Isolationspegel für Blitzstossspannung u_{rB}, Scheitelwert 1.2/50 μs Leiter-Erde, Leiter-Leiter	
		Normale Isolierstrecke	Trennstrecke	Normale Isolierstrecke	Trennstrecke
				Liste 1 Liste 2	Liste 1 Liste 2
3	3.6	10	12	20 40	23 46
6	7.2	20	23	40 60	46 70
10	12	28	32	60 75	70 85
15	17.5	38	45	75 95	85 110
20	24	50	60	95 125	110 145
30	36	70	80	145 170	165 195
45	52	95	110	250	290
60	72.5	140	160	325	375
110	123	185	210	450	520
		230	265	550	630
132	145	230	265	550	630
		275	315	650	750
150	170	275	315	650	750
		325	375	750	850
220	245	360	415	850	950
		395	460	950	1050
		460	530	1050	1200

Liste 1 für Betriebsmittel in Netzen, die nicht oder über Transformatoren mit Freileitungen verbunden sind. *Liste 2* übrige Fälle

Spalte 2 zeigt für jede Spannungsebene die noch zulässige *höchste Betriebsspannung* $U_{\Delta m}$. Diese liegt im unteren Spannungsbereich ca. 20 %, im oberen Spannungsbereich ca. 10 % über der Netz-Nennspannung. Betriebsmittel, wie Schalter, Trenner, Isolatoren, Ableiter, werden durch diese Spannung charakterisiert.

Die *Spalten 3 und 4* geben die *betriebsfrequenten Wechselspannungen* U_{rw} an, mit denen die Isolierung Leiter-Erde und Leiter-Leiter der im Netz eingesetzten Betriebsmittel zu prüfen ist. *Spalte 3* betrifft das normale Material, *Spalte 4* die Trennschalter. Trennstrecken (s. auch Kap. 8) haben eine wichtige Sicherheitsfunktion im Netz und müssen deshalb einen höheren Isolationspegel aufweisen. Bei diesen Spannungen handelt es sich um *Betriebsmittel-Stehwechselspannungen*. Sie müssen 1 min lang ausgehalten werden. In VDE 0111 werden sie auch als *BemessungsWechselspannungen* oder *Kurzzeit-Wechselspannungen* bezeichnet. Sie definieren den Isolationspegel für Betriebsmittel mit Überspannungsschutz. Dieser Isolationspegel ist notwendig, um betriebsfrequenten Spannungserhöhungen und transienten Überspannungen, die von Erdschlüssen, Lastschwankungen und Schalthandlungen verursacht werden, zu widerstehen. Im oberen Spannungsbereich gibt es eine Wahlmöglichkeit. In Netzen mit nicht starr geerdetem Transformator wird man die höhere Bemessungsspannung wählen, da höhere betriebsfrequente Spannungen auftreten können (Abschn. 14.1).

Die *Spalten 5 bis 8* betreffen schliesslich die Blitzstossspannungen, mit denen die Betriebsmittel zu prüfen sind. Die vorgesehenen Isolationspegel sind in den *Spalten 5 und 6* für normale Betriebsmittel und in den *Spalten 7 und 8* für Trennstrecken gegeben.

In VDE 0111 werden sie als *Bemessungs-Blitzstossspannungen* u_{rB} bezeichnet. Der höhere Isolationspegel soll zusammen mit dem Überspannungsschutz die Unversehrtheit des Materials bei Überspannungen als Folge von Blitzeinschlägen sicherstellen. Die angegebenen Werte sind Scheitelwerte und gelten sowohl für die Isolation Leiter-Erde als auch für die Isolation Leiter-Leiter. Der normierte Prüf-Blitzstossspannungsverlauf mit Anstiegszeit 1.2 µs und Halbwertszeit 50 µs ist in Abb. 3.1a dargestellt.

Für *Spannungen > 300 kV* sind die normierten Isolationspegel in Tab. 3.2 zusammengestellt. In diesem Spannungsbereich werden für Schaltüberspannungen schärfere Bedingungen gestellt (Gründe s. Abschn. 3.7.3), weshalb *Prüf-Schaltstossspannungen* u_{rS} (nach VDE 0111, Bemessungs-Schaltstossspannungen) zusätzlich nötig sind oder an die Stelle der Prüf-Wechselspannungen treten. Die verschiedenen Zuordnungen können unterschiedliche Beanspruchungen berücksichtigen, die zu verschiedenen Schutzpegeln der Überspannungsableiter führen (Kap. 14). Der normierte Prüf-Schaltstossspannungsverlauf 250/2500 µs ist in Abb. 3.1b dargestellt.

3.1.2 Blitzentladungen

Zwischen der Erde (negativer Pol) und höheren Luftschichten ist auch bei schönem Wetter ein elektrisches Feld vorhanden. In diesen Luftschichten (100–150 km Höhe) bilden sich durch die Bestrahlung Ansammlungen von positiven Ionen. Die Feldstärke ist normalerweise klein, sie beträgt etwa 100 V/m. Bei Gewitterneigung entstehen durch die Ladungsanhäufung in den Gewitterwolken wesentlich stärkere Felder von 100 kV/m zwischen den Wolken und 1–10 kV/m in Erdnähe.

An bestimmten Wolkenstellen oder an exponierten Objekten (Berg- und Turmspitzen) kann die Feldstärke noch wesentlich höhere Werte erreichen und die elektrische Festigkeit der Luft überschreiten. Es bilden sich Entladungskanäle (Leitblitze), die von den Wolken zur Erde (Abwärtsblitze) oder von den exponierten Objekten zur Wolke (Aufwärtsblitze) wachsen und die eigentliche Entladung in Form eines Blitzes einleiten. Abwärtsblitze entladen sich immer stossartig.

Man bezeichnet einen Blitz als negativ, wenn die Gewitterwolke unten negativ geladen ist und positive Ladungen auf die Erdoberfläche influenziert. Zahlreiche Erkenntnisse der Blitzforschung sind Prof. Berger (ETH Zürich) und seinen Messungen auf dem Monte San Salvatore bei Lugano zu verdanken [3]. Messungen haben z. B. ergeben, dass zumindest im Tessin 85–90 % der Blitze negativ sind. Etwa 10–15 % sind Abwärtsblitze. Ein Blitz besteht oft aus mehreren Teilblitzen. Die gewonnenen

3.1 Hohe Spannungen in Energieversorgungsnetzen

Tab. 3.2 Normspannungen, Isolationspegel (kV) für Spannungen ≥ 300 kV, nach IEC 60071-1, [1]

Nennspannung $U_{\Delta n}$	Höchste Betriebsspannung $U_{\Delta m}$	Isolationspegel für Wechselspannung U_{rW}, Effektivwert 1 min Leiter-Erde, Leiter-Leiter		Isolationspegel für Schaltstossspannung u_{rS}, Scheitelwert 250/2500 µs Leiter-Erde, Leiter-Leiter	Isolationspegel für Blitzstossspannung u_{rB}, Scheitelwert 1.2/50 µs Leiter-Erde, Leiter-Leiter
		Normale Isolierstrecke	Trennstrecke	Normale Isolierstrecke	Normale Isolierstrecke
380	300	380	435	750	950
				850	1050
	362	450	520	850	1050
				950	1175
	420	520	610	950	1300
				1050	1425
	525	620	760	1050	1425
				1175	1550
	765	830	1100	1300	1800
				1425	2100
				1550	2400

Abb. 3.2 Blitzstromverlauf und Blitzparameter

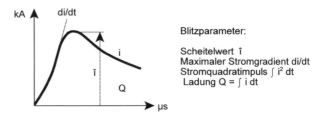

Erkenntnisse sind im wesentlichen auch durch Messungen im Flachland bestätigt worden [2].

Blitzkennwerte und Wirkung des Blitzes Die typische Form des Blitz- oder Teilblitzstromes zeigt Abb. 3.2. Für die Wirkung des Blitzes sind die in der Abbildung gegebenen 4 Parameter ausschlaggebend. Der *Scheitelwert* î ist für die direkten Blitzüberspannungen, der *maximale Stromgradient* $(di/dt)_{max}$ für die indirekten oder induzierten Spannungen verantwortlich. Die *Ladung* $Q = \int i\,dt$ bestimmt den Energieumsatz am Einschlagpunkt des Blitzes, sofern sich der Blitzstrom über eine Isolierstrecke in Form eines Lichtbogens fortsetzt. Der *Stromquadratimpuls* $\int i^2\,dt$ ist für die thermische Beanspruchung der vom Blitzstrom durchflossenen Leiter sowie für den zwischen stromdurchflossenen Leitern auftretenden Kraftimpuls massgebend. Einige diesbezügliche Zahlen aus der Monte-San-Salvatore-Statistik zeigt Tab. 3.3. Die Zahlen geben die Parameterwerte wieder, die mit 5 % bzw. 50 % Wahrscheinlichkeit überschritten werden. Weitere Informationen und Messungen sind in [2, 12] gegeben.

Blitzüberspannungen

- In alle Stromkreisschleifen, die sich in der Umgebung des Blitzkanals befinden, wird entsprechend der Kopplungsinduktivität zwischen Blitzkanal und Stromschleife eine Spannung induziert.
- Für die Energieversorgung sind insbesondere die direkten Einschläge in die Leiterseile, Erdseile oder Maste der Übertragungs- und Verteilleitungen von Interesse. Man betrachte die zwei folgenden einfachen Fälle:
  - *Direkteinschlag in ein Leiterseil* einer Freileitung (Abb. 3.3). Der Blitzstrom mit der Form von Abb. 3.2 teilt sich auf und pflanzt sich als Stromwelle mit Lichtgeschwindigkeit in der Leitung fort. Gemäss Leitungstheorie (Abschn. 5.2) wird die Stromwelle von einer Spannungswelle gleicher Form mit Scheitelwert û begleitet, der aus Strom und charakteristischer Wellenimpedanz Z_w der Leitung berechnet werden kann.
  - *Einschlag in eine geerdete Anlage*, z. B. in einen Mast (Abb. 3.4). In diesem Fall fliesst der Blitzstrom in das Erdreich und erzeugt entsprechend der Stosserdungsimpedanz eine Spannung am geerdeten Objekt (Abschn. 10.4).

Beispiel 3.1 Ein Blitz mit 30 kA Scheitelwert schlage in das Leiterseil einer 220 kV-Leitung mit Wellenimpedanz von 300 Ω ein. Gemäss Abb. 3.3 entsteht am Leiterseil

3.1 Hohe Spannungen in Energieversorgungsnetzen

Tab. 3.3 Kennwerte des Blitzes, Statistik Monte San Salvatore (Lugano)

	Häufigkeit	î(kA)		di/dt max (kA/µs)		$\int i^2\,dt$ ($A^2\,s \times 10^3$)		$\int i\,dt$ (As)	
		5 %	50 %	5 %	50 %	5 %	50 %	5 %	50 %
Negative Abwärtsblitze	11 %	80	30	120	40	550	55	40	75
Negative Aufwärtsblitze mit Stossstrom	17 %	32	10	120	40	50	6	150	23
Positive Aufwärtsblitze mit Stossstrom	3 %	180	36	32	2	15×10^3	660	350	84

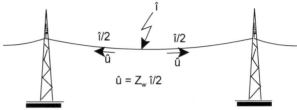

Abb. 3.3 Direkteinschlag in Phasenleiter einer Freileitung

$\hat{u} = Z_w\, \hat{\imath}/2$

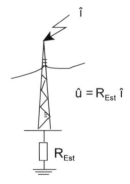

Abb. 3.4 Blitzeinschlag in einen Freileitungsmast, R_{Est} = Stosserdungswiderstand

$\hat{u} = R_{Est}\, \hat{\imath}$

eine max. Überspannung $\hat{u} = 300\,\Omega \times 15\,\text{kA} = 4500\,\text{kV}$. Der Mastisolator kann nach Tab. 3.1 eine Stossspannung von ca. 950 kV ertragen. Die Folge ist ein Überschlag am Isolator mit nachfolgendem Erdkurzschluss. Der Blitzstrom fliesst über die Masterdung in das Erdreich. Die Leiterseil-Überspannung wird auf den Wert Stosserdungswiderstand mal Strom abgesenkt (s. auch Beispiel 3.2). Die Überspannungsspitzen breiten sich etwa mit Lichtgeschwindigkeit aus und werden am Schaltanlageneingang vom Überspannungsschutz aufgefangen (Abschn. 14.6). Die Schutzeinrichtung gegen Erdkurzschluss spricht an und unterbricht kurzzeitig die Leitung. Bei Wiedereinschaltung nach Bruchteilen einer Sekunde ist der Betrieb normal.

Beispiel 3.2 Derselbe Blitz schlage in die Mastspitze derselben Leitung ein. Der Mast-Stosser-dungswiderstand betrage 20 Ω. Am Mast entsteht gemäss Abb. 3.4 eine

Überspannung von 20 Ω × 30 kA = 600 kV. Der Isolator hält diese Spannung aus (Tab. 3.1), und der Blitzstrom fliesst in die Erde, ohne Kurzschlüsse und Leiterseil-Überspannungen zu verursachen. Da die Mastspitzen einer 220-kV-Leitung über Erdseile verbunden sind, wird sich in Wirklichkeit der Strom auf verschiedene Maste aufteilen, so dass der Maststrom und die Erdreich-Überspannung somit kleiner sind.

Beispiel 3.3 Derselbe Blitz schlage in die Mastspitze einer 30-kV-Leitung ein. Ist der Stosser-dungswiderstand ebenfalls 20 Ω, ergibt sich am Mast wieder eine Überspannung von 600 kV. Der Leitungsisolator kann aber nach Tab. 3.1 etwa 170 kV aushalten. Am Isolator erfolgt ein rückwärtiger Überschlag zum Phasenleiter. Angenommen, das 30-kV-Netz wird ohne Erdung der Transformatormittelpunkte betrieben (ohne Nullleiter), kann sich kein Erdkurzschlussstrom ausbilden. Der Lichtbogenstrom am Isolator kann nur über die Erdkapazitäten des Netzes zurückfliessen. Man spricht in diesem Fall von *Erdschluss*. Ist das Netz nicht zu ausgedehnt, sind diese Kapazitäten und dementsprechend der Lichtbogenstrom klein. Sind die Isolatoren zweckmässig konstruiert, erlischt der Lichtbogen von selbst, ohne Störungen im Netz zu verursachen. Eine besondere Schutzeinrichtung ist nicht nötig. Der Betrieb von Mittelspannungsnetzen nicht allzu grosser Ausdehnung ohne Erdung der Transformatormittelpunkte kann also Vorteile haben (s. auch Abschn. 14.1).

3.1.3 Innere Überspannungen

Überspannungen können auch Folge von Ausgleichsvorgängen im Netz sein. Man bezeichnet sie dann als innere Überspannungen. Die Ursachen sind Schalthandlungen wie Unterspannungsetzen von Leitungen sowie Lastzu- und abschaltungen, ferner Laständerungen und Erdschlüsse. Die Überspannungen haben Komponenten mit Betriebsfrequenz und mit der Eigenfrequenz bzw. den Eigenfrequenzen des Netzes. Diese Eigenfrequenzen liegen zwischen 100 Hz und 50 kHz. Schaltüberspannungen sind vor allem für Netze über 300 kV kritisch (Näheres in den Abschn. 3.7.3 und 14.6 sowie in Abschn. 13.5).

3.1.4 Gegenstand der Hochspannungstechnik

Die Dauerbeanspruchung der Betriebsmittel durch die Verwendung von hohen Übertragungs- und Verteilungsspannungen sowie die kurzzeitige Beanspruchung durch Ausgleichsvorgänge und das Auftreten von Blitzüberspannungen stellen harte Anforderungen an die isolierende Materie, deren Verhalten man also gut kennen muss. Hochspannungsapparate und -netze sind zweckmässig zu konstruieren bzw. zu planen, um bei minimalem Materialeinsatz, geringsten Kosten und Umweltbelastung die Betriebsspannungen und auftretenden Überspannungen ohne Schaden beherrschen zu können. Die Forschung im Bereich hoher Spannungen (insbesondere die Entwicklung und Erprobung neuer Isolierwerkstoffe) und die Prüfung der Betriebsmittel erfordern moderne Hochspannungslabors und eine entsprechende Messtechnik. Auf die prüf- und messtechnische Problematik gehen wir nicht näher ein, sondern verweisen auf die spezielle Literatur [4, 16]. Hingegen wird in den folgenden Abschnitten eine Einführung in die Grundlagen der Isoliertechnik, der Feldberechnung und der damit zusammenhängenden Bestimmung der Parameter hochspannungstechnischer Anlagen für die elektrischen Energieversorgungsnetze gegeben.

3.2 Elektrische Festigkeit der Isoliermittel

3.2.1 Durchschlag, Teildurchschlag

Isoliermittel oder Dielektrika leiten im normalen Zustand bekanntlich nicht. Sie besitzen keine oder nur wenige „freie" Elektronen (Elektronen im Leitband) oder Ionen. Beim Erreichen einer *kritischen Feldstärke* nehmen aber die freien Elektronen (und damit der Leitungsstrom) lawinenartig zu und verursachen einen *Durchschlag* oder zumindest einen *Teildurchschlag*:

- Ist das Feld *stark inhomogen*, d. h. erreicht die Feldstärke nur an einer oder an einzelnen Stellen des Dielektrikums (z. B. an Spitzen, Kanten, Fehlstellen, Hohlräume) den kritischen Wert, bleibt aber im Mittel klein, dann entsteht nur ein *Teildurchschlag* oder *lokaler Durchschlag* (man spricht auch von *Vor-* oder *Teilentladung* (*TE*)). Der Isolierstoff schlägt nur an der betreffenden Stelle durch und nicht von Elektrode zu Elektrode. Die TE verursacht eine lokale Erwärmung oder Erhitzung und Zusatzverluste. *Gase* verlieren durch solche Vorgänge ihre Isolierfähigkeit nicht. Bei *Flüssigkeiten* wird die Isolierfähigkeit verschlechtert (durch Zersetzung). *Feste Isolierstoffe*, besonders organische, werden aber mit der Zeit beschädigt (stark verkürzte Lebensdauer). Mit *TE-Messungen* ist es möglich, den Zustand bzw. die Qualität einer Isolation zu beurteilen [4, 16].
- Ist das Feld *schwach inhomogen*, die Feldstärkeverteilung also gleichmässig, wird die kritische Feldstärke nahezu im ganzen Feld erreicht. Der Teildurchschlag an der schwächsten Stelle führt dann unmittelbar zum *Durchschlag* von Elektrode zu Elektrode (Kurzschluss). Dieser äussert sich mit einem Funken oder einem Lichtbogen, sofern die Quelle im Stromkreis den dazu notwendigen Strom aufrechterhalten kann.

Die kritische Feldstärke

$$E_a = \textit{Zündfeldstärke} \qquad (3.1)$$

(auch Anfangsfeldstärke genannt) charakterisiert die *elektrische Festigkeit* des Isoliermittels. Sie ist in erster Linie vom *Material* abhängig, wird aber von verschiedenen Faktoren beeinflusst, wie *Temperatur, Druck, Elektrodenabstand, Elektrodenkrümmung, Spannungsform und -frequenz*, bei flüssigen und festen Stoffen auch von *Reinheit, Oberflächenrauhigkeit, Volumen- und Flächeneffekten, Einwirkzeit (Alterung)*.

Abb. 3.5 Homogenes Feld

Tab. 3.4 Durchlagfeldstärke von Luft 20 °C, 1.013 bar

a	E_d (kV/cm)
1 mm	45.6
1 cm	31.1
1 m	25.1

Wegen der Vielzahl von z. T. schwer zu erfassenden massgebenden Parametern ist die Zündfeldstärke im allgemeinen nicht mehr rein deterministisch beschreibbar, und es sind zu deren Untersuchung statistische Methoden anzuwenden. Dies trifft vor allem für flüssige und feste Isolierstoffe zu. Gase weisen deterministisch relativ gut definierbare Festigkeitsmerkmale auf.

Im folgenden gehen wir vor allem auf die für die Anlagen der Energieversorgungstechnik wichtigen Gase ein und verzichten auf statistische Betrachtungen. Dazu verweisen wir auf die spezielle Literatur und insbesondere auf [16].

3.2.2 Verhalten im homogenen Feld

Die Feldstärke ist im homogenen Feld per Definition überall gleich (Abb. 3.5). Der Durchschlag findet statt, wenn die Durchschlagspannung U_d erreicht wird, so dass

$$E_d = \frac{U_d}{a} = E_a. \tag{3.2}$$

Die Durchschlagfeldstärke E_d ist identisch mit der Zündfeldstärke. Sie hängt für alle Stoffe empfindlich vom *Elektrodenabstand* ab. Als Beispiel zeigt Tab. 3.4 diese Abhängigkeit für Luft. Tabelle 3.5 zeigt die Werte der Durchschlagfeldstärke einiger Isoliermittel. Alle Werte gelten für *Gleichspannung* und für den *Scheitelwert der Wechselspannung* bei 50 oder 60 Hz. Für flüssige und feste Isoliermittel handelt es sich um grobe Richtwerte (Abschn. 3.8).

Die Tabelle zeigt vor allem, dass flüssige und feste Isolierstoffe eine erheblich grössere elektrische Festigkeit als Gase aufweisen.

3.2.3 Verhalten im inhomogenen Feld

In Abb. 3.6 ist der Feldverlauf bei starker und schwacher Inhomogenität des Feldes veranschaulicht. Mit a wird der kürzeste Elektrodenabstand oder *Schlagweite* bezeichnet. Die Feldstärke ist ortsabhängig. Die maximale Feldstärke E_{max} sei durch eine Feldberechnung ermittelt worden. Man definiert:

3.2 Elektrische Festigkeit der Isoliermittel

Tab. 3.5 Durchschlagfeldstärke E_d von Isoliermittel 20 °C, 1.013 bar, feste Isoliermittel nur Grössenordnung, nach [6]

	kV/cm
Gase (a = 1 cm)	
Luft	31
Wasserstoff H_2	18
Helium He	5
Schwefelhexafluorid SF_6	90
Flüssigkeiten (a = 1 cm)	
Mineralöl (rein)	250
Chlorbiphenyle	200
Feste Stoffe (a = 1 mm)	
Quarz	300
Glas	500–1000
Hartporzellan	300–400
Papier (ölgetränkt)	200–500
Hart PVC	300
Polyäthylen (PE)	500–1000
Polyesterharz	200
Epoxidharz	150
Holz	50

Abb. 3.6 Inhomogene Felder

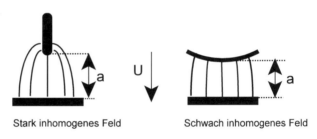

Stark inhomogenes Feld　　　　Schwach inhomogenes Feld

$$E_m = \frac{U}{a} \quad \text{mittlere Feldstärke}$$

$$\eta = \frac{E_m}{E_{max}} \quad \text{Homogenitätsgrad}. \tag{3.3}$$

Der Homogenitätsgrad (auch als Ausnutzungsfaktor oder Faktor von Schwaiger bekannt) ist immer ≤ 1. Manchmal wird auch der Reziprokwert oder Inhomogenitätsgrad $1/\eta$ verwendet.

Im *schwach inhomogenen Feld* ist η wenig < 1. Bei Erreichen der kritischen Feldstärke, d. h. wenn $E_{max} = E_a$, erfolgt unmittelbar der Durchschlag. Die Durchschlagspannung ist somit gleich zur Zündspannung

$$U_d = U_a = \eta \, a \, E_a. \tag{3.4}$$

Im *stark inhomogenen Feld* ist η stark < 1. In diesem Fall treten Teildurchschläge bei der Spitze auf, wenn $E_{max} = E_a$. In Gasen (z. T. auch in Flüssigkeiten) tritt der

Durchschlag erst bei einer grösseren Spannung auf. Somit gilt

$$U_a = \eta \, a \, E_a$$
$$U_d > U_a. \tag{3.5}$$

Beispiel 3.4 Die Zündfeldstärke der Luft sei 26 kV/cm bei einer Schlagweite von 10 cm. Wir treffen die nicht ganz realistische, vereinfachende Annahme, dass die Zündfeldstärke vom Homogenitätsgrad des Feldes nicht beeinflusst wird (für ein exakteres Vorgehen s. Abschn. 3.6).

a. Wie gross sind die Durchschlagspannung und die mittlere Durchschlagfeldstärke in einem schwach inhomogenen Feld mit $\eta = 0.9$?
b. Wie gross sind Durchschlagspannung und mittlere Durchschlagfeldstärke in einem stark inhomogenen Feld mit $\eta = 0.1$, wenn die Durchschlagspannung 80 % über der Zündspannung liegt?

$$a) \quad U_d = U_a = 0.9 \cdot 10 \cdot 26 = 234 \; kV$$
$$E_{dm} = \frac{U_d}{a} = \frac{234}{10} = 23.4 \; \frac{kV}{cm}$$
$$b) \quad U_a = 0.1 \cdot 10 \cdot 26 = 26 \; kV$$
$$U_d = 1.8 \cdot 26 = 47 \; kV$$
$$E_{dm} = \frac{U_d}{a} = \frac{47}{10} = 4.7 \; \frac{kV}{cm}.$$

Die Berechnung zeigt deutlich die wesentlich niedrigere mittlere Durchlagfeldstärke inhomogener Anordnungen. Man wird also bestrebt sein, durch konstruktive Massnahmen (Elektrodenform, Feldsteuerung) die Feldhomogenität zu verbessern.

3.3 Feldberechnung

Mit der Feldberechnung können Potential- und Feldstärkeverteilung einer Isolieranordnung bestimmt werden, insbesondere die maximale Feldstärke und der Homogenitätsgrad des Feldes, der (s. Beispiel 3.4) das Durchschlagverhalten massgebend beeinflusst. Mit numerischen Methoden können heute auch komplexe, aus verschiedenen Materialien bestehende Anordnungen exakt berechnet werden.

3.3.1 Grundlagen

Für ein Volumen V mit Oberfläche A und Ladung Q (Abb. 3.7) gilt die fundamentale Maxwellsche Integralgleichung (2.55)

3.3 Feldberechnung

Abb. 3.7 Maxwellsche Integralgleichung

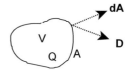

Abb. 3.8 Maxwellsche Differentialgleichung

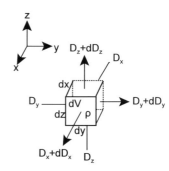

$$\oint_A \vec{D}\, d\vec{A} = Q. \qquad (3.6)$$

Der Flächendifferentialvektor **dA** hat die Richtung der äusseren Normalen des Randes. Angewandt auf ein Elementarvolumen dV = dx dy dz mit spezifischer Ladung ρ (Abb. 3.8), erhält man aus (3.6) die differentielle Form (3.7) der Maxwellschen Gleichung

$$dD_x\, dy\, dz + dD_y\, dz\, dx + dD_z\, dx\, dy = \rho\, dV = \rho\, dx\, dy\, dz,$$

$$\text{woraus}\quad \frac{\partial D_x}{\partial x} + \frac{\partial D_y}{\partial} + \frac{\partial D_z}{\partial z} = \rho \qquad (3.7)$$

$$\text{oder}\quad \text{div}\, \vec{D} = \rho.$$

Ersetzt man die elektrische Verschiebung **D** durch die Feldstärke **E** entsprechend der stoffabhängigen Beziehung (2.57)

$$\vec{D} = \varepsilon \vec{E} \qquad (3.8)$$

mit ε = *Dielektrizitätszahl* und berücksichtigt die statische, praktisch auch für 50 oder 60 Hz geltende Beziehung (2.69) zwischen Feldstärke und Potential

$$\vec{E} = -\text{grad}\, \varphi, \qquad (3.9)$$

erhält man aus Gl. (3.7) für homogene Raumbereiche (ε = konstant) die *Poisson-Gleichung*

$$-\left(\frac{\partial E_x}{\partial x} + \frac{\partial E_y}{\partial y} + \frac{\partial E_z}{\partial z}\right) = \left(\frac{\partial^2 \varphi}{\partial x^2} + \frac{\partial^2 \varphi}{\partial y^2} + \frac{\partial^2 \varphi}{\partial z^2}\right) = \Delta \varphi = -\frac{\rho}{\varepsilon}. \qquad (3.10)$$

Abb. 3.9 Coulomb-Integral

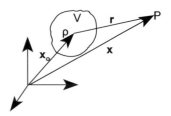

Ist der Raum heterogen (ε variabel), gilt die allgemeinere Beziehung (2.70). Die Lösung dieser Gleichung, bei Berücksichtigung der Randbedingungen (Potential der Elektroden), liefert die Potentialverteilung im Raum. Aus der Potentialverteilung folgt mit (3.9) die Feldstärkeverteilung. Meistens ist im Dielektrikum ρ(x, y, z) = 0 (keine Raumladungen), d. h. die Ladungen befinden sich nur auf den Elektroden. Gleichung (3.10) reduziert sich dann auf die *Laplace-Gleichung*

$$\Delta \varphi = 0. \qquad (3.11)$$

Sind die Randbedingungen im Unendlichen null (φ(∞) = 0), liefert die Poisson-Gleichung die analytische Lösung (3.12). Diese drückt das Potential im Punkt P aus, das durch die im Raum V enthaltene Raumladungsdichte erzeugt wird (Abb. 3.9). Jede Elementarladung trägt zur Potentialbildung bei. Das Feldpotential kann durch Superposition der elementaren Potentialfelder berechnet werden (Anwendungen in Abschn. 3.3.3).

$$\varphi(x) = \frac{1}{4\pi\varepsilon} \int_V \frac{\varrho(x_0)}{r} dV \qquad (3.12)$$

Die Gl. (3.12) ist als Coulomb-Integral bekannt. Im Fall des raumladungsfreien Feldes ist sie für eine direkte Lösung (ausser im Fall von Raumsymmetrie) nicht sonderlich geeignet, da die Ladungsverteilung auf den Elektroden in der Regel nicht bekannt ist. Man kann aber durch iterative Verfahren diese Schwierigkeit umgehen (Ersatzladungsverfahren, Abschn. 3.33, [28]). Eine weitere Möglichkeit ist die direkte numerische Lösung der Laplace-Gleichung oder von Gl. (2.70). Dazu stehen heute gute Computerprogramme zur Verfügung. Ein bewährtes Verfahren ist jenes der *Finiten Elemente* [8, 31], welches sowohl auf 2- als auch auf 3-dimensionale Anordnungen angewandt werden k.

3.3.2 Verfahren mit Finiten Elementen

Der Raum zwischen den Elektroden wird in Elemente eingeteilt (meistens in Dreiecke bei 2-dimensionalen und in Tetraeder bei 3-dimensionalen Anordnungen). Rotationssymmetrische Anordnungen lassen sich mit einem 2-dimensionalen

3.3 Feldberechnung

Abb. 3.10 Methode der Finiten Elemente

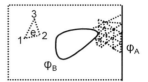

Gitter berechnen, wobei dann die Poisson-Gleichung (3.10) folgendermassen in (r, z)-Koordinaten umgeschrieben wird

$$\frac{\partial^2 \varphi}{\partial r^2} + \frac{1}{r} \frac{\partial \varphi}{\partial r} + \frac{\partial^2 \varphi}{\partial z^2} = -\frac{\rho}{\varepsilon}. \qquad (3.13)$$

Das Verfahren sei anhand eines ebenen Systems in (x, y)-Koordinaten näher erläutert. Der zu berechnende Feldbereich zwischen den Elektroden (in Abb. 3.10 durch eine punktierte Linie eingeschlossen) wird durch ein Gitter von Dreiecken abgedeckt (in der Abbildung nur angedeutet). Dies erfolgt heute mit guten Computerprogrammen automatisch. An den Stellen mit den grössten Feldstärken (in der Nähe ausgeprägter Elektrodenkrümmungen) oder bei Änderung der Dielektrizitätszahl sind die Dreiecksgitter feinmaschiger zu wählen (s. Beispiel Abb. 3.11).

Gegeben sind die Potentiale φ_A und φ_B der Elektroden. Ein beliebiges Dreieckselement (e) (in Abb. 3.10 vergrössert dargestellt) habe die Eckpunkte 1, 2, 3.

Das Potential eines Punktes mit Koordinaten (x, y) innerhalb des Dreiecks wird als Funktion der Eckpunktpotentiale $\varphi_k^{(e)}$ dargestellt, z. B. mit Gl. (3.14a), wobei die Elementfunktionen $\alpha_k^{(e)}$ durch einen meist linearen Ansatz in Abhängigkeit der Koordinaten des betrachteten Punktes ausgedrückt werden (Gl. 3.14b). Ausserhalb des Dreiecks (e) sind die Koeffizienten $a_k^{(e)}$ und somit die Funktionen $\alpha_k^{(e)}$ per Definition null.

$$\varphi^{(e)}(x, y) = \sum_{k=1}^{3} \alpha_k^{(e)}(x, y) \cdot \varphi_k^{(e)} \qquad (3.14a)$$

$$\text{mit} \quad \alpha_k^{(e)}(x, y) = a_{1k}^{(e)} + a_{2k}^{(e)} x + a_{3k}^{(e)} y. \qquad (3.14b)$$

Die Gl. (3.14) müssen auch die Potentiale der Eckpunkte korrekt ausdrücken. Es folgen z. B. für k = 1 die Bedingungen

$$\alpha_1(x_1, y_1) = a_{11} + a_{21} x_1 + a_{31} y_1 = 1$$
$$\alpha_1(x_2, y_2) = a_{11} + a_{21} x_2 + a_{31} y_2 = 0$$
$$\alpha_1(x_3, y_3) = a_{11} + a_{21} x_3 + a_{31} y_3 = 0.$$

Nach den Koeffizienten aufgelöst, erhält man

$$\begin{pmatrix} a_{11} \\ a_{21} \\ a_{31} \end{pmatrix} = \begin{vmatrix} 1 & x_1 & y_1 \\ 1 & x_2 & y_2 \\ 1 & x_3 & y_3 \end{vmatrix}^{-1} \cdot \begin{pmatrix} 1 \\ 0 \\ 0 \end{pmatrix}.$$

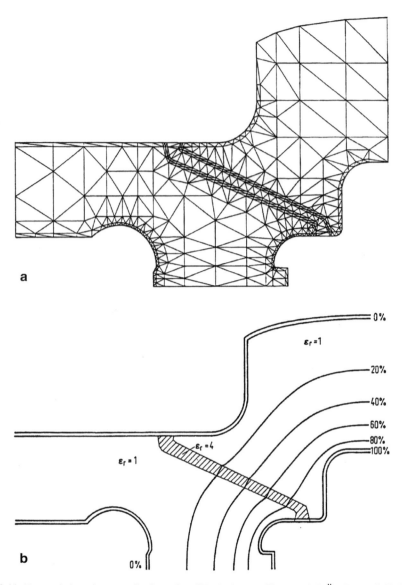

Abb. 3.11 Trennschalter einer metallgekapselten SF$_6$-Anlage: **a** Gitterwerk, **b** Äquipotentiallinien. (Quelle: [4])

Analoge Gleichungen erhält man für k = 2 und 3, und insgesamt folgt Gl. (3.15). Die Koeffizienten der Gl. (3.14b) können damit pro Element in Funktion der Koordinaten der 3 Eckpunkte bestimmt werden.

$$\begin{pmatrix} a_{11} & a_{12} & a_{13} \\ a_{21} & a_{22} & a_{23} \\ a_{31} & a_{32} & a_{33} \end{pmatrix} = \begin{vmatrix} 1 & x_1 & y_1 \\ 1 & x_2 & y_2 \\ 1 & x_3 & y_3 \end{vmatrix}^{-1} \cdot \begin{pmatrix} 1 & 0 & 0 \\ 0 & 1 & 0 \\ 0 & 0 & 1 \end{pmatrix} = \begin{vmatrix} 1 & x_1 & y_1 \\ 1 & x_2 & y_2 \\ 1 & x_3 & y_3 \end{vmatrix}^{-1} \quad (3.15)$$

3.3 Feldberechnung

Auf die Methoden zur Diskretisierung der Differentialgleichungen (3.10), (3.11) oder (3.13) (z. B. durch Extremalisierung des entsprechenden Variationsintegrals, falls ein solches existiert) soll hier nicht näher eingetreten werden [4, 9, 16]. Sie führen, wenn der betrachtete Feldbereich insgesamt n Gitterknotenpunkte aufweist, wovon m mit freiem Potential, zum linearen Gleichungssystem (3.16a). Die Ordnung m ergibt sich aus n abzüglich der Anzahl Gitterknotenpunkte, die sich auf den Elektroden befinden.

$$\sum_{i=1}^{n} K_{ij}\, \varphi_i = 0, \quad i = 1\ldots\ldots n, \quad j = 1\ldots m, \qquad (3.16a)$$

$$mit \quad K_{ij} = \sum_{(e)} K_{ij}^{(e)} \qquad (3.16b)$$

$$K_{ij}^{(e)} = \left(a_{2j}^{(e)} a_{2i}^{(e)} + a_{3j}^{(e)} a_{3i}^{(e)} \right) \varepsilon^{(e)} A^{(e)}. \qquad (3.16c)$$

Zur Lösung des Problems sind nun folgende Schritte notwendig:

- Man ermittelt die Koeffizienten $K_{ij}^{(e)}$ mit Gl. (3.16c). $A^{(e)}$ stellt die Oberfläche des Dreiecks (e) dar. Diese lässt sich elementar in Funktion der Koordinaten der Eckpunkte ausdrücken. Bei der Auswertung der Gl. (3.16c) muss für die Koeffizienten a die elementbezogene Knotennummer k durch die entsprechende Feldknotennummer (i oder j) ersetzt werden. Die Dielektrizitätszahl $\varepsilon^{(e)}$ kann pro Element gegeben werden. Es ist somit möglich, *heterogene Isolierungen* zu berücksichtigen, wie sie in Kabelanordnungen, Kondensatoren, Durchführungen usw. vorkommen.
- Die Gl. (3.16b) ist über benachbarte Elemente zu summieren, welche gemeinsame Knotenpunkte i und j enthalten.
- Das lineare Gleichungssystem (3.16a) hat die Ordnung m entsprechend der Anzahl Gitterpunkte mit freiem Potential und lässt sich nach diesen freien Knotenpunktpotentialen auflösen. Daraus folgen mit Gl. (3.14a) die Potentiale und mit Gln. (3.9), (3.14a, b) die Feldstärken in einem beliebigen Punkt des berechneten Feldbereichs. Für die pro Element konstanten Feldstärkekomponenten folgt z. B.

$$E_x^{(e)} = -\sum_{k=1}^{3} a_{2k}^{(e)}\, \varphi_k^{(e)}$$

$$E_y^{(e)} = -\sum_{k=1}^{3} a_{3k}^{(e)}\, \varphi_k^{(e)}.$$

3.3.3 Superpositionsverfahren

Elektrostatische Felder können gemäss Gl. (3.12) durch Superposition von Elementarfeldern berechnet werden. Für viele Felder der hochspannungstechnischen Praxis

Abb. 3.12 Feld einer Punktladung

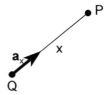

lässt sich die Ladungsverteilung auf den oft kugelförmigen oder zylindrischen Elektroden dank der vorhandenen Symmetrie gut voraussagen. Eine direkte Berechnung des Feldes ist dann auch ohne Iterationen möglich. Wichtig sind vor allem folgende raumsymmetrische Elementarfelder:

- Feld der Punktladung,
- Feld der Linienladung.

Ferner werden auch Ringladungsfelder verwendet [28].

Punktladung Eine Punktladung Q erregt in P im Abstand x (Abb. 3.12) in einem homogenen Raum (ε = konstant) nach Gln. (3.6), (3.8) die Feldstärke

$$\vec{E} = \frac{\vec{D}}{\varepsilon} = \frac{Q}{4\pi x^2 \varepsilon} \vec{a}_x, \qquad (3.17)$$

worin $\mathbf{a_x}$ den Einheitsvektor in Richtung QP darstellt. Dazu genügt es, die Kugeloberfläche durch P zu betrachten und Kugelsymmetrie des Elementarfeldes vorauszusetzen.

Das in P erregte elektrostatische Potential folgt aus Gl. (3.9)

$$\varphi = -\int \vec{E}\, \vec{a}_x\, dx = -\frac{Q}{4\pi\varepsilon} \int \frac{dx}{x^2} = \frac{Q}{4\pi\varepsilon x} + K.$$

Mit der Annahme $\varphi = 0$ für $x \to \infty$, erhält man $K = 0$ und somit

$$\varphi = \frac{Q}{4\pi\varepsilon x} = \alpha\, Q$$

$$\text{mit} \quad \alpha = \frac{1}{4\pi\varepsilon x} = \textit{Potentialkoeffizient der Punktladung}. \qquad (3.18)$$

Für mehrere Punktladungen $Q_1, Q_2 \ldots Q_n$ ergibt sich im Punkt P das Potential

$$\varphi = \alpha_1 Q_1 + \alpha_2 Q_2 + \cdots \alpha_n Q_n = \frac{1}{4\pi\varepsilon}\left(\frac{Q_1}{x_1} + \frac{Q_2}{x_2} + \cdots \frac{Q_n}{x_n}\right). \qquad (3.19)$$

Diese Gleichung ist identisch mit dem Coulomb-Integral (3.12), wenn man Q durch $\rho \cdot dV$ ersetzt.

3.3 Feldberechnung

Abb. 3.13 Feld einer Linienladung

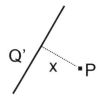

Unendlich lange Linienladung Q' sei die Ladung pro Längeneinheit. Sie erregt in P im Abstand x (Abb. 3.13) nach Gln. (3.6), (3.8) die Feldstärke

$$\vec{E} = \frac{\vec{D}}{\varepsilon} = \frac{Q'}{2\pi x \varepsilon} \vec{a}_x, \qquad (3.20)$$

worin $\mathbf{a_x}$ den Einheitsvektor senkrecht zur Linie in Richtung P darstellt. Dazu genügt es, die Zylinderoberfläche durch P zu betrachten und Zylindersymmetrie des Elementarfeldes vorauszusetzen.

Das im Punkt. Perregte Potential ist wegen (3.9)

$$\varphi = -\int \vec{E}\, \vec{a}_x\, dx = -\frac{Q'}{2\pi\varepsilon} \int \frac{dx}{x} = -\frac{Q}{2\pi\varepsilon} \ln(x) + K.$$

Das Potential im Unendlichen kann jetzt nicht null sein. Die Integrationskonstante bestimmt man durch Vorschreiben des Potentials im Abstand r. Dies entspricht der normalen praktischen Problemstellung bei einem Leiter vom Radius r mit gegebenem Potential (Spannung) gegen Erde. Man erhält

$$\varphi_r = -\frac{Q'}{2\pi\varepsilon}\ln(r) + K, \quad woraus \quad K = \varphi_r + \frac{Q'}{2\pi\varepsilon}\ln(r)$$

und somit

$$\varphi = \varphi_r - \frac{Q'}{2\pi\varepsilon}\ln\left(\frac{x}{r}\right) = \varphi_r - \alpha Q'$$

$$mit \quad \alpha = \frac{1}{2\pi\varepsilon}\ln\left(\frac{x}{r}\right) = \textit{Potentialkoeffizient der Leiterladung}. \qquad (3.21)$$

Ersatzladungsverfahren Bei fehlender Raumsymmetrie kann die Elektrodenladung durch eine Anzahl n von Ersatzladungen beschrieben werden, deren Lage genau definiert wird (am Elektrodenrand oder auch im Inneren der Elektrode), deren Grösse aber unbekannt ist.

Für eine gleich grosse Anzahl von Randpunkten der Elektrode drückt man mit Hilfe der Potentialkoeffizienten das Potential aus. Da dieses Elektrodenpotential bekannt ist ($= U$), folgt das Gleichungssystem

$$\varphi_i = \sum_{1}^{n} \alpha_{ik}\, Q_k = U \quad für \quad i, k = 1\ldots n,$$

Abb. 3.14 a Kugel im homogenen Raum, **b** konzentrische Kugeln

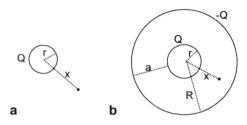

das nach den Ersatzladungen Q_k aufgelöst werden kann. Aus den Ladungen folgen die Potentiale und die Feldstärken in einem beliebigen Punkt des homogenen Raumes. Wird das Elektrodenpotential nicht genau genug als Äquipotentialfläche wiedergegeben, kann durch Erhöhung der Anzahl der Ersatzladungen oder Veränderung ihrer Lage iterativ das Resultat verbessert werden. (Näheres s. z. B. [4, 28]).

3.3.4 Einfache Anordnungen mit 2 Elektroden

Kugelfelder Zunächst sei eine Kugel mit Radius r *frei im homogenen Raum* betrachtet (Abb. 3.14a). Die Ladung Q sei gleichmässig auf die Kugel verteilt. Aus Gln. (3.6), (3.8), (3.9) folgen wegen der Kugelsymmetrie für $x \geq r$ und mit der Annahme $\varphi = 0$ für $x \to \infty$ die Beziehungen

$$D = \frac{Q}{4\pi x^2}, \quad E = \frac{Q}{4\pi\varepsilon x^2}, \quad E_{max} = \frac{Q}{4\pi\varepsilon r^2}$$
$$\varphi = \frac{Q}{4\pi\varepsilon x}, \quad \varphi_r = \frac{Q}{4\pi\varepsilon r}. \tag{3.22}$$

Es spielt bei Kugelsymmetrie keine Rolle, ob die Ladung im Mittelpunkt konzentriert oder auf der Oberfläche gleichmässig verteilt ist. Den Fall von *konzentrischen Kugelelektroden* zeigt Abb. 3.14b. Die zweite Kugel im Abstand R trägt die Ladung -Q. Das Feld zwischen den Kugeln wird nach Gl. (3.6) von dieser Ladung nicht beeinflusst. Die Beziehungen (3.22) sind für $r \leq x \leq R$ also weiterhin gültig. Die Spannung U zwischen den Elektroden lässt sich folgendermassen als Potentialdifferenz ausdrücken

$$U = \varphi_r - \varphi_R = \frac{Q}{4\pi\varepsilon}\left(\frac{1}{r} - \frac{1}{R}\right).$$

Daraus folgen drei wichtige Kenngrössen der Anordnung:

$$C = \frac{Q}{U} = \frac{4\pi\varepsilon}{\left(\dfrac{1}{r} - \dfrac{1}{R}\right)}, \quad \textit{Kapazität}$$

$$E_{max} = \frac{Q}{4\pi\varepsilon r^2} = \frac{U}{r^2\left(\dfrac{1}{r} - \dfrac{1}{R}\right)} = \frac{U}{a\dfrac{r}{R}}, \quad \textit{maximale Feldstärke} \tag{3.23}$$

$$\eta = \frac{E_m}{E_{max}} = \frac{U}{a\,E_{max}} = \frac{r}{R}, \quad \textit{Homogenitätsgrad}.$$

3.3 Feldberechnung   75

Abb. 3.15 **a** Leiter im homogenen Raum, **b** koaxiale Leiter

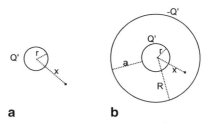

a   b

Bei der konzentrischen Kugelanordnung weist die maximale Feldstärke bei festem R ein Minimum auf, wenn $r = R/2$.

Beispiel 3.5 In der Mitte eines Raumes befinde sich eine Kugel mit $r = 1$ cm. Der Raum kann in erster Näherung durch eine Kugel von 6 m Durchmesser ersetzt werden. Bei welcher Spannung der Kugelelektrode, relativ zur Erde, sind Teilentladungen an der Kugeloberfläche zu erwarten, wenn die Zündfeldstärke 28 kV$_{eff}$/cm beträgt? Wie gross ist der Homogenitätsgrad der Anordnung?

$$E_{\max} = E_a = 28\,\frac{kV_{eff}}{cm} = \frac{U}{299\frac{1}{300}} \quad \dashrightarrow \quad U = 27.9\;kV_{eff}$$

$$\eta = \frac{1}{300} = 0.00333.$$

Das Feld ist stark inhomogen und zündet bereits bei einer mittleren Feldstärke $E_m = 93$ V$_{eff}$/cm!

Aufgabe 3.1 Zwei Kugeln mit $r = 1$ cm sind 2 m voneinander entfernt. Zwischen den Kugeln besteht die Spannung U.

a) In welchem Abstand von der ersten Kugel beträgt die Potentialdifferenz 25 % der angelegten Spannung (Superpositionsprinzip anwenden)?
b) Wie ändert sich dieser Abstand prozentual, wenn die Kugeln nur noch 20 cm voneinander entfernt sind?

Zylinderfelder Auch hier sei zunächst ein Leiter mit Radius r *frei im homogenen Raum* betrachtet (Abb. 3.15a). Die Ladung Q' pro Längeneinheit sei gleichmässig auf die Zylinderoberfläche verteilt (oder, was gleichwertig ist, sie befindet sich auf der Zylinderachse). Analog (3.22) und bei Berücksichtigung von (3.21) folgen die Beziehungen

$$D = \frac{Q'}{2\pi x}, \quad E = \frac{Q'}{2\pi\varepsilon x}, \quad E_{\max} = \frac{Q'}{2\pi\varepsilon r}$$

$$\varphi = \varphi_r - \frac{Q'}{2\pi\varepsilon}\ln\left(\frac{x}{r}\right).$$

(3.24)

76   3 Grundlagen der Hochspannungstechnik

Im Fall *koaxialer Leiter* (Abb. 3.15b) wird das Feld zwischen den Leitern von der äusseren Elektrode nicht beeinflusst. Für $r \leq x \leq R$ sind Potential und Feldstärke somit weiterhin von Gl. (3.24) bestimmt. Für die Spannung folgt

$$U = \varphi_r - \varphi_R = \frac{Q'}{2\pi\varepsilon} \ln\left(\frac{R}{r}\right).$$

Daraus ergeben sich die Kenngrössen der koaxialen Anordnung:

$$C' = \frac{Q'}{U} = \frac{2\pi\varepsilon}{\ln\left(\frac{R}{r}\right)}, \quad \textit{Kapazitätsbelag}$$

$$E_{\max} = \frac{Q'}{2\pi\varepsilon r} = \frac{U}{r\ln\left(\frac{R}{r}\right)}, \quad \textit{maximale Feldstärke} \quad (3.25)$$

$$\eta = \frac{E_m}{E_{\max}} = \frac{r}{a}\ln\left(\frac{R}{r}\right), \quad \textit{Homogenitätsgrad}.$$

Bei der koaxialen Zylinderanordnung weist die maximale Feldstärke bei festem R ein Minimum auf, wenn $r = R/e = R/2.718$.

Beispiel 3.6 Ein einpoliges 20-kV-Kabel hat einen Leiterradius $r = 3.15$ mm. Die Isolationsstärke ist $a = 5$ mm aus Polyäthylen ($\varepsilon_r = 2.3$). Man berechne Kapazitätsbelag, Homogenitätsgrad und maximale Feldstärke.

$$R = 3.15 + 5 = 8.15 \; mm$$

$$C' = \frac{2 \cdot \pi \cdot 2.3 \cdot 8.854 \cdot 10^{-12}}{\ln\frac{8.15}{3.15}} = 134.6 \; \frac{pF}{m}$$

$$\eta = \frac{3.15}{5}\ln\frac{8.15}{3.15} = 0.599$$

$$E_{\max} = \frac{20}{0.599 \cdot 5} = 6.68 \; \frac{kv}{mm}.$$

Feld paralleler Linienleiter Man betrachte zwei zum Ursprung des Koordinatensystems symmetrisch angeordnete Linienladungen Q' und $-Q'$ (Abb. 3.16). Für das Potential in P folgt aus (3.21)

$$\left.\begin{array}{l}\varphi^+ = \varphi_r - \dfrac{Q'}{2\pi\varepsilon}\ln\left(\dfrac{a_1}{r}\right) \\[2ex] \varphi^- = -\varphi_r - \dfrac{-Q'}{2\pi\varepsilon}\ln\left(\dfrac{a_2}{r}\right)\end{array}\right\} \quad \varphi = \varphi^+ + \varphi^- = \frac{Q'}{2\pi\varepsilon}\ln\left(\frac{a_2}{a_1}\right). \quad (3.26)$$

3.3 Feldberechnung

Abb. 3.16 Feld paralleler Linienleiter

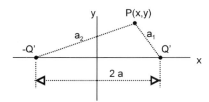

Abb. 3.17 Feld von Linienleitern, Äquipotentialflächen

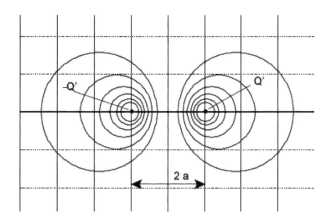

Der Ort konstanten Potentials folgt aus

$$\frac{a_2}{a_1} = e^{\frac{2\pi\varepsilon}{Q'}\varphi} = K$$

$$\text{mit} \quad \begin{cases} a_1^2 = (a-x)^2 + y^2 \\ a_2^2 = (a+x)^2 + y^2. \end{cases}$$

Eliminiert man a_1 und a_2, ergibt sich die Kreisgleichung

$$(x - x_m)^2 + y^2 = r^2 \quad \text{mit} \quad \begin{cases} r = 2a\dfrac{K}{|K^2 - 1|} \\ x_m = a\dfrac{K^2 + 1}{K^2 - 1}. \end{cases} \tag{3.27}$$

Wechselt das Potential das Vorzeichen, wird K zu 1/K. Der Radius r bleibt unverändert, und die Mittelpunktskoordinate x_m wechselt das Vorzeichen. Man erhält somit die in Abb. 3.17 dargestellten zylindrischen Äquipotentialflächen.

Eliminiert man K aus den Gl. (3.27), folgt der Zusammenhang

$$x_m^2 = a^2 + r^2. \tag{3.28}$$

Das Feld auf der Verbindungslinie erhält man aus (3.26) für y = 0

$$\varphi \equiv \frac{Q'}{2\pi\varepsilon} \ln\left(\frac{a+x}{a-x}\right), \quad E = -\frac{d\varphi}{dx} = -\frac{Q'}{2\pi\varepsilon} \frac{2a}{(a^2 - x^2)}. \tag{3.29}$$

Abb. 3.18 Parallele Leiter

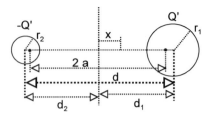

Parallele Leiter Zwei Leiter mit Radien r_1, r_2, Abstand d und Oberflächenladung Q' und $-Q'$ (Abb. 3.18) lassen sich als Äquipotentialflächen der Abb. 3.17 interpretieren. Sie können demzufolge, was das Feld ausserhalb der Leiter betrifft, durch Linienladungen Q', $-Q'$ im Abstand 2a ersetzt werden. Aus (3.27) und (3.28) folgen für die Position der Mittellinie ($\varphi = 0$) und der Ersatzladungen

$$d_1 = \frac{d}{2} + \frac{r_1^2 - r_2^2}{2d}$$
$$d_2 = \frac{d}{2} + \frac{r_2^2 - r_1^2}{2d} \quad\} \quad a = \sqrt{\left(\frac{d}{2}\right)^2 + \left(\frac{r_1^2 - r_2^2}{2d}\right)^2 - \left(\frac{r_1^2 + r_2^2}{2}\right)}. \quad (3.30)$$

Für das Elektrodenpotential und die Spannung erhält man

$$\varphi_1 = \frac{Q'}{2\pi\varepsilon} \ln\left(\frac{d_1 + a}{r_1}\right), \quad \varphi_2 = -\frac{Q'}{2\pi\varepsilon} \ln\left(\frac{d_2 + a}{r_2}\right)$$

$$U = \frac{Q'}{\pi\varepsilon} \ln\sqrt{\frac{(d_1 + a)(d_2 + a)}{r_1 r_2}}, \quad (3.31)$$

und die Kenngrössen der Anordnung sind

$$C' = \frac{Q'}{U} = \frac{\pi\varepsilon}{\ln\sqrt{\frac{(d_1 + a)(d_2 + a)}{r_1 r_2}}}, \quad \textit{Kapazitätsbelag}$$

$$E_{max} = \frac{C'U}{2\pi\varepsilon} \frac{2a}{(a^2 - (d_2 - r_2)^2)}, \quad \textit{maximale Feldstärke} \quad (r_2 < r_1). \quad (3.32)$$

Für den praktisch wichtigen Spezialfall $r_2 = r_1 = r$ folgt

$$C' = \frac{Q'}{U} = \frac{\pi\varepsilon}{\ln\left(\frac{d}{2r} + \sqrt{\left(\frac{d}{2r}\right)^2 - 1}\right)}$$

$$E_{max} = \frac{C'U}{2\pi\varepsilon} \frac{\sqrt{d^2 - 4r^2}}{r(r + d)} \quad (3.33)$$

$$\eta = \frac{E_m}{E_{max}} = \frac{2r(d + r)}{(d - 2r)\sqrt{d^2 - 4r^2}} \ln\left(\frac{d}{2r} + \sqrt{\left(\frac{d}{2r}\right)^2 - 1}\right)$$

3.3 Feldberechnung

Abb. 3.19 Leiter-Erde

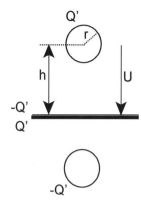

und schliesslich, falls $d \gg r$

$$C' = \frac{Q'}{U} \approx \frac{\pi\varepsilon}{\ln\left(\dfrac{d}{r}\right)}$$

$$E_{max} \approx \frac{C'U}{2\pi\varepsilon}\frac{d}{r(r+d)} \approx \frac{C'U}{2\pi\varepsilon}\frac{1}{r} = \frac{U}{2r\,\ln\left(\dfrac{d}{r}\right)} \qquad (3.34)$$

$$\eta = \frac{E_m}{E_{max}} \approx \frac{2r(d+r)}{(d-2r)d}\ln\left(\frac{d}{r}\right) \approx \frac{2r}{d}\ln\left(\frac{d}{r}\right).$$

Beispiel 3.7 Zwei parallele Leiter mit $r = 1$ cm sind 3 m voneinander entfernt. Bei Vernachlässigung des Erdeinflusses berechne man den Kapazitätsbelag, die maximale Feldstärke für $U = 150$ kV$_{eff}$ und den Homogenitätsgrad des Feldes.

Da $d \gg r$, kann nach Gl. (3.34) gerechnet werden:

$$C' = \frac{\pi \cdot 8.854 \cdot 10^{-12}}{\ln\dfrac{300}{1}} = 4.88\,\frac{pF}{m}$$

$$\eta = \frac{2 \cdot 1 \cdot 301}{298 \cdot 300}\ln\frac{300}{1} = 0.0384, \quad E_{max} = \frac{150}{2 \cdot 1\,\ln\dfrac{300}{1}} = 13.1\,\frac{kV_{eff}}{cm}.$$

Aufgabe 3.2 Als weitere Anwendung berechne man das Feld von einpoligen Kabeln mit exzentrischer Leiteranordnung in Abhängigkeit der Exzentrizität und vergleiche mit der koaxialen Anordnung.

Feld Leiter-Erde Das Feld lässt sich mit Hilfe des Spiegelungsverfahrens (Abb. 3.19) bestimmen. Feld und Spiegelfeld ergeben zusammen ein Feld, das identisch ist mit jenem des Feldes paralleler Leiter. Die Kenngrössen des Feldes lassen sich somit aus Gl. (3.33) oder (3.34) ableiten mit folgenden Substitutionen

$$d \Rightarrow 2h$$
$$U \Rightarrow 2U.$$

Man erhält für Kapazitätsbelag, maximale Feldstärke und Homogenitätsfaktor z. B. aus (3.34)

$$C' = \frac{Q'}{U} \approx \frac{2\pi\varepsilon}{\ln\left(\frac{2h}{r}\right)}$$

$$E_{\max} \approx \frac{C'U}{2\pi\varepsilon} \frac{2h}{r(r+2h)} \approx \frac{C'U}{2\pi\varepsilon} \frac{1}{r} = \frac{U}{r \ln\left(\frac{2h}{r}\right)} \qquad (3.35)$$

$$\eta = \frac{E_m}{E_{\max}} \approx \frac{r(2h+r)}{h(2h-2r)} \ln\left(\frac{2h}{r}\right) \approx \frac{r}{h} \ln\left(\frac{2h}{r}\right).$$

Aufgabe 3.3

a) Ein Leiter mit $r = 1$ cm verläuft parallel zur Erde. Die Zündfeldstärke beträgt 28 kV$_{\text{eff}}$/cm. Wie gross muss der Erdabstand sein, damit keine Teilentladungen auftreten? Die Spannung soll zwischen 20 und 380 kV$_{\text{eff}}$ geändert werden.
b) Wenn umgekehrt der Erdabstand 10 m beträgt, welchen Bedingungen muss der Leiter bei den höheren Spannungen genügen, damit keine Teildurchschläge auftreten?

3.3.5 Wirkung der Raumladung

Raumladungen bilden sich in Gasisolierungen bei Teildurchschlag. Das Feld kann mit Gl. (3.10) berechnet werden, wenn man die Verteilung der Raumladung kennt oder annimmt. Um die Wirkung der Raumladung qualitativ zu deuten, sei zunächst ein einfacher Fall betrachtet.

Im homogenen Feld von Abb. 3.20a sei die Raumladung gleichmässig verteilt ($\rho =$ konst.). Das Feld ist eindimensional und kann durch folgende Poisson-Gleichung beschrieben werden

$$\frac{d^2\varphi}{dx^2} = -\frac{\rho}{\varepsilon}.$$

Durch zweifache Integration, bei Berücksichtigung der Randbedingungen $\varphi = U$ für $x = 0$ und $\varphi = 0$ für $x = a$, folgt

$$\varphi = U\left(1 - \frac{x}{a}\right) + \frac{1}{2}\frac{\rho}{\varepsilon}x(a-x)$$

$$E = -\frac{d\varphi}{dx} = \frac{U}{a} + \frac{\rho}{\varepsilon}\left(x - \frac{a}{2}\right).$$

Abb. 3.20 Wirkung der Raumladung:
a homogenes Feld,
b Feldstärkeverlauf,
c Potentialverlauf

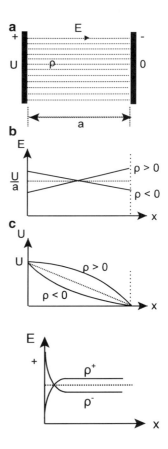

Abb. 3.21 Wirkung der lokalen Raumladung auf das Feld

Die Feldstärke (Abb. 3.20b) ist nicht mehr konstant (und gleich U/a), sondern nimmt linear zu oder ab mit Steigungsmass ρ/ε. Das Potential (Abb. 3.20c) nimmt nicht mehr linear, sondern quadratisch von U auf 0 ab.

In realen Anordnungen sind Raumladungen nur in der Nähe spitzer Elektroden und nicht gleichmässig im ganzen Feld verteilt zu erwarten. Die Resultate der Abb. 3.20 lassen sich qualitativ leicht auf den Fall übertragen, dass die Raumladung in der Nähe *einer* Elektrode (z. B. der positiven linken) auftritt (Abb. 3.21): *Gleichnamige Ladungen* (ρ +) *schwächen das Feld* in Elektrodennähe, stärken es aber im restlichen Feldraum, umgekehrt verhalten sich *ungleichnamige Ladungen* (ρ −).

Bei Teildurchschlag in der Nähe einer spitzen Elektrode ist die Raumladung immer positiv (die Ionen sind träger als die Elektronen). Für den Durchschlag ist nicht so sehr das Feld in Elektrodennähe, sondern vielmehr die Höhe des Feldes im restlichen die Elektroden verbindenden Feldraum ausschlaggebend. Dies erklärt den experimentellen Befund, dass bei *positiver Spannung der Spitze der Durchschlag früher einsetzt* als bei negativer.

Abb. 3.22 Ersatzschaltbild eines Dielektrikums

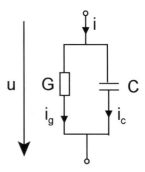

3.4 Ersatzschaltbild des Dielektrikums

Die Darstellung eines Dielektrikums mit der Feldkapazität ist eine für Gase recht zutreffende Idealisierung. Für flüssige und feste Isolierstoffe sind weitere dielektrische Eigenschaften zu berücksichtigen, insbesondere die Abhängigkeit der Dielektrizitätszahl von der Frequenz, die Leitfähigkeit und der Verlustfaktor.

3.4.1 Elementares Modell

Das einfachste Modell, das die Verluste berücksichtigt, ist die Parallelschaltung einer *Kapazität* und eines *Leitwerts* (Abb. 3.22). Die Kapazität beschreibt das elektrische Feld

$$C = K\varepsilon, \tag{3.36}$$

worin K von der Geometrie des Feldes abhängt. Mit dem Leitwert werden die dielektrischen Verluste erfasst. Bei Gleichstrom gilt

$$G_0 = K\gamma_0 \tag{3.37}$$

mit $\gamma_0 =$ Gleichstromleitfähigkeit. K hat denselben Wert wie für die Kapazität wegen der Analogie zwischen stationärem Strömungsfeld und elektrischem Feld im idealen Dielektrikum (Abschn. 2.5.5).

Bei Wechselstrom treten zusätzliche Polarisationsverluste auf (Abschn. 3.4.2), so dass

$$G = K\gamma > G_0 \tag{3.38}$$

mit $\gamma =$ Wechselstromleitfähigkeit. Es ist üblich, die dielektrischen Verluste bei Wechselstrom durch den *Verlustfaktor tan δ* zu erfassen (Abb. 3.23).

$$\tan \delta = \frac{I_g}{I_c} = \frac{G}{\omega C} = \frac{\gamma}{\omega \varepsilon}. \tag{3.39}$$

Abb. 3.23 Zur Definition des Verlustfaktors

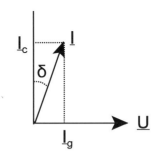

Die dielektrischen Verluste sind

$$P_d = GU^2 = \omega C \tan\delta\, U^2 = \omega K\, \varepsilon_0\, \varepsilon_r \tan\delta\, U^2 \tag{3.40}$$

oder spezifisch pro Volumeneinheit $p_d = \omega\, \varepsilon_0\, \varepsilon_r \tan\delta\, E^2$.

Den materialabhängigen Faktor ($\varepsilon_r \times \tan\delta$) nennt man Verlustziffer.

Von 50 Hz bis etwa 1 MHz ist ε für viele Isolierstoffe nahezu frequenzunabhängig. Hingegen nimmt ω mehr oder weniger stark mit der Temperatur zu [4]. Die Gleichstromleitfähigkeit γ_0 nimmt ebenfalls mit der Temperatur zu. Der Verlustfaktor $\tan\delta$ ist sowohl frequenz- als auch temperaturabhängig (Näheres in Abschn. 3.4.2).

Tabelle 3.6 gibt für eine Reihe von Isoliermitteln die Gleichstromleitfähigkeit, die relative Dielektrizitätszahl und den Verlustfaktor an.

Tab. 3.6 Kennwerte einiger Isoliermittel (20 °C, 50 Hz), [6]

	γ_0 ($\Omega^{-1}\,cm^{-1}$)	ε_r	$10^3 \tan\delta$
Luft, SF$_6$, H$_2$	~ 0	1	~ 0
Mineralöl	10^{-14}	2–2.2	1
Chlordiphenyle	10^{-14}–10^{-15}	5–5.6	1
Quarzkristall	10^{-17}	4–4.6	< 1
Glas	10^{-12}–10^{-16}	4–10	2–10
Porzellan	10^{-11}–10^{-13}	5–7	18–25
Titankeramik (1 MHz)	$< 10^{-13}$	12–5000	0.1–10
ölgetränktes Papier	10^{-15}	3.8–4.3	2–10
Naturgummi	10^{-16}	2.6	10
Holz	10^{-8}–10^{-9}	1.5–2.5	10
Polyäthylen (PE)	10^{-17}–10^{-18}	2.3–2.4	0.2–0.5
vernetztes PE	10^{-16}	2.3	1
Hart-PVC	10^{-15}	3–5	14–22
Polyesterharz	10^{-13}	3.5–6	10–50
Epoxidharz	10^{-14}	3–5	1–50

3.4.2 Polarisationserscheinungen und exaktere Modelle

Im Vakuum ist ε_r per Definition $= 1$. In Gasen stellt man nur eine geringfügige Abweichung von 1 fest (Luft: $\varepsilon_r = 1.0006$). In festen Stoffen ist ε_r deutlich grösser als 1. Dies ist auf die *Polarisation* zurückzuführen. In *nichtpolaren Stoffen* werden die Atome und Moleküle im elektrischen Feld deformiert und die entstehenden Dipole nach dem Feld orientiert, d. h. polarisiert. Die innere Feldstärke der Dipole ist der äusseren Feldstärke entgegengesetzt. Bei gegebenem D-Feld erscheint dies nach aussen als Vergrösserung der Dielektrizitätszahl. Für Isotrope Medien gilt

$$D = \varepsilon_0 E + P = E\varepsilon_0 \left(1 + \frac{P}{\varepsilon_0 E}\right) = E\varepsilon_0(1+\chi) = E\varepsilon_0\varepsilon_r$$

mit P = Polarisation, χ = Suszeptibilität. Die Suszeptibilität ist in der Regel frequenzabhängig. Einfache Gase weisen nur die Elektronenpolarisation auf, die sich geringfügig auf ε_r auswirkt.

In *nichtpolaren Stoffen* mit Elektronen, Atom- und Gitterpolarisation, insgesamt als *Verschiebungspolarisation* bezeichnet, erfährt ε_r bereits eine deutliche Erhöhung auf etwa 2 (z. B. Mineralöl, Polyäthylen).

Bei *polaren Substanzen*, d. h. bei Stoffen, die bereits ohne Feld Dipole aufweisen, tritt zusätzlich die *Orientierungspolarisation* auf. Die Dielektrizitätszahl solcher Substanzen ist in der Regel deutlich höher (meist etwa 4 bis 7). In festen (z. B. teilkristallinen) Stoffen kann ferner *Grenzflächenpolarisation* auftreten durch Ansammlung von Ladungen an den Korngrenzen [4].

Beim *Wechselfeld* führt die Umpolarisierung der Dipole wegen Reibung zu den *Polarisationsverlusten.*

In den üblichen Dielektrika ist ε_r meist < 10, nur in einzelnen Fällen deutlich höher (z. B. Wasser mit $\varepsilon_r = 81$). *Ferroelektrische* Substanzen können hingegen ε_r der Grössenordnung 10^3–10^4 aufweisen. Für die technischen Anwendungen ist vor allem Bariumtitanat ($BaTiO_3$) von Bedeutung, dessen hohe Werte nicht durch Orientierungspolarisation, sondern durch Mikrofelder der polarisierten Moleküle erklärt werden können [18].

Die Frequenzabhängigkeit der Verschiebungspolarisation ist erst im Bereich der THz spürbar und somit für energietechnische Anwendungen kaum von Bedeutung.

Wichtig hingegen ist das Frequenzverhalten der *Grenzflächen-* und *Orientierungspolarisation*. Der Polarisationseinfluss auf ε und $\tan \delta$ und deren typische Frequenzabhängigkeit lässt sich mit den Ersatzschaltbildern in Abb. 3.24b oder 3.24c beschreiben [14]. Der Polarisationsstrom wird durch RC-Glieder erfasst. Es folgt die komplexe Leitfähigkeit

$$\underline{\gamma} = \gamma_0 + j\omega\varepsilon_v + \sum_i \frac{j\omega\varepsilon_i\gamma_i}{\gamma_i + j\omega\varepsilon_i}$$

und mit Einführung der Zeitkonstanten

$$\tau_i = \frac{\varepsilon_i}{\gamma_i}$$

3.4 Ersatzschaltbild des Dielektrikums

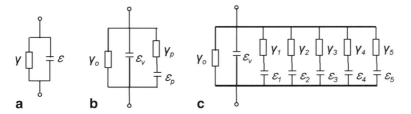

Abb. 3.24 Ersatzschaltbilder eines verlustbehafteten Isoliersystems [14]: **a** elementares Modell, **b** Polarisationsmodell 1. Ordnung, **c** Polarisationsmodell höherer Ordnung

erhält man

$$\underline{\gamma} = \gamma_0 + j\omega \left(\varepsilon_v + \sum_i \frac{\varepsilon_i}{1 + j\omega\tau_i} \right) = \gamma_0 + j\omega\,\underline{\varepsilon}.$$

Die komplexe Dielektrizitätszahl $\underline{\varepsilon}$ kann in Real- und Imaginärteil aufgespalten werden

$$\underline{\varepsilon} = \varepsilon' - j\varepsilon'' \quad mit \quad \varepsilon' = \varepsilon_v + \sum_i \frac{\varepsilon_i}{1 + \omega^2\tau^2} \quad und \quad \varepsilon'' = \sum_i \varepsilon_i \frac{\omega\tau_i}{1 + \omega^2\tau_i^2}$$

und die Wechselstromleitfähigkeit wird somit

$$\underline{\gamma} = (\gamma_0 + \omega\varepsilon'') + j\omega\varepsilon' = \gamma(\omega) + j\omega\varepsilon(\omega). \tag{3.41}$$

Für Dielektrizitätszahl, Wechselstromleitfähigkeit, $\tan \delta$ und spezifische Verluste erhält man schliesslich

$$\varepsilon(\omega) = \varepsilon' = \varepsilon_v + \sum_i \frac{\varepsilon_i}{1 + \omega^2\tau_i^2}, \quad \gamma(\omega) = \gamma_0 + \sum_i \gamma_i \frac{\omega^2\tau_i^2}{1 + \omega^2\tau_i^2},$$

$$\tan \delta = \frac{\gamma_0}{\omega\varepsilon'} + \frac{\varepsilon''}{\varepsilon'}, \tag{3.42}$$

$$P_d = \gamma(\omega) E^2 = \left(\gamma_0 + \sum_i \gamma_i \frac{\omega^2\tau^2}{1 + \omega^2\tau_i^2} \right) E^2.$$

Abbildung 3.25 zeigt die typische Frequenzabhängigkeit von Dielektrizitätszahl und $\tan \delta$, berechnet mit Gl. (3.42) (log Massstab für f) für das Polarisationsmodell 1. Ordnung in Abb. 3.24b (γ_p und γ_p frequenzunabhängig). In Modellen höherer Ordnung treten mehrere Resonanzspitzen für $\tan \delta$ auf, jeweils im Bereich des Abfalls der Dielektrizitätszahl.

Die Polarisationsverluste nehmen mit der *Temperatur* mehr oder weniger stark zu (je nach Stoff). Dies hat zur Folge, dass die oben definierten Zeitkonstanten

Abb. 3.25 Typische Frequenzabhängigkeit von ε und tan δ nach Gl. (3.42)

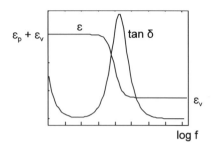

abnehmen und der von Abb. 3.25 gezeigte Frequenzverlauf sich in Richtung höherer Frequenzen verschiebt.

Die exaktere Darstellung des Polarisationsstromes mit dem Ersatzschaltbild in Abb. 3.24c erlaubt z. B. die Zustandsanalyse von Isolationen [14]. Die Parameter des Ersatzschaltbildes können sowohl für homogene als auch für heterogene Isolieranordnungen durch Messung der Relaxationsströme im Zeitbereich (Stossantwort) und Umwandlung in den Frequenzbereich mittels Fouriertransformation ermittelt werden.

3.5 Heterogene Isolierungen

Isolieranordnungen der Hochspannungstechnik sind häufig heterogen, d. h. sie bestehen aus verschiedenen Isolierwerkstoffen. In Abschn. 3.3 ist gezeigt worden, wie der Feldverlauf solcher Anordnungen mit Hilfe der Finite-Elemente-Methode exakt berechnet werden kann.

Sind die Grenzflächen benachbarter Isolierstoffe näherungsweise Äquipotentialflächen oder senkrecht zu den Äquipotentialflächen, lassen sich die Anordnungen in erster Näherung als Serie- oder Parallelschaltung von Isolierstoffen elementar berechnen.

3.5.1 Querschichtung von Isolierstoffen

Verhalten bei Wechselstrom Für industrielle Frequenzen ist in Abb. 3.24a $\omega\varepsilon \gg \gamma$. Der ohmsche Leitwert ist gegenüber dem kapazitiven vernachlässigbar, und die Spannung verteilt sich umgekehrt proportional zu den seriegeschalteten Kapazitäten (Abb. 3.26). Die Feldstärke ändert sich an der Grenzfläche sprunghaft umgekehrt proportional zur Dielektrizitätszahl ε. Die Verschiebung D bleibt konstant, unabhängig von ε.

Es gilt

$$\frac{U_1}{U_2} = \frac{C_2}{C_1} \quad \Rightarrow \quad \frac{E_1}{E_2} = \frac{\varepsilon_2}{\varepsilon_1} \quad \Rightarrow \quad D_1 = D_2. \tag{3.43}$$

3.5 Heterogene Isolierungen

Abb. 3.26 Wechselstromverhalten von seriegeschalteten Isolierstoffen

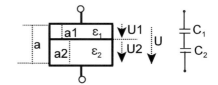

Die Tatsache, dass die Feldstärke umgekehrt proportional zur Dielektrizitätszahl ist, hat bemerkenswerte praktische Konsequenzen. Bilden sich *Hohlräume* in festen Isolierstoffen, können Gaseinschlüsse die Durchschlagfestigkeit der Isolierung gefährden. Ihre Dielektrizitätszahl ist kleiner, die Feldstärke wegen (3.43) grösser als im umgebenden Feststoff. Die Durchschlagfestigkeit des Gases ist aber geringer als die des Feststoffs (Tab. 3.6). Dadurch können sich im Gaseinschluss Teilentladungen entwickeln, die progressiv die Isolierung zerstören.

Beispiel 3.8 In einem Luftkondensator mit Plattenabstand a = 1 cm wird eine Glasplatte von 0.5 cm Dicke eingeführt. Glas hat nach Tab. 3.6 eine Durchschlagfestigkeit, die bis 30 mal stärker ist als Luft. Wie verhält sich die Anordnung bei einer Spannung von 20 kV$_{eff}$ vor und nach der Einführung der Glasplatte?

Vor Einführung der Glasplatte gilt für Feldstärke und Zündfeldstärke (Tab. 3.5)

$$E_{luft} = 20 \frac{kV_{eff}}{cm}, \quad E_{aluft} = \frac{31}{\sqrt{2}} = 21.9 \frac{kV_{eff}}{cm}.$$

Die Zündfeldstärke wird nicht erreicht, die Spannung also ausgehalten. Nach Einführung der Glasplatte mit $\varepsilon_r = 6$ (Tab. 3.6) ist die Kapazität der Luft wegen Gl. (3.43) 6 mal kleiner als die der Glasplatte. Man erhält

$$\frac{U_{luft}}{U_{glas}} = \frac{U_{luft}}{U - U_{luft}} = 6 \quad \Rightarrow \quad U_{luft} = \frac{6}{7} U = \frac{6}{7} 20 = 17.1 \, kV_{eff}$$

$$E_{luft} = \frac{17.14 \, kV_{eff}}{0.5 \, cm} = 34.3 \frac{kV_{eff}}{cm}.$$

Die Luft zündet und schlägt durch. Die Luftkapazität entlädt sich, und die volle Spannung liegt an der Glasplatte, die diese problemlos aushalten kann, da nach Tab. 3.5 ihre Durchschlagfeldstärke mindestens bei 350 kV$_{eff}$/cm liegt. Danach lädt sich die Luftkapazität wieder auf, und der Vorgang wiederholt sich. Man spricht in diesem Fall von inneren Teilentladungen im Gegensatz zu den äusseren Teilentladungen an Elektrodenkrümmungen (s. Abschn. 3.2.3). Feste Isolierstoffe, vor allem Kunststoffe, werden durch solche Teilentladungen funkenerosiv zerstört.

Verhalten bei Gleichstrom Bei Gleichstrom ist $\omega \cdot \varepsilon = 0$, und die Spannungsverteilung wird von den Leitwerten bestimmt. Man erhält die von Gl. (3.44) gegebenen Zusammenhänge. Da die Ladungen beider Elektroden verschieden sind, bildet sich als Ausgleich eine Oberflächenladung ($Q_2 - Q_1$) auf der Grenzschicht. Es tritt ein *Nachladungseffekt* ein, d. h. auch beim Kurzschliessen und vollständiger Entladung

Abb. 3.27 Parallelschaltung von Isolierstoffen

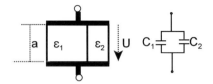

des Kondensators lädt sich der spannungslose Kondensator anschliessend, ausgehend von der Grenzschicht, wieder auf. Dieser Effekt ist ausgeprägt bei Gleichstromkondensatoren vorhanden. Er kann auch bei Wechselstrom auftreten infolge verzögerter Depolarisierung der Dipole, jedoch nur bei sehr kurzzeitiger Entladung,

$$\frac{U_1}{U_2} = \frac{G_2}{G_1} \quad \Rightarrow \quad \frac{E_1}{E_2} = \frac{\gamma_2}{\gamma_1}$$

$$\frac{D_1}{D_2} = \frac{\varepsilon_1}{\varepsilon_2}\frac{E_1}{E_2} = \frac{\varepsilon_1}{\varepsilon_2}\frac{\gamma_2}{\gamma_1} \neq 1 \quad \text{wenn} \quad \frac{\varepsilon_1}{\gamma_1} \neq \frac{\varepsilon_2}{\gamma_2}$$

$$\text{also} \quad D_1 \neq D_2 \quad \Rightarrow \quad Q_1 \neq Q_2. \tag{3.44}$$

3.5.2 Längs- und Schrägschichtung

Die Spannung und demzufolge auch die Feldstärke sind bei Längsschichtung in beiden Isolierstoffen gleich (Abb. 3.27). Bei Wechselstrom wird die Ladung durch die parallelgeschalteten Kapazitäten bestimmt. Die Verschiebung D ist bei Wechselstrom proportional zur Dielektrizitätszahl und bei Gleichstrom zur Gleichstromleitfähigkeit.

Durch Grenzflächenprobleme (s. [4]), Oberflächenrauhigkeit mit Feldstärkeüberhöhungen oder Gaseinschlüsse ist die Festigkeit der Grenzschicht kleiner als die der angrenzenden Medien. Grenzflächen parallel zur Feldrichtung sollten deshalb vermieden werden.

Schräge Grenzflächen: Durch Aufspalten der Feldstärke in Komponenten normal und tangential zur Grenzfläche wird das Problem auf Quer- und Längsschichtung zurückgeführt.

Man erhält

$$D_{1n} = D_{2n} \quad \Rightarrow \quad \frac{E_{1n}}{E_{2n}} = \frac{\varepsilon_2}{\varepsilon_1}, \quad E_{1t} = E_{2t} \quad \Rightarrow \quad \frac{D_{1t}}{D_{2t}} = \frac{\varepsilon_1}{\varepsilon_2}.$$

Es folgt das Brechungsgesetz

$$\frac{\tan \alpha_1}{\tan \alpha_2} = \frac{E_{1t}}{E_{1n}} \frac{E_{2n}}{E_{2t}} = \frac{E_{2n}}{E_{1n}} = \frac{\varepsilon_1}{\varepsilon_2}. \tag{3.45}$$

3.5 Heterogene Isolierungen

Abb. 3.28 Feld bei schräger Grenzfläche

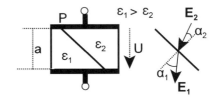

Grenzflächen schräg zur Feldrichtung sind ebenfalls möglichst zu vermeiden, erstens weil eine Feldkomponente tangential wirkt (gleicher Nachteil wie längsgeschichtete Dielektrika), zweitens weil durch die Brechung Zonen hoher Beanspruchung entstehen; in Abb. 3.28 weist z. B. der die Elektrode berührende Grenzflächenpunkt P eine hohe Feldstärke auf.

3.5.3 Zylinder- und Kugelschichtungen

Zylinder- und Kugelschichtungen verhalten sich im wesentlichen wie quergeschichtete Isolieranordnungen (Beispiele von Zylinderschichtungen: Leistungskondensatoren, Durchführungen). An den Grenzflächen gilt weiterhin die Feldstärkebeziehung (3.43). Für das Verhältnis der maximalen Feldstärken erhält man hingegen gemäss (3.23), (3.25) (r_i = Innenradius der Schicht i)

$$\text{Zylinderschichtung:} \quad \frac{E_{max1}}{E_{max2}} = \frac{\varepsilon_2 \, r_2}{\varepsilon_1 \, r_1}$$

$$\text{Kungelschichtung:} \quad \frac{E_{max1}}{E_{max2}} = \frac{\varepsilon_2 \, r_2^2}{\varepsilon_1 \, r_1^2}.$$

Aufgabe 3.4 Ein Leiter mit dem Radius 2.5 cm wird von einem Giessharzmantel ($\varepsilon_r = 5$) umgeben und befindet sich in einem mit SF_6 gefüllten Rohrleiter von 12 cm Durchmesser.

a) Man berechne die Feldstärkeverteilung in Abhängigkeit von der Dicke der Ummantelung. Bei welcher Dicke ist die maximale Feldstärke im Gas minimal?
b) Was ändert sich, wenn Luft an Stelle von SF_6 verwendet wir

3.5.4 Poröse imprägnierte Stoffe

Typisches Beispiel ist ölimprägniertes Papier. Solche Stoffe kann man als Serienschaltung von nichtporösem Stoff und Imprägniermittel betrachten. Die Schichtdicke der beiden Isoliermittel (Abb. 3.29) lässt sich aus der Gesamtdicke a mit Hilfe der Porosität berechnen. Die Porosität p ist folgendermassen definiert:

$$p = 1 - \frac{\gamma}{\gamma_0}$$

Abb. 3.29 Poröse imprägnierte Stoffe

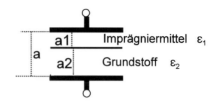

mit
γ = spez. Gewicht des porösen Stoffes, γ_0 = spez. Gewicht des Grundstoffs.
Dann ist

$$a_1 = pa$$

$$a_2 = (1-p)a.$$

Die Kapazitätsberechnung ergibt den Wert der resultierenden Dielelektrizitätszahl des imprägnierten Stoffes

$$\frac{1}{C} = \frac{1}{C_1} + \frac{1}{C_2} = \frac{a_1}{\varepsilon_1} + \frac{a_2}{\varepsilon_2} = \frac{a}{\varepsilon} \quad \Rightarrow \quad \frac{1}{\varepsilon} = \frac{1}{\varepsilon_1}p + \frac{1}{\varepsilon_2}(1-p). \tag{3.46}$$

Beispiel 3.9 Zellulosepapier mit spezifischem Gewicht $1.1\,\text{g cm}^{-3}$ wird mit Mineralöl $\varepsilon_r = 2.2$ getränkt. Die Zellulose hat ein spez. Gewicht von $1.5\,\text{g cm}^{-3}$ und $\varepsilon_r = 6$. Man bestimme die Dielektrizitätskonstante des ölgetränkten Papiers.

$$P = 1 - \frac{1.1}{1.5} = 0.27 \quad \Rightarrow \quad \frac{1}{\varepsilon_r} = \frac{1}{2.2}0.27 + \frac{1}{6}0.73 = 0.244, \quad \varepsilon_r = 4.1.$$

3.6 Gasentladung und Gaszündung

Gase spielen in der Hochspannungstechnik eine bedeutende Rolle:
- *Luft*: in allen Freiluftanlagen, in Druckluftschaltern als Isolier- und Löschmittel, störend in Form von Einschlüssen in festen und flüssigen Isolierstoffen.
- SF_6 (Schwefelhexafluorid): in Leistungsschaltern, in gekapselten Schaltanlagen als Isolier- und Löschmittel sowie für Transformatoren und Rohrleitungen.
- *Stickstoff*: in Druckgaskabel und Druckgaskondensatoren.
- *Edelgase*: in Lampen, supraleitenden Kabel, für verschiedene physikalische Anwendungen.
- *Wasserstoff*: als Kühlmittel für Turbogeneratoren.

Der Mechanismus, der zur Zündung und somit je nach Feldinhomogenität zum Teildurchschlag oder Durchschlag führt (Abschn. 3.2), ist für Gase gut verstanden und theoretisch berechenbar. In den folgenden Abschnitten werden die Grundlagen dazu gegeben.

Abb. 3.30 Trägerbewegung im elektrischen Feld

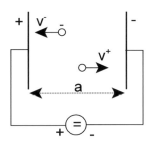

3.6.1 Verhalten der Gase bei kleinen Feldstärken (V/cm)

Bei kleinen Feldstärken weisen die Gase eine geringfügige Leitfähigkeit auf, die auf die natürliche Ionisierung durch kosmische Strahlung und Radioaktivität der Erde zurückzuführen ist. Die Ionisierungsarbeit beträgt bei Luft, Stickstoff, Wasserstoff 1516 eV, bei SF_6 19 eV und bei Edelgasen 12 (Xenon) bis 24 eV (Helium). Luft enthält normalerweise ca. 500–1000 Ladungsträger pro cm^3 (zwischen 0 und 1000 m ü. M.); bei Gewittern sind es wesentlich mehr.

Der Ionisierungszustand ist das Ergebnis des Gleichgewichts zwischen *Erzeugungs-* und *Rekombinationsrate*. Bezeichnet man mit n die Anzahl Träger (Ionen und Elektronen) pro cm^3, kann die Rekombinationsrate durch

$$j = \rho \, n^+ \, n^- \simeq \rho \, n^2$$

ausgedrückt werden. Für Luft, 1.013 bar, ist der Rekombinationskoeffizient $\rho = 2 \cdot 10^{-6}$ cm^3/s [23]. Man erhält somit j = 0.5 bis 2 Trägerpaare cm^{-3} s^{-1}. Auch die Erzeugungsrate liegt demzufolge in der Grössenordnung von 1 Trägerpaar cm^{-3} s^{-1}.

Bei Einwirkung eines elektrischen Feldes überlagert sich der ungeordneten thermischen Bewegung eine gerichtete Bewegung (Abb. 3.30) mit Geschwindigkeit v (Driftgeschwindigkeit)

$$v^+ = \mu^+ \cdot E, \quad v^- = \mu^- \cdot E.$$

Die *Beweglichkeit* μ der Träger ist unterschiedlich für Ionen und Elektronen. In Luft, 20 °C, 1.013 bar, gilt für Ionen μ^+, $\mu^- = 1$–2 cm^2/V s, für Elektronen $\mu^- = 500$ cm^2/V s. Die Stromdichte wird beim Anlegen der Spannung nach dem Absaugen der Elektronen durch die Ionen bestimmt

$$J = e(n^+v^+ + n^-v^-) = e(n^+\mu^+ + n^-\mu^-)\,E = \gamma E.$$

Mit obigen Zahlen folgt für die Leitfähigkeit der Luft etwa $\gamma = 3 \cdot 10^{-16}$ Ω^{-1} cm^{-1} (e = $1.6 \cdot 10^{-19}$ As). Der Strom steigt linear mit der Spannung an solange die Anzahl Ladungen pro cm^2 und s (= nv) deutlich kleiner ist als die erzeugten Ladungen (= j a, mit a = Elektrodenabstand). Dann sättigt der Strom (Abb. 3.31). Die Sättigungsstromdichte ist z. B. für a = 100 cm mit obigen Zahlen ca.

Abb. 3.31 Stromverlauf bei kleinen Feldstärken

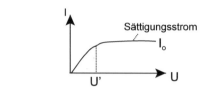

Abb. 3.32 Stromverlauf bei Stossionisierung und Zündung

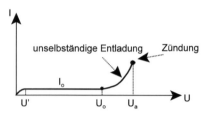

$J = 1.6 \cdot 10^{-17}$ A cm^{-2} und wird bereits bei einer Spannung U$'$ = 5 V erreicht. Für U = 100 kV, d. h. E = 1 kV/cm, wäre dann $\gamma = 1.6 \cdot 10^{-20}$ Ω^{-1} cm^{-1}, was die hervorragenden Isoliereigenschaften der Luft im kV/cm-Bereich erklärt.

3.6.2 Verhalten bei grossen elektrischen Feldstärken (kV/cm)

Bei Feldstärken bis zur Grössenordnung 10 kV/cm verhält sich ein Gas nahezu wie ein idealer Isolator. Das Verhalten ändert sich, wenn die kinetische Energie der Elektronen genügend gross ist, um durch Zusammenstösse mit Gasmolekülen zusätzliche Ionisierungen zu erzeugen. Man spricht von *Stossionisierung*. Bei Gasen, die elektronegativ[1] sind (wie SF$_6$) oder elektronegative Anteile enthalten (Sauerstoff, in Luft), kann eine eindeutige untere Grenzfeldstärke E_0 für die Stossionisierung angegeben werden. Die entsprechende Spannung ist nach Gl. (3.3)

$$U_0 = \eta \, a E_0. \tag{3.47}$$

Ab U_0 beginnt die Stromdichte zu steigen. Es ist dies der Beginn der *unselbständigen Entladung* (Abb. 3.32). Da der Strom zunächst noch klein ist, bleiben die Entladungsvorgänge unsichtbar, die Wirkung der Raumladung auf das Feld ist vernachlässigbar. Erst bei Erreichen einer noch höheren Feldstärke, der bereits in Abschn. 3.2.1 eingeführten Zündfeldstärke E_a, werden die Vorgänge intensiver und sichtbar, das Gas zündet. Abbildung 3.32 veranschaulicht den Stromverlauf in Abhängigkeit von der Spannung.

Die Stärke der Stossionisierung wird durch eine *Stossionisierungszahl* α (erster Townsendscher Ionisationskoeffizient) charakterisiert, welche die *Anzahl der durch ein Elektron erzeugten Ionisierungen pro cm* ausdrückt. Die Stossionisierungszahl

---

[1] Man bezeichnet ein Gas als elektronegativ, wenn es fähig ist, Elektronen anzulagern und stabile negative Ionen zu bilden.

3.6 Gasentladung und Gaszündung 93

Abb. 3.33 Stossionisierungszahl in Abhängigkeit von der Feldstärke

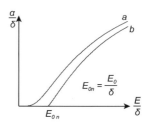

hängt von der kinetischen Elektronenenergie, also von der Feldstärke ab, aber auch von der Dichte der Gasmoleküle, d. h. von der Wahrscheinlichkeit, ein Molekül zu treffen. Führt man die relative Gasdichte δ ein

$$\delta = \frac{p}{p_0} \frac{T_0}{T} \quad mit \quad T_0 = 293 \; K (20\,°C), \quad p_0 = 1 \; atm \; (1.013 \; bar).$$

kann für jedes Gas experimentell eine Funktion

$$\frac{\alpha}{\delta} = f\left(\frac{E}{\delta}\right) \tag{3.48}$$

ermittelt werden, deren Verlauf etwa dem der Abb. 3.33 (Kurve a) entspricht. Der Ansatz (3.49), der sich mit der kinetischen Gastheorie begründen lässt (Abschn. 3.6.3), beschreibt diesen Verlauf sehr gut, vor allem für elektropositive Gase.

$$\frac{\alpha}{\delta} = A e^{-B\frac{\delta}{E}} \tag{3.49}$$

Die Elektronegativität von SF_6 hat zur Folge, dass ein Teil der erzeugten Elektronen wieder eingefangen wird, wobei negative Ionen mit kleinerer Beweglichkeit gebildet werden, die praktisch nichts zur Stossionisierung beitragen. Der Koeffizient α muss durch die *wirksame Stossionisierungszahl* $\alpha^* = (\alpha - \eta)$ ersetzt werden, mit $\eta =$ Anlagerungskoeffizient der Elektronen. Die Kurve a der Abb. 3.33 wird um η/δ nach unten verschoben und schneidet die Abszisse in E_{0n}, im praktisch linearen Teil der Kennlinie (Kurve b).

Für SF_6 entspricht der lineare Ansatz (3.50) mit $E_{0n} = 88.8\,kV/cm$ (oder $87.7\,kV/cm\,bar$, wenn man p statt δ verwendet) und $k = 28\,kV^{-1}$ bis etwa $120\,kV/cm$ sehr gut den experimentellen Ergebnissen [17]

$$\frac{\alpha^*}{\delta} = k\left(\frac{E}{\delta} - E_{0n}\right) \quad mit \quad \alpha^* = \alpha - \eta. \tag{3.50}$$

Auch Luft weist wegen des Sauerstoffanteils eine, wenn auch viel geringere Elektronegativität auf. Die Kurvenverschiebung nach unten ist viel kleiner, und die experimentellen Resultate stimmen gut bis etwa $80\,kV/cm$ mit dem quadratischen Ansatz (3.51) überein [25]. Der Koeffizient C hängt zusätzlich von der Feldstärke ab. Für E_{0n} kann $24.7\,kV/cm$ eingesetzt werden (oder $24.4\,kV/cm\,bar$) [4].

$$\frac{\alpha^*}{\delta} = C\left(\frac{E}{\delta} - E_{0n}\right)^2 \tag{3.51}$$

3.6.3 Physikalische Erklärung der Stossionisierungsfunktion

Die mittlere freie Weglänge des Elektrons in einem Gas (mittlerer Weg zwischen zwei Stössen mit Gasmolekülen) ist

$$\lambda = \frac{1}{A_w\, n} = \frac{1}{A_w}\frac{kT}{p} \quad (cm),$$

worin A_w = Wirkungsquerschnitt der Gasteilchen (cm^2) und n = Teilchendichte (cm^{-3}). Der zweite Ausdruck ergibt sich mit der Gasgleichung p = n k T (k = $1.38 \cdot 10^{-23}$ W s K^{-1} = Boltzmannsche Konstante).

Der Reziprokwert von λ entspricht der Anzahl Stösse des Elektrons pro cm. Wenn jeder Stoss eine Ionisierung zur Folge hätte, wäre $\alpha = \lambda^{-1}$. Dies ist aber nur dann der Fall, wenn der notwendige Weg x_i zur Beschleunigung auf die Ionisierungsgeschwindigkeit v_i wesentlich kleiner ist als die mittlere freie Weglänge (also $x_i \ll \lambda$). Ist umgekehrt $x_i \gg \lambda$, erreichen die Elektronen nur selten die Ioni-sierungsgeschwin-digkeit und $\alpha \approx 0$. Dies führt zum Ansatz

$$\alpha = \frac{1}{\lambda} e^{-\beta \frac{x_i}{\lambda}}.$$

Sind m die Masse und e die Ladung des Elektrons, folgt für die Ionisierungsenergie und den Beschleunigungsweg x_i

$$\frac{1}{2}mv_i^2 = eEx_i \quad \Rightarrow \quad x_i = \frac{1}{2} m \frac{v_i^2}{eE} = \frac{U_{ion}}{E}.$$

$U_{ion} = mv_i^2/(2e)$ ist die Ionisierungsspannung (eV). Setzt man die Ausdrücke für λ und x_i in obigen Ansatz ein und wird der Druck p durch die relative Dichte δ ersetzt, erhält man für die Stossionisierungszahl den bereits in Gl. (3.49) gegebenen halbempirischen Ansatz

$$\frac{\alpha}{\delta} = A\, e^{-\frac{B\delta}{E}},$$

wobei

$$A = \frac{A_w\, p_0}{k\, T_0}$$

$$B = \beta\, U_{ion}\, A.$$

Tabelle 3.7 zeigt die Werte von A und B für verschiedene Gase.

3.6 Gasentladung und Gaszündung

Tab. 3.7 Konstanten der Stossionisierungsfunktion [4, 13] (Gültigkeitsbereich s. E/δ)

	A (cm^{-1})	B (kV cm^{-1})	E/δ (kV cm^{-1})
Luft	11400	277	110–450
Luft	6530	192	30–140
N_2	9900	258	75–450
H_2	3800	99	110–300
CO_2	15200	355	370–750
He	2100	24	15–110
Ar	10000	127	70–420
Kr	12000	170	70–700
SF_6	9600	211	70–280

Abb. 3.34 Zündmechanismus

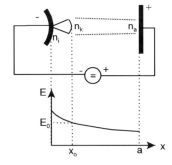

3.6.4 Zündmechanismus

Das inhomogene Feld in Abb. 3.34 weist im Bereich $x < x_0$ eine Feldstärke $E > E_0$ auf. Da in diesem Bereich Stossionisierung stattfindet, vermehren sich die Elektronen. Deren Zunahme im Element dx ist

$$dn = n\alpha^* dx \quad \Rightarrow \quad \frac{dn}{n} = \alpha^* dx.$$

Integriert man über die kritische Feldlinie (Feldlinie am Ort der max. Feldstärke) von $0\ldots x_0$, erhält man, mit der Randbedingung $n = n_i$ für $x = 0$ (n_i = Anzahl der bei der Kathode verfügbaren Elektronen)

$$n_k = n_i \, e^{\int_0^{x_0} \alpha^* dx}. \tag{3.52}$$

Ein Elektron bei der Kathode erzeugt eine *Elektronenlawine*, die am Kopf eine Stärke n_k/n_i aufweist. Ab x_0 findet keine Stossionisierung mehr statt, und die Elektronenzahl wird im Bereich $x_0 \ldots a$ höchstens reduziert, z. B. in elektronegative Gase durch Anlagerung.

Die von n_k ausgedrückte Stärke der Entladung wird von folgendem *Rückkoppelungsmechanismus* mitbestimmt: Durch die Stossionisierung werden nicht nur Elektronen, sondern auch positive Ionen erzeugt. Diese Ionen treffen auf die Kathode und schlagen aus dieser Sekundärelektronen heraus (γ-Prozess). Ferner tragen auch

Abb. 3.35 Zündfeldstärke

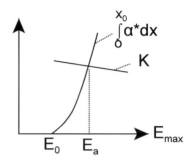

die von der Lawine erzeugten Photonen durch Photoionisation zur Bildung neuer Elektronen bei. In erster Näherung kann angenommen werden, dass die Gesamtzahl n_s der erzeugten Sekundärelektronen etwa proportional zur Anzahl der entstehenden positiven Ladungen, also zu ($n_k - n_i$) ist. Die an der Anode verfügbaren Elektronen n_i sind somit

$$n_i = n_0 + n_s = n_0 + \gamma(n_k - n_i), \tag{3.53}$$

worin n_0 die Anzahl der vor Beginn der Stossionisierung vorhandenen Elektronen ist und γ der Rückwirkungskoeffizient, der die Ausbeute an Sekundärelektronen beschreibt. Aus den Gln. (3.52), (3.53) folgt der Zusammenhang zwischen n_k und n_0

$$n_k = n_0 \frac{e^{\int_0^{x_0} \alpha^* dx}}{1 - \gamma\left(e^{\int_0^{x_0} \alpha^* dx} - 1\right)}. \tag{3.54}$$

n_k bestimmt die Stärke der *unselbständigen Entladung*. Für $n_0 = 0$ wäre $n_k = 0$, daher der Name „unselbständig", die Entladung benötigt eine Ionisierungsquelle.

Zündung nach dem Generationenmechanismus (Townsend) Der bis jetzt beschriebene Mechanismus entspricht den Vorstellungen von Townsend [29]. Der Rückkoppelungsprozess divergiert, wenn der Nenner von Gl. (3.54) null wird ($n_k \to \infty$). Die Trägerzahl wird extrem gross, begrenzt nur durch Raumladungseffekte. Die Zündbedingung lautet somit

$$e^{\int_0^{x_0} \alpha^* dx} = 1 + \frac{1}{\gamma} \quad \Rightarrow \quad \int_0^{x_0} \alpha^* dx = \ln\left(1 + \frac{1}{\gamma}\right) = K. \tag{3.55}$$

Die Divergenz lässt sich auch als zeitliches Anwachsen der aufeinanderfolgenden Lawinen interpretieren (s. z. B. [16]). Abbildung 3.35 zeigt den linken und den rechten Term der Gl. (3.55) in Abhängigkeit von der maximalen Feldstärke. Der Schnittpunkt definiert die Zündfeldstärke E_a. γ hängt stark von Druck und Schlagweite ab. Als

3.6 Gasentladung und Gaszündung

Richtwert für Luft sei 10^{-5} angenommen. Man erhält dann $K \approx 12$ und eine kritische Lawinenstärke n_k/n_i von 10^5 Elektronen [4].

Ist die gekrümmte Elektrode positiv statt negativ, wandern die Elektronen im Stossionisierungsbereich in umgekehrter Richtung. Die Lawine startet bei der Feldstärke E_0 und hat ihren Kopf in der Nähe der positiven Elektrode. An der Zündbedingung ändert dies nichts, d. h. die Zündspannung wird von der Polarität der Elektroden nicht beeinflusst.

Zündung nach dem Kanal- oder Streamermechanismus Nach dem Generationenmechanismus sollte der Durchschlag im homogenen und quasihomogenen Feld auf breiter Front eintreten. Damit kann der experimentelle Befund, dass sich der Durchschlag von Elektrode zu Elektrode in einem dünnen Kanal entwickelt, nicht erklärt werden. Raether hat gezeigt [21], dass unter Berücksichtigung der Raumladungseffekte des Lawinenkopfes und der Strahlungsemission beim Erreichen einer kritischen Lawinengrösse, die in der Literatur mit 10^6–10^8 angegeben wird, vom Kopf der Primärlawine aus in einem dünnen Kanal (Streamer) Sekundärlawinen ausgelöst werden, die in beiden Richtungen zu den Elektroden wandern. Das Erscheinungsbild des Durchschlags im homogenen und quasihomogenen Feld kann damit zufriedenstellend erklärt werden, ebenso die Erscheinungen bei Teildurchschlag im stark inhomogenen Feld [4, 17]. Die Zündbedingung nach dem Streamer-Mechanismus lautet somit

$$e^{\int_0^{x_0} \alpha^* dx} \approx 10^8 \quad \Rightarrow \quad \int_0^{x_0} \alpha^* dx = K \approx 18. \tag{3.56}$$

Der Vergleich mit Gl. (3.55) zeigt, dass prinzipiell beide Mechanismen zur gleichen Bedingung führen, die sich lediglich durch den Wert der Konstanten K unterscheidet.

Nach dem Wert der Konstanten könnte man meinen, dass (z. B. in Luft) der Generationenmechanismus zuerst erfüllt und für die Zündung massgebend ist. Der Generationenmechanismus setzt allerdings voraus, dass das ursprüngliche Feld unverändert bleibt, Raumladungseffekte also vernachlässigbar sind. Dies trifft aber nur für kleine Schlagweiten (bzw. Drücke) zu [16]. Berücksichtigt man zudem die relative Langsamkeit der Entwicklung der Lawinen-Generationen (Periodendauer ca. 0.1 µs), kommt man zum Schluss, dass selbst bei langsamem Spannungsanstieg (z. B. bei 50 Hz) und kleinen Schlagweiten im cm-Bereich die Zeit nicht ausreicht, um einen Entladungskanal aufzubauen, weshalb der Durchschlag nur mit dem schnellen Streamermechanismus (Geschwindigkeiten von 10...100 cm/µs) erklärt werden kann [13].

Im *schwach inhomogenen* Feld schlägt bei Zündung die Anordnung durch. Im Stossionisierungsbereich des *stark inhomogenen* Feldes treten ab E_a Leuchterscheinungen auf (Glimmlicht, Korona). Die *selbständige Entladung* beginnt. Man bezeichnet sie als selbständig, weil sie selbsttragend und nicht mehr auf Ionisierungsquellen angewiesen ist (Abschn. 3.7).

Abb. 3.36 Zündung im homogenen Feld

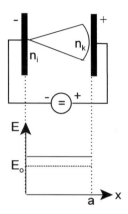

3.6.5 Berechnung des Durchschlags im homogenen Feld

Auf die Zündung folgt im homogenen Feld unmittelbar der Durchschlag. Die Zündfeldstärke E_a ist zugleich Durchschlagfeldstärke E_d, die somit berechnet werden kann.

Durchschlagfeldstärke Da E und infolgedessen auch α^* konstant sind, ausserdem $x_0 = a$ (Abb. 3.36), folgt aus Gl. (3.56) unmittelbar die Zündbedingung

$$\int_0^{x_0} \alpha^* dx = \alpha^* a = K. \tag{3.57}$$

Luft Setzt man α^* in der für die *Luft* gültige Gl. (3.51) ein, erhält man folgende Bestimmungsgleichung für die Durchschlagfeldstärke

$$\frac{E_d}{\delta} = E_{0n} + \frac{\sqrt{\frac{K}{C}}}{\sqrt{a\delta}}. \tag{3.58}$$

Abbildung 3.37 zeigt diese Beziehung für Luft mit den Parametern $E_{0n} = 24{,}7$ kV/cm und $K/C = 45{,}2$ kV²/cm [26, 27]. Die Kurve stimmt in einem weiten Bereich von a δ mit den experimentellen Resultaten überein [17]. Obwohl C und K beide von der Feldstärke abhängen, ist das Verhältnis K/C praktisch konstant.

Schwefelhexafluorid Setzt man die Zündbedingung (3.57) in Gl. (3.50) ein, erhält man die Durchschlagfeldstärke

$$\frac{E_d}{\delta} = E_{0n} + \frac{\frac{K}{k}}{a\delta}. \tag{3.59}$$

3.6 Gasentladung und Gaszündung

Abb. 3.37 Zündfeldstärke für Luft im homogenen Feld, berechnet mit Gl. (3.58) (Gleichstromwert oder Wechselstromscheitelwert)

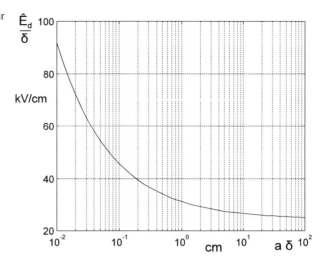

Abb. 3.38 Durchschlagfestigkeit von SF_6 im homogenen Feld, berechnet mit Gl. (3.59) (Gleichstromwert oder Wechselstromscheitelwert)

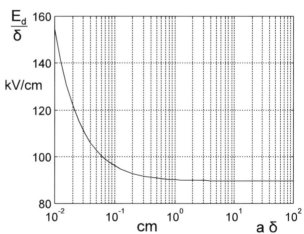

Abbildung 3.38 zeigt diese Beziehung für SF_6 mit $E_{0n} = 89.6$ kV/cm und $K/k = 0.65$ kV. Sie stimmt mit den experimentellen Resultaten gut überein [17]. Die elektrische Festigkeit von SF_6 ist im cm-Bereich bei Normaldruck etwa 2- bis gut 3 mal grösser als jene der Luft.

Beispiel 3.10 Man berechne für Luft 0 °C und 0.5 bar zwischen Plattenelektroden mit Abstand 20 cm Feldstärke und Spannung für Beginn der Stossionisierung und für Durchschlag. Welche sind die Durchschlagwerte, wenn man Luft durch SF_6 ersetzt?

$$\delta = \frac{0.5}{1.013} \cdot \frac{293}{273} = 0.530, \quad E_0 = \delta \, E_{0n} = 0.53 \cdot 24.4 = 12.9 \text{ kV/cm},$$

$$U_0 = 12.9 \cdot 20 = 258 \text{ kV}.$$

Aus Gl. (3.58) folgt für Luft

$$E_d = 0.53 \left(24.4 + \frac{6.72}{\sqrt{20 \cdot 0.53}}\right) = 14.0 \ \frac{\text{kV}}{\text{cm}}, \quad U_d = 14.0 \cdot 20 = 280 \ \text{kV}.$$

Aus Gl. (3.59) folgt für SF$_6$

$$E_d = 0.53 \cdot 89.6 + \frac{0.65}{20} = 47.5 \ \frac{\text{kV}}{\text{cm}}, \quad U_d = 47.5 \cdot 20 = 950 \ \text{kV}.$$

Durchschlagspannung, Paschen-Gesetz Aus der Durchschlagfeldstärke (3.58) folgt die Durchschlagspannung der Luft:

$$U_d = E_d \, a = a\delta \left(E_{0n} + \frac{\sqrt{\frac{K}{C}}}{\sqrt{a\delta}}\right) = f(a\delta). \tag{3.60}$$

In ähnlicher Weise folgt aus der Durchschlagfeldstärke (3.59) die Durchschlagspannung von SF$_6$ als lineare Funktion von $a\delta$:

$$U_d = E_d \, a = a\delta \, E_{0n} + \frac{K}{k} = f(a\delta). \tag{3.61}$$

Die Durchschlagspannung im homogenen Feld ist eine Funktion des Produktes $a\delta$. Diese Abhängigkeit ist nach ihrem Entdecker als *Paschen-Gesetz* bekannt und in weiten Grenzen von $a\delta$ gültig [4] (über Abweichungen vom Paschen-Gesetz s. Abschn. 3.7.4). Sie ist eine direkte Folge der Beziehung (3.48). In der Tat, folgt bei Durchschlag

$$\frac{\alpha^*}{\delta} = \frac{\alpha^* a}{\delta \, a} = \frac{K}{\delta \, a} = f\left(\frac{E_d}{\delta}\right) = f\left(\frac{U_d}{a\delta}\right) \quad \Rightarrow \quad U_d = f(a\delta). \tag{3.62}$$

Dieser Zusammenhang ist in Abb. 3.39 graphisch veranschaulicht. Jeder Durchschlagspannung U_d entspricht im $\alpha^*/\delta = f(E_d/\delta)$-Diagramm eine Gerade mit Steigungsmass $\tan \beta = K/U_d$ (Geraden h). Jedem Wert von E_d/δ entspricht im $U_d = f(a\delta)$-Diagramm eine Gerade mit Steigungsmass E_d/δ (Geraden g).

Für elektropositive Gase (Stickstoff, Edelgase) ist es besser, von Gl. (3.49) auszugehen. Ausserdem erlaubt diese Beziehung, das Minimum der Paschen-Kurve (Punkt 2) zu bestimmen, was mit den Näherungen (3.50) und (3.51) nicht möglich ist, da das Minimum für sehr kleine Werte des Produktes $(a\delta)$ eintritt, also jenseits des Gültigkeitsbereichs dieser Gleichungen liegt (Bereich I, von Gerade g abgegrenzt).

Setzt man die Zündbedingung (3.57) in (3.49) ein, erhält man für Durchschlagfeldstärke und Durchschlagspannung folgende Ausdrücke

$$\frac{E_d}{\delta} = \frac{B}{\ln\left(\frac{A}{K}a\delta\right)} \quad \Rightarrow \quad U_d = \frac{B \, a\delta}{\ln\left(\frac{A}{K}a\delta\right)}. \tag{3.63}$$

3.6 Gasentladung und Gaszündung   101

Abb. 3.39 Paschen-Gesetz

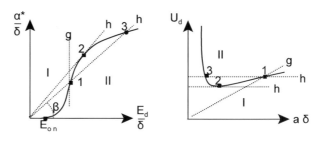

Abb. 3.40 Paschen-Gesetz für Luft, Kupferelektroden. (Aus Gl. (3.63) mit A = 6530 cm^{-1}, B = 192 kV/cm, K = 3.7 [13])

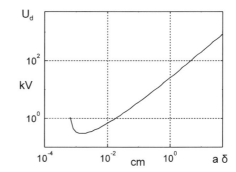

Das Minimum lässt sich experimentell bestätigen. Aus Gl. (3.63) ergibt sich

$$\text{für }\ \frac{dU_d}{d(a\delta)} = 0 \ \Rightarrow\ (a\delta)_{min} = \frac{K}{A}e, \ \Rightarrow\ U_{dmin} = B\frac{K}{A}e.$$

Abbildung 3.40 zeigt eine mit Gl. (3.63) ermittelte Paschen-Kurve für Luft, die gut mit der experimentell ermittelten übereinstimmt.

Beispiel 3.11 Für Luft misst man:

$$(a\delta)_{min} = 0.777 \cdot 10^{-3}\ \text{cm},\quad U_{dmin} = 352\ \text{V}.$$

Für $\delta = 1$ (Normaldruck) ist $a_{min} = 7.77\ \mu m$. Falls umgekehrt $a = 1$ cm, ist im Minimum die relative Gasdichte $\delta = 0.777 \times 10^{-3}$, der Druck bei 20 °C, also 0.79 mbar. Für praktisch alle technischen Anwendungen in der elektrischen Energieversorgung arbeitet man weit jenseits des Minimums im Bereich I von Abb. 3.39.

3.6.6 Berechnung der Zündung im inhomogenen Feld

Sobald die maximale Feldstärke E_{max} grösser als E_0 wird, tritt in der Zone $r < x < x_0$ Stossionisierung auf (Abb. 3.41). Gemäss Gl. (3.47) beginnt die unselbständige Entladung bei der Spannung

$$U_0 = \eta a E_0 = \eta a \delta E_{0n}. \tag{3.64}$$

Abb. 3.41 Zündung im inhomogenen Feld

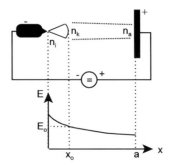

Abb. 3.42 Zündung im Zylinderfeld

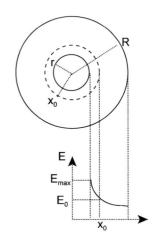

Die Zündung findet statt, wenn

$$E_{max} = E_a \quad \Rightarrow \quad U_a = \eta a E_a. \tag{3.65}$$

Die Zündbedingung lautet nach Abschn. 3.6.4

$$\int_0^{x_0} \alpha^* \, dx = K. \tag{3.66}$$

Die Anwendung der Beziehungen (3.64) bis (3.66) sei am Beispiel des zylindrischen Feldes erläutert. Für die koaxiale Anordnung in Abb. 3.42 gelten die Gln. (3.24), (3.25), und man erhält

$$E_{max} = \frac{U}{r \ln \frac{R}{r}}$$

$$E(x) = \frac{U}{x \ln \frac{R}{r}} = E_{max} \frac{r}{x}$$

3.6 Gasentladung und Gaszündung

$$E_0 = \frac{U}{x_0 \ln \frac{R}{r}} \tag{3.67}$$

$$x_0 = \frac{U}{E_0 \ln \frac{R}{r}} = r \frac{E_{\max}}{E_0}.$$

Mit dem für *Luft* gültigen Ansatz (3.51) erhält man für den Zustand unmittelbar vor der Zündung wegen (3.65), (3.67)

$$\alpha^* = \frac{C}{\delta}\left(E_a \frac{r}{x} - E_0\right)^2.$$

Setzt man diesen Ausdruck in Gl. (3.66) ein und beachtet, dass die Integrationsgrenzen nun r und x_0 sind, folgt

$$\frac{C}{\delta}\left[E_a^2 \, r^2 \left(\frac{1}{r} - \frac{1}{x_0}\right) - 2\, E_a\, E_0\, \ln \frac{x_0}{r} + E_0^2(x_0 - r)\right] = K$$

und schliesslich bei Berücksichtigung des Werts von x_0 nach der letzten der Gln. (3.67) (s. [19])

$$r\delta = \frac{\dfrac{K}{C}}{\left(\dfrac{E_a}{\delta}\right)^2 - 2\left(\dfrac{E_a}{\delta}\right) E_{0n}\, \ln\left(\dfrac{E_a}{\delta E_{0n}}\right) - E_{0n}^2} = f\left(\frac{E_a}{\delta}\right). \tag{3.68}$$

Gleichung (3.68) drückt aus, dass im *Zylinderfeld* die Zündfeldstärke E_a/δ vom Produkt $r\delta$ statt von $a\delta$ bestimmt wird (vgl. Gl. 3.58). Der Radius der Elektrode tritt an Stelle des Elektrodenabstandes. Physikalisch lässt sich dies leicht verstehen, da die Elektronenzahl am Kopf der Elektronenlawine nicht mehr wie im homogenen Feld mit dem Elektrodenabstand, sondern mit x_0 und somit mit dem Krümmungsradius der Elektroden zunimmt. Die Analogie zum Paschen-Gesetz ist auffallend. Die erwähnte Abhängigkeit gilt aber nur für die Feldstärke und nicht für die Spannung (s. Gl. 3.60).

Eine analoge Analyse des *Kugelfeldes* (Gln. 3.22, 3.23) führt zu folgendem Ergebnis

$$r\delta = \frac{\dfrac{K}{C}}{\dfrac{1}{3}\left(\dfrac{E_a}{\delta}\right)^2 - 2\left(\dfrac{E_a}{\delta}\right) E_{0n} + \dfrac{8}{3}\left(\dfrac{E_a}{\delta}\right)^{0.5} E_{0n}^{1.5} - E_{0n}^2} = f\left(\frac{E_a}{\delta}\right). \tag{3.69}$$

Abbildung 3.43 zeigt die Zündfeldstärke für Zylinder- und Kugelfeld, berechnet mit $E_{0n} = 24.7\,\text{kV/cm}$ und $K/C = 42\,\text{kV}^2/\text{cm}$. Die Resultate stimmen sehr gut mit den experimentellen Ergebnissen überein [17].

Verschiebt man die Zylinderfeldkurve um den Faktor 2 nach rechts, so deckt sie sich weitgehend mit der Kugelfeldkurve. Da bei gleichem r die mittlere Krümmung

Abb. 3.43 Zündfeldstärke von Luft im Zylinder- und Kugelfeld nach (3.68), (3.69) $E_{0n} = 24.7\,\text{kV/cm}$, $K/C = 42\,\text{kV}^2$

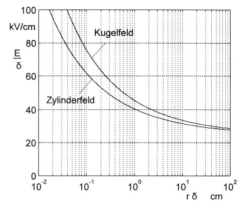

Abb. 3.44 Zündspannung im Zylinderfeld $U_a = f(r\delta)$ für $R\delta = 20\,\text{cm}$ und $U_a = f(r\delta, r/R)$

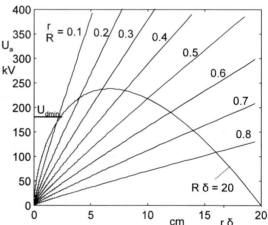

des Zylinders genau die Hälfte der Krümmung der Kugel ist, bedeutet dies, dass die Kurve für das Kugelfeld auch für das Zylinderfeld verwendet werden kann, wenn man r als *mittleren Krümmungsradius* interpretiert. Dieses Resultat lässt sich verallgemeinern: Mit der Kurve für das Kugelfeld kann die Zündfeldstärke beliebiger Elektrodenformen ermittelt werden, ausgehend von deren mittlerer Krümmung im Punkt maximaler Feldstärke.

Für die Zündspannung erhält man aus den Gln. (3.23), (3.25)

$$\begin{aligned}\text{Kugelfeld} \quad & U_a = E_a\, r \left(1 - \frac{r}{R}\right) \\ \text{Zylinderfeld} \quad & U_a = E_a\, r \ln \frac{R}{r}.\end{aligned} \quad (3.70)$$

Durch Einsetzen der Gln. (3.68) und (3.69) erhält man den in den Abb. 3.44 und 3.45 für die beiden Felder dargestellten Verlauf in Abhängigkeit von $r\delta$ bei konstantem $R\delta$ oder mit konstantem Parameter r/R ($\approx$ konstanter Homogenitätsgrad). Im zweiten Falle ist der Verlauf annähernd linear.

3.6 Gasentladung und Gaszündung

Abb. 3.45 Zündspannung im Kugelfeld $U_a = f(r\delta)$ für $(R\delta) = 20$ cm und $U_a = f(r\delta, r/R)$

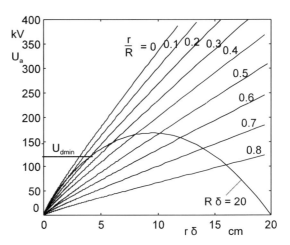

Für Werte oberhalb von $r/R = 0.1\ldots 0.2$ ist das Feld quasihomogen und die Durchschlagspannung identisch mit der Zündspannung. Für kleinere Werte von r/R (stark inhomogenes Feld) ist die Durchschlagspannung höher. U_{dmin} ist der nach dem einfachen Modell 1, Abschn. 3.7.2, berechnete minimale Wert.

Im Kugelfeld ist die Zündspannung für sehr kleine Werte von r/R (sehr stark inhomogenes Feld) nur noch vom Produkt $(r\delta)$ abhängig (Kurve für $r/R = 0$). Dies trifft für das Zylinderfeld nicht zu.

Schwefelhexafluorid Analog zur Luft folgt aus den Gln. (3.50) und (3.67)

$$\alpha^* = k\left(E_a \frac{r}{x} - E_{0n}\right).$$

In die Zündbedingung (3.66) eingesetzt, erhält man durch Integration

$$k\left(E_a r \ln \frac{x_0}{r} - E_0(x_0 - r)\right) = K$$

und mit dem Wert von x_0 aus Gl. (3.67) für das Zylinderfeld

$$r\delta = \frac{\frac{K}{k}}{\frac{E_a}{\delta}\ln\left(\frac{E_a}{\delta E_{0n}}\right) - \frac{E_a}{\delta} + E_{0n}}. \tag{3.71}$$

Analog dazu erhält man für das Kugelfeld

$$r\delta = \frac{\frac{K}{k}}{\frac{E_a}{\delta} - 2\sqrt{\frac{E_a}{\delta} E_{0n}} + E_{0n}}. \tag{3.72}$$

Abbildung 3.46 zeigt den Verlauf der Zündfeldstärke in Abhängigkeit von $r\delta$ für beide Anordnungen. Wieder zeigen beide Kurven für gleiche mittlere Krümmung etwa den gleichen Wert.

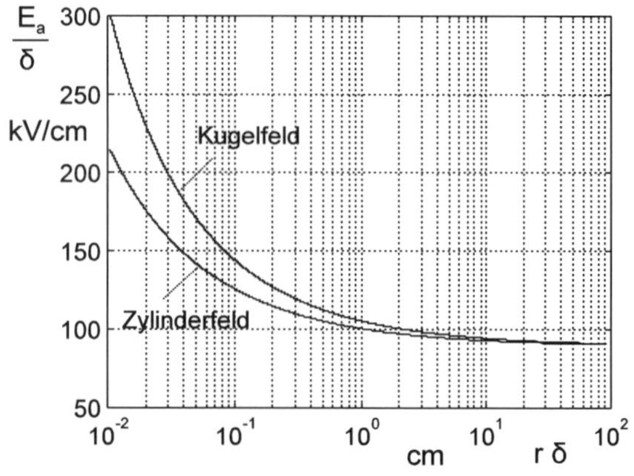

Abb. 3.46 Zündfeldstärke von SF$_6$ im Zylinder- und Kugelfeld nach (3.71), (3.72)
$E_{0n} = 89.6$ kV/cm,
$K/k = 0.65$ 1/kV

Abb. 3.47 Zündspannung von SF$_6$ im Zylinder- und Kugelfeld nach (3.70), minimale Durchschlagspannung U_{dmin} gemäss Abschn. 3.7.2

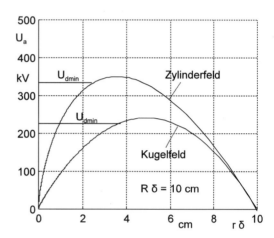

Setzt man (3.71) und (3.72) in (3.70) ein, folgen die in Abb. 3.47 dargestellten Zündspannungen in Abhängigkeit von $r\delta$ bei gegebenem $R\delta$. Auch hier ist U_{dmin} für das stark inhomogene Feld eingetragen, berechnet mit dem einfachen Durchschlagmodell 1 (Abschn. 3.7.2).

3.6.7 Verhalten nach der Zündung

Homogenes und schwach inhomogenes Feld Nach der Zündung = Durchschlag (Punkt D in Abb. 3.48) wird der Glimmentladungsbereich durchlaufen mit immer noch relativ kleinen Stromstärken. Da normalerweise $U_D > U_L$, wird rasch die Bogenentladung oder die Funkenentladung folgen. Die Bogenentladung setzt voraus, dass die Quelle den Strom aufrechterhalten kann. Durch Spannungsabsenkung (z. B. mit Vorschaltimpedanz) ist es möglich, im Bereich der Glimmentladung stabil zu arbeiten: Anwendungen gibt es in der Beleuchtungstechnik.

Abb. 3.48 Entladungsablauf im homogenen und quasihomogenen Feld

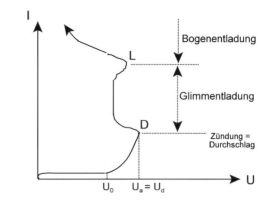

Abb. 3.49 Entladungsablauf im stark inhomogenen Feld

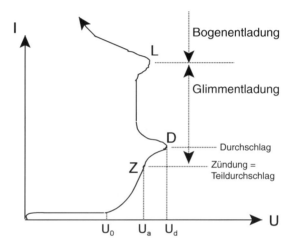

Stark inhomogenes Feld Im stark inhomogenen Feld wird der Stossionisationsbereich nach der Zündung (Punkt Z in Abb. 3.49) stark ionisiert (sichtbare Glimmentladung) und er schlägt lokal durch (Teildurchschlag). Der eigentliche Durchschlag von Elektrode zu Elektrode erfolgt erst bei einer höheren Spannung U_d. Nach dem Durchschlag hat man dieselben Vorgänge wie im quasihomogenen Feld.

3.7 Gasdurchschlag im stark inhomogenen Feld

3.7.1 Teilentladungen

Bei Erreichen der Zündbedingungen setzt die selbständige Entladung, auch *Vorentladung* oder *Teilentladung* (*TE*) genannt, ein. Sie charakterisiert das Verhalten des stark inhomogenen Feldes zwischen U_a und U_d (Punkte Z bis D in Abb. 3.49). *In diesem Spannungsbereich sind die Vorentladungen stabil.*

Abb. 3.50 Ersatzschaltbild für die Teilentladung

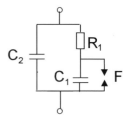

Die TE äussern sich akustisch (summen, knistern) und optisch (Glimmlicht). Sie können je nach Spannungsniveau und -form sowie Form und Polarität der spitzeren Elektrode verschiedene Erscheinungsbilder annehmen. Bei zunehmender Spannung treten normalerweise nacheinander Impulsentladungen (Trichelimpulse: Dauer ca. 10 ns, Frequenz bis 10^5 Hz), Dauerkorona und Büschelentladungen auf. Mit diesen Entladungen sind Hochfrequenzstörungen und vor allem bei Dauerkorona und Büschelentladungen zusätzliche Verluste (Ionisierungsenergie) verbunden.

Äussere TE oder *Koronaentladungen* können grob durch das Ersatzschaltbild Abb. 3.50 beschrieben werden [13]. C_2 erfasst den durch die Isolierung fliessenden Verschiebungsstrom. Die durch die TE verursachten Verluste (Wirkstrom) werden durch R_1 berücksichtigt, wobei $R_1 \gg 1/\omega C_1$. Die Kapazität C_1 stellt die durchschlagende Gasstrecke dar. Bei Erreichen der Zündspannung zündet die Funkenstrecke F und C_1 entlädt sich. Danach wird C_1 wieder aufgeladen, und der Vorgang beginnt von vorn. Für *innere Teilentladungen* s. Abschn. 3.2.1, 3.5.1 und [4, 16].

Freileitungskorona Für das Energieversorgungsnetz sind die TE an den Freileitungen, als *Freileitungskorona* bekannt, von Bedeutung. Die Freileitungskorona tritt theoretisch auf, sobald $E_{max} > E_a$ (E_a = Zündfeldstärke, s. Abschn. 3.6.6).

Für die Berechnung der maximalen Feldstärke s. Abschn. 3.3. Im Fall von Bündelleitern sei auch auf Abschn. 5.6, Gl. 5.76 verwiesen. Der so berechnete Wert von E_{max} ist ein theoretischer Wert, gültig für absolut glatte Leiter. Wegen der Oberflächenrauhigkeit der Leiter tritt die Zündung in Wirklichkeit schon für $E_{max} > m\,E_a$ auf, wobei m den Wert 0.4 bis 1, je nach Leiterbeschaffenheit, annimmt. Bei Regen und Verschmutzung setzt lokal eine *Spitzenkorona* noch früher ein, darauf folgt die *Übergangskorona* und schliesslich für $E_{max} > m\,E_a$ die eigentliche Korona oder Hüllkorona.

Die Korona ist bei Betriebsspannung möglichst zu vermeiden wegen der damit verbundenen zusätzlichen Verluste und der Hochfrequenzstörungen, was durch richtige Dimensionierung der Leitungen erreicht werden kann (Abschn. 11.3).

3.7.2 Durchschlagmechanismus

Ab Zündung wird das Feld durch Raumladungen verzerrt. Zur Berechnung müssen Annahmen über deren Verteilung getroffen werden. In der Literatur sind theoretische Ansätze für eine exakte quantitative Berechnung vorhanden. Man ist aber weiterhin auf empirische Daten angewiesen.

Abb. 3.51 Feldverteilung vor (*a*) und nach Zündung (*b*) (einfaches Modell)

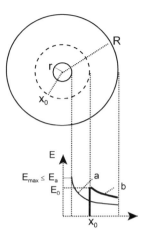

Modell 1 Im folgenden sei für das Zylinderfeld ein einfaches Modell betrachtet, das zwar quantitativ ungenaue Ergebnisse liefert, *qualitativ* aber ein korrektes Bild der Vorgänge gibt. Mit Bezug auf Abb. 3.51 sei vereinfachend angenommen, dass ab Zündung wegen der Raumladungen die Zone bis x_0 gut leitend wird und die innere Elektrode somit den Radius x_0 annimmt. Dieses Feldbild ist bei *positivem Innenleiter* in erster Näherung zutreffend. Gemäss Abschn. 3.3.5 erfolgt bei Wechselstrom der Durchschlag im stark inhomogenen Feld immer bei positiver Polarität der spitzeren Elektrode. Wegen (3.67) gilt vor der Zündung (Feldverlauf a)

$$U = E_{\max} r \ln \frac{R}{r}, \quad \textit{für} \quad U \leq U_a$$

und nach der Zündung in erster Näherung (Feldverlauf b)

$$U = E_0 \, x_0 \ln \frac{R}{x_0}, \quad \textit{für} \quad U \geq U_a. \tag{3.73}$$

Das Feldstärkeintegral ist durch die Spannung U_a bestimmt und bleibt bei der Zündung unverändert. Daraus lässt sich der Wert von x_0 unmittelbar nach der Zündung berechnen. In Abb. 3.52 sind U_a gemäss (3.67) und U_d nach (3.73) in Abhängigkeit von x_0 eingetragen. Man stellt fest, dass ab dem kritischen Wert x_{0cr} die Vorentladung instabil wird und der Durchschlag stattfindet (Kippunkt A). Die Durchschlagspannung ergibt sich aus der Bedingung

$$\frac{dU}{dx_0} = E_0 \left(\ln \frac{R}{x_0} - x_0 \frac{1}{x_0} \right) = 0$$

$$\Rightarrow x_{0cr} = \frac{R}{2.72} \tag{3.74}$$

$$\Rightarrow U_d = E_0 \frac{R}{2.72} = E_{0n} \delta \frac{R}{2.72}.$$

Abb. 3.52 Durchschlag im stark inhomogenen Feld für koaxiale Zylinder mit R = 20 cm, r = 1 cm

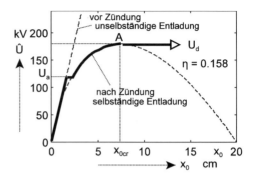

Abb. 3.53 Durchschlag im quasihomogenen Feld für koaxiale Zylinder mit R = 20 cm, r = 4 cm

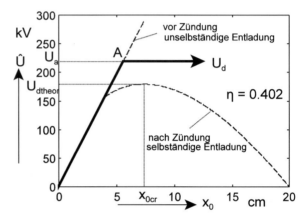

Quantitativ ergäbe sich für die mittlere Durchschlagfeldstärke nach obigem Modell

$$\frac{E_m}{\delta} = \frac{U_d}{\delta a} = \frac{E_{0n}}{2.72} \frac{R}{R-r}.$$

Für Luft bei Normalbedingungen wäre dies für r ≪ R etwa 9 kV/cm, was auf der sicheren Seite der gemessenen Werte liegt.

Das Modell erklärt auch das Verhalten im quasihomogenen Feld. Sobald die Zündspannung über dem theoretischen Durchschlagwert U_{dtheor} liegt (Abb. 3.53), erfolgt der Durchschlag unmittelbar bei der Zündung in A. Die Bedingung dazu ist

$$U_{dtheor} = E_0 \frac{R}{2.72} < U_a = E_a \, r \ln \frac{R}{r} \Rightarrow \frac{\ln \frac{R}{r}}{\frac{R}{r}} > \frac{E_0}{E_a \, 2.72}$$

$$\textit{Grenzhomogenitätsgrad} \quad \eta_0 = \frac{r}{a} \ln\left(\frac{R}{r}\right) = \frac{R}{a} \frac{E_0}{E_a \, 2.72}.$$

Diese Bedingung ist für Luft für r/R > 0.08–0.17 erfüllt oder bei einem Grenzhomogenitätsgrad > 0.22–0.36 (je nach Radius r, im cm-Bereich).

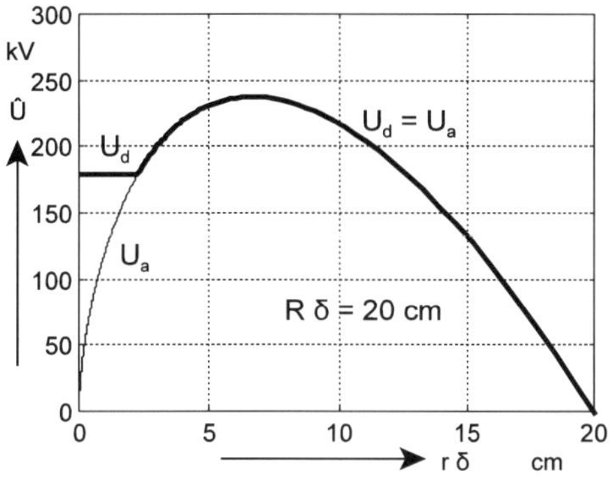

3.7 Gasdurchschlag im stark inhomogenen Feld

Abb. 3.54 Zündspannung einer koaxialen Anordnung in Luft nach Gl. (3.68) und Durchschlagspannung nach Modell 1, Gl. (3.74)

Abb. 3.55 Annahme der Feldverteilung vor (*a*) und nach Zündung (*b*) (Modell 2)

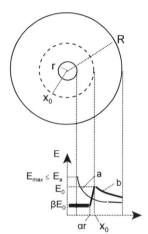

In Abb. 3.54 sind Zünd- und Durchschlagspannung in Abhängigkeit vom Radius des Innenleiters dargestellt für R = 20 cm. Nach Modell 1 ergäben sich stabile Vorentladungen bis etwa r = 2.5 cm und eine minimale Durchschlag- spannung von 179 kV. Darüber verhält sich die Anordnung quasihomogen.

Ein analoges Verhalten erhält man mit dem gleichen Ansatz für konzentrische Kugeln mit folgendem Ergebnis im stark inhomogenen Bereich

$$x_{0cr} = \frac{R}{2}, \quad U_d = E_{0n}\delta\frac{R}{4}, \quad \frac{E_m}{\delta} = \frac{E_{0n}}{4}\frac{R}{R-r} \approx 6 \frac{\text{kV}}{\text{cm}} \; (Luft). \quad (3.75)$$

Modell 2 In Wirklichkeit weisen Messungen eher auf eine linear abfallende Durchschlagspannung im Teilentladungsbereich hin (Abb. 3.56, Kurve b) [5, 11, 13]. Dieses Verhalten lässt sich leicht nachbilden mit der Annahme eines Feldverlaufs nach der Zündung gemäss Abb. 3.55, Feldverlauf b. An Stelle der Gl. (3.73) tritt dann

$$U = E_0 \, x_0 \ln\frac{R}{x_0} + E_0 \, x_0 \frac{1+\beta}{2} - r\, E_0\left(\beta + \alpha\frac{1+\beta}{2}\right)$$

Abb. 3.56 Durchschlagspannung einer stark inhomogenen koaxialen Anordnung: a: berechnet mit Modell 1, Gl. (3.74), b: Messwerte [13], c: berechnet mit Modell 2, Gl. (3.76), für $\beta = 0$, $\alpha = 3.5$; noch bessere Übereinstimmung mit den Messresultaten erhält man für $\beta = -0.1$

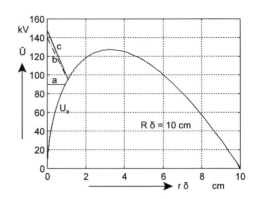

Abb. 3.57 Koaxiale Zylinder: Zündspannung U_a und Durchschlagspannung U_d von Luft in Abhängigkeit des Produktes Schlagweite × relative Dichte: a: Durchschlagspannung im homogenen Feld, b: Durchschlagspannung im Zylinderfeld gemäss Modell 1

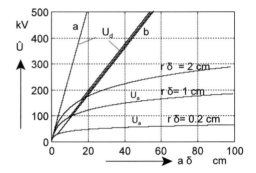

und durch Ableitung nach x_0 folgt

$$\frac{dU}{dx_0} = E_0 \left(\ln \frac{R}{x_0} - x_0 \frac{1}{x_0} \right) + E_0 \frac{1+\beta}{2} = 0$$

$$\Rightarrow x_{0cr} = \frac{R}{e^{0.5(1-\beta)}} \tag{3.76}$$

$$\Rightarrow U_d = E_{0n}\, \delta \left[\frac{R}{e^{0.5(1-\beta)}} - r(\beta + 0.5\alpha(1-\beta)) \right].$$

Beispiel 3.12 Man berechne und vergleiche mit Messungen das Verhalten einer zylindrischen Anordnung mit variablem Innenradius und einem Aussenradius von $R = 10$ cm für Luft unter Normalbedingungen.

Berechnungsresultate entsprechend den Gln. (3.67), (3.74) und (3.76) sowie Messwerte zeigt Abb. 3.56.

3.7.3 Einfluss der Schlagweite auf die Durchschlagspannung

Ausgehend von der koaxialen Zylinderanordnung, die sich rechnerisch leicht erfassen lässt, zeigt Abb. 3.57 Zünd- und Durchschlagspannung für verschiedene Innenradien

3.7 Gasdurchschlag im stark inhomogenen Feld

Abb. 3.58 Durchschlagspannung in Luft der Stab-Platte-Anordnung in Abhängigkeit von der Schlagweite, (*a*) Wechselspannung, (*b*) Schaltstossspannung 250 µs

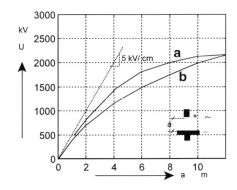

r in Abhängigkeit der Schlagweite a = R − r. Die koronastabilisierte Durchschlagspannung ist mit Modell 1 berechnet. Anders als die Zündspannung ist sie linear und praktisch unabhängig vom Innenradius.

Die mittlere Durchschlagfeldstärke ist in Luft nach Modell 1 ca. 9 kV/cm im Zylinderfeld und 6 kV/cm im Kugelfeld. In der Praxis der Energieversorgungsnetze bezieht man sich zur Definition der *Haltespannungen* (Abschn. 3.1) auf die *Stab-Platte-Anordnung*, welche die inhomogenste Anordnung darstellt. Deren Verhalten ist im wesentlichen gleich zu jenem der stark inhomogenen Zylinder- (Abb. 3.57) oder Kugelanordnung mit dem Unterschied, dass die gemessene mittlere Durchschlagfeldstärke wegen der spitzeren Elektrodenform etwas kleiner ist und bei Wechselspannung in der positiven Halbwelle ca. 5 kV/cm beträgt; es kommt also recht nahe dem Verhalten konzentrischer Kugeln nach Modell 1; dies für kleine Schlagweiten bis etwa 1 m [4, 20]. In diesem Bereich weisen alle Spannungsarten (Gleichspannung (Spitze +), Wechselspannung, Schalt- und Blitz stossspannung) etwa dasselbe Verhalten auf.

Dies ändert sich für *grössere Schlagweiten*, wie sie vor allem bei Höchstspannungs-Freiluftanlagen auftreten. Die *Durchschlagspannung* wächst bei Wechselspannung und Schaltstossspannung nicht mehr linear mit dem Abstand, und die mittlere Durchschlagfeldstärke beträgt z. B. für 10 m nur noch ca. 2 kV/cm (Abb. 3.58). Physikalisch lässt sich dies durch den Mechanismus der sogenannten *Leaderentladung* erklären, die bei grossen Schlagweiten die Streamerentladung ablöst [7, 22]. Über 10 m Schlagweite steigt die Durchschlagspannung nur noch wenig an, was die Verwendung höherer Spannungen als 2000 kV für die Energieübertragung wirtschaftlich unmöglich macht. Etwas grössere Durchschlagspannungen weist die Stab-Platte-Anordnung auf (da homogener), leicht grössere auch Freileitungsisolatoren.

Dies gilt, wie bereits erwähnt, für Wechsel- und Schaltstossspannungen, nicht aber für Gleichspannung und Blitzstossspannung, da sich in diesen Fällen der Leader nicht ausbilden kann [4]. Besonders günstige Wachstumsverhältnisse findet der Leader im Frequenzbereich der Schaltstossspannungen, deren Durchschlagwert ein Minimum in Abhängigkeit von der Scheitelzeit (Abb. 3.1) durchläuft. Di kritische Scheitelzeit ist proportional zur Schlagweite und beträgt für 5 m etwa 250 µs [4, 7].

Abb. 3.59 Zündspannung und Durchschlagspannung in Abhängigkeit von der Gasdichte δ (oder vom Gasdruck p = δp₀T/T₀, Bezugsgrössen: $T_0 = 293$ K, $p_0 = 1.013$ bar)

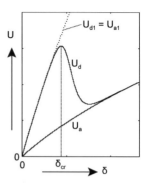

Bei dieser Schlagweite liegt die Durchschlagspannung beim normierten Schalt-stoss deutlich unterhalb des Wertes bei 50-Hz-Beanspruchung. Für eine Schlagweite von 2 m ist der Unterschied klein. Aus diesem Grunde wird erst in Höchstspannungsanlagen über 300 kV die Schaltstossspannungsprüfung zusätzlich oder an Stelle der Wechselspannungsprüfung vorgeschrieben (Tab. 3.2).

3.7.4 Einfluss des Druckes

Die Durchschlagspannung steigt entsprechend dem Paschen-Gesetz linear mit dem Produkt aδ an (Abb. 3.57). Im stark inhomogenen Feld ist die Durchschlagspannung dank der Vorentladung deutlich höher als die Zündspannung. Die Vorentladung ist aber nur bei relativ kleinem Druck stabil. Physikalisch lässt sich dies durch die für die Aufrechterhaltung der Vorentladung wichtige Photoionisation im Rahmen der Sekundärprozesse des Streamermechanismus erklären. Bei steigender Gasdichte wird diese gehemmt, und das Durchschlagverhalten kippt um, d. h. wie im quasihomogenen Felde folgt auf die Zündung unmittelbar der Durchschlag. Man erhält den in Abb. 3.59 dargestellten charakteristischen Verlauf in Abhängigkeit vom Druck. Das Paschen-Gesetz ist nur unterhalb eines kritischen Druckes p_{cr} (oder einer kritischen relativen Dichte δ_{cr}) gültig. Dieser liegt für Luft 20 °C bei 5–6 bar, bei SF₆ hingegen wesentlich tiefer, etwa bei 1.5 bar (wird allerdings von der Inhomogenität des Feldes beeinflusst), was für die technischen Anwendungen einschneidend ist. Durch Beimischung von Luft oder Stickstoff kann der kritische Druck erhöht werden.

Mathematisch lassen sich Zündspannung und Durchschlagspannung im stark inhomogenen Feld entsprechend (3.5) durch folgende Beziehungen ausdrücken

$$U_a = \left(\frac{E_a}{\delta}\right)(a\delta)\,\eta$$

$$U_d = \left(\frac{E_a}{\delta}\right)(a\delta)\eta_0 \cdot F(\eta,\delta) = U_{d1} \cdot F(\eta,\delta).$$

(3.77)

Darin sind E_a die Zündfeldstärke und η der Homogenitätsgrad der Anordnung. Mit η_0 bezeichnet man die Grenzhomogenität, die für eine gegebene Elektrodenkrümmung

3.7 Gasdurchschlag im stark inhomogenen Feld 115

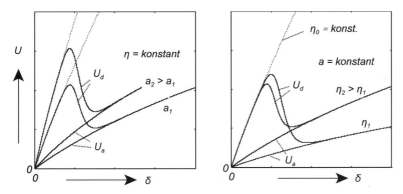

Abb. 3.60 Abhängigkeit der Durchschlagspannung von der Gasdichte mit den Parametern Homogenitätsgrad und Schlagweite

bei Verkürzung der Schlagweite gerade noch teilentladungsfreies, quasihomogenes Verhalten zur Folge hat (mit Durchschlagspannung $U_{d1} = U_{a1}$). Die Funktion F muss für $\delta < \delta_{cr}$ den Wert 1 annehmen. In erster Näherung kann z. B. folgender Ausdruck gewählt werden

$$F(\eta, \delta) = \frac{1 + \dfrac{\eta}{\eta_0} B \delta^n}{1 + B \delta^n}$$

mit gasabhängigen Werten für B und n. Abbildung 3.60 zeigt die mit (3.77) ermittelte Abhängigkeit der Durchschlagspannung von der Gasdichte bei Änderung des Homogenitätsgrades oder der Schlagweite. Experimentelle Ergebnisse entsprechen recht gut diesem Verhalten [24].

3.7.5 Einfluss der Entladezeit

Die bis jetzt betrachtete Durchschlagspannung ist exakter als *statische Durchschlagspannung* U_{d0} zu bezeichnen. Man nimmt also an, dass die Spannung langsam ansteigt und sich der Entladeverzug nicht bemerkbar macht. Der Entladevorgang benötigt in Wirklichkeit eine gewisse Zeit, die für Schlagweiten im cm- und m-Bereich maximal in der Grössenordnung der μs liegt. Der *Entladeverzug* t_v setzt sich aus der *statistischen Streuzeit* t_s (die vor allem für SF_6 von Bedeutung ist) und der *Aufbauzeit* t_a zusammen. Man spricht in diesem Zusammenhang auch von Zünd- und Entladeverzug [16]. Nach Beginn des Spannungszusammenbruchs spielt auch die Funkenaufbauzeit eine Rolle [16].

Für Vorgänge mit Betriebsfrequenz spielt der Entladeverzug keine Rolle, und auch bei Schaltspannungen von mehreren kHz behält die Durchschlagspannung praktisch den statischen Wert. Bei *Blitzstossspannungen* hingegen stellt man wegen des *Entladeverzugs* eine Erhöhung der Durchschlagspannung fest.

Abb. 3.61 Aufbau der 50 %-Stosskennlinie mit dem Spannungszeitflächenkriterium, U_{do} = statische Durchschlagspannung, $\hat{U}$ = maximale Stossspannung

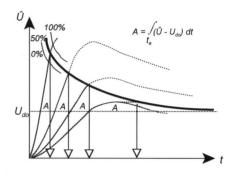

Diese Erhöhung wird durch die Stosskennlinie charakterisiert (Abb. 3.61). Das Integral der Überspannung ($\hat{U}-U_{do}$) über die Aufbauzeit ist eine Konstante A, die nur von der Feldverteilung, d. h. von Schlagweite und Homogenitätsgrad abhängig ist (nimmt mit der Feldinhomogenität zu) [15]. Daraus folgt das Spannungs-zeit-flächenkriterium, das zur Ermittlung der Stosskennlinie verwendet wird. Abbildung 3.61 veranschaulicht, wie man aus der statischen Durchschlagspannung und der für eine bestimmte Anordnung bekannten Fläche A die Stosskennlinie bestimmen kann. Wegen der statistischen Streuzeit und der Streuung der Aufbauzeit ist diese Kennlinie mit einer bestimmten Wahrscheinlichkeit erfüllt. Von Bedeutung sind die 50 %-Kennlinie und die 0 %-Kennlinie. Letztere wird als Stehstosskennlinie bezeichnet.

3.8 Flüssige und feste Isolierstoffe

3.8.1 Flüssige Isolierstoffe

3.8.1.1 Arten und Einsatz

Wichtigste Isolierflüssigkeit ist weiterhin *Mineralöl*, das für Transformatoren, Schalter sowie Kondensatoren und Kabel (in Verbindung mit Papier) verwendet wird, wobei es zugleich die Funktion eines Kühlmittels oder Löschmittels erfüllt. Die Durchschlagsfestigkeit liegt bei kleinem Wassergehalt bei etwa 200 kV/cm. Die Dielektrizitätszahl ist niedrig, $\varepsilon_r = 2.2$–2.4, und somit zur Entlastung fester Isoliermittel in Mischdielektrika besonders günstig. Der Verlustfaktor tan δ wird durch die Orientierungspolarisation bestimmt (Abschn. 3.4), er ist $\ll 10^{-2}$ für reines und trockenes Öl und steigt erst ab 80 °C mit der Temperatur an.

Nachteilig ist der niedrige Brennpunkt und die damit verbundene Brandgefahr. In dieser Hinsicht verhalten sich *chlorierte Biphenyle* (Askarele, Clophene) wesentlich besser. Sie weisen ausserdem eine etwa 2–3 fache Dielektrizitätszahl auf und ermöglichen somit kompaktere Kondensatoren. Der Verwendung dieser Mittel stehen allerdings Umweltaspekte entgegen, da diese Flüssigkeiten giftig und biologisch

3.8 Flüssige und feste Isolierstoffe   117

kaum abbaubar sind. Sie wurden und werden noch für Transformatoren und Kondensatoren dort gebraucht, wo hohe Brandgefahr besteht. In der Schweiz ist ihr Einsatz seit 1986 untersagt. Die Übergangsfrist ist im August 1998 abgelaufen. Als flüssige Alternative für Transformatoren kommen nach dem gegenwärtigen Stand der Forschung vor allem Silikonflüssigkeiten in Frage. Für weitere Flüssigkeiten und entsprechende Technologie s. [16].

3.8.1.2 Durchschlagverhalten von Mineralöl

Die Durchschlagvorgänge sind ähnlich wie beim Gas (verschleierte Gasentladung, s. z.B [4]). Es treten also nacheinander bei steigender Spannung Stossionisation, Teilentladungen und Durchschlag auf. Die Durchschlagfestigkeit ist sehr gut, hängt aber in hohem Masse von *Reinheit* und *Trockenheit* ab. Im *homogenen Feld* beträgt sie bei reinem, trockenem Öl etwa 300 kV/cm. Einflussfaktoren sind:

- *Wasser* Die Bedingung $E_d > 200$ kV/cm wird bis 0.04 ‰ Wassergehalt eingehalten; für mehr sinkt die Festigkeit rasch ab auf etwa 50 kV/cm bei 0.1 ‰ Wasser, bleibt dann in Emulsionen konstant auf diesem Wert stehen. Zugleich nimmt der Verlustfaktor ab 0.04 ‰ exponentiell zu [4].
- *Gase* Bis zur Löslichkeitsgrenze haben sie keinen Einfluss. Wird diese überschritten, kann es wegen der Blasenbildung zu Teildurchschlägen kommen und mit der Zeit durch chemische Veränderungen zum Durchschlag.
- *Verunreinigungen* Bei Teilchen mit grösserem ε_r und genügender Grösse (> 50 Å) nimmt die Festigkeit rasch ab wegen der Brückenbildung (Faserbrückenbildung) im Bereich maximaler Feldstärke. Gegenmassnahmen sind die Elektrodenverkleidung und die Barrierenbildung.
- *Alterung* Oxidationsprozesse verändern die Festigkeit und erhöhen empfindlich den Verlustfaktor [16].

Im *inhomogenen Feld* nimmt zwar die Festigkeit ab, es lässt sich aber keine eindeutige Abhängigkeit vom Homogenitätsgrad, wie beim Gas, erkennen [13]. Im stark inhomogenen Feld weist Mineralöl eine mittlere Durchschlagfeldstärke von etwa 10 kV/cm bei 50 Hz auf, etwas mehr bei Blitzstossspannung [20]. Die Abhängigkeit von der Spannungsform scheint ausgeprägt zu sein [13].

3.8.2 *Feste Isolierstoffe*

3.8.2.1 Arten und Einsatz

Anorganische Isolierstoffe Glimmer ist der einzige natürliche Isolierstoff, der noch verwendet wird (rotierende elektrische Maschinen). Wichtige Stoffe sind Glas, Hartporzellan (Al-Silikat), Steatit (Mg-Silikat), die sich dank ihrer Witterungsbeständigkeit für Freiluftanlagen eignen, ferner keramische Titanverbindungen mit hoher Dielektrizitätszahl (Kondensatoren).

Natürliche organische Isolierstoffe Verwendet werden Holz (Maste, Maschinenbau), Faserstoffe wie Jute, Baumwolle in Verbindung mit Harz (→ Schichtpressstoffe, für Wicklungen, Kabel), Papier (ölimprägniert, für Kabel), Hartpapier (harzimprägniert, für Transformatoren, Kondensatoren, Schaltgeräte, Kabel).

Kunststoffe Man unterscheidet: *Thermoplaste* (hartelastische Stoffe, auch Plastomere genannt), wie Polyvinylchlorid (PVC) und Polyäthylen (PE), wichtig für die Kabeltechnik; *Duroplaste* (sprödharte Stoffe, auch Duromere genannt), darunter fallen alle Kunstharze, insbesondere Giessharze, z. B. Epoxidharz; schliesslich als dritte Gruppe *Elastomere* (gummielastische Stoffe), wie vernetztes Polyäthylen (VPE), Silikongummi und EPR (bzw. EPM), die in der Kabel- und Isolatortechnik verwendet werden.

3.8.2.2 Mechanische und thermische Eigenschaften

Diese hängen vom *Molekularaufbau* ab. Man unterscheidet kristalline Stoffe mit Gittern bestimmter Form und amorphe Stoffe (unterkühlte Flüssigkeiten, Glaszustand). Teilkristalline Zustände treten bei Thermoplasten auf. Die Struktur kann ferner linear, zwei- und dreidimensional sein.

Die *lineare Struktur* ist typisch für die Thermoplaste. Die fadenförmigen (unvernetzten) Makromoleküle geben dem Stoff seine hartelastischen Eigenschaften und die Plastizität. Die Vernetzung (Querverbindungen zwischen den Molekülfäden) führt zu einer Versteifung und verändert die Eigenschaften in Richtung einer dreidimensionalen Struktur. So wird vernetztes Polyäthylen zu einem Elastomer. Gummiartige Stoffe, wie Silikongummi und EPR, sind weitmaschig vernetzte, ungeordnete Kettenmoleküle.

Die *zweidimensionale Struktur* tritt nur bei Glimmer auf, der in Form dünner Plättchen oder mit Bindemitteln (Mikanite) im Elektromaschinenbau und der Hochspannungstechnik Verwendung findet.

Die *dreidimensionale Struktur* ist typisch für Quarz, Keramik, Naturharze und Kunstharze (Duroplaste). Letztere weisen engmaschig vernetze Kettenmoleküle auf.

Mechanische Eigenschaften

- Elastizitätsmodul, Schubmodul, Zugfestigkeit, Biegefestigkeit. Als Beispiel zeigt Abb. 3.62 die Zugfestigkeit verschiedener Werkstoffe.
- Schlagzähigkeit (Sprödigkeit),
- Härte (Eindringtiefe eines Körpers, z. B. Kugel unter Belastung).

Thermische Eigenschaften

- Wärmeleitfähigkeit, Wärmekapazität,
- Temperaturwechselbeständigkeit (Glas, Keramik),
- Formbeständigkeit, charakterisiert durch: Martens-Temperatur, die eine bestimmte Biegung ergibt, Vicat-Temperatur, die eine bestimmte Eindringtiefe eines Körpers bei bestimmter Kraftwirkung angibt [6].

3.8 Flüssige und feste Isolierstoffe 119

Abb. 3.62 Zugverhalten von
a Duroplasten,
b Thermoplasten,
c Elastomeren, A
Zugfestigkeit,
B Streckgrenze [6]

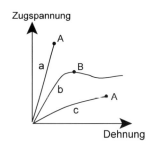

Abb. 3.63 Zustand und
Übergangsbereich
hochpolymerer
Werkstoffe [16]

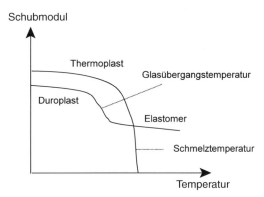

- Wärmebeständigkeit: Dauerbetriebstemperatur, die z. B. während eines Jahres keine Änderung der mechanischen und elektrischen Eigenschaften verursacht.

Die Einteilung der Kunststoffe in Duroplaste, Thermoplaste und Elastomere ergibt sich auf Grund ihres Schubmodulverhaltens bei zunehmender Temperatur (Abb. 3.63):

- *Thermoplaste* Das Verhalten ist hartelastisch-plastisch bis zum Schmelzpunkt (bei PE 125 °C). Das plastische Verhalten ermöglicht die thermoplastische Verarbeitung. Die Zersetzungstemperatur liegt höher (PVC, PE, ca. 250 °C).
- *Duroplaste*: Oberhalb der Glasübergangstemperatur bleibt der Stoff in einem weichelastischen Zustand, abhängig von der Vernetzungsdichte, bei noch höherer Temperatur kommt es zur Zersetzung (ohne Schmelzen).
- *Elastomere* Sie sind dank weitmaschiger Vernetzung bereits bei Betriebstemperatur gummielastisch (hohe reversible Dehnbarkeit) und bleiben elastisch bis zur Zersetzung (= 200 °C, VPE 250 °C).

3.8.2.3 Elektrische Eigenschaften

Neben den dielektrischen Eigenschaften (Abschn. 3.4) und dem Durchschlagverhalten (Abschn. 3.8.2.4) sind folgende Eigenschaften zu beachten:

Abb. 3.64 Durchschlagfeldstärke E_d in Abhängigkeit von der Beanspruchungsdauer

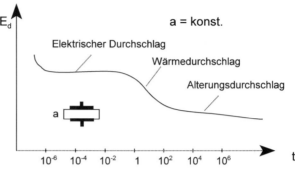

- Isolationswiderstand (Gleichstromleitfähigkeit): Ist temperaturabhängig. Zu unterscheiden sind Durchgangswiderstand und Oberflächenwiderstand,
- Kriechstromfestigkeit: s. Isolatoren (Abschn. 3.9),
- Festigkeit gegen Lichtbogen, Glimmentladungen, Korrosion,
- Strahlenbeständigkeit.

3.8.2.4 Durchschlagverhalten

Die *Durchschlagfeldstärke* im *homogenen Feld* kann nicht als Materialkonstante betrachtet werden wie beim Gas, wo sie nur vom Produkt Schlagweite / Dichte abhängt und leicht berechenbar ist. Sie wird z. B. ausser von der Dicke des Prüflings auch von dessen Volumen beeinflusst, ferner von der Temperatur, der Dauer der Spannungsbeanspruchung und der Geschwindigkeit der Spannungssteigerung. Dementsprechend ist sie einer Berechnung nur teilweise zugänglich, und man ist auf statistische, experimentelle Daten angewiesen, für Richtwerte s. Tab. 3.5.

Man unterscheidet zwei Hauptmechanismen, nämlich den *elektrischen* und den *thermischen* Durchschlag, die je nach Beanspruchungsdauer eintreten (Abb. 3.64), wobei der Übergang von der Dicke der Isolierplatte stark beeinflusst wird. In Stoffen mit kleinem tan δ, z. B. Polyäthylen, fehlt der Wärmedurchschlag, da die Verluste für eine thermische Zerstörung nicht ausreichen.

Innere Teilentladungen sind möglichst zu vermeiden, da sie zur lokalen Zerstörung des Isoliermittels führen (Abschn. 3.5) und letztlich zum Durchschlag.

Allen Stoffen gemeinsam ist der *Alterungsdurchschlag*, der nach langer Beanspruchung durch Fehlstellen (Fehlstellendurchschlag) ausgelöst wird [4]. Für die Dimensionierung der Isolation ist in diesem Zusammenhang die *Lebensdauerkennlinie* von Bedeutung, welche die langzeitige Veränderung der Durchschlagfeldstärke beschreibt (Abb. 3.64, [16]).

Bei sehr dünnen Isolierfolien kann eine *elektromechanische* Zerquetschung durch elektrostatische Kräfte auftreten, wodurch auch die elektrische Isolierfähigkeit zerstört wird [10].

3.8 Flüssige und feste Isolierstoffe

Abb. 3.65 Dielektrische Verluste P_d und Wärmeabgabe P_a in Abhängigkeit von der Temperatur sowie Durchschlagbedingung (Kippunkt)

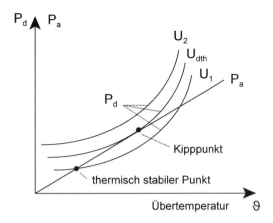

Elektrischer Durchschlag Bei kurzer Dauer, z. B. bei Stossspannung oder kleiner Schlagweite, tritt elektrischer Durchschlag ein. Der Mechanismus ist recht komplex und kann verschiedene Formen annehmen. Volumen und Dickeneffekt sind ausgeprägt. Für Näheres s. [4, 10].

Wärmedurchschlag Im Bereich der betriebsfrequenten Überspannungen ist in der Regel der Wärmedurchschlag massgebend. Er wird durch Wärmestau ausgelöst, wenn die Verlustleistung stark mit der Temperatur ansteigt. Abbildung 3.65 veranschaulicht den Mechanismus. Die dielektrischen Verluste steigen entsprechend dem Verlauf der Verlustziffer exponentiell zur mittleren Temperatur an. Wegen (3.40) gilt

$$p_d = \omega a A E^2 \varepsilon_0 \, \varepsilon_r \tan \delta, \quad \varepsilon_r \tan \delta \sim e^{\beta \vartheta}$$

$$-\!-\!\succ P_d = c \, U^2 \, e^{\varepsilon \vartheta}.$$

Die abgeführte Wärme andererseits ist proportional zur Übertemperatur

$$P_a = b \, \vartheta.$$

Bei der Spannung U_1 (Abb. 3.65) ergibt sich ein thermisch stabiler Gleich-gewichtspunkt. Bei der Spannung U_2 erfolgt Wärmedurchschlag. Im Grenzfall, für die Wärmedurchschlagsspannung U_{dht}, gelten die „Kippbedingungen"

$$\frac{dP_d}{d\vartheta} = \frac{dP_a}{d\vartheta}, \quad P_d = P_a. \tag{3.78}$$

Daraus folgt die Lösung

$$U_{dth} = \sqrt{\frac{b}{2.72 \, \beta \, c}}. \tag{3.79}$$

Eine exaktere Berechnung, die nicht die mittlere Temperaturerhöhung, sondern die exakte Temperaturverteilung berücksichtigt, ist die folgende: Wegen der Analogie

Abb. 3.66 Abhängigkeit der Durchschlagspannung und der Durchschlagfeldstärke von der Isolierdicke für eine gegebene Beanspruchungsdauer

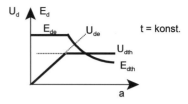

zwischen Wärmefeld und elektrischem Feld (s. Abschn. 11.3.2) lässt sich, z. B. für eine Plattenanordnung mit Wärmefluss in Feldrichtung, die eindimensionale Poisson-Gleichung schreiben (vgl. mit Abschn. 3.3.5)

$$\frac{d^2\vartheta}{dx^2} = -\frac{p_d}{\rho_{th}}$$

$$\text{mit} \quad p_d = \omega\, E^2\, \varepsilon_0 \varepsilon_r \tan\delta = p_{d0}\, e^{\beta\vartheta},$$

worin ϱ_{th} den spezifischen thermischen Widerstand des Materials und p_d die spezifischen Verluste (pro Volumeneinheit) darstellen. Die Lösung dieser Differentialgleichung und die Berücksichtigung der Durchschlagbedingungen (3.78) führen wieder zu Gl. (3.79), wobei sich das Verhältnis b/c als unabhängig von der Dicke der Isolierplatte erweist [4, 20]. Durch eine Erhöhung der Isolierdicke kann also der Wärmedurchschlag nicht verhindert werden.

Da die elektrische Durchschlagspannung in erster Näherung proportional zur Isolierdicke ist, ergibt sich im Zeitbereich, wo beide Durchlagarten auftreten können, für eine bestimmte Beanspruchungsdauer schematisch die in Abb. 3.66 dargestellte Abhängigkeit von der Isolierdicke.

Neben dem oben beschriebenen *globalen Wärmedurchschlag* kann auch ein *lokaler Wärmedurchschlag* auftreten. Zu dessen Berechnung nimmt man an, dass die Verluste nur in einem zylinderförmigen Kanal zwischen den Elektroden auftreten und der Wärmefluss ausschliesslich senkrecht zur Feldrichtung stattfindet. Es lässt sich zeigen, dass in diesem Fall die Durchschlagspannung etwa proportional zur Quadratwurzel der Isolierdicke ist [4, 4].

3.9 Überschlag und Gleitentladungen

Von besonderer Bedeutung für die Hochspannungsanlagen sind die Durchschlagvorgänge, die sich im Grenzbereich zwischen festen und gasförmigen oder flüssigen Dielektrika abspielen. Sie betreffen in erster Linie die Isolatoren und die Durchführungen.

Überschlag Versuche mit einem *Isolator* im theoretisch homogenen Feld nach Abb. 3.67a zeigen streuende Resultate, je nach Rauhigkeit der Oberfläche und Verschmutzungsgrad. Während bei absolut glatter, reiner Oberfläche etwa

3.9 Überschlag und Gleitentladungen

Abb. 3.67 a Isolierkörper im homogenen Feld, **b** Stützer, ü = Überschlagweg

$24/\sqrt{2} \approx 17 \, \mathrm{kV_{eff}/cm}$ entsprechend der Durchschlagfeldstärke der Luft erreicht werden können [30], ergeben sich in anderen Fällen wesentlich niedrigere Werte. Der Grund liegt in der Rauhigkeit der Oberfläche, die zu lokalen Feldanhebungen führt (s. Lufteinschlüsse oder schräge Grenzflächen Abschn. 3.5), ferner in der Bildung von Oberflächenladungen an verschmutzten Stellen, die ebenfalls das Feld verzerren.

Im inhomogenen Feld Abb. 3.67b zeigt ein glatter *Stützer* im sauberen Zustand eine Überschlagfeldstärke, die etwa der Durchschlagfeldstärke einer Spitze-Spitze-Anordnung entspricht, also in Luft ca. 3.5–$4 \, \mathrm{kV_{eff}/cm}$.

Bei Freiluftisolatoren, die dem Regen, feuchter Meerluft und der Verschmutzung ausgesetzt sind, kann sich eine elektrolytisch leitende Fremdschicht an der Isolatoroberfläche bilden, die zu *Kriechüberschlägen* führt. Den Mechanismus erklärt schematisch Abb. 3.68: Der leicht leitende Belag lässt Kriechströme mit 10–100 mA zu, die. eine lokale Erwärmung bewirken und Trockenzonen erzeugen. Durch die Anhebung der Feldstärke in der Trockenzone entstehen Teildurchschläge mit kleinen Vorlichtbögen, welche an ihren Fusspunkten die Trockenzone verbreitern und so progressiv zu den Elektroden wandern und den Durchschlag einleiten.

Diese Erscheinung kann nur durch Verlängerung des Kriechweges auf etwa 1.5 bis $4.5 \, \mathrm{cm/kV_{eff}}$ (je nach *Verschmutzungsklasse* der Isolatoren) mit Hilfe von Rippen oder Schirmen vermieden werden [30]).

Gleitentladungen Bei Isolatoren, welche die Grundform Abb. 3.69a annehmen mit ü $\gg$ d, oder Durchführungen Abb. 3.69b können *Gleitüberschläge* auftreten. In Versuchsanordnungen stellt man bei Zunahme des Überschlagwegs zunächst eine zur Länge ü proportionale Durchschlagspannung fest, die in Luft einer Feldstärke von etwa $3.5 \, \mathrm{kV_{eff}/cm}$ entspricht, entsprechend den Werten des stark inhomogenen Feldes. Beim Erreichen einer kritischen Länge ü$_\mathrm{cr}$ steigt die Durchschlagspannung aber nicht mehr an, sondern bleibt auf dem Wert der *Gleiteinsatzspannung* $U_g = f(d)$ stehen (Abb. 3.70). Die Erscheinung ist auf die Schräggrenzflächenwirkung zurückzuführen (Abschn. 3.5), die zu einer Feldverstärkung im Punkt P führt (Abb. 3.71). Die Entladung beginnt im Punkt P und gleitet längs der Oberfläche zur anderen

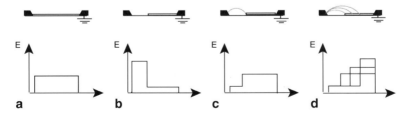

Abb. 3.68 Entwicklung des Kriechüberschlags: **a** Vollbelag, **b** Feldstärkeerhöhung durch Trockenzone, **c** Bildung des Vorlichtbogens, **d** Fusspunktwanderung des Vorlichtbogens bis Durchschlag

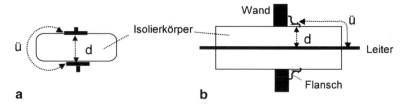

Abb. 3.69 **a** Isolator mit ü >> d, **b** Durchführung

Abb. 3.70 Durchschlagspannung bei Gleitüberschlag

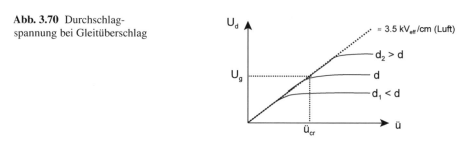

Elektrode. Bei Anordnungen des Typs Abb. 3.69 mit ü >> d kann also beim Überschreiten des kritischen Überschlagwegs die Festigkeit nur noch durch Vergrösserung der Isolationsdicke oder Feldsteuerung (s. [16]) erhöht werden.

Ziemlich unabhängig von der Isolatorform hat man experimentell die Beziehung gefunden [20]

$$U_g = 1.91 \cdot 10^{-4} \left(\frac{C}{A}\right)^{-0.44} = U_{g0}\, \varepsilon_r^{-0.44} \quad (\text{kV}), \tag{3.80}$$

worin C/A die auf die Oberfläche der Anordnung bezogene Feststoffquerkapazität in F/cm² darstellt.

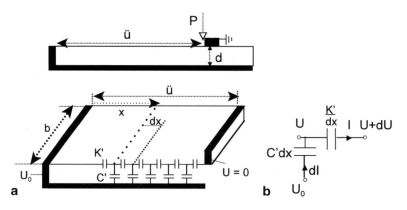

Abb. 3.71 **a** Plattenanordnung zur Erklärung des Gleitmechanismus, **b** Ersatzschaltbild des Elements dx

3.9 Überschlag und Gleitentladungen

Abb. 3.72 Potentialverlauf längs des Gleitwegs

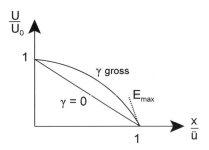

Zur Erklärung des *Gleitmechanismus* sei von der Plattenanordnung Abb. 3.71a mit Oberfläche A = b ü, der Spannung U_0 und dem Ersatzschaltbild 3.71b ausgegangen. Die spezifischen Kapazitäten K' und C stellen die Oberflächenkapazität einer Luftschicht mit äquivalenter Höhe h bzw. die Querkapazität des Feststoffs, beide für x = 1 cm, dar. Man erhält die Beziehungen

$$K' = h\, b\, \varepsilon_0, \quad C = \frac{A\, \varepsilon_0\, \varepsilon_r}{d}, \quad C' = \frac{b\, \varepsilon_0\, \varepsilon_r}{d}$$

$$\left. \begin{array}{l} I = -\omega \dfrac{K'}{dx} dU \\[6pt] dI = \omega C' dx (U_0 - U) \end{array} \right\} \quad \frac{dI}{dx} = \omega C'(U_0 - U) = -\omega K' \frac{d^2 U}{dx^2}.$$

Die Lösung der Differentialgleichung zweiter Ordnung in U(x) ergibt die Spannungsverteilung

$$U = U_1 \sinh(\gamma x) + U_0, \quad \text{mit} \quad \gamma = \sqrt{\frac{K'}{C'}} = \frac{1}{\sqrt{h}} \sqrt{\frac{\varepsilon_r}{d}} = \frac{1}{\sqrt{h\, \varepsilon_0}} \sqrt{\frac{C}{A}}.$$

Bei Berücksichtigung der Randbedingungen $U = U_0$, für x = 0, und U = 0, für x = ü, folgt schliesslich

$$U = U_0 \left(1 - \frac{\sinh(\gamma x)}{\sinh(\gamma \ddot{u})} \right).$$

Den Potentialverlauf zeigt Abb. 3.72. An der Stelle x = ü tritt die maximale Feldstärke auf. Durch Ableitung folgt

$$E_{\max} = U_0 \frac{\gamma}{\tanh(\gamma \ddot{u})}.$$

Für praktische Anordnungen ist γü gross und somit tanh(γü) ≈ 1. Die Gleitentladung setzt für $E_{\max} = E_a$ ein, und für die Gleiteinsatzspannung erhält man

$$U_g \approx \frac{E_a}{\gamma} = E_a \sqrt{h \varepsilon_0} \left(\frac{C}{A} \right)^{-0.5}, \tag{3.81}$$

eine Beziehung, die recht gut die experimentellen Ergebnisse (3.80) wiedergibt.

Literatur

1. ABB-Taschenbuch Schaltanlagen (1992) Cornelsen, Düsseldorf
2. Anderson RB, Erikson AJ (1980) Lightning parameters for engineering application. Electra 69
3. Berger K (1980) Extreme Blitzströme und Blitzschutz. Bull SEV/VSE 71
4. Beyer M, Boeck W, Möller K Zaengl W (1986) Hochspannungstechnik. Springer, Berlin
5. Böning P (1955) Kleines Lehrbuch der elektrischen Festigkeit. Braun, Karlsruhe
6. Brinkmann C (1975) Die Isolierstoffe der Elektrotechnik. Springer, Berlin
7. Carrara G, Thione L (1976) Switching surge strength of large air gaps. IEEE Trans PAS 95:512–524
8. Chari MVK, Silvester PP (1980) Finite elements in electrical and magnetic field problems. Wiley, Chichester
9. Crastan V (1971) Eine Verallgemeinerung der Elementenmethode. Nucl Eng Des 15
10. Dissado LA, Fothergill JC (1992) Electrical degradation and breakdown in polymers. Peter Peregrinus, London
11. Gänger B (1953) Der elektrische Durchschlag von Gasen. Springer, Berlin
12. Hasse P, Wiesinger J (1977) Handbuch für Blitzschutz und Erdung. R. Pflaum, München
13. Hilgarth G (1997) Hochspannungstechnik. Teubner, Stuttgart
14. Houhanessian VD, Zaengl W (1926) Vor-Ort-Diagnose für Leistungstransformatoren. Bull SEV/VSE 23
15. Kind D (1957) Die Aufbaufläche bei Stossspannungsbeanspruchung von technischen Elektrodenanordnungen in Luft. Diss. TH München
16. Küchler A (1996) Hochspannungstechnik. VDI, Düsseldorf
17. Kuffel E, Zaengl WS (1984) High voltage engineering. Pergamon Press, Oxford
18. Mierdel G (1972) Elektrophysik. Hüthig, Heidelberg
19. Nyffenegger N, Zaengl W (1974) Proc. 3rd Int. Conf. on Gas Discharges, p 303
20. Philippow E (1982) Systeme der Elektroenergietechnik. Taschenbuch der Elektrotechnik, Bd 6. Carl Hanser, München
21. Raether H (1964) Electron avalanches and breakdown in gases. Butterworths, London
22. Les Renardières Group: Research on long air gap discharges. Electra 23 (1972), 35 (1974), 53 (1977), 74 (1981)
23. Roth A (1965) Hochspannungstechnik. Springer, Wien
24. Sangkasaad S (1976) Dielectric strength of compressed SF_6 in nonuniform fields. Diss. ETH Zürich
25. Schumann WO (1923) Über das Minimum der Durchbruchfeldstärke bei Kugelelektroden. Arch Elektrotechn 12
26. Sohst H Zeitsch. für Angew. Physik 14:620
27. Schröder GA (1961) Zeitsch. für Angew. Physik 13:296
28. Steinbigler H (1969) Anfangsfeldstärken und Ausnutzungsfaktoren rotationssymmetrischer Elektrodenanordnungen in Luft, Diss. TH München
29. Townsend JS (1915) Electricity in gases. Oxford University Press, Oxford
30. Wagner KW (1922) The physical nature of the electrical breakdown of solid dielectrics. J Am Inst Electr Eng 61:288
31. Zienkiewicz OC (1971) The finite element method in engineering science. McGraw-Hill, London

Teil II
Elemente des Drehstromnetzes und ihre Modellierung

Kapitel 4
Transformatoren

4.1 Bauarten

Wir beschränken uns im folgenden auf die Erörterung der für den Betrieb der Energieversorgungsnetze massgebenden Aspekte. Für Technologie sowie Konstruktions- und Berechnungsprobleme wird auf die spezielle Literatur verwiesen (z. B. [1, 3, 6, 12]).

Bauformen *Einphasentransformatoren* werden als Manteltransformatoren oder Kerntransformatoren ausgeführt (Abb. 4.1). In den Abbildungen ist der Flussverlauf im Eisen punktiert eingetragen.

Drehstromtransformatoren können im einfachsten Fall aus drei Einphasentransformatoren durch geeignete Schaltung der Wicklungen zusammengestellt werden. Diese Lösung ist wegen des grossen Materialaufwandes relativ teuer. Sie hat jedoch den Vorteil, bei grossen Einheiten besser transportierbar zu sein (Bahn, Bergstrassen). Ausserdem ist die Reservehaltung (eine Phase genügt) billiger.

Die übliche Lösung für Drehstromtransformatoren ist der *Dreischenkeltransformator*. Abbildung 4.2 veranschaulicht die Entstehung des Dreischenkeltransformators aus drei Kerntransformatoren (Abb. 4.2a). Statt sechs benötigt man für die drei Phasen nur vier Schenkel, was eine erhebliche Materialeinsparung bedeutet (Abb. 4.2b). Die Summe der um 120° phasenverschobenen magnetischen Flüsse der drei Phasen ist bei symmetrischem Betrieb null. Deshalb kann auch auf den Rückschlussschenkel (in Abb. 4.2b gestrichelt eingetragen) mit zusätzlicher Materialeinsparung verzichtet werden. Bringt man die drei Schenkel in eine Ebene, ergibt sich eine konstruktiv sehr einfache Lösung, die magnetisch eine leichte, jedoch nicht störende Unsymmetrie aufweist (Abb. 4.2c).

Eine weitere Lösung ist der *Fünfschenkeltransformator* (Abb. 4.3), interessant vor allem dort, wo die kleinere Bauhöhe Vorteile bietet (Transport, Kavernen).

Bei unsymmetrischem Betrieb ist der Summenfluss der drei Schenkel verschieden von null. Der Dreischenkeltransformator verhält sich anders als der Fünfschenkeltransformator oder als der aus drei Einphasentransformatoren gebildete Drehstromtransformator, da der Summenfluss nicht über das Eisen rückfliessen kann (Abschn. 10.5).

Abb. 4.1 Einphasentransformatoren:
a Manteltransformator,
b Kerntransformator

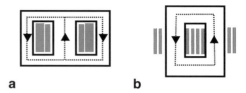

a   b

Isolierung und Kühlung Von der *Isolierung* her unterscheidet man im Verteilungs- und Übertragungsbereich Giessharztransformatoren, SF$_6$-Transformatoren und Öltransformatoren. Die beiden ersten werden bis Mittelspannung für kleine und mittlere Leistungen, Öltransformatoren bis zu den höchsten Spannungen und Leistungen eingesetzt.

Luftkühlung wird für kleine und mittlere Leistungen verwendet, wobei die mögliche Überlast aber klein ist. *Ölkühlung* ermöglicht wesentlich höhere temporäre Überlast (insbesondere die Ölumlaufkühlung).

Eine für die Zukunft möglicherweise interessante Innovation ist der *supraleitende Transformator*, dessen Wicklungen mit flüssigem Stickstoff isoliert und gekühlt werden [5, 9]. Angestrebt wird die Halbierung des Gewichts und die Reduktion der Kupferverluste auf etwa 25 %. Dessen Wirtschaftlichkeit hängt wesentlich von den Kosten der Supraleiter ab [5].

Betrieb und Unterhalt Die Liberalisierung des Strommarktes führt zu verschärften technischen und ökonomischen Betriebsbedingungen. Neben den klassischen Schutzeinrichtungen (s. auch Abschn. 14.4) gewinnen mehr und mehr Bedeutung: die *ständige Überwachung* (on-line monitoring), *diagnostische Methoden* zur Beurteilung des Zustandes des Transformators und *Unterhaltsmassnahmen* zur Verlängerung seiner Lebensdauer (z. B. Sweep Frequency Response Analysis, testen der Ölisolierung usw., [11, 12, 17; Kap. 14]). Von Bedeutung sind ebenfalls die Anstrengungen zur Einhaltung strengerer *Umweltschutznormen*, z. B. was die Oelqualität und die Lärmimmissionen betrifft [19, 24; Kap. 14].

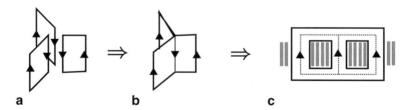

a   b   c

Abb. 4.2 Dreischenkeltransformator, Entstehung

Abb. 4.3 Fünfschenkeltransformator

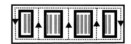

Abb. 4.4 Drehstromtransformatoren: **a** Unterwerks-Reguliertransformator 40 MVA 110/20 kV, **b** Netzkupplungs-Regulierspartransformator 400 MVA, 220/150 kV (ABB Sécheron)

Dimensionen Über die Dimensionierungsgrundsätze und deren Folgen für die Wirtschaftlichkeit werden in Abschn. 11.1 einige Grundlagen gegeben. Dimensionierung heisst Bestimmung der für die Erzielung einer bestimmten Durchgangs-Scheinleistung notwendigen Eisen- und Kupferquerschnitte. Dort wird u. a. gezeigt, dass der Zusammenhang zwischen der Scheinleistung und den totalen Eisen- und Kupferquerschnitten A_{fe} und A_{cu} durch folgende Beziehung gegeben ist:

$$S = K A_{fe} A_{cu},$$

worin K (kVA cm^{-4}) einen von Material und Kühlungsart abhängigen Ausnutzungsfaktor darstellt. Daraus ergibt sich z. B., dass die Scheinleistung mit der 4. Potenz der linearen Dimensionen zunimmt. Das spezifische Volumen und somit die spezifischen Kosten nehmen mit zunehmender Leistung ab (Kostendegression). Abbildung 4.4a zeigt einen Kraftwerkstransformator für 40 MVA mit spezifischem Gewicht (mit Öl) von etwa 2 kg/kVA und Abb. 4.4b einen Reguliertransformator in Sparschaltung mit Tertiärwicklung (Abschn. 4.7, 4.8) für 400 MVA mit spezifischem Gewicht von etwa 0.6 kg/kVA.

4.2 Schaltungsarten von Drehstromtransformatoren

Die oberspannungsseitigen und unterspannungsseitigen Wicklungen der drei Phasen können zu Stern-, Dreieck- oder Zickzackschaltung verbunden werden. Somit ergeben sich viele Kombinationsmöglichkeiten oder Schaltgruppen. Die für die Energieversorgung wichtigsten Schaltgruppen zeigt Abb. 4.5. Für jede Schaltgruppe sind

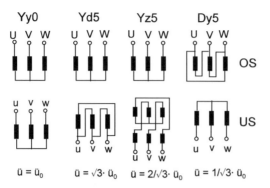

$\ddot{u} = \ddot{u}_0$ $\ddot{u} = \sqrt{3} \cdot \ddot{u}_0$ $\ddot{u} = 2/\sqrt{3} \cdot \ddot{u}_0$ $\ddot{u} = 1/\sqrt{3} \cdot \ddot{u}_0$

OS = Oberspannungsseite
US = Unterspannungsseite
Y,y = Sternschaltung
D,d = Dreieckschaltung → Grossbuchstaben OS, Kleinbuchstaben US
Z,z = Zickzackschaltung
$\ddot{u}_0$ = Windungszahlverhältnis OS/US
$\ddot{u}$ = Übersetzung OS/US der Schaltgruppe (äquivalentes Windungszahlverhältnis)
φ = Phasenverschiebung von OS (voreilend) relativ zu US
Kennziffer k = φ/30, meist 0 oder 5, verwendet wird auch Kennziffer 11 (φ = 330°)

Abb. 4.5 Schaltungsarten von Drehstromtransformatoren

Abb. 4.6 Lösung des Beispiels 4.1

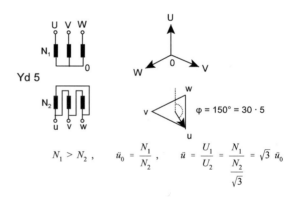

$N_1 > N_2$, $\quad \ddot{u}_0 = \dfrac{N_1}{N_2}$, $\quad \ddot{u} = \dfrac{U_1}{U_2} = \dfrac{N_1}{\dfrac{N_2}{\sqrt{3}}} = \sqrt{3}\, \ddot{u}_0$

Kurzzeichen eingeführt worden. Ydk bedeutet Oberspannungsseite (OS) mit Sternwicklung, Unterspannungsseite (US) mit Dreieckwicklung und Phasenverschiebung φ = k × 30° (z. B. für k = 5, eilt die OS der US um φ = 150° vor).

Beispiel 4.1: Man zeichne phasenrichtig für OS und US das Zeigerdiagramm der Spannungen eines Drehstromtransformators des Typs Yd5. Man erkläre die Beziehung zwischen ü und $\ddot{u}_0$. Lösung s. Abb. 4.6.

Beispiel 4.2: Man wiederhole Beispiel 4.1 für einen Drehstromtransformator des Typs Yz5. Lösung s. Abb. 4.7.

Abb. 4.7 Lösung des Beispiels 4.2

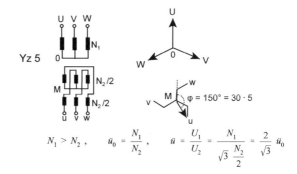

$$N_1 > N_2, \quad \ddot{u}_0 = \frac{N_1}{N_2}, \quad \ddot{u} = \frac{U_1}{U_2} = \frac{N_1}{\sqrt{3}\,\frac{N_2}{2}} = \frac{2}{\sqrt{3}}\ddot{u}_0$$

Abb. 4.8 Transformatorprinzip

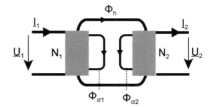

Bemerkung: Streng genommen müsste die Übersetzung ü wegen der Phasenverschiebung durch eine komplexe Zahl beschrieben werden. Wegen der Leistungsinvarianz ist $\underline{U}_{OS}\,\underline{I}_{OS}{}^* = \underline{U}_{US}\,\underline{I}_{US}{}^*$, und es gilt $\underline{U}_{OS}/\underline{U}_{US} = \underline{I}_{US}{}^*/\underline{I}_{OS}{}^* = \underline{\ddot{u}} = \ddot{u}\,e^{j\varphi}$. Daraus folgt $\underline{I}_{OS}/\underline{I}_{US} = (1/\ddot{u})\,e^{j\varphi}$. Spannung und Strom erfahren durch den Transformator die gleiche Phasenverschiebung. Da in der Regel nur die relative und nicht die absolute Lage von Spannung und Strom in galvanisch zusammenhängenden Netzen interessiert, kann, zumindest bei symmetrischer Belastung, mit dem *Betrag der Übersetzung* gerechnet werden (Ausnahme: Querregelung, s. Abschn. 4.9.4.2). Für den unsymmetrischen Betrieb s. Abschn. 10.5.

4.3 Transformatormodelle

4.3.1 Transformatorphysik

Abbildung 4.8 zeigt schematisch die wesentlichen Elemente des Transformators. Der magnetische Hauptfluss Φ_h koppelt die beiden Wicklungen und ist gegeben bei Vernachlässigung der Eisenverluste (s. Gl. (2.87), Abschn. 2.5.8) von

$$\underline{\Phi}_h = \frac{N_1\underline{I}_1 - N_2\underline{I}_2}{R_{mh}}, \quad \underline{\Psi}_{h1} = N_1\underline{\Phi}_h = \frac{N_1^2}{R_{mh}}\left(\underline{I}_1 - \underline{I}_2\,\frac{N_2}{N_1}\right) = L_h\underline{I}_\mu$$

R_{mh} = magnetischer Hauptwiderstand
Ψ_{h1} = verketteter primärer Hauptfluss

Abb. 4.9 Modell des verlustlosen Transformators

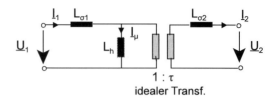

L_h = (primäre) Hauptinduktivität = N_1^2 / R_{mh}
I_μ = Magnetisierungsstrom.

Der magnetische Hauptwiderstand und dementsprechend auch die Hauptinduktivität sind konstant, falls man im linearen Bereich der magnetischen Kennlinie arbeitet. Andernfalls muss die Abhängigkeit dieser Grössen vom Magnetisierungsstrom berücksichtigt werden (Abschn. 4.3.2 und 4.6).

Die mit beiden Wicklungen verketteten Flüsse unterscheiden sich vom Hauptfluss; die jeweilige Differenz bezeichnet man als Streufluss. Die Streuflüsse $\varphi_{\sigma 1}$ und $\varphi_{\sigma 2}$ sind proportional zum Wicklungsstrom und definieren die Streuinduktivitäten

$$\Psi_{\sigma 1} = N_1 \Phi_{\sigma 1} = L_{\sigma 1} I_1, \quad \Psi_{\sigma 2} = N_2 \Phi_{\sigma 2} = L_{\sigma 2} I_2$$

$L_{\sigma 1}, L_{\sigma 2}$ = Streuinduktivitäten von Primär- und Sekundärwicklung.

Nach dem Induktionsgesetz (Abschn. 2.5.8) ist die induzierte Spannung die Ableitung des verketteten Flusses der Wicklungen, der sich mit den Stromrichtungen der Abb. 4.8 aus Haupt- und Streufluss ($\psi_h + \psi_{\sigma 1}$) bzw. ($\psi_h - \psi_{\sigma 2}$) zusammensetzt. Bei Vernachlässigung der ohmschen Verluste erscheint diese Spannung direkt an den Wicklungsklemmen.

4.3.2 Ersatzschaltbilder

Aus Abschn. 4.3.1 folgt unmittelbar das Ersatzschaltbild 4.9 des verlustlosen Transformators. Das Schema gilt für Einphasentransformatoren und gemäss Abschn. 2.3 auch für symmetrisch belastete Drehstromtransformatoren (Abb. 4.9).

Die Übersetzung τ des idealen Transformators ist definiert als Windungszahlverhältnis (bzw. für Drehstromtransformatoren als äquivalentes Windungszahlverhältnis, Abb. 4.5) von Sekundärseite zu Primärseite, wobei die Richtung Primär-Sekundär der Richtung des Energieflusses entspricht. Dementsprechend kann sowohl $\tau = ü$ als auch $\tau = 1/ü$ sein:

$$\text{Übersetzungen des idealen. Transf.}: \tau = \frac{\text{Sekundär}}{\text{Primär}} = \frac{N_2}{N_1}, \quad ü = \frac{N_{OS}}{N_{US}}.$$

Die Einbeziehung der Kupfer- und Eisenverluste erfordert eine Ergänzung dieses Schaltbildes. Die Kupferverluste können durch die ohmschen Widerstände R_1 und

4.3 Transformatormodelle

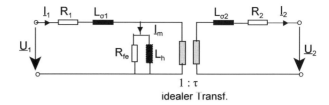

Abb. 4.10 Modell des verlustbehafteten Transformators

R_2 der Wicklungen berücksichtigt werden. Die Eisenverluste sind in erster Näherung proportional zum Quadrat der induzierten Hauptspannung (s. Abschn. 2.5.8) und können durch den Parallelwiderstand R_{fe} erfasst werden (Abb. 4.10).

Diese rein *induktive Darstellung* des Transformators ist bis zu Frequenzen von einigen kHz korrekt. Für höhere Frequenzen sind die *Kapazitäten* der Wicklungen sowie die Kopplungskapazitäten zwischen den Wicklungen und die Erdkapazitäten zu berücksichtigen [3, 4]. Im Megahertzbereich kann man sogar auf die Induktivitäten verzichten und den Transformator als kapazitiven Spannungsteiler darstellen.

Leerlaufübersetzung Mit den Definitionen

$$\underline{Z}_1 = R_1 + j\omega L_{\sigma 1}, \quad \underline{Z}_2 = R_2 + j\omega L_{\sigma 2}, \quad \underline{Z}_h = \frac{j\omega L_h R_{fe}}{R_{fe} + j\omega L_h} \quad (4.1)$$

folgt aus Abb. 4.10 für die Leerlaufübersetzung mit der Annahme $U_2 > U_1$ ($\tau = \ddot{u}$) bei primärseitiger ($\ddot{u}_1$) bzw. sekundärseitiger ($\ddot{u}_2$) Speisung

$$\underline{\ddot{u}}_1 = \frac{\underline{U}_2}{\underline{U}_1} = \ddot{u}\frac{\underline{Z}_h}{\underline{Z}_h + \underline{Z}_1}, \quad \frac{1}{\underline{\ddot{u}}_2} = \frac{\underline{U}_1}{\underline{U}_2} = \frac{1}{\ddot{u}}\frac{\underline{Z}_h}{\underline{Z}_h + \frac{\underline{Z}_2}{\tau^2}},$$

woraus

$$\underline{\ddot{u}}_1\,\underline{\ddot{u}}_2 = \ddot{u}^2\frac{\underline{Z}_h + \frac{\underline{Z}_2}{\tau^2}}{\underline{Z}_h + \underline{Z}_1}. \quad (4.2)$$

Ist die auf die Primärseite übertragene Sekundärimpedanz Z_2/τ^2 gleich zur Primärimpedanz Z_1, wird das geometrische Mittel der gemessenen Leerlaufübersetzungen $\ddot{u}_1$ und $\ddot{u}_2$ gleich zur Übersetzung $\ddot{u}$ des idealen Transformators. Die Annahme gleicher Primär- und Sekundärimpedanzen trifft in der Praxis oft zu. Mit der Definition

$$\underline{Z} = \underline{Z}_1 + \frac{\underline{Z}_2}{\tau^2}, \quad R = R_1 + \frac{R_2}{\tau^2}, \quad L_\sigma = L_{\sigma 1} + \frac{L_{\sigma 2}}{\tau^2} \quad (4.3)$$

kann dann das T-Ersatzschaltbild Abb. 4.11 verwendet werden mit $\underline{Z}_m = \underline{Z}_h$.

Weicht das geometrische Mittel der beiden Leerlaufübersetzungen merklich vom Windungszahlverhältnis ab, was in Kleintransformatoren vorkommen kann, ist Ersatzschaltbild 4.11 nur dann gültig, wenn man als Übersetzung $\ddot{u}$ (oder τ) an Stelle

Abb. 4.11 T-Ersatzschaltbild des Transformators

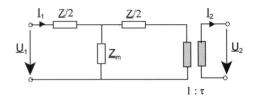

Abb. 4.12 Äquivalentes π-Ersatzschaltbild des Transformators

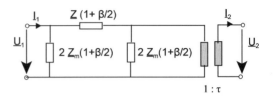

Abb. 4.13 L-Ersatzschaltbild des Transformators

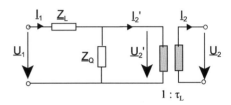

des Windungszahlverhältnisses das geometrische Mittel der gemessenen Leerlaufübersetzungen wählt (s. Gl. (4.2), [8]). Die Parameter $\underline{Z}$ und $\underline{Z}_m$ entsprechen dann allerdings nicht mehr den Gln. (4.1) und (4.3), sondern sind, wenn man mit τ_g die gemessene mittlere Übersetzung bezeichnet, von gegeben. In Grosstransformatoren erübrigt sich diese Umrechnung, da die Streureaktanzen im Promillebereich der Hauptreaktanz liegen und somit die gemessenen Leerlaufübersetzungen untereinander praktisch gleich und gleich ü sind ($\tau_g = \tau$).

$$\underline{Z}_m = \underline{Z}_h \frac{\tau}{\tau_g}, \quad \underline{Z} = \frac{2\tau}{\tau + \tau_g}\left(\underline{Z}_1 + \frac{\underline{Z}_2}{\tau \tau_g}\right)$$

Verwendet man ein π-Zweitor statt eines T-Zweitores, sind die Parameter entsprechend der Zweitortheorie umzurechnen. Exakt gilt Abb. 4.12 mit

$$\beta = \frac{1}{2}\frac{\underline{Z}}{\underline{Z}_m}. \qquad (4.4)$$

Für Grosstransformatoren ist β vernachlässigbar klein wegen der kleinen Streuung.

Besonders einfach und auch gut geeignet für dynamische Berechnungen (s. Abschn. 4.5.2) ist das L-Ersatzschaltbild Abb. 4.13. Die Längsimpedanz Z_L und die Querimpedanz Z_Q sowie die Übersetzung τ_L lassen sich auf Grund der Zweitoräquivalenz zu Abb. 4.10 bestimmen. Exakt gelten die Beziehungen (4.5). Für Grosstransformatoren ist praktisch $\alpha = 1$ und somit $Z_L = Z$, $Z_Q = Z_h = Z_m$ und $\tau_L = \tau$

$$\underline{Z}_L = \underline{Z}_1 + \frac{\underline{Z}_2}{\tau^2}\alpha, \quad \underline{Z}_Q = \underline{Z}_h\,\alpha, \quad \tau_L = \frac{\tau}{\alpha}, \quad mit \quad \alpha = \frac{\underline{Z}_h}{\underline{Z}_h + \frac{\underline{Z}_2}{\tau^2}}. \qquad (4.5)$$

4.4 Bestimmung der Transformatorparameter

Abb. 4.14 Vereinfachtes Ersatzschaltbild des Transformators

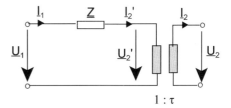

Abb. 4.15 Zeigerdiagramme: **a** von Ersatzschaltbild Abb. 4.13, **b** von Ersatzschaltbild Abb. 4.14

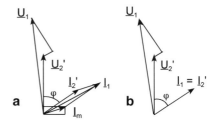

Ein besonders einfaches Ersatzschaltbild ist schliesslich jenes der Abb. 4.14, das den Magnetisierungsstrom vernachlässigt. Es eignet sich für *Handberechnungen*, insbesondere für Kurzschluss- und Spannungsabfallberechnungen.

Beispiel 4.3 Ausgehend von $\underline{U}'_2 = U'_2/\underline{0°}$, $\underline{I}'_2 = I'_2/\underline{-60°}$ sowie mit gegebenen R, X_σ, R_{fe}, X_h (s. Abb. 4.10), zeichne man die Zeigerdiagramme der Ersatzschaltungen 4.13 und 4.14 auf. (Lösungen Abb. 4.15.)

Nichtlinearitäten Abbildung 4.8 ist eine Schematisierung, die nichts mit dem wirklichen Feldverlauf zu tun hat. Dieser ist von Konstruktion und Betriebsbedingungen abhängig und kann mit einer Feldberechnung, z. B. mit der Finite-Elemente-Methode (Abschn. 2.5 und 3.3), bestimmt werden.

Die in diesem Abschnitt abgeleiteten äquivalenten Ersatzschemata sind deshalb streng genommen nur bei Linearität untereinander austauschbar. Für eine exakte Nachbildung muss man bei Sättigung des Haupt- und Streuflusses vom wirklichen Feldbild ausgehen und, je nach Betriebsfall, das dem Feldverlauf am besten entsprechende Ersatzschema wählen und stromabhängige Induktivitäten einführen.

4.4 Bestimmung der Transformatorparameter

Die Parameter lassen sich durch einen Leerlauf und einen Kurzschlussversuch ermitteln. Dazu gehen wir vom T-Ersatzschaltbild Abb. 4.11 eines Drehstromtransformators aus. Zu beachten ist, dass im Ersatzschema Sternspannungen auftreten.

Abb. 4.16 Leerlaufversuch, U_{1r} = Sternnennspannung, I_{10} = Leerlaufstrom = I_{m0}

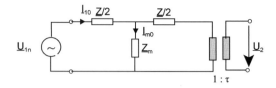

4.4.1 Leerlaufversuch

Beim Leerlaufversuch speist man den Transformator mit Nennspannung bei Nennfrequenz und misst den *Leerlaufmagnetisierungsstrom* und die *Leerlaufverlustleistung*. Aus Abb. 4.16 und Gl. (4.4) folgt

$$\text{Leerlaufmagnetisierungsstrom} \quad I_{mo} = \frac{U_{1r}}{\left|\frac{Z}{2} + Z_m\right|} = \frac{U_{1r}}{Z_m |1+\beta|}$$

oder in p.u.

$$i_m = \frac{I_{mo}}{I_{1r}} = \frac{U_{1r}}{Z_m |1+\beta| I_{1r}} = \frac{Z_{1r}}{Z_m |1+\beta|} = \frac{1}{z_m |1+\beta|} \quad (p.u.). \quad (4.6)$$

Mit der Annahme, β sei vernachlässigbar klein (Grosstransformatoren), folgt:

Der p.u. Leerlaufmagnetisierungsstrom ist gleich dem Reziprokwert der p.u. Querimpedanz.

Die Kupferverluste sind im Leerlauf vernachlässigbar. Die Messung der Leerlaufverluste P_0 liefert praktisch die Eisenverluste bei Nennspannung und Nennfrequenz oder *Nenneisenverluste*:

$$\text{Nenneisenverluste:} \quad P_{fer} = P_0 = 3\frac{U_{1r}^2}{R_{fe}} = \frac{U_{\Delta 1r}^2}{R_{fe}}.$$

Daraus folgt, dass *die p.u. Nenneisenverluste reziprok sind zum p.u. Eisenverlustwiderstand*

$$p_{fer} = \frac{P_{fer}}{S_r} = \frac{U_{1r}^2}{R_{fe}\,S_r} = \frac{Z_{1r}}{R_{fe}} = \frac{1}{r_{fe}} \quad (p.u.). \quad (4.7)$$

Der Leerlaufversuch ermöglicht somit die Bestimmung von Z_m und R_{fe}, d. h. der Querimpedanz in Betrag und Phase.

4.4.2 Kurzschlussversuch

Beim Kurzschlussversuch verändert man die Speisespannung, bis primärseitig der Nennstrom fliesst. Für die gemessene *Kurzschlussspannung* gilt (Abb. 4.17, Gl. 4.4)

$$\text{Kurzschlussspannung} \quad U_k = Z\frac{\left|1+\frac{\beta}{2}\right|}{|1+\beta|} I_{1r} \approx Z\left|1-\frac{\beta}{2}\right| I_{1r}.$$

Abb. 4.17 Kurzschlussversuch, $U_k =$ Kurzschlussspannung

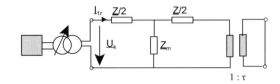

Tab. 4.1 Typische p.u. Kennwerte von Grosstransformatoren

	$i_m = 1/z_m$	$p_{fer} = 1/r_{fe}$	$u_k = z$	$p_{cur} = r = u_{kw}$
100 kVA	1.5 %	0.25 %	4 %	1.3 %
1 MVA	0.75 %	0.12 %	6 %	0.7 %
10 MVA	0.5 %	0.08 %	7–10 %	0.5 %
100 MVA	0.25 %	0.05 %	8–12 %	0.35 %
1000 MVA	0.15 %	0.02 %	10–15 %	0.15 %

Ist β vernachlässigbar, folgt die p.u. Kurzschlussspannung

$$u_k = \frac{U_k}{U_{1r}} = \frac{ZI_{1r}}{U_{1r}} = \frac{Z}{Z_{1r}} = z \quad (p.u.). \tag{4.8}$$

Die *p.u. Kurzschlussspannung ist gleich der p.u. Längsimpedanz.*

Die Eisenverluste sind bei Kurzschluss gegenüber den Kupferverlusten vernachlässigbar. Die Kurzschlusswirkleistung P_k ist praktisch gleich den bei Nennstrom auftretenden Kupferverlusten oder Nennkupferverlusten P_{cur}. Aus Abb. 4.17 und Gl. (4.3) sowie bei Vernachlässigung des geringfügigen Magnetisierungsstromeinflusses folgt

Nennkupferverluste: $P_{cur} = P_k = 3\,R\,I_{1r}^2$.

Gleichung (4.9) zeigt, dass *die p.u. Nennkupferverluste gleich dem p.u. Längswiderstand* oder wegen (4.8) dem Wirkanteil der Kurzschlussspannung sind.

$$p_{cur} = \frac{P_{cur}}{S_r} = \frac{3\,R\,I_{1r}^2}{S_r} = \frac{3\,R\,I_{1r}^2}{3\,Z_{1r}\,I_{1r}^2} = r = u_{kw} \quad (p.u.). \tag{4.9}$$

Mit dem Kurzschlussversuch lassen sich Z und R bestimmen, d. h. die Längsimpedanz in Betrag und Phase.

4.4.3 Kennwerte des Transformators

Die Werte der p.u. Parameter sind besonders charakteristisch für den Transformator und ändern relativ wenig in Abhängigkeit von der Leistung, wie Tab. 4.1 zeigt. Entgegen dem Verlauf der anderen Kenngrössen steigt u_k mit zunehmender Leistung. Dies, weil die Streuung (konstruktiv durch den Abstand der Wicklungen gegeben) mit grösser werdender Leistung grösser wird (höhere Spannung = dickere Isolation) und auch grösser gehalten wird, um den Kurzschlussstrom zu begrenzen.

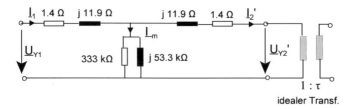

Abb. 4.18 T-Ersatzschaltbild zu Beispiel 4.4

Der Faktor β (Gl. (4.4)) ist mit den Richtwerten der Tab. 4.1: |β| = 0.3 10^{-3} für 100 kVA und |β| = 0.15 10^{-3} für 1000 MVA Transformatoren, ändert also im Bereich der Netztransformatoren nur wenig in Abhängigkeit von der Leistung und ist <1‰.

Beispiel 4.4 Für einen typischen Drehstromtransformator (Tab. 4.1) von 1000 kVA, 20 kV/400 V, Dy5, 50 Hz, ü = Nennübersetzung (= ü$_r$ = 20000/400) bestimme man:

a) das Windungszahlverhältnis ü$_o$
b) das primärseitige T-Ersatzschema
c) den Kurzschlussstrom bei Betrieb mit Nennspannung und den allgemeinen Ausdruck des entsprechenden p.u. Kurzschlussstromes. Man überprüfe den Wert des Kurzschlussstromes, ausgehend vom p.u. Kurzschlussstrom.

a)
$$\ddot{u} = \frac{20000}{400} = 50, \quad \text{für Dy5 (Abb.4.5)} \quad \ddot{u}_0 = \sqrt{3} \cdot 50 = 86.6$$

b) (s. auch Abb. 4.18)

$$Z_{1r} = \frac{U_{\Delta 1r}^2}{S_r} = \frac{(20 \cdot 10^3)^2}{1 \cdot 10^6} = 400 \, \Omega \Rightarrow Z = z \cdot Z_{1r} = 0.06 \cdot 400 = 24 \, \Omega$$

$$R = r \cdot Z_{1r} = 0.007 \cdot 400 = 2.8 \, \Omega$$

$$X_\sigma = \sqrt{Z^2 - R^2} = 23.8 \, \Omega, \quad \underline{Z} = 24.0 | \angle 83.3°$$

$$Z_m = z_m \cdot Z_{1r} = \frac{1}{0.0075} \cdot 400 = 53.3 \, k\Omega$$

$$R_{fe} = r_{fe} \cdot Z_{1r} = \frac{1}{0.0012} \cdot 400 = 333 \, k\Omega$$

$$\frac{1}{x_h} = \sqrt{0.0075^2 - 0.0012^2} = 0.00740 \Rightarrow X_h = 54.0 \, k\Omega, \quad \underline{Z}_m = 53.3 \angle 80.9°$$

c)
$$I_k = \frac{U_{1r}}{Z} = \frac{20 \cdot 10^3}{\sqrt{3} \, 24} = 481 \, A$$

$$i_k = \frac{I_k}{I_{1r}} = \frac{U_{1r}}{Z \, I_{1r}} = \frac{Z_{1r}}{Z} = \frac{1}{z} = \frac{1}{u_k} \Rightarrow i_k = \frac{1}{0.06} = 16.67 \, p.u.$$

$$I_{1r} = \frac{S_r}{\sqrt{3}\, U_{1r}} = \frac{1 \cdot 10^6}{\sqrt{3}\, 20 \cdot 10^3} = 28.87\ A$$
$$\Rightarrow I_k = i_k \cdot I_{1r} = 16.67 \cdot 28.87 = 481\ A.$$

Der p.u. Kurzschlussstrom bei Nennspannung ist reziprok zur p.u. Kurzschlussspannung.

4.5 Stationäre Matrizen und Dynamikmodelle

4.5.1 Stationäre Matrizen

Gemäss Abschn. 2.3.1 kann die Kettenmatrix des Zweitors Ausgangspunkt für Spannungsabfall- und Verlustberechnungen sein. Aus dem T-Ersatzschaltbild Abb. 4.11 folgen die in K-Matrixform geschriebenen Beziehungen

$$\begin{pmatrix} \underline{U}_1 \\ \underline{I}_1 \end{pmatrix} = \begin{vmatrix} \dfrac{(1+\beta)}{\tau} & \left(1+\dfrac{\beta}{2}\right)\tau\, \underline{Z} \\ \dfrac{1}{\tau\, \underline{Z}_m} & (1+\beta)\,\tau \end{vmatrix} \cdot \begin{pmatrix} \underline{U}_2 \\ \underline{I}_2 \end{pmatrix}, \qquad (4.10)$$

worin β von Gl. (4.4) gegeben ist. Die Beziehungen sind exakt, wenn als Übersetzung das geometrische Mittel der Leerlaufübersetzungen genommen wird (Abschn. 4.3.2). Für Grosstransformatoren erübrigt sich dies, und β ist vernachlässigbar. Teilt man durch Nennspannung und Nennstrom, ergeben sich folgende stationäre p.u. Gleichungen und Koeffizienten der Kettenmatrix:

$$\begin{pmatrix} \underline{u}_1 \\ \underline{i}_1 \end{pmatrix} = \begin{vmatrix} \dfrac{1}{\tau_{pu}} & \tau_{pu} \cdot \underline{z} \\ \dfrac{1}{\tau_{pu}} \cdot \dfrac{1}{\underline{z}_m} & \tau_{pu} \end{vmatrix} \cdot \begin{pmatrix} \underline{u}_2 \\ \underline{i}_2 \end{pmatrix}$$

$$\text{mit}\quad \tau_{pu} = \frac{\tau}{\tau_r} = p.u.\ \text{Übersetzung},\quad \tau_r = \frac{U_{2r}}{U_{1r}}. \qquad (4.11)$$

Oft ist es bei stationären Berechnungen zweckmässiger, die Gln. (4.10) nach den Strömen aufzulösen und mit Admittanzen zu rechnen. Dann ergibt sich folgende Y-Matrixform

$$\begin{pmatrix} \underline{I}_1 \\ \underline{I}_2 \end{pmatrix} = \frac{\underline{Y}}{\left(1+\dfrac{\beta}{2}\right)} \cdot \begin{vmatrix} (1+\beta) & -\dfrac{1}{\tau} \\ \dfrac{1}{\tau} & -\dfrac{(1+\beta)}{\tau} \end{vmatrix} \cdot \begin{pmatrix} \underline{U}_1 \\ \underline{U}_2 \end{pmatrix}$$

$$\text{mit}\quad \underline{Y} = \frac{1}{\underline{Z}}. \qquad (4.12)$$

Führt man die p.u. Grössen ein und vernachlässigt β, folgt

$$\begin{pmatrix} \underline{i}_1 \\ \underline{i}_2 \end{pmatrix} = \underline{y} \cdot \begin{vmatrix} 1 & -\dfrac{1}{\tau_{pu}} \\ \dfrac{1}{\tau_{pu}} & -\dfrac{1}{\tau_{pu}^2} \end{vmatrix} \cdot \begin{pmatrix} \underline{u}_1 \\ \underline{u}_2 \end{pmatrix}. \tag{4.13}$$

4.5.2 Dynamikmodelle

Die Gestaltung des Dynamikmodells hängt in erster Linie von der Frequenz der zu untersuchenden Vorgänge ab.

- Für Vorgänge, die wesentlich langsamer sind als die Netzfrequenz, z. B. elektromechanische Schwingungen, kann der Transformator durch ein stationäres Modell beschrieben werden.
- Für Vorgänge im Bereich von einigen kHz bis MHz, wie sie bei schnellen Schaltvorgängen oder Blitzeinschlag auftreten, muss das bisher behandelte Ersatzschaltbild durch die Wicklungskapazitäten und die kapazitiven Kopplungen zwischen den Wicklungen sowie Wicklungen und die Erde ergänzt werden. Dazu sei auf den CIGRE-Bericht [4] verwiesen.
- Für Vorgänge im Bereich der Netzfrequenz bis etwa 1 kHz kann ein rein induktives Ersatzschaltbild, z. B. das L-Ersatzschaltbild Abb. 4.13, mit der für Grosstransformatoren zulässigen Annahme α = 1 verwendet werden. Bei Berücksichtigung der Gln. (4.3) und (4.5), folgt das *Gleichungssystem für Momentanwerte*

$$\begin{aligned}
U_1 &= R\,I_1 + L_\sigma \frac{dI_1}{dt} + \frac{U_2}{\tau} \\
U_2 &= \tau\,\frac{d\Psi_h}{dt}, \quad \Psi_h = L_h\,I_\mu \\
U_2 &= \tau\,R_{fe}\,I_{fe} \\
I_1 &= I_{fe} + I_\mu + \tau\,I_2.
\end{aligned} \tag{4.14}$$

Durch Teilung mit Nennspannung bzw. Nennstrom folgen die *p.u. Gleichungen*

$$\begin{aligned}
u_1 &= r\,i_1 + x\,T_r \frac{di_1}{dt} + \frac{u_2}{\tau_{pu}} \\
u_2 &= \tau_{pu}\,T_r \frac{d\Psi_\mu}{dt} \\
\Psi_\mu &= x_h\,i_\mu \\
u_2 &= \tau_{pu}\,r_{fe}\,i_{fe} \\
i_1 &= i_{fe} + i_\mu + \tau_{pu}\,i_2
\end{aligned} \tag{4.15}$$

$$\text{mit}\quad x = \frac{\omega_r\,L_\sigma}{Z_{1r}}, \quad x_h = \frac{\omega_r\,L_h}{Z_{1r}}, \quad T_r = \frac{1}{\omega_r}, \quad \omega_r = \textit{Nennkreisfrequenz}.$$

4.5 Stationäre Matrizen und Dynamikmodelle 143

Etwas komplizierter wird die erste der Gl. (4.15), wenn die Frequenzabhängigkeit von Widerstand und Streuinduktivität berücksichtigt werden soll. Dazu s. [4, 11, 13].

Der Übergang zur *Zeigerdarstellung* gemäss Abschn. 2.4.2, mit Nullsetzen der Anfangsbedingungen führt zu

$$\underline{u}_1 = r\,\underline{i}_1 + x\left(T_r\frac{d\underline{i}_1}{dt} + j\,n\,\underline{i}_1\right) + \frac{\underline{u}_2}{\tau_{pu}}$$

$$\underline{u}_2 = \tau_{pu}\left(T_r\frac{d\underline{\Psi}_\mu}{dt} + j\,n\,\underline{\Psi}_\mu\right)$$

$$\underline{\Psi}_\mu = x_h\,\underline{i}_\mu \qquad (4.16)$$

$$\underline{u}_2 = \tau_{pu}\,r_{fe}\,\underline{i}_{fe}$$

$$\underline{i}_1 = \underline{i}_{fe} + \underline{i}_\mu + \tau_{pu}\,\underline{i}_2$$

$$\text{mit}\quad n = \frac{\omega}{\omega_r} = p.u.\text{ Frequenz}.$$

Die Zeiger können in dieser Darstellung sowohl als Drehzeiger ($\alpha\beta$-Komponenten) als auch als Festzeiger interpretiert werden. Bei der *Festzeigerdarstellung* (Parkzeiger Abschn. 2.4.6) sind die dq-Komponenten im stationären Zustand konstant, was vorteilhaft ist:

$$u = u_d + j\,u_q,\quad i = i_d + j\,i_q.$$

In Parkvektorform lauten die Gln. (4.16)

$$\begin{pmatrix}u_{1d}\\u_{1q}\end{pmatrix} = r\begin{pmatrix}i_{1d}\\i_{1q}\end{pmatrix} + x\,T_r\frac{d}{dt}\begin{pmatrix}i_{1d}\\i_{1q}\end{pmatrix} + x\,n\begin{vmatrix}0 & -1\\1 & 0\end{vmatrix}\begin{pmatrix}i_{1d}\\i_{1q}\end{pmatrix} + \frac{1}{\tau_{pu}}\begin{pmatrix}u_{2d}\\u_{2q}\end{pmatrix}$$

$$\begin{pmatrix}u_{2d}\\u_{2q}\end{pmatrix} = \tau_{pu}\,T_r\frac{d}{dt}\begin{pmatrix}\Psi_{\mu d}\\\Psi_{\mu q}\end{pmatrix} + \tau_{pu}\,n\begin{vmatrix}0 & -1\\1 & 0\end{vmatrix}\begin{pmatrix}\Psi_{\mu d}\\\Psi_{\mu q}\end{pmatrix} \qquad (4.17)$$

$$\begin{pmatrix}\Psi_{\mu d}\\\Psi_{\mu q}\end{pmatrix} = x_h\begin{pmatrix}i_{\mu d}\\i_{\mu q}\end{pmatrix},$$

woraus sich ein Rechenschema ergibt, das direkt oder durch Formulierung im Zustandsraum ausgewertet werden kann (Abb. 4.19). Ist die Last unsymmetrisch und fliessen Erdströme, muss das Modell durch das Nullersatzschaltbild bzw.

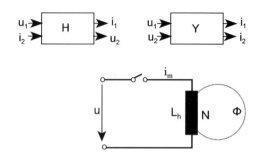

Abb. 4.19 Blockdiagramm möglicher Dynamikmodelle

Abb. 4.20 Einfacheres Modell für das Einschaltverhalten

Gl. (4.17) durch die Nullkomponente ergänzt werden (Abschn. 10.5). Eine alternative Modellierung auch für n-Wicklungs-Transformatoren ist in [2] gegeben.

4.6 Betriebsverhalten

4.6.1 Einschaltverhalten

Abbildung 4.21 zeigt den typischen Verlauf des Hauptflusses und Magnetisierungsstromes beim Einschalten des leerlaufenden Transformators, berechnet mit einem Dynamikmodell, Typ H (Abb. 4.19), worin die dritte der Beziehungen (4.17) durch die nichtlineare Magnetisierungskennlinie ersetzt worden ist.

Der Magnetisierungsstrom kann Spitzenwerte erreichen, die weit über dem stationären Magnetisierungsstrom liegen. Diese Erscheinung lässt sich folgendermassen erklären. Die Einschaltung des leerlaufenden Transformators entspricht im wesentlichen der Einschaltung der Hauptinduktivität L_h (Abb. 4.20). Der Aufbau des Flusses geschieht nach dem Induktionsgesetz:

$$u = N \frac{d\varphi}{dt} \quad \Rightarrow \quad \varphi = \frac{1}{N} \int u \, dt + K,$$

wobei der Wert der Integrationskonstante vom Einschaltaugenblick abhängt. Abbildung 4.22 zeigt das grundsätzliche Verhalten des Flusses. Der stationäre Fluss φ_s eilt der Spannung 90° nach. Schaltet man im Augenblick $t = t_1$ ein (im Spannungsmaximum), nimmt der Fluss sofort den stationären Wert an, da für $t = t_1 \to \varphi_s = 0$. Schaltet man hingegen im Augenblick $t = t_2$ ein (d. h. beim Nulldurchgang der Spannung), überlagert sich ein Ausgleichsvorgang mit Anfangswert φ_{smax}, weil im Einschaltaugenblick der stationäre Fluss den Wert $-\varphi_{smax}$ aufweist. Der Gesamtwert des Flusses ist somit $\varphi_s + \varphi_{smax}$ mit Scheitelwert $2\varphi_{smax}$. Diese Verdoppelung des max. Flusses kann wegen der Sättigung des Eisenkerns zu sehr hohen Anfangsströmen führen, wie Abb. 4.23 veranschaulicht. Wegen der Verluste (Kupfer- und Eisenverluste) klingt der Fluss und somit auch der Strom nach einiger Zeit auf den stationären Wert ab (Abb. 4.21).

4.6 Betriebsverhalten

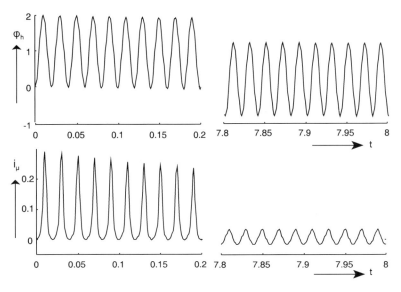

Abb. 4.21 Möglicher Verlauf von Hauptfluss und Magnetisierungsstrom in p.u. beim Einschalten eines leerlaufenden Transformators

Abb. 4.22 Flussverlauf beim Einschalten im Spannungsmaximum und im Spannungsnulldurchgang

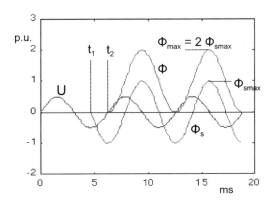

Abb. 4.23 Wirkung der Flussverdoppelung auf den Magnetisierungsstrom

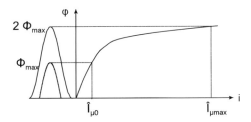

Abb. 4.24 Berechnung des Spannungsabfalls

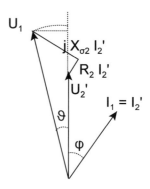

4.6.2 Spannungsabfall

Als Spannungsabfall eines Netzelements bezeichnet man in der Energieversorgungstechnik die *Differenz der Beträge* von Eingangs- und Ausgangsspannung. Beim Transformator muss diese Definition präzisiert werden, da Eingang und Ausgang verschiedene Spannungsniveaus haben. Man definiert einen prozentualen oder *p.u. Spannungsabfall* ε als Differenz der relativ zur Nennspannung berechneten Spannungsbeträge

$$\varepsilon = \frac{U_1}{U_{1r}} - \frac{U_2}{U_{2r}} = u_1 - u_2. \tag{4.18}$$

Zur exakten Berechnung kann die in Abschn. 2.3.3 erläuterte Methode genutzt werden, welche die p.u. Kettenmatrix Gl. (4.11) verwendet. Wir gehen im folgenden einen etwas anschaulicheren Weg, der uns ermöglicht, die Faktoren, die den Spannungsabfall beeinflussen, kennenzulernen. Da der Einfluss des Magnetisierungsstromes geringfügig ist, sei von Ersatzschaltbild in Abb. 4.14 bzw. vom entsprechenden Zeigerdiagramm Abb. 4.24 ausgegangen. Die effektive Übersetzung τ kann verschieden von der Nennübersetzung $\tau_r = U_{2r}/U_{1r}$ sein. Aus dem Zeigerdiagramm erhält man:

$$U_2' = U_1 - R\, I_2'\, \cos\varphi - X_\sigma\, I_2'\, \sin\varphi - U_1(1 - \cos\vartheta).$$

Die entsprechende p.u. Gleichung folgt bei Teilung durch $U_{2r} = \tau_r\, U_{1r} = Z_{2r}\, I_{2r}$ und Einführung der p.u. Grössen $\tau_{pu} = \tau/\tau_r$, r, x_σ, i_2, $\Delta\tau_{pu} = \tau_{pu} - 1$

$$u_2 = \tau_{pu}\, u_1 - r\, i_2\, \cos\varphi - x_\sigma\, i_2\, \sin\varphi - \tau_{pu}\, u_1(1 - \cos\vartheta).$$

Setzt man diesen Ausdruck in Gl. (4.18) ein, folgt

$$\varepsilon = (r\, \cos\varphi + x_\sigma\, \sin\varphi)\, i_2 - \Delta\tau_{pu}\, u_1 + \tau_{pu}\, u_1(1 - \cos\vartheta), \tag{4.19}$$

worin $r = p_{cun} = u_{kw}$, $x_\sigma = u_{kx}$.

4.6 Betriebsverhalten   147

Den Winkel ϑ erhält man ebenfalls aus dem Zeigerdiagramm:

$$U_1 \sin\vartheta = (X_\sigma \cos\varphi - R \sin\varphi) I_2'.$$

Teilt man durch die Nenngrössen, folgt die p.u. Gleichung

$$\sin\vartheta = \frac{1}{\tau_{pu} u_1} (x_\sigma \cos\varphi - r \sin\varphi) i_2. \qquad (4.20)$$

Da bei Grosstransformatoren $x_\sigma \gg r$, zeigt der erste Term der Gl. (4.19), dass vor allem die induktive Last zum Spannungsabfall beiträgt.

Ist der Winkel ϑ sehr klein, kann der letzte Term der Gl. (4.19) vernachlässigt werden. Dies ist vor allem bei stark induktiver Belastung der Fall.

Der zweite Term von Gl. (4.19) ermöglicht die *Korrektur der Spannung durch Veränderung der Übersetzung*. Von dieser Möglichkeit macht man in der Netztechnik ausgiebigen Gebrauch. Die Übersetzung kann im spannungslosen Zustand eingestellt werden (*Umsteller* mit Wicklungsanzapfungen, Bereich meist ± 5 %). Sie kann aber auch unter Last mit *Regeltransformatoren* (Stufentransformatoren, s. Abschn. 4.7) verändert werden, z. B. im Bereich ± 20 %, mit Stufen von 1–2 %, womit eine automatische Spannungsregelung erreicht wird.

Beispiel 4.5 Für den Transformator des Beispiels 4.4 berechne man:

a) Den p.u. Spannungsabfall bei Belastung mit Nennstrom cos $\varphi = 0.8$ und Nennübersetzung. Die Sekundärspannung sowie die abgegebene Wirk- und Blindleistung. Die Primärspannung sei gleich zur Nennspannung.

b) Den p.u. Spannungsabfall für Nennstrom cos $\varphi = 0.6$, Primärspannung 19 kV und Übersetzung $\Delta\ddot{u}_{pu} = -2\%$.

Lösung

a) Aus den Daten folgen die Transformatorparameter und die Betriebsdaten:

$$\tau_{pu} = 1, \quad \Delta\tau_{pu} = 0, \quad r = 0.007, \quad x_\sigma = \sqrt{0.06^2 - 0.007^2} = 0.0596$$

Betriebsdaten: $u_1 = 1, \quad i_2 = 1$.

Durch Einsetzen in die Gln. (4.20) und (4.19) erhält man

$$\sin\vartheta = \frac{1}{1} \cdot (0.0596 \cdot 0.8 - 0.007 \cdot 0.6) \cdot 1 = 0.0435$$

$$\varepsilon = (0.007 \cdot 0.8 + 0.0596 \cdot 0.6) \cdot 1 + 0 + 1 \cdot 1 \cdot (1 - \cos(asin(0.0435)))$$

$$= 0.0423 = \underline{4.2\ \%}.$$

In Gl. (4.18) eingesetzt, folgt die p.u. Spannung und daraus die p.u. Leistung

$$u_2 = u_1 - \varepsilon = 1 - 0.042 = 0.958\ p.u. \quad -\rightarrow \quad U_2 = 0.958 \cdot 20\ kV = \underline{19.2\ kV}$$

$$s_2 = u_2 \cdot i_2 = 0.958 \cdot 1 = 0.958 \; p.u \quad - \rightarrow \quad S_2 = 0.958 \cdot 1000 \; kVA = 958 \; kVA$$
$$P_2 = 958 \cdot 0.8 = \underline{766 \; kW}, \quad Q_2 = 958 \cdot 0.6 = \underline{575 \; kVAr}.$$

b) Die p.u. Daten sind

$$u_1 = \frac{19}{20} = 0.95, \quad i_2 = 1, \quad \cos\varphi = 0.6, \quad \sin\varphi = 0.8$$
$$\ddot{u}_{pu} = 0.98, \quad \tau_{pu} = \frac{1}{\ddot{u}_{pu}} = 1.0204 \quad - \rightarrow \quad \Delta\tau_{pu} = 2.04\;\%.$$

Es folgt

$$\sin\vartheta = \frac{1}{1.0204 \cdot 0.95} \cdot (0.0596 \cdot 0.6 - 0.007 \cdot 0.8) \cdot 1 = 0.031$$
$$(1 - \cos\vartheta) = 0.0005$$
$$\varepsilon = (0.007 \cdot 0.6 + 0.0596 \cdot 0.8) \cdot 1 - 0.0204 \cdot 0.95 + 1.0204 \cdot 0.95 \cdot 0.0005$$
$$= 5.19\;\% - 1.94\;\% + 0.05\;\% = \underline{3.3\;\%}.$$

4.6.3 *Wirkungsgrad*

Der Wirkungsgrad ist definiert als Verhältnis der abgegebenen zur aufgenommenen Wirkleistung:

$$\eta = \frac{P_2}{P_1} = \frac{P_2}{P_2 + P_{fe} + P_{cu}} = \frac{S_2 \cos\varphi}{S_2 \cos\varphi + P_{fe} + P_{cu}} = \frac{\cos\varphi}{\cos\varphi + \dfrac{P_{fe}}{S_2} + \dfrac{P_{cu}}{S_2}}.$$

Die abgegebene Leistung ist prozentual $s_2 = S_2/S_r = u_2\,i_2$. Die für die Eisenverluste massgebende Spannung ist $u = (u_1 + u_2)/2$. Die Eisenverluste sind proportional zum Quadrat dieser Spannung. Die Kupferverluste sind proportional zum Quadrat des Stromes. Es folgt:

$$\frac{P_{fe}}{S_2} = \frac{P_{fer}}{S_2} u^2 = \frac{P_{fer}}{S_r} \frac{S_r}{S_2} u^2 = p_{fer} \frac{(u_1 + u_2)^2}{4\,u_2\,i_2}$$
$$\frac{P_{cu}}{S_2} = \frac{P_{cur}}{S_2} i_2^2 = \frac{P_{cur}}{S_r} \frac{S_r}{S_2} i_2^2 = p_{cur} \frac{i_2}{u_2}$$

und man erhält:

$$\eta = \frac{\cos\varphi}{\cos\varphi + p_{fer}\dfrac{(u_1+u_2)^2}{4\,u_2\,i_2} + p_{cur}\dfrac{i_2}{u_2}}. \qquad (4.21)$$

4.6 Betriebsverhalten

Tab. 4.2 Typische Verluste und Wirkungsgrade von Grosstransformatoren, $\cos\varphi = 0.8$

	$p_{fer} = 1/r_{fe}$	$p_{cur} = r = u_{kw}$	$\eta_r = \dfrac{0.8}{0.8 + p_{fer} + p_{cur}}$
100 kVA	0.25 %	1.3 %	98.1 %
1 MVA	0.12 %	0.7 %	99.0 %
10 MVA	0.08 %	0.5 %	99.3 %
100 MVA	0.05 %	0.35 %	99.5 %
1000 MVA	0.02 %	0.15 %	99.8 %

Der Wirkungsgrad bei Nennbelastung (oder Nennwirkungsgrad) ist mit der nicht ganz zutreffenden Annahme $u_1 = u_2 = 1$ näherungsweise

$$\eta_r = \frac{\cos\varphi_r}{\cos\varphi_r + p_{fer} + p_{cur}}. \tag{4.22}$$

Beispiel 4.6 Man bestimme mit der Näherungsformel (4.22) die Nennwirkungsgrade für $\cos\varphi_r = 0.8$ der typischen Transformatoren von Tab. 4.1 (Lösung s. Tab. 4.2).

Beispiel 4.7 Man ergänze das Beispiel 4.5 mit der Berechnung der Verluste und der aufgenommenen Leistungen.

$$u = \frac{u_1 + u_2}{2} = 1 + 0.958 = 0.979 \; p.u.$$

$$P_{fe} = p_{fer} \cdot S_r \cdot u^2 = 0.0012 \cdot 1000 \; kVA \cdot 0.979^2 = 1.13 \; kW$$

$$P_{cu} = p_{cur} \cdot S_r \cdot i_2^2 = 0.007 \cdot 1000 \; kVA \cdot 1 = 7 \; kW$$

$$q_{\mu r} = i_\mu = \frac{1}{x_h} = 0.0074 \; p.u., \quad q_{\sigma r} = x_\sigma = 0.0595 \; p.u.$$

$$Q_\mu = q_{\mu r} \cdot S_r \cdot u^2 = 0.0074 \cdot 1000 \cdot 0.979^2 = 7.1 \; kVAr$$

$$Q_\sigma = q_{\sigma r} \cdot S_r = 0.0595 \cdot 1000 = 59.5 \; kVAr$$

$$Q_1 = Q_2 + Q_\mu + Q_\sigma = 575 + 7.1 + 59.5 = 642 \; kVAr$$

$$S_1 = \sqrt{P_1^2 + Q_1^2} = 1006 \; kVA, \quad \cos\varphi_1 = \frac{P_1}{S_1} = 0.769.$$

Der Leistungsfaktor der aufgenommenen Leistung ist niedriger, da die aufgenommene Blindleistung wesentlich grösser ist als die Verluste (67 kVAr gegen 8 kW).

Aufgabe 4.1 Man bestimme für den Transformator des Beispiels 4.4 den exakten Verlauf des Wirkungsgrades in Funktion des Stromes von Leerlauf bis Nennlast (mit Computerprogramm), Speisespannung = Nennspannung, Nennübersetzung.

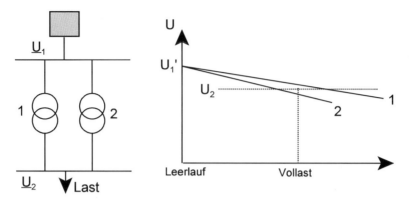

Abb. 4.25 Unterschiedliche Belastung parallelgeschalteter Transformatoren, wenn die Kurzschlussspannung nicht übereinstimmt

4.6.4 Parallelbetrieb

Parallellaufende Transformatoren werden gleichmässig belastet, wenn folgende Bedingungen erfüllt sind: *gleiche Übersetzung*, *gleiche Phasendrehung* (gleiche Kennziffer), *gleiche prozentuale Kurzschlussspannung*. Die beiden ersten Bedingungen sind notwendig, damit sich kein Kurzschlussstrom in der Transformatorenschlaufe ausbildet (wegen der inneren Spannungsdifferenz).

Abbildung 4.25 veranschaulicht die unterschiedliche Belastung von T1 und T2, wenn $u_{k1} < u_{k2}$. Transformator 1 weist bei Vollast den kleineren Spannungsabfall auf. Beim Parallelschalten stellt sich eine gemeinsame Spannung U_2 ein. Die Last verteilt sich nicht gleichmässig auf beide Transformatoren: Transformator 1 wird überlastet, während Transformator 2 nicht voll ausgenutzt wird.

Aufgabe 4.2 Zwei Transformatoren 16 kV/400 V: Yz5, 100 kVA, $u_k = 4$ %, $u_{kw} = 2$ % und Dy5, 200 kVA, $u_k = 6$ %, $u_{kw} = 2$ %, werden parallelgeschaltet und gemeisam mit 300 kVA $\cos\varphi = 0.85$ belastet. Die Speisespannung beträgt 16 kV.

a) Wie verteilt sich die Belastung? Wie gross ist die Sekundärspannung?
b) Überprüfen Sie, dass die Last optimal verteilt ist, wenn die prozentuale Kurzschlussspannung identisch ist, z. B. 6 %.

4.7 Spartransformator

4.7.1 Prinzip

Jeder Zweiwicklungstransformator mit galvanischer Trennung (Volltransformator) mit Übersetzung ü kann prinzipiell durch Aufstockung der US-Wicklung auf die

4.7 Spartransformator

Abb. 4.26 Entstehung des Spartransformators aus dem Volltransformator: **a** Volltransformator, **b** Sparschaltung

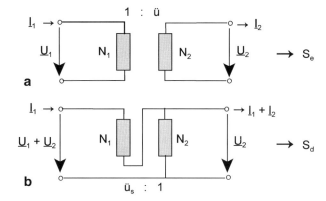

OS-Wicklung in *Sparschaltung* betrieben werden, wie Abb. 4.26 zeigt. Durch Sternschaltung der Wicklungen lassen sich auch entsprechende Drehstromspartransformatoren bauen. Die Übersetzung der Sparschaltung ist

$$\ddot{u}_s = \frac{N_1 + N_2}{N_2} = 1 + \frac{N_1}{N_2} = 1 + \frac{1}{\ddot{u}}. \tag{4.23}$$

Beim idealen *Volltransformator* ist die Durchgangsleistung mit der *Eigenleistung* S_e identisch, d. h.

$$S_d = S_e = U_2 I_2 = U_1 I_1.$$

Die *Durchgangsleistung* des *idealen Spartransformators* ist gemäss Abb. 4.26

$$S_d = U_2(I_1 + I_2) = (U_1 + U_2)I_1 = (1 + \ddot{u})S_e. \tag{4.24}$$

Die Durchgangsleistung ist um den Faktor (1 + ü) grösser als die Eigenleistung. Darin liegt der *Kostenvorteil* des Spartransformators. Dieser Vorteil ist um so ausgeprägter, je grösser die Übersetzung des Volltransformators oder wegen Gl. (4.23), je kleiner die Übersetzung des Spartransformators. Praktisch werden deshalb Spartransformatoren nur für kleine Übersetzungen eingesetzt, in der Energieversorgung z. B. für die Netzkopplung von 220-kV- und 380-kV-Netzen. In diesem Fall ist $\ddot{u}_s = 1.73$, $\ddot{u} = 1.37$, $(1 + \ddot{u}) = 2.37$. Die Eigenleistung des Transformators ist bei der idealen Betrachtung etwa 42 % der Durchgangsleistung, was eine wesentliche Kosteneinsparung bedeutet. Bei der Kopplung eines 220-kV-Netzes mit dem in der Schweiz verwendeten 132-kV-Netz sind die Verhältnisse ähnlich: $\ddot{u}_s = 1.67$, $\ddot{u} = 1.5$, $(1 + \ddot{u}) = 2.5$, $S_e = 0.4\, S_d$.

Die Sparschaltung weist auch *Nachteile* auf. Ein erster Nachteil ist das Fehlen der galvanischen Trennung. Spannungen relativ zur Erde als Folge unsymmetrischer Fehler (s. Kap. 10) werden voll übertragen. Spartransformatoren werden deshalb nur in beidseitig wirksam geerdeten Netzen eingesetzt. Ein weiterer Nachteil ist der grössere Kurzschlussstrom (Abschn. 4.7.2), der dazu führt, dass Spartransformatoren mit einer grösseren Streuung speziell anzufertigen sind.

Abb. 4.27 Ersatzschaltbild des realen Spartransformators

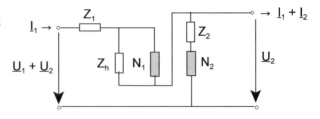

Abb. 4.28 T-Ersatzschaltbild des Spartransformators

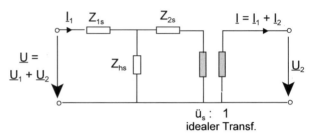

4.7.2 Ersatzschaltbild

Führt man in Abb. 4.26 Streu- und Hauptreaktanz sowie die Verlustwiderstände ein, ergibt sich Abb. 4.27, worin

$$\underline{Z}_1 = R_1 + j\omega L_{\sigma 1}, \quad \underline{Z}_2 = R_2 + j\omega L_{\sigma 2}, \quad \underline{Z}_h = \frac{j\omega L_h R_{fe}}{R_{fe} + j\omega L_h}. \tag{4.25}$$

Das Zweitor Abb. 4.27 lässt sich in ein äquivalentes T-Zweitor gemäss Abb. 4.28 umwandeln, dessen Impedanzen von Gl. (4.26) gegeben sind.

$$\underline{Z}_{1s} = \underline{Z}_1 - \frac{\underline{Z}_2}{\ddot{u}}, \quad \underline{Z}_{2s} = \underline{Z}_2 \frac{(1+\ddot{u})}{\ddot{u}^2}, \quad \underline{Z}_{hs} = \underline{Z}_h (1+\ddot{u})^2. \tag{4.26}$$

Die Summe der beiden Längsimpedanzen ergibt

$$\underline{Z}_{1s} + \underline{Z}_{2s} = \underline{Z}_1 + \underline{Z}_2 \left(\frac{1+\ddot{u}}{\ddot{u}^2} - \frac{1}{\ddot{u}}\right) = \underline{Z}_1 + \frac{\underline{Z}_2}{\ddot{u}^2} = \underline{Z}. \tag{4.27}$$

Sie ist also identisch mit der Impedanz des Volltransformators. Da die Primärspannung um den Faktor $(1+\ddot{u})$ grösser ist, folgt bei sekundärseitigem Kurzschluss ein um den Faktor $(1+\ddot{u})$ grösserer Kurzschlussstrom. Der Leerlaufstrom hingegen ist um den gleichen Faktor kleiner.

Die Impedanzen Z_{1s} und Z_{2s} sind im Gegensatz zum Volltransformator sehr unterschiedlich. Nimmt man an, dass für letzteren wie üblich $Z_1 = Z_2/\ddot{u}^2$ ist, erhält man

$$\underline{Z}_{1s} = \frac{\underline{Z}}{2}(1-\ddot{u}), \quad \underline{Z}_{2s} = \frac{\underline{Z}}{2}(1+\ddot{u}). \tag{4.28}$$

Da aus wirtschaftlichen Gründen in der Regel $\ddot{u}_s < 2$ und infolgedessen $\ddot{u} > 1$, ist die Primärimpedanz im T-Ersatzschaltbild Abb. 4.28 meist negativ.

Abb. 4.29 Prinzip des Stufentransformators, $N =$ Sternpunktpotential

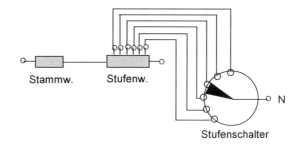

Aufgabe 4.3 Ein Einphasentransformator von 10 kVA, 230/170 V, mit $u_k = 6\,\%$, $u_{kw} = 3\,\%$ wird als Spartransformator betrieben. Man berechne die Übersetzung und die Durchgangsleistung als Spartransformator sowie den Kurzschlussstrom auf der 230-V-Seite. Wie stark müsste man die Streuung erhöhen, damit der Kurzschlussstrom auf den Wert des Volltransformators zurückgeht?

4.8 Einstellbare Transformatoren

4.8.1 Umsteller

Bei den Umstellern kann die Windungszahl einer der beiden Wicklungen (in der Regel aus konstruktiven Gründen die OS-Wicklung, die zugänglicher ist, da aussen angeordnet) durch Anzapfungen verändert werden. Die Umstellung der Übersetzung darf nur im abgeschalteten Zustand durchgeführt werden. Wie bereits in Abschn. 4.6.2 erläutert, lässt sich damit der Spannungsabfall kompensieren. Die Kompensation ist aber stromunabhängig, d. h. die Sekundärspannung wird zwar angehoben, der Spannungsunterschied zwischen Leerlauf und Vollast bleibt aber bestehen. Da Umsteller billig sind, werden sie vor allem im Verteilungsbereich verwendet. In diesem Bereich sind die Kurzschlussspannungen relativ klein (s. Tab. 4.1), und der Spannungsunterschied zwischen Leerlauf und Vollast ist eher tragbar.

Die Änderung der Übersetzung hat keine Folgen für den Wert der Impedanzen im Ersatzschema, sofern der Streufluss konstant bleibt. Streng genommen ist dies zumindest bei grösserer Windungszahländerung nicht der Fall, wird aber in der Regel vernachlässigt. Im *Ersatzschaltbild* muss demzufolge lediglich die Übersetzung des idealen Transformators verändert werden.

4.8.2 Regeltransformatoren

Regeltransformatoren ermöglichen eine Korrektur der Spannung unter Last. Dazu wird die OS-Wicklung in eine Stamm- und eine Stufenwicklung unterteilt. Die Stufenwicklung verfügt über Anzapfungen, die mit einem *Stufenschalter* abgegriffen werden (Abb. 4.29). Da die OS-Wicklungen von Drehstromtransformatoren

Abb. 4.30 Blockschaltbild des Stufentransformators

meist in Stern geschaltet sind und die Stufenwicklungen somit ein gemeinsames Sternpunktpotential aufweisen, genügt ein Stufenschalter für alle drei Wicklungen. Die OS-Wicklung hat gegenüber der US-Wicklung den Vorteil, kleinere Ströme zu führen, die vom Stufenschalter besser beherrschbar sind.

Stufentransformatoren sind relativ teuer und werden eher im Bereich der Netztransformatoren eingesetzt, wo die Spannungsunterschiede zwischen Leerlauf und Vollast gross sind. Der Stufenschalter kann manuell oder automatisch von einem Spannungsregler gesteuert werden. Durch die Spannungsregelung ist es möglich, den Blindleistungsfluss im Netz zu steuern (Kap. 9). Will man auch den Wirkleistungsfluss beeinflussen, braucht man Transformatoren, die eine Phasenverschiebung zwischen Eingangs- und Ausgangspannung erzeugen (Schräg- und Querregelung, s. Abschn. 4.9.4.2).

Für das Ersatzschaltbild gelten die gleichen Bemerkungen wie für den Umsteller. Die variable Übersetzung hat aber den Nachteil, dass die Admittanzen der Y-Matrix ebenfalls variieren, und bei Lastflussberechnungen die Admittanzmatrix des Netzes in jedem Rechenschritt neu zu invertieren ist (Kap. 9). Um dies zu vermeiden, geht man wie folgt vor. Zunächst werde die Y-Matrix (4.12) oder (4.13) mit ü an Stelle von x in der allgemeinen p.u. Form

$$\begin{pmatrix} i_o \\ i_u \end{pmatrix} = \begin{vmatrix} \underline{y}_{11} & \ddot{u}_{pu}\underline{y}_{12} \\ \ddot{u}_{pu}\underline{y}_{21} & \ddot{u}_{pu}^2\underline{y}_{22} \end{vmatrix} \cdot \begin{pmatrix} u_o \\ u_u \end{pmatrix} \qquad (4.29)$$

geschrieben, mit Indizes o für OS- und u für US-Seite. Führt man die p.u. Abweichung $\Delta \ddot{u}_{pu}$ von der Nennübersetzung ein

$$\ddot{u}_{pu} = 1 + \Delta \ddot{u}_{pu}, \qquad (4.30)$$

folgt

$$\begin{pmatrix} i_o \\ i_u \end{pmatrix} = \begin{vmatrix} \underline{y}_{11} & \underline{y}_{12} \\ \underline{y}_{21} & \underline{y}_{22} \end{vmatrix} \cdot \begin{pmatrix} u_o \\ u_u \end{pmatrix} + \Delta \ddot{u}_{pu} \begin{vmatrix} 0 & \underline{y}_{12} \\ \underline{y}_{21} & (2 + \Delta \ddot{u}_{pu})\, \underline{y}_{22} \end{vmatrix} \cdot \begin{pmatrix} u_o \\ u_u \end{pmatrix} \qquad (4.31)$$

oder kürzer

$$\begin{pmatrix} i_o \\ i_u \end{pmatrix} = \begin{vmatrix} \underline{y}_{11} & \underline{y}_{12} \\ \underline{y}_{21} & \underline{y}_{22} \end{vmatrix} \cdot \begin{pmatrix} u_o \\ u_u \end{pmatrix} + \begin{pmatrix} \Delta i_o \\ \Delta i_u \end{pmatrix}. \qquad (4.32)$$

Wie Abb. 4.30 veranschaulicht, kann der Stufentransformator durch einen Transformator mit fester Nennübersetzung und zwei injizierte Quellenströme simuliert werden, die im wesentlichen proportional zur Übersetzungsabweichung sind.

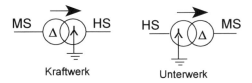

Abb. 4.31 Schaltkurzzeichen und Hauptmerkmale von Kraftwerks- und Unterwerkstransformatoren. $MS =$ Mittelspannung, $HS =$ Hochspannung. Der Pfeil zeigt die Richtung des Energieflusses, Leistungsbereich: etwa 1 MVA bis 1000 MVA (s. auch Abb. 4.34a, b)

Abb. 4.32 Schaltkurzzeichen und Hauptmerkmale von Netzkupplungstransformatoren, Leistungsbereich: etwa 100 MVA bis 1000 MVA

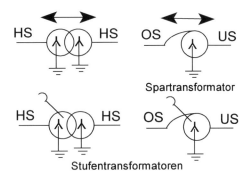

4.9 Transformatoren in der Energieversorgung

4.9.1 Kraftwerks- und Unterwerks (Netz)-Transformatoren

Als Schaltgruppe wird normalerweise Yd5, gelegentlich auch Yd11 eingesetzt. Der Sternpunkt wird in HS-Netzen direkt (Abb. 4.31) oder auch über Petersen-Spulen oder strombegrenzende Impedanzen geerdet (Abschn. 14.1). Werden die MS-Netze isoliert betrieben, kann auf der MS-Seite die Dreieckschaltung verwendet werden. Für die Hochspannungsseite ist Sternschaltung günstiger, weil im Gegensatz zur Dreieckschaltung die Isolation nur für die um den Faktor $\sqrt{3}$ kleinere Sternspannung auszulegen ist. Im Mittelspannungsbereich ist weniger die Isolation als vielmehr der Kupferaufwand wirtschaftlich ausschlaggebend. Hier bringt die Dreieckwicklung mit um $\sqrt{3}$ kleineren Strömen grössere Vorteile.

4.9.2 Netzkupplungstransformatoren

Schaltung: Yy0 oder Spartransformator. Die Sternpunkte sind meist beidseitig geerdet (Abb. 4.32). Oft werden Netzkupplungstransformatoren als Stell- (Stufen-) transformatoren ausgeführt.

Abb. 4.33 Kurzsymbole und Hauptmerkmale von Verteilungstransformatoren.
NS = Niederspannung

4.9.3 Verteilungstransformatoren

Verteilungstransformatoren werden in Transformatorstationen zur Speisung des Niederspannungsnetzes verwendet. Die Sternpunkte sind auf der Niederspannungsseite geerdet (Abb. 4.33). Die verwendeten Schaltungsarten sind Dy5 und Yz5. Der Leistungsbereich liegt zwischen etwa 100 kVA und 2 MVA. Normierte Leistungen sind 400, 630, 1000, 1600 kVA für Schaltungsart Dy5. Für 250 kVA und weniger wird die Yz5-Schaltung bevorzugt, da sie sich bei unsymmetrischer Belastung günstiger verhält (Abschn. 10.5). Bei kleinen Leistungen gleichen sich die auf die drei Phasen verteilten Einphasenverbraucher im Niederspannungsnetz statistisch weniger gut aus.

4.9.4 Spezialtransformatoren

4.9.4.1 Dreiwicklungstransformator

Diese Transformatorvariante bringt dort wirtschaftliche Vorteile, wo Verbraucher mit zwei verschiedenen Spannungsebenen zu versorgen sind, als Alternative zu zwei Zweiwicklungstransformatoren. Das Ersatzschaltbild Abb. 4.35 würde unmittelbar aus Abb. 4.8 durch Hinzufügen der dritten Wicklung (auch *Tertiärwicklung* genannt) folgen, wenn die gegenseitige Streuung von je zwei Wicklungen vernachlässigbar wäre. Dies ist nicht der Fall, da die drei Wicklungen eng gekoppelt sind. Die Analyse zeigt aber, dass auch bei Berücksichtigung aller Streuflüsse die Ersatzschaltung gültig bleibt, wobei die Gesamtstreureaktanz der konstruktiv sich in der Mitte befindenden Wicklung negativ werden kann [7]. Dieser Tatbestand lässt sich nutzen, indem man diese Wicklung als Primärwicklung einsetzt und damit die Wirkung der Netzreaktanz kompensiert. Eine stark schwankende Last der Tertiärwicklung (z. B. Lichtbogenofen) wirkt sich dann auf die Last der Sekundärwicklung nicht aus (Vermeidung von Flicker, s. Abschn. 7.4), [10]. Weitere Anwendungen der Tertiärwicklung sind die Ankopplung von Kompensationsanlagen (Abschn. 9.5.3) und die Auskopplung der Nullstromkomponente mittels Dreieckwicklung (Abschn. 10.5) in einem Stern-Stern-Transformator mit beidseitig geerdeten Sternpunkten. Auch Spartransformatoren können in diesem Zusammenhang mit einer galvanisch getrennten Tertiärwicklung ausgeführt werden.

Die Parameter des Ersatzschaltbildes lassen sich analog zu Abschn. 4.4 mit einem Leerlauf- und drei Kurzschlussversuchen, bei denen jeweils eine der drei Wicklungen offen bleibt, bestimmen.

4.9 Transformatoren in der Energieversorgung

Abb. 4.34 **a** Blick in einen Netztransformator 40 MVA, 110/20 kV (Siemens)
1 Dreischenkelkern,
2 US-Wicklung,
3 OS-Wicklung,
4 Stufenwicklung,
5 Leitungsführung,
6 US-Durchführung,
7 OS-Durchführung,
8 Pressrahmen,
9 Stufenschalter,
10 Motorantrieb, *11* Kesse4l,
12 Ausdehnungsgefäss,
13 Radiatoren, **b** Kraftbreakwerkstransformator 850 MVA, 420 kV/27 kV (Siemens)

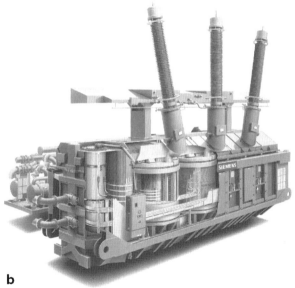

4.9.4.2 Transformator mit Schräg- oder Querregelung

In einem normalen Regeltransformator sind Ein- und Ausgangsspannung praktisch in Phase. Mit der variablen Übersetzung kann der Blindleistungsfluss geregelt, die Wirkleistung aber kaum beeinflusst werden (Kap. 9). Will man auch den Wirkleistungsfluss steuern, muss zwischen Ein- und Ausgangsspannung eine Phasenverschiebung erzeugt werden. Dies lässt sich durch Serieschaltung von Transformatorwicklungen verschiedener Kennziffern erreichen, welche eine Zusatzspannung erzeugen, die in der Regel 60° (Schräg-) oder 90° (Querregelung) beträgt (s. Abb. 4.36).

Abb. 4.35 Schaltkurzzeichen und Ersatzschaltbild des Dreiwicklungstransformators

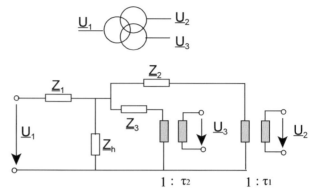

Wird z. B. ein Transformator der Kennziffer 5 mit einem Transformator der Kennziffer 11 kombiniert, lässt sich eine 60°-Schrägregelung erzielen. Einen möglichen Aufbau zeigt Abb. 4.37 anhand von idealen Transformatoren. Der Haupttransformator T_1 ist als Dreiwicklungstransformator ausgeführt und erzeugt mit der Sekundärwicklung eine Spannung U_3 und mit der Tertiärwicklung eine Spannung U_4. Diese Spannung wird mit dem Zusatztransformator T_2 in eine Spannung U_5 transformiert, die schliesslich zu U_3 addiert wird. Die Tertiärwicklung des Haupttransformators und der Zusatztransformator haben andere Kennziffern als die Sekundärwicklung des Haupttransformators und müssen durch komplexe Übersetzungen beschrieben werden.

Abb. 4.36 Transformator mit getrennter Längs- und Querregelung, 400 MVA, 380/50 kV (Quelle: ABB Sécheron)

Abb. 4.37 Transformator mit Schrägeinstellung:
T_1 = Dreiwicklungstransformator (vorteilhaft als Spartransformator mit Tertiärwicklung ausgeführt)
T_2 = Zusatztransformator (als Regeltransformator)

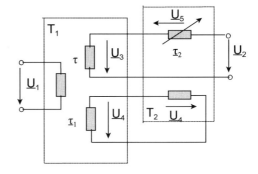

Abb. 4.38 Zeigerdiagramm eines idealen Transformators mit Schrägeinstellung

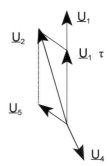

Man erhält:

$$\underline{U}_3 = \underline{U}_1 \tau$$
$$\underline{U}_4 = \underline{U}_1 \underline{\tau}_1 = \underline{U}_1 \, \tau_1 \, e^{j\varphi_1}$$
$$\underline{U}_5 = -\underline{U}_4 \, \underline{\tau}_2 = \underline{U}_4 \, \tau_2 \, e^{j(\varphi_2+180°)} = \underline{U}_1 \, \tau_1 \, \tau_2 \, e^{j(\varphi_1+\varphi_2+180°)}$$
$$\underline{U}_2 = \underline{U}_3 + \underline{U}_5 = \underline{U}_1(\tau + \tau_1 \, \tau_2 \, e^{j(\varphi_1+\varphi_2+180°)}).$$

Hat die Hauptwicklung die Kennziffer 0 (z. B. Yy0) und sind $\varphi_1 = -150°$ (Kennziffer 5) und $\varphi_2 = -330°$ (Kennziffer 11), folgt $\varphi = (\varphi_1 + \varphi_2 + 180°) = 60°$. Es ergibt sich das Zeigerdiagramm Abb. 4.38. Mit der variablen Übersetzung τ_2 des einstellbaren Zusatztransformators kann die Spannung U_2 gegenüber der Spannung U_1 in einem weiten Bereich eingestellt werden. Durch Umpolung der Zusatzwicklung kann auch eine negative Phasenverschiebung erzielt werden.

Die exaktere Berechnung berücksichtigt die reellen Ersatzschaltbilder der Transformatoren. Da die Übersetzung komplex ist, tritt an Stelle der Gl. (4.29) die Beziehung (s. Bemerkung in Abschn. 4.2):

$$\begin{pmatrix} \underline{i}_o \\ \underline{i}_u \end{pmatrix} = \begin{vmatrix} \underline{y}_{11} & \ddot{u}_{pu} \, \underline{y}_{12} \\ \ddot{u}_{pu}^* \, \underline{y}_{21} & \ddot{u}_{pu}^* \, \ddot{u}_{pu} \, \underline{y}_{22} \end{vmatrix} \cdot \begin{pmatrix} \underline{u}_o \\ \underline{u}_u \end{pmatrix}.$$

Abb. 4.39 Schaltkurzzeichen und Ersatzschaltbild von Wandlern: **a** Spannungswandler, **b** Stromwandler, **c** L-Ersatzschaltbild gemäss Abb. 4.13, Gl. (4.5)

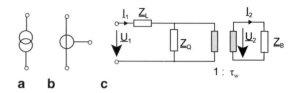

Gesetzt

$$\underline{\ddot{u}}_{pu} = 1 + \underline{\Delta\ddot{u}}_{pu},$$

folgt wieder (4.32) und somit wieder Abb. 4.30 mit

$$\begin{pmatrix} \underline{\Delta i_o} \\ \underline{\Delta i_u} \end{pmatrix} = \begin{vmatrix} 0 & \underline{\Delta\ddot{u}}_{pu} \, \underline{y}_{12} \\ \underline{\Delta\ddot{u}}_{pu}^* \, \underline{y}_{21} & (\underline{\Delta\ddot{u}}_{pu} + \underline{\Delta\ddot{u}}_{pu}^* + \Delta\ddot{u}_{pu}^2) \, \underline{y}_{22} \end{vmatrix} \cdot \begin{pmatrix} \underline{u}_o \\ \underline{u}_u \end{pmatrix}. \quad (4.33)$$

4.9.4.3 Induktive Wandler

Bei den Wandlern handelt es sich um Transformatoren kleiner Leistung (von 10 bis höchstens einige 100 VA), die der Speisung von Mess- oder Schutzkreisen aus dem Mittelspannungs- oder Hochspannungsnetz dienen. Sie werden als Spannungs- und Stromtransformatoren ausgeführt und erfüllen folgende Aufgaben:

- Reduzieren von Spannung oder Strom auf normierte Werte (meist 100 V bzw. 1 oder 5 A).
- Isolieren der Mess- und Schutzkreise gegen Hochspannung.

Obwohl die Leistungen sehr klein sind, haben Wandler recht große Dimensionen wegen der aufwendigen Isolierung zwischen den Hochspannungsklemmen und den übrigen Wandlerteilen (s. auch Abschn. 8.1).

Die Schaltkurzzeichen und das Ersatzschaltbild sind aus Abb. 4.39 zu entnehmen. Der Wandler wird mit Mess- und Schutzkreisen belastet. Die entsprechende Lastimpedanz Z_B bezeichnet man als *Bürde*.

Wandler müssen bestimmte Bedingungen in Bezug auf Genauigkeit erfüllen. Mit der Angabe von Genauigkeitsklassen wird definiert, welcher Übertragungsfehler in % bei 50 Hz und Nennspannung maximal zulässig ist: Klassen 0.1, 0.2 und 0.5 für genaue Messungen, 1 und 3 für Betriebsmessungen. Die Frequenzabhängigkeit des Fehlers ist zu beachten.

Spannungswandler Aus dem Ersatzschaltbild folgt der Zusammenhang

$$\tau_w \, \underline{U}_1 = \left(1 + \frac{Z_L}{Z_Q} + \frac{Z_L}{Z'_B}\right) \underline{U}_2 \quad mit \quad Z'_B = \frac{Z_B}{\tau_w^2}, \quad Z_B = Z_{Bmin} \ldots \infty.$$

Um den Übertragungsfehler im ganzen Lastbereich klein zu halten, muss das Verhältnis Z_L/Z'_{Bmin} klein sein. Dies bedingt für hohe Genauigkeit der Spannungsmessung eine sehr kleine Streuung. Die Lastimpedanz Z_{Bmin} entspricht der Nennleistung S_r des Wandlers und ist also gleich zur sekundären Nennimpedanz. Das Verhältnis Z_L/Z'_{Bmin} ist somit gleich dem p.u. Wert der Längsimpedanz. Dementsprechend ist der Kurzschlussstrom von Spannungswandlern sehr hoch und umso grösser, je höher die Genauigkeit, so dass die Verwendung von Sicherungen im Sekundärkreis zu empfehlen ist.

Stromwandler Dem Stromwandler wird primärseitig ein Strom aufgedrückt. Aus dem Ersatzschaltbild folgt der Zusammenhang

$$\frac{1}{\tau_w}\underline{I}_1 = \left(1 + \frac{Z'_B}{Z_Q}\right)\underline{I}_2 \quad mit \quad Z'_B = \frac{Z_B}{\tau_w^2}, \ Z_B = 0 \ \ldots \ Z_{Bmax}.$$

Der Betriebsbereich des Stromwandlers liegt zwischen Nennlast und Kurzschluss. Dementsprechend darf ein Stromwandler sekundärseitig nie geöffnet werden. Dies hätte sehr hohe Spannungen zur Folge, welche die Isolierung zerstören könnten.

Um den Fehler klein zu halten, muss das Verhältnis Z'_{Bmax}/Z_Q klein sein. Die Lastimpedanz Z_{Bmax} entspricht der Nennleistung und ist somit gleich zur sekundären Nennimpedanz. Das Verhältnis Z'_{Bmax}/Z_Q ist gleich dem Reziprokwert der p.u. Hauptimpedanz oder dem p.u. Wert des Magnetisierungsstromes. Genaue Stromwandler sind mit hoher Hauptinduktivität auszulegen (kleiner Magnetisierungsstrom). Zudem wird ein hoher *Überstromfaktor* gefordert. Dieser ist definiert als Verhältnis des im linearen Teil der magnetischen Kennlinie noch zulässigen Primärstroms zum Nennstrom. Als Überstromfaktor wird in der Regel 5 für Stromwandler für Mess- und 20 für Stromwandler für Schutzzwecke verlangt.

Literatur

1. Bödefeld T, Sequenz H (1965) Elektrische Maschinen. Springer, New York
2. Brandwajn V, Dommel HW, Dommel II (1982) Matrix representation of three-phase n-winding transformers for steady-state and transient studies. IEEE Trans PAS 101:1369–1378
3. Chatelain J (1983) Machines électriques. Traité d'électricité, Bd X. Presses polytechniques romandes, Lausanne
4. CIGRE 33/02 (1990) Guidelines for representation of networks elements when calculating transients
5. Demarmels A (1995) Aspects of superconducting transformrers. Supraleitung in der Energietechnik, München
6. Franklin AC, Franklin DP (1983) Transformer book. Butterworth, London
7. Happoldt H, Oeding D (1978) Elektrische Kraftwerke und Netze. Springer, New York
8. Hosemann G, Boeck W (1979) Grundlagen der elektrischen Energietechnik. Springer, New York
9. Hugo N, Rufer A (1997) Transformateurs de distribution supraconducteurs. Bull. SEV/ASE (23/1997)
10. Nelles D, Tuttas C (1998) Elektrische Energietechnik. Teubner, Stuttgart
11. Parrott P (1995) A review of transformer TRV conditions. Electra 102
12. Richter R (1953) Elektrische Maschinen. Birkhäuser, Stuttgart
13. Sabot A (1985) Transient recovery voltage behind transformer: calculation and measurement. IEEE Trans PAS 104(7):1916–1921

Kapitel 5
Elektrische Leitungen

5.1 Leitungsarten und -aufbau

Für die Energieübertragung und -verteilung werden üblicherweise *Drehstromleitungen* (Dreiphasenleitungen) eingesetzt. Einphasen- und Gleichstromleitungen bleiben Sonderfällen vorbehalten (Abschn. 1.2).

Die einfachste Leitungsart ist die starre *Schiene* für kurze Verbindungen, z. B. in Schaltanlagen oder zwischen Generator und Kraftwerkstransformator. Üblich sind Rechteckschienen, Rund- und Rohrschienen, für besondere mechanische Ansprüche auch Profilschienen.

Die beiden wichtigsten Leitungsarten sind die *Freileitung* und die unterirdische *Kabelleitung*. Überlandleitungen, vor allem Hoch- und Höchstspannungsleitungen, werden meist als Freileitungen gebaut. Ortsnetze (Mittelspannung und Niederspannung) werden hingegen aus Gründen der Sicherheit und Ästhetik durchweg verkabelt.

Die Vorteile der Freileitung liegen neben den günstigen Investitionskosten auch in der Zugänglichkeit bei Reparaturen und den dadurch erreichbaren kurzen Wiederinbetriebnahmezeiten (kurze Ausfalldauer). Kabelleitungen sind im Hoch- und Höchstspannungsbereich wesentlich teurer und lassen sich, rein wirtschaftlich gesehen, nur für kurze Strecken rechtfertigen. Sie weisen dafür eine etwas kleinere Ausfallrate auf, da sie wegen ihrer Verlegung in meist ca. 1 m Tiefe vor atmosphärischen Einwirkungen geschützt sind [16]. Sie haben auch gewisse betriebliche Vorteile dank ihrer grossen Querkapazität, die sich auf Oberwellen dämpfend auswirkt [9].

Als *Leiterwerkstoff* werden Cu, Al sowie Al-Legierungen mit Mg, Si, Fe (Aldrey) verwendet. Letztere erlauben eine höhere mechanische Belastung als Al und werden im Freileitungsbau bevorzugt. Der Vergleich von Cu und Al bei gleichem ohmschen Widerstand (gleiche Verluste) ergibt für das Gewichtsverhältnis:

$$\frac{G_{al}}{G_{cu}} = \frac{A_{al}}{A_{cu}} \frac{\gamma_{al}}{\gamma_{cu}} = \frac{\varrho_{al}}{\varrho_{cu}} \frac{\gamma_{al}}{\gamma_{cu}} = 1.61 \cdot 0.3 = 0.48.$$

Der Kilopreis des Aluminiums ist tiefer als jener des Kupfers. Kupfer ist somit für blanke Leitungen bei gleichen Verlusten mehr als doppelt so teuer. Für Freileitungsseile und blanke Schienen bietet Aluminium einen deutlichen Preisvorteil. Bei

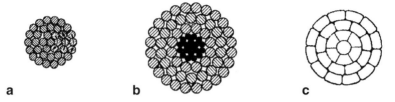

Abb. 5.1 Freileitungsseile: **a** Einfachseil, **b** Al-Stahl-Seil, **c** Kompaktseil

Abb. 5.2 Bündelleiter, bestehend aus Teilleitern: **a** Zweierbündel, **b** Dreierbündel, **c** Viererbündel

isolierten Leitungen wirkt sich hingegen der grössere Al-Querschnitt (Faktor 1.6) ungünstig aus. Bei Hochspannungskabeln wird der Preisvorteil durch den grösseren Aufwand an Isolationsmaterial wettgemacht, und man verwendet deshalb ausschliesslich Kupfer. Für Mittel- und Niederspannungskabel werden beide Werkstoffe eingesetzt, wobei ein Trend zum Al-Kabel zu beobachten ist. Zu erwähnen ist, dass Cu-Kabel bei gleicher Isolation eine rund 50 % höhere Kurzschlussstromdichte erlauben (Abschn. 12.2).

5.1.1 Freileitungen

Verwendet werden Al-Seile, Aldrey-Seile und Al-Stahl-Seile (seltener ist Cu bei neuen Leitungen). Die Seile werden grundsätzlich aus mehreren Einzeldrähten aufgebaut, die verdrillt und zur Verringerung des Stromverdrängungseffekts durch eine Oxidschicht voneinander isoliert sind. Bei Al-Stahl-Seilen werden die stromführenden Al-Drähte um eine Stahlseele angeordnet, welche für eine höhere mechanische Festigkeit sorgt (Abb. 5.1).

Ab 220 kV werden normalerweise *Bündelleiter* eingesetzt. Diese bestehen aus mehreren Seilen (Teilleiter), die durch Abstandhalter etwa alle 50 m verbunden werden (Abb. 5.2). Durch diese Anordnung wird bei gleichem Gesamtquerschnitt die Induktivität verkleinert und die Kapazität vergrössert, was zu einer Erhöhung der Übertragungsfähigkeit der Leitung führt (Abschn. 9.5). Ausserdem können durch die Leiteraufteilung auch bei grossen Leistungen Normquerschnitte verwendet werden. Trotz der grösseren Kapazität (Ladung) bleibt die Randfeldstärke wegen des günstigeren Feldbildes in zulässigen Grenzen (Beispiel 5.5). Dies ist bei hohen und höchsten Spannungen wegen der Entladungserscheinungen (Korona, Abschn. 3.7.1) von grosser Bedeutung.

Die Seile werden mittels Stütz- oder Hängeisolatoren von den *Masttraversen* getragen. Für die Gestaltung der Isolatoren sei auf Abschn. 3.9 und [4, 14] verwiesen.

5.1 Leitungsarten und -aufbau   165

Abb. 5.3 Aufhängearten der Freileitungsseile: **a** Tragmast, **b** Abspannmast, **c** Isoliertraverse

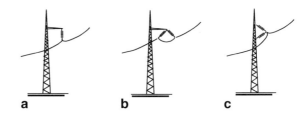

Bei Hängeisolatoren unterscheidet man *Tragmaste* und *Abspannmaste* (Abb. 5.3). Letztere schaffen Festpunkte in der Leitung, sie werden ausserdem bei Richtungsänderungen notwendig. Als weitere Möglichkeit seien die Isoliertraversen erwähnt [4].

Durch die Anbringung von Gewichten (Schwingungsdämpfer) können mechanische Schwingungen der Seile (vom Winde angeregt) gedämpft werden [4, 9].

Mastformen Einige der üblichen Mastbilder zeigt Abb. 5.4. Verwendet werden Holz- (a), Beton- (b, c), Stahlrohr- und Stahlgittermaste (d, e, f, g, h, i). Die Leitungen werden als Einfachleitungen (a, b, c, h, i), Doppelleitungen (d, e, f) oder Mehrfachleitungen (g) ausgeführt.

Die Wahl des Masttyps hängt von verschiedenen Faktoren ab. Tonnenmaste (Typ f) z. B. erlauben eine minimale Breite der Waldschneisen und sind deshalb in der Schweiz stark verbreitet. Auf Bergpässen, wo mit hohen Zusatzlasten durch Eis

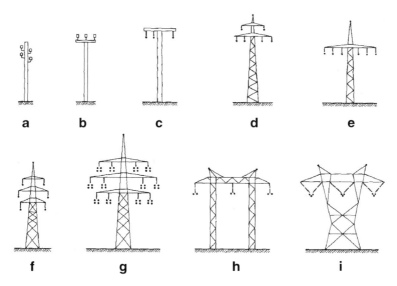

Abb. 5.4 Übliche Mastbilder von Drehstromfreileitungen: **a** Holzmast (NS), **b** Leitung mit Stützisolatoren (MS), **c** Betonmast (MS), **d** Donaumast, **e** Einebenenmast, **f** Tonnenmast, **g** Mehrfachleitung, **h** Portalmast, **i** Y-Mast (alle HS). (Quelle [6])

1 Aluminiumsektorförmig, verseilt
2 Leiterisolation
3 Polster aus Gummiregenerat
4 konzentrischer Aussenleiter, Cu
5 Aussenmantel aus PE

Abb. 5.5 Al-Niederspannungskabel: Dreileiterausführung (Ceanderkabel), sektorförmig

zu rechnen ist, eignet sich Typ h oder i, in der Nähe von Flughäfen wird eher der Einebenenmast (Typ e) wegen seiner geringen Höhe bevorzugt.

Über den Mastspitzen von HS-Masten werden *Erdseile* verlegt, welche die Aufgabe haben, die Leiterseile vor Blitzeinschlag zu schützen und durch Verbindung der geerdeten Maste die Gesamterdung zu verbessern. Trifft der Blitz einen Mast, verteilt sich der Blitzstrom auf viele Masterdungen (s. auch Abschn. 3.1.2). Die Erfahrung zeigt, dass bei üblicher Auslegung trotz des Erdseils z. B. bei 110-kV-Leitungen etwa 1 % der Blitze die Phasenseile treffen [4].

5.1.2 Kabelleitungen

Bei *Niederspannung* werden die Kabelleitungen als Drei- oder Vierleiterkabel gebaut. Die Cu- oder Al-Leiter sind massiv oder mehrdrähtig und oft *sektorförmig* aufgebaut, was eine besonders kompakte Ausführung ermöglicht. Jede *Ader* (Phasenleiter und bei der Vierleiterausführung auch der Neutralleiter) besitzt eine Isolierung (Aderisolierung). Die Adern sind miteinander verseilt und mit einer gemeinsamen Aderumhüllung versehen. Bei der Dreileiterausführung ist der vierte Leiter als konzentrischer Aussenleiter auf der Aderumhüllung angebracht (Abb. 5.5).

Im *Mittelspannungsbereich* (kein Neutralleiter, Abschn. 2.1.2 und Beispiel 3.3) kann man ähnlich aufgebaute Dreileiterkabel mit oder ohne *Feldsteuerung* verwenden. Bei Kabel mit Feldsteuerung oder *Radialkabel* ist jede Aderisolierung von einer leitenden Schicht umgeben. Da die Adern voneinander abgeschirmt sind, ist das Feld in der Aderisolierung radial (Abb. 5.6b). Ohne Feldsteuerung (Gürtelkabel Abb. 5.6a) ist die maximale Feldstärke höher, ausserdem können sich zwischen den Adern feldbeanspruchte Hohlräume bilden, in denen sich Teilentladungen entwickeln können (Abschn. 3.4.3). Deshalb werden Kabel ohne Feldsteuerung nur bis ca. 10 kV eingesetzt.

Alle Kabeltypen werden von einem *Mantel* umgeben, mit oder ohne Bewehrung, der die Kabel gegen mechanische und chemische Einflüsse schützt.

Im *Niederspannungsbereich* ist die früher vorherrschende Papierisolation (öl- imprägniertes Papier) grösstenteils durch die *Kunststoffisolation* verdrängt worden. Als Kunststoff werden Polyäthylen (PE), vernetztes Polyäthylen (VPE) sowie Polyvinylchlorid (PVC) und synthetischer Gummi (EPR) verwendet. PE zeichnet sich durch erheblich niedrigere Verluste aus (s. Abschn. 3.4).

Im *Mittelspannungsbereich* sind in Europa papierisolierte Kabel immer noch vorherrschend (Abb. 5.7, 1996). Neuinstallationen verwenden aber in Deutschland zu 90 % VPE-Kabel, wie Abb. 5.8 zeigt.

5.1 Leitungsarten und -aufbau

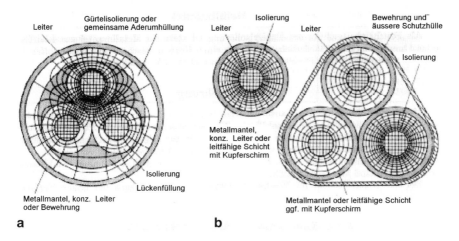

Abb. 5.6 Kabelaufbau für Dreileiterkabel und zugehörige Feldbilder: **a** Gürtelkabel, **b** Radialfeldkabel [10]

Abb. 5.7 Geschätzte Anteile der installierten MS-Kabel (6-36 kV) in Europa. (Quelle [1])

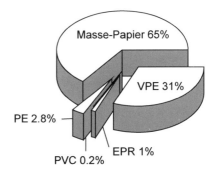

Abb. 5.8 Marktanteile der MS-Kabel in Deutschland 1996. (Quelle [1])

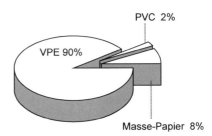

Bei der Papierisolierung wird das Papier mit einer aus Mineralöl und Harz bestehenden Masse (daher auch der Name *Massekabel*) imprägniert. Da die Isolierfestigkeit von Massekabel durch Feuchtigkeit beeinträchtigt wird, ist ein Feuchtigkeitsschutz notwendig, der aus einem Mantel aus Blei oder Al + Kunststoff besteht. Bleimäntel bedürfen wegen ihrer mechanischen Schwäche einer Bewehrung.

1 Kupferleiter, verseilt
2 innere Halbleiterschicht
3 Leiterisolation aus VPE
4 äussere Halbleiterschicht
5 Quellband, halbleitend
6 Abschirmung aus Kupferdrähten
7 Schutzmantel aus PE
8 Aussenmantel aus PE

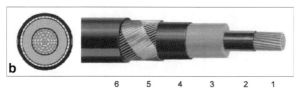

1 Kupferleiter, verseilt
2 innere Halbleiterschicht
3 Leiterisolation aus EPR
4 äussere Halbleiterschicht
5 Abschirmung aus Kupferdrähten
6 Schutzmantel aus PE

Abb. 5.9 Mittelspannungskabel mit Polymerisolation **a** Dreileiterkabel (CENELEC prHD 620 S1), **b** Einleiterkabel (IEC 60840) (Brugg Kabel AG, Schweiz)

1 Hohlleiter aus Kupferdrähten
2 Halbleiterpapiere
3 Leiterisolation aus Halbleiterpapieren
4 Hochstädter- und Halbleiterpapierband
5 Bleimantel
6 Korrosionsschutz
7 Druckbandage aus Stahlbändern
8 Aussenmantel aus HDPE

Abb. 5.10 132-kV-Ölkabel gemäss IEC 141-1 (Brugg Kabel AG)

Im unteren Mittelspannungsbereich sind die Kabel meist dreipolig (Abb. 5.9a). Im oberen *Mittelspannungs-* und im *Hochpannungsbereich* werden die Kabel aus Gründen der Flexibilität (Verlegung) meistens einpolig ausgeführt (Abb. 5.1b). Bei dreipoligen Kabeln heben sich die drei Magnetfelder im umgebenden Raum weitgehend auf. Dies ist bei einpoligen Kabeln nicht der Fall, und in der Abschirmung/Mantel entstehen Wirbelströme und entsprechende Verluste. Diese können durch *Auskreuzen* der Schirme verringert werden. Weitere Informationen zu Kabeltechnologie, -zubehör und -verlegung findet man in [11].

Für höhere Spannungen wird zur Verhinderung von Hohlräumen, die zu Teilentladungen führen können, das Papierkabel unter Druck gesetzt. Als Druckmittel dient Gas (*Druckgaskabel*) oder dünnflüssiges Isolieröl. Im Ölkabel (Abb. 5.10) steht das Öl unter einem Druck von wenigen bar bis 8 bar. Druckgaskabel werden als Innendruck- oder Aussendruckkabel ausgeführt und arbeiten mit Stickstoff und etwa 15 bar. Ölkabel und Druckgaskabel haben ihre Tauglichkeit auch für die höchsten Spannungen bewiesen, werden aber immer mehr durch VPE-isolierte Kunststoffkabel ersetzt (Abb. 5.11).

Als Spezialkabel sind die gasisolierten Übertragungsleitungen (GIL) zu erwähnen, die im Höchstspannungsbereich für kurze Strecken eingesetzt werden. Für längere Strecken werden sie erst bei sehr hohen Leistungen (> 1000 MVA) wirtschaftlich. Als Isoliergas wird meist eine Mischung N_2/SF_6 verwendet.

1 Hohlleiter aus Kupferdrähten
2 Halbleiterpapiere
3 Leiterisolation aus Halbleiterpapieren
4 Hochstädter- und Halbleiterpapierband
5 Bleimantel
6 Korrosionsschutz
7 Druckbandage aus Stahlbändern
8 Aussenmantel aus HDPE

Abb. 5.11 380-kV-Polymerkabel gemäss IEC 62067 (Brugg Kabel AG)

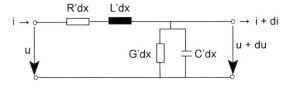

Abb. 5.12 Leitungsphysik. R' = Widerstandsbelag (Ω/km), L' = Induktivitätsbelag (H/km) = L_1' bei Drehstrom (Abschn. 2.3), C' = Kapazitätsbelag (F/km) = C_1' bei Drehstrom, G' = Ableitungsbelag (S/km)

5.2 Leitungstheorie

5.2.1 Physikalische Grundlagen

Eine symmetrisch aufgebaute und symmetrisch belastete Drehstromleitung kann nach Abschn. 2.3.1 als Einphasenleitung dargestellt werden. Wir beschränken uns hier auf diesen Fall. Die Erweiterung auf die unsymmetrische Belastung und die Berücksichtigung von Strukturunsymmetrien erfolgt in Abschn. 10.4.

Ein Element der Einphasenleitung von der Länge dx kann mit dem sich direkt aus der Feldtheorie ergebenden Schema Abb. 5.12 beschrieben werden. L' berücksichtigt das vom Strom induzierte magnetische Feld, C' das zwischen den Leitern bestehende elektrische Feld und R' und G' die Verluste in Leiter und Dielektrikum. Die Grössenordnung dieser Parameter (Leitungsbeläge) ist:

R': ca. 0.1–1 Ω /km, vom Querschnitt abhängig ($R' \simeq \rho/A$)
L': ca. 1 mH/km bei Freileitungen, ca. 2–3 mal kleiner bei Kabelleitungen
C': ca. 10 nF/km bei Freileitungen, ca. 20–40 mal grösser bei Kabelleitungen
G': ca. 0,05 μS/km bei Freileitungen (in Abwesenheit von Korona), ca. 1 μS/km bei Kabel.

Die Energieübertragung mit Leistung $p(t) = u(t)\, i(t)$ erfolgt nicht im Leiter, sondern im umliegenden elektromagnetischen Feld. Die pro Flächeneinheit transferierte elektromagnetische Leistung wird in Grösse und Richtung vom Pointingschen Vektor $S = E \times H$ beschrieben (Abschn. 2.5). Die Leistung $p(t)$ ist das Flächen-integral dieses Vektors.

5.2.2 Leitungsgleichungen

Für den Spannungsabfall -du und den Querstrom -di erhält man aus Abb. 5.12:

$$-du = R'dx\, i + L'dx\frac{di}{dt}$$
$$-di = G'dx\, u + C'dx\frac{du}{dt}.$$

Teilt man durch dx und berücksichtigt, dass u und i Funktionen der beiden Variablen x und t sind, folgen die Grundgleichungen der elektrischen Leitung

$$-\frac{\partial u}{\partial x} = R'i + L'\frac{\partial i}{\partial t}$$
$$-\frac{\partial i}{\partial x} = G'u + C'\frac{\partial u}{\partial t}. \tag{5.1}$$

Falls u und i Wechselgrössen der Kreisfrequenz ω sind, kann stationär die Zeigerdarstellung eingeführt werden (Abschn. 2.4)

$$-\frac{d\underline{U}}{dx} = R'\underline{I} + j\omega L'\,\underline{I}$$
$$-\frac{d\underline{I}}{dx} = G'\underline{U} + j\omega C'\,\underline{U}, \tag{5.2}$$

wobei im allgemeinen die Parameter R' und L' wegen der Stromverdrängung frequenzabhängig sind. Mit der Definition

$$\underline{Z}'(\omega) = R'(\omega) + j\omega L'(\omega)$$
$$\underline{Y}'(\omega) = G' + j\omega C' \tag{5.3}$$

folgt die einfachere Schreibweise

$$-\frac{d\underline{U}}{dx} = \underline{Z}'\,\underline{I}$$
$$-\frac{d\underline{I}}{dx} = \underline{Y}'\,\underline{U}. \tag{5.4}$$

Man erhält durch Ableitung der ersten der Gl. (5.4)

$$\frac{d^2\underline{U}}{dx^2} = -\underline{Z}'\frac{d\underline{I}}{dx} = \underline{Z}'\,\underline{Y}'\,\underline{U}.$$

Die allgemeine Lösung dieser Differentialgleichung ist

$$\underline{U} = \underline{A}\,e^{-\underline{\gamma} x} + \underline{B}\,e^{\underline{\gamma} x} \tag{5.5}$$

5.2 Leitungstheorie

Abb. 5.13 Spannungen und Ströme längs der Leitung

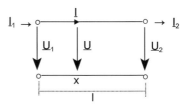

mit

$$\underline{\gamma} = \alpha + j\beta = \sqrt{\underline{Z}'\,\underline{Y}'} = \sqrt{(R'(\omega) + j\omega L'(\omega))(G' + j\omega C')}$$

$\underline{\gamma} = \text{Übertragungsmass}$

$\alpha = \text{Dämpfungsmass } (1/m)$
$\beta = \text{Phasenmass } (rad/m).$ (5.6)

Durch Ableitung erhält man aus (5.5)

$$\frac{d\underline{U}}{dx} = -\underline{A}\,\underline{\gamma}\,e^{-\underline{\gamma}x} + \underline{B}\,\underline{\gamma}\,e^{\underline{\gamma}x}$$

$$\frac{d^2\underline{U}}{dx^2} = \underline{A}\,\underline{\gamma}^2\,e^{-\underline{\gamma}x} + \underline{B}\,\underline{\gamma}^2\,e^{\underline{\gamma}x} = \underline{\gamma}^2\,\underline{U}.$$

Für den Strom folgt bei Berücksichtigung von Gl. (5.4)

$$\underline{I} = -\frac{d\underline{U}}{dx}\frac{1}{\underline{Z}'} = \underline{A}\frac{\underline{\gamma}}{\underline{Z}'}\,e^{-\underline{\gamma}x} - \underline{B}\frac{\underline{\gamma}}{\underline{Z}'}\,e^{\underline{\gamma}x}$$

und gesetzt

$$\underline{Z}_w = \sqrt{\frac{\underline{Z}'}{\underline{Y}'}} = \sqrt{\frac{R'(\omega) + j\omega L'(\omega)}{G' + j\omega C'}} = \text{Wellenimpedanz} \quad (5.7)$$

schliesslich

$$\underline{I} = \frac{\underline{A}}{\underline{Z}_w}\,e^{-\underline{\gamma}x} - \frac{\underline{B}}{\underline{Z}_w}\,e^{-\underline{\gamma}x}. \quad (5.8)$$

Für eine Leitung der Länge l gemäss Abb. 5.13 lassen sich $\underline{A}$ und $\underline{B}$ aus den Randbedingungen ermitteln. Aus den Gln. (5.5) und (5.8) folgen für Spannung und Strom an der Stelle x der Leitung: bei Vorgabe der Werte am Leitungsanfang (x = 0) die Beziehungen (5.9) und bei Vorgabe der Werte am Leitungsende (x = l) die Beziehungen (5.10).

Die Vorgabe der Werte am Leitungsanfang

$$\underline{U}_1 = \underline{A} + \underline{B}, \quad \underline{I}_1 = \frac{\underline{A}}{\underline{Z}_w} - \frac{\underline{B}}{\underline{Z}_w}$$

$$\Rightarrow \quad \underline{A} = \frac{1}{2}(\underline{U}_1 + \underline{Z}_w\,\underline{I}_1), \quad \underline{B} = \frac{1}{2}(\underline{U}_1 - \underline{Z}_w\,\underline{I}_1)$$

führt zu

$$\underline{U} = \frac{1}{2}(\underline{U}_1 + \underline{Z}_w \underline{I}_1) e^{-\underline{\gamma}x} + \frac{1}{2}(\underline{U}_1 - \underline{Z}_w \underline{I}_1) e^{\underline{\gamma}x}$$
$$\underline{I} = \frac{1}{2\underline{Z}_w}(\underline{U}_1 + \underline{Z}_w \underline{I}_1) e^{-\underline{\gamma}x} - \frac{1}{2\underline{Z}_w}(\underline{U}_1 - \underline{Z}_w \underline{I}_1) e^{\underline{\gamma}x}.$$
(5.9)

Die Vorgabe der Werte am Leitungsende

$$\underline{U}_2 = \underline{A} e^{-\underline{\gamma}l} + \underline{B} e^{\underline{\gamma}l}, \quad \underline{I}_2 = \frac{\underline{A}}{\underline{Z}_w} e^{-\underline{\gamma}l} - \frac{\underline{B}}{\underline{Z}_w} e^{\underline{\gamma}l}$$
$$\underline{A} = \frac{1}{2}(\underline{U}_2 + \underline{Z}_w \underline{I}_2) e^{-\underline{\gamma}l}, \quad \underline{B} = \frac{1}{2}(\underline{U}_2 - \underline{Z}_w \underline{I}_2) e^{-\underline{\gamma}l}$$

ergibt

$$\underline{U} = \frac{1}{2}(\underline{U}_2 + \underline{Z}_w \underline{I}_2) e^{\underline{\gamma}(l-x)} + \frac{1}{2}(\underline{U}_2 - \underline{Z}_w \underline{I}_2) e^{-\underline{\gamma}(l-x)}$$
$$\underline{I} = \frac{1}{2\underline{Z}_w}(\underline{U}_2 + \underline{Z}_w \underline{I}_2) e^{\underline{\gamma}(l-x)} - \frac{1}{2\underline{Z}_w}(\underline{U}_2 - \underline{Z}_w \underline{I}_2) e^{-\underline{\gamma}(l-x)}.$$
(5.10)

Durch Einführung der hyperbolischen Funktionen lassen sich die Gl. (5.10) in die folgenden überführen

$$\underline{U} = \underline{U}_2 \cosh \underline{\gamma}(l-x) + \underline{Z}_w \underline{I}_2 \sinh \underline{\gamma}(l-x)$$
$$\underline{I} = \frac{\underline{U}_2}{\underline{Z}_w} \sinh \underline{\gamma}(l-x) + \underline{I}_2 \cosh \underline{\gamma}(l-x).$$
(5.11)

Für x = 0 erhält man insbesondere die *Zweitorgleichungen*

$$\underline{U}_1 = \underline{U}_2 \cosh \underline{\gamma}l + \underline{Z}_w \underline{I}_2 \sinh \underline{\gamma}l$$
$$\underline{I}_1 = \frac{\underline{U}_2}{\underline{Z}_w} \sinh \underline{\gamma}l + \underline{I}_2 \cosh \underline{\gamma}l.$$
(5.12)

Alle in diesem Abschnitt gegebenen Gleichungen sind zwar für den stationären Fall abgeleitet worden, lassen sich aber durch Anwendung der Fourier-Transformation (Laplace-Transformation) auch auf den transienten Fall übertragen.

Aufgabe 5.1 Eine Drehstromleitung für 30 kV, 50 Hz, von 10 km Länge gibt am Leitungsende eine Leistung von 15 MW bei einem cosφ = 0.8 ab. Die Leitung hat folgende Kennwerte bei 50 Hz: $Z_w = 400$ Ω∠−15°, α = 0.3 · 10^{-3} 1/km, β = 1.1 · 10^{-3} rad/km. Die Spannung am Leitungsanfang betrage 30.5 kV.

a. Man bestimme die stationäre Spannungs-, Strom- und Leistungsverteilung (Wirk-, Blind- und Scheinleistung) längs der Leitung mit Hilfe der Beziehungen (5.11) und (5.12) und stelle sie graphisch dar.

5.2 Leitungstheorie   173

b. Wie gross sind der Spannungsabfall und die Spannungsdrehung zwischen Leitungsanfang und Leitungsende? Wie gross sind die Wirk- und Blindverluste auf der Leitung?

Anleitung: Man nehme an $U_2 = 30/\sqrt{3}$ kV $\angle 0°$; da die Leistung S_2 bekannt ist, kann der Strom I_2 berechnet werden. Mit Gl. (5.12) lässt sich iterativ der richtige Wert von U_2 finden. Anschliessend kann mit Gl. (5.11) die Verteilung der verschiedenen Grössen längs der Leitung ermittelt werden.

Aufgabe 5.2 Man wiederhole die Berechnung für eine 220-kV-Leitung von 200 km Länge, die am Leitungsende mit 100 MW $\cos\varphi = 0.8$ belastet wird. Die Kennwerte sind $Z_w = 300\ \Omega \angle -8°$, $\alpha = 0.15 \cdot 10^{-3}$ 1/km, $\beta = 1.1 \cdot 10^{-3}$ rad/km. Die Spannung am Leitungsanfang sei 218 kV.

5.2.3 Interpretation der Lösung, Wanderwellen

Setzt man in den Gl. (5.9) $\underline{\gamma} = \alpha + j\beta$ sowie

$$\frac{1}{2}(\underline{U}_1 + \underline{Z}_w \underline{I}_1) = U_A e^{j\psi_A}$$

$$\frac{1}{2}(\underline{U}_1 - \underline{Z}_w \underline{I}_1) = U_B e^{-j\psi_B}$$

ein, folgt

$$\underline{U} = U_A e^{-\alpha x} e^{-j(\beta x - \psi_A)} + U_B e^{\alpha x} e^{j(\beta x - \psi_B)} = \underline{U}_e + \underline{U}_r$$

$$\underline{I} = \frac{U_A}{\underline{Z}_w} e^{-\alpha x} e^{-j(\beta x - \psi_A)} - \frac{U_B}{\underline{Z}_w} e^{\alpha x} e^{j(\beta x - \psi_B)} = \frac{\underline{U}_e}{\underline{Z}_w} - \frac{\underline{U}_r}{\underline{Z}_w} = \underline{I}_e + \underline{I}_r.$$
(5.13)

Die durch Gl. (5.13) definierten Spannungen $\underline{U}_e$ und $\underline{U}_r$ lassen sich dann folgendermassen schreiben (da $u(t) = \mathrm{Re}\{\underline{U} e^{j\omega t}\}$, Abschn. 2.4.1):

$$u_e(t) = \sqrt{2}\, U_A\, e^{-\alpha x} \cos(\omega t - \beta x + \psi_A)$$

$$u_r(t) = \sqrt{2}\, U_B\, e^{\alpha x} \cos(\omega t + \beta x - \psi_B).$$
(5.14)

Offensichtlich handelt es sich um Spannungswellen (Wanderwellen), die sich in der positiven bzw. negativen x-Richtung fortpflanzen, wie in Abb. 5.14 dargestellt.

Man nennt sie einfallende (a) und reflektierte (b) Welle. Der Ort des Scheitels der Wellen folgt aus

$$\omega t - \beta x + \psi_A = 0 \quad \dashrightarrow \quad x = \frac{\psi_A}{\beta} + \frac{\omega}{\beta} t = x_{oA} + vt$$

$$\omega t + \beta x - \psi_B = 0 \quad \dashrightarrow \quad x = \frac{\psi_B}{\beta} - \frac{\omega}{\beta} t = x_{oB} - vt.$$

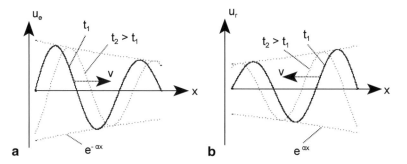

Abb. 5.14 Stationäre Wanderwellen: **a** einfallende Welle, **b** reflektierte Welle

Abb. 5.15 Wanderwellenentstehung beim Einschalten einer Spannung

Er bewegt sich mit der Geschwindigkeit (Wellengeschwindigkeit)

$$v = \frac{\omega}{\beta}. \quad (5.15)$$

Auf Freileitungen liegt die Wellengeschwindigkeit knapp unter der Lichtgeschwindigkeit, für Kabelleitungen entsprechend dem Faktor ε_r der Isolation tiefer (Abschn. 5.4). Die Bedeutung des Dämpfungsmasses α geht aus der Abbildung hervor: Beide Spannungswellen werden in der Fortpflanzungsrichtung mit dem Faktor $e^{-\alpha x}$ gedämpft.

Die Summe der beiden Spannungswanderwellen ergibt die stationäre Spannung. Genauso erhält man den stationären Strom als Summe der beiden Stromwanderwellen. Zwischen Spannungs- und Stromwanderwellen besteht nach Gl. (5.13) ein festes Verhältnis, das von der Wellenimpedanz gegeben ist. Es gilt

$$\frac{\underline{U}_e}{\underline{I}_e} = -\frac{\underline{U}_r}{\underline{I}_r} = \underline{Z}_w. \quad (5.16)$$

Die Entstehung der beiden Wanderwellen kann man sich mit Bezugnahme auf Abb. 5.15 folgendermassen erklären: Schaltet man die Spannung U_1 auf eine mit der Impedanz $\underline{Z}$ abgeschlossene Leitung, startet eine einfallende Welle in Richtung Leitungsende. Nach der Laufzeit

$$\tau = \frac{l}{v} = \frac{l\beta}{\omega} \quad (5.17)$$

trifft sie etwas gedämpft am Leitungsende ein. Dort entsteht, je nach Art der Abschlussimpedanz, eine reflektierte Welle, und zwar so, dass die Beziehungen (5.13), (5.16) und $\underline{U} = \underline{Z}\,\underline{I}$ erfüllt sind. Nach der Zeit 2τ trifft die reflektierte Welle, ebenfalls

5.2 Leitungstheorie

gedämpft, am Leitungsanfang ein. Da die Spannung dort vorgeschrieben ist, startet entsprechend der Spannungsdifferenz eine zweite einfallende Welle usw. Die neu entstehenden Wellen werden immer kleiner und der stationäre Zustand ist rasch erreicht, da die Laufzeiten sehr kurz sind. Die einfallende bzw. reflektierte Welle im stationären Zustand (Abb. 5.14) ist die Summe der während des Einschaltvorgangs entstehenden einfallenden bzw. reflektierten Wellen.

Die Bedeutung des Phasenmasses geht aus Gl. (5.17) hervor. $\omega\tau = \beta l$ ist die durch die Laufzeit bedingte Phasenverschiebung zwischen startender und ankommender Welle und β somit die Phasenverschiebung pro Längeneinheit.

Beispiel 5.1 Man beweise, dass wenn die Lastimpedanz $\underline{Z}$ gleich zur Wellenimpedanz $\underline{Z}_w$ ist, keine reflektierte Welle entstehen kann.

Aus den Gln. (5.13) und (5.16) folgt

$$\underline{U} = \underline{U}_e + \underline{U}_r, \quad \underline{I} = \underline{I}_e + \underline{I}_r, \quad \underline{U} = \underline{Z}\,\underline{I}$$

$$\frac{\underline{U}_e}{\underline{I}_e} = -\frac{\underline{U}_r}{\underline{I}_r} = \underline{Z}_w.$$

Eliminiert man aus diesen 5 Gleichungen U und I sowie jeweils entweder die Ströme I_e und I_r oder die Spannungen U_e und U_r, erhält man

$$\underline{U}_r = \frac{\underline{Z} - \underline{Z}_w}{\underline{Z} + \underline{Z}_w}\underline{U}_e = \underline{r}\,\underline{U}_e, \quad \underline{I}_r = -\frac{\underline{Z} - \underline{Z}_w}{\underline{Z} + \underline{Z}_w}\underline{I}_e = -\underline{r}\,\underline{I}_e. \quad (5.18)$$

Der Reflexionsfaktor r und damit die reflektierte Spannungs- und Stromwelle werden null für $Z = Z_w$.

Interessant sind auch die Werte des Reflexionsfaktors für Leerlauf und Kurzschluss:

Für $Z = \infty$ (Leerlauf) ist $r = 1$: die Spannung am Leitungsende wird verdoppelt, da $U = U_e + U_r = U_e(1 + r) = 2 U_e$, und der Strom wird annulliert, da $I = I_e + I_r = I_e (1 - r) = 0$.

Für $Z = 0$ (Kurzschluss) ist $r = -1$: der Strom am Leitungsende wird verdoppelt und die Spannung annulliert.

Aufgabe 5.3 Die hier für sinusförmige Spannungen abgeleiteten Gesetze gelten auch für Signale anderer Form (Fourier-Integral). Man bestimme mit Hilfe des Modells der verzerrungsfreien Leitung von Abschn. 5.6 den Verlauf von Spannung und Strom beim Zuschalten einer Gleichspannung am Leitungsanfang der Abb. 5.15 (gleiche Daten wie Aufgabe 5.2):

a. bei offenem Leitungsende,
b. bei kurzgeschlossenem Leitungsende.

Aufgabe 5.4 Auf die offene Leitung Abb. 5.15 wird ein Spannungsimpuls von Breite $\Delta t < \tau$ gegeben (kurzzeitiges Zu- und Aufmachen des Schalters). Man bestimme den Zeitverlauf der Spannung am offenen Leitungsende.

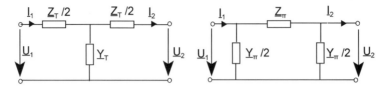

Abb. 5.16 T- und π-Ersatzschaltbilder der elektrischen Leitung Werte der Parameter s. Gln. (5.21), (5.22)

5.3 Ersatzschaltbilder

5.3.1 Elektrisch lange Leitung

Nach der Leitungstheorie gelten die Zweitorgleichungen:

$$\underline{U}_1 = \underline{U}_2 \cosh \underline{\gamma} l + \underline{Z}_w \underline{I}_2 \sinh \underline{\gamma} l$$

$$\underline{I}_1 = \frac{\underline{U}_2}{\underline{Z}_w} \sinh \underline{\gamma} l + \underline{I}_2 \cosh \underline{\gamma} l. \tag{5.19}$$

Die Leitung wird einzig von den beiden Leitungsparametern $\underline{Z}_w$ und $\underline{\gamma}$ (Gln. 5.6 und 5.7) charakterisiert:

$$\text{Wellenimpedanz} \quad \underline{Z}_w = \sqrt{\frac{Z'}{Y'}} = \sqrt{\frac{R' + j\omega L'}{G' + j\omega C'}}$$

$$\text{Übertragungsmass} \quad \underline{\gamma} = \sqrt{Z' Y'} = \sqrt{(R' + j\omega L')(G' + j\omega C')}. \tag{5.20}$$

Das Zweitor lässt sich durch ein T- oder ein π-Schema darstellen (Abb. 5.16), worin Längsimpedanz und Queradmittanz folgende Werte annehmen (man beachte, dass $Y = Y' l$, $Z = Z' l$):

T-Schema:

$$\frac{\underline{Z}_T}{2} = \underline{Z}_w \frac{\cosh \underline{\gamma} l - 1}{\sinh \underline{\gamma} l} = \underline{Z}_w \tanh \underline{\gamma} \frac{l}{2} = \frac{\underline{Z}}{2} \frac{\tanh \frac{\underline{\gamma} l}{2}}{\frac{\underline{\gamma} l}{2}}$$

$$\underline{Y}_T = \frac{1}{\underline{Z}_w} \sinh \underline{\gamma} l = \underline{Y} \frac{\sinh \underline{\gamma} l}{\underline{\gamma} l}. \tag{5.21}$$

π-Schema:

$$\underline{Z}_\pi = \underline{Z}_w \sinh \underline{\gamma} l = \underline{Z} \frac{\sinh \underline{\gamma} l}{\underline{\gamma} l}$$

$$\frac{\underline{Y}_\pi}{2} = \frac{1}{\underline{Z}_w} \frac{\cosh \underline{\gamma} l - 1}{\sinh \underline{\gamma} l} = \frac{1}{\underline{Z}_w} \tanh \underline{\gamma} \frac{l}{2} = \frac{\underline{Y}}{2} \frac{\tanh \frac{\underline{\gamma} l}{2}}{\frac{\underline{\gamma} l}{2}}. \tag{5.22}$$

5.3 Ersatzschaltbilder

Abb. 5.17 Ersatzschaltbilder der elektrisch kurzen Leitung: **a** T-Schema, **b** π-Schema

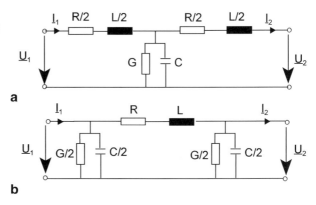

Diese Ersatzschemata eignen sich gut für stationäre Berechnungen. Für *dynamische Analysen* s. folgenden Abschnitt und Abschn. 5.6. Eine wesentliche Vereinfachung der Ersatzschaltbildparameter erhält man für die elektrisch kurze Leitung.

5.3.2 Elektrisch kurze Leitung

Ist $\underline{\gamma}l$ genügend klein, gilt die Näherung

$$\sinh \underline{\gamma}l \simeq \underline{\gamma}l, \quad \cosh \underline{\gamma}l \simeq 1 + \frac{\underline{\gamma}^2 l^2}{2}, \quad \tanh \underline{\gamma}\frac{l}{2} \simeq \underline{\gamma}\frac{l}{2}. \tag{5.23}$$

Die Beziehungen (5.21) und (5.22) vereinfachen sich für beide Schemata zu

$$\begin{aligned} \underline{Z}_T &= \underline{Z}_\pi = \underline{Z} = (R' + j\omega L')l = R + j\omega L \\ \underline{Y}_T &= \underline{Y}_\pi = \underline{Y} = (G' + j\omega C')l = G + j\omega C \end{aligned} \tag{5.24}$$

und das Zweitor lässt sich durch die einfacheren im Rahmen dieser Approximation gleichwertigen Schemata Abb. 5.17 darstellen.

Eine Leitung, welche die Bedingungen (5.23) erfüllt, wird als *elektrisch kurz* bezeichnet. Nimmt man als Richtwert einen Kennwertfehler von max. 1 %, entspricht er der Bedingung

$$l \leq \frac{0.25}{|\underline{\gamma}|}. \tag{5.25}$$

Genauer, erhält man stationär für $|\underline{\gamma}l| = 0.25$ folgende Fehler:

T-Schema: $|\underline{Z}|: \simeq 0.5\ \%$, $|\underline{Y}|: \simeq -1\ \%$
π-Schema: $|\underline{Z}|: \simeq -1\ \%$, $|\underline{Y}|: \simeq 0.5\ \%$

Der Fehler steigt ca. quadratisch mit $|\underline{\gamma}l|$ an.

γ ist in erster Näherung proportional zur Frequenz. Bei 50 Hz ist für Freileitungen $|\gamma| = 10^{-6}$ 1/m und für Kabelleitungen $|\gamma| \approx 5 \cdot 10^{-6}$ 1/m. Mit diesen Richtwerten und einem Parameterfehler von max. 1 % sind entprechend Gl. (5.25) Energieleitungen elektrisch kurz, wenn

für Freileitungen $l < 250$ km
für Kabelleitungen $l < 50$ km.

Mit Ausnahme sehr langer Hochspannungsleitungen können praktisch alle Energieleitungen *stationär* (50-Hz-Vorgänge) als elektrisch kurz betrachtet werden.

Für Frequenzen, wie sie z. B. bei *Schaltvorgängen* auftreten (meist einige kHz), trifft dies nicht mehr zu, da wie erwähnt γ etwa proportional zur Frequenz ansteigt. Für 5-kHz-Vorgänge ist beispielsweise eine Freileitung nur dann elektrisch kurz, wenn ihre Länge 2.5 km nicht überschreitet. Eine 5 km lange Leitung kann dann als Kettenschaltung von zwei 2.5 km langen elektrisch kurzen Leitungen dargestellt werden. Ausgleichsvorgänge können in erster Näherung durch die Auswertung dieses Schemas untersucht werden, wenn man für die Leitungsparameter die der dominanten Schwingungsfrequenz entsprechenden Werte einsetzt. Für genauere Verfahren s. Abschn. 5.6.

Für mittlere Frequenzen und lange Leitungen oder höhere Frequenzen, wie sie bei Blitzeinschlägen auftreten (Stossüberspannungen mit Frequenzen von 100–200 kHz), ist es besser, mit den Methoden der Wanderwellentheorie zu arbeiten, wobei heute die Simulationsmethoden den graphischen Methoden (z. B. Bergeron-Verfahren) überlegen sind (Abschn. 5.6, Kap. 10 und 14).

Beispiel 5.2 Man lege die Ersatzschemata fest, die der Untersuchung folgender Vorgänge zugrunde gelegt werden können:

a. 2-kHz-Vorgänge auf eine Kabelleitung von 5 km,
b. 100-kHz-Vorgänge auf eine Freileitung von 100 km.

Lösung

a. Aus den erwähnten Richtwerten folgt

$$\text{für } 50\,Hz \;\Rightarrow\; l < 50\,km, \quad \text{für } 2\,kHz \;\Rightarrow\; l < 50\,\frac{50}{2000} = 1.25\,km.$$

Die Vorgänge können mit einer Kette von 4 gleichen Ersatzschaltbildern Abb. 5.17 untersucht werden. Da dynamisch gesehen, ein Ersatzschaltbild ein System zweiter Ordnung darstellt, ergibt sich eine dynamische Beschreibung achter Ordnung.

b. Aus den Richtwerten folgt

$$\text{für } 50\,Hz \;\Rightarrow\; l < 250\,km, \text{für } 100\,kHz \;\Rightarrow\; l < 250\,\frac{50}{100'000} = 0.125\,km.$$

Man müsste also für 100 km Länge 800 solcher Elemente in Kette schalten, um eine einigermassen korrekte Beschreibung dieser Vorgänge zu erreichen. Offensichtlich versagt hier praktisch die Methode der Darstellung mit elektrisch kurzen Leitungen. Wesentlich genauer ist die Simulation nach der Wanderwellentheorie (Abschn. 5.6).

Aufgabe 5.5 Man gebe das dynamische Modell im Zustandsraum für das π-Ersatzschema der elektrisch kurzen Leitung: a) für Momentanwerte, b) für die Zeigerdarstellung (Parkzeiger), (Lösung im Anhang B).

5.4 Bestimmung der Leitungsparameter

Die folgenden Berechnungen gelten nicht nur für Dreiphasen-, sondern allgemein für m-Phasensysteme. Zwischen Leiterspannung U_L (Spannung zwischen benachbarten Leitern in symmetrischer Anordnung) und Sternspannung U eines m-Phasen-Systems besteht die Beziehung

$$U_L = U \cdot 2 \sin\left(\frac{\pi}{m}\right).$$

Was üblicherweise als Einphasenleitung bezeichnet wird, ist in diesem Kontext nur dann ein echtes Einphasensystem, wenn der Rückleiter die Erde (oder der geerdete Nulleiter) ist. Andernfalls ist die Leitung als Zweiphasensystem zu interpretieren, mit $U_L = 2U$.

In diesem Abschnitt werden die 3 Hauptparameter der symmetrischen m-Phasenleitung R', L', C' bestimmt sowie einige Hinweise zum meist vernachlässigbaren Wert von G' gegeben. Aus den 3 Hauptparametern lassen sich auch die stationären Werte der Wellenimpedanz und des Übertragungsmasses berechnen. Die für den unsymmetrischen Betrieb zusätzlich notwendigen Kennwerte werden in Abschn. 10.4 ermittelt.

5.4.1 Widerstandsbelag

Der Gleichstromwiderstand pro Phase ist

$$R'_g = \frac{\varrho}{A}\beta \quad [\Omega/km], \tag{5.26}$$

worin A der Nutzquerschnitt und p der spezifische Widerstand des Leitermaterials ist. Bei verseilten Leitern muss der Faktor $\beta \approx 1.07$ berücksichtigt werden, da die Drahtlänge grösser ist als die Seillänge. Bei der Temperatur ϑ gilt

$$\varrho = \varrho_{20°}[1 + \alpha(\vartheta - 20°)]. \tag{5.27}$$

Der spezifische Widerstand bei 20 °C beträgt für Cu = 0.0178 Ω mm^2/m, für Al = 0.0286 Ω mm^2/m und für Aldrey = 0.033 Ω mm^2/m. Der Temperaturkoeffizient a ist für alle drei Stoffe etwa 0.004/ °C.

Bei Wechselstrom muss je nach Frequenz und Querschnitt die Wirkung der Stromverdrängung (skin-effect) berücksichtigt werden

$$R' = k_{sR} \cdot R'_g, \tag{5.28}$$

Abb. 5.18 Feldverlauf im Zweileitersystem

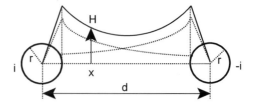

worin $k_{sR} = f(\eta)$ = resistiver Stromverdrängungsfaktor. Der Parameter η hängt von der *Geometrie* des Querschnitts und der *Eindringtiefe* des elektrischen Feldes im Leiter ab. Diese ist gegeben von

$$\delta = \sqrt{\frac{2\varrho}{\omega\mu}}, \qquad (5.29)$$

worin μ = Permeabilität des Leitermaterials, ω = Kreisfrequenz. Für *massive kreiszylindrische* Leiter mit Radius r ist

$$\eta = \frac{r}{2\delta} \qquad (5.30)$$

und es gelten die Näherungen (5.31). Für andere Leiterformen kann die exakte Berechnung der Stromverdrängung ausgehend von den quasistationären Gleichungen des Strömungsfeldes durchgeführt werden (Abschn. 2.5.5, [13, 15]). Bei mehrdrähtigen Leitern wird die Stromverdrängung durch die Aufspaltung des Querschnitts und die Bildung einer isolierenden Oxydhaut wesentlich abgeschwächt.

$$\begin{aligned}\eta > 1 &\Rightarrow k_{sR} = \eta + \tfrac{1}{4} \\ \eta < 1 &\Rightarrow k_{sR} = 1 + \tfrac{1}{3}\eta^4\end{aligned} \qquad (5.31)$$

Bei Kabelleitungen treten Zusatzverluste durch Näheeffekt (proximity effect, in der Regel aber vernachlässigbar) und durch Mantel- und Bewehrungsverluste (äquivalenter Widerstand $\Delta R'$) auf. Meist ist $\Delta R' < 0.03$ Ω/km (IEC-Publ. 287). Für die exakte Berechnung sind die Angaben des Kabelherstellers massgebend.

5.4.2 Induktivität von Mehrleitersystemen

Zweileitersystem Mit Bezug auf Abb. 5.18 und mit der Annahme $d \gg r$ (Näheeffekt vernachlässigbar) erhält man folgende Induktivität (Abschn. 2.5.7), worin $\mu_r = 1$ (Cu, Al):

$$L' = \frac{\mu_0}{\pi}\left(\ln\frac{d}{r} + \frac{\mu_r}{4}k_{sL}\right). \qquad (5.32)$$

Abbildung 5.18 zeigt den Verlauf der magnetischen Feldstärke beider Leiter (in Abwesenheit von Stromverdrängung) und deren Superposition. Der magnetische Fluss

5.4 Bestimmung der Leitungsparameter

Abb. 5.19 Definition von Eigen- und Koppelinduktivität eines m-Phasensystems

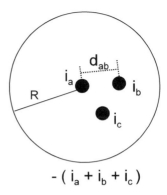

ergibt sich durch Integration des B-Feldes. Die beiden Terme der (5.32) entsprechen der *äusseren* und *inneren* Induktivität. Die zugehörigen Flüsse sind

$$\psi'_e = 2i \frac{\mu_0}{2\pi} \ln \frac{d}{r}$$
$$\psi'_i = 2i \frac{\mu_0 \mu_r}{8\pi} \quad (Gleichstrom). \tag{5.33}$$

Bei Wechselstrom wird der innere Fluss durch die Stromverdrängung reduziert. Der induktive Stromverdrängungsfaktor k_{sL} ist für massive Leiter von (5.34) gegeben (η wie bei Widerstand, Gl. (5.30), für Rechteckleiter und Rohr s. [13]).

$$\eta > 1 \quad \Rightarrow \quad k_{sL} = \frac{1}{\eta}$$
$$\eta < 1 \quad \Rightarrow \quad k_{sL} = 1 \tag{5.34}$$

Mehrleitersystem Die Betriebsinduktivität eines symmetrischen Drehstromsystems ist (Abschn. 2.3, Abb. 2.8)

$$L'_1 = L' - M'. \tag{5.35}$$

Dieser Ausdruck gilt nicht nur für Dreiphasensysteme, sondern allgemein für symmetrische m-Phasensysteme. Zur Bestimmung der *Eigeninduktivität* L' einer Phase und der *Koppelinduktivität* M' von zwei Phasen sei vom Schema der Abb. 5.19 ausgegangen [6]. Neben den m Leitern (in der Abbildung m = 3) mit Radius r führt man die bei Symmetrie stromlose zylindrische Hülle mit Radius R als fiktiven Nullleiter ein. Der Radius R wird sehr gross, relativ zu den Abständen d der Leiter gewählt.

Der äussere Eigenfluss der Phase a (Leiter a-Hülle) ist

$$\psi'_{ae} = \int_{r_a}^{R} B \, dx = i \frac{\mu_0}{2\pi} \int_{r_a}^{R} \frac{dx}{x} = i \frac{\mu_0}{2\pi} \ln \frac{R}{r_a}.$$

Der innere Eigenfluss ist genau die Hälfte des Ausdrucks (5.33), da die Hülle nichts beiträgt

$$\psi'_{ai} = i\frac{\mu_0\mu_r}{8\pi}.$$

Für den Koppelfluss der Phasen a-b (Leiter a/Hülle–Leiter b/Hülle) erhält man

$$\psi'_{ab} = \int_{d_{ab}}^{R} B\, dx = i\frac{\mu_0}{2\pi}\ln\frac{R}{d_{ab}}.$$

Daraus ergeben sich folgende Induktivitäten:

Eigeninduktivität: $\quad L'_a = \dfrac{\psi'_{ae} + \psi'_{ai}}{i} = \dfrac{\mu_0}{2\pi}\left(\ln\dfrac{R}{r_a} + \dfrac{\mu_r}{4}k_{sL}\right)$

Koppelinduktivität: $\quad M'_{ab} = \dfrac{\psi'_{ab}}{i} = \dfrac{\mu_0}{2\pi}\ln\dfrac{R}{d_{ab}}.$
(5.36)

Analoge Resultate folgen für die Phasen b und c, da $R \gg d$. Bei Symmetrie der Anordnung sind Leiterradien und Leiterabstände untereinander gleich ($r_a = r_b = r_c = r$, $d_{ab} = d_{bc} = d_{ca} = d$) und somit Eigen- und Koppelinduktivitäten aller Phasen identisch. Man erhält die Betriebsinduktivität:

$$L'_1 = L' - M' = \frac{\mu_0}{2\pi}\left(\ln\frac{d}{r} + \frac{\mu_r}{4}k_{sL}\right). \quad (5.37)$$

Die Betriebsinduktivität wird auch als Leiter- oder Phaseninduktivität bezeichnet. Der Ausdruck (5.32) ist genau das Doppelte von (5.37), da die Leitung Abb. 5.18 als Serieschaltung der zwei Leiter oder zwei Phasen eines Zweiphasensystems betrachtet werden kann.

Bündelleiter Die Gl. (5.36) für die Eigeninduktivität kann für Leiter beliebiger Form verallgemeinert werden; wie bereits von Maxwell gezeigt, gilt

$$L' = \frac{\mu_0}{2\pi}\ln\frac{R}{g_{11}}, \quad (5.38)$$

worin g_{11} = mittlerer geometrischer Abstand des Leiters von sich selbst. Dieser Abstand ist definiert als geometrisches Mittel aller möglichen Abstände von zwei Punkten innerhalb der Leiterfläche [7].

Es lässt sich zeigen, dass für Kreisflächen $g_{11} = re^{-0.25}$. Damit wird Gl. (5.38) wieder zu Gl. (5.37) (mit $\mu_r = 1$, $k_{sL} = 1$). Ebenso lässt sich zeigen, dass der mittlere geometrische Abstand von zwei gleichen Kreisflächen der Abstand dieser Kreisflächen ist.

Besteht der Bündelleiter aus n Teilleitern mit Radius r, die gemäss Abb. 5.20 auf einer Kreislinie mit Radius R_b angeordnet sind, kann man g_{11} folgendermassen ausdrücken:

$$g_{11} = \sqrt[n]{re^{-0.25}a_1 a_2 a_3 \ldots a_{n-1}}.$$

5.4 Bestimmung der Leitungsparameter

Abb. 5.20 Bündelleiter mit n Teilleitern

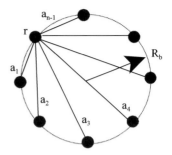

Aus einer elementaren Eigenschaft des im Kreis mit Radius R_b eingeschriebenen Polygons folgt

$$a_1 a_2 a_3 \ldots\ldots a_{n-1} = r\, R_b^{n-1}$$

und

$$g_{11} = \sqrt[n]{r\, e^{-0.25} n\, R_b^{n-1}}.$$

Durch folgende Definition eines äquivalenten Radius r_e des Bündels

$$r_e = \sqrt[n]{rn\, R_b^{n-1}} \tag{5.39}$$

erhält man

$$g_{11} = r_e\, e^{-\frac{0.25}{n}}.$$

Die Eigeninduktivität des Bündelleiters ist somit

$$L' = \frac{\mu_0}{2\pi}\left(\ln\frac{R}{r_e} + \frac{\mu_r}{4n} k_{sL}\right), \tag{5.40}$$

und die Betriebsinduktivität des Bündelleiters wird (M' unverändert, wenn $d \gg r_e$)

$$L'_1 = \frac{\mu_0}{2\pi}\left(\ln\frac{d}{r_e} + \frac{\mu_r}{4n} k_{sL}\right). \tag{5.41}$$

Der äquivalente Radius des Bündels ist wesentlich grösser als der Radius eines Einzelleiters mit gleichem Gesamtquerschnitt, die Betriebsinduktivität des Bündelleiters dementsprechend empfindlich kleiner. Dies wirkt sich günstig auf die Betriebseigenschaften aus (Abschn. 9.5). Gleichung (5.37) ist der Spezialfall n = 1 der allgemeinen Gl. (5.41).

Beispiel 5.3 Eine Drehstromleitung mit einem Leiterquerschnitt von 240 mm² (Leiterradius 10.1 mm, Tab. A.2, Anhang A) und einem mittleren Leiterabstand von 4 m wird durch ein Zweierbündel von je 120 mm² (Leiterradius 7 mm) mit Teilleiterabstand 40 cm ersetzt. Um welchen Faktor reduziert sich die Betriebsinduktivität?

Abb. 5.21 Einfachfreileitung mit α-Verdrillung

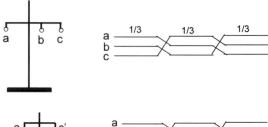

Abb. 5.22 Doppelfreileitung mit γ-Verdrillung

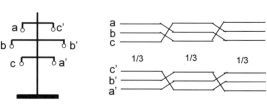

$$L'_1 = \frac{4\pi \cdot 10^{-7}}{2\pi}\left(\ln\frac{4000}{10.1} + \frac{1}{4}\right) = 1.25 \; mH/km$$

$$r_e = \sqrt{0.7 \cdot 2 \cdot 40} = 7.48 \; cm$$

$$L'_{1b} = \frac{4\pi \cdot 10^{-7}}{2\pi}\left(\ln\frac{4000}{74.8} + \frac{1}{8}\right) = 0.821 \; mH/km \; , \quad \frac{L_{1b'}}{L'_1} = 0.66.$$

5.4.3 Induktivitätsbelag der Drehstrom-Einfachfreileitung

Die Leiterabstände sind bei einer Freileitung in der Regel nicht alle gleich. In Bezug auf die Koppelinduktivität ist die Leitung dann nicht symmetrisch. Man kann sie aber durch Phasentausch nach je einem Drittel der Leitungslänge symmetrisieren (verdrillen). Abbildung 5.21 zeigt das Schema der α-Verdrillung.

Die wirksame Koppelinduktivität ist bei Verdrillung der Durchschnitt der drei Koppelinduktivitäten

$$M' = \frac{1}{3}(M'_{ab} + M'_{bc} + M'_{ca}) = \frac{\mu_0}{2\pi}\ln\frac{R}{\sqrt[3]{d_{ab}d_{bc}d_{ca}}}.$$

Führt man den mittleren geometrischen Abstand der drei Leiter ein

$$d = \sqrt[3]{d_{ab} d_{bc} d_{ca}}, \tag{5.42}$$

gilt für die Betriebsinduktivität wieder (5.37) bzw. (5.41). Wird die Leitung nicht verdrillt, ist die Berechnung mit (5.42) trotzdem sinnvoll, da sie eine mittlere Kopplung berücksichtigt.

5.4.4 Induktivitätsbelag der Drehstrom-Doppelfreileitung

Auch hier sind in der Regel die Leiterabstände verschieden. Eine Symmetrisierung wird in diesem Fall durch γ-Verdrillung erreicht (Abb. 5.22, s. auch Beispiel 5.5).

5.4 Bestimmung der Leitungsparameter

Prinzipiell kann es bei einer Doppelfreileitung bis 15 verschiedene Koppelinduktivitäten geben. Durch γ-Verdrillung reduzieren sie sich auf die drei Werte von Gl. (5.44), worin d von Gl. (5.42) gegeben ist, und

$$d' = \sqrt[3]{d_{ab'} d_{bc'} d_{ca'}}$$
$$d'' = \sqrt[3]{d_{aa'} d_{bb'} d_{cc'}} \,. \tag{5.43}$$

d' und d'' sind nach Gl. (5.43) das geometrische Mittel der Abstände des Leiters eines Systems von den Leitern des anderen, und zwar d' der Kreuzabstände und d'' der Abstände gleichnamiger Leiter.

$$M' = \frac{1}{3}(M'_{ab} + M'_{bc} + M'_{ca}) = \frac{\mu_0}{2\pi} \ln \frac{R}{d}$$
$$M^{*'} = \frac{1}{3}(M'_{ab'} + M'_{bc'} + M'_{ca'}) = \frac{\mu_0}{2\pi} \ln \frac{R}{d'} \tag{5.44}$$
$$M^{**'} = \frac{1}{3}(M'_{aa'} + M'_{bb'} + M'_{cc'}) = \frac{\mu_0}{2\pi} \ln \frac{R}{d''}$$

Der komplexe induktive Spannungsabfall der Phase a ist (analog zu Gl. 2.12)

$$\Delta \underline{U}_a = j\omega(L'_a \underline{I}_a + M'_{ab}\underline{I}_b + M'_{ac}\underline{I}_c + M'_{aa'}\underline{I}'_a + M'_{bb'}\underline{I}'_b + M'_{cc'}\underline{I}'_c).$$

Bei γ-Verdrillung vereinfacht er sich zu

$$\Delta \underline{U}_a = j\omega[L'\underline{I}_a + M'(\underline{I}_b + \underline{I}_c) + M^{**'}\underline{I}'_a + M^{*'}(\underline{I}'_b + \underline{I}'_c)].$$

Ist die Belastung symmetrisch, gilt $(\underline{I}_b + \underline{I}_c) = -\underline{I}_a$ und $(\underline{I}'_b + \underline{I}'_c) = -\underline{I}'_a$ und gesetzt

$$\underline{I}'_a = K \underline{I}_a , \tag{5.45}$$

folgt

$$\Delta \underline{U}_a = j\omega(L' - M')\underline{I}_a + (M^{**'} - M^{*'})K \underline{I}_a.$$

Somit ist

$$L'_1 = (L' - M') + K(M^{**'} - M^{*'}).$$

Durch Einsetzen von (5.40) und (5.44) erhält man schliesslich die Betriebsinduktivität des Drehstromsystems (a, b, c) von Abb. 5.22

$$L'_1 = \frac{\mu_0}{2\pi} \left[\ln \left(\frac{d}{r_e} \left(\frac{d'}{d''} \right)^K \right) + \frac{\mu_r}{4n} k_{sL} \right]. \tag{5.46}$$

Sind die beiden Drehstromsysteme gleich aufgebaut und gleich belastet, ist $I'_a = I_a$ und somit nach Gl. (5.45) K = 1. Ist das zweite System abgeschaltet ($I'_a = 0$), ist K = 0, und Gl. (5.46) stimmt mit (5.41) überein.

Der Wert der Betriebsinduktivität eines Drehstromsystems wird offensichtlich von der *Betriebsweise des parallel verlaufenden Drehstromsystems* beeinflusst. Diese Beeinflussung ist vorhanden, solange das Verhältnis d'/d" (Gl. 5.46) merklich von 1 abweicht, was insbesondere bei der Auslegung des Schutzes berücksichtigt werden muss. Dies gilt nicht nur für die jetzt betrachtete Doppelfreileitung, sondern allgemein für parallel verlaufende Freileitungstrassees und für die Beeinflussung im transienten Fall. Der Faktor (d'/d")^K kann im allgemeinen Fall zeit- und auch ortsabhängig sein, was die mathematische Behandlung erheblich erschwert [8].

5.4.5 Induktivitätsbelag der Drehstromkabelleitung

Besteht die Leitung aus einpoligen Kabeln, liefert Gl. (5.37) durchaus brauchbare Werte. Für eine exakte Behandlung ist zu berücksichtigen, dass in eventuell vorhandene metallische Mäntel und Bewehrungen Ströme induziert werden, die eine gewisse Verminderung der Induktivität verursachen. Es ist dann besser, auf Messungen zurückzugreifen bzw. auf die Angaben des Kabelherstellers.

Bei dreipoligen Kabeln ist die Bedingung $d \gg r$ nicht mehr erfüllt, so dass die Näheeffekte zu berücksichtigen sind. Man erhält eine bessere Näherung, wenn man in Gl. (5.37) d/r durch

$$k = \frac{d}{2r} + \sqrt{\left(\frac{d}{2r}\right)^2 - 1}, \quad \ln(k) = acosh\left(\frac{d}{2r}\right)$$

ersetzt [5]. Somit ist

$$L'_1 = \frac{\mu_0}{2\pi}\left(acosh\left(\frac{d}{2r}\right) + \frac{\mu_r}{4}k_{sL}\right). \tag{5.47}$$

Im übrigen gelten die gleichen Bemerkungen wie für einpolige Kabel.

5.4.6 Kapazitäten von Mehrleitersystemen

In Abschn. 2.3 wurde die Betriebskapazität eines Dreiphasensystems hergeleitet. Sie wird von

$$C'_1 = C'_0 + 3C'_k$$

ausgedrückt. Die Erdkapazität C'_0 und die Koppelkapazität C'_k der Leiter bezeichnet man auch als Teilkapazitäten. Mit einer analogen Überlegung lässt sich allgemein zeigen, dass für ein symmetrisches m-Phasensystem folgende Beziehung gilt

$$C'_1 = C'_0 + m\, C'_k. \tag{5.48}$$

Bei der Berechnung der Kapazität muss die Wirkung der Erde berücksichtigt werden. Die Erde ist ein guter elektrischer Leiter, wirkt deshalb als Elektrode und beeinflusst empfindlich den Verlauf des elektrischen Feldes.

5.4 Bestimmung der Leitungsparameter

Abb. 5.23 Kapazitäten von Mehrleitersystemen

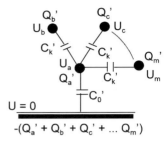

Zur Berechnung der Teilkapazitäten geht man von Abb. 5.23 aus. Die Leitung seisymmetrisch aufgebaut oder symmetrisiert (verdrillt). Die Feldlinien, die z. B. vom Leiter a ausgehen, münden entweder auf den anderen Leitern oder auf der Erde.

Damit werden elektrische Teilflüsse abgegrenzt. Die Teilkapazitäten sind als Verhältnis von elektrischem Teilfluss ψ

$$\psi = \int_A \vec{D} \, d\vec{A}$$

und zugehöriger Spannung definiert. Da die Summe der elektrischen Teilflüsse, die von einem Leiter ausgehen, die Ladung dieses Leiters ist (Gl. 3.6), folgt aus Abb. 5.23:

$$Q'_a = C'_0 U_a + C'_k (U_a - U_b) + C'_k (U_a - U_c) + \ldots$$
$$Q'_b = C'_k (U_b - U_c) + C'_0 U_b + C'_k (U_b - U_c) + \ldots$$
$$\vdots$$
$$Q'_m = C'_k (U_m - U_a) + C'_k (U_m - U_b) + C'_k (U_m - U_c) + \ldots,$$

worin $U_a, U_b, \ldots$ die Spannungen (Potentiale) der Leiter relativ zur Erde (Potential null) darstellen. Durch Einführung der Gesamtkapazität des Leiters

$$C'_{tot} = C'_0 + (m-1)C'_k \tag{5.49}$$

kann das Gleichungssystem vereinfacht werden

$$Q'_a = C'_{tot} U_a - C'_k U_b - C'_k U_c - \ldots$$
$$Q'_b = -C'_k U_a - C'_{tot} U_b - C'_k U_c - \ldots$$
$$\vdots$$
$$Q'_m = -C'_k U_a - C'_k U_b - C'_k U_c - \ldots .$$

In Matrixform wird es von (5.50) gegeben. Im allgemeinen Fall ist es nicht möglich, die Teilkapazitäten in (5.50) direkt zu bestimmen, sondern nur auf dem Umweg über die Potentialkoeffizienten.

$$\begin{pmatrix} Q'_a \\ Q'_b \\ \cdot \\ \cdot \\ Q'_m \end{pmatrix} = \begin{vmatrix} C'_{tot} & -C'_k & \cdots & -C'_k \\ -C'_k & C'_{tot} & \cdots & -C'_k \\ \cdot & \cdot & \cdots & \cdot \\ \cdot & \cdot & \cdots & \cdot \\ -C'_k & -C'_k & \cdots & C'_{tot} \end{vmatrix} \cdot \begin{pmatrix} U_a \\ U_b \\ \cdot \\ \cdot \\ U_m \end{pmatrix} \tag{5.50}$$

Das Potential eines beliebigen Raumpunktes lässt sich durch Anwendung des Superpositionsprinzips in Funktion der Ladungen ausdrücken (Gl. 3.12). Für das Leiterpotential erhält man bei Symmetrie in Matrixform

$$\begin{pmatrix} U_a \\ U_b \\ \vdots \\ U_m \end{pmatrix} = \begin{vmatrix} \alpha & \alpha_k & \cdots & \alpha_k \\ \alpha_k & \alpha & \cdots & \alpha_k \\ \vdots & \vdots & & \vdots \\ \alpha_k & \alpha_k & \cdots & \alpha \end{vmatrix} \cdot \begin{pmatrix} Q'_a \\ Q'_b \\ \vdots \\ Q'_m \end{pmatrix}. \tag{5.51}$$

Das Verfahren zur Ermittlung der Potentialkoeffizienten α einer Leiterladung ist in Abschn. 3.3.3 beschrieben worden und wird im folgenden Abschn. 5.4.7 im konkreten Fall der Freileitungen angewandt.

Da die Gleichungssysteme (5.50) und (5.51) reziprok sind, erhält man die Kapazitätsmatrix durch Inversion der Matrix der Potentialkoeffizienten:

$$\begin{vmatrix} C'_{tot} & -C'_k & \cdots & -C'_k \\ -C'_k & C'_{tot} & \cdots & -C'_k \\ \vdots & \vdots & & \vdots \\ -C'_k & -C'_k & \cdots & C'_{tot} \end{vmatrix} = \begin{vmatrix} \alpha & \alpha_k & \cdots & \alpha_k \\ \alpha_k & \alpha & \cdots & \alpha_k \\ \vdots & \vdots & & \vdots \\ \alpha_k & \alpha_k & \cdots & \alpha \end{vmatrix}^{-1}. \tag{5.52}$$

Die Gl. (5.49) schliesslich liefert die Erdkapazität C'_0 und die Gl. (5.48) die Betriebskapazität C'_1.

Ist die Leitung unsymmetrisch und nicht verdrillt, kann man gleich vorgehen, wobei sich dann die einzelnen Potentialkoeffizienten α_{ij} und somit auch die entsprechenden Teilkapazitäten C_{ij} voneinander unterscheiden (s. z. B. Gln. 5.54 und 5.56).

5.4.7 Potentialkoeffizienten von Freileitungen

Mit Bezug auf Abb. 5.24 nimmt man an, die Erde sei eine horizontale Ebene. Nach dem Spiegelbildverfahren (Abschn. 3.3.4) kann man sie durch die Spiegelladungen $-Q'_a \ldots -Q'_m$ ersetzen (in der Abbildung ist m = 2). Mit der Annahme, alle Ladungen, ausser der des Leiters a, seien null, lauten die beiden ersten Gleichungen von System (5.51)

$$U_a = \alpha_{aa} \, Q'_a$$
$$U_b = \alpha_{ab} \, Q'_a. \tag{5.53}$$

Der Potentialkoeffizient α_{aa} lässt sich als Reziprokwert der Kapazität Leiter a – Erde interpretieren. Man erhält somit aus (3.35)

$$\alpha_{aa} = \frac{1}{2\pi\varepsilon} \ln \frac{2h_a}{r_a}. \tag{5.54}$$

5.4 Bestimmung der Leitungsparameter

Abb. 5.24 Berechnung der Potentialkoeffizienten von Leitern

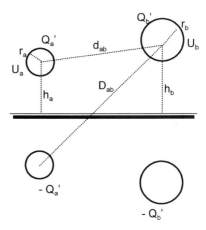

Ist die Leitung symmetrisch, so gilt $\alpha = \alpha_{aa} = \alpha_{bb} = \alpha_{cc} = \ldots$ Ist die Leitung unsymmetrisch, aber verdrillt, erhält man z. B. für ein 3-Phasensystem

$$\alpha = \frac{1}{3}(\alpha_{aa} + \alpha_{bb} + \alpha_{cc}).$$

Setzt man die Werte gemäss (5.54) ein, folgen die Diagonalkoeffizienten der Potentialkoeffizientenmatrix (5.51)

$$\alpha = \frac{1}{2\pi\varepsilon}\ln\frac{2h}{r} \quad mit \quad h = \sqrt[3]{h_a h_b h_c}. \tag{5.55}$$

Das Potential U_b kann als Summe der von den Ladungen Q'_a und $-Q'_a$ erzeugten Teilpotentiale (Abschn. 3.3.4) berechnet werden:

$$U_b = \varphi_a - \frac{Q'_a}{2\pi\varepsilon}\ln\frac{d_{ab}}{r_a} + (-\varphi_a) - \frac{-Q'_a}{2\pi\varepsilon}\ln\frac{D_{ab}}{r_a} = \frac{Q'_a}{2\pi\varepsilon}\ln\frac{D_{ab}}{d_{ab}}.$$

Der Vergleich mit Gl. (5.53) liefert für die Nichtdiagonalkoeffizienten der Matrix:

$$\alpha_{ab} = \frac{1}{2\pi\varepsilon}\ln\frac{D_{ab}}{d_{ab}}. \tag{5.56}$$

Ist die Leitung symmetrisch, so gilt (für m = 3) $\alpha_k = \alpha_{ab} = \alpha_{bc} = \alpha_{ca}$. Ist die Leitung unsymmetrisch, aber verdrillt, erhält man

$$\alpha_k = \frac{1}{2\pi\varepsilon}\ln\frac{D}{d},$$
$$worin \quad d = \sqrt[3]{d_{ab}\, d_{bc}\, d_{ca}} \tag{5.57}$$
$$D = \sqrt[3]{D_{ab}\, D_{bc}\, D_{ca}}.$$

D ist das geometrische Mittel der Abstände eines Leiters vom Spiegelbild des anderen.

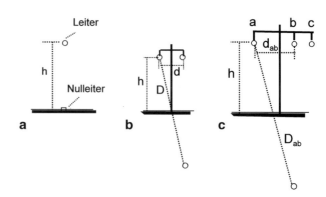

Abb. 5.25 Einfachfreileitungen: **a** echte Einphasenleitung, **b** Zweiphasenleitung (unechte Einphasenleitung), **c** Drehstromleitung

5.4.8 Kapazitätsbelag von Einfachfreileitungen

Echte Einphasenleitung (m = 1) Aus Abb. 5.25a sowie Gln. (5.49), (5.48), (5.55) folgt, da $C'_k = 0$

$$C'_1 = C'_0 = C'_{tot} = \frac{1}{\alpha} = \frac{2\pi\varepsilon_0}{\ln\frac{2h}{r}}. \quad (5.58)$$

Unechte Einphasenleitung (Zweiphasenleitung, m = 2) Aus (5.52) erhält man

$$\begin{vmatrix} C'_{tot} & -C'_k \\ -C'_k & C'_{tot} \end{vmatrix} = \begin{vmatrix} \alpha & \alpha_k \\ \alpha_k & \alpha \end{vmatrix}^{-1} = \frac{1}{\Delta}\begin{vmatrix} \alpha & -\alpha_k \\ -\alpha_k & \alpha \end{vmatrix},$$

worin Determinante $\Delta = \alpha^2 - \alpha_k^2$.

Daraus folgt

$$C'_{tot} = \frac{\alpha}{\alpha^2 - \alpha_k^2}, \quad C'_k = \frac{\alpha_k}{\alpha^2 - \alpha_k^2}$$

und schliesslich aus Abb. 5.25b und (5.49), (5.48), (5.55), (5.57)

$$C'_0 = C'_{tot} - C'_k = \frac{1}{\alpha + \alpha_k} = \frac{2\pi\varepsilon_0}{\ln\dfrac{2h \cdot D}{r \cdot d}}$$

$$C'_1 = C'_{tot} + C'_k = \frac{1}{\alpha - \alpha_k} = \frac{2\pi\varepsilon_0}{\ln\dfrac{d \cdot 2h}{r \cdot D}}. \quad (5.59)$$

Drehstromleitung (m = 3) Durch Inversion der Matrix der Potentialkoeffizienten für den symmetrischen oder verdrillten Fall (Abb. 5.25c) erhält man

$$\begin{vmatrix} \alpha & \alpha_k & \alpha_k \\ \alpha_k & \alpha & \alpha_k \\ \alpha_k & \alpha_k & \alpha \end{vmatrix}^{-1} = \frac{\alpha - \alpha_k}{\Delta}\begin{vmatrix} \alpha + \alpha_k & -\alpha_k & -\alpha_k \\ -\alpha_k & \alpha + \alpha_k & -\alpha_k \\ -\alpha_k & -\alpha_k & \alpha + \alpha_k \end{vmatrix}$$

mit

$$\Delta = \alpha^3 + 2\alpha_k^3 - 3\alpha\alpha_k^2 = (\alpha - \alpha_k)^2(\alpha + 2\alpha_k).$$

5.4 Bestimmung der Leitungsparameter

Abb. 5.26 Einfluss des Durchhangs auf den mittleren Erdabstand

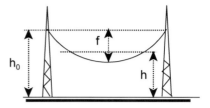

Aus (5.52) folgt

$$C'_{tot} = \frac{\alpha + \alpha_k}{(\alpha - \alpha_k)(\alpha + 2\alpha_k)}, \quad C'_k = \frac{\alpha_k}{(\alpha - \alpha_k)(\alpha + 2\alpha_k)}$$

und schliesslich wegen (5.48), (5.49), (5.55) und (5.57)

$$\begin{aligned} C'_0 &= C'_{tot} - 2C'_k = \frac{1}{\alpha + 2\alpha_k} = \frac{2\pi\varepsilon_0}{\ln\frac{2h \cdot D^2}{r \cdot d^2}} \\ C'_1 &= C'_{tot} + C'_k = \frac{1}{\alpha - \alpha_k} = \frac{2\pi\varepsilon_0}{\ln\frac{d \cdot 2h}{r \cdot D}}. \end{aligned} \quad (5.60)$$

Bündelleiter Bei *Bündelleitern* ist r durch r_e zu ersetzen nach Gl. (5.39). Dies lässt sich wie folgt begründen: Das Potential eines Teilleiters ist von folgendem Ausdruck gegeben

$$U = \frac{Q'}{2\pi\varepsilon}\ln\frac{2h}{r} - \sum_{i=1}^{n-1}\frac{Q'}{n2\pi\varepsilon}\ln\frac{a_i}{r} = \frac{Q'}{2\pi\varepsilon}\left[\ln\frac{2h}{r} - \frac{1}{n}\ln\frac{a_1 a_2 \ldots a_n}{r^{n-1}}\right].$$

Der erste Term entspricht dem Potential des Teilleiters für den Fall, dass die ganze Ladung auf dem Teilleiter konzentriert wäre. Der zweite Term berücksichtigt die Potentialminderung, die durch die Dezentralisierung der Ladungen erzeugt wird. Ersetzt man die Teilleiterabstände durch den Radius R_b des Bündels und schliesslich durch den Ersatzradius (Abschn. 5.4.2), folgt

$$U = \frac{Q'}{2\pi\varepsilon}\left[\ln\frac{2h}{r} - \frac{1}{n}\ln\frac{nR_b^{n-1}}{r^{n-1}}\right] = \frac{Q'}{2\pi\varepsilon}\left[\ln\frac{2h}{r} - \ln\frac{r_e}{r}\right] = \frac{Q'}{2\pi\varepsilon}\ln\frac{2h}{r_e}.$$

Durchhang h und D sind wegen des Durchhangs variabel. Der mittlere Wert von h kann mit guter Näherung nach (5.61) bestimmt werden:

$$h = h_o - \frac{2}{3}f. \quad (5.61)$$

Die Werte von D sind ausgehend von h und nicht etwa vom Aufhängepunkt h_0 zu bestimmen (Abb. 5.26, s. Beispiele).

Für die Berechnung des Durchhangs s. Abschn. 11.3.3.

Abb. 5.27 Doppelfreileitung

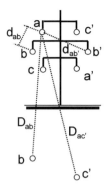

5.4.9 Kapazitätsbelag von Drehstrom-Doppelfreileitungen

Die 6×6 Teilkapazitätenmatrix enthält in diesem Fall bis zu 21 verschiedene Kapazitäten (Abb. 5.27). Durch γ-Verdrillung bleiben nur noch vier verschiedene mittlere Werte übrig. Dasselbe gilt für die Potentialkoeffizienten. Sind die Spannungen der beiden Drehstromsysteme gleich gross (wir beschränken uns hier auf diesen Fall), sind aus Symmetriegründen auch die Ladungen der Leiter gleich. Die Spannung der Phase a kann dann folgendermassen ausgedrückt werden:

$$U_a = \alpha Q'_a + \alpha_k Q'_b + \alpha_k Q'_c + \alpha' Q'_a + \alpha'_k Q'_b + \alpha'_k Q'_c, \qquad (5.62)$$

worin α und α_k von den Gln. (5.55) und (5.57) gegeben sind und

$$\alpha' = \frac{1}{3}(\alpha_{aa'} + \alpha_{bb'} + \alpha_{cc'}) = \frac{1}{2\pi\varepsilon_o}\ln\frac{D''}{d''}$$

$$\alpha'_k = \frac{1}{3}(\alpha_{ab'} + \alpha_{bc'} + \alpha_{ca'})\frac{1}{2\pi\varepsilon_o}\ln\frac{D'}{d'}.$$

d' und d'' können mit den Gl. (5.43) berechnet werden. D' und D'' stellen die entsprechenden Ausdrücke für die Abstände eines Leiters vom Spiegelbild des anderen dar:

$$D' = \sqrt[3]{D_{ab'} D_{bc'} D_{ca'}}$$
$$D'' = \sqrt[3]{D_{aa'} D_{bb'} D_{cc'}}. \qquad (5.63)$$

Aus Gl. (5.62) folgt

$$U_a = (\alpha + \alpha')Q'_a + (\alpha_k + \alpha'_k)Q'_b + (\alpha_k + \alpha'_k)Q'_c.$$

Die Kapazitäten der Doppelleitung ergeben sich demnach aus denjenigen der Einfachleitung (Gl. 5.60) durch Ersatz von:

5.4 Bestimmung der Leitungsparameter

Abb. 5.28 Einfluss der Erdseile

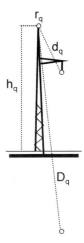

α durch $(\alpha + \alpha')$, also von $\ln\dfrac{2h}{r}$ durch $\ln\dfrac{2h \cdot D''}{r \cdot d''}$

α_k durch $(\alpha_k + \alpha'_k)$, also von $\ln\dfrac{D}{d}$ durch $\ln\dfrac{D \cdot D'}{d \cdot d'}$.

Man erhält schliesslich die Beziehungen (5.64), wobei die Näherungsausdrücke (erhalten mit der Annahme $D \approx 2h$, $D'' \approx D'$) bezüglich Genauigkeit meist genügen.

$$C'_0 = \dfrac{2\pi\varepsilon_0}{\ln\dfrac{2h \cdot D^2 \cdot D'' \cdot D'^2}{r_e d^2 \cdot d'' \cdot d'^2}} \approx \dfrac{2\pi\varepsilon_0}{\ln\dfrac{8h^3 \cdot D'^3}{r_e d^2 \cdot d'^3}}$$

$$C'_1 = \dfrac{2\pi\varepsilon_0}{\ln\dfrac{d \cdot 2h \cdot D'' \cdot d'}{r_e \cdot D \cdot D' \cdot d''}} \approx \dfrac{2\pi\varepsilon_0}{\ln\dfrac{d \cdot d'}{r_e \cdot d''}}$$

(5.64)

5.4.10 Einfluss der Erdseile

Die Erdseile sind über die Masterdung geerdet, wirken als zusätzliche Elektrode und verstärken somit die Erdkapazität. Auf die Betriebskapazität haben sie hingegen keinen Einfluss. Die genauere Analyse (auf die Herleitung wird hier verzichtet, [6, 7]) ergibt mit Bezug auf Abb. 5.28 folgende Erdkapazitäten

Einfachfreileitung ($m = 1, 2, 3$)

$$C'_0 = \dfrac{2\pi\varepsilon_0}{\ln\dfrac{2h \cdot D^{m-1}}{r \cdot d^{m-1}} - m\dfrac{\left(\ln\dfrac{D_q}{d_q}\right)^2}{\ln\dfrac{2h_q}{r_q}}}$$

(5.65)

Drehstrom-Doppelfreileitung

$$C'_0 = \frac{2\pi\varepsilon_0}{\ln\dfrac{2h \cdot D^2 \cdot D'' \cdot D'^2}{r \cdot d^2 \cdot d'' \cdot d'^2} - 6\dfrac{\left(\ln\dfrac{D_q}{d_q}\right)^2}{\ln\dfrac{2h_q}{r_q}}}. \tag{5.66}$$

Darin sind: r_q = Radius des Erdseils, h_q = mittlerer Erdabstand des Erdseils (Durchhang!), d_q und D_q = mittlerer geometrischer Abstand des Erdseils von den Phasenleitern bzw. von den Spiegelbildern der Phasenleiter. Darüber hinaus wird durch die Maste selber die Erdkapazität weiter verstärkt. Deren Einfluss wird auf 8–9 % für 110-kV-Leitungen, 6 % für 220- und 380-kV-Leitungen und etwa 4 % für 700-kV-Leitun- gen geschätzt [6].

5.4.11 Kapazitätsbelag von Kabelleitungen

Die Kapazitätsberechnung von Kabel *ohne Feldsteuerung* (Abb. 5.6a) ist schwierig wegen der Nähe der Leiter und deren Exzentrizität relativ zum geerdeten Mantel, und man ist auf Messungen angewiesen. Die Bedeutung des Kapazitätsbelags ist aber gering wegen der niedrigen Spannung.

Bei *Radialfeldkabel* (Abb. 5.6b) ist hingegen die Berechnung sehr einfach, da $C'_k = 0$ und somit $C'_1 = C'_0$. Die Erdkapazität ist die Kapazität Leiter-Abschirmung. Man erhält (Gl. (3.24))

$$C'_1 = C'_0 = \frac{2\pi\varepsilon_0\varepsilon_r}{\ln\dfrac{R}{r}}, \tag{5.67}$$

worin R der Radius der Abschirmung und ε_r die relative Dielektrizitätszahl des Isoliermaterials sind.

5.4.12 Ableitungsbelag

Der Leitwert G'_1 erfasst die Verluste des Dielektrikums zwischen den Leitern und zwischen Leiter und Erde. Analog zu C'_1 gilt

$$G'_1 = G'_0 + m\, G'_k. \tag{5.68}$$

Der Zusammenhang mit den dielektrischen Verlusten P'_d ist (Abschn. 3.4)

$$P'_d = U^2 G'_1 = U^2 \omega C'_1 \tan\delta. \tag{5.69}$$

Abb. 5.29 Definition der Verlustwinkel

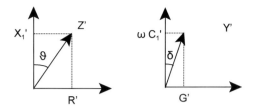

Der Leitwert G'_1 ist sehr klein und kann bei normalen Betriebsverhältnissen gegenüber $\omega C'_1$ vernachlässigt werden. Bei Kabel liegt die Grössenordnung von G'_1 bei 1 μs/km ($\tan\delta = 10^{-2}$). Bei Freileitungen ist $G'_1 = 0.05$ μs/km, beim Auftreten von Teilentladungen (Korona) kann er aber wesentlich höher werden. Der Wert von G'_1 ist somit bei Freileitungen wetterabhängig.

5.4.13 Übertragungsmass und Wellenimpedanz

Mit den Gln. (5.6) und (5.7) lassen sich die stationären Werte von Übertragungsmass und Wellenimpedanz aus den Betriebsparametern R′, L′, C′ und G′ bestimmen. Besonders übersichtliche Formeln erhält man durch Einführung der Verlustwinkel ϑ und δ (Abb. 5.29). Gesetzt

$$\tan\vartheta = \frac{R'}{\omega L'_1}, \quad (R' + j\omega L'_1) = \frac{\omega L'_1}{\cos\vartheta} j e^{-j\vartheta}$$
$$\tan\delta = \frac{G'}{\omega C'_1}, \quad (G' + j\omega C'_1) = \frac{\omega C'_1}{\cos\delta} j e^{-j\delta}, \tag{5.70}$$

folgt aus Gl. (5.6) für das Übertragungsmass

$$\underline{\gamma} = j\omega \frac{\sqrt{L'_1 C'_1}}{\sqrt{\cos\vartheta \cos\delta}} e^{-j\frac{\vartheta+\delta}{2}} = j\omega \sqrt{L'_1 C'_1} \frac{\cos\frac{\vartheta+\delta}{2} - j\sin\frac{\vartheta+\delta}{2}}{\sqrt{\cos\vartheta \cos\delta}}.$$

Somit ist

$$\beta = \omega\sqrt{L'_1 C'_1} \frac{\cos\frac{\vartheta+\delta}{2}}{\sqrt{\cos\vartheta \cos\delta}}$$

$$\alpha = \beta \tan\frac{\vartheta+\delta}{2}. \tag{5.71}$$

Aus Gl. (5.7) folgt für die Wellenimpedanz

$$\underline{Z}_w = \sqrt{\frac{L'_1}{C'_1}} \sqrt{\frac{\cos\delta}{\cos\vartheta}} e^{-j\frac{\vartheta-\delta}{2}} = R_w + jX_w. \tag{5.72}$$

Da ϑ immer $> \delta$, ist $X_w < 0$, also kapazitiv. Für die Fortpflanzungsgeschwindigkeit der Wellen auf der Leitung folgt aus (5.15)

$$v = \frac{1}{\sqrt{L_1' C_1'}} \frac{\sqrt{\cos\vartheta \cos\delta}}{\cos\dfrac{\vartheta+\delta}{2}}. \tag{5.73}$$

Die Fortpflanzungsgeschwindigkeit ist im allgemeinen frequenzabhängig.

Für die *verlustarme Leitung* mit $\delta \approx 0$, ϑ klein, d. h. $\cos\vartheta = 1$, $\sin\vartheta/2 = \tan\vartheta/2 = R_1'/(2\omega L_1')$ gilt

$$Z_w \approx R_w = \sqrt{\frac{L_1'}{C_1'}}$$

$$\beta \approx \omega\sqrt{L_1' C_1'}$$

$$\alpha \approx \omega\sqrt{L_1' C_1'}\frac{R'}{2\omega L'} = \frac{R'}{2\sqrt{\dfrac{L_1'}{C_1'}}} \approx \frac{R'}{2 Z_w} \tag{5.74}$$

$$v \approx \frac{1}{\sqrt{L_1' C_1'}}.$$

Der Winkel δ ist praktisch immer vernachlässigbar klein. Der Winkel ϑ ist bei höheren Frequenzen (kHz) ebenfalls klein, so dass die Bedingungen der verlustarmen Leitung näherungsweise erfüllt sind. Bei 50 Hz hingegen ist er für NS-Leitungen sehr gross und für MS-Leitungen ziemlich gross und muss berücksichtigt werden.

Eine *verzerrungsfreie Leitung* (Fortpflanzungsgeschwindigkeit unabhängig von der Frequenz) erhält man für $\delta = \vartheta$ (nur künstlich erreichbar). Dann gelten die Beziehungen (5.74) nicht näherungsweise, sondern *exakt*, unabhängig davon, ob die Leitung verlustarm ist oder nicht.

Beispiel 5.4 Für die Drehstromleitung 30 kV, 50 Hz, von Abb. 5.30a, mit Aldrey-Seilen 120 mm^2 sind die Beläge R', L', X', C', C_0' sowie Wellenimpedanz und Übertragungsmass für 50 Hz zu bestimmen. Der Durchhang betrage 3 m. Ferner ermittle man die Randfeldstärke bei der maximalen Dauerbetriebsspannung, die thermisch maximal übertragbare Leistung (Anhang A, Tab. A.5) und die natürliche Leistung.

Aus Tab. A.3 des Anhangs A folgt

$$A_{eff} = 117\,mm^2, \quad \varphi = 14\,mm, \quad R' = 0.28 \cdot 1.07 = 0.30\,\Omega/km \;\; bei\; 20°C.$$

Aus der Leitungsgeometrie lassen sich folgende Werte berechnen (Abschn. 5.4.8)

$$d_{ab} = d_{bc} = \sqrt{1^2 + 2^2} = 2.24\,m, \quad d_{ac} = 2\,m$$

$$\Rightarrow \quad d = \sqrt[3]{2.24^2 \cdot 2} = 2.16\,m$$

5.4 Bestimmung der Leitungsparameter

Abb. 5.30 Skizze zu:
a Beispiel 5.4, **b** Beispiel 5.5

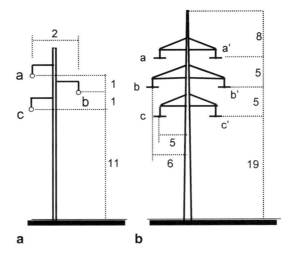

$$h_a = 13 - 2 = 11\,m, \quad h_b = 12 - 2 = 10\,m, h_c = 11 - 2 = 9\,m$$

$$h = \sqrt[3]{11 \cdot 10 \cdot 9} = 9.97\,m$$

$$D_{ab} = \sqrt{(11+10)^2 + 2^2} = 21.1\,m, \quad D_{bc} = \sqrt{(10+9)^2 + 2^2} = 19.1\,m$$

$$D_{ac} = 11 + 9 = 20\,m \quad \Rightarrow \quad D = \sqrt[3]{21.1 \cdot 19.1 \cdot 20} = 20.1\,m\,.$$

Bei 50 Hz ist die Stromverdrängung für diesen Querschnitt vernachlässigbar, und aus (5.41) und (5.60) erhält man

$$L'_1 = \frac{4\pi \cdot 10^{-7}}{2\pi}\left(\ln\frac{2160}{7} + 0.25\right)$$

$$= 1.20\,mH/km \quad \Rightarrow \quad X'_1 = 0.376\,\Omega/km$$

$$C'_1 = \frac{2\pi \cdot 8.854 \cdot 10^{-12}}{\ln\dfrac{2.16 \cdot 2 \cdot 9.97}{7 \cdot 10^{-3} \cdot 20.1}} = 9.72\,nF/km$$

$$C'_0 = \frac{2\pi \cdot 8.854 \cdot 10^{-12}}{\ln\dfrac{2 \cdot 9.97 \cdot 20.1^2}{7.10^{-3} \cdot 2.16^2}} = 4.48\,nF/km.$$

Die Verlustwinkel sind nach (5.70)

$$\delta \approx 0, \quad \tan\vartheta = \frac{R'}{X'_1} = \frac{0.30}{0.376} = 0.798 \quad \Rightarrow \quad \vartheta = 38.6°.$$

Für die Wellenimpedanz erhält man gemäss (5.72)

$$Z_w = \sqrt{\frac{1.26 \cdot 10^{-6}}{9.72 \cdot 10^{-12}}}\sqrt{\frac{1}{\cos 36.7°}}\angle -19.3° = 404\,\Omega\,\angle -19.3°$$

und für das Übertragungsmass mit den Gln. (5.73) und (5.71)

$$v = \frac{1}{\sqrt{1.26 \cdot 10^{-3} \cdot 9.72 \cdot 10^{-9}}} \frac{\sqrt{\cos 36.7°}}{\cos \frac{36.7°}{2}} = 269'600 \; km/s$$

$$\Rightarrow \quad \beta = \frac{2\pi \cdot 50}{269'600} = 1.17 \cdot 10^{-3} \frac{rad}{km}, \quad \alpha = 1.17 \cdot 10^{-3} \cdot \tan \frac{38,6}{2}$$

$$= 0.410 \cdot 10^{-3} \frac{1}{km}.$$

Da die Leiter relativ weit voneinander entfernt sind, kann man für die Berechnung der Randfeldstärke die Annahme treffen, dass sie sich feldmässig nicht beeinflussen. Dann gilt nach (3.25)

$$E_{max} = \frac{Q'}{2\pi \cdot r \; \varepsilon_0} \quad mit \quad Q' = C_1' \cdot \frac{U_\Delta}{\sqrt{3}}, \tag{5.75}$$

und man erhält bei Berücksichtigung der Tab. 3.1

$$E_{max} = \frac{9.72 \cdot 10^{-12} \cdot 36 \cdot 10^3}{\sqrt{3} \; 2\pi \cdot 7 \cdot 10^{-3} \; 8.854 \cdot 10^{-12}} = 5.19 \; \frac{kV}{cm}.$$

Der thermisch zulässige Strom und die entsprechende Leistung folgen aus Anhang A, Tab. A.5

$$I_{zul} = 365 \; A, \quad S_{th} = \sqrt{3} \cdot 30 \cdot 365 = 19 \; MVA.$$

Für die natürliche Leistung folgt aus Abschn. 9.5.2

$$P_{nat} = \frac{30^2 \cdot 10^6}{404} = 2.23 \; MW.$$

Beispiel 5.5

a. Für die Drehstromdoppelleitung 220 kV, 50 Hz, von Abb. 5.30b sind alle Leitungsparameter für 50 Hz zu bestimmen. Der Phasenleiter besteht aus einem Zweierbündel Al-Stahl mit Teilleitern 300/50 mm². Der Teilleiterabstand ist 40 cm. Der Durchhang beträgt 9 m. Der Erdseilradius ist 1 cm.
b. Wie wirkt sich der Tausch der Leiter a' und c' auf die Parameter aus?
c. Man bestimme ferner die Randfeldstärke, die thermisch maximal übertragbare Leistung und die natürliche Leistung.

Lösung a) Aus dem Anhang A, Tab. A.4, folgt bei Vernachlässigung der Stromverdrängung

$$\varphi = 24.5 \; mm$$

$$R' = 0.093 \; \frac{1}{2} \approx 0.046 \; \Omega/km \; bei \; 20°C.$$

5.4 Bestimmung der Leitungsparameter

Aus der Leitungsgeometrie erhält man

$$d_{ab} = d_{bc} = \sqrt{1^2 + 5^2} = 5.10\,m, \quad d_{ac} = 10\,m$$

$$\Rightarrow \quad d = \sqrt[3]{5.10^2 \cdot 10} = 6.38\,m$$

$$h_a = 29 - 6 = 23\,m, \; h_b = 24 - 6 = 18\,m, \; h_c = 19 - 6 = 13\,m$$

$$\Rightarrow \quad h = \sqrt[3]{23 \cdot 18 \cdot 13} = 17.5\,m$$

$$d_{ab'} = d_{bc'} = \sqrt{11^2 + 5^2} = 12.08\,m, \; d_{ca'} = \sqrt{10^2 + 10^2} = 14.14\,m$$

$$\Rightarrow \quad d' = \sqrt[3]{12.08^2 \cdot 14.14} = 12.7\,m$$

$$d_{aa'} = d_{cc'} = 10\,m, \quad d_{bb'} = 12\,m \;\Rightarrow\; d'' = \sqrt[3]{10^2 \cdot 12} = 10.63\,m$$

ferner

$$D_{ab} = \sqrt{(23+18)^2 + 1^2} = 41.0\,m, \quad D_{bc} = \sqrt{(18+13)^2 + 2^2} = 31.0\,m$$

$$D_{ac} = 23 + 13 = 36\,m \;\Rightarrow\; D = \sqrt[3]{41 \cdot 31 \cdot 36} = 35.8\,m$$

$$D_{ab'} = \sqrt{(23+18)^2 + 11^2} = 42.45\,m, \quad D_{bc'} = \sqrt{(18+13)^2 + 11^2} = 32.89\,m$$

$$D_{ca'} = \sqrt{(23+13)^2 + 10^2} = 37.36\,m \;\Rightarrow\; D' = \sqrt[3]{42.45 \cdot 32.89 \cdot 37.36} = 37.4\,m$$

$$D_{aa'} = \sqrt{46^2 + 10^2} = 47.07\,m, \quad D_{bb'} = \sqrt{36^2 + 12^2} = 37.95\,m$$

$$D_{cc'} = \sqrt{26^2 + 10^2} = 27.86\,m \;\Rightarrow\; D'' = \sqrt[3]{47.07 \cdot 37.95 \cdot 27.86} = 36.8\,m$$

$$h_q = 37 - 6 = 31\,m, \; d_{qa} = \sqrt{8^2 + 5^2} = 9.43\,m, \; d_{qb} = \sqrt{13^2 + 6^2} = 14.32\,m$$

$$d_{qc} = \sqrt{18^2 + 5^2} = 18.68\,m \;\Rightarrow\; d_q = \sqrt[3]{9.43 \cdot 14.32 \cdot 18.68} = 13.6\,m$$

$$D_{qa} = \sqrt{(31+23)^2 + 5^2} = 54.23\,m, \quad D_{qb} = \sqrt{(31+18)^2 + 6^2} = 49.37\,m$$

$$D_{qc} = \sqrt{(31+13)^2 + 5^2} = 44.28\,m \;\Rightarrow\; D_q \sqrt[3]{54.23 \cdot 49.37 \cdot 44.28} = 49.1\,m$$

$$r_e = \sqrt{1.225 \cdot 40} = 7\,cm.$$

Ist nur ein Drehstromsystem in Betrieb, gilt die Betriebsinduktivität

$$L'_1 = \frac{4\pi \cdot 10^{-7}}{2\pi}\left(\ln\frac{638}{7} + 0.25\right) = 0.952\,mH/km \;\Rightarrow\; X'_1 = 0.299\,\Omega/km\,.$$

Sind beide Systeme gleich belastet, erhält man

$$\frac{d'}{d''} = \frac{12.7}{10.62} = 1.195, \; L'_1 = \frac{4\pi \cdot 10^{-7}}{2\pi}\left(\ln\left(\frac{638}{7}1.195\right) + 0.25\right)$$

$$= 0.988\,mH/km \;\Rightarrow\; X'_1 = 0.310\,\Omega/km\,.$$

Die Betriebskapazitäten sind

$$C'_1 = \frac{2\pi \cdot 8.854 \cdot 10^{-12}}{\ln\dfrac{6.38 \cdot 2 \cdot 17.5 \cdot 36.8 \cdot 12.7}{7 \cdot 10^{-2} \cdot 35.8 \cdot 37.4 \cdot 10.6}} = 12.0\,nF/km$$

$$C'_0 = \frac{2\pi \cdot 8.854 \cdot 10^{-12}}{\ln\dfrac{2 \cdot 17.5 \cdot 35.8^2 \cdot 36.8 \cdot 37.4^2}{7 \cdot 10^{-2} \cdot 6.38^2 \cdot 10.6 \cdot 12.7^2} - 6\dfrac{\left(\ln\dfrac{49.1}{13.6}\right)^2}{\ln\dfrac{2.31}{0.01}}} = 4.66\,nF/km\,.$$

Die Erdkapazität muss noch wegen des Masteinflusses um ca. 6 % erhöht werden, was einen Wert von ca. 4.95 nF/km ergibt.

Die Verlustwinkel sind (bei Doppelleitungsbetrieb)

$$\delta \approx 0, \quad \tan\vartheta = \frac{R'}{X'_1} = \frac{0.0460}{0.310'} = 0.148 \quad \Rightarrow \quad \vartheta = 8.4°.$$

Für die Wellenimpedanz erhält man gemäss (5.72)

$$Z_w = \sqrt{\frac{0.988 \cdot 10^{-6}}{12.0 \cdot 10^{-12}}}\sqrt{\frac{1}{\cos 8.4°}} \angle -4.2° = 288\,\Omega\,\angle -4.2°$$

und für das Übertragungsmass mit den Gln. (5.73) und (5.71)

$$v = \frac{1}{\sqrt{0.988 \cdot 10^{-3} \cdot 12.0 \cdot 10^{-9}}} \frac{\sqrt{\cos 8.4°}}{\cos\left(\dfrac{8.4°}{2}\right)} = 289'600\,km/s$$

$$\Rightarrow \beta = \frac{2\pi \cdot 50}{2896800} = 1.085 \cdot 10^{-3}\frac{rad}{km},\ \alpha = 1.085 \cdot 10^{-3} \cdot \tan\frac{8.4}{2} = 0.080 \cdot 10^{-3}\frac{1}{km}.$$

Lösung b) Durch Tausch von a' mit c' wird

$$d' = 11.3\,m, \quad d'' = 12.6\,m, \quad \Rightarrow \quad \frac{d'}{d''} = 0.897$$

$$\Rightarrow \quad D' = 36.9, \quad D'' = 37.6.$$

Sind beide Systeme in Betrieb, liefert die Berechnung eine kleinere Induktivität und eine grössere Kapazität

$$\frac{d'}{d''} = \frac{11.3}{12.6} = 0.897, \quad L'_1 = \frac{4\pi \cdot 10^{-7}}{2\pi}\left(\ln\left(\frac{638}{7}0.897\right) + 0.25\right)$$

$$= 0.931\,mH/km \quad \Rightarrow \quad X'_1 = 0.292\,\Omega/km$$

5.4 Bestimmung der Leitungsparameter

$$C_1' = \frac{2\pi \cdot 8.854 \cdot 10^{-12}}{\ln\dfrac{6.38 \cdot 2 \cdot 17.5 \cdot 37.68 \cdot 11.3}{7 \cdot 10^{-2} \cdot 35.8 \cdot 36.9 \cdot 12.6}} = 12.6\, nF/km$$

$$C_0' = \frac{2\pi \cdot 8.854 \cdot 10^{-12}}{\ln\dfrac{2 \cdot 17.5 \cdot 35.8^2 \cdot 37.6 \cdot 36.9^2}{7 \cdot 10^{-2} \cdot 6.38^2 \cdot 12.6 \cdot 11.3^2} - 6\dfrac{\left(\ln\dfrac{49.1}{13.6}\right)^2}{\ln\dfrac{2 \cdot 31}{0.01}}} = 4.64\, nF/km.$$

Schliesslich folgt für die Wellenimpedanz

$$L_1' = 0.931\, mH/km \quad \Rightarrow \quad X_1' = 0.292\, \Omega/km\,, \quad C_1' = 12.6\, nF/km$$

$$\vartheta = 9.0°, \quad Z_w = 274\, \angle -4.5°\, \Omega.$$

Der Tausch von a' mit c' wirkt sich günstig auf die Betriebseigenschaften der Leitung aus (Abschn. 9.5). Auch die Feldstärke in Bodennähe wird durch diese Leiterkonfiguration vermindert [2].

Lösung c) Für die Randfeldstärke findet man im Fall von Bündelleitern, wenn man die von den andern (n − 1) Teilleitern erzeugte Feldstärke mitberücksichtigt, durch Superposition

$$E_{max} = \frac{Q'}{n\, 2\pi\, \varepsilon_0}\left[\frac{1}{r} + \frac{n-1}{R_b}\sin\frac{\pi}{n}\right] \quad mit \quad Q' = C_1' \cdot \frac{U}{\sqrt{3}}. \tag{5.76}$$

Insbesondere für das Zweierbündel folgt

$$E_{max} = \frac{C_1' \cdot U}{\sqrt{3}\, 2\pi\, \varepsilon_0}\left[\frac{1}{r} + \frac{1}{R_b}\right]$$

$$E_{max} = \frac{10.7 \cdot 10^{-12} \cdot 245 \cdot 10^3}{\sqrt{3} \cdot 2 \cdot 2\pi \cdot 8.854 \cdot 10^{-12}}\left[\frac{1}{1.225 \cdot 10^{-2}} + \frac{1}{20 \cdot 10^{-2}}\right] = 12.9\frac{kV_{eff}}{cm}.$$

Mit dem Radius von 12.25 mm ergibt sich aus Abb. 3.43 bei Normaldruck eine Zündfeldstärke bei absolut glattem Leiter von $39.5/\sqrt{3} = 22.8$ kV$_{eff}$/cm. Somit ist der Faktor m = 12.9/22.8 = 0.57 (s. dazu die Bemerkungen in Abschn. 3.7.1).

Der thermisch zulässige Strom und die entsprechende Leistung folgen aus Anhang A, Tab. A.5

$$I_{zul} = 2 \times 740\, A, \quad S_{th} = \sqrt{3} \cdot 220 \cdot 1480 = 564\, MVA.$$

Für die natürliche Leistung erhält man nach Abschn. 9.5.2

$$P_{nat} = \frac{220^2 \cdot 10^6}{280} = 173\, MW.$$

Abb. 5.31 Skizze zu
Beispiel 5.6

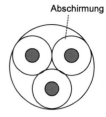

Beispiel 5.6 Für das Dreileiter-Massekabel von Abb. 5.31 bestimme man die Betriebsparameter. Die Daten sind: 20 kV, 50 Hz, 120 mm² Cu, $\varepsilon_r = 4$, $\tan\delta = 10^{-2}$, Isolationsstärke 5.5 mm. Man berechne ferner die maximale Feldstärke bei der Prüfwechselspannung (Tab. 3.1), die maximale Leistung bei einer zulässigen Stromdichte von 2.2 A/mm² und die natürliche Leistung.

Aus Tab. I.1 folgt

$$\varphi = 14\ mm,$$
$$R' \approx 0.152 \cdot 1.07 = 0.162\ \Omega/km\ bei\ 20°C.$$

Für Innen- und Aussendurchmesser der Aderisolation erhält man

$$r = 7\ mm,$$
$$R = 7 + 5.5 = 12.5\ mm.$$

Daraus lassen sich die Kapazität berechnen und die Induktivität abschätzen (Gln. 5.47 und 5.67)

$$L'_1 = \frac{4\pi \cdot 10^{-7}}{2\pi}\left(acosh\left(\frac{12.5}{7}\right) + 0.25\right)$$
$$= 0.287\ mH/km \quad X'_1 = 0.09\ \Omega/km$$
$$C'_1 = C'_0 = \frac{2\pi \cdot 8.854 \cdot 10^{-12} \cdot 4}{\ln\frac{12.5}{7}} = 384\ nF/km.$$

Die Verlustwinkel sind nach (5.70)

$$\delta \approx 0.6°, \quad \tan\vartheta = \frac{R'}{X'_1} = \frac{0.162}{0.09} = 1.8 \quad \Rightarrow \quad \vartheta = 60.9°.$$

Für die Wellenimpedanz erhält man gemäss (5.72)

$$Z_w = \sqrt{\frac{0.287 \cdot 10^{-6}}{384 \cdot 10^{-12}}} \sqrt{\frac{1}{\cos 60.9°}}\ \angle -39.15°$$
$$= 39.2\ \Omega\ \angle -30,2°,$$

und für das Übertragungsmass folgt

$$v = \frac{1}{\sqrt{0.287 \cdot 10^{-3} \cdot 384 \cdot 10^{-9}}} \frac{\sqrt{\cos 60.9°}}{\cos \frac{61.5°}{2}} = 77297\ km/s$$

$$\Rightarrow \beta = \frac{2\pi \cdot 50}{77297} = 4.06 \cdot 10^{-3} \frac{rad}{km}, \quad \alpha = 4.06 \cdot 10^{-3} \cdot \tan\frac{61.5°}{2} = 2.42 \cdot 10^{-3} \frac{1}{km}.$$

Die maximale Feldstärke bei Prüfwechselspannung ist nach (2.24) und Tab. 3.1

$$E_{max} = \frac{U}{r \ln\frac{R}{r}} = \frac{55 \cdot 10^3}{7 \cdot 10^{-3} \cdot \ln\frac{12.5}{7}} = 13.6 \frac{kV_{eff}}{mm}.$$

Belastbarkeit:

$$I_{zul} = 2.2 \cdot 117 = 257\ A, \quad S_{th} = \sqrt{3} \cdot 20 \cdot 257 = 8.9\ MVA.$$

Natürliche Leistung:

$$P_{nat} = \frac{20^2 \cdot 10^6}{39} = 10.3\ MW.$$

Man stellt fest, dass die natürliche Leistung grösser ist als die thermisch zulässige und somit ohne Kühlungsmassnahmen nicht erreicht werden kann. Dies ist typisch für Kabelleitungen (Abschn. 9.5.3).

5.5 p.u. Zweitormatrizen

Teilt man die Zweitorgleichungen (5.19) durch Nennspannung bzw. Nennstrom, erhält man die folgenden p.u. Gleichungen mit der p.u. *K-Matrix* der Leitung (Abschn. 2.3.2). Die p.u. Wellenimpedanz ist auf die Nennimpedanz (Abschn. 2.2) bezogen.

$$\begin{pmatrix} \underline{u}_1 \\ \underline{i}_1 \end{pmatrix} = \begin{vmatrix} \cosh \underline{\gamma} l & \underline{z}_w \cdot \sinh \underline{\gamma} l \\ \frac{1}{\underline{z}_w} \cdot \sinh \underline{\gamma} l & \cosh \underline{\gamma} l \end{vmatrix} \cdot \begin{pmatrix} \underline{u}_2 \\ \underline{i}_2 \end{pmatrix} \quad (5.77)$$

$$\text{mit} \quad \underline{z}_w = \frac{\underline{Z}_w}{Z_r}, \quad Z_r = \frac{U_{\Delta r}^2}{S_r}.$$

Für die elektrisch kurze Leitung (Ansatz Gl. 5.23) reduziert sich Gl. (5.77) auf

$$\begin{pmatrix} \underline{u}_1 \\ \underline{i}_1 \end{pmatrix} = \begin{vmatrix} 1 + \frac{\underline{y}\,\underline{z}}{2} & \underline{z} \\ \underline{y} & 1 + \frac{\underline{y}\,\underline{z}}{2} \end{vmatrix} \cdot \begin{pmatrix} \underline{u}_2 \\ \underline{i}_2 \end{pmatrix}, \quad (5.78)$$

worin $\underline{z}$ und $\underline{y}$ die p.u. Werte der von Gl. (5.24) gegebenen Längsimpedanz und Queradmittanz sind.

Bei Netzproblemen verwendet man in der Regel die *Y-Matrix*. Für die Leitung ist $\Delta = \cosh^2 \underline{\gamma} l - \sinh^2 \underline{\gamma} l = 1$ (Abschn. 2.3.2) und man erhält

$$\begin{pmatrix}\underline{i}_1\\ \underline{i}_2\end{pmatrix} = \frac{1}{\underline{z}_w \sinh \underline{\gamma} l}\begin{vmatrix}\cosh \underline{\gamma} l & -1\\ 1 & -\cosh \underline{\gamma} l\end{vmatrix}\cdot\begin{pmatrix}\underline{u}_1\\ \underline{u}_2\end{pmatrix} \tag{5.79}$$

oder auch mit den Y- und Z-Werten des π-Ersatzschaltbildes (Abb. 5.16, Gl. 5.22)

$$\begin{pmatrix}\underline{i}_1\\ \underline{i}_2\end{pmatrix} = \begin{vmatrix}\left(\dfrac{1}{\underline{z}_\pi}+\dfrac{\underline{y}_\pi}{2}\right) & -\dfrac{1}{\underline{z}_\pi}\\ \dfrac{1}{\underline{z}_\pi} & -\left(\dfrac{1}{\underline{z}_\pi}+\dfrac{\underline{y}_\pi}{2}\right)\end{vmatrix}\cdot\begin{pmatrix}\underline{u}_1\\ \underline{u}_2\end{pmatrix}. \tag{5.80}$$

Gleichung (5.80) ist mit den Werten von Gl. (5.24) auch für die elektrisch kurze Leitung gültig.

Besonders für dynamische Modelle ist ferner die *H-Matrix* (Abschn. 2.3.2) von Interesse

$$\begin{pmatrix}\underline{u}_2\\ \underline{i}_1\end{pmatrix} = \frac{1}{\cosh \underline{\gamma} l}\begin{vmatrix}1 & -\underline{z}_w\cdot\sinh \underline{\gamma} l\\ \dfrac{1}{\underline{z}_w}\cdot\sinh \underline{\gamma} l & 1\end{vmatrix}\cdot\begin{pmatrix}\underline{u}_1\\ \underline{i}_2\end{pmatrix}. \tag{5.81}$$

Für die elektrisch kurze Leitung folgt

$$\begin{pmatrix}\underline{u}_2\\ \underline{i}_1\end{pmatrix} = \frac{1}{1+\dfrac{\underline{y}\underline{z}}{2}}\begin{vmatrix}1 & -\underline{z}\\ \underline{y} & 1\end{vmatrix}\cdot\begin{pmatrix}\underline{u}_1\\ \underline{i}_2\end{pmatrix}. \tag{5.82}$$

5.6 Dynamikmodelle

5.6.1 *Momentanwertmodell mit konstanten Parametern*

Betrifft die Untersuchung einen begrenzten Frequenzbereich, können bei symmetrischem Betrieb oder Unsymmetrie ohne Erdverbindung (Abschn. 10.4, [3]) auch Widerstands- und Induktivitätsbelag als frequenzunabhängig betrachtet werden. Aus den Differentialgleichungen (5.1) der Leitung erhält man durch Anwendung der Laplace-Transformation (Anfangsbedingungen null) folgende Beziehungen im Bildbereich

$$-\frac{du}{dx} = (R' + sL')i$$

$$-\frac{di}{dx} = (G' + sC')u.$$

5.6 Dynamikmodelle

Analog zu den Gln. (5.5) und (5.8) folgen die Lösungen im Bildbereich

$$u = Ae^{-\gamma x} + Be^{\gamma x}$$
$$i = \frac{A}{Z_w}e^{-\gamma x} - \frac{B}{Z_w}e^{\gamma x},$$
(5.83)

worin

$$\gamma(s) = \sqrt{(R' + sL')(G' + sC')}, \quad Z_w(s) = \sqrt{\frac{(R' + sL')}{(G' + sC')}}.$$

Das Übertragungsmass lässt sich auch folgendermassen ausdrücken

$$\gamma^2(s) = \left(\alpha_0 + \frac{s}{v_0}\right)^2 - \sigma^2, \quad mit \quad \sigma = \textit{Verzerrungsfaktor}$$

$$v_0 = \frac{1}{\sqrt{L'C'}}, \quad \alpha_0 = \frac{1}{2}\left[R'\sqrt{\frac{C'}{L'}} + G'\sqrt{\frac{L'}{C'}}\right]$$
(5.84)

$$\sigma = \frac{1}{2}\left[R'\sqrt{\frac{C'}{L'}} - G'\sqrt{\frac{L'}{C'}}\right]$$

und für die Wellenimpedanz erhält man

$$Z_w(s) = \sqrt{\frac{L'}{C'}}\frac{\sqrt{1 + \frac{1}{sT_1}}}{\sqrt{1 + \frac{1}{sT_2}}}, \quad mit \quad T_1 = \frac{L'}{R'}, \quad T_2 = \frac{C'}{G'}.$$
(5.85)

Die Grössen A und B in Gl. (5.83) stellen die einfallende und reflektierte Spannungswelle am Eingang der Leitung (x = 0) dar. Bei Berücksichtigung der Gl. (5.13) folgt für Spannung und Strom

$$u_1 = u_{1e} + u_{1r}$$
$$u_2 = u_{1e}e^{-\gamma l} + u_{1r}e^{\gamma l} = u_{2e} + u_{2r}$$
$$i_2 = \frac{u_{1e}}{Z_w}e^{-\gamma l} - \frac{u_{1r}}{Z_w}e^{\gamma l}$$
$$i_1 = \frac{u_{1e}}{Z_w} - \frac{u_{1r}}{Z_w}.$$
(5.86)

Daraus leitet sich unmittelbar das Blockdiagramm Abb. 5.32 ab. Im allgemeinen Fall sind die Übertragungsfunktionen $e^{-\gamma l}$ und Z_w transzendent und somit schwer darstellbar. Sie können durch rationale Näherungen approximiert werden.

Sehr einfach wird das Blockdiagramm im Fall der *verzerrungsfreien Leitung*. Dann gilt

$$\sigma = 0 \quad \Rightarrow \quad \frac{R'}{L'} = \frac{G'}{C'} \quad \Rightarrow \quad T_1 = T_2, \quad v_0 = v, \quad \alpha_0 = \alpha,$$

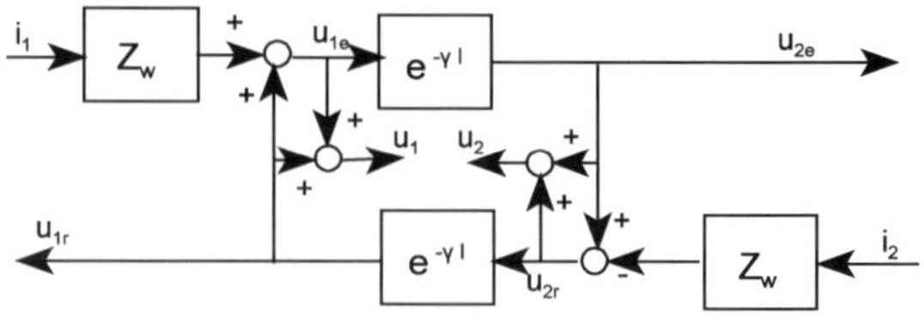

Abb. 5.32 Momentanwertmodell der Leitung (Z-Zweitor)

Abb. 5.33 Darstellung von Quelle und Last für das Modell Abb. 5.32

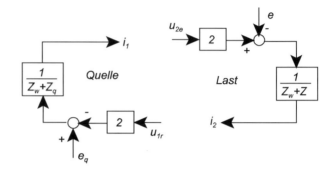

$$\gamma(s) = \alpha + \frac{s}{v} = \alpha + \frac{s\tau}{l} \quad (5.87)$$

und man erhält

$$e^{-\gamma l} = e^{-\alpha l} e^{-s\tau}$$

$$Z_w = \sqrt{\frac{L'}{C'}} = R_w = \text{Wellenwiderstand}. \quad (5.88)$$

Die Wellenimpedanz wird frequenzunabhängig. Die Übertragungsfunktion $e^{-\gamma l}$ besteht aus einem Dämpfungsglied, das die Leitungsverluste berücksichtigt, und einer Totzeit entsprechend der Wellenlaufzeit. Der einfachste Spezialfall der verzerrungsfreien Leitung ist die *verlustlose Leitung* mit $\alpha = 0$.

Das Leitungsmodell Abb. 5.32 muss auf der linken Seite mit dem *Quellenmodell* und auf der rechten Seite mit dem *Lastmodell* ergänzt werden. Soll das Modell von Leerlauf bis Kurzschluss korrekt arbeiten, ist zu beachten, dass lastseitig nicht die Übertragungsfunktion $1/Z$, sondern $1/(Z_w + Z)$ auftritt. Es ist deshalb sinnvoll, als Ausgangsgrössen nicht die Spannungen, sondern die Spannungswanderwellen zu nehmen. Werden im Bildbereich die Last durch Impedanz Z und Gegenspannung e und die Quelle durch Quellenspannung e_q und innere Impedanz Z_q beschrieben, gelten folgende Gleichungen und die entsprechende Abb. 5.33

Quelle:

$$\begin{aligned} e_q &= u_{1e} + u_{1r} + Z_q\, i_1 \\ Z_w\, i_1 &= u_{1e} - u_{1r} \quad \Rightarrow \quad (Z_w + Z_q)i_1 = e_q - 2u_{1r} \end{aligned} \quad (5.89)$$

Last:

$$\begin{aligned} u_{2e} + u_{2r} - e &= Z\, i_2 \\ Z_w\, i_2 &= u_{2e} - u_{2r} \quad \Rightarrow \quad (Z_w + Z)i_2 = 2u_{2e} - e \end{aligned}$$

5.6 Dynamikmodelle

Abb. 5.34 Test von Blockschaltbild Abb. 5.32. Einschalten einer 100 km langen Hochspannungsfreileitung mit anschliessender Belastung (nach 30 ms) und Abschaltung der Last im Stromnulldurchgang nach 56 ms (Matlab)

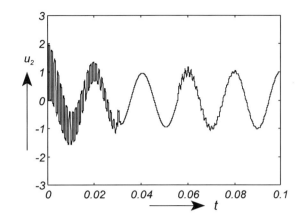

Abb. 5.35 Momentanwertmodell der Leitung (Y-Zweitor)

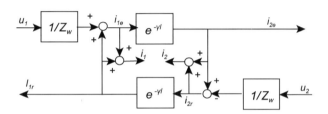

Abbildung 5.34 zeigt als Beispiel das mit Schema Abb. 5.32 + 5.33 errechnete Verhalten der Ausgangsspannung einer zunächst unbelasteten 100 km langen Hochspannungsfreileitung bei Spannungszuschaltung am Leitungseingang, anschliessender Belastung am Leitungsende mit dem halben Wellenwiderstand (zweifache natürliche Leistung, Abschn. 9.5) und schliesslich Abschaltung dieser Belastung im Stromnulldurchgang.

Blockschaltbild 5.32 stellt ein durch die Impedanzmatrix (Z-Matrix, Abschn. 2.3.2) beschriebenes Zweitor dar. Will man umgekehrt die Spannungen als Eingangs und die Ströme als Ausgangsgrössen haben (Y-Zweitor), lässt sich durch die dualen Beziehungen leicht das Blockdiagramm Abb. 5.35 ableiten. An Stelle der Spannungstreten die Stromwanderwellen in Erscheinung.

Ebenso lässt sich ein Schema aufstellen, das die H-Matrix enthält, und so die Blockschaltbilder mehrerer Leitungen hintereinander zu schalten erlaubt. Das Schema enthält in diesem Fall sowohl die Spannungs- als auch die Stromwanderwellen.

Die verzerrungsfreie Leitung entspricht nicht ganz der Realität. Die Annahme $\sigma = 0$ bedeutet wegen Gl. (5.84) z. B. für eine Freileitung mit $R' = 0.1\ \Omega$ und Wellenwiderstand $R_w = 316\ \Omega \rightarrow G' = 1\ \mu S/km$. Solche Werte von G' können höchstens in Anwesenheit von Korona erreicht und überschritten werden; in der Regel ist G' mindestens eine Grössenordnung kleiner, so dass der zweite Term des Verzerrungsfaktors deutlich kleiner ist als der erste. Eine bessere Näherung wäre in diesem Fall $G' = 0$, womit $\sigma = \alpha_0$. Gleichung (5.84) zeigt aber auch, dass der Einfluss des Verzerrungsfaktors auf den Betrag des Übertragungsmasses gering bleibt, solange

$(\alpha_0 + s/v_0)^2 \gg \sigma^2$. Dies ist mit den üblichen Parametern von Freileitungen ab einer Frequenz von ca. 1 kHz der Fall (bei Kabel einige kHz).

Das betrachtete Modell der verzerrungsfreien Leitung eignet sich somit zur Untersuchung von hochfrequentigen Vorgängen, wie sie bei schnellen Schaltvorgängen auftreten. Für niederfrequentige Vorgänge bis zu Schaltvorgängen mit ca. 1 kHz ist es genauer, G' korrekt zu berücksichtigen und vom Ersatzschema der elektrisch kurzen Leitung auszugehen. Für elektromechanische Vorgänge schliesslich genügt meistens eine stationäre Nachbildung der Leitung.

Ersetzt man die Momentanwerte durch Zeiger, bleibt das Schema Abb. 5.32 unverändert, da die Gl. (5.83) mit den Gln. (5.5) und (5.8) formell identisch sind. Das gegebene Modell eignet sich deshalb auch für die Untersuchung unsymmetrischer Belastungen, solange die Erde nicht beteiligt ist (s. dazu auch die Ausführungen in Abschn. 5.6.5 und 10.4).

5.6.2 Übertragungsfunktion und Eigenfrequenzen der Leitung

Im Leerlauf ($i_2 = 0$) erhält man aus Gl. (5.77)

$$u_2 = \frac{u_1}{\cosh \gamma l}.$$

Interpretiert man diese Gleichung im Bildbereich, ergibt sich aus der Übertragungsfunktion $1/\cosh \gamma l$ die charakteristische Gleichung

$$K(s) = \cosh \gamma l = 0 \qquad (5.90)$$

mit unendlich vielen Eigenfrequenzen, die z. B. durch Reihenentwicklung der cosh-Funktion approximiert werden können. Die Analyse der Wanderwellenvorgänge zeigt andererseits (s. auch Lösung der Aufgabe 5.3) eine Grundschwingungsdauer der vierfachen Laufzeit, d. h. eine Grundschwingung mit der Kreisfrequenz

$$\omega_e = \frac{2\pi}{4\tau} = \frac{\pi}{2} \frac{v}{l}. \qquad (5.91)$$

Für die verzerrungsfreie Leitung folgt

$$\omega_e = \frac{\pi}{2\sqrt{LC}} = \frac{1.57}{\sqrt{LC}}. \qquad (5.92)$$

Die modale Reduktion auf diese dominante Eigenfrequenz bedeutet den Ersatz der charakteristischen Gl. (5.90) durch folgende Gleichung zweiter Ordnung in ihrer kanonischen Form

$$K(s) = 1 + \frac{2\zeta}{\omega_0} s + \frac{s^2}{\omega_o^2} = 0, \quad mit \quad \omega_e = \omega_0 \sqrt{1 - \zeta^2}. \qquad (5.93)$$

5.6 Dynamikmodelle

Der Dämpfungsfaktor und die Resonanzfrequenz (Schwingungsfrequenz der verlustlosen Leitung) ergeben sich bei Betrachtung der Laufzeit aus

$$e^{-\alpha l} = e^{-\zeta \omega_0 \tau}, \quad \dashrightarrow \quad \frac{\zeta}{\sqrt{1-\zeta^2}} = \frac{2\alpha l}{\pi}$$

$$\zeta = \sin\left(atan\left(\frac{2\alpha l}{\pi}\right)\right) \approx \frac{2\alpha l}{\pi} = \frac{R}{\pi R_w}$$

$$\omega_0 = \frac{\pi}{2\sqrt{LC}\cos\left(atan\left(\frac{2\alpha l}{\pi}\right)\right)} \approx \frac{\pi}{2\sqrt{LC}} = \omega_e. \quad (5.94)$$

Das charakteristische Polynom wird dann

$$K(s) = 1 + s\frac{4}{\pi^2}RC + s^2\frac{4}{\pi^2}LC. \quad (5.95)$$

Mit etwas grösserem Aufwand sind modale Reduktionen höherer Ordnung, die auch Oberschwingungen berücksichtigen, möglich [12].

Eigenfrequenz der elektrisch kurzen π- oder T-Leitung Diese Näherung entspricht dem Ersatz von $\cosh \gamma l$ durch $1 + \gamma^2 l^2/2$ (Gl. 5.23). Setzt man den Wert von γ bei Vernachlässigung von G' ein, erhält man für das charakteristische Polynom

$$K(s) = 1 + \frac{\gamma^2 l^2}{2} = 1 + s\frac{1}{2}CR + s^2\frac{1}{2}LC, \quad (5.96)$$

woraus

$$\omega_0 = \frac{\sqrt{2}}{\sqrt{LC}} = \frac{1.414}{\sqrt{LC}}$$

$$\zeta = \frac{1}{2\sqrt{2}}\frac{R}{\sqrt{\frac{L}{C}}}. \quad (5.97)$$

Der Vergleich mit der exakteren modalen Reduktion zeigt, dass die Schwingungsfrequenz ca. 10 % tiefer, dafür der Dämpfungsfaktor ca. 10 % höher ist, womit der exponentielle Zeitverlauf der Umhüllenden wieder stimmt. Die beiden Modelle weichen in ihrem dynamischen Verhalten relativ wenig voneinander ab.

Eigenfrequenz der elektrisch kurzen L-Leitung Ein etwas gröberes, aber leicht zu handhabendes Modell ist die L-Leitung (Abb. 5.36) mit primärseitiger Längsimpedanz. Dessen Auswertung ergibt folgendes charakteristisches Polynom

$$K(s) = 1 + s\,RC + s^2\,LC \quad (5.98)$$

$$\text{mit} \quad \omega_0 = \frac{1}{\sqrt{LC}}, \quad \zeta = \frac{1}{2}\frac{R}{\sqrt{\frac{L}{C}}}. \quad (5.99)$$

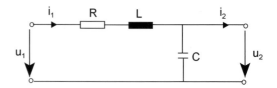

Abb. 5.36 L-Ersatzschaltbild der Leitung

Die Schwingungsfrequenz ist um den Faktor 1.57 zu klein, dafür ist der Dämpfungsfaktor um denselben Faktor zu hoch. Der Zeitverlauf der Umhüllenden wird auch hier richtig wiedergegeben. Die für das hochfrequentige Verhalten massgebende Übertragungsfunktion ist in Gl. (5.82) $1/(1+yz)$ statt $1/(1+yz/2)$, stellt also eine etwas gröbere Approximation der cosh-Funktion dar.

5.6.3 Rationale Approximation der verzerrungsfreien Leitung

Man erhält sie aus Abb. 5.32 durch Ersatz der $e^{-\gamma l}$-Übertragungsfunktion durch eine rationale Funktion. Es gilt

$$e^{-\gamma l} = e^{-\alpha l} e^{-s\tau} = \frac{e^{-\alpha l}}{e^{s\tau}} = \frac{e^{-\alpha l}}{\cosh s\tau + \sinh s\tau}.$$

Mit der für die elektrisch kurze Leitung gültigen Approximation

$$\cosh s\tau = 1 + \frac{s^2\tau^2}{2}, \quad \sinh s\tau = s\tau$$

folgt

$$\cosh s\tau + \sinh s\tau = = 1 + s\tau + \frac{s^2\tau^2}{2}.$$

Die Schaltung Abb. 5.32 zeigt mit dieser Approximation ein abweichendes Dämpfungsverhalten. Dieses kann verbessert werden, entweder durch Hinzufügen eines Terms dritter Ordnung (Entwicklung des sinh mit einem leicht korrigierten Term dritter Ordnung a $s^3\tau^3$, mit a ca. 0.15) oder einfacher durch Korrektur des Dämpfungsfaktors erster Ordnung. Gute Ergebnisse wurden erzielt mit den Übertragungsfunktionen

$$\frac{e^{-\alpha l}}{1 + s\frac{\tau}{\sqrt{2}} + s^2\frac{\tau^2}{2}} \quad \text{oder} \quad \frac{e^{-\alpha l}}{1 + s\frac{2\tau}{\pi} + s^2\frac{4\tau^2}{\pi^2}}. \tag{5.100}$$

Die Eigenfrequenz entspricht im ersten Ausdruck dem π- oder T-Schema. Im zweiten Ausdruck ist sie entsprechend der exakteren modalen Reduktion korrigiert worden. Das Modell hat, wie in Zusammenhang mit Abb. 5.32 bereits erwähnt, den Vorzug, von Leerlauf bis Kurzschluss problemlos zu arbeiten. Ausserdem lässt es sich als Z-, Y, oder H-Zweitor erstellen. Die Auswertung des in Abb. 5.34 erläuterten Test-Vorgangs zeigt Abb. 5.37.

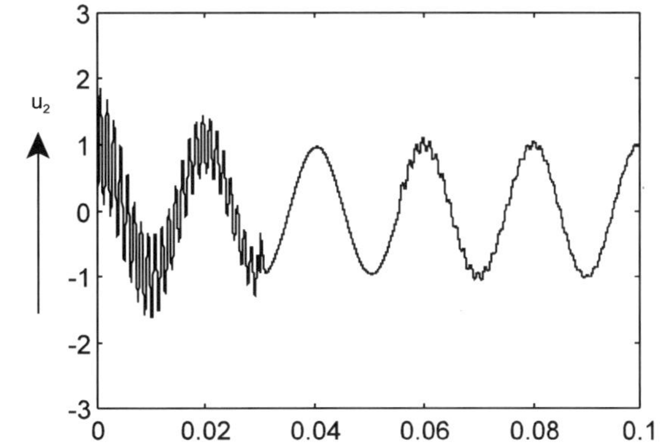

5.6 Dynamikmodelle

Abb. 5.37 Einschalten einer 100 km langen Hochspannungsfreileitung mit anschlies-sender Belastung und Abschaltung der Last (wie Abb. 5.34). Verzerrungsfreie Leitung: Approximation von $e^{-\gamma l}$ durch die rationale Funktion (5.100)

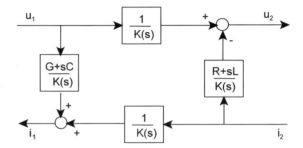

Abb. 5.38 Blockschaltbild der elektrisch kurzen Leitung (H-Zweitor)

5.6.4 Dynamikmodelle der elektrisch kurzen Leitung

Ein weiteres Modell folgt, mit Bezug auf Abb. 5.17, direkt aus der Hybridmatrix Gl. (5.81) mit der Näherung $\cosh \gamma l = 1 + (\gamma l)^2/2$, $\sinh \gamma l = \gamma l$:

$$\begin{pmatrix} u_2 \\ i_1 \end{pmatrix} = \frac{1}{K(s)} \begin{vmatrix} 1 & -(R+sL) \\ (G+sC) & 1 \end{vmatrix} \cdot \begin{pmatrix} u_1 \\ i_2 \end{pmatrix}, \quad (5.101)$$

worin K(s) der Gl. (5.96) entspricht. Die Gl. (5.101) lässt sich auch unmittelbar aus der π- oder T-Schaltung der elektrisch kurzen Leitung ableiten bzw. aus Gl. (5.82).

Ebenso folgt sie direkt aus der L-Schaltung, allerdings mit einem etwas abweichenden Ausdruck für K(s) nach Gl. (5.98). Gleichung (5.101) führt zum Blockschaltbild Abb. 5.38. Dessen Auswertung für den Testvorgang zeigt Abb. 5.39. Gleich von welchem Schema man ausgeht, stellt Gl. (5.101) eine exakte Beschreibung der elektrisch kurzen Leitung dar. Die Kettenschaltung mehrerer Leitungsabschnitte ist ebenfalls möglich. Die Dynamik lässt sich im Bereich der Grundschwingung verbessern, wenn das charakteristische Polynom K(s) entsprechend der modalen Reduktion korrigiert wird. Wenn nötig, kann eine modale Reduktion höherer Ordnung durchgeführt werden. Da die R, L, G und C enthaltende Matrix unverändert bleibt, wird das niederfrequentige und stationäre Verhalten richtig wiedergegeben. Das Leitungsmodell kann somit den gesamten Frequenzbereich korrekt erfassen

Abb. 5.39 Einschalten einer 100 km langen Hochspannungsfreileitung mit anschliessender Belastung und Abschaltung der Last. Test von Blockschaltbild Abb. 5.38

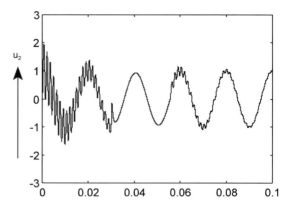

Die auf der H-Matrix basierende Schaltung Abb. 5.38 ermöglicht die Reihenschaltung von Leitungen und die Darstellung von Leitungen, die divergierend von einem Knotenpunkt ausgehen. Für konvergierende Leitungen muss die reziproke Beziehung sinngemäss angewandt werden. Diese lautet, wie sich direkt ab (5.81) nachweisen lässt

$$\begin{pmatrix} u_1 \\ i_2 \end{pmatrix} = \frac{1}{K(s)} \begin{vmatrix} 1 & (R+sL) \\ -(G+sC) & 1 \end{vmatrix} \cdot \begin{pmatrix} u_2 \\ i_1 \end{pmatrix}. \quad (5.102)$$

Für parallele Leitungen (Spannungsvorgabe) muss schliesslich von der Y-Matrix (5.79) oder (5.80) ausgegangen werden, die folgendermassen geschrieben wird

$$\begin{pmatrix} i_1 \\ i_2 \end{pmatrix} = \frac{1}{Z \, K_Y(s)} \begin{vmatrix} K(s) & -1 \\ 1 & K(s) \end{vmatrix} \cdot \begin{pmatrix} u_1 \\ u_2 \end{pmatrix}, \quad (5.103)$$

worin

$$K_Y(s) = \frac{\sinh \gamma l}{\gamma l}$$

das charakteristische Polynom darstellt, das durch Abbruch der Serieentwicklung oder modale Reduktion bestimmt werden kann und K(s) der Gl. (5.96) entspricht. Daraus folgt das Blockschema Abb. 5.40.

5.6.5 Zeigermodelle der verzerrungsfreien Leitung

Mit dem Schema der verzerrungsfreien einphasigen Leitung lassen sich auch unsymmetrische Vorgänge analysieren, wenn man die abc-Phasengrössen durch Drehzeiger ($\alpha\beta$-Komponenten) oder Parkzeiger ersetzt (Abschn. 2.4). Beim Parkzeiger hat man den Vorteil, dass die Komponenten Gleichstromgrössen und somit stationär konstant

5.6 Dynamikmodelle

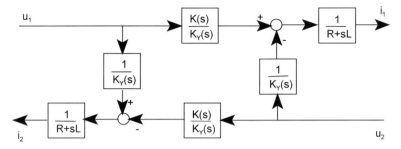

Abb. 5.40 Blockschaltbild der elektrisch kurzen Leitung (Y-Zweitor)

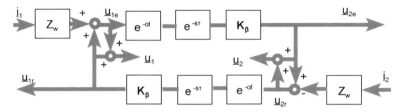

Abb. 5.41 Parkvektormodell der verzerrungsfreien Leitung (Z-Zweitor)

sind. Das Blockschaltbild (5.32) kann direkt übernommen werden mit dem Unterschied, dass nun Eingangs- und Ausgangsgrößen Zeiger oder Vektoren (Abschn. 2.4.6) sind. Die Wellenimpedanz ist mit den Annahmen der verzerrungsfreien Leitung konstant und gleich zum Wellenwiderstand. Das Übertragungsmass wird wegen Gl. (5.84) und Abschn. 2.4.2

$$\underline{\gamma}(s+j\omega) = \alpha + \frac{s}{v} + \frac{j\omega}{v} = \alpha + \frac{s\tau}{l} + j\beta,$$

woraus

$$e^{-\gamma l} = e^{-\alpha l}\, e^{-s\tau}\, e^{-j\beta l}.$$

Das Schema Abb. 5.32 ist im komplexen Bereich zu interpretieren und durch den Faktor $e^{-j\beta}$ zu ergänzen. Arbeitet man mit Vektoren, muss man lediglich folgende Rotationsmatrix $\mathbf{K}_\beta$ hinzufügen und erhält das Blockschaltbild Abb. 5.41

$$\boldsymbol{K}_\beta = \begin{vmatrix} \cos\beta l & \sin\beta l \\ -\sin\beta l & \cos\beta l \end{vmatrix}.$$

Die Berechnungsresultate mit einem Parkvektormodell bei Leitungseinschaltung, Belastung mit der doppelten natürlichen Leistung und Lastausschaltung im Nulldurchgang des Stromes der Phase a, zeigen die Abb. 5.42 und 5.43. In Abb. 5.42 ist die Spannung der Phase a und in Abb. 5.43 sind die Parkkomponenten u_d und u_q des Drehstromzeigers dargestellt.

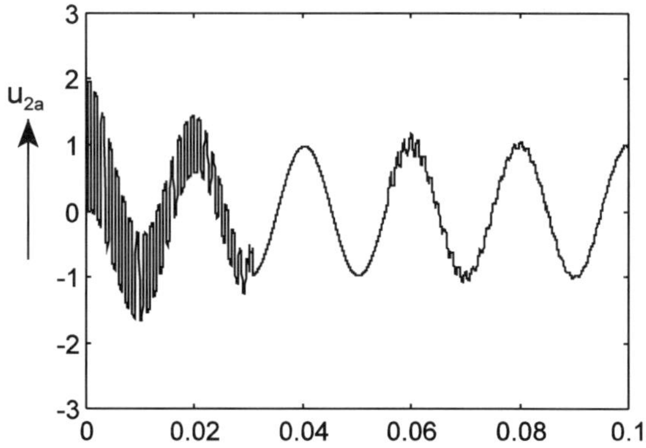

Abb. 5.42 Test des Parkvektormodells Abb. 5.41 der verzerrungsfreien Leitung (u_{2a} = Ausgangsspannung der Phase a)

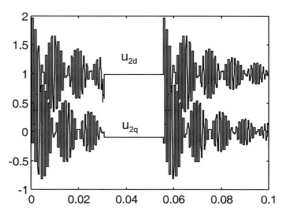

Abb. 5.43 Test des Parkvektormodells der verzerrungsfreien Leitung (Parksche Komponenten der Ausgangsspannung)

Das Parkvektormodell Abb. 5.41 schliesst Mit- und Gegenkomponente ein und kann, ergänzt mit dem Nullsystemmodell, auch zur Untersuchung unsymmetrischer Lastfälle mit Erdbeteiligung verwendet werden (s. Abschn. 10.4). Die Frequenzabhängigkeit der Erdimpedanz ist wesentlich [3], dies muss im Ersatzschaltbild bzw. Blockschaltbild des Nullsystems berücksichtigt werden (Abschn. 10.4.7).

Literatur

1. Bach R (1997) Betrachtungen zur Optimierung von Mittelspannungskabelanlagen. Elektrizitätswirtschaft 20
2. Bräunlich R, Reichelt D, Scherer R (1996) Magnetic field reduction measures for transmission lines considering power flow conditions. IEEE Trans. doi:http://dx.doi.org/10.1109/TDC.1996.545905
3. CIGRE 33/02 (1990) Guidelines for representation of networks elements when calculating transients
4. Fischer R, Kiessling F (1993) Freileitungen. Springer, Berlin
5. Gardiol F (1977) Electromagnétisme. Traité d'électricité, Bd III. Presses polytechniques romandes, Lausanne

6. Happoldt H, Oeding D (1978) Elektrische Kraftwerke und Netze. Springer, Berlin
7. Haubrich HJ (1993) Elektrische Energieversorgungssysteme I, Aachen
8. Haubrich HJ (1993) Elektrische Energieversorgungssysteme II, Aachen
9. Heuck K, Dettmann K-D (1995) Elektrische Energieversorgung. Vieweg, Braunschweig
10. Hosemann G (Hrsg) (1988) Hütte, Elektrische Energietechnik, Bd 3. Springer, Berlin
11. Vereinigung Deutscher Elektrizitätswerke (VDEW) (1997) Kabelhandbuch VWEW-Verlag, Frankfurt a. M.
12. Litz L (1979) Reduktion der Ordnung linearer Zustandsmodelle mittels modaler Verfahren. Hochschulverlag, Stuttgart
13. Philippow E (1976) Systeme der Elektroenergietechnik. Taschenbuch der Elektrotechnik, Bd 1. Hanser, München
14. Philippow E (1982) Systeme der Elektroenergietechnik. Taschenbuch der Elektrotechnik, Bd 6. Hanser, München
15. Schunk H (1975) Stromverdrängung. Hüthig, Heidelberg
16. Wanser G (1987) Freileitungen und Kabel in Transport- und Verteilungsnetzen. Freileitungen oder Kabel? VWEW-Verlag, Frankfurt a. M.

Kapitel 6
Synchrongeneratoren

Zur Umwandlung der von den Antriebsmaschinen (meistens Turbinen) gelieferten mechanischen Energie in elektrische Energie können in Kraftwerken sowohl *Synchronmaschinen* (SM) als auch *Asynchronmaschinen* (AM) eingesetzt werden. SM werden bevorzugt, da sie in der Lage sind Blindleistung zu liefern, beliebig zu regeln, und wenn im Netz Blindleistungsüberschuss besteht, auch aufzunehmen.

AM sind in ihrer einfachsten Ausführung zwar billiger, benötigen aber eine Magnetisierungsblindleistung, die entweder vom Netz geliefert oder von Kondensatorbatterien erzeugt werden muss; auf die Blindleistungsregelung verzichtet man oder sie wird von einer Kompensationsanlage übernommen. AM sind deshalb als Generatoren nur in Kleinkraftwerken zu finden. In Zukunft könnten AM mit variabler Drehzahl eine interessante Lösung für hydraulische Kraftwerke darstellen.

Da die Steuerung des Energieversorgungsnetzes hauptsächlich über die Kraftwerke erfolgt, ist eine gute Kenntnis des stationären und dynamischen Verhaltens der *Synchrongruppe* (bestehend aus SM und Antriebsmaschine) eine wesentliche Voraussetzung für das Verständnis des Gesamtverhaltens des Netzes.

6.1 Aufbau und Prinzip der SM

Bauformen und Drehzahl Man kennt zwei Bauformen der Synchronmaschine: die Vollpolmaschine und die Schenkelpolmaschine. Abbildung 6.1 zeigt das Prinzipschema der beiden Varianten in ihrer üblichen Ausführung. Sie unterscheiden sich im Rotor bezüglich Anzahl und Gestaltung der Pole und Anordnung der Erregerwicklung.

- Die *Vollpolmaschine*, als Generator auch *Turbogenerator* genannt, wird mit 1 und 2 Polpaaren ausgeführt (3000 und 1500 U/min bei 50 Hz, 3600 und 1800 U/min bei 60 Hz). Als Generator wird sie ausschliesslich in thermischen Kraftwerken eingesetzt.
- Die *Schenkelpolmaschine* wird als Generator für eine Polpaarzahl ≥ 3, d. h. Drehzahlen ≤ 1000 (bzw. 1200) U/min verwendet, wie sie in der Regel bei Wasserturbinen oder Dieselmaschinen auftreten.

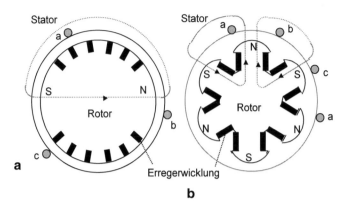

Abb. 6.1 Grundsätzlicher schematischer Aufbau der SM (Rotorquerschnitt): **a** 2polige Vollpolmaschine, **b** 6polige Schenkelpolmaschine

Man unterscheidet zwischen mechanischer und elektrischer Kreisfrequenz. Zwischen diesen Frequenzen, Polpaarzahl p und Drehzahl n (U/min) bestehen die Beziehungen:

$$\text{mech. Kreisfrequenz:} \quad \omega_m = \frac{2\pi n}{60}$$

$$\text{elektr. Kreisfrequenz:} \quad \omega = 2\pi f = p\omega_m \quad \Rightarrow \quad n = \frac{60f}{p}. \tag{6.1}$$

Grundprinzip Der Rotor trägt die Erregerwicklung, in der ein Gleichstrom fliesst (bei der Ausführung mit p > 1 sind die Polwicklungen sinngemäss in Serie zu schalten). Der Gleichstrom erzeugt ein magnetisches Gleichfeld, dessen Feldlinien in Abb. 6.1 skizziert sind. Dieses Gleichfeld rotiert entsprechend der Drehzahl der SM und induziert in den drei Statorwicklungen a, b und c, die elektrisch um 120° versetzt sind, ein Dreiphasensystem von Spannungen mit der in (6.1) definierten elektrischen Kreisfrequenz.

Dimensionen und Leistung, Geschichtliches Zwei Beispiele sollen die grundsätzlich verschiedene Form von Turbogenerator und Schenkelpolmaschine verdeutlichen:

- Turbogenerator von 500 MVA, 3000 U/min, mit Wasserstoffkühlung: Durchmesser des Rotors D ≈ 1 m, Eisenlänge des Rotors l ≈ 6 m.
- Schenkelpolmaschine von 80 MVA, 600 U/min, mit Luftkühlung: D ≈ 3 m, l ≈ 2 m.

Der Zusammenhang zwischen Dimensionen und Leistung wird durch folgende Beziehung beschrieben, die in Abschn. 11.2 begründet wird

$$\text{Scheinleistung:} \quad S = C\, l\, D^2 n.$$

D ist der Rotordurchmesser oder praktisch auch der Innendurchmesser des Stators, da der Luftspalt klein ist. l ist die wirksame Eisen- oder Rotorlänge. lD^2 ist also proportional zum Rotorvolumen, die spezifische Leistung pro Volumeneinheit

6.1 Aufbau und Prinzip der SM

Tab. 6.1 Grenzleistungen von zweipoligen Synchronmaschinen (Brown Boveri)

		max. Leistung MVA
bis 1950	nur Luftkühlung	100
1950–1960	Entwicklung Wasserstoffkühlung	250
1960–1970	Entwicklung Wasserkühlung der Statorleiter	1000
1970–1980	Entwicklung Wasserkühlung der Stator- und Rotorleiter	1650

deshalb proportional zur Drehzahl. Hochtourige Maschinen sind kompakter und dementsprechend wirtschaftlicher.

Die Zunahme des Ausnutzungsfaktors C im Laufe der Jahrzehnte charakterisiert den erzielten Fortschritt im Bau von Synchronmaschinen. Vor allem die Entwicklung neuer Kühlsysteme und die allgemeine technologische Entwicklung haben zu einer Erhöhung der spezifischen Leistung der Maschinen geführt. Heute erreichen luftgekühlte Maschinen einen Ausnutzungsfaktor von etwa 20 kVA/m^3 U/min und zweipolige Turbogeneratoren mit Wasserstoffkühlung und Wasserkühlung der Statorleiter ca. 40 kVA/m^3 U/min.

Parallel dazu nahm auch die *Grenzleistung* (grösste erreichbare Leistung) zu. Die Leistung wird durch die Zentrifugalkräfte begrenzt, die bestimmte Grenzwerte nicht überschreiten dürfen und die somit den in Abhängigkeit der Drehzahl maximal erreichbaren Rotordurchmesser bestimmen. Die Tab. 6.1 fasst die Entwicklungsgeschichte der Jahre 1950 bis 1980 zusammen.

Heute lassen sich zweipolige luftgekühlte Turbogeneratoren, die eine besonders einfache Konstruktion aufweisen, bis 500 MVA bauen. Der Fortschritt wurde durch Verbesserung des Kühlsystems und der Isolierart erzielt. Wasserstoffgekühlte zweipolige Generatoren mit direkt wassergekühlten Statorleitern erreichen Leistungen bis etwa 1200 MVA. Für noch grössere Leistungen werden vierpolige Maschinen eingesetzt.

Die Abb. 6.2 zeigt eine Ansicht von Rotor und Stator einer Schenkelpolmaschine für Wasserkraft.

Die Abb. 6.3a, b, d zeigen Fotografien verschiedener Typen von Turbogeneratoren und Abb. 6.3c die Ansicht eines Turbogenerators mit Wasserstoffkühlung.

Optimale Spannungen Durch den Kraftwerkstransformator wird die Spannung hochspannungsseitig den Netzbedürfnissen angepasst. Unterspannungsseitig kann sie für die SM optimal gewählt werden. Eine hohe Spannung verkleinert den Strom und wirkt sich somit günstig auf die Verluste aus, vergrössert aber den Aufwand für die Isolation. Tabelle 6.2 zeigt die für Synchronmaschinen üblichen Nennspannungen (maximal 30 kV). Die Fortschritte der Isolationstechnik könnten zu einer Erhöhung der Generatorspannung führen. Eine direkte Kopplung von Generatoren an das HS-Netz ist in Zukunft denkbar [15].

Abb. 6.2 Rotor und Stator eines Wasserkraftgenerators Drei Schluchten, China, 840 MVA (Alstom)

6.2 Leerlaufbetrieb

6.2.1 Erregerwicklung und magnetischer Kreis

In Abb. 6.4 sind die wesentlichen Elemente einer zweipoligen SM schematisch eingetragen. Die Erregerwicklung oder Feldwicklung mit N_f/p Windungen pro Polpaar und Strom I_f erzeugt im Polrad die Durchflutung θ_f. Die Feldlinien des Hauptflusses schliessen sich über den Stator.

Es gelten folgende für die weiteren Entwicklungen wichtigen Beziehungen (Grundlagen s. Abschn. 2.5.8):

Durchflutung: $\theta_f = \dfrac{N_f}{p} I_f$

Hauptfluss: $\varphi_h = \dfrac{\theta_f}{R_{mh}}, \quad R_{mh} =$ *magnetischer Hauptwiderstand*

rotorseitige Hauptflussverkettung: $\quad \Psi_{hf} = k_{wf} N_f \varphi_h = \dfrac{k_{wf} N_f^2 I_f}{p R_{mh}} = L_{hf} I_f \quad$ (6.2)

$\qquad L_{hf} = \dfrac{k_{wf} N_f^2}{p R_{mh}} =$ *rotorbezogene Hauptinduktivität*

$\qquad$ *für die Schenkelpolmaschine ist der Wicklungsfaktor* $k_{wf} = 1$

Streuflussverkettung: $\quad \Psi_{\sigma f} = L_{\sigma f} I_f$

totale Flussverkettung: $\quad \Psi_f = L_f I_f = (L_{hf} + L_{\sigma f}) I_f$.

6.2 Leerlaufbetrieb

Abb. 6.3 a Luftgekühlter Turbogenerator (Alstom), **b** Wasserstoffgekühlter Turbogenerator (Alstom), **c** Schnitt eines wasserstoffgekühlten Turbogenerators, indirekte Kühlung der Statorwicklungen (Alstom), **d** Turbogenerator mit Wasserstoffkühlung und direkter Wasserkühlung der Statorwicklung (Alstom)

Tab. 6.2 Optimale Spannung der SM

0.4 kV	bis max. 2 MVA
6.3 kV	bis max. 40 MVA
10.5 kV	30–250 MVA
15.75 kV	um 300 MVA
21 kV	300–800 MVA
24/27 kV	> 800 MVA

6.2.2 Luftspaltfeld

Die maximale Luftspaltfeldstärke $\hat{H}$ bei der Polradachse ergibt sich aus der Gleichung

$$\theta_f = \hat{H} \cdot 2\delta + \theta_{fe} \quad mit \quad \theta_{fe} = \alpha \theta_f, \quad \alpha \ll 1. \tag{6.3}$$

Der magnetische Spannungsabfall θ_{fe} im Eisen ist nur ein Bruchteil von jenem, der über dem Luftspalt δ liegt. Für die maximale magnetische Feldstärke und die

Abb. 6.4 Zweipolige Maschine im Leerlauf (Prinzipschaltbild), Erregerwicklung mit Hauptfluss und Streufluss

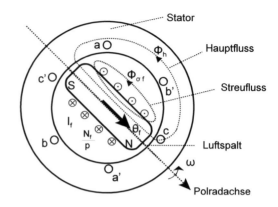

Abb. 6.5 Luftspaltfeld im Leerlauf (nur Grundwelle), l = wirksame Rotorlänge

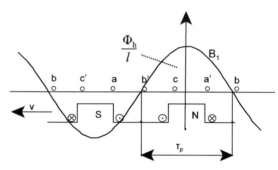

magnetische Induktion folgen

$$\hat{H} = \frac{\theta_f - \theta_{fe}}{2\delta} = \frac{(1-\alpha)\theta_f}{2\delta} = \frac{(1-\alpha)}{2\delta} \frac{N_f I_f}{p}$$

$$\hat{B} = \mu_0 \hat{H} = \frac{\mu_0(1-\alpha)}{2\delta} \theta_f = \frac{\mu_0(1-\alpha)}{2\delta} \frac{N_f I_f}{p}. \quad (6.4)$$

Wickelt man den Umfang des Ankers (Luftspalt) ab, erhält man Abb. 6.5. Eingetragen ist nur die Grundwelle B_1 des Luftspaltfeldes. Das Feld hat in Wirklichkeit, z. B. bei Turbogeneratoren, eine trapezoidale Form. Die Wirkung der Oberwellen wird aber mit konstruktiven Massnahmen unterdrückt [1, 8], und man kann diese vernachlässigen. Das Polrad rotiert, und mit ihm bewegt sich das Luftspaltfeld mit der Umfangsgeschwindigkeit

$$v = \omega_m \frac{D}{2} = \frac{\omega D}{2p}. \quad (6.5)$$

Für eine Maschine mit p Polpaaren wiederholt sich Abb. 6.5 pmal. Die Polteilung ist

$$\tau_p = \frac{\pi D}{2} \frac{1}{p}.$$

6.2.3 Polfluss und magnetischer Hauptwiderstand

Durch Integration der Induktionsgrundwelle über die Polteilung und die wirksame Eisenlänge 1 (~ Rotorlänge) folgt der Polfluss (Hauptfluss).

$$Gesetzt \quad \hat{B}_1 = \beta \hat{B} \quad --> \quad \varphi_h = \frac{2}{\pi} \hat{B}_1 \frac{\pi D}{2p} l = \beta \hat{B} \frac{Dl}{p}. \tag{6.6}$$

Der Formfaktor β ist für Schenkelpolmaschinen ≤ 1 und für Turbogeneratoren > 1. Durch Einsetzen von (6.4) erhält man

$$\varphi_h = \frac{\mu_0(1-\alpha)\beta}{2\delta} \theta_f \frac{Dl}{p} = \frac{\mu_0(1-\alpha)\beta}{2\delta} \frac{N_f I_f}{p} \frac{Dl}{p}. \tag{6.7}$$

Der magnetische Hauptwiderstand (Abschn. 2.5.8) der Synchronmaschine ist somit

$$R_{mh} = \frac{\theta_f}{\varphi_h} = \frac{2\delta p}{\mu_0(1-\alpha)\beta Dl}. \tag{6.8}$$

6.2.4 Induzierte Leerlaufspannung (Polradspannung)

Die induzierte Spannung pro Windung ist nach dem Induktionsgesetz bei Berücksichtigung der Gln. (6.5) und (6.6)

$$\hat{e}_p = 2\hat{B}_1 lv = 2\beta \hat{B} l \frac{\omega}{p} \frac{D}{2} = \omega \varphi_h.$$

Für eine Statorwicklung erhält man

$$\hat{E}_p = N k_w \hat{e}_p = N k_w \omega \varphi_h = \omega \Psi_h. \tag{6.9}$$

Darin ist N die Windungszahl pro Wicklung (Phase) und k_w der Wicklungsfaktor. Letzterer ist < 1 und berücksichtigt, dass zwischen den Windungsspannungen eine Phasenverschiebung besteht und diese somit vektoriell zu addieren sind. Ψ_h ist der mit der Statorwicklung verkettete Fluss. Setzt man den Hauptfluss (6.6) ein, kann (6.9) auch folgendermassen geschrieben werden

$$\hat{E}_p = N k_w \omega \frac{N_f I_f}{p R_{mh}} = \frac{N_f}{p \, 1.5 \, k_w N} I_f \omega \frac{1.5 \, k_w^2 N^2}{R_{mh}}. \tag{6.10}$$

Man definiert

$$I_{fs} = \tau_i I_f = \text{auf den Stator bezogener Erregerstrom}$$

$$\text{mit} \quad \tau_i = \frac{N_f}{p \, 1.5 \, k_w N} = \text{Stromübersetzung der SM}$$

$$X_{hd} = \omega_r L_{hd} = \omega_r \frac{1.5 \, k_w^2 N^2}{R_{mh}} = \text{Hauptreaktanz der SM}$$

$$X_{hfd} = \omega_r L_{hfd} = X_{hd} \tau_i = \text{Kopplungsreaktanz der SM}.$$

$$\tag{6.11}$$

Abb. 6.6 Leerlaufkennlinie der SM: **a** mit physikalischen Grössen, **b** in p.u.

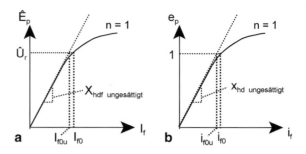

Zwischen der rotorbezogenen Hauptinduktivität L_{hf} (Abschn. 6.2.1), der statorbezogenen Hauptinduktivität L_{hd} und der Koppelinduktivität L_{hfd} bestehen die Beziehungen

$$L_{hfd} = \tau_u L_{hf} = \tau_i L_{hd}$$

$$\text{mit} \quad \tau_u = \frac{k_w N}{k_{wf} N_f} = \text{wirksames Windungszahlverhältnis der SM.} \quad (6.12)$$

Der Faktor 1.5 in der Stromübersetzung wird in Abschn. 6.3.1 begründet. Aus (6.10) und (6.11) folgt für die Polradspannung die einfache Beziehung

$$\hat{E}_p = n X_{hd} I_{fs} = n X_{hfd} I_f$$

$$\text{mit} \quad n = \frac{\omega}{\omega_r} = \text{relative oder p.u. Drehzahl.} \quad (6.13)$$

6.2.5 Kennlinien und stationäres Leerlaufersatzschaltbild

Gleichung (6.13) beschreibt die in Abb. 6.6a dargestellte *Leerlaufkennlinie* der SM. Üblicherweise wird auf der Ordinate nicht wie hier der Scheitelwert, sondern der um $\sqrt{2}$ kleinere Effektivwert der Spannung eingetragen. Man beachte, dass in der p.u. Darstellung Abb. 6.6b (s. auch Abschn. 2.2) die Unterscheidung zwischen Kopplungsreaktanz und Hauptreaktanz entfällt. Der Erregerstrom I_f wird hier auf $\hat{I}_r/\tau_i$, d. h. I_{fs} auf $\hat{I}_r$ bezogen. Die Nennspannung U_r entspricht bei Nenndrehzahl dem Leerlauferregerstrom I_{f0}. Wegen der Eisensättigung nehmen α und R_{mh} progressiv zu und X_{hdf} bzw. X_{hd} (oder x_{hd}) ab. Teilt man $\hat{E}_p$ durch $\omega k_w N$, erhält man φ_h. Mit diesem Massstabsfaktor stellt Abb. 6.6a auch die magnetische Kennlinie $\varphi_h = f(I_f)$ der SM dar. In der p.u. Darstellung ist $e_p = n\psi_h$ und somit Abb. 6.6b zugleich die magnetische Kennlinie $\psi_h = f(i_f)$.

Definiert man einen *fiktiven Wechselstrom* $\underline{I}_f$, dessen Amplitude gleich zum Erregergleichstrom I_f ist, folgt aus (6.13)

$$\underline{E}_p = jnX_{hd} \underline{I}_{fs} = jnX_{hfd} \underline{I}_f. \quad (6.14)$$

6.2 Leerlaufbetrieb

Abb. 6.7 Stationäres Leerlaufersatzschaltbild der SM

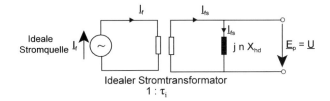

Die Gl. (6.14) führt zum Ersatzschaltbild Abb. 6.7. Die Gleichstromerregung wirkt bezüglich des Stators wie eine ideale Wechselstromquelle und erzeugt an der Hauptreaktanz die Leerlaufspannung.

6.2.6 Dynamik der Erregerwicklung

Ist R_f der ohmsche Widerstand der Feldwicklung, lautet die dynamische Gleichung (Abschn. 6.2.1)

$$U_f = R_f I_f + \frac{d\Psi_f}{dt} \quad (6.15)$$

oder mit den statorbezogenen Grössen

$$U_{fs} = R_{fs} I_{fs} + \frac{d\Psi_{fs}}{dt}$$

$$\text{mit} \quad U_{fs} = U_f \tau_u, \quad \Psi_{fs} = \Psi_f \tau_u, \quad I_{fs} = I_f \tau_i, \quad R_{fs} = R_f \frac{\tau_u}{\tau_i}. \quad (6.16)$$

Durch Anwendung der Laplace-Carson-Transformation,[1] folgt

$$U_{fs} = R_{fs} I_{fs} + s(\Psi_{fs} - \Psi_{fs0})$$

$$\Psi_{fs} = L_{hd} I_{fs} + L_{\sigma fs} I_{fs}, \quad \text{mit} \quad L_{\sigma fs} = L_{\sigma f} \frac{\tau_u}{\tau_i}. \quad (6.17)$$

Teilt man die erste der Gln. (6.17) durch s und berücksichtigt, dass der erste Term der zweiten Gleichung die Hauptflussverkettung des Stators ist, folgt Gl. (6.18) und das ihr entsprechende Ersatzschaltbild Abb. 6.8.

$$\frac{U_{fs}}{s} = \frac{R_{fs}}{s} I_{fs} + \Psi_{fs} - \Psi_{fs0}$$

$$\Psi_{fs} = L_{hd} I_{fs} + L_{\sigma fs} I_{fs} = \Psi_h + L_{\sigma fs} I_{fs} \quad (6.18)$$

Stationär (s = 0) wird die Spannungsquelle zur Stromquelle $\underline{I}_{fs} = \underline{U}_{fs}/R_{fs}$, und das Ersatzschaltbild reduziert sich wieder zu jenem der Abb. 6.7 (mit $\hat{E}_p = \omega\Psi_h = \omega L_{hd} I_{fs} = n X_{hd} I_{fs}$).

---

[1] auch Laplace-Transformation nach Van der Pol genannt; die Laplace-Carson-Transformierte L_c erhält man aus der normalen Laplace-Transformierten L durch $L_c = sL$, siehe z. B. [14, 17]

Abb. 6.8 Dynamisches Leerlaufersatzschaltbild der SM ohne Dämpferwirkungen

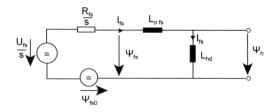

Abb. 6.9 Statorströme

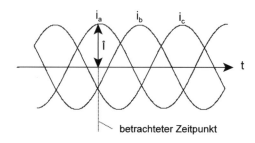

Der dynamische Zusammenhang im Leerlauf zwischen Hauptflussverkettung und Erregerspannung lässt sich aus dem Ersatzschaltbild ableiten:

$$\Psi_h(s) = L_{hd}\frac{U_{fs} + s\,\Psi_{fs0}}{R_{fs}(1+sT_f)} = L_{hfd}\frac{U_f + s\Psi_{f0}}{R_f(1+sT_f)}$$

$$\text{mit}\quad T_f = \frac{L_{hf} + L_{\sigma f}}{R_f}. \tag{6.19}$$

Im Fall offener Rotorwicklung, z. B. bei Gleichrichtererregung in dynamischen Phasen der Gleichrichtersperrung, sind auch die Wirbelstromverluste mit einem parallelen Widerstand zu modellieren [4]. Bei geschlossenem Rotorkreis kann diese Wirkung vernachlässigt werden.

6.3 Stationärer Lastbetrieb

6.3.1 Statordrehfeld

Im Stator fliessen drei zeitlich um 120° phasenverschobene Ströme (Abb. 6.9). Betrachtet man den Zeitpunkt für den $i_a = \hat{I}$, erhält man nachfolgende Betragswerte der drei räumlich um 120° versetzten Durchflutungen und der Statorgesamtdurchflutung, die in Abb. 6.10a grössen- und richtungsmässig dargestellt sind:

$$\begin{aligned}|\theta_a| &= k_w\,N\,\hat{I} \\ |\theta_b| &= 0.5\,k_w\,N\,\hat{I} \quad --\!\!\rightarrow \quad |\theta_s| = |\theta_a + \theta_b + \theta_c| = \frac{3}{2}k_w\,N\,\hat{I}. \\ |\theta_c| &= 0.5\,k_w\,N\,\hat{I}\end{aligned} \tag{6.20}$$

6.3 Stationärer Lastbetrieb

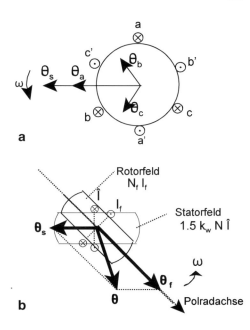

Abb. 6.10 a Statordurchflutungen bei maximalem Strom in der Phase *a*, **b** resultierende Durchflutung θ aus Rotor- und Statorfeld

Es lässt sich leicht zeigen, dass sich zu einem anderen Zeitpunkt lediglich die Richtung, nicht aber die Grösse des Statorfeldes θ_s ändert. Dieses ist ein *konstantes Drehfeld*, das mit der elektrischen Kreisfrequenz rotiert und dessen Grösse das 1.5fache der Amplitude des Wechselfeldes einer Phase beträgt.

Das Statordrehfeld θ_s kann, analog zum Rotorfeld θ_f, durch einen rotierenden Magnet veranschaulicht werden (Abb. 6.10b). Dies bedeutet auch, dass bezüglich ihrer magnetischen Wirkung die drei Statorwicklungen durch eine *einzige rotierende Statorwicklung* mit Gleichstrom $\hat{I}$ und eine äquivalente Windungszahl $1.5\,k_w\,N$ ersetzt werden können.

6.3.2 Resultierendes Drehfeld

Die totale bei Lastbetrieb in der SM wirksame Durchflutung θ erhält man durch vektorielle Addition der beiden synchron laufenden Teildurchflutungen (Abb. 6.10b). Die relative Lage des Statorfeldes zum Rotorfeld hängt von der Art der Belastung der SM ab (Nachweis in Abschn. 6.3.5). Bei rein induktiver Belastung sind die Felder entgegengesetzt, bei kapazitiver Belastung gleichsinnig. Die relative Lage in Abb. 6.10b entspricht einer ohmisch-induktiven Belastung.

Durch Abwickeln des Rotorumfangs (analog Abb. 6.5) lassen sich die den Durchflutungen entsprechenden Luftspaltfelder veranschaulichen (Abb. 6.11). Die Wechselfelder, die mit der Phase *a* gekoppelt sind, können durch Drehzeiger in der komplexen Zahlenebene beschrieben werden. In Abb. 6.12 sind sie für den Zeitpunkt $i_a = \hat{I}_a$ dargestellt. Die Achse der Phase *a* ist die reelle Achse. Bei der angenommenen

Abb. 6.11 Luftspaltfelder: H_f = Rotorfeld, H_s = Statorfeld, H = resultierendes Feld

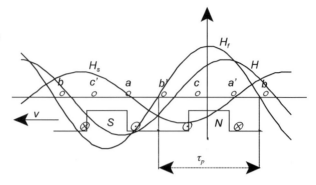

Abb. 6.12 Raumzeiger der idealen Vollpolmaschine

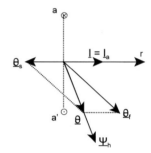

Symmetrie sind diese Drehzeiger identisch mit den Raumzeigern des Drehstromsystems (Phase a = Bezugsphase, Abschn. 2.4). Für die Durchflutungen gilt (Gln. 6.11 und 6.20)

$$\underline{\theta}_f = \frac{N_f}{p}\underline{I}_f$$
$$\underline{\theta}_s = -1.5\, k_w\, N\, \underline{I} \qquad (6.21)$$
$$\underline{\theta} = \underline{\theta}_f + \underline{\theta}_s = 1.5\, k_w\, N(\underline{I}_{fs} - \underline{I}).$$

6.3.3 Hauptfluss der idealen Vollpolmaschine

Als *ideale Vollpolmaschine* sei eine SM definiert, die auf dem ganzen Umfang den gleichen Luftspalt und somit in allen Richtungen denselben magnetischen Hauptwiderstand aufweist. Für Hauptfluss und Hauptflussverkettung erhält man

$$\underline{\varphi}_h = \frac{\underline{\theta}}{R_{mh}} = \frac{1.5\, k_w N}{R_{mh}}(\underline{I}_{fs} - \underline{I})$$
$$\underline{\Psi}_h = k_w\, N\, \underline{\varphi}_h = \frac{1.5\, k_w^2 N^2}{R_{mh}}(\underline{I}_{fs} - \underline{I}). \qquad (6.22)$$

6.3 Stationärer Lastbetrieb

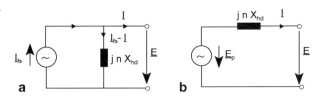

Abb. 6.13 Ersatzschaltbilder für die induzierte Hauptspannung: **a** mit Stromquelle, **b** mit Spannungsquelle $\underline{E}_p = jnX_{hd}\underline{I}_{fs} = jnX_{hdf}\underline{I}_f$

Für die reelle Maschine, vor allem für die Schenkelpolmaschine, die ausgeprägte Pollücken aufweist, trifft diese Annahme nicht zu. Die Behandlung der idealen Vollpolmaschine erscheint wegen ihrer Einfachheit, und weil sie eine durchgehende Analyse mit Drehzeigern ermöglicht, trotzdem sinnvoll. Es wird deshalb dem Studierenden empfohlen, sich jeweils mit der idealen Vollpolmaschine auseinanderzusetzen, bevor das exaktere Zweiachsenmodell (Abschn. 6.3.6) erarbeitet wird. Berechnungen mit dem Modell der idealen Vollpolmaschine sind nur für *reine Blindbelastung exakt*. Beim Turbogenerator ist die magnetische Anisotropie gering, so dass man *stationär* auch bei Wirklast gute Resultate erhält. Dies trifft für die Schenkelpolmaschine nicht zu. *Dynamisch* führt das Modell bei Wirklast in allen Fällen wegen der elektrischen Anisotropie der Erregerwicklung zu groben Fehlern. Praktisch lässt sich das Modell der idealen Vollpolmaschine für die Untersuchung folgender Vorgänge verwenden:

- stationäre, beliebige Belastung von Turbogeneratoren,
- stationäre, rein induktive oder kapazitive Belastung von Schenkelpolmaschinen,
- Bestimmung des Effektivwerts des Kurzschlussstromes bei Kurzschluss ab Leerlauf (Belastung praktisch induktiv),
- Untersuchung der Spannungsregelung (das Spannungsverhalten hängt in erster Linie von den Blindlastschwankungen ab).

6.3.4 Induzierte Hauptspannung der idealen Vollpolmaschine

Aus dem Hauptfluss Gl. (6.22) erhält man den Raumzeiger der induzierten Hauptspannung

$$\underline{E} = j\omega\,\underline{\Psi}_h = j\omega\frac{1.5\,k_w^2 N^2}{R_{mh}}(\underline{I}_{fs} - \underline{I}) = jnX_{hd}\,(\underline{I}_{fs} - \underline{I}) \qquad (6.23)$$

oder bei Berücksichtigung von Gl. (6.14)

$$\underline{E} = \underline{E}_p - jnX_{hd}\,\underline{I}. \qquad (6.24)$$

Aus den Gln. (6.23) und (6.24) folgen unmittelbar die beiden äquivalenten Ersatzschaltbilder Abb. 6.13 für die induzierte Hauptspannung.

Abb. 6.14 Stationäres Ersatzschaltbild der idealen Vollpolmaschine mit Stromquelle

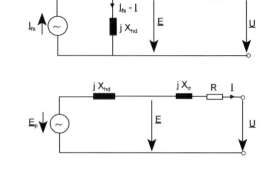

Abb. 6.15 Stationäres Ersatzschaltbild der idealen Vollpolmaschine mit Spannungsquelle
$\underline{E}_p = jX_{hd}\underline{I}_{fs} = jX_{hfd}\underline{I}_f$

Abb. 6.16 Zeigerdiagramm der idealen Vollpolmaschine, δ = Polradwinkel

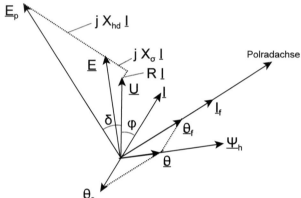

6.3.5 Stationäres Zeigerdiagramm der idealen Vollpolmaschine

Führt man die Wicklungswiderstände R und die Streuinduktivitäten X_σ der Statorwicklungen ein, erhält man aus Abb. 6.13 die vollständigeren stationären Ersatzschaltbilder der idealen Vollpolmaschine bis zur Klemmenspannung Abb. 6.14 und 6.15. Zwischen Klemmenspannung und induzierter Hauptspannung besteht die Beziehung

$$\underline{U} = \underline{E} - jX_\sigma \underline{I} - R\,\underline{I}. \tag{6.25}$$

Aus Ersatzschaltbild 6.15 folgt das Zeigerdiagramm Abb. 6.16. Im Zeigerdiagramm ist Abb. 6.12 integriert worden. Alle Zeiger können sowohl als Raumzeiger als auch als Parkzeiger (Def. s. Abschn. 2.4) interpretiert werden. Zu beachten ist, dass die Polradspannung $\underline{E}_p$ senkrecht zur Polradachse und die induzierte Hauptspannung $\underline{E}$ senkrecht zur Richtung des Hauptflusszeigers stehen. Aus dem Zeigerdiagramm folgt z. B., dass bei rein induktiver Belastung Rotor- und Statorfeld entgegengesetzt sind (exakt nur mit Annahme R = 0). Polradachse und Flussrichtung fallen dann zusammen.

6.3 Stationärer Lastbetrieb

Abb. 6.17 Längs- und Querkomponenten der Durchflutung

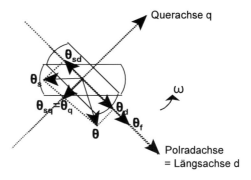

Im Ersatzschaltbild 6.15 lassen sich Hauptreaktanz und Streureaktanz zur sogenannten *synchronen Reaktanz* zusammensetzen

$$\text{synchrone Reaktanz} \quad X_d = X_{hd} + X_\sigma. \tag{6.26}$$

Richtwerte für x_d (p.u.) sind nach [8] etwa 1.1–2.5 für Turbogeneratoren und 0.8–1.4 für Schenkelpolmaschinen.

6.3.6 Zweiachsentheorie der realen SM

In der realen SM ist der magnetische Hauptwiderstand und damit die Hauptreaktanz nicht konstant, sondern von der Richtung der resultierenden Durchflutung abhängig. In diesem Fall ist es sinnvoll, die Statordurchflutung und damit die resultierende Durchflutung in zwei Komponenten zu zerlegen entsprechend der Polradachse oder *Längsachse d* und der Richtung der Pollücke oder *Querachse q* (Abb. 6.17).

Die rotierende Ersatz-Statorwicklung (Abschn. 6.3.1) wird in zwei Wicklungen mit den Gleichströmen I_d und I_q zerlegt, die in Längs- bzw. Querrichtung angeordnet sind und entsprechende mit diesen Achsen verbundene Drehfelder erzeugen.

Der Statormagnet kann also durch zwei in d- und q-Richtung angeordnete Magnete ersetzt werden. Aus Abb. 6.17 und Gl. (6.21) folgt

$$\text{Längsdurchflutung:} \quad \theta_d = \theta_f + \theta_{sd} = \frac{N_f}{p} I_f - 1.5\, k_w N I_d$$

$$\text{Querdurchflutung:} \quad \theta_q = \theta_{sq} = -1.5\, k_w N I_q.$$

Bezeichnet man mit

R_{mhd} = magnetischer Hauptwiderstand in Längsrichtung
R_{mhq} = magnetischer Hauptwiderstand in Querrichtung

Abb. 6.18 Raumzeiger/Parkzeiger der realen SM

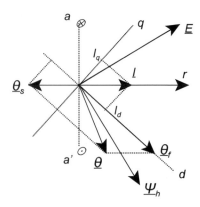

erhält man die Hauptflüsse

$$\varphi_{hd} = \frac{\theta_q}{R_{mhd}} = \frac{1.5\, k_w N(I_{fs} - I_d)}{R_{mhd}}$$
$$\varphi_{hq} = \frac{\theta_d}{R_{mhq}} = \frac{-1.5\, k_w N I_q}{R_{mhq}}. \quad (6.27)$$

Analog Gl. (6.11) definiert man zwei Hauptreaktanzen in Längs- und Querrichtung

$$X_{hd} = \omega_r L_{hd} = \omega_r \frac{1.5\, k_w^2 N^2}{p\, R_{mhd}}$$
$$X_{hq} = \omega_r L_{hq} = \omega_r \frac{1.5\, k_w^2 N^2}{p\, R_{mhq}}. \quad (6.28)$$

Der magnetische Widerstand in Querrichtung ist bei der Schenkelpolmaschine (ausgeprägte Pollücke) wesentlich grösser und die Querhauptreaktanz deshalb deutlich kleiner; beim Turbogenerator ist sie hingegen nur wenig kleiner als die Längshauptreaktanz. Der etwas grössere magnetische Widerstand in Querrichtung wird beim Turbogenerator lediglich durch die Nuten der Erregerwicklung verursacht (Abb. 6.1). In allen Fällen ist es realistisch anzunehmen (dies wird durch konstruktive Massnahmen zumindest angestrebt), dass sich die Hauptreaktanz zwischen dem Maximalwert in Längsrichtung und dem Minimalwert in Querrichtung sinusförmig ändert. Dann lässt sich der Zeiger

$$\underline{\Psi}_h = k_w N \underline{\varphi}_h$$

als Festzeiger (Parkzeiger) des verketteten Flusses der Phase a (bzw. im festen Koordinatensystem als Raumzeiger der Statorflussverkettung) interpretieren, wobei sich $\underline{\varphi}_h$ aus den beiden Komponenten φ_{hd} und φ_{hq} zusammensetzt.

Der Unterschied zur idealen Vollpolmaschine (Abb. 6.12) besteht darin, dass der Fluss-Raumzeiger $\underline{\Psi}_h$ nicht mehr in Phase mit dem Durchflutungs-Raumzeiger $\underline{\theta}$ ist (Abb. 6.18).

6.3 Stationärer Lastbetrieb

Wählt man im Parkschen Koordinatensystem die Längsachse d als reelle Achse der rotierenden komplexen Zahlenebene, folgt

$$\underline{\Psi}_h = \Psi_{hd} + j\Psi_{hq}$$

und für die induzierte Hauptspannung erhält man wegen (6.24), (6,27) und (6.28)

$$\underline{E} = j\omega(\Psi_{hd} + j\Psi_{hq}) = \omega(-\Psi_{hq} + j\Psi_{hd}) = nX_{hq}I_q + jnX_{hd}(I_{fs} - I_d).$$

Die Komponenten der induzierten Hauptspannung sind somit

$$E_d = nX_{hq}I_q$$
$$E_q = nX_{hd}(I_{fs} - I_d) = E_p - nX_{hd}I_d. \qquad (6.29)$$

6.3.7 Zeigerdiagramm der realen SM

Die Beziehung zwischen induzierter Hauptspannung und Klemmenspannung ist weiterhin

$$\underline{U} = \underline{E} - jn\,X_\sigma\underline{I} - R\underline{I}. \qquad (6.30)$$

Interpretiert man die Zeiger als Parkzeiger mit Referenzachse d, folgt

$$(U_d + jU_q) = (E_d + jE_q) - jnX_\sigma(I_d + jI_q) - R(I_d + jI_q),$$

woraus die stationären Gleichungen für Längs- und Querachse folgen

$$U_q = E_q - nX_\sigma I_d - RI_q = nX_{hd}(I_{fs} - I_d) - nX_\sigma I_d - RI_q$$
$$= E_p - nX_{hd}I_d - nX_\sigma I_d - RI_q$$
$$U_d = E_d + nX_\sigma I_q - RI_d = nX_{hq}I_q + nX_\sigma I_q - RI_d. \qquad (6.31)$$

Aus Gl. (6.31) folgt das Zeigerdiagramm der realen SM Abb. 6.19.

Bei Vernachlässigung des kleinen Statorwiderstandes R, aber nur dann, führen die Gl. (6.31) auch zu den stationären Längs- und Quer-Ersatzschaltbildern Abb. 6.20 und 6.21. Ersetzt man im Längs-Ersatzschaltbild Abb. 6.20 die Stromquelle durch die Spannungsquelle E_p (Polradspannung), folgt das Ersatzschaltbild Abb. 6.22.

Man beachte, dass die Längsersatzschaltbilder mit denjenigen der Vollpolmaschine Abb. 6.14 und 6.15 für Blindbelastung und R = 0 übereinstimmen, aber mit dem Unterschied, dass Gleichstrom- statt Wechselstromquellen auftreten, da mit den Komponenten der Parkzeiger (Parkkomponenten) gearbeitet wird. Den Spezialfall der idealen Vollpolmaschine erhält man aus Abb. 6.19 für $X_{hq} = X_{hd}$.

In den Ersatzschaltbildern 6.21 und 6.22 können Hauptreaktanz und Streureaktanz zur *synchronen Reaktanz* zusammengefasst werden:

$$\text{synchrone Längsreaktanz} \quad X_d = X_{hd} + X_\sigma$$
$$\text{synchrone Qurreaktanz} \quad X_q = X_{hq} + X_\sigma. \qquad (6.32)$$

Als Richtwert für das Verhältnis X_q/X_d kann bei Turbogeneratoren 0.95...0.98 und bei Schenkelpolmaschinen 0.55...0.7 angenommen werden.

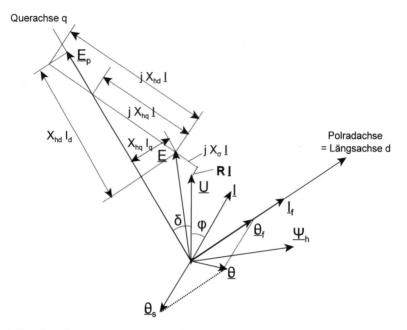

Abb. 6.19 Zeigerdiagramm der realen SM, δ = Polradwinkel, Annahme $n = 1$, Statorwiderstand berücksichtigt

Abb. 6.20 Stationäres Längs-Ersatzschaltbild der SM mit Stromquelle, $R = 0$

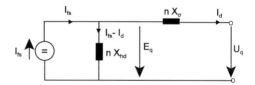

Abb. 6.21 Stationäres Quer-Ersatzschaltbild der SM, $R = 0$

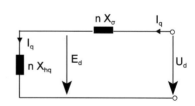

Abb. 6.22 Stationäres Längs-Ersatzschaltbild der SM mit Spannungsquelle, $R = 0$ $\underline{E}_p = jn X_{hd}$ $\underline{I}_{fs} = jn X_{hfd} \underline{I}_f$

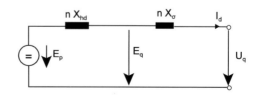

Abb. 6.23 Elektromagnetische Kraft auf Leiter und Drehmoment

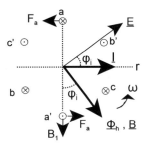

6.3.8 Drehmoment und Wirkleistung

In Abb. 6.23 ist die Lage der Zeiger für den Zeitpunkt $i_a = \hat{I}$ eingetragen. Auf den Leiter der Phase a mit der Länge 1 wirkt die momentane Kraft (Abschn. 2.5)

$$F_a = B_1 \, l \, i_a$$

mit B_1 = momentane Luftspaltinduktion am Leiter a (Grundwelle)

$$B_1 = \hat{B}_1 \cos(\omega t + \varphi_i)$$

$$i_a = \hat{I} \cos \omega t.$$

φ_i ist der innere Phasenwinkel, d. h die Phasenverschiebung zwischen Statorstrom und induzierter Spannung. Es folgt

$$F_a = \hat{B}_1 \hat{I} l \cos(\omega t) \cos(\omega t - \beta) = \hat{B}_1 \hat{I} l \left[\frac{1}{2} \cos \varphi_i + \frac{1}{2} \cos(2\omega t + \varphi_i) \right]$$

und das Drehmoment

$$M_a = \hat{B}_1 \hat{I} l \, D \, k_w \, N \left[\frac{1}{2} \cos \varphi_i + \frac{1}{2} \cos(2\omega t + \varphi_i) \right].$$

Die Wechselmomentanteile der Phasen a, b und c sind um je 240° phasenverschoben und heben sich gegenseitig auf. Das Gesamtmoment ist somit:

$$M = M_a + M_b + M_c = \frac{3}{2} k_w \, N \, l \, D \, \hat{B}_1 \, \hat{I} \cos \varphi_i. \qquad (6.33)$$

Das Moment auf die Statorleiter wirkt nach Abb. 6.23 in Drehrichtung, das Reaktionsmoment auf den Rotor demzufolge gegen die Drehrichtung, ist also ein *Bremsmoment*. Damit die Drehzahl konstant bleibt, muss die Antriebsmaschine (Turbine) ein gleiches *antreibendes Moment* liefern. Die Bremsleistung ist bei Berücksichtigung der Gl. (6.6)

$$M \omega_m = \frac{3}{2} k_w N l D \hat{B}_1 \hat{I} \frac{\omega}{p} \cos \varphi_i = \frac{3}{2} \omega k_w N \varphi_h \hat{I} \cos \varphi_i. \qquad (6.34)$$

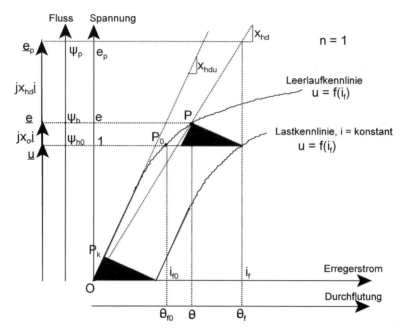

Abb. 6.24 Konstruktion der Lastkennlinie in p.u. (für i = konstant, cosφ = 0) aus der Leerlaufkennlinie mit Hilfe des Zeigerdiagramms. Betriebspunkte auf der magnetischen Kennlinie: P_0 = Leerlauf, P = Last, P_k = Kurzschluss. Φ_p = Polradfluss = θ_f/R_{mhd}

Diese Leistung kann auch als innere elektrische Leistung der SM interpretiert werden. In der Tat gilt wegen (6.23) und (6.22)

$$P_{ei} = \frac{3}{2}\hat{E}\hat{I}\cos\varphi_i = \frac{3}{2}\omega k_w N \varphi_h \hat{I} \cos\varphi_i. \qquad (6.35)$$

6.3.9 Kennlinie bei Belastung, cos φ = 0

Die Hauptreaktanz und damit auch die synchrone Reaktanz sind vom Betriebspunkt auf der magnetischen Kennlinie abhängig. Abbildung 6.24 zeigt die Konstruktion der Lastkennlinie in p.u., für cosφ = 0, aus der Leerlaufkennlinie mit Hilfe des Zeigerdiagramms. Aus der induzierten Hauptspannung e, die mit dem Zeigerdiagramm aus dem Laststrom und der als bekannt vorausgesetzten Streureaktanz bestimmt wird, lässt sich der Lastbetriebspunkt P ermitteln. Daraus folgen der Reihe nach die gesättigte Hauptreaktanz, die Polradspannung, der Polradfluss und der Erregerstrom. Die Hauptreaktanz x_{hd} ergibt sich aus der Steilheit der Verbindung OP. Der ungesättigte Wert x_{hdu} kann im Kurzschluss (Betriebspunkt P_k) bestimmt werden.

Die Höhe des schraffierten Dreiecks (Dreieck nach Potier) kann umgekehrt auch experimentell aus der Messung der beiden Kennlinien bestimmt werden. Sie definiert die Potier-Reaktanz x_P. Theoretisch entspricht sie der Streureaktanz. Praktisch stellt man in der Regel fest, dass die Potier-Reaktanz nicht identisch ist mit der aus den Konstruktionsdaten berechneten Streureaktanz. Die Abweichungen sind darauf zurückzuführen, dass die Streureaktanz keine konstante Grösse ist, sondern wegen Sättigungseffekten ebenfalls vom Statorstrom abhängt. So ist z. B. die im Kurzschluss gemessene Grösse kleiner als die bei kleiner Belastung. Man spricht in diesem Zusammenhang von Streufeldsättigung im Gegensatz zur Hauptfeldsättigung.

Die Hauptfeldsättigung tritt nicht nur in der Längsachse, sondern, wie Messungen zeigen, auch in der Querachse auf. Sie kann mit einer entsprechenden magnetischen Kennlinie ebenfalls berücksichtigt werden [3, 4, 12].

6.4 Dynamik der SM

Die bisherige Beschreibung der SM muss für die dynamischen Betrachtungen ergänzt werden. Der Rotor einer Vollpolmaschine wird immer massiv ausgeführt. Bei Störung des Gleichgewichts werden in den Massivpolen Wirbelströme induziert, die zwar eine dämpfende Wirkung auf die mechanischen Schwingungen des Rotors haben (Abschn. 6.6.7), aber auch Verluste verursachen. Durch Anbringung einer kurzgeschlossenen sogenannten *Dämpferwicklung* in Form eines Käfigs (ähnlich der AM, s. Abschn. 7.1) auf dem Rotor in der Nähe des Luftspaltes wird das Eisen von Wirbelströmen entlastet und eine ähnliche Wirkung erzielt. In Schenkelpolmaschinen sind die Pole je nach Fabrikat *massiv* oder *lamelliert*. In letzterem Fall braucht man immer eine Dämpferwicklung, die wiederum als Dämpferkäfig (vollständige Dämpferwicklung) oder als Polgitter gestaltet wird. Mit dem Polgitter ist die Wirkung in der Querachse deutlich schwächer.

Im stationären synchronen Betrieb hat man keine Wirbelströme im Eisen oder Ströme in der Dämpferwicklung, weshalb diese, im folgenden als *Dämpferwirkungen* bezeichneten Effekte bisher nicht berücksichtigt wurden.

Das in diesem Abschnitt entwickelte Dynamikmodell setzt folgendes voraus:

- Die Maschine ist linear, der Einfluss der Sättigung wird vernachlässigt. Ihre angenäherte Berücksichtigung kann durch zweckmässige Wahl der Reaktanzen – geschehen.
- Die abgeleiteten Flussverkettungsgleichungen sind allgemeingültig; beim Übergang zu den Statorspannungen werden aber die Einschwingvorgänge mit Netzfrequenz (transformatorische Spannungen [t. S.]) vernachlässigt (Berücksichtigung in Abschn. 6.7).

Aus didaktischen Gründen wird das Modell der SM in drei Schritten hergeleitet:

1. Theoretische Maschine ohne Dämpferwirkungen. Dies würde dem Fall einer vollamellierten Maschine ohne Dämpferwicklungen entsprechen.
2. Maschine mit lamellierten Polen und Dämpferwicklung. Viele Schenkelpolmaschinen werden so ausgeführt.
3. SM mit massiven Polen, mit oder ohne Dämpferwicklung. Alle Vollpolmaschinen und viele Schenkelpolmaschinen werden so ausgeführt.

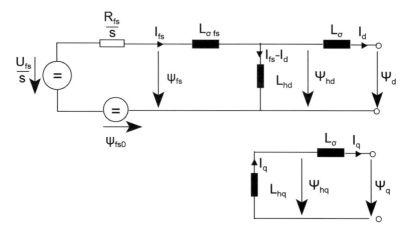

Abb. 6.25 Dynamische Ersatzschaltbilder der Längsachse und Querachse der theoretischen SM ohne Dämpferwirkungen

6.4.1 Theoretische Maschine ohne Dämpferwirkungen

6.4.1.1 Ersatzschaltbilder

Die Dynamik wird lediglich von der Erregerwicklung bestimmt. Ein Ersatzschaltbild der Längsachse erhält man aus dem Leerlaufersatzschaltbild Abb. 6.8. Die Gl. (6.17) ist weiterhin gültig mit dem einzigen Unterschied, dass die Hauptflussverkettung jetzt von ($I_{fi} - I_d$) bestimmt wird. Dann tritt an Stelle der Gl. (6.18)

$$\frac{U_{fs}}{s} = \frac{R_{fs}}{s} I_{fs} + (\Psi_{fs} - \Psi_{fs0})$$

$$\Psi_{fs} = L_{hd}(I_{fs} - I_d) + L_{\sigma fs} I_{fs} = \Psi_{hd} + L_{\sigma fs} I_{fs}. \quad (6.36)$$

Dazu kommt die Gleichung für die Gesamtflussverkettung des Stators, die den Streufluss einschliesst

$$\Psi_d = \Psi_{hd} - L_\sigma I_d. \quad (6.37)$$

Das Ersatzschaltbild für die Querachse ist identisch mit dem stationären (Abb. 6.21). Für die Gesamtflussverkettung gilt

$$\Psi_q = \Psi_{hq} - L_\sigma I_q = -L_{hq} I_q - L_\sigma I_q. \quad (6.38)$$

Aus den Gl. (6.36) bis (6.38) folgen die Ersatzschaltbilder der Abb. 6.25.

Das Ersatzschaltbild der Längsachse lässt sich durch Anwendung des Satzes von Thevenin (Quelle = Leerlaufgrösse, Innenimpedanz = Quelle/Kurzschlussstrom) in das einfachere Ersatzschaltbild Abb. 6.26a überführen:

6.4 Dynamik der SM

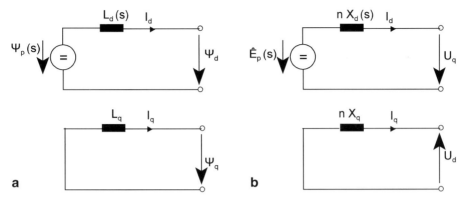

Abb. 6.26 Vereinfachtes dynamisches Ersatzschaltbild der SM ohne Dämpferwirkungen: **a** allgemeingültiges Schaltbild, **b** Schaltbild für konstante Drehzahl und R = 0, erhalten aus a) durch Multiplikation mit ω

Aus der Leerlaufbedingung folgt der *(dynamische) Polradfluss*

$$\Psi_p(s) = L_{hd}\frac{U_{fs} + s\Psi_{fs0}}{R_{fs}(1 + sT'_{d0})} = L_{hfd}\frac{U_f + s\Psi_{f0}}{R_f(1 + sT'_{d0})}$$

$$\text{mit } \text{Leerlaufzeitkonstante } T'_{d0} = \frac{L_{\sigma fs} + L_{hd}}{R_{fs}} = T_f. \quad (6.39)$$

Aus der Kurzschlussbedingung folgt die vom Netz her gesehene dynamische Innenindukivität (oder Induktivitätsoperator) $L_d(s)$ bzw. der Reaktanzoperator $X_d(s)$

$$L_d(s) = L_d\frac{1 + sT'_d}{1 + sT'_{d0}}, \quad X_d(s) = \omega_r L_d(s)$$

$$\text{mit Kurzschlusszeitkonstante } T'_d = \frac{L_{\sigma fs} + \dfrac{L_\sigma L_{hd}}{L_\sigma + L_{hd}}}{R_{fs}}. \quad (6.40)$$

Man kann auch eine *dynamische Polradspannung* einführen

$$\hat{E}_p(s) = \omega\Psi_p(s), \quad (6.41)$$

doch ist diese Beziehung im Bildbereich nur für *konstante Drehzahl* zulässig, während (6.39) und Abb. 6.26a allgemeingültig sind. Der Polradspannungsbegriff sollte deshalb nur stationär verwendet werden oder in der Dynamik nur, wenn die Drehzahl ausdrücklich als konstant vorausgesetzt wird. Mit dieser Einschränkung und dem Statorwiderstand R = 0 gilt das Ersatzschaltbild Abb. 6.26b, das als Spezialfall (s = 0) die stationären Ersatzschaltbilder Abb. 6.21 und 6.22 einschliesst.

Tab. 6.3 Typische Kennwerte von Synchronmaschinen

Impedanzen	x_d (p.u.)	x_q (p.u.)	x'_d (p.u.)	x'_q (p.u.)	x''_d (p.u.)	x''_q/x''_d (p.u.)	r (p.u.)
Turbogenerator	2	1.95	0.25	0.3	0.18	1	0.002
Schenkelpolmaschine lamelliert, Dämpferkäfig	1.5	0.9	0.3	0.9	0.20	1	0.002
Schenkelpolmaschine lamelliert, Polgitter	1.5	0.9	0.3	0.9	0.25	2	0.002
Schenkelpolmaschine massive Pole	1.5	0.9	0.3	0.4	0.25	1.2	0.002
Zeitkonstanten	T'_d (s)	T''_d (s)	T'_q (s)	T''_q (s)	T'_{d0} (s)	T''_{d0} (s)	
Turbogenerator	1.2	0.03	0.3	0.3	10	0.04	
Schenkelpolmaschine lamelliert, Dämpferkäfig	1.6	0.05	–	0.05	6	0.1	
Schenkelpolmaschine lamelliert, Polgitter	1.6	0.04	–	0.04	6	0.06	
Schenkelpolmaschine massive Pole	1.6	0.04	0.4	0.04	6	0.06	

Der p.u. Wert des Induktivitätsoperators ist identisch mit dem *p.u. Reaktanzoperator* $x_d(s)$. In der Tat gilt

$$I_d(s) = \frac{L_d(s)}{L_r} = \frac{L_d(s)\omega_r}{Z_r} = \frac{X_d(s)}{Z_r} = x_d(s) = x_d \frac{1+sT'_d}{1+sT'_{d0}}. \quad (6.42)$$

Die Werte von T'_{d0} liegen je nach Ausführung der SM im Bereich 2–12 s für Turbogeneratoren und 1.5–8 s für Schenkelpolmaschinen [8]. Für das Verhältnis T'_d/T'_{d0} kann als Richtwert 0.1 bis 0.3 angegeben werden (s. auch Abschn. 6.4.3, Tab. 6.3).

Setzt man in Gl. (6.39) $U_{fs} = U_{fs0} + \Delta U_{fs}$ ein und ersetzt mit Bezug auf den stationären Zustand vor der Störung die Anfangswerte Ψ_{fs0}, U_{fs0} durch die Anfangswerte Ψ_{d0} und I_{d0}, mit Hilfe der aus dem Ersatzschema 6.25 leicht ableitbaren stationären Beziehungen

$$\Psi_{fs0} = L_{0fs} I_{fs0} + \Psi_{hd0}, \quad U_{fs0} = R_{fs} I_{fs0}$$
$$\Psi_{hd0} = L_{hd}(I_{fs0} - I_{d0}), \quad \Psi_{d0} = \Psi_{hd0} - L_\sigma I_{d0},$$

erhält man einen Ausdruck für $\Psi_p(s)$, der sich für praktische Berechnungen oft besser eignet

$$\Psi_p(s) = \Psi_{d0} + L_d(s) I_{d0} + \frac{1}{\omega_r} G_f(s)\Delta U_f$$
$$0 = \Psi_{q0} + L_q I_{q0} \quad (6.43)$$
$$\text{mit} \quad G_f(s) = \frac{\omega_r L_{hfd}}{R_f(1+sT'_{d0})} = \frac{X_{hfd}}{R_f(1+sT'_{d0})}.$$

Abb. 6.27 Simulationsschema U = f (I, U$_f$, Ψ$_{f0}$) der SM ohne Dämpferw., ohne t. S.

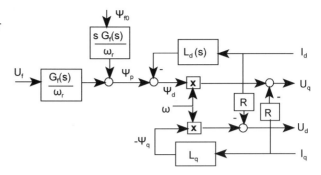

Wird die Drehzahl als konstant vorausgesetzt und der Statorwiderstand vernachlässigt, lassen sich durch Multiplikation mit ω auch entsprechende Ausdrücke für die dynamische Polradspannung angeben

$$E_p(s) = U_{q0} + nX_d(s)I_{d0} + nG_f(s)\Delta U_f$$
$$0 = U_{d0} - nX_q I_{q0}, \quad mit \quad n = \frac{\omega}{\omega_r}. \quad (6.44)$$

Polradfluss und Polradspannung sind dynamische Funktionen der Anfangsbedingungen, d. h. des Lastzustandes vor der Störung und folgen der Änderung der Erregerspannung mit der Leerlaufzeitkonstanten T$'_{d0}$.

6.4.1.2 Blockschaltbilder

Die Beziehung zwischen Statorflussverkettung und Klemmenspannung lautet bei Vernachlässigung der t.S. (Abschn. 6.3.6 und 6.3.7)

$$U_d = -\omega\Psi_q - RI_d$$
$$U_q = \omega\Psi_d - RI_q. \quad (6.45)$$

Aus diesen Gleichungen, Abb. 6.26a und den Gln. (6.38) (Querachse), (6.39) und (6.43) folgt unmittelbar das Blockschaltbild Abb. 6.27, das leicht programmiert werden kann.

Das Schema eignet sich gut für den Inselbetrieb (ausser Kurzschluss). Für den Kurzschlussfall ist die Umkehrung mit Strom als Ausgang besser geeignet (Abb. 6.28), bei Netzbetrieb kommt es auf die speziellen Bedingungen an.

Man beachte ferner, dass die Vernachlässigung des sehr kleinen Statorwiderstandes die Schemata der Längs- und Querachse entkoppelt, was z. B. die analytische Auswertung erheblich vereinfacht.

Der Anfangszustand ist definiert durch Ψ$_{f0}$, der sich folgendermassen aus Erregerspannung und Belastungsstrom berechnen lässt

$$\Psi_{f0} = U_{f0}T'_{d0} - L_{hfd}I_{d0}.$$

Abb. 6.28 Simulationsschema I = f (U, U$_f$, Ψ$_{f0}$) der SM ohne Dämpferw., ohne t. S.

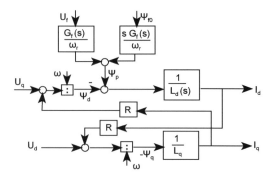

Abb. 6.29 Simulationsschema ΔU = f (ΔI, ΔU$_f$) der SM (ohne t. S., Annahme R = 0)

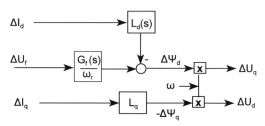

Will man den Anfangszustand direkt durch die Statorwerte von Spannung und Strom ausdrücken, kann man folgendermassen vorgehen: Man beschreibt den mit den Statorwicklungen verketteten Fluss gemäss Ersatzschaltbild Abb. 6.26a, mit den Gleichungen

$$\Psi_d = \Psi_p(s) - L_d(s)\, I_d$$
$$\Psi_q = -L_q I_q. \tag{6.46}$$

Berücksichtigt man den Ausdruck (6.43), erhält man für die Änderungen relativ zum Anfangszustand

$$\Delta\Psi_d = -L_d(s)\Delta I_d + \frac{G_f(s)}{\omega_r}\Delta U_f$$
$$\Delta\Psi_q = -L_q\Delta I_q. \tag{6.47}$$

und es ergibt sich bei Vernachlässigung von R das Schema Abb. 6.29. Die Wirkung von R kann, wenn nötig, mit (6.45) wie in Abb. 6.27 eingebaut werden.

6.4.1.3 Transienter Zustand

Als transienten Zustand bezeichnet man in der Theorie der SM ohne Dämpferwirkung jenen Zustand, der sich unmittelbar nach einer Störung des Gleichgewichts einstellt.

6.4 Dynamik der SM

Abb. 6.30 Transiente Polradspannung

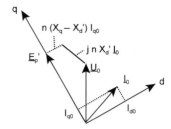

Man erhält ihn nach den Regeln der Laplace-Carson-Transformation für $s \to \infty$ Aus (6.40) und (6.26) folgt die *transiente Längsreaktanz* der SM:

$$X'_d = \omega_r L_d(s \to \infty) = X_d \frac{T'_d}{T'_{d0}} = X_\sigma + \frac{X_{hd} X_{\sigma fs}}{X_{hd} + X_{\sigma fs}}. \tag{6.48}$$

Man beachte, dass alle Reaktanzen als Produkt der jeweiligen Induktivität mit der Nennkreisfrequenz ω_r definiert sind (und nicht etwa mit ω).

Aus Ersatzschaltbild Abb. 6.25 geht hervor, dass sich die vom Netz gesehene Inneninduktivität der SM bei einer plötzlichen Störung im ersten Augenblick so verhält, als wenn die Stromquelle kurzgeschlossen wäre (womit die Flussänderung null ist). Physikalisch lässt sich dies damit erklären, dass die magnetische Energie und somit der verkettete Fluss Ψ_f im ersten Moment erhalten bleibt. *Der transiente Zustand ist charakterisiert durch eine konstante Flussverkettung Ψ_f.*

Als Richtwert für x'_d (p.u.) kann 0.2 für den Turbogenerator und 0.3 für die Schenkelpolmaschine angegeben werden (s. auch Abschn. 6.4.3, Tab. 6.1). Aus den Gln. (6.39), (6.41) sowie (6.43) und (6.44) folgen bei Beachtung, dass für $s \to \infty G_f(s) = 0$ wird, für den *transienten Polradfluss* und die *transiente Polradspannung* (deren Definition zulässig ist, falls während des transienten Vorgangs n = konstant):

$$\Psi'_p = \Psi_{f0} \frac{L_{hfd}}{R_f T'_{d0}}, \quad E'_p = n\Psi_{f0} \frac{X_{hfd}}{R_f T'_{d0}}$$
$$\Psi'_p = \Psi_{d0} + L'_d I_{d0}, \quad E'_p = U_{q0} + nX'_d I_{d0}. \tag{6.49}$$

Die transiente Polradspannung kann auch als Parkzeiger geschrieben werden, indem man (6.49) mit j multipliziert und die Querachse-Beziehung in (6.44) dazu addiert. Man erhält

$$jE'_p = \underline{E}'_p = \underline{U}_0 + jnX'_d \underline{I}_0 - n(X_q - X'_d)I_{q0}$$
$$E'_p \approx |\underline{U}_0 + jnX'_d \underline{I}_0| \quad \text{falls } I_{q0} \text{ klein.} \tag{6.50}$$

$\underline{U}_0$ und $\underline{I}_0$ sind Phasenspannung und Strom vor der Störung. $\underline{E}'_p$ hat die Richtung der q-Achse. Abbildung 6.30 zeigt ihre graphische Interpretation.

Abb. 6.31 Spannungsverlauf bei rechteckigem Blindlaststoss: **a** ohne Spannungsregelung, **b** mit Spannungsregelung

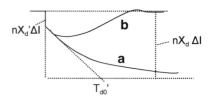

6.4.1.4 Spannungsverhalten bei Laststoss

Aus Gl. (6.47) erhält man die Spannungsänderung (für ω = konst., R = 0)

$$\Delta U_q = \omega \Delta \Psi_d = -nX_d(s)\Delta I_d + nG_f(s)\Delta U_f$$
$$\Delta U_d = -\omega \Delta \Psi_q = nX_q \Delta I_q. \qquad (6.51)$$

Durch Rücktransformation der Ausdrücke (6.51) oder mit Schema Abb. 6.29 lässt sich der Zeitverlauf der Spannung bei einer Änderung ΔI des Laststromes berechnen. Abbildung 6.31 zeigt den typischen Verlauf für einen rechteckigen Blind- laststoss ab Leerlauf ($\Delta I_q = 0$, $\Delta I_d = \Delta I$) mit und ohne Spannungsregelung ($\Delta U_f = 0$).

6.4.1.5 p.u. Darstellung

Berechnungen werden meist in p.u. durchgeführt. Die entsprechenden Beziehungen lassen sich leicht aus den bisherigen erhalten, wenn man für Stator und Rotor zweckmässige Bezugsgrössen einführt:

- Die Statorgrössen werden auf die Nenngrössen gemäss Abschn. 2.2 bezogen.
- Für die Rotorgrössen bestehen zwei Möglichkeiten:

    a. Man bezieht den Strom I_{fs} auf I_r und U_{fs} auf U_r, wie dies für die Darstellung der magnetischen p.u. Kennlinie in Abb. 6.6b getan wurde, was der p.u. Kennliniensteilheit eine einfache physikalische Bedeutung, nämlich x_{hd} zu geben erlaubt. Diese Wahl ist in der amerikanischen Literatur üblich.

    b. Man bezieht die Rotorgrössen auf den ungesättigten Leerlaufzustand, wie dies im deutschsprachigen Raum üblich ist [14, 16], was den Vorteil hat, dass die Rotorgrössen physikalisch leicht interpretierbare und anschauliche numerische Werte annehmen.

In den Blockschaltbildern Abb. 6.27 bis 6.29 sind dann die $G_f(s)$ enthaltenden Blöcke folgendermassen zu ersetzen

$$a) \quad \frac{G_f(s)}{\omega_r} \quad - \succ \quad G(s) = \frac{x_{hd}}{r_f(1+sT'_{d0})}, \quad \frac{s(G_f(s))}{\omega_r} \quad - \succ \quad sT_r \, G(s)$$

$$b) \quad \frac{G_f(s)}{\omega_r} \quad - \succ \quad G(s) = \frac{1}{(1+sT'_{d0})}, \quad \frac{s(G_f(s))}{\omega_r} \quad - \succ \quad sT_{hf} \, G(s) \qquad (6.52)$$

$$\text{mit} \quad T_{hf} = \frac{L_{hf}}{R_f}, \quad T_r = \frac{1}{\omega_r}.$$

Blockschaltbild Abb. 6.29 nimmt z. B. die p.u. Form Abb. 6.32 an.

6.4 Dynamik der SM

Abb. 6.32 Blockschaltbild in p.u. $\Delta u = f(\Delta i, \Delta u_f)$ der SM (ohne t. S., Annahme r = 0)

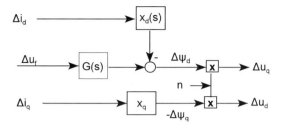

Abb. 6.33 Haupt- und Streuflüsse in der SM mit lamellierten Polen

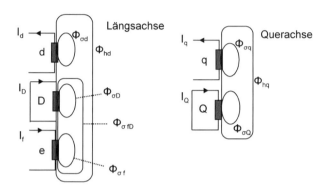

6.4.2 SM mit lamelliertem Rotor und Dämpferwicklung

6.4.2.1 Ersatzschaltbilder

Die kurzgeschlossene Dämpferwicklung wirkt sowohl in der Längs- als auch in der Querrichtung, wobei je nach Ausführung die beiden Wirkungen verschieden sein können. Wegen der möglichen Anisotropie ist es zweckmässig, die Dämpferwicklung im Modell durch zwei Wicklungen, in der Folge als Längs- und Querdämpferwicklung bezeichnet, darzustellen, die verschiedene Parameter aufweisen können.

Gemäss Abb. 6.33 sind die Längsdämpferwicklung magnetisch mit der Erregerwicklung und mit der Stator-Längsersatzwicklung, die Querdämpferwicklung nur mit der Stator-Querersatzwicklung gekoppelt. Alle Wicklungen besitzen einen Eigenstreufluss, zudem tritt in der Längsrichtung eine nicht vernachlässigbare gemeinsame Streuung von Längsdämpferwicklung und Erregerwicklung auf.

Bei Berücksichtigung der in Abb. 6.33 eingezeichneten Streuflüsse und Stromrichtungen lässt sich Gl. (6.36) folgendermassen erweitern:

$$\frac{U_{fs}}{s} = \frac{R_{fs}}{s} I_{fs} + (\Psi_{fs} + \Psi_{fs0})$$

$$\Psi_{fs} = L_{hd}(I_{fs} + I_{Ds} - I_d) + L_{\sigma fs} I_{fs} + L_{\sigma fDs}(I_{fs} + I_{Ds}). \quad (6.53)$$

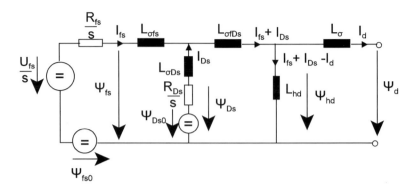

Abb. 6.34 Dynamisches Ersatzschaltbild der Längsachse der SM mit Dämpferwicklung

Abb. 6.35 Dynamisches Ersatzschaltbild der Querachse der SM mit Dämpferwicklung

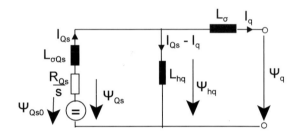

Für die Längsdämpferwicklung erhält man analoge Gleichungen (aus den Gln. (6.2) und (6.11) mit N_D an Stelle von N_f), wobei alle Dämpfergrössen ebenfalls auf die Statorseite umgerechnet werden:

$$0 = \frac{R_{Ds}}{s} I_{Ds} + (\Psi_{Ds} - \Psi_{Ds0})$$

$$\Psi_{Ds} = L_{hd}(I_{fs} + I_{Ds} - I_d) + L_{\sigma Ds} I_{Ds} + L_{\sigma fDs}(I_{fs} + I_{Ds}). \quad (6.54)$$

Den Gln. (6.53), (6.54) sowie (6.37) entspricht das Ersatzschaltbild der Längsachse Abb. 6.34.

Für die Querdämpferwicklung erhält man analog dazu die Gl. (6.55), und mit Gl. (6.38) folgt das Ersatzschaltbild Abb. 6.35 der Querachse.

$$0 = \frac{R_{Qs}}{s} I_{Qs} + \Psi_{Qs} - \Psi_{Qs0}$$

$$\Psi_{Qs} = L_{hq}(I_{Qs} - I_q) + L_{\sigma Qs} I_{Qs} \quad (6.55)$$

Diese Ersatzschaltbilder lassen sich mit dem Satz von Thevenin, ähnlich wie im Fall der SM ohne Dämpferwirkungen, in die kompakteren Ersatzschaltbilder Abb. 6.36a überführen. Die Ersatzschaltbilder 6.36b gelten nur für konstante Drehzahl und R = 0. Zwischen Polradspannung und Polradfluss besteht die Beziehung

6.4 Dynamik der SM

$$\underline{E}_p = j\,\omega\,\underline{\Psi}_p.$$

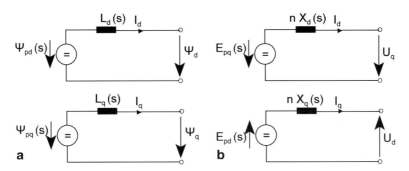

Abb. 6.36 Vereinfachtes dynamisches Ersatzschaltbild der SM mit lamellierten Polen und Dämpferwicklung: **a** allgemeingültiges Schaltbild, **b** Schaltbild für konstante Drehzahl und R = 0, erhalten aus a) durch Multiplikation mit jω

Aus der Leerlaufbedingung folgt für die Längsachse

$$\Psi_{pd}(s) = L_{hfd}\left[\frac{(U_f + s\Psi_{f0})(1 + sT_{\sigma D})}{R_f(1 + sT'_{d0})(1 + sT''_{d0})} + \frac{s\Psi_{D0}(1 + sT_{\sigma f})}{R_D(1 + sT'_{d0})(1 + sT''_{d0})}\right]$$

$$\text{mit}\quad T_{\sigma D} = \frac{L_{\sigma D}}{R_D},\quad T_D = \frac{L_{\sigma Ds} + L_{\sigma fDs} + L_{hd}}{R_{Ds}}$$

$$T_{\sigma f} = \frac{L_{\sigma f}}{R_f},\quad T_f = \frac{L_{\sigma fs} + L_{\sigma fDs} + L_{hd}}{R_{fs}} \tag{6.56}$$

$$\text{und}\quad T'_{d0} + T''_{d0} = T_f + T_D$$

$$T'_{d0}T''_{d0} = T_f T_{\sigma D} + T_D T_{\sigma f} - T_{\sigma f}T_{\sigma D} = \tau_0^2.$$

Die für die Dynamik massgebenden Zeitkonstanten im Nenner werden als *transiente Leerlaufzeitkonstante* T'_{d0} und *subtransiente Leerlaufzeitkonstante* T''_{d0} bezeichnet. Aus der Kurzschlussbedingung folgt für die Längsachse

$$L_d(s) = L_d\frac{(1 + sT'_d)(1 + sT''_d)}{(1 + sT'_{d0})(1 + sT''_{d0})},\quad X_d(s) = \omega_r L_d(s)$$

$$\text{mit}\quad T_{\sigma Dtot} = \frac{L_{\sigma Ds} + L_{\sigma fDs} + \dfrac{L_{hd}L_\sigma}{L_{hd} + L_\sigma}}{R_{Ds}}$$

$$T_{\sigma ftot} = \frac{L_{\sigma fs} + L_{\sigma fDs} + \dfrac{L_{hd}L_\sigma}{L_{hd} + L_\sigma}}{R_{fs}} \tag{6.57}$$

$$\text{und}\quad T'_d + T''_d = T_{\sigma ftot} + T_{\sigma Dtot}$$

$$T'_d T''_d = T_{\sigma ftot}T_{\sigma D} + T_{\sigma Dtot}T_{\sigma f} - T_{\sigma f}T_{\sigma D} = \tau^2.$$

Die den Kurzschlussstrom bestimmenden Zeitkonstanten im Zähler von $L_d(s)$ werden als *transiente Kurzschlusszeitkonstante* T'_d und *subtransiente Kurzschlusszeitkonstante* T''_d bezeichnet. Für die Leerlaufzeitkonstanten erhält man aus (6.56) die Lösungen

$$T'_{d0},\ T''_{d0} = \frac{T_f + T_D}{0} \pm \sqrt{\frac{(T_f + T_D)^2}{4} - \tau_0^2}.$$

Da die Streufeldzeitkonstanten viel kleiner sind als die Feldzeitkonstanten und in der Regel $T_D \ll T_f$, folgt

$$T'_{d0} = \approx (T_f + T_D) \approx T_f$$

$$T''_{d0} \approx \frac{\tau_0^2}{T_f + T_D} \approx T_{\sigma D} + T_{\sigma f}\frac{T_D}{T_f}.$$

Für die Kurzschlusszeitkonstanten erhält man aus (6.57) analoge Lösungen

$$T'_d,\ T''_d = \frac{T_{\sigma ftot} + T_{\sigma Dtot}}{2} \pm \sqrt{\frac{(T_{\sigma ftot} + T_{\sigma Dtot})^2}{4} - \tau^2}.$$

Hier ist es schwieriger, Näherungslösungen anzugeben [14]. Die Zeitkonstanten lassen sich aber experimentell mit einem Kurzschlussversuch ermitteln (Abschn. 6.4.4).

Für die Querachse ergibt sich aus Leerlauf- und Kurzschlussbedingung

$$\Psi_{pq}(s) = L_{hfq}\frac{s\Psi_{Q0}}{R_Q(1 + sT''_{q0})}$$

$$L_q(s) = L_q\frac{(1 + sT''_q)}{(1 + sT''_{q0})}, \quad X_q(s) = \omega_r L_q(s) \qquad (6.58)$$

$$\text{mit}\quad T''_{q0} = \frac{L_{\sigma Qs} + L_{hq}}{R_{Qs}} = T_Q, \quad T''_q = \frac{L_{\sigma Qs} + \dfrac{L_\sigma L_{hq}}{L_\sigma + L_{hq}}}{R_{Qs}}.$$

Schliesslich lassen sich auch die Ausdrücke (6.43) und (6.44) auf den Fall der lamellierten SM mit Dämpferwicklung übertragen

$$\Psi_{pd}(s) = \Psi_{d0} + L_d(s)\, I_{d0} + \frac{1}{\omega_r}G_f(s)\,\Delta U_f$$

$$\Psi_{pq}(s) = \Psi_{q0} + L_q(s)\, I_{q0} \qquad (6.59)$$

$$\text{mit}\quad G_f(s) = \frac{X_{hfd}(1 + sT_{\sigma D})}{R_f(1 + sT'_{d0})(1 + sT''_{d0})}$$

$$E_{pq}(s) = U_{q0} + nX_d(s)I_{d0} + nG_f(s)\Delta U_f$$
$$E_{pd}(s) = U_{d0} - nX_q(s)I_{q0}. \qquad (6.60)$$

6.4 Dynamik der SM

Gleichung (6.60) gilt nur für konstante Drehzahl und mit R = 0. Der Polradfluss weist nun auch eine (vorübergehende) Querkomponente und die Polradspannung eine entsprechende Längskomponente auf.

6.4.2.2 Blockschaltbilder

Aus den Gln. (6.56) bis (6.59) folgt für den Polradfluss der Zusammenhang

$$\Psi_{pd} = \frac{G_f(s)}{\omega_r}U_f + \frac{sG_f(s)}{\omega_r}\Psi_{f0} + \frac{s\,G_D(s)}{\omega_r}\Psi_{D0}$$

$$\Psi_{pq} = \frac{s\,G_Q(s)}{\omega_r}\Psi_{Q0} \quad mit \quad (6.61)$$

$$G_D(s) = \frac{X_{hfd}(1+sT_{\sigma f})}{R_D(1+s\,T'_{d0})(1+s\,T''_{d0})}, \quad G_Q(s) = \frac{X_{hfq}}{R_Q(1+s\,T''_{q0})}.$$

Damit lassen sich analoge Blockschaltbilder zu Abschn. 6.4.1 aufbauen. Im Unterschied zur SM ohne Dämpferwirkung ist auch die Querinduktivität frequenzabhängig ($L_q(s)$ statt L_q), ausserdem treten zwei zusätzliche Blöcke auf, welche die Wirkung der Anfangsflussverkettung der Dämpferwicklung berücksichtigen.

Aus Gl. (6.59) und den Ersatzschemata Abb. 6.36a folgt wieder der Zusammenhang

$$\Delta\Psi_d = -L_d(s)\Delta I_d + \frac{G_f(s)}{\omega_r}\Delta U_f$$

$$\Delta\Psi_q = -L_q(s)\Delta I_q, \quad (6.62)$$

der in der p.u. Darstellung zum Schema 6.37 führt, diesmal mit dem Strom als Ausgangsgrösse dargestellt (Umkehrung von Abb. 6.32). Darin ist

$$G(s) = \frac{(1+sT_{\sigma D})}{(1+s\,T'_{d0})(1+sT''_{d0})}. \quad (6.63a)$$

In Abschn. 6.4.1 wurde darauf hingewiesen, dass sich alle Schemata bezüglich Eingangs- und Ausgangsgrössen umkehren lassen.

Der Reziprokwert des *Reaktanzoperators* $x_d(s)$ kann in subtransiente, transiente und stationäre Komponenten zerlegt werden:

$$\frac{1}{x_d(s)} = \left(\frac{1}{x''_d} - \frac{1}{x'_d}\right)\frac{sT''_d}{1+sT''_d} + \left(\frac{1}{x'_d} - \frac{1}{x_d}\right)\frac{sT'_d}{1+sT'_d} + \frac{1}{x_d}. \quad (6.63b)$$

Ebenso lässt sich $1/x_q(s)$ in subtransiente und stationäre Komponenten zerlegen.

$$\frac{1}{x_q(s)} = \left(\frac{1}{x''_q} - \frac{1}{x_q}\right)\frac{sT''_q}{1+sT''_q} + \frac{1}{x_q}. \quad (6.63c)$$

6.4.2.3 Subtransienter und transienter Zustand

Als subtransienten Zustand bezeichnet man in der Theorie der SM mit Dämpferwicklung jenen Zustand, der sich unmittelbar nach einer Störung des Gleichgewichts einstellt. Für $s \to \infty$ folgt aus (6.57) in p.u. die *subtransiente Reaktanz der Längsachse*

$$x_d'' = x_d(s-\succ\infty) = x_d \, \frac{T_d' \, T_d''}{T_{d0}' \, T_{d0}''} = x_\sigma + \frac{x_{hd} \, x_{\sigma r}}{x_{hd} + x_{\sigma r}}, \quad (6.64)$$

worin man mit $x_{\sigma r}$ die resultierende Rotorstreuung bezeichnet

$$x_{\sigma r} = x_{\sigma fD} + \frac{x_{\sigma f} x_{\sigma D}}{x_{\sigma f} + x_{\sigma D}}. \quad (6.65)$$

Der p.u Wert von X_d'' bewegt sich zwischen 0.1 und 0.3. Die subtransiente Reaktanz erhält man auch aus dem Ersatzschema durch Kurzschliessen (für Änderungen = Konstanthalten) aller Rotorflussverkettungen. Physikalisch entspricht dies wieder dem Konstanthalten der magnetischen Energie. *Der subtransiente Zustand wird von konstanten Rotorflussverkettungen charakterisiert.*

Die *subtransiente Reaktanz der Querachse* folgt aus Gl. (6.58)

$$x_q'' = x_q(s \to \infty) = x_q \frac{T_q''}{T_{q0}''} = x_\sigma + \frac{x_{hq} x_{\sigma Q}}{x_{hq} + x_{\sigma Q}}. \quad (6.66)$$

Die *transiente Reaktanz* X_d' wird im Fall der Maschine mit Dämpferwicklung durch die Gl. (6. 63b) als jene Reaktanz definiert [5], die sich im ersten Augenblick bei sofortigem Einschwingen (= Verschwinden) der subtransienten Anteile einstellt. Der *transiente Zustand* entspricht einer *konstanten Flussverkettung der Erregerwicklung bei eingeschwungener Dämpferflussverkettung.*

Aus den Gln. (6.57) und (6.63b) folgt der Zusammenhang

$$\frac{1}{x_d(s)} = \frac{1}{x_d} \frac{(1+sT_{d0}')(1+sT_{d0}'')}{(1+sT_d')(1+sT_d'')}$$

$$= \left(\frac{1}{x_d''} - \frac{1}{x_d'}\right) \frac{sT_d''}{1+sT_d''} + \left(\frac{1}{x_d'} - \frac{1}{x_d}\right) \frac{sT_d'}{1+sT_d'} + \frac{1}{x_d} \quad (6.67)$$

woraus $\Big\langle$
$$\frac{1}{x_d''} = \frac{1}{x_d} \frac{T_{d0}' T_{d0}''}{T_d' T_d''}$$
$$\frac{1}{x_d'} = \frac{1}{x_d}\left(1 - \frac{(T_d' - T_{d0}')(T_d' - T_{d0}'')}{T_d'(T_d' - T_d'')}\right) \approx \frac{1}{x_d} \frac{T_{d0}'}{T_d'}.$$

Aus Gl. (6.60) lassen sich ferner die subtransienten Polradspannungen berechnen. Bei Vernachlässigung des Statorwiderstandes und n = konst. erhält man, da für $s \to \infty$, $G_f(s) = 0$

$$E_{pq}'' = U_{q0} + nX_d'' I_{d0}$$
$$E_{pd}'' = U_{d0} - nX_q'' I_{q0} \quad (6.68)$$

6.4 Dynamik der SM

oder analog zu Gl. (6.50) in komplexer Schreibweise

$$\underline{E}''_p = \underline{U}_0 + jnX''_d\underline{I}_0 - n(X''_q - X''_d)I_{q0}$$
$$\underline{E}''_p \approx \underline{U}_0 + jnX''_d\underline{I}_0, \quad \text{wenn} \quad X''_q \approx X''_d. \tag{6.69}$$

Abbildung 6.38 zeigt das entsprechende Zeigerdiagramm, kombiniert mit jenem der Abb. 6.30 für die transiente und subtransiente Polradspannung, für den Fall $X''_q = X''_d$, der bei vollständiger Dämpferwicklung gut zutrifft.

6.4.2.4 Spannungsverhalten bei induktivem Laststoss

Das *Spannungsverhalten* bleibt weitgehend jenes der Abb. 6.31. Lediglich im ersten Moment ist der Spannungssprung kleiner, nämlich $X''_d \Delta I$ statt $X'_d \Delta I$ (bei rein induktivem Stoss); die Spannung schwingt sich aber rasch wegen der Kleinheit der Zeitkonstanten T''_{d0} auf den von Abb. 6.31 dargestellten Verlauf ein.

6.4.3 SM mit massiven Polen

In SM mit massiven Polen haben die Wirbelströme einen wesentlichen Einfluss auf das dynamische Verhalten. Eine exakte Erfassung ihrer Wirkung würde zu einer transzendenten Abhängigkeit von der Laplaceschen Variablen ($\sqrt{s}$) und somit zu einem System der Ordnung ∞ führen [4]. Näherungsweise kann das Verhalten durch Einführung mehrerer Dämpferkreise beschrieben werden, wobei es sinnvoll ist, die gleiche Anzahl Rotorkreise in Längs- und Querachse zu nehmen. Die entsprechenden Parameter können durch Kurzschlussversuche und Stillstandsmessungen (Standstill frequency-response) bestimmt werden [13].

Man unterscheidet Modelle 2. Ordnung, mit zwei Rotorkreisen pro Achse, die bis zu einer Frequenz von ca. 10 Hz sehr exakt sind, und Modelle 3. und höherer Ordnung, mit drei und mehr Rotorkreisen pro Achse, die auch im Bereich der Netzfrequenz und darüber gute Resultate liefern. Im folgenden sei das *Modell 2. Ordnung* noch etwas näher beschrieben. Für Modelle 3. Ordnung und darüber sei auf [2, 6, 7, 13] verwiesen.

Modell 2. Ordnung Im Unterschied zum bisherigen Modell ist in der Querachse der Abb. 6.33 ein zusätzlicher Dämpferkreis einzuführen. Sinngemäss muss auch Ersatzschaltbild Abb. 6.35 mit einem zweiten parallelen Dämpferkreis ergänzt werden.

Die Ersatzschaltbilder Abb. 6.36 und Blockschaltbild Abb. 6.37 bleiben unverändert. Einzig der Querreaktanzoperator ändert sich, und Gl. (6.63b) ist durch die folgende zu ersetzen

$$\frac{1}{x_q(s)} = \left(\frac{1}{x''_q} - \frac{1}{x'_q}\right)\frac{sT''_q}{1+sT''_q} + \left(\frac{1}{x'_q} - \frac{1}{x_q}\right)\frac{sT'_q}{1+sT'_q} + \frac{1}{x_q}.$$

Abb. 6.37 p.u. Simulationsschema $\Delta i = f(\Delta u, \Delta u_f)$ der SM (Annahme r = 0)

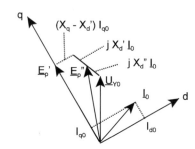

Abb. 6.38 Transiente und subtransiente Polradspannung, Annahmen $n = 1$, $X_q'' = X_d''$

Ferner gilt auch analog zu Gl. (6.58), aber in p.u.

$$x_q(s) = x_q \frac{(1 + sT_q')(1 + sT_q'')}{(1 + sT_{q0}')(1 + sT_{q0}'')}.$$

Die Operatoren der beiden Achsen sind in formaler Hinsicht identisch. Neu erscheinen in der Querachse transiente Grössen x_q', T_q' und T_{q0}'. Die SM mit la-mellierten Polen kann als der Spezialfall des Modells 2. Ordnung betrachtet werden mit $x_q' = x_q$.

6.4.4 Kurzschlussverhalten

Bei Kurzschluss an den Klemmen der SM, ausgehend von einem stationären Zustand, ergibt sich bei Vernachlässigung des Statorwiderstandes und der Einschwingvorgänge mit Netzfrequenz (t. S.): $\Psi_d = \Psi_q = 0$. Dann folgt aus den Ersatzschaltbildern Abb. 6.36

$$I_{kd}(s) = \frac{\Psi_{pd}(s)}{L_d(s)}, \quad I_{kq}(s) = -\frac{\Psi_{pq}(s)}{L_q(s)}. \tag{6.70}$$

Die Auswirkung von t. S. und Statorwiderstand wird in Abschn. 6.8 behandelt. Setzt man die Ausdrücke von $\Psi_p(s)$ nach Gl. (6.59) ein, erhält man

$$I_{kd}(s) = \frac{\Psi_{d0}}{L_d(s)} + I_{d0} + \frac{G_f(s)}{X_d(s)} \Delta U_f$$

$$I_{kq}(s) = \frac{\Psi_{q0}}{L_q(s)} + I_{q0}. \tag{6.71}$$

6.4.4.1 Kurzschluss ab Leerlauf ohne Spannungsregler

In diesem Fall ist $\omega\Psi_{d0} = U_0$, $\Psi_{q0} = 0$, $I_{d0} = I_{q0} = 0$, $\Delta U_f = 0$, und es folgt bei Berücksichtigung von (6.57) und Annahme konstanter Drehzahl n = 1 während des Kurzschlusses (der Kurzschlussstrom sei unter diesen Bedingungen mit I_{k0} bezeichnet)

$$I_{k0}(s) = \frac{U_0}{X_d(s)} = \frac{U_0}{X_d} \frac{(1 + sT'_{d0})(1 + sT''_{d0})}{(1 + sT'_d)(1 + sT''_d)}.$$

Wegen (6.63b) gilt auch

$$I_{k0}(s) = U_0 \left[\left(\frac{1}{X''_d} - \frac{1}{X'_d} \right) \frac{sT''_d}{1 + sT''_d} + \left(\frac{1}{X'_d} - \frac{1}{X_d} \right) \frac{sT'_d}{1 + sT'_d} + \frac{1}{X_d} \right], \quad (6.72)$$

ein Ausdruck, der sich leicht in den Originalbereich zurücktransformieren lässt

$$I_{k0}(t) = U_0 \left[\underbrace{\left(\frac{1}{X''_d} - \frac{1}{X'_d} \right) e^{-\frac{t}{T''_d}}}_{\text{subtransienter Anteil}} + \underbrace{\left(\frac{1}{X'_d} - \frac{1}{X_d} \right) e^{-\frac{t}{T'_d}}}_{\text{transienter Anteil}} + \frac{1}{X_d} \right]. \quad (6.73)$$

Mit den Bezeichnungen:

$$I''_{k0} = \frac{U_0}{X''_d} \quad : \text{subtransienter Anfangskurzschlussstrom}$$

$$I'_{k0} = \frac{U_0}{X'_d} \quad : \text{transienter Anfangskurzschlussstrom}$$

$$I_{k0} = \frac{U_0}{X_d} \quad : \text{stationärer Kurzschlussstrom}$$

lässt sich (6.73) einfacher schreiben

$$I_{k0}(t) = (I''_{k0} - I'_{k0}) e^{-\frac{t}{T''_d}} + (I'_{k0} - I_{k0}) e^{-\frac{t}{T'_d}} + I_{k0}. \quad (6.74)$$

Abbildung 6.39 zeigt den typischen Verlauf des Kurzschlussstromes einer SM in p.u. Der Anfangskurzschlussstrom I''_{k0} erreicht wegen der kleinen subtransienten Reaktanz Werte, die ein Mehrfaches des Nennstromes sein können (in der Abb. nahezu den 6fachen Wert). Der Kurzschlussstrom klingt dann rasch entsprechend der Zeitkonstanten T''_d auf einen Wert ab, der etwa jenem des Kurzschlussstromes I'_{k0} entspricht, um anschliessend mit der wesentlich grösseren Zeitkonstante T'_d dem Wert I_{k0} des stationären Kurzschlussstromes zuzustreben. Dieser Wert ist in einer Synchronmaschine kleiner als der Nennstrom (s. auch Beispiel 6.3).

Umgekehrt ist es möglich, aus der experimentellen Aufnahme des Kurzschlussstromverlaufs die Werte der transienten und subtransienten Reaktanzen und

Abb. 6.39 Verlauf des Kurzschlussstromes der SM (Effektivwert, p.u.)

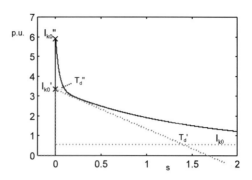

Kurzschlusszeitkonstanten zu bestimmen (DIN VDE 0530, [13]). Die Grössenordnung der Reaktanzen und Zeitkonstanten der SM für ein Modell 2. Ordnung zeigt die Tab. 6.3. Je nach Konstruktion können diese Werte aber erheblich streuen.

In Abb. 6.39 ist der *Scheitelwert* (oder *Effektivwert*) des mit Netzfrequenz schwingenden Stromes dargestellt. Der *momentane Zeitverlauf* ist für die genaue Auswertung des Kurzschlussoszillogrammes, aber auch für die Berechnung der thermischen und mechanischen Auswirkungen des Kurzschlussstromes von Bedeutung. Er wird aber erst in den Abschn. 6.8 und 12.1 behandelt, da wesentlich von t. S. und Statorwiderstand mitbestimmt.

6.4.4.2 Kurzschlussstrom bei Vorbelastung

Ist die Maschine vorbelastet, aber die Spannungsregelung weiterhin unwirksam, folgt aus (6.71)

$$I_{kd}(s) = \frac{U_{q0}}{X_d(s)} + I_{d0}$$
$$I_{kq}(s) = -\frac{U_{d0}}{X_q(s)} + I_{q0}. \quad (6.75)$$

Setzt man die Ausdrücke der Synchronreaktanzen ein und transformiert die q-Komponente zurück bei Berücksichtigung, dass $U_{d0} = X_q I_{q0}$, erhält man

$$I_{kd}(t) = \frac{U_{q0}}{U_{Y0}} I_{cc0}(t) + I_{d0}$$
$$I_{kq}(t) = U_{d0}\left[\left(\frac{1}{X_q''} - \frac{1}{X_q'}\right) e^{-\frac{t}{T_q''}} + \left(\frac{1}{X_q'} - \frac{1}{X_q}\right) e^{-\frac{t}{T_q'}}\right].$$

Bei rein induktiver Vorbelastung ist $U_{d0} = 0$, $U_{q0} = U_0$ und $I_{d0} = I_0$. Die q-Komponente fällt weg, und der Kurzschlussstrom wird um den Betrag des Vorbelastungsstromes erhöht. Physikalisch lässt sich dies durch den bei Vorbelastung

6.4 Dynamik der SM

höheren magnetischen Fluss, also die grössere in der SM gespeicherte magnetische Energie erklären.

Bei ohmscher Vorbelastung tritt eine Querkomponente auf, verschwindet aber relativ rasch entsprechend den Zeitkonstanten T''_q, T'_q. Der exakte Verlauf lässt sich aus $\underline{I}_k = I_{kd} + jI_{kq}$ bestimmen. Für die Berechnung von U_{d0}, U_{q0} und I_{d0} aus dem Belastungszustand s. auch Abschn. 6.5.1.

Durch Einführung der bei konstanter Drehzahl gültigen Beziehung (6.60) lässt sich die Beziehung (6.75) auch in Funktion der dynamischen Polradspannung ausdrücken. Man erhält

$$I_{kd}(s) = \frac{E_{pq}(s)}{X_d(s)}$$

$$I_{kq}(s) = -\frac{E_{pd}(s)}{X_q(s)}. \tag{6.76}$$

Für die Beanspruchung der Anlageteile des Energieversorgungsnetzes (Kap. 12) ist vor allem der Anfangskurzschlusswechselstrom I''_k von Bedeutung. Bei Vorbelastung folgt aus Gl. (6.76)

$$I''_{kd} = \frac{E''_{pq}}{X''_d}$$

$$I''_{kq} = -\frac{E''_{pd}}{X''_q} \quad \longrightarrow \quad \underline{I}''_k = I''_{kd} + jI''_{kq}.$$

Meistens ist $X''_q \approx X''_d$ (s. Tab. 6.3). Dann folgt aus (6.68), (6.69) einfacher

$$\underline{I}''_k = \frac{E''_p}{jnX''_d} = \frac{U_0}{jnX''_d} + \underline{I}_0 = \underline{I}''_{k0} + \underline{I}_0. \tag{6.77}$$

Ebenso kann der *Kurzschlussstrom* I'_k aus transienter Polradspannung und transienter Reaktanz ermittelt werden. Dasselbe Verfahren lässt sich für den stationären Kurzschlussstrom wiederholen. Auch bei Vorbelastung kann man dann die Beziehung (6.74) verwenden, wobei aber die Superposition der drei *Stromkomponenten* (*subtransient, transient und stationär*) komplex durchzuführen ist.

6.4.4.3 Wirkung der Spannungsregelung

Abbildung 6.40 zeigt das Prinzipschaltbild einer spannungsgeregelten SM. Die mit Spannungsregler versehene Erregereinrichtung passt die Erregerspannung U_f und somit die Polradspannung an die Lastverhältnisse an, um die Klemmenspannung U auf dem Sollwert U_{soll} zu halten. Aus Dimensionierungsgründen kann die Erregerspannung einen maximalen Wert U_{fmax} nicht überschreiten. Für die konkrete Ausführung von Erregereinrichtung und Spannungsregelung sei auf Bd. 3 verwiesen.

Abb. 6.40 Spannungs-
geregelte SM,
Prinzipschaltbild

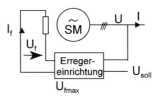

Stationär wird der innere Spannungsabfall jX$_d$I der SM vom Regler voll kompensiert, die Regelung hebt somit die Wirkung der inneren Reaktanz auf, und die SM verhält sich, vom Netz aus gesehen, wie eine *ideale Spannungsquelle*. *Dynamisch* gesehen, ist dies nur wahr, solange die Geschwindigkeit der Laständerungen wesentlich kleiner ist als die Reaktionsgeschwindigkeit der Spannungsregelung. Bei raschen Laständerungen muss die Wirkung des Regelkreises berücksichtigt werden.

Subtransienter (I_k'') und transienter (I_k') Anfangskurzschlussstrom werden von der Spannungsregelung nicht beeinflusst, da als Grössen unmittelbar nach der Störung definiert. Während des Kurzschluss versucht die Regelung, die Spannung zu halten. Dadurch vergrössert sie die Erregerspannung und somit die Polradspannung bis zum maximal möglichen Wert $E_{pmax} = KU_{fmax}$. Wegen der Trägheit der Erregerwicklung wird selbst bei einer verzögerungsfreien Änderung der der Erregerspannung der subtransiente Einschwingvorgang kaum beeinflusst (Abb. 6.39). Erst der transiente Einschwingvorgang beginnt unter der Wirkung der Spannungsregelung, einem grösseren *stationären Wert I_{kR}* zuzustreben. Dieser stationäre Wert ist:

$$I_{kR} = \frac{E_{pmax}}{X_d} = \frac{\beta U_0}{X_d} = \beta\, I_{k0}. \tag{6.78}$$

Der Faktor β hängt von der Auslegung der Regeleinrichtung ab. Er ist in der Regel nicht weit von 4. Damit wird der stationäre Kurzschlussstrom bei wirksamer Spannungsregelung (z. B. mit x$_d$ (p.u.) = 1.3–2) etwa das 2–3fache des Nennstromes (s. auch Beispiel 6.3).

Der stationäre Kurzschlusszustand hat im normalen Betriebsfall keine praktische Bedeutung, da die Schutzeinrichtungen den Kurzschluss rasch abschalten (spätestens nach wenigen 100 ms), lange bevor der Strom diesen Zustand erreicht hat (Abb. 6.39).

6.5 Inselbetrieb und Kraftwerksregelung

Speist ein Kraftwerk als Alleinerzeuger ein Verbrauchernetz, muss seine Leistung der Last ständig angepasst werden. Dabei sind Netzfrequenz und Netzspannung durch entsprechende Regelungen möglichst konstant zu halten (Abb. 6.41). Die Netzfrequenz wird, zumindest bei passiver Last, direkt von der Drehzahl der Synchrongruppe bestimmt. Diese wird über einen Drehzahlregler, der die Antriebsmittelzufuhr der Turbine oder des Dieselaggregates steuert, konstant gehalten. Die Konstanz der Spannung wird über den Spannungsregler durch Steuerung des Erregerstromes und somit der Polradspannung der SM gewährleistet.

6.5 Inselbetrieb und Kraftwerksregelung

Abb. 6.41 Spannungs- und drehzahlgeregelte Synchrongruppe, R = Regler

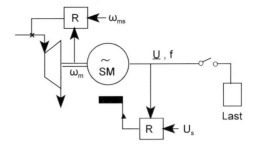

Das Verhalten des Inselnetzes ist in doppelter Hinsicht von Interesse: erstens, weil Inselnetze als vorübergehender Betriebszustand in Notsituationen tatsächlich vorkommen, in der Praxis z. B., wenn in einem Industrienetz oder Spital die Netzeinspeisung ausfällt und man auf das betriebseigene Kraftwerk umschaltet, aber auch als Dauerzustand, z. B. auf Schiffen oder in abgelegenen Gebieten vor allem in Entwicklungsländern, und zweitens, weil jedes Netz eines Energieversorgungsunternehmens oder das nationale Netz oder auch das gesamte europäische Verbundnetz in erster grober Näherung, zumindest bezüglich der Frequenzhaltung, sich wie ein Inselnetz verhält, dessen Generatorleistung die Summe aller Kraftwerksleistungen und dessen Last die Summe aller Verbraucher ist.

6.5.1 Inselbetrieb der SM

Vereinfachend sei von der Annahme passiver Last ausgegangen. Die Darstellung motorischer Lasten ist komplexer (Abschn. 7.1).

6.5.1.1 Stationäres Verhalten

Für den stationären Zustand (s = 0) folgt aus Abb. 6.36 und den Gln. (6.56), (6.58) und (6.59)

$$E_{pd} = -\omega \Psi_{pq} = 0$$
$$\hat{E}_p = E_{pq} = \omega \Psi_{pd} = n X_{hfd} \frac{U_f}{R_f} = n G_f U_f. \tag{6.79}$$

Stationär ist die Polradspannung direkt proportional zur Erregerspannung.

Für die von der SM bei Belastung abgegebene Leistung erhält man mit der üblichen Effektivwertdarstellung der Parkzeiger

$$\underline{S} = 3\underline{U}\ \underline{I}^* = 3(U_d + jU_q)(I_d - jI_q) = 3\ (U_d I_d + U_q I_q) + 3j(U_q I_d - U_d I_q)$$
$$P = 3(U_d I_d + U_q I_q) \tag{6.80}$$
$$Q = 3(U_q I_d + U_d I_q).$$

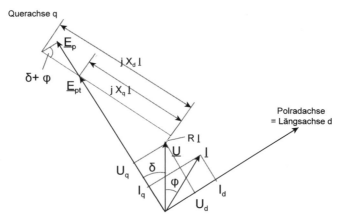

Abb. 6.42 Stationäre Berechnung von Polradspannung und Parkkomponenten

Ersetzt man die Klemmenspannung durch die Beziehungen (6.34), folgt

$$P = 3(E_d I_d + E_q I_q) - 3RI^2 = Re(3\underline{E}\,\underline{I}^*) - 3RI^2 = P_{ei} - 3RI^2$$
$$Q = 3(E_q I_d - E_d I_q) - 3X_\sigma I^2 = Im(3\underline{E}\,\underline{I}^*) - 3X_\sigma I^2 = Q_{ei} - 3X_\sigma I^2. \quad (6.81)$$

Die innere elektrische Wirkleistung P_{ei} ist gemäss Abschn. 6.3.8 gleich der mechanischen Wellenleistung, die von der Turbine geliefert wird. Die abgegebene Wirkleistung ist gleich der inneren Leistung abzüglich der ohmschen Verluste im Stator. Die innere Blindleistung Q_{ei} wird vom Hauptfeld erzeugt. Sie deckt die Blindleistungsabgabe zuzüglich der vom Statorstreufeld benötigten Blindleistung.

Ist die Belastung durch P, cos φ gegeben und wird die Spannung durch die Spannungsregelung auf dem Wert U_0 konstant gehalten, können die Polradspannung und die Parkkomponenten von Spannung und Strom mit Bezug auf Zeigerdiagramm Abb. 6.42 nach folgendem Rechenschema ermittelt werden.

Mit Annahme n = 1:

$$\begin{aligned} I &= \frac{P}{3U_0 \cos\varphi} \\ \underline{E}_{pt} &= \underline{U}_0 + R\underline{I} + jX_q\underline{I} \quad \Rightarrow \quad E_{pt}, \delta \\ E_p &= E_{pt} + (X_d - X_q)I \sin(\varphi + \delta) \\ U_d &= U_0 \sin\delta \\ U_q &= U_0 \cos\delta \\ I_d &= I \sin(\delta + \varphi) \\ I_q &= I \cos(\delta + \varphi). \end{aligned} \quad (6.82)$$

Aus dem Zeigerdiagramm lässt sich leicht erkennen, dass bei *induktiver Belastung* der innere Spannungsabfall $X_d I$ in Phase mit der Klemmenspannung ist, sich also

6.5 Inselbetrieb und Kraftwerksregelung

direkt zu dieser addiert, und die Polradspannung (und damit der Erregerstrom) wesentlich grösser wird als im Leerlauf. Umgekehrt subtrahiert sich bei *kapazitiver Belastung* der innere Spannungsabfall von der Klemmenspannung, die Polradspannung nimmt ab, und der Erregerstrom muss zurückgenommen werden. Der Polradwinkel δ ist bei Blindlast praktisch null.

Bei reiner *Wirklast* steht der innere Spannungsabfall quer zur Klemmenspannung, der Betrag der Polradspannung und damit die Erregung nehmen somit deutlich weniger zu. Der Polradwinkel ist der Wirklast nahezu proportional.

Beispiel 6.1 Eine SM hat folgende Daten: Nennleistung $S_r = 10$ MVA, Nenndrehzahl 3000 U/min, Nennspannung $U_r = 6$ kV, 50 Hz, Leerlauferregerstrom $I_{f0} = 100$ A, $R_f = 0.3 \Omega$, $x_d = 1.8$ p.u., $x_q = 1.75$ p.u., $r = 0.002$ p.u.

Die Spannungsregelung hält die Spannung auf dem Nennwert. Mit der Annahme, man arbeite im linearen Teil der magnetischen Kennlinie, bestimme man

- die Ω-Werte der Reaktanzen,

bei Belastung mit Nennstrom, $\cos \varphi = 0.85$:

- den Polradwinkel, die Polradspannung, die Parkkomponenten von Spannung und Strom,
- den Erregerstrom,
- das Drehmoment.

Aus den Nenndaten lassen sich der Nennstrom und die Nennimpedanz und daraus die Ω-Werte der Reaktanzen bestimmen

$$I_r = \frac{10 \cdot 10^6}{3 \cdot \frac{6}{\sqrt{3}} 10^3} = 0.962 \, kA, \quad Z_r = \frac{U_{\Delta r}^2}{S_r} = \frac{(6 \cdot 10^3)^2}{10 \cdot 10^6} = 3.6 \, \Omega$$

$$X_d = 1.8 \cdot 3.6 = 6.48 \, \Omega, \quad X_q = 1.75 \cdot 3.6 = 6.3 \, \Omega,$$

$$R = 0.002 \cdot 3.6 = 0.0072 \, \Omega.$$

Das Rechenschema (6.82) evaluieren wir in p.u.:

$$I = I_r \quad \Rightarrow \quad i = 1 \, p.u., \quad U_0 = U_r \quad \Rightarrow \quad u_0 = 1 \, p.u.$$

$$\underline{e}_{pt} = 1 \cdot \underline{|0°} + 0.002 \cdot 1 \cdot \underline{|-31.8°} + 1.75 \cdot 1 \cdot \underline{|-31.8° + 90°}$$

$$= 2.432 \cdot \underline{|37.7°} \quad \Rightarrow \quad \delta = 37.7°$$

$$e_p = 2.432 + (1.8 - 1.75) \cdot 1 \cdot \sin(31.8° + 37.7°) = 2.479 \, p.u.$$

$$\Rightarrow \quad \hat{E}_p = 2.479 \cdot \sqrt{2} \cdot \frac{6 \, kV}{\sqrt{3}} = 12.1 \, kV$$

$$u_d = 1 \cdot \sin(37.7°) = 0.612 \, p.u., \quad u_q = 1 \cdot \cos(37.7°) = 0.791 \, p.u.$$

$$i_d = 1 \cdot \sin(37.7° + 31.8°) = 0.937 \, p.u.,$$

$$i_q = 1 \cdot \cos(37.7° + 31.8°) = 0.350 \, p.u.$$

Aus der Polradspannung folgt der Erregerstrom:

$$X_{hfd} = \frac{\hat{E}_{p0}}{I_{f0}} = \frac{\hat{U}_0}{I_{f0}} = \sqrt{2} \cdot \frac{6000}{\sqrt{3} \cdot 100} = 49.0 \ \Omega, \quad G_f = \frac{X_{hfd}}{R_f} = \frac{49.0}{0.3} = 1634$$

$$I_f = \frac{\hat{E}_p}{X_{hfd}} = \frac{12100}{49.0} = 247 \ A, \quad U_f = 74 \ V.$$

Die innere elektrische Leistung ist

$$p_{ei} = p + ri^2 = 0.85 + 0.002 \cdot 1 = 0.852 \ p.u. \quad \Rightarrow \quad P_{ei} = 8.52 \ MW.$$

Für das Drehmoment erhält man aus (6.34), (6.35)

$$\omega_m = \frac{2 \cdot \pi \cdot 50}{2} = 157.1 \ rad/s, \quad M = \frac{P_{ei}}{\omega_m} = \frac{8.52 \cdot 10^6}{157.1} = 54.2 \ kNm.$$

6.5.1.2 Dynamisches Verhalten

Im folgenden sei das Frequenz- und Spannungsverhalten bei Zuschaltung einer passiven Last ab Leerlauf analysiert (Abb. 6.41).

Frequenzverhalten Die Frequenz entspricht der Drehzahl. Die Drehzahl wird im einfachsten Fall (für Torsionsschwingungen s. Bd. 3) durch folgende Gleichung bestimmt

$$J \frac{d\omega_m}{dt} = M_t - M - M_v \tag{6.83}$$

mit M = elektrisches Bremsmoment entsprechend der inneren Wirkleistung, M_t = Antriebsmoment der Turbine, M_v = Verlustmoment, das die Leerlaufverluste (mechanische und magnetische) der Gruppe (SM + Turbine) berücksichtigt, J = Trägheitsmoment der Gruppe. Im Leerlauf ist M = 0. Das Antriebsmoment deckt gerade die Leerlaufverluste. Da diese klein sind, ist M_t in erster Näherung ebenfalls null und die Antriebsmittelzufuhr der Turbine praktisch gedrosselt.

Wird eine *Wirklast* zugeschaltet, springt das Moment M auf den entsprechenden Wert, während das Antriebsmoment zunächst unverändert bleibt. Dementsprechend gilt

$$J \frac{d\omega_m}{dt} = -M \quad \Rightarrow \quad \frac{d\omega_m}{dt} = -\frac{M}{J}.$$

Die Drehzahl nimmt linear ab mit Steilheit M/J. Sobald der Drehzahlregler die Abweichung merkt, wird er die Antriebsmittelzufuhr und damit das Antriebsmoment progressiv erhöhen, bis die Drehzahl den vorgegebenen Sollwert wieder erreicht. Die sich abspielenden Vorgänge werden von Abb. 6.43 veranschaulicht. Die Drehzahl erreicht den gewünschten Sollwert, wenn das Zeitintegral der Drehmomentdifferenz

6.5 Inselbetrieb und Kraftwerksregelung

Abb. 6.43 Drehzahl (Frequenz)-abweichung bei Wirklaststoss

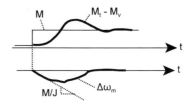

null wird. Bei einer Lastabschaltung wechselt nur das Vorzeichen von Drehmoment- und Drehzahlverlauf.

Eine *vorübergehende* Drehzahl- und damit Frequenzabweichung lässt sich nicht vermeiden. Diese ist aber um so kleiner, je kleiner der Laststoss im Verhältnis zur Kraftwerksleistung und je besser die Güte der Drehzahlregelung sind. Große Verbundnetze haben eine wesentlich bessere Frequenzhaltung als kleine Inselnetze, da die Wahrscheinlichkeit grosser prozentualer Laststösse viel kleiner ist. Im UCPTE-Netz mit einer Gesamtleistung von etwa 200.000 MW kann selbst der Ausfall eines 1000-MW-Kraftwerks (0.5 % der Leistung) gut verkraftet werden. In einem städtischen Inselnetz von 10 MW verursacht die Zuschaltung eines 500-kW-Industrieverbrauchers (5 % der Leistung) bereits eine empfindliche vorübergehende Frequenzabweichung.

Schaltet man eine *Blindlast* zu, bleibt die Drehzahl praktisch unverändert, da keine innere Wirkleistung (cos $\varphi_i \approx 0$) und damit auch kein Bremsmoment entsteht.

Die exakte Analyse des in Abb. 6.43 dargestellten Vorgangs erfordert die mathematische Beschreibung der Turbinenanlagen (Vertiefung in Bd. 3).

Spannungsverhalten Immer unter Vernachlässigung der Vorgänge mit Netzfrequenz (transformatorische Effekte) lässt sich die Belastung durch die Impedanz $Z_L = R_L + jX_L$ beschreiben. Die Lastgleichung lautet mit Parkzeiger

$$(U_d + jU_q) = (R_L + jX_L)(I_d + jI_q)$$

oder

$$U_d = R_L I_d - X_L I_q$$
$$U_q = X_L I_d + R_L I_q. \tag{6.84}$$

Ausgehend z. B. von Schema Abb. 6.29, kann man das Verhalten der spannungsgeregelten SM für beliebige Lastfälle auch unter Berücksichtigung der Drehzahländerung simulieren.

In Ergänzung zu den Bemerkungen in den Abschn. 6.4.1.4 (Abb. 6.31) und 6.4.2.4 zum Spannungsverhalten mit und ohne Regler seien für den Fall aktiver Spannungsregelung die Blind- und Wirklastzuschaltung durch die Zeigerdarstellung von drei Zuständen: Leerlaufzustand, transienter Zustand und Endzustand näher veranschaulicht. Bei induktiver Last (Abb. 6.44) tritt ein starker transienter Spannungseinbruch auf, der vom Spannungsregler durch Vergrösserung der Polradspannung kompensiert wird. Bei kapazitiver Last (Abb. 6.45) tritt eine bei gleichem Strom ebenso grosse Spannungserhöhung auf, die durch Reduktion der Polradspannung wettgemacht

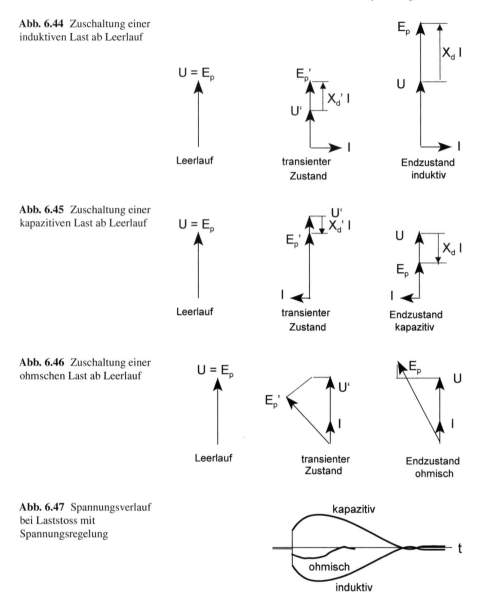

Abb. 6.44 Zuschaltung einer induktiven Last ab Leerlauf

Abb. 6.45 Zuschaltung einer kapazitiven Last ab Leerlauf

Abb. 6.46 Zuschaltung einer ohmschen Last ab Leerlauf

Abb. 6.47 Spannungsverlauf bei Laststoss mit Spannungsregelung

wird. Bei ohmscher Last (Abb. 6.46) ist das Verhal-ten komplizierter wegen der Wirkung der Querachse. Subtransient ergibt sich immer ein kleiner Spannungseinbruch; transient kann je nach Wert der Reak-tanzen ein kleiner Spannungseinbruch oder auch eine Spannungserhöhung auftreten (s. dazu auch Beispiel 6.2).

Der typische zeitliche Verlauf wird für die drei Fälle von Abb. 6.47 dargestellt. Die Spannungsschwankungen im Netz sind in erster Linie die Folge von Blindlaststössen. Es genügt deshalb in der Regel, die Spannungsregelung für Blindlaststösse zu optimieren.

6.5 Inselbetrieb und Kraftwerksregelung

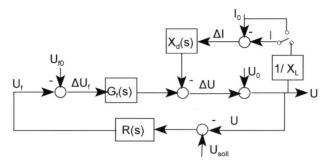

Abb. 6.48 Blockdiagrammdarstellung der spannungsgeregelten SM

Dieser Fall sei deshalb näher behandelt. Die Drehzahl sei konstant und gleich zur Nenndrehzahl. Das Blockdiagramm Abb. 6.29, ergänzt durch Last (Gl. 6.84) und Spannungsregelung, ergibt Abb. 6.48. Die Querachse ist in diesem Fall unwirksam. Die Spannungsrückkopplung ist nichtlinear wegen der Begrenzungen der Erreger- und Reglerkennlinien, die exakt nachzubilden sind. Die Dynamik von Erregereinrichtung + Regler wird durch die Übertragungsfunktion R(s) beschrieben.

Beispiel 6.2 Für die Synchronmaschine von Beispiel 6.1 bestimme man den prozentualen *transienten Spannungsabfall* ε' bei Zuschaltung der doppelten Nennimpedanz ab Leerlauf für den induktiven, kapazitiven und rein ohmschen Fall. Man vernachlässige den kleinen Statorwiderstand.

Zusätzliche Daten: $x'_d = 0{,}25$ p.u., $x'_q = 0{,}3$ p.u.

Aus Abb. 6.36b folgt für den transienten Fall ($n = 1$, $E'_{pq} = U_{q0} = U_0$ wegen (6.60))

$$U'_q = U_0 - X'_d I_d$$
$$U'_d = X'_q I_q.$$

Stellt man andererseits die Last durch die Serieschaltung eines Widerstandes und einer Reaktanz dar, erhält man

$$U'_d + jU'_q = (R + jX)(I_d + jI_q),$$
$$\text{woraus } U'_q = RI_q + XI_d$$
$$U'_d = RI_d - XI_q.$$

Daraus ergeben sich die Lösungen

$$U'_d = U_0 = \frac{R\,X'_q}{R^2 + (X + X'_d)(X + X'_q)}$$
$$U'_q = U_0 = \frac{R^2 + X(X + X'_q)}{R^2 + (X + X'_d)(X + X'_q)}. \qquad (6.85)$$

Blindlast in p.u: r = 0, x = 2 (induktiv) oder x = −2 (kapazitiv)

$$u'_d = 0, \quad u' = u'_q = u_0 \frac{x}{x + x'_d}$$

induktive Last:

$$u' = 1 \cdot \frac{2}{2 + 0.25} = 0.889 \, p.u. \quad \Rightarrow \quad : \quad \varepsilon' = 11\,\%$$

kapazitive Last:

$$u' = 1 \cdot \frac{-2}{-2 + 0.25} = 1.14 \, p.u. \quad \Rightarrow \quad : \quad \varepsilon' = -14\,\%.$$

Rein ohmsche Last in p.u.: r = 2, x = 0

$$u'_d = u_0 \frac{r\, x'_q}{r^2 + x'_d x'_q}, \quad u'_q = u_0 \frac{r^2}{r^2 + x'_d x'_q}$$

$$u'_d = 1 \cdot \frac{2 \cdot 0.3}{4 + 0.25 \cdot 0.3} = 0.147 \, p.u.$$

$$u'_q = 1 \cdot \frac{4}{4 + 0.25 \cdot 0.3} = 0.982 \, p.u.$$

$$u' = \sqrt{u'^2_d + u'^2_q} = \sqrt{0.147^2 + 0.982^2} = 0.993 \, p.u. \quad \Rightarrow \quad : \quad \varepsilon' = 0.7\,\%.$$

Bei ohmscher Last ergibt sich ein kleiner Spannungsabfall von 0.7 %. Im Fall einer Schenkelpolmaschine mit lamellierten Polen und $x'_q = x_q = 0.9$ würde sich hingegen mit demselben Wert von x'_d eine Spannungserhöhung von 3.8 % ergeben.

Beispiel 6.3 Für die SM von Beispiel 6.1 berechne man den subtransienten und transienten Anfangskurzschlussstrom sowie den stationären Kurzschlussstrom (Effektivwert) ohne und mit Spannungsregelung, ausgehend von Leerlauf und Nennspannung.

Zusätzliche Daten: $x''_d = x''_q = 0.15$ p.u., $U_{fmax} = 115$ V.

$$I_r = 1.132 \, kA, \quad u_0 = 1 \, p.u., \quad \beta = \frac{U_{fmax}}{U_{f0}} = \frac{115}{0.3 \cdot 100} = 3.83$$

$$i''_{k0} = \frac{u_0}{x''_d} = \frac{1}{0.15} = 6.67 \, p.u. \quad \Rightarrow \quad 7.55 \, kA$$

$$i'_{k0} = \frac{u_0}{x'_d} = \frac{1}{0.23} = 4.38 \, p.u. \quad \Rightarrow \quad 4.92 \, kA$$

$$i_{k0} = \frac{u_0}{x_d} = \frac{1}{1.8} = 0.556 \, p.u. \quad \Rightarrow \quad 0.63 \, kA, \quad I_{kR} = 3.83 \cdot I_{k0} = 2.41 \, kA.$$

6.5.1.3 Spannungsinstabilität

Das allgemeine Problem der Spannungsstabilität wird in Bd. 3 behandelt. Wir beschränken uns hier auf den Fall einer SM, die an eine leerlaufende Leitung angeschlossen wird, welche eine bedeutende kapazitive Last darstellt (dieser Fall wird auch als *Selbsterregungsproblem* bezeichnet). Ein solcher Betriebszustand kann sich beim Aufladen (Unterspannungsetzen) einer langen Freileitung oder eines Kabels ergeben, oder dann, wenn infolge einer Abschaltung im Netz eine oder mehrere Maschinen die Leitung unter Spannung halten sollen.

Vereinfachend sei angenommen, die Leitung könne durch eine konzentrierte Kapazität dargestellt werden [9]. Die Leitungsreaktanz sei $X_c = 1/\omega C$. Berücksichtigt man ausserdem die Leitungsverluste mit einem Widerstand R_L, ist die Last von $Z = R_L - jX_c$ gegeben, und es folgt aus Gl. (6.84) der Zusammenhang in Parkvektorform

$$\begin{pmatrix} U_d \\ U_q \end{pmatrix} = \begin{vmatrix} R_L & X_c \\ -X_c & R_L \end{vmatrix} \begin{pmatrix} I_d \\ I_q \end{pmatrix}. \tag{6.86}$$

Für die Synchronmaschine leitet sich aus den Ersatzschemata in Abb. 6.36 mit der Annahme konstanter Drehzahl $\omega = \omega_r$, (n = 1)

$$E_{pd} = -\omega_r \Psi_{pq} = -\omega_r \Psi_q - X_q(s) I_q = U_d + R I_d - X_q(s) I_q$$
$$E_{pq} = \omega_r \Psi_{pq} = \omega_r \Psi_d - X_d(s) I_d = U_q + R I_q - X_d(s) I_d.$$

oder in der übersichtlicheren Parkvektorform geschrieben

$$\begin{pmatrix} E_{pd} \\ E_{pq} \end{pmatrix} = \begin{pmatrix} U_d \\ U_q \end{pmatrix} + \begin{vmatrix} R & -X_q(s) \\ X_d(s) & R \end{vmatrix} \begin{pmatrix} I_d \\ I_q \end{pmatrix}. \tag{6.87}$$

Setzt man (6.86) ein, folgt

$$\begin{pmatrix} E_{pd} \\ E_{pq} \end{pmatrix} = \begin{vmatrix} R + R_L & X_c - X_q(s) \\ X_d(s) - X_c & R + R_L \end{vmatrix} \begin{pmatrix} I_d \\ I_q \end{pmatrix}. \tag{6.88}$$

Eine eventuelle Transformatorreaktanz kann zu den SM-Reaktanzen zugerechnet oder von X_c abgezogen werden.

Die charakteristische Gleichung, die für die Stabilität massgebend ist, erhält man durch Nullsetzen der Determinante der Matrix der Gl. (6.88). Bezeichnet man mit $R_s = R + R_L$ den Gesamtwiderstand, folgt

$$(X_c - X_d(s))(X_c - X_q(s)) + R_s^2 = 0.$$

Im Fall der theoretischen Maschine ohne Dämpferwirkungen ergibt sich eine Gleichung erster Ordnung für s mit der Lösung

$$s_1 = -\frac{1}{T'_{d0}} \frac{(X_c - X_d)(X_c - X_q) + R_s^2}{(X_c - X'_d)(X_c - X_q) + R_s^2}, \quad T_{SE} = \frac{1}{s_1}. \tag{6.89}$$

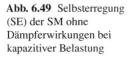

Abb. 6.49 Selbsterregung (SE) der SM ohne Dämpferwirkungen bei kapazitiver Belastung

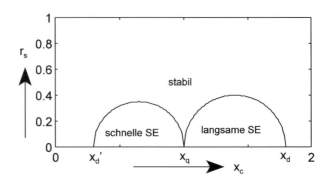

Ist s_1 positiv, tritt Selbsterregung mit der Zeitkonstanten $T_{SE} = 1/s_1$ ein. Diesheisst, dass die Spannung während des Selbsterregungsvorgangs exponentiell mit dieser Zeitkonstanten auf unzulässige Werte steigt, die nur durch die Sättigung des Eisens begrenzt werden.

Setzt man Zähler und Nenner von (6.89) gleich null, erhält man in der (R_s, X_c)-Ebene die Stabilitätsgrenzen von Abb. 6.49. Es lässt sich leicht zeigen, dass diese Grenzen Halbkreise sind. Entsprechend der Grösse der Zeitkonstanten T_{SE} unterscheidet man eine langsame SE und eine schnelle SE. Berücksichtigt man auch die Dämpferwirkungen und die transformatorischen Spannungen (t. S.) der SM (s. Abschn. 6.7) sowie den möglichen Einfluss der Spannungsregelung auf den Selbsterregungsvorgang, kommt man zu folgenden Ergebnissen [9]:

- Die langsame SE ($X_q < X_c < X_d$) wird weder von Dämpferwirkungen noch von den t. S. beeinflusst, und ihre Zeitkonstante liegt im Sekundenbereich. Sie kann durch eine gut ausgelegte Spannungsregelung unterdrückt werden.
- Die schnelle SE ($X_c < X_q$) weist eine doppelte Instabilität auf (Längs- und Querachse), und sowohl Dämpferwirkungen als auch die t. S. haben einen wesentlichen Einfluss auf Art und Geschwindigkeit des SE-Vorgangs. Eine Einschränkung des Instabilitätsbereichs ist schwierig, aber mit besonderer Auslegung der Spannungsregelung möglich.

6.5.2 Parallellauf von Kraftwerken und Gruppen

Im vorangehenden Abschnitt ist gezeigt worden, dass die Frequenzhaltung nur von der Wirklast und die Spannungshaltung vorwiegend von der Blindlast beeinflusst wird. Schematisch dargestellt

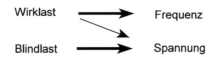

6.5 Inselbetrieb und Kraftwerksregelung

Abb. 6.50 Parallellauf von Kraftwerken oder Gruppen

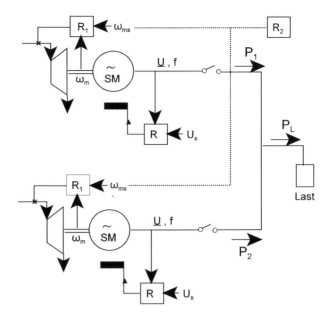

Abb. 6.51 Wirklastverteilung parallellaufender Gruppen:
a astatische Regelkennlinien,
b Regelkennlinien mit Statik

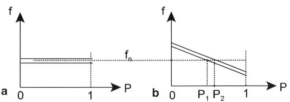

Arbeiten zwei Kraftwerke oder Gruppen auf einer gemeinsamen Last (Abb. 6.50), stellt sich das Problem der automatischen Lastverteilung auf beide Kraftwerke oder Gruppen.

6.5.2.1 Wirklastverteilung

Wird die Drehzahl von den Reglern R_1 absolut konstant zwischen Leerlauf (0) und Vollast (1) gehalten (astatische Regelung), ist ein stabiler Parallellauf nicht möglich, da wegen kleiner Unterschiede in den Maschinen und Reglern, die zu verschiedenen Regelkennlinien führen, ein gemeinsamer stabiler Gleichgewichtspunkt nicht gefunden werden kann (Abb. 6.51a). Dazu muss die Regelkennlinie eine *Statik* aufweisen in der Grössenordnung von 5 %, d. h. zwischen Leerlauf (0) und Vollast (1) wird die Drehzahl um 5 % abgesenkt (Abb. 6.51b). Die Lastverteilung ist dann gleichmässig, d. h. $P_1 \approx P_2$ mit $P_1 + P_2 = P_L$ mit $P_L =$ Gesamtlast. Damit würde aber auch die Frequenz des Inselnetzes zwischen Leerlauf und Vollast um 5 % schwanken, was nicht tolerierbar ist, da eine Frequenzgenauigkeit im Promille-Bereich gewünscht wird.

Abb. 6.52 Regelkennlinien von: **a** Regelkraftwerk (Kennlinie verschiebbar ca. 5 % Statik), **b** Kraftwerk mit konstanter Leistung

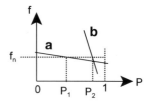

Praktisch wird die sekundäre Regelung als *Frequenzleistungsregelung* ausgeführt, um auch die Austauschleistungen mit Nachbarnetzen einzubeziehen. Zur Vertiefung sei auf Bd. 3 verwiesen. Schliesslich sei erwähnt, dass die von der Sekundärregelung kommende Steuergrösse in der Regel nicht direkt den Drehzahlsollwert beeinflusst, sondern lediglich eine Leistungsänderung für das betreffende Kraftwerk vorschreibt, die dann durch eine lokale *Leistungsregelung* in eine Sollwertänderung für den primären Drehzahlregler umgewandelt wird (Bd. 3).

6.5.2.2 Regelkraftwerke

Nicht alle Kraftwerke eines Inselnetzes werden für die Leistungsregelung beigezogen, sondern nur die sogenannten *Regelkraftwerke*. So sollen Flusskraftwerke eine feste, der verfügbaren Wassermenge entsprechende Leistung liefern; ebenso verhält es sich mit vielen anderen kleineren und grösseren Kraftwerken, deren Leistungsabgabe von rein wirtschaftlichen Optimierungskriterien bestimmt wird (Bd. 3). Nur die Regelkraftwerke verfügen über eine parallel verschiebbare Regelkennlinie mit 5 % Statik, wie oben ausgeführt. Die anderen Kraftwerke werden eine wesentlich steilere feste Regelkennlinie aufweisen (Abb. 6.52), welche die Leistung automatisch auf dem gewünschten Wert konstant hält.

6.5.2.3 Blindlastverteilung

Ein analoges Problem entsteht für die Spannung U in Abhängigkeit der Blindlast Q. Auch hier wird den Gruppen eines Kraftwerks eine Spannungs-Regelkennlinie mit einer Statik von etwa 5 % gegeben, um eine gleichmässige Blindlastverteilung zu garantieren. Eine zentrale Sekundärregelung wird meistens nicht als notwendig erachtet, da die Spannungstoleranz im Prozentbereich liegt; ausserdem ist die Spannungshaltung ein vorwiegend lokales und kein globales Problem. Eine Spannungskorrektur kann dort, wo dies notwendig ist, mit lokalen Mitteln erreicht werden. Dazu werden Transformatoren mit variabler Übersetzung (Abschn. 4.8) und Stützmittel (Kompensation, Abschn. 9.5.3) eingesetzt. Mit einer zentralen Blindlaststeuerung kann allerdings das Netz noch besser optimiert werden ([11], Bd. 3).

Abb. 6.53 Parallelschalten der Synchrongruppe mit dem Netz

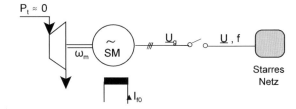

6.6 Parallellauf mit dem Netz

Beim Parallellauf einer SM mit einem leistungsstarken Verbundnetz werden die Frequenz und z. T. auch die Spannung von diesem weitgehend diktiert. Es stellt sich für die SM die Frage der Betriebsgrenzen und Stabilität der Leistungseinspeisung. Um diese zu beantworten, kann man in erster Näherung das Netz als *frequenzmässig starr* annehmen. Exakt ist diese Bedingung nur für ein Netz unendlich grosser Leistung erfüllt. Das UCPTE-Verbundnetz (Kap. 1) kann für ein europäisches Kraftwerk, selbst grosser Leistung, was die Frequenz betrifft, als starr betrachtet werden. In einer weiteren Idealisierung wird auch die *Spannung als starr* vorausgesetzt. Der Fall der *nichtstarren Spannung* wird in Abschn. 6.6.6 behandelt.

Wird eine SM mit einem frequenz- und spannungsmässig *starren Netz* gekoppelt, ist nach erfolgter Synchronisierung theoretisch weder eine Drehzahl- noch eine Spannungsregelung notwendig, da beide Grössen vorgegeben sind. In Wirklichkeit sind beide Regelungen für den Mechanismus der Leistungssteuerung sowie Frequenz- und Spannungshaltung unerlässlich (Regelkennlinien, s. Abschn. 6.5.2 und 6.6.6).

6.6.1 Synchronisierung

Die SM muss zunächst mit dem Netz synchronisiert werden. Dazu sind folgende Operationen nötig (Abb. 6.53):

- Hochlauf der Gruppe, bis die elektrische Kreisfrequenz der SM $\omega = p\omega_m$ etwa der „synchronen" Netzkreisfrequenz $\omega_s = 2\pi f$ entspricht (jedoch gegenüber dieser einen kleinen Schlupf aufweist). Die Turbinenleistung P_t ist nach Erreichen dieser Bedingung praktisch null, da nur die kleinen Leerlaufverluste gedeckt werden müssen.
- Erregung mit dem Erregerstrom, welcher der Netzspannung entspricht (etwa Leerlauferregerstrom I_{f0}). Damit ist $\underline{U}_g = \underline{U}$.
- Eigentliche Synchronisierung, d. h. Schliessen des Schalters, wenn die Phasenlage der Spannung $\underline{U}_g$ der SM mit der Phasenlage der Netzspannung $\underline{U}$ übereinstimmt.

Abbildung 6.54a zeigt die Vorgänge bei der Synchronisierung. Der Zeiger $\underline{U}_g$ rotiert langsam mit der Schlupffrequenz $(\omega - \omega_s)$, relativ zum Zeiger $\underline{U}$ der Netzspannung.

Abb. 6.54 Synchronisierung der SM, **a** Zeigerdiagramm, **b** Handsynchronisierung

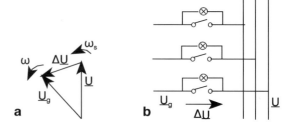

Die über dem Schalter liegende Spannung $\Delta \underline{U} = (\underline{U}_g - \underline{U})$ ändert sich zwischen 0 und 2U. Für $\Delta \underline{U} \approx 0$ wird der Schalter geschlossen. Eine Handsynchronisierung ist mit Hilfe von Leuchtlampen möglich (Abb. 6.54b). In modernen Synchronisiergeräten wird die Phasenlage erfasst. Sobald der Schalter geschlossen ist, bleibt die Drehzahl der SM netzsynchron, wie in Abschn. 6.6.2 gezeigt wird. Die SM hängt am Netz und befindet sich im Leerlaufzustand. Eine Fehlsynchronisierung, z. B. im Zeitpunkt $\Delta U = 2U$, hätte theoretisch (in Wirklichkeit ist die Netzverbindung spannungsmässig nie starr) den doppelten Kurzschlussstrom und ein asynchrones Durchdrehen der Maschine mit hoher Strombelastung und mechanische Erschütterungen zur Folge.

6.6.2 Leistungsabgabe der idealen Vollpolmaschine

6.6.2.1 Wirkleistungsabgabe

Für die mathematischen Ableitungen nehmen wir in diesem und den folgenden Abschnitten an, die synchrone Frequenz stimme mit der Nennfrequenz überein. Damit gilt bei Synchronismus in p.u. $n = n_s = 1$.

Im Leerlaufzustand ist die Polradspannung gleich zur Klemmenspannung und nach erfolgreicher Synchronisierung identisch mit der Netzspannung (Abb. 6.56a). Öffnet man das Turbinenventil ($P_t > 0$), erzeugt man ein Antriebsmoment, und das Polrad wird beschleunigt. Der Polradspannungszeiger beginnt, relativ zum Netzspannungszeiger zu drehen (Abb. 6.56b). Einfachheitshalber sei zunächst vom Modell der idealen Vollpolmaschine ausgegangen, womit $X_q = X_d$. Entsprechend dem inneren Spannungsabfall $j\, X_d \underline{I}$ fliesst ein Strom $\underline{I}$ in das Netz. Die Grösse der Polradspannung bleibt unverändert, wenn der Erregerstrom I_f als konstant und gleich zu $u\, I_{f0}$ angenommen wird (mit u = p.u. Netzspannung). Dem Statorstrom $\underline{I}$ entsprechen eine ins Netz fliessende Wirkleistung P und ein Bremsmoment M (Abb. 6.55). Die Bremswirkung führt dazu, dass die relative Bewegung des Polrades verlangsamt und wieder synchron mit dem Netz wird, sobald das Zeitintegral der Differenz von Antriebsmoment und Bremsmoment null wird, oder stationär, wenn $P = \eta P_t$ mit η = Wirkungsgrad der Gruppe.

6.6 Parallellauf mit dem Netz

Abb. 6.55 Wirkleistungsabgabe der synchronisierten Gruppe $u = $ p.u. Netzspannung, $U = uU_r$

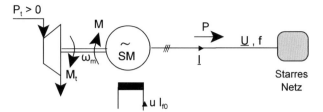

Abb. 6.56 Zeigerdiagramm der idealen Vollpolmaschine am starren Netz: **a** Leerlauf, **b** Wirkleistungsabgabe, $I_f = I_{f0}$

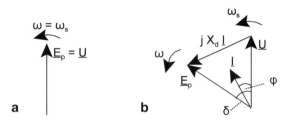

Abb. 6.57 Wirkleistung der idealen Vollpolmaschine in Funktion des Polradwinkels (Erregerstrom = Leerlauferregerstrom)

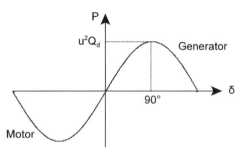

Aus dem Zeigerdiagramm Abb. 6.56b lässt sich die abgegebene Wirkleistung berechnen

$$P = 3UI\cos\varphi = 3UI\cos\frac{\delta}{2}, \quad \frac{X_d I}{2} = U\sin\varphi = U\sin\frac{\delta}{2}$$

$$\Rightarrow \quad I = \frac{2U}{X_d}\sin\frac{\delta}{2} \Rightarrow \quad P = \frac{6U^2}{X_d}\sin\frac{\delta}{2}\cos\frac{\delta}{2} = \frac{3U^2}{X_d}\sin\delta.$$

Führt man folgende charakteristische Blindleistung ein

$$Q_d = \frac{3\,U_r^2}{X_d} = \frac{U_{\Delta r}{}^2}{X_d}, \tag{6.90}$$

erhält man schliesslich

$$P = u^2\,Q_d\,\sin\delta. \tag{6.91}$$

Die *stationär* abgegebene Wirkleistung ist im Fall der idealen Vollpolmaschine eine Sinusfunktion des Polradwinkels (Abb. 6.57).

Abb. 6.58 Federanalogie

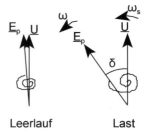

Leerlauf   Last

Für negative Polradwinkel ist die Wirkleistung ebenfalls negativ, d. h. die Wirkleistung wird nicht abgegeben, sondern aufgenommen, und die SM funktioniert als *Synchronmotor*. Dieser Fall tritt automatisch ein, wenn man das Polrad mit einer Last bremst, statt es mit einer Turbine anzutreiben.

Statische Stabilität Die Wirkleistung P darf den Wert $u^2 Q_d$ nicht überschreiten. Wird die Antriebsleistung der Turbine grösser als $u^2 Q_d/\eta$, ist ein Gleichgewicht nicht mehr möglich. Die Gruppe beginnt, asynchron zu drehen, sie verliert den Synchronismus oder, in der Fachsprache, *fällt aus dem Tritt*. Die damit verbundene unerwünschte Belastung ist bereits bei der Fehlsynchronisation beschrieben worden. Es besteht also ein Stabilitätsproblem. Aus Abb. 6.57 geht klar hervor, dass unter Annahme der idealen Vollpolmaschine der Polradwinkel 90° nicht überschreiten darf. Die statische Stabilitätsbedingung lautet somit

$$\delta < 90°. \tag{6.92}$$

Bezüglich der Leistungsgrenze ($P < u^2 Q_d$) ist zu beachten, dass bisher der Erregerstrom konstant gehalten wurde. Für den allgemeinen Fall s. Abschn. 6.6.2.4. Als *synchronisierende Leistung* bezeichnet man

$$P_s = \frac{dP}{d\delta}. \tag{6.93}$$

6.6.2.2 Federanalogie

Das Bild der gespannten Feder (Abb. 6.58) wird dem Verhalten der SM am Netz voll gerecht. Man kann sich vorstellen, der Polradspannungszeiger sei über eine Feder mit dem Netzspannungszeiger verbunden. Die Funktion M oder $P = f(\delta)$ entspricht der Beziehung zwischen Kraft und Weg der Feder. Das mechanische Analogon der synchronisierenden Leistung ist die Federspannung. Das Aussertrittfallen der SM entspricht dem Überspannen der Feder.

6.6.2.3 Blindleistungsabgabe

Verändert man den Erregerstrom I_f bei gedrosselter Antriebsmittelzufuhr (Abb. 6.59), wird nur der Betrag der Polradspannung verändert. Entsprechend Zeigerdiagramm Abb. 6.60 fliesst ein Blindstrom. Zwei Zustände sind möglich:

6.6 Parallellauf mit dem Netz 273

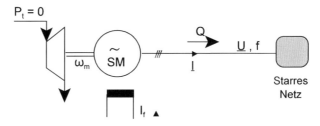

Abb. 6.59 Blindleistungsabgabe der synchronisierten Gruppe

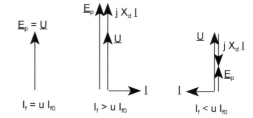

Abb. 6.60 Zeigerdiagramm bei reiner Blindleistungsabgabe

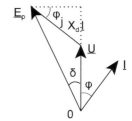

Abb. 6.61 Zeigerdiagramm der Vollpolmaschine

- $I_f > uI_{f0}$: Die SM liefert Blindleistung (Q > 0), sie ist *übererregt*.
- $I_f < uI_{f0}$: Die SM nimmt Blindleistung auf (Q < 0), sie ist *untererregt*.

Synchronkompensatoren Eine SM, die nur Blindleistung ans Netz abgibt oder bezieht, braucht keinen Antrieb. Die Leerlaufverluste können durch den Bezug einer kleinen motorischen Wirkleistung aus dem Netz gedeckt werden. Solche *Synchronkompensatoren* können in wichtigen Netzknotenpunkten eingesetzt werden, um durch die Lieferung oder die Aufnahme von Blindleistung die Netzspannung zu stabilisieren. Für solche Stützmasnahmen (Abschn. 9.5.3) werden heute allerdings mehr und mehr billigere statische Kompensatoren (Kondensatoren + Drosselspulen) eingesetzt, die mit Leistungshalbleitern gesteuert werden.

6.6.2.4 Wirk- und Blindleistungsabgabe

Durch gleichzeitige Steuerung der Turbine und der Erregung der SM können Polradwinkel und Betrag der Polradspannung und so die ans Netz gelieferte Wirk- und Blindleistung beliebig eingestellt werden. Der mathematische Zusammenhang lässt sich aus dem Zeigerdiagramm ableiten (Abb. 6.61). Für die ideale Vollpolmaschine erhält man für Wirk- und Blindstrom

$$X_d\, I \cos\varphi = E_p \sin\delta, \quad \Rightarrow \quad I \cos\varphi = \frac{E_p}{X_d} \sin\delta$$

$$X_d\, I \sin\varphi = E_p \cos\delta - U, \quad \Rightarrow \quad I \sin\varphi = \frac{E_p}{X_d} \cos\delta - \frac{U}{X_d},$$

woraus

$$P = 3\, U\, I \cos\varphi = 3\, U\, \frac{E_p}{X_d} \sin\delta = u\, Q_d\, \frac{E_p}{U_r} \sin\delta$$

$$Q = 3\, U\, I \sin\varphi = 3\, U\, \frac{E_p}{X_d} \cos\delta - 3\, \frac{U^2}{X_d} = u\, Q_d \left(\frac{E_p}{U_r} \cos\delta - u\right).$$

Berücksichtigt man, dass die Polradspannung proportional zum Erregerstrom ist (evtl. Sättigungseinflüsse werden dabei vernachlässigt), folgt

$$\begin{aligned} P &\approx u\, Q_d\, \frac{I_f}{I_{f0}} \sin\delta \\ Q &\approx u\, Q_d \left(\frac{I_f}{I_{f0}} \cos\delta - u\right). \end{aligned} \qquad (6.94)$$

Für kleine Polradwinkel ist die Wirkleistung proportional zum Polradwinkel und die Blindleistung proportional zur Erregerstromdifferenz ($I_f - u\, I_{f0}$).

6.6.2.5 Statische Stabilität

Aus Gl. (6.94) folgen drei äquivalente Bedingungen für die *statische Stabilität*:

$$\delta < 90°, \quad P < u\, Q_d\, \frac{I_f}{I_{f0}}, \quad Q > -u^2\, Q_d. \qquad (6.95)$$

Die zweite Bedingung sagt aus, dass die Grenz-Wirkleistung durch Vergrösserung des Erregerstromes erhöht werden kann. Der Erregerstrom wird zwar im normalen Betriebsfall durch die Spannungsregelung automatisch den Blindleistungsbedürfnissen des Netzes angepasst. Wichtige Generatoren sind aber mit einem *Polradwinkelbegrenzer* ausgerüstet, der eine höhere Priorität aufweist, und wenn Gefahr für die Stabilität droht, die Erregerspannung sofort erhöht.

Die dritte Bedingung weist auf die physikalische Ursache der Instabilität hin. Die kapazitive Belastung darf eine obere Grenze nicht überschreiten, die bei Nennspannung genau Q_d ist. Wie bereits bei der Spannungsinstabilität im Inselbetrieb festgestellt (Abschn. 6.5.1.3), darf die kapazitive Reaktanz den Wert X_d nicht unterschreiten. Eine starke kapazitive Belastung kann in ausgedehnten Kabelnetzen oder Höchstspannungsfreileitungsnetzen während der Schwachlastzeit auftreten.

Für die Synchronisierleistung erhält man aus den Gln. (6.93 und 6.94)

$$P_s = \frac{dP}{d\delta} = u\, Q_d\, \frac{E_p}{U_r} \cos\delta \approx u\, Q_d\, \frac{I_f}{I_{f0}} \cos\delta. \qquad (6.96)$$

Abb. 6.62 Leistungsdiagramm der idealen Vollpolmaschine (gültig in erster Näherung für den Turbogenerator)

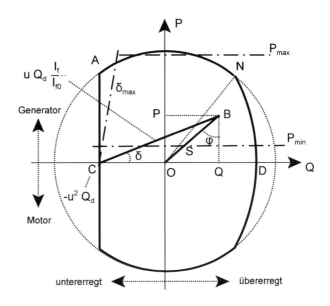

6.6.3 *Leistungsdiagramm der idealen Vollpol-SM*

Die zulässigen Betriebsgrenzen der SM im Dauerbetrieb in der (Q, P)-Ebene werden vom Leistungsdiagramm Abb. 6.62 gezeigt. Der Kreis entspricht dem Nennstrom, d. h. der Leistung u S_r. Der Punkt N entspricht dem Nennpunkt, d. h. I_r, cos φ_r. Im Generatorbetrieb sind folgende Grenzen zu erkennen:

- C-A: Stabilitätsgrenze (Punkt C hat die Abszisse $-u^2\, Q_d$),
- A-N: Thermische Grenze des Statorstromes (entsprechend Nennstrom),
- N-D: Thermische Grenze des Rotorstromes (Nennerregerstrom).

Gestrichelt sind ferner mögliche betriebliche Grenzen der Turbogruppe eingetragen: die maximale Leistung der Turbine P_{max}, die minimale Leistung der Turbine P_{min} (für thermische Kraftwerke, Begründung in Bd. 3) und die durch die Polradwinkelbegrenzung bedingte Limite δ_{max}.

Wird die Gruppe im Punkt B betrieben, lässt sich zeigen, dass das Dreieck C-O-B ähnlich zum Dreieck 0-U-E_p im Zeigerdiagramm Abb. 6.61 ist. Zunächst sei festgestellt, dass der Phasenwinkel φ übereinstimmt. Als Beweis genügt dann der Nachweis, dass zwei Seiten zueinander proportional sind. Es gilt

$$C - O := u^2 Q_d = \frac{3\,U^2}{X_d} = U\left(\frac{3\,U}{X_d}\right)$$

$$O - B := S = 3\,U\,I = X_d\,I\left(\frac{3\,U}{X_d}\right).$$

Abb. 6.63 Zeigerdiagramm der realen SM, R = 0

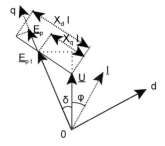

Damit ist der Beweis für die Proportionalität erbracht, wobei der Ähnlichkeitsfaktor 3 U/X$_d$ beträgt. Für die dritte Seite ergibt sich dann

$$C - B := \left(\frac{3\,U}{X_d}\right) E_p = \frac{3\,U^2}{X_d}\frac{E_p}{U} = u\,Q_d\frac{I_f}{I_{f0}}. \tag{6.97}$$

Die Strecke C-B ist also proportional zum Erregerstrom. Der Ort konstanten Erregerstromes ist ein Kreis mit Mittelpunkt C und Radius gemäss (6.97) und wird von folgender Gleichung bestimmt

$$P^2 + (Q + u^2 Q_d)^2 = \left(u\,Q_d\frac{I_f}{I_{f0}}\right)^2. \tag{6.98}$$

6.6.4 Wirk- und Blindleistungsabgabe der realen SM

Geht man vom Zeigerdiagramm der realen Maschine aus (Abb. 6.63), kann die Abhängigkeit von Wirk- und Blindleistung vom Polradwinkel mit Hilfe der Parkkomponenten berechnet werden. Man erhält für die Spannung

$$U_d = X_q I_q = U \sin\delta$$
$$U_q = E_p - X_d I_d = U \cos\delta.$$

Löst man nach den Strömen auf und setzt in die Leistungsbeziehungen (6.80) ein, folgt

$$P = u\,Q_d\frac{E_p}{U_r}\sin\delta + \frac{1}{2}u^2(Q_q - Q_d)\sin 2\delta$$

$$Q = u\,Q_d\frac{E_p}{U_r}\cos\delta - u^2 Q_d \cos^2\delta - u^2 Q_q \sin^2\delta \tag{6.99}$$

$$\text{mit}\quad Q_d = \frac{U_{\Delta r}^2}{X_d},\quad Q_q = \frac{U_{\Delta r}^2}{X_q}.$$

6.6 Parallellauf mit dem Netz

Abb. 6.64 Wirkleistung der realen SM in Funktion des Polradwinkels

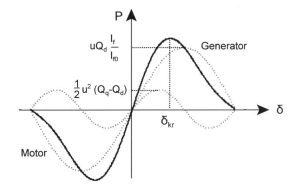

Vergleicht man mit (6.94), stellt man fest, dass die Anisotropie zu einem zusätzlichen Term mit doppelter Frequenz führt (2. Oberwelle in Abb. 6.64). Dementsprechend wird der für die statische Stabilität kritische Polradwinkel δ_{kr} kleiner als 90°, dafür die Grenzleistung erhöht.

Für die *synchronisierende Leistung* erhält man

$$P_s = \frac{dP}{d\delta} = 2u^2(Q_q - Q_d)\cos^2\delta + u\,Q_d\frac{E_p}{U_r}\cos\delta - u^2(Q_q - Q_d). \quad (6.100)$$

Die Bedingungen für die *statische Stabilität* lassen sich nicht mehr elementar explizit formulieren. Den kritischen Polradwinkel erhält man aus der Bedingung $P_s = 0$ durch Lösen der quadratischen Gleichung in $\cos\delta$. Für die Grenzleistungen s. Abschn. 6.6.5.

6.6.5 Leistungsdiagramm der realen SM

Turbogeneratoren verhalten sich weitgehend wie eine ideale Vollpolmaschine. Das Leistungsdiagramm der stark anisotropen Schenkelpolmaschine zeigt Abb. 6.65. Es unterscheidet sich im Verlauf der Stabilitätsgrenze und der Kurven konstanter Erregung. Auch hier besteht Ähnlichkeit zwischen dem Dreieck C_q-O-B und dem Dreieck 0-U-E_{pt} des Zeigerdiagramms Abb. 6.63. Es folgt:

$$C_q - O: \quad u^2 Q_q = \frac{3U^2}{X_q} = U\left(\frac{3U}{X_q}\right)$$

$$O - B: \quad S = 3\,U\,I = X_q\,I\left(\frac{3\,U}{X_q}\right).$$

Der Ähnlichkeitsfaktor ist $3\,U/X_q$. Man erhält:

$$C_q - E := \left(\frac{3U}{X_q}\right)E_p = \frac{3U^2}{X_q}\frac{E_p}{U} = u\,Q_q\frac{E_p}{U_r} \approx u\,Q_q\frac{I_f}{I_{f0}}. \quad (6.101)$$

Abb. 6.65 Leistungsdiagramm der Schenkelpolmaschine

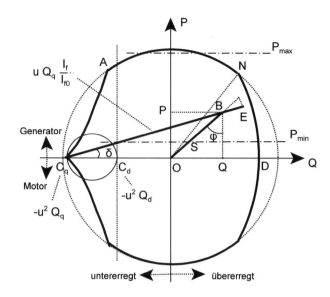

Die Strecke C_q-E ist also proportional zur Polradspannung oder zum Erregerstrom. Der Polradwinkel lässt sich aus der Beziehung bestimmen

$$\tan \delta = \frac{P}{Q + u^2 Q_q}. \tag{6.102}$$

Aus der Blindleistungsgleichung in (6.99) folgen zwei im Leistungsdiagramm als Strecken interpretierbare und für das Folgende nützliche Beziehungen

$$Q + u^2 Q_d = u\, Q_d \frac{E_p}{U_r} \cos \delta - u^2 (Q_q - Q_d) \sin^2 \delta$$

$$Q + u^2 Q_q = u\, Q_d \frac{E_p}{U_r} \cos \delta + u^2 (Q_q - Q_d) \cos^2 \delta. \tag{6.103}$$

6.6.5.1 Statische Stabilitätsgrenze

Mit Hilfe der Gln. (6.102) und (6.103) lässt sich der Polradwinkel aus de Ausdruck (6.100) der synchronisierenden Leistung eliminieren, und man erhält folgende Bedingung für die *statische Stabilität*

$$P^2 (Q + u^2 Q_d) + (Q + u^2 Q_q)^3 = 0, \tag{6.104}$$

welche die kubische Kurve C_q-A in der (Q, P)-Ebene beschreibt (Abb. 6.65). Die Stabilitätsgrenze beginnt im Punkt mit Abszisse $-u^2 Q_q$ und endet asymptotisch bei der Abszisse $-u^2 Q_d$.

Abb. 6.66 SM am spannungsmässig nichtstarren Netz

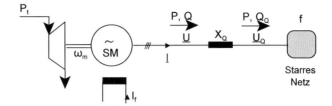

6.6.5.2 Ort konstanten Erregerstroms

Durch Bildung des Ausdrucks ($P \sin \delta + (Q + u^2 Q_q) \cos \delta$) aus (6.99) und Elimination des Polradwinkels mittels (6.102) lässt sich folgende kreisähnliche Kurve vierter Ordnung für den Ort konstanten Erregerstroms ermitteln

$$[P^2 + (Q + u^2 Q_q)(Q + u^2 Q_d)]^2 = [P^2 + (Q + u^2 Q_q)]^2 \left(u \, Q_d \frac{I_f}{I_{f0}} \right)^2 \quad (6.105)$$

für P = 0 erhält man den Schnittpunkt mit der Abszisse

$$Q = u Q_d \left(\frac{I_f}{I_{f0}} - u \right).$$

Wie erwartet, ist für $I_f = u \, I_{f0} \to Q = 0$. Für $I_f = 0$, folgt $Q = -u^2 \, Q_d$, die Kurve reduziert sich in diesem Fall zu einem Kreis zwischen $-u^2 \, Q_d$ und $-u^2 \, Q_q$ (Abb. 6.65). Innerhalb dieses Kreises ist ein stabiler Betrieb mit $I_f < 0$ theoretisch noch möglich.

6.6.6 Einfluss der nichtstarren Spannung

Die Annahme einer starren Frequenz ist für große Verbundnetze eine zutreffende Annahme, jene einer starren Spannung hingegen nur eine grobe Näherung. Sie setzt voraus, dass die Kurzschlussleistung des Netzes (Abschn. 9.2.2) unendlich gross ist oder, was dasselbe ist, dass die innere Impedanz des als Spannungsquelle betrachteten Netzes null ist. In Wirklichkeit hat die Kurzschlussleistung des Verbundnetzes einen endlichen Wert. Zudem wird die SM immer über einen Transformator und meistens über eine Übertragungsleitung mit dem Netz verbunden.

Für Hoch- und Mittelspannungsnetze ist der Widerstandsanteil immer klein im Vergleich zur Reaktanz, und man kann im Modell die Impedanz durch eine Reaktanz X_Q ersetzen (Index Q gemäss IEC 909), welche die Summe von Transformatorreaktanz, Leitungsreaktanz und eigentlicher Innenreaktanz des Verbundnetzes darstellt. Es ergibt sich das Schaltbild Abb. 6.66.

Die starre Spannung ist jetzt $\underline{U}_Q$. Fügt man die Kopplungsreaktanz X_Q den Reaktanzen der SM hinzu, hat man die gleiche Situation wie in den vorhergehenden

Abb. 6.67 Zeigerdiagramm der realen SM am spannungsmässig nichtstarren Netz

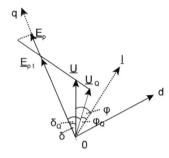

Abschnitten. Alle bisherigen Überlegungen und abgeleiteten Beziehungen sind mit Bezug auf Zeigerdiagramm (Abb. 6.67) gültig mit folgenden Substitutionen

$$X_d \Rightarrow X_{dQ} = X_d + X_Q$$
$$X_q \Rightarrow X_{qQ} = X_q + X_Q$$
$$\underline{U} \Rightarrow \underline{U}_Q \qquad (6.106)$$
$$Q \Rightarrow Q_Q$$
$$\delta \Rightarrow \delta_Q.$$

Für die Auswertung kann man folgendermassen vorgehen: Der Betriebszustand der SM sei durch P, Q, U gegeben. Daraus lassen sich I und cos φ berechnen. Für die Netzgrössen folgt

$$Q_Q = Q - 3\, X_Q\, I^2, \quad \Rightarrow \quad \cos\varphi_Q = \frac{P}{\sqrt{P^2 + Q_Q^2}} \quad \Rightarrow \quad U_Q = U\frac{\cos\varphi}{\cos\varphi_Q}.$$

Damit lassen sich die Stabilitätsgrenze und die Kurven konstanter Erregung in der (Q, P)-Ebene erstellen. Zwischen δ und δ_Q besteht die Beziehung

$$\frac{\tan\delta}{\tan\delta_Q} = \frac{Q_Q + u_Q^2 Q_{qQ}}{Q + u^2 Q_q} \quad \text{mit} \quad Q_{qQ} = \frac{U_{\Delta r}^2}{X_{qQ}}.$$

Für die statische Stabilität ist jetzt der Winkel δ_Q massgebend. Für eine ideale Vollpolmaschine wird z. B. die Netzkopplung instabil, wenn $\delta_Q > 90°$. Da δ immer $< \delta_Q$ (s. auch Zeigerdiagramm), wird die statische Stabilität durch die nichtstarre Spannung verschlechtert. Praktisch gesehen heisst das, dass Kraftwerke, die über lange Leitungen mit dem Verbundnetz gekoppelt sind, bezüglich Stabilität gefährdeter sind.

Obige Berechnungen erfordern eine Präzisierung. Da Generatorspannung und Netzspannung verschieden sind, ist die Spannungsregelung jetzt wirksam. Die Stabilitätsgrenze im Leistungsdiagramm ist deshalb für konstante Generatorspannung zu berechnen. Die SM wird bei tiefer Netzspannung eine grössere und bei hoher Netzspannung eine kleinere oder sogar negative Blindleistung automatisch liefern. Darin liegt gerade der Sinn der Spannungsregelung bei Netzbetrieb. Eine tiefe Netzspannung ist ein Zeichen dafür, dass im Netz Blindleistungsmangel besteht und umgekehrt.

6.6.7 Dynamik der SM am starren Netz

Die bisherige rein statische Betrachtung muss durch ein dynamisches Modell ergänzt werden, welches die Bewegung des Polrades um den Synchronismus und die allenfalls damit verbundenen dynamischen Stabilitätsprobleme beschreibt.

6.6.7.1 Polradbewegung

Die Bewegung des Polrades wird von Gl. (6.83) beschrieben. Fasst man Turbinenmoment abzüglich Verlustmoment im Netto-Antriebsmoment $M_a = M - M_v$ zusammen, folgt (p = Polpaarzahl)

$$M_a - M = J \frac{d\omega_m}{dt} = \frac{J}{p} \frac{d\omega}{dt}.$$

Für Abweichungen vom Synchronismus besteht zwischen Kreisfrequenz des Polrades und Polradwinkel die Beziehung

$$\delta = \int (\omega - \omega_s) dt = \int \Delta\omega \, dt \quad \Rightarrow \quad \Delta\omega = \frac{d\delta}{dt}.$$

Man kann also auch schreiben

$$M_a - M = \frac{J}{p} \frac{d^2\delta}{dt^2}. \tag{6.107}$$

Die Polradbewegung lässt sich exakt beschreiben, wenn man die dynamische Funktion M(δ) kennt. Da die Drehzahl nur geringfügig von der synchronen abweicht, kann man anstelle von Drehmomenten auch die Leistungen verwenden und mit guter Näherung schreiben

$$P_a - P = \frac{J\omega_s}{p^2} \frac{d^2\delta}{dt^2}. \tag{6.108}$$

Wird die Antriebsleistung plötzlich erhöht, vergrössert sich nach dieser Gleichung der Polradwinkel progressiv und die elektrische Leistung passt sich dieser Vergrösserung entsprechend Abb. 6.64 an, bis das Gleichgewicht mit einer Pendelbewegung wieder hergestellt ist. Aus der rein stationären Definition Gl. (6.100) der synchronisierenden Leistung, würde für die Leistungsänderung in Abhängigkeit des Polradwinkels die Beziehung folgen

$$\Delta P = P_s \Delta\delta \quad \Rightarrow \quad P = \int P_s \, d\delta.$$

Die Annahme, die Leistungskorrektur hänge dynamisch nur von der Polradwinkeländerung ab, trifft allerdings nur für extrem langsame Polradbewegungen zu. Die

Schwingungskreisfrequenz ν müsste dann wesentlich kleiner als $1/T'_{d0}$ sein, was unrealistisch ist. Für die in Frage kommenden Schwingungsfrequenzen des Polrades wird die Leistungsabweichung nicht nur von der Polradwinkeländerung, sondern auch von deren Geschwindigkeit, d. h. von der Drehzahländerung beeinflusst, wie in Abschn. 6.6.7.2 nachgewiesen wird. Man kann dann schreiben

$$\Delta P = P'_s \, \Delta\delta + W_d \, \Delta\omega = P'_s \, \Delta\delta + W_d \, \frac{d\delta}{dt}$$

mit P'_s = transiente synchronisierende Leistung

W_d = Dämpfungsenergie

(6.109)

und Gl. (6.108), für kleine Änderungen geschrieben, lautet

$$\Delta P_a = P'_s \, \Delta\delta + W_d \frac{d\delta}{dt} + \frac{J\omega_s}{p^2}\frac{d^2\delta}{dt^2}. \tag{6.110}$$

Für die Polradbewegung erhält man

$$\Delta\delta = \frac{\Delta P_a}{P'_s \left(1 + \frac{W_d}{P'_s} s + \frac{J\omega_s}{p^2 P'_s} s^2\right)}, \tag{6.111}$$

woraus die Schwingungskreisfrequenz ν_0 der ungedämpften Schwingungen und der Dämpfungsfaktor folgen

$$\nu_0 = \sqrt{\frac{p^2 P'_s}{J\omega_s}}, \quad \zeta = \frac{1}{2} W_d \sqrt{\frac{p^2}{J\omega_s P'_s}}. \tag{6.112}$$

6.6.7.2 Dynamik kleiner Störungen des synchronen Betriebs

Betrachtet man kleine Abweichungen vom stationären Betrieb, folgt aus Gl. (6.80) für die Wirkleistung

$$\Delta P = 3\,(U_{d0}\,\Delta I_d + \Delta U_d I_{d0} + U_{q0}\,\Delta I_q + \Delta U_q\, I_{q0}).$$

Vektoriell lässt sich diese Beziehung schreiben

$$\Delta P = 3\,(I_{d0} \quad I_{q0})\begin{pmatrix}\Delta U_d\\ \Delta U_q\end{pmatrix} + 3\,(U_{d0} \quad U_{q0})\begin{pmatrix}\Delta I_d\\ \Delta I_q\end{pmatrix}. \tag{6.113}$$

Die Stromschwankungen lassen sich in Funktion der Spannung ausdrücken. Dazu verwenden wir das lineare SM-Modell (6.62) bzw. Abb. 6.36 für konstante Drehzahl. Multipliziert man Gl. (6.62) mit ω_r und berücksichtigt den Statorwiderstand, erhält man in Parkvektorform (n = mittlere Drehzahl = synchrone Drehzahl = 1)

$$\begin{pmatrix}\Delta U_d\\ \Delta U_q\end{pmatrix} = \omega_r \begin{pmatrix}-\Delta\Psi_q\\ \Delta\Psi_d\end{pmatrix} = \begin{pmatrix}0\\ G_f(s)\end{pmatrix}\Delta U_f - \begin{vmatrix}R & -X_q(s)\\ X_d(s) & R\end{vmatrix}\begin{pmatrix}\Delta I_d\\ \Delta I_q\end{pmatrix}.$$

6.6 Parallellauf mit dem Netz

Bei *spannungsmässig nichtstarrer Netzverbindung* mit Impedanz $Z_Q = R_Q + jX_Q$ können Widerstand R_Q und Reaktanz X_Q dem Widerstand R bzw. den Reaktanzoperatoren hinzugefügt werden. Nach dem Strom aufgelöst und bei Vernachlässigung des Widerstandes, folgt

$$\begin{pmatrix}\Delta I_d\\\Delta I_q\end{pmatrix} = \begin{pmatrix}\dfrac{G_f(s)}{X_d(s)}\\0\end{pmatrix}\Delta U_f - \begin{vmatrix}0 & \dfrac{1}{X_d(s)}\\-\dfrac{1}{X_q(s)} & 0\end{vmatrix}\begin{pmatrix}\Delta U_d\\\Delta U_q\end{pmatrix}.$$

Der Widerstand wurde vernachlässigt, um die folgenden Ableitungen nicht unnötig zu komplizieren. Die nähere Analyse zeigt, dass dieser Widerstand zwar eine entdämpfende Wirkung hat, die jedoch nur in Grenzfällen berücksichtigt werden muss ([14], s. auch nachstehende Bemerkungen).

Setzt man in Gl. (6.113) ein, folgt

$$\Delta P = 3\, U_{d0}\, \frac{G_f(s)}{X_d(s)}\, \Delta U_f + 3\left[\left(I_{d0} + \frac{U_{q0}}{X_q(s)}\right)\left(I_{q0} - \frac{U_{d0}}{X_d(s)}\right)\right]\begin{pmatrix}\Delta U_d\\\Delta U_q\end{pmatrix}. \tag{6.114}$$

Diese Gleichung gilt exakt nur bei konstanter Drehzahl, also bei synchronem Betrieb. Es lässt sich aber zeigen, dass bei kleinen Polradschwingungen um die synchrone Lage der Zusammenhang (6.114) nicht von der Drehzahlabweichung betroffen wird. Der Grund liegt darin, dass (immer mit der Annahme R = 0) die Stromschwankungen nur über die Spannungen und nicht direkt von der Polradbewegung beeinflusst werden. Die durch Linearisierung durchgeführte exaktere Analyse mit Berücksichtigung der t. S. zeigt, dass die Verwendung der Gl. (6.114) im Fall von kleinen Abweichungen vom Synchronismus zwar einen kleinen Fehler einführt, der aber genau vom Einflussterm der transformatorischen Spannung kompensiert wird [10]. Die Gl. (6.114) ist demzufolge exakt, unabhängig von der Schwingungskreisfrequenz ν, solange

$$R \ll \frac{\nu}{\omega_s}X_d(j\nu), \quad \frac{\nu}{\omega_s}X_q(j\nu). \tag{6.115}$$

Wesentlich ist dann nur die Abhängigkeit der Spannung von der Polradbewegung, und diese ist gegeben von

$$\begin{aligned}U_d &= U\sin\delta \quad \Rightarrow \quad \Delta U_d = U\cos\delta_0\,\Delta\delta = U_{q0}\,\Delta\delta\\U_q &= U\cos\delta \quad \Rightarrow \quad \Delta U_q = -U\sin\delta_0\,\Delta\delta = -U_{d0}\,\Delta\delta.\end{aligned} \tag{6.116}$$

Setzt man ein und berücksichtigt den Blindleistungsausdruck nach Gl. (6.80), folgt

$$\Delta P = F_f(s)\,\Delta U_f + K(s)\,\Delta\delta$$

$$\text{mit}\quad F_f(s) = 3\,U_{d0}\frac{G_f(s)}{X_d(s)} = 3\,U_0\sin\delta_0\,\frac{G_f(s)}{X_d(s)}$$

$$K(s) = Q_0 + 3\frac{U_{d0}^2}{X_d(s)} + 3\frac{U_{q0}^2}{X_q(s)} = Q_0 + 3U_0^2\left(\frac{\sin^2\delta_0}{X_d(s)} + \frac{\cos^2\delta_0}{X_q(s)}\right). \tag{6.117}$$

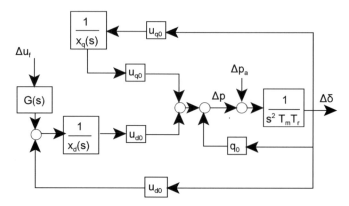

Abb. 6.68 Blockschaltbild in p.u. für Pendelungen um die synchrone Lage: r vernachlässigbar, T_m = mech. Zeitkonstante (Abschn. 6.7.1.5), $T_r = 1/\omega_r$

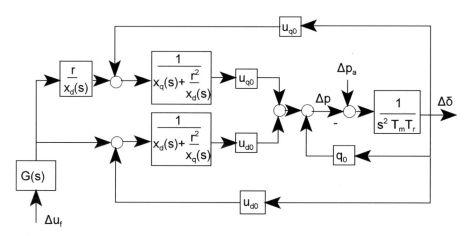

Abb. 6.69 Blockschaltbild in p.u. für Pendelungen um die synchrone Lage, r gross: T_m = mech. Zeitkonstante (Abschn. 6.7.1.5), $T_r = 1/\omega_r$

Den Gl. (6.117) entspricht in p.u. (s. auch Gl. 6.52) Blockschaltbild Abb. 6.68, mit dem man auch den Einfluss der Regelungen analysieren kann. Ist umgekehrt

$$R \gg \frac{\nu}{\omega_s} X_d(j\nu) \quad \text{und} \quad R \gg \frac{\nu}{\omega_s} X_q(j\nu),$$

gilt Blockschaltbild Abb. 6.69. Eine Berücksichtigung der t. S. und von R ist nur dann notwendig, wenn weder diese Ungleichungen noch Gl. (6.115) erfüllt sind.

Die Übertragungsfunktion K(s) lässt sich auch folgendermassen umformen

$$K(s) = \left[Q_0 + 3\frac{U_{d0}^2}{X_d} + 3\frac{U_{q0}^2}{X_q} \right] + 3U_{d0}^2 \left(\frac{1}{X_d(s)} - \frac{1}{X_d} \right) + 3U_{q0}^2 \left(\frac{1}{X_q(s)} - \frac{1}{X_q} \right).$$

6.6 Parallellauf mit dem Netz

Der erste Term dieser Gleichung ist nichts anderes als die statische synchronisierende Leistung P_s. Durch Einführung des Polradwinkels lässt sich leicht die Übereinstimmung mit (6.100) nachweisen. Es gilt also

$$P_s = Q_0 + 3\frac{U_{d0}^2}{X_d} + 3\frac{U_{q0}^2}{X_q}. \tag{6.118}$$

Der zweite Term beschreibt die dynamische Wirkung der Längsachse. Diese lässt sich aufspalten in transiente und subtransiente Komponenten. Setzt man $X_d(s)$ nach Gl. (6.63a) ein, erhält man

$$3\,U_{d0}^2\left[\left(\frac{1}{X'_d}-\frac{1}{X_d}\right)\frac{s\,T'_d}{(1+sT'_d)} + \left(\frac{1}{X''_d}-\frac{1}{X'_d}\right)\frac{s\,T''_d}{(1+sT''_d)}\right]. \tag{6.119}$$

Für den dritten Term, der die Wirkung der Querdämpfung beschreibt, folgt in analoger Weise (Abschn. 6.4.3)

$$3\,U_{q0}^2\left[\left(\frac{1}{X'_q}-\frac{1}{X_q}\right)\frac{s\,T'_q}{1+sT'_q} + \left(\frac{1}{X''_q}-\frac{1}{X'_q}\right)\frac{s\,T''_q}{1+sT''_q}\right]. \tag{6.120}$$

In SM mit lamellierten Polen ($X'_q = X_q$) ist für die Schwingungsfrequenz ν des Polrades ($s=j\nu$) normalerweise $s\,T'_d \gg 1$ und $s\,T''_d$, $s\,T''_q \ll 1$. Physikalisch bedeutet dies, dass die Pendelungen einerseits so langsam sind, dass die subtransienten Einschwingvorgänge den Vorgang nur noch frequenzproportional beeinflussen, aber andererseits genügend schnell, um annehmen zu können, dass sich die transienten Grössen kaum ändern. Dies charakterisiert nach 6.4.2.3 den *transienten Zustand*. Trifft dies zu, folgt

$$K(s) = P_s + 3U_{d0}^2\left(\frac{1}{X'_d}-\frac{1}{X_d}\right)$$
$$+ 3\,U_{d0}^2\left(\frac{1}{X''_d}-\frac{1}{X'_d}\right)s\,T''_d + 3\,U_{q0}^2\left(\frac{1}{X''_q}-\frac{1}{X_q}\right)s\,T''_q. \tag{6.121}$$

Der Beitrag der Erregerwicklung ist konstant, verstärkt also die synchronisierende Leistung. Der Beitrag der Dämpferwicklung ist proportional zu s, wirkt also dämpfend. Damit ist Gl. (6.109) begründet und lässt sich etwas allgemeiner schreiben

$$\Delta P = F_f(s)\,\Delta U_f + P'_s\,\Delta\delta + W_d\,\Delta\omega. \tag{6.122}$$

Transiente synchronisierende Leistung (W):

$$P'_s = Q_0 + 3\frac{U_{d0}^2}{X'_d} + 3\frac{U_{q0}^2}{X_q} \tag{6.123}$$

Dämpfungsenergie (Ws):

$$W_d = 3\,U_{d0}^2\left(\frac{1}{X''_d}-\frac{1}{X'_d}\right)T''_d + 3\,U_{q0}^2\left(\frac{1}{X''_q}-\frac{1}{X_q}\right)T''_q. \tag{6.124}$$

Für die Maschine mit massiven Polen ist die Bedingung s $T'_q \gg 1$ weniger gut erfüllt. Der entsprechende Term von (6.120) wirkt somit sowohl synchronisierend als auch dämpfend.

Transiente synchronisierende Leistung und Dämpfungsenergie lassen sich in Abhängigkeit der Schwingungskreisfrequenz v exakt definieren. Den Ausdruck K(s) von Gl. (6.117) kann man in die Form bringen

$$K(jv) = K_s(v) + jv\, K_d(v)$$

womit

$$P'_s = Re\,[K(jv)] = K_s(v), \quad W_d = \frac{1}{v}Im\,[K(jv)] = K_d(v). \quad (6.125)$$

6.6.7.3 Transiente Stabilität

Nach den Überlegungen des Abschn. 6.6.7.2 ist die synchronisierende Leistung im transienten Zustand grösser als im stationären. Unmittelbar nach einer Störung des Synchronismus wird deshalb der transiente Leistungsverlauf in Abhängigkeit vom Polradwinkel nicht der stationären Kennlinie Abb. 6.64 folgen, sondern der Beziehung

$$P_{tr} = P_0 + \int_{\delta_0}^{\delta} P'_s\, d\delta = P_0 + \Delta P' \quad mit \quad P' = \int_{0}^{\delta} P'_s\, d\delta. \quad (6.126)$$

Betrachtet sei eine Störung ab Zustand (P_0, δ_0). Im transienten Zustand tritt für die lamellierte SM die Reaktanz X'_d an Stelle der Reaktanz X_d und die Polradspannung E'_p an Stelle der Polradspannung E_p. Man erhält dann für P' aus (6.99)

$$P' = u\, Q'_d\, \frac{E'_p}{U_r} \sin\delta + \frac{1}{2} u^2\, (Q_q - Q'_d)\, \sin 2\delta$$

$$mit \quad Q'_d = \frac{U^2_{\Delta r}}{X'_d}. \quad (6.127)$$

Abbildung 6.70 zeigt den Verlauf von P und P' in Abhängigkeit vom Polradwinkel. Da die Reaktanz X'_d klein ist, erreicht die transiente Grenzleistung wesentlich höhere Werte als die stationäre, und der kritische Polradwinkel ist deutlich grösser als 90°. Die dynamische Stabilität ist dementsprechend wesentlich besser, als es nach dem statischen Verhalten den Anschein hat (für den allgemeinen Fall mit $X'_q \neq X_q$ und zur Vertiefung s. Bd. 3).

Es kann sinnvoll sein, im Leistungsdiagramm auch die *transiente Stabilitätsgrenze* einzutragen. Diese erhält man angenähert (s. Bd. 3) aus der Beziehung (6.98), indem X_d durch X'_d und X_q durch X'_q ersetzt wird. Es folgt

$$P^2(Q + u^2 Q'_d) + (Q + u^2 Q'_q)^3 = 0. \quad (6.128)$$

Abb. 6.70 Stationäre und transiente Wirkleistung einer Schenkelpolmaschine in Abhängigkeit vom Polradwinkel

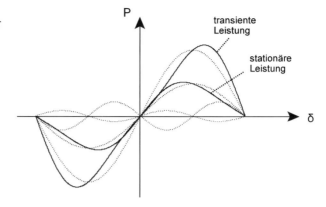

Mit Bezug auf Abb. 6.65 beginnt die kubische Stabilitätskurve für Schenkelpolmaschinen mit lamellierten Polen wieder in C_q, endet aber asymptotisch bei der Abszisse $-u^2 Q'_d$, die sich deutlich links vom Punkt C_q befindet. Bei massiven Polen ist der Punkt C'_q deutlich ausserhalb des Nennstromkreises. In allen Maschinen verläuft somit die transiente Stabilitätsgrenze gänzlich ausserhalb des Nennstromkreises. Bei nicht allzu grosser Vorbelastung kann thermisch gesehen transient der Nennstrom ohne weiteres überschritten werden.

6.7 p.u. Modelle im Zustandsraum

Ausgangspunkt für dynamische Betrachtungen war bis jetzt das in Abschn. 6.4 entwickelte lineare Dynamikmodell, das in p.u. durch die drei Operatoren $x_d(s)$, $x_q(s)$ und $G(s)$ vollständig beschrieben wird. Der Zusammenhang zwischen Statorflussverkettung und Klemmenspannung wurde als stationär angenommen, d.h. man vernachlässigte die transformatorischen Spannungen (t. S.), die für die Ausgleichsvorgänge mit Netzfrequenz wesentlich sind. Möchte man diese Vorgänge oder höherfrequentigen Vorgänge analysieren, sind die t. S. zu berücksichtigen.

6.7.1 Gleichungssysteme

Das in Abschn. 6.4.3 definierte Zweiachsenmodell 2. Ordnung mit Dämpferwirkungen führt zu Abb. 6.71. Ein gemeinsamer Streufluss der beiden Ersatz-Querdämpferwicklungen wird nicht eingeführt, da nicht messbar; diese Wicklungen sind ohnehin fiktiv. Alle Parameter können mit Kurzschluss- und/oder Stillstandmessungen bestimmt werden (VDE 0530, [13]).

Abb. 6.71 Zweiachsenmodell 2. Ordnung der SM

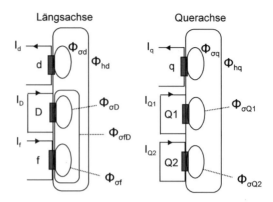

Der einzige Unterschied im nachfolgenden Modell gegenüber dem bisherigen Ansatz liegt in der exakteren Darstellung der im Stator induzierten Spannung.

In Abschn. 2.4 (und insbesondere 2.4.2 und 2.4.6) wurde gezeigt, dass sich ein unsymmetrisches Dreiphasensystem durch Parkzeiger (oder Raumzeiger) und Nullgrössenzeiger darstellen lässt. Da die Nullgrössen ein entkoppeltes System bilden, können sie in der folgenden Betrachtung ausser acht gelassen und erst in Kap. 10 bei der Behandlung von Unsymmetrien mit der Theorie der symmetrischen Komponenten miteinbezogen werden. Die Drehstromgrössen werden somit nachfolgend mit *Parkzeigern* dargestellt, die sich in natürlicher Weise für das anisotrope Zweiachsenmodell anbieten.

6.7.1.1 Statorgleichungen

Für die Statorwicklungen gilt die Parkzeigerbeziehung

$$\underline{U} = \frac{d\underline{\Psi}}{dt} - R\,\underline{I}.$$

Gemäss Abschn. 2.4.2 und 2.4.6 und nach den Annahmen der Zweiachsentheorie (Abschn. 6.3.7) lässt sich diese Gleichung schreiben (p = d/dt):

$$U_d + jU_q = (p + j\omega)(\Psi_d + j\Psi_q) - R(I_d + jI_q),$$

worin ω die elektrische Geschwindigkeit der Referenzachse, d. h. der d-Achse und somit des Rotors ist. Für die (d, q)-Komponenten folgt

$$U_d = p\Psi_d - \omega\Psi_q - R\,I_d$$
$$U_q = p\Psi_q + \omega\Psi_d - R\,I_q. \qquad (6.129)$$

Die induzierte Spannung besteht aus dem *rotatorischen Anteil* ωΨ und dem *transformatorischen Anteil* pΨ. Letzterer wurde bisher weggelassen. Dieser Anteil ist für Vorgänge, deren Frequenz *wesentlich kleiner ist als die Netzfrequenz*

6.7 p.u. Modelle im Zustandsraum

($p = s = j\nu \ll j\omega$), und falls der *Statorwiderstand unwesentlich* ist (sonst muss auch $p\Psi \ll RI$ sein), gegenüber dem rotatorischen vernachlässigbar.

Die Flussverkettungen lassen sich aufspalten in Hauptflussverkettung und Streuflussverkettung

$$\Psi_d = \Psi_{hd} - L_\sigma I_d$$
$$\Psi_q = \Psi_{hq} - L_\sigma I_q. \tag{6.130}$$

Die p.u. Form der Gln. (6.129) und (6.130) lautet mit Bezug auf die in Abschn. 2.2 definierten Nenngrössen ($p = d/dt$):

$$u_d = T_r \frac{d\psi_d}{dt} - n\,\psi_q - r\,i_d$$
$$u_q = T_r \frac{d\psi_q}{dt} + n\,\psi_d - r\,i_q$$
$$\psi_d = \psi_{hd} - x_\sigma\,i_d$$
$$\psi_q = \psi_{hq} - x_\sigma\,i_q \tag{6.131}$$
$$\text{mit}\quad n = \frac{\omega}{\omega_r},\quad T_r = \frac{1}{\omega_r} = 3.18\ ms\ bei\ 50\ Hz$$
$$x_\sigma = \frac{\omega_r L_\sigma}{Z_r},\quad r = \frac{R}{Z_r}.$$

6.7.1.2 Rotorgleichungen

Die Darstellung ist identisch zu jener des Abschn. 6.4. Für Erregerwicklung sowie Längs- und Querdämpferwirkungen werden alle Grössen auf den Stator bezogen, und mit den Stromrichtungen von Abb. 6.71 gelten die Beziehungen

$$U_{fs} = R_{fs}\,I_{fs} + \frac{d\Psi_{fs}}{dt}$$
$$0 = R_{Ds}\,I_{Ds} + \frac{d\Psi_{Ds}}{dt}$$
$$0 = R_{Q1s}\,I_{Q1s} + \frac{d\Psi_{Q1s}}{dt} \tag{6.132}$$
$$0 = R_{Q2s}\,I_{Q2s} + \frac{d\Psi_{Q2s}}{dt}$$

mit den Flussverkettungen

$$\Psi_{fs} = \Psi_{hd} + L_{\sigma fs}\,I_{fs} + L_{\sigma fDs}\,(I_{fs} + I_{Ds})$$
$$\Psi_{Ds} = \Psi_{hd} + L_{\sigma Ds}\,I_{Ds} + L_{\sigma eDs}\,(I_{fs} + I_{Ds})$$
$$\Psi_{Q1s} = \Psi_{hq} + L_{\sigma Q1s}\,I_{Q1s} \tag{6.133}$$
$$\Psi_{Q2s} = \Psi_{hq} + L_{\sigma Q2s}\,I_{Q2s}.$$

Für die p.u. Darstellung ist es sinnvoll, die Rotorgrössen auf den Leerlaufzustand zu beziehen. Dies ist in der deutschsprachigen Literatur üblich [14, 16]. Für die Erregerwicklung ist der Leerlaufstrom klar definiert. Da in den Dämpferwicklungen stationär keine Ströme fliessen, wird für die Längsdämpferwicklung I_{fs0} und für die Querdämpferwicklung $I_{fs0} L_{hq}/L_{hd}$ als Bezugsgrösse genommen:

$$U_{fs0} = R_{fs} I_{fs0}$$

$$I_{Ds0} = I_{fs0}, \quad I_{Qs10} = I_{Qs20} = I_{fs0}\frac{L_{hq}}{L_{hd}}.$$

Man erhält dann das p.u. Gleichungssystem (6.134). Die Hauptfeldzeitkonstanten T_{hf}, T_{hD}, T_{hQ1}, T_{hQ2} stellen das Verhältnis von Hauptinduktivität zu Widerstand der Wicklung dar. Die *Streukoeffizienten* σ_f und σ_D sind als Verhältnis von totaler Streuinduktivität (Eigenstreuung + gegenseitige Streuung) der jeweiligen Wicklung zu Hauptinduktivität definiert (für die Querachse wird die Querhauptinduktivität genommen). Zu beachten ist ferner, dass von der Wahl der Bezugsgrössen her die p.u. Rotorwiderstände r_f, r_D, $r_Q = 1$ sind. Man kann sie aber als Variable einführen, wenn man den Temperatureinfluss berücksichtigen will.

$$\begin{aligned} u_f &= i_f + T_{hf}\frac{d\psi_f}{dt} \\ 0 &= i_D + T_{hD}\frac{d\psi_D}{dt} \\ 0 &= i_{Q1} + T_{hQ1}\frac{d\psi_{Q1}}{dt} \\ 0 &= i_{Q2} + T_{hQ2}\frac{d\psi_{Q2}}{dt} \\ \psi_f &= \psi_{hd} + \sigma_f i_f + \sigma_{fD} i_D \\ \psi_D &= \psi_{hd} + \sigma_D i_D + \sigma_{fD} i_f \\ \psi_{Q1} &= \psi_{hq} + \sigma_{Q1} i_{Q1} \\ \psi_{Q2} &= \psi_{hq} + \sigma_{Q2} i_{Q2} \end{aligned} \quad (6.134)$$

6.7.1.3 Hauptflussgleichungen

Stator und Rotor sind über den Hauptfluss gekoppelt

$$\begin{aligned} \Psi_{hd} &= L_{hd}\left(I_{fs} + I_{Ds} - I_d\right) \\ \Psi_{hq} &= L_{hq}\left(I_{Q1s} + I_{Q2s} - I_q\right). \end{aligned} \quad (6.135)$$

6.7 p.u. Modelle im Zustandsraum

Mit den in 6.7.1.2 definierten Bezugsgrössen und bei Beachtung, dass wegen (6.13)

$$\frac{I_d}{I_{fs0}} = \frac{X_{hd}\, I_r\, i_d}{U_r} = \frac{X_{hd}}{Z_r} i_d = x_{hd}\, i_d$$

$$\frac{L_{hq}}{L_{hd}} \frac{I_q}{I_{fs0}} = \frac{X_{hq}\, I_r\, i_q}{U_r} = \frac{X_{hq}}{Z_r} i_q = x_{hq}\, i_q,$$

folgen die p.u.Gleichungen

$$\psi_{hd} = \gamma_d \,(i_f + i_D - x_{hd}\, i_d)$$
$$\psi_{hq} = \gamma_q \,(i_{Q1} + i_{Q2} - x_{hq}\, i_q). \tag{6.136}$$

Bei der bisher angenommenen Linearität des Flusses ist $\gamma_d = \gamma_q = 1$. Mit diesen Faktoren kann, wenn gewünscht, die Sättigung des Hauptfeldes berücksichtigt werden (dazu s. z. B. Abschn. 6.7.2, [4, 12]).

6.7.1.4 Drehmomentgleichung

Aus Abschn. 6.3.8, Gl. (6.34), folgt für das Drehmoment, wenn man den Fluss durch die Flussverkettung ersetzt, die Beziehung ($\omega/\omega_m = p$ = Polpaarzahl)

$$M = 1.5\, p\, \Psi_h\, \hat{I}\, \cos\,\varphi_i.$$

Zwischen zwei um den Winkel φ phasenverschobenen Vektoren oder Zeigern besteht für das Skalarprodukt folgende Äquivalenz

$$\bar{u} * \bar{i} = Re[\underline{u}\,\underline{i}^*] = u\, i\, \cos\varphi.$$

Aus Abb. 6.23 folgt dann unmittelbar

$$M = 1.5\, p Re\left[j\,\underline{\Psi}_h\,\underline{I}^*\right].$$

Interpretiert man die Zeiger als Parkzeiger, erhält man

$$M = 1.5\, p\, Re\left[j\,(\Psi_{hd} + j\Psi_{hq})(I_d - jI_d)\right]$$

und somit

$$M = 1.5\, p\, (\Psi_{hd}\, I_q - \Psi_{hq}\, I_d). \tag{6.137}$$

Führt man für das Drehmoment folgende Bezugsgrösse ein (Scheitelwertzeiger)

$$M_{Br} = \frac{S_r}{\omega_{mr}} = \frac{3}{2}\frac{U_r I_r}{\omega_{mr}} = \frac{3}{2}\frac{\omega_r \Psi_{h0} I_r}{\omega_{mr}} = \frac{3}{2}\, p\, \Psi_{h0}\, I_r$$

erhält man die p.u. Gleichung

$$m = \psi_{hd}i_q - \psi_{hq}i_d = \psi_d i_q - \psi_q i_d. \tag{6.138}$$

Der zweite Ausdruck folgt, da die Streureaktanz keinen Beitrag zur Wirkleistung und somit auch nicht zum Drehmoment liefern kann. Als Bezugsgrösse für das Drehmoment ist die Nennscheinleistung und nicht, wie es physikalisch sinnvoller wäre, die Nennwirkleistung gewählt worden. Damit erreicht man aber eine Vereinfachung der p.u. Beziehungen.

6.7.1.5 Mechanikgleichung

Diese Gleichung gehört eigentlich nicht mehr zur SM, sondern zur Synchrongruppe. Es gilt

$$M_a - M = J\frac{d\omega_m}{dt} = \frac{J}{p}\frac{d\omega}{dt}, \tag{6.139}$$

worin M_a das Netto-Antriebsmoment darstellt (s. 6.6.7.1). Für die Berücksichtigung von Torsionsschwingungen (Elastizität der Welle) s. Bd. 3. Mit der in Abschn. 6.7.1.4 definierten Bezugsgrösse für das Drehmoment folgt die p.u. Gleichung

$$m_a - m = T_m \frac{dn}{dt}$$
$$mit \quad T_m = \frac{J\,\omega_{mr}}{M_{Br}} = \frac{J\,\omega_{mr}^2}{S_r}. \tag{6.140}$$

Die mechanische Zeitkonstante T_m wird auch Anlaufzeit genannt. Sie entspricht in der Tat der Zeit, die für das Erreichen der Nenndrehzahl bei Antrieb mit dem Bezugsnennmoment M_{Br} benötigt wird.

6.7.1.6 p.u. Gleichungssysteme

Gleichung (6.141) fasst das p.u. Gleichungssystem der SM zusammen, so wie es in der Regel im deutschsprachigen Raum präsentiert wird.

$$u_d = T_r \frac{d\psi_d}{dt} - n\,\psi_q - r\,i_d$$
$$u_q = T_r \frac{d\psi_q}{dt} + n\,\psi_d - r\,i_q$$
$$\psi_d = \psi_{hd} - x_\sigma\,i_d$$
$$\psi_q = \psi_{hq} - x_\sigma\,i_q$$
$$u_f = i_f + T_{hf}\frac{d\psi_f}{dt}$$

6.7 p.u. Modelle im Zustandsraum

$$\begin{aligned}
0 &= i_D + T_{hD}\frac{d\psi_D}{dt} \\
0 &= i_{Q1} + T_{hQ1}\frac{d\psi_{Q1}}{dt} \\
0 &= i_{Q2} + T_{hQ2}\frac{d\psi_{Q2}}{dt} \\
\psi_f &= \psi_{hd} + \sigma_f\, i_f + \sigma_{fD}\, i_D \\
\psi_D &= \psi_{hd} + \sigma_D\, i_D + \sigma_{fD}\, i_f \\
\psi_{Q1} &= \psi_{hq} + \sigma_{Q1}\, i_{Q1} \\
\psi_{Q2} &= \psi_{hq} + \sigma_{Q2}\, i_{Q2} \\
\psi_{hd} &= \gamma_d(i_f + i_D - x_{hd}\, i_d) \\
\psi_{hq} &= \gamma_q(i_{Q1} + i_{Q2} - x_{hq}\, i_q) \\
m &= \psi_d i_q - \psi_q i_d \\
m_a - m &= T_m \frac{dn}{dt}
\end{aligned} \qquad (6.141)$$

In der amerikanischen und auch internationalen Literatur weicht man von dieser Darstellung meistens ab. Der Unterschied besteht darin, dass als Bezugsgrössen für den Rotor die Statornenngrössen und nicht die Leerlaufgrössen gewählt werden (s. dazu auch Abschn. 6.4.1.5). Damit weisen alle p.u. Rotorströme numerisch einen um den Faktor x_{hd} bzw. x_{hq} kleineren Wert auf. Das Resultat ist das zu (6.141) äquivalente Gleichungssystem (6.142). Es unterscheidet sich in den Rotor- und Hauptfeldgleichungen. Die entsprechenden p.u. Gleichungen erhält man, durch Einführung der erwähnten Bezugsgrössen, aus den Gln. (6.132), (6.133) und (6.135).

$$\begin{aligned}
u_d &= T_r \frac{d\psi_d}{dt} - n\,\psi_q - r\, i_d \\
u_q &= T_r \frac{d\psi_q}{dt} + n\,\psi_d - r\, i_q \\
\psi_d &= \psi_{hd} - x_\sigma\, i_d \\
\psi_q &= \psi_{hq} - x_\sigma\, i_q \\
u_f &= r_f\, i_f + T_r \frac{d\psi_f}{dt} \\
0 &= r_D\, i_D + T_r \frac{d\psi_D}{dt} \\
0 &= r_{Q1}\, i_{Q1} + T_r \frac{d\psi_{Q1}}{dt}
\end{aligned}$$

$$0 = r_{Q2}\, i_{Q2} + T_r \frac{d\psi_{Q2}}{dt}$$

$$\psi_f = \psi_{hd} + x_{\sigma ftot}\, i_f + x_{\sigma fD}\, i_D$$

$$\psi_D = \psi_{hd} + x_{\sigma Dtot}\, i_D + x_{\sigma fD}\, i_f$$

$$\psi_{Q1} = \psi_{hq} + x_{\sigma Q1}\, i_{Q1}$$

$$\psi_{Q2} = \psi_{hq} + x_{\sigma Q2}\, i_{Q2} \qquad (6.142)$$

$$\psi_{hd} = \gamma_d\, x_{hd}(i_f + i_D - i_d)$$

$$\psi_{hq} = \gamma_q\, x_{hq}(i_{Q1} + i_{Q2} - i_q)$$

$$m = \psi_d i_q - \psi_q i_d$$

$$m_a - m = T_m \frac{dn}{dt}$$

6.7.2 Vollständiges lineares Zustandsraummodell

Nachfolgend wird das allgemeine Modell der linearen SM (ohne Sättigung) gemäss Gl. (6.141) hergeleitet. Die rotatorische Spannung sei mit

$$e_{rd} = -n\, \psi_q, \quad e_{rd} = n\, \psi_d$$

bezeichnet. Mit den üblichen Bezeichnungen

$$\frac{dx}{dt} = A\,x + B\,u$$

$$y = C\,x + D\,u$$

und den Definitionen

$$x = \begin{pmatrix} \psi_d \\ \psi_q \\ \psi_f \\ \psi_D \\ \psi_{Q1} \\ \psi_{Q2} \end{pmatrix}, \quad u = \begin{pmatrix} u_d - e_{rd} \\ u_q - e_{rq} \\ u_f \end{pmatrix}, \quad y = \begin{pmatrix} i_d \\ i_q \\ i_f \\ i_D \\ i_{Q1} \\ i_{Q2} \\ \psi_d \\ \psi_q \end{pmatrix}$$

können die Matrizen der Zustandsraumdarstellung wie folgt bestimmt werden: Man beschreibt den Zusammenhang zwischen Flussverkettungen und Strömen, der sich

6.7 p.u. Modelle im Zustandsraum

durch Elimination der Hauptflussverkettungen aus den Flussgleichungen ergibt, mit der Matrix **X**

$$\begin{pmatrix} \psi_d \\ \psi_q \\ \psi_f \\ \psi_D \\ \psi_{Q1} \\ \psi_{Q2} \end{pmatrix} = X \begin{pmatrix} i_d \\ i_q \\ i_f \\ i_D \\ i_{Q1} \\ i_{Q2} \end{pmatrix}$$

$$= \begin{vmatrix} -x_d & 0 & 1 & 1 & 0 & 0 \\ 0 & -x_q & 0 & 0 & 1 & 0 \\ -x_{hd} & 0 & (1+\sigma_f) & (1+\sigma_{fD}) & 0 & 0 \\ -x_{hd} & 0 & (1+\sigma_{fD}) & (1+\sigma_D) & 0 & 0 \\ 0 & -x_{hq} & 0 & 0 & (1+\sigma_{Q1}) & 0 \\ 0 & -x_{hq} & 0 & 0 & 0 & (1+\sigma_{Q2}) \end{vmatrix}$$

$$\cdot \begin{pmatrix} i_d \\ i_q \\ i_f \\ i_D \\ i_{Q1} \\ i_{Q2} \end{pmatrix}.$$

In der amerikanischen Schreibweise (Gl. 6.142) ist z. B. $(1+\sigma_f)$ durch $x_{hd} + x_{\sigma tot}$ zu ersetzen usw., d. h. allgemein $(1+\sigma_i)$ durch $x_{hd} + x_{\sigma itot}$.

Mit Hilfe der diagonalen Widerstandsmatrix **R** und Zeitkonstantenmatrix **T**

$$R = \begin{vmatrix} -r & 0 & 0 & 0 & 0 & 0 \\ 0 & -r & 0 & 0 & 0 & 0 \\ 0 & 0 & r_f & 0 & 0 & 0 \\ 0 & 0 & 0 & r_D & 0 & 0 \\ 0 & 0 & 0 & 0 & r_{Q1} & 0 \\ 0 & 0 & 0 & 0 & 0 & r_{Q2} \end{vmatrix}, \quad T = \begin{vmatrix} T_r & 0 & 0 & 0 & 0 & 0 \\ 0 & T_r & 0 & 0 & 0 & 0 \\ 0 & 0 & T_{hf} & 0 & 0 & 0 \\ 0 & 0 & 0 & T_{hD} & 0 & 0 \\ 0 & 0 & 0 & 0 & T_{hQ1} & 0 \\ 0 & 0 & 0 & 0 & 0 & T_{hQ2} \end{vmatrix}$$

wobei in der deutschen Schreibweise $r_f = r_D = r_{Q1} = r_{Q2} = 1$ und in der amerikanischen $T = T_r$. Einheitsmatrix wird, erhält man für die Matrizen **A**, **B**, **C**, **D**

Abb. 6.72 Blockdiagramm der SM im Zustandsraum mit t. S.

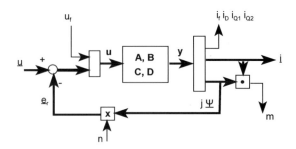

$$A = -T^{-1} \cdot R \cdot X^{-1}$$

$$B = \begin{vmatrix} \dfrac{1}{T_r} & 0 & 0 \\ 0 & \dfrac{1}{T_r} & 0 \\ 0 & 0 & \dfrac{1}{T_{hf}} \\ 0 & 0 & 0 \\ 0 & 0 & 0 \\ 0 & 0 & 0 \end{vmatrix}, \quad C = \begin{vmatrix} & & X^{-1} & & & \\ 1 & 0 & 0 & 0 & 0 & 0 \\ 0 & 1 & 0 & 0 & 0 & 0 \end{vmatrix}, \quad D = |0|_{8x3}.$$

In der amerikanischen Schreibweise ist in **B** T$_{hf}$ durch T$_r$ zu ersetzen.

Für die SM folgt das Blockschaltbild Abb. 6.72. Das lineare Zustandsraummodell wird ergänzt durch zwei nichtlineare Elemente (Multiplikatoren) für die Bildung der drehzahlabhängigen rotatorischen Spannung und des Drehmoments aus Strom- und Statorflussverkettung

$$m = (\psi_q i_d - \psi_d i_q).$$

Schliesslich sei vermerkt, dass bei diesem Modell netzseitig die Spannung die Eingangsgrösse und der Strom die Ausgangsgrösse ist. Dies muss bei der Netzkopplung des Modells beachtet werden (Abschn. 6.9).

Berücksichtigung der Sättigung Haupt- und Streufeldsättigung werden üblicherweise durch zweckmässige Wahl der Reaktanzen und Zeitkonstanten entsprechend dem zu untersuchenden Vorgang berücksichtigt. Exakter kann man die Hauptfeldsättigung mit Bezug auf Gl. (6.141) durch die beiden nichtlinearen Funktionen

$$\psi_{hd} = \gamma_d (i_f + i_D - x_{hd} i_d)$$
$$\psi_{hq} = \gamma_q (i_{Q1} + i_{Q2} - x_{hq} i_q)$$

beschreiben. Dazu muss die Reaktanzmatrix **X** in die Haupt- und Streureaktanzmatrix aufgespalten werden. Dies führt letztlich dazu, dass in den Zustandsraumbeziehungen die Matrizen **A** und **C** vom Zustandsvektor **x** abhängen.

6.7.3 Bestimmung der Parameter

Vom Maschinenbauer werden in der Regel folgende Parameter gegeben

$$\text{Reaktanzen:} \quad x_d,\ x_d',\ x_d'',\ x_q,\ x_q',\ x_q'',\ x_\sigma,\ x_c$$

$$\text{Zeitkonstanten:} \quad T_d',\ T_d'',\ T_q',\ T_q'',\ T_m.$$

Daraus lassen sich alle Grössen des Ersatzschaltbildes 2. Ordnung bzw. der Gln. (6.141) und (6.142) bestimmem. Da die Längs- und Querachsenoperatoren formal identisch sind, genügt es, das Schema für die Längsachse anzugeben und auf die inhaltlichen Unterschiede im Fall der Querachse hinzuweisen.

Zunächst werden aus den Kurzschlusszeitkonstanten die Leerlaufzeitkonstanten bestimmt. Wegen (6.67) gilt

$$T_{d0}'\, T_{d0}'' = T_d'\, T_d'' \frac{x_d}{x_d''}$$

$$T_{d0}' + T_{d0}'' = T_d' \frac{x_d}{x_d'} + T_d'' \left(1 + \frac{x_d}{x_d''} - \frac{x_d}{x_d'}\right)$$

$T_{d0}',\ T_{d0}''$ *folgen aus* $(1 + sT_{d0}')(1 + sT_{d0}'') = 1 + s(T_{d0}' + T_{d0}'') + s^2 T_{d0}' T_{d0}'' = 0$.

Die Hauptreaktanz ist

$$x_{hd} = x_d - x_\sigma.$$

Die von Canay [4] eingeführte Reaktanz x_c berücksichtigt die gegenseitige Streuung von Feld- und Längsdämpferwicklung

$$x_c = x_\sigma + \frac{x_{\sigma Df}\, x_{hd}}{x_{\sigma Df} + x_{hd}}.$$

Für die Streureaktanzen bzw. Streukoeffizienten folgt dann [5]

$$\sigma_{fD} = \frac{x_{\sigma fD}}{x_{hD}} = \frac{x_c - x_\sigma}{x_d - x_c}$$

$$A_c = (T_d' + T_d'') \frac{x_d}{x_d - x_c} - (T_{d0}' + T_{d0}'') \frac{x_c}{x_d - x_c}$$

$$B_c = T_{d0}'\, T_{d0}'' \frac{x_d'' - x_c}{x_d - x_c}$$

$$1 + sA_c + s^2 B_c = (1 + T_{dc}')(1 + T_{dc}'') = 0 \quad \textit{liefert} \ \Rightarrow \quad T_{dc}',\ T_{dc}''$$

$$x_{dc}' = \frac{T_{dc}' - T_{dc}''}{T_{d0}' + T_{d0}'' - \left(1 + \dfrac{x_d - x_c}{x_d'' - x_c}\right) T_{dc}''}$$

$$\sigma_f = \frac{x_{\sigma ftot}}{x_{hD}} = \frac{x_{hd}\, x'_{dc}}{(x_d - x_c)(x_d - x_c - x'_{dc})} + \sigma_{fD} = \sigma_{feigen} + \sigma_{fD}$$

$$\sigma_D = \frac{x_{\sigma Dtot}}{x_{hd}} = \frac{x_{hd}(x''_d - x_c)x'_{dc}}{(x_d - x_c)^2 (x'_{dc} - x''_d + x_c)} + \sigma_{fD} = \sigma_{Deigen} + \sigma_{fD}.$$

Schliesslich erhält man für Widerstände und Zeitkonstanten ($T_r = 1/\omega_r$)

$$r_f = (x_{\sigma ftot} - x_{\sigma fD}) \frac{T_r}{T'_{dc}}, \quad r_D = (x_{\sigma Dtot} - x_{\sigma fD}) \frac{T_r}{T''_{dc}}$$

$$T_{hf} = \frac{x_h}{(x_{\sigma ftot} - x_{\sigma fD})} T'_{dc}, \quad T_{hD} = \frac{x_{hD}}{(x_{\sigma Dtot} - x_{\sigma fD})} T''_{dc}$$

$$T_{\sigma D} = \sigma_{Deigen}\, T_{hD}, \quad T_{\sigma f} = \sigma_{feigen}\, T_{hf}.$$

Die Werte r_f, r_D gelten für das Gleichungssystem (6.142), die Hauptzeitkonstanten für (6.141). In (6.141) ist $r_f = r_D = 1$. $T_{\sigma D}$ benötigt man für die Übertragungsfunktion G(s) (s. Gl. 6.63a).

Für die Querachse sind alle Beziehungen formal identisch, wobei die Indizes d, f, D durch q, Q_1, Q_2 zu ersetzen sind. Ferner ist zu beachten, dass die gegenseitige Kopplung zwischen den Rotorkreisen entfällt und somit $x_c = x_\sigma$.

Die Bestimmung der Parameter für Modelle 3. und höherer Ordnung kann nach [6] erfolgen.

Beispiel 6.4 Ein Turbogenerator für 50 Hz hat folgende Reaktanzen und Zeitkonstanten: $x_d = 2.018$, $x'_d = 0.269$, $x''_d = 0.2160$, $x_c = 0.2146$, $x_\sigma = 0.184$, $x_q = 1.965$, $x'_q = 0.628$, $x''_q = 0.231$, $T'_d = 1.08$ s, $T''_d = 0.0386$ s, $T'_q = 0.733$, $T''_q = 0.126$. Man bestimme alle für das Modell 2. Ordnung notwendigen Parameter.

Aus den vorangehenden Beziehungen folgt mit einem Rechenprogramm für die Längsachse: $T'_{d0} = 8.164$ s, $T''_{d0} = 0.0477$ s, $x_{hd} = 1.834$, $x_{\sigma fD} = 0.0311$, $\sigma_{fD} = 0.0170$, $x_{\sigma ftot} = 0.109$, $\sigma_f = 0.0595$, $x_{\sigma Dtot} = 0.0326$, $\sigma_D = 0.0178$, $T_{hf} = 6.43$ s, $T_{hD} = 1.37$ s, und für die Querachse: $T'_{q0} = 2.82$ s, $T''_{q0} = 0.279$ s, $x_{hq} = 1.781$, $x_{\sigma Q1} = 0.843$, $\sigma_{Q1} = 0.473$, $x_{Q2} = 0.0512$, $\sigma_{Q2} = 0.0288$, $T_{hQ1} = 1.25$ s, $T_{hQ2} = 1.22$ s.

6.7.4 Lineare Zustandsraummodelle mit externen t. S

Für die relativ langsamen elektromechanischen Vorgänge sind sowohl die transformatorischen Spannungen als auch der Statorwiderstand in der Regel unwesentlich. Man kann in diesem Fall einen Zustandsraumblock verwenden, der diese Grössen nicht enthält. Statorwiderstand und t. S. werden vernachlässigt, oder wenn man sie doch berücksichtigen will, extern hinzugefügt. Der Zustandsraumblock ist in diesem Fall äquivalent zum Modell des Abschn. 6.4, das auf Übertragungsfunktionen basiert (s. Blockschaltbilder der Abschn. 6.4.1 und 6.4.2). Er kann durch diese Funktionen ersetzt werden, wenn Flüsse und Rotorströme nicht interessieren.

6.7 p.u. Modelle im Zustandsraum

Im Fall externer t. S. ist die Statorflussverkettung keine Zustandsvariable mehr. Die Annahme von Spannung als Eingangs- und von Strom als Ausgangsgrösse ist dann nicht mehr zwingend. Eingang und Ausgang lassen sich vertauschen.

Ein Modell mit der Spannung als Ausgangsgrösse kann für Bilanzknoten (s. Abschn. 9.6) zweckmässig sein.

Modell mit Spannung als Ausgangsgrösse Um aus dem allgemeinen p.u. Gleichungssystem ohne t. S. ein Zustandsraummodell zu gewinnen, das Spannungen als Ausgangsgrössen aufweist, definiert man

$$x = \begin{pmatrix} \psi_f \\ \psi_D \\ \psi_{Q1} \\ \psi_{Q2} \end{pmatrix}, \quad u = \begin{pmatrix} i_d \\ i_q \\ u_f \end{pmatrix}, \quad y = \begin{pmatrix} \psi_d \\ \psi_q \\ i_f \\ i_D \\ i_{Q1} \\ i_{Q2} \end{pmatrix}.$$

Durch Elimination der Hauptflussverkettungen und der Statorströme aus den Flussgleichungen lassen sich die Rotorflussverkettungen in Funktion der Rotorströme und der Statorströme ausdrücken

$$\begin{pmatrix} \psi_f \\ \psi_D \\ \psi_{Q1} \\ \psi_{Q2} \end{pmatrix} = X_1 \begin{pmatrix} i_f \\ i_D \\ i_{Q1} \\ i_{Q2} \end{pmatrix} - X_2 \begin{pmatrix} i_d \\ i_q \\ u_f \end{pmatrix}$$

$$\text{mit} \quad X_1 = \begin{vmatrix} (1+\sigma_f) & (1+\sigma_{fD}) & 0 & 0 \\ (1+\sigma_{fD}) & (1+\sigma_D) & 0 & 0 \\ 0 & 0 & (1+\sigma_{Q1}) & 0 \\ 0 & 0 & 0 & (1+\sigma_{Q2}) \end{vmatrix},$$

$$X_2 = \begin{vmatrix} x_{hd} & 0 & 0 \\ x_{hd} & 0 & 0 \\ 0 & x_{hq} & 0 \\ 0 & x_{hq} & 0 \end{vmatrix}.$$

Mit der diagonalen Widerstandsmatrix **R**, der Zeitkonstantenmatrix **T** und den Hilfsmatrizen **K**, **L** und **M**

$$R = \begin{vmatrix} r_f & 0 & 0 & 0 \\ 0 & r_D & 0 & 0 \\ 0 & 0 & r_{Q1} & 0 \\ 0 & 0 & 0 & r_{Q2} \end{vmatrix}, \quad T = \begin{vmatrix} T_{hf} & 0 & 0 & 0 \\ 0 & T_{hD} & 0 & 0 \\ 0 & 0 & T_{hQ1} & 0 \\ 0 & 0 & 0 & T_{hQ2} \end{vmatrix}$$

Abb. 6.73 Zustandsraummodell der SM mit externen t. S. und Spannung als Ausgangsgrösse

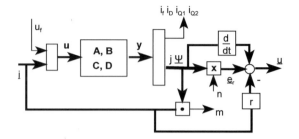

$$K = \begin{vmatrix} 1 & 1 & 0 & 0 \\ 0 & 0 & 1 & 1 \\ 1 & 0 & 0 & 0 \\ 0 & 1 & 0 & 0 \\ 0 & 0 & 1 & 0 \\ 0 & 0 & 0 & 1 \end{vmatrix}, \quad L = \begin{vmatrix} x_d & 0 & 0 \\ 0 & x_q & 0 \\ 0 & 0 & 0 \\ 0 & 0 & 0 \\ 0 & 0 & 0 \\ 0 & 0 & 0 \end{vmatrix}, \quad M = \begin{vmatrix} 0 & 0 & 1 \\ 0 & 0 & 0 \\ 0 & 0 & 0 \\ 0 & 0 & 0 \end{vmatrix}$$

erhält man schliesslich die Zustandsraummatrizen

$$A = -T^{-1} \cdot R \cdot X_1^{-1}, \quad B = T^{-1} \cdot [-R \cdot X_1^{-1} \cdot X_2 + M]$$
$$C = K \cdot X_1^{-1}, \quad D = K \cdot X_1^{-1} \cdot X_2 - L.$$

In der amerikanischen Schreibweise ersetzt man **T** durch T_r sowie z. B. $(1 + \sigma_f)$ durch $(x_{hd} + x_{\sigma ftot})$, ferner in den zwei ersten Zeilen der Matrix **K** die 1 durch x_{hd} bzw. x_{hq}. In der deutschen Schreibweise ist $r_f = r_D = r_{Q1} = r_{Q2} = 1$.

Interessieren die Ströme i_f, i_D, i_{Q1}, i_{Q2} nicht, reduziert sich die Ordnung des Ausgangsvektors auf 2 und die Hilfsmatrizen **K** und **L** somit auf die zwei ersten Zeilen.

Das lineare SM-Modell wird ergänzt durch zwei nichtlineare Blöcke zur Bildung der rotatorischen Spannung aus Statorflussverkettung und Drehzahl und des Drehmoments aus Statorflussverkettung und Strom (Abb. 6.73). Die Klemmenspannung schliesslich erhält man aus der rotatorischen Spannung unter Berücksichtigung, wenn gewünscht, von Statorwiderstand und t. S.

Variante mit Strom als Ausgangsgrösse Der Vollständigkeit halber sei auch die Variante mit Strom als Ausgangsgrösse gegeben. Sie bringt bei Verwendung üblicher Programme (z. B. Matlab) meistens keine numerische Vorteile gegenüber der Vollvariante Abb. 6.72 wegen des Auftretens algebraischer Schlaufen (algebraic loops).

6.7 p.u. Modelle im Zustandsraum

Wahl der Eingangs- und Ausgangsvektoren:

$$x = \begin{pmatrix} \psi_f \\ \psi_D \\ \psi_{Q1} \\ \psi_{Q2} \end{pmatrix}, \quad u = \begin{pmatrix} \psi_d \\ \psi_q \\ u_f \end{pmatrix}, \quad y = \begin{pmatrix} i_d \\ i_q \\ i_f \\ i_D \\ i_{Q1} \\ i_{Q2} \end{pmatrix}.$$

Für die Rotorflussverkettungen gilt

$$\begin{pmatrix} \psi_f \\ \psi_D \\ \psi_{Q1} \\ \psi_{Q2} \end{pmatrix} = X \begin{pmatrix} i_f \\ i_D \\ i_{Q1} \\ i_{Q2} \end{pmatrix} + H \begin{pmatrix} \psi_d \\ \psi_q \\ u_f \end{pmatrix}, \quad \text{mit} \quad H = \begin{vmatrix} \frac{x_{hd}}{x_d} & 0 & 0 \\ \frac{x_{hd}}{x_d} & 0 & 0 \\ 0 & \frac{x_{hq}}{x_q} & 0 \\ 0 & \frac{x_{hq}}{x_q} & 0 \end{vmatrix}$$

$$X = \begin{vmatrix} \left(1+\sigma_f - \frac{x_{hd}}{x_d}\right) & \left(1+\sigma_{fD} - \frac{x_{hd}}{x_d}\right) & 0 & 0 \\ \left(1+\sigma_{fD} - \frac{x_{hd}}{x_d}\right) & \left(1+\sigma_D - \frac{x_{hd}}{x_d}\right) & 0 & 0 \\ 0 & 0 & \left(1+\sigma_{Q1} - \frac{x_{hq}}{x_q}\right) & 0 \\ 0 & 0 & 0 & \left(1+\sigma_{Q2} - \frac{x_{hq}}{x_q}\right) \end{vmatrix}.$$

Mit den bereits früher definierten Widerstands- und Zeitkonstantenmatrizen sowie den Hilfsmatrizen K_1 und L_1

$$K_1 = \begin{vmatrix} \frac{1}{x_d} & \frac{1}{x_d} & 0 & 0 \\ 0 & 0 & \frac{1}{x_q} & \frac{1}{x_q} \\ 1 & 0 & 0 & 0 \\ 0 & 1 & 0 & 0 \\ 0 & 0 & 1 & 0 \\ 0 & 0 & 0 & 1 \end{vmatrix}, \quad L_1 = \begin{vmatrix} \frac{1}{x_d} & 0 & 0 \\ 0 & \frac{1}{x_q} & 0 \\ 0 & 0 & 0 \\ 0 & 0 & 0 \\ 0 & 0 & 0 \\ 0 & 0 & 0 \end{vmatrix}$$

folgen die Blockschemata der Abb. 6.74a, b welche die Wirkung der transformatorischen Spannungen (t. S.) berücksichtigen; das erste Blockschema mit Differenzierterm, das zweite mit Integrierglied. Die Zustandsraummatrizen sind:

$$A = -T^{-1} \cdot R \cdot X^{-1}, \quad B = T^{-1} \cdot \left[R \cdot X^{-1} \cdot H + \begin{vmatrix} 0 & 0 & 1 \\ 0 & 0 & 0 \\ 0 & 0 & 0 \\ 0 & 0 & 0 \end{vmatrix} \right]$$

$$C = K_1 \cdot X^{-1}, \quad D = -(K_1 \cdot X^{-1} \cdot H - L_1).$$

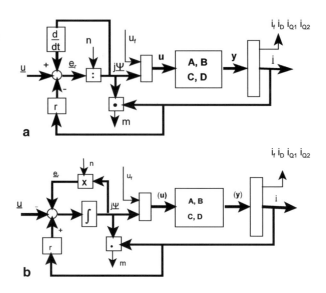

Abb. 6.74 Zustandsraummodell der SM mit Strom als Ausgangsgrösse; t. S. mit: **a** Differenzierglied berücksichtigt, **b** Integrierglied berücksichtigt

Beispiel 6.5 Als Anwendungsbeispiel obiger Modelle sei die sukzessive Parallelschaltung (Synchronisierung) und Belastung der 4 Gruppen eines hydraulischen Kraftwerks simuliert. Den Leistungsverlauf zeigt Abb. 6.75 (Matlab).

6.8 Kurzschlussverhalten mit t. S.

Aus der Statorgleichung (6.131) lässt sich bei Klemmenkurzschluss die p.u. Beziehung im Bildbereich ableiten (nach Laplace-Carson), mit n = 1

$$0 = s\, T_r(\psi_d - \psi_{d0}) - \psi_q - r\, i_d$$
$$0 = s\, T_r(\psi_q - \psi_{q0}) + \psi_d - r\, i_q. \qquad (6.143)$$

Die p.u. Statorflussverkettungen folgen aus den Ersatzschaltbildern Abb. 6.36

$$\psi_d = \psi_{pd}(s) - x_d(s)\, i_d$$
$$\psi_q = \psi_{pq}(s) - x_q(s)\, i_q. \qquad (6.144)$$

Eliminiert man aus den Gln. (6.143) und (6.144) die Statorflussverkettungen, folgen die Lösungen im Bildbereich für den Kurzschlussstrom

$$i_d = \frac{x_q(s)(\psi_{pd}(s) + sT_r\psi_{pq}(s) - sT_r\psi_{q0}) - (r + sT_r x_q(s))(\psi_{pq}(s) - sT_r\psi_{pd}(s) + sT_r\psi_{d0})}{x_d(s)x_q(s) + (r + sT_r x_q(s))(r + sT_r x_d(s))}$$

$$i_q = \frac{x_d(s)(\psi_{pq}(s) - sT_r\psi_{pd}(s) + sT_r\psi_{d0}) + (r + sT_r x_d(s))(\psi_{pd}(s) + sT_r\psi_{pq}(s) - sT_r\psi_{q0})}{x_d(s)x_q(s) + (r + sT_r x_q(s))(r + sT_r x_d(s))}.$$

$$(6.145)$$

6.8 Kurzschlussverhalten mit t. S.

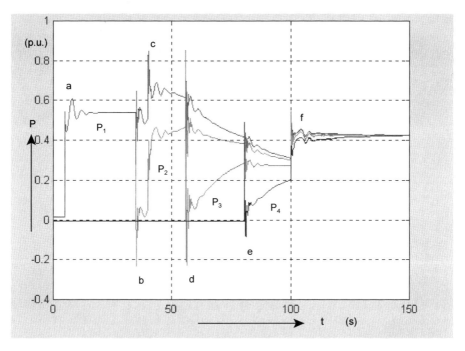

Abb. 6.75 Leistungsverlauf zu Beispiel 6.5: **a** Belastung von Gruppe 1, **b** Synchronisierung von Gruppe 2, **c** Verdoppelung der Anfangsbelastung, **d** Synchronisierung von Gruppe 3, **e** Synchronisierung von Gruppe 4, **f** ca. Verdreifachung der Anfangsbelastung

Die Rücktransformation dieser Ausdrücke ist sehr komplex, weshalb man zuerst den Statorwiderstand vernachlässigen und nachher seinen Einfluss analysieren wird. Setzt man in (6.145) r = 0, folgen die wesentlich einfacheren Lösungen

$$i_d = \frac{1}{x_d(s)}\left[\Psi_{pd}(s) - \frac{sT_r}{1+s^2T_r^2}\Psi_{q0} - \frac{s^2T_r^2}{1+s^2T_r^2}\Psi_{d0}\right]$$

$$i_q = \frac{1}{x_q(s)}\left[\Psi_{pq}(s) + \frac{sT_r}{1+s^2T_r^2}\Psi_{d0} - \frac{s^2T_r^2}{1+s^2T_r^2}\Psi_{q0}\right].$$

Ersetzt man den Polradfluss durch den Ausdruck (6.59), sinngemäss in p.u. umgewandelt, folgt schliesslich (mit $\Delta U_f = 0$)

$$i_d = i_{d0} + \frac{\Psi_{d0}}{x_d(s)} + \frac{\Psi_{d0}}{x_d(s)}\left[-\frac{s^2T_r^2}{1+s^2T_r^2} - \frac{sT_r}{1+s^2T_r^2}\frac{\Psi_{q0}}{\Psi_{d0}}\right]$$

$$i_q = i_{q0} + \frac{\Psi_{q0}}{x_q(s)} + \frac{\Psi_{d0}}{x_q(s)}\left[-\frac{s^2T_r^2}{1+s^2T_r^2}\frac{\Psi_{q0}}{\Psi_{d0}} + \frac{sT_r}{1+s^2T_r^2}\right]. \quad (6.146)$$

Die beiden ersten Terme dieser Gleichungen entsprechen exakt dem in Abschn. 6.4.3 abgeleiteten Kurzschlussstromverlauf ohne t. S. (Gl. 6.71). Der dritte Term stellt somit den Einfluss der t. S. dar. Die Rücktransformierte des Ausdrucks in eckigen Klammern schwingt mit der Netzfrequenz. Bei dieser Frequenz nehmen die Synchronreaktanzen praktisch den subtransienten Wert an. Man kann deshalb näherungsweise den Ausdruck (6.146) auch folgendermassen schreiben; die Rücktransformation mit Faltungsintegral bestätigt diese Annahme [14]:

$$i_d = i_{d0} + \frac{\Psi_{d0}}{x_d(s)} + \frac{\Psi_{d0}}{x_d''}\left[-\frac{s^2 T_r^2}{1+s^2 T_r^2} - \frac{sT_r}{1+s^2 T_r^2}\frac{\Psi_{q0}}{\Psi_{d0}}\right]$$
$$i_q = i_{q0} + \frac{\Psi_{q0}}{x_q(s)} + \frac{\Psi_{d0}}{x_q''}\left[-\frac{s^2 T_r^2}{1+s^2 T_r^2}\frac{\Psi_{q0}}{\Psi_{d0}} + \frac{sT_r}{1+s^2 T_r^2}\right].$$
(6.147)

Die Rücktransformation des von der t. S. unabhängigen zweiten Terms ergibt gemäss Abschn. 6.4.3

$$\frac{\Psi_{d0}}{x_d(s)} \Rightarrow i_{kd0}(t) = \Psi_{d0}\left[\left(\frac{1}{x_d''}-\frac{1}{x_d'}\right)e^{-\frac{t}{T_d''}} + \left(\frac{1}{x_d'}-\frac{1}{x_d}\right)e^{-\frac{t}{T_d'}} + \frac{1}{x_d}\right]$$
$$\frac{\Psi_{q0}}{x_q(s)} \Rightarrow i_{kq0}(t) = \Psi_{q0}\left[\left(\frac{1}{x_q''}-\frac{1}{x_q'}\right)e^{-\frac{t}{T_q''}} + \left(\frac{1}{x_q'}-\frac{1}{x_q}\right)e^{-\frac{t}{T_q'}} + \frac{1}{x_q}\right].$$
(6.148)

Addiert man dazu den Anfangsstrom und die Rücktransformierte des Terms mit eckigen Klammern, erhält man für die Komponenten des Kurzschlussstromes

$$i_d(t) = i_{d0} + i_{kd0}(t) - \frac{\Psi_{d0}}{x_d''}\cos\omega t - \frac{\Psi_{q0}}{x_d''}\sin\omega t$$
$$i_q(t) = i_{q0} + i_{kq0}(t) - \frac{\Psi_{q0}}{x_q''}\cos\omega t + \frac{\Psi_{d0}}{x_q''}\sin\omega t.$$
(6.149)

Eine weitere Vereinfachung folgt für den Kurzschluss ab Leerlauf. Dann gilt: $\Psi_{q0}=0$, $i_{d0}=i_{q0}=0$, $\Psi_{d0}=u_0$, und Gl. (6.149) vereinfacht sich zu

$$i_d(t) = i_{kd0}(t) - \frac{u_0}{x_d''}\cos\omega t$$
$$i_q(t) = \frac{u_0}{x_q''}\sin\omega t.$$
(6.150)

Für den Statorstrom in der Phase a erhält man nach Gl. (2.47)

$$i_a = i_d \cos\vartheta_r - i_q \sin\vartheta_r$$

ϑ_r gibt die Lage der mit Geschwindigkeit ω rotierenden d-Achse relativ zur Achse der Phase a an und kann von

$$\vartheta_r = \omega t + \vartheta_0$$

ausgedrückt werden, worin ϑ_0 die Lage im Kurzschlussaugenblick darstellt.

6.8 Kurzschlussverhalten mit t. S.

Aus (6.150) folgt

$$i_a(t) = i_{kd0}(t) \cos(\omega t + \vartheta_0)$$
$$- \frac{u_0}{x_d''} \cos \omega t \, \cos(\omega t + \vartheta_0) - \frac{u_0}{x_q''} \sin \omega t \, \sin(\omega t + \vartheta_0). \qquad (6.151)$$

Durch einige trigonometrische Umformungen erhält man schliesslich

$$i_a(t) = i_{kd0}(t) \cos(\omega t + \vartheta_0)$$
$$- \frac{u_0}{2}\left(\frac{1}{x_d''} + \frac{1}{x_q''}\right) \cos \vartheta_0 - \frac{u_0}{2}\left(\frac{1}{x_d''} - \frac{1}{x_q''}\right) \cos(2\omega t + \vartheta_0). \qquad (6.152)$$

In SM mit vollständiger Dämpferwicklung ist $x_q'' \approx x_d''$, und der mit doppelter Frequenz schwingende dritte Term sehr klein. Der zweite Term ist ein Gleichstrom, der den grössten Wert dann erreicht, wenn $\vartheta_0 = 0$, d. h., wenn die Polradachse im Kurzschlussaugenblick mit der Achse der Phase a übereinstimmt. Dann ist im Leerlauf die Statorspannung der Phase a gerade null. In Wirklichkeit sind die beiden letzten Terme nicht konstant, sondern nehmen wegen des Einflusses des Statorwiderstandes exponentiell ab.

Einfluss des Statorwiderstandes Die von der t. S. abhängigen Terme in der Komponentengleichung (6.146) schwingen mit Nennfrequenz wegen des im Nenner vorhandenen Ausdrucks $(1 + s^2 T_r^2)$, charakteristisch für eine ungedämpfte Schwingung zweiter Ordnung. Greift man auf Gl. (6.145) zurück, kann der Nenner auf folgende Form gebracht werden

$$(r^2 + x_d(s)x_q(s))\left[1 + sT_r \frac{r(x_d(s) + x_q(s))}{r^2 + x_d(s)x_q(s)} + s^2 T_r^2 \frac{x_d(s)x_q(s)}{r^2 + x_d(s)x_q(s)}\right].$$

Für Schwingungen von ungefährer Netzfrequenz (wahr solange $r \ll x_d''$) können die Synchronreaktanzen durch die subtransienten Werte ersetzt werden. Damit erhält man

$$(r^2 + x_d'' x_q'')\left[1 + sT_r \frac{r(x_d'' + x_q'')}{r^2 + x_d'' x_q''} + s^2 T_r^2 \frac{x_d'' x_q''}{r^2 + x_d'' x_q''}\right],$$

woraus sich die Dämpfungszeitkonstante berechnen lässt

$$T_a = T_r \frac{2 x_d'' x_q''}{r(x_d'' + x_q'')}.$$

Diese Dämpfung bleibt der einzige nennenswerte Einfluss des Statorwiderstandes (für eine eingehende Analyse s. [14]).

Mit $r = 0.001$ und $x_q'' = x_d'' = 0.20$, folgt z. B. für 50 Hz $T_a \approx 0.64$ s!

Abb. 6.76 Verlauf des momentanen Kurzschlussstromes ab Leerlauf bei Kurzschluss im Spannungsnulldurchgang. Der Strom setzt sich aus einer Wechselstrom- und einer Gleichstromkomponente zusammen. Berechnet aus (6.153) mit folgenden Daten: $x_d'' = 0.20$, $x_q'' = 0.19$, $x_d' = 030$, $x_d = 1.5$, $T_d' = 1.6$ s, $T_d'' = 0.05$ s, $T_a = 0.32$ s

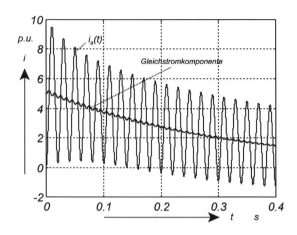

Der Verlauf des Kurzschlussstromes ab Leerlauf lautet somit

$$i_a(t) = u_0 \left[\left(\frac{1}{x_d''} - \frac{1}{x_d'} \right) e^{-\frac{t}{T_d''}} + \left(\frac{1}{x_d'} - \frac{1}{x_d} \right) e^{-\frac{t}{T_d'}} + \frac{1}{x_d} \right] \cos(\omega t + \vartheta_0)$$

$$- \frac{u_0}{2} \left(\frac{1}{x_d''} + \frac{1}{x_q''} \right) \cos \vartheta_0 \, e^{-\frac{t}{T_a}} \quad (6.153)$$

$$- \frac{u_0}{2} \left(\frac{1}{x_d''} - \frac{1}{x_q''} \right) \cos(2\omega t + \vartheta_0) e^{-\frac{t}{T_a}}$$

und ist in Abb. 6.76 dargestellt.

6.9 Modell der Netzkopplung der SM

Abbildung 6.77 zeigt das Blockschaltbild der Netzkopplung mit der Annahme, dass die SM mit dem Strom als Ausgangsgrösse modelliert werde.

Die vom Netz diktierte Eingangsspannung wird in der Regel als Festzeiger in einem mit Netzfrequenz rotierenden Koordinatensystem definiert. In diesem Koordinatensystem ist die Spannung mit Modul u und Phase ϑ gegeben (Zeigerdiagramm Abb. 6.78).

Die SM wird mit Parkkomponenten beschrieben, deren Referenzachse mit dem Rotor der SM rotiert. Die q-Achse ist um den Polradwinkel δ gegenüber der Spannung phasenverschoben. Im Referenzsystem der Synchronmaschine gilt

$$u_d = u \sin \delta = u \sin(\delta_Q - \vartheta)$$
$$u_q = u \cos \delta = u \cos(\delta_Q - \vartheta). \quad (6.154)$$

Diese Gleichungen bilden das Koppelelement K_u am Eingang der SM (Abb. 6.77). Der dazu notwendige Polradwinkel δ_Q, welcher die Lage der q-Achse der SM

6.9 Modell der Netzkopplung der SM

Abb. 6.77 Blockschema der Netzkopplung der SM

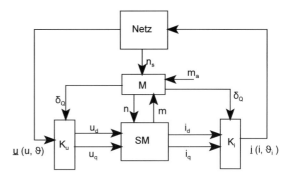

Abb. 6.78 Referenzsysteme für SM (d, q) und Netz (Re, Im)

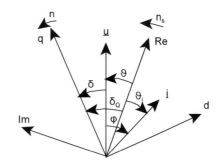

relativ zur reellen Achse des Referenzsystems des Netzes definiert, folgt aus der Drehmomentbilanz der Synchrongruppe. Diese lautet im einfachsten Fall

$$m_a - m = T_m \frac{dn}{dt}$$
$$n - n_s = T_r \frac{d\delta_Q}{dt}. \tag{6.155}$$

Diese Gleichungen stellen das Koppelelement M (Mechanik) von Abb. 6.77 dar. n_s ist die relative synchrone Frequenz (die vom Netz bestimmt wird).

Am Ausgang der SM gilt für den Strom

$$i_d = i \, \sin(\delta + \varphi) = i \, \sin(\delta_Q - \vartheta_i)$$
$$i_q = i \, \cos(\delta + \varphi) = i \, \cos(\delta_Q - \vartheta_i). \tag{6.156}$$

Aus diesen Beziehungen können Modul i und Phasenwinkel ϑ_i des Stromes in Netzkoordinaten bestimmt werden. Diese Gleichungen bilden das Koppelelement K_i am Ausgang der SM.

Mehrere SM und Netzmodell Für die Simulation langsamer Vorgänge, z. B. Leistungs- und Frequenzpendelungen, kann man die transformatorischen Spannungen vernachlässigen. Das aus Elementen, wie Leitungen und Transformatoren, bestehende Netz lässt sich dann rein statisch nachbilden. In Kap. 9 wird gezeigt, dass in diesem Fall das Netz durch die *Knoten- punktadmittanzmatrix* beschrieben wird, welche in jedem Knotenpunkt den Strom in Funktion der Knotenpunktspannungen auszudrücken erlaubt. Deren Inversion (Impedanzmatrix) ermöglicht umgekehrt, aus den eingespeisten Strömen die Spannungseingänge für die SM zu bestimmen.

Wie bereits erwähnt kann man im Bilanzknoten ein SM-Modell mit der Spannung als Ausgangsgrösse verwenden. Die Koppelelemente bleiben dieselben, werden aber nach den anderen Variablen aufgelöst.

Durch das Vorhandensein anderer Elemente, wie rotierende Verbraucher (Kap. 7), Regeltransformatoren (Kap. 4), Blindleistungskompensatoren und andere Lastflusssteuergeräte (Kap. 9), welche zum Teil dynamische Elemente einbringen, wird die damit verbundene Problematik komplexer (Vertiefung in Bd. 2 und 3).

Literatur

1. Bissig H, Kulig TS, Reichert K (1993) Modelling and identification of synchronous machine, a new approach with an extended frequency range. IEEE Trans Energy Convers 8(2):263–271
2. Bödefeld T, Sequenz H (1965) Elektrische Maschinen. Springer, Wien
3. Bonfert K (1962) Betriebsverhalten der Synchronmaschine. Springer, Berlin
4. Canay IM (1977) Extended synchronous machine model for the calculation of transienz processes and stability. Electric Machines and Electromechanics
5. Canay IM (1983) Determination of model parameters of synchronous machine. IEE Proc 130(2):86–94
6. Canay IM (1993) Modelling of alternating-current machines having multiple rotor circuits. IEEE Trans Energy Convers 8(2):280–296
7. Canay IM (1993) Determination of the model parameters of machines from the reactance operators. IEEE Trans Energy Convers 8(2):280–296
8. Chatelain J (1983) Machines électriques. Traité d'électricité, Bd X. Presses polytechniques romandes, Lausanne
9. Crastan V (1962) Zur Theorie der Selbsterregung von Synchronmaschinen. Brown Boveri Mitt 49(1962):80–94
10. Crastan V (1990) Interne Studie, Berner FH, HTA Biel
11. Graf HH, Voss J (1984) Zentrale Blindleistungsregelung in elektrischen Energieversorgungsnetzen. Forschungsbericht des Landes Nordrhein-Westfalen 3184
12. Hannett LH, de Mello FP (1986) Representation of saturation in synchronous machines. IEEE Trans Power Syst 1:94–102
13. IEEE Guide (1995) Test procedures for Synchronous Machines. Part I and II, IEEE Std 115
14. Laible T (1952) Die Theorie des Synchronmaschine im nichtstationären Betrieb. Springer, Berlin
15. Leijon M (1998) Powerformer, ein grundlegend neuer Generator. ABB Technik 2(98):21–26
16. Rüdenberg R (1974) Elektrische Schaltvorgänge. Springer, Berlin (Hrsg: H. Dorsch, P. Jacottet)
17. Wagner KW (1940) Operatorenrechnung nebst Anwendungen in Physik und Technik. J. A. Barth, Leipzig

Kapitel 7
Verbraucher, Leistungselektronik

Zu unterscheiden ist zwischen rotierenden und statischen Verbrauchern. *Rotierende Verbraucher* wandeln elektrische Energie in mechanische Arbeit um. In der Traktion sowie in der ortsgebundenen Antriebstechnik ist heute, zumindest für grössere Leistungen, die Asynchronmaschine (AM) dominierend. Sie wird deshalb in Abschn. 7.1 eingehend behandelt. Zudem sei erwähnt, dass die AM vor allem in Kleinkraftwerken auch als Generator eingesetzt wird.

Die *statischen Verbraucher* wandeln elektrische Energie in Licht (Beleuchtungstechnik) oder Wärme (Elektrowärme) um. Die Elektrowärme spielt energetisch gesehen sowohl in der Industrie (Elektrolyse, Schmelz-, Trocknungs- und viele andere Prozesse der Grundstoff- und materialverarbeitenden Industrie) als auch im Haushalt (Raumheizung, Warmwasser, Herde usw.) die wichtigere Rolle.

Bei Netzuntersuchungen ist es in der Regel weder möglich noch notwendig im Ersatzschaltbild die Vielzahl von statischen und rotierenden Verbrauchern, die am Netz angeschlossen sind, einzeln aufzuführen. Man wird die Verbraucher vielmehr in den Knotenpunkten zusammenfassen, d. h. *summarisch* darstellen (Abschn. 7.2).

Die elektronische Leistungssteuerung wird heute überall eingesetzt; angefangen bei Haushaltgeräten bis hin zu Industrieanlagen. Je nach Verfahren können durch solche Geräte mehr oder weniger starke Oberschwingungen erzeugt werden, welche die Qualität der Netzspannung beeinträchtigen. Leistungselektronik wird auch im Energieversorgungsnetz zu Kompensations- und Regelungszwecken verwendet (Kap. 9). In Abschn. 7.3 und Bd. 3, Kap. 7 werden die für die Netztechnik wichtigsten Bausteine der Leistungselektronik behandelt und in Abschn. 7.4 sowie Bd. 3, Kap. 5 die Fragen der Netzqualität angesprochen.

7.1 Die Asynchronmaschine

Abbildung 7.1a zeigt das einpolige Schaltbild der Asynchronmaschine (AM). Die AM trägt sowohl auf dem Stator (wie die SM) als auch auf dem Rotor eine dreiphasige Wicklung. Die Rotorwicklung wird direkt oder über Schleifringe und einen äusseren

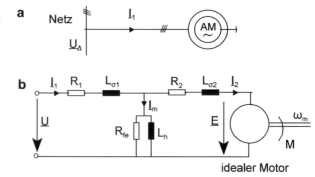

Abb. 7.1 a Einpoliges Schaltbild. **b** Ersatzschaltbild der AM

Widerstand (Schleifringläufer) kurzgeschlossen. Im ersten Fall wird sie als Käfig oder Doppelkäfig ausgeführt (Käfig- oder Doppelkäfigläufer) [2, 3].

Die AM kann als Kettenschaltung eines Transformators und eines idealen Motors (oder Generators) dargestellt werden (Ersatzschaltbild 7.1b). Der ideale Motor transformiert die elektrische Leistung $3\,E\,I_2$ verlustlos in die mechanische Wellenleistung $M\,\omega_m$. Mechanische Verluste werden bei diesem Modell vernachlässigt oder zur Last hinzugeschlagen.

$R_1, L_{\sigma 1}$ sind Widerstand und Streuinduktivität einer Statorphase, $R_2, L_{\sigma 2}$ auf den Stator bezogene Werte von Widerstand und Streuinduktivität einer Rotorphase. Die Mechanik des Asynchronmotors wird im einfachsten Fall durch die Gleichung

$$M - M_b = J\frac{d\omega_m}{dt} = \frac{J}{p}\frac{d\omega}{dt} \qquad (7.1)$$

beschrieben (M_b = Belastungsmoment, J = Trägheitsmoment der rotierenden Massen, p = Polpaarzahl). Ist das Belastungsmoment drehzahlabhängig, kann es im interessierenden Drehzahlbereich durch folgende Kennlinie approximiert werden

$$M_b = M_{bo} + B\frac{\omega}{p}. \qquad (7.2)$$

7.1.1 Stationäres Verhalten

Im idealen Motor wird per Definition nur Wirkleistung umgesetzt, und die Spannung E ist gleichphasig mit dem Strom I_2. Die Theorie der AM zeigt (Abschn. 7.1.3), dass im stationären Zustand der ohmsche Widerstand E/I_2 des idealen Motors oder Generators folgendermassen ausgedrückt werden kann

$$\frac{E}{I_2} = R_2\frac{1-\sigma}{\sigma}, \quad \sigma = Schlupf = \frac{\omega_s - \omega}{\omega_s} \qquad (7.3)$$

mit ω_s = synchrone Kreisfrequenz, ω = effektive Kreisfrequenz der Welle = $p\,\omega_m$. Abbildung 7.1b lässt sich durch das stationäre Ersatzschaltbild Abb. 7.2 ersetzen. Für das Drehmoment erhält man aus Abb. 7.2 und Gl. (7.3)

7.1 Die Asynchronmaschine

Abb. 7.2 Stationäres Ersatzschaltbild der AM

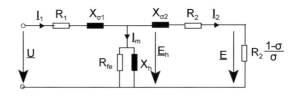

Abb. 7.3 Nach Thevenin transformiertes stationäres Ersatzschaltbild der AM

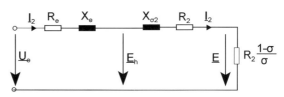

$$M = \frac{3EI_2}{\omega_m} = \frac{3R_2 I_2^2 (1-\sigma) p}{\sigma \omega} = \frac{3R_2 I_2^2 p}{\sigma \omega_s}. \quad (7.4)$$

Den Strom I_2 kann man in Abhängigkeit von der Spannung ausdrücken durch Umwandlung des Ersatzschaltbildes Abb. 7.2 mit dem Satz von Thevenin in Abb. 7.3. Man erhält aus Leerlauf und Kurzschlussbedingung, mit der Annahme $R_{fe} = \infty$

$$\underline{U}_e = \underline{U} \frac{jX_h}{R_1 + j(X_{\sigma 1} + X_h)} = \underline{U} \frac{jX_h}{R_1 + jX_1}$$
$$\underline{Z}_e = R_e + jX_e = (R_1 + jX_{\sigma 1}) \frac{jX_h}{R_1 + jK_1}. \quad (7.5)$$

Aus Abb. 7.3 folgt für den Strom

$$I_2^2 = \frac{U_e^2}{\left(R_e + \frac{R_2}{\sigma}\right)^2 + (X_e + X_{\sigma 2})^2} \quad (7.6)$$

und eingesetzt in Gl. (7.4), für das Drehmoment

$$M = \frac{U_{\Delta e}^2 p}{\omega_s} \frac{\frac{R_2}{\sigma}}{\left(R_e + \frac{R_2}{\sigma}\right)^2 + (X_e + X_{\sigma 2})^2}. \quad (7.7)$$

Abbildung 7.4 stellt den Verlauf des Drehmoments in Abhängigkeit vom Schlupf für typische Kenngrössen dar (> 10 kVA, [3]). Für kleinen Schlupf, praktisch zwischen Leerlauf und Vollast, erhält man mit guter Näherung die lineare Beziehung

$$M = \frac{U_{\Delta e}^2 \, p}{\omega_s \, R_2} \sigma. \quad (7.8)$$

Abb. 7.4 Drehmoment (p.u.) einer AM (Käfigläufer) in Funktion des Schlupfes, berechnet für typische Kenngrössen (p.u.):
$r_1 = r_2 = 0.02$, $x_{\sigma 1} = 0.10$, $x_{\sigma 2} = 0.09$, $x_h = 3$

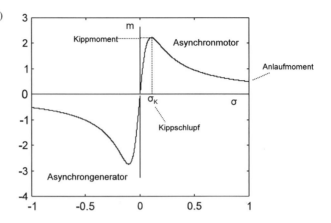

Kippschlupf σ_K und Kippmoment M_K erhält man durch Ableitung der Gl. (7.7). Das Anlaufmoment M_A folgt aus (7.7) für $\sigma = 1$

$$\sigma_K = \frac{R_2}{\sqrt{R_e^2 + (X_e + X_{\sigma 2})^2}}, \quad M_K = \frac{U_{\Delta e}^2 \, p}{\omega_s} \frac{1}{2(R_e + \sqrt{R_e^2 + (X_e + X_{\sigma 2})^2})}$$

$$M = \frac{U_{\Delta e}^2 \, p}{\omega_s} \frac{R_2}{(R_e + R_2)^2 + (X_e + X_{\sigma 2})^2} = \frac{U_{\Delta e}^2 \, p}{\omega_s} \frac{R_2}{Z_k^2} \quad (7.9)$$

$$Z_k = (R_e + R_2) + j(X_e + X_{\sigma 2}) = Kurzschlussimpedanz.$$

Für weitere Angaben zur Parameterbestimmung s. [2, 3, 14].

7.1.2 Kurzschluss- und Anlaufstrom

Bei Kurzschluss im Netz bleibt die Spannung E vorerst wegen der Trägheit der rotierenden Massen und des magnetischen Flusses erhalten. Gleichgültig, ob die AM als Motor oder Generator betrieben wird, liefert sie bei Klemmenkurzschluss einen Kurzschlussstrombeitrag

$$\underline{I}_k'' = \frac{E}{Z_k}, \quad Z_k \; gemäss \; (7.9) \; oder \; \approx R + jX_\sigma \quad (7.10)$$

(letzteres bei Vernachlässigung der Querimpedanz). Als subtransienten Wert von E nimmt man $E'' = 1.1 U_n$ für Mittelspannungsmotoren und $E'' = U_n$ für Niederspannungsmotoren (Abschn. 9.2.1). Der Kurzschlussstrom verschwindet relativ rasch, etwa wie die subtransiente Komponente in der Synchronmaschine (Abschn. 6.4.4). Eine langsamere transiente Komponente gibt es nicht, da die AM keine Gleichstrom Feldwicklung mit entsprechend grosser Zeitkonstante aufweist.

7.1 Die Asynchronmaschine

Abb. 7.5 Anlage zu Beispiel 7.1

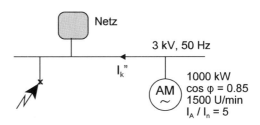

Die *Kurzschlussimpedanz* Z_k unterscheidet sich für übliche Werte der Parameter nur wenig von der *Anlaufimpedanz* Z_A, die sich aus dem Anlaufstrom berechnen lässt. Diesen kann man messen oder aus Schaltbild 7.2 für $\sigma = 1$ ($=$ Stillstand) ermitteln

$$\underline{I}_A = \frac{U_r}{\underline{Z}_A} = \frac{U_r}{R_1 + jX_{\sigma 1} + \dfrac{jX_h(R_2 + jX_{\sigma 2})}{R_2 + jX_2}}. \tag{7.11}$$

Typische Werte für das Verhältnis Anlaufstrom/Nennstrom sind 4–7. Es gilt also

$$Z_k \approx Z_A = \frac{U_r}{I_A} = \frac{Z_r I_r}{I_A} = \frac{Z_r}{\dfrac{I_A}{I_r}}, \quad \frac{I_A}{I_r} \approx 4\ldots 7. \tag{7.12}$$

Falls keine Messung für den Widerstand $R \approx R_1 + R_2$ vorliegt, kann man in erster Näherung folgende Verhältnisse annehmen [1], IEC 909:

$$R/X_\sigma \approx 0.3 - 0.42 \quad \textit{für Niederspannungsmotoren}$$
$$R/X_\sigma \approx 0.15 \quad \textit{für Mittelspannungsmotoren} < 1\ MW/Polpaar \tag{7.13}$$
$$R/X_\sigma \approx 0.1 \quad \textit{für Mittelspannungsmotoren} > 1\ MW/Polpaar.$$

Beispiel 7.1

a) Man berechne den Beitrag des Asynchronmotors von Abb. 7.5 an den subtransienten Kurzschlussstrom, bei Kurzschluss auf einem Abgang der 3-kV-Sammelschiene.
b) Man schätze den Schlupf des Asynchronmotors bei Nennbelastung, wenn $R_2 = 1.3\ R_1$ und $X_h/X_1 = 0.97$.

a) Aus den Daten und (7.12) folgt

$$Z_r = \frac{3^2}{\dfrac{1}{0.85}} = 7.65\ \Omega \quad \longrightarrow \quad Z_k \approx \frac{7.65}{5} = 1.53\ \Omega$$

$$\longrightarrow I_k'' = \frac{1{,}1 \cdot 3}{1.53\sqrt{3}} = 1.25\ kA$$

b) Aus (7.12), (7.5) und (7.8) erhält man

$$\frac{R}{X_\sigma} \approx 0.15, \quad X_\sigma = \frac{1.53}{\sqrt{1+0.15^2}} = 1.51\,\Omega, \quad R = 0.23\,\Omega$$

$$-\!\succ R_1 = 0.10\,\Omega, \quad R_2 = 0.13\,\Omega$$

$$U_e \approx U\,\frac{X_h}{X_1}, \quad \sigma_r = \frac{M_r\,\omega_s\,R_2}{U_{\Delta e}^2\,p} \approx \frac{P_r\,R_2}{U_{\Delta e}^2} = \frac{1000\cdot 10^3 \cdot 0.13}{(3\cdot 10^3 \cdot 0.97)^2} = 1.5\%.$$

7.1.3 Dynamik der AM

Durch Einführung der Festzeiger (Parkzeiger), relativ zu einem mit Drehfeldgeschwindigkeit rotierenden Achsensystem (Abschn. 2.4.2 und 2.4.6), lauten die Gleichungen für Stator, Rotor und Flussverkettung mit Bezug auf die in Abb. 7.1b eingeführten Parameter und Stromrichtungen (p = d/dt)

$$\underline{U} = R_1\,\underline{I}_1 + (p + j\omega_s)\,\underline{\Psi}_1$$
$$\underline{U}_2 = -R_2\,\underline{I}_2 + (p + j\sigma\omega_s)\,\underline{\Psi}_2$$
$$\underline{\Psi}_1 = L_{\sigma 1}\,\underline{I}_1 + L_h\,(\underline{I}_1 - \underline{I}_2) \qquad (7.14)$$
$$\underline{\Psi}_2 = L_h\,(\underline{I}_1 - \underline{I}_2) - L_{\sigma 2}\,\underline{I}_2.$$

Dabei sind die Eisenverluste vernachlässigt und Isotropie angenommen worden. Man beachte, dass sich die Rotorgrössen mit Schlupffrequenz ändern.

Durch die Umformung

$$p + j\sigma\omega_s = (p + j\omega_s) - j(1 - \sigma)\omega_s \qquad (7.15)$$

und die Annahme $U_2 = 0$ ergibt sich unmittelbar das dynamische Ersatzschaltbild Abb. 7.6a [15]. Der Rotorfluss lässt sich mit der zweiten der Gln. (7.14) auch in Funktion des Rotorstromes ausdrücken, und man erhält das äquivalente Ersatzschaltbild 7.6b. Dieses Schema ist für p = 0 identisch mit dem stationären Ersatzschaltbild Abb. 7.2 (falls $R_{fe} = \infty$).

Durch Elimination von I_2 und 0_2 aus den drei letzten der Gln. (7.14) erhält man, gesetzt p = 0, den *stationären Zusammenhang* zwischen Statorstrom und Statorfluss und bei Berücksichtigung der ersten der (7.14) (mit der Annahme $R_1 = 0$) auch den Zusammenhang zwischen Statorstrom und Statorspannung. Es folgt (mit $L_1 = L_h + L_\sigma$)

$$\underline{I}_1 = \frac{1}{L_1}\,\frac{1 + j\sigma\omega_s T_0''}{1 + j\sigma\omega_s T''}\,\underline{\Psi}_1 \approx \frac{1}{j\omega_s L_1}\,\frac{1 + j\sigma\omega_s T_0''}{1 + j\sigma\omega_s T''}\,\underline{U}$$

mit $\Big\{$ *Leerlaufzeitkonstante* $\quad T_0'' = \dfrac{L_2}{R_2}$ $\qquad (7.16)$

$\qquad\quad$ *Kurzschlusszeitkonstante* $\quad T'' = \lambda T_0'',\quad \lambda = 1 - \dfrac{L_h^2}{L_1 L_2}.$

7.1 Die Asynchronmaschine

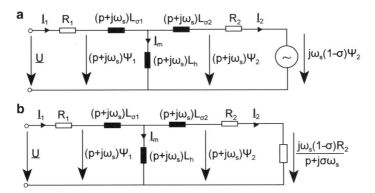

Abb. 7.6 Dynamische Ersatzschaltbilder der AM

Die Vernachlässigung des Statorwiderstandes beim Übergang zur Statorspannung verändert das Endergebnis nur geringfügig.

Für Änderungen, relativ zu einem stationären Anfangszustand, und für *konstanten Schlupf* kann der Operator p durch die Laplacesche Variable s ersetzt werden, und man erhält aus dem Ersatzschaltbild folgenden *dynamischen Zusammenhang* bzw. *komplexe Übertragungsfunktion* (Abschn. 2.4.6)

$$\underline{\Delta I}_1 = \frac{1}{L_1} \frac{1+(s+j\sigma\omega_s)T_0''}{1+(s+j\sigma\omega_s)T''} \underline{\Delta \Psi}_1 \approx \frac{1}{(s+j\omega_s)L_1} \frac{1+(s+j\sigma\omega_s)T_0''}{1+(s+j\sigma\omega_s)T''} \underline{\Delta U}. \tag{7.17}$$

Als Anwendungsbeispiele seien der Kurzschluss an den Statorklemmen und der Einschaltvorgang bei blockiertem Rotor behandelt.

Kurzschlussvorgang Der Faktor $(s+j\omega_s)$ im Nenner von (7.17) stellt wegen (2.51) die Schwingungen mit Netzfrequenz dar. Lässt man in diesem Faktor die Variable s weg (= Weglassen der transformatorischen Statorspannung (t.S.) und damit auch des asymmetrischen Gleichstromanteils des Kurzschlussstromes), erhält man den Anfangswert des subtransienten ($s \to \infty$) symmetrischen Stromanteils

$$\underline{I}_k'' = -\underline{\Delta I}_1'' = \frac{U_0}{j\omega_s L_1} \frac{T_0''}{T''} = \frac{U_0}{j\lambda X_1}. \tag{7.18}$$

λ ist der Gesamtstreufaktor. Die Kurzschlussreaktanz λX_1 unterscheidet sich für übliche Werte der Parameter nur wenig von der durch (7.9) definierten Kurzschlussimpedanz.

Der stationäre Kurzschlussstrom ist null (s. Gl. 7.16). Der Zeitverlauf des symmetrischen Anteils des Effektivwerts des Kurzschlussstromes ergibt sich aus dem Nennerpolynom von (7.17). Wegen (2.51) folgt die charakteristische Gleichung zweiter Ordnung

$$(1+sT'')^2 + (\sigma\omega_s T'')^2 = 0, \tag{7.19}$$

Abb. 7.7 Kurzschlussstromverlauf in der Asynchronmaschine, berechnet mit Modell Abb. 7.11

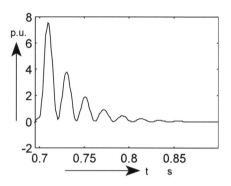

aus welcher sich Resonanzkreisfrequenz, Dämpfungsfaktor und Eigenkreisfrequenz des Einschwingvorgangs berechnen lassen

$$v_0 = \frac{\sqrt{1+(\sigma\omega_s T'')^2}}{T''}, \quad \zeta \frac{1}{\sqrt{1+(\sigma\omega_s T'')^2}}, \quad v_e = v_0\sqrt{1-\zeta^2} = \sigma\omega_s. \quad (7.20)$$

Im Normalbetrieb ist σ klein, $(\sigma\omega_s T'')^2 \ll 1$, der Dämpfungsfaktor $\zeta \approx 1$ und der Vorgang nahezu aperiodisch mit der Zeitkonstanten T″, die demzufolge mit Recht als Kurzschlusszeitkonstante bezeichnet wird.

Mit den Daten der Abb. 7.4 erhält man X = 0.06, T″ = 30 ms und somit $i_k'' \approx 5.34$ p.u. Das Resultat der Berechnung mit dem exakten Modell Abb. 7.11 ist in Abb. 7.7 wiedergegeben. Nach 10 ms ist der Kurzschlussstrom entsprechend der Zeitkonstanten T″ etwas abgeklungen, und für den Spitzenwert erhält man

$$i_p = i_k'' \, e^{-\frac{0.01}{T''}} = 5.34 \cdot 0.72 = 3.84 \; p.u.,$$

einen Wert, der mit Abb. 7.7 übereinstimmt, wenn man sich die Gleichstromkomponente wegdenkt. Diese hat ebenfalls den Anfangswert i_k'' und klingt mit T″ ab.

Anlaufstrom bei blockiertem Rotor Für σ = 1, wieder bei Vernachlässigung der t.S. und des Statorwiderstandes, folgen aus Gl. (7.17) der Anfangsanlaufstrom I_A'' (s → ∞) und aus Gl. (7.16) der stationäre Anlaufstrom I_A

$$\underline{I}_A'' = \frac{U}{j\lambda X_1}, \quad I_A = \frac{U}{jX_1}\frac{1+j\omega_s T_0''}{1+j\omega_s T''}. \quad (7.21)$$

Die beiden Ströme sind nahezu gleich, da in diesem Fall $\omega_s T \gg 1$ und die Pendelbewegung nach Gl. (7.20) (diesmal mit Netzfrequenz) kaum sichtbar ist, obwohl der Dämpfungsfaktor deutlich unter 1 liegt. Der Anfangsanlaufstrom ist bei gleicher Spannung identisch mit dem subtransienten Anfangskurzschlussstrom. Den mit Modell Abb. 7.11 berechneten exakten Verlauf des Phasenstromes (Abb. 7.8a) bestätigt Gl. (7.21). Die in dieser Abb. zu Beginn auftretende asymmetrische Komponente ist eine Folge der t.S. des Stators und klingt mit der Zeitkonstanten T″ ab.

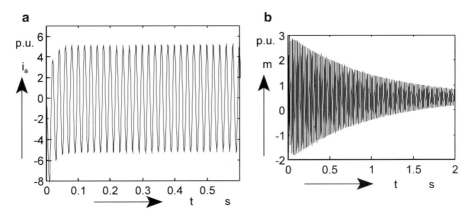

Abb. 7.8 Anlaufstrom und Anlaufmoment in p.u. bei blockiertem Rotor, berechnet mit Modell Abb. 7.11 und Daten der Abb. 7.4

7.1.4 Leistungen und Drehmoment

Für die Wirkleistungen der AM gilt ohne t.S. nach Abb. 7.6 die Bilanz

$$P_1 = 3\,R_1 I_1^2 + 3\,Re[j\omega_s \underline{\Psi}_1 \underline{I}_1^*] = 3\,R_1 I_1^2 + P_2$$
$$P_2 = 3\,Re[j\omega_s \underline{\Psi}_1\,\underline{I}_1^*] = 3\,Re[j\omega_s \underline{\Psi}_2\,\underline{I}_2^*] = 3\,R_2 I_2^2 + P_m \quad (7.22)$$
$$P_m = 3\,\frac{1-\sigma}{\sigma}\,R_2\,I_2^2 = P_2\,(1-\sigma) = M\frac{\omega}{p} = \frac{M}{p}\,\omega_s(1-\sigma).$$

P_1 ist die Eingangsleistung, P_2 die Luftspaltleistung und P_m die mechanisch an der Welle abgegebene Leistung. Die Leistung P_2 lässt sich aus I_1, Ψ_1 oder aus I_2, Ψ_2 ermitteln. Für letztere erhält man aus Abb. 7.6b (statisch analog Gl. 7.16 und dynamisch analog Gl. 7.17)

$$\underline{I}_2 = \frac{1}{L_h}\frac{j\sigma\omega_s(1-\lambda)T_0''}{1+j\sigma\omega_s T''}\,\underline{\Psi}_1, \quad \underline{\Delta I}_2 = \frac{1}{L_h}\frac{(s+j\sigma\omega_s)(1-\lambda)T_0''}{1+(s+j\sigma\omega_s)T''}\,\underline{\Delta\Psi}_1$$
$$\underline{\Psi}_2 = \frac{L_h}{L_1}\frac{1}{1+j\sigma\omega_s T''}\,\underline{\Psi}_1, \quad \underline{\Delta\Psi}_2 = \frac{L_h}{L_1}\frac{1}{1+(s+j\sigma\omega_s)T''}\,\underline{\Delta\Psi}_1 \quad . \quad (7.23)$$

Drehmoment Das Drehmoment erhält man aus Gl. (7.22)

$$M = P_2\,\frac{p}{\omega_S} = 3p\,Re[j\underline{\Psi}_2\,\underline{I}_2^*]. \quad (7.24)$$

Setzt man die ersten der Gln. (7.23) in (7.24) ein, folgt der stationäre Zusammenhang

$$M = \frac{3p\,\omega_s\sigma(1-\lambda)T_0''}{1+(\sigma\omega_s T'')^2}\,\frac{\Psi_1^2}{L_1} \approx \frac{p\,\sigma(1-\lambda)T_0''}{1+(\sigma\omega_s T'')^2}\,\frac{U_\Delta^2}{X_1}. \quad (7.25)$$

Abb. 7.9 Anlaufmoment des Asynchronmotors, berechnet mit Modell Abb. 7.11, mit den Daten der Abb. 7.4

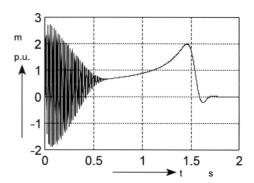

Mit Hilfe der Gl. (7.16) lässt sich zeigen, dass dieser Ausdruck identisch ist mit (7.7) (wenn $R_1 = 0$).

Für $\sigma = 1$ ergibt sich folgender stationärer Wert M_A des *Anlaufdrehmoments* (der für $R_1 = 0$ mit (7.9) übereinstimmt)

$$M_A = \frac{p\,(1-\lambda)T_0''}{1 + (\omega_s T'')^2} \frac{U_\Delta^2}{X_1} \approx \frac{p\,R_2}{\omega_s} \frac{(1-\lambda)U_\Delta^2}{\lambda^2 X_1 X_2}. \qquad (7.26)$$

Bei Berücksichtigung der t.S des Stators überlagert sich diesem Drehmoment eine Komponente mit Netzfrequenz (Abb. 7.8b), welche die Amplitude M_{Aw} aufweist und mit der Leerlaufzeitkonstanten T_0 abklingt [3]

$$M_{AW} = \frac{Z_A}{2\,R_2}\,M_A, \quad T_0 = \frac{L_2}{R_2} + \frac{L_1}{R_1}.$$

Im Fall des berechneten Beispiels ist $T_0 = 0.98$ s, $m_A = 0.55$ p.u., $m_{Aw} = 2.6$ p.u.

Den Drehmomentverlauf während des Anlaufvorgangs (variabler Schlupf), berechnet mit dem exakten nichtlinearen Modell 7.11, zeigt Abb. 7.9.

Drehmoment bei Spannungspendelungen Im Zusammenhang mit Netzpendelungen ist die direkte Abhängigkeit des mittleren Drehmoments von Spannungsschwankungen von Interesse. Aus (7.24) folgt bei *konstantem Schlupf* (konstante Drehzahl) und für kleine Änderungen durch Linearisierung

$$\Delta M = 3p\,Re[j\underline{\Psi}_2\,\underline{\Delta I}_2^* + j\underline{\Delta \Psi}_2\,\underline{I}_2^*]. \qquad (7.27)$$

Setzt man Gl. (7.23) in (7.27) ein und berücksichtigt die erste der Gln. (7.14) ohne t.S. und Statorwiderstand, folgt (mit der zusätzlichen Annahme, dass sich nur die Amplitude und nicht die Phase der Spannung ändere)

$$\frac{\Delta M}{M} = \frac{\left(1 + \sigma^2\omega_s^2 T''^2 + sT'' + s^2\dfrac{T''^2}{2}\right)}{(1 + \sigma^2\omega_s^2 T''^2 + s2T'' + s^2 T''^2)}\,2\,\frac{\Delta U_\Delta}{U_\Delta}. \qquad (7.28a)$$

Die charakteristische Gleichung ist identisch mit (7.19). Im Normalbetrieb ist meist $(\sigma \omega_s T'')^2 \ll 1$, und das Drehmoment folgt der Spannung entsprechend

7.1 Die Asynchronmaschine

Gl. (7.20) im wesentlichen aperiodisch mit der Zeitkonstanten T″. Für die Kennwerte der Abb. 7.4 ist z. B. T″ = 30 ms. Die Abhängigkeit des Drehmoments von der Spannung ist für Schwingungskreisfrequenzen $\nu \ll 1/T''$ quadratisch (Faktor 2), für Schwingungskreisfrequenzen $\nu \gg \sqrt{2}/T''$ hingegen linear (Faktor 1). Für Schwingungsfrequenzen $\nu < 0.4/T''$ kann in erster Näherung (Fehler < 10 %) obiger Zusammenhang durch den folgenden ersetzt werden

$$\frac{\Delta M}{M} = \frac{2}{(1+sT'')} \frac{\Delta U_\Delta}{U_\Delta}. \tag{7.28b}$$

Stationär aufgenommenen Leistungen Vernachlässigt man die Statorverluste, folgt aus den Gln. (7.22), (7.25) die *aufgenommene Wirkleistung*

$$P_1 \approx P_2 = \frac{R_2 I_2^2}{\sigma} = \frac{M}{p}\omega_s = \frac{\sigma(1-\lambda)T_0''}{1+(\sigma\omega_s T'')^2}\frac{U_\Delta^2}{L_1}. \tag{7.29}$$

Für die *aufgenommene Blindleistung* erhält man durch Einsetzen der Gl. (7.16)

$$Q_1 = 3\, Im[j\omega_s \underline{\Psi}_1 \underline{I}_1^*] = \frac{U_\Delta^2}{X_1} \frac{1+\sigma^2\omega_s^2 T_0'' T''}{1+\sigma^2\omega_s^2 T''^2}.$$

Auch die Blindleistung lässt sich in Abhängigkeit vom Drehmoment ausdrücken durch die Umformung

$$Q_1 = \frac{U_\Delta^2}{X_1}\left[1+\frac{\sigma^2\omega_s^2 T_0''^2 \lambda(1-\lambda)}{1+\sigma^2\omega_s^2 T''^2}\right]$$

und schliesslich bei Berücksichtigung der (7.29)

$$Q_1 = \frac{U_\Delta^2}{X_1} + \omega_s^2 \sigma T'' \frac{M}{p}. \tag{7.30}$$

7.1.5 Vollständiges Modell der AM

Um die dynamischen Vorgänge auch bei variablem Schlupf, unter Berücksichtigung der t.S., des Statorwiderstandes und ohne Linearisierung der Drehmomentbeziehung, zu untersuchen, muss auf das Gleichungssystem (7.14) zurückgegriffen werden. Betrachtet sei der allgemeinere Fall einer AM mit Doppelkäfig. Abbildung 7.10 zeigt das entsprechende Ersatzschaltbild mit zwei Rotorkreisen. Der obere Käfig hat einen relativ grossen Widerstand und eine kleine Streuung. Umgekehrt verhält es sich beim unteren Käfig [3]. Noch genauer lässt sich die AM mit drei Rotorkreisen nachbilden; für die Identifikation s. z. B. [4]. Schreibt man die Gleichungen für die Komponenten der Parkzeiger (reelle Achse d und imaginäre Achse q) und vollzieht gleichzeitig den Übergang zum p.u. System (f = ω_s/ω_r = p.u. Netzfrequenz, $T_r = 1/\omega_r$), erhält man folgendes Gleichungssystem

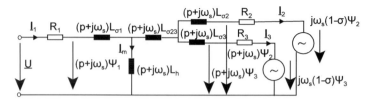

Abb. 7.10 Dynamisches Ersatzschaltbild der AM mit zwei Rotorkreisen

$$u_d = r_1 i_{1d} + T_r \frac{d\psi_{1d}}{dt} - f\psi_{1q}$$

$$u_q = r_1 i_{1q} + T_r \frac{d\psi_{1q}}{dt} + f\psi_{1d}$$

$$u_{2d} = -r_2 i_{2d} + T_r \frac{d\psi_{2d}}{dt} - \sigma f\psi_{2q}$$

$$u_{2q} = -r_2 i_{2q} + T_r \frac{d\psi_{2q}}{dt} + \sigma f\psi_{2d}$$

$$u_{3d} = -r_3 i_{3d} + T_r \frac{d\psi_{3d}}{dt} - \sigma f\psi_{3q} \quad (7.31)$$

$$u_{3q} = -r_3 i_{3q} + T_r \frac{d\psi_{3q}}{dt} + \sigma f\psi_{3d}$$

$$\psi_{1d} = x_1 i_{1d} - x_h i_{2d} - x_h i_{3d}$$

$$\psi_{1q} = x_1 i_{1q} - x_h i_{2q} - x_h i_{3q}$$

$$\psi_{2d} = x_h i_{1d} - x_2 i_{2d} - x_{23} i_{3d}$$

$$\psi_{2q} = x_h i_{1q} - x_2 i_{2q} - x_{23} i_{3q}$$

$$\psi_{3d} = x_h i_{1d} - x_3 i_{3d} - x_{23} i_{2d}$$

$$\psi_{3q} = x_h i_{1q} - x_3 i_{3q} - x_{23} i_{2q}.$$

Dazu kommen die Drehmomentgleichungen (7.32), die man aus (7.1) und (7.22) durch Umwandlung in p.u. erhält, mit n = p.u. Drehzahl der AM:

$$m = \psi_{1d} i_{1q} - \psi_{1q} i_{1d}$$

$$m - m_b = T_m \frac{dn}{dt} \quad (7.32)$$

$$n = f - \sigma f.$$

Analog zur SM (Abschn. 6.7.2) führt man die rotatorischen Spannungen ein

$$e_{1d} = -f\psi_{1q}, \quad e_{1q} = f\psi_{1d}$$

$$e_{2d} = -\sigma f\psi_{2q}, \quad e_{2q} = \sigma f\psi_{2d}$$

$$e_{3d} = -\sigma f\psi_{3q}, \quad e_{3q} = \sigma f\psi_{3d}.$$

7.1 Die Asynchronmaschine

Das Zustandsraummodell wird mit den üblichen Bezeichnungen

$$\frac{d\boldsymbol{x}}{dt} = \boldsymbol{A}\,\boldsymbol{x} + \boldsymbol{B}\,\boldsymbol{u}$$

$$\boldsymbol{y} = \boldsymbol{C}\,\boldsymbol{x} + \boldsymbol{D}\,\boldsymbol{u}$$

durch die Vektoren

$$\boldsymbol{x} = \begin{pmatrix} \psi_{1d} \\ \psi_{1q} \\ \psi_{2d} \\ \psi_{2q} \\ \psi_{3d} \\ \psi_{3q} \end{pmatrix}, \quad \boldsymbol{u} = \begin{pmatrix} u_d - e_{1rd} \\ u_q - e_{1rq} \\ u_{2d} - e_{2rd} \\ u_{2q} - e_{2rq} \\ u_{3d} - e_{3rd} \\ u_{3q} - e_{3rq} \end{pmatrix}, \quad \boldsymbol{y} = \begin{pmatrix} i_{1d} \\ i_{1q} \\ i_{2d} \\ i_{2q} \\ i_{3d} \\ i_{3q} \\ \psi_{1d} \\ \psi_{1q} \\ \psi_{2d} \\ \psi_{2q} \\ \psi_{3d} \\ \psi_{3q} \end{pmatrix}$$

definiert.

Zur Bestimmung der Zustandsraummatrizen führt man die Reaktanzmatrix $\boldsymbol{X}$ und die Widerstandsmatrix $\boldsymbol{R}$ ein

$$\begin{pmatrix} \psi_{1d} \\ \psi_{1q} \\ \psi_{2d} \\ \psi_{2q} \\ \psi_{3d} \\ \psi_{3q} \end{pmatrix} = \boldsymbol{X} \begin{pmatrix} i_{1d} \\ i_{1q} \\ i_{2d} \\ i_{2q} \\ i_{3d} \\ i_{3q} \end{pmatrix} = \begin{vmatrix} x_1 & 0 & -x_h & 0 & -x_h & 0 \\ 0 & x_1 & 0 & -x_h & 0 & -x_h \\ x_h & 0 & -x_2 & 0 & -x_{23} & 0 \\ 0 & x_h & 0 & -x_2 & 0 & -x_{23} \\ x_h & 0 & -x_3 & 0 & -x_{23} & 0 \\ 0 & x_h & 0 & -x_3 & 0 & -x_{23} \end{vmatrix} \cdot \begin{pmatrix} i_{1d} \\ i_{1q} \\ i_{2d} \\ i_{2q} \\ i_{3d} \\ i_{3q} \end{pmatrix},$$

(7.33)

$$\boldsymbol{R} = \begin{vmatrix} -r_1 & 0 & 0 & 0 & 0 & 0 \\ 0 & -r_1 & 0 & 0 & 0 & 0 \\ 0 & 0 & r_2 & 0 & 0 & 0 \\ 0 & 0 & 0 & r_2 & 0 & 0 \\ 0 & 0 & 0 & 0 & r_3 & 0 \\ 0 & 0 & 0 & 0 & 0 & r_3 \end{vmatrix}$$

und erhält

$$\boldsymbol{A} = \frac{1}{T_r} \cdot \boldsymbol{R} \cdot \boldsymbol{X}^{-1}, \quad \boldsymbol{B} = \frac{1}{T_r}\,\boldsymbol{E} \quad (\boldsymbol{E} = 6 \times 6\ \textit{Einheitsmatrix})$$

$$\boldsymbol{C} = \begin{vmatrix} \boldsymbol{X}^{-1} \\ \boldsymbol{E} \end{vmatrix}, \quad \boldsymbol{D} = |0|_{12 \times 6}.$$

Abb. 7.11 Vollständiges AM-Modell im Zustandsraum

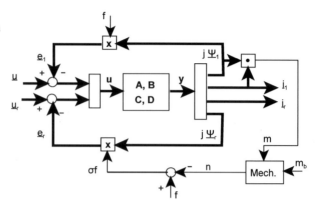

Das lineare Zustandsraummodell ist noch durch drei nichtlineare Elemente (Multiplikatoren) zu ergänzen, die der Bildung der netzfrequenzabhängigen rotatorischen Statorspannung, der schlupffrequenzabhängigen rotatorischen Rotorspannung, aus der jeweiligen Flussverkettung, und des von Fluss und Strom abhängigen Drehmoments dienen.

Das Modell ist in Abb. 7.11 dargestellt, einschliesslich des mechanischen Teils zur Bildung der Schlupffrequenz (Index r für den Vektor der Rotorkomponenten).

7.1.6 Modelle ohne t.S. des Stators

Zur Untersuchung elektromechanischer Vorgänge dürfen in der Regel die Ausgleichsvorgänge mit Netzfrequenz und somit die t.S. des Stators vernachlässigt werden. Etwas kompakter mit Parkvektoren geschrieben, lautet dann das Gleichungssystem (7.31)

$$\vec{u} = R_1\vec{i}_1 + f\,K\vec{\psi}_1$$

$$\vec{u}_r = R_r\vec{i}_r + T_r\frac{d\vec{\psi}_r}{dt} + \sigma f\,K\vec{\psi}_r$$

$$\vec{\psi}_1 = X_1\vec{i}_1 + X_{1r}\vec{i}_r \qquad (7.34)$$

$$\vec{\psi}_r = X_{r1}\vec{i}_1 + X_r\vec{i}_r$$

$$K = Rotationsmatrix\ (s.\ (2.50))$$

$$mit\ \langle\ R_1,\ R_r = Diagonal\text{-}Teilmatrizen\ von\ R$$

$$X_1,\ X_{1r},\ X_{r1}, X_r = Teilmatrizen\ von\ X,\ Gl.\ (7.33).$$

Durch Einführung der rotatorischen Spannung $\mathbf{e_r} = \sigma\,f\,\mathbf{K\psi_r}$ des Rotors ergeben die drei letzten Gleichungen ein lineares System, das im Zustandsraum oder mit Übertragungsfunktionen dargestellt werden kann. Abbildung 7.12 zeigt das Blockdiagramm

7.1 Die Asynchronmaschine 323

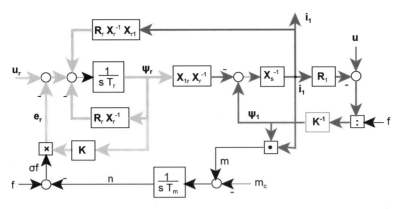

Abb. 7.12 Blockdiagramm der AM ohne t.S. mit $\mathbf{i_1}$ als Ausgangsgrösse, $\mathbf{X_s} = \mathbf{X_1} - \mathbf{X_{1r}}\mathbf{X_1^{-1}}\mathbf{X_{r1}}$

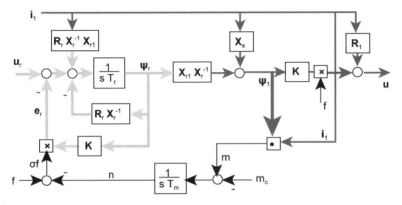

Abb. 7.13 Blockdiagramm der AM ohne t.S mit $\mathbf{u}$ als Ausgangsgrösse, $\mathbf{X_s} = \mathbf{X_1} - \mathbf{X_{1r}}\mathbf{X_1^{-1}}\mathbf{X_{r1}}$

mit $\mathbf{u}$ und Abb. 7.13 jenes mit $\mathbf{i_1}$ als Eingangsgrösse; durch den Wegfall der t.S. lassen sich Ein- und Ausgangsgrössen leicht vertauschen. Die Netzkopplung kann analog zur SM (Abschn. 6.9) erfolgen. Die t.S. des Stators kann auch in diesem Modell, wenn gewünscht, mit einem Differenzierglied berücksichtigt werden.

Durch Linearisierung des Drehmoments und der rotatorischen Spannungen von Stator und Rotor lässt sich ein lineares Zustandsraummodell für kleine Änderungen erstellen, das die Zustandsgrössen ψ_r, n und (für $\mathbf{u_r} = 0$) die Eingangsgrössen $\Delta\mathbf{u}$, Δf, Δm_b bzw. $\Delta\mathbf{i_1}$, Δf, Δm_b aufweist.

In der Literatur sind auch andere Modelle der AM ohne t.S. zu finden, die auf folgenden Überlegungen basieren. Mit Gl. (7.28) ist gezeigt worden, dass im Normalbetrieb das Drehmoment der AM der Spannungsänderung im wesentlichen mit der Zeitkonstanten T" folgt. Dasselbe lässt sich auch für Änderungen der Netzfrequenz und der Schlupffrequenz zeigen [15].

Solange sich die elektromechanischen Vorgänge mit einer Kreisfrequenz $\nu_m \ll 1/T''$ abspielen, dürfen die stationären Gleichungen verwendet werden. Für

Abb. 7.14 Nichtlineares Modell der AM für langsame Vorgänge: $\nu_m \ll 1/T''$

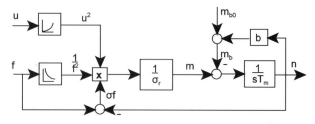

die Daten von Abb. 7.4 ist z. B. $T'' \approx 30$ ms und somit $\nu_m \ll 30$ rad/s, $f_m \ll 5$ Hz. Bei grossen Schwankungen muss das nichtlineare Verhalten berücksichtigt werden.

Nichtlineares Modell Die stationären Gln. (7.25), (7.29) und (7.30) lauten, in p.u. Form gebracht, mit den üblichen Bezugsgrössen (Abschn. 2.2 und für das Drehmoment s. auch Abschn. 6.7.1.4, 6.7.1.5)

$$m = \frac{(\sigma f)(1-\lambda)T_0''\omega_r}{1+(\sigma\omega T'')^2}\frac{u^2}{f^2 x_1} = \frac{1}{\sigma_r}\frac{(\sigma f)u^2}{f^2}$$

$$p_1 = mf = \frac{1}{\sigma_r}\frac{(\sigma f)u^2}{f} \quad (7.35)$$

$$q_1 = \frac{u^2}{f x_1} + (\sigma f)\omega_r T_0'' \, p_1 = \frac{u^2}{f x_1}\left[1+(\sigma f)^2\frac{x_1}{\sigma_r}\right]$$

$$\text{mit} \quad \sigma_r \approx \frac{x_1}{(1-\lambda)T_0''\omega_r}.$$

Zu berücksichtigen sind ferner die zweite und dritte der Beziehungen (7.32) sowie die in p.u. umgeformte Gl. (7.2) des Belastungsmoments:

$$m - m_b = T_m\frac{dn}{dt}$$

$$n = f - \sigma f \quad (7.36)$$

$$m_b = m_{b0} + b\,n.$$

Die Gln. (7.35) und (7.36) ergeben zusammen das nichtlineare Modell Abb. 7.14. Die Leistungen lassen sich aus Spannung, Frequenz und Schlupffrequenz oder Spannung, Frequenz und Drehmoment mit den (7.35) berechnen.

Ist die Bedingung $\nu_m \ll 1/T''$ nicht erfüllt, müssen die allgemeineren Modelle Abb. 7.11 bis 7.13 verwendet werden, oder man kann Abb. 7.14 linearisieren und die Verzögerungen durch angemessene Übertragungsfunktionen berücksichtigt (s. linearisiertes Modell).

Steht die Spannung als Zeiger zur Verfügung, muss die Frequenz durch die Frequenzänderung korrigiert werden, die sich durch Ableitung der Spannungsphase ϑ berechnen lässt. Man kann also schreiben

$$\Delta f = \frac{sT_r}{1+s\tau}\vartheta \quad (7.37)$$

mit τ möglichst klein ($T_r = 1/\omega_r$). Dasselbe gilt auch für nachfolgendes linearisiertes Modell.

Linearisiertes Modell Indiziert man mit 0 die Variablen im betrachteten Arbeitspunkt und bezeichnet (mit einer Ausnahme) die bezogene Änderung einer beliebigen Variablen y mit

$$\Delta y' = \frac{\Delta y}{y_0}, \quad \text{Ausnahme:} \quad \Delta q_1' = \frac{\Delta q_1}{p_{10}}$$

lassen sich die Gln. (7.35) und (7.36) in die Form (7.38) bringen (die Ausnahme wird gemacht, da q_{10} auch null sein kann, z. B. im Fall von Kompensation).

$$\Delta m' = 2\Delta u' - 2\Delta f' + \Delta(\sigma f)'$$

$$\Delta p' = \Delta m' + \Delta f'$$

$$\Delta q' = 2\alpha \Delta u' - \alpha \Delta f' + 2\beta \Delta(\sigma f)'$$

$$\text{mit} \quad \alpha = \frac{q_{10}}{p_{10}}, \quad \beta = \alpha - \frac{u_0^2}{p_{10} f_0 x_1} \quad (7.38)$$

$$\Delta m' = \Delta m_b' + sT_m \frac{n_0}{m_0} \Delta n'$$

$$(1 - \sigma_0)\Delta n' = \Delta f' - \sigma_0 \Delta(\sigma f)'$$

$$\Delta m_b' = b \frac{n_0}{m_0} \Delta n'.$$

Abbildung 7.15 zeigt das entsprechende Blockdiagramm. Die Verzögerungen durch die Zeitkonstante T'' kann man mit den in der Abbildung angegebenen Übertragungsfunktionen berücksichtigen [15], wobei für kleines o und kleine Kreisfrequenz (s. Gln. (7.28)):

$$G_u(s) \approx \frac{\left(1 + sT'' + s^2 \frac{T''^2}{2}\right)}{(1 + sT''^2)}. \quad (7.39)$$

Die Leistungen können zusammen mit der Leistung von statischen Verbrauchern zu einem *summarischen Lastmodell* addiert werden (Abschn. 7.2).

7.2 Summarische Darstellung der Last

Die Leistung der Verbraucher ist je nach Art der Last mehr oder weniger stark von der Netzspannung und der Netzfrequenz abhängig. Sind P_0 und Q_0 Wirk- und Blindleistung bei Nennspannung und Nennfrequenz und bezeichnet man mit u die p.u. Spannung und mit f die p.u. Frequenz, kann man schreiben:

$$P = P_0 \, u^m \, f^p$$
$$Q = Q_0 \, u^n \, f^q. \quad (7.40)$$

Abb. 7.15 Linearisiertes Modell der AM ohne t.S.

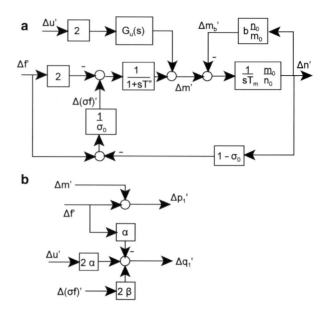

Frequenzabhängigkeit: Die Frequenz ändert sich im Verbundbetrieb sehr wenig und langsam, und ihr Einfluss auf die Last wird meist vernachlässigt, die Netzfrequenz also als konstant angenommen, ausser für die Untersuchung elektromechanischer Pendelungen. Anders verhält es sich bei Inselbetrieb. Für statische ohmsche Verbraucher ist $p=0$ und für induktive Verbraucher, die durch eine Reaktanz beschrieben werden, $q=-1$ (s. auch Gl. (7.42)). Für rotierende Verbraucher (AM) gilt bei konstantem Belastungsmoment $p=1$, sonst und für die Dynamik sei auf Abschn. 7.1 verwiesen. Für die Werte der Exponenten p und q werden in der Literatur Mischwerte von 0.5 für p und -1 für q angegeben [5, 11, 12].

Spannungsabhängigkeit: Die Spannungsänderungen können einen empfindlichen Einfluss auf die bezogene Leistung haben. Für die Exponenten m und n gilt:

- ohmsche Verbraucher, z. B. Heizung, Beleuchtung: $m \sim 2$
- Impedanzen, z. B. Kompensationsanlagen: $m \sim 2$, $n \sim 2$
- motorische Verbraucher, z. B. Asynchronmotoren: bei konstantem Belastungsmoment ist $m=0$, für Näheres s. Abschn. 7.1.

Gewisse Verbraucher mit Gegenspannung (z. B. Elektrolyseanlagen) können auch Exponenten > 2 haben. Als Mischwerte werden $m=1$ und $n=2$ angegeben. Der Wert $m=1$ entspricht einem spannungsunabhängigen Wirkstromverbraucher [11, 12].

Bei zunehmender Last (die in der Praxis immer ohmisch-induktiv ist) nimmt die Spannung im Netz ab. Sind die Mischexponenten positiv, vermindert sich auch die Last, d.h es macht sich ein *Selbstregelungseffekt* bemerkbar. Bei der *Planung* wird

7.2 Summarische Darstellung der Last

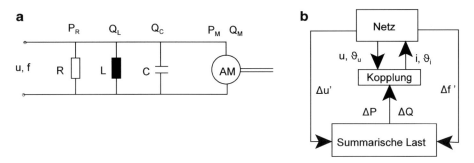

Abb. 7.16 a Summarische Last, bestehend aus statischen Lasten und AM. **b** Blockschema der Netzkopplung der Last für kleine Änderungen

man für *stationäre Untersuchungen* einfachheitshalber auf die Berücksichtigung dieses günstigen Effekts verzichten und m = n = 0 setzen, die Verbraucherleistung also als spannungsunabhängig betrachten.

Bei *dynamischen Kurzzeituntersuchungen* im Sekundenbereich kann mit geeigneten Mischwerten operiert werden, dann folgen z. B. aus Gl. (7.40) durch Linearisierung (s. dazu auch Gl. 7.38)

$$\frac{\Delta P}{P} = m \frac{\Delta u}{u} + p \frac{\Delta f}{f} = m \, \Delta u' + p \, \Delta f'$$
$$\frac{\Delta Q}{Q} = n \frac{\Delta u}{u} + q \frac{\Delta f}{f} = n \, \Delta u' + q \, \Delta f'. \tag{7.41}$$

Zur Untersuchung elektromechanischer Pendelungen geht man oft von Schaltbild Abb. 7.16a aus [17, 18]. Die Dynamik der rotierenden Lasten wird durch eine äquivalente AM entsprechend den Ausführungen des Abschn. 7.1 berücksichtigt.

Für die statischen Lasten folgt aus Abb. 7.16a durch Linearisierung

$$\frac{\Delta P_R}{P_R} = 2 \frac{\Delta u}{u} = 2 \, \Delta u'$$
$$\frac{\Delta Q_L}{Q_L} = 2 \frac{\Delta u}{u} - \frac{\Delta f}{f} = 2 \, \Delta u' - \Delta f' \tag{7.42}$$
$$\frac{\Delta Q_C}{Q_C} = 2 \frac{\Delta u}{u} + \frac{\Delta f}{f} = 2 \, \Delta u' + \Delta f'.$$

Die totale Leistungsänderung erhält man durch Hinzufügen der Leistungen der rotierenden Last gemäss Gln. (7.38) bzw. Abbildung 7.15. Die entsprechenden Parameter lassen sich durch Identifikation bestimmen [6, 18].

Für die Netzkopplung des Modells benötigt man noch die Beziehungen zwischen Leistung, Spannung und Strom. Aus

$$P + jQ = 3 \, U_e^{j\vartheta_u} I e^{-j\vartheta_i}$$

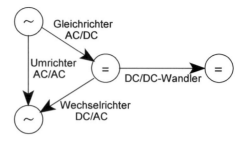

Abb. 7.17 Wichtigste Energieumformungen mittels Leistungselektronik

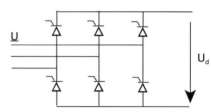

Abb. 7.18 Dreiphasenbrücke: Schaltschema Thyristorbrücke

mit $\vartheta_i = \vartheta_u - \varphi$ folgt durch Linearisierung und Inversion

$$\begin{pmatrix} \Delta u' + \Delta i' \\ \Delta\vartheta_u - \Delta\vartheta_i \end{pmatrix} = \begin{vmatrix} P & -Q \\ Q & P \end{vmatrix}^{-1} \cdot \begin{pmatrix} \Delta P \\ \Delta Q \end{pmatrix}. \tag{7.43}$$

Sind z. B. u, ϑ_u gegeben, können daraus i, ϑ_i bestimmt werden, oder umgekehrt. Für den ersten Fall gilt Blockschema Abb. 7.16b.

7.3 Leistungselektronik

Die Leistungselektronik gestattet die *Umformung* und *Steuerung* der elektrischen Energie. Schematisch kann man die Schaltungen gemäss Abb. 7.17 gliedern. Die AC/AC-Umrichtung (Frequenzumrichtung, z. B. zwischen 50 und 60 Hz) kann direkt oder über einen *Gleichstromzwischenkreis* erfolgen. Dazu benötigt man einen als *Gleichrichter* und einen als *Wechselrichter* arbeitenden *Stromrichter*. Die für die Energieversorgung wichtigste Schaltung ist die *Dreiphasenbrücke* (Abb. 7.18). Als Elemente können *Dioden* (nur für Gleichrichtung), *Thyristoren* (für Gleich- und Wechselrichtung in netzgeführten Schaltungen) und *abschaltbare Halbleiter* (für Gleich- und Wechselrichtung in selbstgeführten Schaltungen) verwendet werden (Abb. 7.19).

Als abschaltbare Halbleiter kommen in Frage: MOSFET's (Metal Oxide Semiconductor-Field Effect Transistor) für kleine Leistungen und hohe Schaltfrequenzen, GTO's (Gate Turn Off Thyristor) für grosse Leistungen und niedrige Schaltfrequenzen sowie IGBT's (Insulated Gate Bipolar Transistor) und IGCT's (Insulated Gate Commutated Thyristor) für den mittleren Leistungs- und Schaltfrequenzbereich.

7.3 Leistungselektronik

Abb. 7.19 a Schaltzeichen Thyristorbrücke.
b Schaltzeichen Brücke mit abschaltbaren Elementen

Abb. 7.20 Netzgeführte Drehstrombrücke

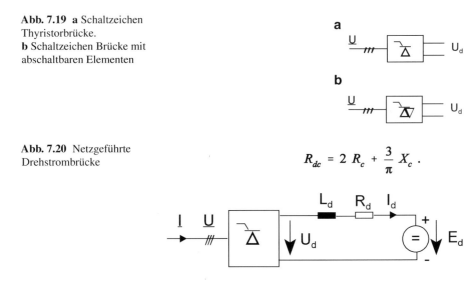

$$R_{dc} = 2\,R_c + \frac{3}{\pi}\,X_c.$$

Im folgenden wird die Leistungsumformung der netzgeführten und selbstgeführten Dreiphasenbrücke prinzipiell besprochen. Für weitere Schaltungen der Leistungselektronik sowie Detail-, Dimensionierungs- und Steuerungsfragen sei auf die spezielle Literatur verwiesen [7, 8] sowie auf Bd. 3, Kap. 7.

7.3.1 Netzgeführte Dreiphasenbrücke

Wir betrachten eine idealisierte Schaltung zunächst ohne Kommutierungsreaktanz bzw. Innenreaktanz des speisenden Netzes (Abb. 7.20). Auf der Gleichstromseite wird zur *Stromglättung* eine Drosselspule L_d verwendet, d. h. der Stromrichter wird als sogenannter *I-Stromrichter* ausgeführt.

Durch die verzögerte Zündung der Thyristoren (Zündwinkel a, Phasenanschnittsteuerung) kann die Gleichspannung stufenlos geregelt werden. Sofern L_d genügend gross ist, erhält man einen praktisch glatten Gleichstrom I_d. Auf der Wechselstromseite ist der Phasenstrom demzufolge rechteckförmig von Dauer 120°. Zwischen Effektivwert der Grundwelle und Gleichstrom besteht die Beziehung

$$I = \frac{\sqrt{2}}{\sqrt{3}}\,I_d. \qquad (7.44)$$

Die dabei entstehenden (ungeraden) Oberwellen weisen einen Effektivwert $I_\nu = I/\nu$ auf, mit $\nu =$ Ordnung der Oberwelle [7].

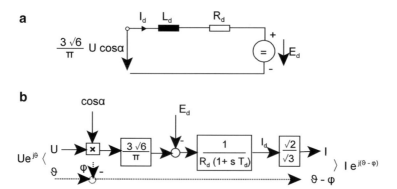

Abb. 7.21 Netzgeführte Drehstrombrücke: **a** Gleichstromersatzschaltbild. **b** Blockdiagramm, φ aus Gl. (7.47), $T_d = L_d/R_d$

Für den Gleichspannungsmittelwert gelten die Beziehungen

$$U_{dm} = \frac{3\sqrt{6}}{\pi} U \cos \alpha$$

$$U_{dm} = L_d \frac{dI_d}{dt} + R_d I_d + E_d.$$
(7.45)

Der Zündwinkel α der Thyristoren ist zwischen 0° und 180° steuerbar (U = Effektivwert der Wechselspannung).

Für $\alpha < 90°$ ist die Spannung U_{dm} positiv, und die Leistung fliesst von der Wechselstrom- zur Gleichstromseite (*Gleichrichterbetrieb*), dies solange $U_{dm} > E_d$.

Für $\alpha > 90°$ ist die Spannung U_{dm} negativ, und die Leistung fliesst von der Gleichstromseite zum Wechselstromnetz (*Wechselrichterbetrieb*). Dies ist allerdings stationär nur dann möglich, wenn die Gleichspannungsquelle negativ und absolut gesehen grösser als U_{dm} ist.

Aus den Gln. (7.44), (7.45) folgen unmittelbar das Gleichstromersatzschaltbild und das zugehörige Blockschaltbild der netzgeführten Drehstrombrücke Abb. 7.21. Eine Kommutierungs- oder Netzimpedanz $Z_c = R_c + j X_c$ wirkt sich wie ein zusätzlicher Widerstand R_{dc} im Gleichstromkreis aus [7]

$$R_{dc} = 2 R_c + \frac{3}{\pi} X_c.$$

Die übertragene *Wirkleistung* ist mit der Annahme verlustloser Stromventile

$$P = U I \cos \varphi = U_{dm} I_d.$$
(7.46)

Setzt man U_{dm} und I_d gemäss Gl. (7.44) bzw. (7.45) ein, erhält man

$$\cos \varphi = \frac{3}{\pi} \cos \alpha.$$
(7.47)

Abb. 7.22 Netzgeführte Drehstrombrücke **a** Wechselstromersatzschaltbild, **b** Zeigerdiagramm im Gleichrichterbetrieb, **c** Zeigerdiagramm im Wechselrichterbetrieb

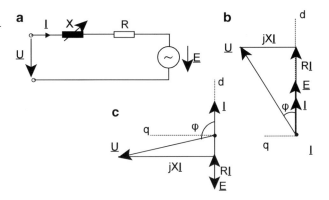

Für die Blindleistung (nur Grundwelle) kann man schreiben

$$Q = 3\,U\,I\sin\varphi = 3\,X\,I^2.$$

Sie ist immer positiv, d. h. der Stromrichter nimmt immer Blindleistung auf. Die dieser Blindleistung entsprechende Reaktanz erhält man aus den Gln. (7.44) bis (7.47)

$$X = R\frac{\sin\varphi}{\cos\varphi - \dfrac{E}{U}}, \quad mit \quad \begin{cases} R = \dfrac{R_d}{2} \\ E = \dfrac{E_d}{\sqrt{6}}. \end{cases}$$

Daraus folgen das in Abb. 7.22 dargestellte Wechselstromersatzschaltbild und die entsprechenden Zeigerdiagramme. Die Ersatzwechselstromquelle E für das Gleichstromnetz ist immer in Phase mit dem Strom I. Mit dem Steuerwinkel wird die Phasenlage φ verändert und damit die Reaktanz X. Das Ersatzschaltbild ist für alle Werte des Steuerwinkels und von E ($>$ und <0) sinnvoll, solange $X \geq 0$, d. h. E $<$ U cos φ. Andernfalls findet keine Leistungsübertragung statt. Die Einführung von d- und q-Achsen ermöglicht die Interpretation als Parkzeiger.

7.3.2 Selbstgeführte Dreiphasenbrücke

Auf der Gleichstromseite wird in der Regel zur *Spannungsglättung* ein Kondensator eingesetzt (Abb. 7.23a). Selbstgeführte Stromrichter sind deshalb meist *U-Stromrichter*. Der Kondensator ist genügend gross, so dass die Spannung U_d in erster Näherung als konstante Spannungsquelle betrachtet werden kann. Die Verwendung abschaltbarer Halbleiter ermöglicht ein hochfrequentiges Ein- und Ausschalten der Ventile mit PWM (Pulsweitenmodulation, meist einige 10 kHz).

Abb. 7.23 Selbstgeführte Dreiphasenbrücke:
a Schaltbild,
b Ersatzschaltbild eines Zweiges

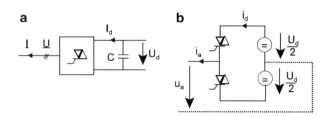

Abb. 7.24 Selbstgeführter U-Stromrichter:
a Schaltschema,
b Blockdiagramm

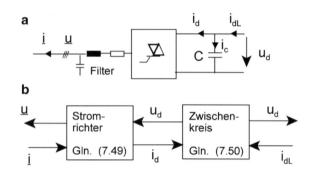

Der Mechanismus sei anhand der Abb. 7.23b erläutert. Man betrachtet einen Zweig der Drehstrombrücke, welcher z. B. der Phase a entspricht. Der Mittelpunkt der Gleichspannung befinde sich auf Sternpunktpotential. Strom und Spannungsverhalten lassen sich durch folgende Gleichungen beschreiben [8].

$$u_a = s \frac{u_d}{2}, \quad i_d = s\, i_a, \tag{7.48}$$

wobei die Schaltfunktion s den Wert 1 annimmt, wenn der obere, und -1, wenn der untere Halbleiter leitet. Wird hochfrequentig umgeschaltet, und zwar z. B. so, dass die positiven Pulse länger dauern, ergibt sich im Mittel eine positive Spannung. Wird die Pulsdauer sinusförmig moduliert, und zwar für die drei Zweige mit Phasenverschiebung von je 120°, erhält man im Mittel ein Dreiphasensystem von Spannungen. Die Dreiphasenbrücke arbeitet als selbstgeführter Wechselrichter.

Die hochfrequente Komponente kann wechselstromseitig durch einen Filter eliminiert werden (Abb. 7.24a), so dass nur der Mittelwert übrigbleibt. Dann lässt sich ein zeitkontinuierliches Modell aufstellen, worin die Schaltfunktion s durch eine sinusförmige Modulationsfunktion m ersetzt wird [8]. Fasst man die drei Phasengrössen zu einem Vektor zusammen, folgt:

$$\vec{u} = \vec{m}\, \frac{u_d}{2}, \quad i_d = \frac{1}{2}\, \vec{m} \cdot \vec{i}$$

$$mit \quad \vec{m} = \begin{cases} m_a &= M \sin(\omega t + \varphi) \\ m_b &= M \sin(\omega t + \varphi - 120°) \\ m_c &= M \sin(\omega t + \varphi - 240°). \end{cases} \tag{7.49}$$

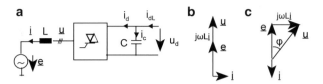

Abb. 7.25 Selbstgeführte Dreiphasenbrücke: a Ersatzschaltbild der Netzkopplung, Zeigerdiagramme bei **b** Blind- und **c** Wirklastaustausch (Gleichrichterbetrieb)

Die Gleichungen des Gleichstromzwischenkreises lauten

$$i_{dL} = i_c + i_d$$
$$i_c = C \frac{du_d}{dt}. \tag{7.50}$$

Es folgt das Blockdiagramm des Stromrichters Abb. 7.24b, das für Simulationsrechnungen gut geeignet ist.

Durch Steuerung des *Modulationsgrades* M (≤ 1) und des *Phasenwinkels* φ kann Leistung in allen vier Quadranten ausgetauscht werden. Bei der üblichen induktiven Netzimpedanz, gemäss Abb. 7.25a, folgt aus dem Zeigerdiagramm Abb. 7.25b, dass der Stromrichter dann eine Blindleistung austauscht, wenn seine Spannung in Phase mit der Netzquellenspannung ist. Der Stromrichter tauscht hingegen eine Wirkleistung aus und wirkt als Wechselrichter, wenn die Stromrichterspannung gegenüber der Netzquellspannung voreilt, und als Gleichrichter, wenn sie nacheilt (Abb. 7.25c).

7.4 Netzqualität

Unter Netzqualität versteht man die Qualität von Frequenz und Spannung. Die *Konstanthaltung der Frequenz* stellt ein globales Problem dar, das im europäischen Verbundnetz weitgehend gelöst ist (Abschn. 6.5.2 und Bd. 3). Nach der CENELEC-Norm EN 50160 sind die 10-Sekunden-Frequenzmittelwerte über eine Woche zu messen. Während 95 % der Messdauer sollten sie im Bereich ± 1 % liegen.

Das Problem der *Spannungsqualität* beinhaltet verschiedene Aspekte. Sie betreffen die Spannungsschwankungen und -unterbrüche, die Spannungsunsymmetrie und die Spannungsoberschwingungen.

Für die Qualität des Produktes wird in Zukunft mehr und mehr der Anbieter, d. h. das Energieversorgungsunternehmen haften, das Massnahmen zur Qualitätssicherung entsprechend den internationalen Normen ergreifen muss. Das allgemeine Problem der *Versorgungsqualität* einschliesslich Normen wird ausführlich in Bd. 3 Kap. 5 dargelegt.

Spannungsschwankungen und -unterbräche Spannungsschwankungen und -unterbräche können durch die Verbraucher, man spricht dann von Netzrückwirkungen, aber auch durch Störungen im Übertragungs- und Verteilungsnetz verursacht

Tab. 7.1 Parameter, Messgrössen, Intervall- und Beobachtungsdauer von Spannungsunterbrüchen und -schwankungen nach EN 50160

Parameter	Messwerte	Intervalldauer	Messdauer
Spannungsunterbrüche	Dauer	Einzelereignis	1 Tag
Spannungseinbrüche	Dauer, Amplitude	Einzelereignis	1 Tag
Spannungsänderungen	20-ms-Mittelwert	10 Minuten	1 Woche
Flicker	s. Text	s. Text	1 Woche

werden. Die von EN 50160 (1994) definierten Parameter und Messgrössen-Charakteristiken für Nieder- und Mittelspannungsnetze sind in Tab. 7.1 zusammengefasst.

Spannungsunterbrüche und -einbrüche (oder *-erhöhungen*) werden als Einzelereignisse erfasst. Solche liegen vor, wenn die Spannung mehr als ± 10 % gegenüber der Nennspannung schwankt. *Spannungsänderungen* sind meist die Folge von Laständerungen. Sie sind statistisch zu erfassen. Während der Messdauer einer Woche sollten 95 % der Messwerte höchstens ± 10 % von der genormten Spannung von 230 V abweichen.

Mit *Flicker* bezeichnet man schnelle Spannungsschwankungen, die Leuchtdichteänderungen von Lampen verursachen und beim Überschreiten bestimmter Grenzwerte störend wirken. Nach einem in der Norm IEC 868 erläuterten Verfahren wird die Kurzzeitflickerdosis über 10 min gemessen. Diese wird dann über 12 aufeinanderfolgende Perioden (2 h) gemittelt und sollte während 95 % einer Woche den kritischen Wert nicht überschreiten. Das Verfahren ist recht aufwendig und erfordert standardisierte Messgeräte [9].

Spannungsunsymmetrie Als Kriterium für die Unsymmetrie gilt nach EN 50160 das Verhältnis von Gegensystem- und Mitsystemkomponente der Dreiphasenspannungen (Abschn. 10.1), das über 10 min gemittelt und über eine Woche gemessen wird. Der 95 %-Wert über die Messdauer sollte 2 % nicht überschreiten.

Oberschwingungen (s. dazu auch Bd. 3, Abschn. 6.1.6) Elektrische Betriebsmittel mit nichtlinearer Charakteristik, vor allem der Einsatz der elektronischen Leistungssteuerung, führen zu Verbraucherströmen, die von der Sinusform mehr oder weniger stark abweichen. Die Stromoberschwingungen erzeugen an den Netzimpedanzen entsprechende Spannungsoberschwingungen, welche die Spannung verzerren und somit deren *Qualität* verschlechtern.

Um die Funktion empfindlicher Geräte nicht zu beeinträchtigen, sind *Kompatibilitätspegel* bestimmt worden (IEC 1000, EN 50160). Diese Pegel sind statistische Werte, deren Einhaltung durch entsprechende Messungen zu überprüfen ist. Der Effektivwertmittelwert der Oberschwingungen über 200 ms (nach IEC 1000-4-7) ist über Intervalle von 10 min zu messen. Über die Messdauer einer Woche sollten in Niederspannungsnetzen die in Abb. 7.26 dargestellten 95 %-Werte nicht überschritten werden (IEC 1000-2-2).

Es ist Aufgabe der Unternehmen der öffentlichen Versorgung, darauf zu achten, dass diese Pegel möglichst eingehalten werden. Die Gerätefabrikanten bestimmen

7.4 Netzqualität 335

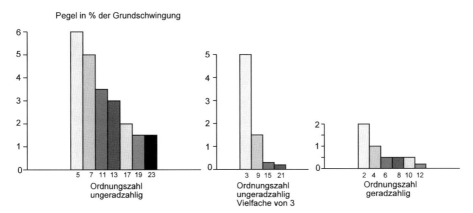

Abb. 7.26 Kompatibilitätspegel der Spannungsoberschwingungen im Niederspannungsnetz nach IEC 1000-2-2

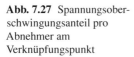

Abb. 7.27 Spannungsoberschwingungsanteil pro Abnehmer am Verknüpfungspunkt

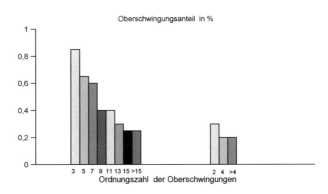

ihrerseits *Immunitätspegel*, die noch ein fehlerfreies Funktionieren ihrer Geräte sicherstellen. In der Regel liegen diese Pegel etwa 50 % höher als die Kompatibilitätspegel [16]. In der Schweizer Norm SN 413600 geht man zwar von den gleichen Grenzwerten aus, es wird aber festgelegt, wieviel Spannungsverzerrung ein individueller Verbraucher in Abhängigkeit der Gegebenheiten am Verknüpfungspunkt hervorrufen darf [16]. Als Verknüpfungspunkt wird der Anschlusspunkt an das öffentliche Energieversorgungsnetz bezeichnet. In Abb. 7.27 sind die zulässigen Oberschwingungsbeiträge pro Abnehmer am Verknüpfungspunkt gegeben.

Zur Vermeidung hoher Oberschwingungsanteile in der Spannung sind:

- Die Oberschwingungsströme der Verbraucher zu begrenzen (EN 60555, SN 413 601).
- Die Frequenzabhängigkeit der Netzimpedanz am Verknüpfungspunkt zu messen und wenn nötig Saugkreise für Oberschwingungen vorzusehen. Ausserdem sind Resonanzen von Kompensationsanlagen mit Netzinduktivitäten besonders im Bereich der Tonfrequenzen von Rundsteueranlagen möglichst zu vermeiden.

Abb. 7.28 Spannungsregelung (Kompensation) mit thyristorgesteuerten
a Drosselspulen (TCR),
b Kondensatoren (TSC)

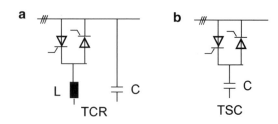

In diesem Zusammenhang ist die *Verdrosselung* der Kompensationsanlagen von Bedeutung (SN 413724, [16]).

Spannungsschwankungskompensation Langsame Spannungsschwankungen bis etwa 10 Hz lassen sich mit statischen Kompensatoren üblicher Bauweise kompensieren (Parallelkompensation, s. auch Abschn. 9.5). Dazu werden thyristorgesteuerte Drosselspulen TCR (Thyristor Controlled Reactors), Abb. 7.28a, und thyristorgeschaltete Kondensatoren TSC (Thyristor Switched Capacitors), Abb. 7.28b, mit antiparallel geschalteten Thyristoren eingesetzt [13].

Wesentlich schneller sind mit IGCT arbeitende selbstgeführte Wechselrichter, die in Amplitude und Phase mit PWM steuerbare Phasenspannungen über einen Transformator ins Netz einkoppeln. Sie erlauben, Spannungseinbrüche innerhalb einer halben Netzperiode auszugleichen, Abb. 7.29 (Für mehr Details und insbesondere FACTS s. Bd. 3, Kap. 7).

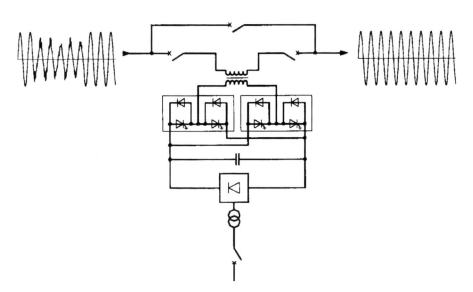

Abb. 7.29 Rasche Spannungsregelung durch Spannungseinkopplung über Transformator mittels PWM-gesteuerten IGCTs. (Quelle: ABB Hochspannungstechnik AG, [10])

Literatur

1. BBC (Brown-boveri) (Hrsg) (1975) BBC-Handbuch für Schaltanlagen, 5. Aufl. Girardet, Essen
2. Bödefeld T, Sequenz H (1965) Elektrische Maschinen. Springer, Wien
3. Chatelain J (1983) Machines électriques. Traité d'électricité, Vol. X. Presses polytechniques romandes, Lausanne
4. Eigenmann M, Moser Ch, Schwery A, Simond JJ (1998) Identification informatisée des paramètres de machines asynchrones triphasées. Bull SEV/VSE 1
5. Funk G (1969) Die Spannungsabhängigkeit von Drehstromlasten. Elektrizitätewirtschaft 68:8
6. Heilenmann F, Welfonder E (1979) Experimental determination of the transient frequency and voltage dependency of load networks. 5Th IFAC-Symposium, Darmstadt
7. Heumann K (1985) Grundlagen der Leistungselektronik. Teubner, Stuttgart
8. Jenni F, Wüest D (1995) Steuerverfahren für selbstgeführte Stromrichter. Hochschulverlag ETH Zürich, Teubner
9. Kahn Th (1995) Die Qualität der Netzspannung wird messbar. Bull SEV/VSE 1
10. Kara A et al (1998) Power supply quality improvement with a dynamic voltage restorer. Proceed. 13. APEC, Los Angeles
11. Laible Th (1968) Abhängigkeit der Wirk- und Blindleistungsaufnahme passiver Netze von Spannungs- und Frequenzschwankungen. Bull SEV/VSE 59
12. Nelles D (1985) Bedeutung der Spannungs- und Frequenzabhängigkeiten von Lasten in Netzplanung und Netzbetrieb. ETZ Arch 7:1
13. Nelles D, Tuttas Ch (1998) Elektrische Energietechnik. Teubner, Stuttgart
14. Philippow E (1981) Systeme der Elektroenergietechnik. Taschenbuch der Elektrotechnik, Bd. 5. Carl Hanser, München
15. Saccomanno F (1992) Sistemi elettrici per l'energia. UTET, Torino
16. Schreiber R, Weiler J (1993) Qualität der elektrischen Energieversorgung. Bull SEV/VSE 1
17. Weber H (1990) Dynamische Netzreduktion zur Modalanalyse von Frequenz- und Leistungspendelungen in ausgedehnten elektr. Energieübertragungsnetzen. Dissertation Universität, Stuttgart
18. Welfonder E et al (1989) Investigations of the frequency and voltage dependence of load part systems using a digital self-acting measuring and identification system. IEEE Trans PAS 4:19–25

Kapitel 8
Schaltanlagen

Als *Schaltanlage* bezeichnet man die Gesamtheit der in einem oder mehreren räumlich beieinander liegenden Netzknotenpunkten zusammengezogenen Betriebsmittel, die dazu dienen, den Strom zu verteilen, zu messen und zu schalten, und die dazugehörenden Schutz- und Steuereinrichtungen. Ist auch ein Transformator mit zugehörigen OS- und US-Schaltanlagen vorhanden, spricht man von *Umspannanlage* oder Umspannstation.

Klassische Betriebsmittel einer *luftisolierten Hochspannungsschaltanlage* sind: Sammelschienen und deren Abstützungen, Schalteinrichtungen, Wandler, Überspannungsableiter, Sperrdrosseln und Kopplungskondensatoren. Die Technik der *gasisolierten Schaltanlagen* (GIS-Anlagen) integriert Sammelschienen, Schalteinrichtungen und Wandler (Abschn. 8.2.5). In der Schaltanlage können auch Einrichtungen für die Blindleistungskompensation vorhanden sein, und vermehrt werden zukünftig auch leistungselektronische Geräte für die Lastflusssteuerung und -optimierung anzutreffen sein (Abschn. 9.6).

Wir beschränken uns in diesem Kapitel vorwiegend auf die systemtechnischen Aspekte. Konstruktion und Gerätetechnik werden nur summarisch erwähnt. Wichtige Elemente, wie Leistungsschalter, Überspannungsableiter, Drosselspulen und Kondensatoren, werden in späteren Kapiteln näher beschrieben. Für leistungselektronische Einrichtungen s. Abschn. 7.3; deren Einsatz wird in Bd. 3 Kap. 7 eingehender behandelt. Für Leit- und Schutztechnik sei auf Abschn. 8.3 und Kap. 14 verwiesen sowie auf Bd. 3, Kap. 10. Umfassende Angaben über Schaltanlagen und alle dazugehörenden VDE DIN und IEC Normen findet man z. B. in [1].

8.1 Geräte

8.1.1 Schaltgeräte

Die wichtigsten Geräte sind die *Schalteinrichtungen*. Ein Schaltgerät hat zwei Zustände: offen und geschlossen. Es ergeben sich folgende Aufgaben und konstruktive Bedingungen:

Abb. 8.1 Schaltkurzzeichen von Schalteinrichtungen

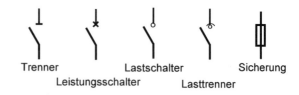

Trenner Lastschalter Sicherung
Leistungsschalter Lasttrenner

Abb. 8.2 Freilufttrenner für Hochspannung:
a Drehtrenner
b Einsäulentrenner
1: Drehstützer, *2:* Schere, *3:* Gegenkontakt

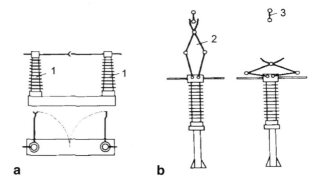

- Im *offenen* Zustand soll das Schaltgerät eine sichere Isolierstrecke bilden, die den Wechsel- und Stossprüfspannungen, die für die betreffende Spannungsebene vorgesehen sind, widersteht. Für Trennstrecken gelten verschärfte Prüfbestimmungen (Abschn. 3.1).
- Im *geschlossenen* Zustand muss das Schaltgerät alle Ströme führen können (inkl. Kurzschlussstrom), für die es ausgelegt ist, d. h. den entsprechenden thermischen und mechanischen Beanspruchungen gewachsen sein (Kap. 12).
- Bestimmte Schaltgeräte (Last- und Leistungsschalter) sollen das *Öffnen* von Stromkreisen ermöglichen, in denen ein grosser Strom fliesst (Betriebs- oder Kurzschlussstrom), den Lichtbogen also löschen können (Kap. 13).

Hoch- und Mittelspannungs-Schaltgeräte Man verwendet Trenner (Trennschalter), Leistungsschalter, Lastschalter, Lasttrenner (Lasttrennschalter), Hochspannungs-Hochleistungssicherungen (HH-Sicherungen). Die entsprechenden Schaltkurzzeichen sind in Abb. 8.1 gegeben.

Trenner: Trenner dürfen nur *stromlos geöffnet* werden (keine Lichtbogen-Löscheinrichtung). Mit *Verriegelungsschaltungen* verhindert man, dass Trenner unter Last geschaltet werden. Hauptaufgabe des Trenners ist, eine sichere Trennstrecke zu bilden, die es ermöglicht, Anlageteile spannungslos und ohne Risiko zugänglich zu machen. In der Regel wird Sichtbarkeit der Trennstrecke verlangt. Zwei Ausführungsarten von Freilufttrennern zeigt Abb. 8.2. Für Näheres s. [1]. Trenner dienen auch dazu, abgeschaltete Anlageteile zu erden (Erdungstrenner).

8.1 Geräte

1 Schalterrahmen
2 Schalterwelle
3 Betätigungs- Wellenende
4 Stützisolator
5 Betätigungsisolator
6 Hauptstrombahn
7 Abreissmesser
8 Achskontakt
9 Trennkontakt
10 Löschkammer
11 Flachanschluss
12 Antriebshebel
13 Einschaltklinke
14 Ausschaltklinke
15 Nockenscheibe
16 Wellenanschlag

Abb. 8.3 Lasttrennschalter für Mittelspannung

Leistungsschalter: Hauptaufgabe ist die Öffnung von Stromkreisen unter den schwierigsten Bedingungen (Kurzschluss). Diese Fähigkeit wird durch das *Schaltvermögen* gekennzeichnet:

$$\text{Ausschaltstrom}: I_a, \quad \text{Ausschaltleistung}: S_a = \sqrt{3}\, U_{\Delta r}\, I_a. \tag{8.1}$$

Leistungsschalter werden als ölarme, Druckluft-, SF$_6$-, Vakuum- und Magnetblasschalter ausgeführt. Ölarme Schalter, früher führend im Mittelspannungsbereich, sind heute weitgehend durch SF$_6$- und Vakuumschalter verdrängt worden. Ebenso sind im Hochspannungsbereich Druckluftschalter durch SF$_6$-Schalter ersetzt worden. Für Näheres über Schalter und Lichtbogenlöschung s. Kap. 13.

Lastschalter: Sie dürfen Betriebsströme, in der Regel bis etwa das 2fache des Nennstroms, jedoch nicht Kurzschlussströme unterbrechen. Ausserdem darf der cos φ nicht unter eine gewisse Grenze sinken, z. B. cos $\varphi > 0.7$, da es schwieriger ist, induktive und kapazitive Ströme zu unterbrechen, s. Abschn. 13.5.5. Lastschalter ersetzen oft aus wirtschaftlichen Gründen in Mittelspannungsnetzen die Leistungsschalter. Der Kurzschlussschutz wird von Sicherungen oder übergeordneten Leistungsschaltern übernommen.

Lasttrennschalter: Lasttrennschalter sind eine Kombination von Lastschaltern und Trennern. Sie ergeben für Mittelspannungsnetze eine wirtschaftlich günstige Lösung (Abb. 8.3).

HH-Sicherungen: Unterbrechen Stromkreise bei Kurzschluss. Werden dort eingesetzt, wo ein Leistungsschalter wirtschaftlich nicht tragbar ist (in Kombination mit Lastschaltern oder Lasttrennschaltern oder zum Schutz von Spannungswandlern). Für Näheres s. Abschn. 14.2.

Abb. 8.4 Schaltbild eines Spannungswandlers. Mit den e-n-Wicklungen wird die Nullspannung gemessen (Kap. 10 und 14)

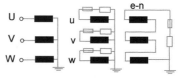

Niederspannungs-Schalteinrichtungen Erwähnt seien nur die Sicherungen, Leistungsschalter und Schütze. Für Näheres sei auf DIN VDE 0660, IEC 947 sowie [1] verwiesen.

Sicherungen: Neben den üblichen Schraubsicherungen sind die Niederspannungs-Hochleistungssicherungen (NH-Sicherungen), die als Aufstecksicherungen mit Messerkontakten bis 1250 A ausgeführt werden, zu erwähnen. Details findet man in DIN VDE 0636.

Leistungsschalter: Werden durch Hand- oder elektrische Betätigung (Motor, Magnet) geöffnet. Sie können nach dem Gleichstromprinzip (stosskurzschlussstrom- begrenzend) oder nach dem Wechselstromprinzip im Nulldurchgang löschen (Kap. 13). Zu erwähnen sind die Leitungsschutzschalter, die elektromagnetisch unverzögert oder thermisch verzögert auslösen (Abschn. 14.2), ferner die Fehlerstromschutzschalter (Abschn. 14.7). Leistungsschalter sind für hohe Schaltleistung und geringe Schalthäufigkeit ausgelegt.

Schütze: Werden durch den Antrieb betätigt und gehalten. Sie fallen bei Fehlen der Steuerspannung in die Ausgangslage zurück (Schwerkraft oder Feder). Werden vor allem in Steuerkreisen eingesetzt. Sie sind für niedrige Schaltleistung und hohe Schalthäufigkeit ausgelegt.

8.1.2 Wandler

Wandler werden als Spannungs- und Stromwandler ausgeführt. Sie transformieren Spannung und Strom möglichst linear in genormte kleine Werte, die zur Speisung von Mess- und Schutzkreisen (s. auch Kap. 14) dienen, und isolieren diese gegen Hochspannung. Man unterscheidet heute zwischen konventionellen und neuen oder nichtkonventionellen Wandlern.

Konventionelle Wandler Die *induktiven Wandler* sind bereits in Abschn. 4.9.4.3 behandelt worden. Über 110 kV werden auch kostengünstige *kapazitive Spannungsteiler mit induktivem Abschluss* an Stelle induktiver Spannungswandler verwendet [1].

Spannungswandler werden im Mittelspannungsbereich als Giessharzwandler, im Hoch- und Höchstspannungsbereich als Öl- und SF_6-Wandler ausgeführt. Eine typische Schaltung von Spannungswandlern zeigt Abb. 8.4.

8.1 Geräte

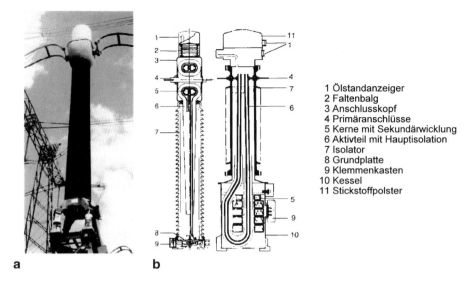

Abb. 8.5 a Foto eines Kopfstromwandlers b Ausführungsarten von konventionellen Stromwandlern: *links* Kopfstromwandler, *rechts* Kesselstromwandler (ABB, [1])

Strom wandler werden primärseitig vom Hauptstrom durchflossen (die Primärwicklung besteht also aus einer einzigen Windung). Da der Primärstrom zwischen Betriebsstrom und Kurzschlussstrom schwanken kann (Faktor bis 100), ist es nicht möglich, wegen der Nichtlinearität der Magnetisierungskennlinie den gesamten Bereich mit der notwendigen Genauigkeit zu erfassen. Man unterscheidet deshalb *Messwandler* und *Schutzwandler*, die sich im Überstromfaktor erheblich unterscheiden (Def. s. Abschn. 4.9.4.3). Abbildung 8.5 zeigt Foto und Schnittbild eines Hochspannungsstromwandlers.

Typisch für induktive Stromwandler ist die Sättigung durch die Gleichstromkomponente im Kurzschlussstrom. Man versucht, sie durch konstruktive Massnahmen zu reduzieren oder ihre Wirkung durch die algorithmische Anpassung digitaler Schutzgeräte an das Sättigungsverhalten aufzuheben.

Konventionelle Wandler haben den grossen Vorteil ein leistungsstarkes analoges Ausgangssignal zu besitzen, das eine sehr flexible und EMV-resistente Verbindung zu allen Steuer- und Schutzgeräten sicherstellt.

Nichtkonventionelle Wandler Folgende Wandler befinden sich im Einsatz oder in Entwicklung:

Nichtkonventionelle Spannungswandler

- *Rein kapazitiver Wandler mit elektronischem Abschluss*: Er wird seit Jahren eingesetzt. An die Sekundärkapazität des kapazitiven Spannungsteilers wird nicht ein induktiver Niederspannungswandler, sondern ein elektronischer Verstärker angeschlossen. Dadurch werden die transienten Übertragungseigenschaften deutlich verbessert.

- *Wandler nach dem Pockels-Prinzip*: Hier wird die Sekundärkapazität durch einen Kristall ersetzt. Ein linear polarisierter Lichtstrahl erfährt eine der *elektrischen Feldstärke* proportionale Phasenverschiebung. Vorteile dieses Wandlers sind die Kompaktheit und die guten dynamischen Eigenschaften.

Nichtkonventionelle Strom wandler

- *Aktiver optischer Stromwandler*: Er besteht aus einem elektronischen Messwertaufnehmer, der sich auf Hochspannungspotential befindet, und einem elektronischen Interface für die Ankopplung an Mess- und Schutzeinrichtungen auf der Niederspannungsseite. Dazwischen erfolgt die Übertragung per Lichtwellenleiter, der in einem Längsstabisolator eingebettet ist. Die Glasfaserübertragung sichert ein Höchstmass an Störunempfindlichkeit gegen elektromagnetische Felder (EMV). Der Wandler ist ferner kompakter und leichter (Abb. 8.6a).
- *Passiver optischer Wandler*: Er beruht auf dem Faraday-Prinzip (analog zum Pockels-Prinzip). In einem Kristall wird durch den Primärstrom ein magnetisches Feld erzeugt. Ein linear polarisierter Lichtstrahl erfährt eine der *magnetischen Feldstärke* proportionale Phasenverschiebung. Auf der Hochspannungsseite benötigt man keine Elektronik. Nach einem neuen Konzept wird der Kristall durch einen den Leiter umfassenden Lichtwellenleiter ersetzt (rein auf Lichtwellenleiter basierenden Sensor).
- *Rogowski-Spule*: Sie bildet den zu messenden Strom durch eine Spannung ab, die dem Differential des gemessenen Stromes entspricht:

$$u(t) \sim \frac{di(t)}{dt} \Rightarrow i(t) = \frac{1}{M}\left[\int u(t)dt + \tau\, u(t)\right]$$

τ = *Knickfrequenz-Zeitkonstante*

M = *Rogowski-Spulen-konstante*.

Alle neuen Wandler zeichnen sich durch Kompaktheit und Unempfindlichkeit gegenüber elektromagnetischen Störfeldern (EMV) aus; Sättigungs- und Ferroresonanzprobleme werden eliminiert. Sie lassen sich ausserdem leicht in die digitale Schutz- und Leittechnik einbinden. Ihr Kostenvorteil dürfte für Spannungen ab 145 kV gegeben sein. Kombisensoren, die zugleich Spannung und Strom messen, sind möglich (Abb. 8.6b, c). Alle nichtkonventionellen Wandler liefern ein Analogsignal schwacher Leistung oder ein Digital-Protokoll, was eine neue Konzeption aller Mess-, Steuer- und Schutzgeräte erfordert. Die internationale Standardisierung macht zwar Fortschritte, die möglichen Anwendungen sind aber vorerst begrenzt.

8.1.3 Strombegrenzer

Die Kurzschlussbeanspruchung (Kap. 12) zwingt den Netzplaner, alle Geräte relativ zum normalen Betriebsfall weit überzudimensionieren. Es ist deshalb von grossem wirtschaftlichen Interesse, Einrichtungen zu bauen, die den Kurzschlussstrom

8.1 Geräte

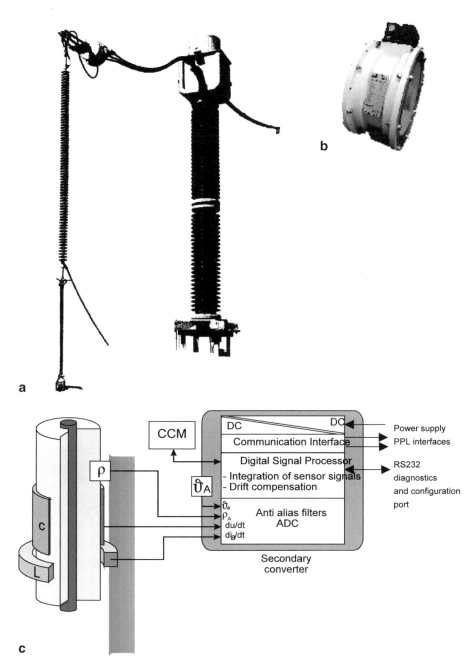

Abb. 8.6 Nichtkonventionelle Wandler: **a** Vergleich von konventionellem und optischem Wandler [1] **b** U/I Kombisensor (ABB) **c** Kombisensor für GIS-Anlagen (ABB)

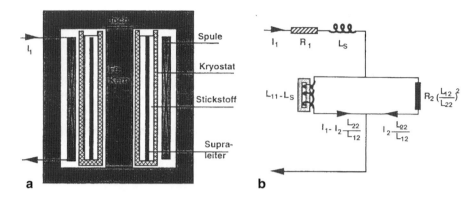

Abb. 8.7 Supraleitender Strombegrenzer: **a** Aufbau **b** exaktes Ersatzschaltbild. (Quelle: ABB, [4])

automatisch begrenzen. Heute schon werden konventionelle Drosselspulen zur Begrenzung der Kurzschlussleistung verwendet (Abschn. 9.2.4). In Zukunft könnten wesentlich wirksamere *supraleitende Strombegrenzer* (SCFCL = superconducting fault current limiter) zum Einsatz kommen. Durch den Einsatz von HochtemperaturSupraleitern (HTS) kann ein wirtschaftlicher Einsatz ab ca. 10 MVA ins Auge gefasst werden [5].

Strombegrenzer mit abgeschirmtem Eisenkern Unter den verschiedenen Varianten scheint der SCFCL mit abgeschirmtem Eisenkern gute Zukunftsaussichten zu haben [4, 6]. Abbildung 8.7a zeigt den prototypmässig realisierten Aufbau eines mit Stickstoff (77 K) gekühlten Strombegrenzers.

Der Begrenzer verhält sich wie ein Transformator mit einer in Serie zur zu schützenden Leitung geschalteten Primärwicklung und einer kurzgeschlossenen stark temperaturabhängigen Sekundärseite (praktisch bestehend aus einer einzigen Windung = Rohr aus HTS). Im normalen Betriebszustand ist die Sekundärwicklung supraleitend, und primärseitig nur die Streureaktanz wirksam. Bei Kurzschluss wird durch die Erwärmung der supraleitende Zustand aufgehoben, und primärseitig wirkt eine wesentlich grössere Impedanz.

Das Verhalten wird exakt von Ersatzschaltbild 8.7b wiedergegeben. Neben den üblichen Transformatorgleichungen für Primär- und Sekundärkreis gilt

$$magnet.\ Feld: \quad H = k(Ni_1 - i_2)$$

$$Temperatur: \quad c\frac{dT}{dt} = R_2(H,T,i_2)i_2 - P_c$$

mit k = von Geometrie abhängige Konstante, c = Wärmekapazität des Supraleiters und P_c = an den flüssigen Stickstoff übertragene Wärmeleistung.

8.1.4 Weitere Geräte und Anlagen

Überspannungsableiter: Infolge von Blitzeinschlägen können Spannungen auftreten, die beträchtlich über dem Niveau der Prüfstossspannungen liegen. Dies kann die Betriebsmittel, die sich in der Schaltanlage befinden, gefährden. Als Schutz werden Überspannungsableiter eingesetzt. Näheres in Abschn. 14.6.3.

Sperrdrosseln und Kopplungskondensatoren: Die Hochspannungsleitungen werden vom Energieversorgungsunternehmen auch zur Nachrichtenübertragung mittels Trägerfrequenztechnik (THF) verwendet. Mit *Sperrdrosseln* wird verhindert, dass die HF-Signale in die Anlage eindringen. Mittels *Kondensatoren* werden die Signale angekoppelt und zum Nachrichtensystem geführt. Über neue Entwicklungen auf diesem Gebiet s. Bd. 3.

Kompensationsanlagen: Bei Verbrauchern mit grossem Blindleistungsbedarf (z. B. Industriebetriebe) wird man Kompensationsanlagen installieren, um das Netz vom Spannungsabfälle und Verluste verursachenden Blindleistungsfluss zu entlasten (Abschn. 9.5). Auch können zentrale, geregelte Kompensationsanlagen vorgesehen werden, mit dem Ziel, den Blindleistungsfluss im Netz zu steuern und zu optimieren. Kompensationsanlagen bestehen meistens aus Kondensatoren und Drosselspulen, die über Leistungshalbleiter gesteuert werden (Abschn. 7.3, 7.4). In Einzelfällen werden noch Synchronkompensatoren eingesetzt (Abschn. 6.6.2.3). Für neue Entwicklungen, z. B. FACTS, s. Abschn. 9.6.5 und Bd. 3, Kap. 7.

8.2 Schaltungen und Bauformen

8.2.1 Niederspannungsverteilanlagen

Im Niederspannungsbereich sind offene Bauformen weitgehend durch gekapselte Anlagen (Stahlblech-, Guss- und Isolierstoffkapselung) ersetzt worden. Baukastensysteme erlauben einen raschen und leichten Austausch ohne Betriebsunterbruch. Abbildung 8.8 zeigt das typische Schaltschema einer Niederspannungsverteilung. Näheres ist in DIN VDE 0660, IEC 439 und [1] zu finden.

8.2.2 Netzstationen

Netzstationen (auch Transformatorstationen genannt) transformieren die Mittelspannung (10–30 kV) in die Kleinverbraucherspannung 400/230 V. Ein typisches-Schaltbild zeigt Abb. 8.9. Transformatorstationen können verschiedene Bauformen aufweisen. In ländlichen Gebieten kommen Maststationen oder Turmstationen in offener Bauweise noch vor. In städtischen Netzen ist die gekapselte Anlage mit

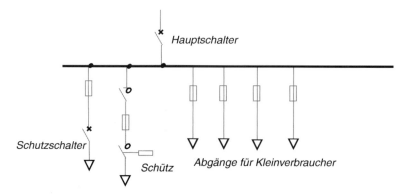

Abb. 8.8 Typisches Schema einer Niederspannungsverteilung

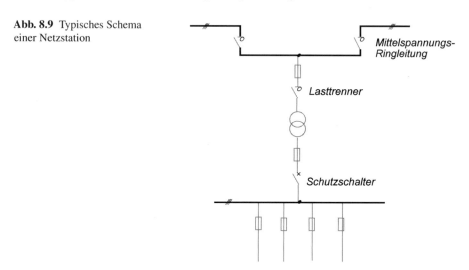

Abb. 8.9 Typisches Schema einer Netzstation

Kabelanschluss üblich (Abb. 8.10). Immer häufiger wird die Mittelspannungsschaltanlage in SF$_6$-Technik ausgeführt. Der Schalter ist oft ein Vakuumschalter. Die Nennleistung der Transformatoren liegt in der Regel zwischen 250 und 1600 kVA (Abb. 8.11).

8.2.3 Sammelschienenschaltungen in MS- und HS-Anlagen

Trotz der grossen Spannungs- und Leistungsunterschiede weisen alle Schaltanlagen von Kraftwerken und Unterstationen ein ähnliches Schaltschema auf. Als Sammelschiene werden Seile oder für leistungsstarke Anlagen auch Rohrausführung verwendet. Man unterscheidet Einfach- und Doppelsammelschienenanlagen. Ob

Abb. 8.10 Netzstation 10 kV/400 V, luftisoliert, Verteilungstransformator 630 kVA. (Quelle: Siemens)

Einfach oder Doppelsammelschiene gewählt wird, hängt oft von der Art der Betriebsführung und der Notwendigkeit einer Unterteilung ab, die hohe Schaltleistungen vermeiden soll. Die Anlage wird in *Felder* aufgeteilt. Man unterscheidet: Einspeise- und Abgangsfelder sowie Kuppel- und Messfeld.

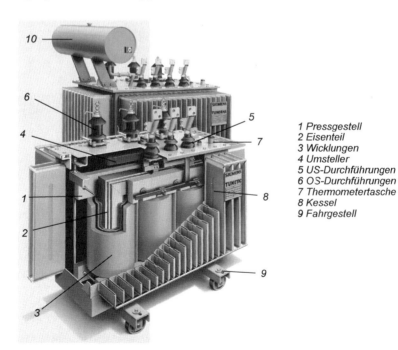

1 Pressgestell
2 Eisenteil
3 Wicklungen
4 Umsteller
5 US-Durchführungen
6 OS-Durchführungen
7 Thermometertasche
8 Kessel
9 Fahrgestell

Abb. 8.11 Blick in einen Verteilungstransformator 630 kV, 24 kV/400 V, Ausführung ohne (*vorne*) und mit (*hinten*) Ausdehnungsgefäss. (Quelle: Siemens)

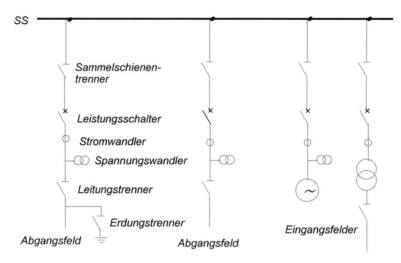

Abb. 8.12 Einfachsammelschienenanordnung

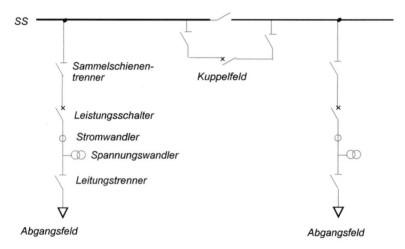

Abb. 8.13 Einfachsammelschiene mit Längskupplung

Einfachsammelschiene Die Einfachsammelschiene stellt eine sehr übersichtliche und billige Lösung mit kleinem Raumbedarf dar (Abb. 8.12). Die Abbildung zeigt den typischen Aufbau der Felder. Charakteristisch ist, von der Sammelschiene ausgehend, die Reihenschaltung von Sammelschienentrenner, Leistungsschalter, Stromwandler, Spannungswandler und Leitungstrenner. Der abgangsseitige Erdungstrenner dient bei abgeschalteter Leitung der Entladung der Freileitungskapazitäten.

Nachteilig bei der Einfachsammelschiene ist, dass Sammelschienen- oder Trennerfehler sowie Revisionsarbeiten zur Stilllegung des betroffenen Feldes oder der ganzen Anlage führen. Durch Unterteilung mit Längskupplung (Abb. 8.13) lassen

8.2 Schaltungen und Bauformen

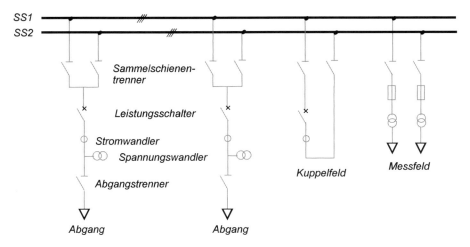

Abb. 8.14 Doppelsammelschienenanordnung mit Kuppelfeld

sich die Nachteile teilweise beheben. Heute erfährt die Einfachsammelschiene dank der grösseren Zuverlässigkeit der Betriebsmittel eine Renaissance.

Doppelsammelschiene Sie ist die meist verwendete Sammelschienenschaltung für bedeutende Anlagen. Abbildung 8.14 zeigt eine Doppelschienenschaltung mit Kuppelfeld. Mit Doppelschienenschaltung ist ein Sammelschienenwechsel eines beliebigen Feldes jederzeit möglich, ohne den Betrieb zu beeinträchtigen. Die Funktion des Kuppelschalters besteht darin, die Parallelschaltung der beiden Sammelschienensysteme (falls zulässig) zu erzwingen und daraufhin ohne Betriebsunterbruch den Sammelschienen- wechsel des Feldes zu ermöglichen, und zwar durch Schliessen des offenen und Öffnen des bisher geschlossenen Sammelschienentrenners.

Abbildung 8.15 zeigt die Kombination von Doppelsammelschiene und Umgehungsschiene. Der Reserveschalter ersetzt bei dieser Schaltung den Kuppelschalter beim Sammelschienenwechsel. Er kann ausserdem einen ausgefallenen Leistungsschalter ersetzen.

Eine spezielle Form der Doppelsammelschienenanlage ist das *Zweileistungsschalter- schema* Abb. 8.16a. Es wird dort eingesetzt, wo eine sehr schnelle Umschaltung notwendig ist. Im Mittelspannungsbereich wird es mit *ausfahrbaren Schaltern* ausgeführt (Abb. 8.16b). Ähnliche Möglichkeiten bietet die vor allem ausserhalb Europas eingesetzte *1½ -Leistungsschaltermethode* [3].

8.2.4 Mittelspannungsschaltanlagen

Typisch für Mittelspannung sind die luftisolierte metallgekapselte Ausführung mit ausfahrbarem Schalter (Abb. 8.17) und die SF_6-isolierte gekapselte Ausführung

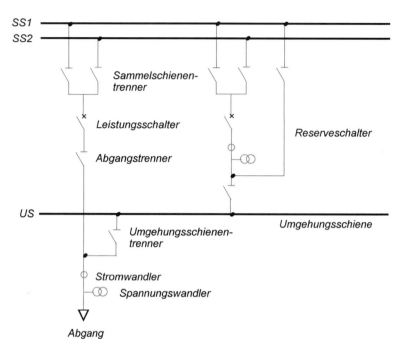

Abb. 8.15 Doppelsammelschiene mit Umgehungsschiene

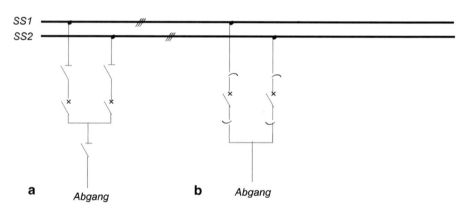

Abb. 8.16 Zweileistungsschalterlösung **a** mit Leistungsschalter und Trenner **b** mit ausfahrbarem Schalter

(Abb. 8.18). In beiden Anlagen werden als Leistungsschalter SF_6-Schalter oder Vakuumschalter eingesetzt. Die Felder sind für Einfach- oder Doppelsammelschiene verfügbar. An Stelle der konventionellen Wandler kommen auch in MS-Anlagen vermehrt optische oder elektrische Sensoren zum Einsatz.

8.2 Schaltungen und Bauformen 353

Abb. 8.17 Luftisolierte MS-Schaltanlage mit ausfahrbarem Schalter (ABB)

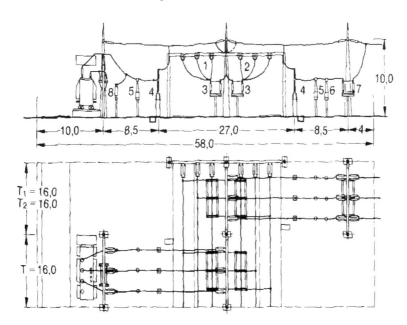

Abb. 8.18 Klassische Freiluftanlage mit Doppelsammelschiene für 245 kV: *1* Sammelschienensystem I, *2* Sammelschienensystem II, *3* Sammelschienentrenner, *4* Leistungsschalter, *5* Stromwandler, *6* Spannungswandler, *7* Abgangstrennschalter, *8* Überspannungsableiter

Abb. 8.19 Sicht einer Schaltanlage für 400 kV (ABB)

8.2.5 Hochspannungsschaltanlagen

Schaltanlagen werden als Innenraum- und Freiluftanlagen ausgeführt. Bis in die sechziger Jahre wurden ausschliesslich konventionelle *luftisolierte Anlagen* gebaut. Den typischen Aufbau einer konventionellen Freiluftanlage zeigt Abb. 8.18. In Abb. 8.19 ist eine Anlage für Höchstspannung (400 kV) abgebildet.

Der technologische Fortschritt bestand zunächst in der progressiven Umstellung von ölarmen und Druckluft-Schaltern sowie ölisolierten Wandlern auf *SF_6-Technologie*. Abbildung 8.20 zeigt *SF_6-Schalter* mit Federantrieb für eine luftisolierte Schaltanlage von 800 kV

Ende der sechziger und vor allem in den siebziger Jahren wurde die *SF_6-gasisolierte Schaltanlage (GIS)* eingeführt, die heute den gesamten Spannungsbereich von 7.2 bis 800 kV abdeckt (Abb. 8.21). Alle Anlageteile, d. h. Sammelschienen, Trenner, Schalter, Wandler und Kabelendverschlüsse, sind in geerdeten Kapselungen untergebracht, die mit SF_6-Gas gefüllt sind (Abb. 8.25). Die hervorragenden Isoliereigenschaften des SF_6-Gases (Abschn. 3.6 und 3.7) ermöglichen eine sehr kompakte Bauweise und somit eine starke Reduktion des Raumbedarfs. SF_6 dient als Isoliergas und in den Leistungsschaltern zugleich als Lichtbogenlöschmittel (Abschn. 13.4.1). Bis 72.5 kV wird es meist unter Normaldruck verwendet, darüber wird der Druck auf 3 bis 6 bar erhöht.

Kompakte GIS-Anlagen für 72.5 bis 145 kV, die oft den Ersatz oder die Erweiterung einer konventionellen Schaltanlage ermöglichen, werden allgemein im Hochspannungsbereich eingesetzt (Abb. 8.22). Die Abb. 8.23 zeigt eine modulare Anlage für 72.5 bis 145 kV, die sich für die einphasige Schnellwiedereinschaltung eignet (Abschn. 14.2.5).

8.2 Schaltungen und Bauformen 355

Abb. 8.20 SF$_6$-Schalter einer 800 kV-Schaltanlage (Areva)

Abb. 8.21 GIS-Anlage für 245 kV (Siemens)

Abb. 8.22 Kompakte GIS-Anlage für 72,5 bis 145 kV (Areva)

Abb. 8.23 Modulare GIS-Schaltanlage für 72,5 bis 145 kV (Areva)

8.2 Schaltungen und Bauformen 357

Abb. 8.24 GIS-Schaltanlage, ELK 14 für Spannungen bis 300 kV (ABB)

Abbildung 8.24 zeigt die Gesamtsicht einer GIS-Anlage für 300 kV. Abbildung 8.25 zeigt den typischen Aufbau der Schaltfelder im Hochspannungsbereich 72.5 bis 145 kV (dreipolige Ausführung), Abb. 8.26 jenen in einpoliger Ausführung und Abb. 8.27 die Gesamtsicht einer Schaltanlage für Höchstspannung.

Innovative Konzepte Oft stellt sich die Frage, was mit bestehenden klassischen luftisolierten Anlagen, deren Komponenten teilweise ihre Betriebslebensdauer erreicht haben, geschehen soll. Der einfache Ersatz der Komponenten ist wenig innovativ, besonders auch im Hinblick auf die Sekundärtechnik (Abschn. 8.3). Der Ersatz der Gesamtanlage durch eine GIS-Lösung ist andererseits zu teuer. Dieselben Fragen stellen sich bei Erweiterung einer Schaltanlage [2].

Für solche Fälle sind von der Industrie kompakte Lösungen auf den Markt gebracht worden, die eine Teilkapselung vorsehen und hybride Anlagen ermöglichen. Verschiedene Varianten sind möglich, so die SF_6-Kapselung von Sammelschiene und Sammelschienentrenner, während die übrigen Apparate in konventioneller Technik ausgeführt werden. Umgekehrt kann die Kapselung von Leistungsschalter, Abzweig- trenner und Wandler über konventionelle Sammelschienentrenner an die Sammelschiene angeschlossen werden. Schliesslich werden auch ganze Felder in SF_6-Technik gekapselt, die mit unkonventionellen elektrischen Sensoren an Stelle von Strom- und Spannungswandlern ausgerüstet sind und so besonders kompakte Lösungen ergeben (Abb. 8.28). Solche Lösungen sind sowohl für die Hoch- als auch die Höchst- spannungsebene verfügbar (Abb. 8.29).

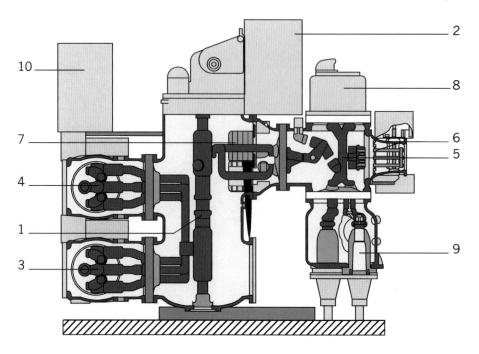

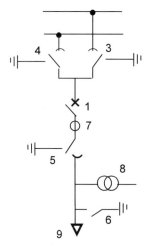

Abb. 8.25 Dreipoliger Aufbau der Schaltfelder von 72.5 bis 145 kV (Siemens)

1 Unterbrechereinheit des Leistungsschalters
2 Federspeicherantrieb
3 Sammelschiene I mit Trenn- und Erdungsschalter
4 Sammelschiene II mit Trenn- und Erdungsschalter
5 Abgangsbaustein mit Trenn- und Erdungsschalter
6 Schnellerder
7 Stromwandler
8 Spannungswandler
9 Kabelendverschluss
10 integrierter Ortssteuerschrank

8.2 Schaltungen und Bauformen

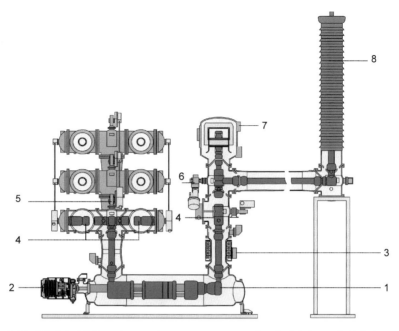

Abb. 8.26 GIS-Schaltfelder für Höchstspannung, ELK 3: *1* Schalter, *2* Schalterantrieb, *3* Stromwandler, *4* Sammelschienentrenner, *5* Erdungstrenner (Wartung), *6* Erdungstrenner (Schnellschaltung), *7* Spannungswandler, *8* Freiluftdurchführung (ABB)

Abb. 8.27 Gesamtsicht einer Höchstspannung-GIS-Schaltanlage, ELK 3, (ABB)

Abb. 8.28 Gekapseltes Modul PASS MO für Spannungen bis 170 kV, bestehend aus Leistungsschalter, zwei Trennern, Erdungsschalter, Strom- und Spannungssensor (ABB)

8.3 Leit- und Schutztechnik

Schaltanlagen sind seit den sechziger Jahren immer stärker automatisiert worden und werden heute unbemannt ab Schaltwarte geführt. Die Leitstruktur besteht aus drei Ebenen (Abb. 8.30).

Die unterste *Feldebene* umfasst die sogenannte *Sekundärtechnik*, d. h. alle mit Schutz- und Leitaufgaben betrauten Geräte (mit *Primärtechnik* bezeichnet man die Leistungsgeräte des Feldes). In der Regel sind die Feld-Schutzfunktionen aus Sicherheitsgründen autark (Näheres in Kap. 14). Die Feld-Leitfunktionen umfassen die Überwachung, Verriegelung, Steuerung, Regelung sowie die Meldungs- und Messwerterfassung und -verarbeitung.

Die übergeordnete *Stationsebene* sorgt für Koordination der Feldfunktionen, die Ausführung übergeordneter Überwachungs- und Steuerungsfunktionen, z. B. komplexere Schaltfolgen, und ist Verbindungsstelle für die Übermittlung von Informationen und Steuerbefehlen zwischen den Feldeinheiten und der übergeordneten *Netzleitebene*.

8.3 Leit- und Schutztechnik

Abb. 8.29 Hybridlösung für Freiluftschaltanlage (Areva)

In der mit Prozessrechnern ausgerüsteten Netzleitstelle, die je nach Grösse des Energieversorgungsunternehmens hierarchisch organisiert sein kann, erfolgt die eigentliche Betriebsführung des Netzes. Die Aufgaben reichen von der Führung einiger Schaltanlagen und der Last bis zur Führung des Energieflusses in einem Kraftwerke sowie Übertragungs- und Verteilanlagen umfassenden komplexen Netz.

Die Verbindungen zwischen den Leitebenen werden konventionell durch serielle Kupferleitungen ausgeführt. Zunehmend setzen sich aber, zunächst vor allem

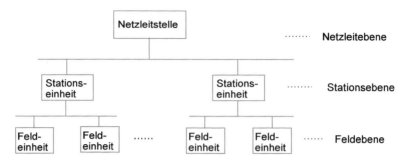

Abb. 8.30 Organisation der Leittechnik

im prozessnahen Bereich, *faseroptische Mittel* durch. Lichtwellenleiter sind störunempfindlich gegenüber elektromagnetischen Wellen, sie sind raumsparend und haben Kostenvorteile.

Im Rahmen der Netzführung sei schliesslich auf die zunehmende Bedeutung der Zustandsdiagnosemethoden (monitoring), z. B. für Transformatoren, Schalter usw., hingewiesen, die vermehrt on line durchgeführt werden.

Das Thema Leit- und Informationstechnik wird ausführlich in Bd. 3, Kap. 10 behandelt.

Literatur

1. ABB-Taschenbuch Schaltanlagen (1992) Cornelsen, Düsseldorf
2. Högg P, Fuchsie D, Kara A, Müller A (1997) Retrofit, Erweiterung und Neubau von Hochspannungsschaltanlagen. Elektrotech Informationstech (e&i) 114:634–642
3. Hosemann G (Hrsg) (1998) Hütte, Elektrische Energietechnik, Bd. 3. Netze, Springer
4. Paul W, Platter F, Rhyner J (1995) Supraleitende Strombegrenzer. Supraleitung in der Energietechnik II, München
5. Paul W, Rhyner J et al (1997) Test of 1.2 MVA high-Tc superconducting fault current limiter. Supercond Sei Technol 10:914–918
6. Verhaege T et al (1993) Experimental current limiter systems. IEEE Trans Appl Supercond 3

Teil III
Stationäres Verhalten symmetrischer Netze sowie von Netzen mit Unsymmetrien und deren Berechnung

Kapitel 9
Symmetrische Netze

In diesem Kapitel wird zur Untersuchung des stationären Verhaltens des Netzes Symmetrie des Drehstromnetzes und der Belastung vorausgesetzt. Von Bedeutung sind in diesem Zusammenhang zwei Problemkreise, die vor allem bei vermaschten Netzen nicht elementarer Natur sind:

- Das *Kurzschlussverhalten* des Netzes und insbesondere die Berechnung der Kurzschlussströme.
- Das *Lastflussproblem*, d. h. die stationäre Verteilung der Leistungsflüsse im Netz für eine gegebene symmetrische Lastsituation und das sich daraus ergebende Spannungsprofil.

Kurzschlüsse sind ihrer Natur nach dynamische Vorgänge, lassen sich aber *stationär berechnen*, wenn man die Ausgleichsvorgänge mit Netzfrequenz (d. h. die transformatorischen Spannungen, t.S.), vernachlässigt. In Abschn. 6.4.4 wurde dies am Beispiel der Synchronmaschine gezeigt. Die Wirkung der t.S. auf den Kurzschlussstrom wird in Kap. 4 untersucht. Der Effektivwertverlauf des Kurzschlusswechselstromes ohne t.S. ergibt sich mit Hilfe von zwei charakteristischen Kurzschlusszeitkonstanten aus subtransientem und transientem Zustand. Diese beiden Zustände werden mit einer stationären Berechnung durch Einsetzen der entsprechenden Reaktanzen und Quellenspannungen ermittelt.

Der *Leistungsfluss* im vermaschten Hochspannungsnetz wird durch die Eigenschaften der Leitungen und durch die Massnahmen zur Reduktion von Spannungsabweichungen und Verlusten sowie zur optimalen und sicheren Netzführung wesentlich beeinflusst. Dem Abschnitt über Lastflussberechnung wird deshalb ein Abschn. 9.5 vorangestellt, der das stationäre Verhalten elektrischer Leitungen und seine Beeinflussung durch Kompensationsmassnahmen betrifft.

9.1 Netzformen

Das Übertragungs- und Verteilnetz eines Landes setzt sich aus einer Vielzahl von HS-, MS- und NS-Netzen zusammen. In diesem Zusammenhang sei nochmals auf den Abschn. 1.1 und die Abb. 1.1 und 1.2 verwiesen. Jedes dieser Netzteile kann eine

Abb. 9.1 Strahlennetz.
NE = Netzeinspeisung,
TS = Transformatorstation

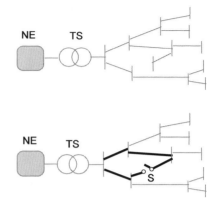

Abb. 9.2 Ringnetz.
NE = Netzeinspeisung,
TS = Transformatorstation,
S = Kuppelschalter

mehr oder weniger komplexe Struktur aufweisen. Die wichtigsten Netzformen sind das Radial- oder Strahlennetz, das Ringnetz, das Strangnetz und das Maschennetz, wobei oft der Übergang von einer Netzform in die andere fliessend ist. Ein Faktor, der die Netzwahl beeinflusst, ist die Lastdichte der Verbraucher, die in MVA/km^2 angegeben wird.

9.1.1 Radial- oder Strahlennetz

Das Radialnetz ist die einfachste Netzform. Von den Transformatorstationen gehen Stichleitungen aus, an denen die Verbraucher angeschlossen sind (Abb. 9.1). Alle Verteilstationen werden somit nur von einer Seite gespeist. Durch die einfache Netzstruktur bleibt der Schutzaufwand gering. Dafür ist die Betriebssicherheit mangelhaft, da bei einem Leitungsausfall alle nachfolgenden Leitungsteilstücke und Verbraucher nicht mehr versorgt werden können. Am Ende langer Leitungsstränge kann auch die Spannungshaltung problematisch werden. Radialnetze sind typisch für Niederspannung in ländlichen Gebieten, wo die Lastdichte klein ist. Sie werden aber auch in städtischen Gebieten höherer Lastdichte eingesetzt, dann aber kurz gehalten, d. h. an eine Transformatorstation werden jeweils wenige Gebäude angeschlossen. Grössere Industrieverbraucher (> 300 kW) werden in der Regel direkt vom Mittelspannungsnetz gespeist.

9.1.2 Ringnetz, Strangnetz

Bei steigender Lastdichte wird in Niederspannungsnetzen, vor allem aber in Mittelspannungsnetzen durch die Bildung von Ringen (Abb. 9.2) eine Teilvermaschung des Netzes angestrebt. Alle Stationen des Ringes können von zwei Seiten gespeist werden, was die Betriebssicherheit erheblich erhöht. Es besteht ferner die Möglichkeit,

Abb. 9.3 Strangnetz.
NE = Netzeinspeisung,
TS = Transformatorstation

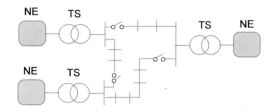

Abb. 9.4 Maschennetz.
NE = Netzeinspeisungen

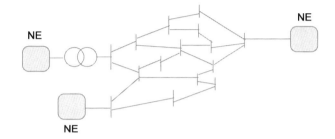

Ringnetze untereinander zu verbinden und so den Vermaschungsgrad zu erhöhen. Der Einspeisepunkt der Ringe wird mit höherer Sicherheit ausgestattet (z. B. zwei Trans formatoren).

Ringnetze werden aus Gründen der betrieblichen Einfachheit meistens offen betrieben, d. h. der Schalter S (häufig ein Lastschalter) ist im Normalbetrieb offen und wird nur im Fall einer Leitungsunterbrechung geschlossen. Die Stationen werden so ausgerüstet, dass ein Leitungsteilstück jederzeit freigeschaltet werden kann. Bei Fehlern auf einer Leitung kann so die Versorgung von der anderen Seite übernommen werden.

Eine ähnliche Funktion weisen Strangnetze auf, in denen die Versorgungsleitungen jeweils zwei Einspeisestationen verbinden, aber offen betrieben werden (Abb. 9.3), mit der Möglichkeit der Zuschaltung. Ring- und Strangnetze sind vor allem für MS typisch.

9.1.3 Maschennetz

Das Netz ist stark oder vollständig vermascht (Abb. 9.4). Alle Stationen werden mindestens von zwei Seiten gespeist, d. h. von den Einspeisepunkten zu den Lastpunkten sind ständig mindestens zwei Übertragungswege eingeschaltet. Alle HS-Netze werden aus technisch-wirtschaftlichen und Sicherheitsgründen vermascht betrieben, MS- und NS-Netze hingegen eher selten.

9.1.4 Kriterien für die Wahl der Netzform

Die folgenden Kriterien sind für die Wahl der Netzform entscheidend:

Betriebssicherheit Die Planung der Energieversorgung geht von der Annahme aus, dass jedes Element des Netzes ausfallen könnte. Das Netz muss trotzdem funktionstüchtig bleiben. Sicherheitsanalysen werden nach diesem Kriterium durchgeführt (sogenannte (n-1)-Sicherheit). Wie bereits ausgeführt, verbessert die Vermaschung grundsätzlich die Netzsicherheit. Die Vermaschung hat aber auch Nachteile. Die Kurzschlussströme können sehr hohe Werte erreichen. Das Netz ist einer Beeinflussung durch Leistungen, die von weit entfernten Kraftwerken herrühren, stärker ausgesetzt. Dies ist besonders bei hoher Lastdichte (kleine Netzimpedanzen) der Fall. Ausserdem ist es bei grossen Maschennetzen schwieriger, nach einem Netzausfall den Betrieb wieder aufzunehmen.

Wirtschaftlichkeit Je stärker die Vermaschung, desto besser ist die Stromverteilung im Netz. Die Leitungen werden besser genutzt, und die Verluste sinken. Die Spannungshaltung wird deutlich besser. Andererseits werden sowohl der wirtschaftliche Aufwand für den Schutz des Netzes als auch auch die technischen Anforderungen an den Betrieb und den Unterhalt grösser.

Schlussfolgerungen Auf Grund obiger Überlegungen ergibt sich im allgemeinen folgende Netzstruktur: Hochspannungsnetze werden durchweg als Maschennetze betrieben. Wegen der relativ kleinen Lastdichte sind die Vorteile der Vermaschung entscheidend.

Mittelspannungsnetze werden vorwiegend als Ring- oder Strangnetze betrieben, die von sicheren vermaschten Stützpunkten aus versorgt werden. Meistens sind die Ringe offen, werden also als Strahlennetze betrieben; die Sicherheit wird aber durch die Zuschaltmöglichkeit erheblich gesteigert.

Niederspannungsnetze werden in der Regel als Strahlennetze betrieben, die von gut gesicherten Stützpunkten aus gespeist werden. Manchmal werden auch (offene) Ringe gebildet, seltener sind Vermaschungen. Bei grosser Lastdichte (Städte) werden die von einem Stützpunkt ausgehenden Strahlennetze kurz gehalten.

9.2 Dreipoliger Kurzschluss

Im Folgenden wird nur der dreipolige, d. h. *symmetrische Kurzschluss* betrachtet. Die Erweiterung auf unsymmetrische Fehler erfolgt in Kap. 10. Symmetrische Kurzschlüsse treten relativ selten auf. Ihre Berechnung bildet jedoch die Grundlage für die Analyse der weit häufigeren unsymmetrischen Fehler und der thermischen und mechanischen Wirkungen des Kurzschlusses (Kap. 12).

9.2 Dreipoliger Kurzschluss

Abb. 9.5 Kurzschluss in einiger Entfernung des Generators G = Generator, T = Transformator, L = Leitung

Abb. 9.6 Ersatzschaltbild für die Anlage Abb. 9.5

9.2.1 Effektivwert des Kurzschlussstromes

In Abschn. 6.4.4 wurde der Verlauf des Kurzschlussstromes bei Klemmenkurzschluss der SM berechnet. Man hat dort gezeigt, dass der Kurzschlussstrom mit drei stationären Berechnungen für den subtransienten, den transienten und den stationären Endzustand ermittelt werden kann. Im Fall der Abb. 9.5 befindet sich der Kurzschlusspunkt in einiger Entfernung des Generators. Das exakte Ersatzschema der Anlage, bestehend aus SM, Transformator und Leitung, enthält entsprechend den Ausführungen der Kap. 4 und 5 Längs- und Querimpedanzen. Die Querströme (Magnetisierungsstrom, Leitungskapazität) sind aber bereits im Normalbetrieb klein und im Kurzschlussfall noch weniger wichtig, so dass deren Vernachlässigung keinen grossen Einfluss auf das Rechenergebnis hat. Bei Handberechnungen wird man deshalb vom Schaltbild Abb. 9.6 ausgehen.

Da der Kurzschluss im Hoch- und Mittelspannungsnetz einen weitgehend induktiven Belastungsfall darstellt, kann die SM gemäss den Ausführungen in Abschn. 6.3.3 als Vollpolmaschine betrachtet und allein durch die Längsreaktanz charakterisiert werden. Bei Annahme konstanter Drehzahl wird sie durch Polradspannung und Innenimpedanz beschrieben (Ersatzschema 6.36b). Diese Grössen verändern ihren Wert während des Kurzschlussvorgangs kontinuierlich von subtransient über transient zu stationär.

Bei der Darstellung des Transformators lässt man den idealen Transformator weg. Dies impliziert, dass alle Impedanzen und Spannungen des betrachteten Netzes entweder auf die Primär- oder die Sekundärseite des Transformators umgerechnet werden. Allgemeiner, in einem komplexeren Netz mit mehreren Transformatoren wird man eine *Bezugsspannung* definieren und alle Impedanzen und Quellenspannungen des Netzes auf diese Spannung umrechnen (s. dazu auch Abschn. 9.2.3). Als Bezugsspannung wird man eine der Nennspannungen U_n des Netzes wählen. Ist U_r die- Betriebsmittelnennspannung, sind die Umrechnungsfaktoren

$$\text{für Impedanzen } \left(\frac{U_n}{U_r}\right)^2, \quad \text{für Quellenspannungen } \frac{U_n}{U_r}.$$

Aus dem Ersatzschaltbild 9.6 und Abschn. 6.4.2 und 6.4.4 folgt für den Effektivwert des Kurzschlussstromes für die stationäre Betrachtung

$$I_k(t) = \frac{E_p(t)}{Z(t)}$$

$$\underline{Z}(t) = (R_T + R_L) + j(X_d(t) + X_T + X_L) \quad (9.1)$$

mit $\quad \underline{E}_p(t) = \underline{U}_0 + X_d(t)\underline{I}_0.$

Subtransienter Anfangskurzschlussstrom (s. Abschn. 6.4.4):

$$I_k'' = \frac{E_p''}{Z''} \quad mit \quad \begin{array}{l} \underline{Z}'' = (R_T + R_L) + j(X_d'' + X_T + X_L) \\ \underline{E}_p'' = \underline{U}_0 + jX_d''\underline{I}_0. \end{array} \quad (9.2)$$

Es ist üblich, die subtransiente Quellenspannung E_p'' auch folgendermassen zu schreiben:

$$E_p'' = cU_n \quad mit \quad c = |\underline{u}_0 + jx_d'' \, \underline{i}_0| \; p.u. \quad (9.3)$$

(U_n = Stern-Bezugsspannung = $U_{\Delta n}/\sqrt{3}$). Im Planungsstadium sind die Werte U_0, I_0 nicht bekannt. Die Normen (VDE 0102, IEC 909) sehen in diesem Fall vor, die Grösse c nach folgenden Regeln festzulegen:

HS- und MS-Netze:
$c_{max} = 1.1$ ausser wenn $x_d'' > 0.2$ p.u., dann I_0 gemäss Nennstrom, Nenn-$\cos\varphi$;
$c_{min} = 1.0$

NS-Netze: $c_{max} = 1.0$, $c_{min} = 0.95$,

Grösster Kurzschlussstrom: $c = c_{max}$, Leitungswiderstände für 20 °C rechnen.

Kleinster Kurzschlussstrom (Ansprechschwelle für Schutzeinrichtungen): $c = c_{min}$, Motoren vernachlässigen, alle Leitungswiderstände für 80 °C rechnen. Vor allem in NS-Netzen können Kontakt- und Lichtbogenwiderstände eine empfindliche Rolle spielen.

Transienter Anfangskurzschlussstrom:

$$I_k' = \frac{E_p'}{Z'} \quad mit \quad \begin{array}{l} \underline{Z} = (R_T + R_L) + j(X_d' + X_T + X_L) \\ \underline{E}_p' \approx \underline{U}_0 + jX_d'\underline{I}_0. \end{array} \quad (9.4)$$

Stationärer oder Dauerkurzschlussstrom Ist selten von Interesse (ausser für die Bestimmung der thermischen Wirkungen nach VDE 0102, Abschn. 12.1.4), da vorher abgeschaltet wird. Für die Berechnung muss die Wirkung der Spannungsregelung berücksichtigt werden. Zwei Fälle sind möglich:

a) Der Spannungsregler kann die Spannung halten (bei generatorfernem Kurzschluss oft der Fall). Dann wird der innere, von X_d verursachte Spannungsabfall kompensiert (vgl. Abschn. 6.4.4), und ist U_{soll} der Sollwert der Spannnungsregelung, folgt

$$I_k = \frac{U_{soll}}{Z} \quad mit \quad \underline{Z} = (R_T + R_L) + j(X_T + X_L).$$

Abb. 9.7a, b Kurzschlussleistungsbegriff

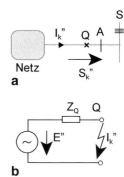

b) Der Regler hält die Spannung nicht (bei generatornahem Kurzschluss der Normalfall). Der Regler ist am Anschlag und deshalb unwirksam. Die Erregereinrichtung liefert die maximale Spannung E_{pmax} (s. Abschn. 6.4.4.3):

$$I_k = \frac{E_{pmax}}{Z} \quad mit \ \begin{cases} Z = (R_T + R_L) + j(X_d + X_T + X_L) \\ E_{pmax} = U_r \dfrac{U_{fmax}}{U_{fo}}. \end{cases}$$

Zeitverlauf des Kurzschlussstromes Der Zeitverlauf im transienten und subtransienten Bereich hängt ausser von den Werten I_k'', I_k' und I_k auch von den zu T_d' und T_d'' (Abschn. 6.4.4) analogen Kurzschlusszeitkonstanten. Diese Kurzschlusszeitkonstanten können aus den Leerlaufzeitkonstanten der Synchronmaschine T_{do}' und T_{do}'' bei Berücksichtigung der Beziehungen (6.64), (6.67) angenähert berechnet werden. Mit Bezug auf das hier zugrunde gelegte Ersatzschema folgt:

$$\begin{aligned} T_{dx}' &\approx \frac{X_{tot}'}{X_{tot}} T_{do}' = \frac{X_d' + X_T + X_L}{X_d + X_T + X_L} T_{do}' \\ T_{dx}'' &\approx \frac{X_{tot}''}{X_{tot}'} T_{do}'' = \frac{X_d'' + X_T + X_L}{X_d' + X_T + X_L} T_{do}''. \end{aligned} \quad (9.5)$$

Mit zunehmendem Abstand des Kurzschlusspunktes von der SM nähert sich der Wert der Kurzschlusszeitkonstanten immer mehr jenem der Leerlaufzeitkonstanten.

9.2.2 Die Kurzschlussleistung

Zur exakten Berechnung des *subtransienten Anfangskurzschlussstromes* in irgendeinem Netzknotenpunkt müsste der genaue Aufbau des Netzes bekannt sein. Die Darstellung von Netzteilen mit einem detaillierten Ersatzschaltbild kann man sich aber ersparen, wenn man ihre (subtransiente) *Kurzschlussleistung* am Einspeisepunkt kennt.

Das auf eine Schaltanlage S einspeisende MS- oder HS-Netz (Abb. 9.7a), bestehend im allgemeinen aus Generatoren, Transformatoren und Leitungen, lässt sich nach Thévenin durch das äquivalente Ersatzschaltbild Abb. 9.7b ersetzen. $E'' = cU_n$ sei die äquivalente subtransiente Quellenspannung (U_n = Stern-Netznennspannung) und Z_Q die Kurzschlussimpedanz des Netzes.

Bei Auftrennung in A und Kurzschluss in Q (man beachte: Trennung in Pfeilrichtung hinter dem Punkt Q) erhält man den subtransienten Kurzschlussstrom:

$$I''_k = \frac{E''}{Z_Q} = \frac{cU_n}{Z_Q}. \qquad (9.6)$$

Man definiert als komplexe *Kurzschlussleistung an der Stelle Q in der gegebenen Richtung* folgende Grösse

$$\underline{S}''_k = 3U_n \underline{I}''^*_k. \qquad (9.7)$$

Durch Einsetzen von (9.6) folgt

$$\underline{S}''_k = 3U_n \frac{cU_n}{Z^*_Q} = \frac{cU^2_{\triangle n}}{Z^*_Q}. \qquad (9.8)$$

Umgekehrt lässt sich aus dieser Formel bei bekannter Kurzschlussleistung die Kurzschlussimpedanz bestimmen.

Setzt man $\quad \underline{Z}_Q = Z_Q \angle \varphi \quad folgt \quad \underline{S}''_k = \frac{cU^2_{\triangle n}}{Z_Q} \angle \varphi, \qquad (9.9)$

d. h. Kurzschlussimpedanz und Kurzschlussleistung haben denselben Phasenwinkel. Hat man sich das einmal gemerkt, kann auf die komplexe Rechnung verzichtet werden (s. Beispiele).

Oft ist der Betrag der Kurzschlussleistung eines Netzes bekannt, nicht aber der Winkel. Für Mittel- und Hochspannungsnetze mit überwiegendem Freileitungsanteil kann man dann folgende Annahme treffen:

$$\frac{R_Q}{X_Q} \approx 0.1 \quad \rightarrow \quad X_Q \approx Z_Q, \quad R_Q \approx 0.1 Z_Q \quad oder \quad \underline{Z}_Q \approx Z_Q \angle 85°. \qquad (9.10)$$

Eigentlich müsste die Netzimpedanz als Z''_Q bezeichnet werden. Der Ersatz des Netzes mit Schaltbild 9.7b ist aber nur dann sinnvoll, wenn der Kurzschlusspunkt Q *generatorfern* ist (Def. in Kap. 12). Dann ist aber $Z''_Q = Z_Q$. Generatoren, die sich in der Nähe von Q befinden, sollten exakt nachgebildet werden.

Bemerkungen zum Kurzschlussleistungsbegriff Die Kurzschlussleistung ist eine fiktive Grösse und nicht etwa die Leistung im Kurzschlusspunkt (diese ist ja null). Physikalisch kann man sie folgendermassen interpretieren:

a) Die Kurzschlussleistung ist ein Mass für das Schaltvermögen des Leistungsschalters. Die Ausschaltleistung des Schalters (Def. in Abschn. 8.1) muss mindestens so gross sein wie die Kurzschlussleistung.

9.2 Dreipoliger Kurzschluss

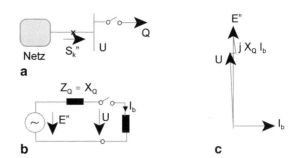

Abb. 9.8 Spannungseinbruch bei Blindlaststoss
a Netzschema
b Ersatzschaltbild
c subtransientes Zeigerdiagramm

b) Die Kurzschlussleistung entspricht etwa der Scheinleistung, die von der Gesamtheit der Quellen im Kurzschlussfall subtransient abgegeben wird. Diese ist nach Abb. 9.7

$$3E''I_k'' = 3cU_n I_k'' = cS_k'',$$

liegt also etwas über der Kurzschlussleistung.

c) Die Kurzschlussleistung ist ein Mass für den plötzlichen Einbruch der Spannung von HS- und MS-Netzen bei Blindlaststössen (Abb. 9.8), sie charakterisiert also die Spannungssteifigkeit. Bei plötzlicher Einschaltung der Blindleistung Q folgt aus Abb. 9.8c (Annahmen: E'' = Spannung vor Lasteinschaltung (dazu s. Abschn. 9.2.3) $\approx U_n$, R_Q klein)

$$\Delta U = X_Q I_b = X_Q \frac{Q}{3U_n}.$$

Der prozentuale (oder p.u.) Spannungseinbruch ist

$$\varepsilon = \frac{\Delta U}{U_n} = X_Q \frac{Q}{U_{\triangle n}^2}$$

und da $X_Q \approx Z_Q$, folgt mit Hilfe der (9.9)

$$\varepsilon = c \frac{U_{\triangle n}^2}{S_k''} \frac{Q}{U_{\triangle n}^2} = c \frac{Q}{S_k''}. \qquad (9.11)$$

Der subtransiente Spannungseinbruch in p.u. ist, vom Faktor c abgesehen, gleich dem Verhältnis Blindlast zu Kurzschlussleistung. Der transiente Spannungseinbruch wird etwa im Verhältnis X'/X'' grösser, wie in den Abschn. 6.4.1.4 und 6.4.2.4 ausgeführt.

9.2.3 Berechnung des subtransienten Anfangskurzschlussstromes

Die Berechnung eines beliebigen vorbelasteten Netzes kann mit verschiedenen Verfahren durchgeführt werden. Diese seien anhand des einfachen Beispiels Abb. 9.9 erläutert. Abbildung 9.10 zeigt das entsprechende subtransiente Ersatzschaltbild.

Abb. 9.9 Modellbeispiel für Kurzschlussstromberechnung, bestehend aus zwei Synchronmaschinen, zwei Leitungen und einer Lastimpedanz

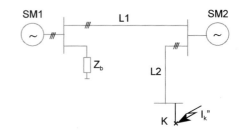

Abb. 9.10 Ersatzschaltbild zu Beispiel Abb. 9.9

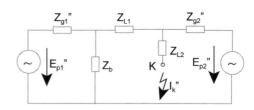

9.2.3.1 Direkte Methode

Die Polradspannungen der SM können nach (6.69) aus dem Belastungszustand des Netzes vor dem Kurzschluss ermittelt werden:

$$\underline{E}_p'' = \underline{U}_0 + \underline{Z}_g'' \underline{I}_0. \tag{9.12}$$

Dazu bedarf es einer *Lastflussberechnung des Netzes* (Abschn. 9.6), welche den Strom $\underline{I}_0$ und die Phase von $\underline{U}_0$ liefert. Der Betrag von $\underline{U}_0$ wird durch die Spannungsregelung vorgegeben. Danach kann unmittelbar die Kurzschlussstromverteilung im Netz berechnet werden.

9.2.3.2 Ersatzquellenmethode (Superpositionsmethode)

Das Netz kann nach Thevenin für den Kurzschluss im Punkt K durch eine Ersatzspannungsquelle und eine entsprechende Kurzschlussimpedanz ersetzt werden. Um diese Grössen und die Stromverteilung im Netz zu bestimmen, kann man folgendermassen vorgehen:

Im Punkt K werden zwei im Prinzip beliebige, gleich grosse, aber entgegengesetzte und somit sich aufhebende Spannungsquellen U_K geschaltet (Abb. 9.11).

- Da das Netz als linear vorausgesetzt werden kann, erhält man den subtransienten Kurzschlusszustand durch *Superposition von zwei Zuständen*. Das erste Ersatzschaltbild enthält alle Generatoren des Netzes und eine der beiden fiktiven Spannungsquellen U_K (Abb. 9.12a); im zweiten sind alle Generatoren des Netzes

9.2 Dreipoliger Kurzschluss

Abb. 9.11 Ersatzquellenmethode

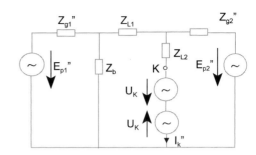

Abb. 9.12 Ersatzquellenmethode: zu Abb. 9.11 äquivalentes Ersatzschaltbild
a Anfangszustand
b Stromdifferenz durch Kurzschluss

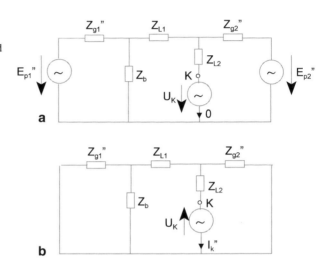

kurzgeschlossen, und lediglich die zweite fiktive Spannungsquelle im Punkt K ist wirksam (Abb. 9.12b).

- Wählt man nun die fiktive Spannungsquelle U_K gleich zur effektiven Spannung, die sich im Punkt K vor dem Kurzschluss gemäss dem Belastungszustand eingestellt hatte, liefert das Schema Abb. 9.12a zwangsläufig im Punkt K einen Strombeitrag null. In der Tat repräsentiert Abb. 9.12a genau den Zustand des Netzes vor dem Kurzschluss. Wegen Gl. (9.12) kann es auch durch Ersatzschaltbild 9.13 ersetzt werden.
- Dies bedeutet aber, dass Schema Abb. 9.12b allein den Kurzschlussstrom im Punkt K liefert. Nach dem Satz von Thévenin ist die Quellenspannung $E'' = U_K$. Die mit einer Lastflussberechnung ermittelbare Spannungsquelle U_K ist somit die gesuchte Ersatzspannungsquelle. Das Schema liefert auch die Kurzschlussimpedanz.

Um die Kurzschlussstromverteilung im Netz zu erhalten, sind zusammenfassend drei Schritte notwendig:

Abb. 9.13 Zustand vor dem Kurzschluss, äquivalent zu Abb. 9.12a

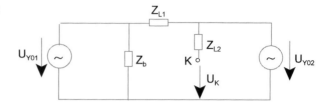

- Berechnung des Lastflusses gemäss Zustand vor dem Kurzschluss (Abb. 9.13) und Ermittlung der Spannung $E'' = U_K$.
- Berechnung des Kurzschlussstromes und der Stromverteilung für Schema Abb. 9.12b.
- Überlagerung der beiden Stromverteilungen.

Es sei hier vermerkt, dass die direkte Methode nur zwei Schritte benötigt.

Die Ersatzquellenmethode eignet sich besonders gut für *Planungsrechnungen*. Im Planungsstadium ist der Belastungszustand vor dem Kurzschluss nicht bekannt. Man setzt in diesem Fall

$$E'' = cU_n \tag{9.13}$$

mit c = 1.1 (für MS- und HS-Netze, gemäss Abschn. 9.2.2) und *rechnet mit dem unbelasteten Netz*. Untersuchungen haben gezeigt, dass man damit auf der sicheren Seite liegt (Methode nach VDE 012, IEC 909). Somit reduziert sich der Aufwand auf den zweiten der drei obengenannten Schritte.

Berechnung von Netzen mit mehreren Spannungsebenen Im allgemeineren Fall von Netzen mit verschiedenen Spannungsebenen können die idealen Übertrager der Transformatorersatzschaltbilder weggelassen werden, wenn alle Impedanzen auf eine gemeinsame *Bezugsspannung* $U_n = U_{\Delta n}/\sqrt{3}$ umgerechnet werden. Zur Umrechnung können in der Regel *reelle Übersetzungen* verwendet werden, da die relative Phasenlage in galvanisch getrennten Netzteilen nicht interessiert. Eine Ausnahme bildet der Fall von Transformatoren mit Quer- oder Schrägregelung (Phasenschieber), für welche ideale Übertrager mit *komplexer Übersetzung* einzuführen sind (Abschn. 4.9.4).

Berechnung des unbelasteten Netzes Die folgende Methode ist eine bequeme Abwandlung der Ersatzquellen-Methode für den *Fall des unbelasteten Netzes*. Mit dieser Voraussetzung erhält man ein zu Abb. 9.12b absolut äquivalentes Ersatzschaltbild, wenn man annimmt, dass alle Generatoren des Netzes die gleiche subtransiente Quellenspannung, nämlich $E'' = cU_n$, aufweisen (Abb. 9.14).

Ausgehend von den Generatoren, können alle Kurzschlussleistungen des Netzes berechnet werden, wie in den nachfolgenden zwei Beispielen verdeutlicht wird. Aus den Kurzschlussleistungen können jederzeit die entsprechenden Kurzschlussströme mit Gl. (9.7), bei Berücksichtigung der lokalen Nennspannungen,

9.2 Dreipoliger Kurzschluss 377

Abb. 9.14 Ersatzschaltbild für die praktische Berechnung des unbelasteten Netzes, $E'' = cU_n$

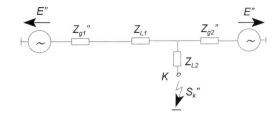

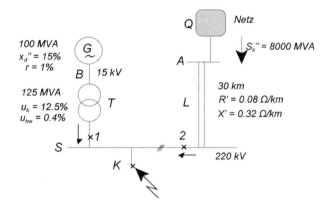

Abb. 9.15 Anlage Beispiel 9.1

berechnet werden. Die Kurzschlussleistung ist im Gegensatz zum Kurzschlussstrom unabhängig von der gewählten Bezugsspannung. Besonders in Netzen mit verschiedenen Spannungsebenen ist es deshalb vorteilhaft, von dieser Grösse auszugehen. Für komplexere, vermaschte Netze lässt sich die Methode, ausgehend von der Knotenpunktadmittanzmatrix, ebenfalls anwenden (Abschn. 9.3.2.2).

Die Kenntnis der *Kurzschlussleistungen in allen Punkten des Netzes* (deren Berechnung nur einmal, nämlich für den unbelasteten Netzzustand durchgeführt werden muss), ist ausserdem für Folgerechnungen notwendig (s. Kap. 12).

Beispiel 9.1 Die Anlage Abb. 9.15 stellt ein Kraftwerk dar (SM + Haupttransformator T), das über eine Doppelleitung L an das Verbundnetz angeschlossen ist. Vom Verbundnetz ist die Kurzschlussleistung bekannt. Man berechne für die unbelastete Schaltung die Kurzschlussleistung und den Kurzschlussstrom in K. Ausserdem soll an der Stelle B die Kurzschlussleistung in beiden Richtungen bestimmt werden.

Folgende Schritte sind durchzuführen:

- Wahl der Bezugsspannung,
- Berechnung der Impedanzen der Betriebsmittel (nur Längsimpedanzen),
- Berechnung der Kurzschlussleistungen und der interessierenden Kurzschlussströme.

Wahl der Bezugsspannung: $U_{\Delta n} = 220$ kV.

Berechnung der Impedanzen:

$$R_G = 0.01 \frac{15^2}{100} \frac{220^2}{15^2} = 4.84 \, \Omega$$

$$X_G = 0.15 \frac{15^2}{100} \frac{220^2}{15^2} = 72.6 \, \Omega$$

$\rangle \; Z_G = 72.8 \angle 86.2° \, \Omega$

$$Z_T = 0.125 \frac{220^2}{125} \angle \arccos\left(\frac{0.4}{12.5}\right) = 48.4 \angle 88.2° \, \Omega$$

$$Z_Q = 1.1 \frac{220^2}{8000} \angle 85° = 6.66 \angle 85° \, \Omega$$

$$R_L = 0.08 \cdot 30 \frac{1}{2} = 1.2 \, \Omega$$

$$X_L = 0.32 \cdot 30 \frac{1}{2} = 4.8 \, \Omega$$

$\rangle \; Z_L = 4.95 \angle 76.0° \, \Omega.$

Kurzschlussimpedanzen und Kurzschlussleistungen in 1 und 2:

$$Z_1 = Z_G + Z_T = 121.2 \angle 87.0° \, \Omega$$

$$\Rightarrow S''_{k1} = 1.1 \frac{220^2}{121.2} \angle 87.0° = 439 \angle 87.0° \, MVA$$

$$Z_2 = Z_Q + Z_L = 11.6 \angle 81.2° \, \Omega$$

$$\Rightarrow S''_{k2} = 1.1 \frac{220^2}{11.6} \angle 81.2° = 4590 \angle 81.2° \, MVA.$$

Kurzschlussleistung und Kurzschlussstrom in K:

$$S''_k = S''_{k1} = S''_{k2} = \underline{5027 \angle 81.7° \, MVA}, \quad I''_k = \frac{5027}{\sqrt{3} \cdot 220} = \underline{13.2 \, kA}.$$

Kurzschlussleistungen in B:

vom Generator her $\quad S''_{kBG} = \frac{1.1 \cdot 220^2}{72.8} \angle 86.2° = \underline{731 \angle 86.2° \, MVA}$

vom Netz her $\quad Z_{BQ} = Z_2 + Z_T = 59.9 \angle 86.8° \, \Omega$

$$\Rightarrow S''_{kBQ} = 1.1 \frac{220^2}{59.9} \angle 86.8° = \underline{889 \angle 86.8° \, MVA}.$$

Beispiel 9.2 Die unbelastete Schaltung Abb. 9.16 stellt ein Kraftwerk mit Eigenbedarfsanlage dar, das über eine Doppelfreileitung in das Verbundnetz einspeist. Man berechne alle notwendigen Kurzschlussleistungen und insbesondere die Kurzschlussleistungen und die Kurzschlussströme an den Stellen A, B (in Pfeilrichtung) und C.

9.2 Dreipoliger Kurzschluss

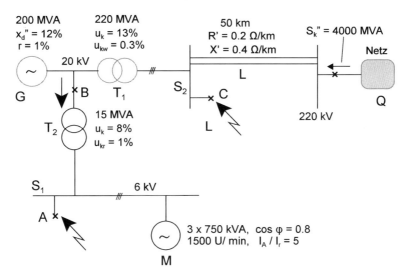

Abb. 9.16 Anlage Beispiel 9.2

Wahl der Bezugsspannung: $U_{\Delta n} = 6$ kV.
Berechnung der Impedanzen der Netzelemente:

$$R_G = 0.01 \frac{6^2}{200} = 1.8\,m\Omega$$

$$X_G = 0.12 \frac{6^2}{200} = 21.6\,m\Omega \quad \Big\} \quad Z_G = 21.7\angle 85.2°\,m\Omega$$

$$Z_{T1} = 0.13 \frac{6^2}{220} \angle \arccos\left(\frac{0.3}{13}\right) = 21.3\angle 88.7°\,m\Omega$$

$$Z_{T2} = 0.08 \frac{6^2}{15} \angle \arccos\left(\frac{1}{8}\right) = 192\angle 82.8°\,m\Omega$$

$$Z_Q = 1.1 \frac{6^2}{4000} \angle 85° = 9.9\angle 85°\,m\Omega$$

$$R_L = 0.2 \cdot 50 \frac{1}{2} \frac{6^2}{220^2} = 3.72\,m\Omega$$

$$X_L = 0.4 \cdot 50 \frac{1}{2} \frac{6^2}{220^2} = 7.43\,m\Omega \quad \Big\} \quad Z_L = 8.32\angle 63.4°\,m\Omega$$

$$Z_M = \frac{1}{5} \frac{6^2}{3 \cdot 0.75} \angle \arctan\left(\frac{1}{0.15}\right) = 3.2\angle 81.5°\,\Omega.$$

Berechnung der Kurzschlussleistung und des Kurzschlussstromes in B:

vom Netz her $\quad Z_{BQ} = Z_Q + Z_L + Z_{T1} = 38.9 \angle 82.5°\ m\Omega$

$\Rightarrow \quad S''_{kBQ} = 1.1 \dfrac{6^2}{38.9\ 10^{-3}} \angle 82.5° = 1018 \angle 82.5°\ MVA$

vom Generator her $\quad Z_{BG} = Z_G = 21.7 \angle 85.2°\ m\Omega$

$\Rightarrow \quad S''_{kBG} = 1.1 \dfrac{6^2}{21.7\ 10^{-3}} \angle 85.2° = 1825 \angle 85.2°\ MVA$

$S''_{kB} = S''_{kBQ} + S''_{kBG} = \underline{2842 \angle 84.2°\ MVA}, \quad I''_{kB} = \dfrac{2842}{\sqrt{3}\ 20} = \underline{82.0\ kA}.$

Berechnung der Kurzschlussleistung und des Kurzschlussstromes in A:

Impedanz in B: $\quad Z_B = 1.1 \dfrac{6^2}{2842} \angle 84.2° = 13.9 \angle 84.2°\ m\Omega$

in A von Generator + Netz her $\quad Z_{AGQ} = Z_B + Z_{T2} = 206 \angle 82.9°\ m\Omega$

$\Rightarrow \quad S''_{kAGQ} = 1.1 \dfrac{6^2}{206\ 10^{-3}} \angle 82.9° = 192 \angle 82.9°\ MVA$

in A vom Asynchronmotor her $\quad S''_{kM} = 1.1 \dfrac{6^2}{3.2} \angle 81.5° = 12.4 \angle 81.5°\ MVA$

$S''_{kA} = S''_{kAGQ} + S''_{kM} = \underline{204 \angle 82.8°\ MVA}, \quad I''_{kA} = \dfrac{204}{\sqrt{3}\ 6} = \underline{19.6\ kA}.$

Berechnung der Kurzschlussleistung und des Kurzschlussstromes in C:

in B vom Motor her $\quad Z_{BM} = Z_M + Z_{T2} = 3.39 \angle 81.6°\ \Omega$

$\Rightarrow \quad S''_{kBM} = 1.1 \dfrac{6^2}{3.39} \angle 81.6° = 11.7 \angle 81.6°\ MVA$

in B vom Generator + Motor her $\quad S''_{kBGM} = S''_{kBG} + S''_{kBM} = 1837 \angle 85.2°\ MVA$

$\Rightarrow \quad Z_{BGM} = 1.1 \dfrac{6^2}{1837} \angle 85.2° = 21.6 \angle 85.2°\ m\Omega$

in C vom Kraftwerk her $\quad Z_{CGM} = Z_{BGM} + Z_{T1} = 42.9 \angle 86.9°\ m\Omega$

$\Rightarrow \quad S''_{kCGM} = 1.1 \dfrac{6^2}{42.9\ 10^{-3}} \angle 86.9° = 923 \angle 86.9°\ MVA$

in C vom Netz her $\quad Z_{CQ} = Z_r + Z_L = 17.9 \angle 75.1°\ m\Omega$

$\Rightarrow \quad S''_{kCQ} = 1.1 \dfrac{6^2}{17.9\ 10^{-3}} \angle 75.1° = 2212 \angle 75.1°$

$S''_{kC} = S''_{kCGM} + S''_{kCQ} = \underline{3121 \angle 78.6°\ MVA}, \quad I''_{kC} = \dfrac{3121}{\sqrt{3}\ 220} = \underline{8.2\ kA}.$

9.2.4 *Begrenzung der Kurzschlussleistung*

Der Kurzschlussstrom stellt eine hohe Belastung für die Netzanlagen dar (s. auch Kap. 12). Die Kurzschlussleistung darf deshalb nicht allzu hohe Werte im Netz erreichen. Dazu ist zu beachten, dass die Kurzschlussleistung keine statische Grösse ist, sondern im Laufe der Zeit zunimmt. Aus den betrachteten Beispielen geht klar hervor, dass jedes Kraftwerk, das man hinzufügt oder dessen Leistung erhöht wird, und jede zusätzliche Parallelleitung, welche die Netzimpedanz vermindert, die Kurzschlussleistung vergrössert. Die Kurzschlussleistung nimmt so zwangsläufig mit der Zunahme der Verbraucherleistung zu, wenn man nicht Gegenmassnahmen ergreift. Die Massnahmen zur Begrenzung der Kurzschlussleistung können in planerische und betriebliche unterteilt werden. Neue Entwicklungen im Bereich der *supraleitenden Strombegrenzer* könnten die heutigen Begrenzungskonzepte revolutionieren. Dazu s. Abschn. 8.1.

Planungsmassnahmen Je grösser die *Reaktanzen* der Betriebsmittel sind (SM, Transformatoren, Leitungen), desto kleiner ist die Kurzschlussleistung. Große Reaktanzen erhöhen aber den Spannungsabfall und verschlechtern die Stabilität des Netzes. Es muss ein vernünftiger Kompromiss gefunden werden.

Eine stärkere *Vermaschung* erhöht zwar die Betriebssicherheit (Abschn. 9.1), aber auch die Kurzschlussleistung. Hier muss von Fall zu Fall die optimale Lösung gesucht werden.

Die Einführung einer *übergeordneten Spannungsebene* ermöglicht die Auftrennung der untergeordneten vermaschten Spannungsebene in mehrere Teilnetze und vermindert so den Vermaschungsgrad, was sich günstig auf die Kurzschlussleistung auswirkt. Zu beachten ist aber, dass die Erhöhung der *Betriebsspannung* von Netzteilen ohne Trennungsmassnahmen die Impedanz der entsprechenden Leitungen (nicht aber der Transformatoren) quadratisch verkleinert und so die Kurzschlussleistung irgend eines Netzpunktes erhöht. Schliesslich sei notiert, dass in Netzen höherer Spannung, bei gleicher Kurzschlussleistung, der Kurzschlussstrom kleiner und dementsprechend besser beherrschbar ist.

Eine weitere mögliche Massnahme ist die blindstrommässige Entkopplung von HS-Teilnetzen mittels HGÜ (Bd. 3, Kap. 8).

Betriebliche Massnahmen Betrieblich kann die Kurzschlussleistung durch *Offenlassen* von Ringen im normalen Betriebszustand kleiner gehalten werden. Ebenso kann in Schaltanlagen die Längskupplung geöffnet werden.

Schliesslich kann mit *Drosselspulen* die Kurzschlussleistung von Sammelschienen begrenzt werden (s. Beispiel 9.3). Die Drosselspule ist so zu dimensionieren, dass der durch sie verursachte Spannungsabfall vernachlässigbar ist oder, wenn dies nicht möglich, im normalen Betriebsfall zu überbrücken.

Beispiel 9.3 In einem Industrienetz sei die Reaktanz X_D der Drosselspule so zu dimensionieren, dass die Kurzschlussleistung der Schaltanlage B (Abb. 9.17) nur noch 100 MVA beträgt. Damit werden z. B. die Schaltapparate billiger.

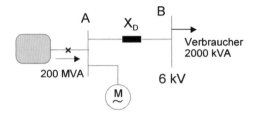

Abb. 9.17 Kurzschlussbegrenzungsdrossel X_D: reduziert die Kurzschlussleistung der Schaltanlage B. Grössere Motoren sind weiterhin an die Schaltanlage A anzuschliessen, um die Spannungsschwankungen zu begrenzen

Nennt man X_Q die Innenreaktanz des Einspeisenetzes, gilt

$$X_Q + X_D = \frac{1.1 U_{\Delta n}^2}{S_{kB}''}, \quad X_Q = \frac{1.1 U_{\Delta n}^2}{S_{kA}''}, \quad \Rightarrow X_D = 1.1 U_{\Delta n}^2 \left(\frac{1}{S_{kB}''} - \frac{1}{S_{kA}''} \right).$$

Es folgt

$$X_D = 1.1 \, 6^2 \left(\frac{1}{100} - \frac{1}{200} \right) \approx 200 \, m\Omega.$$

Diese Reaktanz muss beim Kurzschlussstrom

$$I_{kB}'' = \frac{100}{\sqrt{3} \, 6} = 9.6 \, kA$$

wirksam sein. Dementsprechend muss die Drossel spannungsmässig für

$$9.6 \, kA \cdot 0.2 \, \Omega = 1920 \, V$$

dimensioniert werden. Der Betriebsstrom ist entsprechend der Belastung

$$\frac{2000 \, kVA}{\sqrt{3} \, 6 \, kV} = 192 \, A.$$

Das Kurzschlussstrom/Betriebsstromverhältnis ist in diesem Fall 50. Die zulässige Einsekunden-Kurzschlussstromdichte ist andererseits etwa 50 mal grösser als die zulässige Dauerstromdichte (Abschn. 12.2). Wenn der Kurzschluss in weniger als 1 Sekunde abgeschaltet wird, kann man annehmen, dass die thermische Kurzschlussbelastung nicht grösser ist als die Dauerbelastung. Die Drossel kann als Luftdrossel für ein LI^2 von ca. 25 Ws dimensioniert werden (s. Beispiele Abschn. 11.1)

9.3 Allgemeines Netzberechnungsverfahren

9.3.1 Theoretische Grundlagen

Die Methode eignet sich für Computerberechnungen vor allem im Fall vermaschter, aber auch nichtvermaschter Netze. Sie wird anhand des Netzes Abb. 9.18 erläutert.

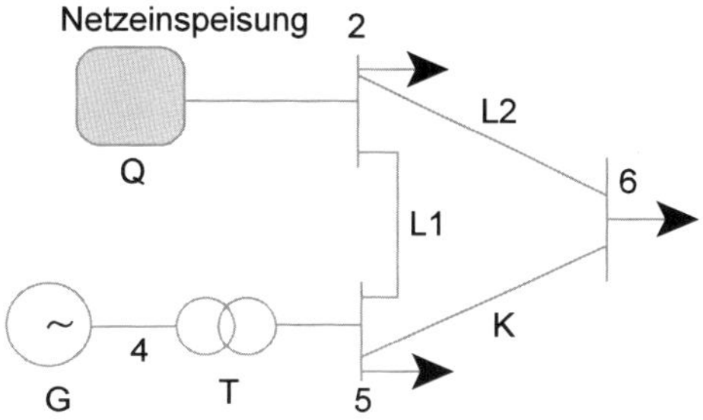

9.3 Allgemeines Netzberechnungsverfahren

Abb. 9.18 Anlagebeispiel für die allgemeine Netzberechnung

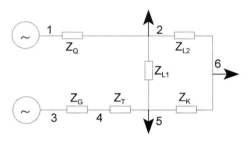

Abb. 9.19 Ersatzschaltbild von Abb. 9.18 ohne Querimpedanzen

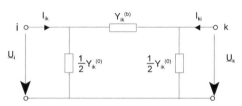

Abb. 9.20 Ersatzschaltbild eines Zweigs des Netzes

Das Netz besteht aus einer von drei Leitungen gebildeten Masche. An die drei Knotenpunkte sind Verbraucher angeschlossen. Die Einspeisungen sind das Verbundnetz (Netzeinspeisung) und ein Kraftwerk.

Zunächst sei der Übersichtlichkeit wegen ein Ersatzschaltbild ohne Querimpedanzen aufgestellt und die Knotenpunkte von 1 bis 6 numeriert (Abb. 9.19). Im Anlagebild 9.18 erscheinen die Knotenpunkte 1 und 3 nicht, da sie sich innerhalb der Einspeiseelemente befinden. Zum betrachteten „Netz" gehören somit ausser dem Transformator (Blocktransformator) auch die Innenimpedanzen von Generator und Netzeinspeisung.

Die exakte Berechnung berücksichtigt selbstverständlich auch die Querwerte. Jeder Zweig des Netzes wird als passives π – *Zweitor* mit *Admittanzen* beschrieben.

Entsprechend dem Zweigersatzschaltbild Abb. 9.20 definiert man für den beliebigen Zweig (ik)

$$Y_{ik}^{(b)} = Zweiglängsadmittanz$$

$$Y_{ik}^{(o)} = Zweigqueradmittanz.$$

Ferner sind U_i, U_k die *Knotenpunktspannungen* (Sternspannungen) und I_{ik} bzw. I_{ki} die *Zweigströme*. Alle vorkommenden Grössen sind komplex; einfachheitshalber sei deshalb auf das Unterstreichen der Variablen verzichtet. Für die Zweigströme gilt die Beziehung

$$I_{ik} = Y_{ik}^{(b)}(U_i - U_k) + \frac{1}{2}Y_{ik}^{(o)}U_i = \left(Y_{ik}^{(b)} + \frac{1}{2}Y_{ik}^{(o)}\right)U_i - Y_{ik}^{(b)}U_k. \qquad (9.14)$$

Man führt ferner folgende *Knotenpunktströme* ein

$$I_i = \sum_{\substack{1 \\ k \neq i}}^{n} I_{ik}. \qquad (9.15)$$

Der Fall k = i wurde bei der Summation ausdrücklich ausgeschlossen, da sinnlos. n ist die Anzahl Knotenpunkte des Netzes. Knotenpunktströme können positiv, null oder negativ sein, wobei im folgenden die Generatorkonvention gewählt wurde. Mit Bezug auf Abb. 9.19 gilt z. B.

$I_2 = I_{21} + I_{25} + I_{26} < 0$ (*Verbraucher* — *oder Lastknoten*)

$I_1 = I_{12} > 0$ (*Einspeise* — *oder Generatorknoten*)

$I_4 = I_{43} + I_{45} = 0$ (*„interner" Knoten, ohne Last und ohne Einspeisung*).

Setzt man Gl. (9.14) in (9.15) ein, folgt

$$I_i = U_i \sum_{\substack{1 \\ k \neq i}}^{n} \left(Y_{ik}^{(b)} + \frac{1}{2}Y_{ik}^{(o)}\right) - \sum_{\substack{1 \\ k \neq i}}^{n} Y_{ik}^{(b)}U_k. \qquad (9.16)$$

Die Beziehung (9.16) lässt sich vereinfachen durch die Einführung der folgenden *Knotenpunktadmittanzen:*

$$Y_{ii} = \sum_{\substack{1 \\ k \neq i}}^{n} \left(Y_{ik}^{(b)} + \frac{1}{2}Y_{ik}^{(o)}\right)$$

$$Y_{ik} = -Y_{ik}^{(b)} \quad \text{für} \quad k \neq i \qquad (9.17)$$

und man erhält

$$I_i = Y_{ii}U_i + \sum_{\substack{1 \\ k \neq i}}^{n} Y_{ik}U_k = \sum_{k=1}^{n} Y_{ik}U_k, \quad i = 1\ldots n$$

oder in Matrixform geschrieben

$$\begin{pmatrix} I_1 \\ I_2 \\ \cdot \\ \cdot \\ \cdot \\ I_n \end{pmatrix} = \begin{pmatrix} Y_{11} & Y_{12} & . & . & . & Y_{1n} \\ Y_{21} & Y_{22} & . & . & . & Y_{2n} \\ . & . & . & . & . & . \\ . & . & . & . & . & . \\ . & . & . & . & . & . \\ Y_{n1} & Y_{n2} & . & . & . & Y_{nn} \end{pmatrix} \cdot \begin{pmatrix} U_1 \\ U_2 \\ \cdot \\ \cdot \\ \cdot \\ U_n \end{pmatrix}. \qquad (9.18)$$

9.3 Allgemeines Netzberechnungsverfahren

Für ein Netz mit n Knotenpunkten erhält man eine (n × n)-Matrix mit komplexen Koeffizienten. Das Netz wird durch diese *Knotenpunktadmittanzmatrix* vollständig beschrieben

D as *Netzproblem* ist lösbar, wenn n der 2n Variablen ($I_1 \ldots I_n$, $U_1 \ldots U_n$) bekannt sind. Sind alle unbekannten Spannungen ermittelt, lassen sich schliesslich mit (9.14) auch alle Zweigströme bestimmen.

Für das Netz Abb. 9.18 ergibt sich z. B. mit den Gl. (9.17) folgende Matrix

$$\begin{pmatrix} Y_Q & -Y_Q & 0 & 0 & 0 & 0 \\ -Y_Q & (Y_Q + Y_{L1} + Y_{L2}) & 0 & 0 & -Y_{L1} & -Y_{L2} \\ 0 & 0 & Y_G & -Y_T & 0 & 0 \\ 0 & 0 & -Y_T & (Y_G + Y_T) & -Y_T & 0 \\ 0 & -Y_{L1} & 0 & -Y_T & (Y_T + Y_{L1} + Y_K) & -Y_K \\ 0 & -Y_{L2} & 0 & 0 & -Y_K & (Y_{L2} + Y_K) \end{pmatrix}. \quad (9.19)$$

Die Matrix ist symmetrisch (in Abwesenheit von Phasenschiebern), die Diagonalkoeffizienten sind positiv, die übrigen Koeffizienten null oder negativ. Die Berücksichtigung der Queradmittanzen vergrössert nur leicht (wegen der Kleinheit dieser Admittanzen) die Diagonalterme (Gl. 9.17).

9.3.2 Anwendung auf das Kurzschlussproblem

Die Theorie sei auf den Fall des dreipoligen Kurzschlusses im Knoten 6 des Beispiels Abb. 9.18 angewandt. Bekannt sind die subtransiente Polradspannung E_p'' des Generators und E'' der Netzeinspeisung. Der Belastungszustand des Netzes sei ebenfall bekannt. Die Belastungsströme lassen sich dann in Funktion der entsprechenden Knotenpunktspannungen ausdrücken:

$$I = f(U). \quad (9.20)$$

9.3.2.1 Direkte Methode

Die Matrixgleichung (9.18) kann folgendermassen geschrieben werden, worin **Y** die Knotenpunktadmittanzmatrix (9.19) darstellt:

$$\begin{pmatrix} I_1 \\ f_2(U_2) \\ I_3 \\ 0 \\ f_5(U_5) \\ -I_k'' \end{pmatrix} = \mathbf{Y} \cdot \begin{pmatrix} E'' \\ U_2 \\ E_p'' \\ U_4 \\ U_5 \\ 0 \end{pmatrix}. \quad (9.21)$$

Aus den 6 Gleichungen lassen sich die 6 Unbekannten U_2, U_4, U_5, I_1, I_3 und I_k'' bestimmen. Lösen muss man im Grunde genommen nur die zweite, vierte und fünfte

Gleichung nach den Spannungen U$_2$, U$_4$, U$_5$. Die Ströme ergeben sich durch Einsetzen der Spannungen in die anderen Gleichungen. Das Verfahren lässt sich durch eine Umstellung der Gleichungen systematisieren:

$$\begin{pmatrix} \begin{pmatrix} f_2(U_2) \\ 0 \\ f_5(U_5) \end{pmatrix} \\ \begin{pmatrix} I_1 \\ I_3 \\ -I_k'' \end{pmatrix} \end{pmatrix} = \boldsymbol{Y_g} \cdot \begin{pmatrix} \begin{pmatrix} U_2 \\ U_4 \\ U_5 \end{pmatrix} \\ \begin{pmatrix} E'' \\ E_p'' \\ 0 \end{pmatrix} \end{pmatrix}. \tag{9.22}$$

Zu beachten ist, dass die geordnete Admittanzmatrix $\boldsymbol{Y_g}$ in Gl. (9.22) nicht mehr mit (9.19) übereinstimmt, da Zeilen und Spalten umgestellt wurden. Diese Umstellung kann man vermeiden, wenn man von Anfang an die Knoten richtig numeriert, z. B. zuerst alle Lastknoten, dann die Generatorknoten und den Kurzschlussknoten.

Die Gl. (9.22) kann durch Einführung von Vektoren kompakter geschrieben werden:

$$\begin{pmatrix} \vec{f}(\vec{U}) \\ \vec{I} \end{pmatrix} = \begin{pmatrix} \boldsymbol{A} & \boldsymbol{B} \\ \boldsymbol{C} & \boldsymbol{D} \end{pmatrix} \cdot \begin{pmatrix} \vec{U} \\ \vec{E} \end{pmatrix}. \tag{9.23}$$

Die Bedeutung der Vektoren **f(U)**, **I**, **U**, **E** geht aus dem Vergleich der Beziehungen (9.22) und (9.23) unmittelbar hervor. **E** und **f** sind bekannt, **U** und **I** unbekannt. Für die Darstellung der Lastfunktion sei auf Kap. 7 verwiesen. Die geordnete Admittanzmatrix $\boldsymbol{Y_g}$ ist in vier Teilmatrizen **A**, **B**, **C**, **D** aufgespalten worden. Die Matrizen **A** und **D** sind immer quadratisch, **B** und **C** können auch rechteckig sein.

Aus (9.23) folgen die zwei Vektorgleichungen

$$\vec{f}(\vec{U}) = \boldsymbol{A} \cdot \vec{U} + \boldsymbol{B} \cdot \vec{E} \tag{9.24}$$

$$\vec{I} = \boldsymbol{C} \cdot \vec{U} + \boldsymbol{D} \cdot \vec{E}. \tag{9.25}$$

Gleichung (9.24) lässt sich iterativ nach den unbekannten Spannungen U auflösen

$$\vec{U} = \boldsymbol{A}^{-1}[-\boldsymbol{B} \cdot \vec{E} + \vec{f}(\vec{U})]. \tag{9.26}$$

Setzt man den Spannungsvektor in (9.25) ein, folgt der Stromvektor **I** und somit auch der Kurzschlussstrom.

Eine explizite Lösung erhält man bei Vernachlässigung des Lastvektors **f(U)**. Für das unbelastete Netz gilt

$$\vec{U} = -\boldsymbol{A}^{-1} \cdot \boldsymbol{B} \cdot \vec{E} \tag{9.27}$$

$$\vec{I} = (\boldsymbol{D} - \boldsymbol{C} \cdot \boldsymbol{A}^{-1} \cdot \boldsymbol{B})\vec{E}. \tag{9.28}$$

Da die Netzbelastung nur einen kleinen Einfluss auf das Kurzschlussverhalten des Netzes ausübt, stellen die Lösungen (9.27), (9.28) bereits eine sehr gute Näherung dar. Will man den Lasteinfluss berücksichtigen, kann die Lösung (9.27) als Anfangswert für die iterative Lösung von (9.26) verwendet werden. Nachteil dieses Verfahrens ist, dass die Matrix **A** für jeden Kurzschlusspunkt neu berechnet und invertiert werden muss.

9.3.2.2 Superpositionsverfahren

Zu einer wesentlichen Verminderung des Rechenaufwandes führt das Superpositionsverfahren im Fall des unbelasteten Netzes. Da jetzt gemäss Abb. 9.12b nur noch eine Quellenspannung übrig bleibt, nämlich die sich aus der Lastflussberechnung ergebende Spannung U_{60} im Kurzschlusspunkt, ist es zweckmässiger, den Kurzschlusspunkt zu den Lastknoten zu schlagen und die Matrixbeziehung (9.22) anders aufzuteilen. Für die Änderungen ab Kurzschlussaugenblick gilt

$$\left(\begin{pmatrix} 0 \\ 0 \\ 0 \\ -I_k'' \end{pmatrix} \\ \begin{pmatrix} I_1 \\ I_3 \end{pmatrix}\right) = Y_g \cdot \left(\begin{pmatrix} \Delta U_2 \\ \Delta U_4 \\ \Delta U_5 \\ -U_{60} \end{pmatrix} \\ \begin{pmatrix} 0 \\ 0 \end{pmatrix}\right). \quad (9.29)$$

Zur Lösung des Kurzschlussproblems ist nur noch die obere linke Matrix notwendig. Man erhält

$$\begin{pmatrix} 0 \\ 0 \\ 0 \\ -I_k'' \end{pmatrix} = Y_L \begin{pmatrix} \Delta U_2 \\ \Delta U_4 \\ \Delta U_5 \\ -U_{60} \end{pmatrix}. \quad (9.30)$$

Die Matrix Y_L, deren Dimension der Anzahl der Last- und interner Knotenpunkte entspricht, bleibt dieselbe, auch wenn der Kurzschluss in einem anderen Knotenpunkt auftritt, z. B. 2 oder 4 oder 5. Die Inversion der Knotenpunktadmittanzmatrix liefert die Impedanzmatrix $Z = Y_L^{-1}$ und den Zusammenhang

$$\begin{pmatrix} \Delta U_2 \\ \Delta U_4 \\ \Delta U_5 \\ -U_{60} \end{pmatrix} = Z \begin{pmatrix} 0 \\ 0 \\ 0 \\ -I_k'' \end{pmatrix}. \quad (9.31)$$

Nur die letzte Spalte der Impedanzmatrix ist für den Kurzschluss im Punkt 6 interessant und liefert die Knotenpunktspannungen und den Kurzschlussstrom oder die Kurzschlussleistung. Für letztere erhält man die einfachen Beziehungen

$$I_k'' = \frac{U_{60}}{Z_{66}}, \quad S_k'' = \sqrt{3}\, U_{\Delta n} \frac{U_{60}}{Z_{66}}, \quad (9.32)$$

worin $U_{\Delta n}$ die verkettete Bezugsspannung darstellt, oder im Planungsstadium

$$U_{60} = c \frac{U_{\Delta n}}{\sqrt{3}} \quad \Rightarrow \quad I_k'' = \frac{c U_{\Delta n}}{\sqrt{3} Z_{66}}, \quad S_k'' = \frac{c U_{\Delta n}^2}{Z_{66}}. \quad (9.33)$$

Die Diagonalkoeffizienten der Impedanzmatrix stellen die Kurzschlussimpedanzen der Netzknotenpunkte dar (für das unbelastete Netz).

Abb. 9.21 Anlage zu Beispiel 9.4

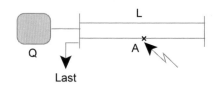

Abb. 9.22 Ersatzschaltbild zu Abb. 9.21

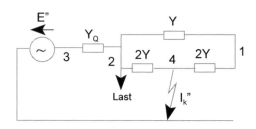

Beispiel 9.4 Die Anlage Abb. 9.21 hat folgende Daten:

Netz Q: Kurzschlussadmittanz Y_Q
Doppelleitung L: Admittanz Y pro Drehstromsystem
Laststrom: $I = Y_0 U - I_0$ (Y_0, I_0 bekannt)

Die Querreaktanzen werden vernachlässigt. Der dreipolige Kurzschluss erfolgt in A, genau in der Mitte des einen Drehstromsystems. Man bestimme den analytischen Ausdruck von I_k'', ausgehend von der Knotenpunktadmittanzmatrix, bei Berücksichtigung der Last mit der direkten Methode und für das unbelastete Netz mit dem Superpositionsverfahren.

Zur Lösung seien zuerst das Ersatzschaltbild gezeichnet und die Knotenpunkte numeriert (Abb. 9.22). Anschliessend wird die Knotenpunktadmittanzmatrix bestimmt und die Beziehung zwischen Strom und Spannung gemäss (9.22) formuliert. Man erhält

$$\begin{pmatrix} 0 \\ f(U_2) \\ I_3 \\ -I_k'' \end{pmatrix} = \begin{pmatrix} 3Y & -Y & 0 & -2Y \\ -Y & (3Y+Y_Q) & -Y_Q & -2Y \\ 0 & -Y_Q & Y_Q & 0 \\ -2Y & -2Y & 0 & 4Y \end{pmatrix} \cdot \begin{pmatrix} U_1 \\ U_2 \\ E'' \\ 0 \end{pmatrix}.$$

Die beiden ersten Zeilen liefern

$$0 = 3YU_1 - YU_2$$

$$-Y_0 U_1 + I_0 = -YU_1 + (3Y + Y_Q)U_2 - Y_Q E''$$

mit den Lösungen

$$U_2 = 3U_1$$

$$U_1 = \frac{I_0 + Y_Q E''}{8Y + 3Y_Q + Y_0}.$$

9.3 Allgemeines Netzberechnungsverfahren

Aus der letzten Zeile der Matrixbeziehung folgt

$$I_k'' = 2Y(U_1 + U_2) = 8YU_1 = \frac{8Y(I_0 + Y_Q E'')}{8Y + 3Y_Q + Y_0}.$$

Bei Anwendung des Superpositionsverfahren ohne Last folgt gemäss (9.29)

$$\begin{pmatrix} 0 \\ 0 \\ -I_k'' \end{pmatrix} = \begin{pmatrix} 3Y & -Y & -2Y \\ -Y & (3Y + Y_Q) & -2Y \\ -2Y & -2Y & 4Y \end{pmatrix} \cdot \begin{pmatrix} \Delta U_1 \\ \Delta U_2 \\ -E'' \end{pmatrix}.$$

Die symbolische Inversion mit Maple führt zu

$$\begin{pmatrix} \Delta U_1 \\ \Delta U_2 \\ -E'' \end{pmatrix} = \begin{pmatrix} \dfrac{2Y + Y_Q}{2YY_Q} & \dfrac{1}{Y_Q} & \dfrac{4Y + Y_Q}{4YY_Q} \\ \dfrac{1}{Y_Q} & \dfrac{1}{Y_Q} & \dfrac{1}{Y_Q} \\ \dfrac{4Y + Y_Q}{4YY_Q} & \dfrac{1}{Y_Q} & \dfrac{8Y + 3Y_Q}{8YY_Q} \end{pmatrix} \cdot \begin{pmatrix} 0 \\ 0 \\ -I_k'' \end{pmatrix}.$$

Der letzte Diagonalkoeffizient liefert den Kurzschlussstrom

$$I_k'' = \frac{8YY_Q E''}{8Y + 3Y_Q}.$$

Aufgabe 9.1 Man löse numerisch das Beispiel Abb. 9.18 für Kurzschluss im Knoten 6. Die Netzspannung ist 220 kV. Gegeben sind:

Netz Q: $S_k'' = 8000$ MVA
Generator G: 100 MVA, $x_d'' = 15\,\%$, $r = 1\,\%$
Transf. T: 125 MVA, $u_k = 11\,\%$, $u_{kw} = 0.4\,\%$
Freileitung L1: 30 km, $R' = 0.08$ Ω/km, $X' = 0.32$ Ω/km
Freileitung L2: 20 km, Daten wie L1 aber als Doppelfreileitung ausgeführt
Kabelleitung K: 15 km, $R' = 0.05$ Ω/km, $X' = 0.12$ Ω/km

Dazu vernachlässige man die Netzbelastung und setze $E_p'' = E'' = 1.1 U_n$. Man bestimme auch alle Zweigströme.

9.3.3 Reduktion der Knotenpunktadmittanzmatrix

Bei der Definition der Knotenpunktströme (9.15) stellte man fest, dass diese Ströme null sind, wenn der betreffende Knoten weder Einspeisung noch Last, also keine netzexterne Verbindung aufweist. Solche „internen" Knoten können aus der Matrix eliminiert und somit deren Ordnung reduziert werden. Schreibt man durch opportune

Abb. 9.23 Unverzweigte einseitig gespeiste Leitung

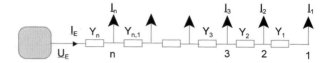

Numerierung der Knoten (interne Knoten vor den externen) die Beziehung (9.18) in der Form

$$\vec{I} = Y\vec{U} = \begin{pmatrix} \vec{0} \\ \vec{I_e} \end{pmatrix} = \begin{pmatrix} Y_{ii} & Y_{ie} \\ Y_{ei} & Y_{ee} \end{pmatrix} \cdot \begin{pmatrix} \vec{U_i} \\ \vec{U_e} \end{pmatrix},$$

kann der interne Spannungsvektor in Funktion des externen Vektors ausgedrückt und somit die Netzgleichung in der Ordnung reduziert werden

$$\vec{U_i} = -Y_{ii}^{-1} Y_{ie} \vec{U_e}$$
$$\vec{I_e} = Y_e \vec{U_e} \quad (9.34)$$
$$\text{mit} \quad Y_e = Y_{ee} - Y_{ei} Y_{ii}^{-1} Y_{ie}.$$

Die reduzierte, nur „externe" Knoten enthaltende Matrix Y_e ist allerdings weniger „leer".

9.4 Berechnung nichtvermaschter Netze

Nichtvermaschte Netze lassen sich mit dem in Abschn. 9.3 dargelegten allgemeinen Netzberechnungsverfahren auf einfache Weise berechnen. Im Folgenden unterscheiden wir den Fall der einseitig gespeisten Leitung, ohne und mit Verzweigungen, und den Fall der zweiseitig gespeisten Leitung, der z. B. für Ring- oder Strangleitungen von Interesse ist. Vermaschte Netze werden in Abschn. 9.6 behandelt.

Strahlen-, Ring- und Strangnetze kommen vor allem im Niederspannungs- und Mittelspannungsbereich vor. Die Leitung kann demzufolge immer als elektrisch kurz betrachtet werden (gemäss Def. in Abschn. 5.3). Für sehr kurze Leitungen kann man auch die Querkapazität vernachlässigen, besonders bei Freileitungen. Beide Fälle, mit und ohne Berücksichtigung der Querwerte, werden analysiert.

9.4.1 Einseitig gespeiste unverzweigte Leitung

Die Anlage Abb. 9.23, die aus Übersichtsgründen ohne Querwerte gezeichnet wird, besteht aus den Lastknoten 1...n mit bekannter Stromabgabe $\underline{I_i} = f_i\,(\underline{U_i})$

9.4 Berechnung nichtvermaschter Netze

und aus der Einspeisung mit gegebener Spannung $\underline{U}_E$. Wird das Netz durch die Knotenpunktadmittanzen beschrieben, erhält man aus (9.23) folgende Beziehung

$$\begin{pmatrix} -\vec{f}(\vec{U}) \\ \underline{I}_E \end{pmatrix} = \begin{pmatrix} Y & \vec{b} \\ \vec{c}' & Y_n \end{pmatrix} \cdot \begin{pmatrix} \vec{U} \\ \underline{U}_E \end{pmatrix}, \qquad (9.35)$$

wobei Matrizen und Vektoren für den Fall ohne Querwerte von (9.38) gegeben sind. Bei Berücksichtigung der Querwerte sind die Diagonalkoeffizienten von Y etwas grösser (s. Gl. 9.17). Aus (9.35) und (9.38) folgen die zwei Lösungen

$$\vec{U} = -Y^{-1}\vec{f}(\vec{U}) - Y^{-1}\vec{b}U_E \qquad (9.36)$$

$$\underline{I}_E = Y_n(\underline{U}_E - \underline{U}_n). \qquad (9.37)$$

$$Y = \begin{pmatrix} Y_1 & -Y_1 & 0 & . & . & . & 0 \\ 0 & -Y_1 & (Y_1+Y_2) & -Y_2 & 0 & . & 0 \\ . & . & . & . & . & . & . \\ . & . & . & . & . & . & . \\ 0 & . & . & 0 & -Y_{n-2} & (Y_{n-2}+Y_{n-1}) & -Y_{n-1} \\ 0 & 0 & . & . & 0 & -Y_{n-1} & (Y_{n-1}+Y_n) \end{pmatrix}$$
$$(9.38)$$

$$\vec{f}(\vec{U}) = \begin{pmatrix} I_1 \\ I_2 \\ . \\ . \\ . \\ I_n \end{pmatrix}, \quad \vec{U} = \begin{pmatrix} U_1 \\ U_2 \\ . \\ . \\ . \\ U_n \end{pmatrix}, \quad \vec{b} = \begin{pmatrix} 0 \\ 0 \\ . \\ . \\ 0 \\ -Y_n \end{pmatrix}$$

$$\vec{c}' = (0 \ 0 \ . \ . \ 0 \ 0 \ -Y_n)$$

Sind die Lastströme vorgegeben, liefert Gl. (9.36) direkt das *Spannungsprofil*. Andernfalls (z. B. bei Vorgabe der Leistungen) kann der Anfangswert von f(U) mit der Nennspannung berechnet und die Gleichung iterativ gelöst werden.

Der Ausdruck (9.37) muss nur bei Berücksichtigung der Querwerte berechnet werden, da andernfalls ohnehin $I_E = \sum f_i(U_i)$.

Der zweite Term der Gl. (9.36) stellt das Spannungsprofil im Leerlauf dar. Ohne Berücksichtigung der Querwerte ist $\mathbf{Y^{-1}b}$ ein Spaltenvektor mit lauter -1, d. h. alle Spannungen sind wie erwartet gleich U_E.

Abb. 9.24 Einseitig gespeiste Leitung mit Verzweigungen

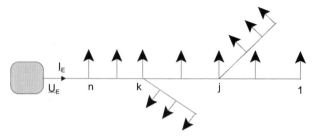

Der erste Term der Gl. (9.36) stellt die durch die Belastung verursachte Spannungsabsenkung dar. Nimmt man z. B. an, alle Leitungen hätten denselben Querschnitt und dieselbe Struktur, lässt sich bei *Vernachlässigung der Querwertadmittanzen* schreiben

$$Y^{-1} = (R' + jX')\boldsymbol{L}, \tag{9.39}$$

worin **L** eine nur von der Topologie abhängige Matrix ist, die den Einfluss der einzelnen Ströme gewichtet. Die Spannungsabsenkung im Knotenpunkt j, die von den Strömen $f_i(U_i)$ der Form $I_i \exp(-j\varphi_i)$ verursacht wird, ist

$$\Delta \underline{U}_j = \sum_{i=1}^{n}(R' + jX')(\cos\varphi_i - j\sin\varphi_i)L_{ji}I_i$$

und kann in Längs- und Querspannungsabsenkung zerlegt werden

$$\Delta U_{jl} = \sum_{i=1}^{n}(R'\cos\varphi_i + X'\sin\varphi_i)L_{ji}I_i$$

$$\Delta U_{jq} = \sum_{i=1}^{n}(X'\cos\varphi_i - R'\sin\varphi_i)L_{ji}I_i.$$

Da die Phasenverschiebung zwischen den Spannungen in der Regel klein ist (s. dazu auch Abschn. 9.5.1.3), ist der Einfluss der Querabsenkung auf den Spannungsabfall gering, so dass letzterer mit guter Näherung geschrieben werden kann

$$\Delta U_j = \sum_{i=1}^{n}(R'\cos\varphi_i + X'\sin\varphi_i)L_{ji}I_i. \tag{9.40}$$

9.4.2 Einseitig gespeiste Leitung mit Verzweigungen

Das Problem lässt sich auf das vorhergehende zurückführen:
- Zuerst wird die Hauptleitung berechnet, wobei die Stromlasten an den Verzweigungspunkten j und k (Abb. 9.24) als Summe der Belastungsströme der

Abb. 9.25 Zweiseitig gespeiste Leitung

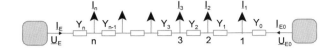

Verzweigung eingesetzt werden. Sind diese spannungsabhängig, werden sie zuvor mit Nennspannung berechnet. Als Resultat erhält man das Spannungsprofil und somit die Spannungen U_j und U_k.
- Danach werden die Verzweigungen berechnet und damit der exaktere Wert der Einspeiseströme an den Verzweigungspunkten ermittelt.
- Stimmen diese Ströme nicht genügend genau mit der ersten Annahme überein, wird ein zweiter Iterationsschritt vollzogen usw.

9.4.3 Zweiseitig gespeiste Leitung

Das Schema Abb. 9.23 wird ergänzt mit der zweiten Einspeisung und der Admittanz Y_0 (Abb. 9.25). Man erhält folgenden Zusammenhang

$$\begin{pmatrix} -\vec{f}(\vec{U}) \\ \begin{pmatrix} \underline{I}_E \\ \underline{I}_{E0} \end{pmatrix} \end{pmatrix} = \begin{pmatrix} Y & B \\ C & Y_E \end{pmatrix} \cdot \begin{pmatrix} \vec{U} \\ \begin{pmatrix} \underline{U}_E \\ \underline{U}_{E0} \end{pmatrix} \end{pmatrix} \qquad (9.41)$$

mit

$$B = \begin{pmatrix} 0 & -Y_0 \\ 0 & 0 \\ . & . \\ . & . \\ 0 & 0 \\ -Y_n & 0 \end{pmatrix} \quad \begin{matrix} C = \begin{pmatrix} 0 & 0 & . & . & . & 0 & -Y_n \\ -Y_0 & 0 & . & . & . & 0 & 0 \end{pmatrix} \\ \\ Y_E = \begin{pmatrix} Y_n & 0 \\ 0 & Y_0 \end{pmatrix}. \end{matrix} \qquad (9.42)$$

In der von (9.38) gegebenen Knotenpunktadmittanzmatrix **Y** ändert sich lediglich der erste Diagonalkoeffizient, der $(Y_1 + Y_0)$ wird.

Daraus ergeben sich die Lösungen

$$\vec{U} = -Y^{-1}\vec{f}(\vec{U}) - Y^{-1}B \begin{pmatrix} \underline{U}_E \\ \underline{U}_{E0} \end{pmatrix} \qquad (9.43)$$

$$\begin{aligned} \underline{I}_E &= Y_n(\underline{U}_E - \underline{U}_n) \\ \underline{I}_{E0} &= Y_0(\underline{U}_{E0} - \underline{U}_1), \end{aligned} \qquad (9.44)$$

die Spannungsprofil und Einspeiseströme zu berechnen erlauben.

Wiederum bestimmt der zweite Term von Gl. (9.43) (die jetzt (9.36) ersetzt) das Spannungsprofil bei unbelasteter Leitung; dieses kann durch die Wahl der Spannungen U_E und U_{E0} praktisch linear zwischen diesen Spannungen eingestellt werden.

Sind diese beiden Spannungen annähernd gleichphasig, kann die sich aus dem ersten Term der Gl. (9.43) ergebende Querabsenkung wiederum vernachlässigt und der belastungsabhängige Spannungsabfall in erster Näherung nach (9.40) berechnet werden. Dies trifft insbesondere für die Ringleitung zu, die den Spezialfall $\underline{U}_{E0} = \underline{U}_E$ darstellt.

9.5 Betriebsverhalten der elektrischen Leitung

Es ist Aufgabe der Leitung, elektrische Energie möglichst unverändert in Grösse und Qualität über kurze oder weite Strecken zu übertragen und zu verteilen. Eine *ideale Leitung* würde die *Leistung* und die *Spannung* in Betrag und Phase unverändert lassen. Eine *reelle Leitung* bewirkt bei der üblichen ohmisch-induktiven Belastung eine Abnahme des Spannungsbetrags (*Spannungsabfall*), ein Nacheilen der Spannungsphase (*Spannungsdrehung*) und absorbiert *Wirkleistung* (Verluste) und *Blindleistung*. Diese Abweichungen vom Idealfall sind zwar klein, jedoch für das Verhalten und die Wirtschaftlichkeit des Netzes von entscheidender Bedeutung. Eine Reduktion oder *Kompensation* dieser Effekte kann technisch notwendig oder wirtschaftlich interessant sein. Ausserdem ist die Frage nach der *Übertragungsfähigkeit* einer Leitung praktisch von Bedeutung. Dementsprechend gliedert sich der folgende Abschnitt in

- Spannungsverhalten,
- Leistungsverhalten,
- Kompensation,
- Übertragungsfähigkeit.

9.5.1 Spannungsverhalten

9.5.1.1 Verlustlose Leitung

Die erste der Leitungsgleichungen (5.11) lautet allgemein

$$\underline{U} = \underline{U}_2 \cosh \underline{\gamma}(l - x) + \underline{Z}_w \underline{I}_2 \sinh \underline{\gamma}(l - x). \tag{9.45}$$

Zuerst sei der einfachere Fall der verlustlosen Leitung betrachtet, für die $\underline{\gamma} = j\beta$ und $Z_w = R_w$ ist. Es folgt

$$\underline{U} = \underline{U}_2 \cos \beta(l - x) + jR_w \underline{I}_2 \sin \beta(l - x). \tag{9.46}$$

Abb. 9.26 Spannungsprofil einer leerlaufenden verlustlosen Leitung (Freileitung)

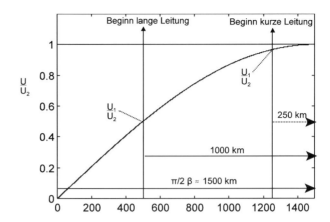

Im *Leerlauf* ist $I_2 = 0$, und man erhält

$$U = U_2 \cos \beta(l - x). \tag{9.47}$$

Abbildung 9.26 zeigt das cosinusförmige Spannungsprofil im Leerlauf zwischen Leitungsende ($x = l$, $U = U_2$) und einen beliebigen Punkt der Leitung ($U(x)$). Die eingetragenen km-Werte entsprechen dem Fall einer Freileitung. Den Spannungsanstieg im Leerlauf bezeichnet man als *Ferranti-Effekt*. Ist U_1 vorgegeben, erhält man für die Spannung am Leitungsende

$$U_2 = \frac{U_1}{\cos \beta l}. \tag{9.48}$$

Für $\beta l = \pi/2$ tritt Resonanz auf, d. h. die Spannung am Leitungsende wird unendlich gross. Mit den in Abschn. 5.4 berechneten Werten für β ist dies nur für sehr lange Leitungen der Fall (bei Freileitungen ca. 1500 km, bei Kabelleitungen ca. 300 km, für 50 Hz). Erinnert man sich an die Bedeutung von βl als Phasenverschiebung der Wanderwellen (Abschn. 5.2.3), entspricht diese kritische Leitungslänge einer Viertelwelle. Für eine Freileitung von 1000 km ($\beta l \approx 60°$) ist der Spannungsanstieg 100 % (Abb. 9.26), für 750 km ($\beta l \approx 45°$) ist er immer noch gut 40 % von U_1. Praktisch bedeutet dies, dass solche Freileitungen nie im Leerlauf betrieben werden dürfen (s. auch Abschn. 9.5.3 über Kompensationsmassnahmen).

Für *elektrisch kurze Freileitungen*, deren maximale Länge etwa 250 km beträgt ($\beta l < 15°$) (Def. Abschn. 5.3.2), ist der Spannungsanstieg durch Ferranti-Effekt nur noch max. 3.5 % (Abb. 9.26). Der erste Term der Gl. (9.46) ist für kurze Leitungen bezüglich Spannungsänderung somit von zweitrangiger Bedeutung.

Wesentlich wichtiger ist der zweite Term, der den Einfluss der *Belastung* darstellt. Wird die Leitung mit der Impedanz $\underline{Z}$ belastet, ist $\underline{U}_2 = \underline{Z} \underline{I}_2$, und aus Gl. (9.46) folgt

$$\underline{U} = \underline{U}_2 \left[\cos \beta(l - x) + \underline{U}_2 \frac{j R_w}{\underline{Z}} \sin \beta(l - x) \right]. \tag{9.49}$$

Abb. 9.27 Spannungsprofil der belastungsabhängigen Spannungsdifferenz $\Delta\underline{U}$ einer verlustlosen Freileitung (zweiter Term von Gl. 9.49)

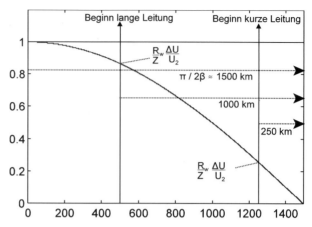

Abb. 9.28 Spannungsänderung der verlustlosen Leitung

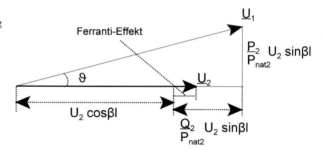

Abbildung 9.27 zeigt das sinusförmige Spannungsprofil (zwischen Leitungsende ($x = l$) und einen beliebigen Punkt x der Leitung), das dem zweiten Term der (9.49) entspricht. Ist die Leitung elektrisch kurz, wird das Spannungsprofil nahezu linear. Ist die Belastung kapazitiv, gilt $Z = -jX_c$. Das Vorzeichen kehrt um, und statt zu sinken, steigt die Spannung längs der Leitung an. Auch der Ferranti-Effekt lässt sich als Folge der im Leerlauf wirksamen Leitungskapazitäten interpretieren.

Ersetzt man die Impedanz durch die abgegebene Leistung ($P_2 + jQ_2$), lässt sich (9.49) auch folgendermassen schreiben

$$\underline{U} = \underline{U}_2 \left[\cos\beta(l-x) + \frac{Q_2}{P_{nat2}} \sin\beta(l-x) + j\frac{P_2}{P_{nat2}} \sin\beta(l-x) \right] \tag{9.50}$$

mit $P_{nat2} = \dfrac{3U_2^2}{R_w}$ (*natürliche Leistung s. Abschn. 9.5.2*).

Für $x = 0$, $\underline{U} = \underline{U}_1$, folgt das Zeigerdiagramm Abb. 9.28, das klar den Spannungsanstieg im Leerlauf und die Wirkung von Wirk- und Blindlast erkennen lässt.

Bei rein induktiver Belastung $Q_2 = P_{nat2}$ kann der Spannungsabfall (= Differenz der Spannungsbeträge) bei einer *elektrisch kurzen Leitung* bis ca. 25 % von U_2 betragen (sin $\beta l \leq 0.25$) oder 20 % von U_1. Die *Übertragung von Blindleistung*

9.5 Betriebsverhalten der elektrischen Leitung

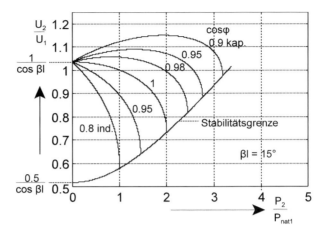

Abb. 9.29 Spannungsverhalten und Stabilitätsgrenze einer verlustlosen Leitung

ist also mit grossen Spannungsabfällen verbunden. Bei ohmscher Belastung ist der Spannungsabfall wesentlich kleiner, da die belastungsabhängige Spannungsdifferenz um 90° gegenüber U_2 voreilt. Für $P_2 = P_{nat2}$, d. h. $Z = R_w$, erhält man aus Gl. (9.49)

$$\underline{U} = \underline{U}_2 e^{j\beta(l-x)}. \tag{9.51}$$

Wird also die Leitung mit dem Wellenwiderstand belastet, bleibt der Spannungsbetrag längs der ganzen Leitung konstant. Der durch die ohmsche Belastung verursachte Spannungsabfall kompensiert exakt den Ferranti-Effekt.

Spannungsstabilität Ersetzt man im Zeigerdiagramm Abb. 9.28 der *verlustlosen Leitung*

$$Q_2 \quad durch \quad P_2 \tan\varphi$$

$$P_{nat2} \quad durch \quad P_{nat1}\frac{U_2^2}{U_1^2}, \quad mit \quad P_{nat1} = \frac{3U_1^2}{R_w}$$

erhält man (Pythagoras) eine quadratische Gleichung für U_2^2 mit folgender technisch sinnvollen Lösung

$$\frac{U_2}{U_1} = \sqrt{A + \sqrt{A^2 - B^2}} \quad mit \quad \begin{cases} A = \dfrac{1}{2\cos^2(\beta l)} - \dfrac{P_2}{P_{nat1}}\tan\varphi\,\tan\beta l \\[2mm] B = \dfrac{P_2}{P_{nat1}}\dfrac{\tan\beta l}{\cos\varphi}. \end{cases} \tag{9.52}$$

Der Spannungsverlauf ist in Abb. 9.29 in Abhängigkeit der Wirkbelastung P_2 für verschiedene Werte des $\cos\varphi$ und für $\beta l = 15°$, was einer Freileitung von etwa 250 km Länge entspricht, dargestellt. Die Lösung ist nur für $A \geq B$ reell. Andernfalls ist kein stabiler Betrieb möglich.

Die Stabilitätsbedingung A ≥ B führt zu

$$\frac{P_2}{P_{nat1}} \leq \frac{P_{2cr}}{P_{nat1}} = \frac{1}{\sin(2\beta l)} \frac{\cos\varphi}{(1+\sin\varphi)}. \quad (9.53)$$

P$_{2cr}$ drückt die *von einer Drehstromleitung physikalisch maximal übertragbare Wirkleistung* aus. Die betrachtete etwa 250 km lange Leitung kann z. B. bei cosφ = 1 maximal die doppelte natürliche Leistung übertragen. Bei Abgabe dieser Leistung sinkt allerdings die Spannung auf einen tiefen Wert. Aus (9.52) folgt, wenn man die Grenzleistung (9.53) im Ausdruck für A einsetzt,

$$\frac{U_{2cr}}{U_1} = \sqrt{A} = \frac{1}{\sqrt{2}\,\cos\beta l\,\sqrt{1+\sin\varphi}}. \quad (9.54)$$

Für $\beta l = 15°$ und cosφ = 1 erhält man $U_2 = 0.73\,U_1$. Die mit einer vertretbaren Spannungshaltung ohne Kompensationsmassnahmen technisch übertragbare Leistung ist dementsprechend deutlich kleiner als der theoretische Wert (Abschn. 9.5.4.3).

Abbildung 9.29 zeigt aber auch, dass es möglich ist, die Spannung am Leitungsende konstant zu halten, z. B. auf $U_2 = U_1$, durch Blindleistungsinjektion, d. h. durch Anpassung des cosφ an die bezogene Wirkleistung. Dies kann konkret durch spannungsgeregelte Blindleistungs- oder Parallelkompensatoren erfolgen. Im Fall eines reinen Wirklastverbrauchers müsste der Kompensator bis zur natürlichen Leistung Blindleistung absorbieren (induktive Parallelkompensation) und ab natürlicher Leistung Blindleistung einspeisen (kapazitive Parallelkompensation). Rein statische thyristorgesteuerte Blindleistungssteller werden seit nahezu 30 Jahren für diese Aufgabe eingesetzt [7, 10].

9.5.1.2 Verlustbehaftete Leitung

Aus Gl. (9.45) lässt sich das allgemeine Spannungsprofil der Leitung berechnen. Belastet man die Leitung mit der Impedanz Z, erhält man die Eingangsspannung

$$\underline{U}_1 = \underline{U}_2\left[\cosh\underline{\gamma}l + \frac{\underline{Z}_w}{\underline{Z}}\sinh\underline{\gamma}l\right]. \quad (9.55)$$

Der erste Term entspricht dem Ferranti-Effekt, der zweite Term der Wirkung der Belastung. Das Verhalten bleibt qualitativ gleich wie im Fall der verlustlosen Leitung, und auch die quantitativen Unterschiede sind bei Höchst-, Hoch- und Mittelspannungsleitungen wegen der Kleinheit des Leitungswiderstandes gering. Für die exakte Berechnung des Spannungsabfalls sei auf Abschn. 2.3.3 und Aufgabe 2.1 verwiesen. Die dazu notwendige Kettenmatrix ist in Abschn. 5.5.1 gegeben.

Wird die Leitung mit der Wellenimpedanz belastet, folgt aus (9.45)

$$\underline{U} = \underline{U}_2 e^{\alpha(l-x)} e^{j\beta(l-x)}. \quad (9.56)$$

Die Spannung ist nicht mehr exakt, aber nahezu konstant längs der ganzen Leitung.

9.5 Betriebsverhalten der elektrischen Leitung

Abb. 9.30 Ersatzschaltbild der elektrisch kurzen Leitung

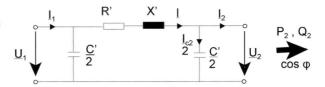

Abb. 9.31 Zeigerdiagramm der elektrisch kurzen Leitung

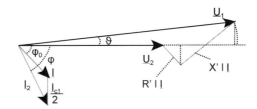

9.5.1.3 Elektrisch kurze Leitung

Um den Spannungsabfall direkt aus den Leitungsdaten, die üblicherweise durch die Leitungsbeläge R′, L′ und C′ gegeben sind, berechnen zu können und die Wirkung der ohmschen Verluste näher zu analysieren, sei der Fall der technisch wichtigen elektrisch kurzen Leitung anhand des entsprechenden Ersatzschaltbildes betrachtet.

Nach Gl. (5.25) sind eine Freileitung < 250 km und eine Kabelleitung < 50 km als „elektrisch kurz" zu betrachten. Für die elektrisch kurze Leitung gilt die Näherung: $\cosh \gamma l = 1 - (\gamma l)^2/2$, $\sinh \gamma l = \gamma l$. Der weitaus grösste Teil des eng- vermaschten europäischen Verbundnetzes besteht aus solchen Leitungen.

Dem Ersatzschaltbild Abb. 9.30 entspricht das Zeigerdiagramm Abb. 9.31. Die Leitung wird mit der Wirkleistung P_2 und der Blindleistung Q_2 belastet. Aus dem Zeigerdiagramm folgt der Spannungsabfall

$$\Delta U = |U_1| - |U_2| = R'lI\cos\varphi_0 + X'lI\sin\varphi_0 + U_1(1 - \cos\vartheta),$$

ferner

$$I\cos\varphi_0 = I_2\cos\varphi = \frac{P_2}{3U_2}$$
$$I\sin\varphi_0 = I_2\sin\varphi - \frac{I_{c2}}{2} = \frac{Q_2}{3U_2} - \frac{1}{2}\omega C'lU_2. \tag{9.57}$$

Setzt man diese Ausdrücke ein, folgt

$$\Delta U = R'\frac{P_2 l}{3U_2} + X'\frac{Q_2 l}{3U_2} + U_1(1 - \cos\vartheta) - \frac{1}{2}\omega C' X' l^2 U_2.$$

Praktisch interessiert eher der normierte, prozentuale oder *p.u. Spannungsabfall*. Teilt man durch die Nennspannung und führt die p.u. Spannungen und die Eigenfrequenz ω_0 der elektrisch kurzen Leitung gemäss Abschn. 5.6.2 ein

$$u_1 = \frac{U_1}{U_r}, \quad u_2 = \frac{U_2}{U_r} = u_1 - \varepsilon, \quad \omega_0 = \frac{\sqrt{2}}{l\sqrt{L'C'}}, \tag{9.58}$$

erhält man für den p.u. Spannungsabfall ε

$$\varepsilon = \left(R' \frac{P_2 l}{U_{\Delta r}^2} + X' \frac{Q_2 l}{U_{\Delta r}^2} \right) \frac{1}{u_2} + u_1 (1 - \cos \vartheta) - \frac{\omega^2}{\omega_0^2} u_2. \quad (9.59)$$

Der *erste Term* ist der wichtigste und gibt den linear von der Belastung abhängigen Teil des Spannungsabfalls wieder. Ist X' grösser als R', ist der Spannungsabfall stärker durch die Blindlast als durch die Wirklast geprägt. Dies ist bei Mittel- und Hochspannungsleitungen immer der Fall, nicht aber bei Niederspannungsleitungen. Er erlaubt ferner die wichtige Aussage, dass der p.u. Spannungsabfall gleich bleibt, wenn die Spannung mit der Wurzel aus dem Produkt (übertragene Leistung × Leitungslänge) erhöht wird.

Der *zweite Term* berücksichtigt die kleine Nichtlinearität und ist etwa quadratisch von der Belastung abhängig ($1 - \cos\vartheta \approx \vartheta^2/2$, s. Gl. (9.62)).

Der *dritte Term* schliesslich ist belastungsunabhängig und drückt den Ferranti-Effekt aus. Dieser ist umso grösser, je kleiner die Eigenfrequenz der Leitung. Die Eigenfrequenz ω_0 ist bei kurzen Leitungen wesentlich grösser als die Betriebsfrequenz ω. Ist die Leitung „elektrisch kurz", gilt auf alle Fälle gemäss Gl. (5.25)

$$\frac{\omega}{\omega_0} \approx \frac{\gamma l}{\sqrt{2}} < 0.2 \quad oder \quad \omega_0 > 5\,\omega.$$

Für Freileitungen < 50 km und Kabelleitungen < 10 km ist sogar

$$\omega_0 > 25\,\omega$$

und somit der Ferranti-Effekt < 2 ‰, der letzte Term von Gl. (9.59) also vernachlässigbar. Bei diesen Längen ist auch der Leitungswinkel klein (etwa < 3° bei Übertragung der natürlichen Leistung, dazu s. Gl. (9.62)), und der zweite Term lässt sich auch vernachlässigen. Dann gilt

$$gesetzt \quad \varepsilon_0 = R' \frac{P_2 l}{U_{\Delta r}^2} + X' \frac{Q_2 l}{U_{\Delta r}^2} = \frac{P_2 l}{U_{\Delta r}^2}(R' + X' \tan \varphi), \quad folgt$$

$$\varepsilon = \frac{\varepsilon_0}{u_2} = \frac{\varepsilon_0}{u_1 - \varepsilon}, \quad woraus \quad \varepsilon = \frac{u_1}{2} - \sqrt{\frac{u_1^2}{4} - \varepsilon_0}. \quad (9.60)$$

Den *Leitungswinkel (Spannungsdrehung)* kann man ebenfalls aus dem Zeigerdiagramm Abb. 9.31 entnehmen. Man erhält

$$\sin \vartheta = \frac{1}{U_1}(X' l I \cos \varphi_0 - R' l I \sin \varphi_0).$$

Berücksichtigt man die Ausdrücke (9.57) und führt die p.u. Grössen und die Eigenfrequenz (9.58) ein, folgt

$$\sin \vartheta = \left(X' \frac{P_2 l}{U_{\Delta r}^2} - R' \frac{Q_2 l}{U_{\Delta r}^2} \right) \frac{1}{u_1 u_2} + \frac{R'}{X'} \frac{\omega^2}{\omega_0^2} \frac{u_2}{u_1}. \quad (9.61)$$

9.5 Betriebsverhalten der elektrischen Leitung

Ist der Ferranti-Effekt vernachlässigbar und ϑ klein, schliesslich

$$\vartheta_0 \approx X'\frac{P_2 l}{U_{\Delta r}^2} - R'\frac{Q_2 l}{U_{\Delta r}^2} = \frac{P_2 l}{U_{\Delta r}^2}(X' - R'\tan\varphi) \quad (9.62)$$
$$\vartheta \approx \frac{\vartheta_0}{u_1 u_2}$$

woraus sich ϑ rasch abschätzen lässt. In Mittel- und Hochspannungsnetzen ist X' deutlich grösser als R'. Ausserdem ist man bestrebt, die Netzverluste und somit Q_2 möglichst niedrig zu halten. Die Spannungsdrehung ist demnach in erster Linie vom Wirkleistungsterm der Gl. (9.61) oder (9.62) gegeben.

Beispiel 9.5 Eine Drehstromfreileitung mit Nennspannung 30 kV, 50 Hz und Länge 7 km ist an ihrem Ende mit 10 MW, $\cos\varphi = 0.8$ belastet. Die Leitung hat folgende Daten: Querschnitt 240 mm² Al und somit $R' = 0.116$ Ω/km, $X' = 0.4$ Ω/km, $C' = 12$ nF/km. Man bestimme den Spannungsabfall und den Leitungswinkel.

Die Eigenfrequenz dieser Leitung beträgt

$$\omega_0 = \frac{\sqrt{2}}{7\sqrt{\frac{0.4}{2\pi \cdot 50}12 \cdot 10^{-9}}} = 51.710^3 \; rad/s \approx 164\,\omega.$$

Der dritte Term von Gl. (9.59) ist also verschwindend klein. Der Leitungswinkel kann mit (9.62) geschätzt werden. Man erhält

$$\vartheta_0 = \frac{10 \cdot 10^6 \cdot 7}{30^2 \cdot 10^6}(0.4 - 0.116 \cdot 0.75) = 0.0243 \; \longrightarrow \; \underline{1.4°}.$$

Auch der zweite Term von (9.59) hat einen minimalen Einfluss auf den Spannungsabfall, der auf $+0.03\%$ abgeschätzt werden kann. Aus Gl. (9.60) folgt

$$\varepsilon_0 = \frac{10 \cdot 10^6 \cdot 7}{30^2 \cdot 10^6}(0.116 + 0.4 \cdot 0.75) = 3.24\,\%$$
$$\varepsilon = \frac{1}{2} - \sqrt{\frac{1}{4} - 0.0324} = 3.35\,\%, \quad \underline{\varepsilon = 3.4\,\%}.$$

Aufgabe 9.2 Die Kabelleitung des Beispiels 5.6, Abschn. 5.4, übertrage eine Leistung von 8 MW, $\cos\varphi_2 = 0.8$ über die gleiche Strecke wie Beispiel 9.5. Man führe dieselben Berechnungen wie in Beispiel 9.5 durch und vergleiche die Resultate.

Aufgabe 9.3 Die Drehstromdoppelleitung des Beispiels 5.5, Abschn. 5.4, überträgt 400 MW, $\cos\varphi = 0.9$ über 80 km. Gleiche Berechnungen wie oben. Man vergleiche mit der exakten Berechnung (Aufgabe 2.1).

Tab. 9.1 Typische Werte der natürlichen Leistung von Freileitungen. $Z_w = 200$–300 Ω ist typisch für Bündelleiter, 300–400 Ω für Einfachseile

Z_w	3	10	30	60	110	220	380	750	kV
200 Ω						240	720	2800	MVA
300 Ω	0.03	0.33	3	12	40	160	480	1800	MVA
400 Ω	0.023	0.25	2.3	9	30	120			MVA

9.5.2 Leistungsverhalten

9.5.2.1 Natürliche Leistung

Wird die Leitung mit der Wellenimpedanz belastet, ist die abgegebene Scheinleistung

$$\underline{S}_2 = 3\frac{U_2^2}{\underline{Z}_w^*}.$$

In Abschn. 9.5.1 hat man gezeigt, dass eine verlustlose Leitung bei dieser Belastung ein konstantes Spannungsprofil aufweist. Die Spannung wird dabei um den Winkel βl gedreht (Gl. 9.51). Da dies analog auch für den Strom gilt (Gl. 5.11), ist die Leistung ebenfalls konstant. Induktive Blindleistung (Leitungsinduktivität) und kapazitive Blindleistung (Leitungskapazität) halten sich genau die Waage.

Diese Belastung wird als *natürliche Leistung* bezeichnet. Als Kenngrösse der Leitung wird sie bei Nennspannung und mit dem Wellenwiderstand R_w der verlustlosen Leitung berechnet. Somit wird sie zur Wirkleistung

$$P_{nat} = \frac{U_{\Delta r}^2}{R_w} = \frac{U_{\Delta r}^2}{\sqrt{\frac{L'}{C'}}}. \tag{9.63}$$

Ist die Leitung verlustbehaftet, sind mit dieser Belastung Spannungsprofil und Leistungsprofil nahezu, jedoch nicht exakt konstant. Die Blindleistungsbilanz ist angenähert, jedoch nicht exakt null (Gl. 9.56).

Tabelle 9.1 zeigt typische Werte der natürlichen Leistung von Drehstromleitungen in Abhängigkeit der Spannung. Der Zusammenhang zwischen Übertragungsfähigkeit der Leitung und natürlicher Leistung wird in Abschn. 9.5.4 näher analysiert.

9.5.2.2 Leitungsverluste und Blindleistungsbilanz

Die Berechnung der Verluste und der Blindleistungsaufnahme kann nach Abschn. 2.3.3 durchgeführt werden. Die dazu notwendigen Parameter der Kettenmatrix sind in Abschn. 9.5.3.2 für die unkompensierte und kompensierte Leitung gegeben.

Ein besseres Verständnis der Faktoren welche Wirkverluste und Blindleistungsaufnahme beeinflussen erreicht man durch die Analyse der *elektrisch kurzen Leitung*.

Mit Bezug auf das Ersatzschaltbild Abb. 9.30 folgt für die *Wirkverluste* der Drehstromleitung

$$P_v = 3R'lI^2.$$

Setzt man $I^2 = I^2 \sin^2 \varphi_0 + I^2 \cos^2 \varphi_0$ und ersetzt nach Gl. (9.57), folgt

$$P_v = R' \frac{S_2^2 l}{U_{\triangle r}^2} \frac{1}{u_2^2} + \left(\frac{\omega}{\omega_0}\right)^2 \left[\frac{R'l}{2\frac{L'}{C'}} U_{\triangle r}^2 u_2^2 - 2\frac{R'}{X'} Q_2\right].$$

Der zweite Term ist für nicht allzu kleine Leistungen gegenüber dem ersten vernachlässigbar. Mit guter Näherung gilt

$$P_v = \frac{P_{vo}}{u_2^2}, \quad mit \quad P_{vo} = R' \frac{S_2^2 l}{U_{\triangle r}^2}. \tag{9.64}$$

P_{vo} sind die Leitungsverluste bei Nennspannung. Die von der Leitung *aufgenommene Blindleistung* ist nach Abb. 9.30

$$Q_v = 3X'lI^2 - 3\omega C'l\frac{1}{2}\left(U_1^2 + U_2^2\right).$$

Setzt man wie vorhin den Wert von I^2 ein, erhält man

$$Q_v = X'\frac{S_2^2 l}{U_{\triangle r}^2 u_2^2} - \omega C'l U_{\triangle r}^2 u_1 u_2 + \left(\frac{\omega}{\omega_0}\right)^2 \left[\frac{X'l}{4\frac{L'}{C'}} U_{\triangle r}^2 u_2^2 - Q_2\right].$$

Der dritte Term ist wieder vernachlässigbar. Der erste Term entspricht der Blindleistungsaufnahme durch die Leitungsinduktivität und der zweite Term der Blindleistungsabgabe durch die Leitungskapazität. Mit guter Näherung gilt

$$Q_v = \frac{Q_{Lo}}{u_2^2} - Q_{Co} u_1 u_2,$$
$$worin \quad Q_{Lo} = X'\frac{S_2^2 l}{U_{\triangle r}^2}, \quad Q_{Co} = \omega C'l U_{\triangle r}^2. \tag{9.65}$$

Q_{Lo} und Q_{Co} sind die bei Nennspannung von der Induktivität aufgenommene bzw. von der Kapazität abgegebene Blindleistung (Q_{Co} wird auch als *Ladeleistung* bezeichnet).

Aus (9.65) lässt sich die Scheinleistung S_{20} berechnen, die zu einem Gleichgewicht von induktiver und kapazitiver Blindleistung führt. Gesetzt $Q_v = 0$ folgt

$$S_{20} = \frac{U_{\triangle r}^2}{\sqrt{\frac{L'}{C'}}} u_2 \sqrt{u_1 u_2} = P_{nat}\, u_2 \sqrt{u_1 u_2}. \tag{9.66}$$

Wie erwartet, erhält man die Blindleistungs-Nullbilanz etwa bei der Übertragung der natürlichen Leistung P_{nat} (exakt $= P_{nat}$, wenn $u_1 = u_2 = 1$, d.h. für die verlustlose Leitung bei Nennspannung).

Abb. 9.32 Blindleistungsaufnahme Q_v einer Leitung in Abhängigkeit der übertragenen Leistung S_2, für eine Freileitung (Index f) und eine Kabelleitung (Index k) gleichen Querschnitts und gleicher Spannung (somit gleiche Verluste P_v), von Leerlauf bis zur thermischen Grenzleistung S_{th}

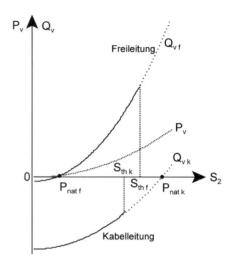

In Abb. 9.32 ist der prinzipielle Verlauf der Wirkverluste und der aufgenommenen Blindleistung in Abhängigkeit der Scheinleistung S_2 dargestellt für eine Freileitung (Index (f) und eine Kabelleitung (Index k) mit demselben ohmschen Widerstand (somit bei gleicher Spannung gleiche Verluste). Der unterschiedliche Verlauf rührt von der wesentlich grösseren Kapazität und der etwas kleineren Induktivität der Kabelleitung her.

Bei Freileitungen kann bis und mit Hochspannung bei üblicher Auslegung die natürliche Leistung ohne thermische Probleme erheblich überschritten, bei Kabelleitungen hingegen aus thermischen Gründen gar nicht erreicht werden. Die thermische Grenzleistung der Kabelleitung ist kleiner wegen der Isolierung. Die Kabelleitung verhält sich im ganzen Betriebsbereich wie eine Kapazität, die Freileitung, zumindest bei grosser Belastung, eher wie eine Induktivität. Höchstspannungsfreileitungen arbeiten aber selten jenseits der natürlichen Leistung, sind also im wesentlichen wie Kabelnetze Blindleistungsgeneratoren (Abschn. 9.5.4).

9.5.3 Kompensation

Der Blindleistungshaushalt eines Netzes wird einerseits vom Blindleistungsverbrauch der Lasten und andererseits von der Blindlasterzeugung der Kabelnetze und des Höchst- und z. T. auch Hochspannungsfreileitungsnetzes geprägt. Das Gleichgewicht wird durch die Synchrongeneratoren (Abschn. 6.6) und die *Kompensationsanlagen* sichergestellt. Diese müssen so verteilt werden, dass die Blindleistungsflüsse im Netz minimal werden, denn diese verursachen Wirkverluste und Spannungsabfälle (oder -erhöhungen). Die *Wirkverluste* haben direkte und der *Spannungsabfall* hat indirekte Auswirkungen auf die Wirtschaftlichkeit der Energieübertragung. Die *Spannungsdrehung* vergrössert leicht den Spannungsabfall und wirkt sich vor allem in kritischen Fällen negativ auf die Betriebssicherheit aus, da sie die Stabilität der

9.5 Betriebsverhalten der elektrischen Leitung

Energieübertragung verschlechtert. Sie spielt aber in der Regel nur bei langen Hoch- und Höchstspannungsleitungen eine wesentliche Rolle.

Es kann technisch notwendig werden oder wirtschaftlich sein, Spannungsabfall, Wirkverluste und Spannungsdrehung zu reduzieren. Eine Möglichkeit zur Beeinflussung der Spannung und der Phase ist schon früher beschrieben worden (Regeltransformatoren, Längs- und Querregelung, Abschn. 4.8 und 4.9).

Das wichtigste Mittel zur Reduktion des Blindleistungsflusses ist die *Kompensation*. Die möglichen Kompensationsarten seien am Beispiel der Reduktion des Spannungsabfalls veranschaulicht. Man möchte den wichtigsten Term ε_0 des Spannungsabfalls einer Leitung reduzieren (oder gegebenenfalls, z. B. bei kapazitivem Blindleistungsfluss, erhöhen). Nach Gl. (9.60) ist dieser Spannungsabfall

$$\varepsilon_0 = R' \frac{P_2 l}{U_{\triangle r}^2} + X' \frac{Q_2 l}{U_{\triangle r}^2}.$$

Der erste Term dieser Gleichung kann nicht beeinflusst werden, da es Aufgabe der Leitung ist, die Leistung P_2 zu übertragen, und der ohmsche Widerstand durch den gewählten Querschnitt gegeben ist. Der zweite Term hingegen kann durch Verringerung von X' und/oder Q_2 verkleinert werden. Damit sind auch die beiden Grundarten von Kompensation umschrieben:

a) *Quer-, Parallel- oder Blindleistungskompensation*: Zur Verminderung der zu übertragenden Blindleistung Q_2 wird die am Leitungsende benötigte Blindleistung an Ort und Stelle erzeugt durch Synchronkompensatoren oder Parallelschaltung von Kondensatoren (oder Drosselspulen bei Blindleistungsüberschuss).

b) *Längs-, Serie- oder Reaktanzkompensation*: Die Leitungsreaktanz X' kann durch Serieschaltung von Kapazitäten reduziert werden. Da die Kapazitäten auch eine Blindleistung generieren, wird gleichzeitig auch die übertragene Blindleistung Q_2 vermindert.

9.5.3.1 Elektrisch lange Leitung

Die Wirkung der Kompensation lässt sich bei elektrisch langen Leitungen durch Annahme homogen verteilter Kompensationseinrichtungen längs der Leitung veranschaulichen [9]. Diese verändern den Leitungsbelag. Der wirksame Induktivitätsbelag und der wirksame Kapazitätsbelag sind

$$L'_w = L'(1 - k_l) \quad \text{mit} \quad k_l = \textit{Längs-oder Seriekompensationsgrad}$$
$$C'_w = C'(1 - k_q) \quad \text{mit} \quad k_q = \textit{Quer-oder Parallelkompensationsgrad},$$

k_l ist positiv bei kapazitiver Seriekompensation und k_q bei induktiver Parallelkompensation. Für die *verlustlose kompensierte Leitung* erhält man

$$R_{wk} = \sqrt{\frac{L'}{C'}} \sqrt{\frac{1-k_l}{1-k_q}} \; -\!-\succ \; P_{natk} = \frac{U_\triangle^2}{\sqrt{\frac{L'}{C'}}} \sqrt{\frac{1-k_q}{1-k_l}} \quad (9.67)$$

$$(\beta l)_k = \omega \sqrt{L'C'} \sqrt{(1-k_l)(1-k_q)}.$$

Abb. 9.33 Wirkung der Kompensationsarten auf die Spannungshaltung

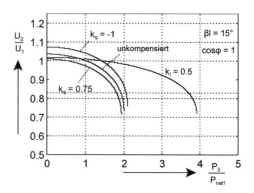

Beide Kompensationsarten reduzieren die Phasendrehung βl und verbessern so die Stabilität der Energieübertragung. Während aber die (kapazitive) Seriekompensation auch die natürliche Leistung vergrössert und damit die Übertragungsfähigkeit der Leitung erhöht, trifft für die induktive Parallelkompensation das Gegenteil zu, und die Übertragungsfähigkeit wird eher leicht reduziert.

Abbildung 9.33 zeigt das Spannungsverhalten der Leitung ohne und mit Kompensation entsprechend den Ausführungen des Abschn. 9.5.1 (Gl. 9.52, Abb. 9.29), berechnet für eine Leistungsübertragung mit cosφ = 1. Die *induktive Parallelkompensation* ($k_q > 0$) vermindert die Spannung, wirkt sich also bei schwacher Leitungsbelastung (Ferranti-Effekt) oder bei Blindleistungsüberschuss (von Höchstspannungsleitungen und Hochspannungskabelnetzen verursacht) günstig aus. Damit ist ihr Einsatzbereich umschrieben. Eine *kapazitive Parallelkompensation* ($k_q < 0$) erhöht die natürliche Leistung, leicht auch die Grenzleistung und wirkt sich bei starker Leitungsbelastung günstig auf die Spannung aus, verschlechtert aber die Stabilität. Sie wird also in erster Linie eingesetzt, um die Wirkung der Verbraucherblindleistung zu kompensieren und so z. B. Spannungsabfälle und Netzverluste zu reduzieren. Abbildung 9.33 macht schliesslich die Überlegenheit der *(kapazitiven) Seriekompensation* ($k_l > 0$) deutlich, wenn es darum geht, z. B. bei langen Höchstspannungsverbindungen die Übertragungsfähigkeit der Leitungen und somit die Stabilität der Energieübertragung zu steigern.

9.5.3.2 Exakte Berechnung der kompensierten Leitung

Die Leitung sei allgemein durch die Kettenmatrix

$$A = \begin{pmatrix} a_{11} & a_{12} \\ a_{21} & a_{22} \end{pmatrix}$$

gegeben (s. Zweitorberechnung 2.3.3). Ist die Leitung unkompensiert, gilt

$$A = \begin{pmatrix} \cosh \gamma l & Z_W \sinh \gamma l \\ \dfrac{\sinh \gamma l}{Z_W} & \cosh \gamma l \end{pmatrix}. \tag{9.68}$$

9.5 Betriebsverhalten der elektrischen Leitung

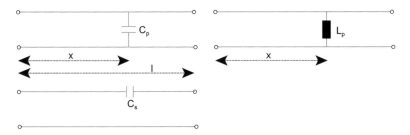

Abb. 9.34 Parallel- und Seriekompensation

Bei Serie- oder Parallelkompensation an der Stelle x der Leitung der Länge l (Abb. 9.34) lässt sich die Kettenmatrix der kompensierten Leitung folgendermassen berechnen:

Bei Parallelkompensation mit Kondensatoren:

$$A = \begin{pmatrix} \cosh \gamma x & Z_W \sinh \gamma x \\ \dfrac{\sinh \gamma x}{Z_W} & \cosh \gamma x \end{pmatrix} \begin{pmatrix} 1 & 0 \\ j\omega C_p & 1 \end{pmatrix} \begin{pmatrix} \cosh \gamma (l-x) & Z_W \sinh \gamma (l-x) \\ \dfrac{\sinh \gamma (l-x)}{Z_W} & \cosh \gamma (l-x) \end{pmatrix}.$$

(9.69)

Wird mit einer Drosselspule parallelkompensiert, ist $j\omega C_p$ durch $1/j\omega L_p$ zu ersetzen.
Bei Seriekompensation:

$$A = \begin{pmatrix} \cosh \gamma x & Z_W \sinh \gamma x \\ \dfrac{\sinh \gamma x}{Z_W} & \cosh \gamma x \end{pmatrix} \begin{pmatrix} 1 & \dfrac{1}{j\omega C_s} \\ 0 & 1 \end{pmatrix} \begin{pmatrix} \cosh \gamma (l-x) & Z_W \sinh \gamma (l-x) \\ \dfrac{\sinh \gamma (l-x)}{Z_W} & \cosh \gamma (l-x) \end{pmatrix}.$$

(9.70)

9.5.3.3 Elektrisch kurze Leitung

Im eng vermaschten europäischen Netz sind die meisten Hoch- und Höchstspannungsleitungen elektrisch kurz. Um insbesondere den mit der Kompensation verbundenen Leistungseinsatz zu veranschaulichen und die für die Wirtschaftlichkeit wichtigen Wirkverluste zu quantifizieren, sei das Verhalten der elektrisch kurzen Leitung näher analysiert. Dies ist auch für den Mittel- und Niederspannungsbereich von Interesse, weil die Energieversorgungsunternehmen vom Verbraucher die Einhaltung bestimmter $\cos\varphi$-Werte, faktisch also eine Kompensation verlangen.

Parallelkompensation Die Auswirkung von *Kondensatorbatterien* auf das Betriebsverhalten der Leitung sei anhand des Ersatzschemas Abb. 9.35 untersucht. Der Vergleich mit Abb. 9.30 zeigt, dass man alle Beziehungen des Abschn. 9.5.1.3 übernehmen kann, wenn man darin $\underline{I}_2$ durch $\underline{I}_{2L} = \underline{I}_2 - I_{cp}$, oder

$$I_2 \sin \varphi_2 \quad durch \quad I_{2L} \sin \varphi_{2L} = I_2 \sin \varphi_2 - I_{cp}$$

Abb. 9.35 Kapazitive Parallelkompensation der elektrisch kurzen Leitung

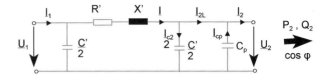

ersetzt. Ebenso können die Leistungen

$$Q_2 \quad \text{durch} \quad Q_{2L} = Q_2 - Q_{cp}$$

$$S_2^2 \quad \text{durch} \quad S_{2L}^2 = P_2^2 + Q_{2L}^2 = P_2^2 + Q_2^2 - 2Q_2 Q_{cp} + Q_{cp}^2$$

$$= S_2^2 - 2Q_2 Q_{cp} + Q_{cp}^2$$

$$\text{mit} \quad Q_{cp} = \omega C_p U_{\Delta r}^2 u_2^2$$

ersetzt werden (Q_{cp} = Drehstromleistung der Kondensatorbatterie, C_p = Kapazität pro Phase).

Aus den Beziehungen (9.60), (9.62) und (9.64) folgt

$$\varepsilon_0 = R' \frac{P_2 l}{U_{\Delta r}^2} + X' \frac{(Q_2 - Q_{cp}) l}{U_{\Delta r}^2}$$

$$\vartheta_0 = X' \frac{P_2 l}{U_{\Delta r}^2} - R' \frac{(Q_2 - Q_{cp}) l}{U_{\Delta r}^2}$$

$$P_{vo} = R' \frac{(S_2^2 - 2Q_2 Q_{cp} + Q_{cp}^2) l}{U_{\Delta r}^2}.$$

Die Ausdrücke für ε, ϑ und P_v erhält man aus denselben Beziehungen durch Teilen durch u_2, ($u_1 u_2$) und u_2^2. Berücksichtigt man nur die Änderungen relativ zum unkompensierten Fall, folgt

$$\Delta \varepsilon_0 = -Q_{cp} \frac{X' l}{U_{\Delta r}^2}$$

$$\Delta \vartheta_0 = Q_{cp} \frac{R' l}{U_{\Delta r}^2} \qquad (9.71)$$

$$\Delta P_{vo} = -Q_{cp}(2Q_2 - Q_{cp}) \frac{R' l}{U_{\Delta r}^2}.$$

Die Kompensation mit Parallelkondensatoren führt zu einer *Reduktion des Spannungsabfalls und der Verluste*. Die Spannungsdrehung wird leicht (R' klein) erhöht, was aber in eng vermaschten Netzen mit guter Stabilität unwesentlich ist. Mit den Beziehungen (9.71) lässt sich die Wirkung der Kompensationsschaltung leicht bestimmen. Die Verlustreduktion allein kann in vielen Fällen die Blindleistungskompensation wirtschaftlich rechtfertigen.

Vor allem im Hochspannungsnetz können bei schwacher Belastung der Freileitungen (Ferranti-Effekt) oder grossem Kabelanteil eine Spannungserhöhung und ein

Abb. 9.36 Seriekompensation der elektrisch kurzen Leitung

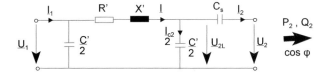

Blindleistungsüberschuss auftreten, die eine Kompensation mittels parallel geschalteter Drosselspulen nötig machen. Ihre Wirkung kann direkt aus den Beziehungen (9.71) ermittelt werden, indem Q_{cp} durch $-Q_{xp}$ ersetzt wird, wobei $Q_{xp} = U_{\triangle r}^2/X_p$ mit $X_p = \omega L_p =$ parallel geschaltete Reaktanz pro Phase. Die Erhöhung der Verluste bei schwacher induktiver Belastung der Leitung ist belanglos, bei kapazitiver Belastung werden die Verluste reduziert.

Seriekompensation Die Wirkung der seriegeschalteten Kapazitäten am Ende der Leitung kann anhand des Schaltbildes Abb. 9.36 untersucht werden. Nennt man Q_{cs} die Drehstromleistung der Seriekondensatoren

$$Q_{cs} = 3X_{cs}I_2^2 = X_{cs}\frac{S_2^2}{U_{\triangle r}^2 u_2^2} \quad mit \quad X_{cs} = \frac{1}{\omega C_s},$$

erhält man mit analogem Vorgehen zur Parallelkompensation folgende Beziehungen

$$\varepsilon_0 = R'\frac{P_2 l}{U_{\triangle r}^2} + (X'l - X_{cs})\frac{(Q_2 - Q_{cs})}{U_{\triangle r}^2}$$

$$\vartheta_0 = (X'l - X_{cs})\frac{P_2}{U_{\triangle r}^2} - R'\frac{(Q_2 - Q_{cs})l}{U_{\triangle r}^2}$$

$$P_{vo} = R'\frac{(S_2^2 - 2Q_2 Q_{cs} + Q_{cs}^2)l}{U_{\triangle r}^2}.$$

Die Ausdrücke für ε, ϑ und P_v folgen diesmal durch Teilen durch u_2^*, $(u_1 u_2^*)$ und u_2^{*2}. Die p.u. Spannung u_2^* lässt sich berechnen mit

$$\varepsilon_0^* = R'l\frac{P_2}{U_{\triangle r}^2} + X'l\frac{(Q_2 - Q_{cs})}{U_{\triangle r}^2}$$

$$\varepsilon^* = \frac{u_1}{2} - \sqrt{\frac{u_1^2}{4} - \varepsilon_0^*} \quad und \quad u_2^* = u_1 - \varepsilon^*.$$

Für die Änderungen relativ zum unkompensierten Fall erhält man

$$\Delta\varepsilon_0 = -X_{cs}\frac{Q_2}{U_{\triangle r}^2}\left[1 + \frac{Q_{cs}}{Q_2}\left(\frac{X'l}{X_{cs}} - 1\right)\right]$$

$$\Delta\vartheta_0 = -X_{cs}\frac{P_2}{U_{\triangle r}^2}\left[1 - \frac{Q_{cs}}{P}\frac{R'l}{X_{cs}}\right] \quad (9.72)$$

$$\Delta P_{vo} = -Q_{cs}(2Q_2 - Q_{cs})\frac{R'l}{U_{\triangle r}^2}.$$

Die Faktoren in eckigen Klammern können in erster Näherung gleich 1 gesetzt werden. Damit lässt sich die für eine bestimmte Wirkung notwendige Reaktanz X_{cs} ermitteln.

Die Seriekompensation vermindert Spannungsabfall und Spannungsdrehung. Sie kann also auch für die Netzstabilisierung eingesetzt werden. Ihre Wirkung ist im Gegensatz zur Parallelkompensation *belastungsabhängig*, was besonders bei stark variabler Leitungsbelastung (z. B. in Bahnnetzen) Vorteile bietet. Zur Erreichung einer bestimmten Spannungskompensation benötigt man mit Seriekompensation eine viel kleinere Kompensationsleistung ($Q_{cs} \ll Q_{cp}$). Der Aufwand für die Spannungskorrektur ist somit geringer. Der Gewinn auf der Verlustseite ist andererseits kleiner, was wirtschaftlich den Ausschlag zugunsten der Parallelkompensation geben kann. Zur Verlustminderung ist die Seriekompensation wenig geeignet. Der Vergleich von (9.71) und (9.72) zeigt zwar, dass man bei gleichem Leistungseinsatz die gleiche Wirkung erzielt, die Seriekondensatoren müssen aber gegen Kurzschlussstrom geschützt werden, was die Anlage erheblich verteuert.

Beispiel 9.6 Die Leitung von Beispiel 9.5 soll die doppelte Leistung (20 MW) bei unverändertem cos φ (0.8) übertragen. Thermisch ist dies problemlos möglich, da die Grenzleistung dieser Leitung nach Tab. A.5, Anhang A

$$I_{zul} = 625\,A \quad -\succ \quad S_{th} = \sqrt{3} \cdot 30 \cdot 625 = 32.5\,MVA$$

beträgt, der Spannungsabfall wird aber etwa verdoppelt. Durch Kompensation soll der Spannungsabfall wieder auf 3.4 % zurückgebracht werden. Man untersuche die Parallel- und Seriekompensation. Wie wirken sich beide Varianten auf die Verluste aus und wie verbessert sich in beiden Fällen der cos φ?

Parallelkompensation: Man erhält aus Beispiel 9.5 und Gl. (9.71)

$$P_{2neu} = 20\,MW, Q_{2neu} = 15\,MVAr, \quad S_{2neu} = 25\,MVA, \quad \varepsilon_{0neu} = 6.48\,\%$$

$$P_{v0neu} = 0.116\,\frac{25^2 \cdot 10^6 \cdot 7}{30^2 \cdot 10^6} = 564\,kW$$

$$\Delta\varepsilon_0 = -3.24\,\% -\succ Q_{cp} = \frac{0.0324 \cdot 30^2}{0.4 \cdot 7} = 10.4\,MVAr$$

$$\Delta P_{v0} = -10.4(2.15 - 10.4)10^{12}\frac{0.116 \cdot 7}{30^2 \cdot 10^6} = -184\,kW$$

$$\text{mit Kompensation} \quad P_{v0} = 564 - 184 = 380\,kW$$

$$-\succ \quad P_v = \frac{380}{0.966^2} = 407\,kW \quad (\textit{falls } u_1 = 1).$$

Seriekompensation: Aus (9.72) folgt

$$\Delta\varepsilon_0 = -3.24\,\% \quad -\succ X_{cs} = \frac{0.0324 \cdot 30^2 \cdot 10^6}{15} = 1.94\,\Omega$$

$$Q_{cs} = \frac{1.94 \cdot 25^2 \cdot 10^{12}}{30^2 \cdot 10^6 \cdot 0.966^2} = 1.44\,MVAr$$

9.5 Betriebsverhalten der elektrischen Leitung

$$\Delta P_{v0} = -1.44(2.15 - 1.44)10^{12}\frac{0.116 \cdot 7}{30^2 \cdot 10^6} = -37 \ kW$$

mit Kompensation $\quad P_{v0} = 564 - 37 = 527 \ kW$

$$-> P_v = \frac{527}{0.966^2} = 568 \ kW \quad (\textit{falls } u_1 = 1).$$

Der Leistungseinsatz ist bei Seriekompensation wesentlich kleiner, aber ebenso die Verlustreduktion. Mit der Parallelkompensation vermindert sich die übertragene Blindleistung von 15 auf (15 − 10.4) = 4.6 MVAr, und der cos φ steigt dementsprechend von 0.8 auf 0.97. Mit der Seriekompensation wird die Blindleistung auf 13.56 MVAr reduziert, und der Leistungsfaktor steigt von 0.8 nur auf 0.83.

Bei Parallelkompensation ist darauf zu achten, dass bei Teillast keine Überkompensation entsteht, die zu unzulässigen Spannungserhöhungen führen kann. Dazu benötigt man einen Regler, der z. B. stufenweise, in Abhängigkeit der Last, die Kapazität steuert.

9.5.4 Übertragungsfähigkeit von Leitungen

Die Übertragungsfähigkeit einer Leitung wird begrenzt durch:

- den maximal zulässigen Spannungsabfall bzw. die Spannungsstabilität,
- den maximal zulässigen Leitungswinkel (Wirkleistungsstabilität),
- die thermisch zulässige Strombelastung.

9.5.4.1 Bedeutung der natürlichen Leistung

Die *natürliche Leistung* ist ein erster Anhaltspunkt für die Übertragungsfähigkeit einer Leitung. Sie nimmt quadratisch mit der Spannung zu. Richtwerte für Freileitungen sind in Tab. 9.1 (Abschn. 9.5.2) gegeben. Die Übertragung der natürlichen Leistung ist mit dem Vorteil der Spannungskonstanz verbunden.

Nicht immer kann die natürliche Leistung erreicht werden, so z. B. aus thermischen Gründen in übliche Kabelleitungen (Abb. 9.32, s. auch Beispiel 5.6). Ebenso wirkt bei langen Freileitungen die Spannungsstabilität begrenzend. Eine Freileitung von 400 km Länge, die etwa βl = 25° aufweist, kann zwar, wenn sie mit cos φ = 1 betrieben wird, nach Gl. (9.53) physikalisch eine Leistung $P_2 \approx 1.3 \ P_{nat1}$ übertragen. In Wirklichkeit wird aber für eine vertretbare Spannungshaltung und genügenden Abstand von der Spannungsstabilitätsgrenze die Leistung kleiner als die natürliche sein (s. Abschn. 9.5.4.3). Auch bezüglich Wirkleistungsstabilität ist die Phasendrehung von 25°, die sich bei Übertragung der natürlichen Leistung einstellt, in der Regel zu gross. Mit Seriekompensation kann die Übertragungsfähigkeit verbessert werden. So erhöht sich mit einem Kompensationsgrad von 0.5 die natürliche Leistung um den Faktor $\sqrt{2}$, während sich βl um den gleichen Faktor reduziert. Damit wird die physikalische Grenzleistung nach (9.53) nahezu verdoppelt.

Umgekehrt kann es bei kurzen Freileitungen sinnvoll sein, die natürliche Leistung erheblich zu überschreiten, da keine thermischen oder Stabilitätsprobleme auftreten (s. dazu auch die Berechnungsresultate der Beispiele 5.4, 5.5); nur noch wirtschaftliche, Investitionen und Verluste einbeziehende Aspekte sind relevant. In diesem Zusammenhang sei auch auf Abschn. 11.3 hingewiesen, in dem gezeigt wird, dass es theoretisch eine wirtschaftlich optimale Stromdichte und eine entsprechende optimale Übertragungsleistung gibt, die bei Freileitungen von der thermischen Grenzleistung beträchtlich abweichen kann.

Im folgenden wird einerseits der Zusammenhang zwischen thermischer Belastbarkeit und natürlicher Leistung untersucht und andererseits, die für eine bestimmte Spannungshaltung oder zulässige Phasenverschiebung erreichbare Grenzleistung und Grenzlänge bestimmt.

9.5.4.2 Thermische Belastbarkeit versus natürliche Leistung

Die übertragene Leistung kann in Abhängigkeit von Spannung, Querschnitt und Stromdichte ausgedrückt werden

$$S = \sqrt{3} J A U_{\Delta r}.$$

Aus (9.63) folgt

$$\frac{S}{P_{nat}} = \frac{\sqrt{3} R_w J}{1000} \frac{A}{U_{\Delta r}^{kV}} = K \frac{A^{mm^2}}{U_{\Delta r}^{kV}}. \qquad (9.73)$$

Freileitungen Wird die Spannung in kV und der Querschnitt in mm^2 ausgedrückt und setzt man für Freileitungen die Richtwerte $J \approx 2$ A/mm^2 und $R_w = 300\,\Omega$ ein, erhält man $K \approx 1$. Als Faustformel gilt also, dass die thermisch übertragbare Leistung gerade dann etwa gleich zur natürlichen Leistung ist, wenn der Querschnitt in mm^2 mit der Spannung in kV übereinstimmt. Dazu zwei Beispiele:

Beispiel 9.7 Für eine Mittelspannungsleitung, 20 kV mit 120 mm^2 und $R_w = 330\,\Omega$, folgt aus (9.73) mit 2 A/mm^2

$$\frac{S}{P_{nat}} = 1.14 \, \frac{120}{20} = 6.84.$$

Die natürliche Leistung kann beträchtlich überschritten werden. Thermisch könnte noch einiges mehr übertragen werden, da die zulässige Stromdichte (s. Tab. A.5 Anhang A) z. B. für Al etwa 3.25 A/mm^2 beträgt. Da die wirtschaftlich optimale Stromdichte (Abschn. 11.3) in der Regel eher bei 1 A/mm^2 liegt, wird die optimale Leistung etwa das 3- bis 4fache der natürlichen Leistung sein.

9.5 Betriebsverhalten der elektrischen Leitung

Beispiel 9.8 Für eine Höchstspannungsleitung, 380 kV mit $4 \times 240\,\text{mm}^2$ und $R_w = 240\,\Omega$, erhält man mit $2\,\text{A/mm}^2$

$$\frac{S}{P_{nat}} = 0.83 \frac{4 \cdot 240}{380} = 2.1.$$

Auch hier ist die zulässige Stromdichte etwas höher; für Al-Stahl z. B. etwa $2.4\,\text{A/mm}^2$ (Anhang A, Tab. A.5). Thermisch gesehen, kann also die Leistung das 2.5 fache der natürlichen Leistung erreichen. Die wirtschaftlich optimale Scheinleistung dürfte aber nicht weit von der natürlichen Leistung liegen.

Kabelleitungen Gehen wir hier von Richtwerten $1.5\,\text{A/mm}^2$, $R_w = 50\,\Omega$ aus, folgt aus (9.73) $K = 0.13$. Die natürliche Leistung kann nur erreicht werden (Faustformel), wenn der Querschnitt in mm^2 etwa das 7- bis 8fache der Nennspannung in kV beträgt. Dies ist meist nicht der Fall, und die Kabelleitung wird unterhalb der natürlichen Leistung betrieben. Dazu einige Beispiele:

Beispiel 9.9 Ein Dreileiter-Massekabel, 20 kV, $120\,\text{mm}^2$ mit $R_w = 35\,\Omega$, ergibt

$$\frac{S}{P_{nat}} = 0.091 \frac{120}{20} = 0.55.$$

Mit einer höheren Stromdichte von $2.5\,\text{A/mm}^2$ können rund 90 % der natürlichen Leistung erreicht werden.

Beispiel 9.10 Für ein VPE-Kabel, 110 kV, $500\,\text{mm}^2$, $R_w = 60\,\Omega$, $J = 1.25\,\text{A/mm}^2$, erhält man

$$\frac{S}{P_{nat}} = 0.13 \frac{500}{110} = 0.59.$$

Beispiel 9.11 VPE-Kabel, 220 kV, $1600\,\text{mm}^2$, $R_w = 50\,\Omega$, zulässige Stromdichte $1.2\,\text{A/mm}^2$

$$\frac{S}{P_{nat}} = 0.104 \frac{1600}{220} = 0.76.$$

Auch in diesem Fall kann trotz hohen Querschnitts die natürliche Leistung nicht erreicht werden.

9.5.4.3 Grenzleistung und Grenzlängen von Freileitungen

Freileitungen können grundsätzlich Energie über große Entfernungen übertragen. Die Grenze wird durch die Spannungsstabilität oder durch den maximal zulässigen Leitungswinkel bestimmt, der praktisch proportional zur Wirkleistung ist (Wirkleistungsstabilität). Für diesen folgt aus Abb. 9.28

$$\vartheta = \arcsin\left(\frac{P_2}{P_{nat1}} \frac{U_1}{U_2} \sin\beta l\right). \tag{9.74}$$

Abb. 9.37 Technische Grenzleistung, Spannung und Leitungswinkel für $\sigma = 0.5$, $\cos\varphi = 1$, für die unkompensierte und die seriekompensierte Freileitung, $\beta = 1.1 \cdot 10^{-3}$ km^{-1}

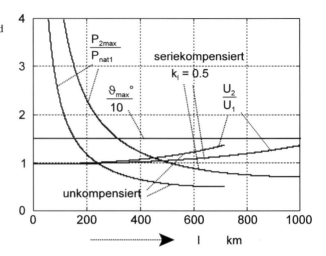

Definiert man als *technische Grenzleistung* $P_{2\text{max}}$ die Grösse $(1-\sigma) \times$ physikalische Grenzleistung, mit $\sigma =$ Sicherheitsmarge, ergeben sich aus (9.52), (9.53) und (9.74) folgende Beziehungen

$$\frac{P_{2\text{max}}}{P_{nat1}} = (1-\sigma)\frac{P_{2cr}}{P_{nat1}} = \frac{1-\sigma}{\sin(2\beta l)}\frac{\cos\varphi}{(1+\sin\varphi)}$$

$$\frac{U_2}{U_1} = \frac{1}{\sqrt{2}\,\cos\beta l} F(\sigma,\varphi), \quad \vartheta_{\text{max}} = \arcsin\left(\frac{1-\sigma}{\sqrt{2}\,F(\sigma,\varphi)}\right) \quad (9.75)$$

$$\text{mit} \quad F(\sigma,\varphi) = \sqrt{\frac{1+\sigma\sin\varphi + \sqrt{(1+\sigma\sin\varphi)^2 - (1-\sigma)^2}}{1+\sin\varphi}}.$$

Man beachte, dass der Leitungswinkel unabhängig von der Leitungslänge und bei gegebenem $\cos\varphi$ nur von der Sicherheitsmarge σ abhängig ist. Für $\cos\varphi = 1$ und $\sigma = 0.5$ erhält man $\vartheta_{\text{max}} = 15°$. Abbildung 9.37 zeigt für diese Werte technische Grenzleistung, Spannung und Grenzleitungswinkel in Abhängigkeit der Leitungslänge für die unkompensierte und die seriekompensierte Leitung.

Für lange Leitungen von mehr als 250 km Länge ist die technische Grenzleistung kleiner als die natürliche Leistung. Mit einem Seriekompensationsgrad von 0.5 lässt sich diese Grenze auf 500 km erweitern. Mehr kann man nur erreichen, wenn man die Sicherheitsmarge reduziert. Ebenso muss man den Einfluss des $\cos\varphi$ am Leitungsende berücksichtigen. Abbildung 9.38 zeigt die Änderung des Grenzleitungswinkels in Abhängigkeit des $\cos\varphi$ für verschiedene Sicherheitsmargen. Diese Überlegungen machen die Schwierigkeiten deutlich, denen man begegnet, wenn man mit Drehstrom Entfernungen von mehr als 500 km überbrücken will.

Elektrisch kurze Freileitungen Die Reaktanz der Freileitung kann von $X' = R_w\,\beta_0$ ausgedrückt werden, worin β_0 das Phasenmass der verlustlosen Leitung bezeichnet.

9.5 Betriebsverhalten der elektrischen Leitung

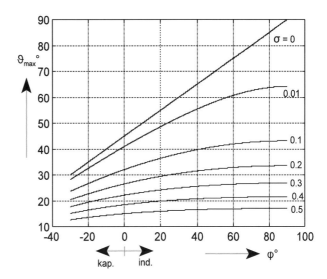

Abb. 9.38 Grenzleitungswinkel in Abhängigkeit des $\cos\varphi$ für verschiedene Sicherheitsmargen σ

Zur Begrenzung von Spannungsabfall und Leitungswinkel folgen aus (9.60), (9.62) und (9.63) die Bedingungen

$$\frac{P_2}{P_{nat}} l \beta_0 \approx \frac{P_2}{P_{nat}} \frac{l^{(km)}}{900} \; \left\langle \begin{array}{l} \leq \dfrac{\varepsilon_{0max}}{\tan\varphi + \dfrac{R'}{X'}} = K_1 \\[2ex] \leq \dfrac{\vartheta_{0max}}{1 - \dfrac{R'}{X'}\tan\varphi} = K_2. \end{array} \right. \quad (9.76)$$

Beispiel 9.12 Für eine Doppelfreileitung 220 kV sei

$$\frac{1}{\beta_0} = \frac{1}{\omega\sqrt{L_1' C_1'}} = 924\,km, \quad \frac{R'}{X'} = 0.15, \quad P_{nat} = 173\,MW.$$

Aus den Beziehungen (9.75) ergibt sich für eine verlustlose Leitung von 140 km Länge bei der Übertragung der doppelten natürlichen Leistung $\cos\varphi = 1$

$$1 - \sigma = 2\sin\left(\frac{2 \cdot 140}{924}\right) \dashrightarrow \sigma = 0.40, \quad F(\sigma, \varphi) = 1.34$$

$$\vartheta_{max} = \arcsin\left(\frac{1.34}{\sqrt{2}\cos\left(\dfrac{140}{924}\right)}\right) = 18.5°, \quad \frac{U_2}{U_1} = \frac{1.34}{\sqrt{2}\cos\left(\dfrac{140}{924}\right)} = 0.96.$$

Das Modell der elektrisch kurzen Leitung Gl. (9.59), (9.61), (9.76), welches die Verluste berücksichtigt, liefert andererseits bei gleicher Leistung und Länge

$$K_1 = K_2 = 2\frac{140}{924} = 0.303 \dashrightarrow \vartheta_{0max} = 17.6°, \dashrightarrow \vartheta_{max} \approx 19°$$

$$\varepsilon_0 = 0.303 \cdot 0.15 = 4.5\,\%, \dashrightarrow \varepsilon \approx 9\,\%.$$

Die Wirkung der Verluste besteht in erster Linie, wie sich auch direkt aus Zeigerdiagramm 9.31 feststellen lässt, in einer Erhöhung des Spannungsabfalls von 4 % auf etwa 9 % (für cos φ = 1).

9.5.4.4 Grenzlängen von Kabelleitungen

Gleichung (9.76) gilt auch für die praktisch immer elektrisch kurzen Kabelleitungen, wobei β_0^{-1} hier Richtwerte von 250 km für papierisolierte Kabel und von 400 km für Kabel mit VPE-Isolierung annimmt.

Ebenso begrenzend wie der Spannungsabfall kann im Fall von Kabelleitungen die *Ladeleistung* sein. Bei modernen VPE-Kabeln, die einen relativ kleinen Kapazitätsbelag aufweisen, fällt diese Einschränkung weniger ins Gewicht. Bezeichnet man als *kritische Länge* l_{krit} jene, für welche die Ladeleistung 75 % der thermischen Grenzleistung erreicht (die übertragbare Wirkleistung ist dann bei cos φ = 1 auf zwei Drittel der thermischen Grenzleistung begrenzt), erhält man aus den Beziehungen (9.63), (9.65) und (9.73).

$$l_{krit} = \frac{0.75\sqrt{3}J_{zul}}{\omega C_1' \cdot 1000} \frac{A}{U_{\Delta r}} = K_3 \frac{A}{U_{\Delta r}}. \qquad (9.77)$$

Setzt man als Richtwerte $J_{zul} = 1.5$ A/mm² und $C_1' = 0.2$ µF/km ein, folgt als Faustwert $K_3 \approx 20$. Ist der Querschnitt in mm² gleich zur Spannung in kV, beträgt also die kritische Distanz grob 20 km (besser 10 bis 30 km). Dazu zwei Beispiele:

Beispiel 9.13 Für das 110-kV-VPE-Kabel von Beispiel 9.10 mit $C_1' = 0.151$ µF/km, $R' = 0.036$ Ω/km, $X' = 0.13$ Ω/km, R/X = 0.28, $J_{zul} = 1.25$ A/mm², folgt

$$\frac{1}{\beta_0} = \omega\sqrt{L'C'} = 403 \; km$$

für cos φ = 1, *Spannungsabfall 5 %*

$$\longrightarrow \quad K_1 = \frac{0.05}{0.28} = 0.18, \quad l_{max} = 0.18 \frac{403}{0.59} = 122 \; km$$

wegen Ladeleistung

$$K_3 = \frac{0.75 \cdot \sqrt{3} \cdot 1.25}{\pi \cdot 100 \cdot 0.151 \cdot 10^{-3}} = 34, \longrightarrow \quad l_{krit} = 34\frac{500}{110} = 155 \; km.$$

Der Spannungsabfall wirkt also begrenzend.

Beispiel 9.14 Oelkabel, 110 kV, 500 mm², mit $C_1' = 0.38$ µF/km, $X_1' = 0.162$ Ω/km, R/X = 0.29, $R_w = 37$ Ω, $J_{zul} = 1.2$ A/mm²

$$\frac{1}{\beta_0} = \omega\sqrt{L'C'} = 227 \; km, \quad P_{nat} = 327 \; MW, \quad S_{zul} = 114 \; MVA$$

für cos φ = 1, *Spannungsabfall 5 %*

Abb. 9.39 Anlagebeispiel für die allgemeine Netzberechnung

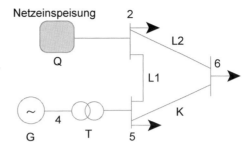

Abb. 9.40 Ersatzschaltbild von Anlage Abb. 9.39 ohne Querimpedanzen

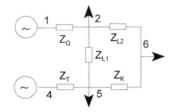

$$\mathord{-\mathord{-} \mathord{>}} \quad K_1 = \frac{0.05}{0.29} = 0.17, \quad l_{\max} = 0.17 \cdot 227 \cdot \frac{327}{114} = 110 \, km$$

wegen Ladeleistung

$$K_3 = \frac{0.75 \cdot \sqrt{3} \cdot 1.2}{\pi \cdot 100 \cdot 0.38 \cdot 10^{-3}} = 13, \quad \mathord{-\mathord{-} \mathord{>}} \quad l_{krit} = 13 \, \frac{500}{110} = 59 \, km.$$

Die Ladeleistung wirkt in diesem Fall begrenzend.

9.6 Der Lastfluss vermaschter Netze

9.6.1 Die Netzgleichungen

Beim Lastflussproblem (load flow) geht es um die Bestimmung der stationären Strom- und Leistungsverteilung im vermaschten Netz bei vorgegebener Belastung und bekannten Beträgen der Klemmenspannungen der Synchronmaschinen und der geregelten Kompensationsanlagen.

Zur Veranschaulichung sei wieder vom Anlageschema Abb. 9.39 ausgegangen. Das vereinfachte Ersatzschema (ohne Querimpedanzen) Abb. 9.40 muss den Randbedingungen des Lastflussproblems angepasst werden:

Der Knotenpunkt 3 entfällt im Unterschied zum Ersatzschaltbild 9.19, da der Betrag der Klemmenspannung U_4 der Synchronmaschine (SM) durch die Spannungsregelung konstant gehalten wird, die Impedanz Z_g also unwirksam ist. Das Ersatzschema der Netzeinspeisung, das aus dem realen Schaltbild durch *Netzreduktion* zu bestimmen ist, ist nicht mehr gleich zu jenem für den Kurzschlussfall

(Abb. 9.19: Impedanz Z_Q = subtransiente Kurzschlussimpedanz, Quellenspannung = E''). Die Netzreduktion mit dem Satz von Thévenin führt in diesem Fall (analog zur Ersatzquellenmethode 9.2.3) zu folgenden Parametern:

- Die von den Netzklemmen gesehene Kurzschlussimpedanz Z_Q erhält man durch Kurzschliessen der Klemmen der SM der Netzeinspeisung.
- Die Quellenspannung U_Q (in Abb. 9.40 $U_Q = U_1$) ist die Leerlaufspannung, und man erhält für sie eine lineare Kombination der gegebenen Klemmenspannungen der SM. Dementsprechend ist sie wie diese konstant.

Prinzipiell könnte das Lastflussproblem wieder in der Matrixform (9.18) formuliert werden. Schwierigkeiten ergeben sich dann aber bei der Trennung in bekannte und unbekannte Variablen, da die Spannung in polarer Form dargestellt werden muss (nur der Betrag der Spannung ist bei den SM bekannt, nicht aber die Phasenlage). Damit geht die beim Kurzschlussproblem vorhandene Linearität verloren. Unter diesen Umständen zieht man es aus praktischen Gründen vor, die Knotenpunktströme durch die *Knotenpunktleistungen* zu ersetzen, die sich folgendermassen ausdrücken lassen

$$\underline{S}_i = 3\underline{U}_i \underline{I}_i^* = 3\underline{U}_i \sum_{k=1}^{n} Y_{ik}^* \underline{U}_k^*.$$

Stellt man die *Zweigadmittanzen* durch *Betrag* und *Verlustwinkel* (und nicht Admittanzwinkel, für Def. s. Abschn. 5.4.13) dar:

$$\underline{Z}_{ik}^{(b)} = Z_{ik}^{(b)} e^{j(\frac{\pi}{2}-\alpha_{ik})} \Rightarrow \underline{Y}_{ik}^{(b)} = Y_{ik}^{(b)} e^{-j(\frac{\pi}{2}-\alpha_{ik})}, \quad \underline{Y}_{ik}^{(0)} = \underline{Y}_{ik}^{(0)} e^{j(\frac{\pi}{2}-\alpha_{ik}^{(0)})},$$

folgt für die *Knotenpunktadmittanzen*

$$\underline{Y}_{ik} = Y_{ik} e^{j(\frac{\pi}{2}+\alpha_{ik})} \quad \text{für} \quad k \neq i, \quad \underline{Y}_{ii} = Y_{ii} e^{-j(\frac{\pi}{2}-\alpha_{ii})}.$$

Stellt man ferner die *Spannung* durch *Betrag* und *Phase* dar, folgen die Leistungen

$$\underline{S}_i = \sum_{k=i}^{n} 3U_i Y_{ik} U_k e^{j(\vartheta_{ik}-\frac{\pi}{2}-\alpha_{ik})}.$$

worin α immer positiv ist und $\vartheta_{ik} = (\vartheta_i - \vartheta_k)$ für $k \neq i$, bzw. $\vartheta_{ik} = \pi$ für $k = i$.

Durch Aufspalten in Real- und Imaginärteil erhält man folgende *Netzgleichungen*

$$P_i = \sum_{k=1}^{n} 3U_i Y_{ik} U_k \quad \sin(\vartheta_{ik} - \alpha_{ik})$$

$$Q_i = -\sum_{k=1}^{n} 3U_i Y_{ik} U_k \quad \cos(\vartheta_{ik} - \alpha_{ik}).$$
(9.78)

In jedem Knoten treten vier Variablen auf: P, Q, U und ϑ. Das Beispiel Abb. 9.40 mit 5 Knoten weist somit 20 Variablen auf. Es besteht im allgemeinen die Möglichkeit, das Netz auf die „externen" Knoten zu reduzieren, indem man als Knotenpunktadmittanzmatrix die reduzierte Matrix nach Abschn. 9.3.3 nimmt.

9.6 Der Lastfluss vermaschter Netze

Eine für manche Betrachtungen nützliche, vereinfachte Form der Netzgleichungen erhält man, wenn man sich zunutze macht, dass in Mittel- und Hochspannungsnetzen der Verlustwinkel klein ist und bei enger Vermaschung des Netzes auch die Phasendifferenz $(\vartheta_i - \vartheta_k)$ klein bleibt. Man kann dann in erster Näherung sin x durch x und cos x durch 1 ersetzen und erhält

$$P_i \approx \sum_{\substack{k=1 \\ k \neq i}}^{n} 3 U_i Y_{ik} U_k (\vartheta_i - \vartheta_k - \alpha_{ik}) + 3 U_i^2 Y_{ii} \alpha_{ii}$$
$$Q_i \approx -\sum_{\substack{k=1 \\ k \neq i}}^{n} 3 U_i Y_{ik} U_k + 3 U_i^2 Y_{ii}$$
(9.79)

Dies bedeutet, dass die Wirkleistungen eng mit den Phasenverschiebungen zusammenhängen, während die Blindleistungen von diesen nahezu unabhängig sind und von den Spannungsbeträgen bestimmt werden.

Eine weitere Form der Netzgleichungen erhält man, wenn man die Knotenpunktadmittanzen nicht polar, sondern kartesisch ausdrückt: $Y_{ik} = G_{ik} + j\, B_{ik}$. Für die Knotenpunktleistungen folgt dann

$$\underline{S}_i = \sum_{k=1}^{n} 3 U_i U_k e^{j(\vartheta_i - \vartheta_k)} (G_{ik} - j B_{ik})$$

und durch Auftrennung von Real- und Imaginärteil

$$P_i = \sum_{k=1}^{n} 3 U_i G_{ik} U_k \cos(\vartheta_i - \vartheta_k) + \sum_{k=1}^{n} 3 U_i B_{ik} U_k \sin(\vartheta_i - \vartheta_k)$$
$$Q_i = \sum_{k=1}^{n} 3 U_i G_{ik} U_k \sin(\vartheta_i - \vartheta_k) - \sum_{k=1}^{n} 3 U_i B_{ik} U_k \cos(\vartheta_i - \vartheta_k).$$
(9.80)

Die zu Gl. (9.79) analoge, aber nicht identische Näherung lautet in diesem Fall

$$P_i = \sum_{k=1}^{n} 3 U_i G_{ik} U_k + \sum_{k=1}^{n} 3 U_i B_{ik} U_k (\vartheta_i - \vartheta_k)$$
$$Q_i = \sum_{k=1}^{n} 3 U_i G_{ik} U_k (\vartheta_i - \vartheta_k) - \sum_{k=1}^{n} 3 U_i B_{ik} U_k.$$
(9.81)

9.6.2 Lösung des Lastflussproblems

Zur Lösung des Lastflussproblems geht man folgendermassen vor:
- Man definiert einen der Einspeiseknoten als *Bilanz-Knoten* (engl. slack node, franz. noeud bilan). In diesem Knoten ist der Spannungsbetrag gegeben (durch

den Sollwert der Spannungsregelung), und die Phase der Spannung wird gleich null gesetzt (Referenzknoten für die Phasenlage).
- In allen anderen *Einspeiseknoten* (geregelte *Kompensationsknoten* oder *Transformatorknoten mit variabler Einstellung der Übersetzung* gehören auch dazu) sind die Spannungsbeträge (durch die Sollwerte der Spannungsregelungen) und die Wirkleistungen (durch die Einstellung der Turbinenleistungen, für Kompensationsknoten P = 0) gegeben. Einspeiseknoten bezeichnet man deshalb auch als PU- Knoten.
- In den *Lastknoten* sind Wirk- und Blindleistungen (Verbraucher) bekannt, weshalb man sie auch als PQ-Knoten bezeichnet. Diese Leistungen können konstant vorgegeben oder als Funktion der Knotenpunktspannung ausgedrückt werden.

In jedem Knoten sind somit 2 der 4 Variablen bekannt, und die verbleibenden 2n Variablen können mit den 2n Gl. (9.78) oder (9.80) bestimmt werden.

In Anlehnung an die Matrixgleichung (9.21) kann für Beispiel Abb. 9.39 der von Gl. (9.78) dargestellte funktionale Zusammenhang folgendermassen geschrieben werden

$$\begin{pmatrix} P_1 \\ Q_1 \\ P_2 \\ Q_2 \\ P_4 \\ Q_4 \\ P_5 \\ Q_5 \\ P_6 \\ Q_6 \end{pmatrix} = f \begin{pmatrix} \begin{pmatrix} \vartheta_1 \\ U_i \\ \vartheta_2 \\ U_2 \\ \vartheta_4 \\ U_4 \\ \vartheta_5 \\ U_5 \\ \vartheta_6 \\ U_6 \end{pmatrix} \end{pmatrix}. \tag{9.82}$$

Diese Schreibweise ist erstens übersichtlich und hebt zweitens die Tatsache hervor, dass die Wirkleistungen in erster Linie von den Phasenwinkeln und die Blindleistungen von den Spannungsbeträgen abhängen.

Wählt man Knoten 1 als Bilanzknoten, sind für einen gegebenen Belastungszustand des Netzes U_1, U_4 und P_4 die Steuervariablen, die frei festgelegt werden dürfen. Das System hat somit 3 Freiheitsgrade. In Anlehnung an Gl. (9.22) lässt sich Gl. (9.82) formal umstellen und wie Gl. (9.83) schreiben. Diese hebt vier Vektoren hervor, von denen der linke obere und der rechte untere bekannt sind.

Zur praktischen Auflösung dieses nichtlinearen Systems wird meistens das Verfahren von *Newton-Raphson* angewandt. Man geht von vorgegebenen An-fangs-Spannun- gen für den rechten oberen Vektor von Gl. (9.83) aus und berechnet die Leistungen, welche die Gl. (9.78) erfüllen. Man betrachtet dann die Abweichungen von diesem Anfangszustand durch Linearisierung des Gleichungssystems. Aus (9.83) folgt das *lineare Gleichungssystem* (9.84). Da die Leistungen des oberen linken Vektors bekannt sind, lässt sich dessen Abweichung vom Anfangszustand angeben. Der untere rechte Vektor von (9.83) ist ebenfalls bekannt und gleich zum Anfangszustand,

9.6 Der Lastfluss vermaschter Netze

womit die entsprechenden Abweichungen in (9.84) null sind.

$$\begin{pmatrix}\begin{pmatrix}P_4\\P_2\\P_5\\P_6\\Q_2\\Q_5\\Q_6\end{pmatrix}\\\begin{pmatrix}P_1\\Q_1\\Q_4\end{pmatrix}\end{pmatrix}=f\begin{pmatrix}\begin{pmatrix}\vartheta_4\\\vartheta_2\\\vartheta_5\\\vartheta_6\\U_2\\U_5\\U_6\end{pmatrix}\\\begin{pmatrix}0\\U_1\\U_4\end{pmatrix}\end{pmatrix} \qquad (9.83)$$

$$\begin{pmatrix}\begin{pmatrix}\Delta P_4\\\Delta P_2\\\Delta P_5\\\Delta P_6\\\Delta Q_2\\\Delta Q_5\\\Delta Q_6\end{pmatrix}\\\begin{pmatrix}\Delta P_1\\\Delta Q_1\\\Delta Q_4\end{pmatrix}\end{pmatrix}=\begin{pmatrix}A & B\\C & D\end{pmatrix}\cdot\begin{pmatrix}\begin{pmatrix}\Delta\vartheta_4\\\Delta\vartheta_2\\\Delta\vartheta_5\\\Delta\vartheta_6\\\Delta U_2\\\Delta U_5\\\Delta U_6\end{pmatrix}\\\begin{pmatrix}0\\0\\0\end{pmatrix}\end{pmatrix} \qquad (9.84)$$

A, **B**, **C** und **D** sind die Funktionalmatrizen (Jacobi-Matrizen), die sich für den betrachteten Zustand durch Ableitung der (9.78) nach U und ϑ berechnen lassen.

Wesentlich ist die Auflösung nach dem unbekannten oberen rechten Vektor von (9.84), die zur Lösung (9.85) führt. Dies ergibt die Korrekturen der Spannungen, wonach der iterative Prozess fortgesetzt werden kann. Der Newton-Raphson-Algorithmus hat im allgemeinen eine ausgezeichnete Konvergenz.

$$\begin{pmatrix}\Delta\vartheta_4\\\Delta\vartheta_2\\\Delta\vartheta_5\\\Delta\vartheta_6\\\Delta U_2\\\Delta U_5\\\Delta U_6\end{pmatrix}=|A|^{-1}\cdot\begin{pmatrix}\Delta P_4\\\Delta P_2\\\Delta P_5\\\Delta P_6\\\Delta Q_2\\\Delta Q_5\\\Delta Q_6\end{pmatrix} \qquad (9.85)$$

Blockschema Abb. 9.41 fasst die Operationen, die zur numerischen Lösung des Lastflussproblems notwendig sind, zusammen.

Abb. 9.41 Blockschema zur Lösung des Lastflussproblems

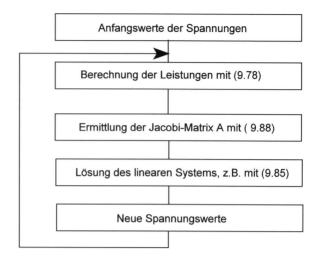

Berechnung der Jacobi-Matrix Gemäss Übergang von (9.83) zu (9.84) gilt

$$\Delta P_i = \sum_{k=1}^{n} \frac{\partial P_i}{\partial U_k} \Delta U_k + \sum_{k=1}^{n} \frac{\partial P_i}{\partial \vartheta_k} \Delta \vartheta_k$$

$$\Delta Q_i = \sum_{k=1}^{n} \frac{\partial Q_i}{\partial U_k} \Delta U_k + \sum_{k=1}^{n} \frac{\partial Q_i}{\partial \vartheta_k} \Delta \vartheta_k. \qquad (9.86)$$

Schreibt man die Gln. (9.78) folgendermassen

$$P_i = \sum_{k=1}^{n} P_{ik}, \quad mit$$

$$P_{ik} = 3U_i U_k Y_{ik} \sin(\vartheta_i - \vartheta_k - \alpha_{ik}), \quad für \quad k \neq i$$

$$P_{ii} = 3U_i^2 Y_{ii} \sin \alpha_{ii}$$

$$Q_i = \sum_{k=1}^{n} Q_{ik}, \quad mit \qquad (9.87)$$

$$Q_{ik} = -3U_i U_k Y_{ik} \cos(\vartheta_i - \vartheta_k - \alpha_{ik}), \quad für \quad k \neq i$$

$$Q_{ii} = 3U_i^2 Y_{ii} \cos \alpha_{ii},$$

folgt für die Matrixkoeffizienten durch Ableitung und einige Umformungen

$$\frac{\partial P_i}{\partial U_k} = \frac{P_{ik}}{U_k} + \delta_{ik} \frac{P_i}{U_i}, \quad \frac{\partial P_i}{\partial \vartheta_k} = Q_{ik} - \delta_{ik} Q_i$$

$$\frac{\partial Q_i}{\partial U_k} = \frac{Q_{ik}}{U_k} + \delta_{ik} \frac{Q_i}{U_i}, \quad \frac{\partial Q_i}{\partial \vartheta_k} = -P_{ik} + \delta_{ik} P_i \qquad (9.88)$$

$$mit \quad \delta_{ik} = Kroneckersymbol \quad \begin{matrix} =1 & für & k=i \\ =0 & für & k \neq i. \end{matrix}$$

Abb. 9.42 Zweigparameter $B_{ik} > 0$ für Kapazität, < 0 für Induktivität und für die Knotenpunktadmittanzen in Polarform

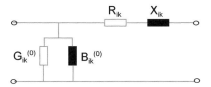

Koeffizienten der Knotenpunktadmittanzmatrix in Polarform Die Parameter des Zweiges werden von Abb. 9.42 veranschaulicht. Für die Admittanz der Diagonalterme der Knotenpunktadmittanzmatrix erhält man gemäss (9.17)

$$G_{ii} = \sum_{1}^{n}{}_{k \neq i} \left(\frac{R_{ik}}{R_{ik}^2 + X_{ik}^2} + \frac{1}{2} G_{ik}^{(0)} \right)$$

$$B_{ii} = \sum_{1}^{n}{}_{k \neq i} \left(\frac{-X_{ik}}{R_{ik}^2 + X_{ik}^2} + \frac{1}{2} B_{ik}^{(0)} \right) \quad (9.89)$$

$$\text{für} \quad k \neq i \quad Y_{ik} = \frac{1}{\sqrt{R_{ik}^2 + X_{ik}^2}}, \quad \alpha_{ik} = \arctan\left(\frac{R_{ik}}{X_{ik}}\right)$$

$$\text{für} \quad k = i \quad Y_{ii} = \sqrt{G_{ii}^2 + B_{ii}^2}, \quad \alpha_{ii} = \arctan\left(\frac{G_{ii}}{-B_{ii}}\right).$$

9.6.3 Begrenzungen der Lastflussvariablen

Bisher wurden alle Variablen als unlimitiert betrachtet (unlimited load flow). In Wirklichkeit sind sie Begrenzungen unterworfen, die bei der Berechnung und Optimierung des Lastflusses zu berücksichtigen sind. Diese Begrenzungen sind betrieblicher Natur und können die Einspeiseknoten, die Lastknoten, die Netzzweige oder die Stabilität betreffen. Im Folgenden seien nur einige Aspekte erwähnt; die Vertiefung erfolgt in Bd. 3.

Einspeisungen Die *Blindleistungen der Generatorgruppen* müssen gemäss Leistungsdiagramm der SM (Abschn. 6.6) zwischen einer oberen Grenze Q_{max} und einer unteren Grenze Q_{min} bleiben. Beide Grenzen sind von der eingestellten Wirkleistung und von der Spannung abhängig. Die Spannungsregelung des Generators ist wirksam, so lange die berechnete Blindleistung innerhalb dieser Grenzen bleibt. Dasselbe gilt auch für *geregelte Kompensationsanlagen*.

Wird eine Grenze im Laufe des Iterationsprozesses erreicht, muss die Blindleistung blockiert und die Spannung dafür freigegeben werden. Damit wandelt sich der PU-Knoten in einen PQ-Knoten um. Die Rückwandlung erfolgt dann, wenn die Spannung den vorgegebenen Sollwert wieder unter- bzw. überschreitet. Diese automatische Einhaltung der Grenzen kann die Konvergenz des Iterationsprozesses erschweren.

Lastknoten Die Spannungswerte der Lastknoten (und der internen Knoten) sollten nicht allzu weit von der Nennspannung liegen. Möchte man die Nennspannung ±10 % einhalten und werden diese Grenzwerte an einzelnen Knoten z. B. unterschritten, muss man versuchen, durch Erhöhen der Sollspannungen, vor allem in benachbarten Einspeiseknoten, die Grenzen einzuhalten. Dies gelingt nicht immer, oder der Blindleistungsfluss verschiebt sich ungünstig mit negativen Folgen für die Netzverluste oder die Netzsicherheit, was eine Veränderung oder Ergänzung der Netzstruktur nahelegt (s. dazu. auch Abschn. 9.6.5).

Netzzweige Ebenso darf der Strom oder die Scheinleistung in den einzelnen Netzzweigen aus thermischen, wirtschaftlichen oder Spannungshaltungsgründen (Abschn. 9.5 und 11.3) gewisse Grenzwerte nicht überschreiten.

Stabilität Schliesslich darf die Phasenverschiebung zwischen den Spannungen der SM verschiedener Kraftwerke nicht allzu gross werden, da sonst Stabilitätsprobleme auftreten (s. Abschn. 9.5 sowie 6.6 und Bd. 3).

9.6.4 Entkoppelte Lastflussberechnung

Diese Verfahren ermöglichen eine schnellere Berechnung des Lastflusses. Der obere Teil der Gl. (9.84) kann durch Aufspaltung der Matrix **A** in vier Teilmatrizen auch folgendermassen geschrieben werden

$$\begin{pmatrix} \Delta \vec{P} \\ \Delta \vec{Q} \end{pmatrix} = \begin{pmatrix} A_{11} & A_{12} \\ A_{21} & A_{22} \end{pmatrix} \cdot \begin{pmatrix} \Delta \vec{\vartheta} \\ \Delta \vec{U} \end{pmatrix}. \qquad (9.90)$$

Wegen der schwachen Kopplung zwischen Wirkleistung und Spannung einerseits sowie Blindleistung und Phasendifferenz andererseits (s. Abschn. 9.6.1) können die Matrizen A_{12} und A_{21} in erster Näherung vernachlässigt werden. Dies lässt sich auch direkt aus den Gl. (9.88) nachweisen.

Die Berechnung der Betragskorrektur und der Phasenkorrektur kann dann nach (9.91) entkoppelt und damit wesentlich schneller durchgeführt werden.

$$\begin{aligned} \Delta \vec{\vartheta} &= A_{11}^{-1} \Delta \vec{P} \\ \Delta \vec{U} &= A_{22}^{-1} \Delta \vec{Q}. \end{aligned} \qquad (9.91)$$

Den Leistungsbilanzfehler kann man weiterhin exakt z. B. nach den (9.78) ermitteln, womit das Endresultat des entkoppelten und gekoppelten Rechengangs identisch wird.

Die Matrizen A_{11} und A_{22} sind bei diesem Vorgehen immer noch von der Phasenwinkeldifferenz und vom Spannungsbetrag abhängig und müssen deshalb bei jedem Iterationsschritt neu berechnet werden.

9.6 Der Lastfluss vermaschter Netze

Eine als schneller, entkoppelter Lastfluss (fast decoupled load flow [13]) bekannte Variante, die sich besonders für Online-Berechnungeneignet, setzt bei der Berechnung dieser Matrizen (s. Gl. 9.87) die cos-Terme = 1 und die Spannungen $U_k = U_i$. Die Matrizen sind somit, abgesehen von einer von den Knotenpunktspannungen abhängigen leicht invertierbaren Diagonalmatrix, nur noch von der Topologie des Netzes abhängig und ändern sich nicht mehr während des Iterationsablaufs.

Schliesslich sei erwähnt, dass man die Vereinfachung noch weitertreiben kann, indem man die Verluste vernachlässigt und alle Knotenpunktspannungen gleichsetzt. Damit reduziert sich das Lastflussproblem auf den sogenannten *Gleichstromlastfluss*. Die erste der Gl. (9.79) liefert den linearen Zusammenhang

$$P_i \approx 3U^2 \sum_{k=1}^{n} Y_{ik}(\vartheta_i - \vartheta_k) \qquad (9.92)$$

zwischen Wirkleistungen und Phasenwinkel, der sich ohne Iterationen nach ϑ auflösen lässt. Daraus folgt die angenäherte Wirklastflussverteilung. Dieses Modell liefert keine Aussage über Spannungen und Blindleistungsfluss.

9.6.5 Lastflusssteuerung und -optimierung

Die primären *Steuergrössen* des Lastflusses sind:

- die Wirkleistungen der Generatorknoten (ausser dem Bilanzknoten),
- die Spannungen oder Blindleistungen aller Einspeisungen, einschliesslich Synchronkompensatoren und geregelter Parallelkompensatoren (Abschn. 9.6.2).

Weitere Steuergrössen sind:

- die geregelte Seriekompensation, welche Einfluss auf Leitungswinkel (Wirkleistungstransport, Stabilität) und Spannungsabfall (Spannungsprofil, Blindleistungsfluss) nimmt,
- die regelbaren Stufentransformatoren mit Längs- und Querregelung (Abschn. 4.8.2 und 4.9.4), die im wesentlichen einer Spannungseinkopplung in Längs- oder Querrichtung entsprechen und so ebenfalls den Blind- und Wirkleistungsfluss mitbestimmen.

Mit der Steuerung dieser Grössen wird ein möglichst wirtschaftlicher und sicherer Netzbetrieb angestrebt. Konkrete Ziele sind z. B die Minimierung der Erzeugungskosten und die Sicherung der Stabilität des Netzes mittels Steuerung des Wirklastflusses sowie die Verlustminimierung und die Optimierung des Spannungsprofils mittels Steuerung des Blindlastflusses. Dabei können auch weitere z. B. topologie- ändernde Steuermassnahmen in die Optimierung einbezogen werden [1]. Alle Steuergrössen sind Begrenzungen unterworfen (Abschn. 9.6.3).

Die Liberalisierung im Bereich der elektrischen Energieversorgung führt zu einem verstärkten und variableren Energieaustausch und zwingt somit zu einer stärkeren

Auslastung und Nutzung der Übertragungseinrichtungen. Damit wachsen auch die Anforderungen an eine schnelle Lastflussregelung. Neben dem Einsatz der oben erwähnten konventionellen Mittel nimmt auch jener der FACTS-Geräte (Flexible AC Transmission System) zu. Es handelt sich um leistungselektronische Systeme, die eine Weiterentwicklung der thyristorgesteuerten Kompensatoren darstellen und, ähnlich den Stufentransformatoren, Spannungen in die Leitungen einkoppeln und so mit grosser Flexibilität den Spannungsvektor in Betrag und Phase verändern können ([8] und Bd. 3). Die Zunahme des grenzüberschreitenden Stromhandels führt zu Engpässen, die durch ein entsprechendes Engpassmanagement zu verwalten und zu beheben sind. Die dazu dienenden lastflussbasierten Methoden hängen stark von der Markt- und Organisationsstruktur des jeweiligen Verbundes ab (Näheres in Bd. 2).

Mathematische Optimierungsmethoden werden seit Jahren zur Verbesserung des Netzbetriebs eingesetzt [3–6]. Sie bedürfen einer klar definierten Zielfunktion, die zwangsläufig nur ein begrenztes Ziel setzen kann. Dieses kann neben der Minimierung von Kosten z. B. auch die Maximierung eines Übergabeleistungsflusses sein [12]. Darüber hinaus wird angestrebt, mit heuristischen Methoden, die auf vorhandenem Wissen und Erfahrung basieren, Expertensysteme aufzubauen. Diese beziehen auch weitere betriebliche Aspekte ein. Damit versucht man, die sich aus den verschiedenen Zielfunktionen ergebenden Widersprüche übergeordnet aufzulösen. Auch *Fuzzy-Methoden* können in diesem Zusammenhang Anwendung finden [4, 11].

Mathematische Lastflussoptimierung Zur näheren Erläuterung der mathematischen Lastflussoptimierung sei wieder vom einfachen Beispiel Abb. 9.39 ausgegangen.

Freiheitsgrade, Steuergrössen Für einen gegebenen Belastungszustand des Netzes weist das Netzproblem 3 *Freiheitsgrade* auf: die Beträge der Spannungen im Bilanzknoten 1 und Generatorknoten 4 sowie die Wirkleistung im Generatorknoten 4, welche innerhalb bestimmter Grenzen frei festgelegt werden dürfen.

Die *Wirkleistung der Generatoren* kann zwischen den Werten P_{min} und P_{max} (von Turbine bestimmt, s. Abschn. 6.6.5) variieren. Die *Spannungssollwerte* werden absolut gesehen wenig von der Nennspannung abweichen, doch ihre relative Lage beeinflusst stark den Blindleistungsfluss.

Im allgemeinen Fall eines Netzes mit m *Generatorknoten*, k *regelbare Kompensatoren* und t *regelbare Transformatoren* besitzt das System, solange keine Begrenzungen wirksam sind, theoretisch $(2m - 1 + k + t)$ *Freiheitsgrade*. Entsprechen aber z. B. q Generatorknoten *Laufkraftwerken*, fallen q Freiheitsgrade wieder weg, da die entsprechenden Wirkleistungen durch die verfügbaren Wassermengen gegeben, d. h nicht regelbar sind.

Bilanzknoten, Verluste Die *Wirkleistung im Bilanzknoten* kann man nicht vorgeben, da sie die Wirkleistungsbilanz des Netzes erfüllen muss (daher auch der Name Bilanzknoten):

$$\sum_{i=1}^{n} P_i = P_v. \tag{9.93}$$

Darin sind P_v die noch unbekannten Verluste des Netzes. Man beachte, dass gemäss Generatorkonvention die Leistungen P_i in den Generatorknoten positiv und in den Lastknoten negativ sind.

Die Wirkverluste und die insgesamt vom Netz aufgenommene Blindleistung können mit (9.80) und (9.93) berechnet werden. Die Terme in $\sin(\vartheta_i - \vartheta_k)$ werden bei der Summierung wegen der Symmetrie von G_{ik} und B_{ik} null, und man erhält

$$P_v = \sum_{i=1}^{n} P_i = \sum_{i=1}^{n} \sum_{k=1}^{n} 3 U_i G_{ik} U_k \cos(\vartheta_i - \vartheta_k)$$
$$Q_v = \sum_{i=1}^{n} Q_i = -\sum_{i=1}^{n} \sum_{k=1}^{n} 3 U_i B_{ik} U_k \cos(\vartheta_i - \vartheta_k).$$
(9.94)

Optimierungsrechnung Die Steuergrössen (z. B. Spannungssollwerte, Turbinenleistungen) können *momentan* so festgelegt werden, dass der Lastfluss *optimal* wird. Die zu *optimierende Zielfunktion* kann im einfachsten Fall lediglich die direkten Betriebskosten berücksichtigen oder auch weitere betriebliche Aspekte und Sicherheitskriterien einbeziehen.

Im Fall einer reinen *Betriebskostenoptimierung* besteht die zu minimierende Zielfunktion des *hydrothermischen Verbunds* aus den variablen Produktionskosten der thermischen Kraftwerke (im wesentlichen Brennstoffkosten) und den äquivalenten Kosten der hydraulischen Speicherkraftwerke, die durch eine übergeordnete längerfristige Berechnung, welche die optimale Speicherbewirtschaftung bezweckt, zu ermitteln sind [2, 5] sowie Bd. 3.

Die Betriebskostenoptimierung schliesst das Problem der *Verlustminimierung* ein. Diese wird durch die optimale Einstellung der Spannungssollwerte und Transformatorübersetzungen, die den Blindleistungsfluss bestimmen, erreicht. In einem Verbund von Laufkraftwerken (mit vorgegebenen Wirkleistungen ausser der Bilanzknoten-Einspeisung, die regelbar sein muss) besteht nur noch das Problem der Verlustminimierung.

Das Problem des optimalen Lastflusses ist an und für sich mathematisch exakt lösbar. Voraussetzung dazu ist lediglich die klare Formulierung der Zielfunktion. Für die Vertiefung und insbesondere für die in Zusammenhang mit der Liberalisierung des Marktes auftretenden Problemen s. Bd. 3, Kap. 9.

Literatur

1. Bacher R, Frauendorfer K, Glavitsch H (1993) Optimization in planning und operation of electrical power systems. Physica, Heidelberg
2. Bühler H, Crastan V (1972) Utilisation d'une calculatrice numérique dans un réseau interconnecté. CIGRE, Paris
3. Carpentier J (1978) Optimal power flows (a survey). Int J Electr Power Energy Syst 1
4. CIGRE TF 38-04-02 (1997) Application of optimisation techniques to study power system network performance

5. Edelmann H, Theilsiefje K (1974) Optimaler Verbundbetrieb. Springer, Berlin
6. Elgerd OI (1971) Electric energy systems theory. McGraw-Hill, New York
7. Erinmez IA et al (1986) Static Var Compensators. CIGRE-Bericht WG 38-01, Paris
8. ETG-Fachbericht 60 (1995) Lastflusssteuerung in Hochspannungsnetzen. VDE, Berlin
9. Haubrich HJ (1993) Elektrische Energieversorgungssysteme I, Mainz, Aachen
10. Nelles D, Pesch H, Petry L (1989) Wirk- und Blindleistungssteller zur Leistungssteuerung. ETG-Fachbericht 26. VDE, Berlin
11. Reichelt D (1990) Über den Einsatz von Methoden und Techniken der künstlichen Intelligenz zu einer übergeordneten Optimierung des elektrischen Energieübertragungsnetzes. Diss. ETH, Zürich
12. Schlecht D (2004) Lastflussbasierte Vergabe von Übertragungsrechten im UCTE-Verbund. Aachener Beiträge zur Energieversorgung. Klinkenberg, Aachen
13. Stott B, Alsac O (1974) Fast decoupled load flow. IEEE Trans PAS 93:859–869

Kapitel 10
Netze mit Unsymmetrien

Bisher ist stets *Symmetrie des Netzes und der Last* vorausgesetzt worden. Dies erlaubte (Abschn. 2.3), die Netzanlagen durch einphasige Ersatzschaltbilder darzustellen.

Ist die *Netzstruktur symmetrisch* oder *symmetrisiert*, aber die *Belastung unsymmetrisch*, verursacht durch einphasige Verbraucher und unsymmetrische Fehler, wie Phasenunterbrüche, zweiphasige Kurzschlüsse oder Erdberührungen, ist es zweckmässig, die Methode der *symmetrischen Komponenten* anzuwenden. Ebenso im Fall punktueller Netzunsymmetrien. Wie bereits in Abschn. 2.4.4 dargelegt, werden die Phasengrössen (abc) in die symmetrischen Komponenten (120) umgewandelt. Mit diesen Komponenten ist dank der erzielbaren Entkopplung die Berechnung einfacher durchzuführen. Schliesslich können die Resultate wieder in das Originalsystem (abc) zurücktransformiert werden. Im folgenden Abschnitt wird Genesis und Anwendung der Methode dargelegt.

Leitungen können auch eine *unsymmetrische Struktur* aufweisen. Für eine genaue Analyse besteht in solchen Fällen die Möglichkeit, das Netz in seinem dreiphasigen Aufbau im Originalbereich mit allen induktiven und kapazitiven Kopplungen zu modellieren. Dieses Vorgehen ist vor allem bei der exakten Analyse transienter Vorgänge erforderlich.

10.1 Methode der symmetrischen Komponenten

10.1.1 Symmetrie

Die drei Spannungen und Ströme eines Dreiphasensystems nennt man symmetrisch, wenn sie im Betrag gleich und um je 120° phasenverschoben sind. Stern- oder Dreiecksimpedanzen nennt man symmetrisch, wenn sie in Betrag und Phase übereinstimmen. Bei Symmetrie gelten die Nullbedingungen

$$\underline{U}_a + \underline{U}_b + \underline{U}_c = 0$$
$$\underline{I}_a + \underline{I}_b + \underline{I}_c = 0. \tag{10.1}$$

Abb. 10.1 Bisymmetrisches System

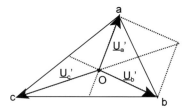

Diese Bedingungen sind zwar *notwendig*, für die Symmetrie eines Spannungs- oder Stromsystems jedoch *nicht hinreichend*.

10.1.2 Bisymmetrie

Ist eine der beiden Bedingungen (10.1) erfüllt, obwohl das entsprechende Spannungs- oder Stromsystem unsymmetrisch ist, spricht man von *Bisymmetrie*. Die Bezeichnung bringt zum Ausdruck, dass das Spannungs- oder Stromsystem aus zwei symmetrischen Komponenten besteht (Abschn. 10.1.4).

Man stellt fest:

- Die *Leiterspannungen* eines Dreiphasensystems bilden immer ein bisymmetrisches System, da $\underline{U}_{ab} + \underline{U}_{bc} + \underline{U}_{ca} = 0$.
- In einem Drehstromnetz ohne Neutralleiter und ohne Erdfehlerströme bilden die Phasenströme ein bisymmetrisches System, da $\underline{I}_a + \underline{I}_b + \underline{I}_c = 0$.
- Liegt der Sternpunkt eines unsymmetrischen Dreiphasen-Spannungssystems im Schwerpunkt des von den Leiterspannungen gebildeten Dreiecks, bilden die Sternspannungen ein bisymmetrisches System (Abb. 10.1). Beweis: Der Schwerpunkt O teilt die Seitenhalbierenden im Verhältnis 2:1. Somit ist

$$\underline{U}'_a + \underline{U}'_b + \underline{U}'_c = 0.$$

Der Schwerpunkt O ist ein natürliches Zentrum oder der *Nullpunkt* des Dreiphasensystems.

10.1.3 Nullspannung und Nullstrom

Ist ein unsymmetrisches System nicht bisymmetrisch, existieren *Nullgrössen*. Definition:

$$\textit{Nullspannung:} \quad \underline{U}_0 = \frac{1}{3}(\underline{U}_a + \underline{U}_b + \underline{U}_c)$$

$$\textit{Nullstrom:} \quad \underline{I}_0 = \frac{1}{3}(\underline{I}_a + \underline{I}_b + \underline{I}_c). \tag{10.2}$$

10.1 Methode der symmetrischen Komponenten

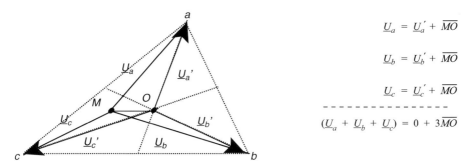

Abb. 10.2 Zerlegung des unsymmetrischen Systems in bisymmetrisches und Nullsystem

Abb. 10.3 Materialisierung des Nullpunktes des Drehstromsystems

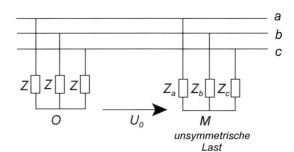

Physikalische Interpretation der Nullspannung Es sei ($\underline{U}_a$, $\underline{U}_b$, $\underline{U}_c$) ein allgemein unsymmetrisches System mit Sternpunkt M und ($\underline{U}'_a$, $\underline{U}'_b$, $\underline{U}'_c$) ein bisymmetrisches System mit Sternpunkt O (Abb. 10.2). Der *Zeiger MO*, der die *Potentialdifferenz zwischen Nullpunkt und Sternpunkt M* beschreibt, stellt die Nullspannung des unsymmetrischen Sterns dar (Beweis: s. Abb. 10.2 und Gl. 10.2). Damit ist aber auch gezeigt, dass ein allgemein unsymmetrisches Spannungssystem in ein bisymmetrisches und ein *Nullsystem* zerlegt werden kann. In Vektorform erhält man Gl. (10.3)

$$\begin{pmatrix} \underline{U}_a \\ \underline{U}_b \\ \underline{U}_c \end{pmatrix} = \begin{pmatrix} \underline{U}'_a \\ \underline{U}'_b \\ \underline{U}'_c \end{pmatrix} + \begin{pmatrix} \underline{U}_0 \\ \underline{U}_0 \\ \underline{U}_0 \end{pmatrix} \qquad (10.3)$$

Der Nullpunkt des Drehstromsystems kann durch drei gleiche Impedanzen materialisiert werden, wie in Abb. 10.3 dargestellt. U_0 stellt die Nullspannung der unsymmetrischen Last dar.

Physikalische Interpretation des Nullstromes Ein Nullstrom kann nur in Anwesenheit eines von den Phasenleitern unabhängigen Rückleiters fliessen (Abb. 10.4). Dieser Nulleiter oder *Neutralleiter* kann ein vierter Leiter oder die Erde sein. Gemäss Gl. (10.2) gilt

$$\underline{I}_a + \underline{I}_b + \underline{I}_c = 3\underline{I}_0.$$

Der Nullstrom ist ein Drittel des im Neutralleiter fliessenden Stromes.

Abb. 10.4 Nullstrom und Neutralleiterstrom

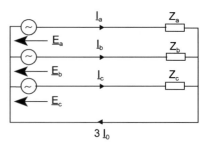

Abb. 10.5 Messung von Nullstrom und Nullspannung. τ = Strom- bzw. Spannungsübersetzung der Wandler

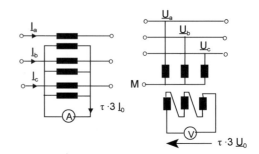

Abb. 10.6 Überlagerung von Mitsystem (**a**) und Gegensystem (**b**) zum resultierenden bisymmetrischen System (**c**)

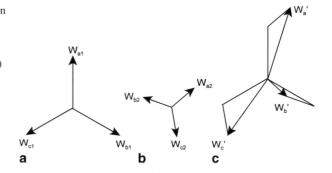

Messung von Nullstrom und Nullspannung Die Messung kann mit Strom- und Spannungswandler erfolgen (Abb. 10.5). Die Nullspannung wird relativ zum Potential des Sternpunktes M gemessen.

10.1.4 Symmetrische Komponenten

Ein normales symmetrisches Drehstromsystem mit rechtsläufiger Phasenfolge nennt man *Mitsystem* (Index 1, Abb. 10.6a). Ein symmetrisches System mit linksläufiger Phasenfolge nennt man *Gegensystem* (Index 2, Abb. 10.6b). Die Indexierung (1, 2) entspricht DIN 4897.

10.1 Methode der symmetrischen Komponenten

Da alle Grössen komplex sind, wird in diesem und den folgenden Abschnitten einfachheitshalber, wenn die Beziehungen eindeutig sind, die Unterstreichung weggelassen. Mathematisch lassen sich Mit- und Gegensystem folgendermassen darstellen (W = Wechselstromgrösse):

$$W_{a1} = W_1 \qquad W_{a2} = W_2$$
$$W_{b1} = a^2 W_1 \qquad W_{b2} = a W_2$$
$$W_{c1} = a W_1 \qquad W_{c2} = a^2 W_2$$
$$\text{mit} \quad a = e^{j120°} = -\frac{1}{2} + j\frac{\sqrt{3}}{2}.$$

Die Überlagerung von Mit- und Gegensystem beliebiger relativer Phasenlage ergibt ein *bisymmetrisches System* (Abb. 10.6c), da die Bedingung (10.1) erfüllt ist:

$$W'_a = W_1 + W_2$$
$$W'_b = a^2 W_1 + a W_2 \qquad (10.4)$$
$$W'_c = a W_1 + a^2 W_2.$$

Umgekehrt lässt sich das bisymmetrische System (10.4) bei Berücksichtigung der Gl. (10.1) in ein Mit- und Gegensystem zerlegen.

Wegen Gln. (10.3) und (10.4) kann ein allgemein unsymmetrisches System in Mitsystem, Gegensystem und Nullsystem zerlegt werden:

$$\begin{pmatrix} W_a \\ W_b \\ W_c \end{pmatrix} = \begin{pmatrix} W_1 \\ a^2 W_1 \\ a W_1 \end{pmatrix} + \begin{pmatrix} W_2 \\ a W_2 \\ a^2 W_2 \end{pmatrix} + \begin{pmatrix} W_0 \\ W_0 \\ W_0 \end{pmatrix}. \qquad (10.5)$$

In Matrixschreibweise nimmt diese lineare Transformation folgende Form an:

$$\begin{pmatrix} W_a \\ W_b \\ W_c \end{pmatrix} = \begin{pmatrix} 1 & 1 & 1 \\ a^2 & a & 1 \\ a & a^2 & 1 \end{pmatrix} \cdot \begin{pmatrix} W_1 \\ W_2 \\ W_0 \end{pmatrix} = T \cdot \begin{pmatrix} W_1 \\ W_2 \\ W_0 \end{pmatrix} \qquad (10.6)$$

mit **T** = Entsymmetrierungsmatrix. Umgekehrt lassen sich die *symmetrischen Komponenten* (W_1, W_2, W_0) aus den Phasengrössen berechnen durch die inverse Transformation:

$$\begin{pmatrix} W_1 \\ W_2 \\ W_0 \end{pmatrix} = \frac{1}{3} \begin{pmatrix} 1 & a & a^2 \\ 1 & a^2 & a \\ 1 & 1 & 1 \end{pmatrix} \cdot \begin{pmatrix} W_a \\ W_b \\ W_c \end{pmatrix} = T^{-1} \cdot \begin{pmatrix} W_a \\ W_b \\ W_c \end{pmatrix}. \qquad (10.7)$$

Zur Einübung der Komponentenberechnung und zur Veranschaulichung von Fällen unsymmetrischer Belastung oder Speisung aus der Sicht der Theorie der symmetrischen Komponenten seien einige Beispiele durchgerechnet.

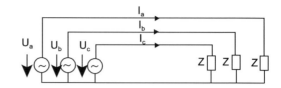

Abb. 10.7 Anlage zu den Beispielen 10.1 bis 10.3

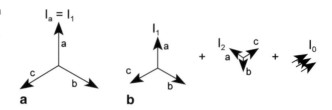

Abb. 10.8 Komponenten zu Beispiel 10.1: **a** vor **b** nach Unterbruch der Phase c, der zu einer zweiphasigen Belastung mit Neutralleiter führt

Beispiel 10.1 In der symmetrischen und zunächst symmetrisch belasteten Schaltung Abb. 10.7 werde der Phasenleiter c unterbrochen. Die Last wird zur zweiphasigen Belastung mit Neutralleiter. Wie verändern sich die Komponenten?

Vor dem Unterbruch sind die Ströme symmetrisch und von I_a, $I_b = a^2 I_a$ und $I_c = a I_a$ gegeben. Diese Ströme bilden ein Mitsystem. Nach dem Unterbruch ist $I_c = 0$, während die Ströme I_a und I_b unverändert bleiben. Die Komponenten der verbleibenden zweiphasigen Belastung mit Neutralleiter sind nach Gl. (10.7)

$$\begin{pmatrix} I_1 \\ I_2 \\ I_0 \end{pmatrix} = \frac{1}{3} \begin{pmatrix} 1 & a & a^2 \\ 1 & a^2 & a \\ 1 & 1 & 1 \end{pmatrix} \cdot \begin{pmatrix} I_a \\ a^2 I_a \\ 0 \end{pmatrix} = \frac{1}{3} I_a \begin{pmatrix} 2 \\ 1+a \\ 1+a^2 \end{pmatrix}.$$

Da $(1+a) = e^{j60°}$, $(1+a^2) = e^{-j60°}$, folgen die Lösungen

$$I_1 = \frac{2}{3} I_a, \quad I_2 = \frac{1}{3} I_a \, e^{j60°}, \quad I_0 = \frac{1}{3} I_a \, e^{-j60°},$$

die in Abb. 10.8 graphisch dargestellt sind. Durch den Unterbruch einer Phase wird das Mitsystem auf 2/3 des ursprünglichen Wertes reduziert, und es entstehen ein Gegen- und ein Nullsystem, beide der Grösse 1/3.

Beispiel 10.2 In der Anlage Abb. 10.7 fehle der Neutralleiter. Wie sehen die Komponenten nach dem Unterbruch aus (Fall der zweiphasigen Last ohne Neutralleiter)?

Nach dem Unterbruch der Phase c gilt für die Ströme der Phasen a und b

$$\underline{I}'_a = \frac{(\underline{U}_a - \underline{U}_b)}{2\,\underline{Z}} = \frac{\underline{U}_a \sqrt{3}}{2\,\underline{Z}} e^{j30°}, \quad \underline{I}'_b = -\underline{I}'_a.$$

Bezeichnet man mit $\underline{I}_a = \underline{U}_a / \underline{Z}$ den Strom der Phase a vor dem Unterbruch, folgt

$$\begin{pmatrix} I_1 \\ I_2 \\ I_0 \end{pmatrix} = \frac{1}{3} \begin{pmatrix} 1 & a & a^2 \\ 1 & a^2 & a \\ 1 & 1 & 1 \end{pmatrix} \cdot \begin{pmatrix} 1 \\ -1 \\ 0 \end{pmatrix} \frac{\sqrt{3}}{2} e^{j30°} I_a = \begin{pmatrix} 1-a \\ 1-a^2 \\ 0 \end{pmatrix} \frac{\sqrt{3}}{6} e^{j30°} I_a;$$

10.1 Methode der symmetrischen Komponenten

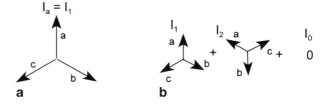

Abb. 10.9 Komponenten zu Beispiel 10.2: **a** vor **b** nach Unterbruch der Phase c, der zu einer zweiphasigen Last ohne Neutralleiter führt

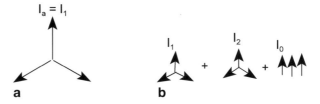

Abb. 10.10 Komponenten zu Beispiel 10.3 **a** vor **b** nach Unterbruch der Phasen b und $c \to$ einphasige Belastung

$$da \quad (1-a) = \sqrt{3}\, e^{-j30°}, \quad (1-a^2) = \sqrt{3}\, e^{j30°}$$

$$\longrightarrow \quad I_1 = \frac{1}{2}I_a, \quad I_2 = \frac{1}{2}I_a\, e^{j60°}, \quad I_0 = 0.$$

Die Lösung ist in Abb. 10.9 dargestellt. Der Nullstrom ist null, was bei fehlendem Neutralleiter zu erwarten war. Das Mitsystem hat sich auf die Hälfte statt auf 2/3 reduziert, was darauf hinweist, dass das Fehlen des Neutralleiters die Unsymmetrie verschärft. Das Gegensystem hat dieselbe Grösse wie das Mitsystem.

Beispiel 10.3 In der Anlage Abb. 10.7 werden nun die Phasen b und c unterbrochen, womit eine einphasige Last zurückbleibt. Wie sehen diesmal die Komponenten aus?

Die Ströme I_b und I_c sind null, und der Strom I_a bleibt unverändert. Die Transformation in symmetrische Komponenten ergibt

$$\begin{pmatrix} I_1 \\ I_2 \\ I_0 \end{pmatrix} = \frac{1}{3}\begin{pmatrix} 1 & a & a^2 \\ 1 & a^2 & a \\ 1 & 1 & 1 \end{pmatrix} \cdot \begin{pmatrix} I_a \\ 0 \\ 0 \end{pmatrix} = \frac{1}{3}I_a \begin{pmatrix} 1 \\ 1 \\ 1 \end{pmatrix}$$

und somit die Lösungen

$$I_1 = \frac{1}{3}I_a, \quad I_2 = \frac{1}{3}I_a, \quad I_0 = \frac{1}{3}I_a,$$

die in Abb. 10.10 dargestellt sind. Das Mitsystem wird jetzt sogar auf 1/3 des ursprünglichen Werts reduziert, was die Stärke der Unsymmetrie zum Ausdruck bringt. Dieselbe Grösse weisen Gegen- und Nullsystem auf.

Beispiel 10.4 In der Spannungsquelle Abb. 10.11 sei infolge eines Windungsschlusses in der Phase a nur noch die halbe Spannung verfügbar. Man berechne die Komponenten der Quellenspannung. Mit U_a sei die Spannung der Phase a vor dem Fehler bezeichnet. Aus 10.7 folgt

Abb. 10.11 Anlage zu Beispiel 10.3

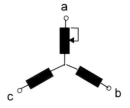

$$\begin{pmatrix}U_1\\U_2\\U_0\end{pmatrix} = \frac{1}{3}\begin{pmatrix}1 & a & a^2\\1 & a^2 & a\\1 & 1 & 1\end{pmatrix}\cdot\begin{pmatrix}\frac{1}{2}\\\frac{1}{2}\\1\end{pmatrix}U_a = \frac{1}{3}U_a\begin{pmatrix}\frac{1}{2}+a+a^2\\\frac{1}{2}+a^2+a\\\frac{5}{2}\end{pmatrix}.$$

Berücksichtigt man die Beziehung

$$1+a+a^2 = 0,$$

folgt die Lösung

$$U_1 = \frac{5}{6}U_a$$

$$U_2 = -\frac{1}{6}U_a$$

$$U_0 = -\frac{1}{6}U_a.$$

10.2 Ersatzschaltbild eines symmetrischen Netzelements

Bei symmetrischem Betrieb kann ein symmetrisches Netzelement durch einphasige Ersatzschaltbilder beschrieben werden, welche die Betriebsimpedanzen (Betriebsinduktivität, Betriebskapazität) enthalten (Abschn. 2.3).

Ist die Belastung unsymmetrisch, stellt sich die Frage, wie sich die induktiven und kapazitiven Kopplungen des Drehstromelements auswirken. Bei Struktursymmetrie sind alle Impedanz- bzw. Admittanzmatrizen von nicht fehlerbehafteten Drehstrom Netzelementen entweder diagonalsymmetrisch (Leitungen, Transformatoren) oder zumindest zyklischsymmetrisch (rotierende Maschinen).

10.2.1 Längsimpedanz

Die Längsimpedanz Abb. 10.12 eines Netzelements setzt sich zusammen aus

$Z = R + j\omega L$: Eigenimpedanz der Phasenleiter
Z': rechtsläufige Koppelimpedanz

10.2 Ersatzschaltbild eines symmetrischen Netzelements

Abb. 10.12 Unsymmetrisch belastete Längsimpedanz

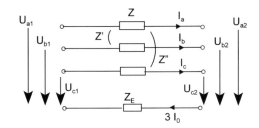

Abb. 10.13 Ersatzschaltbild bei Belastung mit Strom-Mitsystem

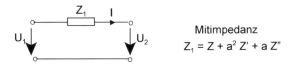

Mitimpedanz
$Z_1 = Z + a^2 Z' + a Z''$

Z'': linksläufige Koppelimpedanz
Z_E: Impedanz des Neutralleiters

Die Berechnung der Spannungsdifferenz ergibt

$$\Delta U_a = Z\, I_a + Z'\, I_b + Z''\, I_c + Z_E\, 3\, I_0$$
$$\Delta U_b = Z''\, I_a + Z\, I_b + Z'\, I_c + Z_E\, 3\, I_0$$
$$\Delta U_c = Z'\, I_a + Z''\, I_b + Z\, I_c + Z_E\, 3\, I_0.$$

oder in Matrixform

$$\begin{pmatrix}\Delta U_a\\ \Delta U_b\\ \Delta U_c\end{pmatrix} = \begin{pmatrix} Z & Z' & Z''\\ Z'' & Z & Z'\\ Z' & Z'' & Z \end{pmatrix} \cdot \begin{pmatrix} I_a\\ I_b\\ I_c\end{pmatrix} + 3 Z_E \begin{pmatrix} I_0\\ I_0\\ I_0\end{pmatrix}. \quad (10.8)$$

Die Impedanzmatrix ist zyklisch symmetrisch.

Impedanz im Mitsystem Die Drehstromimpedanz Abb. 10.12 werde mit einem Strom-Mitsystem belastet. Dann ist $3 I_0 = I_a + I_b + I_c = 0$, und aus der ersten Zeile von (10.8) folgt

$$\Delta U_a = Z I_a + Z' I_b + Z'' I_c = Z I_a + Z' a^2 I_a + Z'' a I_a = Z_1\, I_a.$$

Man erhält das Einphasenersatzschema Abb. 10.13. Die *Mitimpedanz* Z_1 ist identisch mit der im Abschn. 2.3 definierten Betriebsimpedanz. Für Leitungen und Transformatoren ist $Z' = Z''$ (Diagonalsymmetrie) und somit

$$Z_1 = Z + Z'(a^2 + a) = Z - Z'$$

Für Leitungen: $Z = R + j\omega L, \quad Z' = j\omega M \quad \dashrightarrow \quad Z_1 = R + j\omega(L - M).$

Abb. 10.14 Ersatzschaltbild bei Belastung mit Strom-Gegensystem

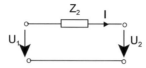

Gegenimpedanz
$Z_2 = Z + a Z' + a^2 Z''$

Abb. 10.15 Ersatzschaltbild bei Belastung mit Strom-Nullsystem

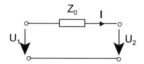

Nullimpedanz
$Z_0 = Z + Z' + Z'' + 3 Z_E$

Impedanz im Gegensystem Die Drehstromimpedanz Abb. 10.12 werde mit einem Strom-Gegensystem belastet. Wieder ist $I_0 = 0$, und es folgt

$$\Delta U_a = Z I_a + Z' I_b + Z'' I_c = Z I_a + Z' a I_a + Z'' a^2 I_a = Z_2 I_a.$$

Das entsprechende Ersatzschaltbild zeigt Abb. 10.14. Für Leitungen und Transformatoren ist $Z''=Z'$ und somit

$$Z_2 = Z + Z'(a + a^2) = Z - Z' = Z_1.$$

Gegenimpedanz und Mitimpedanz sind identisch. Für rotierende Maschinen ist hingegen $Z'' \neq Z'$ und somit $Z_2 \neq Z_1$.

Impedanz im Nullsystem Die Drehstromimpedanz Abb. 10.12 werde mit einem Strom-Nullsystem belastet. Dann gilt $I_0 = I_a = I_b = I_c$, und es folgen

$$\Delta U_a = Z I_a + Z' I_b + Z'' I_c + 3 Z_E I_0 = Z I_a + Z' I_a + Z'' I_a + 3 Z_E I_a = Z_0 I_a$$

und das Ersatzschaltbild Abb. 10.15. Für Leitungen und Transformatoren ist $Z'' = Z'$ und somit

$$Z_0 = Z + 2Z' + 3Z_E \neq Z_1$$
$$\text{für Leitungen ist} \quad Z_E = R_E, \quad Z_0 = (R + 3R_E) + j\omega(L + 2M).$$

Unsymmetrische Belastung der Längsimpedanz Wird die Längsimpedanz gleichzeitig von Mit-, Gegen- und Nullstrom durchflossen, kann durch Transformation der Gl. (10.8) der Zusammenhang zwischen den symmetrischen Komponenten von Spannungen und Strömen ermittelt werden

$$\begin{pmatrix} \Delta U_1 \\ \Delta U_2 \\ \Delta U_0 \end{pmatrix} = T^{-1} \cdot \begin{pmatrix} Z & Z' & Z'' \\ Z'' & Z & Z' \\ Z' & Z'' & Z \end{pmatrix} \cdot T \cdot \begin{pmatrix} I_1 \\ I_2 \\ I_0 \end{pmatrix} + T^{-1} \cdot 3Z_E \begin{pmatrix} I_0 \\ I_0 \\ I_0 \end{pmatrix}.$$

Die Matrizenmultiplikation ergibt bei Berücksichtigung der Definitionen von Mit-, Gegen- und Nullimpedanz

$$T^{-1} \cdot \begin{pmatrix} Z & Z' & Z'' \\ Z'' & Z & Z' \\ Z' & Z'' & Z \end{pmatrix} \cdot T = \begin{pmatrix} Z_1 & 0 & 0 \\ 0 & Z_2 & 0 \\ 0 & 0 & Z_0 - 3Z_E \end{pmatrix}$$

$$T^{-1} \cdot 3Z_E \begin{pmatrix} I_0 \\ I_0 \\ I_0 \end{pmatrix} = 3Z_E \begin{pmatrix} 0 \\ 0 \\ I_0 \end{pmatrix}$$

10.2 Ersatzschaltbild eines symmetrischen Netzelements

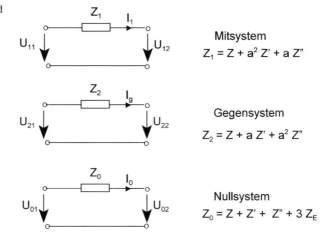

Abb. 10.16 Ersatzschaltbild einer Längsimpedanz im Komponentenbereich

Mitsystem
$Z_1 = Z + a^2 Z' + a Z''$

Gegensystem
$Z_2 = Z + a Z' + a^2 Z''$

Nullsystem
$Z_0 = Z + Z' + Z'' + 3 Z_E$

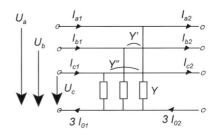

Abb. 10.17 Unsymmetrisch belastete Queradmittanz

und schliesslich

$$\begin{pmatrix} \Delta U_1 \\ \Delta U_2 \\ \Delta U_0 \end{pmatrix} = \begin{pmatrix} Z_1 & 0 & 0 \\ 0 & Z_2 & 0 \\ 0 & 0 & Z_0 \end{pmatrix} \cdot \begin{pmatrix} I_1 \\ I_2 \\ I_0 \end{pmatrix}. \quad (10.9)$$

Dieses Ergebnis weist nach, dass bei Struktursymmetrie und damit zyklischer Symmetrie der Impedanzen der Netzelemente eine Entkopplung von Mit-, Gegen- und Nullsystem erzielt wird. Die Längsimpedanz kann im Komponentenbereich durch die drei voneinander unabhängigen einphasigen Ersatzschaltbilder Abb. 10.16 beschrieben werden.

10.2.2 Queradmittanz

Analog zur Längsimpedanz setzt sich die Queradmittanz eines Netzelements zusammen aus (Abb. 10.17):

Y: Eigenadmittanz einer Phase
Y':   rechtsläufige Koppeladmittanz
Y'':   linksläufige Koppeladmittanz

Abb. 10.18 Darstellung eines Netzelements im Originalbereich mit Längsimpedanz und Queradmittanz

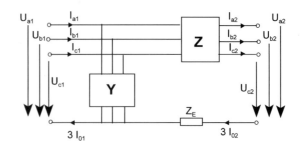

Die Berechnung der Stromdifferenz liefert in Matrixform

$$\begin{pmatrix} \Delta I_a \\ \Delta I_b \\ \Delta I_c \end{pmatrix} = \begin{pmatrix} Y & Y' & Y'' \\ Y'' & Y & Y' \\ Y' & Y'' & Y \end{pmatrix} \cdot \begin{pmatrix} U_a \\ U_b \\ U_c \end{pmatrix} = [Y] \cdot \begin{pmatrix} U_a \\ U_b \\ U_c \end{pmatrix}$$

Mit analogem Vorgehen zu Abschn. 10.2.1 lassen sich die Admittanzen im Mit-, Gegen- und Nullsystem ermitteln:

$$\begin{pmatrix} \Delta I_1 \\ \Delta I_2 \\ \Delta I_0 \end{pmatrix} = T^{-1} \cdot \begin{pmatrix} Y & Y' & Y'' \\ Y'' & Y & Y' \\ Y' & Y'' & Y \end{pmatrix} \cdot T \cdot \begin{pmatrix} U_1 \\ U_2 \\ U_0 \end{pmatrix} = \begin{pmatrix} Y_1 & 0 & 0 \\ 0 & Y_2 & 0 \\ 0 & 0 & Y_0 \end{pmatrix} \begin{pmatrix} U_1 \\ U_2 \\ U_0 \end{pmatrix}$$
(10.10)

mit

$$Y_1 = Y + a^2 Y' + a Y''$$
$$Y_2 = Y + a Y' + a^2 Y'' \qquad (10.11)$$
$$Y_0 = Y + Y' + Y''.$$

Für eine Leitung ist z. B. $Y = j\omega\, C_{tot} = j\omega\,(C_0 + 2C_k)$, $Y'' = Y' = -j\omega\, C_k$ (s. Abschn. 5.4.6).

Wieder erhält man drei entkoppelte Ersatzschaltbilder (Mit-, Gegen- und Nullsystem), die je eine Queradmittanz enthalten.

10.2.3 Resultierendes Komponenten-Ersatzschema

Für das allgemeine Drehstromnetzelement Abb. 10.18, bestehend aus Längsimpedanz und Queradmittanz, folgt im Komponentenbereich das Ersatzschaltbild Abb. 10.19.

Bei symmetrischer Belastung ist nur das Mitsystem wirksam. Bei unsymmetrischer Belastung sind alle drei (oder auch nur zwei) Systeme beteiligt. In welcher Weise das geschieht, wird in Abschn. 10.7 geklärt werden.

Abb. 10.19 Ersatzschaltbild des zyklisch symmetrischen Netzelements Abb. 10.18 im Komponentenbereich

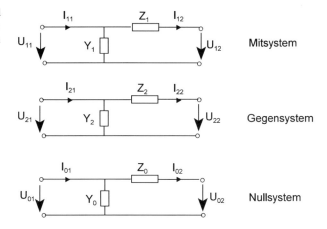

10.3 Messung der Längs- und Querimpedanzen

Neben der bei zyklischer Symmetrie erzielbaren Entkopplung, die zu einfachen Ersatzschaltbildern für das Netzelement führt, hat die Methode der symmetrischen Komponenten den weiteren Vorteil, dass sich die Impedanzen im Komponentenbereich sehr einfach messen lassen. Dazu genügt es, das Netzelement jeweils mit einem Mit-, Gegen- oder Null-Stromsystem zu speisen.

Das Vorgehen zur Ermittlung der Mitimpedanzen durch Speisung mit einem Mitsystem ist für alle Netzelemente analog zur Bestimmung der Transformatorparameter (Abschn. 4.4) und muss hier im Detail nicht wiederholt werden. Die Längsimpedanz lässt sich durch Kurzschliessen des Netzelements messen, wobei man die viel grössere Querimpedanz vernachlässigen kann. Die Querimpedanz erhält man bei offenem, unbelastetem Netzelement.

Für Transformator und Leitung sind die Gegenimpedanzen identisch zu den Mitimpedanzen. Für diese beiden Elemente bleibt somit nur das Problem der Messung der Nullimpedanz, für rotierende Maschinen auch jenes der Messung der Gegenimpedanz.

Nullängsimpedanz und -queradmittanz der Drehstromleitung Der Neutralleiter (vierter Leiter oder Erde) muss bei der Messung mit eingeschlossen werden (Abschn. 10.4). Die prinzipielle Messschaltung zeigt Abb. 10.20. Gemessen werden die Spannung U_0, der Strom I_0 und zur Bestimmung des Impedanzwinkels, wie in Abschn. 4.4, die Leistung.

Nullimpedanz und -admittanz des Drehstromtransformators Die Nullimpedanz des Drehstromtransformators hängt von der Schaltungsart und Sternpunktbehandlung ab. Ist der Sternpunkt nicht mit dem vierten Leiter oder der Erde verbunden, ist die Nullimpedanz unendlich. Dementsprechend kann die Nullimpedanz verschieden

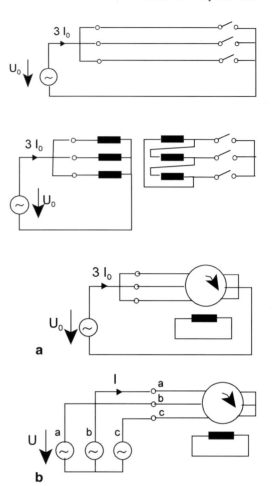

Abb. 10.20 Messprinzip für die Nullimpedanz und Nulladmittanz einer Drehstromleitung: $\underline{Z}_0 = \underline{U}_0/\underline{I}_0$ bei Kurzschluss, $\underline{Y}_0 = \underline{I}_0/\underline{U}_0$ bei Leerlauf

Abb. 10.21 Messprinzip für die Nullimpedanz und Nulladmittanz eines Transformators: $\underline{Z}_0 = \underline{U}_0/\underline{I}_0$ bei Kurzschluss, $\underline{Y}_0 = \underline{I}_0/\underline{U}_0$ bei Leerlauf

Abb. 10.22 Messprinzip der Impedanzen einer SM: **a** Nullimpedanz, **b** Gegenimpedanz

sein, je nachdem, von welcher Seite der Transformator gespeist wird (Näheres in Abschn. 10.5). Abbildung 10.21 zeigt die prinzipielle Messschaltung für einen Stern-Dreieckstransformator.

Null- und Gegenimpedanz rotierender Drehstrommaschinen Nur die Messung der Längsimpedanz ist in diesem Fall sinnvoll, da bei Nennfrequenz die Querkapazitäten vernachlässigbar sind. Die Sekundärwicklung (Gleichstromwicklung im Fall der Synchronmaschine) muss kurzgeschlossen werden. Abbildung 10.22 zeigt die prinzipiellen Schaltungen zur Messung von Null- und Gegenimpedanz. In beiden Fällen muss die normale Drehrichtung erzwungen werden. Das von den Statorströmen erzeugte Drehfeld hat im Gegensystem die umgekehrte Drehrichtung. Im Nullsystem wird ein Wechselfeld erzeugt.

Abb. 10.23 Ersatzschaltbild der Drehstromleitung

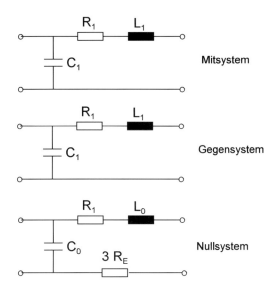

10.4 Leitungsmodelle

10.4.1 Symmetrische Leitung

Ist die Leitungsstruktur symmetrisch oder symmetrisiert (verdrillt), kann von Abb. 10.19 ausgegangen werden. Die Parameter des Mitsystems sind in Abschn. 5.4 ermittelt worden. Gegensystem und Mitsystem sind identisch. Neu sind nur die *Parameter des Nullsystems*.

Aus Abb. 10.15 und Gl. (10.11) folgen

$$Z_0 = R_0 + j\omega L_0 = Z + Z' + Z'' + 3Z_E$$
$$\text{mit} \quad Z = R + j\omega L, \quad Z' = Z'' = j\omega M, \quad Z_E = R_E$$
$$\Rightarrow \quad R_0 = R + 3R_E, \quad L_0 = L + 2M$$
$$Y_0 = Y + Y' + Y''$$
$$\text{mit} \quad \begin{cases} Y = j\omega C_{tot} = j\omega(C_0 + 2C_k) \\ Y' = Y'' = -j\omega C_k \end{cases} \quad (s.\ dazu\ Abschn.\ 5.4.6)$$
$$\Rightarrow \quad Y_0 = j\omega C_0. \tag{10.12}$$

Daraus leitet sich das in Abb. 10.23 dargestellte Ersatzschaltbild (in seiner einfachsten L-Form) ab. Die Erdkapazität C_0 ist bereits in Abschn. 5.4 berechnet worden. Im folgenden Abschnitt wird der noch fehlende Neutralleiterwiderstand R_E und in Abschn. 10.4.4 die Nullinduktivität L_0 bestimmt.

Tab. 10.1 Spezifischer Erdwiderstand und Eindringtiefe des Erdstromes (Richtwerte [7])

	Moorboden	Ackerboden	trockener Sandboden	Fels
ρ_e (Ωm)	30	100	1000	3000
δ_e (m) bei 50 Hz	510	930	2940	5100

10.4.2 Neutralleiterwiderstand, Erdungswiderstand

Ist der *Neutralleiter ein vierter Leiter* (Niederspannung), wird der Widerstand nach (5.26) bis (5.28) wie für die Phasenleiter berechnet.

Ist der *Neutralleiter die Erde*, kann diese nach der Theorie von Carson [3, 13] durch einen äquivalenten runden Leiter ersetzt werden, dessen Radius δ_e der *Eindringtiefe* des Stromes in die Erde entspricht:

$$\delta_e = 1.85\sqrt{\frac{\varrho_e}{\mu_0\,\omega}}, \quad \varrho_e = \text{spezifischer Erdwiderstand.} \qquad (10.13)$$

Der spezifische Erdwiderstand und der Radius des äquivalenten Leiters sind in Tab. 10.1 gegeben.

Bei gleichmässiger Verteilung des Stromes im äquivalenten Querschnitt wäre der Widerstandsbelag

$$R'_{Eg} = \frac{\varrho_e}{A} = \frac{\varrho_e}{\pi\delta_e^2} = \frac{\varrho_e\,\mu_0\,\omega}{\pi\,1.85^2\,\varrho_e} = \frac{\mu_0\omega}{10.75}.$$

Bei Berücksichtigung der Stromverdrängung erhält man nach Carson einen etwas grösseren Wert

$$R'_E = \frac{\mu_0\omega}{8} \approx 0.05\ \Omega/km\,(bei\,50\,Hz). \qquad (10.14)$$

Man beachte, dass der Widerstandsbelag unabhängig von ρ_e ist. Bei grösserem spezifischem Erdwiderstand vergrössert sich die Eindringtiefe, und der wirksame Erdquerschnitt nimmt proportional zu.

Erdungswiderstand (Ausbreitungswiderstand) Der durch den Neutralleiter Erde fliessende Strom verbindet in der Regel zwei geerdete Transformatorsternpunkte (Abb. 10.24) und folgt etwa dem Leitungstrassee [12, 13]. Die Erdungswiderstände R_{E1} und R_{E2} können dann ebenfalls im Erdwiderstand der Leitung (oder des Transformators, s. Abschn. 10.5) einbezogen werden.

Der Gesamtwiderstand des Erdstranges ist somit

$$R_E = R_{E1} + R'_E \cdot l + R_{E2} \qquad l = \textit{Leitungslänge.} \qquad (10.15)$$

Zur Berechnung des Erdungswiderstandes sei von Abb. 10.25 ausgegangen. Das elektrische Strömungsfeld dehnt sich im Erdhalbraum von der Erdungselektrode

10.4 Leitungsmodelle

Abb. 10.24 Erdleiterwiderstand zwischen zwei Transformatorstationen

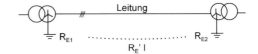

Abb. 10.25 Berechnung des Erdungswiderstandes

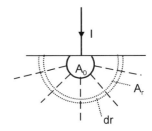

A_0 bis ins Unendliche aus. Ist A_r eine Äquipotentialfläche und dr die Erdschicht zwischen A_r und A_{r+dr}, folgt der Erdungswiderstand

$$R_E = \int_{A_0}^{\infty} \varrho_e \frac{dr}{A_r}. \tag{10.16}$$

Ist z. B. die Erdungselektrode eine Halbkugel, d. h. $r_o = R =$ Radius der Kugel, $A_r = 2\pi r^2$, folgt mit der Annahme, der spezifische Erdwiderstand sei homogen im ganzen Halbraum

$$R_E = \varrho_e \int_R^{\infty} \frac{dr}{2\pi r^2} = \frac{\varrho_e}{2\pi R}.$$

Beispiel 10.5 Mit einem spezifischen Widerstand von 100 Ωm (etwa Ackerboden) und einem Halbkugelradius von 0.5 m erhält man den Erdungswiderstand

$$R_E = \frac{100}{2\pi \cdot 0.5} = 31.8 \, \Omega.$$

Integriert man nur bis zu einem Abstand von 10 m statt bis unendlich, erhält man einen Erdungswiderstand von 30.2 Ω, d. h. 95 % des Gesamtwertes. Dies zeigt, dass vor allem die Beschaffenheit des Bodens in der Nähe der Erdungsstelle wichtig ist. Die Annahme eines konstanten spezifischen Erdwiderstandes für den ganzen Halbraum ist demnach begründet.

Potentialverlauf Neben dem Wert des Erdungswiderstandes sind die Erderspannung U_E sowie der *Potentialverlauf an der Erdoberfläche* in der Nähe der Erdungselektrode und seine *Ableitung* (für die Berührungs- oder Schrittspannung massgebend) aus schutztechnischen Gründen von Bedeutung (Abschn. 14.7). Für

Abb. 10.26 Schema zur Berechnung der Leitungsinduktivitäten

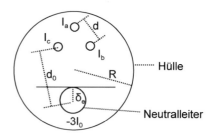

die Erderspannung und den Potentialverlauf in Abhängigkeit des Abstandes r folgt aus (10.16)

$$U_E = R_E\, I, \quad U = I\left(R_E - \int_{A_0}^{A_r} \varrho_e \frac{dr}{A_r}\right). \tag{10.17}$$

Für die Halbkugelelektrode erhält man z. B.

$$U = I\frac{\varrho_e}{2\pi r}, \quad \frac{dU}{dr} = -I\frac{\varrho_e}{2\pi r^2}.$$

Als *Erdelektrode* oder *Erder* verwendet man in der Praxis nicht Halbkugelerder, sondern Platten aus Cu und Fe (verzinkt), Bänder aus Cu und Fe, Tiefenerder (Staberder) aus verzinktem Stahlblech sowie Wassernetze, falls sie metallisch und elektrisch durchverbunden sind. Die Bänder können ringförmig, strahlenförmig sein oder als Maschenerder angeordnet werden, mit denen man niederohmige Erdungen bis 0.1–0.5 Ω erzielen kann. Für die Berechnung solcher Strukturen sei auf die weitergehende Literatur und auf Handbücher verwiesen [1, 7, 9, 11].

Schliesslich sei vermerkt, dass bei hochfrequentigen Vorgängen, wie sie bei Blitzeinschlägen vorkommen, der Erdungswiderstand durch den *Stosserdungswiderstand* ersetzt werden muss, den man aus der Beschreibung des Erders mit verteilten Parametern erhält [8].

10.4.3 Unsymmetrische Leitung

Zur Berechnung von Eigeninduktivität und Koppelinduktivität geht man im allgemeinen Fall vom Schema Abb. 10.26 aus. Die Erde (Neutralleiter) wird durch den äquivalenten Leiter mit Radius δ_e nach Carson ersetzt (Abschn. 10.4.2). Sinngemäss indiziert sind: d der Abstand zwischen den Phasenleitern und d_0 der Abstand zwischen Phasenleitern und Neutralleiter. Der Radius R der Hülle wird sehr gross gewählt, analog Abschn. 5.4.2. Man definiert

L* = Eigeninduktivität des Stromkreises Phasenleiter-Hülle
M* = Koppelinduktivität Phasenleiter-Hülle mit Phasenleiter-Hülle
M_0^* = Koppelinduktivität Phasenleiter-Hülle mit Neutralleiter-Hülle.

10.4 Leitungsmodelle

Die Berechnung dieser Induktivitäten ist in Abschn. 5.4.2 durchgeführt worden. Aus (5.36) folgt

$$L^{*\prime} = \frac{\mu_0}{2\pi}\left(\ln\frac{R}{r_e} + \frac{1}{4n}k_{sL}\right)$$

$$M^{*\prime} = \frac{\mu_0}{2\pi}\left(\ln\frac{R}{d}\right) \qquad (10.18)$$

$$M_0^{*\prime} = \frac{\mu_0}{2\pi}\left(\ln\frac{R}{d_0}\right).$$

Ist der Neutralleiter die Erde, erhält man für eine Freileitung $d_0 = h + \delta_e = \delta_e$ (h = Abstand Leiter-Erde).

Betrachtet man die Drehstromfreileitung als ein Vierleitersystem mit Rückleitung über die Hülle (mit Gesamtstrom null), folgt für den Fluss der Schleife Leiter a – Hülle

$$\varphi_a = L_a^* I_a + M_{ab}^* I_b + M_{ac}^* I_c - M_{a0}^* 3I_0.$$

Da $3I_0 = I_a + I_b + I_c$, erhält man

$$\varphi_a = (L_a^* - M_{a0}^*)I_a + (M_{ab}^* - M_{a0}^*)I_b + (M_{ac}^* - M_{a0}^*)I_c.$$

Für die Leiterschleifen der Phasen a und b mit gemeinsamer Erdrückleitung folgen aus (10.18) die Eigeninduktivität L_a und die Kopplungsinduktivität M_{ab} (r_e = äquivalenter Radius des Phasenleiters (s. Gl. 5.39, δ_e entsprechend Gl. 10.13)

$$L_a' = L_a^{*\prime} - M_{a0}^{*\prime} = \frac{\mu_0}{2\pi}\left(\ln\frac{\delta_e}{r_e} + \frac{1}{4n}k_{sL}\right)$$

$$M_{ab}' = M_{ab}^{*\prime} - M_{a0}^{*\prime} = \frac{\mu_0}{2\pi}\ln\frac{\delta_e}{d_{ab}}. \qquad (10.19)$$

Für ein m-Leitersystem erhält man folgende Längsinduktivitätsmatrix

$$L = \begin{pmatrix} L_a & M_{ab} & \cdot & \cdot & M_{am} \\ M_{ab} & L_b & \cdot & \cdot & M_{bm} \\ \cdot & \cdot & \cdot & \cdot & \cdot \\ M_{am} & M_{bm} & \cdot & \cdot & L_m \end{pmatrix},$$

die zusammen mit der aus den Potentialkoeffizienten (5.54), (5.56) berechenbaren Querkapazitätsmatrix **C** und den Widerständen R_1 und R_E eine vollständige Beschreibung der unsymmetrischen Leitung im Zeitbereich ermöglicht (für die verlustlose Leitung s. auch [5]). Man beachte aber, dass δ_e frequenzabhängig ist, ebenso R_1, und R_E (s. zu diesem Thema Abschn. 10.4.7).

Abb. 10.27 Alternative Darstellung des Nullsystems

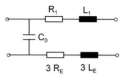

10.4.4 Nullinduktivität

Die Nullinduktivität der symmetrischen oder symmetrisierten Leitung ist (Gl. 10.12)

$$L_0 = L + 2M.$$

Für die Einfachfreileitung folgt aus (10.19)

$$L'_0 = \frac{\mu_0}{2\pi}\left(\ln\frac{\delta_e^3}{r_e d^2} + \frac{1}{4n}k_{sL}\right). \tag{10.20a}$$

Darin ist d der mittlere geometrische Abstand der Phasenleiter (s. Gl. 5.42). Für ein Kabel mit mantelförmig angeordnetem Nullleiter von Radius R_M ist $d_0 \approx R_M$; d_0 ist in (10.20a) an Stelle von δ_e zu setzen.

Für Doppelfreileitungen führt eine analoge Rechnung zu

$$L'_0 = \frac{\mu_0}{2\pi}\left(\ln\frac{\delta_e^6}{r_e d^2 d'^2 d''} + \frac{1}{4n}k_{sL}\right). \tag{10.20b}$$

d' und d'' sind durch (5.43) definiert.

10.4.5 Ersatzschaltbild im Originalbereich

Gesetzt analog zu $R_0 = R_1 + 3R_E$:

$$L_0 = L_1 + 3L_E, \quad mit \quad L_1 = L - M$$

folgt aus Abb. 10.23 das Nullersatzschema Abb. 10.27 und für die Einfachfreileitung aus (5.41) und (10.20a)

$$L'_E = \frac{1}{3}(L'_0 - L'_1) = \frac{\mu_0}{2\pi}\ln\frac{\delta_e}{d} = M'. \tag{10.21}$$

Da $C_1 = C_0 + 3C_k$, ergibt sich aus Abb. 10.23, 10.27 das äquivalente (abc)-Ersatzschaltbild (Originalbereich) der Drehstromleitung Abb. 10.28, das an Stelle des Komponentenersatzschaltbildes verwendet werden kann. Die induktiven Kopplungen sind hier in der Erdleiterimpedanz berücksichtigt. Der frequenzabhängige Impedanzbelag des Neutralleiters ist

$$Z'_E = R'_E + j\omega L'_E = \frac{\mu_0 \omega}{8} + j\omega\frac{\mu_0}{2\pi}\ln\left(\frac{\delta_e(\omega)}{d}\right).$$

10.4 Leitungsmodelle

Abb. 10.28 Vierleiterersatzschaltbild im Originalbereich der symmetrischen oder symmetrisierten Drehstromleitung

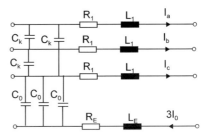

10.4.6 Einfluss der Erdseile

Die Nullimpedanz einer Freileitung wird durch den Einfluss der Erdseile merklich verringert (einen ähnlichen Einfluss haben geerdete Kabelmäntel bei Kabelleitungen). Dieser Einfluss lässt sich auf Grund folgender Überlegungen erfassen [7, 12]. Die Schleife Erdseil-Erde induziert in einer Phase die Spannung

$Z_{aq}\, 3I_{0q}$

$\text{mit} \begin{cases} 3I_{0q} = \text{Strom im Erdseil} \\ Z_{aq} = \text{Koppelimpedanz Erdseil} - \text{Erde mit Phasenleiter} - \text{Erde} \end{cases}$

wobei wegen Gl. (10.21)

$$Z'_{aq} = R'_E + j\omega \frac{\mu_0}{2\pi} \ln \frac{\delta_e}{d_q}.$$

Für die Eigenimpedanz der Schleife Erdseil-Erde ergibt sich, gesetzt $d_{0q} = h_q + \delta_e \approx \delta_e$

$$Z'_q = R'_q + R'_E + j\omega \frac{\mu_0}{2\pi} \left(\ln \frac{\delta_e}{r_q} + \frac{1}{4} \right),$$

worin r_q = Radius des Erdseils, R'_q = Widerstandsbelag des Erdseils.

Die Schleife Erdseil-Erde ist kurzgeschlossen, die Summe aus selbst- und koppelinduzierter Spannung deshalb null. Daraus folgt die Bedingung

$$Z_q\, 3I_{0q} + Z_{aq}\, 3I_0 = 0 \quad --> \quad I_{0q} = -I_0 \frac{Z_{aq}}{Z_q}$$

$$--> \quad \textit{induzierte Spannung}: \quad Z_{aq}\, 3I_{0q} = -I_0\, 3\frac{Z_{aq}^2}{Z_q}. \tag{10.22}$$

Die Nullimpedanz wird so um $3Z_{aq}^2/Z_q$ vermindert. Bei Doppelfreileitungen tritt an Stelle des Faktors 3 der Faktor 6.

Bei zwei Erdseilen setzt man an Stelle von $r_q \rightarrow r_{eq} = \sqrt{(r_q a_q)}$ mit a_q = Abstand zwischen den Erdseilen usw.

Für das Verhältnis X_0/X_1 zwischen Nullreaktanz und Mitreaktanz von Freileitungen gelten die Richtwerte in Tab. 10.2.

Tab. 10.2 Richtwerte für X_0/X_1

	ohne Erdseil	mit Erdseil
Einfachfreileitung	3.5	2–3
Doppelfreileitung	6	3–5.5

Beispiel 10.6 Man bestimme die Nullimpedanz 50 Hz der Freileitung des Beispiels 5.4 mit Annahme des spezifischen Erdwiderstandes für Ackerboden.
Der Nullwiderstand ist nach Gln. (10.12) und (10.14)

$$R'_0 = R' + 3R'_E = 0.3 + 3 \cdot 0.05 = 0.45 \ \Omega/km.$$

Für die Nullinduktivität erhält man nach Gln. (10.13), (10.20a) und (10.21)

$$\delta_e = 930\,m, \quad L'_0 = \frac{4\pi \cdot 10^{-7}}{2\pi} \left(\ln \frac{930^3}{7 \cdot 10^{-3} \cdot 2.16^2} + 0.25 \right) = 4.84 \ mH/km$$

$$L'_E = \frac{1}{3}(4.84 - 1.20) = 1.21 \ m\Omega/km, \quad X'_0 = 1.52 \ \Omega/km, \quad X_0/X_1 = 4.04.$$

Beispiel 10.7 Man bestimme die Nullimpedanz 50 Hz der Doppelfreileitung des Beispiels 5.5 ohne und mit Einfluss des Erdseils und mit Annahme des spezifischen Erdwiderstandes für Ackerboden.
Nullwiderstand (Gln. 10.12, 10.14):

$$R'_0 = R' + 3R'_E = 0.046 + 3 \cdot 0.05 = 0.196 \ \Omega/km.$$

Nullinduktivität ohne Erdseil (Gln. 10.20b und 10.21):

$$\delta_e = 930\,m$$

$$L'_0 = \frac{4\pi \cdot 10^{-7}}{2\pi} \left(\ln \frac{930^6}{7 \cdot 10^{-2} \cdot 6.38^2 \cdot 11.3^2 \cdot 12.6} + \frac{0.25}{2} \right) = 6.54 \ mH/km$$

$$L'_E = \frac{1}{3}(6.54 - 0.931) = 1.87 \ m\Omega/km, \quad X'_0 = 2.05 \ \Omega/km, \quad X_0/X_1 = 7.0$$

$$\underline{Z}'_0 = R'_0 + jX'_0 = 2.06 \angle 84.5° \ \Omega/km.$$

Kenngrössen der Erdseil-Erde-Schleife:

$$X'_{aq} = \omega \frac{4\pi \cdot 10^{-7}}{2\pi} \left(\ln \frac{930}{13.6} \right) = 0.265 \ \Omega/km$$

$$X'_q = \omega \frac{4\pi \cdot 10^{-7}}{2\pi} \left(\ln \frac{930}{1 \cdot 10^{-2}} + 0.25 \right) = 0.735 \ \Omega/km$$

$$Z'_{aq} = 0.05 + j0.265 = 0.270 \angle 79.3° \ \Omega/km$$

Annahme $R'_q = 0.5 \ \Omega/km, \quad Z'_q = 0.55 + j0.735 = 0.918 \angle 53.2° \ \Omega/km.$

10.4 Leitungsmodelle

Nullimpedanz mit Erdseil:

$$\Delta Z'_0 = 6 \frac{0.270^2}{0.918} \angle 105.4° = 0.476 \angle 105.4°$$

$$Z'_0 = 2.06 \angle 84.5° - 0.476 \angle 105.4° = 1.62 \angle 78.5 = 0.324 + j1.59$$

$$R'_0 = 0.32 \ \Omega/km, \quad X'_0 = 1.59 \ \Omega/km, \quad X_0/X_1 = 5.4.$$

10.4.7 Modelle mit frequenzabhängigen Parametern

Symmetrische Leitung Die exaktere Darstellung der Leitung mit Berücksichtigung der Frequenzabhängigkeit der Parameter ist vor allem zur Analyse des Nullersatzschaltbildes der Leitung notwendig, da nur dieses wesentlich frequenzabhängige Parameter aufweist (Abschn. 5.6.5, 10.4.2). Die Analyse des Nullsystems kann bei Symmetrie der Leitung unabhängig von der Analyse des Mit- und Gegensystems nach Abschn. 5.6.5 durchgeführt werden.

Stellt man die Leitung im Originalbereich dar (Abb. 10.28), sind alle drei Phasenmodelle wegen der Erdimpedanz frequenzabhängig. Obwohl diese Darstellung aufwendiger ist, bietet sie den Vorteil, sich leicht auf den Fall unsymmetrischer Leitungen übertragen zu lassen. Von praktischer Bedeutung ist das als Marti-Modell bekannte Verfahren [10]. Entsprechende Programme sind heute verfügbar und z. B. im Transientenprogramm EMPT implementiert worden.

Dem folgenden Verfahren zur Berücksichtigung der Frequenzabhängigkeit liegt derselbe Gedanke zugrunde. Ersetzt man in den Gln. (5.83) bis (5.86) s durch jω, erhält man wieder Abb. 5.32, worin die vorkommenden Variablen Zeiger der Frequenz ω sind. Insbesondere gelten die Beziehungen

$$\underline{U}_{2e} = \underline{U}_{1e} \underline{A}_1, \quad \underline{U}_{1e} = \underline{U}_{1r} + \underline{Z}_W I_1$$
$$\underline{U}_{1r} = \underline{U}_{2r} \underline{A}_1, \quad \underline{U}_{2r} = \underline{U}_{2e} - \underline{Z}_W I_2$$
$$mit \quad \underline{A}_1 = e^{-\underline{\gamma}l} = \frac{1}{\cosh(\underline{\gamma}l) + \sinh(\underline{\gamma}l)}.$$

Ist der Frequenzverlauf der beiden Parameter $\underline{A}_1$ und $\underline{Z}_w$ bekannt, können sie im Bildbereich der Laplace-Transformation durch rationale Übertragungsfunktionen approximiert werden. Dadurch erhält man für das Nullersatzschaltbild, oder im Originalbereich pro Phase, das Blockdiagramm der Abb. 10.29. Die Leitung kann auch als Y- (s. Abb. 5.35) oder H-Zweitor dargestellt werden.

Unsymmetrische Leitung Bei Unsymmetrie der Leitungsstruktur geht man von den Systemmatrizen L und C der Ordnung n (für ein n-Phasensystem) gemäss Abschn. 10.4.3 aus.

Abb. 10.29 Momentanwertmodell der Leitung für frequenzabhängige Parameter (Z-Zweitor)

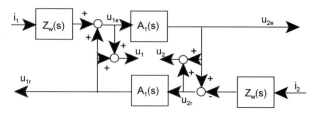

Formal lässt sich die Herleitung der Gln. (5.1) bis (5.8) identisch durchführen, wobei komplexe Vektoren der Ordnung n als Variablen und komplexe Matrizen an Stelle der komplexen Parameter auftreten. Für die Phasen erhält man die Beziehungen

$$\frac{d^2\vec{U}^2}{dx^2} = Z'\,Y'\,\vec{U}$$

$$\frac{d^2\vec{I}^2}{dx^2} = Y'\,Z'\,\vec{I}.$$

Durch Diagonalisierung von $Z'Y'$ bzw. $Y'Z'$ mit den Diagonalisierungsmatrizen **M** bzw. **N** erhält man für die Moden (Modalanalyse, s. z. B. [6])

$$\frac{d^2\vec{U}^2}{dx^2} = Z'\,Y'\,\vec{U} \quad -\,-\!> \quad \frac{d^2\vec{U}_m^2}{dx^2} = \gamma_m^2\,\vec{U}_m$$

$$\frac{d^2\vec{I}^2}{dx^2} = Y'\,Z'\,\vec{I} \quad -\,-\!> \quad \frac{d^2\vec{I}_m^2}{dx^2} = \gamma_m^2\,\vec{I}_m$$

$$\text{mit} \quad \vec{U}_m = M^{-1}\,\vec{U}, \quad \vec{I}_m = N^{-1}\,\vec{I}.$$

Im Modalbereich ist das Übertragungsmass von Spannung und Strom identisch. Die Diagonalisierung führt somit wieder zu drei unabhängigen Schemata, die z. B. mit Blockdiagramm Abb. 10.29 berechnet werden können. Betreffend Nachteile dieses Verfahrens und Alternativen s. [4].

10.5 Transformatormodelle

Beim Transformator sind Mitsystem und Gegensystem identisch. Deren Parameter sind in Abschn. 4.4 bestimmt worden. Das bei unsymmetrischer Belastung gültige Komponenten-Ersatzschaltbild des Transformators zeigt Abb. 10.30 (Mit- und Gegensystem in einfacher L-Schaltung). Im Nullschema weichen Haupt- und Streureaktanz von den Werten im Mitsystem ab. Sie werden von Bauform und Schaltungsart beeinflusst. Ausserdem hängen innere Struktur sowie die Eingangs- und Ausgangsverbindungen (A und B) von Schaltungsart und Sternpunktbehandlung ab.

10.5 Transformatormodelle

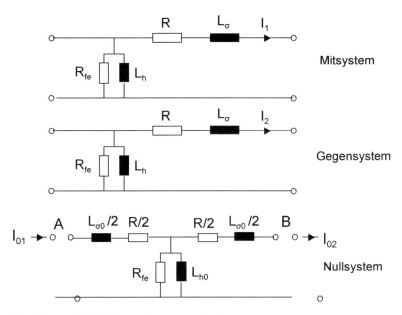

Abb. 10.30 Ersatzschaltbild des Drehstromtransformators

10.5.1 Hauptinduktivität L_{h0}

Bei Belastung mit einem Mit- oder Gegenstromsystem sind die drei Hauptflüsse in den drei Säulen des Drehstromtransformators um 120° phasenverschoben und heben sich gegenseitig auf. Bei Belastung mit einem Nullstrom sind sie hingegen gleichphasig; der resultierende Fluss $3\Phi_{h0}$ muss zurückfliessen.

Zwei Fälle sind zu unterscheiden:

- Der Fluss Φ_{h0} kann dank vorhandenem magnetischem Eisenrückweg (getrennte Kerne, Fünfschenkeltrafo) frei fliessen. Dann ist $L_{h0} \approx L_h$ (beim Fünfschenkeltransformator $L_{h0} \approx 2/3\, L_h$).
- Beim *Dreischenkeltrafo* gibt es diesen Weg im Eisen nicht, und der resultierende Fluss $3\Phi_{h0}$ muss sich einen Weg ausserhalb des Eisens suchen. Der magnetische Widerstand R_{mh} ist wesentlich grösser und damit $L_{h0} \ll L_h$ (Richtwert: $L_{h0} \approx 0.1\, L_h$).

10.5.2 Streuinduktivität $L_{\sigma 0}$

Bei Stern- und Dreieckschaltung der Wicklungen erzeugt der Nullstrom denselben Streufluss wie ein Mitstrom, und $L_{\sigma 0} \approx L_\sigma$. Bei *Zickzack-Schaltung* heben sich die Durchflutungen der beiden Halbwicklungen auf, der Hauptfluss wird null und auch der Streufluss wird stark reduziert, so dass $L_{\sigma 0} \ll L_\sigma$ (Richtwert $L_{\sigma 0} \cong 0.2 - 0.3\, L_\sigma$).

Abb. 10.31 Nullersatzschaltbild des Stern-Stern-Transformators mit beidseitiger Erdung über die Impedanzen Z_{E1} und Z_{E2}

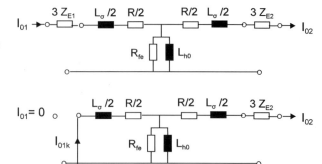

Abb. 10.32 Nullersatzschaltbild des Dreieck-Stern-Transformators

10.5.3 Nullersatzschaltbilder der wichtigsten Schaltgruppen

Stern-Stern-Schaltung Ist der Transformator beidseitig niederohmig geerdet (Abb. 10.31), kann der Nullstrom von der Primär- zur Sekundärseite frei fliessen. Die im Nullkreis wirksame Nullreaktanz ist etwa gleich gross wie die Mitreaktanz, d. h. $X_0/X_1 \approx 1$.

Ist der Transformator z. B. nur sekundärseitig geerdet, gilt $Z_{E1} = \infty$, und der Nullstromkreis ist primärseitig unterbrochen. Die von der Sekundärseite gesehene Nullimpedanz wird sehr gross, da in erster Linie von L_{h0} bestimmt. Das Verhältnis X_0/X_1 ist etwa 3–10 für Dreischenkeltransformatoren und 10–100 für Fünfschenkeltransformatoren oder Transformatoren mit getrennten Kernen. Durch die große Nullreaktanz entsteht bei Nullpunktbelastung des Transformators eine große Nullspannung, die eine erhebliche Spannungsunsymmetrie verursacht. Bei dieser Transformatorschaltung sollte man deshalb Nullpunktbelastungen möglichst vermeiden.

Dreieck-Stern-Schaltung Der primärseitige Nullstrom kann nur als Kreisstrom I_{01k} in der Dreieckswicklung fliessen. Der Strangstrom I_{01} ist null, der Primärkreis also offen (Abb. 10.32). Die von der Sekundärseite gesehene Nullimpedanz ist

- für $L_{h0} \approx L_h \Rightarrow X_0/X_1 \approx 1$
- für $L_{h0} \ll L_h \Rightarrow X_0/X_1 \approx 0.7-0.9$ (Dreischenkeltransformator).

Stern-Zickzack-Schaltung Der Fluss Φ_{h0} ist null, da sich die Magnetisierungsströme in den beiden Halbwicklungen gegenseitig aufheben. Dementsprechend gibt es keine induzierte NullHauptspannung (Abb. 10.33). Die sekundärseitig gesehene Nullimpedanz ist bei niederohmig geerdetem Zickzackwicklungssternpunkt sehr klein, da nur von der Hälfte der Streureaktanz bestimmt (Richtwert $X_0/X_1 \approx 0.1 - 0.15$). Primärseitig fliesst kein Nullstrom, selbst wenn der primäre Sternpunkt niederohmig geerdet wird.

Stern-Zickzack-Transformatoren ertragen eine hohe Nullpunktbelastung, ohne Spannungsunsymmetrien zu verursachen. Sie eignen sich zur Speisung von Verbrauchernetzen mit hohem Anteil an statistisch schlecht verteilter Einphasenbelastung.

Abb. 10.33 Nullersatzschaltbild des Stern-Zickzack-Transformators

10.5.4 Phasenverschiebung im Gegen- und Nullsystem

Im Mitsystem eilen Spannung und Strom der OS-Seite $\varphi = k\,30°$ relativ zur US-Seite vor. k ist die Kennziffer der Schaltgruppe (Abschn. 4.2). Mit Index 1 = OS und Index 2 = US gilt

$$U_{11} = \ddot{u}\, U_{12}\, e^{j\varphi}.$$

Anders verhalten sich Gegensystem und Nullsystem. Wegen der umgekehrten Phasenfolge gilt

$$U_{21} = \ddot{u}\, U_{22}\, e^{-j\varphi}.$$

Die OS-Spannung im Gegensystem eilt also nicht vor, sondern nach. Für das Nullsystem erhält man

$$U_{01} = \ddot{u}\, U_{02}\, e^{j\xi\pi}$$

$$\text{mit} \quad \begin{array}{l} \xi = 0 \quad \text{für } \varphi < 90° \\ \xi = 1 \quad \text{für } \varphi > 90°. \end{array}$$

Diese Phasenverschiebungen seien anhand der Schaltungsart Yd5 veranschaulicht (Abb. 10.34). In Matrixform gilt für Spannungen oder Ströme

$$\begin{pmatrix} W_{11} \\ W_{21} \\ W_{01} \end{pmatrix} = \begin{vmatrix} e^{jk30°} & 0 & 0 \\ 0 & e^{-jk30°} & 0 \\ 0 & 0 & e^{j\xi\pi} \end{vmatrix} \cdot \begin{pmatrix} W_{12} \\ W_{22} \\ W_{02} \end{pmatrix}. \quad (10.23)$$

Die Phasenlage von Gegen- und Nullstrom, relativ zu einer symmetrischen Spannungsquelle, wird durch den Transformator verändert. Dies muss vor allem bei der Rücktransformation in den Originalbereich berücksichtigt werden (s. Beispiel 10.8)

10.6 Modell der Synchronmaschine

Das Ersatzschaltbild der SM bei unsymmetrischer Last zeigt Abb. 10.35. Dazu folgende Bemerkungen:

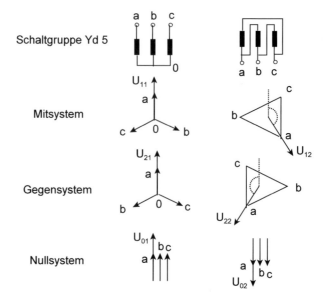

Abb. 10.34 Phasenverschiebung in Mit-, Gegen- und Nullsystem

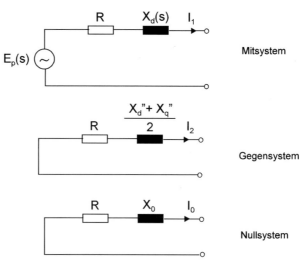

Abb. 10.35 Ersatzschaltbild der Synchronmaschine

- Das dargestellte Ersatzschaltbild im Mitsystem gilt stationär in erster Näherung für den Turbogenerator, bei Blindlast auch für die Schenkelpolmaschine, dynamisch für konstante Drehzahl und Blindlast (z. B. Kurzschlussvorgänge). Für Näheres s. Kap. 6.
- Nur das Mitsystem weist eine Quellenspannung auf, da diese als fehlerfrei und somit symmetrisch vorausgesetzt wird.
- Die Reaktanz des Gegensystems folgt aus der Überlegung, dass bei Belastung mit einem Gegenstrom das Drehfeld im Gegendrehsinn der Maschine rotiert

(s. Messschaltung Abschn. 10.3). In den Ersatzwicklungen der d- und q-Achse werden Spannungen mit doppelter Frequenz induziert. Entsprechend dieser Frequenz nehmen die Längs- und Querreaktanzen alternierend die Werte X_d'' und X_q'' an, je nach Polradlage relativ zum Drehfeld. Wirksam ist der Mittelwert dieser Grössen [2].

- Große Synchronmaschinen sind in der Regel mit einer vollständigen Dämpferwicklung ausgerüstet. Dann ist $X_q'' \approx X_d''$ und infolgedessen im subtransienten Zustand $Z_2 \approx R + X_d'' = Z_1$. Dies heisst, dass *Mitsystem und Gegensystem* eines elektrischen Drehstromnetzes im *subtransienten Zustand praktisch identisch sind*. Dadurch wird die Berechnung der unsymmetrischen subtransienten Kurzschlussströme erleichtert (Abschn. 10.7.2).
- Der Sternpunkt der Synchronmaschine ist normalerweise nicht oder nur hochohmig zu Schutzzwecken geerdet. Somit ist $I_0 = 0$ und das Nullsystem unwirksam. Der Wert der Nullreaktanz X_0 kann deutlich kleiner sein als die subtransienten Reaktanzwerte [2].

Mit- und Gegensystem werden mit der Parkschen Zweiachsendarstellung berücksichtigt (Abschn. 6.4 und 6.7). Will man auch das Nullsystem modellieren, ist Gleichungssystem (6.141) durch folgende Gleichungen zu ergänzen

$$u_0 = T_r \frac{d\psi_0}{dt} - r\, i_0$$

$$\psi_0 = x_0\, i_0.$$

10.7 Berechnung von Netzen mit Unsymmetrien

Nach Abschn. 10.2 lässt sich ein zyklisch symmetrisches Netz, das unsymmetrisch gespeist oder durch unsymmetrische Ströme belastet wird, durch drei entkoppelte Ersatzschaltbilder beschreiben. Die Ursache der Unsymmetrie ist bis jetzt (ausser der möglichen Unsymmetrie der Quellenspannung) nicht in die Betrachtungen einbezogen worden.

Im folgenden nimmt man *punktuelle Quer-* oder *Längsunsymmetrien* an. Die wichtigste Querunsymmetrie ist die unsymmetrische Belastung eines Netzknotens. Andere Quer- oder Längsunsymmetrien können durch Phasenunterbrüche, verschiedene Schaltzustände der Phasen oder lokale Strukturunsymmetrien verursacht werden.

10.7.1 Unsymmetrische Belastung

Die Leitungen werden als symmetrisch oder symmetrisiert vorausgesetzt. Das Netz kann dann auf die in Abb. 10.36a dargestellte Struktur zurückgeführt werden. Diese enthält eine oder evtl. mehrere Quellenspannungen, eine zyklisch symmetrische

Abb. 10.36 Netzschaltbild: **a** im Originalbereich, **b** in 120-Komponenten
M = Sternpunktpotential der Last

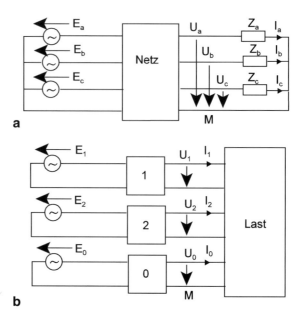

passive Netzstruktur und die betrachtete punktuelle Last. Man geht davon aus, dass die Quelle auch unsymmetrisch sein kann und die Last durch drei ungekoppelte aber beliebige Impedanzen gegeben ist. Entsprechend den Ausführungen in Abschn. 10.2 nimmt dann das Ersatzschaltbild in 120-Komponenten die von Abb. 10.36b gezeigte Form an.

Die Beziehung zwischen Lastströmen und Spannungen im Originalbereich lautet

$$\begin{pmatrix} I_a \\ I_b \\ I_c \end{pmatrix} = \begin{pmatrix} 1/Z_a & 0 & 0 \\ 0 & 1/Z_b & 0 \\ 0 & 0 & 1/Z_c \end{pmatrix} \cdot \begin{pmatrix} U_a \\ U_b \\ U_c \end{pmatrix}$$

$$= \begin{pmatrix} Y_a & 0 & 0 \\ 0 & Y_b & 0 \\ 0 & 0 & Y_c \end{pmatrix} \cdot \begin{pmatrix} U_a \\ U_b \\ U_c \end{pmatrix}.$$

Die Lastadmittanz im 120-Bereich erhält man durch die Transformation

$$\begin{pmatrix} I_1 \\ I_2 \\ I_0 \end{pmatrix} = [T]^{-1} \cdot \begin{pmatrix} Y_a & 0 & 0 \\ 0 & Y_b & 0 \\ 0 & 0 & Y_c \end{pmatrix} \cdot [T] \cdot \begin{pmatrix} U_1 \\ U_2 \\ U_0 \end{pmatrix}.$$

Durch Ausführen der Matrixprodukte folgt

$$\begin{pmatrix} I_1 \\ I_2 \\ I_0 \end{pmatrix} = \frac{1}{3} \begin{pmatrix} Y_a + Y_b + Y_c & Y_a + a^2 Y_b + a Y_c & Y_a + a Y_b + a^2 Y_c \\ Y_a + a Y_b + a^2 Y_c & Y_a + Y_b + Y_c & Y_a + a^2 Y_b + a Y_c \\ Y_a + a^2 Y_b + a Y_c & Y_a + a Y_b + a^2 Y_c & Y_a + Y_b + Y_c \end{pmatrix} \cdot \begin{pmatrix} U_1 \\ U_2 \\ U_0 \end{pmatrix}.$$
(10.24)

10.7 Berechnung von Netzen mit Unsymmetrien

Abb. 10.37 120-Ersatzschaltbild für symmetrische Last

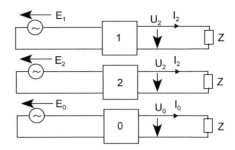

Man stellt fest, dass Kopplungen zwischen den Komponenten auftreten, die eine Auswertung erschweren. Ein einfaches allgemeines Komponentenschema lässt sich für die Last nicht angeben. Man kann aber die betrachtete Last in einfachere Lasten zerlegen (s. Abschn. 10.7.1.5), nämlich *symmetrische*, *Einphasen-* und *Zweiphasenlast*. Im folgenden seien zuerst diese Spezialfälle untersucht.

10.7.1.1 Symmetrische Last

Für die symmetrische Last gilt $Y_a = Y_b = Y_c = Y = 1/Z$, und Gl. (10.24) wird

$$\begin{pmatrix} I_1 \\ I_2 \\ I_0 \end{pmatrix} = \frac{1}{3} \begin{pmatrix} 3/Z & 0 & 0 \\ 0 & 3/Z & 0 \\ 0 & 0 & 3/Z \end{pmatrix} \cdot \begin{pmatrix} U_1 \\ U_2 \\ U_0 \end{pmatrix} = \begin{pmatrix} 1/Z & 0 & 0 \\ 0 & 1/Z & 0 \\ 0 & 0 & 1/Z \end{pmatrix} \cdot \begin{pmatrix} U_1 \\ U_2 \\ U_0 \end{pmatrix}. \tag{10.25}$$

Die drei Systeme sind völlig entkoppelt (Abb. 10.37). Ist zudem auch die Quelle symmetrisch, was in der Regel der Fall ist, gilt

$$E_2 = E_0 = 0.$$

Dann herrscht völlige Symmetrie, und das Ersatzschaltbild reduziert sich auf das Mitsystem.

10.7.1.2 Einphasige Last

In Abb. 10.38a ist die einphasige Last an der Phase a angeschlossen. Diese Bedingung muss erfüllt sein, damit die Koeffizienten der Matrix von Gl. (10.24) reell bleiben. Dies lässt sich jederzeit erreichen durch zyklisches Vertauschen der rechnerischen Phasen (abc) mit den realen Phasen ($L_1 L_2 L_3$). Für die einphasige Belastung gilt $Y_b = Y_c = 0$, $Y_a = 1/Z$. Es folgt

$$\begin{pmatrix} I_1 \\ I_2 \\ I_0 \end{pmatrix} = \frac{1}{3} \begin{vmatrix} 1/Z & 1/Z & 1/Z \\ 1/Z & 1/Z & 1/Z \\ 1/Z & 1/Z & 1/Z \end{vmatrix} \cdot \begin{pmatrix} U_1 \\ U_2 \\ U_0 \end{pmatrix} = \frac{1}{3Z} \begin{pmatrix} 1 & 1 & 1 \\ 1 & 1 & 1 \\ 1 & 1 & 1 \end{pmatrix} \cdot \begin{pmatrix} U_1 \\ U_2 \\ U_0 \end{pmatrix}. \tag{10.26}$$

Abb. 10.38 Einphasige Belastung: *a* im Originalbereich, *b* in 120-Komponenten

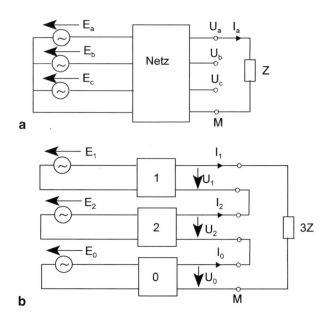

Die Bedingungen

$$I_1 = \frac{1}{3Z}(U_1 + U_2 + U_0)$$

$$I_1 = I_2 = I_0 \qquad (10.27)$$

führen zum Ersatzschaltbild Abb. 10.38b. Die drei Komponentenersatzschaltbilder sind in *Serie zu schalten* und insgesamt mit 3Z zu belasten. Man erhält

$$I_1 = \frac{E_1 + E_2 + E_0}{(Z_1 + Z_2 + Z_0) + 3Z}, \qquad (10.28)$$

worin Z_1, Z_2 und Z_0 die Kurzschlussimpedanzen im Komponentenbereich darstellen. Durch Rücktransformation folgt

$$I_a = I_1 + I_2 + I_0 = 3I_1 = \frac{E_1 + E_2 + E_0}{\frac{Z_1 + Z_2 + Z_0}{3} + Z} = \frac{E_a}{\frac{Z_1 + Z_2 + Z_0}{3} + Z}$$

$$I_b = a^2 I_1 + a I_2 + I_0 = (a^2 + a + 1)I_1 = 0 \qquad (10.29)$$

$$I_c = a I_1 + a^2 I_2 + I_0 = (a + a^2 + 1)I_1 = 0.$$

Vergleicht man mit Abb. 10.38a, folgt die Innenimpedanz des Netzes bei Einphasenbelastung

$$\frac{Z_1 + Z_2 + Z_0}{3}.$$

10.7 Berechnung von Netzen mit Unsymmetrien

Abb. 10.39 Zweiphasige Belastung mit Erdberührung: **a** im Originalbereich, **b** in 120-Komponenten

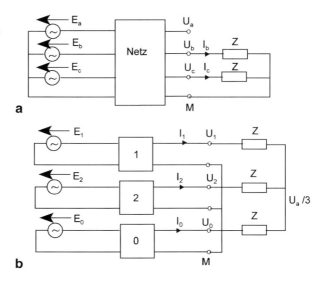

10.7.1.3 Zweiphasige Last mit Erdberührung

Die Koeffizienten der Matrix von Gl. (10.24) werden dann reell, wenn die zwei Impedanzen symmetrisch zur Phase a angeordnet werden. Auch hier lässt sich durch zyklische Vertauschung der rechnerischen Phasen (abc) mit den wirklichen Phasen ($L_1 L_2 L_3$) jede beliebige zweiphasige Lastsituation beschreiben. Für das Anlageschema im Originalbereich Abb. 10.39a gilt $Y_a = 0$, $Y_b = Y_c = 1/Z$, und es folgt aus (10.24):

$$\begin{pmatrix} I_1 \\ I_2 \\ I_0 \end{pmatrix} = \frac{1}{3} \begin{vmatrix} 2/Z & -1/Z & -1/Z \\ -1/Z & 2/Z & -1/Z \\ -1/Z & -1/Z & 2/Z \end{vmatrix} \cdot \begin{pmatrix} U_1 \\ U_2 \\ U_0 \end{pmatrix} = \frac{1}{3Z} \begin{pmatrix} 2 & -1 & -1 \\ -1 & 2 & -1 \\ -1 & -1 & 2 \end{pmatrix} \cdot \begin{pmatrix} U_1 \\ U_2 \\ U_0 \end{pmatrix}. \tag{10.30}$$

Für die Stromkomponenten ergeben sich folgende Bedingungen:

$$I_1 = \frac{1}{3Z}(2U_1 - U_2 - U_0) = \frac{1}{Z}\left(U_1 - \frac{1}{3}U_a\right)$$

$$I_2 = \frac{1}{3Z}(-U_1 + 2U_2 - U_0) = \frac{1}{Z}\left(U_2 - \frac{1}{3}U_a\right) \tag{10.31}$$

$$I_0 = \frac{1}{3Z}(-U_1 - U_2 + 2U_0) = \frac{1}{Z}\left(U_0 - \frac{1}{3}U_a\right)$$

$$I_1 + I_2 + I_0 = I_a = 0$$

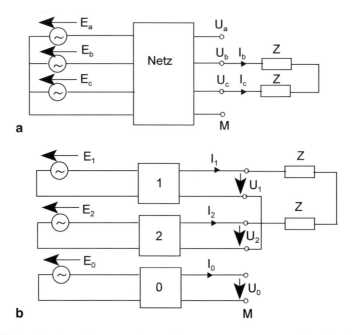

Abb. 10.40 Zweiphasige Belastung ohne Erdberührung: **a** im Originalbereich, **b** in 120-Komponenten

und daraus das Ersatzschaltbild Abb. 10.39b. Die Komponentensysteme sind sternförmig auf die Impedanz Z zu schalten, der Sternpunkt nimmt das Potential $U_a/3$ an. Ist die Quellenspannung symmetrisch, folgen die Stromkomponenten

$$I_1 = \frac{E_1[(Z_2 + Z) + (Z_0 + Z)]}{(Z_1 + Z)(Z_2 + Z) + (Z_1 + Z)(Z_0 + Z) + (Z_2 + Z)(Z_0 + Z)}$$

$$I_2 = \frac{-E_1(Z_0 + Z)}{(Z_1 + Z)(Z_2 + Z) + (Z_1 + Z)(Z_0 + Z) + (Z_2 + Z)(Z_0 + Z)} \quad (10.32)$$

$$I_0 = \frac{-E_1(Z_2 + Z)}{(Z_1 + Z)(Z_2 + Z) + (Z_1 + Z)(Z_0 + Z) + (Z_2 + Z)(Z_0 + Z)}.$$

10.7.1.4 Zweiphasige Last ohne Erdberührung

Die Last gemäss Abb. 10.40a ist ein Spezialfall der vorhergehenden für $Z_0 = \infty$. Der Strom I_0 verschwindet, und man erhält Abb. 10.40b. Mit- und Gegensystem sind in Reihe, aber entgegengesetzt (Antiserie) zu schalten. Ist die Quelle symmetrisch

10.7 Berechnung von Netzen mit Unsymmetrien

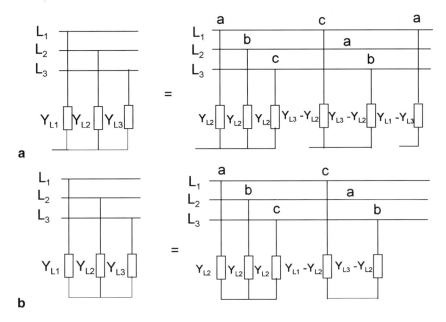

Abb. 10.41 Zerlegung der allgemeinen Last in symmetrische, Einphasen- und Zweiphasenlast. **a** Last mit Erdberührung, **b** Last ohne Erdberührung. Die Darstellung entspricht der Annahme $Y_{L1} > Y_{L3} > Y_{L2}$

($E_2 = 0$), erhält man

$$I_1 = \frac{E_1}{Z_1 + Z_2 + 2Z}$$

$$I_2 = -I_1$$

$$I_0 = 0$$

$$I_b = (a^2 - a)I_1 = -j\sqrt{3}\,I_1.$$

(10.33)

10.7.1.5 Zerlegung der allgemeinen Last

Ist die Last im allgemeinen Fall durch drei beliebige Admittanzen Y_{L1}, Y_{L2}, Y_{L3} gegeben, lässt sie sich in symmetrische, Einphasen- und Zweiphasenlast (Fall mit Erdberührung, Abb. 10.41a) oder in symmetrische und Zweiphasenlast (Fall ohne Erdberührung, Abb. 10.41b) zerlegen. Wegen der Linearität können die Teilströme getrennt gerechnet und die Resultate superponiert werden.

Abb. 10.42 Einpoliger Kurzschluss

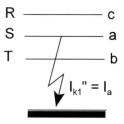

10.7.2 Unsymmetrische Kurzschlüsse

Der Kurzschluß entspricht dem Spezialfall $Z=0$ (satter Kurzschluß) der vorhergehenden Belastungsfälle. Im folgenden beschränken wir uns auf die Berechnung des *subtransienten Kurzschlussstromes*. Die Quelle sei symmetrisch, und die Berechnung erfolge nach den Empfehlungen der internationalen Normen (VDE 0102, IEC 909). Dann sind $E_2 = E_0 = 0$ und $E_1 = cU_{\Delta n}/\sqrt{3}$ (s. Abschn. 9.2).

In Abschn. 9.2 hat man den symmetrischen oder dreipoligen Kurzschlussstrom berechnet und erhalten (Z_1 sei die subtransiente Kurzschlussimpedanz im Mitsystem)

$$I_k'' = \frac{cU_{\Delta n}}{\sqrt{3}Z_1}. \qquad (10.34)$$

10.7.2.1 Einphasiger Kurzschluss (Phase-Erde)

Dies ist der Spezialfall $Z=0$ von Abschn. 10.7.1.2. Bezeichnet man den einphasigen Kurzschlussstrom mit I_{k1}'' (Abb. 10.42), folgt aus Gl. (10.29)

$$I_{k1}'' = \frac{cU_{\Delta n}}{\sqrt{3}\left(\dfrac{Z_1 + Z_2 + Z_0}{3}\right)} \cong \frac{cU_{\Delta n}}{\sqrt{3}\left(\dfrac{2Z_1 + Z_0}{3}\right)}. \qquad (10.35)$$

Das Verhältnis zwischen I_{k1}'' und I_k'' ist

$$\frac{I_{k1}''}{I_k''} = \frac{3Z_1}{2Z_1 + Z_0}.$$

Normalerweise ist $I_{k1}'' < I_k''$, da $Z_0 > Z_1$. Bei Kurzschluss in der Nähe eines Transformators mit starr geerdetem Sternpunkt kann aber nach Abschn. 10.5.3 je nach Schaltung auch $Z_0 < Z_1$ sein, und demzufolge der einpolige Kurzschlussstrom grösser als der dreipolige werden.

Bei der Berechnung der Nullimpedanz vernachlässigt man in der Regel die Queradmittanzen. Dies ist bei Kurzschluss in Netzen mit niederohmig geerdetem Sternpunkt zulässig, nicht aber bei *Erdschluss* in Netzen mit ungeerdetem oder hochohmig geerdetem Sternpunkt, da in diesem Fall die Queradmittanzen die Grösse des Erdfehlerstromes bestimmen (s. auch Beispiel 10.9d).

10.7 Berechnung von Netzen mit Unsymmetrien

Abb. 10.43 Zweipoliger Kurzschluss ohne Erdberührung

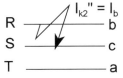

Abb. 10.44 Zweipoliger Kurzschluss mit Erdberührung

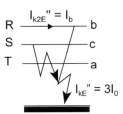

10.7.2.2 Zweiphasiger Kurzschluss ohne Erdberührung

Hier liegt der Spezialfall $Z=0$ von Abschn. 10.7.1.4 (Abb. 10.43) vor. Mit- und Gegensystem sind entgegengesetzt in Serie (Antiserie) zu schalten. Man erhält den Kurzschlussstrom als Spezialfall der Gl. (10.33).

$$I''_{k2} = \frac{cU_{\Delta n}}{Z_1 + Z_2} \simeq \frac{cU_{\Delta n}}{2Z_1}. \tag{10.36}$$

Zwischen zweipoligem und dreipoligem Kurzschlussstrom besteht betragsmässig die Beziehung

$$\frac{I''_{k2}}{I''_k} = \frac{\sqrt{3}}{2} = 0.866.$$

Aus dem Ersatzschaltbild lassen sich auch die Fehlerspannungen bestimmen.

10.7.2.3 Zweiphasiger Kurzschluss mit Erdberührung

Dies ist der Spezialfall $Z=0$ von Abschn. 10.7.1.3 (Abb. 10.44). Die 120-Ersatzschaltbilder sind in Stern zu schalten. Aus Gl. (10.32) folgt:

$$I_1 = \frac{cU_{\Delta n}}{\sqrt{3}\left(Z_1 + \frac{Z_2 Z_0}{Z_2 + Z_0}\right)}$$

$$I_2 = \frac{-cU_{\Delta n}}{\sqrt{3}\left(Z_1 + \frac{Z_2(Z_1 + Z_0)}{Z_0}\right)}$$

$$I_0 = \frac{-cU_{\Delta n}}{\sqrt{3}\left(Z_1 + \frac{Z_0(Z_1 + Z_2)}{Z_2}\right)}.$$

Man erhält für den Erdkurzschlussstrom

$$I''_{kE} = 3I_0 = \frac{-\sqrt{3}cU_{\Delta n}}{Z_1 + \frac{Z_0(Z_1 + Z_2)}{Z_2}} \cong \frac{-\sqrt{3}cU_{\Delta n}}{Z_1 + 2Z_0}. \qquad (10.37)$$

Zwischen diesem Strom und dem dreipoligen Kurzschlussstrom besteht die Beziehung:

$$\frac{I''_{kE}}{I''_k} = \frac{3Z_1}{Z_1 + 2Z_0}.$$

Der in der Phase b fliessende Strom ist

$$I''_{k2E} = I_b = a^2 I_1 + a I_2 + I_0 = -a^2(I_2 + I_0) + a I_2 + I_0 = (a - a^2)I_2 + (1 - a^2)I_0$$
$$I''_{k2E} = j\sqrt{3}I_2 + \sqrt{3}e^{j30°}I_0.$$

Da

$$\frac{I_2}{I_0} = \frac{Z_0}{Z_2},$$

folgt schliesslich

$$I''_{k2E} = \sqrt{3}I_0\left(\frac{Z_0}{Z_2}e^{j90°} + e^{j30°}\right) = I''_{kE}\frac{1}{\sqrt{3}}\left(\frac{Z_0}{Z_2}e^{j90°} + e^{j30°}\right). \qquad (10.38)$$

10.7.3 Allgemeine Querunsymmetrie

In Abschn. 10.7.1 hat man bei der Betrachtung der punktuellen Last-Querunsymmetrie das Netz auf ein einziges äquivalentes System reduziert. Will man hingegen die Unsymmetriestelle als Kopplungspunkt zwischen zwei Netzen darstellen, muss das 120-Ersatzschaltbild leicht modifiziert werden. Im folgenden geht man vom Anlageschema Abb. 10.45 aus. Für die Querunsymmetrie gilt weiterhin Gl. (10.24) mit ΔI an Stelle von I. Für die *einphasige Querunsymmetrie* erhält man somit im 120-Bereich entsprechend Gl. (10.26) die Beziehung

$$\begin{pmatrix} \Delta I_1 \\ \Delta I_2 \\ \Delta I_0 \end{pmatrix} = \frac{1}{3Z}\begin{pmatrix} 1 & 1 & 1 \\ 1 & 1 & 1 \\ 1 & 1 & 1 \end{pmatrix} \cdot \begin{pmatrix} U_1 \\ U_2 \\ U_0 \end{pmatrix}, \qquad (10.39)$$

die zum Ersatzschaltbild Abb. 10.46 führt.

10.7 Berechnung von Netzen mit Unsymmetrien

Abb. 10.45 Allgemeine Querunsymmetrie

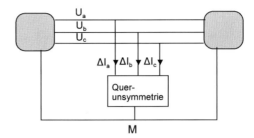

Abb. 10.46 120-Ersatzschaltbild der einphasigen Querunsymmetrie

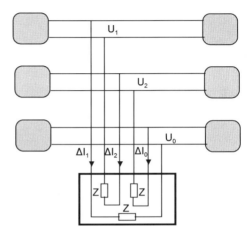

Analog dazu erhält man aus Gl. (10.29) für die *zweiphasige Querunsymmetrie* die Beziehung

$$\begin{pmatrix} \Delta I_1 \\ \Delta I_2 \\ \Delta I_0 \end{pmatrix} = \frac{1}{3Z} \begin{pmatrix} 2 & -1 & -1 \\ -1 & 2 & -1 \\ -1 & -1 & 2 \end{pmatrix} \cdot \begin{pmatrix} U_1 \\ U_2 \\ U_0 \end{pmatrix} \quad (10.40)$$

und das Ersatzschaltbild Abb. 10.47.

Damit lassen sich z. B. auch punktuelle Unsymmetrien der Erdkapazitäten einer Leitung berücksichtigen.

10.7.4 Mehrfachunsymmetrien

Will man mehrere Unsymmetrien gleichzeitig erfassen, stösst man auf das Problem, dass die direkte galvanische Kopplung der entsprechenden Komponentenersatzschemata in der Regel nicht möglich ist. Der Grund liegt darin, dass die rechnerischen Phasen (abc) der verschiedenen Stellen, wie z. B. in Abb. 10.48, zyklisch vertauscht, relativ zu den realen Phasen ($L_1 L_2 L_3$) sein können. Man kann zwar mit Hilfe von Übertragern der Form (1, a, a^2) Abhilfe schaffen, das Ersatzschema wird dadurch jedoch erheblich komplexer. Es steht hingegen nichts im Wege, das Problem rein

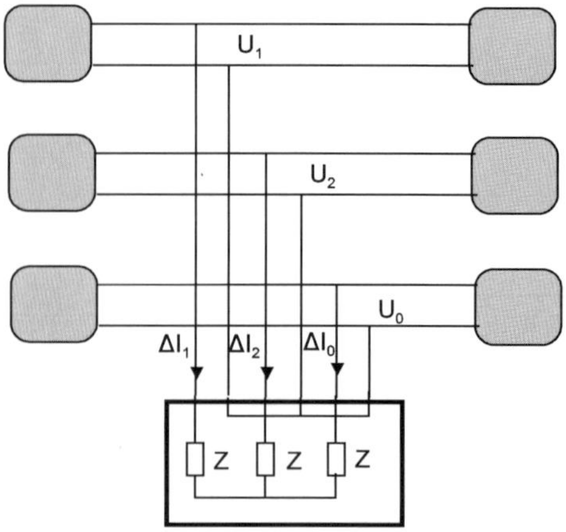

Abb. 10.47 120-Ersatzschaltbild der zweiphasigen Querunsymmetrie mit Erdberührung. Das Bild gilt auch für die zweiphasige Querunsymmetrie ohne Erdberührung, wenn man die Verbindungen zum Nullsystem wegdenkt

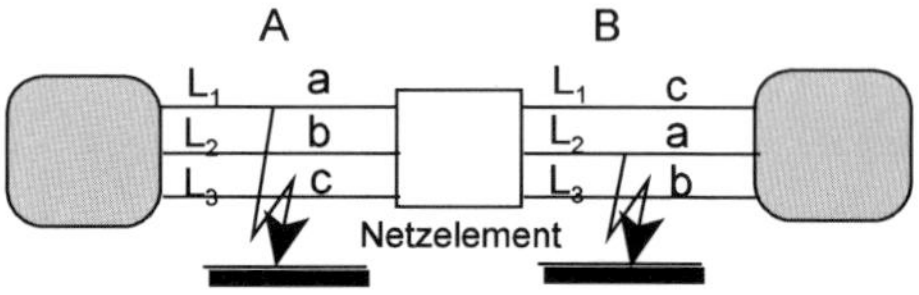

Abb. 10.48 Doppelerdschluss

Abb. 10.49 120-Ersatzschaltbild für eine Doppelunsymmetrie

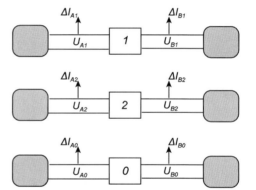

algorithmisch zu lösen. Als Beispiel für das Vorgehen sei die Doppelunsymmetrie behandelt.

An den Stellen A und B des Netzes erfolge gemäss Abb. 10.48 ein Erdschluss. Das entsprechende Komponentenschema zeigt Abb. 10.49. Für jedes Komponentennetz lassen sich zwei Beziehungen zwischen den an den Fehlerstellen auftretenden Spannungen U_A, U_B und Strömen ΔI_A und ΔI_B mit Hilfe der entsprechenden Knotenpunktadmittanzmatrix ausdrücken. Dazu können die in Kap. 9 behandelten Verfahren angewandt werden. Man erhält 6 Gleichungen für die insgesamt 12 Unbekannten. Die restlichen 6 Gleichungen, die zur Lösung des Problems notwendig sind, werden von den Unsymmetriebedingungen geliefert (Gl. 10.39 im Fall des Doppelerdschlusses).

Abb. 10.50 Längsunsymmetrie

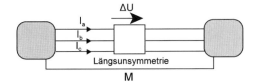

Bisher formulierte man die Unsymmetriebedingungen mit den rechnerischen Phasen (abc), wobei die Bezugsphase a je nach Problemstellung L_1, L_2 oder L_3 sein konnte. Bei Mehrfachunsymmetrien muss man sich auf eine feste Phase beziehen, und es ist üblich, die Phase L_1 zu wählen. Die Umrechnung kann mit den bekannten Beziehungen

$$\begin{aligned} W_{1L2} &= a^2\, W_{1L1} & W_{1L3} &= a\, W_{1L1} \\ W_{2L2} &= a\, W_{2L1} & W_{2L3} &= a^2\, W_{2L1} \\ W_{0L2} &= W_{0L1} & W_{0L3} &= W_{0L1} \end{aligned} \quad (10.41)$$

erfolgen. Für den Doppelerdschluss Abb. 10.48 stimmt die rechnerische Phase a in Punkt B mit der Phase L_2 überein. Damit sind die Beziehungen (10.39) folgendermassen zu formulieren (Z = 0):

$$\begin{array}{cc} A & B \\ \Delta I_{A1} = \Delta I_{A2} = \Delta I_{A0} & a^2\, \Delta I_{B1} = a\, \Delta I_{B2} = \Delta I_{B0} \\ U_{A1} + U_{A2} + U_{A0} = 0 & a^2\, U_{B1} + a\, U_{B2} + U_{B0} = 0. \end{array} \quad (10.42)$$

s. dazu auch Aufgabe 10.3.

10.7.5 Längsunsymmetrie

Das Problem der Längsunsymmetrie kann dual zum bisher behandelten Problem der Querunsymmetrie gelöst werden. Längsunsymmetrien sind vor allem durch Phasenunterbrüche oder verschiedene Schaltzustände der Phasen gegeben.

Im allgemeinen Fall sei die Längsunsymmetrie Abb. 10.50 durch drei Längsimpedanzen Z_a, Z_b, Z_c gegeben. Dual zu Abschn. 10.7.1 folgt dann

$$\begin{pmatrix} \Delta U_a \\ \Delta U_b \\ \Delta U_c \end{pmatrix} = \begin{pmatrix} Z_a & 0 & 0 \\ 0 & Z_b & 0 \\ 0 & 0 & Z_c \end{pmatrix} \cdot \begin{pmatrix} I_a \\ I_b \\ I_c \end{pmatrix}$$

und durch Transformation in den Komponentenbereich

$$\begin{pmatrix} \Delta U_1 \\ \Delta U_2 \\ \Delta U_0 \end{pmatrix} = \frac{1}{3} \begin{pmatrix} Z_a + Z_b + Z_c & Z_a + a^2 Z_b + a Z_c & Z_a + a Z_b + a^2 Z_c \\ Z_a + a Z_b + a^2 Z_c & Z_a + Z_b + Z_c & Z_a + a^2 Z_b + a Z_c \\ Z_a + a^2 Z_b + a Z_c & Z_a + a Z_b + a^2 Z_c & Z_a + Z_b + Z_c \end{pmatrix} \cdot \begin{pmatrix} I_1 \\ I_2 \\ I_0 \end{pmatrix}. \quad (10.43)$$

Abb. 10.51 120-Ersatzschaltbild für die einphasige Längsunsymmetrie

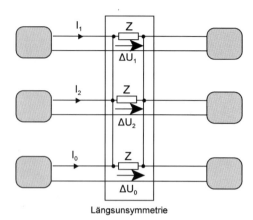

Durch Zerlegung des allgemeinen Falls in symmetrische, Einphasen- und Zweiphasenimpedanz, analog Abschn. 10.7.1.5, lässt sich das Unsymmetrieproblem wieder auf die zwei Grundfälle der Einphasen- und Zweiphasenunsymmetrie zurückführen.

10.7.5.1 Einphasige Längsunsymmetrie

Mit $Z_a = Z$ und $Z_b = Z_c = 0$ folgt aus Gl. (10.43)

$$\begin{pmatrix} \Delta U_1 \\ \Delta U_2 \\ \Delta U_0 \end{pmatrix} = \frac{Z}{3} \begin{pmatrix} 1 & 1 & 1 \\ 1 & 1 & 1 \\ 1 & 1 & 1 \end{pmatrix} \cdot \begin{pmatrix} I_1 \\ I_2 \\ I_0 \end{pmatrix}. \tag{10.44}$$

Die Unsymmetriebedingungen lauten

$$\Delta U_1 = \frac{Z}{3}(I_1 + I_2 + I_0)$$

$$\Delta U_1 = \Delta U_2 = \Delta U_0 \tag{10.45}$$

und es ergibt sich das Ersatzschaltbild Abb. 10.51. Die Impedanz Z der Phase a erscheint in allen drei Komponentenersatzschaltbildern und ist parallel zu schalten. Wichtig für die Praxis ist vor allem der Fall der einpoligen Phasenunterbrechung mit $Z = \infty$.

10.7.5.2 Zweiphasige Längsunsymmetrie

Mit $Z_a = 0$ und $Z_b = Z_c = Z$ folgt aus Gl. (10.43)

$$\begin{pmatrix} \Delta U_1 \\ \Delta U_2 \\ \Delta U_0 \end{pmatrix} = \frac{Z}{3} \begin{pmatrix} 2 & -1 & -1 \\ -1 & 2 & -1 \\ -1 & -1 & 2 \end{pmatrix} \cdot \begin{pmatrix} I_1 \\ I_2 \\ I_0 \end{pmatrix}. \tag{10.46}$$

10.7 Berechnung von Netzen mit Unsymmetrien

Abb. 10.52 120-Ersatzschaltbild für die zweiphasige Längsunsymmetrie

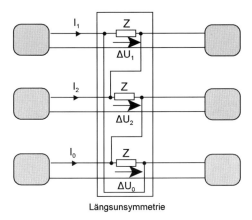

Abb. 10.53 Anlage zu Beispiel 10.8

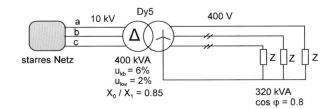

Die Unsymmetriebedingungen lauten somit

$$\Delta U_1 = \frac{Z}{3}(2I_1 - I_2 - I_0) = Z\left(I_1 - \frac{1}{3}I_a\right)$$

$$\Delta U_2 = \frac{Z}{3}(-I_1 + 2I_2 - I_0) = Z\left(I_2 - \frac{1}{3}I_a\right) \quad (10.47)$$

$$\Delta U_0 = \frac{Z}{3}(-I_1 - I_2 + 2I_0) = Z\left(I_0 - \frac{1}{3}I_a\right)$$

$$\Delta U_1 + \Delta U_2 + \Delta U_0 = \Delta U_a = 0$$

und es ergibt sich das Ersatzschaltbild Abb. 10.52. Die Impedanz Z erscheint wieder in allen drei Komponentenersatzschaltbildern. Die drei Impedanzen bilden eine Masche, in welcher der Kreisstrom $I_a/3$ fliesst. Der Fall $Z = \infty$ entspricht der zweiphasigen Leitungsunterbrechung.

Beispiel 10.8 Für die Anlage Abb. 10.53 berechne man die stationären Stromkomponenten und die Phasenströme des Transformators, sekundär- und primärseitig in Betrag und Phase bei sekundärseitigem Unterbruch der Phasen b und c.

Abb. 10.54 Ersatzschaltbild zu der Anlage Abb. 10.53

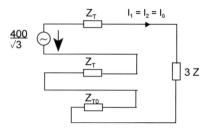

Berechnung der Längsimpedanzen (Queradmittanzen werden vernachlässigt) mit Bezugsspannung 400 V

Transformator $\Big\langle \begin{array}{l} X_T = 0.06\dfrac{0.4^2}{0.4} = 24\,m\Omega \\[6pt] R_T = 0.02\dfrac{0.4^2}{0.4} = 8\,m\Omega \end{array} \Big\rangle \quad Z_T = 25.3\angle 71.6°\,m\Omega$

$X_{T0} = 0.85 \cdot 24 = 20.4\,m\Omega \quad --> \quad Z_{T0} = R_T + jX_{T0} = 21.9\angle 68.6°\,m\Omega$

Last: $\quad Z = \dfrac{0.4^2}{0.32}\angle 36.9° = 0.5\angle 36.9°\,\Omega.$

Die Komponentenströme folgen aus dem sekundärseitigen Komponentenersatzschaltbild Abb. 10.54.

Man erhält aus den Transformationsmatrizen und Gl. (10.23)

$$Z_{tot} = 2Z_T + Z_{T0} + 3Z = 1.56\angle 38.4°\,\Omega$$

$$--> \quad I_{1s} = I_{2s} = I_{0s} = \frac{400}{\sqrt{3}\,Z_{tot}} = 148\angle -38.4°\,A$$

$$\begin{pmatrix} I_{as} \\ I_{bs} \\ I_{cs} \end{pmatrix} = \begin{pmatrix} 1 & 1 & 1 \\ a^2 & a & 1 \\ a & a^2 & 1 \end{pmatrix} \cdot \begin{pmatrix} I_{1s} \\ I_{2s} \\ I_{0s} \end{pmatrix} = \begin{pmatrix} 444\angle -38.4° \\ 0 \\ 0 \end{pmatrix} A$$

$$\begin{pmatrix} I_{1p} \\ I_{2p} \\ I_{0p\Delta} \end{pmatrix} = \frac{400}{10000} \begin{pmatrix} 1 & 0 & 0 \\ 0 & e^{-300°} & 0 \\ 0 & 0 & e^{30°} \end{pmatrix} \cdot \begin{pmatrix} I_{1s} \\ I_{2s} \\ I_{0s} \end{pmatrix} = \begin{pmatrix} 17.8\angle -38.4° \\ 17.8\angle 21.6° \\ 17.8\angle -8.4° \end{pmatrix} A$$

$$I_{0p} = 0, \quad \begin{pmatrix} I_{ap} \\ I_{bp} \\ I_{cp} \end{pmatrix} = \begin{pmatrix} 1 & 1 & 1 \\ a^2 & a & 1 \\ a & a^2 & 1 \end{pmatrix} \cdot \begin{pmatrix} I_{1p} \\ I_{2p} \\ 0 \end{pmatrix} = \begin{pmatrix} 30.8\angle -8.4° \\ 30.8\angle 171.6 \\ 0 \end{pmatrix} A.$$

Die Lage der primären Ströme ist relativ zur primären Spannung berechnet worden. Dazu hat man die Gl. (10.23) mit $e^{-j150°}$ multipliziert.

10.7 Berechnung von Netzen mit Unsymmetrien 473

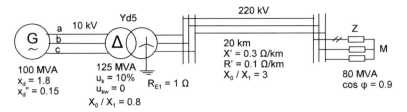

Abb. 10.55 Anlage zu Aufgabe 10.1

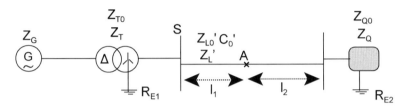

Abb. 10.56 Anlage zu Beispiel 10.9

Aufgabe 10.1 Für die Anlage Abb. 10.55 berechne man die stationären Phasenströme des spannungsgeregelten Generators bei einpoligem Unterbruch der Belastung

a. mit ungeerdetem Sternpunkt M,
b. mit geerdetem Sternpunkt M und Erdungswiderstand $R_E = 2\,\Omega$.

Beispiel 10.9 Man stelle für die Anlage Abb. 10.56 das Ersatzschema für die Berechnung folgender Störungsfälle an der Stelle A der Leitung dar

a. einpoliger Kurzschluss,
b. zweipoliger Kurzschluss,
c. einpoliger Leitungsunterbruch. Vor dem Unterbruch sei die Sammelschiene S mit der Sternimpedanz Z belastet, mit ungeerdetem Sternpunkt.
d. einpoliger Erdschluss, wenn $R_{E1} = R_{E2} = \infty$ (isoliertes Netz).

Die Impedanzen sind bekannt. In der Leitungsnullimpedanz ist der Erdwiderstand R'_E des äquivalenten Neutralleiters (Carson) nicht eingeschlossen.

Lösung:

a. Die drei Komponentenersatzschemata sind gemäss Abschn. 10.7.1.2 und Abb. 10.38 mit $Z = 0$ in Serie zu schalten. Die subtransiente Generatorspannung und die subtransiente Spannung der Netzeinspeisung seien beide $E'' = c\,U_n$ (Annahme des unbelasteten Netzes, Abschn. 9.2.3) und können zusammengefasst werden. Es folgt die Abb. 10.57.
b. Das Nullsystem ist unwirksam. Mit- und Gegensystem sind gemäss Abschn. 10.7.1.4 und Abb. 10.40 mit $Z = 0$ in Antiserie zu schalten. Es folgt die Abb. 10.58.
c. Es ergibt sich der Spezialfall $Z = \infty$ der einphasigen Längsunsymmetrie von Abschn. 10.7.5.1 und Abb. 10.51. Gesucht sei der subtransiente Zustand. Es

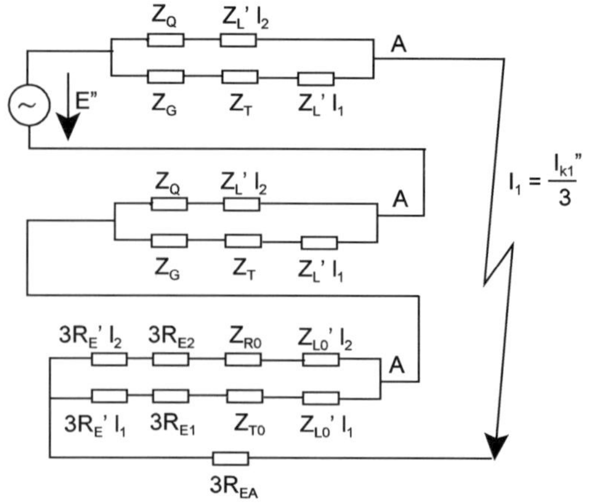

Abb. 10.57 Ersatzschema zu Beispiel 10.9a: einpoliger Kurzschluss
R_{EA} = Erdungswiderstand an der Erdschlussstelle (z. B. des Mastes)

Abb. 10.58 Ersatzschema zu Beispiel 10.9b: zweipoliger Kurzschluss

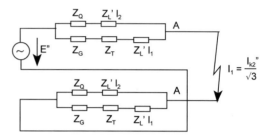

Abb. 10.59 Ersatzschema zu Beispiel 10.9c: einpoliger Unterbruch

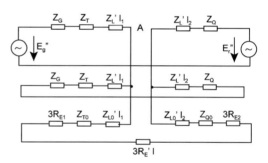

folgt die Abb. 10.59. Daraus lassen sich alle Spannungs- und Stromkomponenten unmittelbar nach dem Unterbruch bestimmen und durch Rücktransformation in den Originalbereich auch die wirklichen Ströme und Spannungen im Punkt A.

d. Wird das Netz von der Erde isoliert betrieben, werden die Erdschlussströme durch die Querkapazitäten, die im Nullschema zu berücksichtigen sind, bestimmt. Es folgt das Ersatzschaltbild Abb. 10.60.

Aufgabe 10.2 Man berechne für die Anlage des Beispiels 9.2 (Abb. 9.16) in den Pkt. A und C:

- den einpoligen Kurzschlussstrom,
- den zweipoligen Kurzschlussstrom mit und ohne Erdberührung.

10.8 Symmetrische Komponenten und Oberwellen 475

Abb. 10.60 Ersatzschaltbild zu Beispiel 10.9d: Erdschluss in A in isoliertem Netz
I_E = Erdschlussstrom

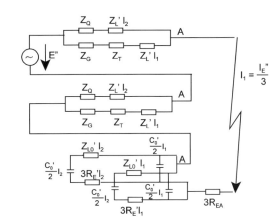

Abb. 10.61 Anlage zu Aufgabe 10.3

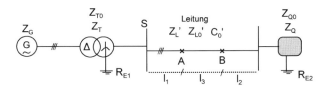

Zusätzliche Daten:

Transformator T_1: Yd5, geerdet mit $R_{E1} = 1\,\Omega$, $X_0/X_1 = 0.85$
Transformator T_2: Dy5, nicht geerdet
Netz: geerdet mit $R_{E2} = 1\,\Omega$, $X_0/X_1 = 1.5$
Doppelleitung: $X_0/X_1 = 3$.

Aufgabe 10.3 In der Anlage Abb. 10.61 erfolgt ein Doppelerdschluss an den Stellen A und B in den Phasen L_1 und L_2, wie in Abb. 10.48 dargestellt.

Man stelle die drei Komponentenersatzschemata dar und leite daraus die Beziehungen zwischen Spannungen und Strömen an den Fehlerstellen her (6 Gleichungen). Mit Hilfe der Unsymmetriebedingungen formuliere man schliesslich die restlichen 6 Gleichungen, die zur Lösung des Problems notwendig sind. Man folge der Anleitung in Abschn. 10.7.4.

10.8 Symmetrische Komponenten und Oberwellen

In Drehstromnetzen können Spannungs- und Stromoberwellen auftreten, die durch nichtlineare Erzeuger oder Verbraucher verursacht werden. Vor allem der Einsatz netzgeführter Stromrichter führt zu beträchtlichen Stromoberschwingungen, welche die Spannungsform benachbarter Netzknoten verändern und zusätzliche Verluste verursachen (Abschn. 7.3). Die Verschärfung der internationalen Normen für die maximal zulässigen Oberschwingungen wird die in dieser Hinsicht besseren selbstgeführten Stromrichter begünstigen.

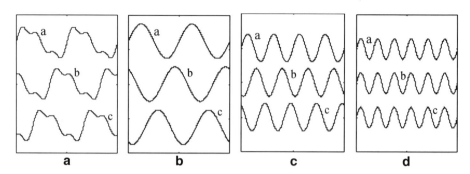

Abb. 10.62 Zerlegung eines symmetrischen, aber Oberwellen enthaltenden Drehstromes **a** in die harmonischen Komponenten: **b** Grundschwingung (Mitsystem), **c** 2. Oberschwingung (Gegensystem), **d** 3. Oberschwingung (Nullsystem)

Leistungselektronische Anlagen können als Konstantstromquellen für Harmonische betrachtet werden. Für die Berechnung der Netzrückwirkungen kann die Theorie der symmetrischen Komponenten gute Dienste leisten. Als Beispiel sei eine symmetrische Drehstromgrösse betrachtet, die eine zweite und eine dritte Oberschwingung enthält (Abb. 10.62a). Zerlegt man sie in ihre harmonischen Komponenten, stellt man fest, dass die Grundschwingung ein Mitsystem bildet (Abb. 10.62b), die 2. Oberschwingungen um 240° phasenverschoben sind und so ein Gegensysten ergeben (Abb. 10.62c) und die 3. Oberschwingungen schliesslich wegen der Phasenverschiebung von 360° ein Nullsystem bilden (Abb. 10.62d). Allgemeiner ergeben

- die 4., 7., 10. . . . . . . Oberschwingungen ein Mitsystem,
- die 2., 5., 8., 11. . . . Oberschwingungen ein Gegensystem,
- die 3., 6., 9., 12. . . . Oberschwingungen ein Nullsystem.

Die Konstantstromquellen sind für die Analyse der Netzrückwirkungen im entsprechenden Ersatzschaltbild einzusetzen.

Dazu ist allerdings zu bemerken, dass die Grösse der Konstantstromquellen in der Regel nicht unabhängig vom Netz festgelegt werden kann, da sie von der Interaktion mit dem Netz mitbestimmt wird. Ein Vorgehen besteht darin, von für die Stromrichteranlage typischen Frequenzspektren auszugehen, die z. B. aus Messergebnissen gewonnen wurden, und die Grösse durch Simulation der leistungselektronischen Anlage, z. B. mit Schaltfunktionen, zu gewinnen (Abschn. 7.3), wobei das Netz elementar mit der Kurzschlussimpedanz beschrieben wird.

Die Interpretation als symmetrische Komponenten führt zu verschiedenen nützlichen Einsichten, z. B:

- Transformatoren mit Dreieckswicklung, die keine Nullströme durchlassen, blockieren die 3. Oberschwingung. Diese fliesst als Kreisstrom in dieser Wicklung, verursacht allerdings eine zusätzliche Erwärmung.
- Die 2. Oberschwingung erzeugt als Gegensystem in rotierenden Maschinen ein gegenlaufendes Drehfeld, das Ströme dreifacher Betriebsfrequenz induziert.

Literatur

1. ABB-Taschenbuch Schaltanlagen (1992) Cornelsen, Düsseldorf
2. Bonfert K (1962) Betriebsverhalten der Synchronmaschine. Springer, Berlin
3. Carson JR (1926) Wave propagation in overhead wires with ground return. Bell Syst Techn Journ 5:539–554
4. Castellanos F, Marti JR, Marcano F (1997) Phase-domain multiphase transmission line models. Electr Power Energy Syst 19:241–248
5. Dommel HW (1969) Digital computer solution of electromagnetic transients in single- and multiphase networks. IEEE Trans PAS 88:388–399
6. Gary C (1976) Approche complète de la propagation multifilaire en haute fréquence par utilisation des matrices complexes. Bulletin EDF, Dir. Etud. Et Rech
7. Happoldt H, Oeding D (1978) Elektrische Kraftwerke und Netze. Springer, Berlin
8. Hasse P, Wiesinger J (1977) Handbuch für Blitzschutz und Erdung. Pflaum, München
9. Langrehr H (1974) Rechnungsgrössen für Hochspannungsanlagen. AEG-Telefunken Handbücher, Berlin
10. Marti JR (1982) Accurate modeling of frequency-dependent transmission lines in electromagnetic transient simulations. IEEE Trans PAS 101:147–157
11. Philippow E (1976) Systeme der Elektroenergietechnik. Taschenbuch der Elektrotechnik, Bd 1, Hanser, München
12. Pollaczek F (1926) Über das Feld einer unendlich langen wechselstromdurchflossenen Einfachleitung. Elektr Nachr-Techn 3
13. Rüdenberg R, (1974) In: Dorsch H, Jacottet P (Hrsg) Elektrische Schaltvorgänge. Springer, Berlin

Teil IV
Bemessungsfragen
Kurzschlussbeanspruchungen
Schalt- und Schutzprobleme

Kapitel 11
Bemessung von Netzelementen

Ziel der elektrischen Bemessung ist die wirtschaftliche Optimierung des Elements unter Berücksichtigung der thermischen, mechanischen, hochspannungstechnischen, sowie betrieblichen Randbedingungen. Für Transformator und Synchronmaschine werden die Dimensionierungsprobleme in diesem Kapitel nur angeschnitten. Für die hochspannungstechnischen Aspekte sei auf Kap. 3 und für die Kurzschlussbeanspruchung auf Kap. 12 verwiesen.

11.1 Transformatoren und Drosselspulen

Mit Bezug auf den Kerntransformator von Abb. 11.1 können folgende Gleichungen aufgestellt werden, die sich sinngemäss auch auf Dreiphasentransformatoren und Drosselspulen übertragen lassen.

Scheinleistung (Typenleistung):
Berechnet sich aus Windungsspannung × Durchflutung

$$S = UI = \left(\frac{U}{N}\right)(NI) = \left(\omega \frac{\hat{B}}{\sqrt{2}} A_{fe}\right)\left(\frac{JA_{cu}}{2}\right)$$

$$S = \omega \frac{\hat{B} J}{2\sqrt{2}} A_{fe} A_{cu} \qquad (11.1)$$

$$\text{mit } \begin{cases} \hat{B} = \text{maximale Induktion} \\ J = \text{Effektivwert der zulässigen mittleren Stromdichte.} \end{cases}$$

Da $N_1 I_1 = N_2 I_2$, erhält man die mittlere Stromdichte aus

$$JA_{cu} = 2J_1 A_{cu1} = 2J_2 A_{cu2}, \quad \text{mit} \quad A_{cu} = A_{cu1} + A_{cu2}. \qquad (11.2)$$

Die Stromdichten sind mit einer thermischen Berechnung zu bestimmen und zu optimieren. Einige Grundlagen dazu sind in Abschn. 11.3 gegeben.

Abb. 11.1 Grundschema des Kerntransformators

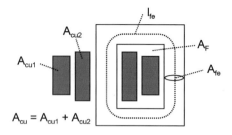

Eisenverluste

$$P_{fe} = \alpha_{fe}\gamma_{fe}l_{fe}A_{fe}$$

mit $\begin{cases} \alpha_{fe} = \text{spezifische Verluste } (W/kg) = f(\hat{B}) \\ \gamma_{fe} = \text{spezifisches Gewicht.} \end{cases}$ (11.3)

Kupferverluste

$$P_{cu} = R_1 I_1^2 + R_2 I_2^2 = \frac{\varrho l_{w1} N_1^2}{A_{cu1}} \frac{J_1^2 A_{cu1}^2}{N_1^2} + \frac{\varrho l_{w2} N_2^2}{A_{cu2}} \frac{J_2^2 A_{cu2}^2}{N_2^2}$$

mit $\begin{cases} \rho = \text{spezifischer Widerstand des Kupfers} \\ l_{w1}, l_{w2} = \text{mittlere Windungslängen.} \end{cases}$

Gesetzt: $l_{w1}J_1^2 A_{cu1} + l_{w2}J_2^2 A_{cu2} = l_w J^2 A_{cu}$, wodurch bei Berücksichtigung von (11.2) folgende mittlere Windungslänge l_w definiert bleibt

$$l_w = \frac{1}{2}\left(l_{w1}\frac{J_1}{J} + l_{w2}\frac{J_2}{J}\right),$$ (11.4)

folgt

$$P_{cu} = \varrho J^2 l_w A_{cu}.$$ (11.5)

Dimensionierung Aus der Leistungsgleichung (11.1) und durch Zusammenfassung der beiden Verlustgleichungen (11.3) und (11.5) erhält man die folgenden Bestimmungsgleichungen für die notwendigen Kupfer- und Eisenflächen sowie -mengen

$$A_{fe}A_{cu} = \frac{2\sqrt{2}}{\omega \hat{B} J} S$$

$$\frac{V_{fe}}{V_{cu}} = \frac{A_{fe}l_{fe}}{A_{cu}l_w} = \frac{\varrho J^2}{\alpha_{fe}\gamma_{fe}} \frac{P_{fe}}{P_{cu}}.$$ (11.6)

Das Verhältnis l_w/l_{fe} kann man für Kleintransformatoren den verfügbaren Normeisenquerschnitten entnehmen. Ist beispielsweise h die Höhe, b die Breite des Kerns

11.1 Transformatoren und Drosselspulen

und d die Seitenlänge des quadratischen Eisenquerschnitts, folgen in erster Näherung die mittlere Windungslänge $l_w \approx 4\,(b-d)$ und die Eisenlänge $l_{fe} \approx 2\,(h+b-2d)$.

Das *Verhältnis* P_{fe}/P_{cu} wird von wirtschaftlichen Überlegungen bestimmt. Aus Gl. (4.21), Abschn. 4.6.3, folgt mit der vereinfachenden Annahme $u_1 \approx u_2 \approx u$, $i_1 \approx i_2 \approx i$

$$\eta \approx \frac{\cos\varphi}{\cos\varphi + p_{fer}\frac{u}{i} + p_{cur}\frac{i}{u}}$$

$$\frac{d\eta}{di} = 0 \quad \longrightarrow \quad i_{\eta max} = u\sqrt{\frac{p_{fer}}{p_{cur}}} \qquad (11.7)$$

$$\eta_{max} \approx \frac{\cos\varphi}{\cos\varphi + 2\sqrt{p_{fer}p_{cur}}}.$$

Die Wurzel aus dem Nennverlustverhältnis (Eisen zu Kupfer) drückt die p. u. Belastung aus, für die der maximale Wirkungsgrad des Transformators auftritt. Die Eisenverluste sind immer vorhanden, unabhängig von der Belastung. Die Kupferverluste hingegen hängen quadratisch von der Belastung ab. Schwach belastete Transformatoren sollten deshalb mit viel Kupfer und wenig Eisen ausgelegt werden, also eine grosse Fensterfläche aufweisen. Stark belastete Transformatoren sind dagegen mit vergleichsweise weniger Kupfer und mehr Eisen auszulegen. Bei Minimierung der Jahresverluste folgt aus (11.3), (11.5) und (11.6) ein Verhältnis P_{fe}/P_{cu} gleich zur relativen Nennverlustdauer (Def. s. Abschn. 11.3) oder zum Belastungsfaktor des Transformators. Die Betriebsart und die Verlustbewertung sind für die wirtschaftlich optimale Auslegung des Transformators entscheidend.

Neben den Haupttransformatoren für die Energieübertragung und -verteilung werden in der Energieversorgung auch viele kleinere Transformatoren und Drosseln in Zusammenhang mit Schaltungen der Leistungselektronik eingesetzt. Die folgenden Beispiele beziehen sich auf solche Anwendungen. Die Überlegungen bleiben auch für grössere Leistungen dieselben.

Beispiel 11.1 Man bestimme die ungefähren Abmessungen eines einphasigen Klein-Kerntransformators von 5 kVA, 50 Hz, mit folgenden Annahmen:
$B = 1.3$ Vs/m², $J = 1.5$ A/mm², $P_{fe}/P_{cu} = 0.25$, $\alpha_{fe} = 0.7$ W/kg, $\gamma_{fe} = 7600$ kg/m³, $\rho_{20°} = 0.0178\,\Omega\,\text{mm}^2/\text{m}$, $l_w/l_{fe} = 0.7$, Füllfaktor Fensterfläche $= 0.6$, Betriebstemperatur Wicklung ca. 75 °C.

Aus (11.6) folgt

$$A_{fe}A_{cu} = \frac{2\sqrt{2}\cdot 5\cdot 10^3}{2\pi\cdot 50\cdot 1.3\cdot 1.5\cdot 10^6} = 2.308\cdot 10^{-5}\,m^4 = 2308\,cm^4$$

$$\frac{A_{fe}}{A_{cu}} = \frac{0.0214\cdot 10^{-6}\cdot 1.5^2\cdot 10^{12}\cdot 0.25}{0.7\cdot 7600}\cdot 0.7 = 1.58.$$

Es ergeben sich die Lösungen

$$A_{cu} = 38.2\,cm^2, \quad A_{fe} = 60.4\,cm^2$$

$$\textit{Fensterfläche}\quad A_F = \frac{A_{cu}}{0.6} = 63.7\,cm^2.$$

Man kann entweder einen Normquerschnitt wählen, der diesen Abmessungen möglichst entspricht, oder mit einigen geometrischen Berechnungen die Abmessungen des Kerns bestimmen. Man erhält dann mit quadratischem Kernquerschnitt von 7.8 cm Seitenlänge und der gegebenen Fensterfläche und Verhältnis von Windungslänge zu Eisenlänge eine Kernbreite von ca. 20 cm und eine Kernhöhe von ca. 30 cm. Die Eisenlänge ist $l_{fe} = 69$ cm und die mittlere Windungslänge $l_w = 48$ cm. Daraus lassen sich auch die Verluste abschätzen, die insgesamt etwa 2.2 % der Nennscheinleistung betragen

$$P_{fe} = 0.7 \cdot 7600 \cdot 0.69 \cdot 60.4 \cdot 10^{-4} = 22 \text{ W}$$

$$P_{cu} = 0.0214 \cdot 10^{-6} \cdot 1.5^2 \cdot 10^{12} \cdot 0.48 \cdot 38.2 \cdot 10^{-4} = 88 \text{ W}.$$

Drosselspulen Die wichtigsten Anwendungen in der Energieversorgung sind die *Kompensationsdrosselspulen* (Abschn. 9.5.3), die *Erdschlusslöschspulen* (Abschn. 14.1) und die *Kurzschlussdrosselspulen* (Abschn. 9.2.4). Erdschlusslöschspulen und Kompensationsdrosselspulen werden mit Eisenkern ausgelegt, da sie mit nahezu konstanter Spannung arbeiten; letztere immer mit Luftspalt, um die Kennlinie zu linearisieren und so eine konstante Kompensationsinduktivität zu erhalten. Die zur Kurzschlussstrombegrenzung eingesetzten Kurzschlussdrosselspulen werden stets ohne Eisenkern als Luftdrossel ausgeführt, da andernfalls im Kurzschlussfall eine Sättigung eintreten würde. Die Dimensionierung der Drosselspulen mit Eisenkern erfolgt wie beim Transformator (s. Beispiel 11.2). Für die Dimensionierung der Luftdrosselspulen sei auf [9] verwiesen.

Beispiel 11.2 Man bestimme die Abmessungen einer Luftspaltdrossel mit $L = 1$ mH und $I = 10$ A, $f = 50$ Hz. Wie gross sind Luftspalt (angenähert) und Windungszahl? Eisendaten und Stromdichte wie Aufgabe 11.1, $P_{fe}/P_{cu} = 1$, $l_w/l_{fe} = 0.5$, Füllfaktor Fensterfläche $= 0.4$.

Die Scheinleistung der Drossel ist $S = XI^2$. Aus der ersten der Gln. (11.1) folgt, da nur eine Wicklung vorhanden ist und somit der Faktor 2 im Nenner wegfällt

$$\frac{S}{\omega} = LI^2 = \frac{\hat{B}}{\sqrt{2}} J A_{fe} A_{cu}.$$

Die zweite der Gln. (11.6) ist weiterhin gültig.

Man erhält

$$A_{fe} A_{cu} = \frac{\sqrt{2} \cdot 1 \cdot 10^{-3} \cdot 10^2}{1.3 \cdot 1.5 \cdot 10^6} = 7.25 \cdot 10^{-8} \ m^4 = 7.25 \ cm^4$$

$$\frac{A_{fe}}{A_{cu}} = \frac{0.0214 \cdot 10^{-6} \cdot 1.5^2 \cdot 10^{12} \cdot 1}{0.7 \cdot 7600} \cdot 0.5 = 4.52$$

$$\Rightarrow \quad A_{cu} = 1.27 \ cm^2, \quad A_{fe} = 5.72 \ cm^2, \quad A_F = 3.18 \ cm^2.$$

Wieder folgen aus einigen geometrischen Berechnungen die Abmessungen. Mit quadratischem Kernquerschnitt von 2.4 cm Seitenlänge, der gegebenen Fensterfläche

11.2 Synchronmaschinen

und dem gegebenen Verhältnis von Windungslänge zu Eisenlänge erhält man eine Kernbreite von ca. 5.3 cm und eine Kernhöhe von ca. 11.1 cm. Die Eisenlänge ist $l_{fe} = 23.2$ cm und die mittlere Windungslänge $l_w = 11.6$ cm. Für die Verluste erhält man

$$P_{fe} = 0.7 \cdot 7600 \cdot 0.232 \cdot 5.72 \cdot 10^{-4} = 0.71 \ W$$

$$P_{cu} = 0.0214 \cdot 10^{-6} \cdot 1.5^2 \cdot 10^2 \cdot 0.116 \cdot 1.27 \cdot 10^{-4} = 0.71 \ W$$

$$XI^2 = 2\pi \cdot 50 \cdot 0.1 = 31.4 \ W, \quad P_v = \frac{1.42}{31.4} = 4.5\%.$$

Mit Bezug auf Abschn. 2.5.8 folgt ausserdem

$$\varphi = \frac{\hat{B}}{\sqrt{2}} A_{fe} = \frac{1.3}{\sqrt{2}} 5.72 \cdot 10^{-4} = 5.26 \cdot 10^{-4} \frac{Vs}{m^2}$$

$$LI = N\varphi \quad \Rightarrow \quad N = \frac{LI}{\varphi} = \frac{1 \cdot 10^{-3} \cdot 10}{5.26 \cdot 10^{-4}} = 19 \ Wdg.$$

$$R_m = \frac{NI}{\varphi} = \frac{19 \cdot 10}{5.26 \cdot 10^{-4}} = 3.61 \cdot 10^5 \frac{A}{Vs}.$$

Bei Luftspaltdrosseln kann man in der Regel den Beitrag des Eisens zum magnetischen Widerstand vernachlässigen und schreiben

$$R_{m\delta} \approx R_m, \quad A_\delta \approx A_{fe}$$

$$\delta = R_{m\delta}\mu_0 A_\delta \approx 3.61 \cdot 10^{-5} \ 4\pi \cdot 10^{-7} \cdot 5.72 \cdot 10^{-4} = 0.26 \ mm.$$

11.2 Synchronmaschinen

Die Nennleistung der Synchronmaschine ist

$$S_r = 3 U_r I_r. \tag{11.8}$$

Die Nennspannung ist im Leerlauf gleich der Polradspannung und kann mit Gln. (6.6) und (6.9) in Abhängigkeit der Dimensionen, Windungszahl, Polpaarzahl und Polfluss ausgedrückt werden. Man erhält

$$U_r = \frac{\hat{E}_p}{\sqrt{2}} = \frac{1}{\sqrt{2}} k_w N \omega \, \varphi_h = \frac{1}{\sqrt{2}} k_w N \omega \frac{\hat{B}_1 Dl}{p}. \tag{11.9}$$

Führt man die Drehzahl n = 60 f/p ein, folgt

$$U_r = \frac{\pi k_w N}{30\sqrt{2}} \hat{B}_1 \, Dln. \tag{11.10}$$

Der *Strombelag* A ist eine weitere wichtige Kenngrösse elektrischer Maschinen. Er ist definiert als lineare Nennstromdichte längs des Statorumfangs. Die Anzahl Statorleiter pro Phase ist 2N, und man erhält

$$A = 3 \frac{2NI_r}{\pi D} \quad \Rightarrow \quad I_r = \frac{\pi DA}{6N}. \tag{11.11}$$

Der zulässige Strombelag ist stark vom Kühlsystem abhängig und charakterisiert die thermische Belastbarkeit der Maschine.

Setzt man Gln. (11.10) und (11.11) in (11.8) ein, erhält man

$$S_r = \frac{\pi^2 k_w}{60\sqrt{2}} \hat{B}_1 A D^2 l n = C D^2 l n. \tag{11.12}$$

Der bereits in Abschn. 6.1 eingeführte Ausnutzungsfaktor C ist also proportional zur maximalen Induktion und zum Strombelag

$$C = 0.116 \, k_w \hat{B}_1 A. \tag{11.13}$$

Der Wicklungsfaktor k_w ist normalerweise nahe bei 1.

Beispiel 11.3 Für einen Turbogenerator von 100 MVA, 3000 U/min, 10.5 kV, 50 Hz, sind die Dimensionen abzuschätzen mit den Annahmen: l/D = 3, Ausnutzungsfaktor C = 15 kVA/m^3, U/min.

Zur Einübung der Theorie der SM, Abschn. 6.2, sollen ferner die Hauptreaktanz und die Hauptdaten der Erregerwicklung ermittelt werden. Dazu die weiteren Daten: maximale Induktion B_1 = 1.1 Vs/m^2, Luftspalt δ = 3 % der Polteilung, Wicklungsfaktor k_w = 0.955, Formfaktor β = 1.05.

Aus Gl. (11.12) folgen Durchmesser und Länge des Rotors

$$S_r = C \frac{l}{D} D^3 n \Rightarrow D = \sqrt[3]{\frac{10^5}{15 \cdot 3 \cdot 3000}} = 0.90 \, m, \quad l = 2.70 \, m.$$

Aus (11.8) folgen der Polfluss und die Windungszahl

$$\varphi_h = \frac{\hat{B}_1 D l}{p} = \frac{1.1 \cdot 0.90 \cdot 2.70}{1} = 2.67 \, Vs$$

$$N = \frac{\sqrt{2} \, U_r}{k_w \, \omega \, \varphi_h} = \frac{\sqrt{2} \cdot 10.5 \cdot 10^3}{\sqrt{3} \cdot 0.955 \cdot 2\pi \cdot 50 \cdot 2.67} = 10.7 \Rightarrow 12 \, Wdg.$$

$$\Rightarrow \varphi_h = 2.38 \, Vs \quad \Rightarrow \hat{B}_1 = 0.98 \frac{Vs}{m^2}$$

und aus (11.13) der Strombelag

$$A = \frac{15}{0.116 \cdot 0.955 \cdot 0.98} = 138 \, \frac{kA}{m}.$$

11.3 Leitungen

Für Luftspalt und magnetischen Hauptwiderstand erhält man (Gl. 6.8 mit Annahme $\alpha \approx 0.05$)

$$\delta = 0.03 \cdot \frac{\pi D}{2} = 0.03 \cdot \frac{\pi \cdot 0.90}{2} = 4.2 \, cm$$

$$R_{mh} = \frac{2 \cdot 4.2 \cdot 10^{-2} \cdot 1}{4\pi \cdot 10^{-7} \cdot 0.95 \cdot 1.05 \cdot 0.90 \cdot 2.7} = 27580 \, \frac{A}{Vs}$$

ungesättigter Wert:

$$R_{mhl} = \frac{27580}{0.95} = 29030 \, \frac{A}{Vs}.$$

Daraus folgt die ungesättigte Hauptreaktanz (Gl. 6.11)

$$X_{hd} = \omega_r \frac{1.5 \, k_w^2 \, N^2}{p \, R_{mh}} = 100\pi \, \frac{1.5 \cdot 0.955^2 \cdot 12^2}{1 \cdot 29030} = 2.13 \, \Omega$$

$$Z_r = \frac{10.5^2}{100} = 1.1025 \, \Omega \Rightarrow x_{hd} = 1.93 \, p.u.$$

Die für die Magnetisierung notwendige Leerlaufdurchflutung ist

$$\theta_{f0} = R_{mh} \, \varphi_h = 27580 \cdot 2.38 = 65640 \, A.$$

Man kann sie z. B. realisieren mit

$$I_{f0} = 150 \, A, \quad k_{wf} N_f = 438 \, Wdg$$

$$A_f = 100 \, mm^2 \Rightarrow J_{f0} = 1.5 \, \frac{A}{mm^2}$$

$$l_{wf} \approx 7.2 \, m, \, k_{wf} = 0.8 \Rightarrow R_f = \frac{7.2 \cdot 0.0178}{100 \, mm^2} \frac{438}{0.8} Wdg = 0.70 \, \Omega.$$

Ferner folgt aus (6.12)

$$\tau_u = \frac{0.955 \cdot 12}{438} = 0.0262, \quad \tau_i = \frac{438}{1.5 \cdot 0.955 \cdot 12} = 25.5$$

$$L_{hf} = L_{hd} \frac{\tau_i}{\tau_u} = \frac{2.13}{100 \, \pi} \frac{25.5}{0.0262} = 6.60 \, H$$

$$T_{hf} = \frac{L_{hf}}{R_f} = \frac{6.60}{0.70} = 9.4 \, s.$$

11.3 Leitungen

Die Bemessung elektrischer Energieleitungen stellt vor allem bei Freileitungen auch mechanische Probleme. Die *elektrische Bemessung* betrifft im wesentlichen die Festlegung von Spannung, Querschnitt, Leiterabständen und Isolatorlänge.

Die *mechanische Auslegung* von Freileitungen umfasst:

- Berechnung von Seilzug und Durchhang in Abhängigkeit von Seilgewicht, Eislast und Temperatur
- Berechnung der Maste: Festigkeit, Mastabstand, Masthöhe, Isolatorbeanspruchung

Wie bei allen Dimensionierungsproblemen sind technische und wirtschaftliche Aspekte zu berücksichtigen:

- *Wirtschaftlicher Aspekt*: man strebt eine möglichst kostengünstige Lösung an: Optimierungsproblem unter Einhaltung gewisser Nebenbedingungen.
- *Technische Aspekte*: bestimmte technische Grenzwerte sind einzuhalten. Diese können materialbedingt (Erwärmung, Durchschlag) oder betriebsbedingt sein (Spannungsabfall, Durchhang).

Weitere Faktoren, wie *Gesetze und Vorschriften*, *Landschafts- und Personenschutz*, können entscheidend mitwirken. Der Entscheid Freileitung oder Erdkabel hängt weitgehend von solchen Faktoren ab. Rein wirtschaftlich gesehen, ist im Hoch- und Höchstspannungsbereich die Freileitung immer günstiger [6].

11.3.1 Das wirtschaftliche Optimum

Investitionen Für die spezifischen Anlagekosten einer elektrischen Leitung kann der Ansatz

$$I = I_0 + k_U U_\Delta + k_A A \quad (Fr/km) \tag{11.14}$$

gemacht werden. Für gegebene Leitungstypen und bestimmte Bereiche der Spannung U_Δ und des Seilquerschnitts A sind k_U, k_A, I_0 Konstante (Linearisierung der Kostenfunktion).

k_U (Fr/km, kV): bei gegebenem Querschnitt nehmen die Kosten mit der Spannung zu wegen der höheren Isolationskosten (Isolierstärke bei Kabeln, Isolatorlänge und Masthöhe bei Freileitungen).

k_A (Fr/km, mm^2): bei gegebener Spannung nehmen die Kosten mit dem Querschnitt zu: Seilkosten, stärkere Isolierkosten (grösserer Isolierquerschnitt bei Kabeln, stärkere Maste wegen erhöhten Leitergewichts bei Freileitungen).

I_0 (Fr/km): berücksichtigt die von Spannung und Querschnitt unabhängigen Aufwendungen.

Feste Jahreskosten Mit α (%/a) sei der feste Jahreskostenanteil in % der Investitionen bezeichnet (Annuität). Er enthält die Kapitalkosten (Zins + Abschreibung)

11.3 Leitungen

Abb. 11.2 Ermittlung der Jahresverlustdauer

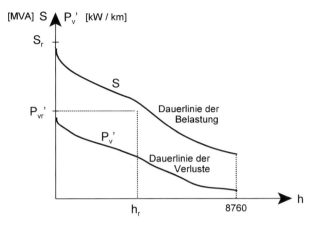

und die festen Betriebskosten (Unterhalt, Personal, Steuern usw.). Die festen Jahreskosten sind dann

$$\alpha I = \alpha(I_0 + k_U U_\Delta + k_A A) \quad (Fr/km, a). \tag{11.15}$$

Energieverlustkosten Zur Bestimmung der Verlustkosten geht man von der Dauerlinie (monoton geordnetes Leistungsdiagramm) der erwarteten Leitungsbelastung in Abb. 11.2 aus. Da die Verluste gemäss Gl. (9.64) proportional zu S^2 sind, kann daraus auch die Dauerlinie der Verlustleistung ermittelt werden, deren Integral die Jahresverlustenergie ergibt. Mit Bezug auf die Nennleistung S_r und die entsprechenden Nennverluste pro km P'_{vr} kann diese Energie mit Hilfe der Jahresdauer h_r der Nennverlustleistung ausgedrückt werden.

Jahresverlustenergie:

$$P'_{vr} h_r \quad \left[\frac{kW}{km}\frac{h}{a} = \frac{kWh}{km.a}\right].$$

Multipliziert man mit dem Wert k (Fr/kWh) der Energie, ergeben sich die Jahresverlustkosten pro km:

$$P'_{vr} h_r k \quad \left[\frac{kWh}{km.a}\frac{Fr}{kWh} = \frac{Fr}{km.a}\right].$$

Wegen Gl. (9.64) ist

$$P'_{vr} = R' \frac{S_r^2}{U_\Delta^2} = \frac{\varrho}{A} \frac{S_r^2}{U_\Delta^2}.$$

Schliesslich folgen die Jahresverlustkosten

$$P'_{vr} h_r k = \frac{\varrho}{A} \frac{S_r^2}{U_\Delta^2} h_r k \quad (Fr/km\ a). \tag{11.16}$$

Abb. 11.3 Gesamtkosten einer Leitung

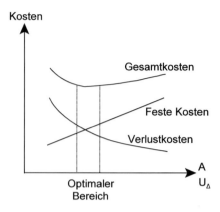

Die Berechnung der festen Jahres- und der Verlustkosten muss grundsätzlich für die Lebensdauer der Leitung durchgeführt werden (Barwertmethode s. Bd. 2). Die spezifischen Energiekosten (h_r k) werden manchmal durch (h_r k + k_f) (Fr/kW, a) ersetzt, um zu berücksichtigen, dass die Höhe der Verlustleistung die Systemdimensionierung und somit die Kosten auch unabhängig von der Verlustdauer mitbestimmt.

Totale Jahreskosten Diese ergeben sich als Summe der festen Kosten (11.15) und der Verlustkosten (11.16).

$$K = \alpha(I_0 + k_U U_\Delta + k_A A) + \frac{\varrho}{A} h_r k \frac{S_r^2}{U_\Delta^2} \quad (Fr/km, a). \tag{11.17}$$

Zeichnet man die totalen Jahreskosten in Funktion des Querschnitts oder der Spannung auf, erhält man das typische Bild von Abb. 11.3. Die festen Kosten nehmen zu, die Verlustkosten nehmen ab bei Zunahme von A oder U. Die Gesamtkosten weisen ein Minimum auf (Optimum).

Optimierung Wir lassen die technischen Nebenbedingungen weg und betrachten sie anschliessend. Die Minimierung von (11.17) fordert

$$\frac{\partial K}{\partial A} = 0, \quad \frac{\partial K}{\partial U_\Delta} = 0.$$

Aus

$$\frac{\partial K}{\partial A} = \alpha\, k_A - \frac{\varrho}{A^2} h_r\, k \frac{S_r^2}{U_\Delta^2} = 0$$

folgen, gesetzt $S_r^2/U_\Delta^2 = 3\, I_r^2$ und $I_r = J_r\, A$ die *optimale Stromdichte* und der zugehörige optimale Querschnitt

$$J_{ropt} = \sqrt{\frac{k_A \alpha}{3 \varrho h_r k}}, \quad A_{opt} = \frac{I_r}{J_{ropt}}. \tag{11.18}$$

11.3 Leitungen

Die optimale Stromdichte ist unabhängig von der gewählten Spannung. Für Freileitungen erhält man meistens Werte um 1 A/mm^2, die deutlich unter der thermischen Grenze liegen, für Kabelleitungen solche, die jenseits dieser Grenze liegen können. Aus

$$\frac{\partial K}{\partial U} = \alpha k_U - 2\frac{\varrho}{A} h_n k \frac{S_r^2}{U_\Delta^3} = 0$$

folgt, gesetzt $S_r = \sqrt{3} U_\Delta J_r A$ und $J_r = J_{ropt}^2 (J_r/J_{nopt}) (1/J_{nopt})$, nach Einsetzen von (11.18) die optimale Spannung

$$U_{\Delta opt} = \sqrt{2 \frac{k_A}{k_U} \left(\frac{J_r}{J_{ropt}}\right) \frac{S_r}{\sqrt{3} J_{ropt}}} \approx \sqrt{2 \frac{k_A}{k_U} \frac{S_r}{\sqrt{3} J_{ropt}}}. \qquad (11.19)$$

Für (J_r/J_{ropt}) kann in erster Näherung 1 eingesetzt werden. Gleichung (11.19) zeigt, dass die *optimale Spannung* mit der Wurzel der übertragenen Scheinleistung ansteigt.

Bemerkungen Die Spannung wird selten für eine Leitung allein optimiert, manchmal für die Kettenschaltung Transformator-Leitung, meistens aber für ein ganzes Netz. Dazu s. Beispiel 11.6. Der Querschnitt wird aus wirtschaftlichen Gründen nicht für jede Leitung anders gewählt, z. B. auch aus praktischen Gründen der Lagerhaltung. Ausserdem sind die Prognosen für Leistungs- und Energiepreisentwicklung z. T. Ermessensfragen. Deshalb ist der praktische Wert obiger aus theoretischer Sicht sehr interessanter Aussagen etwas zu relativieren. Zur Veranschaulichung seien trotzdem einige Beispiele durchgerechnet.

Beispiel 11.4 Eine Drehstromleitung soll 10 MW, cos $\varphi = 0.8$, über eine Entfernung von 7 km übertragen. Man bestimme die optimale Spannung und den optimalen Querschnitt und wähle eine entsprechende Normspannung und einen Normquerschnitt aus (für Normspannungen s. Tab. 3.1, für Normquerschnitte Tabellen Anhang A). Annahmen: Al-Seil, Betonmast, $k_A = 240$ Fr/km, mm^2, $k_U = 2800$ Fr/km, kV, k = 10 Rp/kWh, $\alpha = 10$ %/a, $h_r = 3000$ h/a.

$$J_{ropt} = \sqrt{\frac{240 \cdot 0.1}{3 \cdot 0.0286 \cdot 3000 \cdot 0.1}} = 0.966 \frac{A}{mm^2}$$

$$U_{\Delta opt} = \sqrt{2 \cdot \frac{240}{2800} \cdot (1) \cdot \frac{10000}{0.8\sqrt{3} \cdot 0.966}} = 35.8 \, kV$$

Wahl 30 kV, $\quad I_r = \frac{10000}{0.8\sqrt{3} \cdot 30} = 240.6 \, A, \quad A_{opt} = \frac{240.6}{0.966} = 249 \, mm^2$

Wahl Al 240 mm^2, $\quad A_{eff} = 242.5 \, mm^2, \quad J_r = \frac{240.6}{242.5} = 0.992 \frac{A}{mm^2}.$

Abb. 11.4 Erwärmung eines Leiters

Beispiel 11.5 Man führe die gleiche Berechnung durch, wenn dieselbe Leistung über dieselbe Entfernung mit einer Kabelleitung übertragen werden soll. Annahmen: Cu-Leiter, $k_A = 1400$ Fr/km, mm², $k_U = 8500$ Fr/km, kV.

$$J_{ropt} = \sqrt{\frac{1400 \cdot 0.1}{3 \cdot 0.0178 \cdot 3000 \cdot 0.1}} = 2.96 \frac{A}{mm^2}$$

$$U_{\Delta opt} = \sqrt{2 \cdot \frac{1400}{8500} \cdot (1) \cdot \frac{10000}{0.8\sqrt{3} \cdot 2.96}} = 28.3 \, kV$$

Wahl 30 kV, $\quad I_r = \dfrac{10000}{0.8\sqrt{3} \cdot 30} = 240.6 \, A, \quad A_{opt} = \dfrac{240.6}{2.96} = 81.3 \, mm^2$

Wahl Cu 95 mm², $\quad A_{eff} = 93.3 \, mm^2, \quad J_r = \dfrac{240.6}{93.3} = 2.58 \dfrac{A}{mm^2}.$

Beispiel 11.6 Man leite theoretisch die Optimierungsbedingungen für ein Netz her. Die Investitionen für Transformatoren und Schaltanlagen lassen sich folgendermassen darstellen: $I_{TS} = I_{TS0} + k_{TS} \, U_\Delta$ [Fr], worin U_Δ die Netzspannung ist.

Für die Gesamtinvestitionen pro Leitungs-km gilt

$$I + \frac{I_{TS}}{l} = I_0 + \frac{I_{TS0}}{l} + \left(k_U + \frac{k_{TS}}{l}\right) U_\Delta + k_A \, A \quad (Fr/km). \tag{11.20}$$

Die Transformatorverluste können praktisch als unabhängig von der gewählten Sekundärspannung betrachtet werden. In den Schaltanlagen entstehen keine Verluste. In der Optimierungsrechnung muss deshalb lediglich k_U durch $k_U + k_{TS}/l$ ersetzt werden. Der Einbezug von Transformatoren und Schaltanlagen in die Optimierungsrechnung hat eine etwas tiefere optimale Spannung zur Folge. Die optimale Stromdichte wird davon nicht beeinflusst.

11.3.2 Erwärmung

Zur Ermittlung der thermischen Grenzbelastung von Freileitungen und Kabeln betrachte man einen Leiter mit Querschnitt A und Umfang B (Abb. 11.4). Man definiert:

$c(Ws/m^3, °C) \quad$ = Wärmekapazität
$h(W/m^2, °C) \quad$ = Wärmeübergangszahl

11.3 Leitungen

$\Delta\vartheta = \vartheta - \vartheta_u$ (°C) = Erwärmung, ϑ_u = Umgebungstemperatur
α (1/°C) = Temperaturkoeffizient
$R'_u(\Omega/m)$ = Widerstandsbelag bei Umgebungstemperatur
(s. Abschn. 5.4.1).

Es gilt folgende Wärmeleistungsbilanz:

$$cAl\frac{d\vartheta}{dt} + hBl\Delta\vartheta = R'_u\, l(1 + \alpha\,\Delta\vartheta)\, I^2. \tag{11.21}$$

Der Term rechts stellt die zugeführte, die Terme links stellen die gespeicherte und die abgeführte Wärme dar. Teilt man die Gleichung durch den Wärmeleitwert hBl (Reziprokwert des Wärmewiderstandes R_{th}) und führt man folgende Grössen ein [10]

$$H = \frac{R'_u\, I^2}{hB} = \frac{\varrho_u\, A}{hB} J^2 = \textit{Heiztemperatur}$$
$$T = \frac{cA}{hB}\frac{1}{1-\alpha H} = \textit{Wärmezeitkonstante} \tag{11.22}$$

sowie

$$\Delta\vartheta_\infty = \frac{H}{1-\alpha H} = \textit{stationäre Erwärmung}, \tag{11.23}$$

lässt sich Gl. (11.21) in die einfachere Form bringen

$$T\frac{d\vartheta}{dt} + \Delta\vartheta = \Delta\vartheta_\infty. \tag{11.24}$$

Die Lösung dieser Differentialgleichung ist

$$\Delta\vartheta = \Delta\vartheta_\infty - (\Delta\vartheta_\infty - \Delta\vartheta_0)e^{-\frac{t}{T}}, \tag{11.25}$$

worin ϑ_0 die Anfangstemperatur des Leiters entsprechend der Vorbelastung darstellt. Abbildung 11.5 zeigt den Verlauf der Leitertemperatur bei plötzlicher Erhöhung des Stromes von I_0 auf den Wert I (bzw. der Stromdichte auf den Wert J).

Um die *Heiztemperatur H* zu bestimmen (stationäre Erwärmung), benötigt man die Wärmeübergangszahl h und für die *Zeitkonstante T* (Dynamik) auch die spezifische Wärmekapazität c des Leitermaterials (Tab. 11.2). Die Hauptschwierigkeit besteht in der Berechnung der Wärmeübergangszahl.

Wärmeübergangszahl Zwei Hauptfälle sind zu unterscheiden: blanke Leiter in Gasen (Luft, SF_6) und Erdkabel:

Blanke Leiter: Der Wärmeübergang wird vor allem durch *Konvektion* und Strahlung bestimmt. Wind und Sonneneinstrahlung haben ebenfalls einen Einfluss (s. Tab. I5, Anhang A, für eine genauere Berechnung [5]). Liegen keine Messwerte vor, kann man für Luft einen Richtwert von h = 20 W/m², °C annehmen.

Abb. 11.5 Verlauf der Leitertemperatur bei plötzlicher Stromerhöhung

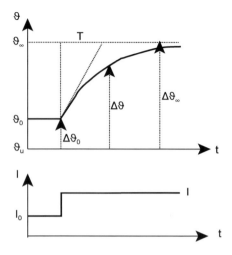

Erdkabel: Hier ist in erster Linie die *Wärmeleitung* für die Wärmeabgabe verantwortlich. Die Wärmeübergangszahl h kann aus der Beziehung

$$hBl = \frac{1}{\sum R_{th}} \qquad (11.26)$$

bestimmt werden. Der totale Wärmewiderstand ergibt sich aus einer *Feldberechnung* oder in einfachen Fällen aus der Serieschaltung der Wärmewiderstände R_{th} von Isolierung, Schutzhüllen und Erdboden.

Das Wärmefeld kann völlig analog zum elektrostatischen Feld (oder zum Strömungsfeld, Tab. 11.1), z. B. mit der Methode der *Finiten Elemente* ([3, 11], Abschn. 3.3.2) bestimmt werden.

Für *einfache zylindrische Anordnungen* lässt sich der Wärmewiderstand dank dieser Analogie mit den Kapazitätsformeln berechnen (Abschn. 5.4.8 und 5.4.11):

Wärmewiderstand einer zylindrischen Schicht mit Radien r_e und r_i:

$$R_{th} = \frac{\varrho_{th}}{2\pi l} \ln \frac{r_e}{r_i}. \qquad (11.27)$$

Wärmewiderstand des Erdbodens bei Verlegung eines Kabels von Radius r in der Tiefe h:

$$R_{th} = \frac{\varrho_{th}}{2\pi l} \ln \frac{2h}{r}. \qquad (11.28)$$

ρ_{th} (°C · m/W) ist der *spezifische Wärmewiderstand*. Richtwerte: imprägniertes Papier (Massekabel): 6, PVC: 6.5, PE, VPE: 3.5, EPR: 4, feuchte Erde: 1, vorwiegend trockene Erde: 2. Wird mit dem spezifischen Wärmewiderstand der feuchten Erde gerechnet, was bei der Verlegung in ca. 1 m Tiefe normalerweise zulässig ist, muss überprüft werden, ob die Temperatur der Erde am Kabelrand 50 °C nicht überschreitet, da sonst die Erde austrocknet (in Lehmboden, in Sandboden beginnt die Austrocknung bereits bei 30°). Falls mehrere Kabel nebeneinander liegen, können die Felder addiert werden (Superpositionsprinzip anwenden).

11.3 Leitungen

Tab. 11.1 Analogie zwischen Wärmefeld, elektrostatischem Feld und Strömungsfeld

Wärmefeld	Elektrostatisches Feld	Strömungsfeld
Temperatur ϑ	Spannung U	Spannung U
Wärmefluss φ	Elektr. Fluss ψ	Strom I
Spez. therm. Widerstand ρ_{th}	1/Dielektrizitätskonst. $1/\varepsilon$	Spezif. Widerstand ρ
Thermischer Widerstand R_{th}	1/Kapazität 1/C	Ohmsch. Widerstand R

Ausgleichsvorgänge Neben der Wärmekapazität des Leiters spielen die Wärmekapazität der Isolierung und vor allem der Erde eine wichtige Rolle. Die Darstellung mit einer einzigen Zeitkonstante ist eine grobe Näherung, und es ist besser, jede Schicht durch Wärmewiderstand und Wärmekapazität zu beschreiben. An Stelle der Gl. (11.21) tritt dann

$$C_{thi}\frac{d\vartheta_i}{dt} + 1/R_{thi}\,\Delta\vartheta_i = R'_u l(1 + \alpha\,\Delta\vartheta)I^2$$

$$\text{mit}\quad C_{thi} = c_i A_i l, \quad \sum_i \Delta\vartheta_i = \Delta\vartheta.$$

Für die Wärmeberechnung von Kabelstrukturen in Abhängigkeit der Kabelverlegung sei auf DIN VDE 0298, IEC 287 und [1, 7] verwiesen.

Zulässige Erwärmung ϑ_{zul} sei die zulässige Dauertemperatur. Sie wird bei Schienen und Freileitungsseilen durch die mechanische Festigkeit (s. Abschn. 11.3), bei Kabeln durch die Isolation begrenzt (s. Tab. 11.2). Die Nichteinhaltung der angegebenen Temperaturen führt bei Kabeln zu einer Verkürzung der Lebensdauer.

Legt man die klimabedingte maximale Umgebungstemperatur fest, folgt daraus die zulässige Erwärmung und aus (11.23) die zulässige Heiztemperatur

$$\Delta\vartheta_{zul} = \vartheta_{zul} - \vartheta_{umax}, \quad H_{zul} = \frac{\Delta\vartheta_{zul}}{1 + \alpha\,\Delta\vartheta_{zul}}. \tag{11.29}$$

Aus (11.22) erhält man schliesslich die zulässige Stromdichte

$$J_{zul} = \sqrt{H_{zul}\frac{hB}{\varrho_u A}}. \tag{11.30}$$

Wie bereits erwähnt, liegt für *Freileitungen* normalerweise J_{zul} eindeutig über J_{ropt}. Beim wirtschaftlich optimalen Betriebsstrom werden also keine thermischen Probleme auftreten.

Für *Erdkabel* kann $J_{zul} < J_{ropt}$ sein. Die wirtschaftlich optimale Stromdichte wird dann nicht erreicht, und es könnte prinzipiell interessant sein, durch Kühlungsmassnahmen die zulässige Stromdichte zu erhöhen und sich so dem wirtschaftlichen Optimum zu nähern. In der Praxis hat sich aber die Kabelkühlung bis heute kaum durchgesetzt, da sie in der Regel zu teuer ist, um nennenswerte wirtschaftliche Vorteile zu bringen.

Tab. 11.2 Technische Daten zur Erwärmung von Leitern

		Cu	Al	Aldrey	Stahl
Wärmekapazität c [Ws/cm³,°C]		3.5	2.4	2.4	3.6
spezif. Widerstand $\rho_{20°}$ [Ω mm²/m]		0.0178	0.0286	0.033	0.15
ϑ_{zul} [°C]	blanke Leiter	70	80	80	80
	Massekabel ≤ 6 kV	60			
	> 6 kV	50			
	Kabel PVC, PE	60			
	Kabel VPE, EPR	90			
	Ölkabel	80			
h [W/m²,°C]	blanke Leiter	Richtwert = 20			
	isolierte Kabel	Richtwert = 5 ... 15			
ϑ_{umax} [°C] (Mitteleuropa)	Luft	35			
	Erde	25			

Beispiel 11.7 Man bestimme für die Freileitung, Beispiel 11.4:

a. die thermische Grenze,
b. die Endtemperatur nach Zuschaltung der Nennleistung, im Sommer bei 35 °C und im Winter bei −15 °C.
c. Nach welcher Zeit wird im Sommer, ausgehend vom Leerlauf bei plötzlicher Einschaltung des Nennstromes, 90 % der Dauererwärmung erreicht?

a. Aus Tab. 11.2 und Gl. (11.29) erhält man

$$\vartheta_{umax} = 35\,°C, \quad \vartheta_{zul} = 80\,°C \Rightarrow \Delta\vartheta_{zul} = 45\,°C$$

$$H_{zul} = \frac{45}{1 + 0.004 \cdot 45} = 38.1\,°C, \quad h = 20\frac{W}{m^2\,°C}.$$

Aus den Leitungsdaten folgt

$$A = 242.5\,mm^2, \quad B = \pi\,20.2\,mm = 63.5\,mm$$

$$\varrho_u = 0.0286(1 + 0.00415\,°C) = 0.0303\,\frac{\Omega mm^2}{m}$$

und schliesslich aus (11.30)

$$J_{zul} = \sqrt{38.1 \cdot \frac{20 \cdot 63.5 \cdot 10^{-3}}{0.0303 \cdot 10^6 \cdot 242.5 \cdot 10^{-6}}} = 2.57\,\frac{A}{mm^2}$$

$$I_{zul} = 2.57 \cdot 242.5 = 623\,A \quad \Rightarrow \quad S_{th} = \sqrt{3} \cdot 30 \cdot 10^3 \cdot 623 = 32.4\,MVA.$$

11.3 Leitungen

b. Bei Zuschaltung von 10 MW, $\cos\varphi = 0.8$, ist die Stromdichte $J_r = 0.992$ A/mm² (Beispiel 11.4). Man erhält die Heiztemperaturen aus (11.22)

$$\text{Sommer: } H = \frac{0.0303 \cdot 10^{-6} \cdot 242.5 \cdot 10^{-6}}{20 \cdot 63.5 \cdot 10^{-3}} \cdot 0.992^2 \cdot 10^{12} = 5.7\,°C$$

$$\text{Winter: } H = \frac{0.02463 \cdot 10^{-6} \cdot 242.5 \cdot 10^{-6}}{20 \cdot 63.5 \cdot 10^{-3}} \cdot 0.992^2 \cdot 10^{12} = 4.6\,°C.$$

Aus (11.23) folgen die Enderwärmung und die Endtemperatur

$$\text{Sommer: } \Delta\vartheta_\infty = \frac{5.7}{1 - 0.004 \cdot 5.7} = 5.8° \Rightarrow \vartheta_\infty = 35 + 5.8 = 40.8\,°C$$

$$\text{Winter: } \Delta\vartheta_\infty = \frac{4.6}{1 - 0.004 \cdot 4.6} = 4.7° \Rightarrow \vartheta_\infty = -15 + 4.7 = -10.3\,°C.$$

Die Berechnung macht deutlich, dass Freileitungen im Winter selbst bei Nennlast Temperaturen unter dem Gefrierpunkt aufweisen können. Die Bildung von grossen Eislasten an den Seilen ist unvermeidlich und muss überwacht werden. Notfalls muss man durch kurzschlussartige Ströme ein Schmelzen der Eislast einleiten. Die dazu notwendigen Stromdichten können aus obigen Beziehungen ermittelt werden.

c. Aus (11.22) kann mit den Werten der Tab. 11.2 die Wärmezeitkonstante berechnet werden und daraus mit (11.25) die Erwärmungszeit

$$T = \frac{2.4 \cdot 10^6 \cdot 242.5 \cdot 10^{-6}}{20 \cdot 63.5 \cdot 10^{-3}} \frac{1}{1 - 0.004 \cdot 5.7} = 469\,s = 7.8\,\text{min}$$

$$\frac{\Delta\vartheta}{\Delta\vartheta_\infty} = 1 - e^{-\frac{t}{T}} = 0.9 \quad \Rightarrow \quad t = -T \ln 0.1 = 1080\,s = 18\,\text{min}.$$

Beispiel 11.8 Man überprüfe die thermische Grenze und die Wahl der Querschnitte für die 30 kV-Kabelleitung von Beispiel 11.5. Das Kabel sei VPE-isoliert und als Dreileiterkabel ausgeführt. Die Isolationsstärke ist so zu wählen, dass die max. Feldstärke bei Prüfwechselspannung doppelt so gross ist wie die des Kabels von Beispiel 5.6. Das Kabel wird 1 m tief verlegt. Die drei Phasen können thermisch parallel geschaltet werden. Man berechne die Betriebstemperaturen. Die Umgebungstemperatur (Erde) sei maximal 20 °C.

Gemäss Beispiel 11.5 ist der Kabelquerschnitt 95 mm² Cu, und aus Tab. I5 von Anhang A folgt ein Radius $r = 6.25$ mm. Aus Beispiel 5.6 ergibt sich eine max. Feldstärke 27.2 kV/mm bei der Prüfwechselspannung von 75 kV (Tab. 3.1). Für die Isolationsstärke erhält man

$$\ln\frac{R}{r} = \frac{75}{6.25 \cdot 27.2} = 0.3235 \quad --> \quad R = 1.555\,r = 9.72\,mm$$

$$\textit{Isolationsstärke} \quad --> \quad a \approx 3.5\,mm.$$

Abb. 11.6 Ersatzschaltbild zu Beispiel 11.8

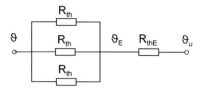

Für die thermische Berechnung gehe man von Ersatzschaltbild Abb. 11.6 aus. Die thermischen Widerstände von Leiter und Erde sind nach (11.27) und (11.28)

$$R_{th} = \frac{3.5}{2\pi l} \ln \frac{9.75}{6.25} = \frac{0.248}{l_{(m)}} \frac{°C}{W}$$

$$R_{thE} = \frac{1}{2\pi l} \ln \frac{2}{0.03} = \frac{0.668}{l_{(m)}} \frac{°C}{W}.$$

Beim Erdwiderstand ist feuchte Erde vorausgesetzt worden. Der Radius des Dreileiterkabels nach Beispiel 5.6, Abb. 5.31, kann aus der Geometrie auf ca. 3 cm geschätzt werden. Der thermische Gesamtwiderstand, bezogen auf die Oberfläche eines Leiters, ergibt sich aus dem Ersatzschaltbild

$$(R_{th})_{tot} = 3 \left(\frac{0.248}{3l} + \frac{0.668}{l} \right) = \frac{2.25}{l_{(m)}} \frac{°C}{W}.$$

Gleichung (11.26) liefert die Wärmeübergangszahl

$$h = \frac{1}{Bl(R_{th})_{tot}} = \frac{1}{2\pi \cdot 6.25 \cdot 10^{-3} \cdot 2.25} = 11.3 \frac{W}{m^2 \, °C}.$$

Die Heiztemperatur berechnet man nach (11.22) mit der Nennstromdichte von Beispiel 11.5 und der Annahme einer Umgebungstemperatur der fernen Erde $\vartheta_u = 20\,°C$ (Tab. 11.2). Daraus folgen die stationäre Erwärmung und die Endtemperatur des Leiters.

$$H = \frac{0.0178 \cdot 93.3}{11.3 \cdot 2\pi \cdot 6.25 \cdot 10^{-3}} \cdot 2.58^2 = 24.9\,°C$$

$$\rightarrow \quad \Delta\vartheta_\infty = \frac{24.9}{1 - 0.004 \cdot 24.9} = 28°, \quad \vartheta_\infty = 20° + 28 = 48\,°C.$$

Die Erdtemperatur ϑ_E in der Nähe des Kabels ergibt sich aus dem Widerstandsverhältnis zu 47 °C. Um sicher zu gehen, sei die Berechnung auch mit der Annahme vorwiegend trockener Erde durchgeführt. Dann folgt

$$R_{thE} = \frac{2}{2\pi l} \ln \frac{2}{0.03} = \frac{1.337}{l_{(m)}} \frac{°C}{W}$$

$$(R_{th})_{tot} = 3 \left(\frac{0.248}{3l} + \frac{1.337}{l} \right) = \frac{4.26}{l_{(m)}} \frac{°C}{W}$$

11.3 Leitungen

$$h = \frac{1}{Bl(R_{th})_{tot}} = \frac{1}{2\pi \cdot 6.25 \cdot 10^{-3} \cdot 4.26} = 6.0 \frac{W}{m^2 \,°C}$$

$$H = \frac{0.0178 \cdot 93.3}{6.0 \cdot 2\pi \cdot 6.25 \cdot 10^{-3}} \cdot 2.58^2 = 46.9\,°C$$

$$\longrightarrow \quad \Delta\vartheta_\infty = \frac{46.9}{1 - 0.004 \cdot 46.9} = 58°, \quad \vartheta_\infty = 20° + 58 = 78\,°C.$$

Diese Temperatur ist für VPE-isolierte Kabel nach Tab. 11.2 noch zulässig. Die Berechnung zeigt aber den grossen Einfluss des thermischen Erdwiderstandes, der sich bei Mittelspannungskabel besonders stark auswirkt. Für eine exaktere Berechnung sei auf DIN-VDE 0298, [1, 7] verwiesen.

11.3.3 Mechanische Bemessung von Freileitungen

Die mechanische Bemessung umfasst die Seilzugberechnung in Abhängigkeit von Spannweite und Durchhang und die Auslegung des Mastes. Im folgenden werden einige Grundlagen gegeben. Für Näheres s. DIN VDE 0210, [4, 5, 7].

Durchhangberechnung Mit Bezug auf Abb. 11.7 wirken auf ein Element ds des Seiles mit Querschnitt A die Kräfte

$$F_x = A\sigma, \quad mit \quad \sigma = Seilzugspannung\ [N/mm^2]$$

$$dF_y = \gamma\, ds A = (\gamma_0 + \gamma_s) ds A$$

$$mit \quad \begin{cases} \gamma_0 = spezif.\ Seilgewicht\ [N/mm^2, m] \\ \gamma_s = Zusatzlast\ (Eis)\ [N/mm^2, m]. \end{cases}$$

Aus der Geometrie folgt andererseits

$$F_y = F_x \tan\alpha = F_x \frac{dy}{dx}$$

$$\longrightarrow \quad dF_y = \frac{d^2y}{dx^2} dx\, F_x = \frac{d^2y}{dx^2} dx\, \sigma A = \gamma ds A,$$

woraus sich die Differentialgleichung ergibt

$$\frac{d^2y}{dx^2} = \frac{\gamma}{\sigma} \frac{ds}{dx} = \frac{\gamma}{\sigma} \sqrt{1 + \left(\frac{dy}{dx}\right)^2}.$$

Deren Lösung ist die Gleichung der Kettenlinie

$$y = y_0 \cosh\left(\frac{x}{y_0}\right) \approx y_0 \left(1 + \frac{x^2}{2y_0^2}\right) \quad mit \quad y_0 = \frac{\sigma}{\gamma}. \qquad (11.31)$$

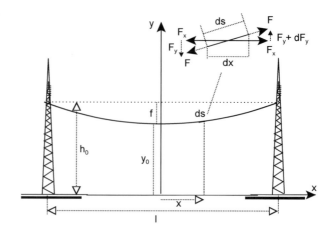

Abb. 11.7 Durchhangberechnung

Den zweiten Ausdruck erhält man durch Näherung mit einer Parabel. Es folgt

$$\text{für } x = \frac{l}{2}: \quad y = h_0 = y_0\left(1 + \frac{l^2}{8y_0^2}\right)$$

$$\text{für } x = 0: \quad y = y_0 = h_0 - f \quad \dashrightarrow \quad f = \frac{l^2}{8y_0}. \tag{11.32}$$

Zustandsgleichung des Seils Die Temperatur hat einen erheblichen Einfluss auf die Dehnung des Seils und somit auf Seilzug und Durchhang. Es ist wichtig sicherzustellen, dass auch unter den strengsten Bedingungen die Seilzugspannung die kritischen Werte nicht übersteigt. Die Länge des Seils lässt sich durch Integration von ds von x = − l/2 bis x = l/2 bestimmen. Aus Gl. (11.31) folgt

$$ds = dx\sqrt{1 + \left(\frac{dy}{dx}\right)^2} = dx\sqrt{1 + \frac{x^2}{y_0^2}} \approx dx\left(1 + \frac{x^2}{2y_0^2}\right)$$

$$\dashrightarrow \quad s = l\left(1 + \frac{l^2}{24y_0^2}\right).$$

Ändert sich das Seilgewicht und wegen der Temperatur die Seilspannung und damit nach Gl. (11.31) auch $y_0 = \sigma/\gamma$, verändert sich die Seillänge, ausgehend vom Anfangszustand s_1, um

$$\Delta s = s - s_1 = \frac{l^2}{24}\left[\left(\frac{\gamma}{\sigma}\right)^2 - \left(\frac{\gamma_1}{\sigma_1}\right)^2\right]. \tag{11.33}$$

11.3 Leitungen

Abb. 11.8 Seilzugspannung in Abhängigkeit von der Temperatur mit und ohne Zusatzlast

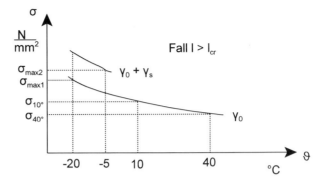

Die Seildehnung kann andererseits auch direkt in Abhängigkeit von Temperatur und Seilzugspannung ausgedrückt werden. Es gilt

$$\Delta s = \Delta s_{th} + \Delta s_{el} = l\alpha\,(\vartheta - \vartheta_1) + l\frac{(\sigma - \sigma_1)}{E}$$

$$\text{mit } \begin{cases} \alpha = \textit{Wärmeausdehnungskoeffizient} \left[\frac{1}{°C}\right] \\ E = \textit{Elastizitätsmodul} \left[\frac{N}{mm^2}\right]. \end{cases} \tag{11.34}$$

Der Vergleich von (11.33) mit (11.34) ergibt den gesuchten Zusammenhang zwischen Temperatur, Seilgewicht und Seilzugspannung, der als *Zustandsgleichung* bezeichnet wird

$$\vartheta = \vartheta_1 + \frac{l^2}{24}\left[\left(\frac{\gamma}{\sigma}\right)^2 - \left(\frac{\gamma_1}{\sigma_1}\right)^2\right] + \frac{(\sigma_1 - \sigma)}{\alpha E}. \tag{11.35}$$

Ist, wie oft, der letzte Term vernachlässigbar, folgt auch

$$\sigma \approx \frac{\gamma}{\sqrt{\left(\frac{\gamma_1}{\sigma_1}\right)^2 + \frac{24\,\alpha}{l^2}(\vartheta - \vartheta_1)}}. \tag{11.36}$$

Abbildung 11.8 zeigt den grundsätzlichen Verlauf der Seilzugspannung in Funktion der Temperatur ohne und mit Zusatzlast.

Maximale Seilzugspannung und Spannweite Als extreme Bedingungen werden in der Regel definiert: $\vartheta = -20\,°C$ *ohne Zusatzlast* und $\vartheta = -5\,°C$ *mit Zusatzlast* (0 °C mit Zusatzlast 20 N/m nach [4]). Die bei diesen Bedingungen auftretende maximale Seilzugspannung σ_{max} sollte unterhalb der zulässigen Werte bleiben. Die

Tab. 11.3 Materialkonstanten für Freileitungen (Richtwerte)

	σ_{zul} N/mm²	$\gamma_0\ 10^3$ kg/mm², m	$\alpha\ 10^6$ 1/°C	E kN/mm²
Cu	175	9	17	100
Al	70	2.7	23	55
Al-St (6:1)	120	4.1	19	77
Al-St (4.3:1)	140	4.7	18	80
Aldrey	140	2.7	23	55

Tab. 11.4 Spannweite von Freileitungen (Richtwerte)

	Spannung (kV)	Spannweite (m)
Holz, Beton	0.4	40–80
"	10–30	80–160
Stahlgitter	10–30	100–220
"	60–110	200–350
"	220	350–400
"	380	380–500
"	750	–750

beiden Werte sind im allgemeinen verschieden (Abb. 11.8). Es existiert aber eine kritische Spannweite l_{cr}, für welche die beiden Werte übereinstimmen:

$$\vartheta - \vartheta_1 = 15\,°C = \frac{l_{cr}^2}{24\,\alpha}\left[\left(\frac{\gamma_0 + \gamma_s}{\sigma_{max}}\right)^2 - \left(\frac{\gamma_0}{\sigma_{max}}\right)^2\right]$$

$$--\!\!\succ\quad l_{cr} = \sigma_{max}\sqrt{\frac{360\,\alpha}{\gamma_s(\gamma_s + 2\gamma_0)}}.$$

(11.37)

Es lässt sich leicht zeigen, dass die grössere Seilzugspannung für $l > l_{cr}$ bei $-5\,°C$ mit Zusatzlast und für $l < l_{cr}$ bei $-20\,°C$ ohne Zusatzlast auftritt.

Dimensionierung Man legt die maximale Seilzugspannung fest im Verhältnis zur zulässigen Spannung (Richtwerte Tab. 11.3, genauere Werte Anhang A nach DIN 48201, 48204). Normalerweise wählt man $\sigma_{max} = 0.5$–$0.7\ \sigma_{zul}$. Ebenso legt man die Zusatzlast fest. Üblich ist γ_s A = 0.5–5 kg/m, nach VDE 0210: 0.5 + 0.1 d, nach [4]: 20 N/m. Daraus folgt die kritische Spannweite. Für die gewählte Spannweite (typische Werte s. Tab. 11.4) ermittelt man den maximalen Durchhang. Dieser tritt entweder für $\vartheta = -5\,°C$ mit Zusatzlast (bzw. 0 °C mit 20 N/m) oder für $\vartheta = 40\,°C$ ohne Zusatzlast auf. Bei Gewährleistung eines minimalen Erdabstandes ergibt sich daraus die Höhe über Erde des Aufhängepunktes nach folgenden Regeln ([4], die Werte in Klammern gelten für unwegsames, nicht befahrbares Gebiet).

$$<1kV:\quad h = f_{max} + 6(5)\ m$$

$$Hochspannung:\quad h = f_{max} + 7(6) + 0.01 \cdot U_\Delta^{kV}\ m$$

$$Weitspannleitung:\quad h = f_{max} + 7.5 + 0.01 \cdot U_\Delta^{kV}\ m$$

11.4 Kondensatoren

Tab. 11.5 Leiterabstände (Richtwerte, [9])

kV	3	6	10	20	30	60	110	220	380
M	0.9	1	1.1	1.4	1.5–2	2–2.8	3.4–4	5–6.5	6.5–9

Um Ermüdungserscheinungen infolge Schwingungen durch Wind zu vermeiden, sollte, wenn keine dämpfenden Massnahmen ergriffen werden, die Seilzugspannung bei der mittleren Jahrestemperatur begrenzt werden, z. B.:

$$\sigma_{10°} < 0.3 - 0.4\, \sigma_{zul}.$$

Leiterabstände: Angegeben wird folgende Formel für den Mindestabstand [9, 4], übliche Werte zeigt Tab. 11.5

$$a = C + k\sqrt{f_{max} + l_k}\ [m]$$

$l_k = $ Länge Isolatorkette (Stützer $l_k = 0$)
$f_{max} = $ maximaler Durchhang
$k = 0.6 - 0.95 = $ von Masttyp, Metall und Querschnitt abhängig.

Der Term C ist spannungsabhängig und beträgt für Abstände zwischen Leiter desselben Systems nach [9] $U_\Delta^{kV}/150$, nach [4] z. B. 0.22 für 20 kV, 0.92$\ldots$1.12 für 110–132 kV und 2.64–2.90 für 380 kV je nach gewähltem Isolationspegel. Andere Werte gelten für die Abstände zwischen Leitern verschiedener Systeme.

Die Höhe des Erdseils wird schliesslich so festgelegt, dass sich alle Phasenleiter innerhalb eines Kegels mit Winkel von etwa 30° befinden (Schutzraumkonzept, s. [8, 4])

11.4 Kondensatoren

In den Energieversorgungsnetzen werden vor allem Leistungskondensatoren zur Verbesserung des Leistungsfaktors eingesetzt (Abschn. 9.5.3). Durch den Fortschritt der Leistungselektronik ist es heute möglich, regelbare Kompensationsanlagen zu erstellen, die wirtschaftlicher sind als Synchronkompensatoren.

11.4.1 Dimensionierungsgrundlagen

Für einen Plattenkondensator gegebener Kapazität C mit Dielektrikumsdicke a und Dielektrizitätszahl ε erhält man folgende Dimensionen

$$\textit{Dielektrikumsoberfläche}: \quad A = \frac{aC}{\varepsilon}$$

$$\textit{Volumen} \quad V = Aa = \frac{a^2}{\varepsilon}C. \tag{11.38}$$

Bei gegebener Kapazität ist das Volumen proportional zu a^2. Für grosse Kapazitäten können Kondensatoren nur mit dünnen Folien wirtschaftlich gebaut werden. Man verwendet dazu Papier und/oder Kunststoffolien. Die Dicke des Dielektrikums und damit auch des Volumen sind nach unten durch die zulässige Feldstärke (elektrische Festigkeit, Abschn. 3.2) begrenzt.

Wechselstromkondensatoren Die Leistung des Kondensators ist $Q = \omega \, CU^2$. Für die spezifische Leistung erhält man aus Gl. (11.38)

$$\frac{Q}{V} = \omega CU^2 \frac{\varepsilon_0 \varepsilon_r}{a^2 C} = \omega \varepsilon_0 \varepsilon_r E^2 \tag{11.39}$$

$$\text{mit} \quad E = \frac{U}{a} = \text{mittlere Betriebsfeldstärke.}$$

Hohe dielektrische Festigkeit und grosses ε_r sind von Vorteil. Die dielektrischen Verluste sind gemäss Abschn. 3.4

$$P_v = Q \, \tan \delta = \omega CU^2 \, \tan \delta. \tag{11.40}$$

Ein kleines $\tan \delta$ reduziert die Temperatur und so die Möglichkeit eines Wärmedurchschlags (Abschn. 3.8.2).

Beispiel 11.9 Man berechne Dielektrikumsdicke, Dimensionen und spezifische Leistung eines Leistungskondensators von 1 µF für 400 V, 50 Hz, mit Papierdielektrikum ($\varepsilon_r = 4$), wenn eine Betriebsfeldstärke von 100 kV/cm zugelassen wird.

Aus den Gln. (11.37) und (11.38) folgt

$$a = \frac{400}{100 \cdot 10^5} = 40 \, \mu m \quad \text{-->} \quad A = \frac{40 \cdot 10^{-6} \cdot 10^{-6}}{8.854 \cdot 10^{-12} \cdot 4} = 1.13 \, m^2$$

$$V = 1.13 \cdot 40 \cdot 10^{-6} = 45.2 \cdot 10^{-6} = 0.0452 \, dm^3$$

$$Q = 2\pi \cdot 50 \cdot 10^{-6} \cdot 400^2 = 50.3 \, W \quad \text{-->} \quad \frac{Q}{V} = 1.11 \frac{kVAr}{dm^3}.$$

Gleichstromkondensatoren An Stelle der Leistung tritt die gespeicherte Energie

$$W = \frac{1}{2} CU^2, \quad \text{spezifische Energie:} \quad \frac{W}{V} = \frac{1}{2} \varepsilon_0 \varepsilon_r \, E^2.$$

Die zulässige Feldstärke ist 2- bis 3mal grösser als bei Wechselstrom (Fehlen von Polarisationsverlusten).

11.4.2 Kennwerte und Aufbau

Dielektrikumsarten

Imprägniertes Papier Die Zellulosefaser hat eine Dichte von 1.5 g/cm³ und $\varepsilon_r = 6$. Die Dichte des Papiers ist je nach Sorte 0.8–1.3 g/cm³. Es wird in Dicken von 5–30 µm hergestellt. Bei Tränkung mit Mineralöl ($\varepsilon_r = 2.2$) ergeben sich Dielektrizitätszahlen von 3.5 bis 4.8 (s. dazu auch Abschn. 3.4.3). Das $\tan \delta$ liegt bei ca. 3‰

11.4 Kondensatoren

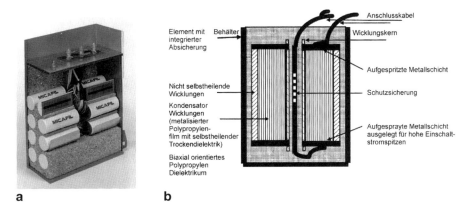

a b

Abb. 11.9 a Aufbau eines Leistungskondensators für 50–100 kVAr aus Rundwickel aus beschichtetem Polypropylen b Aufbau des IPE-Wickel-Elements (Spannungen bis 525 V). (Quelle: Micafil Isoliertechnik AG, Zürich)

bei 50 Hz und steigt auf 10 ‰ bei 100 kHz. In den 50er Jahren betrug die zulässige Betriebsfeldstärke ca. 7 V/μm, was einer spezifischen Leistung von 0.55 kVAr/dm³ entsprach. Seitdem ist dieser Wert vor allem durch Verbesserung der Papierqualität etwa verdoppelt worden.

Polypropylen Seit den 70er Jahren wird Polypropylen zuerst für MS-Kondensatoren, heute auch für NS-Kondensatoren eingesetzt. Polypropylen hat ein ε_r von 2.2, aber grössere elektrische Festigkeit gegenüber Papier (Betriebsfeldstärken von 60–70 V/μm [2]). Die Verluste sind wesentlich kleiner, $\tan\delta = 0.2$ ‰. Es wird in Lagen von 6–10 μm hergestellt.

Mischdielektrika Sie bestehen aus imprägniertem Papier und Polypropylenfilmen. Eine Imprägnierung ist notwendig, um Teilentladungen durch Lufteinschlüsse zu vermeiden. Die Verluste betragen ca. 0.5 W/kVAr ($\tan\delta = 0.5$ ‰).

Aufbau Papier- und Mischdielektrikumskondensatoren werden mit mehreren Lagen Dielektrikum als Flach- oder Rundwickel gebaut. Als Elektroden dienen Al-Folien von 5–20 μm (je nach Strombelastung) oder aufgedampfte Elektroden von 20–100 nm Dicke aus Al oder Zink (selbstheilende Kondensatoren). Die Wickel werden in zylinder- oder quaderförmigen Gehäusen untergebracht (Al- oder Stahlblech, Abb. 11.9). Für Näheres s. [2].

11.4.3 Anwendungen

Leistungskondensatoren Sie dienen der Lieferung von Blindleistung für die Kompensation (Abschn. 9.5.3). Üblich sind Einheitsleistungen bis 50 kVAr für NS und bis 200 kVAr für MS (bis 15 kV, für höhere Spannungen Serieschaltung).

Abb. 11.10 Kopplungskondensator

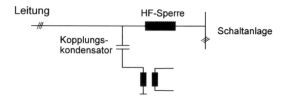

Beispiel 11.10 NS-Kondensator 400 V, 50 Hz, 50 kV Ar, Dielektrikum: Polypropylen, spezifische Leistung 10 kV Ar/dm³. Man berechne die restlichen Kenngrössen

Aus den Gln. (11.38) bis (11.40) folgt

$$V = \frac{50}{10} = 5 \; dm^3, \quad C = \frac{50 \cdot 10^3}{2\pi \cdot 50 \cdot 400^2} = 0.995 \; mF$$

$$E = \sqrt{\frac{10 \cdot 10^6}{2\pi \cdot 50 \cdot 8.854 \cdot 10^{-12} \cdot 2.2}} = 405 \; \frac{kV}{cm}$$

$$a = \frac{400}{405 \cdot 10^5} \approx 10 \; \mu m, \quad A = \frac{5 \cdot 10^{-3}}{10 \cdot 10^{-6}} = 500 \; m^2.$$

Kopplungskondensatoren Zusammen mit den HF-Sperren erlauben sie Trägerfrequenzverbindungen auf Hochspannungsleitungen (Abb. 11.10). Sie sind für die obere Mittelspannung und Hochspannung verfügbar. Die Kapazität beträgt meistens einige 1000 pF. Sie werden als Wickelkondensatoren gebaut (Papier, ölimprägniert) und in einem Isolator untergebracht.

Literatur

1. ABB-Taschenbuch Schaltanlagen (1992) Cornelsen, Düsseldorf
2. Böning W (Hrsg) (1978) Hütte, Elektrische Energietechnik, Band 2, Geräte. Springer, Berlin
3. Crastan V (1971) Anwendung eines Elementen-Methode-Programmes zur Lösung von Temperaturverteilungsproblemen. Nuclear Engineering and Design 15
4. Richtlinien Eidgenössisches Starkstrominspektorat ESTI (1994) www.esti.ch
5. Fischer R, Kiessling F (1993) Freileitungen. Springer, Berlin
6. Haubrich HJ, Lechlein H, Reissling T, Wanser G (1987) VWEW-Bericht: Freileitung oder Kabel? VWEW Verlag, Frankfurt a. M.
7. Hosemann G (Hrsg) (1988) Hütte, Elektrische Energietechnik, Band 3, Netze. Springer, Berlin
8. Langrehr H (1972) Der Schutzraum von Blitzfangstangen und Erdseilen. Dissertation TU, München
9. Philippow E (1982) Systeme der Elektroenergietechnik. Taschenbuch der Elektrotechnik, Bd 6. Hanser, München
10. Rüdenberg R (1974) Elektrische Schaltvorgänge. Springer, Berlin (Hrsg: Dorsch H, Jacottet P)
11. Zienkiewicz OC (1971) The finite element method in engineering science. McGraw-Hill, London

Kapitel 12
Kurzschlussbeanspruchungen

Kurzschlüsse werden ausgelöst durch äussere Einwirkungen wie Blitzeinschläge, Wachstum von Pflanzen, Tiere, Brände, Bauarbeiten usw., ferner durch innere Fehler der Maschinen und Geräte oder durch fehlerhafte Schalthandlungen. Diese Ursachen führen letztlich dazu, dass der Widerstand zwischen den Phasen oder zwischen den Phasen und der Erde null oder sehr klein wird.

Kurzschlüsse treten relativ häufig auf und lassen sich nicht vermeiden (nach der VDEW Störungs- und Schadenstatistik im Hochspannungsbereich je nach Netz etwa 1- bis 10mal im Jahr auf 100 km). Der Netzplaner muss die Auswirkungen kennen und möglichst begrenzen. Neben vorübergehender Spannungsabsenkung und möglicher Beeinflussung von Kommunikationsnetzen sind vor allem die thermischen und mechanischen Wirkungen auf die Anlagen sowie die Gefährdung von Personen und Tieren durch die vom Erdkurzschlussstrom verursachten Schrittspannungen in den Erdungsanlagen von Bedeutung (Abschn. 10.4.2, 14.7).

Zur Berechnung der *Kurzschlusswirkungen* an irgendeiner Stelle des Netzes muss nicht nur der durch die Netzberechnung ermittelte subtransiente Anfangskurzschlussstrom bekannt sein (Abschn. 9.2, 9.3.2, 10.7.2), sondern auch weitere Kenngrössen, die aus dem Zeitverlauf des momentanen Kurzschlussstromes entnommen werden können.

12.1 Kenngrössen des momentanen Kurzschlussstromes

12.1.1 Momentaner Kurzschlussstromverlauf

Der exakte Zeitverlauf des Kurzschlussstromes ist bis jetzt nur für die Synchronmaschine ermittelt worden. In Abschn. 6.8 wurde der dreipolige Kurzschlussstrom bei Kurzschluss ab Leerlauf berechnet und gezeigt, dass er im wesentlichen die folgende Form annimmt (Gl. 6.153)

$$i_k(t) = \hat{I}_k(t) \cos(\omega t + \vartheta_0) - \hat{I}_k'' \cos \vartheta_0 \, e^{-\frac{t}{T_a}}. \tag{12.1}$$

Abb. 12.1 Elementares Schema für die Kurzschlussimpedanz

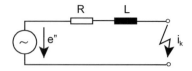

Der Kurzschlussstrom besteht aus einem *Wechselstromanteil*, dessen Amplitude progressiv vom subtransienten über den transienten Zustand bis zum stationären Wert abnimmt, und einem *Gleichstromanteil*, dessen Anfangswert vom Kurzschlussaugenblick abhängt.

Findet der Kurzschluss in einiger Entfernung von der SM statt (Abschn. 9.2.1), bleibt der Vorgang derselbe, die Amplitudenunterschiede im Wechselstromanteil werden aber kleiner und die Amplitudenabnahme wird langsamer. Ist man genügend weit von der SM entfernt, d. h. sind die Netzimpedanzen wesentlich wichtiger als die Maschinenimpedanz, wird die Amplitude des Wechselstromanteils praktisch konstant. Simulationsrechnungen zeigen, dass dies mit hinreichender Genauigkeit dann der Fall ist, wenn der subtransiente Anfangskurzschlussstrom des Generators kleiner wird als sein doppelter Nennstrom. Dementsprechend bezeichnet man den Kurzschluss als

generatorfern:

wenn $I_k'' < 2 I_r$ $\Rightarrow$ $I_k(t) = I_k'' = I_k' = I_k = konstant$

generatornah: (12.2)

wenn $I_k'' > 2 I_r$ $\Rightarrow$ $I_k(t) = (I_k'' - I_k') e^{-\frac{t}{T_{dx}''}} + (I_k' - I_k) e^{-\frac{t}{T_{dx}'}} + I_k.$

Im allgemeinen Fall eines komplexen Netzes sei der momentane Verlauf des Kurzschlussstromes zunächst mit der einfachen Annahme berechnet, dass sich das Netzschema subtransient auf Abb. 12.1 reduzieren lässt. Dynamisch ist dies streng genommen nur bei der Reihenschaltung von Netzelementen zulässig. Wir nehmen ausserdem an, die Reaktanz X sei konstant, was dem Fall des generatorfernen Kurzschlusses entspricht.

Die subtransiente Spannung sei

$$e'' = \sqrt{2}\, E'' \sin(\omega t + \alpha).$$

Die Differentialgleichung

$$L \frac{di_k}{dt} + R i_k = e''$$

liefert dann die Lösung

$$i_k = \frac{\sqrt{2}\, E''}{Z} \sin(\omega t + \alpha - \varphi) + A e^{-\frac{t}{T}}.$$

12.1 Kenngrössen des momentanen Kurzschlussstromes

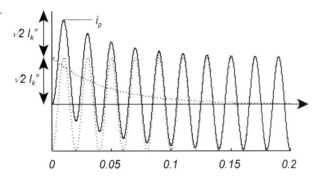

Abb. 12.2 Kurzschlussstromverlauf bei generatorfernem Kurzschluss

Z stellt die Kurzschlussimpedanz dar, φ deren Phasenwinkel, und T ist gleich L/R. Für die Integrationskonstante A folgt bei Berücksichtigung des Anfangswerts i_0 des Vorbelastungsstromes und mit $E''/Z = I_k''$

$$A = i_0 - \sqrt{2}\, I_k'' \sin(\alpha - \varphi).$$

Die Lösung der Differentialgleichung lässt sich somit folgendermassen schreiben

$$i_k = -\sqrt{2}\, I_k'' \cos\left(\omega t + \alpha + \frac{\pi}{2} - \varphi\right) + (i_0 + \sqrt{2}\, I_k'' \sin(\varphi - \alpha))\, e^{-\frac{t}{T}}.$$

Der Maximalwert des Wechselstromanteils tritt für $\omega t + \alpha - \varphi = \pi/2$ ein. Dann erreicht auch der Kurzschlussstrom praktisch seinen momentanen Maximalwert i_p, *Stosskurzschlussstrom* genannt, der vor allem für die mechanischen Wirkungen von Bedeutung ist. Es lässt sich leicht zeigen, dass dieser Wert dann am grössten wird, wenn $\alpha = 0$, d. h., wenn die Spannung im Kurzschlussaugenblick gerade null ist. Der Vorbelastungsstrom ist praktisch immer induktiv, oder wenn kapazitiv (leerlaufende Leitungen), vernachlässigbar klein. Der Anfangsstrom i_0 kann also nur negativ oder schlimmstenfalls null sein. Der ungünstigste Verlauf des Kurzschlussstromes wird somit von

$$i_k = -\sqrt{2}\, I_k'' \cos\left(\omega t + \frac{\pi}{2} - \varphi\right) + \sqrt{2}\, I_k'' \sin\varphi\, e^{-\frac{t}{T}} \qquad (12.3)$$

gegeben. Der Winkel φ der Kurzschlussimpedanz ist in MS- und HS-Netzen immer sehr nahe bei 90°. Der Kurzschlussstrom hat demzufolge bei generatorfernem Kurzschluss den von Abb. 12.2 dargestellten typischen Verlauf.

Bei *generatornahem Kurzschluss* wird gemäss Gln. (12.1) und (12.2) die Amplitude des Wechselstromteils zeitabhängig, und es folgt der allgemeinere in Abb. 12.3 dargestellte und von Gl. (12.4) gegebene Verlauf mit $I_k(t)$ nach (12.2)

$$i_k = -\sqrt{2}\, I_k(t) \cos\left(\omega t + \frac{\pi}{2} - \varphi\right) + \sqrt{2}\, I_k'' \sin\varphi\, e^{-\frac{t}{T}}. \qquad (12.4)$$

In Abb. 12.3 sind weitere Kenngrössen des Kurzschlussstromes eingetragen. Nach dem Ansprechen des Kurzschlussschutzes wird der Leistungsschalter betätigt, der

Abb. 12.3 Kurzschlussstromverlauf bei generatornahem Kurzschluss

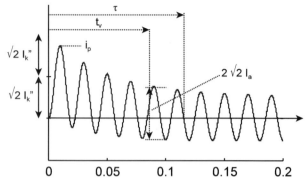

den Kurzschlussstrom nach der Zeit τ in einem Nulldurchgang unterbrechen wird. Die Zeit τ stellt die *Kurzschlussdauer* dar. Der *Effektivwert des Kurzschlussstromes* während der Kurzschlussdauer ist für die thermischen Wirkungen massgebend und wird auch als *thermisch wirksamer Kurzzeitstrom* bezeichnet. Als *Schaltverzug* t_v definiert man die Zeit bis zur Trennung der Kontakte des Leistungsschalters. In diesem Augenblick bildet sich der Lichtbogen, die Zeitdifferenz $(\tau - t_v)$ ist somit die *Lichtbogenbrenndauer*. Ab t_v wird der Schalter durch den Lichtbogen beansprucht. Den Effektivwert I_a des Wechselstromes in diesem Zeitpunkt bezeichnet man als Ausschaltstrom. Er ist für die Dimensionierung des Schalters massgebend.

12.1.2 Berechnung des Stosskurzschlussstromes

Setzt man in Gl. (12.3) ein

$$\omega t = \frac{\pi}{2} + \varphi \quad \Rightarrow \quad \frac{t}{T} = \frac{\omega t}{\omega T} = \frac{\frac{\pi}{2} + \varphi}{\tan \varphi},$$

folgt der Stosskurzschlussstrom

$$i_p = \sqrt{2}\, I_k'' + \sqrt{2}\, I_k'' \sin \varphi\, e^{-\frac{\frac{\pi}{2}+\varphi}{\tan \varphi}}$$

$$oder \quad i_p = \kappa \sqrt{2}\, I_k'', \quad mit \quad \kappa = 1 + \sin \varphi\, e^{-\frac{\frac{\pi}{2}+\varphi}{\tan \varphi}}. \tag{12.5}$$

Der *Stossfaktor* κ ist nur vom Phasenwinkel der Kurzschlussimpedanz abhängig und kann Werte zwischen 1 und 2 annehmen (Abb. 12.4). Für $\varphi = 86°$, ein für MS- und HS-Netze sehr typischer Wert, nimmt der Stossfaktor den Wert 1.8 an. Der Stosskurzschlussstrom tritt nach ca. 10 ms ein (bei 50 Hz). Bei generatornahem Kurzschluss ist die Amplitude des Wechselstromanteils nach 10 ms leicht abgeklungen. Dieser Umstand wird jedoch bei der Berechnung des Stossfaktors vernachlässigt.

12.1 Kenngrössen des momentanen Kurzschlussstromes

Abb. 12.4 Stossfaktor κ in Abhängigkeit des Phasenwinkels

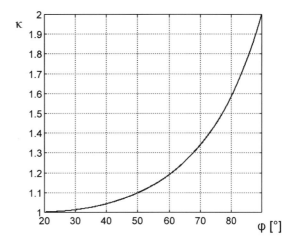

Abb. 12.5 Stosskurzschlussstrom paralleler Zweige

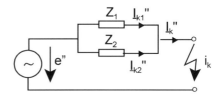

Berechnung in Kurzschlusskreisen mit Stromverzweigung Das Ersatzschaltbild 12.1 ist für Kurzschlusskreise mit Stromverzweigungen eine relativ grobe Näherung. Zunächst sei der Fall mit zwei parallelen Zweigen mit verschiedenen Kurzschlussimpedanzwinkeln φ_1 und φ_2 betrachtet (Abb. 12.5). Die Maximalwerte der beiden Wechselstromanteile sind um $\Delta\varphi = \varphi_1 - \varphi_2$ phasenverschoben, und die Addition muss vektoriell erfolgen. Man erhält

$$i_p = \kappa\sqrt{2}\, I_k'' = \sqrt{2}\left|\kappa_1\, \underline{I}_{k1}'' + \kappa_2\, \underline{I}_{k2}''\right|.$$

Führt man die Kurzschlussleistungen der Zweige an Stelle der Ströme ein (s. Beispiele 9.1, 9.2), erhält man für den Stossfaktor das gewichtete Mittel

$$\kappa = \left|\kappa_1 \frac{\underline{S}_{k1}''}{\underline{S}_k''} + \kappa_2 \frac{\underline{S}_{k2}''}{\underline{S}_k''}\right|. \tag{12.6}$$

Diese Berechnung kann man sich ersparen, wenn der Phasenunterschied der beiden Kurzschlussimpedanzwinkel kleiner als 5° ist. κ kann dann direkt aus dem Winkel der Gesamtkurzschlussimpedanz bestimmt werden.

Bei *Parallel- und Serieschaltung von Zweigen* (Abb. 12.6) führt folgende Methode zu sehr guten Ergebnissen: Aus dem resultierenden Stossfaktor κ_A der Parallelzweige, berechnet mit (12.6) an der Stelle A, rechnet man mit (12.5) oder

Abb. 12.6 Stossskurzschlussstrom von Parallel- und Seriezweigen

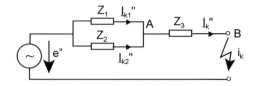

Abb. 12.4 den äquivalenten Phasenwinkel φ'_A zurück und ersetzt die Impedanz $\underline{Z}_A \angle \varphi_A$ ($=Z_1//Z_2$) durch $\underline{Z}_A \angle \varphi'_A$. Die wirksame Impedanz in B rechnet man mit $\underline{Z}'_B = \underline{Z}_A \angle \varphi'_A + \underline{Z}_3$. Aus φ'_B folgt κ_B. Man beachte, dass $\underline{Z}'_B$ nicht identisch ist mit der Kurzschlussimpedanz in B.

Für komplexere vermaschte Netze kann man die in [4] untersuchte *20-Hz-Methode* verwenden. Diese berechnet zuerst die Kurzschlussimpedanz für die Ersatzfrequenz von 20 Hz und rechnet dann das Verhältnis R/X, das für den Kurzschlussimpedanzwinkel (und so für κ) massgebend ist, auf 50 Hz zurück ($X_{50} = 2.5\, X_{20}$), (IEC 909, VDE 0102).

12.1.3 Berechnung des Ausschaltwechselstromes

Der Ausschaltwechselstrom I_a, der nach dem Schaltverzug t_v auftritt, ist bei generatorfernem Kurzschluss gleich dem subtransienten Anfangskurzschlussstrom I''_k (Abb. 12.2). Bei generatornahem Kurzschluss ist er kleiner als dieser Wert (Abb. 12.3). Man definiert somit allgemein

$$I_a = \mu I''_k \quad mit \quad \mu \leq 1.$$

Im allgemeinen Fall setzt sich der Kurzschlussstrom I''_k aus den Beiträgen der verschiedenen Quellen des Netzes zusammen, die je nach Abstand zum Kurzschlusspunkt generatorferne oder generatornahe Anteile liefern. Der Ausschaltwechselstrom muss also pro Quelle berechnet werden.

Der *Gesamt-Abklingfaktor* μ ist das gewichtete Mittel der *Abklingfaktoren* der einzelnen Quellen. Für m Quellen gilt

$$\mu = \sum_{i=1}^{m} \mu_i \frac{S''_{ki}}{S''_k} \quad mit \quad S''_k = \sum_{i=1}^{m} S''_{ki}. \tag{12.7}$$

Der Abklingfaktor hängt vom Schaltverzug und dem Abstand der Quelle vom Kurzschlusspunkt ab. Ist der Schaltverzug des für die Abschaltung massgebenden Leistungsschalters einstellbar, muss der kleinste Wert (Mindestschaltverzug) genommen werden. Der Abstand der Quelle kann durch das Verhältnis I''_{ki}/I_{ri} oder S''_{ki}/S_{ri} charakterisiert werden. Ist dieses Verhältnis < 2, so liegt nach (12.2) generatorferner Kurzschluss vor und μ = 1. Im allgemeinen Fall ist

$$\mu_i = f\left(t_{vmin}, \frac{S''_{ki}}{S_{ri}}\right).$$

12.1 Kenngrössen des momentanen Kurzschlussstromes

Abb. 12.7 Abklingfaktor für Synchronmaschinen zur Bestimmung des Ausschaltwechselstromes. (Quelle: [1])

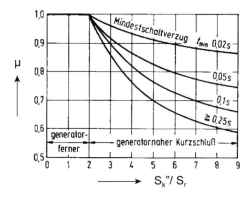

Abb. 12.8 Zusatz-Abklingfaktor für Asynchronmaschinen (Quelle: [1])

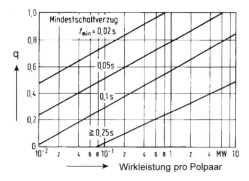

Für technisch übliche Generatorausführungen zeigt Abb. 12.7 diese Abhängigkeit (VDE 0102, IEC 909). Für genauere Verfahren s. [3, 5].

Der Beitrag von Asynchronmaschinen klingt rascher ab, da diese kein Gleichstromerregerfeld aufweisen. Der Abklingfaktor wird in diesem Fall mit einem weiteren Faktor q multipliziert, der aus Abb. 12.8 entnommen werden kann. Der Faktor wird in Abhängigkeit von der Wirkleistung des Motors pro Polpaar angegeben.

12.1.4 Berechnung des thermisch wirksamen Kurzzeitstromes

Er ist als Effektivwert während der Kurzschlussdauer definiert

$$I_{th} = \sqrt{\frac{1}{\tau} \int_0^t i_k^2(t)\, dt}. \tag{12.8}$$

Die Berechnung kann mit Gl. (12.4) geschehen. Praktisch werden oft folgende Näherungsausdrücke verwendet, die auf Roeper zurückgehen [7]. Nach diesem Verfahren schreibt man

$$I_{th}^2 \tau = \int_0^t i_k^2 \, dt = I_k^{''2} \tau (m+n)$$

woraus

$$I_{th} = I_k^{''} \sqrt{m+n}$$

$$\text{mit} \quad m = f(\tau, \kappa), \quad n = f\left(\tau, \frac{I_k^{''}}{I_k}\right). \tag{12.9}$$

m berücksichtigt die thermische Wirkung des Wechselstromanteils und n jene des Gleichstromanteils. Die beiden Funktionen sind in Abb. 12.9 dargestellt. Für die Berechnung von m sind ausser der Kenntnis von τ (wenn einstellbar, ist τ_{max} einzusetzen) keine weiteren Daten notwendig, da κ aus der Stosskurzschlussstromberechnung bekannt ist. Für die Berechnung von n benötigt man auch den stationären Kurzschlussstrom. Für generatorferne Anteile ist $I_k = I_k^{''}$, für generatornahe Anteile kann I_k nach Abschn. 9.2.1 ermittelt werden. Man setzt $I_k = \lambda I_r$, wobei λ von Generator und Spannungsregelkreisdaten abhängt. Meistens ist λ nicht weit von 2. Kurven für die Berechnung von λ sind in VDE 0102 und IEC 909 gegeben. Für kritische Anmerkungen zu dieser Methode sei auf [5] verwiesen.

Beispiel 12.1 Für die Anlage von Beispiel 9.2, Abschn. 9.2.3, sollen an den Stellen A und C Stosskurzschlussstrom, Ausschaltstrom und Kurzzeitstrom berechnet werden. Die Schalterdaten sind

A: $t_{vmin} = 50$ ms, $t_{vmax} = 100$ ms, Lichtbogenbrenndauer ≤ 20 ms
C: $t_{vmin} = t_{vmax} = 250$ ms, Lichtbogenbrenndauer ≤ 30 ms

Stosskurzschlussstrom in A: Gemäss Resultaten des Beispiels 9.2 weichen die Winkel der Kurzschlussimpedanzen, die in B Richtung Netz und Generator gesehen werden, weniger als 5° voneinander ab; ebenso die Kurzschlussimpedanzen in A, Richtung Motor und Netz+Generator. Der Stosskurzschlussstrom kann deshalb direkt aus dem Winkel der Kurzschlussimpedanz bzw. des Kurzschlussstromes in A berechnet werden. Dieser ist 82.8°, und aus Gl. (12.5) folgt

$$\kappa = 1 + \sin 82.8° \; e^{-\frac{\frac{\pi}{2} + 82.8 \frac{\pi}{180}}{\tan 82.8°}} = 1.68, \quad i_p = 1.68 \sqrt{2} \; 19.6 = \underline{46.6 \, kA}.$$

Ausschaltstrom in A: Der Beitrag der Netzeinspeisung ist mit Sicherheit generatorfern, ebenso der Kurzschlussleistungsbeitrag des Kraftwerks, der auf etwa 120 MVA geschätzt werden kann und so deutlich kleiner ist als die doppelte Kraftwerksleistung. Der Beitrag des Asynchronmotors ist hingegen generatornah. Es folgt aus Gl. (12.7) und den Abb. 12.7 und 12.8

12.1 Kenngrössen des momentanen Kurzschlussstromes

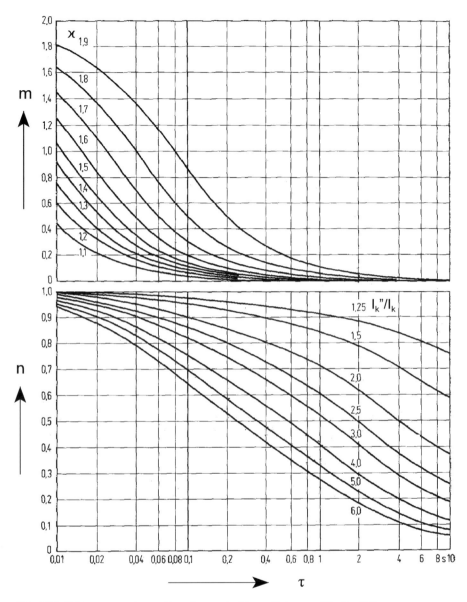

Abb. 12.9 Faktoren m und n zur Berechnung des Kurzzeitstromes. (Quelle: [1])

Netz + Generator: $\mu_G = 1$

Asynchronmotor: $\begin{cases} \dfrac{S_k''}{S_r} = 5.5 & \longrightarrow \quad \mu_M = 0.81 \\ \dfrac{P}{P} = \dfrac{750 \cdot 0.8}{2} = 300\,kW & \longrightarrow \quad q = 0.65 \end{cases}$

$$\mu = \frac{|1 \cdot 192\angle 82.9 + 0.81 \cdot 0.65 \cdot 12.4\angle 81.5|}{204} = 0.97, \quad I_a = 0.97 \cdot 19.6 = \underline{19.0\,kA}.$$

Kurzzeitstrom in A: Den Faktor m kann man direkt aus κ und τ berechnen. Für den Faktor n muss noch die stationäre Kurzschlussleistung (Kurzschlussstrom) ermittelt werden (man wählt λ = 2 für generatornahe Anteile). Aus Gl. (12.9) und Abb. 12.9 folgt

$$\tau = 100 + 20 = 120\,ms, \quad \kappa = 1.68, \quad --\rightarrow \quad m = 0.25$$

$\left.\begin{array}{l} \textit{Netz+Generator}: S_k = S_k'' = 192\,MVA \\ \textit{Asynchronmotor}: S_k = 2 \cdot S_r = 4.5\,MVA \end{array}\right\} \longrightarrow S_k = 197\,MVA$

$$\frac{S_k''}{S_k} = \frac{204}{197} = 1.04 \quad --\rightarrow n = 0.99, \quad I_{th} = 19.6\sqrt{0.25 + 0.99} = \underline{24.3\,kA}.$$

Stosskurzschlussstrom in C: Von B aus gesehen haben die Kurzschlussimpedanzen von Motor und Generator nahezu denselben Phasenwinkel. Die beiden Beiträge können also zusammengefasst werden. Die Winkel der Kurzschlussimpedanzen in C, Richtung Generator + Motor und Netzeinspeisung, unterscheiden sich hingegen um mehr als 5°. Dementsprechend mittelt man κ nach Gl. (12.6)

$$\textit{Kraftwerk}: \quad \kappa_1 = 1 + \sin 86.9°\, e^{-\frac{\frac{\pi}{2}+86.9\frac{\pi}{180}}{\tan 86.9°}} = 1.84$$

$$\textit{Netzeinspeisung}: \quad \kappa_2 = 1 + \sin 75.1°\, e^{-\frac{\frac{\pi}{2}+75.1\frac{\pi}{180}}{\tan 75.1°}} = 1.45$$

$$\kappa = \frac{|1.84 \cdot 923\angle 86.9° + 1.45 \cdot 2212\angle 75.1°|}{3121}$$

$$= 1.56 \quad \longrightarrow \quad i_p = 1.56 \cdot \sqrt{2}\cdot 8.2 = \underline{18.1\,kA}.$$

Ausschaltstrom in C: Die Abklingfaktoren der Quellen werden getrennt gerechnet und gemittelt. Der Beitrag der Netzeinspeisung wird wieder als generatorfern betrachtet (andernfalls müsste das Netz mit Details modelliert werden). Von der Kurzschlussleistung des Kraftwerks (923 MVA) stammen etwa 917 MVA vom Generator und 6 MVA vom Motor. Der Phasenwinkel des geringfügigen Motoranteils wird einfachheitshalber gleich zu jenem des Generators gesetzt.

12.2 Thermische Kurzschlussfestigkeit

Netzeinspeisung: $\mu_R = 1$

Generator: $\mu_G = \dfrac{S_k''}{S_r} = \dfrac{917}{200} = 4.6 \quad \longrightarrow \quad \mu_G = 0.73$

Asynchronmotor: $\begin{cases} \dfrac{S_k''}{S_r} = \dfrac{6}{4.5} = 1.3 \quad \longrightarrow \quad \mu_M = 1 \\[2mm] \dfrac{P}{p} = \dfrac{750 \cdot 0.8}{2} = 300 \; kW \quad \longrightarrow \quad q = 0.14 \end{cases}$

$\mu = \dfrac{\mid 1 \cdot 2212 \angle 75.1° + 0.73 \cdot 917 \angle 86.9° + 0.14 \cdot 6 \angle 86.9° \mid}{3121} = 0.92$

$I_a = 0.92 \cdot 8.2 = \underline{7.5 \; kA}$

Kurzzeitstrom in C: Zur Berechnung der stationären Kurzschlussleistung generatornaher Beiträge wird wieder $\lambda = 2$ gesetzt.

$\tau = 250 + 30 = 280 \; ms, \quad \kappa = 1.56, \quad \dashrightarrow \quad m = 0.07$

Netz: $S_k = S_k'' = 2212 \; MVA$
Kraftwerk: $S_k = 2 \cdot S_r = 205 \; MVA$ $\Big\} \quad \longrightarrow \quad S_k = 2417 \; MVA$

$\dfrac{S_k''}{S_k} = \dfrac{3121}{2417} = 1.29 \quad \dashrightarrow \quad n = 0.95, \quad I_{th} = 8.2\sqrt{0.07 + 0.95} = \underline{8.3 \; kA}$

12.2 Thermische Kurzschlussfestigkeit

Man bezeichnet einen Anlageteil als *thermisch kurzschlussfest*, wenn folgende Bedingung eingehalten wird

$$I_{th} < I_{thzul}. \tag{12.10}$$

I_{th} ist in Abschn. 12.1.4 ermittelt worden. I_{thzul} sei am Beispiel einer Leitung bestimmt. Ähnliche Berechnungen können für Wandler und andere Apparate durchgeführt werden. Der Anlageplaner kann aber diesen Wert in der Regel den Herstellerdaten der Geräte entnehmen, für Leitungen muss er ihn selbst festlegen.

Die Erwärmung eines Leiters wurde in Abschn. 11.3.2 untersucht. Wir nehmen im folgenden an, der Leiter werde ab einem stationären Betriebszustand mit einem Kurzschlussstrom von Dauer τ belastet. Strom und Temperatur ändern sich dann gemäss Abb. 12.10. Die Kurzschlusserwärmung $\Delta\vartheta_k$ kann aus der Wärmeleistungsbilanz (11.21) berechnet werden. Ab Kurzschlusszeitpunkt gilt

$$c \, A \, l \, \frac{d\vartheta}{dt} + h \, B \, l(\vartheta_\infty + \Delta\vartheta) = R_a' \, l(1 + \alpha \, \Delta\vartheta) i_k^2.$$

Der Widerstandsbelag ist für die Betriebstemperatur zu berechnen. Der erste Term der linken Seite ist in der Regel wesentlich grösser als der zweite. Wenn man den

Abb. 12.10 Temperaturverlauf im Leiter bei Kurzschluss

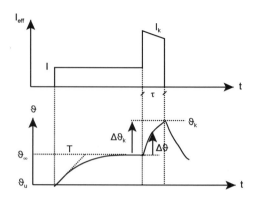

zweiten vernachlässigt (Wärmeabgabe), bleibt man auf der sicheren Seite. Man erhält dann

$$\frac{cA}{R'_a} \frac{d\vartheta}{(1+\alpha\Delta\vartheta)} = i_k^2 \, dt.$$

Integriert man über die Kurzschlussdauer und setzt $R'_a = \rho_a/A$, folgt

$$\frac{cA^2}{\rho_a} \int_0^{\Delta\vartheta_k} \frac{d\vartheta}{(1+\alpha\Delta\vartheta)} = \int_0^\tau i_k^2 \, dt$$

$$\frac{cA^2}{\rho_a} \frac{1}{\alpha} \ln(1+\alpha\Delta\vartheta_k) = I_{th}^2 \, \tau.$$

Für die Kurzschlusserwärmung erhält man schliesslich

$$\Delta\vartheta_k = \frac{1}{\alpha}\left[e^{\frac{\alpha\rho_a}{c} J_{th}^2 \tau} - 1\right]. \qquad (12.11)$$

Die Temperatur ϑ_k darf zwar die Betriebstemperatur beträchtlich übersteigen, da sie nur kurzzeitig wirksam ist, sie sollte aber bestimmte kritische Werte ϑ_{kzul} nicht überschreiten. Richtwerte sind in Tab. 12.1 gegeben. Nähere Bestimmungen findet man in DIN VDE 0103, 0210, 0298 und IEC 865.

Die zulässige Kurzschlusserwärmung ist

$$\Delta\vartheta_{kzul} = \vartheta_{kzul} - \vartheta_\infty.$$

Falls nichts Näheres über ϑ_∞ bekannt ist, muss die höchstzulässige Dauer-Betriebstemperatur eingesetzt werden (Tab. 11.2).

Aus Gl. (12.11) folgt die *zulässige Kurzzeitstromdichte*

$$J_{thzul} = \frac{1}{\sqrt{\tau}}\sqrt{\frac{c}{\rho_a\alpha}\ln(1+\alpha\,\Delta\vartheta_{kzul})}. \qquad (12.12)$$

12.2 Thermische Kurzschlussfestigkeit

Tab. 12.1 Technische Richtwerte für blanke Leiter und Kabel

			Cu	Al	Aldrey	Stahl	Al-Stahl
	c (Ws/cm^3, °C)		3.5	2.4	2.4	3.6	2.4
	$\rho_{20°}$ (Ω mm^2/m)		0.0178	0.0286	0.033	0.15	0.0286
ϑ_{kzul}(°C)	Blanke $\sigma < 10$ N/mm^2		200°	180°	180°	200°	180°
	Leiter $\sigma > 10$ N/mm^2		170°	130°	160°	200°	160°
	Massekabel	6 kV			170°		
		10–20 kV			150°		
		30 kV			130°		
	PVC, PE-Kabel				150°		
	VPE, EPR-Kabel				250°		

Üblich ist auch die sogenannte *Einsekunden-Kurzzeitstromdichte*, die der Kurzschlussdauer von 1 s entspricht. Sie ist im wesentlichen eine Materialkonstante

$$J_{1thzul} = \sqrt{\frac{c}{\rho_a \alpha} \ln(1 + \alpha \, \Delta\vartheta_{kzul})} \quad \Rightarrow \quad J_{thzul} = \frac{J_{1thzul}}{\sqrt{\tau}}. \tag{12.13}$$

Beispiel 12.2 Man berechne die Einsekundenstromdichte von blanken Cu- und Al-Seilen (für $\sigma > 10$ N/mm^2) sowie von 20-kV-Cu-Massekabeln und von EPR-isolierten Cu-Kabeln, ausgehend von den max. Betriebstemperaturen von Tab. 11.2.

$$Cu: \quad J_{1thzul} = \sqrt{\frac{3.5 \cdot 10^6 \ln(1 + 0.004(170-70))}{0.0178 \cdot 10^{-6}(1 + 0.004 \cdot 50) 0.004}} = 117 \frac{A}{mm^2}$$

$$Al: \quad J_{1thzul} = \sqrt{\frac{2.4 \cdot 10^6 \ln(1 + 0.004(130-80))}{0.0286 \cdot 10^{-6}(1 + 0.004 \cdot 60) 0.004}} = 56 \frac{A}{mm^2}$$

$$M-Kabel\ 20\ kV: \quad J_{1thzul} = \sqrt{\frac{3.5 \cdot 10^6 \ln(1 + 0.004(150-50))}{0.0178 \cdot 10^{-6}(1 + 0.004 \cdot 30) 0.004}} = 122 \frac{A}{mm^2}$$

$$EPR-Kabel: \quad J_{1thzul} = \sqrt{\frac{3.5 \cdot 10^6 \ln(1 + 0.004(250-90))}{0.0178 \cdot 10^{-6}(1 + 0.004 \cdot 70) 0.004}} = 138 \frac{A}{mm^2}.$$

Beispiel 12.3 Man berechne die zulässige Kurzzeitstromdichte und den zulässigen Kurzzeitstrom eines Al-Freileitungsseils von 300 mm^2. Die Kurzschlussdauer beträgt 300 ms.

Übernehmen wir die Einsekunden-Kurzzeitstromdichte von Beispiel 12.2 mit der Annahme, dass die Freileitung bis zur thermischen Grenze betrieben werden könnte, erhält man

$$J_{thzul} = \frac{56}{\sqrt{0.3}} = 102 \frac{A}{mm^2}, \quad I_{thzul} = 300 \cdot 102 = 30.6\ kA.$$

12.3 Mechanische Kurzschlussfestigkeit

Man bezeichnet ein Anlageteil als *mechanisch kurzschlussfest*, wenn die bei Kurzschluss auftretenden mechanischen Beanspruchungen kleiner sind als die zulässigen.

Für Geräte gegebener Konstruktion gibt man normalerweise den zulässigen Stosskurzschlussstrom an; die Bedingung lautet somit

$$i_p < i_{pzul}. \tag{12.14}$$

Für Schienen, Seile, Stützisolatoren ist dies nicht möglich, da die Kräfte und mechanischen Spannungen von der jeweiligen Anlagegeometrie abhängen. In diesem Fall muss überprüft werden, ob die effektiv auftretenden mechanischen Spannungen kleiner sind als die zulässigen, d. h. ob

$$\sigma_{max} < \sigma_{zul}. \tag{12.15}$$

Die Untersuchung auf mechanische Kurzschlussfestigkeit schliesst somit zwei Problemkreise ein:

- Die Berechnung der auftretenden Kurzschlusskräfte (elektromagnetische Kräfte, Grundlagen in Abschn. 2.5.9 und nachfolgend)
- Die Berechnung der maximalen mechanischen Spannungen mit Hilfe der Methoden der Festigkeitslehre.

12.3.1 Berechnung elektromagnetischer Kräfte

Wie in Abschn. 2.5.9 dargelegt, werden zwei Methoden eingesetzt. Die erste ist sehr allgemeiner Natur, geht von der magnetischen Koenergie des Systems aus und kann auch für inhomogene und nichtlineare Systeme verwendet werden. Die andere basiert auf Biot-Savart, setzt in der üblichen Form Linearität und Homogenität voraus und eignet sich vor allem zur Bestimmung von Kräften zwischen Leitern in Luft.

Methode der Koenergie Der Einsatz der Methode sei an einigen Beispielen gezeigt.

Beispiel 12.4 Die Kraft zwischen parallelen Leitern (Abb. 12.11) lässt sich leicht aus (2.89) bestimmen. Im folgenden sei gezeigt, dass sie auch aus der Koenergie berechnet werden kann. Die magnetische Koenergie ist in diesem Fall gleich zur magnetischen Energie und wird pro Längeneinheit von

$$W_m^{*'} = W_m' = \frac{1}{2} L' i^2$$

ausgedrückt. Für die Induktivität gilt (5.32), und für die Kraft folgt aus (2.96)

$$L' = \frac{\mu_0}{\pi}\left(\ln\frac{d}{r} + \frac{\mu_r}{4} k_{sL}\right), \quad F' = \left(\frac{\partial W_m^*}{\partial a}\right)_i = \frac{1}{2} i^2 \frac{dL'}{da}.$$

12.3 Mechanische Kurzschlussfestigkeit

Abb. 12.11 Kraft zwischen parallelen Leitern

Abb. 12.12 Längs- und Radialkraft einer Spule

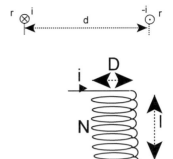

Nimmt man als virtuelle Bewegung die Zunahme des Abstandes zwischen den Leitern, d. h. a = d an, folgt

$$F' = \frac{\mu_0}{2\pi d} i^2.$$

Beispiel 12.5 Man berechne die Längs- und Radialkraft in einer einlagigen langen Luftspule in Abhängigkeit von Länge und Durchmesser (Abb. 12.12).

Wieder erhält man für Koenergie und Kraft

$$W_m^* = W_m = \frac{1}{2} L i^2$$

$$F = \left(\frac{\partial W_m^*}{\partial a}\right)_i = \frac{1}{2} i^2 \frac{dL}{da}.$$

Die Induktivität der Spule lässt sich mit guter Näherung (± 2 %, wenn D < 0.8 l) von

$$L = N^2 \frac{\mu_0 \pi D^2}{4 l} \left(1 - 0.35 \frac{D}{l}\right)$$

ausdrücken (hergeleitet aus [6]). Für die Radialkraft setzt man a = D und erhält durch Ableitung

$$F_R = i^2 N^2 \frac{\mu_0 \pi D^2}{4 l} \left(1 - 0.52 \frac{D}{l}\right).$$

Es handelt sich um die Gesamtkraft der Spule in Radialrichtung. Die mittlere Dehnkraft pro Windung ist somit

$$F_{RW} = i^2 N \frac{\mu_0 \pi D}{4 l} \left(1 - 0.52 \frac{D}{l}\right).$$

Für die Kraft in Längsrichtung setzt man a = l und erhält die Gesamtkraft

$$F_l = -i^2 N^2 \frac{\mu_0 \pi D^2}{8 l^2} \left(1 - 0.7 \frac{D}{l}\right).$$

Die Kraft ist negativ, wirkt also der Längsdehnung entgegen. Die Spule zieht sich in Längsrichtung zusammen.

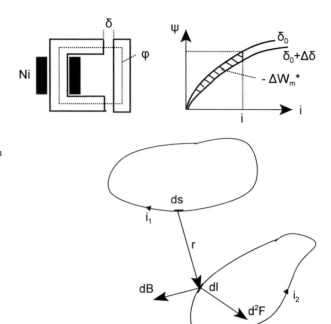

Abb. 12.13 Anzugskraft eines Elektromagnets

Abb. 12.14 Kraft zwischen Elementen von Linienleitern

Beispiel 12.6 Man berechne die Anzugskraft des Ankers des Elektromagneten von Abb. 12.13

a. bei Betrieb im linearen Teil der magnetischen Kennlinie,
b. bei Betrieb im gesättigten Teil des magnetischen Kreises.

a) Gesetzt $a = \delta$, erhält man bei Linearität

$$W_m^* = W_m = \frac{1}{2}\Psi i = \frac{N^2 i^2}{R_{mfe} + R_{m\delta}}, \quad R_{m\delta} = \frac{2\delta}{\mu_0 A_\delta}$$

$$F = \left(\frac{\partial W_m^*}{\partial \delta}\right)_i = -\frac{1}{2}\frac{N^2 i^2}{{R_{mfe} + R_{m\delta}}^2}\frac{2}{\mu_0 A_\delta} = -\frac{\varphi^2}{\mu_0 A_\delta} = -\frac{B_\delta^2 A_\delta}{\mu_0},$$

die Kraft ist negativ, also anziehend (entgegen der Zunahme von δ).

b) In diesem Fall muss numerisch die Fläche ΔW_m^* zwischen den magnetischen Kennlinien $\Psi(i, \delta + \Delta\delta)$ und $\Psi(i, \delta)$ bestimmt werden

$$W_m^* = \int_0^i \Psi(i, \delta)\, di, \qquad F(\delta_0) = \frac{\Delta W_m^*}{\Delta \delta}.$$

Kraft zwischen Leitern im homogenen Medium Mit Bezugnahme auf Abb. 12.14 und unter Anwendung von Biot Savart (2.76) kann das Feld ausgedrückt werden,

12.3 Mechanische Kurzschlussfestigkeit

das vom Stromelement ds i_1 des ersten Linienleiters an der Stelle dl des zweiten Linienleiters erzeugt wird

$$d\vec{B} = \frac{\mu_0}{4\pi} i_1 \frac{d\vec{s} \times \vec{r}}{r^3}.$$

Dieses Feld übt auf das Stromelement dl i_2 des zweiten Leiters die Lorentzkraft (2.89) aus

$$d^2\vec{F} = i_2(d\vec{l} \times d\vec{B}).$$

Setzt man dB ein, folgt

$$d^2\vec{F} = \frac{\mu_0}{4\pi} i_1 i_2 \frac{d\vec{l} \times (d\vec{s} \times \vec{r})}{r^3}. \tag{12.16}$$

Die Teilkraft, die der Stromkreis i insgesamt auf das Element dl des zweiten Stromkreises ausübt, ist

$$d\vec{F} = \frac{\mu_0}{4\pi} i_1 i_2 \int_s \frac{d\vec{l} \times (d\vec{s} \times \vec{r})}{r^3}, \tag{12.17}$$

und für die Gesamtkraft zwischen den Leitern erhält man

$$\vec{F} = \frac{\mu_0}{4\pi} i_1 i_2 \int_s \int_l \frac{d\vec{l} \times (d\vec{s} \times \vec{r})}{r^3}. \tag{12.18}$$

Beispiel 12.7 Kraft zwischen parallelen Leitern mit unterschiedlichen Strömen.

Führt man ein dreidimensionales Koordinatensystem mit entsprechenden Einheitsvektoren (i, j, k) ein, und wird der Abstandsvektor **r** zwischen den Stromelementen in Abhängigkeit des Winkels α ausgedrückt (Abb. 12.15), folgt

$$d\vec{s} \times \vec{r} = -\vec{k} \, ds \, r \, \sin(90° + \alpha) = -\vec{k} \, ds \, a, \quad d\vec{l} = -\vec{j} \, dl$$

$$d^2\vec{F} = \vec{i} \frac{\mu_0}{4\pi} i_1 i_2 \frac{dl \, ds \, \cos^3\alpha}{a^2}.$$

Integriert man von $s = -\infty$ bis $+\infty$ folgt die Kraft auf dem Element dl des Leiters 2, die vom Leiter 1 ausgeht

$$s = r \sin\alpha = a \tan\alpha, \quad ds = a \frac{d\alpha}{\cos^2\alpha}$$

$$d\vec{F} = \vec{i} \frac{\mu_0}{4\pi} \frac{i_1 i_2}{a^2} \int_{-\infty}^{\infty} dl \, ds \, \cos^3\alpha = \vec{i} \frac{\mu_0}{4\pi} \frac{i_1 i_2}{a} dl \int_{-90°}^{90°} \cos\alpha \, d\alpha$$

$$\vec{F}' = \frac{d\vec{F}}{dl} = \vec{i} \frac{\mu_0}{2\pi} \frac{i_1 i_2}{a} K.$$

Abb. 12.15 Kraft zwischen Elementen paralleler Leiter

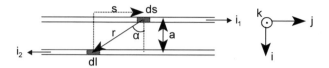

Abb. 12.16 Korrekturfaktor für rechteckige Leiter. (Quelle: [8])

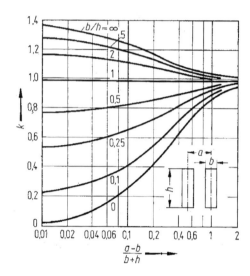

Abb. 12.17 Kraftwirkung in geknickten Leitern

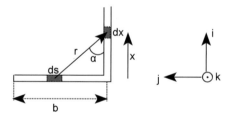

Für Leiter mit endlichem Querschnitt muss die Kraft durch den Faktor K korrigiert werden. Für runde Leiter ist $K \approx 1$. Für rechteckige Leiter wird K von Abb. 12.16 gegeben [8].

Beispiel 12.8 Man berechne die Kraft, die vom Leiterteilstück b eines rechtwinklig geknickten Leiters ausgeht und auf das Leiterelement dx wirkt (Abb. 12.17).

Wieder führt man ein rechtwinkliges Koordinatensystem ein und schreibt

$$\vec{ds} \times \vec{r} = \vec{k}\, ds\, r\, \sin(90° - \alpha) = \vec{k}\, ds\, x, \quad \vec{dl} = \vec{dx} = \vec{i}\, dx$$

$$d\vec{F}^2 = -\vec{j}\, \frac{\mu_0}{4\pi}\, i_1 i_2 \frac{dx\, ds\, \cos^3\alpha}{x^2}.$$

12.3 Mechanische Kurzschlussfestigkeit

Abb. 12.18 Kraft zwischen sich kreuzenden Leitern

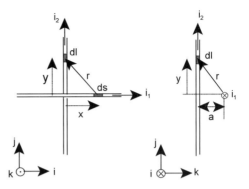

Durch Integration von s = 0 bis s = b erhält man

$$s = x \tan \alpha, \quad ds = \frac{x}{\cos^2 \alpha} d\alpha, \quad b = x \tan \alpha_0$$

$$d\vec{F} = -\vec{j}\, \frac{\mu_0}{4\pi} \frac{i_1 i_2}{x} dx \int_0^{\alpha_0} \cos\alpha\, d\alpha$$

$$\vec{F'} = \frac{d\vec{F}}{dx} = -\vec{j}\, \frac{\mu_0}{4\pi} i_1 i_2 \frac{b}{x\sqrt{b^2 + x^2}}.$$

Die Formel ist ungenau für x klein (Grössenordnung der Leiterdimensionen) und versagt für x = 0. In der Nähe des Knickpunktes muss die Wirkung des Linienleiters b über den Leiterquerschnitt integriert werden. Der minimal einzusetzende Wert von x ist der mittlere geometrische Abstand des Querschnitts von sich selbst (Def. Abschn. 5.4.2). Er erlaubt, die maximal auftretende Kraft annähernd zu bestimmen [8]. Für Kreisquerschnitte beträgt er 0.78 × Radius.

Beispiel 12.9 Kraft zwischen zwei sich kreuzenden Linienleitern.
Mit Bezug auf Abb. 12.18 folgt

$$\vec{r} = -x\vec{i} + y\vec{j} - a\vec{k}, \quad d\vec{s} = dx\,\vec{i}, \quad d\vec{l} = dy\,\vec{j}$$

$$d\vec{s} \times \vec{r} = y\,dx\,\vec{k} + a\,dx\,\vec{j}, \quad d\vec{l} \times (d\vec{s} \times \vec{r}) = y\,dy\,dx\,\vec{i}$$

$$d^2 F = \frac{\mu_0}{4\pi} i_1 i_2 \frac{y\,dy\,dx}{(x^2 + y^2 + a^2)^{1.5}} \vec{i}$$

$$F' = \frac{dF}{dy} = \vec{i}\, \frac{y}{y^2 + a^2} \frac{\mu_0}{4\pi} i_1 i_2 \int_{-\infty}^{\infty} \frac{dz}{(1 + z^2)^{1.5}}.$$

F' ist die Kraft, die vom Leiter 1 ausgeht und auf das Element dl des Leiters 2 ausgeübt wird. Die Ausführung der Integration liefert

$$F' = \vec{i}\, \frac{2y}{y^2 + a^2} \frac{\mu_0}{4\pi} i_1 i_2.$$

Die maximale Kraft tritt für y = a auf und hat den Wert

$$F'_{\max} = \vec{i} \frac{\mu_0}{4\pi} \frac{i_1 i_2}{a}.$$

12.3.2 Kurzschlusskräfte

Aus Abschn. 12.3.1 geht hervor, dass zwischen zwei Stromkreisen i_1, i_2 Teilkräfte bzw. Kräfte des Typs

$$\vec{F} = \vec{C} i_1 i_2 \qquad (12.19)$$

wirken. Der Vektor **C** hängt nur von der Geometrie ab. Für zwei parallele Leiter von Länge l und Abstand a ist **C** normal zu den Leitern (Beispiel 12.7) und hat die Grösse

$$C = K \frac{\mu_0}{2\pi a} l, \qquad (12.20)$$

wobei bei rechteckigem Querschnitt K von Abb. 12.16 gegeben ist.

Zwischen den Teilen desselben Stromkreises bestehen, da $i_1 = i_2$, Kräfte des Typs

$$\vec{F} = \vec{C} i^2. \qquad (12.21)$$

Kurzschlusskraft im Wechselstromkreis Bei generatorfernem Kurzschluss gilt Gl. (12.3). Durch Quadrieren erhält man

$$i_k^2 = 2 I_k''^2 \left[\sin^2 \varphi \, e^{-\frac{2t}{T}} - 2 \sin \varphi \, e^{-\frac{t}{T}} \cos\left(\omega t + \frac{\pi}{2} - \varphi\right) + \cos^2\left(\omega t + \frac{\pi}{2} - \varphi\right) \right].$$

In (12.21) eingesetzt, folgt durch Einführen der *mittleren subtransienten Kurzschlusskraft*

$$\vec{F}_m = \vec{C} I_k''^2 \qquad (12.22)$$

und mit einigen trigonometrischen Umformungen

$$\vec{F}(t) = \vec{F}_1 + \vec{F}_2 + \vec{F}_3, \quad mit$$
$$\vec{F}_1 = \vec{F}_m \left(1 + 2\sin^2\varphi \, e^{-\frac{2t}{T}}\right) \text{ aperiodische Komponente}$$
$$\vec{F}_2 = -\vec{F}_m 4 \sin\varphi \, e^{-\frac{t}{T}} \cos\left(\omega t + \frac{\pi}{2} - \varphi\right) \text{ Komponente mit Netzfrequenz} \qquad (12.23)$$
$$\vec{F}_3 = \vec{F}_m \cos(2\omega t + \pi - 2\varphi) \text{ Kompon. mit doppelter Netzfrequenz.}$$

In Abb. 12.19 sind die drei Komponenten und die resultierende Kurzschlusskraft für $\varphi = 86°$ ($\kappa = 1.8$) dargestellt. Beim ersten Maximum der Komponenten mit Netzfrequenz erreicht die Kurzschlusskraft den maximalen Wert entsprechend dem Stosskurzschlussstrom

$$\vec{F}_{\max} = \vec{C} i_p^2 = \vec{C} 2 \kappa^2 I_k''^2 = 2\kappa^2 \vec{F}_m. \qquad (12.24)$$

Bei generatornahem Kurzschluss wird die maximale Kraft gleich berechnet. Die mittlere Kraft klingt mit der Zeit über den transienten auf den stationären Wert ab. Die exponentiell abklingenden Terme von (12.23) werden ebenfalls leicht modifiziert.

12.3 Mechanische Kurzschlussfestigkeit

Abb. 12.19 F_1 = aperiodische Komponente, F_2 = Komponente mit Netzfrequenz, F_3 = Komponente mit doppelter Netzfrequenz, F = resultierende Kurzschlusskraft ($\kappa = 1.8$)

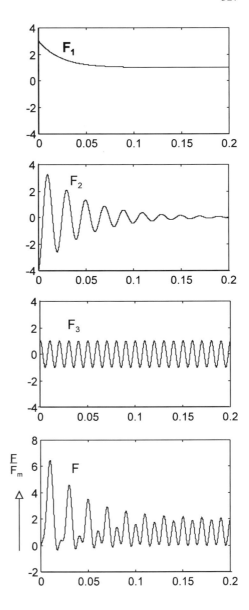

Kurzschlusskraft im Drehstromkreis Der Kraftverlauf bleibt grundsätzlich derselbe. Die maximale Kraft ist wegen der Phasenverschiebung zwischen den Strömen etwas kleiner. Man kann schreiben

$$\vec{F}_{\max} = \xi 2\kappa^2 \vec{F}_m \quad mit \quad \xi < 1. \tag{12.25}$$

Für die Einebenenanordnung der drei Leiter erhält man für die ungünstigste Situation $\zeta = 0.93$, [1].

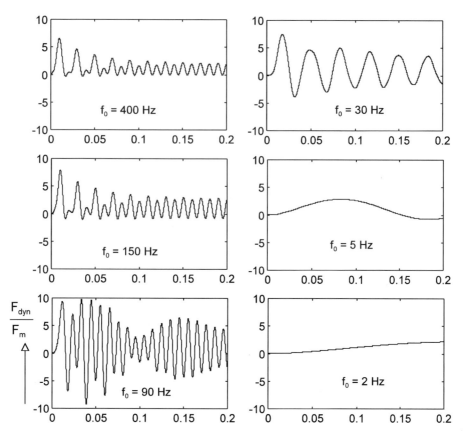

Abb. 12.20 Wirksame Kraft F_{dyn} in Abhängigkeit der Eigenfrequenz f_0 eines mechanischen Systems zweiter Ordnung

Wirkung der Kurzschlusskraft Die Kurzschlusskraft bewirkt gemäss der Dynamik des mechanischen Systems eine *Deformation*. Im Material entsteht eine dieser Deformation proportionale Spannung (Hooksches Gesetz). Für die exakte Beurteilung der Wirkung ist die Kenntnis der Übertragungsfunktion Deformation/Kraft notwendig. In erster Näherung genügt die Kenntnis der Eigenfrequenz f_0 (oder Eigenfrequenzen) des Systems. Die Anregung des mechanischen Systems erfolgt mit den Frequenzen 50 und 100 Hz sowie durch die der aperiodischen Komponente entsprechende Stossfunktion, welche mit der Zeitkonstanten T/2 von 3 F_m auf F_m abklingt. Als wirksame Kraft sei eine der Deformation proportionale Kraft F_{dyn} bezeichnet, die stationär mit der wirklichen Kraft übereinstimmt. Für die üblichen Werte der Kurzschlussparameter kann man folgende Fälle unterscheiden (s. auch Abb. 12.20):

$f_0 \gg 100\,\text{Hz}$ (ab ca. 400 Hz): die Deformation kann der Kraft dynamisch folgen. Die maximale Deformation D_{max} entspricht der maximalen Kraft, d. h.

$$D_{max} \quad prop. \quad F_{dynmax} \approx F_{max} = 2\kappa^2 F_m.$$

12.3 Mechanische Kurzschlussfestigkeit   529

$f_0 \ll 50$ Hz (z. B. $f_0 < 5$ Hz): Die Deformation reagiert nur auf die aperiodische Komponente und erreicht höchstens den Wert

$$D_{max} \quad prop. \quad F_{dynmax} \approx 3 F_m.$$

$f_0 \ll 1/\pi T$ (für $\kappa = 1.8$ ist z. B. T = 45.5 ms und $1/\pi T = 7$ Hz, also etwa für $f_0 < 1$ Hz): Die Deformation reagiert nur auf den stationären Wert der aperiodischen Kraft, womit

$$D_{max} \quad prop. \quad F_{dynmax} \approx 2 F_m.$$

Eigenfrequenzen im Bereich 20 bis 300 Hz sollten möglichst vermieden werden, da hier

$$D_{max} \quad prop. \quad F_{dynmax} = \nu F_{max} \quad mit \quad \nu > 1.$$

Diese Werte sind durch Simulation ermittelt worden und entsprechen dem Verhalten eines schlecht gedämpften Systems zweiter Ordnung ($\zeta = 0.02$). Für die Deformation erhält man in diesem Fall

$$D \quad prop. \quad F_{dyn} = \frac{F}{1 + \frac{2\zeta}{\omega_0}s + \frac{s^2}{\omega_0}}.$$

Abbildung 12.20 zeigt die wirksame Kraft F_{dyn} für verschiedene Eigenfrequenzen des mechanischen Systems.

12.3.3 Mechanische Überprüfung

Zur Überprüfung mechanischer Strukturen können heute auf Feldberechnung basierende Computerprogramme eingesetzt werden. Normierte Berechnungen können für einfache Anordnungen mit biegesteifen Leitern (IEC 865-1, [2]) und mit Leitungsseilen [1, 2] durchgeführt werden.

Überprüfung von Schienen Als klassischer Fall sei die Überprüfung der Leiterschienen von Abb. 12.21 behandelt. Das maximale wirksame Biegemoment einer Schienenanordnung ist

$$M_{max} = \beta \frac{F'_{dynmax} l^2}{8}, \quad mit \quad F'_{dynmax} = \nu F'_{max} = \nu 2\kappa^2 F'_m \quad (12.26)$$

(F' = Kraft pro Längeneinheit). Der Faktor β hängt von der Art der Trägerbefestigung ab und ist in Abb. 12.24 gegeben. ν ist der Frequenzfaktor (s. Abschn. 12.3.2 und [1], IEC 865). Für die maximale Biegespannung folgt

$$\sigma_{max} = \frac{M_{max}}{W} = \beta \frac{F'_{dynmax} l^2}{8W}. \quad (12.27)$$

Abb. 12.21 Überprüfung von biegesteifen Leitern

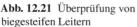

l_t = Abstand der Versteifungsstücke
a_t = Teilleiterabstand

Abb. 12.22 Widerstandsmoment und Trägheitsmoment bei horizontaler Biegebeanspruchung

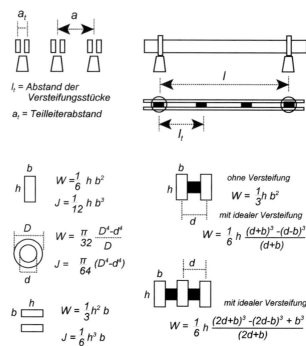

Das Widerstandsmoment hängt vom Querschnitt des Trägers ab. Einige Beispiele gibt Abb. 12.22, für weitere Fälle s. [1] oder die Grundlagenliteratur über Festigkeitslehre. Die Versteifungen erhöhen das Widerstandsmoment. Bei zwei oder mehr Versteifungsstücken pro Stützweite kann man bei zwei Teilleitern (Abb. 12.21) mit 60 % und bei drei oder mehr Teilleitern mit 50 % des Widerstandsmoments bei idealer Versteifung rechnen [1]. Bei mehreren Teilleitern muss noch berücksichtigt werden, dass sich die Teilleiter gegenseitig anziehen und somit zusätzliche Beanspruchungen entstehen. Für zwei Teilleiter nach Abb. 12.22 gilt für die Teilkraft

$$F'_t = \frac{\mu_0}{2\pi} \frac{(\frac{I}{2})^2}{a_t} K_t, \quad F'_{tdynmax} = \nu_t F'_{tmax}$$

und mit $\beta = 0.5$ aus (2.27)

$$\sigma_{tmax} = \frac{F'_{tdynmax} l_t^2}{16 W_t}. \tag{12.28}$$

Nach VDE 0103 ist für rechteckige Leiter die Einhaltung folgender Bedingungen für die mechanische Kurzschlussfestigkeit notwendig

$$\sigma_{max} + \sigma_{tmax} \leq q\sigma_{0.2}$$

$$\sigma_{tmax} \leq \sigma_{0.2}$$

12.3 Mechanische Kurzschlussfestigkeit

Abb. 12.23 Isolatorbeanspruchung

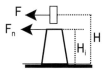

mit q ≥ 1.5. Richtwerte von $\sigma_{0.2}$ sind etwa 50–100 N/mm² für Al und 150–300 N/mm² für Cu. Für Näheres s. IEC 865–1, [1].

Überprüfung der Isolatoren Mit Bezug auf Abb. 12.23 muss folgende Bedingung eingehalten werden

$$F \leq F_n \frac{H_i}{H}$$

$$\text{mit} \quad F = \alpha F'_{dynmax}\, l.$$

Der Stützpunktfaktor α ist in Abb. 12.24 gegeben. Richtwerte für die Mindestbiegebruchkraft F_n sind je nach Isolatorgrösse 4 bis 12.5 kN [1].

Zu beachten ist, dass die Isolatoren wegen ihrer Starrheit meistens den kritischen Punkt in einer Schienenanordnung darstellen.

Eigenfrequenz Die Eigenfrequenz einer Schiene mit *starren Stützpunkten* ist

$$f_0 = \frac{\gamma}{l^2}\sqrt{\frac{EJ}{m'}}. \tag{12.29}$$

Den Eigenfrequenzfaktor γ kann man aus Abb. 12.24 entnehmen. Die weiteren Grössen sind:

E = Elastizitätsmodul (Richtwerte: Al: 65.000, Cu: 110.000 N/m²)
J = Trägheitsmoment (m⁴, einige Beispiele in Abb. 12.22)
m' = Masse pro Längeneinheit (kg/m)

Für aus Teilleitern bestehenden Schienen s. IEC 865-1.

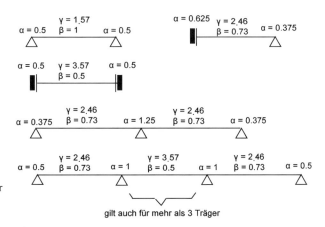

Abb. 12.24 Stützpunktfaktor α, Leiterfaktor β, Eigenfrequenzfaktor γ [1]

gilt auch für mehr als 3 Träger

Überprüfung von Seilen und Kabeln *Kabel* werden in der Regel nur thermisch überprüft (Abschn. 12.2). Ausnahmen sind in DIN VDE 0298, Teil 2, geregelt.

Seile von Freileitungen und in Schaltanlagen werden grundsätzlich wie Schienen berechnet. Unter der Wirkung der Kurzschlusskräfte können aber die Seile schwingen, und es entsteht ein zusätzlicher Seilzug, der das Seil und die Tragisolatoren beansprucht. Eine Überprüfung ist weniger für Freileitungsseile (grössere Abstände und langsamere Schwingungen) als vor allem für Seile in Schaltanlagennotwendig. Untersuchungen haben gezeigt, dass die grössten Kräfte beim zweipoligen Kurzschluss entstehen und dass (wegen der relativ langsamen Bewegungen) $F_{dyn} = 2\ F_m$. Für die Berechnung des Kurzschlussseilzuges sei auf [1, 2] verwiesen.

Literatur

1. ABB-Taschenbuch Schaltanlagen (1992) Cornelsen, Düsseldorf
2. Herold G, Gretsch R (1996) PC-Programm für die Bemessung von Starkstromanlagen auf mechanische und thermische Kurzschlussfestigkeit. Lehrstuhl für Elektrische Energieversorgung, Universität Erlangen-Nürnberg, Bamberg
3. Hosemann G, Balzer G (1984) Der Ausschaltwechselstrom beim dreipoligen Kurzschluss im vermaschten Netz. etzArchiv 6:
4. Koglin H-J (1971) Der abklingende Gleichstrom beim Kurzschluss in Energieversorgungsnetzen. Dissertation TH, Darmstadt
5. Oswald B (1989) Zur Berechnung der charakteristischen Kurzschlussstromgrössen aus dem Anfangskurzschlusswechselstrom. Elektrie, Berlin 43, 10.
6. Philippow E (1982) Systeme der Elektroenergietechnik. Taschenbuch der Elektrotechnik, Bd 6. Hanser, München
7. Roeper R (1949) Ermittlung der thermischen Beanspruchung bei nichtstationären Kurzschlussströmen. Elektrotechnische Z 70:131–135
8. Rüdenberg R (1974) Elektrische Schaltvorgänge. Springer, Berlin (Hrsg: Dorsch H, Jacottet P)

Kapitel 13
Schalter und Schaltvorgänge

Das Ausschalten von Kurzschlussströmen im Mittel- und Hochspannungsnetz stellt hohe Anforderungen an die Schaltgeräte. Bei Kontaktöffnung ist das Entstehen von Hochstromlichtbögen, die beherrscht werden müssen, unvermeidlich. Ein Teil der folgenden Ausführungen beschäftigt sich deshalb mit dem Lichtbogen, dessen Löschung und den dazu erforderlichen Leistungsschaltern.

Durch Löschen des Lichtbogens nach einem Kurzschluss kehrt die Spannung zurück, was von Einschwingvorgängen und entsprechenden Überspannungen begleitet ist. Die Kenntnis dieser Vorgänge und deren Abhängigkeit von den Netzeigenschaften und Erdungsbedingungen ist auch für den Netzplaner von Bedeutung. Weitere Ursachen von Überspannungen sind das Einschalten von Leitungen und das Ausschalten kleiner Blindströme. Zum Thema Überspannungen s. neben Abschn. 13.5 auch Abschn. 14.6.

13.1 Lichtbogentheorie

13.1.1 Lichtbogenentstehung

Ein Lichtbogen entsteht bei *Durchschlag* z. B. einer Gasstrecke (Kap. 3) als Folge von Überspannungen oder bei *Trennung von Kontakten*. Der letztere Fall sei hier näher analysiert. Dazu sei vom ohmisch-induktiven Schaltkreis Abb. 13.1 und der entsprechenden Differentialgleichung (13.1) ausgegangen. Zur Vereinfachung nimmt man eine gleichmässige Bewegung der Kontakte an. Die Kontaktfläche A nehme linear mit der Zeit ab [9]. Der Kontaktwiderstand r sei umgekehrt proportional zur Schaltfläche und bei geschlossenem Schalter gleich zu r_0.

$$U = L\frac{di}{dt} + Ri + u_c \quad mit \begin{cases} u_c = Kontaktspannung = ri \\ r = Kontaktwiderstand \end{cases}$$

$$A = A_0\left(1 - \frac{t}{t_s}\right).$$

$$r = \frac{r_0}{1 - \dfrac{t}{t_s}}, \quad mit \quad t_s = Schaltzeit$$

(13.1)

Abb. 13.1 Lichtbogenentstehung durch Kontakttrennung

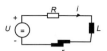

Abb. 13.2 Verlauf von Strom und Kontaktspannung bei Trennung von Kontakten

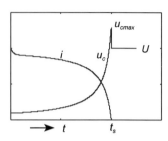

Die Auswertung der Differentialgleichung zeigt Abb. 13.2. Kurz vor dem Nulldurchgang ist der Strom praktisch linear. Da dann r sehr gross wird und $R \ll r$, kann man schreiben

$$\frac{di}{dt} = -\frac{i}{t_s - t} \quad --> \quad i \approx U \frac{t_s - t}{r_0 t_s - L}.$$

Aus (13.1) folgen die maximale Kontaktspannung und die maximale Stromdichte

$$u_{cmax} = ri = U \frac{t_s}{t_s - \dfrac{L}{r_0}}$$

$$J_{max} = \frac{i}{A} = \frac{U t_s}{A_0 r_0 \left(t_s - \dfrac{L}{r_0}\right)}.$$

Ein lichtbogenfreies Öffnen ist nur möglich, wenn $U/A_0\, r_0$ klein genug ist und $t_s \gg L/r_0$. Diese Bedingungen können bei kleinen Spannungen und relativ langsamem Öffnen erreicht werden (Stufenschalter, Relais, Kommutatoren), nicht aber beim Schalten der Netzspannung. Die hohe Stromdichte erzeugt Thermoemission und Metalldämpfe, die zum Durchschlag und zur Entstehung des Lichtbogens führen.

13.1.2 Eigenschaften des Lichtbogens

Der Lichtbogen ist eine selbständige Entladung von hoher Stromdichte (Abschn. 3.5). Die Elektronen werden vorwiegend durch Thermoemission der Kathode erzeugt. Im

Abb. 13.3 Lichtbogensäule und Lichtbogenspannung

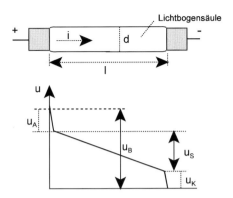

Innern der Lichtbogensäule (Abb. 13.3) findet auch thermische Ionisierung statt. Die Temperatur liegt zwischen 5,000 und 30,000 K, weshalb die Materie in den *Plasma-Zustand* übergeht. Die Kathodentemperatur beträgt ca. 3,000 K. Zwischen den Elektroden besteht die Lichtbogenspannung

$$u_B = u_A + u_K + u_s.$$

Wie in Abb. 13.3 veranschaulicht, setzt sie sich aus Anodenfall u_A, Kathodenfall u_K, die beide etwa 5–20 V betragen, und der Säulenspannung $u_S = E \cdot l$ zusammen, welche von der Länge l des Lichtbogens und von der innerhalb der Säule mit Durchmesser d herrschenden Feldstärke E abhängt. Die Feldstärke beträgt in frei in Luft brennenden Lichtbögen etwa 10–50 V/cm, kann aber in stark gekühlten Lichtbögen bis auf einige hundert V/cm steigen.

Der *Lichtbogenquerschnitt* A beträgt im Hochstrombereich bei gasförmigen Medien (Luft, SF_6)

$$A \approx k \frac{i}{\sqrt{p_0}} \quad (cm^2), \tag{13.2}$$

worin i in kA und der in der Löschkammer herrschende Druck p_0 (Löschdruck) in bar einzusetzen sind [5]. Für k kann etwa 0.3 eingesetzt werden (Niemeyer L: persönliche Mitteilung).

Leistungsbilanz Zwischen der zugeführten elektrischen Lichtbogenleistung (u_B i) und der abgeführten Wärmeleistung P besteht folgende dynamische Beziehung

$$u_B i = P + \frac{dQ}{dt}. \tag{13.3}$$

Q ist die im Lichtbogen gespeicherte Wärme. Diese ist proportional zu Lichtbogenvolumen, Dichte, Temperatur und spezifischer Wärme. Die durch Wärmeleitung,

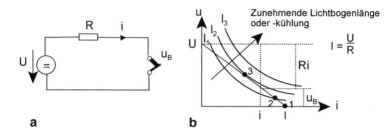

Abb. 13.4 Stationäres Lichtbogenverhalten: **a** Schaltkreis, **b** Lichtbogenkennlinie $u_B = f(i)$ für drei Lichtbogenlängen und Kennlinie des Schaltkreises

Konvektion und Strahlung abgeführte Wärme ist ebenfalls temperaturabhängig. Gesetzt $Q = \tau P$, folgt aus (13.3)

$$u_B i = P + \tau \frac{dP}{dt},$$

wodurch eine Zeitkonstante τ definiert bleibt, mit welcher der Ausgleich zwischen zu- und abgeführter Wärme stattfindet. Diese Zeitkonstante kann im Löschbereich in erster Näherung als konstant betrachtet werden. Ihre Grössenordnung ist für frei in Luft brennende Lichtbögen 100 μs, beträgt aber bei starker Kühlung nur einige μs. In SF$_6$ ist sie etwa um den Faktor 10 kleiner.

13.1.3 Stationäre Lichtbogenkennlinie

Für den Gleichstromkreis Abb. 13.4a gilt die Kennlinie

$$U = Ri + u_B,$$

die in Abb. 13.4b zusammen mit den Lichtbogenkennlinien für verschiedene Lichtbogenlängen oder -kühlungen dargestellt ist. Bei geschlossenem Schalter arbeitet man in 1 (Strom I). Bei Öffnung des Schalters mit Lichtbogenlänge l_1 ist beim Strom i die Lichtbogenspannung zu klein, der Strom nimmt zu, bis in 2 ein Gleichgewichtspunkt gefunden wird. Vergrössert man die Bogenlänge auf l_2, wandert der Gleichgewichtspunkt nach 3, wobei der Strom etwas ab- und die Lichtbogenspannung zunimmt. Die Länge l_2 ist die kritische Bogenlänge, für die der Lichtbogen gerade noch brennt. Sobald $l > l_2$, verlischt der Lichtbogen.

Der *qualitative Verlauf* der stationären Lichtbogenkennlinie wird durch folgenden, auf Ayrton zurückgehenden Zusammenhang beschrieben

$$u_B = u_0 + \frac{P_0}{i}, \quad \dashrightarrow \quad P = P_0 + u_0 i$$

$$\text{mit} \quad u_0 \quad \text{und} \quad P_0 = f(l, \text{Kühlung}).$$

13.1 Lichtbogentheorie

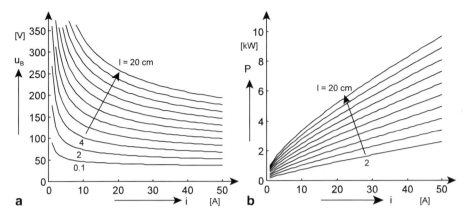

Abb. 13.5 Kennlinien des frei in Luft brennenden Gleichstromlichtbogens in Abhängigkeit von der Lichtbogenlänge, berechnet nach Rieder [8]: **a** Spannung, **b** Leistung

Eine korrekte *quantitative Beschreibung* der Kennlinien muss die Abhängigkeit vor allem von P_0, aber auch von u_0 vom Strom i berücksichtigen. Von Rieder [7, 8] ist für in Luft brennende Lichtbögen mit Cu-Elektroden für $l > 3$ cm und $i < 50$ A experimentell folgender Zusammenhang gefunden worden (Abb. 13.5)

$$u_B = 26 + (1.3 + l)\, E$$
$$E = 5.4 \cdot 10^3 \left(\ln \frac{i}{7.4 \cdot 10^{-3}}\right)^{-3} \quad ） \quad l(cm),\ E(V/cm).$$

13.1.4 Dynamik des Lichtbogens

Bei schnellen Stromänderungen weicht die Bogenspannung von der stationären Kennlinie ab. Versuche zeigen, dass der Lichtbogenwiderstand $r_B = u_B/i$ zunächst unverändert bleibt. Er hängt offensichtlich von der im Lichtbogen gespeicherten Energie Q ab, (d. h. von der Temperatur).

Bei plötzlicher Zunahme des Stromes von i_1 auf i_2 entsprechend Abb. 13.6 ändert sich der Betriebspunkt von 1 nach 1', und die Spannung springt von u_{B1} nach u'_{B1}. Dann streben u_B und r_B mit der Zeitkonstanten τ des Lichtbogens den stationären Endwerten gemäss Betriebspunkt 2 zu.

Die zugeführte Leistung springt im ersten Augenblick auf den Wert $u'_{B1}\, i_2$, während die abgeführte Leistung zunächst auf dem Wert $u_{B1}\, i_1$ verharrt. Mit der Zeitkonstanten τ erfolgt der Ausgleich zwischen den beiden Leistungen (Abb. 13.7). Gemäss Leistungsbilanz (13.3) ist die Zunahme des Energieinhalts des Lichtbogens

$$\Delta Q = \int (u_B i - P)\, dt.$$

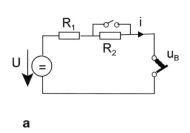
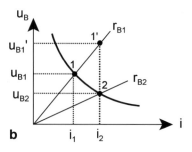

Abb. 13.6 Dynamisches Verhalten des Lichtbogens bei plötzlicher Änderung des Stromes (Lichtbogenlänge und -kühlung konstant) **a** Schaltkreis, **b** Arbeitspunkte 1: vor Strom-anstieg, 1′: unmittelbar nach dem Stromsprung, 2: stationärer Endzustand

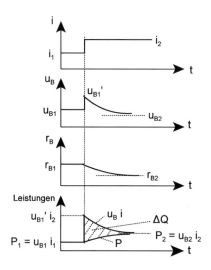

Abb. 13.7 Zeitverlauf von Lichtbogenspannung, Lichtbogenwiderstand, zu- und abgeführter Leistung und Lichtbogenenergie bei plötzlicher Stromänderung

Mathematische Darstellung Eine genaue thermodynamische Darstellung des Lichtbogenverhaltens (z. B. in Schaltkammern) erfordert dreidimensionale Modelle mit entsprechend grossem Rechenaufwand. Will man im Rahmen von Netzproblemen das Lichtbogenverhalten angenähert darstellen, kann man vom *Kanalmodell* ausgehen, das auf Integralparametern basiert. Ausgangspunkt ist der Ansatz

$$g = f(Q), \quad \text{mit} \quad g = \frac{1}{r_B} = Lichtbogenleitwert, \qquad (13.4)$$

der von der Erfahrung stationär und dynamisch gut bestätigt wird. Durch Ableitung und Berücksichtigung von (13.3) folgt

$$\frac{1}{g}\frac{dg}{dt} = \frac{f'(Q)}{f(Q)}\frac{dQ}{dt} = \frac{f'(Q)}{f(Q)}(u_B i - P)$$

13.1 Lichtbogentheorie

Abb. 13.8 Lichtbogenmodell und Netzkopplung

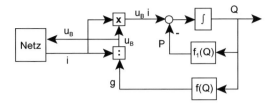

oder schliesslich die folgende Form, welche die Lichtbogenzeitkonstante τ definiert

$$\frac{1}{g}\frac{dg}{dt} = \frac{1}{\tau}\left(\frac{u_B i}{P} - 1\right) \quad \text{mit} \quad \tau = \frac{f(Q)}{f'(Q)}\frac{1}{P}. \tag{13.5}$$

Im allgemeinen Fall sind sowohl P als auch τ Funktionen des Energieinhalts Q des Lichtbogens. Ausgehend von folgenden Gleichungen, lässt sich das Lichtbogenmodell Abb. 13.8 aufbauen und mit dem Netz koppeln:

$$\begin{aligned} u_B i - P &= \frac{dQ}{dt} \\ P &= f_1(Q) \\ g &= f(Q) \\ u_B &= \frac{i}{g}. \end{aligned} \tag{13.6}$$

Besonders einfache Annahmen für die Funktionen f und f_1 sind jene von Mayr und Cassie [2, 6].

Annahme von Mayr

$$P = P_0 = konst., \quad g = f(Q) = g_0 e^{\frac{Q}{Q_0}}$$

$$\dashrightarrow \quad \frac{dg}{dt} = f'(Q) = \frac{f(Q)}{Q_0}, \quad \dashrightarrow \quad \tau = \frac{Q_0}{P_0} = konst. \tag{13.7}$$

Annahme von Cassie

$$P = f_1(Q) = \frac{Q}{\tau}, \quad \text{mit} \quad \tau = konst.$$

$$g = f(Q) = \frac{P}{u_0^2} = \frac{Q}{\tau u_0^2}, \quad \text{mit} \quad u_0 = konst. \tag{13.8}$$

Der Ansatz von Cassie ist im Hochstrombogen bei Konvektionsverlusten gut erfüllt, während jener von Mayr den Niederstrombogen bei Wärmeleitungsverlusten

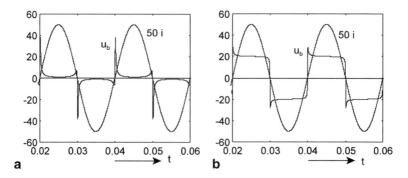

Abb. 13.9 Auswertung des Modells Abb. 13.8: Lichtbogenspannung in V bei sinusförmigem Strom $\hat{I} = 1$ kA, 50 Hz, $\tau = 100$ µs, **a** Annahmen von Mayr, $P_0 = 1$ kW, **b** Annahmen von Cassie, $u_0 = 20$ V

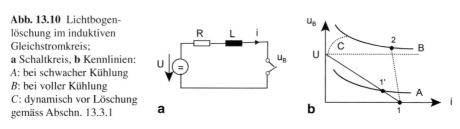

Abb. 13.10 Lichtbogenlöschung im induktiven Gleichstromkreis;
a Schaltkreis, **b** Kennlinien:
A: bei schwacher Kühlung
B: bei voller Kühlung
C: dynamisch vor Löschung gemäss Abschn. 13.3.1

beschreibt [8]. Abbildung 13.9 zeigt die mit dem Modell erhaltene Lichtbogenspannung bei sinusförmigem Strom für beide Annahmen. Um die Lichtbogenlöschung realistisch zu beschreiben, muss eine Kombination beider Annahmen oder ein Übergang von Cassie zu Mayr vollzogen werden. Bei Löschung des Lichtbogens (g = 0) muss die vierte der Gln. (13.6) durch ein Löschstreckenmodell, das die dielektrische Wiederverfestigung angenähert wiedergibt, ersetzt werden.

Erfolgreiche Ansätze zu einer „physikalischen" Beschreibung des Lichtbogens, die P und g nicht formell aus Q, sondern z. B. über die Bogenenthalpie aus Querschnitt A, Temperatur T und Löschdruck p_0 berechnen, hat es bis jetzt wenige gegeben (z. B. [5]). In der Praxis wird vor allem das in Abschn. 13.3.1 gegebene auf Gl. 13.5 basierende „mathematische" Modell verwendet [10].

13.2 Ausschalten von Gleichstrom

Bei geschlossenem Schalter (Abb. 13.10a) fliesst der Strom $I = U/R$ (Punkt 1 in Abb. 13.10b). Wird der Schalter nur wenig geöffnet oder schwach gekühlt (Kennlinie A), brennt der Lichtbogen weiter im stabilen Betriebspunkt 1'. Bei stärkerer Öffnung oder Kühlung (Kennlinie B) erreicht die Lichtbogenspannung Werte, die *grösser sind als die Netzspannung*, und der Lichtbogen verlischt. Diese Bedingung muss bei Gleichstrom erfüllt werden. Den Vorgang etwas idealisierend, kann man zwei Phasen unterscheiden.

13.2 Ausschalten von Gleichstrom

Abb. 13.11 Darstellung von Strom, Spannung und Leistung des Lichtbogens in p.u. bei Gleichstromlöschung in der Phase 1, Bedingung s. Abb. 13.12

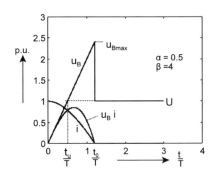

Phase 1 Während der Öffnung des Schalters und des Einsatzes der Kühlwirkung steigt die Bogenspannung steil an bis zum Erreichen der Kennlinie B (Betriebspunkt 2). Der Strom ändert sich bei grosser Induktivität nur wenig.

Phase 2 Bei voller Kühlwirkung folgt die Bogenspannung zunächst der stationären Kennlinie, kurz vor der Löschung aber einer dynamischen Kennlinie, die etwa dem Verlauf der Kurve C entspricht, wie in Abschn. 13.3.1 gezeigt wird. In erster Näherung kann die Lichtbogenspannung während dieser Phase als konstant betrachtet werden.

Daraus ergeben sich folgende mathematische Zusammenhänge:

Phase 1 Mit dem Ansatz $u_B = k\,t$ folgt die Differentialgleichung

$$U - kt = Ri + L\frac{di}{dt}$$

mit der Lösung

$$\frac{i}{I} = 1 + \frac{T}{t_u}\left(1 - \frac{t}{T} - e^{-\frac{t}{T}}\right), \quad mit \quad T = \frac{L}{R},\; t_u = \frac{U}{k}. \qquad (13.9)$$

Falls der Strom vor Erreichen der Deckenspannung u_{B2} null wird (die Bedingung dazu kann aus Diagramm Abb. 13.12 entnommen werden), geschieht dies im Zeitpunkt

$$t_0 = t_u + T\left(1 - e^{-\frac{t_0}{T}}\right). \qquad (13.10)$$

Die Gleichung muss iterativ nach t_0 aufgelöst werden. Einen solchen Fall zeigt Abb. 13.11. Die maximale Lichtbogenspannung ist dann $u_{Bmax} = U\, t_0/t_u$.

Beispiel 13.1 Ein Gleichstromschütz schaltet bei 225 V, 250 A, aus. Die Anstiegsgeschwindigkeit der Lichtbogenspannung betrage k = 130 V/ms. Die Deckenspannung sei 2000 V und die Zeitkonstante des zu unterbrechenden Kreises T = 40 ms (s. entsprechendes Oszillogramm in [9]). Man berechne die Ausschaltzeit und die maximale Lichtbogenspannung.

Abb. 13.12 Bedingungen für Löschung in Phase 1 oder 2

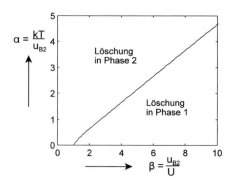

Aus den Daten folgt

$$\frac{kT}{u_{B2}} = \frac{130 \cdot 40}{2000} = 2.6, \quad \frac{u_{B2}}{U} = 8.9.$$

Man befindet sich im Bereich, in dem die Löschung bereits in der Phase 1 stattfindet (Abb. 13.12). Aus den Gln. (13.9) und (13.10) folgt

$$t_u = 1.7\ ms, \quad t_0 = 12.2\ ms, \quad u_{Bmax} = 225\,\frac{12.2}{1.7} = 1610\ V.$$

Phase 2 Erreicht die Lichtbogenspannung die Deckenspannung im Zeitpunkt $t_2 = u_{B2}/k$, gilt ab diesem Zeitpunkt die Differentialgleichung

$$U - u_{B2} = Ri + L\frac{di}{dt}.$$

Gesetzt $\Delta t = t - t_2$, erhält man die Lösung

$$i = I\left[1 - \frac{u_{B2}}{U}\left(1 - e^{-\frac{\Delta t}{T}}\right) - \left(1 - \frac{i_2}{I}\right)e^{-\frac{\Delta t}{T}}\right], \quad (13.11)$$

worin i_2 der von (13.9) für t_2 gegebene Wert ist. Daraus folgt die Löschzeit

$$t_0 = t_2 + T\ \ln\left(1 + \frac{i_2}{I}\frac{U}{u_{B2} - U}\right). \quad (13.12)$$

Den grundsätzlichen Verlauf in diesem Fall zeigt Abb. 13.13.

Beispiel 13.2 Ein Gleichstromschutzschalter schaltet bei 900 V einen Kurzschlussstrom von 20 kA ab. Die Anstiegsgeschwindigkeit der Lichtbogenspannung sei k = 700 V/ms, die Deckenspannung u_{B2} = 3000 V und die Zeitkonstante des Schaltkreises T = 50 ms (s. Oszillogramm in [9]). Man bestimme die Ausschaltzeit.
 Es folgt

$$\frac{kT}{u_{B2}} = \frac{700 \cdot 50}{3000} = 11.7, \quad \frac{u_{B2}}{U} = 3.3.$$

Abb. 13.13 Gleichstromlöschung in Phase 2, Bedingungen s. Abb. 13.12, Darstellung von Strom, Spannung und Leistung des Lichtbogens in p.u.

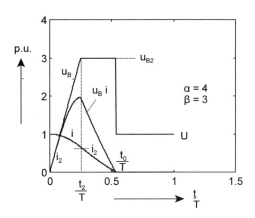

Die Löschung erfolgt nach Abb. 13.12 in Phase 2. Man erhält aus (13.7), (13.9) und (13.10)

$$t_2 = 4.3\ ms, \quad i_2 = 19.2\ kA, \quad t_0 = 4.3 + 17.2 = 21.5\ ms.$$

13.3 Ausschalten von Wechselstrom

13.3.1 Dynamische Lichtbogenkennlinie

Abweichungen von der stationären Lichtbogenkennlinie sollte man nur bei sehr raschen Änderungen des Stromes feststellen, da die Lichtbogenzeitkonstante sehr klein ist (Grössenordnung 1–100 µs in Luft, 0.1–10 µs in SF_6). Eine Ausnahme bildet der *Nulldurchgang* des Stromes bei Wechselstrom (Abb. 13.9). Nach der stationären Kennlinie müsste für i = 0, $u_B = \infty$ werden, was physikalisch unmöglich ist. Das Verhalten im Nulldurchgang kann untersucht werden mit dem Ansatz

$$i = k_i t, \quad mit \quad k_i = \textit{Stromsteilheit im Nulldurchgang}. \quad (13.13)$$

Die Lichtbogengleichung (13.5) kann man auch schreiben

$$\frac{1}{g}\frac{dg}{dt} = \frac{1}{i}\frac{di}{dt} - \frac{1}{u_B}\frac{du_B}{dt} = \frac{1}{\tau}\left(\frac{u_B i}{P} - 1\right).$$

Setzt man (13.13) ein, ergibt sich folgende Differentialgleichung für u_B

$$\frac{1}{u_B}\frac{du_B}{dt} = \frac{1}{t} - \frac{1}{\tau}\left(\frac{u_B k_i t}{P} - 1\right),$$

die sich durch Einführung der relativen Zeit $t' = t/\tau$ in die Form bringen lässt

$$\frac{du_B}{dt'} - u_B\left(\frac{1}{t'}+1\right) + u_B^2 \frac{k_i \tau}{P} t' = 0. \quad (13.14)$$

Abb. 13.14 Lichtbogenspannung und -widerstand beim Nulldurchgang (Hypothese von Mayr, Gl. 13.7). Die Spannung ist auf $P_0/k_i\tau$, der Widerstand auf $P_0/k_i^2\tau^2$ bezogen

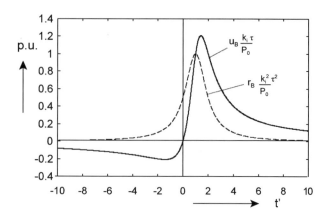

Abb. 13.15 Lichtbogenkennlinien nach (13.7). Die Spannung ist auf $P_0/k_i\tau$, der Strom auf $k_i\tau$ bezogen

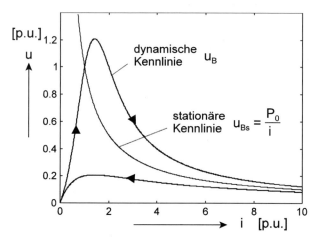

Sind P und τ komplizierte Funktionen des Lichtbogenleitwertes, ist diese Gleichung nur mit numerischen Rechenmodellen lösbar. In einfachen Fällen lässt sie sich auf die Bernouillische Differentialgleichung zurückführen [7, 9], und man erhält analytische Lösungen. So ergibt sich mit den Annahmen von Mayr (13.7) die Lösung

$$u_B = \frac{P_0}{\tau k_i}\frac{t'}{(2-2t'+t'^2)}, \quad r_B = \frac{u_B}{i} = \frac{P_0}{\tau^2 k_i^2}\frac{1}{(2-2t'+t'^2)}. \quad (13.15)$$

Abbildung 13.14 zeigt den Verlauf von Lichtbogenspannung und -widerstand beim Nulldurchgang. Die Spannung annulliert sich für $t'=0$, der Widerstand behält aber einen endlichen Wert (0.5 p.u.) und wird maximal und gleich 1 p.u. für $t=\tau$. Die Spannung erreicht (absolut gesehen) ein kleines Maximum (Löschspitze) von 0.21 p.u. für $t=-\sqrt{2}\tau$ vor dem Nulldurchgang und ein grosses Maximum (Zündspitze) von 1.21 p.u. für $t=\sqrt{2}\tau$ nach dem Nulldurchgang. Abbildung 13.15 zeigt die *dynamische Lichtbogenkennlinie* im Vergleich mit der stationären Kennlinie u_{Bs}. Man stellt eine grundsätzliche Abweichung im Nulldurchgang und eine merkliche Abweichung von der stationären Kennlinie für $|t|<10\,\tau$ fest.

13.3 Ausschalten von Wechselstrom

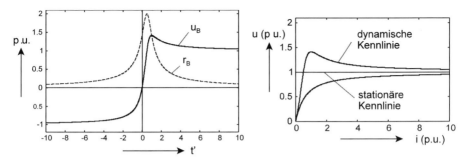

Abb. 13.16 Nulldurchgang und Lichtbogenkennlinien mit Annahmen (13.8). Die Spannung ist auf u_0, der Strom auf $k_i\,\tau$ und der Widerstand auf $u_0/k_i\,\tau$ bezogen

Abb. 13.17 Auf Gl. (13.5) basierendes Lichtbogenmodell, P und τ werden als Funktionen von g ausgedrückt

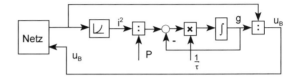

Mit den Annahmen von Cassie (13.8) erhält man ebenfalls eine Bernouillische Differentialgleichung, und zwar

$$\frac{du_B}{dt'} - u_B\left(\frac{1}{t'}+1\right) + \frac{u_B^3}{u_0^2} = 0. \tag{13.16}$$

Deren Lösung ist

$$u_B = u_0\frac{t'}{\sqrt{0.5 - t' + t'^2}}, \quad r_B = \frac{u_0}{\tau k_i}\frac{1}{\sqrt{0.5 - t' + t'^2}}. \tag{13.17}$$

Abbildung 13.16 zeigt Nulldurchgang und Lichtbogenkennlinien. Der Ansatz von Cassie beschreibt gut den Hochstrombereich, nicht aber den unmittelbaren Nulldurchgang (Abschn. 13.1.4).

Ein einfaches in der Praxis meist verwendetes Lichtbogenmodell lässt sich aus Gl. (13.5) ableiten (Abb. 13.17). Es verwendet eine konstante oder vom Lichtbogenleitwert g abhängige Lichtbogenzeitkonstante. Die Kühlleistung kann in Abhängigkeit von g oder einfacher durch die stationäre Kennlinie, z. B. mit $P = P_0 + u_0\,i$ (Ayrton), ausgedrückt werden. Abbildung 13.18 zeigt die Auswertung mit der Annahme von konstanten Werten für τ, P_0 und u_0 (Kombination Mayr-Cassie, Abb. 13.9). Für Näheres und Parameterbestimmung s. [10]

Oszillogramme der Lichtbogenlöschung zeigen, dass der Strom i im Nulldurchgang vom sinusförmigen Verlauf etwas abweicht. Durch den hohen Lichtbogenwiderstand wird er etwas abgeflacht. Damit ist die Stromsteilheit im Nulldurchgang nicht $k_i = \omega\,\hat{I}$, wie es bei sinusförmigem Verlauf zu erwarten wäre, sondern

$$k_i = f_i\omega\hat{I}, \quad mit \quad f_i < 1. \tag{13.18}$$

Sich stützend auf experimentelle Ergebnisse, wird in [9] für Luft $f_i \approx 0.4$ angegeben.

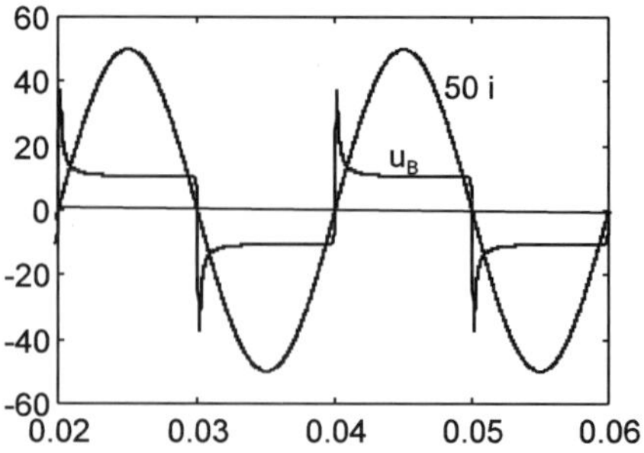

Abb. 13.18 Auswertung des Modells Abb. 13.17: Lichtbogenspannung in V bei sinusförmigem Strom $\hat{I} = 1$ kA, 50 Hz, $\tau = 100$ μs, $P = P_0 + u_0\, i$, mit $P_0 = 0.5$ kW, $u_0 = 10$ V

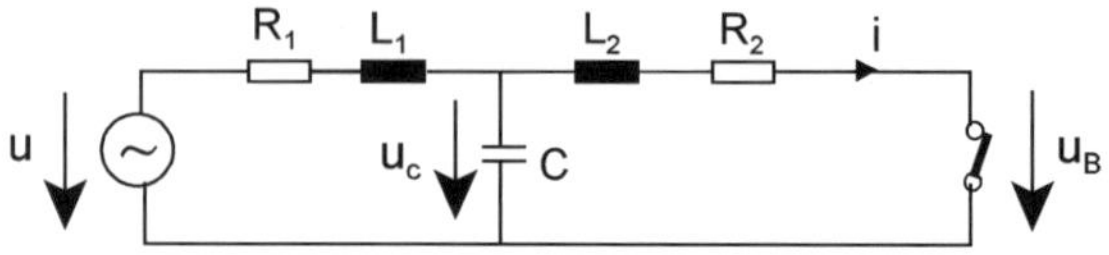

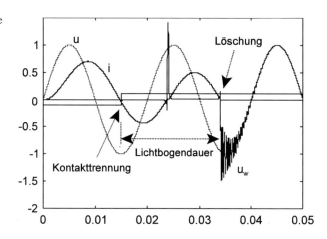

Abb. 13.19 Einfaches Netzmodell

Abb. 13.20 Wiederkehrende Spannung u_w nach Lichtbogenlöschung im Nulldurchgang
u = Netzspannung,
i = Kurzschlussstrom

13.3.2 Löschvorgang und Löschbedingungen

Der Verlauf von Spannung und Strom kann durch Einbeziehen des Netzmodells berechnet werden. Ein einfaches Netzmodell (Quelle mit Innenimpedanz + Leitung) ist in Abb. 13.19 gegeben.

Den Verlauf bei Lichtbogenlöschung zeigt Abb. 13.20 (Simulation mit Modell Abb. 13.8 (Mayr) und Netzmodell Abb. 13.19). Bei Kontakttrennung und Einsatz der Kühlwirkung beginnt die Lichtbogenspannung zu steigen. Je nach Wirksamkeit des Schalters sind ein oder mehrere Nulldurchgänge nötig bis zum Erreichen der für die Löschung notwendigen Kühlleistung. Moderne Schalter löschen meistens im ersten Nulldurchgang. In Abb. 13.20 erfolgt die Löschung im zweiten Nulldurchgang. Im Gegensatz zur Gleichstromlöschung braucht die Lichtbogenspannung nicht grösser als die Netzspannung zu werden. Der Grund liegt darin, dass bei Gleichstrom der Strom abgerissen werden muss, während bei Wechselstrom lediglich zu

13.3 Ausschalten von Wechselstrom

Abb. 13.21 Thermische Wiederzündung nach dem Mayrschen Ansatz

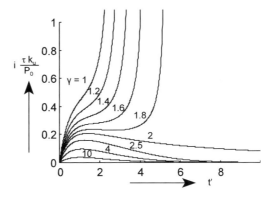

verhindern ist, dass beim Nulldurchgang die Schaltstrecke wieder zündet. Die Beanspruchung der Schaltstrecke ist deshalb bei Wechselstrom wesentlich kleiner als bei Gleichstrom.

Ein Abreissen des Stromes vor dem Nulldurchgang ist bei Wechselstrom möglichst zu vermeiden, da sonst an den Netzinduktivitäten hohe Überspannungen auftreten können. Bei Löschung im Nulldurchgang geht die Lichtbogenspannung in die sogenannte *wiederkehrende Spannung* über. Diese schwingt sich auf den Wert der Netzspannung ein entsprechend der Eigenfrequenz des Netzes (im wesentlichen durch die Leitungen bestimmt, Abschn. 5.6.2).

Der Verlauf des Stromes nach dem Nulldurchgang kann mit folgendem Ansatz berechnet werden [9]

$$u_B = k_u t, \quad \text{mit} \quad k_u = \textit{Spannungssteilheit nach dem Nulldurchgang.} \quad (13.19)$$

Setzt man diese Beziehung in die Lichtbogengleichung (13.5) ein, analog Abschn. 13.3.1, erhält man die zu (13.14) duale Beziehung

$$\frac{di}{dt} - i\left(\frac{1}{t'} - 1\right) - i^2 \frac{k_u \tau}{P} t' = 0. \quad (13.20)$$

Mit den Mayrschen Annahmen ergibt sich wieder eine Bernouillische Differentialgleichung mit der Lösung

$$i = \frac{P_0}{\tau k_u} \frac{t'}{t'^2 + 2t' + 2 + (\gamma - 2)e^{t'}}$$

$$\text{mit} \quad \gamma = r_{B0} \frac{P_0}{\tau^2 k_u^2}, \quad r_{B0} = 0.5 \frac{P_0}{\tau^2 k_i^2} \quad (13.21)$$

$$\dashrightarrow \quad \gamma = 0.5 \frac{P_0^2}{\tau^4 k_u^2 k_i^2}.$$

r_{B0} ist der sich aus (13.15) ergebende Wert des Lichtbogenwiderstandes im Nulldurchgang ($t' = 0$). Abbildung 13.21 zeigt den Verlauf des Stromes nach dem Nulldurchgang für verschiedene Werte des Parameters γ. Grundsätzlich können zwei Fälle eintreten:

$\gamma < 2$: Es findet keine Löschung statt, der Strom steigt wieder an. Man spricht in diesem Fall von *thermischer Wiederzündung*.

$\gamma \geq 2$: Der Strom wird nach einem Maximum null. Die thermische Wiederzündung wird verhindert, der Lichtbogen kann erlöschen. Den auftretenden Reststrom nennt man *Nachstrom*.

Danach lautet die Löschbedingung

$$\gamma \geq 2 \quad --> \quad P_0 \geq 2\tau^2 k_u k_i.$$

Die Spannungssteilheit ist proportional zur Steilheit der wiederkehrenden Spannung, für die der Ansatz gemacht werden kann

$$k_u = f_u \omega_0 \hat{U}, \tag{13.22}$$

worin ω_0 die Eigenfrequenz des Netzes und $\hat{U}$ den Scheitelwert der Netzspannung darstellen. In [9] wird $f_u \leq 0.5$ angegeben. Setzt man (13.18) und (13.22) in die Löschbedingung ein, folgt

$$P_0 \geq 4\tau^2 f_i f_u \omega \omega_0 S_{alpol}, \tag{13.23}$$

worin $S_{alpol} = 0.5 \, \hat{U} \, \hat{I}$ die einpolige Ausschaltleistung bedeutet (Gl. 8.1). Diese Aussage hat vor allem einen qualitativen Wert, da der Mayrsche Ansatz der Komplexität der Lichtbogenvorgänge nicht voll gerecht wird. Sie zeigt, dass die zur Löschung notwendige Kühlleistung mit kleiner werdender Zeitkonstante abnimmt. So weist z. B. SF_6 wegen seiner kleinen Zeitkonstanten wesentlich bessere Löscheigenschaften auf als Luft. In Wirklichkeit hängt die Zeitkonstante jedoch nicht nur von den Materialdaten des Löschmittels, sondern auch von der Art der Kühlung und der Konstruktion der Löscheinrichtung ab [7, 9].

Die Löschbedingung zeigt weiter, dass die notwendige Kühlleistung mit der Frequenz des Einschwingvorgangs, die von den Netzeigenschaften bestimmt wird, zunimmt. Die Löschung ist demzufolge schwieriger in einem Netz mit hoher Eigenfrequenz, was von der Erfahrung bestätigt wird. Hohe Eigenfrequenzen treten vor allem bei Kraftwerksammelschienen auf (bis 30 kHz und mehr), während generatorferne Sammelschienen im Hochspannungsnetz eher niedrige Eigenfrequenzen der Grössenordnung 500 Hz aufweisen.

Ist die Löschbedingung erfüllt, steigt die Spannung über den Schalter entsprechend dem Verlauf der wiederkehrenden Spannung u_w an. Eine *dielektrische Wiederzündung* des Lichtbogens ist trotzdem möglich, wenn die Verfestigung der Schaltstrecke (Anstieg der Durchschlagsspannung u_d) langsamer vor sich geht, als u_w ansteigt. Dies wird in Abb. 13.22 veranschaulicht.

13.4 Schaltgeräte

Schalter müssen im eingeschalteten Zustand den thermischen und mechanischen Kurzschlussbeanspruchungen genügen (s. dazu Kap. 12). Last- und Leistungsschalter (Kap. 8) müssen ausserdem in der Lage sein, den Lichtbogen zu unterbrechen.

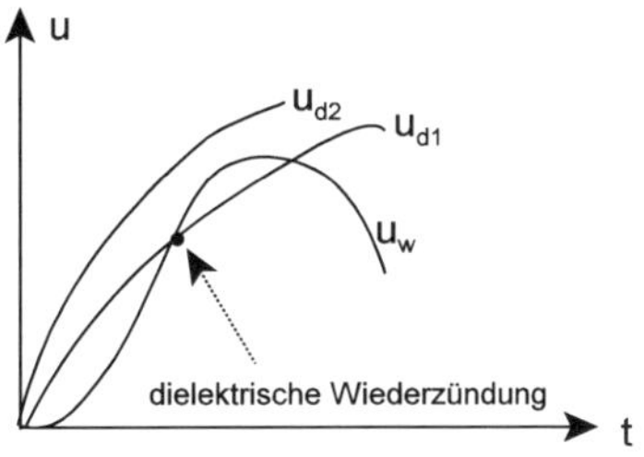

13.4 Schaltgeräte

Abb. 13.22 Dielektrische Wiederzündung

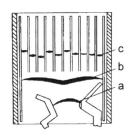

Abb. 13.23 Kammer eines Magnetschalters, *a, b, c*: Phasen der Lichtbogenlöschung

Im *Niederspannungsbereich* wird meist das Gleichstromausschaltprinzip (Abschn. 13.2) verwendet, wobei bis etwa 25 A keine besonderen Löschmassnahmen notwendig sind. Die Lichtbogenspannung wird auf einen die Netzspannung übersteigenden Wert gebracht werden. Mittel dazu sind über 25 A:

- die *Verlängerung des Lichtbogens*: durch Wanderung in der Schaltkammer mit thermischem Auftrieb oder magnetischer Beblasung und durch Interposition von Wänden aus Isolierstoff,
- die *Kühlung*: an den Wänden der Schaltkammer, durch Wanderung, durch Bleche, durch Isolierwände und durch Beblasung,
- die *Unterteilung des Lichtbogens* mit Blechen, die neben der kühlenden Wirkung auch den Anoden- und Kathodenfall vervielfachen.

Im *Mittelspannungsbereich* wurden bis in die 70er Jahre hinein vor allem *ölarme Schalter* eingesetzt (die Löschung erfolgt durch die Bildung von Wasserstoffgas bei der Zersetzung des Mineralöls), die heute aber weitgehend durch SF_6-*Schalter* und *Vakuumschalter* ersetzt worden sind. *Magnetblasschalter*, die auf dem Prinzip der magnetischen Beblasung und Unterteilung des Lichtbogens beruhen, werden ebenfalls verwendet. Die magnetische Beblasung nützt die Lorentz-Kraft aus, die ein Magnetfeld auf den Lichtbogenstrom ausübt (Abschn. 2.5.9), um diesen in eine Löschkammer zu treiben, wo es mittels Blechen (Abb. 13.23) oder Isolierwänden unterteilt und/oder verlängert wird

Im *Hochspannungsbereich* wurde die Entwicklung der über Jahrzehnte erfolgreichen Ölschalter und Druckluftschalter in den 70er Jahren eingestellt zugunsten des bezüglich Löscheigenschaften und Isolierfähigkeit (Durchschlagsfeldstärke etwa 2.5mal grösser als Luft) sowie Geräuscharmut offensichtlich überlegenen SF_6-Schalters.

13.4.1 Gasströmungsschalter

Druckluftschaltern und SF_6-Schaltern liegt das gleiche Prinzip zugrunde. Der bei Kontakttrennung entstehende Lichtbogen wird durch eine Gasströmung gekühlt. Der Lichtbogen wird durch die Gasströmung und die magnetischen Stromkräfte in die Löschdüsen getrieben. Hier wird die Löschwirkung durch die Drucksteigerung infolge Erhitzung des Gases durch den Lichtbogen verstärkt.

Druckluftschalter Die in Behältern gespeicherte Druckluft, mit Drücken von 15 bis 30 bar, wird im Schaltfall freigegeben. Ab 60–110 kV wird meistens das Druckkammerprinzip angewandt, d. h. die Schaltkammer steht immer unter Druck. Damit werden Druckwellen vermieden und die Schaltzeit wird verkürzt. Der Luftkreislauf ist offen. Bei der Ausschaltung wird die Luft an die Umgebung abgegeben. Kompressoren sorgen für die Wiederauffüllung der Behälter. Die Luft dient auch als Antriebsmittel für die Kontaktbewegung, die mechanisch oder hydraulisch erfolgt.

SF_6-Schalter Im Gegensatz zu den Druckluftschaltern ist hier der Kreislauf geschlossen, was die Schaltgeräusche erheblich vermindert. Das SF_6-Gas wird nach der Ausschaltung wieder verwendet; es ist zwar chemisch träge, muss dennoch durch Filter von geringen Mengen von Zersetzungsprodukten gereinigt werden.

Ältere SF_6-Schalter arbeiten nach dem *Zweidruckprinzip*. Das Gas strömt bei Ausschaltung aus einem Hochdruckbehälter mit 12 bis 15 bar über Ventile in die Schaltkammer und nach geleisteter Löscharbeit in einen Niederdruckbehälter, aus dem es mittels Kompressoren wieder in den Hochdruckbehälter gelangt.

Moderne SF_6-Schalter arbeiten nach dem Eindruck- oder *Blaskolbenprinzip*. Der Anfangsdruck in der Schaltkammer beträgt etwa 5 bis 7 bar und wird während der Löschung durch die Blaskolbenbewegung etwa verdoppelt. Dies führt zu einer wesentlichen Vereinfachung und Volumenreduktion. Abbildung 13.24 zeigt den Schalterpolschnitt eines Höchstspannungsschalters. In Abb. 13.25 sind drei Stellungen der beweglichen Teile der Schaltkammer desselben Schalters vor, während und nach der Löschphase dargestellt.

Die für die Kompressionsbewegung des Blaskolbens benötigte Energie muss durch einen *leistungsstarken Antrieb* geliefert werden. Als Antriebe werden Pneumatik-, Hydraulik- und Federspeicherantriebe eingesetzt. Abbildung 13.26 zeigt die Funktionseinheiten solcher Antriebe.

Um die Antriebsenergie drastisch zu reduzieren, wurden *Selbstblasschalter* entwickelt, welche die vom Lichtbogen erzeugte Wärmeenergie zur Druckerhöhung und gezielten Beblasung des Lichtbogens nutzen. Der Antrieb muss dann nur noch für die Kontaktbewegung ausgelegt werden (Abb. 13.27). Der Selbstblasschalter zeichnet sich durch besonders sanfte Beblasung bei kleinen Strömen, und damit durch ein niedriges Abreissstromniveau aus (Abschn. 13.5.5). Weitere Entwicklungen in diesem Bereich sind z. B. in [3] beschrieben.

Auch im Hoch- und Höchstspannungsbereich werden heute zunehmend, um die Antriebsenergie klein zu halten, SF_6-Schalter mit kombinierten Löschkammern (thermisch + Blaskolben) eingesetzt (Abb. 13.28).

13.4 Schaltgeräte

Abb. 13.24 Schalterpolschnitt eines Höchstspannungsschalters (Areva)

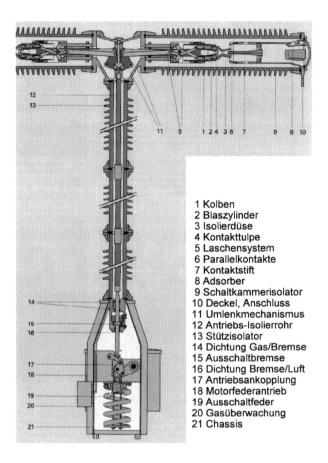

1 Kolben
2 Blaszylinder
3 Isolierdüse
4 Kontakttulpe
5 Laschensystem
6 Parallelkontakte
7 Kontaktstift
8 Adsorber
9 Schaltkammerisolator
10 Deckel, Anschluss
11 Umlenkmechanismus
12 Antriebs-Isolierrohr
13 Stützisolator
14 Dichtung Gas/Bremse
15 Ausschaltbremse
16 Dichtung Bremse/Luft
17 Antriebsankopplung
18 Motorfederantrieb
19 Ausschaltfeder
20 Gasüberwachung
21 Chassis

SF_6-Schalter werden bis zu Stromstärken von 63 und 80 kA gebaut. Bei den höchsten Spannungen werden in der Regel zwei Unterbrechungsstellen (Schaltkammern) pro Pol vorgesehen (Abb. 13.29), bei günstigen Bedingungen, z. B. 63 kA bei 245 kV, kann die Löschung auch von einer einzigen Schaltkammer beherrscht werden. Parallel zur Schaltstrecke geschaltete Kapazitäten sorgen für eine gleichmässige Spannungsverteilung und Widerstände für die Dämpfung der wiederkehrenden Spannung.

13.4.2 Vakuumschalter

Vakuumschalter haben sich im Mittelspannungsbereich im letzten Jahrzehnt durchgesetzt. Ihre hohe Durchschlagsfestigkeit, hohe Lebensdauer und ihr niedriger Wartungsbedarf wird von keiner anderen Schalterart übertroffen. Da sich bei Vakuum (etwa 10^{-8} bis 10^{-11} bar) in der Schaltkammer grundsätzlich keine ionisierbaren

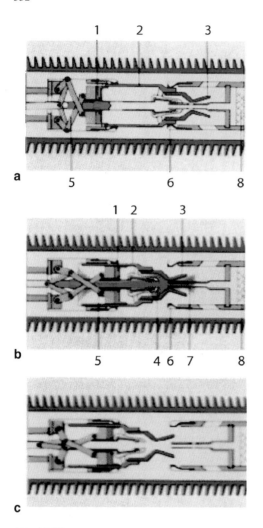

1 Blaskolben
2 Blaszylinder
3 Isolierdüse
4 Kontakttulpe
5 Laschensystem
6 Parallelkontakte
  (für Nennstrom)
7 Kontaktstift
8 Adsorber

Abb. 13.25 Schaltkammer eines SF$_6$-Blaskolbenschalters **a** Stellung EIN, **b** SF$_6$ -GasKompression, Lichtbogenbeblasung, Löschvorgang, **c** Stellung AUS (Areva)

Atome befinden, kann ein Lichtbogen nur durch Verdampfung von Kontaktmaterial entstehen. Elektronen und Metallionen diffundieren in das Vakuum, bilden ein leitendes Plasma und rekombinieren an den Metallflächen der Schaltkammer. Beim Stromnulldurchgang setzt die Ladungsträgerbildung aus, und die Schaltstrecke wird sehr rasch entionisiert (für Näheres s. z. B. [4]). Die Brennflecken des Lichtbogens auf den Kontaktoberflächen, die aus Kupfer bestehen (meistens mit Chromzusatz), dürfen nicht überhitzen, da sonst die Wiederverfestigung der Schaltstrecke beim Nulldurchgang kompromittiert wird. Es muss also mit geeigneten Mitteln (z. B. Rotation des Lichtbogens mit radialem Magnetfeld oder Verhinderung der

13.4 Schaltgeräte

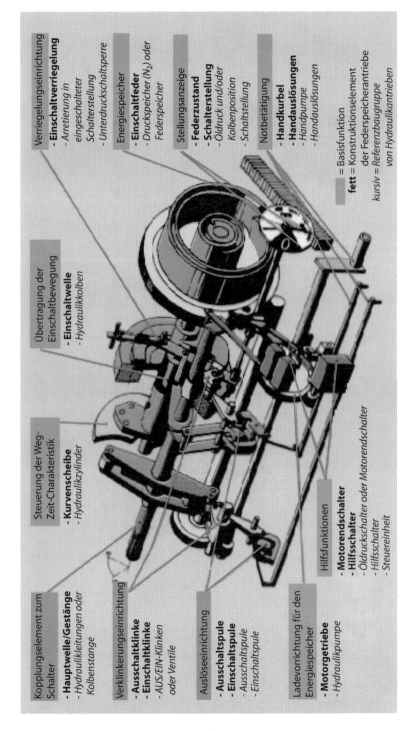

Abb. 13.26 Funktionseinheiten von Schalterantrieben

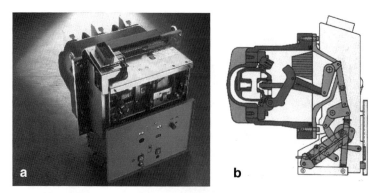

Abb. 13.27 SF$_6$-Schalter für Mittelspannung nach dem Selbstblasprinzip **a** Ansicht, **b** Schnittbild (ABB)

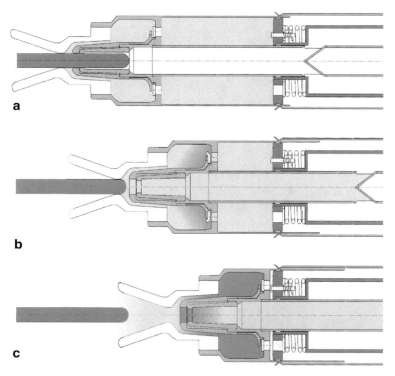

Abb. 13.28 Kombinierte Schaltkammer, für GIS-Schaltanlagen 72.5–145 kV. Darstellung der drei Schaltphasen: **a** Vorkompression von der hinteren zur vorderen Schaltkammer, **b** Druckerhöhung durch die Lichtbogenenergie, **c** Lichtbogenbeblasung in der vorderen Kammer (Areva)

13.4 Schaltgeräte 555

Abb. 13.29 SF$_6$-Leistungsschalter für 420 kV (ABB)

Bogenkontraktion durch ein axiales Feld) dafür gesorgt werden, dass sich die Wärme gleichmässig über die Kontaktoberfläche verteilt. Abbildung 13.30 zeigt den Aufbau eines Vakuumschalters. Moderne Vakuumschalter weisen kleine Abreissströme auf, die durchaus mit jenen der Selbstblasschalter vergleichbar sind.

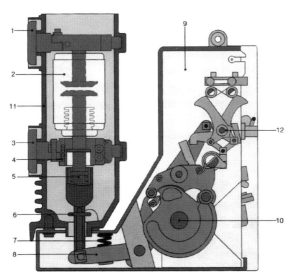

1 Oberer Anschluss
2 Vakuum-Schaltkammer
3 Unterer Anschluss
4 Rollenkontakt
 (630 A-Schwenkkontakt)
5 Kontaktkraftfeder
6 Isolierkoppelstange
7 Ausschaltfeder
8 Umlenkhebel
9 Antriebsgehäuse mit
 Federspeicherantrieb
10 Antriebswelle
11 Polrohr
12 Auslösemechanik

Abb. 13.30 Vakuumschalter für Mittelspannung (ABB)

13.5 Schaltüberspannungen

Betriebs- und schutzbedingten Schalthandlungen folgen Überspannungen im Netz. Der Netzplaner und -betreiber muss die wichtigsten Fälle, die auftreten können, kennen und entsprechende Gegenmassnahmen vorsehen, die meistens darin bestehen, durch *Widerstände* die hochfrequentigen Einschwingvorgänge zu dämpfen und die Anlagen durch *Überspannungsableiter* zu schützen. Neuerdings setzt man immer häufiger auch *synchrones* oder *gesteuertes Schalten* ein.

13.5.1 Wiederkehrende Spannung im Einphasenkreis

In Abschn. 13.3.2 ist gezeigt worden, dass sich bei erfolgreicher Löschung des Lichtbogens die Schalterspannung auf die betriebsfrequente Netzspannung U einschwingt mit der Eigenfrequenz ω_e des Netzes. Wird das Netz in erster Näherung durch ein System zweiter Ordnung dargestellt, z. B. gemäss Ersatzschema Abb. 13.19, gilt für die wiederkehrende Spannung

$$u_w = \frac{\hat{U}}{1 + \frac{2\zeta}{\omega_0} + \frac{s^2}{\omega_0^2}} \quad mit \quad \left(\begin{array}{l} \omega_0 = \frac{1}{\sqrt{L_1 C}}, \quad \zeta = \frac{R_1}{2\sqrt{\frac{L_1}{C}}} \\ \omega_e = \omega_0 \sqrt{1 - \zeta^2}. \end{array} \right.$$

Den Einschwingvorgang zeigt Abb. 13.31. Da der Kurzschlussstrom praktisch induktiv ist, schwingt sich im Normalfall die wiederkehrende Spannung auf den Spitzenwert $\hat{U}$ der Netzspannung ein. Die Schaltspitze hängt vom Dämpfungsfaktor ζ ab und erreicht maximal für $\zeta = 0$ den p.u. Wert 2 (Überschwingfaktor $\gamma(\zeta)$). Für ein System zweiter Ordnung gilt

$$\hat{u}_w = \gamma(\zeta)\hat{U} = \left(1 + e^{-\pi \frac{\zeta}{\sqrt{1-\zeta^2}}}\right) \hat{U} \qquad (13.24)$$

13.5.2 Wiederkehrende Spannung im Drehstromkreis

Betrachtet sei der Fall des *dreipoligen Kurzschlusses*. Sind in den drei Leistungsschaltern die Löschbedingungen erfüllt, wird der Lichtbogen in der Phase gelöscht, in welcher der Strom zuerst durch Null geht (erstlöschender Pol). Ab diesem Augenblick (und bis zur Löschung des zweiten Pols) haben wir die unsymmetrische Situation des zweipoligen Kurzschlusses, je nach Netz mit oder ohne Erdberührung.

Abb. 13.31 Wiederkehrende Spannung

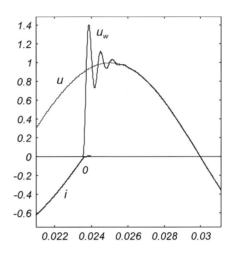

Netze mit geerdetem Sternpunkt In diesem Fall tritt in der Regel *zweipoliger Kurzschluss mit Erdberührung* auf. Da subtransient $Z_2 = Z_1$, folgt aus (10.32) für die Spannung U_a am erstlöschenden Schalterpol gemäss Schaltbild Abb. 10.39

$$I_1 = \frac{E_1(Z_1 + Z_0)}{Z_1(Z_1 + 2Z_0)}, \quad I_2 = \frac{-E_1 Z_0}{Z_1(Z_1 + 2Z_0)}, \quad I_0 = \frac{-E_1 Z_1}{Z_1(Z_1 + 2Z_0)}$$

$$\left.\begin{array}{l} U_1 = E_1 - Z_1 I_1 = E_1 \dfrac{Z_0}{Z_1 + 2Z_0} \\[6pt] U_2 = -Z_1 I_2 = E_1 \dfrac{Z_0}{Z_1 + 2Z_0} \\[6pt] U_0 = -Z_0 I_0 = E_1 \dfrac{Z_0}{Z_1 + 2Z_0} \end{array}\right\} \quad U_a = U_1 + U_2 + U_0 = E_1 \dfrac{3Z_0}{Z_1 + 2Z_0}.$$

Die Mitspannung E_1 ist gleich U (symmetrische Sternspannung). Die wiederkehrende Spannung schwingt sich somit auf den betriebsfrequenten Wert ein

$$\hat{U}_a = \hat{U} \frac{3}{2 + \dfrac{Z_1}{Z_0}} \approx \hat{U} \frac{3}{2 + \dfrac{X_1}{X_0}}. \tag{13.25}$$

Das Verhältnis X_0/X_1 kann Werte von 3–6 erreichen (Tab. 10.2) und die betriebsfrequente wiederkehrende Spannung, die Sternspannung, um das 1.3- bis 1.4 fache übersteigen.

Wegen des Erdstromes sind die Kurzschlussströme in den beiden verbleibenden Phasen nicht gleich (Abschn. 10.7.2.3). Dies gilt selbstverständlich auch für den

Abb. 13.32 Betriebsfrequente wiederkehrende Spannung bei Kurzschlussabschaltung im ungeerdeten Netz

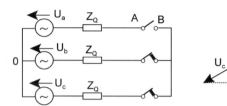

Fall des *zweipoligen Kurzschlusses mit Erdberührung*. Folglich löschen die beiden Phasen nicht gleichzeitig. Bei Löschung des Stromes am zweiten Pol verbleibt ein einpoliger Kurzschlussstrom. Aus (10.29) und Abb. 10.38 lässt sich die Spannung am zweitlöschenden Pol (bzw. erstlöschenden Pol beim zweipoligen Kurzschluss mit Erdberührung) berechnen

$$I_1 = I_2 = I_0 = \frac{E_1}{2Z_1 + Z_0}$$

$$U_1 = E_1 - Z_1 I_1 = E_1 \frac{Z_1 + Z_0}{2Z_1 + Z_0}$$

$$U_2 = -Z_1 I_2 = -E_1 \frac{Z_1}{2Z_1 + Z_0}$$

$$U_0 = -Z_0 I_0 = -E_1 \frac{Z_0}{2Z_1 + Z_0}$$

$$-\:-\succ \quad U_c = aU_1 + a^2 U_2 + U_0 = E_1 \frac{\sqrt{3}jZ_1 + \sqrt{3}e^{j150°}Z_0}{2Z_1 + Z_0}.$$

Die wiederkehrende Spannung schwingt sich auf den betriebsfrequenten Wert ein

$$\hat{U}_c = \hat{U} \frac{\sqrt{3}\left(j + e^{j150°}\frac{Z_0}{Z_1}\right)}{2 + \frac{Z_0}{Z_1}} \approx \hat{U} \frac{\sqrt{3}\left|1 + e^{j60°}\frac{X_0}{X_1}\right|}{2 + \frac{X_0}{X_1}}. \quad (13.26)$$

Für $X_0/X_1 = 3 - 5.5$ erhält man das 1.25–1.4 fache der Sternspannung.

Beim Löschen des dritten Pols bzw. bei einpoligem Kurzschluss mit Erdberührung hat die betriebsfrequente wiederkehrende Spannung den Wert der Sternspannung.

Netze mit ungeerdetem Sternpunkt Nach dem Löschen des Stromes im ersten Pol (Phase a in Abb. 13.32) besteht weiter ein *zweipoliger Kurzschluss ohne Erdberührung*. Aus Abb. 13.32 geht hervor, dass die Schalterklemme B das mittlere Potential der Quellenspannungen U_b und U_c annimmt. Dementsprechend ist die betriebsfrequente wiederkehrende Spannung am erstlöschenden Schalter das 1.5fache und an den beiden anderen zusammen löschenden Polen das $\sqrt{3}/2$ fache der Sternspannung.

Abb. 13.33 Abstandskurzschluss auf Leitung im Abstand l vom Schalter

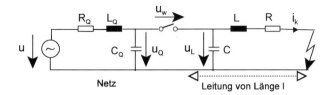

Abb. 13.34 Abstandskurzschluss, Simulation von Schaltbild Abb. 13.33

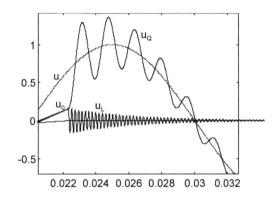

13.5.3 Abstandskurzschluss

Die Beanspruchung der Schaltstrecke hängt bei Wechselstrom von der Steilheit der wiederkehrenden Spannung ab (Abschn. 13.3.2). Der Verlauf der wiederkehrenden Spannung seinerseits wird vom Netzschema beeinflusst. Untersuchungen haben gezeigt, dass die grösste Steilheit und damit die grösste Beanspruchung des Schalters bei *Abstandskurzschluss* auftritt, d. h., wenn der Kurzschluss nicht unmittelbar beim Schalter, sondern in einigem Abstand davon (einige 100 m bis einige km) auf der Abgangsseite auf der Freileitung stattfindet. Das entsprechende Schaltschema zeigt Abb. 13.33 und das Simulationsresultat Abb. 13.34. Unmittelbar vor der Stromlöschung sind die Spannungen am Schalter

$$\underline{U}_{Q0} = \underline{U}_{L0} = \underline{U}_0 = \underline{U}\frac{\underline{Z}_L}{\underline{Z}_L + \underline{Z}_Q} = \underline{U}\left(1 - \frac{\underline{I}_k}{\underline{I}_{kQ}}\right) \quad mit \begin{cases} \underline{Z}_L = R + j\omega L \\ \underline{Z}_Q = R_Q + j\omega L_Q \end{cases}.$$
(13.27)

Startend von u_0, schwingen sich bei der Strömlöschung die netzseitige Spannung auf u und die leitungsseitige auf null, jede mit der eigenen Eigenfrequenz. Je kürzer das Leitungsteilstück, umso höher ist die leitungsseitige Eigenfrequenz, aber desto kleiner auch die Anfangsspannung u_0. I_k ist der effektiv auftretende Kurzschlussstrom und I_{kQ} der Kurzschlussstrom bei Kurzschluss am Schalterstandort.

Die über dem Schalter liegende Spannung ist $u_w = u_Q - u_L$, und die beiden maximalen Steilheiten addieren sich. Die Gesamtsteilheit der wiederkehrenden Spannung ist (bei Annahme, dass der Kurzschlussimpedanzwinkel nahezu 90° beträgt)

Abb. 13.35 Ein- und Ausschalten kapazitiver Ströme

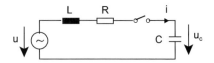

Aus

$$k_u = \omega_Q(\hat{U} - u_0) + \omega_L u_0.$$

$$\omega_L = \frac{1}{\sqrt{LC}} = \omega \frac{Z_w}{X}, \quad u_0 = \hat{U}\left(1 - \frac{I_k}{I_{kQ}}\right) = \hat{U}\frac{X}{X_Q + X}$$

mit Z_W = Wellenimpedanz, ω = Netzkreisfrequenz, folgt

$$k_u = \omega_Q \hat{U} \frac{I_k}{I_{kQ}} + \omega Z_w \sqrt{2} I_k. \tag{13.28}$$

Der zweite Term überwiegt bei kurzen Leitungsteilstücken und beansprucht die Schaltstrecke erheblich. Stellt man die Leitung statt mit einem L-Ersatzschaltbild als verzerrungsfreie Leitung exakter dar (Abschn. 5.6.2), ändert sich am leitungsseitigen Einschwingvorgang wenig. Die Spannung u_L ist dann zwar dreiecksförmig statt sinusförmig, da aber gemäss Abschn. 5.6.2 die Eigenfrequenz um den Faktor $\pi/2$ zunimmt, bleiben Anfangssteilheit und Amplitude identisch.

Die Steilheit der wiederkehrenden Spannung kann durch Zuschaltung einer Kapazität zwischen leitungsseitigem Schalterpol und Erde reduziert werden. Eine Verdoppelung der Leitungskapazität reduziert z. B. die äquivalente Wellenimpedanz und somit die maximale Steilheit um den Faktor $\sqrt{2}$.

13.5.4 Einschalten kapazitiver Ströme

Dieser Fall tritt vor allem beim Einschalten von leerlaufenden Leitungen oder von Kondensatorbatterien ein. Grundsätzlich wird beim Einschalten einer Spannungsquelle auf eine Kapazität der Anfangsstrom nur durch die Inneninduktivität der Quelle begrenzt. Zur Analyse sei von Schaltbild 13.35 ausgegangen. Die analytische Lösung beim Schalten im Spannungsmaximum (Laplace-Carson) ist

$$u_c = \frac{\hat{U} - u_{c0}}{1 + \frac{2\zeta}{\omega_0}s + \frac{s^2}{\omega_0^2}}, \quad i = \frac{sC(\hat{U} - u_{c0})}{1 + \frac{2\zeta}{\omega_0}s + \frac{s^2}{\omega_0^2}}$$

mit

$$\omega_0 = \frac{1}{\sqrt{LC}}, \quad \zeta = \frac{1}{2}\frac{R}{\sqrt{\frac{L}{C}}}, \quad \omega_e = \omega_0\sqrt{1 - \zeta^2}.$$

13.5 Schaltüberspannungen

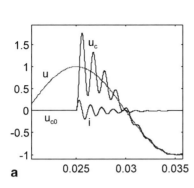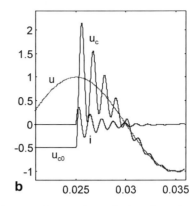

Abb. 13.36 Simulation der Schaltung Abb. 13.35 **a** Kapazität ungeladen, **b** Kapazität mit $-0.5\,\hat{U}$ geladen

Für den Stromscheitelwert folgt

$$\hat{I} = \omega_0 C(\hat{U} - u_{c0}) = \frac{\hat{U} - u_{c0}}{\sqrt{\frac{L}{C}}}.$$

Abbildung 13.36a zeigt das Simulationsresultat bei ungeladener Kapazität. Der Überschwingungsfaktor γ der Spannung (s. Gl. 13.24) kann bei schwacher Dämpfung maximal den Wert 2 erreichen. Ist die Kapazität vorgeladen (Abb. 13.36b), ist der äquivalente Überschwingungsfaktor

$$\gamma_e = \gamma - \frac{u_{c0}}{\hat{U}}(\gamma - 1)$$

(z. B. für $u_{c0} = -\hat{U} \Rightarrow \gamma_e = 3$). Schaltet man in einem anderen Zeitpunkt, reduziert sich entsprechend die Überspannung.

Hochspannungsschalter werden in der Regel mit Widerständen ausgerüstet, die beim Ein-schaltbefehl parallel zum Hauptschalter geschaltet werden und den Einschwingvorgang dämpfen. Die Hauptstrecke wird erst nach abgeklungenem Einschwingvorgang geschlossen.

Zu beachten ist schliesslich, dass die Simulation der leerlaufenden Leitung mit einer konzentrierten Kapazität nur angenähert die wirklichen Verhältnisse wiedergibt. Abbildung 13.37 vergleicht den Einschaltvorgang bei Annahme konzentrierter Kapazität mit jenem, den man mit dem Leitungsmodell Abb. 5.32 (Abschn. 5.5.2) erhält, das die Wanderwellenvorgänge genauer berücksichtigt.

Synchrones oder kontrolliertes Schalten Die Einschwingvorgänge können nahezu vermieden werden, wenn man im geeigneten Zeitpunkt einschaltet. Ideal ist es (z. B. bei ungeladener Kapazität), im Nulldurchgang der Spannung zu schalten. Bei

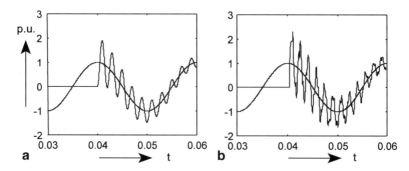

Abb. 13.37 Einschalten einer leerlaufenden Leitung: **a** dargestellt mit ihrer konzentrierten Kapazität, **b** bei Berücksichtigung der Wanderwellenvorgänge gemäss Modell Abb. 5.32

Drehstrom muss dann jede Phase in einem anderen Zeitpunkt eingeschaltet werden. Man spricht dann von synchronem oder kontrolliertem Schalter. Entsprechende Steuergeräte sind heute verfügbar. Algorithmen, die auch im Fall von mit Kondensatorbatterien und Drosselspulen kompensierten Leitungen und Schnellwiedereinschaltung korrekt funktionieren, sind entwickelt und getestet worden [1].

13.5.5 Ausschalten kleiner Blindströme

Das Ausschalten kleiner Blindströme kann von Rückzündungen und vorzeitigem Abreissen des Stromes mit entsprechenden netz- und lastseitigen Überspannungen begleitet werden.

Während beim Ausschalten ohmisch-induktiver Kreise lastseitig die Spannung auf Null sinkt, verharrt sie bei *kapazitiver Belastung* auf dem zuletzt erreichten Niveau. Sie begünstigt somit das Auftreten von Rückzündungen, da für das Löschen kleiner Ströme kleine Kontaktabstände genügen.

Beim Ausschalten kleiner Ströme kann die Löschwirkung des Schalters zu gross sein und ein Abreissen des Stromes vor dem Nulldurchgang verursachen. Zu den netzseitigen Beanspruchungen kommt vor allem die Gefährdung der *Lastkreise mit hohen Induktivitäten*, wie Transformatoren, Drosselspulen und Motoren.

Ausschalten kapazitiver Ströme Um die grundsätzlich auftretenden Überspannungen aufzuzeigen, kann man wieder vom einfachen Schaltbild Abb. 13.35 ausgehen. Die Simulationsresultate sind in den Abb. 13.38 und 13.39 dargestellt. Die Löschung des Lichtbogens erfolgt in allen Fällen im Zeitpunkt t = 0.065 s. In Abb. 13.38a tritt eine Rückzündung 3 ms nach der Löschung vor dem ersten Nulldurchgang der Netzspannung auf. Der über die Schaltstrecke fliessende Strom schwingt mit der von L und C bestimmten Eigenfrequenz. Man kann davon ausgehen, dass ein guter Schalter diesen Strom bereits im ersten Nulldurchgang löscht. Die Kondensatorspannung überschreitet in diesem Fall den Scheitelwert der Sternspannung nicht. An der Schaltstrecke kann höchstens die doppelte Sternspannung liegen (Abb. 13.38a). Tritt die

13.5 Schaltüberspannungen

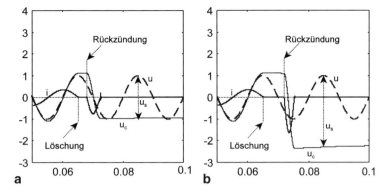

Abb. 13.38 Simulation von Strom- und Spannungsverlauf bei der Löschung kapazitiver Ströme: **a** Rückzündung 3 ms nach der Löschung, **b** Rückzündung 7 ms nach der Löschung, u = Netzspannung, u_c = Spannung an der Kapazität, u_s = Spannung am Schalter, i = Strom

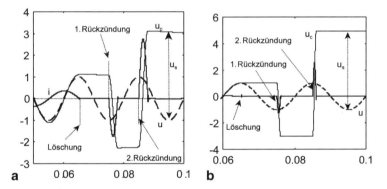

Abb. 13.39 Aufschaukeln der Kondensatorspannung bei zweifacher Rückzündung (erste nach 10 ms): **a** mit einer Eigenfrequenz von 275 Hz und einer Dämpfung $\zeta = 0.17$, **b** mit einer Eigenfrequenz von 500 Hz und ohne Dämpfung

Rückzündung aber erst 7 ms nach der Lichtbogenlöschung auf (Abb. 13.38b), d. h. nach dem ersten Nulldurchgang der Spannung, überschreitet die lastseitige Spannung den zweifachen Wert der Sternspannung, und an der Schaltstrecke kann mehr als die dreifache Sternspannung liegen.

Einen besonders kritischen Fall zeigt das Simulationsresultat Abb. 13.39a. Die Rückzündung erfolgt hier 10 ms nach der Lichtbogenlöschung, d. h. genau im Netzspannungsmaximum. Ferner ist angenommen worden, dass im folgenden Spannungsmaximum eine zweite Rückzündung erfolgt. Die Kondensatorspannung schaukelt sich bei jeder Rückzündung auf und übersteigt nach der zweiten Rückzündung das 3fache der Sternspannung. Noch kritischer wird es bei höherer Eigenfrequenz und ohne Dämpfung (Abb. 13.39b), weil nach der zweiten Rückzündung die 5fache Sternspannung erreicht wird.

Abb. 13.40 Ersatzschaltbild für die Simulation des Ausschaltens kleiner induktiver Ströme

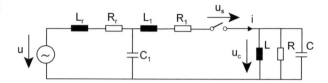

Ausschalten induktiver Ströme Um die Auswirkungen des Abreissens des Lichtbogenstromes zu untersuchen, kann man von Schaltbild Abb. 13.40 ausgehen, welches das speisende Netz, die Verbindung zwischen Netz und Verbraucher und den induktiven Verbraucher darstellt. Die Kapazität des Verbrauchers ist wesentlich, da sie zusammen mit der Induktivität die Frequenz der Ausgleichsvorgänge nach dem Stromabriss bestimmt.

Das Simulationsresultat zeigt Abb. 13.41. An der Last tritt die Überspannung $\hat{u}_c$ auf (Abb. 13.41a). Sie hängt ausser von der Grösse der Lastinduktivität von der Grösse des abgerissenen Stromes i_0 und der Eigenfrequenz ω_0 des Lastkreises ab. Die magnetische Energie der Induktivität wird beim Abreissen des Stromes von der Kapazität aufgenommen. Aus der Energiebilanz erhält man

$$\frac{1}{2}C\hat{u}_c^2 = \frac{1}{2}Li_0^2 \quad --\succ \quad \hat{u}_c = \sqrt{\frac{L}{C}}i_0 = \omega_0 L i_0.$$

Führt man den Scheitelwert $\hat{I}_L$ des induktiven Stromes vor der Ausschaltung ein, erhält man den Überschwingfaktor k, relativ zur Netzspannung:

$$\hat{I}_L = \frac{\hat{U}}{\omega L} = --\succ \quad k = \frac{\hat{u}_c}{\hat{U}} = \frac{i_0}{\hat{I}_L}\frac{\omega_0}{\omega}.$$

Die Höhe des abgerissenen Stromes i_0 wird von den Eigenschaften des Schalters bestimmt. Sie ist z. B. sehr klein in SF_6-Schaltern, die nach dem Selbstblasprinzip

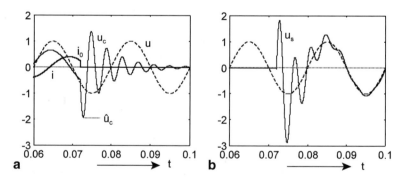

Abb. 13.41 Überspannungen beim Abreissen kleiner induktiver Ströme: **a** Verlauf von Netzspannung, Strom und lastseitiger Spannung, **b** Spannung an der Schaltstrecke

arbeiten. Abbildung 13.41b zeigt auch den Verlauf der Schalterspannung u_s. Sie steigt im ersten Moment steil an entsprechend der Eigenfrequenz des Lastkreises. Ist die Schaltstrecke dielektrisch nicht verfestigt, tritt Rückzündung auf, der wiederum ein Abreissen des Lichtbogens folgen kann usw.

Literatur

1. Carvalho AC, Froehlich K et al (1997) Controlled closing on shunt reactor compensated transmission lines. I and II, IEE Trans 12(2)
2. Cassie AM (1939) Arc rupture and circuit severity: a new theory. CIGRE 102:14
3. Dufournet D, Ozil J, Sciullo F, Ludwig A (1998) New interrupting and drive techniques to increase high voltage circuit breaker performance and reliability. CIGRE 13–104
4. Dullni E (1993) Physik der Kurzschlussstromunterbrechung in Vakuum-Schaltgeräten. ABB-Technik 1993:5
5. Lowke JJ, Ludwig HC (1975) A simple Model for high-current arcs stabilized by forced convection. J Appl Phys 46(8):3352–3360
6. Mayr O (1943) Beiträge zur Theorie des statischen und dynamischen Lichtbogens. Arch Elektrotechnik 37(12):588–608
7. Philippow E (1982) Systeme der Elektroenergietechnik. Taschenbuch der Elektrotechnik, Bd 6. Carl Hanser, München
8. Rieder W, Schneider H (1953) Ein Beitrag zur Physik des Gleichstromlichtbogens. Elin-Zeitschrift 5
9. Rieder W (1967) Plasma und Lichtbogen. Vieweg, Braunschweig
10. Rüdenberg R, Dorsch H, Jacottet P (Hrsg) (1974) Elektrische Schaltvorgänge. Springer, Berlin
11. WG 13.01, CIGRE (1993) Application of black box modeling to circuit breakers. Electra 149:40–71

Kapitel 14
Schutztechnik

Die Schutztechnik ist ein wesentliches Element der Betriebsführung elektrischer Energieversorgungsnetze. Sie gewährleistet die Kontinuität des Betriebs und die Stabilität des Netzes durch *sicheres, schnelles und selektives* Abschalten gestörter Netzelemente. Heute sind *Kommandozeiten* (Messgrössenaufbereitung + Eigenzeit der Relais) der Grössenordnung einer Netzperiode oder sogar darunter realisiert. Die Netzelemente werden, falls sie unversehrt sind und die Fehlerursache behoben ist, so schnell wie möglich wieder eingeschaltet (Beispiel: Kurzunterbrechung, Abschn. 14.2.5).

Für eine prompte und selektive Aktion und aus Sicherheitsgründen arbeitet die Schutzebene funktionsmässig unabhängig von der Steuerungsebene, auch wenn sie heute im Zuge der Digitalisierung gerätetechnisch mehr und mehr mit der Leittechnik integriert ist.

Ein weiteres Ziel der Schutztechnik ist, Schäden bei Menschen (und Nutztieren) durch Berührungsspannungen und Lichtbögen sowie Schäden an Betriebsmitteln, die durch Überbeanspruchungen verursacht werden können (Überspannungen und Überströme), zu vermeiden.

Als *Primärschutz* bezeichnet man den Überstromschutz im Niederspannungsnetz (z. T. auch im Mittelspannungsnetz) mittels Sicherungen und Einrichtungen, die, direkt im Schalter eingebaut, messen und auslösen.

Unter dem Begriff *Sekundärtechnik* versteht man hingegen den Schutz des Mittel-, Hoch- und Höchstspannungsnetzes, der

- von Messungen mit Strom-, Spannungswandlern und anderen Sensoren
- von binären Signalen (z. B. Schalterstellungen)

ausgeht. Der Schutz bildet dann ein System (*Schutzsystem*), das alle Einrichtungen umfasst, die für die Messung, Messwertverarbeitung, selektive Abschaltung und Information notwendig sind.

Ein Schutzsystem muss höchste *Verfügbarkeit* aufweisen. Dies bedingt hohe Zuverlässigkeit der Geräte. Die Verfügbarkeit wird durch Redundanz der Geräte und der Schutzsysteme erhöht. Redundanz ist notwendig, um dem (n-1)-Ausfallkriterium Genüge zu leisten (Abschn. 9.1). Dazu dient auch der Reserveschutz, der den auf Staffelzeiten basierenden Schutzsystemen eigen ist.

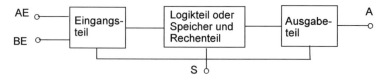

Abb. 14.1 Elektronische Relais: AE = Analogeingang, BE = Binäreingang, A = Ausgänge, S = Speisung

Selektivität Selektivität wird erreicht, wenn man konsequent das Grundprinzip anwendet, jedem Netzelement (Generator, Transformator, Leitungsstrecke, Verbraucher, Sammelschiene) oder jeder Gruppe von Netzelementen Schutzeinrichtungen zuzuteilen, die auf *interne Fehler* ansprechen. Externe Fehler sollen entweder nicht wahrgenommen (absolute Selektivität) oder die Abschaltung soll solange verzögert werden, bis die betroffenen Netzelemente durch den eigenen internen Schutz selbst abschalten (relative Selektivität).

Der Schutz muss nicht nur bezüglich des Fehlerortes, sondern auch der *Fehlerart* selektiv sein. Unter Fehler versteht man jede Abweichung vom gewollten normalen Betriebszustand. Die meisten Fehler sind nach der Störungs- und Schadensstatistik des VDEW auf Kurzschlüsse und Erdschlüsse zurückzuführen [5]. Wie bereits in Abschn. 10.7.2 dargelegt, gibt es drei-, zwei- und einpolige Kurzschlüsse mit und ohne Erdberührung sowie Doppelerdschlüsse. Um sie auseinanderzuhalten, müssen die Strom- und Spannungsverhältnisse jeder Kurzschlussart bekannt sein. Diese lassen sich mit den in Abschn. 9.2 gegebenen Grundlagen und der Theorie der symmetrischen Komponenten berechnen (Abschn. 10.7). Bei den Erdschlüssen wird das Verhalten davon beeinflusst, ob und wie der Sternpunkt der Transformatoren geerdet ist (Sternpunktbehandlung, Abschn. 14.1). Dabei ist zu beachten, dass für die Schutztechnik die Strom- und Spannungsgrössen am Schaltfeld, dort wo die Messgrössen für die Auslöserelais erfasst werden, und nicht an der Fehlerstelle, massgebend sind.

Relais Für die Auswertung der Messgrössen und Steuerung der Leistungsschalter sind entsprechend dem Stand der Technologie bis in die 70er Jahre elektromechanische Relais eingesetzt worden. In neueren Anlagen der Sekundärtechnik sind elektronische Bauelemente verwendet worden. Sie ermöglichen schnellere Abschaltzeiten und höhere Genauigkeit. Das Blockschaltbild eines elektronischen Relais zeigt Abb. 14.1.

Bei Verwendung der klassischen *Analogtechnik*, die auf Operationsverstärkern basiert, besteht das Relais (auch *statisches Relais* genannt, da es keine beweglichen Teile enthält) aus einem *analogen Eingangsteil*, das die Messgrössen übernimmt (von Strom-, Spannungswandlern, Temperaturmessgeräten usw.) und an ein *Logikteil* für die Messwertverarbeitung weitergibt. Neben analogen Eingängen sind auch binäre Eingänge vorhanden, z. B. zur Erfassung von Schalterstellungen. Nach der Messwertverarbeitung werden im *Ausgabeteil* schliesslich Meldungen und Betätigungssignale erzeugt (binäre Ausgänge). Die Speiseenergie wird in der Regel von einer Batterie geliefert, um die Funktion des Schutzes auch bei Netzausfall sicherzustellen.

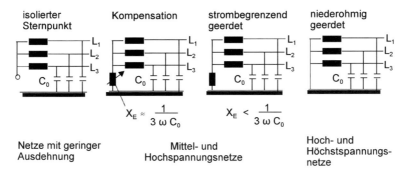

Abb. 14.2 Arten von Sternpunktbehandlung

Heute ist der Umwandlungsprozess in Richtung *Digitaltechnik* beinahe vollzogen. Durch den Einsatz von leistungsfähigen Mikroprozessoren ist es möglich, die Hardware zu vereinfachen und zu vereinheitlichen (und damit den Zuverlässigkeitsgrad zu erhöhen) und die Vielfalt der Schutzaufgaben auf die Softwareebene zu verlagern. Damit eröffnen sich für die Schutzkonzepte neue, z. T. revolutionäre Möglichkeiten (Bd. 3). Hardwaremässig besteht ein Digitalrelais aus einem *Analogeingangsteil mit Analog/Digital-Umwandlung*, das die digitalisierten Messgrössen zusammen mit digital erfassten Grössen an einen *Pufferspeicher* weitergibt. Ein *Mikrocomputer* sorgt für den Abruf und die Verarbeitung der gespeicherten Daten und die Weiterleitung der Ergebnisse an das Ausgabeteil.

Im folgenden werden die systemtechnischen Aspekte der Schutztechnik behandelt. Für Gerätetechnik und übergeordnete Netzleittechnik s. Bd. 3.

14.1 Sternpunktbehandlung

Der einpolige Erdschluss, die weitaus häufigste Fehlerursache in elektrischen Netzen, vor allem in Freileitungsnetzen, ist meist auf atmosphärische Einwirkungen zurückzuführen (Abschn. 3.1.2). Seine Auswirkungen hängen von der Art der Behandlung der Transformatorsternpunkte des Netzes ab. Folgende Arten sind üblich (Abb. 14.2):

- Netze mit isoliertem Sternpunkt,
- Netze mit Erdschlusskompensation (Petersenspule),
- Netze mit niederohmiger Erdung,
- Netze mit strombegrenzender Sternpunkterdung.

Mittelspannungsnetze werden in der Schweiz meist isoliert betrieben, eine Kompensation ist selten. In Deutschland ist die Erdschlusskompensation übliche Praxis. *Hochspannungsnetze* sind in der Schweiz (mit Ausnahme des noch stark verbreiteten 50-kV-Netzes) in der Regel niederohmig oder mit Strombegrenzung geerdet, in Deutschland ist die Erdschlusskompensation üblich (z. B. im 110-kV-Netz). *Höchst- spannungsnetze* werden überall (mit wenigen Ausnahmen) niederohmig

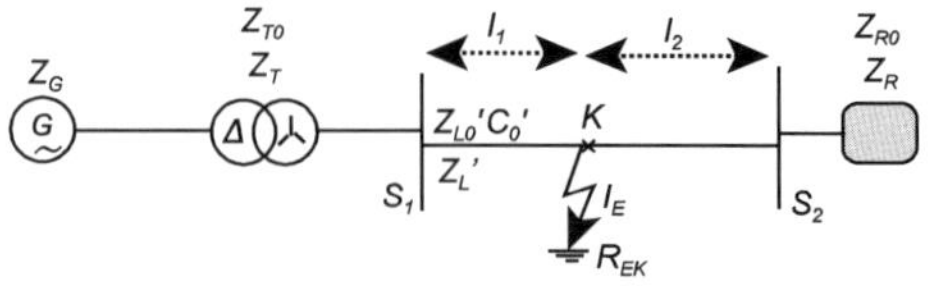

Abb. 14.3 Einpoliger Erdschluss in Netz mit isoliertem Sternpunkt

Abb. 14.4 Komponentenersatzschaltbild zu Anlage Abb. 14.3, I_E = Erdschlussstrom

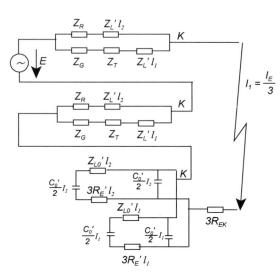

geerdet. Im folgenden werden die Ersatzschaltbilder und die Eigenschaften der vier Schaltungsarten besprochen.

14.1.1 Netze mit isoliertem Sternpunkt

Zur Analyse sei von dem in Abb. 14.3 gegebenen und bereits in Beispiel 10.9 behandelten Anlagenschema ausgegangen. Das entsprechende Komponentenersatzschaltbild zeigt Abb. 14.4. Der Erdschlussstrom I_E kann nur über die Leitungskapazitäten C_0 zurückfliessen. Die Erdkapazität hat bei Freileitungen die Grössenordnung 5 nF/km (s. Beispiele 5.4, 5.5). Der kapazitive Reaktanzbelag $\frac{1}{\omega}C_0'$ beträgt etwa 600 kΩ km. Bei Leitungen von z. B. 10 km Länge beträgt die Reaktanz immer noch 60 kΩ, ist also wesentlich grösser als alle seriegeschalteten Netzimpedanzen und Erdwiderstände. Der Erdschlussstrom wird praktisch nur von der Erdkapazität der Leitung bestimmt und nimmt nach dem Ersatzschaltbild den Wert an

$$I_E \approx j \, \omega \, 3 \, C_0 \, E \quad (14.1)$$

mit $C_0 = C_0' \, (l_1 + l_2)$. Bei Kabelleitungen ist dies weniger eindeutig, da die Kapazität etwa um den Faktor 60 grösser ist, doch in erster Näherung immer noch der Fall. Die einzusetzende Quellenspannung E ist nach Abschn. 9.2.3 gleich der Sternspannung an der Fehlerstelle vor dem Erdschluss. Sind Verzweigungen und Maschen vorhanden, addieren sich alle Kapazitäten der parallelen Leitungen, und die Kapazität C_0

in (14.1) ist somit proportional zur Gesamtleitungslänge, d. h. zur *Ausdehnung des Netzes*.

Bei geringer Ausdehnung des Netzes ist auch der Erdschlussstrom klein und der am Freileitungsisolator entstehende Lichtbogen (Beispiel 3.3) erlischt von selbst. In diesem Fall ist keine Schutzeinrichtung gegen Erdschluss notwendig. Als Löschgrenze für solche *Lichtbogenerdschlüsse* werden in VDE 0228, 35 A für Netze < 20 kV und 60 A für Netze von 60 kV festgelegt.

Mit dem oben angegebenen Wert für C_0' entsprechen diese Löschgrenzen nach (14.1) einer Gesamtleitungslänge von ca. 640 km für 20-kV- und von ca. 220 km für 60-kV-*Freileitungsnetze*. Deshalb können Freileitungsnetze im Mittelspannungsbereich und auch im unteren Hochspannungsbereich (z. B. die in der Schweiz verbreiteten 50-kV-Netze) isoliert und ohne besondere Schutzeinrichtungen gegen einpolige Lichtbogenerdschlüsse betrieben werden. Nimmt der Kabelanteil zu, muss man eine rasche Fehlerortung, eine Kompensation oder niederohmige Erdung evtl. mit Erdschlussstrombegrenzung in Erwägung ziehen.

In Kabelnetzen ist nicht mit einer Selbstheilung der Fehlerstelle zu rechnen, da Erdschlüsse meist auf Isolationsdurchschläge zurückzuführen sind. Ausserdem müsste man, um die oben angegebenen Löschgrenzen einzuhalten, wegen der wesentlich grösseren Kapazität die Ausdehnung etwa um den Faktor 60 auf wenige km reduzieren, was wenig Sinn macht. Der isolierte Betrieb von Kabelnetzen hat deshalb bei einpoligen Fehlern praktisch immer einen *Dauererdschluss* zur Folge; allerdings sind Erdschlüsse in Kabelnetzen viel seltener als in Freileitungsnetzen. In der Schweiz ist es übliche Praxis, städtische Kabelnetze isoliert zu betreiben, wobei in der Regel die Auftrennung in Teilnetze so gestaltet wird, dass der Erdschlussstrom etwa 80 A nicht überschreitet, was bei 20 kV etwa einer Ausdehnung von 30 km entspricht. Im Fall eines Erdschlusses wird dieser gemeldet und das Netz bis zur Fehlerortung und Abschaltung der gestörten Leitung normal weiter betrieben.

Während der Erdschlussdauer entsteht eine Sternpunktverlagerung (Nullspannung), die gleich zur Sternspannung ist; die Spannungen zwischen den gesunden Phasen und der Erde erhöhen sich folglich auf den Wert der verketteten Spannung und übersteigen somit die normalen Werte um den Faktor $\sqrt{3}$. Diese Spannungserhöhung dient messtechnisch auch als Nachweis für das Vorhandensein eines Erdschlusses. Bei genügender Reserve und gutem Isolationszustand haben diese *betriebsfrequenten Überspannungen* auch bei längerer Dauer des Erdschlusses keine Folgen. Treten aber intermittierende Erdschlüsse auf, die durch Rückzündungen verursacht werden (Abschn. 13.3.5), können transiente Überspannungen entstehen, die ein Mehrfaches der Sternspannung erreichen und zu Folgefehlern führen, z. B. zu einem Doppelerdschluss. Bei schlechterem Isolationszustand oder kleinerer Reserve kann ein zu lange dauernder Erdschluss zu einem Kurzschluss führen, der vom Kurzschlussschutz abgeschaltet wird.

14.1.2 Netze mit Erdschlusskompensation

Wird der Transformatorsternpunkt über eine Spule geerdet (Petersenspule genannt nach dem Erfinder), welche die Erdkapazitäten der Leitungen genau kompensiert,

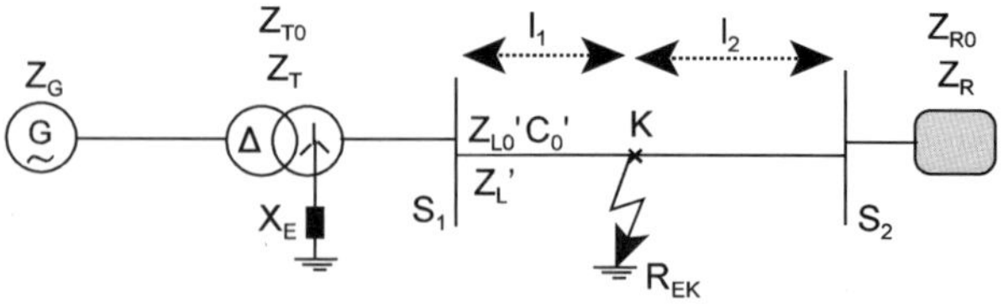

Abb. 14.5 Einpoliger Erdschluss in Netz mit Erdschlusskompensation, X_E = Petersenspule

Abb. 14.6 Komponentenersatzschaltbild zu Anlage Abb. 14.5, I_{Erest} = Erdschlussreststrom

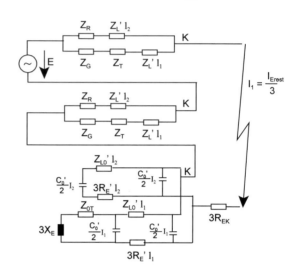

kann der Erdschlussstrom theoretisch auf null reduziert (gelöscht) werden. Praktisch verbleibt ein sogenannter *Reststrom* wegen der ohmschen Komponente. In der Regel ist es ausserdem von Vorteil, etwas überzukompensieren (für Näheres s. z. B. [14]). Somit fliesst ein Reststrom, der erfahrungsgemäss bis ca. 10 % des unkompensierten Erdschlussstromes betragen kann [5]. Abbildung 14.5 zeigt das Schaltbild eines Netzes mit Erdschlusskompensation und Abb. 14.6 das entsprechende Komponentenersatzschaltbild.

Mit der Erdschlusskompensation können auch ausgedehntere Freileitungsnetze ohne Dauererdschlüsse (selbstheilend) betrieben werden. Die Löschgrenze für den Reststrom beträgt, nach VDE 0228, 60 A für Netze $\leq$ 20 kV und steigt für 110-kV-Netze auf 130 A. Die höheren Grenzen werden damit begründet, dass der Wiederaufbau der Spannung in gelöschten Netzen langsamer vor sich geht als in unkompensierten. Auch die Gefahr von Folgefehlern ist dementsprechend kleiner.

Die Spannungen zwischen den gesunden Phasen und der Erde erhöhen sich während der Dauer des Erdschlusses wie im isolierten Netz auf das $\sqrt{3}$fache. In Deutschland ist es üblich, die weit verbreiteten 110-kV-Netze gelöscht zu betreiben. In der Schweiz werden die wenigen 110-kV-Netze meist niederohmig oder mit Strombegrenzung betrieben.

Der exakte Wert des Erdschlussstromes lässt sich aus dem Komponentenersatzschaltbild berechnen. Vernachlässigt man wieder die Impedanzen der Netzelemente

14.1 Sternpunktbehandlung

Abb. 14.7 Einpoliger Erdschluss in niederohmig geerdetem Netz

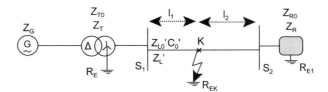

Abb. 14.8 Komponentenersatzschaltbild zu Anlage Abb. 14.7, I''_{Klp} = einpoliger Erdkurzschlussstrom

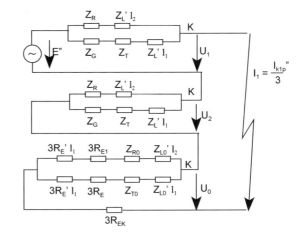

und die Erdwiderstände, folgt für den Reststrom

$$I_{Erest} \approx j\, 3 \left(\omega\, C_0 - \frac{1}{3\, X_E} \right) E. \qquad (14.2)$$

14.1.3 Netze mit niederohmiger Sternpunkterdung

Sind die Transformatoren niederohmig geerdet, wird jeder Erdschluss zu einem Kurzschluss mit entsprechend grossem Kurzschlussstrom und muss durch die selektiven Schutzeinrichtungen abgeschaltet werden. In der Schweiz werden alle Hoch- und Höchstspannungsnetze mit Ausnahme der 50-kV-Netze und einiger 110-kV-Netze so betrieben. In Deutschland trifft dies nur für die Höchstspannungsnetze zu.

Für die Berechnung der Kurzschlussströme sei allgemein auf die Abschn. 9.2, 9.3 und 10.7 verwiesen. Die Abb. 14.7, 14.8 zeigen als Beispiel Anlage und Komponentenersatzschaltbild eines niederohmig geerdeten Netzes.

14.1.4 Netze mit strombegrenzender Sternpunkterdung

In Mittelspannungsnetzen und im unteren Bereich der Hochspannungsnetze (50 kV, 110 kV) kann es sinnvoll sein, durch eine ohmsche oder induktive Sternpunktimpedanz den Kurzschlussstrom z. B. auf 2 kA zu begrenzen. Der Strom wird genügend hoch gewählt, um im Erdschlussfall eine sichere Abschaltung durch einen selektiven Kurzschlussschutz zu ermöglichen.

14.1.5 Erdfehlerfaktor

Neben den Fehlerströmen sind auch die Fehlerspannungen für die selektive Erfassung der Kurzschlussart von Bedeutung. Wie bereits in Abschn. 13.5.2 nachgewiesen, sind die betriebsfrequenten wiederkehrenden Spannungen im Fall des dreipoligen Kurzschlusses im Drehstromnetz in isolierten (oder gelöschten) Netzen grösser als bei niederohmiger Erdung. Dies trifft auch für Kurzschlüsse mit Erdberührung zu. Die im wesentlichen analoge Rechnung wird im folgenden wiederholt und vervollständigt.

Um die Spannungsverhältnisse zu kennzeichnen, wird der *Erdfehlerfaktor* δ eingeführt (VDE 0111) als Verhältnis von am Fehlerort auftretender Spannung zwischen einer gesunden Phase und der Erde und der Sternspannung vor der Störung.

Um diesen Faktor zu berechnen, fasst man die Impedanzen von Mit-, Gegen- und Nullersatzschaltbild wie üblich zu Z_1, $Z_2 = Z_1$ (subtransient zulässig gemäss Abschn. 10.6) und Z_0 zusammen. Dies gilt z. B. für die Anlagen Abb. 14.3, 14.5 und 14.7. Lediglich die Nullimpedanz unterscheidet sich in den verschiedenen Fällen, wie aus den subtransienten Komponentenersatzschaltbildern Abb. 14.4, 14.6 und 14.8 ersichtlich. Man erhält z. B. aus Abb. 14.8

$$U_1 = E'' - Z_1 I_1 = E'' \frac{Z_1 + Z_0}{2Z_1 + Z_0}$$

$$I_1 = \frac{I''_{klp}}{3} = \frac{E''_2}{2Z_1 + Z_0} \quad \Big\langle \quad U_2 = -Z_1 I_1 = -E'' \frac{Z_1}{2Z_1 + Z_0} \qquad (14.3)$$

$$U_0 = -Z_0 I_1 = -E'' \frac{Z_0}{2Z_1 + Z_0}.$$

Aus (14.3) folgt für die fehlerhafte Phase a (s. Abschn. 10.7) wie erwartet $U_a = U_1 + U_2 + U_0 = 0$. Für die gesunden Phasen b und c erhält man, da $(a^2 - a) = -j\sqrt{3}$ und $(a^2 - 1) = -e^{j30°}\sqrt{3}$

$$U_b = a^2 U_1 + a U_2 + U_0 = -\frac{E''}{2Z_1 + Z_0} \sqrt{3} \, (jZ_1 + e^{j30°} Z_0)$$

$$U_c = a U_1 + a^2 U_2 + U_0 = \frac{E''}{2Z_1 + Z_0} \sqrt{3} \, (jZ_1 - e^{-j30°} Z_0)$$

$$--> \quad U_b = -j\sqrt{3} \, E'' \frac{1 + \frac{Z_0}{Z_1} e^{-j60°}}{2 + \frac{Z_0}{Z_1}}, \quad U_c = j\sqrt{3} \, E'' \frac{1 + \frac{Z_0}{Z_1} e^{+j60°}}{2 + \frac{Z_0}{Z_1}}.$$

14.2 Leitungsschutz

Die Sternspannung vor der Störung an der Fehlerstelle ist E'' (nach Abschn. 9.2). Für den Erdfehlerfaktor folgt

$$\delta = \sqrt{3} \left| \frac{1 + \frac{Z_0}{Z_1} e^{\pm j60°}}{2 + \frac{Z_0}{Z_1}} \right|. \qquad (14.4)$$

Der grösste der beiden Werte ($-j60°$ für Phase b, $+j60°$ für Phase c) ist massgebend. Im niederohmig geerdeten Netz variiert das Verhältnis $Z_0/Z_1 \approx X_0/X_1$ entsprechend der Nullimpedanzen von Transformatoren und Leitungen (Abschn. 10.4, 10.5) zwischen 1 und 5.5. Daraus ergibt sich ein Erdfehlerfaktor zwischen 1 und 1.4 (der Wert 1.4 kann überschritten werden, wenn der Nullwiderstand R_0 etwa gleich gross wird wie X_1). In der Nähe von grossen Transformatoren oder geerdeten Synchronmaschinen kann dieses Verhältnis unter 1 sinken. Im Grenzfall $Z_0 = 0$ ergäbe sich aus (14.4) $\delta = \sqrt{3}/2 = 0.87$. In isolierten Netzen ist $Z_0 \to \infty$ und es folgt $\delta = \sqrt{3}$. Dies verhält sich ebenso in Netzen mit Erdschlusskompensation, da auch in diesem Fall das Verhältnis Nullimpedanz zu Mitimpedanz wesentlich grösser ist als 2. In Netzen mit strombegrenzender Erdung kann der Erdfehlerfaktor etwas über 1.4 liegen.

14.2 Leitungsschutz

Aufbau und Wirkungsweise des Selektivschutzes lassen sich am besten anhand des Leitungsschutzes gegen Überströme erläutern. Vor allem im Niederspannungsnetz, aber auch bei Mittelspannung, ist der *Primärschutz* stark vertreten. Im Niederspannungsnetz sind *Sicherungen* für Überlastschutz und Kurzschlussschutz üblich. Im Mittelspannungsbereich werden sie vor allem für den Kurzschlussschutz eingesetzt. Im Bereich des Sekundärschutzes unterscheidet man zwei große Gruppen von Schutzeinrichtungen:

- selektiven Schutz durch *Zeitstaffelung* der Kommandozeiten, die dafür sorgt, dass das dem Kurzschluss am nächsten liegende Relais zuerst auslöst,
- selektiven Schutz durch *Vergleich* bestimmter elektrischer Grössen an den beiden Enden der Leitung.

14.2.1 Sicherungen

Sicherungen unterbrechen durch Abschmelzen des Schmelzeinsatzes und Löschen des dabei entstehenden Lichtbogens in einer Quarzsandfüllung die überbeanspruchte Strombahn und müssen nach jedem Ansprechen ausgewechselt werden. Mit *strombegrenzenden Sicherungen* wird der Unterbruch bei Kurzschluss sehr rasch, in der Regel innerhalb von 10 ms, erreicht (Schmelzzeit < 5 ms). Wie Abb. 14.9 zeigt, wird

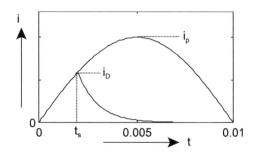

Abb. 14.9 Stromverlauf beim Ansprechen einer strombegrenzenden Sicherung,
i_p = Stosskurzschlussstrom,
i_D = Durchlassstrom,
t_s = Schmelzzeit

dabei der Strom auf den Durchlassstrom begrenzt und der Stosskurzschlussstrom nicht erreicht. Sicherungen können so einen ausgezeichneten Schutz gegen die mechanischen Wirkungen des Kurzschlussstromes bieten (Kap. 12). Man unterscheidet Niederspannungs-Hochleistungs-Sicherungen (*NH-Sicherungen*), die genormt im Bereich 2 bis 1250 A angeboten werden, und Hochspannungs- Hochleistungs-Sicherungen (*HH-Sicherungen*), die im Mittelspannungsbereich eingesetzt werden. Abbildung 14.10a zeigt den Aufbau und die Abb. 14.10b und 14.10c die Kennlinien einer HH-Sicherung. Die *Zeit/Strom-Kennlinie* (für verschiedene Nennströme

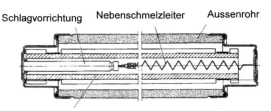

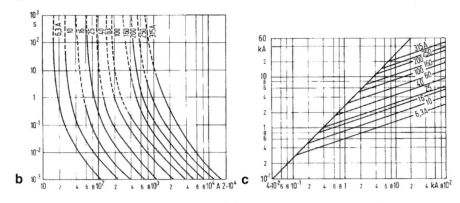

Abb. 14.10 a Prinzipieller Aufbau einer HH-Sicherung, **b** Strom/Zeit-Kennlinien von HH-Sicherungen: I = Dauerwechselstrom, t = Schmelzzeit, Parameter: Nennstrom, **c** Durchlasskennlinien von HH-Sicherungen: I_k'' = Anfangskurzschlussstrom, i_D = Durchlassstrom, Parameter: Nennstrom. (Quelle: [15])

Abb. 14.11 Schutz eines Niederspannungsnetzes durch NH-Sicherungen

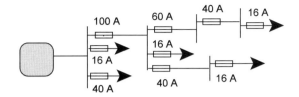

dargestellt) gibt an, welche Dauerströme (Effektivwerte) nach welcher Zeit zu einer Auslösung führen. Aus der *Durchlasskennlinie* lässt sich der Durchlassstrom in Abhängigkeit des Effektiv wertes des Anfangskurzschlusswechselstromes I_k'' bestimmen. Ausserdem darf I_k'' den Wert des Nennausschaltwechselstromes (aus den Herstellerdaten zu entnehmen), welcher das *Ausschaltvermögen* der Sicherung kennzeichnet, nicht überschreiten. Bei der Bemessung muss ferner darauf geachtet werden, dass der Nennstrom der Sicherung höher ist als der grösstmögliche auftretende Laststrom, aber auch kleiner als der thermisch zulässige Dauerstrom der Leitung.

Sicherungen werden auch zusammen mit *Stosskurzschlussstrombegrenzern* verwendet (i_p-Begrenzer). In diesem Fall wird im Hauptstrompfad eine elektronisch gesteuerte Sprengladung angebracht, die gezündet wird, falls der Stromgradient einen vorgeschriebenen Wert überschreitet. Damit wird der Hauptkreis in Bruchteilen einer ms unterbrochen und der Strom auf einen parallelen Sicherungszweig kommutiert. Der Vorteil liegt darin, dass die Sicherung keiner Bedingung bezüglich Laststrom unterworfen ist, somit für einen kleineren Nennstrom ausgelegt werden kann, und sie den Kurzschlussstrom auf kleinere Durchlassströme begrenzt. Da die Sicherungen ersetzt werden müssen, was einen Unterbruch der Stromversorgung bedeutet, gibt es Tendenzen, vor allem im Bereich industrieller Antriebe, andere Methoden der Stosskurzschlussstrombegrenzung einzusetzen, die auf leistungselektronischen Konzepten basieren [2].

Im Niederspannungsbereich lässt sich ein selektiver Überstrom- und Kurzschlussschutz ohne Staffelzeiten erreichen. Da die Zeit/Strom-Kennlinien von NH-Sicherungen weit weniger steil verlaufen als jene von HH-Sicherungen, unterscheiden sich die Auslösezeiten von Sicherungen mit verschiedenen Nennströmen auch bei kleinen Strömen hinreichend, um die Selektivität zu gewährleisten. Das Schutzkonzept eines Strahlennetzes kann dann z. B. nach Abb. 14.11 aufgebaut werden.

14.2.2 Schutzschalter

Als weiteres Beispiel von Primärschutz sei der Schutz mittels Schutzschalter und Vorsicherung beschrieben (Abb. 14.12). Der Schutz ist z. B. für einen Nennstrom von 200 A und ein Schaltvermögen von ca. 8 kA ausgelegt. Bis zu einem Strom von knapp 1 kA wirkt ein zeitverzögerter Überlastschutz (Kennlinie a), darüber

Abb. 14.12 Kennlinien **a** thermische, **b** magnetische Auslösung des Schutzschalters (mit Streubereich), **c** Vorsicherung (notwendig, wenn das Ausschaltvermögen des Schutzschalters kleiner ist als der Anfangskurzschlusswechselstrom)

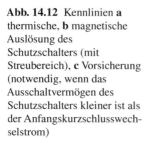
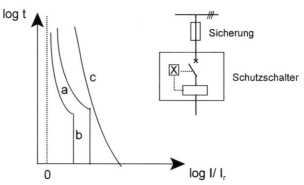

Abb. 14.13 Überstromschutz: **a** für Strahlennetze mit Maximalstromrelais (UMZ-Relais), **b** für zweiseitig gespeiste Leitung mit Maximalstrom-Richtungsrelais

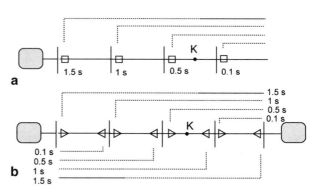

wird in kürzester Zeit ausgelöst (Kurzschlussschutz, Kennlinie b). Als vorgelagerte Sicherung wird eine NH-Sicherung für 250 A Nennstrom eingesetzt (Kennlinie c).

14.2.3 Zeitstaffelschutz

Ein einfacher *Überstromschutz* kann mit sogenannten *Unabhängigen Maximalstrom-Zeitrelais* (*UMZ-Relais*) aufgebaut werden. Diese sprechen mit einer einstellbaren Verzugszeit beim Erreichen eines gewählten Stromschwellenwertes an. Um die Selektivität bezüglich der Leitungsabschnitte zu gewährleisten, nehmen die Abschaltzeiten Richtung Quelle zu (Fall des Strahlennetzes Abb. 14.13a). Der Schutz lässt sich auch bei zweiseitig gespeisten Leitungen einsetzen mit stromrichtungsabhängigen Relais und einer gegenläufigen Zeitstaffelung (Abb. 14.13b). Bei einem Kurzschluss im Punkt K löst im Fall a) das Relais mit einem Zeitverzug von 0.5 s aus, im Fall b) sprechen die zwei Relais des vom Kurzschluss betroffenen Leitungsabschnitts zuerst an. Während elektromechanische Relais mit einem Staffelabstand von etwa 0.5 s arbeiten, lassen sich diese Abstände mit elektronischen Relais auf etwa 0.2 s herabsetzen. Man beachte, dass Relais mit höherer Ausschaltzeit als Reserveschutz für die, von der Quelle aus gesehen, nachgeschalteten Relais dienen. Der

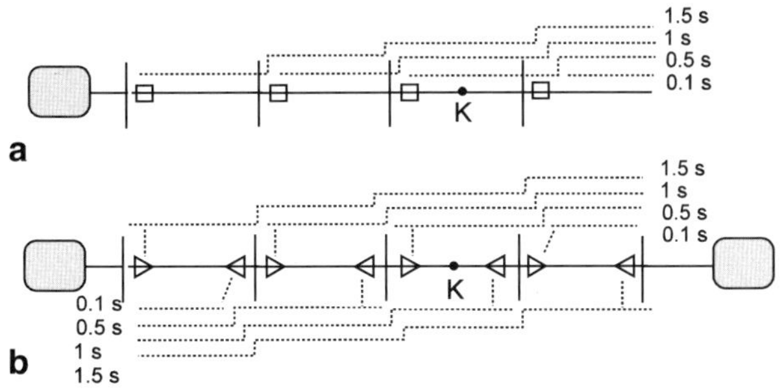

14.2 Leitungsschutz 579

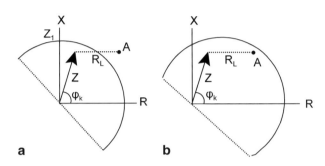

Abb. 14.14 Distanzschutz:
a für Strahlennetze mit Minimalimpedanzrelais und stufenförmiger Impedanz/Zeit-Kennlinie,
b für zweiseitig gespeiste Leitung mit Minimalimpedanz-Richtungsrelais (Kennlinien wie a) und gegenläufig

Abb. 14.15 Auslösebereich eines elektromechanischen Distanzrelais **a** ohne, **b** mit Verschiebung des Auslösekreismittelpunktes

grundsätzliche Nachteil, dass die Kurzschlussströme in der Nähe der Quellen, wo sie am grössten sind, am längsten bestehen bleiben, lässt sich mit diesem Schutzkonzept nicht beheben.

Distanzschutz Bezüglich Kommandozeiten weit überlegen ist der Distanzschutz. Dazu werden Relais verwendet mit stufenförmigen Impedanz/Zeit-Kennlinien. Im Beispiel Abb. 14.14 wird auf der ganzen Strecke mit 0.1 s abgeschaltet. In Höchstspannungsnetzen kann diese Zeit auf etwa 30 ms abgesenkt werden. Gemessen wird die Impedanz, d. h das Verhältnis von Spannung und Strom. Ist der Kurzschluss vom Relais weit entfernt, ist das Verhältnis U/I gross, und umgekehrt. Die Impedanzmessung kann als Distanzmessung interpretiert werden. Geschaltet wird beim Unterschreiten eines Minimalwertes der Impedanz, also der Distanz. Das Relais schaltet bei zunehmender Entfernung stufenweise mit zunehmender Verzögerung ab und dient so wieder als Reserveschutz für die nachgeschalteten Relais. Durch den Einbau der Richtungsempfindlichkeit kann der Distanzschutz auch für zweiseitig gespeiste Leitungen verwendet werden (Abb. 14.14b).

In *elektromechanischen Relais* wird in der Regel das Drehspulmessprinzip verwendet [23]. Über Gleichstrombrücken wird die Impedanz *U/I* gemessen. Der Kurzschlussphasenwinkel ϕ_k wird nicht erfasst. Es ergeben sich die in Abb. 14.15a dargestellten Verhältnisse. Der Schutzbereich (eingestellte Minimalimpedanz Z_1 in der 1. Stufe) ist in der komplexen Zahlenebene ein Kreis. Das Relais spricht in der 1. Stufe an, wenn sich die Kurzschlussimpedanz Z innerhalb des Kreises befindet. Um zu verhindern, dass sich die resultierende Impedanz infolge eines Lichtbogenwiderstandes R_L ausserhalb des Kreises begibt (Punkt A) und erst in der 2. Stufe anspricht,

Abb. 14.16 Auslösebereich eines elektronischen Distanzrelais

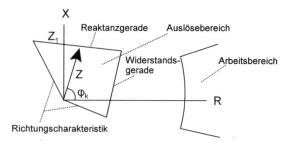

wird der Mittelpunkt des Auslösekreises in Abhängigkeit des Kurzschlusswinkels der geschützten Leitung nach rechts verschoben (Abb. 14.15b) oder ein elliptischer Auslösebereich verwendet.

In *elektronischen Distanzrelais* kann mit den Verfahren der digitalen Zeitmessung auch der Phasen winkel erfasst und der Auslösebereich polygonal gestaltet werden. In Abb. 14.16 werden die Reaktanzgerade mit einer Reaktanzmessung, die Widerstandsgerade mit einer Widerstandsmessung und die Richtungscharakteristik mit einer Richtungsmessung eingestellt [5]. Dadurch wird es möglich, für jede Fehlerart bzw. Kurzschlussart (einpolig und zweipolig mit und ohne Erdberührung sowie Doppelerdschluss (Abschn. 10.7)) eine spezielle Auslösecharakteristik einzustellen.

Für die Einstellung des Schutzes vor *Fehlern mit Erdberührung* muss man nicht nur die Mitimpedanz der Leitung, sondern auch jene der Erdschleife berücksichtigen, und daraus das Verhältnis von Erdimpedanz zu Leiterimpedanz (oder Nullimpedanz zu Mitimpedanz der Leitung (s. Abschn. 10.4.2)) ermitteln und einstellen. Ausserdem ist auch die Impedanz des restlichen Teils der Kurzschlussschlaufe (sogenannte *Vorimpedanz*) für die Wahl der *Anregung* des Distanzschutzes zu berücksichtigen.

Anregung des Distanzschutzes Für eine korrekte Impedanzbestimmung muss erstens die Fehlerart erkannt und zweitens müssen die richtigen Messwerte, die je nach Fehlerart verschieden sein können, dem Messystem des Distanzschutzes zugeführt werden. Dies ist die Aufgabe des Anregesystems. Man unterscheidet [15, 23]:

- *Überstromanregung*: Kann eingesetzt werden, wenn der kleinste Kurzschlussstrom grösser ist als der grösste Betriebsstrom. Sie wird vor allem in Mittelspannungsnetzen bei kleiner Vorimpedanz verwendet. Die Überschreitung eines vorgegebenen Stromes (meist 1.2 bis 2 I_r, [5]) ist hier das alleinige Kriterium.
- *Unterimpedanzanregung*: Wird eingesetzt, wenn der kleinste Kurzschlussstrom kleiner sein kann als der grösste Betriebsstrom. Als zusätzliches Kriterium benötigt man die Spannung. Einsatzbereiche sind vor allem Hochspannungsnetze. Oft ist die Kennlinie zweistufig, wobei man unter einer Spannungsgrenze, die im Bereich 0.5 bis 0.95 U_r liegt, bereits mit Strömen unter Nennstrom anregt (0.2 bis 1 I_r) und über dieser Grenze hingegen mit Strömen im Bereich 1 bis 3.9 I_r [5]. In Schwachlastzeiten kann in der Tat der Kurzschlussstrom unter den Nennstrom sinken.

Abb. 14.17 Stromdifferentialschutz

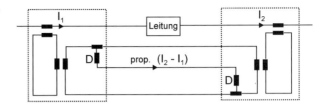

- *Winkelabhängige Anregung*: Wird vor allem in Höchstspannungsnetzen mit niederohmiger Sternpunkterdung eingesetzt. Gemessen wird zusätzlich der Winkel zwischen Spannung und Strom. Damit lässt sich eine Anregungscharakteristik aufbauen, die im Laststrombereich praktisch sperrt und auch bei hochohmigen Erdkurzschlüssen (z. B. in Netzen mit strombegrenzender Erdung) eine eindeutige Auslösung einleitet [15].

14.2.4 Vergleichsschutz

Das Grundprinzip besteht darin, Grössen am Anfang und Ende der Leitung zu vergleichen. In ungestörtem Betrieb oder bei externen Fehlern sind die Grössen gleich, ihre Differenz also null. Bei internen Fehlern ist die Differenz von null verschieden und kann als Auslösekriterium verwendet werden. Deshalb bezeichnet man diese Schutzsysteme auch als *Differentialschutz*. Die einfachste Form des Vergleichsschutzes ist der *Richtungsvergleichsschutz*, der die Richtung des Stromes am Anfang und Ende der Leitung z. B. mit Richtungsrelais erfasst und entsprechende *Signale* mit Trägerfrequenzverbindung (TFH) oder Richtfunk oder nach neuester Technik mit Lichtwellenleiter in der Leitung an das andere Ende übermittelt. Im Kurzschlussfall sind die Ströme entgegengerichtet. Meist wird der Richtungsvergleichsschutz in Verbindung mit dem Distanzschutz verwendet, um dessen Sicherheit zu erhöhen. Die Richtungsmessung steht dann schon zur Verfügung. Etwas aufwendiger sind der Stromdifferentialschutz und der Phasenvergleichsschutz. Anders als der Zeitstaffelschutz verfügt der Vergleichsschutz nicht über einen Reserveschutz. Um dem (n-1)-Ausfallkriterium zu genügen, ist dieser redundant mit anderen Schutzsystemen zu verwenden.

Stromdifferentialschutz Abbildung 14.17 zeigt eine mögliche Schaltung. Die von den Wandlern gemessenen Ströme werden über die Adern eines Steuerkabels verglichen. Bei externen Fehlern sind die Ströme I_1 und I_2 gleich, und die Differentialrelais D werden nicht angeregt. Bei internen Fehlern sind die Ströme entgegengesetzt, und deren Differenz kann, evtl. zusammen mit anderen Kriterien, als Auslösekriterium für die Schalter an beiden Enden der geschützten Leitungsstrecke verwendet werden. Wegen des Widerstandes der Hilfsadern ist die Reichweite des Schutzes auf wenige km begrenzt. Mit Hilfe von *Lichtwellenleitern* lassen sich aber heute Strecken bis 20 km ohne Zwischenverstärkung überbrücken [15]. Der

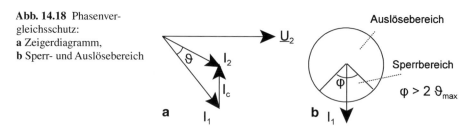

Abb. 14.18 Phasenvergleichsschutz:
a Zeigerdiagramm,
b Sperr- und Auslösebereich

Differentialschutz erfordert immer eine *Stabilisierung* wegen der Stromwandlersättigung (s. dazu Differentialschutz des Transformators, Abschn. 14.4).

Phasenvergleichsschutz Diese Schutzeinrichtung wird wegen ihrer grossen Reichweite für Höchstspannungsleitungen als zusätzlicher Schutz eingesetzt. Als Auslösekriterium dient die Phasendifferenz zwischen den Strömen am Anfang und Ende der Leitung. Bei langen Leitungen ergibt sich z. B. bei Nennbelastung eine merkliche Phasendifferenz wegen des nicht vernachlässigbaren kapazitiven Stromes (Abschn. 9.5). Der Winkel ($\pm \vartheta$ je nach Stromrichtung gemäss Abb. 14.18a) ist bei ohmscher Belastung am grössten. Bei externem Kurzschluss wird die Belastung induktiv und der Winkel etwa 0°. Bei internem Fehler sind die Ströme entgegengesetzt, und der Winkel ist ca. 180°. Man legt also einen Sperrbereich fest, der etwas grösser ist als das Doppelte (um beide Stromrichtungen zu berücksichtigen) des im Normalbetrieb auftretenden Maximalwinkels (Abb. 14.18b), also $\phi > 2\,\vartheta_{max}$. Beim Überschreiten dieses Bereichs wird zusammen mit anderen Kriterien (z. B. der Höhe des Stromes, Unterimpedanzanregung usw.) über die Auslösung entschieden.

14.2.5 Kurzunterbrechung

In Freileitungsnetzen ist ein guter Teil der Störungen auf einpolige Erdschlüsse zurückzuführen, die grösstenteils durch atmosphärische Einwirkungen verursacht werden und zu Überschlägen an den Freileitungsisolatoren führen. In niederohmig geerdeten Netzen spricht der Kurzschlussschutz an. Da die Stromunterbrechung in solchen Fällen den Fehler verschwinden lässt, ist es sinnvoll, nach einer stromlosen Pause, die in der Regel 0.2 bis 0.5 s dauert, die Schalter wieder zu schliessen.

Man spricht bei diesem Vorgang von *Kurzunterbrechung* (*KU*) oder auch von *Schnellwiedereinschaltung*. In der Regel ist die KU *erfolgreich*, d. h. der Betrieb kann normal weitergeführt und die Netzstörung somit auf ein Minimum reduziert werden. Ist die KU *erfolglos*, d. h besteht der Kurzschluss weiter, wird definitiv abgeschaltet. Schutzsystem und Schalter müssen sich für die KU eignen. Wird die KU nur einpolig statt dreipolig durchgeführt, kann die stromlose Pause bis auf etwa 1 s erhöht werden, ohne die Stabilität des Netzes zu gefährden. Damit wird die Erfolgsrate erhöht. Dies wird in Hoch- und Höchstspannungsnetzen angestrebt. Dazu benötigt man aber aufwendigere einpolig steuerbare Schalter.

14.3 Generatorschutz

Die KU kann auch in isolierten oder gelöschten Freileitungsnetzen im Mittel- und Hochspannungsbereich oft mehrmalig angewandt werden, sei es, um Dauererdschlüsse zu eliminieren oder Erdschlüsse zu orten [5].

14.3 Generatorschutz

Der Generator wird gegen innere und äussere Fehler geschützt. Der Schutz gegen äussere Fehler hat in den meisten Fällen die Funktion eines Reserveschutzes und greift dementsprechend mit Verzögerung ein. Beim Auftreten eines Fehlers wird der Generator abgeschaltet und eine Entregung eingeleitet. Die wichtigsten möglichen Fehler sind:

- *Innere Fehler*
    - Wicklungskurzschluss
    - Windungsschluss
    - Statorerdschluss
    - Rotorerdschluss und -doppelerdschluss

- *Äussere Fehler*
    - Überlast und äusserer Kurzschluss
    - unsymmetrische Last (Schieflast)
    - Ausfall der Erregung
    - Ausfall der mechanischen Leistung
    - Spannungssteigerungen

14.3.1 Stator- und Blockschutz

Differentialschutz Innere zwei- oder dreipolige Kurzschlüsse werden von einem *Differentialschutz* erfasst. Der Aufbau ist ähnlich dem Stromdifferentialschutz der Leitung Abb. 14.17 (mit dem Unterschied, dass eine Signalübertragung über Kabel nicht notwendig ist) und wird schematisch von Abb. 14.19 gezeigt. Bei kleineren Generatoren (einige 10 MVA), die direkt an die Sammelschiene angeschlossen werden, betrifft er nur den Generator, während er bei Blockschaltung (Anschluss des Generators an die Sammelschiene über den Blocktransformator) Generator sowie Block einschliesslich Eigenbedarfsabzweigs umfasst. Der Blockschutz ist dann weniger empfindlich als der Generatorschutz und muss auch bei offenem Generatorschalter korrekt funktionieren. Bei innerem Kurzschluss spricht der Differentialschutz in kürzester Zeit an, betätigt den Schalter und leitet eine Schnellentregung ein.

Windungsschlussschutz Unter Windungsschluss versteht man den Kurzschluss von Windungen derselben Wicklung. Der Differentialschutz spricht nicht an, da

Abb. 14.19 Differentialschutz für innere Kurzschlüsse

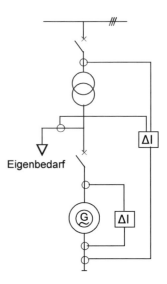

die entstehenden Kreisströme von den Stromwandlern nicht erfasst werden. Ein spezieller Schutz muss deshalb vorgesehen werden. Die kurzgeschlossenen Windungen verursachen eine Spannungsasymmetrie (s. Beispiel 10.4). Als Messkriterium kann deshalb die mit einem Spannungswandler erfasste Nullspannung dienen.

Statorerdschlussschutz Er ist ein besonders wichtiger Schutz, da er Isolationsfehler aufdeckt, die zu Lichtbögen und schwerwiegenden inneren Kurzschlüssen führen können (z. B. Doppelerdschluss). Er wird deshalb meist mit redundanten Messverfahren ausgeführt. Generatoren werden immer mit zu Schutzzwecken hochohmig geerdetem Sternpunkt betrieben (Ausnahmen manchmal bei Kleingeneratoren). Als Hauptmesskriterium kann dann die Nullspannung gegen Erde verwendet werden. Für die Detailausführung eines solchen Schutzes sei auf weiterführende Literatur verwiesen ([5, 23]).

Überstromschutz Schützt gegen Überlast und äussere Kurzschlüsse. Er hat eine Reservefunktion bei Netz-, Sammelschienen- und Blockfehlern. Dazu können UMZ-Relais oder bei grösseren Einheiten der Distanzschutz eingesetzt werden (Abschn. 14.2).

14.3.2 Rotorschutz Erdschlussschutz

Um Schäden, die bei einem Doppelerdschluss an der Rotorwicklung (Gleichstromwicklung) auftreten würden, zu vermeiden, wird der Isolationswiderstand gegen Erde ständig überwacht. Dazu wird z. B. eine betriebsfrequente Wechselspannung

14.3 Generatorschutz

zwischen Wicklung und Erde angelegt, die im Normalfall einen geringfügigen kapazitiven Strom treibt. Im Erdschlussfall spricht der Schutz beim Stromanstieg an (Meldung oder Abschaltung). Bei Grossgeneratoren mit statischer Erregung oder rotierenden Gleichrichtern (Bd. 3) ist die Verwendung einer betriebsfrequenten Spannung unzuverlässig, und man verwendet höherfrequentige, in der Regel getaktete Spannungen [15].

Schutz gegen Schieflast In diesem Fall handelt es sich um einen Schutz gegen äussere Fehler, die zu einer starken Unsymmetrie des Belastungsstromes führen. Die Gegenkomponente des Stromes (Schieflast) erzeugt ein Drehfeld mit umgekehrter Drehrichtung (Abschn. 10.3), das in Erregerwicklung und Dämpferkäfig der SM Ströme mit doppelter Netzfrequenz induziert und den Rotor zusätzlich erwärmt. Die Messung der Schieflast basiert auf den Beziehungen (10.7)

$$I_2 = \frac{1}{3}(I_a + a^2 I_b + a I_c)$$

Wegen $I_c = -(I_a + I_b)$, folgt (14.5)

$$I_2 = \frac{1}{3}(1-a)(I_a - a I_b) \quad --\succ \quad |I_2| = \frac{1}{\sqrt{3}}\left|I_a + e^{-j60°} I_b\right|.$$

Es genügt also, die Ströme I_a und I_b zu messen und phasenverschoben zu addieren. Die Phasenverschiebung von 60° lässt sich leicht mit einem RC-Glied erzielen. Überschreitet der Gegenstrom einen zulässigen Wert, wird gemeldet bzw. abgeschaltet.

14.3.3 Weitere Schutzeinrichtungen

Schutz gegen Untererregung Untererregung kann durch Ausfall der Erregungseinrichtung, Fehlverhalten des Spannungsreglers oder übermässige Spannungssteigerung im Netz (ausgelöst z. B. durch zu große kapazitive Last, Lastabwurf mit anschliessendem Durchdrehen der Maschine (Wasserkraftgeneratoren, Bd. 2 und 3) oder Spannungsinstabilität) verursacht werden. In allen Fällen kann die statische oder dynamische Stabilitätsgrenze der SM (Abschn. 6.6) unterschritten werden, und man muss je nach Ursache mehr oder weniger schnell eingreifen. Als Messgrössen werden Statorstrom, Statorspannung, Erregerspannung und Polradwinkel verwendet.

Rückleistungsschutz Bei einem Ausfall der Antriebsleistung könnte der Generator, als Motor laufend, die Antriebsmaschine als Kompressor bzw. Pumpe antreiben. Vor einer Netztrennung ist die Leistungszufuhr der Primärmaschine zu drosseln (Schnellschluss), um die Gefahr einer unzulässigen Drehzahlerhöhung zu vermeiden. Bei Fehlverhalten kann ebenfalls der Rückleistungszustand eintreten. Dauert dieser Zustand zu lange, kann die Antriebsmaschine beschädigt werden. Mit einem Leistungsrichtungsrelais wird der Zustand detektiert und die Maschine mit

Zeitverzögerung, bei Schnellschluss rascher (ca. 2 s) und bei ungenügender Antriebsleistung langsamer (ca. 10 s), abgeschaltet. Die Zeitverzögerung verhindert ein unerwünschtes Abschalten bei Netzpendelungen (Bd. 3).

14.4 Transformatorschutz

14.4.1 Klassische Schutzeinrichtungen

Auch der Transformator wird, wie der Generator, gegen innere und äussere Fehler geschützt. Wichtigste Schutzeinrichtung gegen innere Fehler ist der *Differentialschutz* (Abschn. 14.4.2). Wie beim Generator wird er ergänzt durch einen *Überstromschutz* für Überlast und äussere Kurzschlüsse. Dieser schützt unmittelbar die ungeschützte Zone zwischen Stromwandler und Schalter und dient zugleich als Reserveschutz für innere Fehler und Netzschutz. Für Kleintransformatoren bis einige 100 kVA werden *Sicherungen* als Schutz eingesetzt.

Von grosser Bedeutung für den Transformator ist der Schutz gegen Windungsschlüsse, da diese eine der häufigsten Ursachen von Transformatorfehlern sind. Sie werden von Überspannungen verursacht, die wanderwellenartig als Folge rascher Stromänderungen in den Transformator eindringen (s. auch Abschn. 14.6). Im Gegensatz zum Generator werden solche Fehler vom Differentialschutz erfasst.

Ein bewährter Schutz für Öltransformatoren ist der *Buchholzschutz*. Man geht von der Erscheinung aus, dass jede Funkenbildung oder lokale Erwärmung das Öl zersetzt und Gas entwickelt. Bei schwereren Fehlern entsteht zudem eine stärkere Ölzirkulation mit entsprechender Druckwelle. Die Schutzwirkung ist in der Regel zweistufig. Bei langsamer Gasentwicklung wird ein erster Schwimmer nach unten gedrückt und die Gasbildung signalisiert. Eine Gasuntersuchung kann oft Aufschluss über die Art des auftretenden Fehlers geben. Beim Auftreten einer Druckwelle wird über einen zweiten Schwimmer abgeschaltet. Heute werden diese Untersuchungen immer mehr on-line durchgeführt (Monitoring).

Gegen thermische Überlast schützt man sich durch Messung der Öltemperatur oder durch Strommessung und ein thermisches Modell, das die Erwärmung des Transformators nachbildet.

14.4.2 Differentialschutz

Wegen seiner Bedeutung wird nochmals auf den Differentialschutz eingegangen, insbesondere auf ein allgemein damit verbundenes Problem und auf die speziellen Probleme in Zusammenhang mit dem Transformatorschutz.

Allgemein erfordert der Differentialschutz eine *Stabilisierung*, da infolge Ungenauigkeit der Stromwandler im Sättigungsbereich bei externen Fehlern die Stromdifferenz (Falschstrom) so gross werden kann, dass das Relais auslöst. Dem kann mit einer stromabhängigen Auslösekennlinie abgeholfen werden. In statischen

Abb. 14.20 Differentialschutz des Transformators, Z = Zwischenwandler

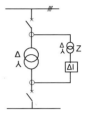

Relais können beliebige Kennlinien eingestellt werden. In elektromechanischen Relais wird dies mit einer Haltespule erreicht, die von einem der beiden Ströme durchflossen wird und der Hauptspule entgegenwirkt. Beim Transformator addiert sich zum Falschstrom auch der Magnetisierungsstrom.

Darüber hinaus besteht das Problem der Transformatorübersetzung, die je nach Schaltgruppe auch eine Phasenverschiebung beinhaltet. Um dies zu berücksichtigen, wird, wie in Abb. 14.20 dargestellt, mit einem Zwischenwandler das Stromverhalten des Transformators modellartig nachgebildet.

Schliesslich könnten der Einschaltstrom (Abschn. 4.6.1) oder andere transiente Gleichstromkomponenten, die einen ähnlichen Effekt haben, zu einer Auslösung des Differentialschutzes führen. Um dies zu verhindern, führt man eine Einschaltsperre ein, welche die bei diesen Vorgängen vorhandene 2. Oberschwingung (evtl. auch höhere Oberschwingungen) misst und als Sperrkriterium nutzt.

14.4.3 Folgen der Liberalisierung des Strommarktes

Mit der Liberalisierung des Elektrizitätsmarktes ergeben sich für das Netz verschärfte technische und ökonomische Betriebsbedingungen. Der Transformator ist ein relativ teures Betriebselement, weshalb neben den klassischen Schutzkonzepten neue, auf die *ständige Überwachung* basierende (on-line monitoring), Fuss gefasst haben. Dasselbe gilt für die *diagnostischen Methoden* zur Beurteilung des Zustandes des Transformators: z. B. SFRA (Sweep Frequency Response Analysis), welche den mechanischen Zustand des Transformators zu prüfen erlaubt, und PDC (Polarisation + Depolarisation Current), die den Zustand des Isolieröls analysiert [12]. Durch den regelmässigen häufigen *Unterhalt* wird ferner versucht, die Lebensdauer des Transformators zu erhöhen: man interveniert mit Rehabilitationsmassnahmen (FRA, DR [11]), Trocknungsmassnahmen (LFH, Low Frequency Heating [17]), Oelfilterung an Ort (statt Oelwechsel) [20] und Reparatur an Ort [21].

14.4.4 Umweltschutz

Zwecks Umweltschutz werden als Isolier- und Kühlmittel immer mehr pflanzliche Oele, die feuerfest und bioabbaubar sind, verwendet [19, 18].

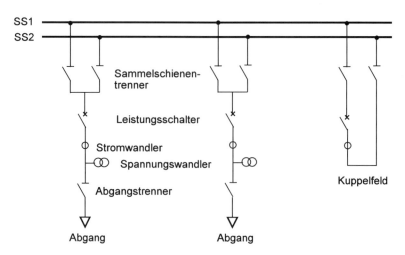

Abb. 14.21 Doppelsammelschienenanordnung mit Kuppelfeld

Ferner versucht man durch konstruktive Massnahmen Lärmimmissionen zu vermeiden [24].

14.5 Sammelschienenschutz

Die Sammelschienen einschliesslich dazugehörender Schalter, Trenner und Messwandler (Abschn. 8.2) stellen die Knotenpunkte des Netzes dar und sind dementsprechend ein empfindlicher Teil des Netzübertragungs- und -verteilungssystems. Die Abb. 14.21 und 14.22 zeigen zwei typische Anordnungen. Mit den zunehmenden Kurzschlussleistungen sind auch die zerstörenden Wirkungen von Sammelschienenkurzschlüssen gestiegen.

Sammelschienenkurzschlüsse gehören zu den schwerwiegendsten Fehlern, die auch die Netzstabilität gefährden können; sie müssen innerhalb kürzester Zeit selektiv abgeschaltet werden. Wichtige Netzknoten dürfen nicht ausfallen. Die Anforderungen an den Sammelschienenschutz und dessen Zuverlässigkeit und Verfügbarkeit sind deshalb besonders hoch. In Anwesenheit von Längs- und Querkupplungen (Abschn. 8.2) müssen zudem nur die vom Kurzschluss betroffenen Sammelschienenteile abgeschaltet werden, was schnelle Entkupplungen erfordert.

Als Schutzsysteme sind zu erwähnen:

- *Stromdifferentialschutz:* Die Summe aller von der Sammelschiene abgehenden Ströme kann als Auslösekriterium verwendet werden. Im Normalfall ist sie null. Bei Sammelschienenkurzschluss entspricht sie dem Kurzschlussstrom. Die Wandlersättigung (Falschstrom) verlangt, wie in Abschn. 14.4, eine Stabilisierung.
- *Hochimpedanzschutz:* Die Sekundärwicklungen der Stromwandler der Abgänge einer Sammelschiene werden parallel- und auf eine relativ hochohmige Bürde

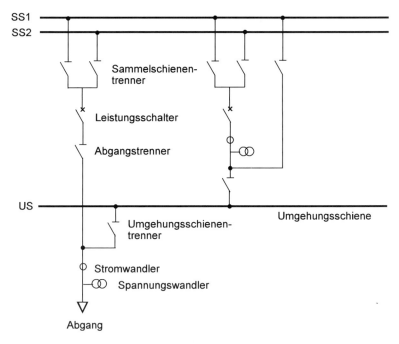

Abb. 14.22 Doppelsammelschiene mit Umgehungsschiene

geschaltet. Es handelt sich also um eine Variante des Stromdifferentialschutzes. Auslösekriterium ist die Spannung an der Bürde. Diese ist im Normalbetrieb oder bei externen Fehlern etwa null. Bei Sammelschienenfehlern wird durch den Summenstrom eine Auslösespannung erzeugt.
- *Richtungsvergleichsschutz:* Als Auslösekriterium dient die Phase der abgehenden Ströme. Bei Lastbetrieb oder externem Kurzschluss sind die Ströme teilweise entgegengesetzt, also nahezu um 180° phasenverschoben, bei Sammelschienenkurzschluss haben die Ströme gegeneinander nur eine geringe Phasenverschiebung.

Für Näheres sei auf die spezielle Literatur verwiesen [5, 7, 23].

14.6 Überspannungsschutz

Alle Betriebsmittel einer bestimmten Spannungsebene sind für den Dauerbetrieb mit der in Tab. 3.1 festgelegten *höchsten Betriebsspannung* U_{Am} ausgelegt.

Sie müssen aber auch in der Lage sein, den *kurzzeitigen Überspannungen* zu widerstehen, die durch Blitzeinschläge (Abschn. 3.1.2), Schaltvorgänge (Abschn. 13.5), Erdschlüsse und andere dynamische Vorgänge verursacht werden. Die

Stehspannungen von Isolationsanordnungen sind u. a. auch von der Dauer bzw. Anstiegszeit der Beanspruchung abhängig (Abschn. 3.7.5).

14.6.1 Überspannungen im Netz

Man unterscheidet *zeitweilige Spannungserhöhungen* und *transiente Überspannungen*. Letztere sind auf Schaltvorgänge und Blitzeinschläge zurückzuführen; sie werden ausserdem nach VDE 0111, Teil 100, in langsam, schnell und sehr schnell ansteigende Überspannungen eingeteilt.

Zeitweilige Spannungserhöhungen Man unterscheidet:

- betriebsfrequente Spannungserhöhungen durch *Ferranti-Effekt*, *Lastabwurf* und *Erdschlüsse*,
- nichtbetriebsfrequente Überspannungen, die durch *Resonanzeffekte* (zwischen Oberschwingungen und Netzeigenfrequenzen) und *Nichtlinearitäten* (*Ferroresonanz*) verursacht werden.

Ferranti-Effekt: Ist wesentlich nur für sehr lange Leitungen (Abschn. 9.5) und lässt sich durch Kompensationsmassnahmen weitgehend eliminieren.

Lastabwurf: Die Spannung steigt an, bis die Spannungsregeleinrichtungen (der Generatoren, Transformatoren und regelbaren Kompensationsanlagen) sie wieder ausregeln. Der Regelvorgang kann je nach Grösse des Lastabwurfs und Art der Regeleinrichtung einige Sekunden bis einige Minuten dauern. Die Spannungserhöhung liegt im Mittel bei 5–10 %, kann aber in Extremfällen (in der Nähe von Generatoren bei Vollastabwurf) bis 50 % betragen (Abschn. 6.4.1.4 und Beispiel 6.2).

Erdschlüsse: Die Spannung steigt entsprechend dem Erdfehlerfaktor an. Dieser beträgt je nach Sternpunktbehandlung max. 1.4 bis 1.73 (Abschn. 14.1). Die Dauer der Beanspruchung entspricht der Erdschlussdauer, kann also von 0.1 bis 1 s in niederohmig geerdeten Netzen, bis zu vielen Stunden bei Dauererdschlüssen betragen (z. B. in Mittelspannungskabelnetzen).

Resonanz und Ferroresonanz: s. Bd. 3.

Für die *Bemessung* des Überspannungsschutzes ist vor allem der Erdfehlerfaktor δ von Bedeutung (Abschn. 14.1.5). Dieser wird in Hoch- und Höchstspannungsnetzen mit einem Lastabwurffaktor $\delta_L \leq 1.1$ multipliziert in der Annahme, dass die beiden Vorgänge gleichzeitig auftreten können.

Schaltüberspannungen Schaltüberspannungen treten bei allen Schalthandlungen und Fehlern auf. Jede stossartige zeitweilige Spannungserhöhung ist auch von einer Schaltüberspannung begleitet. Die wichtigsten Schaltüberspannungen sind in Abschn. 13.5 besprochen worden. Sie können sich in Höhe und Frequenz erheblich unterscheiden. Ihre wirkliche Grösse kann im konkreten Fall nur durch numerische Simulationsrechnungen ermittelt werden. Ihre Frequenz variiert zwischen einigen 100 Hz und mehreren 10 kHz. Dementsprechend liegt die Anstiegszeit des stossartigen Vorgangs etwa zwischen 20 p, s und 5 ms (langsame transiente Überspannungen

14.6 Überspannungsschutz

Abb. 14.23 Isolations-Stosskennlinie $u_{rBF}(t_s)$ der Freileitung (Abschn. 3.7.5) und Verlauf der Wanderwelle bei Überschlag: $u_B(t) =$ Blitzstossspannung, $t_s =$ Stirnzeit, $i_M =$ Maststrom

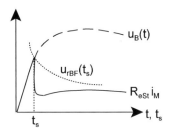

nach VDE 0111). Die für diesen Bereich repräsentative Prüfspannung 250/2500 p, s ist in Kap. 3, Abb. 3.1, dargestellt. Analysen und Studien zeigen, dass diese Spannungen Werte bis etwa 3.5 p.u. erreichen können. Bei üblichen Fehlern liegen sie aber in der Regel unter 2.7 p.u. (VDE 0111, Teil 2, [13]). Grundsätzlich kann man feststellen, dass in eng vermaschten Netzen mit vielen Eigenfrequenzen die Schaltüberspannungen nicht sehr ausgeprägt sind, da sich die Eigenschwingungen nicht zeitgleich überlagern und z. T. gegenseitig aufheben. Höher sind sie bei langen Leitungen mit wenigen und niedrigen Eigenfrequenzen und entsprechend kleiner Dämpfung.

Blitzüberspannungen Entstehung, Stärke und Auswirkung des Blitzeinschlages sind bereits in Abschn. 3.1.2 und den Beispielen 3.1 bis 3.3 kurz beschrieben worden. Ergänzend sei die *Abschirmwirkung* des *Erdseils* erwähnt, mit dem Hoch- und Höchstspannungsfreileitungen ausgerüstet werden. Sie besteht darin, dass nur Blitzströme unter einem bestimmten *Grenzwert* die Leiterseile direkt treffen können [15]. Dieser Grenzwert, der vom Abschirmwinkel (Abb. 5.28) und der mittleren Erdseilhöhe abhängt, liegt bei üblicher Auslegung bei etwa 10 bis 30 kA.

Bei *direktem Einschlag* in den Phasenleiter entsteht eine Spannungswanderwelle, deren Scheitelwert gleich dem Produkt aus dem halben Blitzstromscheitelwert und der Wellenimpedanz ist. Im Fall eines Überschlages am Freileitungsisolator mit entsprechendem Erdschluss wird die Welle abgeschnitten. Dabei wird sie auf die Höhe des Produktes aus Maststrom und Stosserdungswiderstand R_{est} des Freileitungsmastes begrenzt (Abb. 14.23, s. auch Beispiel 3.1).

Schlägt der Blitz in die Mastspitze oder das Erdseil ein, entsteht am Mast eine Spannung entsprechend dem Produkt aus Maststrom und Mast-Stosserdungswiderstand. Im Höchstspannungsnetz liegt diese Spannung in der Regel unter dem Isolationspegel der Freileitung, und der Blitzstrom wird über die Erdseile und die Maste in die Erde fliessen, ohne Erdschlüsse zu verursachen (Beispiel 3.2).

Ist der Wanderwellenscheitelwert höher als der Isolationspegel der Freileitung, was bei Mittelspannungsleitungen fast immer der Fall ist, wird am Isolator ein *rückwärtiger Überschlag* (d. h. von der Erde zum Phasenleiter) stattfinden, begleitet von Wanderwellenausbreitung und Erdschluss (Beispiel 3.3).

Die Wanderwelle breitet sich etwa mit Lichtgeschwindigkeit Richtung Schaltanlage aus, die durch Überspannungsableiter geschützt werden muss (Abschn. 14.6.3). Die *Steilheit* der Blitzstossspannung (und dementsprechend auch ihre Amplitude) nimmt während ihrer Fortpflanzung wegen der dämpfenden Einflüsse der Verluste (vor allem der Koronaverluste) ab. Man kann, wie verschiedene Untersuchungen zeigen, mit einer Zunahme der Stirnzeit von 0.6 µs/km und einer entsprechenden Abflachung des Scheitelwerts rechnen [3, 16, 26]. Die Einschlagentfernung des Blitzes spielt also eine wesentliche Rolle.

Die Stärke des Blitzes liegt statistisch im Mittel bei 30 kA, kann aber 100 kA überschreiten. Seine Stromsteilheit ist im Mittel 25 kA/µs, kann aber 50 kA/µs und mehr erreichen, Abschn. 3.1.2, [1, 6]. Die Anstiegszeit von 1 µs entspricht einer Frequenz von etwa 300 kHz. Nach VDE 0111 liegen die Anstiegszeiten der sogenannten schnell ansteigenden Überspannungen im Bereich 0.1 bis 20 µs. Die für diesen Bereich repräsentative Prüfspannung 1.2/50 µs ist in Abb. 3.1 dargestellt.

Innerhalb von SF_6-Schaltanlagen (GIS) können sich wegen der sehr kurzen Abstände durch Reflexionen Wanderwellen mit wesentlich höheren Steilheiten (Frequenzen im Bereich mehrerer 10 MHz) ausbreiten (sehr schnell ansteigende Überspannungen nach VDE 0111). Bei richtiger Auslegung der Schaltanlage haben sie aber keine schädlichen Rückwirkungen auf das Netz.

14.6.2 Isolationskoordination

Die Wahl der Isolationspegel für eine bestimmte Spannungsebene wird im Rahmen der *Isolationskoordination* vorgenommen. Man berücksichtigt dabei die im Netz zu erwartenden Beanspruchungen und die Möglichkeiten des Schutzes durch *Überspannungsableiter*. Ziel ist der störungsfreie Betrieb, die Unversehrtheit der Anlagen und die wirtschaftliche Gesamtoptimierung. Man unterscheidet:

- die *äussere Isolation* von Freileitungen, die in der Regel nicht geschützt werden kann und so zu dimensionieren und zu konstruieren ist, soweit wirtschaftlich vertretbar, dass sie Überschläge möglichst unbeschadet übersteht,
- die *innere Isolation* (von Transformatoren, Schaltanlagen, Kabeln), deren Stehspannung mindestens den Anforderungen der Tab. 3.1 und 3.2 genügen muss und die gegen höhere Werte mit Überspannungsableitern zu schützen ist. Der Isolationspegel orientiert sich an der äusseren Isolation, muss aber höher sein.

Freileitungen dürfen deshalb keinen zu hohen Isolationspegel aufweisen, nicht zuletzt auch, weil, wie Abb. 14.23 zeigt, Überschläge die Überspannungen begrenzen und somit indirekt die innere Isolation entlasten und schützen. Für die innere Isolation sind vor allem die in der Nähe einschlagenden Blitze gefährlich, weshalb es sinnvoll ist, die Freileitungsmaste in der Nähe von Schaltanlagen mit Doppelerdseilen (kleiner Schutzwinkel) zu schützen, um Direkteinschläge hoher Stromstärke möglichst zu vermeiden, und gut zu erden, um die Überspannungszeitfläche möglichst klein zu halten (s. dazu auch Abschn. 14.6.5).

Der *Schutzpegel* von Überspannungsableitern muss grundsätzlich tiefer sein als der innere und äussere Isolationspegel (s. Abschn. 14.6.3).

14.6 Überspannungsschutz

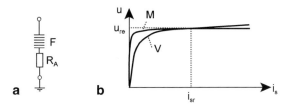

Abb. 14.24 a Ventilableiter: F = Funkenstrecke, R_A = nichtlinearer Widerstand, **b** Kennlinien von Überspannungsableitern: V = Ventilableiter, M = Metalloxidableiter, i_s = Ableitstossstrom, i_{sr} = Nennableitstossstrom, u_{re} = Restspannung

Spannungsbereich $U_{\Delta m} < 300$ kV Ein Auszug aus den national (VDE) und international (CENELEC, IEC) festgelegten Prüfspannungen oder *Bemessungs-Spannungen* für Beanspruchungen mit be- triebsfrequenten Überspannungen, Schaltstossspannungen und Blitzstossspannungen ist in Tab. 3.1 zusammengestellt und in jenem Kontext beschrieben worden. In diesem Spannungsbereich sind die Stehspannungen der Isolierungen von 50 Hz bis mehrere 10 kHz praktisch konstant (Abschn. 3.6, 3.7). Eine besondere Berücksichtigung der Schaltstossspannungen ist deshalb nicht notwendig. Die Bemessungs-Wechselspannung U_{rW} ist so gewählt, dass die meisten auftretenden Schaltüberspannungen sie nicht überschreiten.

Spannungsbereich $U_{\Delta m} \geq 300$ kV In Höchstspannungsnetzen, vor allem über 300 kV, geht die Gefährdung durch Blitze wegen der grossen Leiterabstände und Isolatorlängen, die rückwärtige Überschläge mehrheitlich ausschliessen, und wegen der guten Erdung der Maste wesentlich zurück. Die Bemessungs-Blitzstossspannungen u_{rB} sind in Tab. 3.1 gegeben. Umso gefährlichere Werte können die Schaltüberspannungen annehmen (Abschn. 14.6.1). Ausserdem ist in diesem Spannungsbereich für die Schaltüberspannungsfrequenzen die Stehspannung der äusseren Isolierungen tiefer als bei Betriebsfrequenz (Abschn. 3.7.3). An Stelle der Bemessungs-Wechselspannung U_{rw} treten deshalb die Bemessungs-Schaltstossspannungen u_{rS} und $u_{rS}*$ nach Tab. 3.2.

14.6.3 Überspannungsableiter

Zur Begrenzung transienter Überspannungen werden Überspannungsableiter verwendet. Zwei Bauarten sind auf dem Markt verfügbar: die seit Jahrzehnten eingesetzten *Ventilableiter* und die seit den 80er Jahren technisch ausgereiften *Metalloxidableiter*. In neueren Ableiterkonstruktionen ist die klassische Porzellanisolation durch Polymerkunststoffe ersetzt worden. Damit ist ein explosionssicherer Betrieb möglich.

Ventilableiter Ventilableiter bestehen aus in Reihe geschalteten *Funkenstrecken* und einem *nichtlinearen Widerstand* R_A aus Siliziumkarbid (SiC), (Abb. 14.24a). Um die Spannung wirksam zu begrenzen, müssen die Funkenstrecken beim Erreichen ihrer *Ansprechspannung* u_a nahezu verzögerungsfrei zünden. Extrem kleine

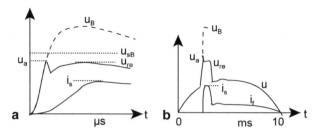

Abb. 14.25 Verlauf von Ableiterspannung und Ableiterstrom im Ventilableiter **a** unmittelbar nach dem Ansprechen **b** bis zur Löschung der Funkenstrecke, u_B = Blitzstossspannung, u_{sB} = Schutzpegel des Überspannungsableiters, u_a = Ansprechspannung, u_{re} = Restspannung, u = Betriebsspannung, i_s = Ableitstossstrom, i_f = Folgestrom

Entladeverzugszeiten (Abschn. 3.7.5) lassen sich nur mit homogenen Feldern (Plattenelektroden) erreichen. Dank der stark nichtlinearen Spannungs-Strom-Kennlinie des Widerstandes R_A (Abb. 14.24b) wird beim Einsetzen des Stromes die Spannung auf Werte begrenzt, die in der Nähe der Ansprechspannung liegen.

Der Strom durch den Ableiter nimmt stossartig zu und erreicht einen maximalen Wert, den man als *Ableitstossstrom* i_s bezeichnet (Abb. 14.25a). Die Spannung bricht leicht ein, steigt dann wieder an und erreicht einen maximalen Wert, die sogenannte *Restspannung* u_{re}, die für die Spannungsbegrenzung charakteristisch ist. Beim *Nennableitstossstrom* i_{sr} (normiert auf 5 oder 10 kA) ist die Restspannung etwa gleich der Ansprechspannung (Abb. 14.24b). Man beachte, dass die Restspannung auch eine Funktion der Steilheit der Stossspannung ist.

Nach dem Abklingen der Überspannung folgt die Spannung dem betriebsfrequenten Wert, und der Strom sinkt auf einen durch den Ableitwiderstand begrenzten Wert ab, der als *Folgestrom* bezeichnet wird (Abb. 14.25b). Dieser Strom ist höchstens 100 A, und der Lichtbogen in der Funkenstrecke verlischt im folgenden Nulldurchgang. Den betriebsfrequenten Spannungswert, der mit Sicherheit zur Lichtbogenlöschung führt, bezeichnet man als *Löschspannung* U_L.

Nennableitstossstrom i_{sr} und *Löschspannung* U_L sind wichtige Kenngrössen des Ventilableiters. Um die Löschung in jedem Fall zu garantieren, wird die Löschspannung in der Regel gleich oder etwas grösser als die höchste zeitweilige Spannungserhöhung gewählt

$$U_L \geq \delta_L \, \delta \frac{U_{\Delta m}}{\sqrt{3}}. \tag{14.6}$$

Die Ansprechspannung kann durch eine Ansprechkennlinie charakterisiert werden, die von der Frequenz der Überspannung abhängt. Sie wird z. B. in VDE 0675, Teil 1, durch drei Werte gekennzeichnet, die als Ansprechblitzstossspannung, Stirnansprechstossspannung und Ansprechwechselspannung bezeichnet werden. Man definiert ferner als *Schutzpegel des Ableiters* gegen Blitzstossspannungen den grössten dieser drei Werte. Der Schutzpegel beträgt in der Regel je nach Spannungsebene das 2–3fache des Scheitelwerts der Löschspannung. Wie bereits erwähnt, muss er deutlich unter dem Isolationspegel der inneren (Tab. 3.1) und äusseren Isolation liegen.

Abb. 14.26 Restspannung eines Metalloxidableiters in Abhängigkeit von Stossspannung und Ableitstossstrom, maximale Dauerspannung $U_c = 88$ kV, [15]

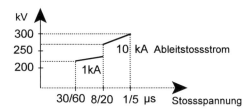

Im Spannungsbereich > 300 kV benötigt man auch einen Schutzpegel gegen Schaltüberspannungen (s. Isolationspegel in Tab. 3.2). Dieser wird durch die Ansprechschaltstossspannung bestimmt, die annähernd dem 1.1 fachen Wert der Ansprechwechselspannung entspricht.

Metalloxidableiter Der nichtlineare Widerstand besteht aus Zinkoxid und weist eine nahezu ideale rechteckige Kennlinie auf (Abb. 14.24b). Bei Betriebsspannung ist der Strom sehr klein (im Bereich der mA), der Folgestrom also praktisch null. Somit kann auf die Löschfunkenstrecke verzichtet werden. Die Begriffe Löschspannung und Ansprechspannung verlieren ihren Sinn. Strom und Spannungsverlauf sind ähnlich denen des Ventilableiters (Abb. 14.25) mit dem Unterschied, dass die Ansprechspannungs- spitze und der Folgestrom fehlen. Der Schutzpegel wird durch die Restspannung bestimmt; diese ist vom Ableitstossstrom und von der Anstiegszeit der Stossspan- nung abhängig.

Kenngrössen des Ableiters sind neben dem Nennableitstossstrom die *Bemessungsspannung* U_r, welche max. 10 s am Ableiter stehen darf, und die *Dauerspannung* U_c, welche die höchste Betriebsspannung darstellt, die der Ableiter thermisch dauernd ertragen kann. In der Regel ist $U_r \approx 1.25\, U_c$. Welche der beiden zum Zuge kommt, hängt von der *Dauer der zeitweiligen Überspannungen ab*. Es gilt also analog Gl. (14.6)

$$U_c \geq \delta_L\, \delta \frac{U_{\Delta m}}{\sqrt{3}} \quad oder \quad U_r \geq \delta_L\, \delta \frac{U_{\Delta m}}{\sqrt{3}}. \qquad (14.7)$$

Abbildung 14.26 zeigt als Beispiel für einen Ableiter mit einer Dauerspannung von 88 kV die Abhängigkeit des Schutzpegels (Restspannung) von der Steilheit der Stossspannung und vom Ableitstossstrom. In Abb. 14.27 ist ein gasgekapselter Überspannungsableiter für GIS-Anlagen abgebildet.

Beispiel 14.1 Man bestimme den Schutzpegel einer 20-kV-Anlage. Das Netz werde isoliert betrieben. Den Lastabwurffaktor kann man vernachlässigen. Es folgt

$$U_L \;\; bzw. \;\; U_c \geq \delta \frac{U_{\Delta m}}{\sqrt{3}} = U_{\Delta m} = 24 \text{ kV}, \quad Wahl \quad U_c = 24 \text{ kV}$$

Schutpegel des Ableiters (*aus Datenblatt*): 80 kV

Bemessungs-Blitzstossspannung: 125 kV $\longrightarrow$ *Schutzpegelfaktor* $= \dfrac{125}{80} = 1.56.$

Abb. 14.27 GIS-Überspannungsableiter links: kompletter Ableiter; rechts: Aktivteil mit Feldsteuerhaube. (Quelle: ABB, [22])

Beispiel 14.2 Man bestimme den Schutzpegel einer 132-kV-Anlage. Das Netz werde niederohmig geerdet. Der Lastabwurffaktor sei vernachlässigbar, der Erdfehlerfaktor 1.3.

$$U_L, \quad bzw. \quad U_r \geq \delta_L \delta \frac{U_{\Delta m}}{\sqrt{3}} = 1 \cdot 1.3 \frac{145}{\sqrt{3}} = 110 \text{ kV}, \quad Wahl \quad U_c = 88 \text{ kV}$$

Schutpegel des Ableiters (*aus Datenblatt*): 300 kV

Bemessungs-Blitzstossspannung: 550 kV $\longrightarrow$ *Schutzpegelfaktor* $= \dfrac{550}{300} = 1.83$.

Abbildung 14.28 veranschaulicht den Einsatzort von Ableitern in Hochspannungsschaltanlagen. Die GIS-Anlage weist einen Kabeleingang auf. Zwischen GIS-Anlage und Transformator besteht ebenfalls eine dämpfende Kabelstrecke.

Beispiel 14.3 Man bestimme den Schutzpegel einer 380-kV-Anlage. Das Netz ist niederohmig geerdet. Der Lastabwurffaktor sei 1.1, der Erdfehlerfaktor 1.3.

$$U_L, \quad bzw. \quad U_r \geq \delta_L \delta \frac{U_{\Delta m}}{\sqrt{3}} = 1.1 \cdot 1.3 \frac{420}{\sqrt{3}} = 347 \text{ kV}$$

$$\dashrightarrow \quad Wahl \quad U_c \approx \frac{347}{1.25} \approx 270 \text{ kV}$$

Schutzpegel des Ableiters bei Blitzstoss (*aus Datenblatt*): 900 kV

Bemessungs-Blitzstossspannung: 1425 kV

$$\longrightarrow \quad Schutzpegelfaktor = \frac{1425}{900} = 1.58$$

Schutzpegel des Ableeiters bei Schaltstoss: 700 kV

Bemessung-Schaltstossspannung Leiter-Erde $= 1050$ kV

$$\longrightarrow \quad Schutzpegelfaktor = \frac{1050}{700} = 1.50.$$

14.6 Überspannungsschutz

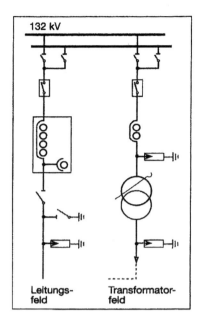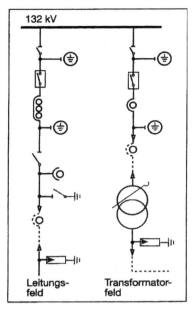

Abb. 14.28 Beispiel für den Einsatz von Ableitern in Freiluftschaltanlage und SF$_6$- Schaltanlage (BKW, [25])

14.6.4 Schutzbereich

Der Überspannungsschutz mittels Ableiter ist nur dann voll wirksam, wenn sich der Ableiter unmittelbar an dem zu schützenden Objekt befindet. Es erhebt sich die Frage, in welchen Abstand z. B. von einem geschützten Transformator der Ableiter maximal gestellt werden darf.

In der Anordnung Abb. 14.29 sei die Anlage für die Blitzstossspannung u_{rB} bemessen und von einem Überspannungsableiter mit Schutzpegel u_{sB} geschützt. Abbildung 14.30a zeigt das Spannungsverhalten der Punkte 1 und 2 ohne Ableiter ab dem Zeitpunkt, in dem die Stossspannung in 1 eintrifft, bei rechteckförmiger Wanderwelle mit Scheitelwert $\hat{U}$. Die Reflexion in 2 (Annahme Impedanz der Anlage $= \infty$) hat eine Verdoppelung der Spannung zur Folge (Abschn. 5.2). Ist $\hat{U}$ kleiner als u_{sB}, spricht der Ableiter nicht an und die Spannung in 2 erreicht den Wert $2\,\hat{U}$. Ist $\hat{U}$ grösser als u_{sB}, wird die Spannung in 2 auf den Wert $2\,u_{sB}$ begrenzt. Um die Anlage gegen Wanderwellen mit extrem steiler Front zu schützen, müsste man demzufolge einen Schutzpegelfaktor $p = u_{rB}/u_{sB} = 2$ wählen. Der Abstand zwischen 1 und 2 würde dann keine wesentliche Rolle spielen.

Praktisch sind die Schutzpegelfaktoren (Beispiele 14.1 und 14.3) meist kleiner als 2. Dies setzt endliche Stirnsteilheit der Wanderwelle voraus. In deren Abhängigkeit lässt sich ein Schutzbereich bestimmen. Abbildung 14.30b zeigt das Spannungsverhalten in 1 und 2 beim Eintreffen einer keilförmigen Wanderwelle mit Steilheit

Abb. 14.29 Von Überspannungsableiter geschützte Anlage

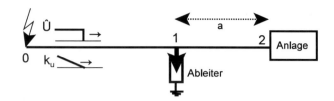

Abb. 14.30 Spannungsverlauf in der Anordnung Abb. 14.29. **a** bei rechteckförmiger Wanderwelle, ohne Ableiter (mit Ableiter s. Text), **b** bei keilförmiger Wanderwelle, mit Ableiter, v = Wanderwellengeschwindigkeit

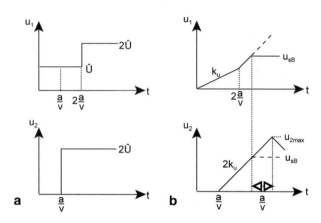

k_U. Durch die Reflexion wird die Steilheit verdoppelt. Die begrenzende Wirkung des Ableiters trifft in 2 um a/v verzögert ein: somit erreicht die Spannung in 2 den maximalen Wert

$$u_{2\max} = u_{sB} + 2\, k_u \frac{a}{v}.$$

$u_{2\max}$ darf die Bemessungs-Blitzstossspannung nicht überschreiten. Es folgt der Schutzbereich

$$a_{\max} = \frac{u_{rB} - u_{sB}}{2\, k_u} v. \qquad (14.8)$$

Beispiel 14.4 Man berechne den Schutzbereich für die drei Anlagen der Beispiele 14.1 bis 14.3 mit den Annahmen v = 280 m/µs und k_u = 2 MV/µs.

$$14.1: a_{\max} = \frac{125 - 80}{2 \cdot 2000} \cdot 280 = 3.2 \text{ m}$$

$$14.2: a_{\max} = \frac{550 - 300}{2 \cdot 2000} \cdot 280 = 17.5 \text{ m}$$

$$14.3: a_{\max} = \frac{1425 - 900}{2 \cdot 2000} \cdot 280 = 36.8 \text{ m}$$

14.6 Überspannungsschutz

Abb. 14.31 Blockschaltbild der Anlage 14.29; Leitung 0–1 wird als Y-Zweitor, Leitung 1–2 als H-Zweitor dargestellt, u_B = Wanderwelle am Einschlagort, u_1 = Spannung am Ableiter, u_2 = Spannung an der Anlage, i_A = Ableiterstrom

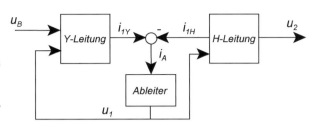

Abb. 14.32 Ersatzschaltbild für Ferneinschläge

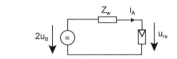

Abb. 14.33 Simulationsergebnis bei Ferneinschlag: u_B = Blitzstossspannung mit Scheitelwert $\hat{U}$, u_{re} = Restspannung = Ansprechspannung des Ableiters, u_2 = Überspannung an der Anlage, i_s = Ableitstossstrom, i_A = Ableiterstrom

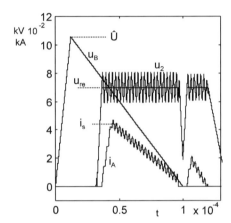

14.6.5 Fern- und Naheinschläge

Um das prinzipielle Verhalten der Anlage 14.29 in Abhängigkeit des Einschlagortes Punkt 0 zu untersuchen, sei vom Blockschaltbild Abb. 14.31 ausgegangen, das Modelle der verzerrungsfreien Leitung nach Abschn. 5.6.1 für die beiden Leitungsabschnitte einsetzt. Dämpfung durch Korona wird nicht berücksichtigt. Die Anlage wird durch eine dreiecksförmige Stossspannung beansprucht.

Ferneinschlag liegt dann vor, wenn die in 1 reflektierte Wanderwelle, nach erneuter Reflexion in 0, erst dann den Punkt 1 wieder erreicht, wenn die Wirkung der ersten Welle weitgehend abgeklungen ist. Das typische Verhalten zeigt das Simulationsergebnis Abb. 14.33. Der Einschlagort liegt ca. 10 km weit entfernt (Laufzeit ca. 30 μs). Nach Wiedereintreffen der Welle nach weiteren 60 μs ist der Vorgang (Dauer 100 μs) praktisch beendet. Entsprechend dem für diesen Fall gültigen Ersatzschaltbild 14.32 erreicht der Ableitstossstrom den maximalen Wert

$$i_s = \frac{2\hat{U} - u_{re}}{Z_w}. \tag{14.9}$$

Abb. 14.34 Ersatzschaltbild für Naheinschläge

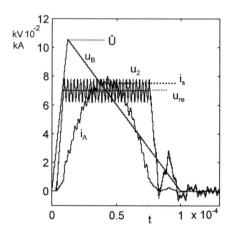

Abb. 14.35 Simulationsergebnis bei Naheinschlag:
u_B = Blitz stossspannung mit Scheitelwert $\hat{U}$,
u = u_{re} = Restspannung
= Ansprechspannung des Ableiters, u_2 = Überspannung an der Anlage,
i = Ableitstossstrom,
i_A = Ableiterstrom

Für $\hat{U} = 1080$ kV und einen Schutzpegel von 700 kV (Abb. 14.33) folgt ein Ableitstossstrom von 4.6 kA.

Bei *Naheinschlag* ergibt sich das von Abb. 14.35 veranschaulichte Verhalten. Die Laufzeit ist etwa 3 µs (ca. 1 km), also wesentlich kleiner als die Dauer der Blitzstossspannung, und der Vorgang wird durch mehrmalige Reflexionen in 0 aufgeschaukelt. Der Ableitstossstrom nimmt einen wesentlich grösseren, zur Leitungslänge umgekehrt proportionalen Wert an. Die in diesem Fall relativ kurze Leitung kann in erster Näherung durch die Induktivität L und das Ersatzschaltbild 14.34 beschrieben werden.

Für die Grösse des Ableitstossstroms ist die Spannungszeitfläche, welche die Restspannung übersteigt, massgebend

$$i_s = \frac{\int (u_B - u_{re})dt}{L}. \qquad (14.10)$$

Wie die Simulation Abb. 14.35 zeigt, erreicht man etwa 7.5 kA; bei Reduktion des Einschlagabstandes auf 100 m würde sich aber der Ableitstossstrom auf rund 75 kA erhöhen.

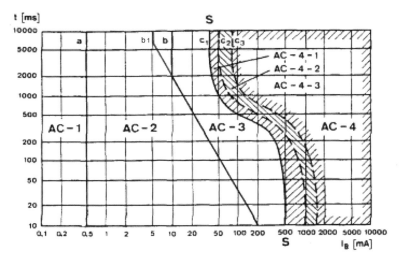

Abb. 14.36 Gefährdungsdiagramm (Quelle: [10]) *t*: Emwirkdauer, I_B: Berührungsstrom, *AC-1*: Bereich ohne Reaktionen, *AC-2*: keine schädlichen Folgen, *AC-3*: kaum organische Schäden, *AC-4*: Bereich des Herzkammerflimmerns mit verschiedener Wahrscheinlichkeit. *Hinweis*: Bei einer Einwirkdauer von weniger als 100 ms kommt es nur dann zum Herzkammerflimmern, wenn während der vulnerablen Herzperiode ein Strom von mehr als 500 mA fliesst

14.7 Schutzmassnahmen für Lebewesen (Rudolf Haldi)

14.7.1 Wirkungen des elektrischen Stromes auf Menschen

Stromempfindlichkeit Die Wirkungen der Elektrizität auf den menschlichen Körper hängen hauptsächlich von der elektrischen Stromstärke ab. Für Wechselströme mit Frequenzen von 15–100 Hz und einem Stromweg von der linken Hand zu beiden Füssen gilt nach IEC 60479–1 (1994) das Gefährdungsdiagramm gemäss Abb. 14.36, welches die zulässige Einwirkdauer in Abhängigkeit des Berührungsstromes zeigt.

Bei einer Einwirkdauer von mehreren Sekunden gelten folgende Schwellenwerte:

- 0,5 mA: *Wahrnehmungsschwelle* des elektrischen Stromes (Linie a)
- 10 mA: *Losslassschwelle* des elektrischen Stromes (Linie b); neu 5 mA (Linie b_1): gemäss IEC/TS 60479–1 (2005)
- 40 mA: *Gefahrenschwelle* des elektrischen Stromes (Linie c_1)
- 50 mA: *Herzkammerflimmern* mit 5 % Wahrscheinlichkeit (Linie c_2)
- 80 mA: *Herzkammerflimmern* mit 50 % Wahrscheinlichkeit (Linie c_3)

Bei kürzerer Einwirkdauer sind höhere Berührungsströme erträglich, was durch die Form der Grenzlinien b, b_1, c_1, c_2 und c_3 in Abb. 14.36 veranschaulicht wird.

Laut neuer Norm IEC/TS 60479–1 (2005) gibt es für die Umrechnung von Berührungsströmen mit einem anderen Stromweg als von der linken Hand zu beiden

Füssen einen sogenannten Herzstromfaktor. Beim Stromweg von der linken Hand zur rechten Hand hat dieser Herzstromfaktor den Wert 0.4. Dies hat zur Folge, dass bei einer Einwirkdauer von 5 s der Berührungsstrom, welcher zum Herzkammerflimmern führt, im Bereich von 110 mA (1 % Wahrscheinlichkeit) bis 350 mA (99 % Wahrscheinlichkeit) liegt.

Die grösste Gefährdung besteht bei Frequenzen von 50 bis 60 Hz. Oberhalb von 400 Hz nimmt die Gefährlichkeit des Wechselstromes ab. Bei Hochfrequenz fliesst der Strom nur noch im Bereich der Körperoberfläche und kann das Herz nicht mehr schädigen.

Bei Gleichstrom ist die Wahrnehmungsschwelle 2 mA, und eine Loslassgrenze kann nicht definiert werden.

Die Schäden, welche durch den elektrischen Strom hervorgerufen werden, kann man in drei Gruppen einteilen (s. auch Abb. 14.36):

a. *Schäden durch elektrolytische Zersetzung*
   Bereits sehr kleine Gleichströme, welche während sehr langer Einwirkdauer fliessen, können zu einer elektrolytischen Zersetzung im Blut führen, was aber weitgehend unerforscht ist [8].
b. *Schäden durch Fehlsteuerungen von Körperfunktionen*
   Bei grösseren Strömen ab 50 mA treten auf: Muskelkrämpfe, Herzkammerflimmern (das Herz verliert seinen normalen Rhythmus, und der Blutkreislauf bricht zusammen), Herzstillstand und Bewusstlosigkeit.
c. *Schäden durch übermässige Erwärmung von Körperteilen*
   Bei grossen Stromdichten (ab 50 mA/mm^2) und langer Einwirkdauer treten zunehmend innere als auch äussere Verbrennungen auf. An den Stromeintritts und -austrittsstellen kann dies zum Verkohlen des Hautgewebes führen. Im Körperinnern kommt es zu einem Verkochen der Gelenke wegen der dort erhöhten Übergangswiderstände.

Körperwiderstand Das Ersatzschema des menschlichen Körpers besteht nicht nur aus einem ohmschen Widerstand, sondern aus der Parallelschaltung eines Widerstandes und einer Kapazität. Da aber die Körperimpedanz einen Phasenwinkel von wenigen Graden aufweist, kann man mit guter Genauigkeit den menschlichen Körper im elektrischen Ersatzschema vereinfacht durch einen Gesamtwiderstand oder mehrere Teilwiderstände (für die einzelnen Körperregionen) darstellen (Abb. 14.37).

Der resultierende Gesamtwiderstand des menschlichen Körpers ist von Person zu Person sehr unterschiedlich und wird von mehreren Faktoren beeinflusst:

- Stromweg im Körper,
- Hautfeuchtigkeit und Berührungsfläche mit den elektrisch leitenden Teilen,
- Grösse der Berührungsspannung, deren Kurvenform und Frequenz.

Gemäss Publikation IEC 60479–1 (1994) der Internationalen Elektrotechnischen Kommission kann man im schlimmsten Fall mit einem Körperwiderstand zwischen beiden Händen oder zwischen einer Hand und einem Fuss von etwa 1000 Ω rechnen. Dieser Wert gilt unter Annahme einer Berührungsspannung von 220 V (frühere Bemessungsspannung), die jedoch nur sehr selten auftritt. Ausserdem trifft dies nur für

Abb. 14.37 Vereinfachtes elektrisches Ersatzschema für den menschlichen Körper bei 50/60 Hz, $R_P = 500\,\Omega$ (Partieller Widerstand einer Extremität)

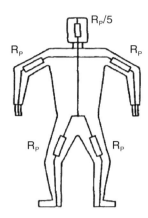

5 % der Bevölkerung zu, denn man hat festgestellt, dass 95 % der Population höhere Körperwiderstände aufweisen. Dieser bei 50/60 Hz und grossflächiger Berührung im trockenen Zustand gemessene Körperwiderstand von 1000 Ω zwischen beiden Händen oder zwischen einer Hand und einem Fuss wird selten unterschritten; bei kleinerer Berührungsfläche und niedriger Berührungsspannung ist der Körperwiderstand deutlich höher (s. Tab. 1 in IEC 60479–1 von 1994).

Nur bei Frequenzen im Bereich von einigen kHz beobachtet man tiefere Werte für die Körperimpedanz aufgrund des nicht mehr vernachlässigbaren kapazitiven Körperblindwiderstandes, der umgekehrt proportional mit der Frequenz abnimmt.

In der neuen Norm IEC/TS 60479–1 (2005) gibt es ein sehr detailliertes Bild mit Werten zu den prozentualen Anteilen der Körperinnenimpedanzen vieler Körperteile im Verhältnis zum Stromweg von einer Hand zu einem Fuss. Da die Abweichungen bei den partiellen Widerständen der Extremitäten nur wenige Prozente ausmacht, genügt das obige vereinfachte elektrische Ersatzschema des menschlichen Körpers meistens.

Zulässige Berührungsspannung für Menschen Die Spannung, die beim Berühren spannungsführender Teile am Menschen auftritt, entspricht dem Produkt aus Berührungsstrom mal Körperwiderstand. Bei Annahme eines Körperwiderstandes von 1250 Ω (nach IEC/TS 60479–1 von 2005 gilt dieser Wert für den Stromweg von Hand zu Hand für 50 % der Bevölkerung bei grossen Berührungsflächen im salzwassernassen Zustand bei 75 V Berührungsspannung) und der Gefahrenschwelle von 40 mA ergibt sich eine zulässige Berührungsspannung von 50 V, welche dauernd auftreten darf. Das Restrisiko hat sich in der Unfallpraxis als akzeptabel erwiesen. Bei kurzer Einwirkdauer sind noch bedeutend höhere Berührungsspannungen zulässig; z. B. wäre die volle Sternspannung von 220 V oder 230 V für den menschlichen Körper noch bis zu einer Einwirkdauer von ca. 300 ms erträglich.

14.7.2 Wirkungen des elektrischen Stromes auf Nutztiere

Stromempfindlichkeit Die Schwellenwerte für das Herzkammerflimmern sind für zahlreiche Nutztiere recht genau ermittelt worden, weil sich daraus auch Rückschlüsse auf die Gefahrengrenze beim Menschen ziehen lassen. Die folgende Aufstellung zeigt die Mindeststromstärke, welche bei Wechselstrom von 50/60 Hz und einer Einwirkdauer von 3 bis 5 s zu Herzkammerflimmern führt [10]:

Tierart	Schwein	Schaf	Kalb	Jungpferd
Körperstrom in mA	170...270	160...390	210...470	160...410

Nach neuer Norm IEC/TS 60479-1 (2005) liegt bei einer Einwirkdauer von 5 s beim Hund der Körperstrom, welcher zum Herzkammerflimmern führt im Bereich von 32 mA (1 % Wahrscheinlichkeit) bis 180 mA (99 % Wahrscheinlichkeit).

Körperwiderstand Der elektrische Strom nimmt bei Nutztieren in der Praxis meistens einen der folgenden Wege:

Stromweg A: vom Maul zu den vier Hufen
Stromweg B: von den Vorderbeinen zu den Hinterbeinen

Es ist bekannt, dass der Rinderhuf etwa denselben ohmschen Widerstand (ca. 400 Ω) aufweist wie der Teilwiderstand einer Extremität ohne Huf. Aufgrund des Körperbaus gibt es bei den Teilwiderständen von Vorder- und Hinterbeinen grössere Schwankungen. Im schlimmsten Fall kann man davon ausgehen, dass der Tierkörperwiderstand folgende Werte annimmt [4]

- etwa 250 Ω für den Stromweg A,
- etwa 800 Ω für den Stromweg B.

Diese Werte gelten für Rinder; über andere Tiere gibt es kaum Angaben.

Zulässige Berührungsspannung für Nutztiere Multipliziert man den extremsten Tierkörperwiderstand von 250 Ω mit der zulässigen Körperstromstärke von etwa 200 mA, erhält man eine zulässige Berührungsspannung von 50 V. Bislang ist für den Schutz von Nutztieren eine Berührungsspannungsgrenze von 25 V gefordert worden. Die Einhaltung dieser Forderung ist aber in der Praxis nur sehr schwierig möglich.

14.7.3 Die Normen

Die ältesten Sicherheitsvorschriften stammen aus den Jahren der ersten Elektrizitätsanwendungen, also kurz vor 1890. Die heute gültigen nationalen Installationsvorschriften für elektrische Niederspannungsanlagen sind: DIN VDE 0100 in

Deutschland, ÖVE-EN 1 in Österreich, NIN SN SEV 1000: 2010 in der Schweiz. Die Gefahrengrenze für Berührungsspannungen (bzw. Fehlerspannungen) lag in Deutschland noch vor wenigen Jahren etwas höher als in der Schweiz, nämlich bei 65 V. Heute gilt für Einwirkdauer > 5 s einheitlich 50 V (DIN VDE 0100, Teil 410, IEC 364-4-41).

Schweizer Normen Massgebend für elektrische Niederspannungsinstallationen (50 Hz) ist die von Electrosuisse herausgegebene Niederspannungs-Installations-Norm (NIN) SN SEV 1000:2010 (gültig ab 1. Januar 2010). Unter Ziffer 1.0.2 (Werkvorschriften) ist festgehalten, dass die NIN von den Netzbetreiberinnen durch besondere Vorschriften ergänzt werden darf, sofern solche Vorschriften wegen der Energietarife oder der Betriebssicherheit, des Unterhaltes und der Bedienung der eigenen Anlagen nötig sind. Die in der NIN verlangte Sicherheit darf aber durch solche ergänzenden Vorschriften nicht beeinflusst werden.

Der Schutz gegen elektrischen Schlag beruht auf folgendem Konzept:

Im fehlerfreien Zustand dürfen Teile der elektrischen Anlage, die eine für den Menschen gefährliche elektrische Spannung führen, nicht berührbar sein. Sollte jedoch ein Fehler auftreten, der zu einem für Menschen gefährlichen elektrischen Schlag führen könnte, so muss eine geeignete Schutzmassnahme dies verhindern.

Die Schutzvorkehrung für den Basisschutz verhindert das direkte Berühren unter Spannung stehender (aktiver) Teile der elektrischen Anlage, z. B. durch Isolierung. Man sprach früher auch vom „Schutz gegen direktes Berühren".

Die Schutzvorkehrung für den Fehlerschutz verhindert das indirekte Berühren unter Spannung stehender (fremder leitfähiger) Teile der elektrischen Anlage im Fehlerfall bei Versagen der Schutzvorkehrung für den Basisschutz, z. B. durch Abschaltung der Stromversorgung. Früher: „Schutz bei indirektem Berühren".

Geeignete Kombinationen von Basis- und Fehlerschutzvorkehrungen führen zu folgenden Schutzmassnahmen:

- Automatische Abschaltung der Stromversorgung
- Doppelte oder verstärkte Isolierung
- Schutztrennung
- Kleinspannung SELV oder PELV

Zusätzlich zu den Basis- und Fehlerschutzvorkehrungen kann ein Schutz festgelegt sein, der als Teil einer Schutzmassnahme unter bestimmten Bedingungen von äusseren Einflüssen und in besonderen Räumlichkeiten berücksichtigt werden muss; z. B. durch Einsatz von Fehlerstromschutzeinrichtungen mit $I_{\Delta r} < 30$ mA.

14.7.4 Schutzmassnahmen

14.7.4.1 Einleitung

Die in den Schweizer Normen aufgeführten Schutzmassnahmen gelten vorwiegend für elektrische Gebäudeinstallationen, wie Hausanschlusskasten, Verteiltableaus, feste Leitungen und alle fest angeschlossenen Apparate (Schalter, Leuchten, Steckdosen, Boiler usw.). Bei ortsveränderlichen Geräten werden teilweise noch andere Schutzvorkehrungen getroffen, etwa der Betrieb mit Kleinspannung, wenn aus funktionellen Gründen ein Berührungsschutz nicht möglich ist, z. B. bei der Spielzeugeisenbahn, wo die spannungsführenden Schienen frei zugänglich sind (für Näheres s. IEC 60364-4-41, IEC 61140).

Im allgemeinen verfügt man über mehrere, sich überlagernde Schutzsysteme [9]:
Basisschutz: Als Schutz vor *direkter Berührung* (Kontakt mit spannungsführenden Teilen) verwendet man

- Basisisolierung (Grundisolierung) der stromführenden Leiter,
- Abdeckungen (Umhüllungen), z. B. Gehäuse beim Heizlüfter,
- Hindernisse (Zäune), z. B. bei Freiluftschaltanlagen,
- Abstände, z. B. Mindestdistanzen bei Freileitungen.

Fehlerschutz: Als Schutz vor *indirekter Berührung* (Kontakt mit Teilen, welche durch einen Fehler eine leitende Verbindung zu spannungsführenden Teilen haben) eignen sich

- System TT,
- System TN,
- Schutzpotenzialausgleich,
- Schutzisolierung (Schutzklasse II),
- Nicht leitende Umgebung (Isolierende Böden und Wände),
- Schutztrennung.

Zusatzschutz: Schutz sowohl vor *direkter als auch indirekter Berührung* wird erreicht durch

- Kleinspannung (ELV = Extra-Low-Voltage),
- Begrenzung der Entladungsenergie, z. B. beim Weidezaun,
- Zusätzlicher Schutz durch Fehlerstromschutzeinrichtung (RCD, Residual Current Device), d. h. Fehlerstromschutz mit max. 30 mA Bemessungsdifferenzstrom.

Der *Schutzpotenzialausgleich* ist hauptsächlich im Innern des Gebäudes wirksam. In jedem Gebäude müssen der Erdungsleiter und die folgenden leitfähigen Teile über die Haupterdungsschiene zum Schutzpotentialausgleich verbunden werden:

Metallene Rohrleitungen (Gas, Wasser, Heizung, Klima), fremde leitfähige Teile der Gebäudekonstruktion (sofern im üblichen Gebrauchszustand berührbar) und metallene Verstärkungen von Gebäudekonstruktionen aus bewehrtem Beton (Bewehrungsstähle), soweit dies möglich und sicherheitsrelevant ist. Einige Schutzmassnahmen sind auf einen *Schutzleiter* angewiesen und erreichen z. T. den Schutz durch Abschalten des defekten Anlageteiles. Dazu werden im folgenden nähere Angaben zum Aufbau des Niederspannungsnetzes gemacht.

Die Niederspannung (400 V/230 V) entsteht vorwiegend durch Transformation aus dem Mittelspannungsnetz. Der Nullpunkt (Mittelpunkt, Neutralpunkt, Sternpunkt) aller drei Wicklungen auf der Niederspannungsseite wird be- triebsmässig

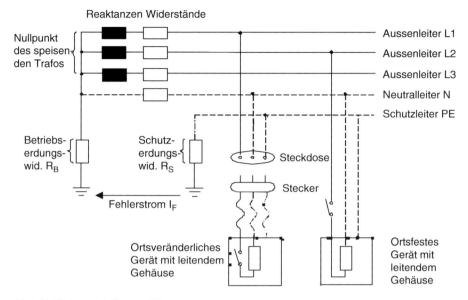

Abb. 14.38 Netz mit System TT

immer mit dem Erdreich verbunden. Der Widerstand Rb dieser Betriebserdung beträgt normalerweise nur wenige Ohm und kann für grobe Berechnungen mit null Ohm angenommen werden.

Auf das IT-Netz (I = Isolierter Nullpunkt, T = Schutzerdung auf Verbraucherseite), welches keine niederohmige Verbindung mit dem Erdreich aufweisen darf, wird hier nicht näher eingegangen, weil es nur bei sehr geringer örtlicher Ausdehnung und Installationen mit eigenem Transformator oder Generator angewendet werden darf.

Die Begrenzung der Entladungsenergie auf 350 mWs wird ebenfalls nicht behandelt, weil umstritten.

14.7.4.2 System TT (alt: Schutzerdung)

Es handelt sich um die älteste Schutzmassnahme gegen gefährliche Berührungsspannungen. Solche Netze werden als System TT bezeichnet (Abb. 14.38). Seit 1900 werden dabei die nicht zum Betriebsstromkreis gehörenden leitenden Teile (z. B. Gehäuse aus Metall) mittels Schutzleiter (PE-Leiter) an einen gemeinsamen Erder angeschlossen. Im Störungsfall (Verbindung zwischen Aussenleiter und Gehäuse des schutzgeerdeten Verbrauchers) fliesst ein Fehlerstrom über den Schutzerdungswiderstand R_S des Verbrauchers, das Erdreich (mit vernachlässigbarem Widerstand) und über den Betriebserdungswiderstand R_B zum Nullpunkt des speisenden Transformators.

Am Schutzerdungswiderstand R_S erzeugt der Fehlerstrom I_F einen Spannungsabfall, die sogenannte Fehlerspannung U_F. Steigt der Wert $U_F = R_S * I_F$ über 50 V, so

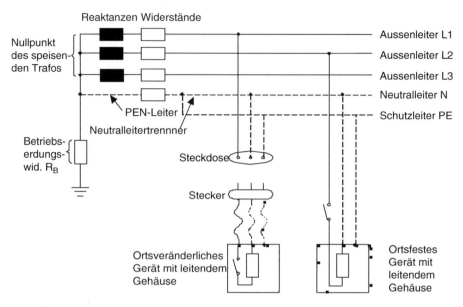

Abb. 14.39 Netz mit System TN-S

müsste ein vorgeschalteter Überstromunterbrecher (Leitungsschutzschalter, Motorschutzschalter, Schmelzsicherung) den defekten Verbraucher von den Aussenleitern abtrennen. Da Wasserleitungsnetze als Erder nicht mehr verwendet werden dürfen, kann die automatische Abschaltung der Stromversorgung im Fehlerfall nur mit Fehlerstrom-Schutzeinrichtungen (RCD's) gewährleistet werden. Die maximale Abschaltzeit bei 230/400 V AC beträgt 0.2 s.

14.7.4.3 System TN (alt: Nullung)

Nachteilig beim System TT ist der hohe Widerstand, welchen die beiden Erdungsstellen dem Rückfluss des Fehlerstromes zum speisenden Transformator entgegensetzen. Um dies zu vermeiden, wird beim *System TN* (Abb. 14.39) der Schutzleiter (und damit die zu schützenden Anlageteile) über den PEN-Leiter direkt mit der Betriebserdung verbunden (Nullung). Der PEN-Leiter ist sehr niederohmig, der Fehlerstrom somit wesentlich grösser (etwa 10mal), und der (immer notwendige) Überstromschutz spricht sicher an.

Das System TN ist so auszulegen, dass bei einem Kurzschluss zwischen einem Aussenleiter L und dem Schutzleiter PE oder PEN-Leiter spätestens nach 0.4 s eine Abschaltung durch vorgeschaltete Überstromunterbrecher erfolgt.

Man unterscheidet drei Varianten beim System TN:

System TN-S Der Schutzleiter PE zweigt hier unmittelbar vor dem Neutralleitertrenner im Hausanschlusskasten vom PEN-Leiter ab und darf auf seinem weiteren Verlauf an keinem Ort mehr mit dem Neutralleiter N in Verbindung stehen (Abb. 14.39); er kann aber mit allen beliebigen mit Erde in Berührung stehenden

14.7 Schutzmassnahmen für Lebewesen (Rudolf Haldi)

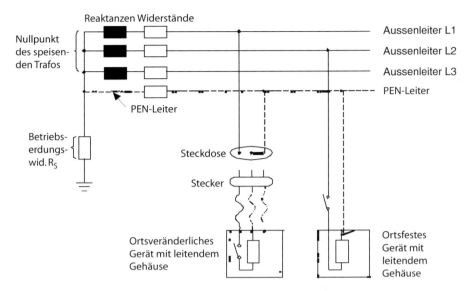

Abb. 14.40 Netz mit System TN-C

Metallteilen verbunden werden. Der Neutralleiter N muss von der Abzweigstelle des Schutzleiters bis ans Ende von Erde isoliert sein. Bei Neuinstallationen verlangen die meisten energieabgebenden Elektrizitätswerke einen Schutz nach System TN-S. Der Buchstabe S steht für „Separated". Es handelt sich dabei um die aufwendigste, aber sicherste Schutzvariante nach System TN.

System TN-C-S In Gebäuden oder Industriebetrieben mit eigenen Transformatorstationen muss in den Anlageteilen, in denen der Leitwert des installierten Neutralleiters N kleiner ist als der eines Kupferleiters von 10 mm^2, der Schutz nach System TN-S erfolgen. In den Bereichen mit grösseren Leiterquerschnitten dürfen der Schutzleiter PE und der Neutralleiter N zu einem PEN-Leiter kombiniert werden; dafür steht der Buchstabe C (Combined). Der PEN-Leiter soll an möglichst vielen Stellen mit Erde in Berührung stehenden Metallteilen verbunden sein. Weil die Leitungsabschnitte mit grösseren Querschnitten weiterhin mit vier Leitern auskommen, musste man in älteren Installationen nur alle Leitungszüge kleinerer Querschnitte mit einem zusätzlichen fünften Leiter versehen.

Diese Variante des Systems TN bietet praktisch die gleiche Sicherheit wie das System TN-S.

System TN-C Diese Variante, welche keinen fest installierten Schutzleiter PE aufweist, ist nur noch in älteren Anlagen anzutreffen (Abb. 14.40). In diesen Installationen gibt es nur den kombinierten zu Schutzzwecken und zur Stromführung dienenden PEN-Leiter.

In ortsveränderlichen Leitungen sind hingegen wegen der grösseren Wahrscheinlichkeit eines Leiterbruches der Schutzleiter PE und der Neutralleiter N immer getrennt zu führen. In der Steckdose gibt es eine leitende Verbindung (Brücke) zwischen den Buchsen PE und N, um den Anschluss an den ortsfesten PEN-Leiter zu gewährleisten. Wenn hier der PEN-Leiter unterbricht, erhält das Verbrauchergehäuse über die Impedanz des eingeschalteten Gerätes und die PE-N-Brücke die volle Sternspannung gegenüber Erde. Trotz fehlerfreiem Verbraucher führt diese unzulässig hohe Spannung zu einer direkten Gefährdung. Bei Neuinstallationen darf diese Variante nicht mehr angewendet werden.

14.7.4.4 Weitere Massnahmen

Schutzisolierung (Schutzklasse II) Jedes Betriebsmittel besitzt eine Basisisolierung als grundlegenden Schutz gegen zu hohe Berührungsspannung und direkte Berührung. Die Schutzisolierung sollte mindestens doppelt so sicher sein wie die Basisisolierung. Es gibt zwei Methoden, um dies zu erreichen.

- *Doppelte Isolierung*: Hier verwendet man ausser der normalen Basisisolierung eine zusätzliche, unabhängige Isolierung, um den Schutz gegen zu hohe Berührungsspannung bei fehlerhafter Basisisolierung zu gewährleisten.
- *Verstärkte Isolierung*: Isoliersystem, dessen Schutzgrad der doppelten Isolierung entspricht.

Dank der Verwendung von Isolierstoffen mit guten elektrischen und mechanischen Eigenschaften erhält man mit schutzisolierten Apparaten eine sehr grosse Sicherheit. Diese Schutzmassnahme wird bei vielen Elektrowerkzeugen und Haushaltgeräten angewendet, weil kein Schutzleiter nötig ist und sie dadurch problemlos angeschlossen werden können. Achtung: Schutzisolierte Betriebsmittel dürfen nicht geerdet werden!

Nicht leitende Umgebung (Isolierende Böden und Wände) Diese Schutzmassnahme verhindert das Fliessen von gefährlichen Berührungsströmen dank isolierender Böden und Wände. In der Nähe von Elektrogeräten dürfen sich keine mit der Erde leitend verbundenen Teile befinden, welche bei normaler Bedienung der elektrischen Anlage zusätzlich berührt werden könnten. In einem nichtleitenden Raum darf kein Schutzleiter vorhanden sein. Es entstehen hier keine gefährlichen Potenzialdifferenzen beim Übertritt vom Isolierboden auf einen leitfähigen Naturboden. Der Schutz durch nicht leitende Umgebung ist nur bei ortsfesten Betriebsmitteln anwendbar.

Schutztrennung Als Basisschutz dient die Basisisolierung und der Fehlerschutz erfolgt durch Schutztrennung von anderen Stromkreisen und Erde. Bei einem Verbraucher genügt ein Transformator mit einfacher Trennung. Die Versorgung von mehreren Verbrauchern über einen Transformator mit einfacher Trennung ist nur zulässig, wenn die elektrische Anlage durch Elektrofachkräfte oder elektrotechnisch unterwiesene Personen überwacht wird, so dass unbefugte Änderungen nicht vorgenommen werden können. Die Körper der an einer Sekundärwicklung

14.7 Schutzmassnahmen für Lebewesen (Rudolf Haldi)

angeschlossenen Verbraucher müssen miteinander durch isolierte nicht geerdete Schutzpotenzialausgleichsleiter verbunden werden. Solche Leiter dürfen nicht mit den Schutzleitern oder Körpern anderer Stromkreise oder mit irgendwelchen fremden leitfähigen Teilen verbunden werden. Werden mehrere Verbraucher von derselben Sekundärwicklung gespiesen und von Laien bedient, muss der Transformator die Anforderungen an die sichere Trennung erfüllen (Sicherheitstransformator) und alle Körper müssen wie bereits erwähnt, untereinander mittels Schutzpotenzialausgleichsleiter verbunden werden.

Kleinspannung (ELV = Extra Low Voltage) Allgemein handelt es sich hier um den Betrieb einer elektrischen Anlage mit maximal 50 V Wechselspannung (120 V Gleichspannung) zwischen den Polen oder den einzelnen Polen und Erde. Bei Bemessungsspannungen (Nennspannungen) bis max. 12 V AC oder 30 V DC ist kein Basisschutz (Schutz gegen direktes Berühren) erforderlich. Wenn die Bemessungsspannung (Nennspannung) bei Wechselstrom 25 V (Effektivwert) oder bei Gleichstrom 60 V (oberschwingungsfrei) überschreitet oder wenn Betriebsmittel in Wasser eingetaucht sind, muss ein Basisschutz (Schutz gegen direktes Berühren) erfolgen durch:

- Abdeckungen oder Umhüllungen,
- Isolierung, welche einer AC-Prüfspannung von 500 V (Effektivwert) eine Minute standhält, was einer Erleichterung gegenüber der Anforderung an Niederspannungsmaterial entspricht.

Je nach Art der Erzeugung und Erdung wird der Oberbegriff Kleinspannung (ELV) in die folgenden zwei Unterbegriffe aufgeteilt:

- *Sicherheitskleinspannung (SELV = Safety Extra Low Voltage)*: Die benötigten Transformatoren oder Umformer müssen eine sichere Trennung zwischen dem speisenden Niederspannungsnetz (evtl. anderen Stromkreisen) und der Kleinspannungsseite aufweisen; es gelten somit ähnliche Bedingungen wie bei der Schutztrennung. Auf der Kleinspannungsseite darf es keine Verbindung mit Erde geben. Ein Basisschutz ist im Allgemeinen nicht notwendig bei normalen, trockenen Umgebungsbedingungen bis max. 25 V AC oder 60 V DC.
- *Schutzkleinspannung (PELV = Protection Extra Low Voltage)*: Es gilt dasselbe (ausser für den Basisschutz) wie bei der Sicherheitskleinspannung, aber mit dem Unterschied, dass hier ein Punkt der Kleinspannungsseite und/oder die Körper der Kleinspannungsverbraucher geerdet werden dürfen.

Bemerkungen: Kleine Spannungen bieten einen guten Schutz für Lebewesen. Natürlich muss der die Kleinspannung erzeugende Transformator speziell sicher konstruiert werden; z. B. bezüglich Folgen von Isolationsdefekten auf der Niederspannungs-Primärwicklung. Ausserdem dürfen sich Kurzschlüsse oder Überlastungen auf der Kleinspannungsseite nicht verhängnisvoll auswirken. Der Transformator muss entweder kurzschlussfest sein oder mit Überstromschutzorganen ausgerüstet werden.

Die an die Sekundärwicklung von Transformatoren angeschlossene Anlage darf als Schwachstrom-Anlage ausgeführt werden, wenn:

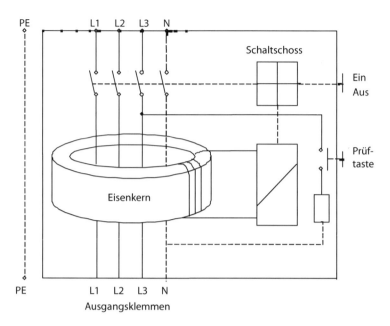

Abb. 14.41 Prinzip der Fehlerstromschutzeinrichtung (RCD): *L1*, *L2*, *L3*: Aussenleiter, N: Neutralleiter, *PE*: Schutzleiter. Der Schutzleiter darf nie durch die Fehlerstromschutzeinrichtung geführt werden! Die Prüftaste sollte monatlich betätigt werden, um die einwandfreie Funktion der Fehlerstromschutzeinrichtung zu überprüfen

- die sekundäre Leerlaufnennspannung des Transformators max. 50 V beträgt,
- der Transformator getrennte Primär- und Sekundärwicklungen hat,
- der Transformator entweder kurzschlussicher ist und die Nennleistung max. 30 VA beträgt oder seine Sekundärseite mit Überstromunterbrechern von höchstens 2 A Nennauslösestromstärke gesichert ist.

Dann können u. a. kleinere Leiterquerschnitte verwendet werden. Die Anwendung bleibt auf kleine Leistungen beschränkt: Sonnerietrafo, Spielzeugtrafo.

14.7.4.5 Fehlerstromschutz (RCD = Residual Current Device)

Die Fehlerstromschutzeinrichtung (RCD, alt: FI-Schutzschaltung) verfügt über einen Summenstromwandler, durch den alle betriebsstromführenden Leiter (alle Aussenleiter und der Neutralleiter) geführt werden (Abb. 14.41). Bei einer fehlerfreien Anlage ist die geometrische Summe aller Ströme gleich null. Wenn jedoch infolge eines Isolationsdefektes oder einer direkten Berührung ein Fehlerstrom über den Schutzleiter oder direkt zur Erde fliesst, so ist die Summe der Ströme nicht mehr null. Dieser Differenzstrom induziert in der Sekundärwicklung des Summenstromwandlers einen Strom, welcher durch die Auslösespule fliesst. Beim Überschreiten eines gewissen Wertes spricht das Schaltschloss an und öffnet alle

14.7 Schutzmassnahmen für Lebewesen (Rudolf Haldi)

Kontakte, wodurch die fehlerbehaftete Anlage spannungslos wird. Am verbreitesten sind Fehlerstromschutzeinrichtungen mit folgenden Bemessungsdifferenzströmen (Nennauslöseströmen) $I_{\Delta r}$ (früher $I_{\Delta n}$):

$I_{\Delta r} = 10\,\text{mA}$: Idealer Schutz für Lebewesen bei direktem Berühren (Unachtsamkeit),

$I_{\Delta r} = 30\,\text{mA}$: Allgemeiner Schutz für Lebewesen bei indirektem Berühren (ausser im System TN-C),

$I_{\Delta r} = 300\,\text{mA}$: Brandschutz für Installationen und Apparate.

Fehlerstromschutzeinrichtungen müssen selbsttätig eine elektrische Anlage oder Teile derselben innerhalb 0,2 s (evt. 0.3 s oder 0.4 s) abschalten, wenn der Bemessungsdifferenzstrom (Nennauslösestrom) $I_{\Delta r}$ oder ein beliebig höherer Fehlerstrom fliesst; ein Ausschalten darf nicht erfolgen, wenn der Fehlerstrom kleiner ist als das 0,5 fache von $I_{\Delta r}$.

Seit 1976 sind in der Schweiz Fehlerstromschutzeinrichtungen mit max. 30 mA Bemessungsdifferenzstrom in Stromverteilern von Baustellen und Campingplätzen vorgeschrieben. Ab 1986 wurde das Obligatorium auf Räume mit Bade- und Duscheinrichtungen, feuchte und nasse sowie korrosions- und brandgefährdete Räume, aber auch für Steckdosen, an welche Geräte für die Verwendung im Freien angeschlossen werden können, ausgeweitet. Ab 1. Januar 2010 müssen in der Schweiz alle Steckdosen bis und mit 32 A mit Fehlerstromschutzeinrichtungen ausgerüstet sein.

Die Fehlerstromschutzeinrichtungen (RCD's) bieten heute den besten Personen- und Brandschutz bei elektrischen Installationen und Apparaten. Man erhält sie in allen möglichen Bauformen, als Aufbau- und Einbaumodell (ein- und dreiphasig) sowie in mobiler Ausführung. Um einen totalen Stromausfall zu vermeiden, sollten mehrere RCD's pro Haushalt installiert werden. Um ein gleichzeitiges Ausschalten von aufeinanderfolgenden RCD's zu verhindern, gibt es neben den unverzögerten Standardmodellen, welche normalerweise innerhalb von 30 ms ansprechen, auch Ausführungen mit kurzzeitverzögerter Auslösung von 40 ms und solche mit selektiver Auslösung (Kennzeichen: Buchstabe „S" innerhalb eines Quadrates), die nach typisch 130 ms abschalten.

In Anlagen mit System TN-C ist der Einsatz von RCD's problematisch. Wenn die Bedingungen gemäss System TN nicht erfüllt werden, ist der Schutzleiter der mit RCD geschützten Anlage an eine separate Erdelektrode anzuschliessen.

Beispiel 14.5 Berechnung eines Netzes mit Schutz nach System TN-S und Schutzpotenzialausgleich (Abb. 14.42). Nur die ohmschen Widerstände werden berücksichtigt. Diese Vereinfachung ist zulässig, weil die Reaktanzen einer Niederspannungsinstallation vernachlässigbar klein sind. Bekannt sind alle Widerstände, gesucht werden die Fehlerspannung, der Fehlerstrom, die Berührungsspannung und der Berührungsstrom.

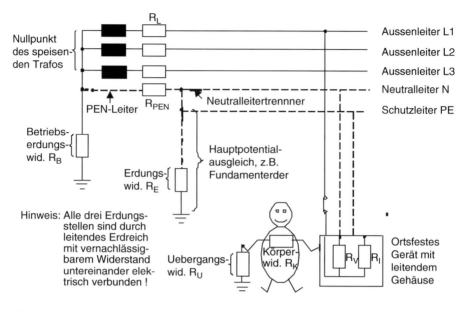

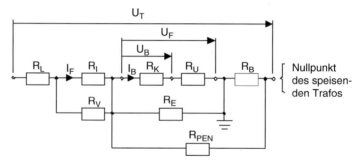

Abb. 14.42 Schema zu Beispiel 14.5

Daten: Leiterwiderstand des Aussenleiters $R_L = 0{,}3\ \Omega$; Leiterwiderstand des PEN-Leiters $R_{PEN} = 0{,}3\ \Omega$; Widerstand des Verbrauchers im System TN-S $R_V = 100\ \Omega$; Gerät mit Isolationsdefekt $R_I = 0\ \Omega$; Körperwiderstand der berührenden Person $R_K = 1000\ \Omega$; Übergangswiderstand zwischen Erdreich und Kontaktstelle der berührenden Person $R_U = 200\ \Omega$; $R_B = 2\ \Omega$; $R_E = 5\ \Omega$; Sternspannung des speisenden Transformators $U_T = 230$ V.

Resultate:

Fehlerspannung $U_F = 80{,}32$ V (unzulässig, weil über 50 V)

Fehlerstrom $I_F = 391{,}4$ A

Berührungsspannung $U_B = 66{,}93$ V

Berührungsstrom $I_B = 66{,}93$ mA (gefährlich, weil über 40 mA).

Die obligatorische Überstromschutzeinrichtung spricht hier, aufgrund des hohen Fehlerstromes, sicher innerhalb von 0.4 s an.

Literatur

1. Anderson RB, Erikson AJ (1980) Lightning parameters for engineering application. Electra 69:65–102
2. Apelt O, Hoppe W, Handschin E, Stephanblome T (1997) LimSoft, Ein innovativer leistungselektronischer Stosskurzschlussstrombegrenzer. EW 96(26)
3. Baatz H (1956) Überspannungen in Energieversorgungsnetzen. Springer, Berlin
4. Bachl H, Biegelmeier G, Evans TH, Mörx A (1993) Über den Schutz von Nutztieren gegen gefährliche Körperströme. Bulletin SEV/VSE 83(3)
5. Bartz WJ, Hubensteiner H (Hrsg) (1993) Schutztechnik in elektrischen Netzen. VDE-Verlag, Berlin
6. Berger K (1980) Extreme Blitzströme und Blitzschutz. Bulletin SEV/VSE 71:460–464
7. Bertsch J (1995) Sammelschienen-Schutzsystem mit numerischem Strom- und Phasenvergleich. Dissertation, University of Stuttgart
8. Betz F et al (1978) Grundkenntnisse Elektrotechnik. Handwerk und Technik, Hamburg
9. Biegelmeier G (1988) Schutz gegen gefährliche Körperströme. Bulletin SEV/VSE 79
10. Biegelmeier G (1992) Schutz vor den Gefahren der Elektrizität. Bulletin SEV/VSE 83(3)
11. Boss P, Horst T, Lorin P, Pfammatter K, Fazlagic A, Perkins M (2002) Life assessment of power transformers to prepare a rehabilitation based on a technical-economical analysis. Report 12-206, CIGRE
12. de Nigris M, Passaglia R, Berti R, Berganzi L, Maggi R (2004) Application of modern techniques for the condition assessment of power transformers. Report A2-207 CIGRE
13. Feser K (1998) Überspannungen und Isolationskoordination. Bulletin SEV/VSE 89
14. Heuck K, Dettmann K-D (1995) Elektrische Energieversorgung. Vieweg, Braunschweig
15. Hosemann G (Hrsg) (1988) Hütte, Elektrische Energietechnik, Bd 3, Netze. Springer, Berlin
16. Köster HJ, Weck KH (1981) Dämpfung von Blitzüberspannungen durch Stosskorona. ETZ-Archiv 3
17. Koestinger P, Aronsen E, Boss P, Rindlisbacher G (2004) Practical experience with the drying of power transformers in the field, applying the LFH-technology. Report A2-205, CIGRE
18. McShane CP (2001) Relative properties of the new combustion-resistant vegetable-oil-based dielectric coolants for distribution and power transformers. IEEE Transactions on industry applications, 37(4):1132–1139
19. Oommen TV, Claiborne CC, Walsh EJ, Baker JP (1999) Biodegradable transformer fluid from high oleic vegetable oils. Doble Conf. Paper
20. Øistein B, Herdlevar K, Dahlund M, Kjell R, Danielsen A, Thiess U (2002) Experiences from on-site transformer oil reclaiming. Report 12-103, CIGRE
21. Potsada S, Marcondes R, Mendes JC (2004) Extreme maintenance. ABB Review, 09
22. Schmidt W (1998) Metalloxid- ein fast idealer Überspannungsableiter. Bulletin SEV/VSE 89(7):13–20
23. Ungrad H, Winkler W, Wiszniewski A (1991) Schutztechnik in Elektroenergiesystemen. Springer, Berlin
24. Vierengel J, Ahlmann B, Mudry F, Boss P (1998) Use of active noise control (ANC) technology to quiet power transformers. Report 12-301, CIGRE
25. Vorwerk HJ (1998) Ein Grobverteilnetz mit reduzierter Isolation. Bulletin SEV/VSE 89(7)
26. Wagner CF et al (1954) High voltage impulse tests on transmission lines. Trans Amer Inst Electr Eng 73:190–210

Anhang A
Technische Werte für Leitungsseile

Tab. A.1 Daten von Cu-Seilen [8.1]. (Seile aus Kupfer nach DIN 48 201, Teil I)

Nenn-querschnitt (mm^2)	Soll-querschnitt (mm^2)	Seilaufbau Drahtanzahl × Durchmesser (mm)	Seil-durchmesser (mm)	Rechnerische Bruchkraft (kN)	Seilgewicht (kg/m)	Längengewichtskraft (N/m)	Normale Zusatzlast* (N/m)	Ohmscher Widerstand bei 20 °C (Ω/km)
10	10,02	7 × 1,35	4,1	4,02	0,090	0,882	5,41	1,8055
16	15,89	7 × 1,70	5,1	6,37	0,143	1,402	5,51	1,1385
25	24,25	7 × 2,10	6,3	9,72	0,218	2,138	5,63	0,7461
35	34,36	7 × 2,50	7,5	13,77	0,310	3,041	5,75	0,5265
50	49,48	7 × 3,00	9,0	19,38	0,446	4,375	5.90	0,3656
50	48,35	19 × 1,80	9,0	19,38	0,437	4,286	5,90	0,3760
70	65,81	19 × 2,10	10,5	26,38	0,596	5,846	6,05	0,2762
95	93,27	19 × 2,50	12,5	37,89	0,845	8,289	6,25	0,1950
120	116,99	19 × 2,80	14,0	46,90	1,060	10,398	6,40	0,1554
150	147,11	37 × 2,25	15,8	58,98	1,337	13,115	6,58	0,1238
185	181,62	37 × 2,50	17,5	72,81	1,649	16,176	6,75	0,1003
240	242,54	61 × 2,25	20,2	97,23	2,209	21,670	7,02	0,0753
300	299,43	61 × 2,50	22,5	120,04	2,725	26,732	7,25	0,0610
400	400,14	61 × 2,89	26,0	160,42	3,640	35,708	7,60	0,0457
500	499,83	61 × 3,23	29,1	200,38	4,545	44,586	7,91	0,0365

*Normale Zusatzlast durch Eis nach DIN VDE 0210 (5 + 0,1 d) in N/m.
Die erhöhte Zusatzlast kann ein vielfaches der normalen Zusatzlast betragen und ist von topographischen und meteoriogischen Verhältnissen des Baugebietes einer Anlage oder Freileitung abhängig

Tab. A.2 Daten von Al-Seilen [8.1] (Seile aus Aluminium nach DIN 48 201. Teil V)

Nenn-querschnitt (mm^2)	Soll-querschnitt (mm^2)	Seilaufbau Drahtanzahl × Durchmesser (mm)	Seildurchmesserd (mm)	Rechnerische Bruchkraft (kN)	Seilgewicht (kg/m)	Längengewichtskraft (N/m)	Normale Zusatzlast* (N/m)	Ohmscher Widerstand bei 20 °C (Ω/km)
16	15,89	7 × 1,70	5,1	2,84	0,043	0,421	5,51	1,8020
25	24,25	7 × 2,10	6,3	4,17	0,066	0,647	5,63	1,1808
35	34,36	7 × 2,50	7,5	5,78	0,094	0,922	5,75	0,8332
50	49,48	7 × 3,00	9,0	7,94	0,135	1,324	5,90	0,5786
50	48,35	19 × 1,80	9,0	8,45	0,133	1,304	5,90	0,5970
70	65,81	19 × 2,10	10,5	11,32	0,181	1,775	6,05	0,4386
95	93,27	19 × 2,50	12,5	15,68	0,256	2,511	6,25	0,3095
120	116,99	19 × 2,80	14,0	18,78	0,322	3,158	6,40	0,2467
150	147,11	37 × 2,25	15,8	25,30	0,406	3,982	6,58	0,1960
185	181,62	37 × 2,50	17,5	30,54	0,500	4,905	6,75	0,1587
240	242,54	61 × 2,25	20,3	39,51	0,670	6,572	7,03	0,1191
300	299,43	61 × 2,50	22,5	47,70	0,827	8,112	7,25	0,0965
400	400,14	61 × 2,89	26,0	60,86	1,104	10,830	7,60	0,0722
500	499,83	61 × 3,23	29,1	74,67	1,379	13,527	7,91	0,0578
625	626,20	91 × 2,96	32,6	95,25	1,732	16,990	8,26	0,0462
800	802,09	91 × 3,35	36,9	118,39	2,218	21,758	8,69	0,0361
1000	999,71	91 × 3,74	41,1	145,76	2,767	27,144	9,11	0,0290

*Normale Zusatzlast durch Eis nach DIN VDE 0210 (5 + 0,1 d) in N/m.
Die erhöhte Zusatzlast kann ein vielfaches der normalen Zusatzlast betragen und ist von topographischen und meteoriogischen Verhältnissen des Baugebietes einer Anlage oder Freileitung abhängig

Tab. A.3 Daten von Aldrey-Seilen [8.1] (Seile aus E-AlMgSi (Aldrey) nach DIN 48 201, Teil VI)

Nenn-querschnitt (mm^2)	Soll-querschnitt (mm^2)	Seilaufbau Drahtanzahl × Durchmesser (mm)	Seildurchmesserd (mm)	Rechnerische Bruchkraft (kN)	Seilgewicht (kg/m)	Längengewichtskraft (N/m)	Normale Zusatzlast* (N/m)	Ohmscher Widerstand bei 20 °C (Ω/km)
16	15,89	7 × 1,70	5,1	4,44	0,043	0,421	5,51	2,0910
25	24,25	7 × 2,10	6,3	6,77	0,066	0,647	5,63	1,3702
35	34,36	7 × 2,50	7,5	9,60	0.094	0,922	5,75	0,9669
50	49,48	7 × 3,00	9,0	13,82	0,135	1,324	5,90	0,6714
50	48,35	19 × 1,80	9,0	13,50	0,133	1,304	5,90	0,6905
70	65,81	19 × 2,10	10,5	18,38	0,181	1,775	6,05	0,5073
95	93,27	19 × 2,50	12,5	26,05	0,256	2,511	6,25	0,3580
120	116,99	19 × 2,80	14,0	32,63	0,322	3,158	6,40	0,2854
150	147,11	37 × 2,25	15,8	41,09	0,406	3,982	6,58	0,2274
185	181,62	37 × 2,50	17,5	50,73	0,500	4,905	6,75	0,1842
240	242,54	61 × 2,25	20,3	67,74	0,670	6,572	7,03	0,1383
300	299,43	61 × 2,50	22,5	83,63	0,827	8,112	7,25	0,1120
400	400,14	61 × 2,89	26,0	111,76	1,104	10,830	7,60	0,0838
500	499,83	61 × 3,23	29,1	139,60	1,379	13,527	7,91	0,0671
625	626,20	91 × 2,96	32,6	174,90	1,732	16,990	8,26	0,0537
800	802,09	91 × 3,36	36,9	224,02	2,218	21,758	8,69	0,0419
1000	999,71	91 × 3,74	41,1	279,22	2,767	27,144	9,11	0,0336

*Normale Zusatzlast durch Eis nach DIN VDE 0210 (5 + 0,1 d) in N/m.
Die erhöhte Zusatzlast kann ein vielfaches der normalen Zusatzlast betragen und ist von topographischen und meteoriogischen Verhältnissen des Baugebietes einer Anlage oder Freileitung abhängig

Anhang A Technische Werte für Leitungsseile

Tab. A.4 Daten von Al-Stahl-Seilen [8.1] (Seile aus Aluminium-Stahl nach DIN 48 204)

Nennquerschnitt (mm²)	Querschnitt (mm²)		Seilquerschnitt Gesamt	Seilaufbau Drahtanzahl × Durchmesser		Querschnittsverhältniszahl	Seildurchmesser (mm)	Rechnerische Bruchkraft (kN)	Seilgewicht (kg/m)	Längengewichtskraft (N/m)	Zusatzlast* (N/m)	Ohmscher Widerstand bei 20 °C (Ω/km)
	Al	St		Al	St							
16/2,5	15,27	2,54	17,8	6 × 1,8	1 × 1,8	6	5,4	5,81	0,062	0,608	5,54	1,8793
25/4	23,86	3,98	27,8	6 × 2,25	1 × 2,25	6	6,8	9,02	0,097	0,951	5,68	1,2028
35/6	34,35	5,73	40,1	6 × 2,7	1 × 2,7	6	8,1	12,70	0,140	1,373	5,81	0,8353
44/32	43,98	31,67	75,7	14 × 2,0	7 × 2,4	1,4	11,2	45,46	0,373	3,659	6,12	0,6573
50/8	48,25	8,04	56,3	6 × 3,2	1 × 3,2	6	9,6	17,18	0,196	1,922	5,96	0,5946
50/30	51,17	29,85	81,0	12 × 2,33	7 × 2,33	1,7	11,7	44,28	0,378	3,708	6,17	0,5644
70/12	69,89	11,40	81,3	26 × 1,85	7 × 1,44	6	11,7	26,31	0,284	2,786	6,17	0,4130
95/12	94,39	15,33	109,7	26 × 2,15	7 × 1,67	6	13,6	35,17	0,383	3,757	6,36	0,3058
95/55	96,51	56,30	152,8	12 × 3,2	7 × 3,2	1,7	16,0	80,20	0,714	7,004	6,60	0,2992
105/75	105,67	75,55	181,2	14 × 3,1	19 × 2,25	1,4	17,5	106,69	0,899	8,730	6,75	0,2736
120/20	121,57	19,85	141,4	26 × 2,44	7 × 1,9	6	15,5	44,94	0,494	4,846	6,55	0,2374
120/70	122,15	71,25	193,4	12 × 3,6	7 × 3,6	1,7	18,0	98,16	0,904	8,868	6,80	0,2364
125/30	127,92	29,85	157,8	30 × 2,33	7 × 2,33	4,3	16,3	57,86	0,590	5,787	6,63	0,2259
150/25	148,86	24,25	173,1	26 × 2,7	7 × 2,1	6	17,1	54,37	0,604	5,925	6,71	0,1939
170/40	171,77	40,08	211,9	30 × 2,7	7 × 2,7	4,3	18,9	77,01	0,794	7,789	6,89	0,1682
185/30	183,78	29,85	213,6	26 × 3,0	7 × 2,33	6	19,0	66,28	0,744	7,298	6,90	0,1571
210/35	209,1	34,09	243,2	26 × 3,2	7 × 2,49	6	20,3	74,94	0,848	8,318	7,03	0,1380
210/50	212,06	49,48	261,5	30 × 3,0	7 × 3,0	4,3	21,0	92,25	0,979	9,603	7,10	0,1363
230/30	230,91	29,85	260,8	24 × 3,5	7 × 2,33	7,7	21,0	73,09	0,874	8,573	7,10	0,1249
240/40	243,05	39,49	282,5	26 × 3,45	7 × 2,68	6	21,8	86,46	0,985	9,662	7,18	0,1188
265/35	263,66	34,09	297,8	24 × 3,74	7 × 2,49	7,7	22,4	82,94	0,998	9,790	7,24	0,1094
300/50	304,26	49,48	353,7	26 × 3,86	7 × 3,0	6	24,5	105,09	1,233	12,895	7,45	0,0949
305/40	304,62	39,49	344,1	54 × 2,68	7 × 2,68	7,7	24,1	99,30	1,155	11,330	7,41	0,0949
340/30	339,29	29,85	369,1	48 × 3,0	7 × 2,33	11,3	25,0	92,56	1,174	11,516	7,50	0,0851
380/50	381,7	49,48	431,2	54 × 3,0	7 × 3,0	7,7	27,0	120,91	1,448	14,204	7,70	0,0757

Tab. A.4 Fortsetzung

Nennquerschnitt (mm²)	Querschnitt (mm²)		Seilquerschnitt	Seilaufbau Drahtanzahl × Durchmesser		Querschnittsverhältniszahl	Seildurchmesser (mm)	Rechnerische Bruchkraft (kN)	Seilgewicht (kg/m)	Längengewichtskraft (N/m)	Zusatzlast* (N/m)	Ohmscher Widerstand bei 20 °C (Ω/km)
	Al	St	Gesamt	Al	St							
385/35	386,04	34,09	420,1	48 × 3,2	7 × 2,49	11,3	26,7	104,31	1,336	13,106	7,67	0,0748
435/55	434,29	56,30	490,6	54 × 3,2	7 × 3,2	7,7	28,8	136,27	1,647	16,157	7,88	0,0666
450/40	448,71	39,49	488,2	48 × 3,45	7 × 2,68	11,3	28,7	120,19	1,553	15,234	7,87	0,0644
490/65	490,28	63,55	553,8	54 × 3,4	7 × 3,4	7,7	30,6	152,85	1,860	18,246	8,06	0,0590
495/35	494,36	34,09	528,4	45 × 3,74	7 × 2,49	14,5	29,9	120,31	1,636	16,049	7,99	0,0584
510/45	510,54	45,28	555,8	48 × 3,68	7 × 2,87	11,3	30,7	134,33	1,770	17,363	8,07	0,0566
550/70	549,65	71,25	620,9	54 × 3,6	7 × 3,6	7,7	32,4	167,42	2,085	20,453	8,24	0,0526
560/50	561,7	49,48	611,2	48 × 3,86	7 × 3,0	11,3	32,2	146,28	1,943	19,060	8,22	0,0514
570/40	571,16	39,49	610,7	45 × 4,02	7 × 2,68	14,5	32,2	137,98	1,889	18,531	8,22	0,0506
650/45	653,49	45,28	698,8	45 × 4,3	7 × 2,87	14,5	34,4	155,52	2,163	21,219	8,44	0,0442
680/85	670,58	85,95	764,5	54 × 4,0	19 × 2,4	7,7	36,0	209,99	2,564	25,152	8,60	0,0426
1045/45	1045,56	45,28	1090,9	72 × 4,3	7 × 2,87	23,1	43,0	217,87	3,249	31,872	9,30	0,0277

*Notmale Zusatzlast durch Eis nach DIN VDE 0210 (5 + 0,1 d) in N/m.
Die erhöhte Zusatzlast kann sin vielfaches der normalen Zusatzlast betragen und ist von topographischen und meteorigischen Verhältnissen des Baugebietes einer Anlage oder Freileitung abhängig

Anhang A Technische Werte für Leitungsseile

Tab. A.5 Strombelastbarkeit von Seilen [8.1]

Nennquerschnitte Kupfer Aldrey- und Aluminiumseile (mm^2)	Aluminium Stahl-Seile (mm^2)	Dauerstrom* Kupfer (A)	Aluminium (A)	Aldrey (A)	Aluminium-Stahl (A)
10		90			
16	16/2,5	125	110	105	105
25	25/4	160	145	135	140
35	35/6	200	180	170	170
50	50/8	250	225	210	210
70	70/12	310	270	255	290
95	95/15	380	340	320	350
120	120/20	440	390	365	410
	125/30				425
150	150/25	510	455	425	470
	170/40				520
185	185/30	585	520	490	535
	210/35				590
	210/50				610
	230/30				630
240	240/40	700	625	585	645
	265/35				680
300	300/50	800	710	670	740
	305/40				740
	340/30				790
	380/50				840
	365/35				850
400		960	855	810	
	435/55				900
	450/40				920
	490/65				960
	495/35				985
500		1110	960	930	
	510/45				995
	550/70				1020
	560/50				1040
	570/40				1050
625			1140	1075	
	650/45				1120
	680/85				1150
800			1340	1255	
1000	1045/45		1540	1450	1580

*Die Dauerstromwerte sind Richtwerte, gültig für eine Windgeschwindigkeit von 0,6 m/s und sSonneneinwirkung für eine Umgebungstemperatur von 35 °C sowie für folgende Seilenendtemperaturen:
Kupferseile 70 °C:
Aluminium, E-AI MG Si (Aldrey-) und Aluminiumstahlseile 80 °C.
Für besonders gelagerte Fälle bei ruhender Luft sind die Werte im Mittel um etwa 30 % herabzusetzen

Anhang B
Lösungen der Aufgaben

Aufgabe 2.1 (S. 32) Das Programm wird als Matlab-File erstellt:

% Berechnung von Spannungsabfall, Spannungsdrehung, Wirkverlusten, Blindleistungsaufnahme, aufgenommener Leistung eines Zweitors

% Daten (alles in p.u.): Zweitorkettenmatrix a11, a12, a21, a22 (komplexe Grössen), Ausgangsleistung p2, q2, Eingangsspannung u1

```
a11=0.9763=j 0.0065;      % Beispiel Leitungsdaten
a12=0.0598+j 0.2665;
a21=0.0082+j 0.1775;
a22=0.9763+j 0.0065;
p2=0.8;
q2=0.6;
u1=1;

% Programm
s2c=p2+j*q2;
s2cc=p2-j*q2; s2=abs(s2c);
phi=angle(s2c);
u2alt=u1;
u2=0.99*u1;
while ((abs(u2-u2alt)) > 1E-6)
   z=u2alt^2/s2cc;
   Kc=a11+a12/z;
   K=abs(Kc); theta=angle(Kc); % Spannungsdrehung
   eps=(K-1)/K*u1; % Spannungsabfall
   u2alt=u2;
   u2=u1-eps;
end
Kci=a21*z+a22;
Ki=abs(Kci);
beta=angle(Kci);
Kcic=Ki*exp(-j*beta);
```

Abb. B.1 Exzentrische Leiteranordnung

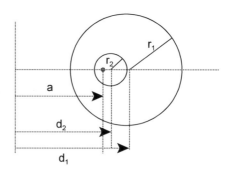

```
Kcs=Kc*Kcic;
Ks=abs(Kcs); delta=angle(Kcs);
pv=p2*(Ks*cos(delta)-1)-q2*Ks*sin(delta); % Wirkverluste
qv=q2*(Ks*cos(delta)-1)+p2*Ks*sin(delta); % aufgenommene Blindleistung
p1=p2+pv;
q1=q2+qv;
s1=sqrt(p1^2+q1^2); phi1=atan(q1/p1);
```

Aufgabe 3.1 (S. 75) Das Potential ergibt sich durch Superposition der Wirkung der zwei Kugeln. Für die Verbindungslinie der beiden Kugeln im Abstand x von der ersten Kugel erhält man

$$\text{Potential:} \quad \varphi = \frac{Q}{4\pi\varepsilon}\left(\frac{1}{x} - \frac{1}{d-x}\right)$$

$$\text{aus } \Delta\varphi = 0.25\,U \quad \text{folgt} \quad \varphi_r - \varphi = 0.25 \cdot 2\varphi_r \quad --\!\!\succ \quad \varphi = \frac{1}{2}\varphi_r$$

$$\Rightarrow \quad \frac{1}{x} - \frac{1}{d-x} = \frac{1}{2}\left(\frac{1}{r} - \frac{1}{d-r}\right).$$

Ist $r \ll d$ und $x \ll d$, erhält man die Lösung $x \approx 2r$. Der gesuchte Punkt hängt vorwiegend vom Radius r und nur wenig vom Abstand d der Kugeln ab. Prozentual ist demzufolge x/d ca. 1 % im Fall a) und ca. 10 % im Fall b). Die exakte Lösung obiger Gleichung führt zu einem quadratischen Ausdruck mit der sinnvollen Lösung

$$a) \quad x = 1.99\,cm, \quad x/d = 0.99\%$$
$$b) \quad x = 1.89\,cm, \quad x/d = 9.45\%.$$

Aufgabe 3.2 (S. 80) Die Elektroden können wieder als Äquipotentialflächen der Abb. 3.17 interpretiert werden. Dementsprechend sind die Gln. (3.27) bis (3.29) weiterhin gültig. Abbildung B.1 tritt an die Stelle der Abb. 3.18. Da das Vorzeichen von d_2 wechselt, werden die Beziehungen (3.30) durch die folgenden ersetzt

$$\begin{aligned}d_1 &= \frac{d}{2} + \frac{r_1^2 - r_2^2}{2d} \\ d_2 &= -\frac{d}{2} + \frac{r_1^2 - r_2^2}{2d}\end{aligned} \quad \Big) \quad a = \sqrt{\left(\frac{d}{2}\right)^2 + \left(\frac{r_1^2 - r_2^2}{2d}\right)^2 - \frac{r_1^2 + r_2^2}{2}}. \quad \text{(B.1)}$$

Anhang B Lösungen der Aufgaben

Für Potential und Spannung erhält man

$$\varphi_1 = \frac{Q'}{2\pi\varepsilon} \ln\left(\frac{d_1+a}{r_1}\right), \quad \varphi_2 = \frac{Q'}{2\pi\varepsilon} \ln\left(\frac{d_2+a}{r_2}\right)$$
$$U = \varphi_1 - \varphi_2 = \frac{Q'}{2\pi\varepsilon} \ln\left(\frac{(d_1+a)\,r_1}{(d_2+a)\,r_2}\right)$$
(B.2)

und der Kapazitätsbelag ist

$$C' = \frac{Q'}{U} = \frac{2\pi\varepsilon}{\ln\left(\dfrac{(d_1+a)\,r_1}{(d_2+a)\,r_2}\right)}.$$
(B.3)

Wird die Exzentrizität d null (koaxiale Anordnung), folgt aus (B.1)

$$d_1 = d_2 = a \quad -\!-\!> \quad \frac{r_1^2 - r_2^2}{2d} \quad -\!-\!> \quad \infty,$$

und aus (B.3) die bekannte Beziehung (s. Gl. 3.25)

$$C' = \frac{Q'}{U} = \frac{2\pi\varepsilon}{\ln\left(\dfrac{r_1}{r_2}\right)}.$$

Aufgabe 3.3 (S. 81)

a) Aus (3.35) folgt

$$\ln 2h \geq \frac{U}{E_{\max} r} + \ln r = \frac{U}{28.1} \quad -\!-\!> \quad h^{cm} \geq 0.5\, e^{\frac{U^{kV}}{28}}.$$

U	kV	24	52	123	245	420
h >	m	0.018	0.032	0.40	32	16,300

Daraus ist ersichtlich, dass Leiter oder Seile mit Radien von 1 cm im Hochspannungsbereich noch unproblematisch sind, im Bereich der Höchstspannung aber grössere Durchmesser oder andere Leiterformen zu verwenden sind (Hohlleiter, Bündelleiter, s. Abschn. 5.1).

b) Die Minimalradien erhält man durch Auflösung nach r

$$r \geq \frac{U}{E_{\max} \ln\left(\dfrac{2h}{r}\right)}.$$

Die iterative Auswertung liefert z. B. für h = 10 m

U	kV	24	52	123	245	420
r >	cm	0.085	0.20	0.53	1.18	2.20

Abb. B.2 Mit Giessharz ummantelter Leiter in mit SF_6 gefülltem Rohrleiter

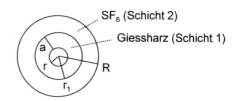

Abb. B.3 Maximale Feldstärke im Rohrleiter bei einer Spannung von 100 kV

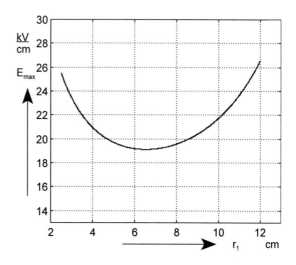

Aufgabe 3.4 (S. 90) Mit Bezug auf Abb. B.2 gilt

$$E_{2\max} = \frac{U - U_1}{r_1 \ln\left(\frac{R}{r_1}\right)}, \quad mit \quad U_1 = E_{1\min} r_1 \ln\left(\frac{r_1}{r}\right).$$

Andererseits gilt wegen Gl. (3.43)

$$E_{1\min} = E_{2\max} \frac{\varepsilon_2}{\varepsilon_1}.$$

Setzt man in U_1 ein, folgt die maximale Feldstärke im SF_6-Gas

$$E_{2\max} = \frac{U}{r_1 \left(\ln \frac{R}{r_1} + \frac{\varepsilon_2}{\varepsilon_1} \ln \frac{r_1}{r}\right)}.$$

Die Abhängigkeit von r_1 zeigt Abb. B.3. Den Radius r_1 für minimale Beanspruchung des SF_6-Gases erhält man durch Ableitung des Nenners.
Numerisch folgt

$$\ln r_1 = \frac{5 \ln 12 - 1 \ln 2.5}{5 - 1} - 1 = 1.877$$

$-\!-\!>\quad r_1 = 6.53\ cm \quad -\!-\!>\quad \frac{E_{2\max}}{U} = 0.1913\ cm^{-1}, \quad a \approx 4\ cm.$

Aufgabe 4.1 (S. 155) Das Programm wird als Matlab-File erstellt:

```
% Wirkungsgradverlauf eines Transformators
% Daten
r=0.007;
z=0.06;
pfe=0.0012;
u1=1;
cosphi=[1 0.8 0.6 0.4];
tau=1;
deltatau=tau-1;
x=sqrt(z^2-r^2);
% Programm
i2=0:0.01:1;
for k=1:4
    phi(k)=acos(cosphi(k));
    for j=1:101
    i=(j-1)*0.01;
    sintheta=i*(x*cosphi(k)-r*sin(phi(k)))/(tau*u1);
    theta=asin(sintheta);
    eps(k,j)=(r*cosphi(k)+x*sin(phi(k)))*i-deltatau*u1+tau*u1*(1-cos(theta));
    u2=u1-eps(k,j); % Sekundärspannung
    u=(u1+u2)/2;
    if i==0 eta(k,j)=0; else
    eta(k,j)=cosphi(k)/(cosphi(k)+pfe*u^2/(u2*i)+r*i/u2); end;      % Wirkungs-
    grad
    end;
end;
% Graphische Ausgabe
plot(i2, eta);
title('Wirkungsgrad Transformator, Parameter cosphi')
xlabel('Strom p.u.')
ylabel('Wirkungsgrad')
axis([0 1 0.7 1]);
grid;
gtext('1')
gtext('0.8')
gtext('0.6')
```

Das Berechnungsresultat ist in Abb. B.4 dargestellt.

Abb. B.4 Verlauf des Wirkungsgrades in Abhängigkeit der Belastung mit Leistungsfaktor als Parameter

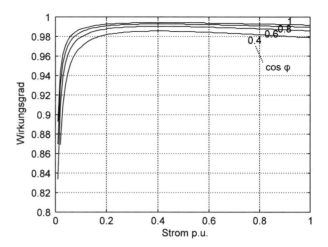

Abb. B.5 Ersatzschaltbild zu Aufgabe 4.2

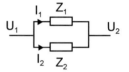

Den maximalen Wirkungsgrad, z. B. für $\cos\varphi = 0.8$, erhält man nach Abschn. 11.1, Gl. (11.7)

$$i_{\eta \max} = \sqrt{\frac{0.0012}{0.007}} = 0.414 \; p.u.$$

$$\eta_{\max} = \frac{0.8}{0.8 + 2\sqrt{0.0012 \cdot 0.007}} = 0.993.$$

Aufgabe 4.2 (S. 156)

a) Die Transformatoren werden nur mit der Längsimpedanz nach Abb. 4.14 modelliert. Es ergibt sich das Ersatzschaltbild Abb. B.5. Die Impedanzen sind mit Bezug auf die Primärspannung

$$Z_1 = 0.04 \cdot \frac{16^2 \cdot 10^6}{100 \cdot 10^3} \arccos\left(\frac{2}{4}\right) = 102.4 \angle 60° \; \Omega$$

$$Z_2 = 0.06 \cdot \frac{16^2 \cdot 10^6}{200 \cdot 10^3} \arccos\left(\frac{2}{6}\right) = 76.8 \angle 70.5° \; \Omega.$$

Anhang B Lösungen der Aufgaben

Die Leistungsverteilung ist wie die Stromverteilung umgekehrt proportional zur Impedanz

$$S_1 = \frac{Z_2}{Z_1 + Z_2} 300\angle 31.8° \, kVA = \frac{76.8\angle 70.5°}{178.5\angle 64.5°} = 129\angle 37.8° \, kVA$$

$$S_2 = \frac{Z_1}{Z_1 + Z_2} 300\angle 31.8° \, kVA = \frac{102.4\angle 60°}{178.5\angle 64.5°} = 172\angle 23.3° \, kVA.$$

Transformator 1 ist überlastet. Der Spannungsabfall lässt sich iterativ, z. B. für Transformator 1, aus Programm Aufgabe 2.1 berechnen. Die dazu notwendigen Koeffizienten der Kettenmatrix erhält man aus (4.11)

$$\tau_{pu} = 1, \quad z = 0.04\angle 60° \, p.u., \quad z_m = 0$$

$$-\,-\succ \quad a_{11} = 1, \quad a_{22} = 0.02 + j\, 0.0346, \quad a_{21} = 0, \quad a_{22} = 1$$

$u_1 = 1 \, p.u.,$ und aus S_1 folgt $\quad p = 1.02 \, p.u., \quad q = 0.791 \, p.u.$

Man erhält

$$u_2 = 0.9495 \, p.u.$$

$$\varepsilon = 5.05\%.$$

b) Für die Impedanzen ergibt sich

$$Z_1 = 0.06 \frac{16^2 \cdot 10^6}{100 \cdot 10^3} \arccos\left(\frac{2}{6}\right) = 153.6\angle 70.5° \, \Omega$$

$$Z_2 = 0.06 \frac{16^2 \cdot 10^6}{200 \cdot 10^3} \arccos\left(\frac{2}{6}\right) = 76.8\angle 70.5° \, \Omega$$

und für die Leistungen

$$S_1 = \frac{Z_2}{Z_1 + Z_2} S = \frac{76.8}{230.4} 300\angle 31.8° \, kVA = 100\angle 31.8° \, kVA$$

$$S_2 = \frac{Z_1}{Z_1 + Z_2} S = \frac{153.6}{230.4} 300\angle 31.8° \, kVA = 200\angle 31.8° \, kVA.$$

Man stellt fest, dass die Belastung nun optimal verteilt ist entsprechend der Leistung der Transformatoren.

Aufgabe 4.3 (S. 159) Für den Volltransformator 230/170 V, 10 kVA gilt

$$\ddot{u} = \frac{230}{170} = 1.353, \quad I_r = \frac{10000}{230} = 43.5 \, A$$

$$i_k = \frac{1}{0.06} = 16.67 \, p.u., \quad I_k = 16.67 \cdot 43.5 = 725 \, A.$$

Der entsprechende Spartransformator 230/400 V (die Oberspannung ergibt sich aus 230 + 170 = 400) mit der Übersetzung $ü_s = 1.739$ und Eigenleistung 10 kVA hat die Durchgangsleistung

$$S_d = (1 + ü)\, S_e = 2.353 \cdot 10 = 23.5\, kVA$$

und den Kurzschlussstrom

$$I_{ks} = (1 + ü)\, I_k = 2.353 \cdot 725 = 1706\, A.$$

Um den Kurzschlussstrom auf 725 A zu begrenzen, muss die Streureaktanz erhöht werden. Die Streureaktanz des Volltransformators ist

$$x_\sigma = \sqrt{6^2 - 3^2} = 5.2\%.$$

Sie müsste erhöht werden auf

$$u_k = 2.353 \cdot 6\% = 14.1\%, \quad x_\sigma = \sqrt{14.1^2 - 3^2} = 13.8\%.$$

Aufgabe 5.1 (S. 178) Zunächst wird die Ausgangsspannung bestimmt mit Hilfe der Gln. (5.12). Dazu lässt sich das Matlab-File der Aufgabe 2.1 verwenden. Führt man eine Bezugsleistung von 20 MVA ein, folgen die dazu notwendigen Daten

$$\text{Eingangsspannung:} \quad u_1 = \frac{30.5}{30} = 1.017\, p.u.$$

$$\text{Ausgangsleistung:} \quad p_2 = \frac{15}{20} = 0.75\, p.u., \quad q_2 = \frac{15 \cdot \tan\varphi}{20} = 0.5625.$$

Für die p.u. Koeffizienten der Kettenmatrix erhält man

$$Z_r = \frac{30^2}{20} = 45\, \Omega, \quad z_w = \frac{400\angle -15°}{45} = 8.889\angle -15°\, p.u.$$

$$a_{11} = \cosh\left[(0.3 + j \cdot 1.1)10^{-3} \cdot 10\right] = 1 + j\, 3.3 \cdot 10^{-5}$$

$$a_{12} = z_w \sinh\left[(0.3 + j \cdot 1.1)10^{-3} \cdot 10\right] = (5.11 + j\, 8.75)10^{-2}$$

$$a_{21} = \frac{1}{z_w} \sinh\left[(0.3 + j \cdot 1.1)10^{-3} \cdot 10\right] = (0.557 + j\, 1.283)10^{-3}$$

$$a_{22} = a_{11} = 1 + j\, 3.3 \cdot 10^{-5}.$$

Das Programm liefert

$$u_2 = 0.9213\, p.u. \quad -- \succ \quad U_2 = 0.9213 \frac{30}{\sqrt{3}} = 16.0\, kV$$

$$I_2 = \frac{15}{0.8 \cdot 3 \cdot 16.0} = 391\, A.$$

In (5.11) eingesetzt, ergibt sich Abb. B.6.

Abb. B.6 Verlauf von Spannung, Strom, Leistung längs der Leitung Aufgabe 5.1

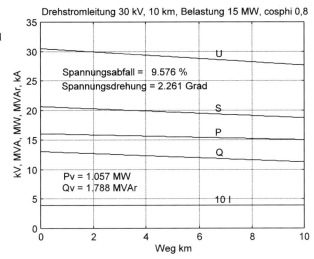

Aufgabe 5.2 (S. 179) Die Lösung erfolgt analog zu Aufgabe 5.1. Führt man eine Bezugsleistung von 200 MVA ein, folgen die Daten

$$Eingangsspannung: \quad u_1 = \frac{218}{220} = 0.9909 \ p.u.$$

$$Ausgangsleistung: \quad p_2 = \frac{100}{200} = 0.5 \ p.u., \quad q_2 = \frac{100 \cdot \tan \varphi}{200} = 0.375.$$

Für die p.u. Koeffizienten der Kettenmatrix erhält man

$$Z_r = \frac{220^2}{200} = 242 \ \Omega, \quad z_w = \frac{300 \angle -8°}{242} = 1.2397 \angle -8° \ p.u.$$

$$a_{11} = \cosh\left[(0.15 + j \cdot 1.1)10^{-3} \cdot 200\right] = 0.9763 + j \ 0.0065$$

$$a_{12} = z_w \sinh\left[(0.15 + j \cdot 1.1)10^{-3} \cdot 200\right] = 0.0736 + j \ 0.263$$

$$a_{21} = \frac{1}{z_w} \sinh\left[(0.15 + j \cdot 1.1)10^{-3} \cdot 10 \cdot 200\right] = -0.0011 + j \ 0.1777$$

$$a_{22} = a_{11} = 0.9763 + j \ 0.0065.$$

Das Programm liefert

$$u_2 = 0.8416 \ p.u. \quad --> \quad U_2 = 0.8416 \frac{220}{\sqrt{3}} = 107 \ kV$$

$$I_2 = \frac{100}{0.8 \cdot 3 \cdot 107} = 389 \ A.$$

In (5.11) eingesetzt, ergibt sich Abb. B.7. Der Verlauf von Spannung und Leistungen ist im Fall der Aufgabe 5.1 weitgehend linear, da die Leitung eindeutig elektrisch

Abb. B.7 Verlauf von Spannung, Strom, Leistung längs der Leitung Aufgabe 5.2

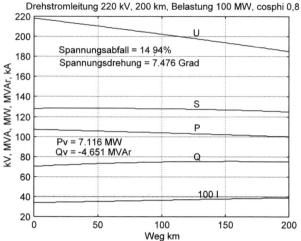

kurz ist (s. dazu die Ausführungen in Abschn. 9.5.1). Die Freileitung der Aufgabe 5.2 ist zwar nach der Definition von Abschn. 5.3.2 immer noch knapp elektrisch kurz, man erkennt jedoch in Abb. B.7 deutlich den Einfluss der nichtlinearen Terme.

Aufgabe 5.3 (S. 182) Das Leitungsmodell gemäss Abschn. 5.6, Abb. 5.32 und 5.33, zeigt Abb. B.8. Die dazu notwendigen Daten sind

$$Z_w \approx R_w \approx 300\ \Omega, \quad \alpha = 0.15 \cdot 10^{-3}\ km^{-1}$$

$$\beta = 1.1 \cdot 10^{-3}\ rad/km \quad -\!-\!\succ \quad v = \frac{2\pi 50}{\beta} = 258{,}600\ km/s$$

$$-\!-\!\succ \quad \tau = \frac{l}{v} = \frac{200}{285{,}600} = 0.7\ ms$$

$$e^{-\gamma l} = e^{-\alpha l}\ s^{-s\tau} = 0.9784\ e^{-0.0007\ s}.$$

a) Im Leerlauf ist $Z = \infty$ und man erhält den in Abb. B.9 dargestellten Verlauf der Ausgangsspannung u_2 und der reflektierten Spannungswelle u_{2r}. Die einfallende Welle ist die Differenz der beiden. Wie erwartet verdoppelt sich zunächst die Span-

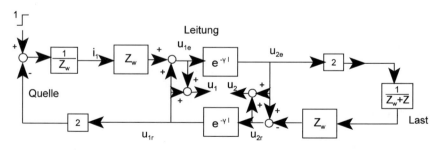

Abb. B.8 Modell zur Lösung der Aufgabe 5.3 (s. Abschn. 5.6)

Anhang B Lösungen der Aufgaben

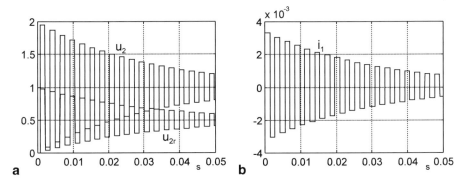

Abb. B.9 Verlauf von **a** Spannung und **b** Strom beim Zuschalten einer Gleichspannung auf einer leerlaufenden Leitung

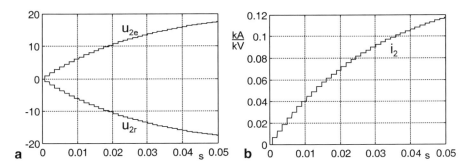

Abb. B.10 Verlauf von **a** Spannungswellen und **b** Kurzschlussstrom bei Einschalten einer Gleichspannung auf einer kurzgeschlossenen Leitung

nung am Leitungsende und klingt dann entsprechend der Leitungsdämpfung ab. Der Ausgangsstrom ist null, während der in Abb. B.9 dargestellte relative Eingangsstrom auf $1/Z_W$ springt und sich dann auf null einschwingt. Physikalisch ist er durch die Aufladung der Leitungskapazitäten bedingt.

b) Im Kurzschluss ist $Z=0$, und es ergibt sich Abb. B.10. Die Ausgangsspannung ist null, einfallende und reflektierte Spannungswelle unterscheiden sich nur im Vorzeichen und werden durch die Reflexionen am Leitungsende progressiv auf etwa den 20fachen Wert aufgeschaukelt (Abb. B.10). Für den Kurzschlussstrom erhält man (Abb. B.10)

$$i_2 = i_{2e} + i_{2r} = \frac{1}{Z_W}(u_{2e} - u_{2r}) = \frac{2\,u_{2e}}{Z_W}.$$

Aufgabe 5.4 (S. 182) Die Aufgabe lässt sich ebenfalls mit dem Schema von Abb. B.8 lösen. Die Auswertung mit Matlab/Simulink für einen Einheitsimpuls der Dauer 0.5 ms zeigt Abb. B.11. Auffallend sind in diesem Fall die Reflexionen an beiden offenen Leitungsenden.

Abb. B.11 Spannung am Leitungsende bei Anregung durch einen Einheitsimpuls der Dauer 0.5 ms (Aufgabe 5.4)

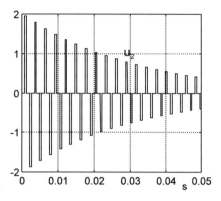

Aufgabe 5.5 (S. 185)

a) Momentanwert Gleichungen

Mit der Annahme G = 0 und Bezug auf Abb. B.12, folgt das Gleichungssystem für Momentanwerte

$$u_1 = Ri + L\frac{di}{dt} + u_2$$

$$i_{c1} = \frac{C}{2}\frac{du_1}{dt}$$

$$i_{c2} = \frac{C}{2}\frac{du_2}{dt} \quad \text{(B.4)}$$

$$i_1 = i + i_{c1}$$

$$i_2 = i - i_{c2}$$

Nach den Zustandsgrössen aufgelöst erhält man

$$\frac{du_1}{dt} = \frac{2}{C}i_{c1} = \frac{2}{C}i_1 - \frac{2}{C}i$$

$$\frac{du_2}{dt} = \frac{2}{C}i_{c2} = \frac{2}{C}i - \frac{2}{C}i_2 \quad \text{(B.5)}$$

$$\frac{di}{dt} = \frac{1}{L}(u_1 - u_2 - Ri)$$

Abb. B.12 π-Ersatzschaltbild der Leitung

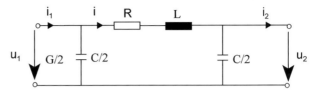

Das Zustandsraummodell lautet
(s. auch Abschn. 6.7.2, Grundlagen in Bd. 3, Anhang A).

$$\frac{dx}{dt} = Ax + Bu$$
$$y = Cx$$
mit (B.6)
$$x = \begin{pmatrix} u_1 \\ u_2 \\ i \end{pmatrix} \quad u = \begin{pmatrix} i_1 \\ i_2 \end{pmatrix} \quad y = \begin{pmatrix} u_1 \\ u_2 \end{pmatrix}$$

mit folgenden Matrizen A, B, C, (D = 0)

$$A = \begin{pmatrix} 0 & 0 & -\frac{2}{C} \\ 0 & 0 & \frac{2}{C} \\ \frac{1}{L} & -\frac{1}{L} & -\frac{R}{L} \end{pmatrix} \quad B = \begin{pmatrix} \frac{2}{C} & 0 \\ 0 & -\frac{2}{C} \\ 0 & 0 \end{pmatrix} \quad C = \begin{pmatrix} 1 & 0 & 0 \\ 0 & 1 & 0 \end{pmatrix} \quad (B.7)$$

Die *p.u.-Darstellung* ist formal identisch, mit folgenden Substitutionen:

$$\frac{2}{C} \Rightarrow \frac{2}{yT_r}, \quad \frac{1}{L} \Rightarrow \frac{1}{xT_r}, \quad \frac{R}{L} \Rightarrow \frac{r}{xT_r}$$
$$\text{mit} \quad r = \frac{R}{Z_r}, \quad y = \omega_n C Z_r, \quad x = \frac{\omega_r L}{Z_r}, \quad T_r = \frac{1}{\omega_r} \quad (B.8)$$

womit

$$A = \frac{1}{T_r} \begin{pmatrix} 0 & 0 & -\frac{2}{y} \\ 0 & 0 & \frac{2}{y} \\ \frac{1}{x} & -\frac{1}{x} & -\frac{r}{x} \end{pmatrix} \quad B = \frac{1}{T_r} \begin{pmatrix} \frac{2}{y} & 0 \\ 0 & -\frac{2}{y} \\ 0 & 0 \end{pmatrix} \quad C = \begin{pmatrix} 1 & 0 & 0 \\ 0 & 1 & 0 \end{pmatrix} \quad (B.9)$$

b) Darstellung mit Parkzeigern oder Parkvektoren:

Die *Zeigerdarstellung* lässt sich aus der p.u.-Darstellung durch Substitution von p = d/dt durch (p + j ω) ableiten (Abschn. 2.4.2). Damit verändern sich die Terme, die Ableitungen enthalten. Ein Ausdruck der Form

$$u = L\frac{di}{dt}\,(V) \quad oder \quad u = xT_r\frac{di}{dt}(p.u.)$$

wird zu

$$\underline{u} = xT_r\frac{d\underline{i}}{dt} + j\omega x\underline{i} = xT_r\frac{d\underline{i}}{dt} + jnx\underline{i}$$

$$mit \quad n = \frac{\omega}{\omega_r} = \omega T_r = p.u. - Frequenz$$

oder in Park'scher Darstellung (Parkzeiger)

$$(u_d + ju_q) = xT_r\frac{d}{dt}(i_d + ji_q) + jnx(i_d + ji_q)$$

oder mit Parkvektoren

$$\begin{pmatrix} u_d \\ u_q \end{pmatrix} = xT_r\frac{d}{dt}\begin{pmatrix} i_d \\ i_q \end{pmatrix} + xnK\begin{pmatrix} i_d \\ i_q \end{pmatrix}$$

$$mit \quad K = \begin{pmatrix} 0 & -1 \\ 1 & 0 \end{pmatrix} = Rotationsmatrix.$$

Die Matrizen der Zustandsraumdarstellung mit Parkvektoren lauten schliesslich

$$A = \frac{1}{T_r}\begin{pmatrix} -Kn & 0 & -\frac{2}{y} \\ 0 & -Kn & \frac{2}{y} \\ \frac{1}{x} & -\frac{1}{x} & -\left(\frac{r}{x} + Kn\right) \end{pmatrix} \quad B = \frac{1}{T_r}\begin{pmatrix} \frac{2}{y} & 0 \\ 0 & -\frac{2}{y} \\ 0 & 0 \end{pmatrix}$$

$$C = \begin{pmatrix} 1 & 0 & 0 \\ 0 & 1 & 0 \end{pmatrix}$$

Aufgabe 9.1 (S. 412) Als Bezugsspannung wird die Netzspannung von 220 kV gewählt. Berechnung der Netzimpedanzen:

$$Z_Q = 1.1 \cdot \frac{220^2}{8000}\angle 85° = 6.66\angle 85°\;\Omega$$

$$R_G = 0.01 \cdot \frac{220^2}{100} = 4.84\;\Omega$$
$$X_G = 0.15 \cdot \frac{220^2}{100} = 72.6\;\Omega \quad \} \quad Z_G = 72.8\angle 86.2°\;\Omega$$

Abb. B.13 Ersatzschaltbild zu Aufgabe 9.1

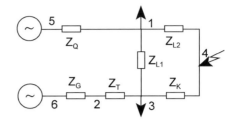

$$Z_T = 0.11 \cdot \frac{220^2}{125} \angle \arccos\left(\frac{0.4}{11}\right) = 42.6 \angle 87.9° \; \Omega$$

$$\left. \begin{array}{l} R_{L1} = 0.08 \cdot 30 = 2.4 \; \Omega \\ X_{L1} = 0.32 \cdot 30 = 9.6 \; \Omega \end{array} \right\} \; Z_{L1} = 9.90 \angle 76.0° \; \Omega$$

$$\left. \begin{array}{l} R_{L2} = 0.08 \cdot 20 \cdot \dfrac{1}{2} = 0.8 \; \Omega \\ X_{L2} = 0.32 \cdot 20 \cdot \dfrac{1}{2} = 3.2 \; \Omega \end{array} \right\} \; Z_{L2} = 3.30 \angle 76.0° \; \Omega$$

$$\left. \begin{array}{l} R_K = 0.05 \cdot 15 = 0.75 \; \Omega \\ X_K = 0.12 \cdot 15 = 1.8 \; \Omega \end{array} \right\} \; Z_K = 1.95 \angle 67.4° \; \Omega.$$

Entsprechend den Ausführungen des Abschn. 9.3.2.2 nummeriert man die Knoten wie in Abb. B.13, d. h zuerst die Last- und internen Knoten, dann den Kurzschlusspunkt und schliesslich die Einspeiseknoten. Die obere linke Matrix (Gl. 9.30) der Knotenpunktadmittanzmatrix ist dann

$$Y_L = \begin{vmatrix} (Y_Q + Y_{L1} + Y_{L2}) & 0 & -Y_{L1} & -Y_{L2} \\ 0 & (Y_G + Y_T) & -Y_T & 0 \\ -Y_{L1} & -Y_T & (Y_T + Y_{L1} + Y_K) & -Y_K \\ -Y_{L2} & 0 & -Y_K & (Y_{L2} + Y_K) \end{vmatrix}.$$

Numerisch folgt

$$Y_L = \begin{vmatrix} 0.1108 - 0.5416i & 0 & -0.0244 + 0.0980i & -0.0733 + 0.2940i \\ 0 & 0.0018 - 0.0372i & 0.0009 + 0.0235i & 0 \\ -0.0244 + 0.0980i & -0.0009 + 0.0235i & 0.2224 - 0.5949i & -0.1971 + 0.4734i \\ -0.0733 + 0.2940i & 0 & -0.1971 + 0.4734i & 0.2704 - 0.7675i \end{vmatrix}$$

und die Inversion liefert

$$Z = \begin{vmatrix} 0.5411 + 6.2831i & 0.3492 + 3.8510i & 0.4865 + 6.1095i & 0.5129 + 6.1720i \\ 0.3492 + 3.8510i & 1.8906 + 30.4744i & 0.9064 + 5.7605i & 0.6328 + 5.0721i \\ 0.4865 + 6.1095i & 0.9064 + 5.7605i & 1.3365 + 9.1455i & 0.9148 + 8.0498i \\ 0.5129 + 6.1720i & 0.6328 + 5.0721i & 0.9148 + 8.0498i & 1.1083 + 8.5268i \end{vmatrix}.$$

Die Kurzschlussimpedanz ist

$$Z_{44} = 1.1083 + j\, 8.5268 = 8.60 \angle 82.6° \; \Omega.$$

Daraus folgen die Kurzschlussleistung und der Kurzschlussstrom

$$S_k'' = \frac{1.1 \cdot 220^2}{Z_{44}} = 6190\angle 82.6° \; MVA, \quad I_k'' = 16.25\angle -82.6° \; kA.$$

Die letzte Spalte der Impedanzmatrix liefert gemäss (9.31) auch die Spannungsänderungen

$\Delta U_1 = -Z(1,4) \; I_k'' = -100.53 - j4.662 \quad -\!-\!\succ \quad U_1 = 39.19 - j4.662 = 39.5\angle 6.8°$

$\Delta U_2 = -Z(2,4) \; I_k'' = -83.055 - j0.427 \quad -\!-\!\succ \quad U_2 = 56.66 - j0.427 = 56.7\angle -0.4°$

$\Delta U_3 = -Z(3,4) \; I_k'' = -131.63 - j2.118 \quad -\!-\!\succ \quad U_3 = 8.092 - i2.118 = 8.4\angle -14.7°.$

Daraus folgen die Zweigströme als Verhältnis von Spannungsdifferenz und jeweiliger Zweigimpedanz

$$I_{13} = 3.15\angle -80.7° \; kA$$
$$I_{14} = 12.0\angle -82.8° \; kA$$
$$I_{51} = 15.1\angle -82.3° \; kA$$
$$I_{23} = 1.14\angle -85.9° \; kA$$
$$I_{34} = 4.29\angle -82.1° \; kA.$$

Aufgabe 9.2 (S. 425) Die Daten der Kabelleitung sind in Beispiel 5.6 ermittelt worden: $R_1' = 0.162 \; \Omega/km$, $L_1' = 0.287 \; mH/km \;\to\; X_1' = 0.0902 \; \Omega/km$, $C_1' = 384 \; nF/km$.

Die Eigenfrequenz der Leitung ist

$$\omega_0 = \frac{\sqrt{2}}{7\sqrt{0.287 \cdot 10^{-3} \cdot 384 \cdot 10^{-9}}} = 19.210^3 \; rad/s \approx 61\omega.$$

Der dritte Term von Gl. (9.59) ist verschwindend klein. Für den Leitungswinkel erhält man

$$\vartheta_0 = \frac{8 \cdot 10^6 \cdot 7}{20^2 \cdot 10^6}(0.0902 - 0.162 \cdot 0.75) = 0.0232 \quad -\!-\!\succ \quad \underline{-0.3°}.$$

Der Einfluss auf den Spannungsabfall ist vernachlässigbar. Für den Spannungsabfall erhält man

$$\varepsilon_0 = \frac{8 \cdot 10^6 \cdot 7}{20^2 \cdot 10^6}(0.162 + 0.0902 \cdot 0.75) = 3.22\%$$

$$\varepsilon = \frac{1}{2} - \sqrt{\frac{1}{4} - 0.0322} = 3.33\%, \quad \underline{\varepsilon = 3.3\%}.$$

Der Spannungsabfall ist trotz kleinerer Reaktanz etwa gleich zu jenem des Beispiels 9.5. Dies ist auf die tiefere Betriebsspannung zurückzuführen.

Anhang B Lösungen der Aufgaben   639

Aufgabe 9.3 (S. 425) Aus Beispiel 5.5 folgen die Daten: $R'_1 = 0.046\ \Omega/km$, $L'_1 = 0.931\ mH/km \rightarrow X'_1 = 0.292\ \Omega/km$, $C'_1 = 12.6\ nf/km$.

Die Eigenfrequenz ist diesmal

$$\omega_0 = \frac{\sqrt{2}}{80\ \sqrt{0.931 \cdot 10^{-3} \cdot 12.6 \cdot 10^{-9}}} = 5.16 \cdot 10^3\ rad/s \approx 16.4\ \omega.$$

Die lastunabhängige Spannungserhöhung kann nach Gl. (9.59) auf 0.4 % abgeschätzt werden. Für den Leitungswinkel erhält man

$$\vartheta_0 = \frac{200 \cdot 10^6 \cdot 80}{220^2 \cdot 10^6} \cdot (0.292 - 0.046 \cdot 0.484) = 0.089 \quad --> \quad \underline{5.1°}.$$

Der zweite Term von Gl. (9.59) ergibt einen Spannungsabfall von 0.4 %, was etwa den Ferranti-Effekt kompensiert. Aus Gl. (9.60) folgt

$$\varepsilon_0 = \frac{200 \cdot 10^6 \cdot 80}{220^2 \cdot 10^6}(0.046 + 0.292 \cdot 0.484) = 6.19\%$$

$$\varepsilon = \frac{1}{2} - \sqrt{\frac{1}{4} - 0.0619} = 6.63\%, \quad \underline{\varepsilon = 6.6\%}.$$

Für die exakte Berechnung benötigt man noch folgende Grössen, die sich aus den Leitungsparametern berechnen lassen (Abschn. 5.4.13)

$$Z_w = 274\angle -4.5°, \quad \gamma = \alpha + j\beta = (0.085 + j1.079)\ 10^{-3}.$$

Es folgen die Koeffizienten der p.u. Kettenmatrix (als Bezugsleistung werden 250 MVA gewählt)

$$a_{11} = 0.9963 + j0.0006$$
$$a_{12} = 0.0191 + j0.1209$$
$$a_{21} = 0 + j0.0611$$
$$a_{22} = a_{11}$$

und mit Programm Aufgabe 2.1 $\rightarrow \varepsilon = 6.8\ \%$.

Aufgabe 10.1 (S. 504) Wird die Generatorspannung der Anlage Abb. B.14 durch die Regelung auf dem Nennwert gehalten, ergibt sich im Fall a) gemäss Abb. 10.39 das Komponenten-Ersatzschema Abb. B.15. Berechnung der Impedanzen mit Bezugsspannung 220 kV:

$$Z_T = 0.1 \cdot \frac{220^2}{125} = 38.7\angle 90°\ \Omega$$

$$Z_L = \langle \begin{matrix} R_L = 0.1 \cdot 20 = 2\Omega \\ X_L = 0.3 \cdot 20 = 6\Omega \end{matrix} \rangle = 6.325\angle 71.6°\ \Omega$$

$$Z = \frac{220^2}{80}\ \arccos(0.9) = 605\angle 25.8°\ \Omega.$$

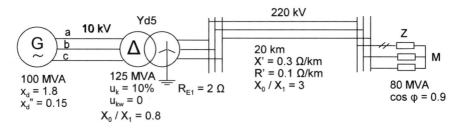

Abb. B.14 Anlage zu Aufgabe 10.1

Abb. B.15 Ersatzschema zu Aufgabe 10.1 Fall

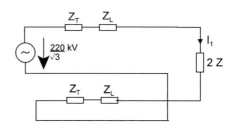

Die Stromkomponenten auf der Sekundärseite des Transformators sind

$$I_1 = -I_2 = \frac{220}{\sqrt{3}\, 2(Z_T + Z_L + Z)} = 101\angle-29.4° \text{ A}, \qquad I_0 = 0.$$

Die Rückberechnung auf die Primärseite, wobei die Phasenlage auf die Primärspannung bezogen wird, ergibt

$$\begin{pmatrix} I_{1p} \\ I_{2p} \\ I_{0p\Delta} \end{pmatrix} = \frac{220}{10} \begin{vmatrix} 1 & 1 & 0 \\ 0 & e^{300°} & 0 \\ 0 & 0 & e^{-30°} \end{vmatrix} \cdot \begin{pmatrix} 101 e^{-j29.4°} \\ -101 e^{-j29.4°} \\ 0 \end{pmatrix} = \begin{pmatrix} 2.23\angle-29.4° \\ 2.23\angle 90.6° \\ 0 \end{pmatrix} kA$$

und im Originalbereich

$$\begin{pmatrix} I_{ap} \\ I_{bp} \\ I_{cp} \end{pmatrix} = \begin{vmatrix} 1 & 1 & 1 \\ a^2 & a & 1 \\ a & a^2 & 1 \end{vmatrix} \cdot \begin{pmatrix} I_{1p} \\ I_{2p} \\ 0 \end{pmatrix} = \begin{pmatrix} 2.23\angle 30.6° \\ 4.45\angle-149.4° \\ 2.23\angle 30.6° \end{pmatrix} kA.$$

b) Ist der Sternpunkt geerdet, folgt gemäss Abb. 10.38 das Ersatzschaltbild Abb. B.16. Die zur Auswertung notwendigen zusätzlichen Daten sind

$$X_{T0} = 0.8\, X_{T1} = 0.8 \cdot 38.7 = 31.0\,\Omega \quad \dashrightarrow \quad Z_{T0} = 31.0\angle 90°\,\Omega$$

$$X_{L0} = 3\, X_{L1} = 3 \cdot 6 = 18\,\Omega \quad \dashrightarrow \quad Z_{L0} = 18.1\angle 83.7°\,\Omega$$

$$Z_E = 3\,(R_{E1} + R'_E l + R_E) = 3(2 + 0.05 \cdot 20 + 1) = 12\angle 0°\,\Omega.$$

Abb. B.16 Ersatzschema zu Aufgabe 10.1b

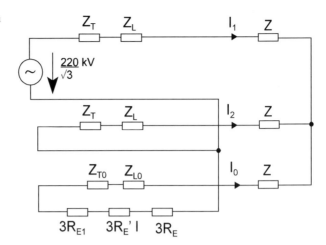

Man erhält

$$Z_1 = Z_T + Z_L + Z = 627.5\angle 29.4° \; \Omega$$
$$Z_0 = Z_{T0} + Z_{L0} + Z + Z_E = 640\angle 29.2° \; \Omega$$

und für die Stromkomponenten

$$I_1 = \frac{220}{\sqrt{3}\left(Z_1 + \frac{Z_1 Z_0}{Z_1+Z_0}\right)} = 134.5\angle -29.4° \; A$$

$$I_2 = -I_1 \frac{Z_0}{Z_0 + Z_1} = 67.9\angle -29.5°$$

$$I_0 = -I_1 \frac{Z_1}{Z_0 + Z_1} = 66.6\angle -29.3°.$$

Es folgen die Komponenten der Primärströme

$$\begin{pmatrix} I_{1p} \\ I_{2p} \\ I_{0p\Delta} \end{pmatrix} = \frac{220}{10} \begin{vmatrix} 1 & 0 & 0 \\ 0 & e^{300°} & 0 \\ 0 & 0 & e^{-30°} \end{vmatrix} \cdot \begin{pmatrix} 134.5 \, e^{-j29.4°} \\ 67.9 \, e^{-j29.5°} \\ 66.6 \, e^{29.3°} \end{pmatrix} = \begin{pmatrix} 2.96\angle -29.4° \\ 1.49\angle -89.5° \\ 1.47\angle -0.7° \end{pmatrix} kA$$

und durch Rücktransformation in den Originalbereich die Generatorströme

$$I_{0p} = 0, \quad \begin{pmatrix} I_{ag} \\ I_{bg} \\ I_{cg} \end{pmatrix} = \begin{vmatrix} 1 & 1 & 1 \\ a^2 & a & 1 \\ a & a^2 & 1 \end{vmatrix} \cdot \begin{pmatrix} I_{1p} \\ I_{2p} \\ 0 \end{pmatrix} = \begin{pmatrix} 3.92\angle -48.6° \\ 1.47\angle -149.3° \\ 3.93\angle 109.8° \end{pmatrix} kA.$$

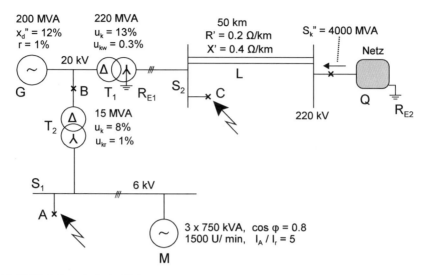

Abb. B.17 Anlage Aufgabe 10.2

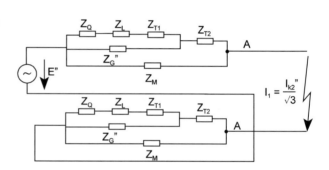

Abb. B.18 Ersatzschema zu Beispiel 10.9b: zweipoliger Kurzschluss

Aufgabe 10.2 (S. 508)

Punkt A Eine Erdberührung im Punkt A (Abb. B.17) hat keinen Kurzschlussstrom zur Folge, da das 6-kV-Netz nicht geerdet ist. An dieser Stelle interessiert deshalb nur der zweipolige Kurzschlussstrom ohne Erdberührung. Das entsprechende Ersatzschaltbild zeigt Abb. B.18.

In Beispiel 9.2 ist die Kurzschlussleistung im Punkt A berechnet worden. Daraus ergibt sich, mit Bezugsspannung 6 kV, die Mitimpedanz in A und aus Ersatzschaltbild B.17 (oder Gl. 10.36) der zweipolige Kurzschlussstrom

$$S''_{kA} = 204\angle 82.8° \, MVA \quad --> \quad Z_1 = \frac{1.1 \cdot 6^2}{204}\angle 82.8° = 0.194\angle 82.8° \, \Omega$$

$$I_{k2} = \frac{1.1 \cdot 6 \cdot 10^3}{2 \, Z_1} = \frac{1.1 \cdot 6 \cdot 10^3}{2 \cdot 0.194} = 17.0 \, kA.$$

Abb. B.19 Ersatzschema zu Aufgabe 10.2 für den einpoligen Kurzschluss in C. R_{EC} = Erdungswiderstand an der Erdschlussstelle

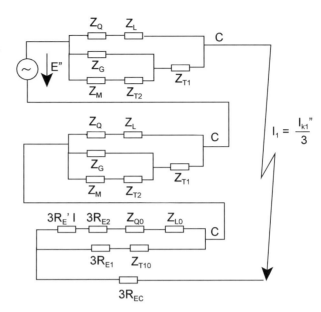

Punkt C Das vollständige Ersatzschaltbild für Punkt C einschliesslich der in diesem Fall wirksamen Nullimpedanz ist für den *einpoligen Kurzschluss* in Abb. B.19 gegeben. Die Mitimpedanz ergibt sich wieder aus der in Beispiel 9.2 berechneten Kurzschlussleistung

$$S''_{kA} = 3121 \angle 78.6° \ MVA \quad \dashrightarrow \quad Z_1 = \frac{1.1 \cdot 220^2}{3121} \angle 78.6° = 17.1 \angle 78.6° \ \Omega.$$

Die Nullimpedanz kann aus dem Ersatzschaltbild berechnet werden

$$Z_{L0} = R_L + j \, 3 \, X_L = 10 + j \, 60 = 60.8 \angle 80.5° \ \Omega$$

$$Z_Q = 1.1 \, \frac{220^2}{4000} \angle 85° = 1.16 + j13.26$$

$$\dashrightarrow \quad Z_{Q0} = 1.16 + j1.5 \cdot 13.26 = 19.9 \angle 86.7° \ \Omega$$

$$Z_{T1} = 21.3 \angle 88.7° = 0.483 + j21.3$$

$$\dashrightarrow \quad Z_{T10} = 0.483 + 0.85 \cdot 21.3 = 18.1 \angle 88.5° \ \Omega$$

$$Z_{01} = Z_{L0} + Z_{Q0} + 3 \, R_{E2} + 3 \, R'_E l$$
$$= 60.8 \angle 80.5° + 19.9 \angle 86.7° + 3 \angle 0° + 7.5 \angle 0° = 82.7 \angle 74.8° \ \Omega$$

$$Z_{02} = Z_{T10} + 3 \, R_{E1} = 18.1 \angle 88.5° + 3 \angle 0° = 18.4 \angle 79.1° \ \Omega$$

$$Z_0 = Z_{01} // Z_{02} + Z_{EC}, \quad falls \quad Z_{EC} = 0 \quad \dashrightarrow \quad Z_0 = 15.1 \angle 78.3° \ \Omega.$$

Aus dem Ersatzschema oder Gl. (10.35) folgt

$$I''_{k1} = 3 \, \frac{1.1 \cdot 220 \cdot 10^3}{\sqrt{3} \, (2Z_1 + Z_0)} = 8.50 \angle -78.5° \ kA.$$

Abb. B.20 Ersatzschema zu Aufgabe 10.2 für den zweipoligen Kurzschluss mit Erdberührung in C

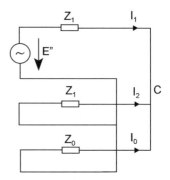

Da $Z_0 < Z_1$, ist der einpolige Kurzschlussstrom leicht grösser als der dreipolige (vgl. Resultat des Beispiels 9.2).

Zur Berechnung des *zweipoligen Kurzschlusses mit Erdberührung* geht man von Ersatzschaltbild Abb. B.20 aus, in welchem Mit- und Nullimpedanz nicht mehr detailliert aufgeführt werden. Gemäss den Gln. (10.37) und (10.38) folgt

$$Z_1 + 2Z_0 = 47.3\angle 78.4°, \quad \frac{Z_0}{Z_1} = 0.884\angle -0.3°$$

$$I''_{kE} = \frac{\sqrt{3}cU_{\Delta n}}{Z_1 + 2Z_0} = \frac{\sqrt{3} \cdot 1.1 \cdot 220}{47.3} = 8.86 \, kA$$

$$I''_{k2E} = I''_{kE} \frac{1}{\sqrt{3}} \left(\frac{Z_0}{Z_1} e^{j90°} + e^{j30°} \right) = 8.36 \, kA.$$

Für den *zweipoligen Kurzschluss ohne Erdberührung* folgt schliesslich

$$I_{k2} = \frac{cU_{\Delta n}}{2 Z_1} = \frac{1.1 \cdot 220 \cdot 10^3}{2 \cdot 17.1} = 7.08 \, kA.$$

Aufgabe 10.3 (S. 508) Der Abb. 10.61 entspricht das Komponentenersatzschaltbild für Fehler in A und B von Abb. B.21. Erfolgt der Fehler an einem Mast, stellen R_{EA} und R_{EB} die Masterdungswiderstände dar. Vereinfachend seien folgende Impedanzen eingeführt

$$Z_{A1} = Z_G + Z_T + Z_{L1}, \quad Z_{B1} = Z_Q + Z_{L2}$$
$$Z_{A0} = Z_{L10} + Z_{T0} + 3R_{E1} + 3R'_E l_1, \quad Z_{B0} = Z_{L20} + Z_{Q0} + 3R_{E2} + 3R'_E l_2.$$

Es folgt das vereinfachte Schema Abb. B.22, in dem die Knotenpunkte nummeriert sind. Für das Mitsystem ergeben sich die Knotenpunktbeziehungen

$$\begin{pmatrix} \Delta I_{A1} \\ \Delta I_{B1} \\ I_{A1} \\ I_{B1} \end{pmatrix} = \begin{vmatrix} Y_{A1} + Y_{L3} & -Y_{L3} & -Y_{A1} & 0 \\ -Y_{L3} & Y_{B1} + Y_{L3} & 0 & -Y_{B1} \\ Y_{A1} & 0 & Y_{A1} & 0 \\ 0 & -Y_{B1} & 0 & Y_{B1} \end{vmatrix} \cdot \begin{pmatrix} U_{A1} \\ U_{B1} \\ E''_A \\ E''_B \end{pmatrix}. \quad (B.4)$$

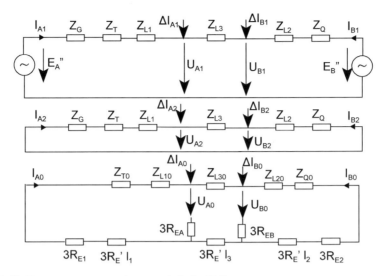

Abb. B.21 Komponentenersatzschema zu Aufgabe 10.3

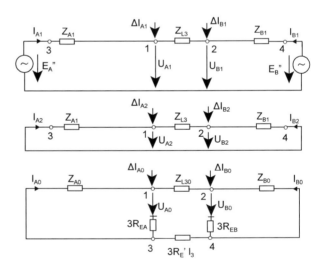

Abb. B.22 Vereinfachtes Komponentenersatzschema zu Aufgabe 10.3

Für das Gegensystem folgt analog

$$\begin{pmatrix} \Delta I_{A2} \\ \Delta I_{B2} \\ I_{A2} \\ I_{B2} \end{pmatrix} = \begin{vmatrix} Y_{A1} + Y_{L3} & -Y_{L3} & -Y_{A1} & 0 \\ -Y_{L3} & Y_{B1} + Y_{L3} & 0 & -Y_{B1} \\ -Y_{A1} & 0 & Y_{A1} & 0 \\ 0 & -Y_{B1} & 0 & Y_{B1} \end{vmatrix} \cdot \begin{pmatrix} U_{A2} \\ U_{B2} \\ 0 \\ 0 \end{pmatrix}. \quad \text{(B.5)}$$

Für das Nullsystem folgt schliesslich

$$\begin{pmatrix}\Delta I_{A0}\\ \Delta I_{B0}\\ 0\\ 0\end{pmatrix}=\begin{vmatrix}Y_{A0}+Y_{L30} & -Y_{L30} & -Y_{A0} & 0\\ -Y_{L30} & Y_{B0}+Y_{L30} & 0 & -Y_{B0}\\ -Y_{A0} & 0 & Y_{A0}+3R'_El_1+3R'_{EA} & -3R'_El_1\\ 0 & -Y_{B0} & -3R'_El_3 & Y_{B0}+3R_El_2+3R_{EB}\end{vmatrix}\cdot\begin{pmatrix}U_{A0}\\ U_{B0}\\ U_{EA}\\ U_{EB}\end{pmatrix}.$$

(B.6)

Aus den Gln. (B.4), (B.5) und (B.6) erhält man 6 Beziehungen zwischen den 6 Fehlerströmen ΔI_{A1}, ΔI_{A2}, ΔI_{A0}, ΔI_{B1}, ΔI_{B2}, ΔI_{B0} und den 6 Fehlerspannungen U_{A1}, U_{A2}, U_{A0}, U_{B1}, U_{B2}, U_{B0}. Die für die Lösung des Problems notwendigen 6 weiteren Beziehungen folgen aus den Unsymmetriebedingungen (10.42). Diese lassen sich für Punkt B auch aus (10.24), gesetzt $Y_a = Y_c = 0$ und $Y_b \Rightarrow \infty$ erhalten

$$\Delta I_{A1} = \Delta I_{A2} = \Delta I_{A0}$$

$$U_{A1} + U_{A2} + U_{A0} = 0$$

$$a^2\, \Delta I_{B1} = a\, \Delta I_{B2} = \Delta I_{B0}$$

$$a^2\, U_{B1} + a\, U_{B2} + U_{B0} = 0.$$

Anhang C
Elektrizitätsversorgung in der Schweiz

Weltweit deckte die elektrische Energie 2008 ca. 19 % des Endenergiebedarfs. In der Schweiz betrug der Anteil der elektrischen Energie an der Endenergie gut 25 %. Klammert man den Verkehrsbereich, der vom Benzin dominiert wird, aus, wäre ihr Anteil sogar 35 % gewesen.

Von diesen 25 % werden 10 % für Wärmeanwendungen, 1.5 % für Mobilität und 13.5 % für die restlichen, im wesentlichen motorischen Anwendungen in Industrie, Gewerbe, Dienstleistungen und Haushalt verwendet. Der jährliche Bedarf an elektrischer Energie hat sich in der Schweiz seit 1970 verdoppelt und erreichte (im Jahre 2008) rund 7800 kWh pro Kopf.

Die schweizerische Elektrizitätswirtschaft erfuhr in den letzten Jahren einige organisatorische Änderungen. Die in Abschn. 1.2 erwähnten sieben grossen Gesellschaften reduzierten sich zu vier, nämlich

- AXPO, entstanden 2009 aus dem Zusammenschluss von NOK, EGL und CKW mit 100 % öffentlichem Kapital.
- ALPIQ, entstanden ebenfalls 2009 aus der Fusion von ATEL und EOS und mit einer 25 % Beteiligung der französischen EdF.
- BKW (mehrheitlich Kanton Bern, mit 21 % Beteiligung der deutschen E.oN).
- EWZ (Stadt Zürich).

Im Rahmen der Liberalisierung ist eine Trennung zwischen Produktion und Übertragung vorgesehen. Diese soll bis 2013 vollzogen werden. Ein erster Schritt ist die Gründung der Netzgesellschaft Swissgrid welche das operationelle Geschäft unabhängig von den Überlandwerken führen soll. Näheres darüber findet man in Bd. 2, Abschn. 3.7.

In Abb. C.1 sind Art, Größe und räumliche Verteilung der wichtigsten Kraftwerke der Schweiz dargestellt. Die starke Konzentration von Kraftwerken in den Alpen hat frühzeitig den Bau des Hoch- und Höchstspannungsnetzes als Verbindung zwischen den Kraftwerksregionen und dem industriellen Mittelland gefördert. Abbildung C.2 zeigt den gegenwärtigen Stand des Ausbaus des schweizerischen Höchstspannungsnetzes.

Nähere Angaben zur schweizerischen Energie- und Elektrizitätswirtschaft findet man in Bd. 2 (Abschn. 1.4, 3.1, 3.2 und Anhang C).

648   Anhang C   Elektrizitätsversorgung in der Schweiz

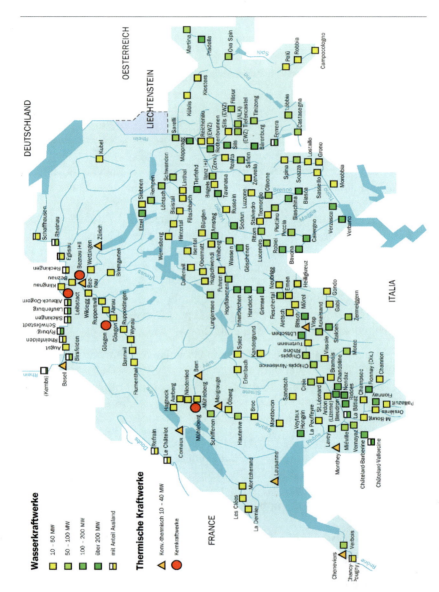

Abb. C.1 Kraftwerke über 10 MW in der Schweiz, Stand 2005 (VSE)

Anhang C   Elektrizitätsversorgung in der Schweiz   649

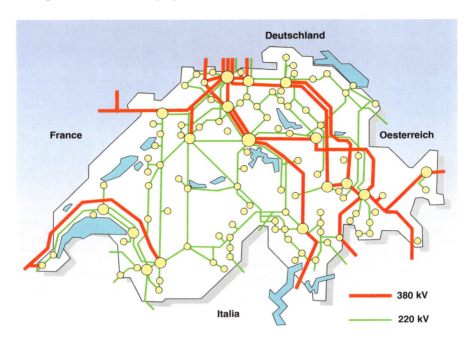

Abb. C.2 Schweizerisches Höchstspannungsnetz. Stand 2005 (VSE)

Sachverzeichnis

A
Abklingfaktor, 512, 516
Abstandskurzschluss, 559
Admittanzmatrix, 29, 154, 386, 389
Anfangskurzschlussstrom, 253, 370, 373, 507
Anlaufzeit, 25, 292
Asynchronmaschine, 309
    Anlaufimpedanz, 313
    Anlaufmoment, 312, 317, 318
    Anlaufstrom, 312
    Drehmomentkennlinie, 311
    Dynamik, 314ff
    Ersatzschaltbild,
        dynamisches, 314, 320
        stationäres, 310, 311
    Gleichungssystem, 319, 322
    Kurzschlussimpedanz, 312, 313
    Kurzschlussstrom, 312
    Modelle ohne t.S., 322ff
Aufgaben
    Kap. 2, 31
    Kap. 3, 75, 79, 80, 89
    Kap. 4, 149, 150, 153
    Kap. 5, 172, 173, 175, 179
    Kap. 9, 389, 401
    Kap. 10, 473–475
Ausbreitungswiderstand, 444
Ausschaltleistung, 341, 372
Ausschaltstrom, 341

B
Beispiele
    Kap. 2, 24, 33, 46, 47
    Kap. 3, 60–62, 66, 75, 76, 79, 87, 90, 99, 101, 112
    Kap. 4, 132, 137, 140, 147, 149
    Kap. 5, 175, 178, 183, 196, 198, 202
    Kap. 6, 259, 263, 264, 298, 302
    Kap. 7, 313
    Kap. 9, 377, 378, 381, 388, 401, 410, 412, 413, 415, 416
    Kap. 10, 434, 435, 445, 450, 471, 473
    Kap. 11, 483, 484, 486, 491, 492, 496, 497, 504, 506
    Kap. 12, 514, 519–525
    Kap. 13, 541, 542
    Kap. 14, 595, 596, 598, 613
Bemessung, 481
    Drosselspulen, 484
    Kondensatoren, 503
    Leitungen, 487
    Synchronmaschinen, 485
    Transformatoren, 481
Berührungsspannung, 567, 602ff, 610
Bezugsgrösse, 23
Blindleistung, 19–22
Blindleistungsbilanz, 402
Blindleistungshaushalt, 404
Blindleistungskompensation, 405
Blitzeinschlag, 58, 61, 142, 178, 347
Blitzentladung, 58
Blitzkennwerte, 60
Blitzstossspannung, 56–58
Blitzüberspannung, 60, 591
Brückenschaltung, 328ff

C
Carson-Laplace-Transformation, 225

D
Dielektrikum
    Ersatzschaltbild, 82
    Polarisation, 82
Differenziermatrix, 39
Drehstromgrösse, 18, 288, 476
Drehstrommotor, 19
Drehstromsystem, 17

Drehstromzeiger, 31ff
Dreiphasensystem
  Definitionen, 18
  Ersatzschaltbild bei Symmetrie, 26ff
  symmetrisches, 18, 22, 26
  unsymmetrisches, 430ff
Dreiwicklungstransformator, 156
Drosselspule, 481
Durchschlag, 63, 533
  elektrischer, 120, 121
  Teildurchschlag, 63, 70, 90, 107, 123
  Wärmedurchschlag, 120, 121
  Kriechüberschlag, 123
Durchschlagfeldstärke, 64ff, 87, 98,
    113, 120

E
Elektrizitätsaustausch, 11, 12, 14
Elektrizitätswirtschaft, 5
Elektromagnetisches Feld, 40
  Energie, 41
  Feld im Dielektrikum, 43
  Feld von Leitern, 46
  Gleichungen, 40
  Kräfte, 52, 520
  magnetisches Feld, 44
  Potentiale, 43
  ferromagnetischer Kreis, 50ff
  Strömungsfeld, 44
Energieaustausch, 8, 10, 425
Energiebedarf, 6
Energieversorgung, 4
  der Schweiz, 7
ENTSO-E, 11
Erdfehlerfaktor, 574, 590
Erdschluss, 62, 464, 484, 569, 571, 582, 584,
    590
Erdschlusslöschspule, 18, 484
Erdschlussstrom, 474, 570ff
Erdschlussüberspannung, 590
Erdschlusskompensation, 569, 571, 575
Erdseil, 60, 166, 193, 449, 591
Erdung, 62, 446, 574, 593
  des Sternpunktes, 573ff
  Erderspannung, 445
  Erdungswiderstand, 444, 473
  Potentialverlauf, 445

F
FACTS, 336, 347
Feldberechnung, 66
  Finite Elemente, 68
  Superpositionsverfahren, 71

Anordnungen mit 2 Elektroden, 74ff
Raumladung, 80
Ferranti-Effekt, 395ff, 406, 590
Ferroresonanz, 590
Flussverkettung, 47, 52, 220, 237,
    243, 289
Freileitung, 164
  Bündelleiter, 108, 164, 182, 191
  Durchhang, 499, 503
  Erdseile, 166, 193
  Grenzlängen, 413
  Mastformen, 165
  Potentialkoeffizienten, 188
  Seile, 163
  Seilzug und Spannweite, 501
  technische Grenzleistung, 414
  thermische Belastbarkeit, 412, 486
  Zustandsgleichung, 500
Freileitungskorona, 108
Frequenzregelung, 261, 268
Frequenzleistungsregelung, 268

G
Gasdurchschlag
  Berechnung, 98, 109ff
  Entladezeit, 115
  koronastabilisierter, 113
  Leaderentladung, 113
  Paschen-Gesetz, 100, 114
Gasentladung, 90ff
  Berechnung der Zündung, 95ff, 101
  Gaszündung, 90ff
  Gleitentladungen, 122
  selbständige, 97
  Stossionisierung, 92
  Streamermechanismus, 97
  unselbständige, 92, 96
Gegenimpedanz, 437, 441
Gegensystem, 36, 432
Generator, 217
  Asynchrongenerator (Asynchronmaschine),
    217, 309ff
  Synchrongenerator, s. Synchronmaschine
    (SM)
  Schenkelpolgeneratoren, 217
  Turbogeneratoren, 217
Gleichspannung
  hohe, 55
  HGÜ, 55
Gleichstrom, 17
Gleichstrommotor, 24
Grössen
  Bemessungsgrösse, 23
  Bezugsgrösse, 23

Sachverzeichnis

elektromagnetische, 40
Nenngrösse, 23
p.u. Grösse, 23ff

H
Halbleiter
  abschaltbare, 328, 331
  Thyristoren, 328, 329
Hauptfluss, 51, 133, 144, 220, 228
HH-Sicherung, 340, 341, 576
Hoch- und Höchstspannung, 18, 123, 342, 407
Hochspannungs-Gleichstrom-Übertragung (HGÜ), 55
Hochspannungstechnik, 62
Homogenitätsgrad, 65
Hybridmatrix, 29

I
Impedanzmatrix, 29, 387
Induktivität
  Koppelinduktivität, 27
  von Leitern, 46, 180
  von Leitungen, 49
  von Stromkreisen, 47
  von Freileitungen, 184ff
  von Kabeln, 186
Inselbetrieb, -netz, 256
Isolationskoordination, 592
Isolationspegel, 56ff, 592
Isoliermittel
  elektrische Festigkeit, 63
  feste, 116
  flüssige, 116
  Kennwerte, 83
  Kunststoffe, 118
  Luft, 87, 100
  Schwefelhexafluorid, 98, 105
Isolierung
  heterogene, 71, 86
  Querschichtung, 86
  Längsschichtung, 88
  Schrägschichtung, 88
  imprägnierte Stoffe, 89

J
Jacobi-Matrix, 422

K
Kabel
  Auskreuzen, 168
  Druckgaskabel, 168
  Grenzlängen, 416
  Hochspannung, 164

Mittelspannung, 166
  Niederspannung, 166
  Ölkabel, 168
  Polymerkabel, 169
  thermische Belastbarkeit, 412
  Wärmeübergang, 493
Kapazitäten
  von Freileitungen, 192
  von Kabeln, 194
  von Mehrleitersystemen, 186
Kettenmatrix, 28
Koenergie, 52ff, 520
Kommandozeit, 567, 575
Kompensation, 325, 394, 404ff
  elektrisch lange Leitung, 405
  elektrisch kurze Leitung, 407
  Parallelkompensation, 407ff
  Serienkompensation, 405, 409
Kompensationsanlage, 347
Kompensationsdrosselspule, 484
Komplexe Leistung, 22
Komponenten
  $\alpha\beta 0$, 36
  Park, 31, 37
  symmetrische, 31, 35
Kondensatoren
  Dimensionierung, 503
  Leistungskondensatoren, 503, 505
Kontakttrennung, 546, 550
Koppelimpedanz, 437, 449
Kopplung
  kapazitive, 27
  induktive, 27
Kopplungskondensator, 339, 347, 506
Knotenpunktadmittanz, 384, 389, 418, 423, 468
Kraftwerksregelung, 256
Kurzschluss
  symmetrischer, 368ff
  unsymmetrischer, 464
  Fehlerarten, 568, 580
Kurzschlussbeanspruchung, 507ff
Kurzschlussfestigkeit
  elektromagnetische Kräfte, 520
  Einsekunden-Stromdichte, 519
  Kurzschlusskräfte, 526
  mechanische, 520
  thermische, 517
  Überprüfung der Isolatoren, 531
  Überprüfung von Schienen, 529
  Überprüfung von Seilen, 532
  Wirkung der Kurzschlusskraft, 528
Kurzschlussimpedanz, 372, 378

Kurzschlussleistung, 371ff, 378
   Begrenzung, 381
Kurzschlussspannung, 138
Kurzschlussstrom
   Anfangskurzschlussstrom, 370
   Ausschaltwechselstrom, 512
   Dauerkurzschlussstrom, 370
   generatorferner, 526
   generatornaher, 526
   Kurzzeitstrom, 513
   Stosskurzschlussstrom, 510, 514, 516
Kurzschlussstromberechnung
   Ausschaltwechselstrom, 512
   Anfangswechselstrom, 370ff
   Bezugsspannung, 369
   Ersatzquellenmethode, 374
   Ersatzschaltbilder, 429, 436, 439ff
   direkte Methode, 374, 385
   Knotenpunktadmittanzmatrix, 385
   Kurzzeitstrom, 513
   Impedanzmatrix, 387
   interne Knoten, 390
   Stosskurzschlussstrom, 510
   Superpositionsmethode, 374
   unsymmetrische Kurzschlüsse, 464ff
Kurzschlusstromverlauf, 507
   generatorferner, 509
   generatornaher, 509
   Kurzschlussdauer, 510
   Schaltverzug, 510
Kurzschlussstromverteilung, 374, 375

L

Längs- und Querimpedanz
   Längsimpedanz, 436
   Messung, 441
   Queradmittanz, 439
Längsunsymmetrie, 457, 469, 470
Laplace-Transformation, 33, 204
Lastfluss, 417ff
   Bilanz-Knoten, 419
   entkoppelte Berechnung, 424
   Jacobi-Matrix, 422
   Knotenpunktleistungen, 418
   Lastflussoptimierung, 426
   Lastflusssteuerung, 425
   Lastflussvariablen, 423
   lineares Gleichungssystem, 420
   Newton-Raphson, 420, 421
   Parameter der Admittanzmatrix, 423
Lastschalter, 341
Lasttrennschalter, 341
Leistung, 17ff
   Blindleistung, 20
   komplexe, 22
   momentane, 20, 22
   Scheinleistung, 20
   Wechselleistung, 21
   Wirkleistung, 20
Leistungselektronik, 309, 328
   abschaltbare Halbleiter, 328
   Dreiphasenbrücke
      netzgeführt, 329
      selbstgeführt, 331
Leistungsschalter, 341
   ausfahrbare, 351
   Druckluftschalter, 341, 550
   Magnetblasschalter, 341, 349
   ölarme Schalter, 341
   Schalterantriebe, 553
   SF_6-Schalter, 341, 549
   Vakuumschalter, 341, 549
Leiter
   Neutralleiter, 18
   Phasenleiter, 18
   Kraft zwischen Leitern, 522
Leittechnik, 360
Leitung
   Ableitungsbelag, 194
   Arten, 163
   Eigenfrequenzen, 208
   elektrisch kurze, 177, 209, 211, 396, 399
   elektrisch lange, 176, 405
   Ersatzschaltbilder, 152ff
   Gleichungen, 170ff
   gasisolierte, 168
   Induktivitätsbelag, 184ff
   Kapazitätsbelag, 190ff
   Kompensation, 404ff
   Leistungsverhalten, 402ff
   Leiterwerkstoff, 163
   natürliche Leistung, 402, 411
   Nullimpedanzen, 41, 438, 449
   Parameter, 169, 170
   physikalische Grenzleistung, 414
   Spannungsprofil, 391, 393
   Spannungsstabilität, 397
   Spannungsverhalten, 394ff
   thermische Belastbarkeit, 412
   Übertragungsfähigkeit, 411
   Übertragungsfunktion, 205
   Übertragungsmass, 171, 176, 195
   Verdrillung, 184
   verlustbehaftete, 398
   verlustlose, 394

Sachverzeichnis

Wanderwellen, 173
Wellenimpedanz, 171, 174, 195
Widerstandsbelag, 179
Leitungsbemessung
  optimale Spannung, 491
  optimale Stromdichte, 490
  thermische Grenzbelastung, 492
  wirtschaftliches Optimum, 488
  zulässige Stromdichte, 495
Leitungsmodelle
  Dynamikmodelle, 204ff
  Einfluss der Erdseile, 449
  Erdungswiderstand, 444ff
  Frequenzabhängigkeit, 451
  Neutralleiterwiderstand, 444
  Nullinduktivität, 448
  symmetrische Leitung, 443
  unsymmetrische Leitung, 446
  im Originalbereich, 448
Lichtbogen, s. auch Schalter
  Annahme von Cassie, 539, 545
  Annahme von Mayr, 539
  dynamische Kennlinie, 536, 537
  Kanalmodell, 538
  Leistungsbilanz, 535
  Lichtbogenmodelle, 539, 545
  Löschbedingungen, 546
  stationäre Kennlinie, 536
Lichtwellenleiter, 362

M

Magnetisierungsstrom, 131, 144
Metalloxidableiter, 595
Mindestschaltverzug, 512
Mitimpedanz, 437
Mitsystem, 36, 432
Modulationsfunktion, 332
Modulationsgrad, 333

N

Niederspannungsverteilung, 347
Nenngrössen, 23
Netz
  Bahnnetz, 4
  Industrienetz, 4
  öffentliches, 4
  Verbundnetz, 4
Netzberechnung, 382
  einphasige Last, 459
  einseitig gespeiste Leitung, 390, 392
  Knotenpunktadmittanzen, 377, 384
  Längsunsymmetrien, 457, 469
  Mehrfachsymmetrie, 467

  nichtvermaschte Netze, 390
  Querunsymmetrien, 457, 466
  Spannungsprofil, 365, 391ff
  symmetrische Last, 459
  vermaschte Netze, 377, 390
  zweiphasige Last, 461
  zweiseitig gespeiste Leitung, 393
Netzelemente
  Ersatzschaltbild, 436
  symmetrisch belastete, 434
  unsymmetrisch belastete, 437
Netzform, 365, 368
  Maschennetz, 367
  Radialnetz, Strahlennetz, 366
  Ringnetz, 366
  Sternpunktbehandlung, 569
Netzreduktion, 417
Netzstationen, 347
Netzqualität, 333
Neutralleiter, 18
Nullimpedanz, 438, 441, 449
Nullgrösse, 31, 34
Nulleiter, 18
Nullsystem, 431

O

Oberschwingung, 334, 475

P

Parktransformation, 37, 38
Parkvektor, 31, 38
Parkzeiger, 31, 37, 288
Pendelung, 284, 318
Petersenspule, 571
Primärschutz, 567, 575
Prüfspannung, 56ff
Pulsweitenmodulation, 331

Q

Queradmittanz, 439
Querkompensation, 394
Querregelung, 157
Querunsymmetrie, 457, 466

R

Raumzeiger, 31, 33ff
Reaktanzkompensation, 405
Regelkraftwerk, 268
Relais, 4
Resonanz, 590
Restspannung, 594
Reststrom, 572
Rotationsmatrix, 39, 322

S

Schaltanlagen, 339ff
  Doppelsammelschiene, 351
  Einfachsammelschiene, 350
  luftisolierte, 339, 354, 357
  gasisolierte (GIS), 339, 354
  Hochspannungsschaltanlagen, 354
  hybride, 357
  Mittelspannungsschaltanlagen, 351
  Leit- und Schutztechnik, 360
Schalteinrichtung, 359
  Hoch- und Mittelspannung, 340
  Niederspannung, 342
Schalter, s. auch Leistungsschalter
  Ausschalten von Gleichstrom, 540
  Ausschalten von Wechselstrom, 543
  dielektrische Wiederzündung, 548
  kontrolliertes Schalten, 561
  thermische Wiederzündung, 548
  wiederkehrende Spannung, 556
  Nachstrom, 548
Schaltfunktion, 332
Schaltgeräte, 339, 548
Schaltüberspannung, 556, 590
  Ausschalten kapazitiver Ströme, 560, 562
  Ausschalten induktiver Ströme, 564
  Einschalten kapazitiver Ströme, 560
  Spannungssteilheit, 547
  wiederkehrende Spannung, 556ff
Schiene, 163
Schrägregelung, 158
Schrittspannung, 445
Schutzmassnahmen für Lebewesen, 601
  Berührungsspannung, 445, 603ff
  Berührungsstrom, 601
  Fehlerstromschutz, 612
  Körperwiderstand, 602, 604
  Normen, 604
  Stromempfindlichkeit, 601, 604
  System TN, 608
  System TT, 607
  weitere Massnahmen, 610
Schutzbereich, 597
Schutzpegel, 592, 594
Schutztechnik, 360, 567ff
  Blockschutz, 583
  Differentialschutz, 583, 586
  Distanzschutz, 579
  Fehler, 580ff
  Generatorschutz, 583ff
  Kurzunterbrechung, 582
  Phasenvergleichsschutz, 582
  Sammelschienenschutz, 588

Schnellwiedereinschaltung, 582
Schutzschalter, 577
Selektivität, 568, 578
Sicherungen, 575
Transformatorschutz, 586
Überstromschutz, 584, 586
Überspannungsschutz, 589ff
Schwefelhexafluorid, 65, 90, 98, 105
Sekundärtechnik, 360, 567
Spannung
  Bemessungsspannungen, 56, 595
  Blitzstossspannung, 58, 591, 593
  Normspannungen, 56
  Prüfspannungen, 56ff
  Schaltstossspannung, 56, 58, 593, 595
Spannungsabfall, 29
  Leitung, 394
Spannungsdrehung, 31, 394
Spannungsschwankungen, 333, 336
Spannungsunsymmetrie, 334
Spannungsunterbrüche, 334
Spartransformator, 150
Sperrdrosseln, 347
Sternpunktbehandlung, 569
  Erdfehlerfaktor, 574
  Erdschlusskompensation, 569, 575
  isolierter Sternpunkt, 570
  niederohmige Sternpunkterdung, 573
  strombegrenzende Sternpunkterdung, 573
Streufluss, 51, 134, 200, 238, 245, 453
Strombegrenzer, 344
  supraleitende, 346
Stromrichter, 328, 331, 333
Symmetrische Komponenten, 429, 432
  Bisymmetrie, 430
  Nullgrössen, 430
Synchronkompensator, 273
Synchronmaschine
  Anfangskurzschlussstrom, 253
  Ausnutzungsfaktor, 486
  Blockschaltbilder, 241, 244, 249, 284
  Dämpferwicklung, 237, 245
  Dämpferwirkungen, 237
  Dimensionen, 218
  Drehmoment, 235
  Dynamik der SM ohne Dämpferwirkungen, 238ff
  Dynamik der SM mit lamelliertem Rotor und Dämpferwicklung, 245ff
  Dynamik der SM mit massiven Polen, 251
  Ersatzschaltbild
    dynamisch, 226, 238, 246
    stationär, 224, 230

Sachverzeichnis 657

Gleichungssysteme, 287ff
Gleichungen im Nullsystem, 458
Grenzleistungen, 219
Hauptfluss, 220, 223
Hauptreaktanz, 223, 231
Impedanz im Gegensystem, 442
Impedanz im Nullsystem, 442
Kennlinie bei Belastung, 236
Kennwerte, 240
Kühlung, 218
Kurzschlussverhalten, 252ff, 302ff
Leerlaufbetrieb, 220
Leerlaufkennlinie, 224
optimale Spannungen, 219
Modell der Netzkopplung, 306
Parameterbestimmung, 297
Polradfluss, 239, 241, 243, 249
Polradspannung, 223, 239, 241, 243
p.u. Darstellung, 244, 290
Reaktanzoperatoren, 240, 249
resultierendes Drehfeld, 227
Sättigung, 237, 296
Schenkelpolmaschine, 217, 218
Spannungsverhalten, 244, 251, 261
Statordrehfeld, 226
Streuflüsse, 238
Strombelag, 486
subtransiente Reaktanzen, 250
subtransienter Zustand, 250
synchrone Reaktanz, 231
transformatorische Spannungen (t.S.), 237, 266, 283, 298, 301
transiente Reaktanzen, 243, 250
transienter Zustand, 242, 250
Turbogenerator, 217
Vollpolmaschine, 217
Zeigerdiagramm, 230, 233
Zeitkonstanten, 240, 247, 248, 251
Zustandsraummodell, 294, 298, 299
Zweiachsentheorie, 231ff, 288
Synchronmaschine im Inselbetrieb
   Blindlastverteilung, 268
   Drehzahlregelung, 261
   Frequenzverhalten, 260
   Inselnetz, 257, 261
   Sekundärregelung, 268
   Selbsterregung, 265
   Spannungsverhalten, 261
   stationäre Berechnung, 259
   Wirklastverteilung, 267
Synchronmaschine am Netz
   Dämpfungsenergie, 282, 285

Dynamik der Störungen des synchronen Betriebs, 282ff
Federanalogie, 272
Leistungsabgabe, 268, 270, 272, 273, 276
Leistungsdiagramm
   der idealen Vollpolmaschine, 275
   der realen Synchronmaschine, 277
nichtstarre Spannung, 280
Polradbewegung, 281
starres Netz, 269, 271, 281
statische Stabilität, 272, 274
synchronisierende Leistung, 272, 277
Synchronisierung, 269ff
transiente Stabilität, 286

T

Tertiärwicklung, 156
Transformator
   Bauformen, 129
   Dimensionen, 131
   Dimensionierung, 482
   Dreischenkeltransformator, 129
   Dreiwicklungstransformator, 156
   Einschaltverhalten, 144
   Eisenverluste, 482
   Ersatzschaltbilder, 134
   Fünfschenkeltransformator, 129
   Kennwerte, 139
   Kraftwerkstransformator, 155
   Kühlung, 130
   Kupferverluste, 130, 482
   Isolierung, 130
   Netzkupplungstransformator, 155
   Netztransformator, 155
   Nichtlinearität, 137
   Parallelbetrieb, 150
   Parameterbestimmung, 137
   Prinzip, 130
   Regeltransformatoren, 147, 153
   Schaltungsarten, 131
   Schräg- und Querregelung, 157
   Spannungsabfall, 146
   Stationäre Matrizen, 141
   Übersetzung, 133, 134, 136, 141
   Umsteller, 147, 153
   Unterhalt, 130, 625
   Verluste, 149
   Verteilungstransformator, 156, 349
   Wirkungsgrad, 148
Transformatormodelle, 452
   Dynamikmodelle, 141
   Ersatzschaltbild, 452
   Nullersatzschaltbilder, 454ff

Transformatormodelle (Fortsetzung)
   Nullgrössen, 454
   Phasenverschiebung, 122, 123
Trenner, Trennschalter, 340, 351, 352
   Verriegelung, 340
Trennstrecke, 340

U
Übertragungsfunktion, 208, 284
   komplexe, 39
Übertragungsnetz (Aufgaben), 14
Überspannungen
   Blitzüberspannungen, 60, 62, 591
   innere, 62
   Schaltüberspannungen, 58, 62, 556
   transiente, 590
   zeitweilige Spannungserhöhungen, 590
Überspannungsableiter, 347, 556, 592
   Metalloxidableiter, 593
   Ventilableiter, 593
Überspannungsschutz, 589
   Ferneinschlag, 599
   Naheinschlag, 600
   Schutzbereich, 597
Überstromfaktor, 161
UCPTE, UCTE, 8, 9
Umspannanlage, 339

V
Ventilableiter, 593
Verbraucher
   rotierende, 309
   statische, 309
   summarische Darstellung, 325
   summarische Last, 325
   Frequenzabhängigkeit, 326

   Selbstregelungseffekt, 326
   Spannungsabhängigkeit, 326
Verbundnetz, 3, 9, 10, 55
Verfügbarkeit, 567, 588
Verlustberechnung
   Leitung, 29
   Transformator, 29
   Zweitor, 29
Verluste
   Blindverluste, 31
   Wirkverluste, 31

W
Wandler
   induktive, 160, 342
   kapazitive, 343
   nichtkonventionelle, 342
Wechselspannung
   betriebsfrequente, 57
   Kurzzeitwechselspannung, 57
   Stehwechselspannung, 57
Wiederkehrende Spannung, 556
Wirkleistung, 19

Z
Zeiger
   Festzeiger, 33
   Drehzeiger, 33
   dynamische Vorgänge, 32
Zeitstaffelschutz, 578
Zündfeldstärke, 63
Zweipol, 27
Zweitor, 27
Zweitormatrizen, 29, 203
   Leitungen, 203
   Transformatoren, 141